国家社会科学基金重大项目

中国生态补偿的产权制度与体制机制研究

Analysis on the mechanisms of property rights institutions and systems in China's ecological compensation

李国平 张文彬 周晨 等\著

中国财经出版传媒集团
经济科学出版社
Economic Science Press

图书在版编目（CIP）数据

中国生态补偿的产权制度与体制机制研究/李国平
等著. —北京：经济科学出版社，2020.5
ISBN 978 - 7 - 5218 - 1566 - 5

Ⅰ. ①中… Ⅱ. ①李… Ⅲ. ①生态环境 - 补偿机制 -
研究 - 中国 Ⅳ. ①X321. 2

中国版本图书馆 CIP 数据核字（2020）第 079460 号

责任编辑：谭志军 李 军
责任校对：杨晓莹
责任印制：邱 天

中国生态补偿的产权制度与体制机制研究

李国平 张文彬 周 晨 等著

经济科学出版社出版、发行 新华书店经销

社址：北京市海淀区阜成路甲 28 号 邮编：100142

总编部电话：010 - 88191217 发行部电话：010 - 88191522

网址：www. esp. com. cn

电子邮箱：esp@ esp. com. cn

天猫网店：经济科学出版社旗舰店

网址：http://jjkxcbs. tmall. com

北京时捷印刷有限公司印装

787 × 1092 16 开 35. 75 印张 940000 字

2020 年 9 月第 1 版 2020 年 9 月第 1 次印刷

ISBN 978 - 7 - 5218 - 1566 - 5 定价：118. 00 元

（图书出现印装问题，本社负责调换。电话：010 - 88191510）

（版权所有 侵权必究 打击盗版 举报热线：010 - 88191661

QQ：2242791300 营销中心电话：010 - 88191537

电子邮箱：dbts@ esp. com. cn）

课题组主要成员

首席专家　李国平

主要成员　张文彬　周　晨　郭　江　武瑞杰
　　　　　　　李　潇　曾先峰　萧代基

前　言

中国自 1978 年改革开放以来，生态补偿经历了其作为环境保护附属政策的初设阶段、从环境保护政策中分离出来的形成阶段，以及由分项政策和综合政策组合的完善阶段。中国生态补偿 42 年是以生态环境的两个外部性问题为主线，以生态环境保护对象的产权界定、生态环境保护的主体界定、以及生态环境保护主体与生态环境保护对象之间的产权关系为核心内容展开的。早期中国生态补偿政策的初始阶段以生态环境价值的负外部性治理为主要目标，生态环境价值的正外部性内部化要求居于附属地位。然而，随着中国改革开放的深入发展，国家经济持续高速增长以资源环境为巨大代价，物质资本高速增长的同时出现了自然资本的超速减少，自然资本的减少已一度触摸到生态环境承载力的底线，这对中国物质资本的增长形成瓶颈，在这样的背景下，作为以保护和增加自然资本为目标的生态补偿进入了新的发展历程。

本书以外部性内部化理论和产权理论为依据，从完善纵向生态补偿机制、健全区域和区际生态效益的利益补偿机制的国家重大需求出发，主要研究目标有以下五点：

第一，从理论上奠定政府规制与市场激励相结合的生态环境保护补偿机制的总体框架。明确我国生态补偿制度改革的主要目标和主要内容，旨在为建立适应社会主义市场经济体制要求的生态环境保护长效机制和管理制度提供理论指导和政策框架。

第二，推进自然资源和生态环境资产价值意义上的有偿取得和转让制度改革，通过对资源环境产权的确权，使产权主体多元化和产权交易市场化，在考虑《联合国生物多样性十年中国行动方案》和《实施中国生物多样性保护战略行动计划任务分工》的情况下，探讨区域自然资源环境产权制度的实现机制。

第三，完善中央对地区的财政转移支付制度。占全国陆地国土面积 40.2% 的国家重点生态功能区分布在 452 个县，不同区域不同类型的国家重点生态功能区差异明显，中央财政转移支付的影响以及县级政府异质性因素对生态环境质量的影响亦不同，需要研究各区域的包容性和不同层面区域转移支付分配的差异性。

第四，建立健全国家重点生态功能区转移支付的激励机制，以国家重点生态功能区生态补偿转移支付制度的优化为例，剖析中央政府与国家重点生态功能区的县级政府、当地居民之间生态环境保护的责权利关系，提出由县级政府和当地居民共同作为国家重点生态功能区生态环境保护责任主体的转移支付激励机制的理论构想。

第五，探讨 PES 视角下生态补偿制度体系在实现交易费用最小化过程中需要满足的基本条件，包括产权结构、政策工具及与 PES 类型的匹配；供求双方参与者数量、政策工具及与 PES 类型的匹配；以及 PES 构成要素的优化等，为构建符合 PES 要求的生态补偿制度体系，提供理论思路和方法指导。

本书针对以上目标展开研究，在充分梳理国内外相关文献资料和实地调查研究的基础上，通过定性与定量相结合、系统研究与重点研究、整体研究和个案研究相结合的方式，重新诠释了我国生态补偿的产权制度与体制机制架构的理论基础和运行特征，将生态环境正负外部性、跨代外部性和当代外部性的内部化、事前补偿和事后补偿、宏观领域的补偿和重点领域补偿相结合，揭示我国完善生态补偿体制机制的产权配置、理想模式和改进路径，并对我国完善生态补偿体制机制的法律制度和管理体制的调整提出相应的政策建议。

本书共六篇三十五章。第一篇是关于中国生态补偿产权制度和体制机制的总论，其四章内容主要是关于区域层面和重要领域层面健全生态补偿制度的诠释，对我国自然保护区、流域和矿产资源开发的生态补偿的理论依据、产权制度、体制机制和改革目标进行了一般意义上的讨论，提出了中国生态补偿的产权制度与体制机制完善的制度构想，研究了我国不同领域生态补偿标准的理论依据和基于激励诱因的产权制度，分析了全国性跨区域的生态补偿机制。第二篇的八章对矿产资源开发的生态补偿机制的产权配置、价值评估与外部性成本的分摊进行研究。研究了矿产资源开发外部性成本内部化的水平、与外部性成本充分内部化要求的差距和决定因素，从矿产资源开发的生产和消费、矿产资源输出地和输入地之间的外部性内部化成本分摊方面拓宽了生态补偿机制的架构。第三篇的六章内容是流域生态服务使用方支付意愿研究——以南水北调中线工程为例。分别从流域生态服务提供方受偿意愿和流域生态服务使用方支付意愿及二者的关联方面探讨了流域生态服务使用方支付意愿的理论逻辑，在基于流域生态服务提供方受偿意愿的价值评估实证研究和基于流域生态服务使用方支付意愿的价值评估实证研究之后，从流域生态服务价值的供求视角研究了流域生态补偿标准。第四篇的六章内容是国家重点生态功能区生态补偿转移支付激励机制研究。研究如何提高生态补偿纵向转移支付效率，建立生态补偿转移支付激励机制，从县级政府和居民的双重维度探讨了生态补偿转移支付的激励机制及其效应，为完善国家重点生态功能区转移支付激励机制提供理论支撑和实证经验。第五篇的五章内容是国家重点生态功能区转移支付制度体系研究，探讨国家重点生态功能区的禁限制度、中央财政转移支付制度、环保部的区域环境质量考核制度所构成的国家重点生态功能区的区域生态补偿体制机制，对国家重点生态功能区生态补偿的理论标准、支付公式与测算方法进行理论考察，以陕西省和甘肃省为例，实证研究国家重点生态功能区财政转移支付的县域生态环境效应和综合绩效。第六篇的六章内容是 PES 视角下我国生态补偿制度安排与运行效率研究。以生态系统服务付费（PES）为视角，将产权配置、治理模式和实施机制作为生态补偿制度构成部分的三层级，研究这一制度体系的制度安排、制度间相互作用和制度绩效的关系和效率。

本书的主要贡献、重要结论和政策建议概括为以下三个方面：

一是健全和完善中国生态补偿制度的体制机制研究。

对政府主导的生态补偿和市场化的生态补偿进行理论研究和实证研究，主要结论和政策建议为：

第一，政府主导的区域生态补偿机制以中央和省级纵向财政转移支付制度体现，是我国现阶段生态补偿的主要制度形式，在较长时间内财政转移支付依然是生态补偿最直接和行之有效的手段，完善生态补偿纵向转移支付制度，提高生态补偿转移支付资金使用效率是当前最切实可行的选择。纵向转移支付制度的一大优势就是节约了"交易成本"，保证了生态补偿措施的顺利实施，而它的短处则在于相对较低的补偿效率和效果。因此完善纵向生态补偿制度的重点在于提高纵向转移支付效率，健全生态补偿转移支付激励机制。

第二，我国生态补偿财政转移支付激励机制的构建应关注中央政府对地方政府的激励和当地政府对居民的激励。一方面基于扩展的委托代理模型，构建了中央政府和县级政府之间的静态和动态激励契约。另一方面借鉴羊群效应模型分析生态补偿政策对当地居民保护意愿和行为的影响，探讨居民视角下的生态补偿激励机制。运用激励机制设计理论，构建了符合中国实际的生态补偿转移支付激励机制的理论架构。

第三，完善中央政府对地方政府生态补偿财政转移支付的激励机制。一方面分析静态条件下最优生态补偿转移支付激励机制，理论探讨和数值模拟了信息不对称状况对转移支付形式和金额的影响，为中央政府在不同信息条件下根据可获得的信息制定差异化的激励机制提供了可选择的菜单。另一方面分析动态条件下生态转移支付的长效激励机制及影响因素，以陕西省国家重点生态功能区转移支付实施及效果为例，实证分析生态转移支付、财政水平以及生态保护能力对生态环境质量提高的影响，提出在重视静态条件下显性激励机制的同时强调动态条件下的隐性激励机制，建议制定长效、多元化的生态转移支付激励机制。

第四，采用计划行为理论和结构方程模型，从微观视角分析了生态补偿转移支付的激励机制。利用调研数据实证研究了生态补偿政策对当地居民生态保护意愿和行为的激励效应。当地居民的行为态度、主观规范和感知行为控制三个心理因素、生态补偿政策都对生态保护意愿和行为产生显著的正效应；生态保护意愿对生态保护行为也产生了显著的正向影响，行为态度、主观规范和感知行为控制可以通过意愿在很大程度上转化为生态保护行为。

第五，对国家重点生态功能区财政转移支付的实施《办法》进行考察，针对提高国家重点生态功能区转移支付《办法》实施效率提出调整方案，主要是资金分配方案、资金使用效果的考核机制等，还提出从落实和完善国家重点生态功能区转移支付的生态补偿机制的其他方面对《办法》进行更大程度地调整，并在中央政府和地方政府、国家重点生态功能区的企业与居民、相邻区域之间建立生态补偿的协调机制。

第六，提出纳入利益相关者利益制衡机制的国家重点生态功能区转移支付制度。现行《国家重点生态功能区转移支付办法》的支付对象为县级政府，由县级政府安排资金的使用，这种方式没有考虑区域内其他利益主体如企业和居民，以生态补偿的理论标准为指导改变以财政转移支付中"标准财政收支缺口"为核心的资金计算公式，引导转移支付资金对国家重点生态功能区的生态环境保护行为与环境质量提高、生态环境建设行为与生态效益贡献进行补偿。

第七，对于不同保护能力的县级政府设计不同的转移支付机制。我国国家重点生态功能区是在地方政府的生态保护能力存在异质性，特别是多数位于经济发展落后的西部地区，对生态环境保护的能力较低。因此应对不同保护能力的县级政府应设计不同的转移支付机制，对于低保护能力的县级政府，要加大其固定转移支付；对于高保护能力的县级政府，要加大其激励性转移支付。

二是完善市场化的生态补偿制度。

第一，借鉴奥斯特罗姆（Ostrom）的（IAD）思路和 Corera 制度分析方法，通过构建产权－收益分布－PES 类型选择的理论模型，构建了 PES 视角下生态补偿三层级制度体系的理论分析框架。运用交易费用理论，分析 ES 产权结构对 PES 类型选择的影响，运用边际成本比较法分析成本曲线两种条件下参与者数量对 PES 类型选择的影响，进而提出 PES 体系构成要素的结构优化标准。

第二，以 PES 体系构成要素的结构优化标准为理论参照，运用案例研究法考察我国 PES 项目下制度安排与制度绩效。选择我国天然林保护工程等 5 个 PES 项目为样本，运用 Ostrom 和 Corbera 的制度分析方法，从参与者互动、制度安排、制度间相互作用和制度绩效 4 个维度，对我国 PES 项目微观制度的形成过程、构成内容和运行绩效进行研究，揭示我国生态补偿的产权配置、治理模式、实施机制三层级制度存在的问题。研究发现：林农、农牧民等 ES

直接供给者与保护者在 PES 制度形成的参与者互动中被边缘化；补偿基本原则不明，以庇古型 PES 为主，较少使用科斯型 PES，PES 体系构成要素非优化特征明显；较高层级的产权制度、治理模式选择制度缺位，制度间纵向层级不明，横向制度间协调困难；生态补偿制度总体有效、但效率较低、优化空间巨大。

第三，测算 PES 视角下我国省际生态补偿制度绩效。选择 ES 价值当量增量为生态效益的衡量指标，运用 Costanza 等人核算方法测算 ES 价值当量增量，将反映产权、治理模式、实施机制三层级制度体系实际状况的制度变量，纳入生态补偿超越对数随机前沿函数和无效率函数模型，测评 2007 - 2013 年我国以政府付费 PES 为主导的生态补偿制度的技术效率。研究显示：我国生态补偿制度的生态效益逐年缓慢上升，西部地区 ES 价值当量增量最大但增长比例最小，补偿标准和生态系统多样性与生态补偿效益正相关，政策数量和 PES 类型数量则与之负相关，表明我国生态补偿制度存在系统性缺陷和功能性障碍；新政策实施和新补偿模式应用，使层级制度间不匹配更明显，同层级制度间矛盾更突出；生态补偿制度效率和传统效率总体水平不高，且都沿东中西区域从大到小变化，市场化程度差异是导致效率水平区域间差异的原因；制度效率的区域间差距小于传统效率的区域间差距，说明省级生态补偿制度间的共性特征突出，反映出我国生态补偿制度以国家层面政策为主的基本现实；制度效率普遍大于传统效率，且二者差距呈现西部地区最大、中部地区次之、东部地区最小的梯度分布，表明我国生态补偿制度整体有效且在生态退化较严重的西部地区和中部地区有效性更强；制度与传统两种效率差异逐年减小，则是制度效率递减规律和生态补偿制度系统性缺陷共同作用的结果。

三是完善重点领域的生态补偿体制机制。

首先，完善矿产资源开发的生态补偿体制机制

第一，围绕煤炭资源开采中生态环境外部成本充分内部化的目标，构建考虑生态环境负外部性及内部化条件下的煤炭资源最优开采模型，分析内部化生态环境外部成本对煤炭资源最优开采的影响。通过建立社会效用最大化条件下煤炭资源开采与生态环境外部成本内部化相互影响的动态模型并进行数理分析，得到煤炭资源开采社会效用最大化的静态效率条件和动态效率条件。

第二，基于 CVM 构建煤炭资源开采中生态环境外部成本的测度体系。从引导技术的选择策略及改进措施、受访者参与支付及接受补偿决策的分解等方面完善 CVM 测度体系。比较分析 CVM 的开放式、支付卡式、封闭式等引导技术的优缺点，进而通过预调研筛选出适合本书研究目标的开放式引导技术。分别对煤炭开采地居民的支付意愿（WTP）和受偿意愿（WTA）进行引导，得到实地调研数据，采用多元线性回归模型、Tobit 模型和 D - H 模型分析两种测度尺度的影响因素，得出调研地区煤炭开采的生态环境外部成本数值。

第三，针对我国煤炭资源开采中生态环境外部成本不能充分内部化的问题，依据"庇古税"和环境产权理论，并结合市场供求关系、成本转嫁以及煤炭价格持续走低的条件，提出由开采企业和消费企业共同承担煤炭资源开采生态环境外部成本的方案。以煤炭资源开采中生态环境外部成本测算结果作为其外部性内部化的参照标准，在不增加煤炭开采企业总税负水平的条件下，通过对开采企业总税负水平调整幅度的计算和税负结构调整的讨论，推导出开采企业和消费企业各自需承担的煤炭资源开采中生态环境外部成本，提出完善我国煤炭资源开采中生态环境外部成本内部化的具体思路

第四，构建了我国自然资源中央和地方、资源输出地与输入地的生态环境治理成本分担博弈模型。博弈分析表明促使帕累托改进的纳什均衡出现的条件。运用效益转移法评估对限制区域资源开发或违规建设中的跨区域环境价值损失进行实证研究，指出在利用效益转移法

评估跨区域环境损失时应当引入距离衰减因子，以提高转移精度。针对调查数据中"抗议性零支付"的惯例处理方式存在抽样偏差和高估计算结果的缺陷，构建我国 CVM 研究中的 Tobit 经济计量分析模型，解决这一问题；提出自然资源保育和生态环境保护的生态补偿的管理模式和政策建议。

其次，完善流域生态环境保护的补偿机制

第一，以南水北调中线工程为例系统考察流域生态服务价值评估与生态补偿机制，以生态服务价值为出发点，分析了流域生态服务价值评估与生态补偿之间的内在联系，具体从微观主体视角考虑流域生态服务提供方的福利变化及其受偿意愿、使用方消费者行为及其支付意愿，以构建流域生态补偿的价值基础；从宏观视角评估水源区流域生态服务总价值及其动态变化情况，据此确立生态补偿标准和区域分摊机制。

第二，通过数次问卷调查，利用条件价值法对流域生态服务提供方受偿意愿和使用方支付意愿进行了系统考察。研究发现南水北调中线陕南水源区农户作为流域生态服务提供方，拥有较好的生态环境意识，并且，生态补偿参与意愿较好，受偿意愿较高。而作为流域生态服务使用方的郑州受水区，生态补偿参与意愿较好，但支付意愿相对偏低。

第三，根据问卷调研得到的微观数据，运用计量方法对流域生态服务提供方受偿意愿和使用方支付意愿影响因素及其边际效应进行研究。引入右端截取模型对受偿意愿进行评估，并对模型内生性和稳健性进行检验；采用 Tobit 模型分析支付意愿零值带来的影响。在影响因素分析的具体变量选择上，根据条件价值法有效性要求和既有文献的传统做法，选择了受访者个人特征、家庭特征、环境认知特征等变量；在综合考虑中国生态环境保护政策背景、现有研究的不足以及问卷调研过程得到的环境认知等的基础上，对退耕还林政策影响、水源区农户迁移特征、受水区产权意识等进行了系统考察。

第四，在改进效益转移法的基础上，基于流域生态服务价值确立了生态补偿标准和区域分摊机制。对南水北调中线水源区生态服务总经济价值进行评估，根据南水北调中线工程生态服务最优利用路径和动态价值变化确立了生态补偿上限标准和支付标准；根据南水北调中线工程的生态补偿责任、受益实际情况确立了区域分摊机制。为建立和完善中国跨流域调水工程的生态补偿机制提供了理论依据和重要数据支撑。

第五，流域生态服务提供方受偿意愿和使用方支付意愿、以及生态补偿标准是设计生态补偿制度安排的关键环节。对流域生态服务供需双方参与生态补偿的影响因素进行分析有利于完善生态补偿机制的微观基础，从而提高生态补偿政策执行效率和成功率。应尝试建立让流域生态服务使用方付费、提供方得到补偿的流域生态系统保护激励机制，提高生态服务使用方的生态补偿参与度，推动流域生态服务提供方和使用方尝试共同治理。

本书的部分内容由笔者和他人合作的早期著作为基础，先后发表于 CSSCI 期刊和 CSCD 期刊等刊物，特别要提到的是李潇、曾先峰为本书的第一篇和第二篇的部分内容奠定了基础。全书由李国平、张文彬、周晨、郭江和武瑞杰合作完成，其中，第一篇由李国平和张文彬撰写；第二篇由郭江撰写；第三篇由周晨撰写；第四篇由张文彬撰写；第五篇由李国平和李潇撰写；第六篇由武瑞杰撰写。全书研究大纲和篇章结构由李国平设计，全书成稿后由李国平和张文彬修改定稿。国家社会科学基金委、西安交通大学社会科学处为我们的研究提供了资助，在此一并表示感谢。

李国平

2020.06

目　录

第一篇

区域层面和重要领域层面健全
生态补偿制度的诠释

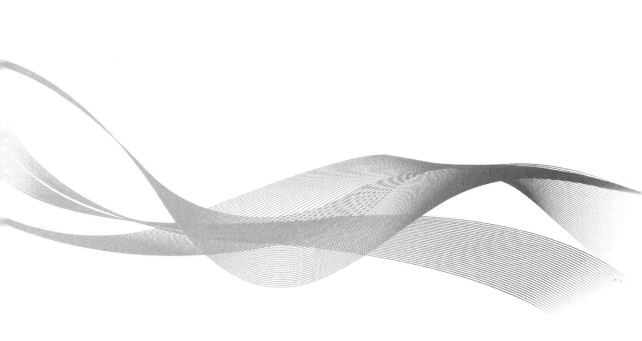

第一章

我国生态补偿产权制度和体制
机制的问题、领域和改革目标

第一节　生态补偿机制的体制机制完善要求
资源环境的产权制度改革

生态补偿机制是我国自然资源环境和生态系统功能价值得以保护、保值甚至增值的一项基本制度。在改革开放四十多年中，我国初步建立起资源环境法律体系。我国从 1982 年起，先后颁布了《中华人民共和国森林法》（下称《森林法》）、《中华人民共和国草原法》（下称《草原法》）、《中华人民共和国资源法》（下称《资源法》）、《中华人民共和国土地管理法》（下称《土地管理法》）、《中华人民共和国环境保护法》（下称《环境保护法》）、《中华人民共和国自然保护区条例》（下称《自然保护区条例》）、《中华人民共和国海洋环境保护法》（下称《海洋环境保护法》）、《中华人民共和国森林法实施条例》（下称《森林法实施条例》）、《中华人民共和国水法》（下称《水法》）、《退耕还林条例》、《水功能区管理办法》、《中华人民共和国水污染防治法》（下称《水污染防治法》）、《中华人民共和国水土保持法》（下称《水土保持法》），环境与自然资源主要领域都做到了有法可依，有章可循。但我国面临的环境形势依然严峻，有些环境问题达到了严重的程度，成为经济顺利发展、社会稳定、资源安全的重大制约因素。

我国生态补偿的重要领域包括自然保护区、流域、矿产资源等，其生态补偿机制的内容十分复杂且存在分类差别，可耗竭资源领域的生态补偿是指其开发利用中对生态环境的影响、破坏等负外部性的补偿的依据、标准、方式等的总称。自然保护区、流域的生态补偿的政策含义是一种以保护生态服务功能、促进人与自然和谐相处为目的，根据生态系统服务价值、生态保护成本、发展机会成本，运用财政、税费、市场手段，调节生态保护者、受益者和破坏者经济利益关系的制度安排（王金南，2009）。

完善我国生态补偿机制不仅是管理学意义上的制度研究。生态学家通常把管理学意义上的研究看成是国家采取强制手段，使开发利用自然资源的单位和个人支付相应费用的一整套管理措施。这里的研究包括经济学意义上、管理学意义上和法规意义上的综合制度研究。

资源环境的有偿使用制度和生态补偿机制本质上是一种产权安排模式，由于人类活动中本身存在着外部性，所以通过制度设计来克服这种"市场失灵"是资源环境保育、节约利用、最优安排的理论基础，政府干预是一种必然和现实的选择。通过价格机制、财税机制的合理设计，使资源环境的使用价格、转让价格反映出其资本价值和稀缺性。按照资源环境产权制度基本结构的层次性特征，来设计重点领域资源的税费制度、交易制度和分配制度，使其更具备可操作性，以适应重要战略机遇期资源环境产权制度改革发展的需要。

我国资源环境保育和开发中关键的问题是产权制度改革不到位。长期以来，我国一直存在自然资源产权和环境资源的产权不明晰或多重产权，造成的结果是能够产生正外部性的环境资源（如树木草坪、环境基础设施等）会出现供给不足，而接纳负外部性的环境资源（如大气、水体、土壤等）则会被过度污染。一方面，投资者没有为其付出的成本得到全部收益；另一方面，污染者没有为其产生的负外部性行为付费，也没有对环境资源进行补偿性的投入，结果是环境资源由于投入不足和过度使用而产生破坏、退化甚至衰竭。

第二节　生态补偿的产权制度与体制机制完善的主要内容

第一，改革和完善自然资源产权制度。中国实行的自然资源国家所有制，保证了在资源开发利用以及资源转化为资产过程中的各种经济关系是以国家为主导来完成的，无论是资源的占有、使用、处置、管理经营和整个资源向资产、资本转化中的运行，均由国家来决定。目前存在的问题是，国家所有的代表主体不明晰，从而造成了对资源占有、使用上的矛盾。国家有关部委、省、市、县、乡都认为自己是国家的代表，在权力和利益上相互争夺，在责任上又互相推诿。例如，对矿产资源的开发上争夺开发权，在自然资源和生态环境的保护上却责任主体不明，致使大量的矿产资源型城市产业结构单一、生态环境恶化，使持续经济增长也难以为继。流域、森林、生态功能区的生态补偿体制机制虽然有所不同，但所有重要领域的生态补偿，完善自然资源产权制度，明确各级政府、各类企业和个人对自然资源的产权关系，对自然资源的保护责任和开发利用关系，是重要的研究内容。

第二，在推动产权制度改革的同时实施居民环境产权。产权保护的有效性是国家能力强弱的重要标志，是产业结构调整、技术进步、节约资源的前提与基本保障。那些矿山企业的掠夺式开采和生态环境破坏之所以屡禁不止，是因为没有实施居民环境产权，政府没有有力地保护附近居民、农民拥有不受污染的权利。如果政府明令受害者可按单位排污量得到赔偿，并通过"谁进行第一诉讼，谁就得赔偿额大头"的机制降低产权交易费用，那么居民的"维权"行为将对抗地方保护和环保部门的不作为行为。我们的根本目标是，努力找到一种能使交易成本最小化，并保证资源环境保护达到有效的可持续利用的产权制度安排，包括土地使用管制的补偿与报偿制度、自然资源保育与利用的双赢制度、自然资源的共同管理制度等，避免发生公有资源悲剧，以解决资源环境的开发效率不高和使用浪费严重的问题。

第三，回顾并分析我国自然资源和生态环境保育的产权制度的变迁过程，从中找出所存在的主要问题。之后探讨有偿、有效保育和利用自然资源和生态环境的产权模式，这种产权模式的安排必须尽量降低交易成本，以减少或解决我国自然资源和生态环境保育和利用方面所存在的各方面的利益冲突和障碍。最后探讨为公益（提供防灾、古迹保护以及环境资源保育等外部收益活动）限制地区发展的补偿制度，核心是从理论上探讨土地等生态环境要素的使用管制的补偿与报偿制度、资源保育绩效评分制度，以及自然资源的参与式管理与生态补偿的区域自治制度。

第四，首先，根据我国土地等各类生态环境要素的产权结构，提出土壤等各类生态环境要素污染可能的潜在责任主体；其次，将我国特有的土地等各类生态环境要素的产权结构引入传统的归责制度的理论模型中，运用委托代理理论分析，在存在不对称信息的情况下，传统两大归责制度即过失责任制与严格责任制在给予污染者防护诱因上的激励作用；最后，由于过失责任制事前防护标准的不确定性，所以尝试将污染损害额度及污染者资产的大小引入最终归责的考量中。

第五，界定环境产权、开征生态环境税、完善生态补偿机制。生态补偿机制是通过环境政策、法规、制度创新实行生态环境外部性的内部化、解决生态产品这种公共产品消费中的"搭便车"现象，解决好生态投资者的合理回报的一种制度。其性质属于卡尔多—希克斯改进。而制度创新要以环境产权的界定为基础，从资源环境产品的开发、开采到消费都征收生态环境税。在明晰环境产权主体的基础上，探讨环境保护主体之间的责任分担机制。

第六，研究国家重点生态功能区转移支付制度的生态补偿机制。占全国陆地国土面积40.2%的国家重点生态功能区分布着452个县，不同区域、不同类型的国家重点生态功能区的差异明显，中央财政转移支付的影响以及县级政府异质性因素对生态环境质量的影响都是不同的，需要研究国家重点生态功能区各个区域的包容性和县域转移支付的区域差异问题。以生态补偿的理论标准为指导，改变以财政转移支付中"标准财政收支缺口"为核心的资金计算公式，引导转移支付资金对国家重点生态功能区的生态环境保护行为与环境质量提高、生态环境建设行为与生态效益贡献进行补偿。

第七，研究国家重点生态功能区当地政府和居民双重主体的生态补偿转移支付激励机制，探讨国家重点生态功能区生态补偿转移支付制度的特殊性和体制机制优化条件，剖析国家重点生态功能区生态补偿转移支付制度安排中，中央政府与国家重点生态功能区的县级政府、当地居民之间的博弈关系，建立由县级政府和当地居民共同作为国家重点生态功能区生态环境保护责任主体的转移支付激励机制。

第八，探讨PES视角下生态补偿制度体系在实现交易费用最小化过程中需要满足的基本条件：产权结构与政策工具及PES类型的匹配、供求双方参与者数量与政策工具及PES类型之间的匹配以及PES构成要素的优化等，也就是在制度安排、制度间相互作用等方面的要求，为PES视角下生态补偿制度体系的建构，尤其是以科斯型PES为核心的生态补偿制度的建构，提供理论依据和方法指导。

第九，运用制度分析方法，从参与者互动、制度安排、制度间相互作用和制度绩效等四个维度出发，对天然林保护工程、退耕还林（草）、生态公益林补偿金、浙江省生态环保财力转移支付办法、新安江跨省（安徽、浙江）流域生态补偿五个具有代表性或前瞻性的PES项目制度的形成过程、体系特征和运行结果进行剖析，发现我国现行PES视角下生态补偿制度存在的系统性缺陷及改进路径。

第十，建立自然资源的参与式管理与生态补偿的自治制度。自然资源在中央管理与地方自治下，出现严重的代理问题和逐利问题。流域经常会出现跨省、区、市的问题，传统的以省、区、市的管辖常常会牵制很多利益相关者，造成地方政府间的逐利行为，同时浪费很多行政资源，根据自然资源独特的制度环境与环境经济理论提出创新性制度，建立以自然资源管理为其唯一任务的地方自治团体，由该种自然资源的权益相关者组成地方自治团体，而权益相关者参与的主要原则为"贡献与权利相符原则"。

第十一，研究通过事前防护和事后赔偿，从末端治理转向全过程污染控制。研究将复垦费用内部化为矿山企业的生产经营成本的途径和条件，包括许可证、禁令等，对矿产资源开发活动造成的损害，研究通过补偿交易、法律上的责任原则、财务担保等形式对受到影响的"土地所有者、建筑物占有者以及周围社区给予货币的或非货币形式的补偿"，同时研究区域资源开发的成本收益空间异置的消减的财政税收途径。研究使企业不再把清洁生产和对环境事务的管理视为被迫付出的经营成本的激励机制。真正从注重"末端"治理转向全过程污染控制，以预防为主，持续改进。

第三节 我国生态补偿标准的理论基础和基于激励诱因的产权制度研究

一、基于正负外部性内部化的生态补偿的理论依据

生态经济学把自然资源和生态环境定义为自然资本（自然资本是指，可为人类所利用的天赋土地和自然资源，包括空气、水、肥沃的土地、森林、渔场、矿产资源，以及使经济活动和生命本身成为可能的生态生命支持系统）。生态补偿是指对自然资本价值的补偿。

20 世纪 90 年代前期的文献中，生态补偿通常是指，对生态环境造成破坏的企业付出赔偿，如庄国泰（1995）、毛显强（1995）等将生态补偿定义为，通过对损害（或保护）资源环境的行为进行收费（或补偿），提高该行为的成本（或收益），从而激励损害（或保护）行为的主体减少（或增加）因其行为带来的外部不经济性（或外部经济性），达到保护资源的目的。

20 世纪 90 年代后期以来，生态补偿则更多地指对生态环境保护、建设的一种利益驱动机制、激励机制和协调机制。当前生态补偿已经不是单纯意义上对环境负面影响的一种补偿，还包括对环境正面效益的补偿，涉及的范围也不是单纯的项目建设，它包括政策、规划、生态保护等多个方面，形成一套相互关联的体系。

本书从我国生态补偿实践的具体问题出发，把生态补偿（eco-compensation）定义为既包括负外部性的补偿，又包括正外部性的补偿，概括地说，生态补偿即内化经济社会生活中发生的（正负）外部成本。

（一）负外部性内部化的全过程机制

1. 负外部性的内部化：事前管制（命令控制、污染税、排污权交易）

已有研究（Cooter，1984；Segerson，1994）把由环境事件发生的前后时间作为区分事前政策与事后政策的依据，所有数量与价格的环境管制工具都是在公共事件发生之前用以降低污染的政策工具，因此，称为事前的管理工具。事前管制包括排污税、排污权交易、命令管制。

对于生态系统恢复和保护而产生的外部性效应，一般采取政府手段（命令控制）和"环境经济手段"来解决。"环境经济手段"是从影响成本效益入手，引导经济当事人进行选择，以便最终有利于环境的一种手段。环境经济手段主要有两个类别。一类是依据庇古在《福利经济学》中所表述的：由于生态环境问题的重要经济根源是外部效应，为消除这样的外部效应，应该对产生负外部效应的企业收费或者征税，对产生正外部效应的单位给予补贴。无论补贴还是征税，均属于政府对经济活动的干预行为，因此，这是一种侧重于利用政府干预的方式对生态环境问题加以解决的手段。另外一类则与"庇古手段"相反，侧重于依赖市场机制对生态环境问题加以解决。根据科斯定律所表述的内容：只要能把外部效应的影响作为一种产权加以明确，且谈判所耗费的成本不大，那么，外部效应的问题就可以通过当事人之间的资源交易达到内部化的目的。目前，排污权交易制度的建立以此为依据。

本部分从我国国情出发，主要研究内容有：一是作为价格管制的污染税将污染产权配置给政府或社会的现状、问题和改进；二是作为数量管制的排污权交易如何把污染产权配置给厂商的现状、问题和改进；三是对重金属、硫、可回收的资源矿、污水的严格禁止的命令管制的现状、问题和改进。

2. 负外部性的内部化：事后管制（损害赔偿）

事后环境政策指的是当公共事件发生后，造成环境受到伤害，必须要厘清事件责任的法律工具。由于环境污染和破坏行为的影响具有持续性和系统性特点，因而往往有环境损害后果严重、受害者众多、侵权人难以认定等特征，使传统的民事和行政救济不能有效地救济受害人，而污染企业难以承受金额巨大的环境损害赔偿责任，这种严峻的现实迫切需要我们从新的理论视角和制度设计来寻求救济受害人、减轻企业责任的新途径。

一是研究通过环境责任保险、财务保证、公共补偿基金等制度将环境侵权损害赔偿责任社会化。

二是研究因环境问题而生的环境侵权及救济已成为我国的一大社会问题。因此，有必要建立环境侵权损害赔偿社会化制度，以完善我国环境损害赔偿体系。

三是研究事后管制的损害赔偿，包括严格责任、过失责任等。

（二）负外部性内部化的益本分析与政策搭配

加强环境管制政策效率分析，多种工具相互配合是当前急需解决的重要问题。对于环境污染问题，政府可以通过环境管制加以解决，但并不一定有效率。因为外部性问题的解决，从根本上讲还是成本与收益的比较问题，只有当实施环境管制政策获得的社会效益大于其所产生的社会成本时，才意味着这一政策相对于市场是有效的。

我国企业长期以来的污染治理主要采取末端治理模式，即控制污染。国家对工矿企业做出了限期达标排放的规定，90%以上的工业企业实现了这一目标，工业严重污染的势头基本上得到了控制；同时开展对三河、三湖、两区、一市、一海污染的重点治理。控制环境污染的投入不断增加，2005年占GDP的1.4%，这是西方工业国家处于相同发展阶段所没能做到的。

末端治理的主要目标是污染物的达标排放和废弃物的处置，却忽视了其他生产环节的污染控制问题，是一种内在成本很高的办法。事实上，环境污染的产生并非简单的生产末端的问题，在生产过程的很多环节中都存在或轻或重的污染问题。因此，寻求更好的政策工具，将命令—控制型、经济激励型和自愿型措施结合起来，尤其要充分发挥自愿性环境管制措施的积极作用。

一是研究影响制度变迁的核心因素（成本和效益）如何制约管制制度的均衡。通过对环境管制政策进行成本—收益分析，可以权衡有限的资源如何在污染控制与经济增长等其他用途间配置，并可以清楚表明管制应达到的合理程度，规避我国环境管制政策选择手段单一且成本过高的问题。

二是在对行政管制的成本效益分析进行理论描述之后，首先，从行政管制制度的成本构成、制度的成本约束功能、管制过程的成本比较等方面讨论政府管制的成本约束；其次，从制度效率、管制制度的效益构成、管制政策的效益比较等方面讨论政府管制的效益；最后，讨论利益主体的成本博弈及成本效益对管制均衡的约束。

二、正外部性内部化的激励机制

正外部性内化的激励机制是指，以保护和可持续利用生态系统服务为目的，以内化正外部成本为准则，根据生态系统服务价值、生态保护成本、发展机会成本等，运用政府和市场手段，调节生态保护利益相关者之间利益关系的整套制度安排。

（一）研究自然资源和生态环境保护的激励型生态补偿机制

从 1998 年长江等河流发生大洪灾起，国家明确提出了限采或禁采天然林，禁止毁林开荒、围湖造田，有计划地实施了退耕还林、还草、还湖的措施，并把生态恢复和建设列为西部大开发的首要措施，制定了"退耕还林（草）、封山绿化、以粮代赈、个体承包"的政策，启动了大规模生态恢复和建设工程。自然生态保护受到前所未有的重视，由以前主要局限在个别资源领域实施的生态保护措施，转变成国家的综合战略和政策措施，标志着中国环境保护和生态补偿政策的重大转折，由过去单一的惩罚型生态补偿转变为高度重视激励型生态补偿机制的建立。

在 20 世纪 90 年代前期的文献中，生态补偿通常是生态环境加害者付出赔偿的代名词，可以称之为惩罚型生态补偿；但 20 世纪 90 年代后期，生态补偿则更多地指对生态环境保护者、建设者的一种利益驱动和激励机制。到今天，生态补偿已经不再是单纯意义上对环境负面影响的一种补偿，它也包括对环境正效益的补偿，即激励型生态补偿。激励型生态补偿作为一种环境管制工具的创新，面对正外部性生态补偿本身的复杂性，到目前为止还没有形成一个统一的政策架构。

我国虽然正处于这样一个历史时期，但我国的激励型生态补偿机制建设却严重不足，自然保护区的生态补偿大多具有工程性质，而缺乏可持续性。

研究自然资源和生态环境保育的激励型生态补偿机制的主要内容包括以下几点：

1. 建立经济诱因的补偿制度

一是运用法律经济学梳理我国限制发展地区的补偿制度，讨论限制发展地区补偿制度的理论基础与设计原则。政府为了提供防灾、古迹保存或环境资源保育等外部效益而对私人土地使用进行限制。土地使用限制的管制会产生"外部效益"，但是同时也会对土地使用权人与居民产生"内部成本"。对于因其土地使用受到管制而使用受限的相关权利人，是否应补偿？何时补偿？或如何补偿？对于此种管制的受益者是否应课税，这些一直是政府财政、环境资源保护、城乡发展与规划的重要课题，也是地方政府、经济学与法学长久争议的课题。

针对限制发展地区土地使用管制补偿的理论基础，本书拟从法学与经济学的角度进行讨论再衍生可行的补偿制度与财源筹措模式。

二是研究补偿与财产权之间关系。科斯（Coase，1960）认为，若财产权界定清楚且交易成本（transaction costs）很低，则不论财产权界定属于何方，皆可借由自由交易达成有效率的资源分配，此即实然的科斯定理（the Positive Coase Theorem）。据此，政府制定政策或法规时，应清楚界定财产权及尽量降低交易成本，方能借由市场机制使各种资源之分配达成效率。

三是研究财产权保障法则。具体包括三种法则（Calabresi and Melamed，1972）——财产法则、责任法则和禁制法则的内涵和实现方式，并评估三种财产权保障法则可能面对的交易成本与行政上的可行性问题，以决定财产权赋予的对象（即财产权保障对象）与采用的财产权保障法则的选择。这是补偿制度设计与财产权保障程度及内涵的关键。

四是依据上述理论和国内外的实践经验，研究具体可行的补偿与报偿制度。

2. 建立经济诱因的保育制度

一个成功的自然资源保育制度，不能单靠政府部门的管制，根据各国的经验，土地使用权人、小区、权益相关者（stakeholders）与地方政府参与限制发展区管理工作的积极性是限制发展区成功的重要因素，因此，给予个人保育自然资源的经济诱因，以及给予小区参与管理工作的权利，是一个成功的自然资源保育制度的两个必要条件。

本书研究我国自然资源保育制度如何从中央集权的行为管制制度转变为个人以及权益相关者与社区参与管理制度的理论基础，建议适合我国限制发展地区土地管理、补偿、财源筹措与管理组织等配套制度。

（二）补偿受限制发展地区的相关权利人的理论基础

1. "外部效益内部化原则"（即"资源照顾者受报偿原则"）

外部效益应内部化和对资源照顾者应给予报偿，才能提供土地所有权人与居民积极生产优质自然资源的诱因。

2. 环境正义原则

环境正义论者认为，环境资源的使用常发生环境不正义的行为，也就是成本常由经济上或种族的弱势者负担，而效益却常由优势者享受。在限制发展区内，由于土地使用受到限制，且提供下游自然资源使用效益的上游居民多为经济上或种族的弱势者，因此限制发展区有违环境正义的原则。根据环境正义原则，应终止或补偿环境不正义的行为。

对限制发展区的资源照顾者而言，应该内部化其产生的外部效益，也就是应报偿资源照顾者的贡献，或补偿土地使用受限者的损失。基于强调限制发展区其提供公益的正面意义，应给予资源照顾者贡献的报偿，而非损失的补偿。

3. 关于报偿办法与制度设计

一是研究报偿的对象：自然资源照顾者，包括限制发展区内的小区土地所有权人、居民与地方自治团体。

二是研究报偿办法的主要原则：政府管制（保育）目标的确定、保育地役权、发展转移权、征收补偿、国民环境信托等。

三是研究报偿的方式。分析与资源保育目的相违或无关的公共设施或减免税费的方式的弊端，以及报偿的主要对象和辅助对象。

4. 补偿金额的计算方法

依其所提供的外部效益大小而确定有关资源保育奖励及报偿的计算。

一是研究单位评分报偿金额积极计算方法。

二是研究财源筹措方法。

研究限制发展区提供的"公共财"的财源筹措的方式所遵循的"受益原则"或"受益者付费"。按照限制发展区所产生的外部效益受益范围的分类来讨论报偿的分类办法。

5. 组织实施补偿的机构设计与原则

为达成自然资源的永续发展，除了上述保育的经济诱因外，还必须让公民能实际参加决策，允许自然资源使用团体和限制发展区居民等权益相关者团体参与决策，才得以达到最合适的区域性自然资源管理。本书将研究限制发展区报偿制度的主管机关的结构体系。

三、全国性的跨区域的生态补偿机制

跨区生态补偿可分为资源调配型生态补偿和资源保育型生态补偿两类。由于其涉及的利益主体非常多，利益关系复杂，我国宏观经济发展阶段和区域经济发展格局进一步加剧了其复杂性，因此，跨区生态补偿实施的难度较大，需解决的核心问题体现在以下几个方面：

第一，资源调配型生态补偿需要研究资源输受双方生态利益的得失：界定、量化与补偿。

一是由于生态补偿涉及不同主体，特别是资源输出区和输入区之间的利益再分配，因此需要明确双方由于资源输送交易导致的生态利益得失。

二是资源输出区生态损失会受自然环境基础、技术、管理水平等多种因素的影响，故不能简单地把所有损失转嫁给输入区承担。

三是需区分出应获得补偿部分的资源生态环境损失，并在资源输出区生态损失和输入区生态收益之间找到一个合适的利益均衡点，作为生态补偿的标准。

四是资源输入区一般人口稠密、产业密集、环境边际成本较高，利用输入资源所产生的潜在收益远大于资源输出量本身的替代效应，需要确定他们如何为这部分收益提供补偿。

第二，资源保育型生态补偿需要估算保育区所提供的"公共财"的价值并找到使用者或受益者。

一是在以农业用地、国家公园等限制发展区所产生的外部效益因受益范围属于全国性，其受益标的较不明确，以中央政府一般财政收入为财源的区域。如何量化所提供的"公共财"的价值，并找到受益者和其他补偿渠道。

二是以水质水量限制发展区为例，受益范围为区域，其受益者均位于下游区域内，且受益标的较明确，如房地产、水源的水质与水量等。这种情况下区域外部成本的估计、内部化程度及途径具有多元化特征。

第三，跨区域生态补偿标准的理论基础和估算办法。是否需要建立一个具有战略性、全局性和前瞻性的总体框架，明确生态补偿的范围、内涵和外延，包括农田、草地、湿地、森林、流域、生态保护区，乃至东西部整体区域发展中的生态补偿，要不要补、怎么补，急需论证。

一是区域自然资源和生态环境的产权界定、产权结构安排是环境管制政策选择、实施的基础和前提，需要研究区域自然资源和生态环境的产权形式。

二是区域生态补偿机制是否需要考虑成本和收益的约束，建立经济诱因的激励机制，以逐步解决全国性跨区域的生态补偿的长效机制，保障自然资源和生态环境的永续发展。

三是需要总结各省（市、区）内跨区域的生态补偿的实践经验，尤其多种多级利益关系的协调与均衡跨区资源调配的经验，探讨国家基于宏观、整体利益考虑，实施生态补偿的制度设计，利用各个主体之间的利益关系拓展生态补偿的创新方式与途径。

四是跨区域生态补偿标准的确定与实施的特殊性和复杂性体现在哪里，其理论基础、测算方法有何难点。跨区的资源补偿应补偿多少，由谁来补偿，如何补偿，怎样保证补偿顺利实施等，是跨区资源调配补偿的关键，也是利益协调与分配的核心，急需深入展开研究。

西部地区是全国的"百水之源"、风沙源头、水土流失敏感地区和濒危物种的栖息地，是我国重要的生态屏障区和我国自然资源丰富的地区。当前，西部的生态环境面临着全国大规模向西部索取资源，及西部因急于摆脱贫困、改善生存条件而对脆弱生态环境的破坏加剧的双重压力。但长期以来，由于"生态系统服务功能"的价值得不到体现，西部在向东部及沿海地区输送资源和能源以支撑其经济发展的同时，自身生态环境处于快速退化状态。近几年来，随着国家重大生态工程的实施，西部自然资源开发项目受到严格控制，严重影响西部的经济发展，导致贫困地区更加贫困，环境保护与经济发展冲突日益明显，贫困县占全国的70%，许多地区陷入"人口膨胀—生态退化—经济贫困"的循环之中。由于目前的跨区域生态补偿制度不完善，导致排污区域治污积极性不足和污染产业的跨区转移，那些经济较不发达地区牺牲环境以谋求经济发展的动机很强。如何解决跨区域生态补偿中隐含的经济效率与公平的矛盾，必须研究全国性的"生态保育与发展补偿"机制。

第二章

完善自然保护区的生态补偿机制

第一节　自然保护区生态补偿与生态补偿机制

一、自然保护区的概念与范围

国际上较为认可国际自然保护联盟（IUCN）对于自然保护地的定义，即"通过法律及其他有效方式，特别用以保护和维护生物多样性、自然及文化资源的陆地或海洋"。本书研究将自然保护区的定义和范围限定于：因保护而不能开发的区域，即提供正外部性的区域。

《自然保护区条例》将自然保护区界定为"是指对有代表性的自然生态系统、珍稀濒危野生动植物物种的天然集中分布区、有特殊意义的自然遗迹等保护对象所在的陆地、陆地水体或者海域，依法划出一定面积予以特殊保护和管理的区域"。根据《全国自然保护区分类型统计表》，本书将自然保护区的研究范围分为七大类：湿地、森林、荒漠、草原、海洋海岸、自然遗迹和珍稀物种。

按照《自然保护区条例》的规定，自然保护区可以分为核心区、缓冲区和实验区。核心区是指自然保护区内保存完好的天然状态的生态系统以及珍稀、濒危动植物的集中分布地，该区禁止任何单位和个人进入；核心区外围可以划定一定面积的缓冲区，只准进入从事科学研究观测活动。缓冲区外围划为实验区，可以进入从事科学试验、教学实习、参观考察、旅游及驯化、繁殖珍稀、濒危野生动植物等活动。严禁开设与自然保护区保护方向不一致的参观、旅游项目。在自然保护区的外围保护地带建设的项目，不得损害自然保护区内的环境质量；已造成损害的，应当限期治理。

自然保护区是进行生物多样性保护和生态服务功能恢复最重要的措施之一。但自然保护区禁止在自然保护区内进行砍伐、放牧、狩猎、捕捞、采药、开垦、烧荒、开矿、采石、挖沙等活动；禁止在自然保护区的缓冲区开展旅游和生产经营活动，这对当地居民的传统生产活动和生活方式产生一定了的影响，而且对当地的经济发展带来了明显的限制，自然保护区的居民为保护该区域的生态环境系统付出了正的外部成本，包括保护成本和机会成本。

二、自然保护区生态补偿的含义与要求

自然保护区的生态补偿是指，该区域的居民因对该区生态环境系统功能价值的维护、保值和增值而付出的保护成本和机会成本的补偿，也就是对该区域所提供的正外部成本的补偿。

生态补偿即国家或社会主体之间约定，对损害资源环境的行为向资源环境开发利用主体

进行收费或向保护资源环境的主体提供利益补偿性措施，并将所征收的费用或补偿性措施的惠益通过约定的某种形式，送达因资源环境开发利益或保护资源环境而自身利益受到损害的主体的过程，以达到保护资源环境的目的。

自然保护区为人类提供了多种多样的环境产品和生态服务，其中大多是间接提供的，与提供者和消费者之间并没有直接的联系，环境服务的提供者与同一环境服务的使用者或者受益者在空间上的分离往往导致环境服务市场难以发育，生态系统管理者由此也没有任何经济激励去改善环境管理，所以，大多数区域的环境服务处于供给不足的状态——供给量较少、质量较差，可利用的环境服务不能满足实际需求。所以，生态补偿旨在纠正这一问题，生态补偿的创新和多样化形式旨在解决这一问题。

三、自然保护区的生态补偿机制

所谓生态补偿机制是以保护生态环境，促进人与自然和谐发展为目的，根据生态系统服务价值、生态保护成本、发展机会成本，运用政府和市场手段，调节生态保护利益相关者之间利益关系的公共制度。

生态环境作为一种公共物品，具有明显的正外部性效应，自然保护区的生态建设和环境保护等提供生态财富的活动，给优化开发区域、重点开发区域带来较大的生态环境收益，受益地区理应通过转移支付等手段对其进行生态补偿。受益地区还可通过"购买"其生态效益的交易途径，对于自然保护区从事生态建设和环境保护的活动所付出的代价及所受到的损失进行价值补偿，使其生态保护的外部效应内在化。

我国现已建成2500多个不同类型的自然保护区，总面积达150余万平方千米，约占我国国土面积的15%，初步建立了布局较为合理、类型较为齐全、功能较为完善的自然保护区体系。

然而，这些在我国生态保护和社会经济发展中具有不可替代的基础保障作用的自然保护区，却面临着因资金投入不足制约其良性发展的现实困境。资金短缺是自然保护区实施生态建设的最大障碍。由于缺乏稳定有效的资金筹措机制，建设资金与管护经费投入不足，使自然保护区的后续管理和建设工作停滞不前，造成不少保护区已处于"批而不建、建而不管、管而不力"的不健康状态，已无法实现可持续的良性运作发展。自然保护区经费拮据不但制约其自身发展，而且无法拿出资金对因保护区的建立而在生产生活上受到不利影响的居民进行合理补偿，无益于保护区的维护管理。"保护越多、包袱越重"是我国区域生态保护建设中体制性矛盾的生动写照，也是区际生态利益失衡的集中体现。

为解决这种矛盾，缓解自然保护区资金短缺的现实难题，应遵循"使用者付费、受益者付费、保护者得到补偿"的生态补偿基本原则，根据保护区的重要性、生态服务功能价值和土地权属等特点合理构建自然保护区生态补偿机制。这是一项复杂而长期的系统工程，涉及生态保护和建设、资金筹措和使用等各个方面。

第二节　自然保护区生态补偿机制的构建

生态补偿机制应该是多层次的，通过纵向公益补偿，区域之间、上下游之间横向利益补偿和对资源要素价值补偿等三种方式，逐步实现全方位、全覆盖、全过程的生态补偿。为科学合理地构建一个全面、系统、完善、有效的生态补偿机制，必须对其在实施过程中将会涉及的补偿主体、补偿对象、补偿标准、补偿尺度、补偿方式、补偿途径、法律保障等方法路径问题加以研究确定。

一、确定生态补偿的主体和对象，明晰补偿流向，保障补偿公平到位

必须对生态补偿主体、对象的辨识与分类、利益博弈关系等进行研究，对生态补偿各利益相关者的权利与义务关系等清晰界定，使生态补偿目标明确，更具有可操作性。

生态补偿主体应根据利益相关者在特定生态保护或破坏事件中的责任和地位确定，包括国家、地区间政府、社会、企业和地区自身。生态补偿的对象，从区域来看，主要是进行生态建设、符合规划条件的生态功能区；从接受补偿群体来看，首先应该对生态环境建设做出贡献的人群进行补偿，其次是生态环境问题中的受害者和生态治理过程中的利益受损者也应得到补偿。

二、确定补偿标准

补偿标准根据国家政策和自然保护区的实际情况及经济发展水平，通过方法核算和协商加以确定。核算法多是依据生态环境治理成本，或者以生态服务功能价值来核算补偿标准，核算依据和核算方法的确定是实际操作的关键，需要深入研究。协商法则是利益相关者就一定生态补偿范围协商同意而确定补偿标准，相关者利益博弈是关键。

三、明确界定补偿尺度

根据自然保护区的实际情况，其补偿尺度包括以下两种，一是鉴于生态区位的差异性，根据自然保护区的范围和发挥的生态效应，以及生态系统受损状况和亟待改善的紧迫程度，因地制宜地确定补偿的空间尺度；二是生态补偿具有综合性、复杂性和长期性的特点，根据生态功能定位和生态建设需求以及补偿对生态建设持续发展的影响，科学合理地界定补偿的时间尺度。

四、探讨生态补偿的方式

生态补偿的方式途径很多。按照运作机制可以分为政府补偿和市场补偿两大类型。而政府补偿又分为政策补偿、资金补偿、实物补偿、项目补偿、技术补偿等，市场补偿包括一对一交易、市场贸易、生态标记等。本书拟研究各种实现方式的适用条件，比较其优缺点，并提出综合性的生态补偿实现方式。

五、完善生态补偿法律体系，保障生态补偿机制稳定实施与持续运行

建立以政府为主导的市场调节机制，法律保障是前提。无论是政府补偿方式，还是市场补偿手段，都需要通过立法和制定政策等制度安排，确立其补偿方针原则、实施模式及运行机制。探索构建生态补偿机制的法律体系，保障、规范和引导生态补偿实践。同时，针对不同自然保护区的区位和功能差异，制定具有针对性的生态补偿政策，实现生态补偿法律刚性约束与政策柔性指导相结合，为自然保护区生态补偿机制的实施创造良好的法律政策环境。

第三节　生态补偿标准的确定依据与方法

一、生态补偿标准的确定依据

自然保护区生态补偿标准的确定一般依据以下几个方面的价值核算：一是核算生态保护者的直接投入。对保护区实施生态建设和环境管理所需要的人力、物力和财力等直接投入进行核算。二是核算生态破坏的恢复成本。资源开发活动会造成一定范围内的植被破坏、水土流失、水资源破坏、生物多样性减少等，需要进行环境治理与生态恢复，对恢复成本进行核算。三是核算生态保护者的机会成本。生态补偿机制中所指的机会成本，是自然保护区内及周边居民为了保护生态环境所牺牲的部分发展权，包括放弃的经济收入、发展机会等，这部分因丧失发展机会所造成的间接损失应纳入补偿标准的核算之中。四是核算生态受益者的获利。鉴于生态服务功能所具有的正外部性，生态受益者应为自身所享有的生态服务付费，使外部效益内部化，生态受益者的获利可通过生态产品或服务的市场交易价格和交易量来核算，或通过协商博弈来确定。五是核算生态系统服务的价值。生态系统服务具有价值属性，生态补偿标准的确定应建立在生态系统服务功能的价值之上，这就需要对自然保护区生态系统服务价值有一个比较完善的评估，主要是针对保护区生态系统以及环境保护或者环境友好型的生产经营方式所产生的水土保持、水源涵养、气候调节、生物多样性保护、景观美化等生态服务功能价值进行综合评估与核算。

二、生态补偿标准的测算与方法

本书将对学术界比较常用的方法，如直接市场法（market value method，MVM）、选择试验模型（choice experiment model，CE）、机会成本法（opportunity cost approach）、意愿调查法（contingent valuation method，CVM）等，在应用过程中各自的适用性和利弊分析的基础上，选择适合于我国自然保护区生态补偿标准的测算方法，构建基于自然保护区居民的受偿意愿以及政府对补偿资金的益本分析，构建自然保护区生态补偿标准的测算框架。

一是计算自然保护区居民放弃砍伐、放牧、狩猎、捕捞、采药、开垦、烧荒、开矿、采石、挖沙等活动的受偿意愿，并评估生产和生活方式受到限制条件下自然保护区所能供给的生态系统价值，基于政策有效性目标构建自然保护区生态补偿的动态标准。定量测算自然保护区居民在生产和生活方式受到限制条件下的居民受偿意愿与政府限制目标之间的相关关系，以及接受政府直接补贴形式的补偿意愿标准，接受市场调控下生态环境产品价格上涨的幅度。最后，得出自然保护区居民生产生活方式受限前后其生产活动的收益标准与政府需要补偿的标准之间的差额，寻求政府对自然保护区投入产出的最优效率与自然保护区居民投入产出最优效率的结合，探索自然保护区生态补偿的内生长效机制。

二是以我国具有典型意义的自然保护区（如陕西洋县国家级朱鹮自然保护区）为例，对自然保护区的生态系统服务功能价值进行动态评估，借鉴技术接受模型（technology acceptance model，TAM），以陕西洋县朱鹮自然保护区为研究区域，分析在建立保护区后村民对现行生态补偿机制的感知情况和接受意愿情况。主要研究两个方面：一方面，自然保护区村民对现行生态补偿机制的感知有用性和感知易用性与其生态补偿接受意愿之间是否存在因果关系？另一方面，村民对现行生态补偿机制和补偿标准的满意程度如何？不满意的原因是什么？应该如何进一步改善？涉及的数据分析有以下四种：（1）单因素方差分析，即分析不同特征村民在感知有用性和感知易用性方面是否存在显著差异；（2）主成分分析，即将影响生态补偿机制和补偿标准接受意愿的多种因素通过主成分分析汇聚为两类综合指标——感知有用性和感知易用性；（3）回归分析，即分析自变量和因变量间的因果关系，从而对提出的假设进行检验；（4）满意程度分析，即通过计算满意度的平均值来分析村民对目前生态补偿机制和补偿标准的满意程度，为建立自然保护区的生态补偿标准体系提供参照依据。

三是运用使用者成本法、MVM 和 CE 方法、机会成本法计算自然保护区生态补偿的总量补偿标准，结合居民的受偿意愿的定量分析结果和政府补偿标准的益本分析结果，提出自然保护区生态补偿的标准体系。

由于生态补偿标准的科学性与客观性很大程度上依赖于核算方法是否科学与完善，因此，不仅要科学合理地选择补偿标准的具体核算方法，还应提出各种核算方法的具体操作原则，并寻求多种方法结合的最佳途径，完善对生态补偿标准的核算。在实际研究过程中，将根据自然保护区的实际情况，特别是经济发展水平和生态环境现状，选择计算方法，并通过协商和博弈确定科学的补偿标准。同时，生态补偿是一个动态过程，需要根据生态保护和经济社会发展的阶段性特征，进行相应的动态调整。

第四节　自然保护区生态补偿机制的政府补偿和市场补偿

生态补偿涉及许多部门和地区，具有不同的补偿类型、补偿主体、补偿内容和补偿方式。补偿实施主体和运作机制是决定生态补偿方式本质特征的核心内容，按照实施主体和运作机制的差异，主要研究政府补偿和市场补偿两大类型。

一、政府补偿

政府补偿机制是目前我国开展生态补偿最重要的形式。它是以国家或上级政府为实施和补偿主体，以区域、下级政府或农牧民为补偿对象，以国家生态安全、社会稳定、区域协调发展等为目标，以财政补贴、政策倾斜、项目实施、税费改革和人才技术投入等为手段的补偿方式。

政府补偿方式主要包括以下四种：

第一，财政转移支付。这是政府补偿方式中最重要的手段。自 1994 年实施分税制以来，我国中央财政转移支付占中央财政总收支、地方财政总收入的比重均在 40% 以上，说明中央财政转移规模已经偏大。但体现基本公共服务均等化目标的一般性转移支付规模过小，对处于自然保护区的国家级贫困县、民族自治县等财政困难地区补偿能力有限。巨额的财政转移支付资金为生态补偿提供了很好的资金基础，但生态补偿并没有成为财政转移支付的重点。本书将研究财政转移支付进行生态补偿的影响因素，整合现有的专项转移支付，增加生态补偿项目。并对利用财政转移支付开展生态补偿进行益本分析，以降低体制不灵活、运行和管理成本高、部门分割严重、效率低等的不利影响。

第二，差异性的区域政策。研究政府实施生态补偿机制的区域政策。包括增加当地财政转移支付的财政政策、实施税收减免政策、优先安排重要生态功能区的基础设施和生态环境保护项目投资政策、鼓励清洁项目和绿色产业发展的产业政策、实施生态优先的政绩考核政策等。

第三，生态环境税费制度。生态环境税费是利用税费形式征收因开发造成生态环境破坏的外部成本，使外部成本内部化的重要手段。我国的生态环境税费主要有生态补偿费、排污费和资源税三大类。正在征收的生态环境税费包括排污费、矿产资源补偿费、水资源税、土地损失补偿税、育林费、耕地占用税、城乡维护建设税、资源税等，形式多样，但与充分内部化负外部成本存在较大差距，本书将研究生态环境税费结构与水平的调整，在总体（一般税负和特殊税负）水平基本不变的条件下，增加生态环境税负占整体税负水平的比重，为生态恢复和环境治理提供稳定的资金来源。

二、市场补偿

在生态补偿的补偿者与受偿者明确的情况下，通过对生态环境资源的市场交易来实现有效生态补偿。市场交易的对象可以是生态环境要素的权属，也可以是生态环境服务功能，或者是环境污染治理的绩效或配额。通过市场交易或支付，兑现生态（环境）服务功能的价值。

本书研究生态环境的市场补偿如何面向社会创立多渠道且有效的资金筹措机制，凭借经济手段缓解保护区经费拮据的局面。典型的市场补偿机制包括：（1）适用于生态环境服务的受益方较少并很明确，生态环境服务的提供者被组织起来或者数量不多的情况下的一对一交易（自愿协议）。（2）适用于生态服务市场中买房和卖方数量较多，同时生态系统提供的可供交易的生态环境服务能够被标准化为可计量的、可分割的商品形式的情况下的市场交易。（3）生态标记。对以生态环境友好方式生产出来的商品进行生态认证并标记，市场的消费者如果愿意以更高的价格购买经过认证并带有生态标记的产品，那么消费者实际上支付了商品生产者伴随商品生产而提供的生态环境服务。

三、生态补偿机制的制度创新

自然保护区生态补偿机制建设与实施是一个复杂的系统工程，需要在多个层面进行改进与完善，以形成有效运作的支持系统，积极探索多元化融资渠道、政策体系与制度创新。

一是建立完善生态补偿机制的政策体系。从我国生态保护和市场发育的实际情况出发，政府在建立生态补偿中不仅要制定生态补偿的政策、法规，引导市场的形成和发育，同时还需支付大尺度的生态补偿。政府作为生态补偿的主要支付者，一般采用对相关者直接补偿、征收生态补偿税、财政转移支付等三种补偿方式。其中，对相关者直接补偿是普遍采用的方式，财政转移支付是生态补偿最直接的手段，也是最容易实施的手段。在生态补偿机制建设中，政府的主导作用，主要是从区域规划、资金投入、财税政策、制度激励、利益协调等不同方面发挥积极的效能。

二是加快自然保护区生态补偿的立法调整。无论是政府财政转移支付还是市场经济手段的生态补偿政策，都需要立法确定其方针原则、实施模式及机制。对制定《生态补偿条例》的基本原则、主要领域、补偿办法，确定相关利益主体之间的权利义务和保障措施进行探讨。并以此为依据，提出《自然保护区法》和《自然保护区法（实施细则）》的政策建议，建立完整且具普适性的生态补偿法律制度或操作规程，明确界定补偿主体、受偿主体、补偿范围、补偿标准、补偿程序、资金来源、违法责任、生态损益价值的评估机制及纠纷协调处理机制等，实行生态补偿费与生态补偿税、生态补偿保障金制度、财政补贴制度、优惠信贷、交易体系、国内外基金等补偿途径。

第三章

完善我国流域生态补偿机制研究

从生态经济学、资源与环境经济学的研究视角出发，分析我国各流域内各资源环境要素及与社会、经济的内在联系，流域上下游、干支流、左右岸、蓄与泄、保护与破坏的关系如何正确地处理，以实现流域生态系统整体各要素的优化配置、保护利用和流域生态系统的可持续发展能力。主要研究内容包括流域正负外部性的内部化与管理制度创新，所谓内部化是指流域生态环境系统功能价值的益本的充分补偿，使流域生态环境系统的功能价值得以恢复、保值或增值。

第一节　我国流域与流域生态补偿机制的含义

一、流域与我国重点流域的范围

流域一般指河流干流和支流流过的区域。本书所研究的流域范围为：根据国务院《重点流域水污染防治规划（2011—2015 年）》，我国重点流域包括松花江、淮河、海河、辽河、黄河中上游、太湖、巢湖、滇池、三峡库区及其上游和丹江口库区及上游等 10 个流域，涉及 23 个省（自治区、直辖市）、254 个市（州、盟）、1578 个县（市、区、旗）。总人口约占全国的 56.5%，面积约占全国的 32.2%，GDP 总量约占全国的 51.9%。

二、流域生态补偿机制

本书所指的生态补偿包括两方面的含义：一方面，指生态环境加害者要对其造成的损害进行合理的补偿；另一方面，是指对生态环境保护、建设者的改善生态环境的行为也要进行必要的补偿。鉴于流域生态补偿的特殊性，将流域生态补偿机制理解为：通过一定的政策手段实行流域生态保护外部性的内部化，让流域生态保护成果的受益者支付相应的费用，实现对流域生态环境保护投资者的合理回报和流域生态环境这种公共物品的足额提供，激励流域上下游的人们从事生态环境保护投资并使生态环境资本增值。

本书将基于流域生态补偿机制的概念进一步明确流域生态补偿的主体、对象、方式、手段等一系列问题。

第二节　流域生态补偿的政府方式

从我国的实际情况来看，政府补偿模式是目前开展流域生态补偿最主要的形式，也是比较容易启动的补偿形式。它是以国家或上级政府为实施和补偿主体，以区域、下级政府或农牧民为补偿对象，以国家生态安全、社会稳定、区域协调发展等为目标，以财政支付、政策倾斜、项目实施、税收优惠和人才技术投入等为手段的补偿方式。在政府补偿模式中以财政转移支付为主导，其中存在很多问题。

一、纵向转移支付的流域尺度、补偿对象与标准

纵向转移支付是指中央或上级政府对下级政府进行的财政资金转移支付。我国的转移支付以纵向为主，由国家直接拨付资金偿还生态欠账。但是，一方面，在政策法规和国内学者的研究中，均没有对纵向转移支付的适合流域尺度做出界定；另一方面，对于纵向转移支付如何补偿、补偿多少，实施补偿后要达到什么样的生态环境目标，均由政府统一做出政策性的规定。这种政策性规定难免补偿得不合理，造成实施效果的偏颇。因此，在本书中，将对纵向转移支付的流域尺度、补偿对象和标准等做出界定，使纵向转移支付更好地发挥作用。

二、横向转移支付的流域尺度、实现形式

横向转移支付主要是指在既定的财政体制下，同级的各地方政府之间财政资金的相互转移。目前，由于牵涉的彼此利益复杂，区域或流域之间的补偿很难进行。

同纵向转移支付相似，横向转移支付的流域尺度也是不明确的。横向转移支付流域尺度的划定可以规范同级之间的转移支付，促使有补偿关系的同级之间进行转移支付，而不是一味地依赖上级或其他手段的补偿。

横向转移支付以什么样的形式进行，也是研究的关键。横向转移支付是在同级之间进行的，若没有规范形式，将会很难保证其实施。因此，确定横向转移支付的形式，如利用区域间的协议或协商、规定跨流域间的税收等，是横向转移支付有效进行的保障。

第三节　流域生态补偿的市场机制

市场补偿是政府补偿的有益补充，它是生态补偿机制创新的主要方向。市场补偿主要有产权交易市场、一对一交易、生态标记等形式，其中又以产权交易最为重要。产权交易主要包括水资源使用权交易和排污权交易。

一、流域生态补偿的水权交易法规与政策体系研究

目前，国内的法律法规包含了对水资源所有权和使用权的规定，如《水法》和《取水许可制度实施办法》等。《水法》第三条规定，"水资源属于国家所有，水资源的所有权由国务院代表国家行使；农业集体经济组织的水塘和由农业集体经济组织修建管理的水库中的水，归该农村集体经济组织使用"。虽然，法规对所有权和取得用水权有明确的规定，但取得用

水权后，关于用水权的性质、权利的内容、能否转让及转让的条件等缺乏明确规定，不能满足实践的要求。由于缺少相应的法律来规范水权及其交易活动，实践中的水权交易仍存在是否合法的质疑。

因此，必须设立关于水权交易的法律法规，来保障水权交易的实施，如在《环境保护法》中加入水权交易条款、完善《水法》、设立专门的水权法等。

二、水资源使用权的初始分配与水权交易

初始水权分配是水权转让的前提，但初始水权分配要考虑多种因素：要注意保证充分的生态用水和环境用水；要注意协调好上下游、左右岸，特别是行政区划之间的关系，协调好经济发达地区和相对落后地区、城市和农村、工业和农业之间的关系；要注意调整经济结构和产业结构，优化水资源配置，提高水资源承载能力；要注意保留一部分用水权指标，作为经济社会发展的水资源储备等。因此，水资源使用权的初始分配关系水权交易的进行，是研究的关键。

水的自然属性决定了上下游、左右岸、干支流之间用水相互影响，水权转让容易影响相关地区或用水户的利益。因此需要建立相应的机构，综合平衡各方利益，决定是否进行水权交易。此外，目前缺乏对水权交易价格的规范，一方面，会导致水权交易缺乏利益驱动；另一方面，容易导致利用水权交易牟取不正当利益。因此，必须规范水权交易价格。

三、排污许可证与排污权交易

（一）许可证制度

我国的排污许可证制度虽已实施 20 余年，但在水污染防治中发挥的作用还不大。究其原因主要是，排污许可证制度的法律依据不规范，缺乏保障；发放时间和条件限制较为宽松；政府监管不严及后续工作不到位等。规范和完善排污许可证制度，一方面，能促进我国环境管理逐步向科学化、法制化、规范化发展；另一方面，排污权交易是建立在排污许可证制度的基础之上的，只有建立排污许可证制度，将一个地区的环境容量通过发放许可证的方式分配给各个排污单位，才有可能实现排污权的交易。因此，本书将从许可证制度的现状入手，借鉴国外先进经验，完善我国的水排污许可证制度。

（二）配额交易制度

配额交易是国外生态效益补偿市场化的重要途径之一。当生态服务市场中买方和卖方的数量较多或不确定，而生态系统提供的可供交易的生态环境服务是能够被标准化为可计量的、可分割的商品形式时，可以使这些指标进入市场进行交易，即开放贸易方式。目前，配额交易主要建议实施于重要生态功能区的生态补偿中。但是，可以通过对重点流域的探索，针对这些流域提供的不同特征的生态环境服务，将流域生态服务这一补偿与赔偿标准转化成可计划或者可分割的交易单位（如排污量），并建立相应的市场交易规则。

（三）排污权交易

排污权交易是流域生态补偿市场化的重要内容之一，其实质是通过运用污染权的市场交易机制来实现污染控制。流域排污权交易制度的建构是一个系统的工程，它需要测算流域污染总量，在这个总量控制指标内，由流域管理机构来进行排污权的初始分配；在分配的指标内，排污权的使用者方能通过排污权契约进行排污权交易，最终实现环境调控的目的。其中，流域污染总量的测算、排污权的初始分配、排污权交易法律的保障等，都是流域排污权交易

制度的难点和关键。因此，对这些问题的分析研究，是本书研究的一部分。

第四节　建立不同层次的流域生态补偿基金

一、基金的性质和功能

我国的生态补偿机制不尽合理，其基本特点是"少数人、贫困地区和上游地区负担，多数人、富裕地区和下游地区受益"。因此，有必要建立不同层次流域生态补偿基金来辅助流域生态保护行为，如国家基金和地方基金，将补偿责任人无法完成的补偿责任转嫁给社会，突破个人责任的局限性。对于流域生态补偿基金，必须明确其专项用于流域生态补偿的性质和适用于哪些流域的生态补偿。

二、基金来源

流域生态补偿基金应主要来源于政府的财政拨付、非政府组织或个人的捐赠、下游地区用水的利税和基金运作的收益等。对于基金来源的确定能够更好地丰富基金的构成，使其有充足的资金进行生态补偿。

三、基金的使用和程序、管理

对于流域生态补偿基金补偿对象和适用范围、补偿的运作程序、资金的管理和监督，应该设立专门的部门来进行，配套专门的政策条例来保障其实施。这是一套系统的制度设计，本书将对流域生态补偿基金做出具体设计。

第五节　我国水资源管理问题和制度创新

一、我国水资源管理中存在的问题及借鉴

首先，目前的流域水环境管理呈现"垂直分级负责，横向多头管理"的局面，直接导致"责、权、利"的不统一，争权不断，推责有余。流域上下游水污染防治补偿机制也没有建立，上游地区不仅缺乏治污积极性，甚至通过流域的过度开发带动经济的增长。因此，根据流域整体性建立跨部门、跨流域的统一综合治理机制已经迫在眉睫。

其次，流域企业非法排污"一查就关、一走就开"屡禁不止，需要国家对环保执法评估机制的更大投入，也需动员社会公众的广泛参与。公众作为环境最大的利益相关者，最有动力去监督各相关部门和企业是否履行了环境义务。建立公众参与的环境后督察和后评估机制势在必行。

最后，流域管理中经常会出现跨省区市的问题，传统的省区市管辖常常会牵制很多利益相关者，造成地方政府间的逐利行为，同时浪费很多行政资源，而以流域为整体成立地方自治团体可以避免这些问题。

国际经验值得借鉴：一是荷兰流域管理机构（水利会）的作用即为地方自治团体。水利会为维持水利设施、防洪等方面的支出，向家庭、厂商等受益者征收水利费。另外，为支持

水质管理服务，兴建污水处理设施，水利会向所有排放者征收污水费。二是德国流域管理机构（鲁尔协会）以及法国流域管理机构（流域管理局）均属于地方自治团体的案例，均按水文特征，将全国划分为几个流域，由各个流域组成流域管理局（地方自治团体）。三是以本地村民为主体的中国台湾地区河川鱼类保育区管理的地方自治团体，管理本地以及外地钓鱼者的行为。

综合上述三个案例，归纳其机构组织设计的整合原则、自治原则、贡献与权利相符原则、自给自足原则。

二、南水北调中线工程的案例分析及制度创新

南水北调是缓解中国北方水资源严重短缺局面的重大战略性工程，目前该工程实施中面临生态补偿的困境：

一是生态补偿认识分歧大。调水区和受水区之间对是否进行生态补偿不能达成共识。受水地区对保护生态环境地区付出的经济成本、发展机会成本损失尽量回避，中央政府对调水区地方政府核算的各种生态损失并未予以充分认可。受水区和调水区之间缺乏对话与协商，尚未建立相应的生态协商机制。另外，不同利益主体对水资源开发、利用与保护的权利和义务、补偿范围、补偿方式和生态服务功能价值存在较大分歧，尤其在生态环境保护者和资源环境受益者之间。

二是补偿方式和资金来源单一。国家对保护区的生态补偿主要以项目为主。包括水污染防治和水土保持项目、兴修水利枢纽等工程。生态补偿的方式单一，缺少对产业受限区（如十堰市）的产业扶植政策和技术支持等生态补偿措施。同时，补偿的资金来源单一，主要源于中央财政一般性转移支付，缺少横向补偿。

三是补偿政策和项目缺乏长效性。保护区的补偿政策大多以规划、项目和工程的方式组织实施，主要补偿建设资金，有明确的时限，因此补偿缺乏长效性。以中线为例，从库区层面来看，《丹江口库区及其上游水污染防治和水土保持规划》重在对水污染治理和水土保持项目的建设，而在项目建成后如何运营和管理，规划并未涉及。从汉江中下游层面来看，国家安排的四项治理工程，只能在局部河段、局部时段缓解、改善调水带来的不利影响，并不能完全消除不利影响。

四是相关补偿制度执行不到位。污染防治、水资源费征收和排污收费制度是生态补偿机制的重要内容。保护区依据国家相关法规，制定了一系列水资源费、排污费征收管理办法、水价管理办法，但制度的执行并不理想。一方面是收费标准低，用于水资源节约和保护方面的经费少；另一方面是拖欠费用严重，一些水利工程征收的水费维持自身良性运行尚且困难，更不可能进行生态补偿。

本篇将以南水北调中线工程为例，研究跨区域流域的生态补偿机制的建立与完善问题。根据流域资源独特的制度环境与环境经济理论提出创新性制度，建立以流域资源管理为其唯一任务的地方自治团体，由该种自然资源的权益相关者组成地方自治团体，地方自治团体以自然资源的天然分布区域为辖区。而权益相关者参与的主要原则为"贡献与权利相符原则"。

第四章

基于两个外部成本内部化的矿产资源
开发的生态环境补偿机制

在我国现有矿产开发的生态环境补偿制度分析的基础上，按照当代外部成本、跨代外部成本内部化的要求，对矿产资源的特殊税费政策、一般税费政策、矿山环境恢复治理保证金的征收标准、使用去向、管理体制进行梳理，探讨矿产资源开发历史遗留和正在发生的生态环境补偿基金制度的设计，论证我国矿产资源开发的生态环境补偿的制度框架和政策体系：保证金＋基金＋污染税＋命令管制＋损害赔偿。

第一节　矿产资源开发的资源税费与环境税费的生态补偿机制

矿产资源开发的生态环境补偿税费制度涉及资源税费、生态环境税费、税费结构、征收依据、征收标准、征收形式以及使用程序和监管，是我国现有矿产开发的生态环境补偿制度的重要组成部分。

第一，通过综合运用使用者成本法、CVM、CE、机会成本法等方法，测算单位资源产出应缴的资源价值补偿标准和矿区环境价值的补偿标准，以此作为矿业企业资源税费和环境税费调整的理论依据。以资源开发的跨代外部成本（资源价值损失）为依据和补偿标准，考察现行资源税费计征标准、现行环境税费及由此给矿区发展带来的机会成本，以三项之和为计征依据和补偿标准。

第二，研究调整矿产资源开发的税费结构和征收水平（包括一般税负和特殊税负），提高生态环境税费占整个矿产资源开采企业总体税负水平的比重，在矿产资源开采企业总体负担基本稳定的情况下，实现效率双重红利（在环境改善之外，环境税的征收使得额外损失减少，税制的配置功能得到改善，从而促进效率的提高）。

第三，选择重要矿产资源的行业（化石能源、稀有金属），将其各种环境税费（排污费、其他环境税费）加以梳理和整合，测算环境税征收水平的理论参照标准，同时测算重要矿产资源行业矿区的生态税的征收标准，为重要矿产资源行业的生态环境税费结构和水平的调整提供理论依据。

第四，借鉴市场经济国家的矿产资源生态环境税费管理制度，建立矿产资源开发的生态环境税费使用程序及相应的监管措施。

第二节　完善土地复垦的生态补偿机制

矿产资源开发造成的生态环境破坏具有累积性、隐蔽性、复杂性和持续性，土地复垦制度是一项有效的激励（约束）矿企边开发、边补偿的制度安排。该制度包括许可证制度、保证金制度、缴纳与返还制度等。

一、建立矿区复垦许可证制度

研究矿企获得开采许可证的同时要求持有复垦许可证，否则任何单位或个人不得进行新的露天采煤作业或重新打开、开发已废弃的矿井或矿区。申请复垦许可证所缴纳的费用纳入废弃复垦修复保证金当中，用于解决历史遗留的矿区土地修复和矿区工作人员的健康安全保障。

二、矿区复垦保证金标准的理论依据与测算方法研究

设立保证金制度的目的是约束矿业主按照规定的标准进行土地复垦。

在确定保证金标准的理论依据与测算方法的基础上，提出统一的《复垦保证金数额计算手册》，该手册计算保证金的四个关键性步骤为：（1）决定最大限度的复垦要求；（2）估算直接复垦成本，需考虑构成物的搬迁和拆除、掘土、再植、其他复垦成本等因素；（3）估算间接复垦成本，应考虑以下因素：重新设计费用、利润和日常开支（经常管理费用）、合同管理费用等；（4）计算总的保证金数量。

三、保证金缴纳数额的确定与缴纳方式

（一）缴纳数额

研究复垦执行保证金数额确定所遵循的原则：（1）保证金数额应充分考虑的因素有矿山种类、受影响面积、矿山地质状况、被提议的矿山使用目标和基本的复垦要求、许可证年限、预期的复垦方法和进度以及其他如水文等的标准；（2）保证金数额基于但不限于申请者估算的复垦成本；（3）保证金数额应足以保证厂商不执行复垦任务时，管理机关对其保证金的罚没能完成复垦任务；（4）任何许可采矿区域的最低保证金数量标准；（5）保证金数额可以根据采矿计划、开采后土地用途或其他任何可能增加或降低复垦成本因素的变化而加以调整；（6）闭矿后两年内厂商应持续提供担保金，其目的是确保复垦的彻底完成和复垦质量达到标准。

综合以上因素，为管理机关决定保证金数额提出参考标准。

（二）缴纳方式

在复垦标准确定之后，进而研究最常见的保证金缴纳方式：履约保证（surety bond）、不可撤销信用证（irrevocable letter of credit）和存款证明（certification of deposit）在我国的适用性。

（三）返还与管理：重复收费项目的整合与法律规定

一是新矿区造成的破坏由企业负担全部的治理责任。完善矿山企业的土地保证金制度，在企业未履行义务时，由政府向社会进行工程招标进行生态恢复。

二是保证金将随着复垦项目的推进而分阶段返还给矿业企业。保证金返还标准是十分关键的内容，当复垦达到要求的标准时，允许返还保证金。

三是将土地复垦保证金与矿山环境恢复治理保证金进行整合，修改土地复垦条例。

第三节　建立废弃矿山的生态补偿基金制度

对于废弃矿区和老矿区已造成的生态环境污染和破坏，通过建立废弃矿山生态环境恢复治理基金进行治理。

一、建立废弃矿山生态环境基金制度的依据

对废弃矿区和正在生产的矿山已造成的矿区生态环境破坏且无法确定责任人的，由政府负责恢复治理，主要通过建立"废弃矿山生态环境恢复治理基金"来实现。

废弃矿山生态环境恢复治理基金的构成，主要是按规定征收的恢复治理费和对使用恢复治理后的土地征收的使用费，减去养护该土地的开支后余下的款项以及任何个人、公司、协会、团体、基金会为生态补偿提供的捐款等。

二、基金的主要来源

（一）政府财政支出

从三个方面研究政府财政支出：一是政府增加废弃矿山年修复的财政拨款；二是将目前向矿山征收的相关资源税费，如新增建设用地有偿使用费、资源税、资源费、耕地占用税、水土保持费等加以整合，作为政府废弃矿山修复治理的财政支出资金来源；三是向国家申请发行矿山生态保护债券，获得的相应债券收入纳入"恢复基金"，用于废弃矿山的修复治理。

（二）向正在生产的矿产企业征收生态环境恢复治理费

研究由矿产经营者为目前和前矿业开采者所造成的生态损害的历史旧账给予一定的补偿（或称义务性赞助）的机制，为老矿复垦筹集资金。

一是研究谁来征收？是否由负责进行生态环境恢复治理工作的政府部门进行征收？

二是研究向企业征收的废弃矿区生态环境恢复补偿费的标准？是按固定费率或比例费率收取，还是按矿产资源产品销售额的一定比例征收？具体收费标准是否由当地政府根据本地的具体生态环境而确定？

三是研究征收采用每年一次还是或按月交纳。

四是所有征收费用的管理，如何才能做到专款专用，全部用于废弃矿山已造成破坏的矿区生态环境恢复治理的各项必要开支。

五是接受捐赠、捐款问题。研究设立国际资助和国内个人、公司、协会、团体、基金会提供的直接资金捐助通道，并接受包括国际和国内团体或个人的修复技术资助。

第四节　矿产资源领域的生态环境损害赔偿和生态补偿政策法规完善

一、完善矿产资源损害赔偿制度

完善我国矿产资源损害赔偿制度，主要有以下三个方面的工作：

一是环境损害赔偿主要归责制度的研究。首先，对已经发展的各种外部性规范理论进行深入探讨，充分界定其适用性和局限性，以及相互间的匹配性（环境损害的特性往往容易出现多方加害人的情形，单一的归责制度不容易给潜在的多方加害人以充分的事前防护激励，也不容易解决事后加害人间的责任分担问题，此时就有讨论制度间的匹配性的必要）；其次，根据我国现有的经济情况、生产力水平导出社会最适行为的条件，即能使社会成本（包括预防成本和损害成本）最小或使社会净效益最大化的条件，同时导出施害者和受害者在各种归责制度下行为的条件；最后，比较此两种行为条件的异同，以求出各种归责制度的效率性。

二是重大环境污染事故赔付问题研究。研究重大的环境污染事故如何把超出施害人赔付能力范围的这部分损害内部化，探究适合我国的环境责任险制度，针对环境损害赔偿数额巨大、行为人无法承担情况，研究各种规范制度下的风险分担问题，尤其是研究严格责任制度和过失责任制度下加害人与受害人的风险承担问题。

三是超出资产范围的环境事故赔付问题研究。比较事前的管制与延伸责任制在搭配严格责任制或者过失责任制的实施时，对解决环境事故损害无力赔付问题的效率性和适用性，两者面临的均是不对称信息的情况下（行为人的防护是外面所不知道的信息）的委托代理关系问题，不同的是前者的委托人是管理者，后者的委托人是与行为人有合同关系的企业出资人，两者追求的目标不同，管理者追求社会成本最小化（包括预防成本和损害成本），而企业出资人则追求利润最大化。我们将社会防护成本、企业的利润率、固定资产额、固定防污设备投资额等相关的因素予以数理化的表达，进而采用委托代理理论的"一般化分布方法"模型分别求解出管理者、行为人和企业出资人在两种不同情况下的行为条件，最后比较得出两种行为条件的异同，以求在不同条件下各自的适用性和效率性。

二、完善矿产资源领域的生态补偿政策法规体系

完善矿产资源领域的生态补偿政策法规体系，主要包括以下两个方面的内容：

一是立法调整。修改《矿产资源法》，制定《土地复垦条例》，将"边开发，边复垦"的思想体现在相关法规中。目前，我国多数省区市已经建立矿山生态环境恢复治理保证金制度，由于缺乏相应的上位法作为指导，各地在矿山生态环境恢复治理保证金的征收依据、标准、计算方法、使用去向、保障体系等存在很大的差异，因此，亟须进行立法调整的研究。

二是建立矿产资源开发的跨区域生态补偿制度。矿产资源开发的跨区域生态补偿制度需要深入研究。根据生态补偿的"受益者补偿"原则，我国受益地区有责任对西部矿区实施生态补偿。国际上，以美国为代表的西方发达国家已有丰富的实践经验可供参考。相比之下，我国资源的跨地区转移却没有如此的政策支持。因此，建立跨区域生态补偿制度，实现资源输入地区政府对资源输出地区政府的经济补偿，是保护中国西部生态屏障的长效机制。

第二篇

矿产资源开发的生态补偿机制：
产权、评估与分摊

第五章

煤炭资源开发的生态环境外部成本及内化的概念界定

第一节　研究背景及问题提出

一、研究背景

改革开放以来，中国经济取得了举世瞩目的成就，已成为影响世界经济的重要因素。但是中国经济的增长模式依然是一种以工业生产为主导的"重消耗大宗商品"模式。伴随着经济发展对资源的高消耗，中国对以煤炭为代表的能源的消费需求不断增加，从而使资源开采系统的各个环节的生产能力快速增长。20世纪90年代以来，随着经济的快速发展，中国能源生产和消费总量呈逐年增长的趋势（见图5.1）。

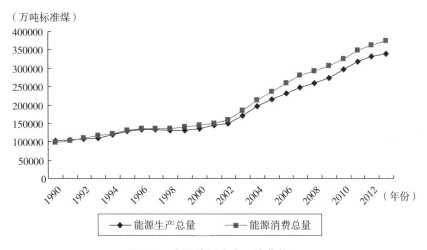

图5.1　中国能源生产、消费状况

资料来源：《中国统计年鉴（2014）》。

然而我国能源采选、加工、环境恢复和保护的技术水平相对较弱，不但不能满足资源开采和加工的要求，而且对生态环境造成了巨大的破坏。我国是一个煤多油少的国家，已探明煤炭储量占世界煤炭储量的33.8%，可开采量居世界第二位，产量居世界第一位。煤炭资源在我国一次能源结构中处于绝对主要的位置，煤炭资源的消费约占我国能源消费总量的70%左右，煤炭资源生产在我国能源生产总量中的比重更高（见图5.2），并且在今后一个时期内，煤炭资源仍然是我国能源生产和消费的主体。

但是，这种过度依赖煤炭资源的能源结构也带来了日益严重的生态环境问题。生态环境问题主要是指生产和消费上的外部性，尤其是生产的外部不经济性（马中，1999）。煤炭资源开采造成的生态环境问题主要包括植被破坏、土地塌陷、土地沙漠化，以及固体废弃物污染、大气污染、水污染、重金属污染等，这些问题对生态环境以及人类的福利等产生了副作用，带来了大量的生态环境外部成本。

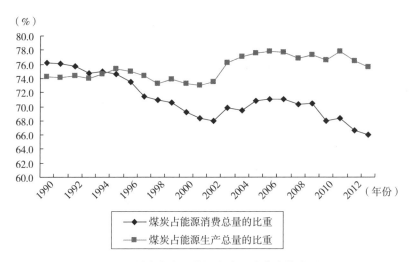

图 5.2　煤炭在全国能源生产、消费中的比重

资料来源：《中国统计年鉴（2014）》。

根据2012北京国际生态修复论坛上披露的数据，截至2011年底，全国井工煤矿采煤沉陷损毁土地已达100万公顷，同时，这一数字还在以每年7万公顷的速度增加。包括蒙东、冀中、鲁西、河南、两淮在内的五大平原煤炭基地可采储量为1192亿吨，年产量占全国煤炭产量的16%。但平原煤炭矿区人口密度大、村庄多，地下采煤必将导致地表村庄遭受严重破坏。仅五大平原煤炭基地中的两淮基地和鲁西基地在未来的搬迁人数就要达到273.34万人，这一人数超过三峡130多万人移民的总数。其中，两淮煤炭基地已经搬迁41个村庄，人数达25531人；"十二五"期间需要搬迁村庄的数目为104个、搬迁的户数为194760户、搬迁人口为639833人；而山东鲁西煤炭基地需要搬迁的人数则更多（彭科峰，2012）。

黄河流域分布有大量的煤炭基地，这些煤炭基地每年向黄河各级支流排放的废水量超过8000万吨，造成的直接损失每年在115亿～156亿元，严重威胁到黄河流域地区的居民生活用水和工农业用水安全。

在传统的煤炭资源开采大省山西，采煤形成的采空区达到2万平方千米，相当于山西全省面积的1/8。山西省国土资源厅的矿山地质环境调查结果显示，全省因采煤活动引发的崩塌、滑坡有754处，影响面积为14万亩，地面塌陷多达2976处，影响面积为100多万亩，仅2010年因煤炭资源开采导致的地面塌陷及采矿场破坏土地就达20.6万亩，其中12.99万亩是耕地。因采空导致地面塌陷的受灾人口达300万人，生态环境损失高达4000亿元。山西省煤矸石累计达10亿多吨，形成了300多座煤矸石山，随着煤炭资源开采的不断增加，煤矸石还在以每年 8000 万吨的水平增加。

在另一煤炭资源开采大省陕西，煤炭资源开采引起的生态环境问题同样严重。近年来，陕北地区的煤炭等能源资源大规模开采，造成严重的水土流失和土地沙漠化，煤炭采空区的地表植被出现枯死现象，过去固定的沙丘重新活化，严重威胁榆林城区及周边城镇的安全。煤炭资源开采造成榆林地区的地下水位由过去的 5~7 米下降到 16 米以下，而且煤矿已占据榆林城区西部、西北部 25 万亩的环城防风林带及城市供水水源和涵养区，给当地的供水环境造成严重影响。中国最大的沙漠淡水湖——红碱淖，由于煤炭资源开采导致水位不断下降，有专家预言，如不加治理，红碱淖将面临干涸、完全沙化，可能会成为第二个罗布泊。

煤炭资源开采造成了一系列难以避免的生态环境外部性问题，已经严重影响到煤炭矿区的可持续发展。为此，国家出台了一系列文件政策，对煤炭资源开采造成的生态环境问题予以关注和指导。

国务院新闻办公室在 2003 年 12 月发布的《中国的矿产资源政策》白皮书中提出的"中国二十一世纪初矿产资源保护与合理利用的总体目标"之一就是，促进矿山生态环境的改善，减少和控制矿产资源采、选、冶等生产环节对环境造成的破坏和污染，实现矿产资源开发与生态环境保护的良性循环。

《国务院关于促进煤炭工业健康发展的若干意见》要求按照"谁开发、谁保护，谁污染、谁治理，谁破坏、谁恢复"的原则，加强矿区生态环境和水资源保护、废弃物和采煤沉陷区治理。

2005 年国家环保总局、国土资源部、卫生部联合发布了《矿山生态环境保护与污染防治技术政策》，提出 2015 年矿产资源开发与生态环境保护协调发展应达到的阶段性目标为：(1) 选煤厂、冶金选矿厂和有色金属选矿厂的选矿水循环利用率在 2010 年基础上分别提高 3%；(2) 大中型煤矿矿井水重复利用率、大中型煤矿瓦斯利用率、煤矸石的利用率、尾矿的利用率在 2010 年基础上分别提高 5%；(3) 历史遗留矿山开采破坏土地复垦率达到 45% 以上，新建矿山应做到边开采、边复垦，破坏土地复垦率达到 85% 以上。

2007 年国家发展和改革委员会发布了《煤炭工业发展"十一五"规划》，提出建立矿区生态环境恢复补偿机制、煤炭清洁生产评价指标体系和标准，明确企业和政府的责任，加大生态环境保护和治理投入，逐步使矿区环境保护和治理步入良性循环。

国土资源部发布的《全国矿产资源规划 (2008—2015 年)》对矿山地质环境和矿区土地复垦提出的要求是，新建和生产矿山基本不欠新账，历史遗留矿山地质环境问题的恢复治理率大幅提高，矿区土地复垦率不断提高。到 2010 年和 2015 年，新建和生产矿山的矿山地质环境得到全面治理，历史遗留的矿山地质环境恢复治理率分别达到 25% 和 35%，新建和在建矿山毁损土地全面得到复垦利用，历史遗留矿山废弃土地复垦率分别达到 25% 和 30% 以上。到 2020 年，绿色矿山格局基本建立，矿山地质环境保护和矿区土地复垦水平全面提高。

中共十七大报告提出，实行有利于科学发展的财税制度，建立健全资源有偿使用制度和生态环境补偿机制。

《中华人民共和国国民经济和社会发展第十二个五年规划纲要》要求从源头上扭转生态环境恶化趋势。提出加大环境保护力度，加强综合治理，明显改善环境质量。

中共十八大报告要求建立体现生态价值和代际补偿的资源有偿使用制度和生态补偿制度。

中共十八届三中全会《中共中央关于全面深化改革若干重大问题的决定》要求健全生态环境保护体制机制。

以上政策的演变反映了我国煤炭资源开采造成的生态环境问题的严重性和治理工作的紧

迫性。在大力建设生态文明的背景下，研究煤炭资源开采中生态环境外部成本内部化、测度煤炭资源开采中生态环境外部成本，为实现煤炭资源开采中生态环境外部成本的充分内部化提供依据及途径，具有重要的现实和理论意义。

二、问题提出

煤炭资源是我国重要的基础性能源和原料，在国民经济中具有重要的战略地位。在《中国可持续能源发展战略》研究报告中认为，到2050年，煤炭在一次性能源生产和消费中的比重不会低于50%。随着国民经济的发展，煤炭在能源消费中的比重还将维持主体地位，煤炭资源开采引起的生态环境外部成本还将进一步增加。资源开采所导致的生态环境问题也越来越得到全国各界的高度关注。保护和改善生态环境，降低生态环境外部成本，实现人与自然的和谐共处，成为人们广泛认可和支持的社会活动。

长期以来，政府部门对煤炭资源开采中生态环境外部成本内部化问题给予了高度关注，中央政府先后出台了一系列的制度、法规，如《国务院关于进一步加强环境保护工作的决定》《中华人民共和国矿产资源法实施细则》《国务院关于促进煤炭工业健康发展的若干意见》《矿山生态环境保护与污染防治技术政策》《国务院关于同意在山西省开展煤炭工业可持续发展政策措施试点意见的批复》《煤炭工业发展"十一五"规划》《全国矿产资源规划（2008—2015年）》等；山西、陕西、新疆、内蒙古等省份也先后出台了相关的地方性文件。这些法规文件的出台在一定程度上为我国煤炭资源开采中生态环境外部成本内部化的实施提供了政策支持和制度保障，也促使我国煤炭资源开采中生态环境外部成本内部化工作取得了一些成就，但是我国煤炭资源开采中生态环境外部成本并没有实现充分的内部化。

煤炭资源开采中生态环境外部成本内部化是遏制和消除煤炭资源开采导致的外部性问题的有效方式。实现我国煤炭资源开采中生态环境外部成本的充分内部化需要两个前提：一是获取煤炭资源开采造成的生态环境外部成本的科学估值；二是明确生态环境外部成本内部化的途径。

（一）生态环境外部成本测算

准确核算生态环境外部成本是实现生态环境外部成本内部化的关键（环境保护部环境规划研究院与能源基金会，2014）。认识生态环境破坏的经济代价，对经济发展造成的生态环境破坏的经济损失成本进行计量，是评估科学发展综合决策的重要手段（过孝民等，2004）。因此，实现煤炭资源开采中生态环境外部成本的内部化，需要对煤炭资源开采中生态环境外部成本进行科学的测算，以获取煤炭资源开采中生态环境外部成本内部化的参照标准。

生态环境外部成本是对生态环境损失的经济代价的反映。生态环境损失的评价是通过各种途径对生态环境价值的贬值的一种估计，是对经济活动的生态环境外部成本的计量（过孝民等，2004）。对具有公共物品特性的生态环境物品的经济价值进行定量评估，是当前生态经济学、环境经济学研究的前沿领域和热点问题（张志强等，2003）。关于生态环境成本定量评价、分析比较权威的指导性文件是联合国发布的《综合环境经济核算》（System of Integrated Environmental and Economic Accounting, SEEA），SEEA构建了环境经济核算的基本框架，为各国的环境经济核算提供了蓝本。中国的学者也在努力探索适合我国国情的环境经济核算体系，但到目前为止，相应的工作还只是探索性研究。我国尚没有形成真正科学意义上的环境评估体系，环境评估领域缺乏完备的、系统的、适宜的理论与方法指导（王金南，2007）。

生态环境的价值量评估是环境经济核算的最重要内容（李金昌，1995）。生态环境的总价值包括使用价值和非使用价值，使用价值包括直接使用价值、间接使用价值和选择价值，非使用价值包括存在价值和遗传价值。使用价值是生态环境资源现在或未来通过商品或服务的形式为人们提供的福利，非使用价值是生态环境资源对人类及其后代，或其他物种的重要性以及未来的使用而言的，是一种潜在福利或未来福利（Lee and Han，2002；徐慧等，2004）。生态环境价值的测度方法基本上分为三类：直接市场法（market valuation method，MVM）、间接市场法（surrogate market valuation method，SMVM）、条件价值评估法（contingent valuation method，CVM）。在国内具体的应用中，主要采用的是直接市场法和间接市场法，对CVM的应用相对较少；着重于对直接使用价值和间接使用价值的评价，对选择价值、存在价值和遗传价值涉及较少；对生态环境总经济价值的估算，采取不同方法分类计算各类价值后加总获得，但这样做的主要问题是割裂了各种生态系统之间的有机联系和复杂的相互依赖性；而且以上各类评估方法都存在一定的局限性，价值评估理论与方法和技术的完善是生态环境价值评估研究走向成熟的关键（张志强等，2001）。

对于煤炭资源开采中生态环境外部成本的测度，主要采用的是直接市场法和间接市场法（国际绿色和平组织，2008；环境保护部环境规划研究院与能源基金会，2014）。相关研究着重于对直接使用价值和间接使用价值的测算，对于选择价值、存在价值和遗传价值的研究很少涉及，而将上述价值统一在同一种测度体系中的研究更鲜见。卡森等（Carson et al.，2001）认为，如果一个生态环境价值评估中不考虑非使用价值，评估结果将不充分。忽略了非使用价值的存在，就会在生态环境管理中造成错误的决策（曾贤刚等，2009）。福利经济学认为，经济运行的目标是使公民福利最大化，如果不考虑非使用价值，无疑会导致公共物品供应不足，从而有损公民福利（张茵和蔡运龙，2005）。因此，如何对生态环境的非使用价值进行评估，成为实现充分测度生态环境外部成本的关键。

对生态环境价值中的选择价值、遗传价值、存在价值的评估，必须使用假设方法（曾勇和浦富永，2000）。CVM在假设市场的情况下，直接调查和询问人们对生态环境质量改善的支付意愿（willing to pay，WTP），或者对生态环境质量损失的受偿意愿（willing to accept，WTA），以辨明人们关于公共物品变化的偏好，以推导生态环境效益改善或生态环境质量损失的价值。CVM被认为是当前唯一能够解决环境物品的使用价值和非使用价值研究方法（Richard et al.，1995；Paulo et al.，2001；McIntosh，2013）。一些学者已将CVM应用于煤炭资源开采中生态环境外部成本的测度，如李国平等（2009），但是CVM研究结果的有效性一直是学术界争议的焦点，而且对于有效性的相关研究相对较少（张茵和蔡运龙，2005），并且采用CVM的研究结果与直接市场法和间接市场法的测度结果差异较大（Chaudhry and Tewari，2006；董雪旺等，2011），其中一个重要的原因是现有的评估理论和方法还很不成熟（张志强等，2001）。因此，如何构建科学的生态环境外部成本测度体系，就成为测算煤炭资源开采中生态环境外部成本的首要问题和核心问题。合理、适用的生态环境外部成本的测度体系，能够为实践中的煤炭资源开采中生态环境外部成本测度提供方法论指导，从而为获取充分、有效的煤炭资源开采中生态环境外部成本测度结果奠定基础。

（二）生态环境外部成本内部化的途径

获取煤炭资源开采中生态环境外部成本估值为生态环境外部成本的内部化提供了现实标准。然而，实现煤炭资源开采中生态环境外部成本的充分内部化还需要对生态环境外部成本内部化的途径进行讨论。依据"谁破坏、谁补偿"原则，煤炭资源开采企业应当承担起煤炭资源开采中生态环境外部成本内部化的责任，然而在现实中，大多数企业并没有充足的资金完成这项工作（常修泽，2007；孔凡斌，2010），各级政府一直代替破坏者履行修复治理义务，但是政府的投资也不能满足矿山生态环境恢复治理的要求（赵霞，2008；杨松蓉，2011），因此，现有的煤炭资源开采中生态环境外部成本内部化模式已经不能满足我国煤炭资源开采的需要，急需调整（李丽英，2008；罗志红和朱青，2010）。构建煤炭资源开采中生态环境外部成本内部化途径，核心的问题就是要明确界定生态环境内部化的责任主体（宋蕾等，2006；于鲁冀等，2009），另外，还要结合煤炭资源开采中生态环境外部成本估值对相关责任主体应承担的内部化水平进行科学的量化，从而为实现煤炭资源开采中生态环境外部成本的充分内部化提供保障。

第二节　研究目的及意义

一、研究目的

推进煤炭资源开采中生态环境外部成本的内部化，是中共十八大和十八届三中全会提出的重大战略任务。本篇的研究目的是依据生态环境价值论、"庇古税"理论和环境产权理论，构建煤炭资源开采中生态环境外部成本的测度体系，对煤炭资源开采中生态环境外部成本进行科学的测度，从而为生态环境外部成本内部化提供科学的现实标准；依据"庇古税"理论和环境产权理论，探讨煤炭资源开采中生态环境外部成本内部化的模式。

第一，试图构建生态环境外部成本的测度体系。通过探索生态环境外部成本测度的相关理论及方法，并对相关方法进行完善，为获取能够科学反映煤炭资源开采中生态环境外部成本的数量值，从而为实现煤炭资源开采中生态环境外部成本内部化提供可供参考的现实标准。

第二，试图构建煤炭资源开采中生态环境外部成本充分内部化的途径，从而为推进煤炭资源开采中生态环境外部成本内部化进程提供可资借鉴的文献参考。

二、研究意义

本篇的研究意义主要表现在以下两个方面：

第一，是研究煤炭资源开采中生态环境外部成本测度体系的需要。生态环境外部成本测度是环境经济核算的一部分，但我国的环境经济核算的理论与方法还处于探索之中，使生态环境质量变化并未充分地反映到经济核算中去。煤炭资源开采中的生态环境破坏涉及面广、难以定量，从理论和方法论的角度探讨生态环境外部成本的测度体系，能够为充分反映煤炭资源开采所造成的生态环境破坏状况提供支持，以推进煤炭资源开采中生态环境外部成本测度工作的深入。

第二，是完善煤炭资源开采中生态环境外部成本内部化途径的需要。实现煤炭资源开采中生态环境外部成本充分内部化，已成为具有重大现实意义上的课题。科学合理的内部化途径是实现煤炭资源开采中生态环境外部成本充分内部化的保证。构建科学合理的煤炭资源开采中生态环境外部成本内部化的途径，首先面临的一个难题是如何确定内部化的主体，以完善现有的生态环境外部成本内部化主体结构。其次是科学地测算煤炭资源开采中生态环境外部成本，确定煤炭资源开采所带来的生态环境损失，从而获得煤炭资源开采中生态环境外部成本内部化的现实标准。

第三节 概念界定

一、煤炭资源开采中生态环境外部成本的概念

生态环境成本作为环境经济学的核心概念，是经济学与环境科学的融合点。生态环境外部成本是分析生态环境成本的重点（张云和李国平，2004）。

外部成本是指那些由导致该成本并获得相应利益的人之外的人承担的成本（李明辉，2005）。国内外的研究对于生态环境成本的研究多是基于生态环境的负外部性来展开的。加拿大特许会计师协会（CICA）发表的研究报告《环境成本与负债会计与财务报告问题》（Environmental Cost and Liabilities Accounting and Financial Reporting Issues）将环境成本分为环境措施成本与环境损失成本，环境措施成本是企业与进行环境保护措施相关的成本，而所谓环境措施是指，某个主体为防止减少或修复对环境的破坏、保护再生或非再生资源而采取的行动；所谓环境损失是指，某个主体在环境方面发生的、没有任何回报和利益的成本，如因违反环境法规导致的罚款或处罚、因环境破坏支付给他人的赔偿金，或由于环境原因导致其成本无法收回而注销的某个主体的资产。格卢赫（Gluch，2000）认为，环境成本是由于防止或修复环境影响而产生的成本。雅士（Jasch，2003）认为，环境成本是所有与环境损害和保护相关的成本。迈里克·弗里曼（A. Myrick Freeman）将环境损害等同于环境成本，认为损害和环境成本有时可用来表示与效益相对应的意思，指从假定的清洁状态转变为目前的污染水平所带来的损失。

在国内，王立彦（1995）认为，生态环境成本是一个同时兼及宏观和微观的范畴，从宏观讲是指，社会在一定时期内用于生态环境保护和环境损害治理的经济费用；从微观讲是指，生产单位在其生产经营活动中所耗费生态环境因素的价值计量。对生态环境成本的外延可以明确为以下四个层面：维护环境支出、预防污染支出、治理环境支出和人为破坏生态环境造成的损失。蒋琰（2002）认为，生态环境外部成本是指那些由本企业经济活动所引致，但尚不能精确计量，并由于各种原因而未由本企业承担的不良环境后果，是与经济活动造成的自然资产实际或潜在恶化有关的成本，用于表现在经济过程中利用自然资源付出的代价。王峰（2008）认为，生态环境成本是指企业需要完全弥补其生产经营活动对生态环境所造成的价值损失而发生的支出。于杰（2009）认为，环境外部成本是指由于污染和废弃物已经排放到环境中后的作业而发生的成本。包括已支付的外部损失成本和未支付的外部损失成本。已支付的外部损失成本是指，已经支付的由于生产排放所产生的污染和废弃物而发生的成本；未支付的外部损失成本是指，由于排放污染和废弃物，但是却由外部机构或人员支付的成本，也称社会成本。

从以上研究来看，学者们对于生态环境外部成本的理解并不统一，学者们更多是从防止和修复环境损害而产生的成本的角度界定了生态环境外部成本的概念；也有一些学者从人类活动产生的生态环境损失方面界定了生态环境外部成本的概念，如弗里曼。对于煤炭资源开采中生态环境外部成本的内涵，学术界的界定也多遵循弗里曼的思路。

刘金平（2003）将矿区环境成本定义为开采矿产资源所付出的环境代价，并将矿区环境成本分为两部分：一部分是可以用货币度量的直接环境成本，另一部分是难以用货币定量度

量的间接环境成本，并认为矿产资源开采的环境成本是对矿区土地、水、大气和植被等的破坏和污染，矿区直接环境成本主要表现在矿区土地成本和水成本方面。吴志杰（2006）将煤炭资源生产环境成本的构成要素归纳为以下方面：对土地与景观造成的损失、水资源破坏及污染引起的损失、大气污染引起的损失、对人体健康造成的损失、地质灾害造成的损失，并提出煤炭资源开采中环境成本评估主要考虑土地资源补偿费、水资源补偿费、大气污染补偿费和人体健康补偿费四个方面。刘继青、唐立峰（2007）认为，煤炭矿区的环境成本是指一种"补偿性成本"，煤炭在生产过程中，不可避免地造成了地表塌陷、水体污染、瓦斯积聚、煤尘和烟尘污染、有害气体排放、粉煤灰、噪声等各种污染，这就决定了煤炭资源在开采过程中，既要支付煤炭资源开采本身所必需的成本，又要对所造成的各种环境问题进行补偿。茅于轼等（2008）将煤炭的外部成本定义为煤炭开采、加工、储存、运输、消费过程对环境造成的各种损害的成本，其中包括气候变化、空气污染、水污染、土地破坏等各类环境问题的成本，其中煤炭开采造成的外部成本包括水及空气污染、噪声污染、对含水层的影响、对水文平衡的破坏、地表破坏等。庄静怡和何炼成（2010）将煤炭资源开采中生态环境外部成本定义为煤炭在开采、加工、储存、运输等过程中对生态环境造成的各种损害的成本，其中包括空气污染、水污染、土壤污染、生态破坏和对气候变化的加速作用等。2014年7月，环境保护部环境规划研究院与能源基金会联合发布的《煤炭环境外部成本核算及内部化方案研究》报告，将煤炭的环境外部成本定义为在煤炭开采、运输及使用过程中，造成的环境污染及对生态系统的破坏，且未被受益企业承担的那部分经济损失。

以上研究表明，学者们都一致将煤炭资源开采中生态环境外部成本界定为煤炭资源开采所造成的生态环境损失成本，即对空气、水、土壤、大气等方面造成的损失，这些方面的损失主要表现为生态环境的使用价值的损耗，但是对生态环境非使用价值的损耗却鲜有提及。对生态环境非使用价值的认识不足，将最终影响人类的福利（蔡运龙和俞奉庆，2004；刘康，2007）。因此，上述关于煤炭资源开采中生态环境外部成本的概念并不能够充分反映煤炭资源开采过程中所带来的生态环境外部成本。

生态环境破坏常常会严重损害人类的福利状况，造成自然资本或者财富的丧失。据不完全统计，人类对生态环境的改变正在加大生态环境系统发生非线性变化的概率，许多生态环境系统已经退化，这会对人类福利产生重要影响，有些人群的贫困状况已经恶化（赵士洞和张永民，2006）。2001年6月5日，联合国秘书长宣布启动的千年生态系统评估（millennium ecosystem assessment，MA），这是全球范围内第一个针对生态环境系统与人类福利之间的关系进行评估的重大项目，该项目的核心问题之一就是研究生态环境变化怎样影响人类福利？在学术界，生态环境价值评估的重点也由研究生态环境价值存量逐渐转向研究生态环境价值数量和质量的变化怎样引起维持人类福利所需的代价或得到的益处发生变化。

综上所述，根据现有学者对煤炭资源开采中生态环境外部成本的阐述，并结合本篇的研究目标，本篇所定义的煤炭资源开采中生态环境外部成本是从煤炭资源开采的外部不经济性角度定义的，是对煤炭资源开采引起的生态环境破坏而引致的生态环境使用价值和非使用价值两方面损失的经济代价的反映。具体来讲，是指在煤炭资源开采过程中，导致的水资源破坏、土地资源破坏、矿山"三废"污染和土地退化等生态环境破坏的成本，以及由于生态环境破坏而导致的矿区居民福利损失的成本（见图5.3）。

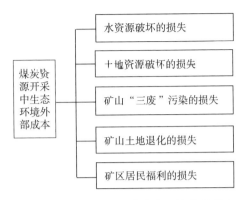

图5.3　煤炭资源开采中生态环境外部成本

二、煤炭资源开采中生态环境外部成本内部化的概念

对于生态环境外部成本内部化的定义，学界普遍认为外部成本内部化就是要实现环境负外部成本由外部性制造者承担的目的。赵晓兵（1999）定义的污染外部性的内部化，是使生产者或消费者产生的外部费用进入它们的生产和消费决策，由它们自己承担或"内部消化"，从而弥补外部成本与社会成本的差额，以解决污染外部性问题。刘友芝（2001）认为，负的外部性内在化是指，将由负的外部性所产生的外部成本（即私人成本大于社会成本的那部分额外成本，如矿山开采企业因未充分利用被丢弃而增加的资源占有费和污染成本，以及矿山开采企业因未对资源充分利用而增加的资源使用费和污染成本等）通过各种不同方式最终由负的外部性制造者自己承担。马建堂（2007）提出的外部成本内部化是综合运用组合的经济手段（政策），提高企业直接外排的成本和降低企业内部治理的成本，从而达到污染减排的目的。李丽英（2008）的研究表明，为使煤矿区生态环境恢复行为的外部性内部化，应将生态环境恢复资金应纳入生产成本中。高彩玲等（2008）认为，煤炭资源开采中生态环境价值损失内部化包括两部分内容：一是恢复和治理煤炭资源开采过程造成的土地资源、水资源、生物资源等方面的费用；二是对矿区居民遭受损失的补偿，不仅要包括受损物质的补偿，还要对矿区居民丧失的发展机会成本进行补偿。茅于轼等（2008）认为，煤炭外部成本内部化是一种制度变迁，是用内部化的制度代替了无内部化的制度，向煤炭资源开采企业征收税费是煤炭资源开采中生态环境外部成本内部化的重要手段。迟诚（2010）认为，环境成本内在化就将开采、生产、运输、使用、回收和处理商品中造成的环境污染和生态破坏的费用计入产品的成本之中，从而使其价格不仅反映生产成本和交易费用，还能反映出产品对环境污染的代价。环境保护部环境规划研究院与能源基金会（2014）联合发布的《煤炭环境外部成本核算及内部化方案研究》报告认为，税收手段是实现煤炭外部成本内部化的重要工具，需要通过调节煤炭税费类型的构成，增加合理反映煤炭环境外部成本的环境税费政策，通过价格传导机制实现调节中国能源消费结构，以实现环境污染损失赔偿和资源代际补偿的目的。

可见，学者们虽然对生态环境外部成本内部化的理解各有表述，但对生态环境外部成本内部化的定义有一个共同点，就是负的外部性所产生的外部成本最终应由负的外部性制造者自己承担，生态环境外部成本内部化所需的资金应计入负的外部性制造者的生产成本之中，成为经济核算的组成部分。

生态环境外部成本是对生态环境的使用价值和非使用价值两方面损失的经济代价的反映，既体现了水资源破坏、土地资源破坏、矿山"三废"污染和土地退化等生态环境破坏的损失，也体现生态环境破坏引起的居民福利的损失。现有的生态环境外部成本内部化的概念主要关注了生态环境破坏损失的内部化，但对于生态环境非使用价值损失的内部化基本没有考虑，导致对生态环境破坏所引起的居民福利损失的内部化考虑不足。因此，现有对生态环境外部成本内部化的概念还是围绕生态环境破坏的损失的内部化界定的。

综上所述，本篇对于煤炭资源开采中生态环境外部成本内部化概念的界定，是建立在现有研究对煤炭资源开采中生态环境外部成本概念的阐释之上的。具体来讲，本篇定义的煤炭资源开采中生态环境外部成本内部化的概念是指，将煤炭资源开采过程中造成的生态环境外部成本考虑到经济核算中，实现对煤炭资源开采过程中受损的生态环境系统，以及因生态系统受损给居民福利方面造成损失的内部化。对于新建矿山、废弃煤炭矿山的生态环境外部成本内部化，不在本篇考虑范围之内。

第四节　研究思路与研究方法

一、研究思路

本篇在写作过程中遵循从理论分析到实证分析的研究思路，整体研究可分为以下相互关联的部分：

第一部分，理论分析。一方面，构建了考虑生态环境负外部性及内部化条件下的最优开采模型，讨论了煤炭资源开采与生态环境质量相互影响；另一方面，依据生态环境价值论分析了 CVM 作为生态环境外部成本测度方法的可行性，构建生态环境外部成本测度体系，使生态环境使用价值和非使用价值的损失测算统一其中，为实践中的煤炭资源开采中的生态环境外部成本测度提供方法论指导，从而为获取充分、合理的生态环境外部成本内部化现实标准奠定基础；第三，依据"庇古税"理论和环境产权理论，并结合市场供求关系、煤炭价格持续走低现状等，重构了生态环境外部成本内部化途径，明确界定了生态环境外部成本内部化的责任主体。

第二部分，实证分析。本篇的实证分析分为两个层面。第一个层面是在生态环境外部成本测度体系内，首先，以具体煤炭矿区为调查案例，获取了第一手的资料和数据；其次，讨论了矿区居民对生态环境质量变化 WTP 和 WTA 的差异，将受访者参与支付及接受补偿决策分解为选择行为和数量行为两个方面，同时引入 D－H 模型对受访者选择行为和数量行为分别进行研究，解释了受访者参与支付及接受补偿决策的行为特征；最后，依据案例调研资料，阐述了基于 WTP 及 WTA 分别测算的生态环境外部成本值的经济意义，同时结合有效性和可靠性检验对 CVM 测度结果进行评价，判断了 CVM 测度出的煤炭资源开采中生态环境外部成本值的合理性。第二个层面是在获取生态环境外部成本内部化现实标准的基础上，分析煤炭资源开采中的生态环境外部成本内部化的现实程度，通过对煤炭开采企业总体税费负担水平调整幅度的计算和税负结构调整的讨论，推导出开采企业和消费企业各自需承担的煤炭资源开采中的生态环境外部成本水平。

第三部分，主要结论和政策建议。归纳本篇的主要结论，依此提出促进煤炭资源开采中生态环境外部成本内部化的政策建议。

二、研究方法

1. 运用微分与相位图方法

运用微分与相位图方法讨论不同存量条件下考虑生态环境外部成本内部化时的煤炭资源开采最优路径，以及煤炭资源开采与生态环境负外部性的相互影响，为研究生态环境外部成本内部化对煤炭资源最优开采的影响提供理论依据。

2. 运用CVM对煤炭资源开采中生态环境外部成本进行测度

基于CVM构建煤炭资源开采生态环境外部成本的测度体系，使煤炭资源开采所导致的生态环境使用价值和非使用价值损失考虑在内，既反映煤炭资源开采导致的水资源破坏、土地资源破坏、矿山"三废"污染和土地退化等生态环境损失状况，又反映由生态环境破坏而导致的矿区居民福利的损失状况。

3. 采用案例调查的方法对重点煤炭矿区进行调查，通过调查获取所需要的基础数据和资料

采用双槛式模型（double-hurdle model，D－H模型）对CVM调研中受访者的参与支付及接受补偿决策进行计量分析，研究受访者在做出参与支付及接受补偿决策时的影响因素。

4. 采用多种分析方法论证CVM测度出的煤炭资源开采中生态环境外部成本值的有效性和可靠性

煤炭资源开采中生态环境外部成本的测度结果为生态环境外部成本内部化提供参照标准，将该标准与现实内部化水平进行比较，探寻煤炭资源开采中生态环境外部成本充分内部化的差距，为煤炭资源开采生态环境外部成本充分内部化的标准和途径提供参考。

第六章

煤炭资源开发的生态环境外部成本和
内化研究进展及评价

生态环境外部成本测度及内部化在国内外已经拥有丰富的研究，综述生态环境外部成本测度及内部化研究的相关理论和方法，梳理现有的煤炭资源开采中生态环境外部成本测度及内部化的文献，总结经验，并找出其中的问题和不足，能够为本书的研究提供借鉴，奠定基础。

第一节　理论基础

一、生态环境价值论

（一）理论依据

生态环境价值论是环境经济学的理论核心（周富祥，1993）。生态环境价值论的确立有两种理论依据，一种是西方经济学中的"效用价值论"，另一种是马克思的"劳动价值论"。效用价值论和劳动价值论在生态环境价值论上可以是统一的（董宛书，1993；沈满洪，1996）。

西方环境价值理论是构建在效用价值理论基础之上的。根据这一理论，效用是价值的源泉，价值取决于效用、稀缺两个因素，前者决定价值的内容，后者决定价值的大小（蔡剑辉，2003）。效用价值是人们考虑到稀缺因素时对物的有用性的一种评价，是从人对物的评价过程中抽象出来的，它在本质上体现着人与物的关系（胡振华，2004）。效用价值论最早主要表现为一般效用论，其主要观点是，一切物品的价值都来自他们的效用，效用用于满足人的欲望和需求。19世纪70年代演化为边际效用论。边际效用论认为物品的效用和稀缺性构成了价值得以体现的充分条件，只有在物品相对人的欲望来说稀缺的时候，才能形成价值；某种物品越稀缺且需求越强烈时，那么边际效用就越大，价值就越大，反之则越小。效用价值表现的是人对物的判断，它是从人与物的关系中抽象出来的，用人对物的主观评价去解释交换价值，这种效用价值是人们考虑到稀缺因素时对物的有用性的一种评价。但是，在经济价值核算上，对于现实没有或只有很小效用的资源（如珍稀物种等）的价值和价格问题，经常由于人类的短视或对未来社会发展的难以预期而估价太低（何承耕，2001）。

马克思的劳动价值论认为，没有经过人类劳动的环境资源没有价值。但随着人类认识客观事物的深化，环境资源仅仅没有绝对价值（即指直接通过人类劳动创造的价值），但却具有相对价值（即指间接通过人的劳动创造的价值），因此，以相对价值来表示环境具有价值是符合客观实际（董宛书，1993）。环境资源的再生、保护、研究等活动都需要人类付出大量的劳动，环境资源中已经凝结了人类的劳动，因此，从劳动价值论的角度来看，环境也是存在价值的（沈满洪，1996）。

（二）生态环境价值的测度

生态环境价值是生态环境外部成本内部化标准确定的重要依据（俞海和任勇，2007）。为了把生态环境破坏造成的损失计入经济和社会成本，需要把生态环境破坏的实物量货币化，对生态环境破坏的外部成本进行研究，可以成为向生态环境价值计量过度的桥梁（徐嵩龄，1997）。

生态环境的价值评估方法与生态环境的价值构成密切相关（张志强等，2003）。学者们对环境资源价值构成的分类多遵循克鲁蒂拉（John V. Krutilla）的思路。克鲁蒂拉于1967年在《美国经济评论》上发表的《自然资源保护的再认识》一文，根据环境资源的唯一性、真实性、不确定性、不可逆性等特征，将环境资源的价值构成分为三部分：一是当代人直接或间接使用环境资源而获取的经济效益，称为"使用价值"；二是当代人为保证后代人能够利用而做出的支付和后代人因此而获得收益，称为"选择价值"；三是人类不是出于任何功利的考虑，只是因为环境资源的存在而表现的支付意愿，称为"存在价值"。克鲁蒂拉的研究为之后环境资源价值的研究奠定了基础。

此后，越来越多的学者遵循克鲁蒂拉的研究，对资源环境的价值进行探讨，其中皮尔斯（Pearce）的研究具有代表性。皮尔斯（1994）提出了环境价值五分法，认为环境资源的总价值由使用价值和非使用价值构成，又将使用价值分为直接使用价值、间接使用价值和选择价值；将非使用价值分为存在价值和遗传价值（见表6.1）。

表6.1　　　　　　　　　　　　　　生态环境价值的构成

生态环境总价值	使用价值	直接使用价值	可直接消耗的量
		间接使用价值	功能效益
		选择价值	将来的直接或间接使用价值
	非使用价值	遗传价值	为后代遗传的价值
		存在价值	继续存在的价值

生态环境的价值构成是进行生态环境经济价值评估的基础。费用—效益分析是环境经济学的基本分析方法，是目前有关生态环境价值的各种评估方法的基础（张志强等，2001）。现有的生态环境价值评估方法主要分为三大类：直接市场法、间接市场法和陈述偏好法。直接市场法通常包括市场价值法、重置成本法等，间接市场法通常包括旅行成本法、防护支出法等，陈述偏好法通常包括CVM等。生态环境各类价值与测度方法的关系如图6.1所示。

生态环境价值与测度方法的关系表明，CVM既可用于生态环境价值的使用价值测度，也可用于生态环境非使用价值的测度。CVM被认为是唯一可用于非使用价值测度的方法，在评估非使用价值方面具有突出的优势，可以弥补直接市场法和间接市场法的不足，而且近年来对于生态环境总价值的认识和评价也需要引入非市场价值评价方法（赵军和杨凯，2007）。非市场价值评估技术是展开生态环境物品价值评估的基本方法，CVM是非市场价值评估技术中应用最广、影响最大的典型陈述偏好价值评估技术（张志强等，2003）。

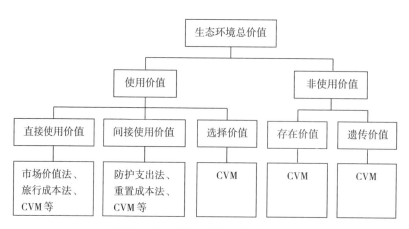

图 6.1　生态环境价值与测度方法关系

注：根据张志强等（2001）改编得出。

对于生态环境价值测度方法的解释，弗里曼认为，如果一个社会想让它的所有资源都发挥最大的效用，它就必须在环境变化和资源使用所带来的效益与将这些资源和要素输入换作他用所带来的成本之间进行权衡。根据权衡的结果，社会必须对环境和资源的配置进行适当地调整，以使个人福利得到增加。既然这种效益和成本是通过它们对个人福利的影响来衡量的，那么，"经济价值"和"福利变化"这两个词在使用上就是可以互相替代的。弗里曼同时认为，可替代性理论是经济学价值概念的核心，因为它在人们所需的各种物品之间建立相应的替代率。人们在选择的过程中，可能通过减少某种物品的需求而增加购买的替代物，其实这种权衡本身也就反映了人们对这种物品的评价。这种以替代性为基础的价值评估，可以用 WTP 和 WTA 来表示，WTP 和 WTA 可以根据人们所需要的任何其他物品进行评估。徐嵩龄（1999）也提出环境资源的多功能性、多价值性、代际分配等问题可以用模拟市场的手段，通过 WTP 和 WTA 来处理。

二、"庇古税"理论

引起生态环境破坏的一个重要原因是外部性。在现代经济学中，外部性概念是一个出现较晚，但越来越重要的概念，广义上说，经济学曾经面临的和正在面临的问题都是外部性问题（盛洪，1995）。

外部性的概念源于马歇尔提出的"外部经济"的概念。在马歇尔看来，除了以往人们多次提出过的土地、劳动和资本这三种生产要素之外，还有一种要素就是"工业组织"。马歇尔用"内部经济"和"外部经济"这一对概念，来说明第四类生产要素的变化如何导致产量的增加。马歇尔指出，我们可以把因任何一种货物的生产规模的扩大而发生的经济分为两类：第一是有赖于从事这个工业的一般发达的经济；第二是有赖于从事这个工业的个别企业的资源、组织和效率的经济，可称前者为外部经济，后者为内部经济。

自马歇尔提出外部性概念以来，外部性问题的研究逐渐成为经济学界研究热点之一。外部性问题通常会导致经济活动中的第三者福利受到损失，从而使资源配置缺乏效率。因此，如何消除外部性，使外部性问题的制造者承担起外部成本内部化责任，从而实现外部成本的内部化，成为外部性问题研究的重要内容。庇古（Pigou）从福利经济学的角度提出采取税收等方法可以实现外部性的内部化，这种方法后来被称为"庇古税"。

庇古通过分析边际私人净产值与边际社会净产值的背离来解释外部性，认为边际私人净产值与边际社会净产值之间存在下列关系：如果在边际私人净产值之外，还有其他人得利，那么，边际社会净产值大于边际私人净产值；反之，如果其他人受到损失，那么，边际社会净产值小于边际私人净产值。庇古把这种对社会有利的影响称为边际社会收益；把给社会带来的不利影响称之为边际社会成本。当不存在外部效应时，生产或消费某一件物品所引起的成本就是私人边际成本；当负的外部效应存在时，某一企业造成的环境污染导致另一企业为维持产量，而必须采用治污设备的所需成本称之为外部成本。边际私人成本与边际成本构成了边际社会成本。当有正外部效应时，某一企业行为所产生的收益并不全部被本企业所占有，意味着存在外部收益。庇古认为，外部性就是边际私人成本与边际社会成本不一致；边际私人收益与边际社会收益不一致。

庇古认为，当边际私人成本与边际社会成本不一致、边际私人收益与边际社会收益不一致的情况下，单纯依靠自由竞争不可能实现社会福利的最大化，这时需要政府采取适当的管制政策以消除这种不一致。当边际私人成本小于边际社会成本，即存在外部不经济性时，政府应向企业征税；当边际私人收益小于边际社会收益，即存在外部经济时，政府应向企业发放补贴和奖励。这种通过向企业征税或发放补贴，以实现外部效应内部化的手段被称为"庇古税"。

"庇古税"理论是生态环境保护领域的重要理论基础，"谁破坏、谁补偿"原则、污染者付费制度等都是"庇古税"理论在现实中的应用。"庇古税"解决外部性问题的思路是从分配机制入手，主张通过收入调节实现公平分配，认为某人提供了服务，就应该得到相应的报酬；遭受了损害，就应该得到赔偿。"庇古税"克服外部性的目标就是要促进经济福利，乃至社会总福利的提高（王万山，2007）。

当然"庇古税"理论也存在一些缺陷，一方面，获取环境破坏的货币成本的转化环节不仅复杂，而且涉及不同利益集团的不同观点，在实际中准确确定边际外部成本非常困难；另一方面，按照"庇古税"理论，政府在每单位产品中向企业征收等于边际外部成本的税收，就可以消除外部不经济性，实际上，这一税收常常由生产者和消费者共同分担，有时甚至完全由消费者承担（沈满洪和何灵巧，2001）。同时，政府采用税收手段干预经济本身也需要付出成本，政府干预成本大于外部性所造成的损失，从经济效率的角度来讲，消除外部性就没有意义；另外，"庇古税"在使用过程中很可能出现寻租行为，会导致资源的浪费和资源配置的扭曲（张宏军，2007）。

虽然征收"庇古税"存在一定的缺陷，但是"庇古税"是一种社会福利增进的经济手段，在没有更好的办法的情况下，它仍然是环境管制的一种重要工具。

三、环境产权理论

长期以来，外部性的内部化问题一致被"庇古税"理论所支配。科斯于1960年发表的《社会成本问题》是产权理论发展的重要标志，科斯在该文中多次提到了"庇古税"，其对"庇古税"理论的批判存主要集中在以下方面：第一，损害具有相互性；第二，在交易费用为零的条件下，"庇古税"没有必要；第三；在交易费用非零的条件下，实现外部效用的内部化需要通过各类政策手段的成本—收益比较权衡确定，即"庇古税"有可能是高效率的制度安排，也有可能是低效率的制度安排。基于上述批判，后来的学者总结出了科斯定理：在交易费用为零的情况下，不管产权如何界定，都可以通过市场交易和自愿协商实现资源的帕累托最优配置；在交易成本不为零的情况下，制度安排和选择是重要的。

虽然科斯的产权理论并非只适用于解决环境问题，但《社会成本问题》对产权的研究却是从环境问题入手的，文章通过对许多环境问题的案例展开经济学分析，最后得出被称为科斯定理的重要结论。因此，狭义地讲，《社会成本问题》就是专门针对环境问题有感而发的。这并非是偶然的巧合，因为产权理论是用经济学方法研究外部效应问题制度根源的一条重要思路，而环境问题正是经济活动外部不经济性的具体体现，因此，环境问题是产权理论研究的起点和重要的应用领域，而产权理论又为分析导致环境破坏的权利安排过程提供了理论基础。

但是，科斯定理也存在一些不足。自愿协商成为可能的前提是产权是明确的，而像环境资源这样的公共物品产权往往难以界定或者界定成本很高，从而使自愿协商失去前提（沈满洪和何灵巧，2002）。或因谈判发生的交易费用较高，或负外部性影响的牺牲者为数较多，则通过协商后的补偿得到解决就会发生困难；而当负外部性受害者众多时，就会出现严重的"搭便车"心理，从而也无法通过协议补偿来解决负外部性问题。虽然科斯定理具有一定的局限性，但是界定产权关系的方式为运用市场机制实现外部成本内部化提供了思路。

安德森和利尔（Terry L. Anderson and Donald R. Leal，1988）在《从相克到相生——经济与环保的共生策略》一书中通过大量的资源环境案例研究，认为通过产权方式可以解决环境资源的外部性问题。巴泽尔（Y. Barzel，1997）曾讲过，产权界定越明确，财富被无偿占有的可能性就越小，因此产权的价值就越大。蓝虹（2004）进一步解释，随着经济增长和人口增加，环境资源的稀缺性越来越明显，随着价格的不断上升，使环境资源产权界定带来的收益越来越高，这种收益往往体现为：如果不界定环境资源产权，将面临的巨大经济损失。王金南（1997）认为明确环境资源及其产品的各种权属关系，划清环境权、所有权、使用权和经营权之间的界限，对于加强环境资源市场管理和促使环境外部成本内部化至关重要。李云燕（2007）则认为，在环境资源产权不存在或不明晰的情况下，环境资源市场无法有效地解决环境外部性问题，尤其是负外部性问题。环境外部不经济性问题的产生根源，主要是因为环境资源没有被当作生产要素并界定其产权。

作为一种特殊产权，环境产权是最广泛意义上的公有产权，为地球上所有的生命体系共同所有，从归属上讲，它应当属于公众和社会，包括还未出生的后代子孙（姚从容，2004）。所以，环境保护问题应体现出人类的"正义"和"为后人负责"的这种历史公平延续性，环境产权价值的丧失不仅影响现代，也波及子子孙孙（孙世强和关立新，2004）。

正是由于环境产权是以公有产权的形态表现出来的，以至于资源环境仿佛成了"免费的午餐"，资源环境对经济增长的非货币贡献没有被人们广泛认识，资源环境消费的竞争性、排他性及有偿性荡然无存，取而代之的是资源环境的浪费和破坏，以及资源环境使用中外部性问题的加剧（马中和蓝虹，2004）。

传统工业化中三大要素土地、水、矿产资源消耗过程与环境产权紧密相关，但产品的价格成本构成不完全，缺少了"环境治理和生态恢复成本"。常修泽（2007）建议按照"环境有价"的理念，建立现代环境产权制度，对环境造成损害的地区、企业或个人，应做相应的经济赔偿，关键是要确立相应的环境产权利益补偿机制，建立矿业企业矿区环境治理和生态恢复的责任机制，强制企业从销售收入中提取一定比例资金用于矿山环境的恢复和生态补偿以及还原安全成本和人工成本，以此促进外部成本内部化，实现各相关主体之间合理的利益分配。

综上所述，生态环境价值论、"庇古税"理论和环境产权理论决定了生态环境外部成本测度及内部化研究的范围和分析方法。"庇古税"理论和环境产权理论阐明了实现外部成本内部化的方式，为构建外部成本内部化途径提供了理论基础；生态环境价值论界定了生态环境外部成本的测度范围和方法，为生态环境外部成本内部化现实标准的确定提供了理论依据。

第二节　生态环境外部成本测度方法综述

一、生态环境外部成本测度的主要方法

学术界对于生态环境外部成本测度方法的分类主要有三种（曾贤刚，2004）。

一是 J·A·迪克逊等（John A. Dixon et al.）提出的环境影响经济评价方法的二分法，即把环境影响经济评价的方法分为客观评价法和主观评价法。

二是马中、王玉庆等国内学者提出的三分法，即直接市场法、间接市场法（替代市场法）、陈述偏好法。

三是米切尔和卡尔森（Robert Cameron Mitchell and Richard T. Carson）提出的四分法，即直接观察、间接观察、直接假定和间接假定。

以上关于生态环境外部成本测度方法的三种分类，虽然在表面上存在差异，但他们的本质是一致的，这种一致性表现为生态环境外部成本测度方法的分类都是以所采用数据的直接性、间接性、主观性为划分依据的。

迪克逊等在《环境影响的经济分析》一书中提到，如果不能使用直接市场价格，那么，也许可以通过替代市场技术来间接使用这些价格；在主观评价法的使用中，人们需要在环境影响与其他物品或收入之间做出实际的权衡。马中（1999）、王玉庆（2002）等则是通过直接能够获取的相关市场信息、其他事物间接反映的信息、个人的 WTP 或 WTA，对生态环境的测度方法进行分类。米切尔和卡尔森对环境价值测度方法的分类是根据评估的两个特性进行的划分：一是数据来自对现实世界中人们行为的观察，还是来自人们对假定问题的回答，诸如"如果……你会怎么做？"或者"你愿意支付……"等；二是该方法能够直接得出货币化价值，还是必须通过以个人行为或选择模型为基础的间接方式推断出货币化价值。

三分法相对二分法来讲，三分法进一步将假设市场的理念进行明确化。在一些生态环境外部成本测度的案例中，环境影响是无法依据直接或间接的方法进行衡量，需要通过假设的方法建立起虚拟的市场，直接询问相关人群为减轻某些环境影响而愿意支付的货币量，这种方法就是 CVM，这种方法所获取的数据具有一定的主观性，来源于受访者的直接表达。CVM 是陈述偏好法的典型代表，正是该方法所体现出的特殊性，即主观性、直接性两种特性，使得三分法将其单独分类。

对于四分法，直接观察法所得到的数据就可以以货币化单位直接揭示出环境价值。直接假定法是通过创建的假定市场直接询问人们赋予环境服务的价值。间接观察法以环境与市场物品或服务之间的某种替代关系或互补关系的假设为基础。间接假定法通过人们对假设问题的反应，而不是通过对现实中人们的选择行为的观察获取数据。四分法对生态环境测度方法的分类与三分法在本质上具有一致性。相对三分法来说，四分法将间接方法划分为间接观察和间接假定，虽然其对间接方法的分类在表面上看存在差异，但在通过获取的数据对价值进行推断时，间接假设和间接观察所使用的模型和技术往往相同。

以上分析表明，生态环境外部成本测度方法的分类虽然具有一定的差异性，但这种差异与分类的深度有关的。三分法可以看作是二分法的进一步细化，而四分法中有关间接法的使用在模型和技术上具有相同性，因此，本书采用三分法，即直接市场法、间接市场法、陈述偏好法，作为生态环境外部成本测度的方法分类。

（一）直接市场法通常包括市场价值法、人力资本法、机会成本法、重置成本法等

1. 市场价值法

市场价值法把环境看成是生产要素，利用因环境质量变化引起的产值和利润的变化来计量环境变化的效益或损失。市场价值法的优点是评估比较客观、争议少、可信度高，但其要求数据必须全面、足够。

2. 人力资本法

人力资本法又称作疾病成本法。人力资本法评价的不是人的生命价值，而是在不同的环境质量条件下，人因发病或死亡造成的社会贡献的差异，以此作为环境破坏对人体健康影响的损失值。人力资本法的优点是可以对健康和劳动力损害的价值进行量化，但在应用时常受到致病动因难以识别、价格扭曲等问题的限制。

3. 机会成本法

机会成本法常被应用于某些资源应用的社会净效益不能直接估算的场合。任一自然资源都存在许多相互排斥的备选方案，但资源是有限的，选择了这种机会，就会放弃另一种机会，也就失去了后一种获得效益的机会。把失去其使用机会的方案中获得的最大经济效益，称为该资源选择方案的机会成本。机会成本法的优点是能够比较客观地评价生态环境的价值，但是资源必须具有稀缺性。

4. 重置成本法

重置成本法又称为工程费用法，在评价自然资源价值时，通过该资源遭受破坏或损失后，替换或恢复该资源所要支付的费用来进行计量，该方法的最新发展包括资源等值分析（resource equivalency analysis，REA）等。重置成本法的优点是具有一定的科学性和可行性，而评估的资料、依据也比较具体和容易搜集到；其缺点是市场上不易找到交易参照物和没有收益的单项资产，也需要对评估对象的功能性及经济性贬值做出判断。

（二）间接市场法又称替代市场法，通常包括旅行成本法、防护支出法等

1. 旅行成本法

旅行成本法（travel cost method，TCM）是一种评价无价格商品的方法，其基本原理是通过交通费、门票等旅行费用资料确定某环境服务的消费者剩余，并以此来估算该环境服务的价值。旅行成本法的优点是可以核算生态系统的休憩价值，但不能评价非使用价值，其可信度低于直接市场法。

2. 防护支出法

防护支出法（preventative expenditure，PE）是人们为避免生态环境恶化而付出一定的费用，该费用反映了生态环境质量改善所带来的经济效益。防护支出法可以通过生态环境恢复费用衡量生态环境价值，其评价结果为最低的生态环境价值。

（三）陈述偏好法通常包括条件价值评估法等

条件价值评估法又称意愿评估法。通过调查人们对于环境质量改善的WTP；或者放弃这样一个改善环境机会的WTA，推断出人们对环境资源质量变化的评价。当无法获取真实的市场数据，甚至无法采用间接观察市场行为来界定环境资源的价值时，只有通过建立一个假想的市场来获取数据。CVM通过直接调研有关人群样本发现人们是如何给一定的环境变化定价

的。条件价值评估法的优点是可以用来评价各种生态环境系统的价值，但其评价结果的偏差较大。

通过对生态环境外部成本测度方法的阐述可以看出，生态环境外部成本的测度方法各有优缺点，具体见表6.2。

表6.2　　　　　　　　　　主要生态环境价值损失测度方法的优缺点

分类	代表性方法	优点	缺点
直接市场法	市场价值法	测度比较客观，争议少，可信度高	数据必须足够、全面
	机会成本法	比较客观全面地体现了资源系统的生态价值，可信度较高	资源必须具有稀缺性
	人力资本法	可以对健康和劳动力损害的价值进行量化	常受到致病动因难以识别、价格扭曲等问题的限制
	重置成本法	具有一定的科学性和可行性，测度的资料、依据也比较具体和容易搜集到	市场上不易找到交易参照物的和没有收益的单项资产，也需要对测度对象的功能性及经济性贬值做出判断
间接市场法	旅行成本法	可以核算生态系统休憩的实用价值，可以评价无市场价格的生态环境价值	不能核算生态系统的非使用价值，可靠度低于直接市场法
	防护支出法	可以通过生态恢复费用或防护费用量化生态环境的价值	测度结果为最低的生态环境价值
陈述偏好法	条件价值评估法	适用于缺乏市场和替代市场的商品的价值测度，能够测度各种生态系统服务功能的价值	调查结果的准确与否很大程度上依赖于调查方案的设计和被调查对象等诸多因素，评价结果的偏差较大

注：根据刘玉龙等（2005）的表格改编得出。

国外对于生态环境系统价值的测度开始于20世纪20年代。1925年比利时的德拉马克斯（Drumarx）首次采用野生生物游憩的费用支出评估野生生物的价值，开创生态环境价值定量分析的先河。随后，直接市场法和间接市场法被大量应用于生态环境价值的量化研究。

我国关于生态环境价值的测度起于20世纪80年代末，是以对直接市场法与间接市场法的研究开始的。1984年《公元2000年中国环境预测与对策研究》课题组首次对我国环境污染损失进行评估，该课题的学术活动在我国举办了首个环境污染和生态破坏损失计量培训班，此后，不少省份都开展了各自的环境污染和生态破坏损失计算，我国环境污染和生态破坏损失评估进入了一个高潮期。

对非再生能源资源开采的生态环境外部成本测度，直接市场法和间接市场法也是主要的测度方法。

国际绿色和平组织（2008）的《煤炭的真实成本报告》使用人力资本法、防护支出法等测度出2007年全世界煤炭生产、燃烧所引起的气候变化、空气污染带来的健康影响和生命损失至少3600亿欧元。麦克德英特（McDermott，2009）采用人力资本法等测度出2005年美国阿巴拉契亚洲煤炭资源开采对环境的破坏造成居民健康成本约为170亿～845亿美元。米什拉等（Mishra et al.，2012）采用市场价值法、旅行成本法等对俄亥俄州煤炭资源开采的生态环境外部成本进行了测度，得出该州每年因煤炭资源开采造成下游湖泊的生态环境损失为2100万美元。

在国内，孙晓青等（1997）、张金屯和梁嘉骅（2001）、刘金平（2003）、王喜亮和陈亚军（2007）、党晋华等（2007）、李国平和刘治国（2007）、付光辉等（2007）、曹金亮（2009）、刘旭升等（2009）、韩慧和吴江（2010）、李丽英和刘勇（2010）、盛福杰等（2011）、吴文洁和高黎红（2011）、张倩等（2012）、冯思静等（2012）、李俊英（2013）、环境保护部环境规划研究院与能源基金会（2014）等也采用直接市场法与间接市场法对煤炭资源开采中生态环境外部成本进行了测度，具体见表6.3。

表6.3　　　　　　　直接市场法与间接市场法在我国煤炭资源开采
中生态环境外部成本测度中的应用案例

研究者（时间）	测度范围	方法	测度结果
孙晓青等（1997）	唐山市煤炭等资源开采造成的生态环境损失	市场价值法、防护支出法等	唐山市煤炭等资源开采每年造成的生态破坏损失达6094.38万元，环境污染损失达3920万元
张金屯、梁嘉骅（2001）	山西省因煤炭等资源开采造成的生态环境损失	市场价值法、防护支出法	山西省过去20年因煤炭资源开采造成的生态破坏累积损失值达957.85亿元
刘金平（2003）	某煤炭矿区资源开采的环境成本	市场价值法、防护支出法	该煤炭矿区的环境成本为21.89元/吨
王喜亮、陈亚军（2007）	榆林煤炭资源开采的环境影响	市场价值法、机会成本法、防护支出法等	2003年榆林市煤炭资源开采的环境成本约为52.88亿元，平均每开采1吨煤造成的环境成本为74.18元，煤炭资源开采造成的环境损失约占当年GDP的18.83%
党晋华等（2007）	山西省煤炭资源开采的生态环境损失	市场价值法、人力资本法、防护支出法等	2003年山西省煤炭资源开采环境污染与生态破坏造成的损失约为286.746亿元，折合每吨煤损失63.79元。其中，环境污染年损失61.979亿元，折合每吨煤损失13.78元；生态破坏损失224.7674亿元，折合每吨煤损失50元。1978~2003年山西省累计采煤约65亿吨，所造成损失约为4100亿元
李国平、刘治国（2007）	陕北地区煤炭资源开采造成的生态环境破坏损失	市场价值法、人力资本法、防护支出法等	2003年陕北地区煤炭资源开采造成的生态环境破坏总损失价值为27.8亿元，占当地GDP总量的9.9%，平均开采每吨煤造成的生态环境损失为36.23元，其中，环境污染造成的损失占12.46%，生态破坏损失占87.54%
付光辉等（2007）	徐州市贾汪区采煤塌陷区治理的生态代价	市场价值法、机会成本法	自1999年以来，采煤塌陷区土地整理项目实施带来的生态系统服务价值损失达2.690亿元

研究者(时间)	测度范围	方法	测度结果
曹金亮(2009)	山西省采煤引起的生态环境损失	市场价值法、防护支出法	山西省1997~2007年的30年间,采煤引起的生态环境损失约为4594.7184亿元。并估算出2015年,煤炭资源开采破坏生态环境的年损失至少可达770亿元;到2020年,煤炭资源开采破坏生态环境的损失至少是2003年的2倍以上,即开采吨煤破坏生态环境形成的损失可达100元,每年煤炭资源开采破坏生态环境的损失至少可达850亿元
刘旭升等(2009)	北京市门头沟区煤炭资源开采造成的生态系统损失	市场价值法、机会成本法等	1949~2006年,门头沟区煤炭资源开采造成的生态系统服务总损失约为543亿元,约为其市场销售价值的9倍。其中,固体废弃物压占所导致的粮食和果林价值损失最大,约为469亿元;由采矿造成的植被水源涵养价值损失约26亿元;塌陷地复垦成本与粮食损失约14亿元
韩慧、吴江(2010)	鄂尔多斯市煤炭开发引起的生态环境损失	人力资本法、防护支出法	鄂尔多斯市煤炭开发中的生态环境损失合计为410亿元,折合每吨煤损失241.77元;其中环境污染损失96.1亿元,折合每吨煤损失56.53元;生态损失为310亿元,折合每吨煤损失182.35元
李丽英、刘勇(2010)	我国东南部地区(包括华东地区、中南地区、西南地区的18个省市)已报废或即将报废煤矿的生态环境外部成本	市场价值法、防护支出法	我国东南部地区因煤炭资源开采造成的生态环境外部成本为8.2元/吨
盛福杰等(2011)	徐州矿区煤炭资源生产对环境的影响	市场价值法、人力资本法、防护支出法	徐州矿区煤炭生产的环境代价为:大气污染每吨煤损失8.53元、水污染每吨煤损失26元、固体废弃物污染每吨煤损失6.58元、水环境生态系统服务每吨煤损失7.64元、土地系统服务每吨煤损失18.4元,合计吨煤损失43.75元
吴文洁、高黎红(2011)	榆林市能源资源(煤炭、石油)开发的环境问题	市场价值法、人力资本法、防护支出法	2008年榆林市能源资源开发的环境代价为126.5亿元,占GDP的12.5%,其中,环境污染损失为9.2亿元、生态破坏损失为117.3亿元,平均每开发1吨能源资源就带来78元的环境损失
张倩等(2012)	陕北地区能源资源开发带来的生态环境损失	市场价值法、人力资本法、机会成本法	2007~2009年陕北地区各年能源开发生态环境损失分别为174.84亿元、176.1亿元和180.48亿元,占各年GDP的比例分别为12.11%、12.58%和8.89%,平均开发1吨煤炭、石油就带来约65元的生态环境损失

研究者(时间)	测度范围	方法	测度结果
冯思静等(2012)	阜新市煤炭资源开采造成的大气环境污染损失	市场价值法、人力资本法	2010年阜新煤炭资源开采造成大气环境污染损失约12.66亿元。其中,人体健康损失最多,约占总损失的65.63%
李俊英(2013)	宝日希勒煤矿开采生态环境损失	人力资本法、市场价值法、防护支出法等	宝日希勒煤矿每年因煤矿开采造成的空气、水、固体废弃物污染的损失为350.93万元,草原、湿地、水土流失等生态价值损失为3816.35万元
环境保护部环境规划研究院与能源基金会(2014)	煤炭环境外部成本核算	市场价值法、防护支出法、机会成本法、人力资本法等	2010年我国煤炭开采过程中的环境外部成本为68元/吨

以上对生态环境外部成本评估方法的分类进行了阐述,对直接市场法、间接市场法、CVM进行了比较。在此基础上,对最早应用于生态环境经济价值测度的两类方法——直接市场法和间接市场法在非再生能源资源开采的生态环境外部成本测度中的应用做了综述,这两类方法也是目前应用于非再生能源资源开采的生态环境外部成本测度的主要方法。

直接市场法与间接市场法直接或间接地依靠市场数据测度生态环境的价值,测度结果较为客观,争议较少。但是这两类方法也存在一定的缺陷。第一,对于生态环境影响的活动与产出、成本或损益之间的关系的确定,常常需要依靠假设,或通过建立剂量—反应关系中获取信息,或者通过大量的资料来建立这种关系,如果确定关系的方法不当,往往会出现偏差。第二,对于单种生态环境因素的影响往往难以从其他影响因素中剔除出来,这也就容易造成估算结果的重复,引起测度的偏差。第三,当市场扭曲或者市场出现重大波动时,这些研究方法的测度结果往往会出现重大偏差。第四,当存在消费剩余时,市场价格也会低估真实的价值,而且忽略了外部性。第五,对于现在未曾发生的生态环境影响无法评估。第六,对生态环境价值中的使用价值的评估不够全面,使用价值中的选择价值是当代人为保证后代人能够利用而愿意支付的费用,这类资料通常难以通过直接或间接的市场数据表现出来。第七,对生态环境价值中的非使用价值的评估无法涉及,非使用价值与人类的使用与否无直接关系,只能通过人们的意愿金额表现出来。直接市场法与间接市场法最大的缺陷在于不能对生态环境的非使用价值进行测度。

直接市场法和间接市场法的缺陷导致它们并不能够充分测算生态环境外部成本,因此,直接市场法和间接市场法不是生态环境外部成本测度的最优方法。CVM作为评估生态环境经济价值的一种重要手段,被视为唯一能够评估生态环境物品的使用价值与非使用价值的研究方法。米切尔和卡森(Mitchell and Carson,1989)认为,通过模拟市场调查人们的WTP才是一切物品和服务价值的唯一合理表示方法。贝特曼(Bateman,1991)认为,只有人们的WTP才能反映出与他们相关的,没有市场价格的公共物品的全部效用。徐慧和彭补拙(2003)认为,尽管WTP或WTA的可信度远不如市场价格,但仍具有相当的客观性。采用CVM测度生态环境价值的一个重要意义在于,在现有的生态环境意识水平和收入水平的基础之上,CVM揭示了人们不仅有改善生态环境质量的愿望,也愿意为实现这一目标而放弃部分消费,以换取生态环境质量的改善。因此,在生态环境外部成本测度时,CVM与直接市场法和间接市场法相比更具优势。下文将主要针对 CVM 进行综述，阐述 CVM 的经济学原理、历史与应用，以及测度技术，为构建煤炭资源开采中生态环境外部成本的测度体系奠定基础。

二、CVM 的经济学原理

CVM 以公共物品理论为理论基础，与福利分析理论密切相关。生态环境物品作为一种典型的公共物品，具备公共物品的两个特征——非竞争性和非排他性。公共物品的总效应等于消费该物品的所有消费者所获取效用的总和。某人消费生态环境物品所获取的效用可以通过 WTP 来衡量，所以，对所有个体消费生态环境物品的 WTP 求和就可以得到该生态环境物品的总效用。

希克斯（Hicks）首次提出的以效用恒定为基础的福利计量理论是 CVM 的直接依据。CVM 衡量生态环境物品价值变化的两个测度尺度——WTP 和 WTA 的理论基础是希克斯衡量消费者剩余的两个指标：补偿变差（compensation variation，CV）和等量变差（equivalent variation，EV）。

（一）补偿变差

补偿变差指当价格变化后，消费者若要保持在价格变动之前的效用水平所需要提取或给予的货币量。在图 6.2 中，x_1 的价格从 p'_1 降低到 p''_1，p'_1 通过 U^0 上的 A 点，p''_1 通过 U' 上的 B 点。因此，消费者只有将收入减少 CV，才能使他的消费组合变到 C 点，这时该消费者的效用水平与价格变化前的 A 点一样，位于同一条无差异曲线上。所以，当价格下降时，CV 表示消费者面对价格下降时所愿意支付的最大价值；当价格上升时，CV 表示为了保持消费者的效用水平不变而必须补偿的价值。当价格下降时，因为消费者愿意支付的价值不能大于其收入，所以 CV 不能大于个人收入；但价格上升时，CV 有可能会大于个人收入。

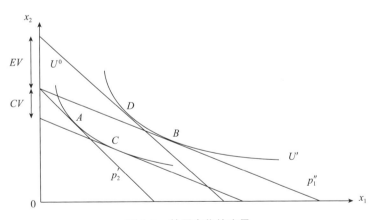

图 6.2 效用变化的度量

（二）等量变差

等量变差是指在现行价格下，要使消费者达到价格变动之后的效用水平所需要提取或给予的货币量。在图 6.2 中，给定初始价格，如果收入增加 EV，消费者在 D 点达到 U'，EV 是价格水平变动后收入的变化量。当价格水平下降时，EV 是使消费者放弃在较低价格水平购买该商品所必须获得的最小值；当价格水平上升时，EV 是消费者为避免价格水平变动而愿意支付的最大值。

当然，CV 和 EV 这两个指标可以互换。当价格水平降低时，CV 是使个人效用水平保持在最初水平时的收入变化量，所以，它表示价格降低时个人愿意支付的最大货币量，它对应于 WTP；EV 是使个人效用水平保持在价格下降后的效用水平时的收入变化量，因此，它表示价格下降时个人所愿意接受的最小货币补偿量，它对应于 WTA。当价格上升时，CV 表示个人愿意接受的最小货币补偿量，使个人效用水平恒定；EV 表示个人愿意支付的最大货币量，将使价格保持不变。所以，当价格变化时，CV 和 EV 计算的效用变化数值并不一样。

CVM 利用效用最大化原理，在模拟市场的情况下，直接调查和询问人们对某一生态环境效益改善的 WTP，或者对生态环境质量损失的 WTA，以辨明人们关于公共物品变化的偏好，以推导生态环境效益改善或生态环境质量损失的价值。也就是说，CVM 就是要通过模拟市场，引导受访者对其愿意支付的货币量或愿意获取的货币量进行表述，作为进一步估算生态环境效益改善或质量下降的价值的基准指标。

个人对各种服务或环境物品的效用受市场商品 x（可以自由选择）、环境物品或服务 q（不受个人支配）以及个人偏好 s 的影响，假定个人偏好 s 不变，则个人效用函数可表示为 $u(x, q)$。在其（可支配）收入 y 和商品价格 p 的约束下，个人消费效用（u）最大化可表示为式（6-1）：

$$\text{Max} u(x, q) \qquad (6-1)$$

其中，$\sum p_i x_i \leqslant y$（$i = 1, 2, 3, \cdots, n$，为市场商品的种类）。

通过式（2-1）可求得一组常规需求函数：$x_i = h_i(p, q, y)$。

定义间接效用函数 $v(p, q, y) = u[h(p, q, y), q]$，可以看出，效用既是商品价格和收入的函数，也是环境物品或服务的函数。

假设 p、y 恒定，环境物品或服务从 q_0 变为 q_1，此时个人效用将从 $u_0 = v(p, q_0, y)$ 变为 $u_1 = v(p, q_1, y)$。

如果这种变化是环境的改进，则个人的效用会提高，即 $u_1 = v(p, q_1, y) \geqslant u_0 = v(p, q_0, y)$。这种效用的提高可以用间接效用函数来表示：

$$v(p, q_1, y - C) = v(p, q_0, y) \qquad (6-2)$$

式（2-2）中的补偿变化量 C 就是指当 q_0 变化到 q_1（假设是一种改善）时，个人为保持效用不变所愿意支付的金钱数量。CVM 就是通过问卷调查的方式引导出受访者的补偿变化 C，C 表示的就是个人的 WTP。由于环境公共物品的特性，总的 WTP 由个人的 WTP 加总获得，即总价值（T）为：

$$T = \sum_{i=1}^{N} WTP_i = N \cdot E(WTP) \qquad (6-3)$$

其中，N 是假想市场的大小（人口数、家庭数量等），$E(WTP)$ 是受访者 WTP 的期望值。

三、CVM 的历史与应用

（一）CVM 在国外的历史与应用

1947 年，克里希·万特鲁普（Criacy-Wantrup）提出 CVM 的基本思想，建议通过调查人们对公共物品的 WTP 衡量自然资源的价值。

1963 年，戴维斯（Davis）应用 CVM 对缅因州林地宿营、狩猎等娱乐价值的研究，是学术界首次运用 CVM 测度生态环境价值的案例。

1974 年，羊达尔、艾夫斯和伊斯曼（Randall, Ives and Eastman）对 CVM 的特点进行了

进一步解释，并第一次将 CVM 应用于关于环境质量改善的研究。

1979 年，毕晓普和赫伯林（Bishop and Heberlein）在 CVM 问卷设计中引入了二分式引导技术。

1979 年，美国内务部（DOI）确定 CVM 为"综合环境反应、赔偿和责任法案"（CER-CLA，超级基金）的分析方法，并推荐 CVM 为测算自然资源与环境的存在价值和遗传价值的评估方法。

1984 年，海里曼（Hanemann）通过论述 WTP、WTA 与补偿变差、等量变差的关系，建立了 CVM 的经济学基础。

1991 年，海里曼、卢米斯和卡尼宁（Hanemann，Loomis and Kanninen）将二分式引导技术扩展为双边界二分式，并证明了二分式问卷估算结果的有效性。

1992 年，卡森采用 CVM 评估了埃克森·瓦尔迪兹（Exxon Valdez）油轮海上溢油事件的环境污染损失，该研究是 CVM 应用史上最为著名的事件之一，对 CVM 的发展产生了深远的影响。

1993 年，美国国家大气与海洋管理局（National Oceanic and Atmospheric Administration，NOAA）提出了在 CVM 研究中关于问卷设计及调查实施的指导性原则。

1993 年，美国经济学家弗里曼在《环境与资源价值评估——理论与方法》一书中论述了环境与资源价值评估的理论和方法，首次将新古典经济学的相关理论应用于环境与资源价值评估，为环境与资源价值评估奠定了坚实理论基础。

1997 年，科斯坦扎（Costanza）等 13 位专家采用 CVM 测度了全球生态系统的服务价值，他们的研究成果 The value of the world's ecosystem services and natural capital 在 *Nature* 杂志上发表，在国际上掀起了对生态系统服务价值研究的热潮。

CVM 起源于美国，美国政府部门的推动对 CVM 在环境物品价值评估中的广泛应用和方法发展起到了重要作用。20 世纪 80 年代 CVM 被引入英国、挪威等欧洲国家。欧洲国家的环境价值评估研究虽然起步比美国晚，但发展也十分引人注目。

CVM 在国外经过 60 多年的发展，在理论和方法上已相当成熟。到 1995 年，全球 40 多个国家使用 CVM 的文献已突破 2000 份；到 2005 年，世界上应用 CVM 研究的论文和研究报告已超过 6000 份。CVM 的应用范围也由最初的栖息景观价值的测度（Kreg，1997；Sandra and Maria，2010），到现在被广泛应用于环境保护（Barry and Nicholas，2009；Verlicchi et al.，2012）、生物多样性（Tohmo，2004；Tran and Stale，2008）、医疗（Karine et al.，2010；Hideo et al.，2011）、能源（Pallab et al.，2011；Areti et al.，2013）、森林保护（Dylan et al.，2002；John et al.，2009）、农业（Bakopoulou et al.，2010；Hugo et al.，2011）、商品定价（Klaus et al.，2009；Joris and Stephen，2011）、土地管理（Banzhaf，2010）、气候变化（Wei-Chun Tseng and Chi-Chung Chen，2008）、雇员政策（Hae-Chun Rhee et al.，2005）、广告效应（Hsiao-Chien Tsui，2012）、体育运动（Pamela et al.，2012）、互联网服务（Seung-Hoon Yoo and Hye-Seon Moon，2006）、住房（Brian and Geoffrey，1995）、河道治理（Monica et al.，2008）、图书馆（Christopher，2013）、水土流失（Almansa et al.，2012）、道路安全（Henrik，2007）、动物防疫（Sören et al.，2012）等领域，在矿产资源资源开采的生态环境领域也得到了一些应用（Glenn and John，1998；Damigos and Kaliampakos，2003）。

（二）CVM 在国内的应用

我国学术界对于 CVM 的应用始于 20 世纪 90 年代，是从森林游憩价值的测度开始的。1993 年，陈应发在《林业经济》上发表了关于国外森林游憩的价值测度的文章，该文章认为，CVM 不仅可以直接调研人们参与游憩活动的实际 WTP，而且可询问人们对抽象的非使用价值的 WTP，如把享受森林游憩服务的选择留给后代的 WTP。孟永庆和陈应发（1994）通过对森林游憩价值测度的方法进行比较分析，得出 CVM 不仅可以评价森林游憩的使用价值，也可评价其非使用价值，因为该方法既可以调查游客的 WTP，也可以调查非游憩者和社会居民的 WTP；既可以调查消费者游憩的实际 WTP，也可询问他们为自己或子孙后代保留游憩选择的 WTP。陈应发，陈放鸣（1994）的研究进一步指出，CVM 适用于各种公共商品的无形效益测度。此后，我国有关 CVM 的文献逐渐增多，不仅应用领域非常广泛，而且在 CVM 的研究方面也取得了丰硕的成果。

虽然 CVM 在我国应用起步较晚，但文献的数量却增加得非常迅速，目前能够在 CNKI 上查到的关于 CVM 应用及研究的文章超过了 1100 篇，硕士和博士学位论文超过 700 篇，研究领域涉及水资源领域（杜丽永等，2011；卢英，2013）、农业领域（江冲等，2011；何可等，2013）、游憩资源价值（向延平，2010；成程等，2013）、湿地资源领域（敖长林等，2010；姜宏瑶和温亚利，2011）、生物多样性（段百灵等，2010；刘欣和马建章，2012）、流域生态系统（葛颜祥等，2009；彭晓春等，2010）、空气质量（曾贤刚和蒋妍，2010；高新才等，2011）、森林资源领域（黄丽君和赵翠薇，2011；李彧挥等 2012）、自然保护区（曾贤刚等，2009；靳乐山和郭建卿，2011）、矿产资源领域（李国平等，2009；屈小娥和李国平，2012）、草原生态补偿（黄世华等，2007；巩芳等，2011）、生产生活用水（唐增和徐中民，2009；贾国宁和黄平，2012）、道路交通（刘蓉和刘浪，2012）、图书馆（纪华平和肖红梅，2013）、房屋价值（钟海玥等，2012）、废弃物管理（金建君和王志石，2005）、高速公路沿线生态环境（姚晓军等，2010）、土地沙化（张秀娟等，2013）等。

虽然 CVM 在国内的应用范围非常广泛，已经渗透我国经济社会的各个方面，但仅从生态环境外部成本测度的角度来看，CVM 的应用案例并不是特别多，主要包括李金平和王志石（2006）、李国平等（2009）、李金平和王志石（2006）、曾贤刚和蒋妍（2010）、李京梅和刘铁鹰（2011）、肖建红等（2011）、刘晓滨和史耀波（2011）、谭旭红等（2012）、屈小娥和李国平（2012）、杨永均等（2014），其中李国平等（2009）、刘晓滨和史耀波（2011）、谭旭红等（2012）、屈小娥和李国平（2012）、杨永均等（2014）的研究分别使用 CVM 对煤炭资源开采中生态环境外部成本进行了测度，具体见表 6.4。

表 6.4　　　　　　　　　　　CVM 在我国生态环境外部成本测度的应用案例

研究者（时间）	测度范围	测度尺度	测度结果
李金平、王志石（2006）	中国澳门地区的空气污染损失	WTA、WTP	2002 年 SARS 爆发前，以 WTP 分析得出中国澳门地区空气污染的年损失值为 3.77 亿澳门元；2004 年 SARS 爆发后，以 WTA 分析得出中国澳门地区空气污染的年损失值为 14.32 亿澳门元
李金平、王志石（2006）	中国澳门噪声污染的年损失	WTA、WTP	以 WTP 方法试验的结果估算出 2003 年中国澳门地区噪声污染的年损失为 5.32 亿澳门元/年；以 WTA 方法试验的结果得到中国澳门地区噪声污染的最大损害为 10.6 亿澳门元/年
李国平等（2009）	陕北地区煤炭等非再生能源资源开发的环境破坏损失	WTP	陕北地区每年因煤炭等非再生能源资源开发造成的环境破坏价值在 1.669338 亿 ~ 3.465002 亿元

续表

研究者(时间)	测度范围	测度尺度	测度结果
曾贤刚、蒋妍(2010)	我国空气污染健康损失中的统计生命价值	WTP	我国空气污染健康损失中的统计生命价值约为100万元/年
李京梅、刘铁鹰(2011)	胶州湾围填海造地环境破坏损失	WTP	2008年胶州湾围填海造地环境破坏损失为117.3亿元
肖建红等(2011)	通州区滨海新区围填海工程对潮滩湿地生态环境资源的影响	WTA	通州区滨海新区围填海工程对潮滩湿地生态环境资源影响值(损失值)为1.186亿元/年
刘晓滨、史耀波(2011)	陕北能源产区的环境治理需求	WTP	煤炭产地的受访者对于环境治理具有更强烈的支付意愿,说明煤炭资源开采对环境造成的破坏要大于油气资源的开发
谭旭红等(2012)	黑龙江省鸡西、鹤岗、双鸭山和七台河四大煤城因煤炭资源开采造成的生态环境损失	WTP	2010年这四个城市因为煤炭资源开采所造成的生态环境价值损失为7.0333亿元,即煤炭资源开采的外部环境成本为9.57元/吨
屈小娥、李国平(2012)	陕北煤炭资源开发造成的环境价值损失	WTP	陕北地区煤炭资源开发地由于资源开发造成的环境价值损失在3.331495亿~5.17179亿元
杨永均等(2014)	煤矿区生态环境非使用价值受偿意愿评估	WTA	矿区居民对生态环境非使用价值损失的平均受偿意愿为1371.6元/年

资料来源:作者整理。

表6.4显示,CVM在生态环境外部成本测度领域的应用并不多,但却表现出以下特征:

第一,相关研究采用的测度尺度既有WTP也有WTA,而且更多地使用了WTP,说明大部分学者在进行CVM问卷设计和调查时的出发点是将调查的受访者假定为生态环境的受益者,从而询问他们为改善受损的生态环境而愿意支付的费用,对于生态环境外部成本的评价相对来说,这种调查方式属于间接的推导;使用WTA的研究直接将调查的受访者定位于生态环境破坏的损害承担者,从而询问他们因生态环境质量下降而愿意接受补偿的金额,这种获取生态环境损失值的调查方式相对直接,从逻辑上也容易理解。WTP与WTA都可作为CVM测度生态环境外部成本的测度尺度,但两者之间差异较大(Venkatachalam,2004;Nele and Douglas,2007),虽然一些学者(李金平和王志石,2006)对WTP与WTA之间的差异进行了研究,但在煤炭资源开采中的生态环境外部成本测度领域,鲜有研究对WTP与WTA之间的差异进行研究,而且几乎都选择了WTP作为测度指标,但对其中的原因缺少论证。因此,在煤炭资源开采中生态环境外部成本研究领域,对于WTP与WTA之间的差异,以及两者之间的选择问题,还有待于进一步研究。

第二,相关研究对于生态环境外部成本测度结果的有效性和可靠性缺少足够的论证。一方面,CVM研究结果的有效性和可靠性一直是该方法遭受质疑的焦点之一,但现有研究大多缺少这方面的论证。特别是在煤炭资源领域,采用CVM的研究结果与采用直接市场法和间接市场法所得到的结果(环境保护部环境规划研究院与能源基金会,2014)相差太大,因此在煤炭资源开采中生态环境外部成本测度领域,对于采用CVM所得测度结果的有效性和可靠性论证依然十分重要。另一方面,对于依据不同的CVM测度尺度所获得的生态环境外部成本值的认识不够明确。现有的研究普遍认为采用 CVM 可以获取生态环境外部成本的测度结果，而且一些学者对于依据 WTP 测度出的结果偏低的原因从居民的角度进行了解释，但上述解释并不能说明 CVM 测度结果对于生态环境破坏的反映程度；同时，对基于 WTA 的 CVM 测度结果的评价也很鲜见。只有充分认识 CVM 测度出的生态环境外部成本值的内涵，才能为 WTP 与 WTA 的选择提供依据。

四、CVM 测度技术

CVM 作为一种依靠假设市场获取数据，以测度生态环境价值的评价方法，有一套较为完整的测度技术，主要包括引导技术、测度尺度分析、结果评价等方面。在 CVM 的应用过程中，学者们不断总结、创新，丰富了 CVM 测度技术。具体表现在以下方面：

（一）引导技术

引导技术是 CVM 问卷中最重要的核心问题，合理的引导技术是降低 CVM 研究偏差的重要手段，也是提高 CVM 研究有效性的重要方式。CVM 的引导技术有投标博弈（sequential bids method）、开放式（open-ended）、支付卡式（payment card format）、封闭式（close-ended）、开放双边界二分式（double-bounded dichotomous choice with open-ended follow-up）等。其中，封闭式包括单边界二分式（single-bounded dichotomous choice method）、双边界二分式（double-bounded dichotomous choice method）、三边界二分式（triple-bounded dichotomous choice method），如表 6.5 所示。

表 6.5 CVM 的主要引导技术

引导技术		主要的特征
投标博弈		调查者预先确定了一个具体的投标值，询问中依据此投标值不断提高或降低投标水平，直到辨明被访者的最大支付意愿为止
开放式		在不给予被访者任何投标值信息的前提下，就所调查的被评估对象，直接询问参与者最大的支付意愿
支付卡		调查者根据各种资料在调查前事先定好若干投标值，将它们写在一个卡片上，让参与者从中选择一个
封闭式	单边界二分式	对评估资源随机给予一个投标值，询问被访者是否同意支付
	双边界二分式	根据被调查者针对二分式选择投标值的反映，如果被访者对第一个问题的回答是肯定的，第二个投标值将高于第一个投标值；如果对第一个问题的回答是否定的，则第二个投标值略低于第一个投标值
	三边界二分式	该方法先为被访者提供一个投标值，让其回答"是"或"否"：(1)如果被调查者对第一个问题的回答是"是"，则为其提供一个较高的投标值；当被调查者再次回答"是"时，则为其提供一个更高的投标值，否则就提供一个比第一个问题高、比第二个问题低的投标值。(2)如果被调查者对第一个问题的回答是"否"，则为其提供一个较低的投标值；当被调查者再次回答"否"时，则为其提供一个更低的投标值，否则就提供一个比第一个问题低、比第二个问题高的投标值
开放双边界二分式		通过双边界二分式的答复后，由被访者自行回答其最大支付意愿

各种引导技术的优缺点如下：

第一，投标博弈的优点是可避免信息误差，能够准确衡量被调查者的支付意愿；缺点是时间成本高，不断地重复询问可能会引起被访者的不满，并且容易产生起始点偏差，在现今的研究中已不常用。

第二，开放式对 WTP 的询问较为直接，是最简单的引导技术。优点是简单、节省时间；缺点是实施时需要让被调查者完全理解问题，而且很可能造成被访者在回答问题时存在一定难度。

第三，支付卡式在西方发达国家以及部分发展中国家早期的 CVM 实证研究中得到了广泛的应用，它的优点是降低了开放式问卷中的拒答率。但如何从调查结果中剥离支付卡投标数值对被调查者 WTP 的影响而形成的始点偏差，成为运用该方法的难点；同时，如何令人信服地证明备选数值及其分布区间的恰当性也始终是支付卡法应用中面临的棘手难题。

第四，封闭式问卷调查中的被调查者只需决定"是"或"否"支付或接受事先设定的投标值，就像在私人物品交易市场那样在是否购买之间做出决策，从技术上分析，该方法在一定程度上还能够提供讲真话的激励，有利于提高问卷的可信度和可靠性，是一种比较理想的方法。但封闭式问卷在实际应用上相对较为困难，由于被访者只回答"是"或"否"这样的简单信息，因此只能知道他们的 WTP 高于或低于投标值，这样获得的信息比开放式问卷更少。如被调查者对询问的投标值都表示不愿意，这不一定代表其支付意愿价格为零，很可能只是被访者对投标值都不满意而已，因此会产生资料统计上的偏差。而且运用 CVM 的目的是估计被调查者的平均支付意愿，封闭式问卷因不能直接获得被调查者的愿付金额，其平均支付意愿的估算方式比起投标博弈、开放式、支付卡要困难许多。

第五，开放双边界二分式是一种结合开放式与双边界二分式而得出的诱导支付模式，在经过双边界二分式的询问后，由被调查者自行回答其最大支付意愿价格。对被调查者而言，通过双边界二分式的答复使被调查者有时间结合自己的经验及学习而反映出其心中的愿意支付。此方法的优点在于既撷取了双界二元选择诱导支付方式的优势，又避免被调查者在面对开放式时无从填答之困扰。但是该方法的缺点与投标博弈一样，时间成本较高，不断地重复询问可能会引起被访者的不满，并且容易产生起始点偏差。

各种引导技术在询问方式上存在差异，分别具有与同类相比的优缺点，某一种引导技术并不能形成对其他引导技术的绝对优势，因此，在具体的 CVM 应用过程中，对于引导技术的选择并没统一的选用标准。虽然美国 NOAA 建议使用单边界二分式问卷而不是开放式，但是学术界对 CVM 引导技术的选用并没有完全参考这一原则。目前学术界最常用的引导技术包括：开放式（徐中民等，2003；Katarina et al.，2012）、支付卡式（Arthur et al.，2002；张眉，2012）、封闭式（程淑兰等，2006；Christopher，2013）。

以上对 CVM 的引导技术进行了综述，可以看出 CVM 的引导技术种类较多，各引导技术也都有优缺点。相关文献大多直接选择了某类引导技术，虽然有一些研究对于引导技术的选择方法进行阐述，但选择理由并不充分，多以阐述各类引导技术的优缺点为选择理由。在实际的 CVM 应用中，除了投标博弈式引导技术在现今的研究中不常用外，其他引导技术的应用文献各有一定的数量，学者们在应用实践中并没表现出对某一种引导技术的集中偏好。因此，如何选择适合调研对象特点的引导技术依然是 CVM 应用中的难点和关键点。

（二）测度尺度差异及选择

WTP 与 WTA 是 CVM 用来测度生态环境物品经济价值的两个测度尺度。在新古典主义福利理论中，WTP 与 WTA 可用于衡量同一种生态环境物品变化带来的经济价值变化。WTP 与 WTA 是从两个不同的角度去衡量生态环境的价值。具体运用两个测度尺度于生态环境损失的研究时，由于生态环境效用的下降，受访者为了维持福利水平的不变，可以选择接受一定补偿量，即 WTA，以弥补生态环境质量下降带来的福利下降；也可以选择支付一定的货币，即

WTP，以避免生态环境质量的下降。也就是说，对于同一种生态环境质量的变化，可以选择WTP 或 WTA 对该生态环境的价值变化进行评估，并且两者预期的差异很小（张翼飞，2008）。但在实际的研究中，WTP 与 WTA 衡量出的价值变化很少出现一致，往往表现出了较大的差异性。WTP 与 WTA 之间的差异也是引起学术界对 CVM 有效性争议的焦点之一。

虽然维利希（Willig，1976）的研究认为，WTP 与 WTA 之间的差异很小，只受收入的影响。但是，WTA 相对于 WTP 常常被高估（Pyo and Jeong，2008）。大多数的研究表明，WTP 与 WTA 之间的差异非常明显，通常 WTA 要超过 WTP 数倍甚至数十倍。如文卡塔克兰姆（Venkatachalam，2004）的重复试验表明，WTA 是 WTP 的 5 倍到 75 倍；尼尔和道格拉斯（Nele and Douglas，2007）的研究显示，WTA 是 WTP 的 36.58 倍；张翼飞（2008）的研究显示，WTA 与 WTP 之间的比值平均为 10.4，最大超过 100；徐大伟等（2013）的研究显示，WTA 是 WTP 的 4.18 倍。

国际上的研究显示，有关 WTP 与 WTA 之间的差异，主要受以下因素的影响：收入效应、替代效应、交易成本、风险、产权、调查技术、伦理等因素的影响。（1）海里曼（1991）的研究发现，消费者的 WTP 会受到收入所得的限制，但是 WTA 则没有此限制。（2）肖格伦等（Shogren et al.，1994）的研究发现替代效应也可解释 WTP 和 WTA 之间的差距；海里曼（1991）指出如果某一生态环境物品的替代性低，则 WTP 将会远大于 WTA。（3）霍恩和兰达尔（Hoehn and Randall，1987）的研究认为，出于风险规避的原因，消费者对于自己拥有权利丧失所要求的补偿（WTA），往往要比对于自己新增权力的愿付金额（WTP）要高。（4）米切尔和卡森（Mitchell and Carson，1989）的研究认为，产权也是引起 WTP 与 WTA 之间的差异的重要因素。（5）布朗和格雷戈里（Brown and Gregory，1999）的研究提出，交易成本也是导致 WTP 与 WTA 之间的差异的重要因素。（6）霍恩和兰达尔（1987）的研究认为，让消费者熟悉问卷，将有助于缩小 WTP 与 WTA 之间的差异。（7）萧代基等（2002）的研究显示，人们基于生态环境伦理，经常不愿意以接受补偿的方式来同意损害生态环境，也难相信 WTA 真的可以用于补偿生态环境的损失，所以常倾向于故意陈述相当高的 WTA。

国内学者也对导致 WTP 与 WTA 之间差异的原因进行了研究。张翼飞（2008）的研究表明，WTP 与 WTA 之间的差异主要受收入和教育的影响。王瑞雪和颜廷武（2006）的研究认为，农村土地集体所有制产权和受访者潜在的与政府博弈心理是导致 WTP 和 WTA 差异悬殊的主要原因。李金平和王志石（2006）对受访者倾向于高估 WTA 而低估 WTP 的原因进行了分析，认为这一问题的产生主要与现阶段公众的环境意识有关，人们长期以来形成了将环境物品视为没有价值的公共物品，认为环境物品的使用应该是免费的；另外，由于缺乏对商品进行市场调查的传统，部分受访者难以理解和陈述 WTA 或 WTP 的价值，从而准确表达他们的真实空气污染意愿价格。刘亚萍等（2008）认为，造成 WTA 与 WTP 之间差异的因素，主要有赋予效应与厌恶效应、收入效应与替代效应、模糊性与不确定性和赔偿效应等。徐大伟等（2013）则认为，造成 WTA 与 WTP 差异性的原因，除了收入效应和替代效应之外，还有人们对损失和获得的偏好程度，以及公众在公共环境物品上的"搭便车"心理倾向。

学者们对 WTP 与 WTA 之间差异的研究说明，这种差异的产生存在一定的原因。

既然 WTP 与 WTA 之间存在着明显的差异，因此，在 CVM 的应用中就面临 WTP 与 WTA 的选择问题。对于这一选择问题，学术界存在着较多的争论。国外的研究（NOAA，1993；Sonia et al.，2008）倾向于支持使用 WTP。在国内，大多数学者（李国平等，2009；成程等，2013）选择了 WTP 作为衡量物品价值的工具，也有部分学者（向延平，2010；唐克勇等，2012）选择了使用 WTA 作为衡量物品价值的工具，而对于选择的原因，并没有进行回答。张翼飞（2008）的研究对 CVM 应用时的 WTP 与 WTA 的选择原则进行阐述，认为在具体的 CVM 研究中，选择 WTP 与 WTA 并无定论，应根据特定的项目性质、环境改变特征、所处社会的政治经济条件等选择；对我国而言，还应充分考虑区域经济差异、城市化与流动人口、社会分层与收入差距等因素。

可以看出，WTP 与 WTA 之间的差异与选择是学术界研究的热点之一。从 CVM 的学理基础来看，基于 WTP 与 WTA 都可以获取生态环境外部成本的测度值，但由于 WTP 与 WTA 之间差异较大，必将导致测度结果的差异较大。虽然现有研究从统计角度对两者之间的差异做了研究，并从理论上对两者之间的差异进行了解释，也对两者之间的选择进行了一些阐述，但是，从生态环境外部成本测度结果评价的角度对 WTP 与 WTA 之间差异与选择的研究很少见；在煤炭资源开采中生态环境外部成本测度领域的 CVM 应用中，WTP 与 WTA 之间的差异与选择问题也很少见。因此，研究 WTP 与 WTA 之间的差异与选择，依然是将 CVM 应用到煤炭资源开采中生态环境外部成本测度领域时必须面对的问题。

（三）影响 WTP 及 WTA 的因素

研究影响 WTP 及 WTA 的各种经济社会因素，一直是 CVM 应用和研究中的重点之一。弗里曼认为，有关受访者社会经济特性的信息，如收入、年龄、性别、受教育程度等，可以估计出投标函数、价值函数或者受这些变量控制的间接效用函数，态度与信仰问题可以用来检验关于环境意识对可揭示的环境舒适性价值的影响的假定。文卡塔克兰姆（2004）认为，将 WTP 与对其有影响的经济变量共同纳入回归模型，也是检验理论有效性的方法。阿弗洛等（Afroz et al.，2009）建议将受访者的环境意识和心理感知等变量的纳入，会进一步提高对受访者 WTP 的解释能力。

我国 CVM 应用的实践发现，受访者的 WTP 除了受收入、年龄、教育程度、心理等常见因素（周学红等，2009；张翼飞，2012）的影响之外，还体现了政府层面的原因。政府层面的原因对于受访者 WTP 的影响表现为三个方面：一是生态环境恢复治理的责任在政府，是政府的分内事，表现出受访者对政府具有较强的依赖性，如蔡银莺等（2007）、曾贤刚等（2009）、谭超（2009）、靳乐山和郭建卿（2011）、高汉琦等（2011）、冯磊等（2012）、靳乐山等（2012）。二是政府没有在生态环境恢复治理方面做出足以让公众信服的成绩，使受访者对政府的公信度产生怀疑，表现出受访者对政府的不信任，如蔡银莺等（2007）、张翼飞（2008）、黄蕾等（2010）、唐学玉等（2012）、靳乐山等（2012）。三是政府户籍制度的不公平，降低了受访者的参与兴趣，如张翼飞（2008）。

相对于影响受访者 WTP 的因素的研究，对于影响受访者 WTA 的因素的研究相对较少。学者们（姜宏瑶和温亚利，2011；赵斐斐等，2011）的研究显示，对生态环境工程的认知及生态保护态度认识是影响受访者 WTA 的重要因素。虽然国外的研究（Hanemann，1991）认为，WTA 不受受访者收入所得的限制，但是黄丽君和赵翠薇（2011）、杨永均等（2014）、蔡银莺和张安录（2011）的研究还是发现，受访者的 WTA 与收入水平有相关性。

通过以上对影响受访者 WTP 及 WTA 的因素的综述，可以看出受访者的 WTP 及 WTA 受到一些客观和主观因素的影响。相关研究对于对影响受访者 WTP 及 WTA 的研究主要是通过建立居民的支出及受偿金额与相关经济社会因素之间的回归模型，分析影响居民的 WTP 及 WTA 的影响因素，但这种做法对于居民的参与支付及接受补偿决策行为的分析还不够全面，仅停留在对于居民决定支出及接受多少金额的影响因素的研究，忽略了受访者决定是否参与支付及接受补偿的分析，因此，对于受访者的参与支付及接受补偿决策分析不够完整，对于居民参与支付及接受补偿决策的研究还有待于进一步深入。

（四）测度结果的评价

CVM 的研究是以调查为基础，在假设的市场情形中进行，而实际上并没有相应的真实行为，这是引起 CVM 争论的最大根源。因此，结果的有效性和可靠性评价是 CVM 研究中必须解决的一个非常重要的问题。

1. 有效性评价

对于测度结果的有效性评价，即检验 CVM 的收敛有效性，是进行 CVM 研究的关键内容之一。收敛有效性检验是对同一研究对象，采用不同方法获得的评估结果进行比较，以判断估计结果之间是否一致。检验收敛有效性有两条途径：其一是将 CVM 估值与以往案例研究的结果相比较；其二是将 CVM 与其他评估方法获得的结果进行对比。

对于 CVM 测度结果有效性的研究，学者们主要是针对 WTP 进行的。学者们的研究更趋向于认为 CVM 研究结论具有动态性和近似性，而且 CVM 的测度结果具有偏低的特点。

第一，测度结果的动态性。高云峰等（2005）认为，随着经济的不断增长，人们的收入水平和受教育水平也在不断提高，人们对森林资源的 WTP 也是呈动态增长趋势。戴兴安、胡曰利（2010）认为，采用 CVM 所计算出的非使用价值是一个动态变化的量，随着经济的发展，人们的环境意识将随之增强，对于湿地生态资源的 WTP 也将呈现出增长的态势。

第二，测度结果的近似性。科斯坦扎等（1997）指出，CVM 未必能够提供一个精确的估算结果，但是即使作为一种数量级的初步估算，其研究结论仍然可以作为一个可以信赖的起点，为保护自然环境提供决策依据。杨凯和赵军（2005）采用不同的人口样本范围，对张家浜生态系统服务改善的总价值进行估算，得到的结论存在差别，但仍然处于同一数量级上。蔡银莺等（2007）认为，采用 WTP 的农地非市场价值评估只能是一种近似值，甚至可能低估农地真实的非市场价值。姚晓军等（2010）基于 WTP 对宝天高速公路（牛背至天水段）保护沿线生态环境的总体价值进行估算，研究结论表明，采用不同的方法得到的估算结果不尽相同，但它们都在一个数量级上。

第三，与其他方法相比 CVM 的测度结果偏低。乔杜里和蒂瓦里（Chaudhry and Tewari，2006）的研究发现，基于 WTP 评价出的生态环境价值与旅行成本法等的评估结果相比往往偏低。刘亚萍等（2006）的研究发现，利用旅行成本法测度出的结果高出基于 WTP 测度出的结果的 8.75 倍和 9.21 倍。董雪旺等（2011）对九寨沟的游憩价值进行研究发现，基于 WTP 测度出的结果与旅行成本法的研究结果的比值为 0.071。

对于基于 WTP 测度出的结果偏低的原因，国内外学者也进行了一些解释。斯旺森和戴（Swansona and Day，1999）指出，发展中国家由于居民收入低，以及没有充分认识到环境质量改善带来的效用，而导致 CVM 调查得出的 WTP 偏低。蔡银莺和张安录（2008）认为，当前多数受访者对 WTP 和假想市场的认识仍需要一个逐渐接受的过程，存在较多的偏差，尤其以策略偏差表现明显，部分受访者对调查活动目的不理解有抗拒心理，存在有意说低或保守提供真实支付意愿的情况，为此 CVM 的评估结果相对偏低。徐夏薇和张弘（2010）认为，在使用 CVM 进行的估算结果往往比较低，主要是由于受访者收入过低导致支付能力不足，以及对生态环境改善带来的效用认识不足造成。

为了提高 CVM 测度结果的有效性，学者们也进行了一些探索。NOAA（1993）提出了 CVM 问卷设计与研究的 15 条原则。维斯滕等（Veisten et al.，2004）的研究认为，对 CVM 问卷内容、问题顺序、调查方案等因素的优化可以提高测度结果的有效性。在国内，乔荣锋等（2006）、王瑞雪和颜廷武（2006）、崔卫华和林菲菲（2010）、靳乐山和郭建卿（2011）等试图通过对支付方式的改进以提高 CVM 测度结果的有效性。

2. 可靠性评价

与有效性研究相比，可靠性的研究相对较少。CVM 测算结果的可靠性检验是其应用中的重要内容。可靠性检验是指在不同的时间点，采用相同的方法是否会得到一致性的结果，以衡量方法的可重复性和稳定性（Carson et al，2001）。CVM 的可靠性检验常用的方法是实验—复试法，该方法根据调查对象的不同，可分为重复受访者法和重复目标人群法。

重复受访者法是在间隔一段时间之后，采用同样的调查手段，对同样的受访者再次才展开调查，以判断受访者的偏好一致性。卡森等（2001）的研究发现，采用重复受访者法获取的结果常显示出显著的相关性，相关系数在 0.5~0.9 之间。而且，文卡塔克兰姆（2004）对重复受访者法的时间间隔提出质疑，间隔太短会使受访者产生记忆效应（recall effect），间隔太长则由于受访者的经济社会背景的变化而对结果产生影响。董雪旺等（2011）的研究认为，在理论上重复受访者法需要对完全相同的一组受访者进行调查，但由于人员的流动性，很难在不同的时间点找到两个完全相同的总体。

重复目标人群法是在间隔一段时间之后，采用同样的调查手段，对同一目标人群的两个不同样本组进行调研，看结果在时间上的稳定性。该方法放松了重复受访者法的限制条件，避免了时间间隔问题。国内外的研究多选择了重复目标人群法，如张翼飞和刘宇辉（2007）、董雪旺等（2011）、张翼飞和王丹（2013）、金炳秀（Byung-Soo Kim，2013）等。

对于重复目标人群法间隔时间的设计，卡森和米切尔（1993）相隔 3 年分别进行的全国水质的 CVM 调查的结果显示，两次调研的 WTP 差异不足 1 美元。麦康奈尔等（McConnell et al.，1998）认为，间隔两周到两年的 CVM 研究结果呈现了良好的时间稳定性。董等（Dong et al.，2003）相隔 4~5 周进行的 CVM 调研显示，两次 WTP 的结果具有良好的稳定性。董雪旺等（2011）对九寨沟游憩价值的两次调研显示 WTP 在 1 年间隔呈现稳定性；张翼飞和王丹（2013）对河流生态恢复的两次 CVM 调研结果显示 WTP 在两年间隔呈现了时间稳定性。

以上有关学者们对 CVM 测度结果的评价，显示了 CVM 结果有效性和可靠性论证的重要性。现有关于 CVM 测度结果有效性和可靠性研究的文献主要是针对以 WTP 为测度尺度的评价结果进行的，并认为该评价结果偏小；一些研究对基于 WTP 测度出的生态环境外部成本值偏小的原因进行了一定的分析，但这些解释并不充分；关于提高 CVM 研究结果有效性的策略依然处于探索之中；对于 WTP 可靠性的研究显示在一定时间间隔之内，WTP 具有一定的时间稳定性。对以 WTA 为测度尺度的评价结果的有效性和可靠性论证还很少见，这直接影响 WTA 在相关研究中的应用。因此，充分认识基于两个测度尺度获得的生态环境外部成本值，也是将 CVM 运用到煤炭资源开采中生态环境外部成本测度领域的重点工作。

本节对生态环境外部成本测度的方法进行了综述，认为在生态环境外部成本测度时，CVM 与直接市场法和间接市场法相比，更具优势。CVM 被认为是唯一能够解决环境物品的使用价值和非使用价值的研究方法，已被广泛应用于各个领域的生态环境价值测度，并且在非环境领域，如文化、医疗、商品定价、土地管理、农业、住房、图书馆等领域得到应用，说明了 CVM 具有适用范围广的特性。与其他方法相比，CVM 特别适合对于非使用价值的测度。进行 CVM 研究需要大量的调查数据作为支撑，其估算结果受受访者的个人主观性影响较大，学术界对其有效性一直质疑。但由于该方法与其他方法相比的独特性，仍然被认为是评价非市场环境物品与资源的价值的最常用和最有用的工具。虽然 CVM 进入国内的时间较短，但在方法的研究上，国内学者也进行了一些有益的研究。目前，学术界对于生态环境价值的研究越来越重视非市场方法的运用，越来越多的考虑研究范围内人的因素，评价手段直接或间接地依赖于受访者的 WTA 或 WTP；而且 CVM 在测度非使用价值方面具有其他方法不可比拟的优势，能够提高生态环境价值测度的充分性。

对于煤炭资源开采中生态环境外部成本的测度，能够为煤炭资源开采带来的生态环境破坏影响从数量的角度提供一个较为直观的判断，为进一步实施煤炭资源开采中生态环境外部成本内部化工作奠定基础。

第三节　煤炭资源开采中生态环境外部成本内部化综述

实现煤炭资源开采中生态环境外部成本的内部化涉及三方面的问题：一是生态环境外部成本内部化的方式；二是生态环境外部成本内部化的责任主体；三是生态环境外部成本内部化的标准，这三方面构成了煤炭资源开采中生态环境外部成本内部化途径的研究内容。煤炭资源开采中生态环境外部成本内部化是实现可耗竭资源可持续发展的一个方面，作为资源经济学的根本问题——可耗竭资源的最优开采也是可持续发展的重要研究对象，只有在最优开采路径上讨论煤炭资源开采中的外部成本内部化才是有意义的。

一、生态环境外部成本内部化方式研究

学术界对于生态环境外部成本内部化的处理有两种主要的方式：一种是通过征收"庇古税"，即对外部性的制造者征收环境税费等，来解决实现生态环境外部成本的内部化；另一种是通过产权关系的界定来解决生态环境破坏的外部性问题。

（一）税费方式

对生态环境破坏者征收相关税费是实现生态环境外部成本内部化的主要手段之一。

在资源开采的生态环境外部成本内部化研究领域，许多学者认为通过征收生态环境税费，可以促进生态环境外部成本的内部化。陆新元等（1994）认为，生态环境的破坏，主要是在人类的经济活动中，忽视了环境外部成本，忽视了由于资源的开发而造成环境的损失，征收生态环境补偿费就是对这种损失的一种补偿，也是对当前不合理的价格体系的补救办法。彼得（Peter，2002）的研究结果表明，对采矿部门实施环境税这一措施比其他的市场手段更有效、更易实施。党晋华（2007）认为，实施煤炭矿山生态环境恢复治理保证金制度，可以促进煤炭生产外部成本内部化。庄静怡和何炼成（2010）的研究认为，通过排污税的征收可以实现煤炭的环境外部成本内部化，并使环境质量达到最优水平，社会福利水平得到提高。王英、张明会（2010）认为，通过征收环境补偿费将环境负外部性的治理成本内在化为企业的生产成本，让污染制造者为经济行为的不经济性"埋单"，促使矿产品价格体现生态环境的价值。王承武等（2011）以新疆的矿产资源开发为例，建议适时开征环境税可以有效地解决治污所需资金不足的问题。

但是，现有的生态环境税费制度还不能满足实现煤炭资源开采中生态环境外部成本内部化的要求。邢丽（2005）认为，税收作为有效的经济调控手段，在控制环境污染、实现生态补偿方面具有重要的作用；但我国目前尚没有以环境保护为宗旨的税种，只是在部分税种中有一些优惠政策，对资源的综合利用给予减免税的待遇；这从某种角度来说，是对"保护者"的补偿，是具有生态补偿性质的税收优惠政策。罗志红和朱青（2009）认为，到目前为止我国还没有出台真正意义上的生态税，虽然存在一些与环境保护、节约资源相关的税种，但其保护环境、节约资源的效果甚微，没能起到应有的作用，主要原因在于涉及生态保护的

税种太少、现有税种对生态保护的调节力度不够、税收优惠政策存在缺陷、生态补偿收费不规范。燕守广等（2012）认为，在矿山环境保护方面虽然已经出台了一系列矿产资源开发的环境资源税费政策，如资源税、矿产资源补偿费、土地复垦基金、水土流失防治费、森林植被恢复费、排污费等，但这些税费政策都没有从根本上触及矿产开发企业的经济利益，不能内在化开发行为造成的社会成本，形成不了激励企业保护环境的经济机制。

为此，一些学者尝试从改善生态环境税费征收方式、建立独立的生态环境税费体系等角度，提出了促进煤炭资源开采中生态环境外部成本内部化水平的策略。张永平（2007）建议，根据环境破坏程度对不同地区的矿山企业分期、分批开征差别税率的生态补偿税，使治理污染的费用能够等额转入企业产品成本中，解决环境成本外部化问题，同时能够增强企业保护生态环境的意识。孔凡斌（2010）建议，建立合理的、相对独立的矿产资源生态环境税费体系，打破生态税费与矿产资源税费体系的混合，从根本上解决矿业开发中的生态保护问题。郑玲微和张凤麟（2010）建议，应通过制定全国性的法律法规来明确生态环境补偿费制度，按照生态环境资源的开发利用量来征收，并继续完善现行的排污收费制度，逐步提高现行排污收费标准、扩大收费范围。王效梅（2012）建议在开征生态税初期，在税目划分上不宜过细，税率结构不宜太复杂，可考虑设置具有典型区域、典型行业差异的税收体制；同时，完善排污费的核定、征收、使用各环节的规章制度，从根本上解决环保部门吃排污费的问题。王育宝、胡芳肖（2013）针对非再生资源开发中外部环境成本的补偿途径提出，在对资源开发中环境破坏行为通过税收进行惩罚的同时，建立起对环境保护行为的奖励机制，具体包括税制转移和补贴转移两方面：税制转移，即降低进行绿色生产的企业所得税，而提高对环境破坏和资源浪费行为的征税额；补贴转移，是指将原来向鼓励破坏环境的行为的补贴转向对环境有利行为的补贴等。

（二）产权方式

在资源开采领域，产权界定也是实现生态环境外部成本内部化的重要手段。刘劲松（2005）认为，良好的产权制度能明确矿业权主体以及他们的权利与责任的归属，这不仅有利于资源的有效利用，更重要的是界定了人们在经济活动中的损益，减少了矿业在经济发展中的负外部性，促进了矿山业企业提高治污能力，从而提高了整个社会的福利水平。朱静等（2007）认为，生态补偿过程中受益的先决条件是确保拥有自然资源的权利。李丽英（2008）认为，对于我国的煤矿区生态环境恢复问题，应尽快健全排污交易制度，利用市场规律保护和改善煤矿区生态环境质量；同时，积极开展配额交易制度，实现发达地区对落后地区的补偿。裴辉儒（2010）认为，通过明晰生态产权、规范能源企业对环境破坏的及时治理责任、加大对能源违法开采行为的惩治力度，可以实现能源开发的生态环境外部性的内部化。

虽然，产权界定被视为是实现生态环境外部成本内部化的重要手段，但是产权手段的作用不宜夸大。李周（2002）认为，产权界定是解决环境问题的重要方法，但不宜无限夸大产权的作用：一是，各类环境资源的产权界定难度存在差异；二是，即使产权界定清楚，仍然会出现资源过度开发，从而导致资源和环境退化；三是，资源产权的私有化是不可能的。

以上对实现煤炭资源开采中生态环境外部成本内部化的两种方式进行了阐述，发现征收税费和产权界定都可作为实现生态环境外部成本内部化的手段，但是它们的出发点不同，那么在生态环境外部成本内部化中如何选择和使用这两种手段？一些学者给出了这两种手段的选择策略。刘红和唐元虎（2001）认为，在零交易费用的情况下，税费手段与产权手段的效果是完全一致的；在正交易费用的情况下，如果通过政府调节的边际交易费用低于企业之间协调的边际交易费用，那么采用税费手段较好；如果通过政府调节的边际交易费用高于企业之间协调的边际交易费用，那么采用产权方式较好；如果通过政府调节的边际交易费用等于企业之间协调的边际交易费用，从效果上来看，二者是等价的。李云燕（2007）建议，对能够界定和建立产权的那部分环境资源，政府可以以适当的制度安排界定和建立其产权；如果某些环境资源产权界定和制度安排的成本很高，或者无法对其进行产权界定和制度安排，政府可以通过征收税费来消除生产和消费中的环境外部不经济性，使环境资源得到合理利用。

还有一部分学者建议将两种手段搭配起来使用，可以更好地促进生态环境外部成本的内部化。沈满洪（1999）认为，科斯理论并不彻底否定庇古理论，而是对庇古理论的补充，因此，税费手段和产权手段可以配合使用。刘友芝（2001）建议，将税费手段和产权手段结合起来应用于环境外部成本内部化的过程中，可以有效地矫正负的外部性问题。杜彦其（2010）认为，在我国现有的市场经济条件下，市场机制不是万能的，也存在市场失灵，产权界定不能解决所有的外部性问题；同样，单凭政府的行政管理和征收税费，也不能实现整个社会的帕累托最优。在解决外部性问题上，应当将二者有机结合在一起，发挥各自的长处。

二、生态环境外部成本内部化责任主体研究

学者们对于生态环境外部成本内部化的责任主体进行了广泛讨论，其中，对于煤炭资源开采中生态环境外部成本的承担主体的研究就是一个重要方向。

关于煤炭资源开采中生态环境外部成本内部化责任主体的认定，大部分学者认为煤炭资源开采企业应该承担全部的生态环境外部成本内部化责任。宋蕾等（2006）认为，现有煤炭资源开采矿山和新建煤炭资源矿山开采对生态系统和自然资源造成的破坏，应由造成破坏的开采企业完全负担。李文华（2010）建议，新矿区造成的破坏由企业负担全部治理责任，通过征收生态环境修复保证金实现。康新立等（2011）认为，新建和正在开采矿山所造成的生态破坏应由开采企业100%承担，生态破坏者必须通过交纳相关税费或完成生态恢复工程的形式，承担与生态环境损害相应的经济和社会责任。郝庆和孟旭光（2012）认为，对于生产矿山，应由资源开发者承担责任，实现同步恢复治理。杨树旺等（2012）认为，矿业开采部门在生产建设过程中对生态环境造成了破坏，有责任和义务对此进行相应内部化。李国平和张海莹（2012）认为，按照国家的政策倾向及矿产资源有偿使用和生态补偿制度完善的要求，煤炭资源开采企业需要对资源开采引起的生态环境外部成本进行充分内部化。

另外，也有一些学者建议将煤炭资源的消费企业纳入煤炭资源开采中生态环境外部成本内部化责任主体的范畴。韩茜（2011）认为，煤炭消费地享受清洁的能源，而由煤炭生产地独自承担环境成本是不公平的，煤炭消费企业也应当分担一部分煤炭生产企业所付出的环境成本，并建议按照3元/吨的标准向煤炭资源消费企业征收生态环境治理费。

但是，从煤炭资源开采中生态环境外部成本内部化实践来看，上述责任主体均未成为实际的生态环境外部成本承担者，各级政府实际承担了煤炭资源开采中生态环境外部成本内部化责任。程琳琳等（2007）认为，矿产资源的开采企业基本没有负担生态环境恢复治理责任，矿区生态环境的主要治理者仍然是政府。韩茜（2011）以新疆煤炭开采为例，认为"谁破坏、谁治理"的生态修复治理原则没得到落实，最终承担煤炭资源开采中生态环境外部成本内部化责任的仍然是政府和社会。丁岩林和李国平（2012）认为，矿产资源开采所交纳的矿山环境治理保证金以及水土流失补偿费、排污费、土地复垦费、植被恢复费、矿产资源补偿费等相关费用远远小于资源开采所造成的生态环境损害，而矿山环境恢复治理的真正承担者是地方政府和中央政府。

三、生态环境外部成本内部化标准研究

科学合理地确定内部化标准是规划和实施生态环境外部成本内部化的关键，也是提高和确保生态环境外部成本内部化工作效果的重要保证。目前，学术界关于生态环境外部成本内部化标准的研究，既有理论模型层面的分析，也有依据生态服务价值或生态环境外部成本进行的定量分析。

（一）生态环境外部成本内部化标准的理论模型构建

从理论上对生态环境外部成本内部化的标准进行研究，是近年来学术界关心的问题。李晓光等（2009）采用市场及其相关理论对生态补偿标准的确定进行模拟，认为市场理论的基础在于供求关系，通过看不见的手来配置市场上的资源。由于生态环境的特殊属性，生态系统服务的供给者和需求者很难直接接触讨论生态补偿的标准，这时交易双方一般为一对一的政府与政府或者政府与企业之间，这种交易一般通过协商来实现最终标准的确定，协商的过程也就是供需达到平衡点的过程。

根据曼昆在经济学原理中提出的理论修正后得到公式如下：

$$P = f(Q^s, Q^d) \tag{6-4}$$
$$Q^d = F(i_0, p_0, p_r, a, n_d) \tag{6-5}$$
$$Q^s = F(i_p, t, a, n_s) \tag{6-6}$$

其中，P 为价格，Q^s 为供给曲线，Q^d 为需求曲线，i_0 为收入，P_0 为相关产品的价格，P_r 为偏好，a 为预期，n_d 为需求者数量，i_p 为投入，t 为技术，n_s 为卖者数量。

与市场类似，生态补偿标准的确定受到各种因素的影响。总结为公式：

$$S = F(Q^s, Q^d) \tag{6-7}$$
$$S_s = f(Q^s) = f(Mac_s, Mic_s, \varepsilon) \tag{6-8}$$
$$S_d = f(Q^d) = f(Mac_d, Mic_d, \varepsilon) \tag{6-9}$$

其中，S 为补偿标准，S_s 为受偿者标准，S_d 为补偿者标准，Mac 为宏观因素，Mic 为微观因素，ε 为噪声（其他因素）。

由于宏观因素的不确定性和复杂性，目前很少关于宏观因素的变动对生态补偿标准的影响。对于受偿者来说，影响其补偿标准的微观因素包括收入、偏好、预期等，这些因素可以通过提供者的意愿体现。对于补偿的提供者来说，其主要影响因素为收入、直接成本、预期、机会成本等，前三者可以通过意愿的方式加以体现，机会成本可以单独作为确定标准的依据。综上所述，半市场理论以市场理论为基础，实际上是分别对生态补偿的提供者和受偿者的单方面标准进行测度，找到其影响因素，最终确定生态补偿标准。

（二）生态环境外部成本内部化标准的定量分析

1. 依据生态服务价值确定生态环境外部成本内部化标准

依据生态服务价值确定生态环境外部成本内部化的标准是国外学者常用的方法，同时也是争议较大的方法。科斯坦扎等（1997）试图通过生态系统服务功能价值确定生态环境内部化标准，他们把包括水调控、污染净化等17种生态系统服务功能的价值作为生态环境外部成本内部化的量化标准。布瑞思和威廉（Brian and William，2006）认为，生态效益等价分析法（HEA）衡量的生态环境外部成本内部化的标准，是对生态系统服务价值的最低估算。但是，麦克米伦等（Macmillan et al.，1998）认为，生态环境外部成本内部化标准与机会成本直接相关，而与生态服务价值无关。

2. 依据生态环境外部成本确定生态环境外部成本内部化标准

依据生态环境外部成本确定的生态环境外部成本内部化标准是国内学者常用的方式。庄国泰等（1995）认为，生态环境外部成本内部化的标准，从经济上讲，主要由生态破坏造成的生态环境功能损害所导致的生态环境价值损失来确定。张智玲和王华东（1997）认为，矿产资源开发的生态环境外部成本内部化的标准在数值上应等于矿产资源开发的环境代价或矿产资源开发中的环境资源的消耗量。吴晓青等（2002）根据"谁受益、谁补偿"原则和公平原则，认为生态环境外部成本内部化的标准界限应为受益者和受影响者得失大致平衡时的补偿数量。谭秋成（2009）认为，生态环境外部成本是确定生态环境外部成本内部化标准的基础，全面、准确地计算损失者的直接成本、机会成本和发展成本比生态服务价值评估更为重要；生态环境外部成本内部化的标准，最终结果取决于受损者和得益者双方的谈判能力。于鲁冀等（2009）认为，在目前的条件下，生态环境外部成本内部化的标准依据资源开发对生态环境损失的修复治理成本为标准是合理的，它不仅可以达到保护和恢复环境的目的，还可以保护受损者的基本利益，符合补偿者的承受能力，具有可操作性。张思锋和杨潇（2010）以生态环境和人力资本的损失、机会成本等为依据，构建了煤炭开采区生态环境外部成本内部化的标准体系。李丽英和刘勇（2010）认为，煤矿区生态环境外部成本内部化标准的制定依据主要应是生态损耗的恢复与治理成本。彭秀丽等（2012）基于损失补偿法建立了矿产资源开发的生态环境外部成本内部化标准模型："补偿费 = 生态破坏损失 + 生态恢复费用 + 居民机会成本损失"，其中，机会成本包括当代人和后代人的两部分，但在实际的计算过程中，也仅是立足于当代人的角度，对后代人的机会成本并没有足够考虑。

四、生态环境外部成本内部化与煤炭资源最优开采

国外关于可耗竭资源最优开采的研究始于霍特林（Hotelling, 1931）的研究，他认为在不考虑开采成本时，完全竞争市场条件下的可耗竭资源价格呈指数增长，当价格增长与贴现率相等时，可耗竭资源实现最优开采路径；他同时也认为，税收可以使可耗竭资源在时间点上的分布发生改变。在霍特林研究的基础上，学者们对该领域的研究进一步深入，郑（Jeong, 2002）认为，利用资源税可以调节资源开采量和开采速度；古玛（Kumar, 2005）分析了资源税的经济效应，并研究了储量不确定下资源的最优耗竭时间；坎普和隆（Kemp and Long, 2007）认为，开采成本的差异会影响资源的开采顺序。

国内关于可耗竭资源最优开采的研究主要集中在资源开采速度、最优开采路径等方面，如杨海生等（2005）、张照伟和李文渊（2007）、葛世龙和周德群（2008）、魏晓平等（2013）。关于可耗竭资源开采与生态环境外部成本内部化关系的研究，主要观点是资源开采中外部性问题内部化可以减小资源的耗竭速度。宋冬林和赵新宇，2006）认为，基于市场机制的外部性内部化处理方法，一定程度上能够限制资源在开采阶段的浪费。景普秋和张复明（2007）认为，外部成本内部化主要通过将外部不经济进行量化，纳入企业成本核算体系，可以使资源的开采量得到控制。姜伟和魏晓平（2013）将煤炭开采与使用带来的环境外部性和代际外部成本内部化，可以促进煤炭资源的可持续利用。

综合以上研究文献可以看出，煤炭资源开采中生态环境外部成本内部化，需要对煤炭资源开采中生态环境外部成本内部化的方式、责任主体和标准进行研究，这三方面是煤炭资源开采中生态环境外部成本内部化途径研究的主要内容。煤炭资源开采中生态环境外部成本内部化的方式有税费方式和产权方式两种，税费方式通过对资源开采企业征收生态环境税费，

以实现生态环境外部成本内部化；产权方式主张通过产权界定来实现生态环境外部成本的内部化。虽然两者之间存在一定的差异，但存在一致性，这也就形成了这两种方式在生态环境内部化过程中使用的三种途径：税费方式和产权方式分别单独使用，或搭配使用。

研究表明，我国煤炭资源开采中生态环境外部成本内部化的责任并非由煤炭资源开采企业完全承担，各级政府承担了煤炭资源开采企业应承担的部分生态环境外部成本内部化的责任。大多数研究主张煤炭资源开采企业承担全部的生态环境外部成本内部化责任；少有学者提出由煤炭资源的消费企业承担部分的生态环境外部成本内部化的责任，但并没有给出煤炭资源消费企业所承担的生态环境外部成本内部化责任水平的定量依据。

学术界从理论的角度对生态环境外部成本内部化标准研究的文献较少，对于生态环境外部成本内部化标准的估算方法也没有统一的规范体系，主要依据是生态服务价值和生态环境外部成本形成生态环境外部成本内部化的标准。从对煤炭资源开采中生态环境外部成本内部化标准的研究来看，国内外的研究大多是以煤炭资源开采造成的生态环境破坏的成本现状为分析对象，对煤炭资源开采造成的居民福利方面的外部成本缺少足够的考虑。当然，部分学者已经注意到这一问题，并将居民的发展机会成本的损失考虑到生态环境外部成本内部化的标准中；但在实际的研究中只考虑了当代人的发展机会损失，对于代际的发展机会损失没有涉及。造成上述缺陷的原因是在研究的过程中忽略了对生态环境非使用价值的考虑。而这方面研究的缺失也导致煤炭资源开采中生态环境外部成本内部化的现状水平不能满足矿区的实际需要，特别是已引起矿区居民对补偿标准的不满。因此，生态环境外部成本内部化标准的确定需要建立在充分考虑了生态环境使用价值和非使用价值的生态环境外部成本核算的基础之上。

综观国内外的研究，涉及可耗竭资源最优开采与生态环境外部成本内部化关系的研究，多认为生态环境外部成本内部化可以促进资源的可持续利用。但如何在内部化可耗竭资源开采外部性的情况下实现资源最优开采，却鲜有提及，这是当前我国经济发展的重要方向，为此本书将对该问题进行重点研究。

第四节　研究评述

通过对煤炭资源开采中生态环境外部成本测度及内部化的理论基础、外部成本的测度方法，外部成本内部化的方式、责任主体和标准，以及生态环境外部成本内部化与煤炭资源的最优开采之间关系进行综述，为本书的研究提供了理论基础和文献参考。

煤炭资源开采中生态环境外部成本测度及内部化的理论基础涉及生态环境价值论、"庇古税"理论和环境产权理论。生态环境价值论决定了生态环境外部成本测度的方法选择和范围，"庇古税"理论和环境产权理论为生态环境外部成本内部化途径的构建提供了分析思路。

生态环境外部成本应该包括生态环境的使用价值和非使用价值两方面损失。对于生态环境使用价值的测度，可以借助于直接市场法和间接市场法，但这两种方法并不能对使用价值进行全面的评价，而且这两种方法对于非使用价值的测度无能为力。与CVM相比，直接市场法和间接市场法要求所测度物品与现实市场之间存在直接或间接的关系，且受相关资料和数据的可获得性和准确性的限制，无法对生态环境的使用价值和非使用价值进行全面的衡量；另外，直接市场法和间接市场法不能用来评价当前未曾发生的生态环境破坏后果。在因生态环境破坏造成的外部成本评估过程中，由于相当部分没有相应的市场，无法找到相应的市场价格；或者现有的市场只能反映部分生态环境质量变动的结果，因此应用直接市场法存在较大的局限性。直接市场法所采用的是相关商品或劳务的市场价格，不是消费者对该商品或劳务的 WTP 或 WTA，因此，采用直接市场法衡量的生态环境价值也就不够充分。在间接市场法的运用中也存在上述问题。鉴于直接市场法和间接市场法无法全面地衡量生态环境的使用价值和非使用价值，有必要借助假设的市场评估技术对生态环境价值进行衡量。国际上先进的 CVM 被认为是唯一能够解决环境物品的使用价值和非使用价值的研究方法，能够充分反映生态环境的使用价值和非使用价值。而且，随着人们生态环境意识的增强，人们在选购商品时，他们的 WTP 或 WTA 也涵盖了对这些商品所具备的生态环境价值属性的承认。因此，选择 CVM 作为煤炭资源开采中生态环境外部成本的测度方法具有可行性和必要性。

实现煤炭资源开采中生态环境外部成本的内部化需要对生态环境外部成本值、外部成本内部化的主体等要素具有深入的认识。其中，煤炭资源开采中生态环境外部成本值依赖于生态环境外部成本的测度，是生态环境外部成本内部化的现实标准；生态环境外部成本内部化主体界定需要外部性理论和产权理论的支撑。

目前，对于煤炭资源开采中生态环境外部成本内部化的方式的研究，学术界有税费方式和产权方式两种，税费方式通过对资源开采企业征收生态环境税费来实现生态环境外部成本内部化；产权方式主张通过产权界定来实现生态环境外部成本的内部化。当然，在具体的使用中，学者们的研究有三种倾向：一是单独通过使用税费方式来实现生态环境外部成本的内部化；二是单独通过产权界定实现生态环境外部成本的内部化；三是将税费方式和产权界定搭配使用。

关于煤炭资源开采中生态环境外部成本内部化的责任主体，学术界认为煤炭资源开采中生态环境外部成本内部化的责任主体没有落实到位，环境恢复治理的真正承担者主要是各级政府。为此，学者们建议应该由煤炭资源开采企业承担全部的生态环境外部成本内部化责任，也有一些学者提出煤炭资源消费企业也需要承担部分的生态环境外部成本内部化责任。

学术界关于生态环境外部成本内部化标准制定的理论解释，有学者使用半市场理论进行了分析。对于煤炭资源开采中生态环境外部成本内部化标准的估算方法大致可以归属两大类：第一类是将生态服务价值作为制定生态环境外部成本内部化标准的依据；第二类是将生态环境外部成本作为制定生态环境外部成本内部化标准的依据。但是上述估算办法主要是围绕生态环境的使用价值进行的，忽略了对生态环境非使用价值的估算，导致生态环境外部成本内部化的标准不能充分体现资源开采所引致的生态环境外部成本，不能满足矿区的实际需要。

关于生态环境外部成本内部化与煤炭资源的最优开采之间的关系，学术界的主要观点是资源开采中外部性问题内部化可以减小资源的耗竭速度。

已有研究虽然对煤炭资源开采中生态环境外部成本测度及内部化进行了丰富的研究，但也存在一定的不足：

第一，对于生态环境外部成本测度的目的不够明确。对于生态环境外部成本的测度，许多文献以获取外部成本为最终目标，并以此说明生态环境破坏的严重性。事实上，获取生态环境外部成本的量值的意义不仅是说明生态环境的破坏程度，而且是通过对生态环境外部成本的测度，为制定外部成本内部化标准提供现实依据，这才是生态环境外部成本测度的真正目的。

第二，现有研究运用直接市场法与间接市场法对于生态环境外部成本的测度还不够充分。多数文献对于生态环境外部成本的测度，是运用直接市场法与间接市场法对生态环境破坏的损失进行评估，侧重于对生态环境质量变化的使用价值进行考量，但对生态环境质量变化的非使用价值考虑不够，导致对居民的福利损失考虑不足。

第三，运用 CVM 测度出的生态环境外部成本值的认识不够明确。学术界普遍认为以 WTP 为测度尺度的 CVM 测度结果偏小，对于偏小的原因，一些学者从居民的角度进行了研究，但对于居民的参与决策行为的分析还不够全面，仅停留在对于居民决定支出多少金额的影响因素的研究。对以 WTA 为测度尺度的 CVM 测度结果的评价还很少见，导致对 WTA 的认识不足。同时，对于 CVM 测度出的生态环境外部成本结果的合理性很少研究，也就是说，运用 CVM 测度出的生态环境外部成本所能反映的生态环境破坏程度是多少？这才是破解基于 WTP 测度的生态环境外部成本数量值偏小的关键，也是充分认识基于 WTA 测度的生态环境外部成本数量值的着力点，还是采用 CVM 进行生态环境外部成本测度时的测度尺度选择的依据。

第四，对于生态环境外部成本测度方法的使用规范有待于进一步完善。对于同一种生态环境破坏案例，可以采用不同的方法研究其外部成本，但不同的方法得出的结果往往差别很大。即便采用同一种方法，也会由于研究范围、评价指标等的选择，造成测度结果大相径庭。因此，科学、合理地制定生态环境外部成本测度方法的使用规范也是保证测度结果有效性的关键。

第五，对于生态环境外部成本内部化标准的研究有待于进一步深入。现有文献对于生态环境外部成本内部化标准的确定方法，都是通过大量的数据计算获取生态服务价值或生态环境外部成本。但是这些复杂的计算，一是没能全面、精确地计算出生态环境外部成本内部化标准；二是容易割裂各种生态环境系统之间的联系，或者造成测度结果的重复计算；三是获取的生态环境外部成本内部化标准的认可度也不高，常常受到内部化责任的承担者或生态环境利益受损者的质疑。

第六，对于生态环境外部成本内部化的实施效果缺少评价。生态环境外部成本内部化的目的在于改善和恢复生态环境受损区域的生态环境质量以及提高当地居民的福利水平等，但是依据现有生态环境外部成本内部化模式能够在多大程度上实现生态环境外部成本内部化的目的，现有文献还没有进行系统的研究。

第七，对于生态环境外部成本内部化与煤炭资源的最优开采之间的关系缺少深入研究。已有的研究多停留在研究生态环境外部成本内部化对于资源的耗竭速度的影响，但对于考虑生态环境外部成本内部化条件下的资源最优开采路径的研究还很鲜见。

出于以上对现有文献的梳理和评价，本篇将从以下四个方面展开研究：

第一，构建考虑生态环境负外部性及内部化条件下的煤炭资源最优开采模型，分析考虑环境外部性时的煤炭资源最优开采路径，讨论煤炭资源开采与生态环境质量之间的相互影响。

第二，基于 CVM 构建煤炭资源开采中生态环境外部成本的测度体系，探讨在煤炭矿区这种特殊环境下 CVM 的使用方案，揭示依据 CVM 的两个价值测度尺度（WTP 和 WTA）分别得出的生态环境外部成本值对生态环境破坏的反映程度，论证 CVM 测度结果的有效性和可靠性，使测度结果既体现了煤炭资源开采所引起的水资源破坏、土地资源破坏、矿山"三废"污染和土地退化等生态环境破坏损失，也反映了由生态环境破坏导致的矿区居民福利损失。

第三，从受访者在做出参与支付及接受补偿决策时的心理变化入手，研究受访者做出参与支付及接受补偿决策不同阶段的影响因素，解释了受访者参与支付及接受补偿决策的行为特征，一方面对调查数据中的"零观察值"认识更为全面，另一方面对 WTP 与 WTA 之间差异的解释更深入。

第四，对煤炭资源开采中生态环境外部成本内部化的程度进行分析；在此基础上，对煤炭资源开采中生态环境外部成本内部化的责任主体进行重新界定，并结合煤炭资源开采中生态环境外部成本的测算结果，对各责任主体应该承担的内部化水平和分担比例进行量化。

第五节　小结

本章从煤炭资源开采中生态环境外部成本测度及内部化的理论基础、外部成本的测度方法，以及外部成本内部化三个方面进行了综述。煤炭资源开采中生态环境外部成本测度及内部化以生态环境价值论、"庇古税"理论和环境产权理论为理论基础。生态环境外部成本的测度方法主要有直接市场法、间接市场法和CVM，直接市场法和间接市场法无法对生态环境的使用价值和非使用价值进行全面的衡量，也不能用来评价当前未曾发生的生态环境破坏后果；CVM被认为是唯一能够解决环境物品的使用价值和非使用价值的研究方法，能够充分地反映生态环境的使用价值和非使用价值。对于生态环境外部成本内部化的研究涉及内部化的方式、内部化的责任主体以及内部化的标准，生态环境外部成本内部化的方式有税费方式和产权方式两种；生态环境外部成本内部化责任的承担者应该是开采企业或消费企业，但实际的主要承担者是各级政府；关于生态环境外部成本内部化标准制定的理论解释，有学者使用半市场理论进行了分析；生态环境外部成本内部化标准的定量研究多依据生态环境外部成本值获取。

综观已有研究，尚存在以下不足：第一，生态环境外部成本的测度多为说明生态环境破坏的严重性，而忽视了为制定生态环境外部成本内部化标准提供现实依据的根本目标；第二，运用直接市场法与间接市场法对于生态环境外部成本的测度侧重于对生态环境质量变化的使用价值考虑，对非使用价值的研究不够；第三，对CVM测度出的生态环境外部成本值的合理性缺少研究；第四，对生态环境测度方法的使用范围、评价指标等的选择不够规范，造成对同一对象的测度结果相差较大；第五，生态环境外部成本内部化标准的确定方法不能全面地计算出生态环境外部成本内部化标准，且容易造成测度结果的重复计算；第六，对于生态环境外部成本内部化的实施效果缺少评价；第七，对于考虑生态环境外部成本内部化条件下的资源最优开采路径的研究还很鲜见。鉴于此，本书拟做以下问题的研究：一是分析考虑环境外部性时的煤炭资源最优开采路径，讨论煤炭资源开采与生态环境质量之间的相互影响；二是对煤炭资源开采中生态环境外部成本内部化的测度体系进行完善，结合具体案例，研究受访者的参与支付及接受补偿决策，以及CVM测度结果的有效性和可靠性评价；三是在对煤炭资源开采中生态环境外部成本内部化模式讨论的情况下，通过重新界定煤炭资源开采中生态环境外部成本内部化的责任主体及其应该承担的内部化水平，来明确其内部化的途径。

第七章

环境质量产权的界定与资源输出区
生态补偿模式选择

建立和健全生态补偿机制是化解当前资源输出区生态环境持续恶化的关键。生态补偿机制本质上是一种产权制度安排。本章的理论分析表明，将环境质量的初始产权配置给全体公民将产生有效率的结果。针对资源输出区生态环境损害的特殊性与复杂性，应该采用混合的环境质量产权界定方式。与此相对应，资源输出区生态补偿模式应根据特定的生态环境损害，分别采用可交易的排污权、土地复垦、地质灾害防治基金、生态修复基金等多种补偿模式。

第一节　资源输出区生态补偿的产权特殊性

长期以来，我国在矿产资源开发利用中忽视了环境保护，导致大量耕地和建设用地及自然地貌景观遭到破坏、因采矿诱发的地质灾害频繁发生，资源输出区环境污染越来越严重，亟待建立资源输出区的生态补偿机制。

生态补偿本质上是一种产权安排模式。资源输出区的生态补偿涉及矿产资源自身的产权与环境质量产权两个方面。对于矿产资源产权，国家法律法规有明确的界定，但对于环境质量产权尚没有在国家层面上确定将初始产权分配给谁。在理论界，环境质量产权的初始分配存在三种不同的观点。其中一种观点认为，环境质量在消费上具有非排他性和非竞争性特征，是典型的"纯公共品"（Stavins，2011），因此，主张将环境质量的初始产权配置给全体公民，并委托政府代为行使环境质量产权。如庇古（Pigou，1920）提出了通过政府对制造污染的企业征收"庇古税"的方法解决环境外部性问题，就隐含的将环境质量的初始产权配置给全体公民。

科斯（Coase，1960）则反对庇古关于解决环境损害问题的传统。他认为，在交易费用为零的条件下，只要产权界定清晰，那么双方可以通过自愿谈判与交易自动达到帕累托最优。实践中，戴尔（Dales，1968）首次将科斯的产权思想引入环境领域，认为污染实际上是政府赋予排污企业的一种私有产权，这种产权可以通过市场转让的方式来提高环境资源的使用效率。目前，已有美国、欧盟、加拿大、澳大利亚、新西兰、日本等众多发达国家和地区采用排污权交易制度作为环境保护的主要手段（Stavins，2011）。

在科斯理论的基础上，自由市场环境保护主义者则走得更远。他们认为，市场失灵的原因在于环境质量产权没有得到完全的界定，而完全界定的产权可以消除负外部性，从而避免市场失灵（Anderson and Leal，2001）。因此，唯一正确而有效地应对环境危机的途径就是将环境质量产权配置给私人所有（包括个人所有和集体所有）（Laporte and Block，2005）。私人产权能够消除环境负外部性和市场失灵，因此，政府管制既无必要，也不合理。

近期的研究则表明，环境质量产权的界定并不是一个非此即彼的选择，任何一种单一的产权制度都不可能对所有情境下、所有的环境产品发挥作用。正如科尔（Cole，1999）所指出的，一个好的有关环境质量的产权制度应该考虑各种所有可能的产权界定方式以及政府管制的解决方案。而且，完全的私有产权、政府产权以及集体产权也仅仅是一个概念，其内涵具有很大的灵活性（Demsetz，1988）。重要的且有意义的是，在特定的产权制度规范下，人们可以做什么（权利界定）？相应的责任又是什么（责任界定）？权利和责任的组合会因环境产品属性的不同而不同，即便是同一种环境产品，不同的产权制度安排也会产生不同的权利责任组合。

本章主要分析在矿产资源开发的复杂情景下环境质量产权的界定与实现方式，在此基础上探讨资源输出区生态补偿模式的选择。可能贡献体现在两个方面：一是将环境质量产权的界定方式与资源输出区生态补偿模式相结合，构建了从环境质量产权的实现方式与资源输出区生态补偿模式相统一的架构，为资源输出区生态补偿模式的选择提供了理论依据；二是从理论上分析了环境质量的初始产权应该界定给全体公民，为"污染者付费原则"与"谁破坏、谁恢复"的资源输出区生态补偿原则提供了理论基础。

第二节　环境质量产权界定的理论基础

假设典型厂商生产正常产品 q，其伴生对生态环境有害的副产品 $S(q)$，且满足 $S_q > 0$（下标 q 表示偏导数，下同），表示正常品越多，其带来的副产品也越多。副产品对生态环境的损害系数为 λ，完全竞争下正常品的市场价格为 p。环境质量产权的不同配置将影响厂商的边际成本与平均成本，从而影响单个企业的行为以及整个行业的规模。为此，我们分析在环境质量初始产权不同配置下单个企业的决策以及整个行业的规模。

情形 1：将环境质量的初始产权分配给污染者（生产副产品的厂商），受害者承受环境质量的恶化。在这种情形下，污染者不向受害者付费，受害者也不向污染者逆补偿。则厂商的最优行为可描述为：

$$\max pq - C(q) \tag{7-1}$$

其中，$C(q)$ 为企业的生产成本。此时企业的边际成本 $MC_1 = C_q$，平均成本 $AC_1 = \dfrac{C(q)}{q}$。企业利润最大化条件为：$p = C_q$，即在竞争性市场上正常产品的价格为企业私人边际生产成本。

情形 2：将环境质量初始产权分配给受害者（或公众），企业在生产活动前需要向公众购买环境质量使用权，环境质量使用权的价格等于副产品对生态环境的损害。企业的最优化行为表示为：

$$\max pq - C(q) - \lambda S(q) \tag{7-2}$$

企业通过购买环境质量的使用权将副产品对生态环境的损害内部化为企业的生产成本。企业的边际成本为 $MC_2 = C_q + \lambda S_q$，平均成本为 $AC_2 = \dfrac{C(q) + \lambda S(q)}{q}$。与情形 1 相比，边际成本与平均成本均增加。企业利润最大化的一阶条件为：$p = C_q + \lambda S_q$，即正常产品的价格等于边际成本与副产品对环境边际损害之和。

情形3：将环境质量的初始产权分配给污染者，但受害者向污染者逆补偿，以减少污染损害。厂商的最优行为可描述为：

$$\max pq - C(q) + v[S^* - S(q)] \tag{7-3}$$

式（7-3）中 v 为受害者向污染者支付的补偿系数，$(S^* - S)$ 为企业减少副产品的数量，S^* 为企业减排的基准点。厂商的边际成本为 $MC_3 = C_q + vS_q$，平均成本为 $AC_3 = \dfrac{C(q) - v[S^* - S(q)]}{q}$。与情形1相比，边际成本增加，而平均成本减少。与情形2相比，如果损害系数与补偿系数相等，那么边际成本相等，但情形3的平均成本更小。典型企业利润最大化的一阶条件为：$p = C_q + vS_q$。

社会最优：社会计划者的目标是净福利的最大化，即选择 q 以使下式最大化：

$$\max : U(q) - C(q) - \lambda S(q) \tag{7-4}$$

式（7-4）中，$U(q)$ 为消费者从正常品消费中所获得的效用，也即消费者总的意愿支付额。其一阶条件可表示为：$U_q = C_q + \lambda S_q$。由于均衡时正常品的价格由 $p = U_q$ 决定，因此，其一阶条件可表示为 $p = C_q + \lambda S_q$。

图7.1描述了情形3中典型企业的最优化行为与行业的规模。

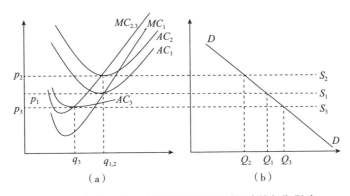

图7.1　环境质量初始产权不同配置对经济的长期影响

图7.1（a）为典型企业的成本曲线以及竞争性均衡状态，图7.1（b）为行业的需求和供给。a图中（p_1，q_1）为情形1时的价格与产量，对应行业产量为 Q_1。在情形2，将环境质量初始产权分配给公众，厂商通过购买环境质量使用权的方式将生态环境的损害成本内部化，企业的边际成本与平均成本分别提高至 MC_2 和 AC_2，由于成本提高，将导致已有企业退出该行业，直到价格重新与平均成本相等时为止，此时行业的总产出水平为 Q_2，显然，$Q_2 < Q_1$。情形3是将环境质量初始产权分配给污染者，同时受害者向污染者支付。这一情形下当损害系数与补偿系数相等时，厂商的边际成本曲线与情形2相同，但平均成本降低，从而吸引更多的厂商进入，价格下降直到价格与平均成本曲线再次相等时为止，此时行业产量为 Q_3，且 $Q_3 > Q_1 > Q_2$。

将情形1~情形3的结果与社会最优结果比较发现，将环境质量的初始产权配置受害者（社会公众）的情形2是产生帕累托最优的产权配置，此时产品的价格构成中不仅包括了私人生产成本，而且还包括了将副产品对环境质量损害内部化的成本，产品的价格最高，而产量最低。情形1与情形3均不是帕累托最优，价格较低，由于没有将环境外部成本内部化，带来环境污染的产品被过度生产而损失了效率。

上述分析表明，将环境质量的初始产权配置给公众将带来社会福利的最大化，污染者需要支付费用购买环境质量的使用权，从而为"污染者付费原则"（principles for polluters pay, PPP）以及"谁破坏、谁恢复"的资源输出区生态补偿原则提供了理论依据。

第三节　矿产资源开发中环境质量产权界定的方式

一、矿产资源开发中对环境质量资源利用的特殊性与复杂性

与一般制造业相比，矿产资源开采除了带来环境污染外，还会产生地质环境的破坏，其对环境与生态的影响更加复杂。这种特殊性与复杂性主要体现在以下四个方面。

一是对环境质量的损害具有持久性和不可逆性。矿产资源作为由地质作用形成的天然富集物，本身就是环境质量资源的组成部分，对矿产资源的开采就是对环境质量的改变，由于矿资源的形成需要漫长的过程，这样，因资源开采而对环境质量造成的影响就具有持久性和不可逆性。

二是对环境质量的损害往往难以精确测度。矿资源开采对环境质量的损害主要有环境污染（气相、固相与液相废弃物）与环境破坏。环境破坏又主要包括地质破坏（如地震、泥石流、土地坍塌等）和生态破坏（如荒漠化、水土流失）。对这些损害的价值评估存在固有的困难而难以精确测度。

三是对环境质量的损害既具有局域性又有全域性。局域性损害如土地塌陷、地质灾害、固相废弃物的堆积等。另外，产生的废气、粉尘等随大气飘散，对环境质量的损害又具有全域性特征。

四是对环境质量的损害具有较大的不确定性。首先，矿产资源的储量是不确定的；其次，矿资源的开采还会遇到矿场坍塌、恶劣天气、地下水渗漏、瓦斯爆炸等其他突发性生态环境损害事故；最后，资源输出区的环境损害具有累积性以及长期潜伏性等特征。

二、矿产资源开发中环境质量产权的界定

为了实现帕累托最优，应将资源输出区环境质量的初始产权分配给全体公民。在这一原则下，基于资源输出区环境损害的特殊性与复杂性，资源输出区环境质量产权的界定及其价值实现方式的途径主要有三种：土地复垦制度、环境税与可转让的排污权制度。

（一）土地复垦制度

国内外学者对土地复垦的内涵以及土地复垦的标准有不同的观点。如美国联邦法典和美国内政部露天开采与复垦执法办公室将土地复垦定义为："将已经采完矿后的土地恢复成管理当局所批准使用的土地的各种活动。"美国科学院（National Academy of Science）在 1974 年将复垦定义为三个类型：类型一是复原（restoration），将土地复原到破坏前的状态，包括复原被破坏的地表水和地下水、重新修复地形，以及重新建立原有植物和动物群落。类型二是恢复（reclamation），将已经破坏的土地恢复到近似破坏前的状态，包括近似恢复植物、动物群落和地形。类型三是重建（rehabilitation），根据采矿前制定的规划将破坏土地恢复到稳定的和永久的用途。英国著名生态复垦专家布拉德肖（Bradshaw, 1980）认为，"土地复垦就是将被破坏的土地恢复或重建到有益的用途，并使土地的生物能力得到恢复，复垦土地的最终利用方式应符合当地的实际需要并与附近其他土地利用方式相适应"。德国《矿产资源法》

对复垦定义如下："在顾及公众利益的前提下，对因采矿活动占用、损害的土地进行有规则的治理，以恢复成规划所要求的状况。"德国《景观与露天采矿复垦的生态指南》一书中把"复垦"定义为："使破坏的土地景观恢复生产力和视觉吸引力的各种措施。"我国在2009年公布的《土地复垦条例（征求意见稿）》中将土地复垦界定为："对生产建设过程中因挖损、塌陷、压占等造成破坏的土地以及自然灾害损毁的土地，采取整治措施，使其恢复到可供利用状态或者恢复生态的活动。"

尽管对土地复垦内涵的界定有差异，但在本质上土地复垦是一种外部性内部化行为，其目的是修复在采矿活动中被破坏的土地以及水资源，恢复土地的经济价值与生态价值，重建矿山及周边土地的生态平衡。在产权关系上，土地复垦属于命令—管制型的环境质量产权界定方式。按照"污染者付费原则"，土地复垦赋予矿业企业使用资源输出区土地的权利，但对因开采活动造成的土地损毁负有补偿及修复的法律义务。为了保证矿业企业土地复垦义务的完成，在实践中美国、加拿大、澳大利亚等发达国家普遍实行土地复垦保证金制度，如果企业没有按照协议履行复垦计划，则政府可以使用该笔资金复垦，若企业复垦验收合格，则予以返还。

土地复垦制度以法律法规的形式确立了矿业公司修复被损毁的土地的义务，并建立了明晰的修复标准，详细规定了土地复垦的操作流程和每一个流程的要求，既有利于土地复垦工作的实施，又有利于监管。土地复垦保证金制度则为保证矿业公司履行土地复垦义务提供了激励约束机制。其缺陷在于适用范围有限，仅适用于责任明确，因采矿而带来的土地损毁、水污染、矿山矸石以及其他固体废弃物等方面的环境质量损害。

（二）环境税

环境税最早由庇古提出。庇古（1920）认为，在经济活动中，当企业给其他企业或整个社会造成不需付出代价的损失时就产生了外部不经济。单纯依靠市场力量不能解决外部性（即市场失灵），必须借助于政府干预。政府应采取的政策是，对边际私人净产值与边际社会净产值之间的差额进行征税，实现外部效应的内部化，这种政策建议被称为"庇古税"。

1. 产权关系

在庇古税下，环境质量的初始产权被分配给全体公民，同时，采矿权人有使用资源输出区周边环境质量资源的权利。当采矿权人因行使环境质量使用权而对生态环境造成了负外部性时，按照外部性内部化的要求以及污染者付费原则，采矿权人必须对生态环境的损害以及因此而造成的对其他个人的损失进行价值补偿，对其征收与生态环境损害相一致的补偿额。

2. 适用条件

在理想环境中，对外部性行为征收庇古税的最佳税率等于外部性被校正后社会最优产出点上的边际净损失，这一结果的适用条件是，（1）完全竞争的市场结构；（2）较完备的信息，包括有关污染排放量的信息、消费者的效用函数信息、有关资源帕累托最优配置下的私人边际成本与社会边际成本的信息等；（3）价格稳定，庇古税的真实价值不会被持续的通货膨胀会侵蚀。

（三）科斯定理与可转让的排污权制度

科斯认为，外部性的产生是产权界定不清的结果，由于产权界定不清，无法确定谁应该为外部性承担后果以及谁应该得到补偿。在交易费用为零的条件下，只要清晰的界定产权，那么污染者与受害者可以通过自愿谈判与交易自动地达到帕累托最优。按照科斯定理，存在受害者向污染者进行支付以减小环境损害的逆向补偿。但本章的理论分析已经说明，对于环境损害，逆向补偿虽然有可能实现个体最优，但并不能导致社会最优的帕累托结果。在实践当中，各国的普遍做法是通过拍卖为环境质量的使用权收取一个稀缺价格，而矿业企业则获得一定数量的排污权，排污权可以通过市场转让的方式来提高环境资源的使用效率。

在产权关系上，可转让的排污权制度将环境质量的初始产权赋予全体公民，而矿业企业通过付费的方式获得排污权，排污权在本质上是对环境质量资源的一种使用权，但这种使用权是一种不完全的使用权，使用者排放的污染不能超过计划者规定的上限。同时，使用权还可以在市场上进行交易，从而形成了排污权市场。

在适用范围上，可交易的排污权制度要求有：（1）充分竞争的市场条件；（2）完善的信息条件，如排污许可总量的确定、污染者的历史排污信息，以及实施排污权制度后污染者实际的排污量等信息；（3）适合于那些具有区域性污染特征，但与污染源分布状态不密切的一类污染问题，且污染物必须适合于使用排放总量控制政策，具有均质扩散特点的污染物（王金男等，2008）。（4）不存在交易成本，此时的边际减排成本与排污权的市场价格相等，并实现了以最小成本实现既定的环境质量目标。

资源输出区环境质量产权的界定方式有各自的适用范围和条件，任何一种单一的产权界定方式都不可能在面对所有情况下均能产生有效率的结果。在矿产资源开采中，面对较多不确定性、污染点多且因污染物相互交织而不易区分责任、涉及多种环境损害并存的复杂情况下，计划者应该采用多种方式为环境质量资源的稀缺性进行定价，混合产权界定方式（土地复垦、庇古税以及排污权制度中的两种或三种的不同组合）比单一产权界定方式更有效。

第四节　基于环境质量产权界定的资源输出区生态补偿模式选择

资源开采不可避免地对资源输出区周边的环境资源产生负的外部影响，资源输出区环境质量产权的界定明确了资源开采者应该为资源输出区生态环境质量的损害负责。而资源输出区生态补偿模式则是采取不同的方式将特定的生态环境损害的外部性内部化。在本质上，矿产资源开发中环境质量产权的界定及实现方式决定了资源输出区生态补偿模式。

矿产资源开采中对资源输出区周边生态环境的损害主要包括：（1）环境污染（固相、液相与气相废弃物污染）；（2）地质问题（开采沉陷、泥石流、崩塌、地裂缝、地形地表景观破坏、闭坑矿山问题等）；（3）生态破坏（荒漠化、水土流失）。

液相、气相废弃物会通过径流和大气飘尘，对周边区域的土地、水域和大气造成破坏，其对生态环境的影响已经远远超过废弃物堆积地所在的地域和空间，因此，需要通过设立排污权制度对环境质量标准进行严格控制。使用排污权制度界定环境质量对液相、气相纳污能力的使用权有以下三方面的优势：一是我国分别在 1989 年和 1990 年实施了水污染排放许可证以及大气污染许可证的试点工作，这两种污染者物适合于使用排污权制度，并且在制度设计方面有比较成熟的经验可供矿资源开采的实践利用。二是矿资源开采区如西部地区都是生态环境比较脆弱，环境承载能力低。排污权制度能够将污染量控制在既定的范围，能有效地避免资源输出区环境的持续恶化态势，同时规避了为达到一定的环境质量目标而对环境税税率的不断试错行为。三是排污权制度能够运用市场激励手段，鼓励矿业企业加大绿色开采技术的使用，变末端被动环境治理为事前主动的环境保护，能够实现在达到一定的环境质量标准下减排成本的最低化。政府需要在矿资源开采富集区设定这两种污染物的排放标准，并建立这两种污染权的交易市场。

固相废弃物、土地塌陷、地形地貌景观破坏以及闭坑矿山问题适用于土地复垦与保证金制度，通过土地复垦将损毁的土地恢复到破坏前的原貌。

对于因矿资源开采而造成的突发性、或然性地质灾害（如泥石流、山体滑坡、地震等），一方面，由于生产作业与地质灾害之间间隔时间可能较长，而且难以划分责任；另一方面，当灾害发生时，单靠企业自身难以承担全部损失。因此，需要由矿业企业、矿产资源的使用者、中央政府与地方政府按照一定的分担比例设立地质灾害防治基金进行治理与补偿。其中，矿业企业应借鉴美国的做法征收地质灾害基金（相当于环境税），并全额纳入地质灾害防治基金。

最后，资源输出区生态破坏（如荒漠化、水土流失）是因资源开采常年累积的环境损害引发的，难以划分污染责任，而且生态破坏的治理需要大量的资金。因此，需要由矿业企业、矿产资源的使用者、中央政府与地方政府按照一定的比例设立生态修复基金，并由地方政府负责实施资源输出区生态破坏的修复与治理。其中矿业企业通过缴纳生态税的方式筹集生态修复基金。

资源输出区生态补偿模式见图 7.2。

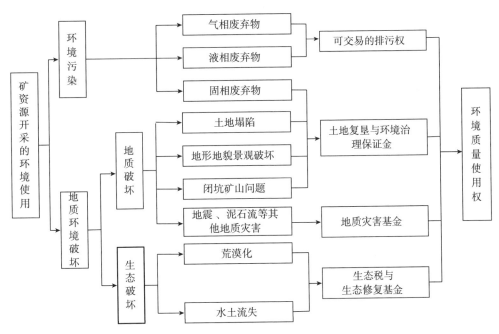

图 7.2　资源输出区生态补偿模式

理论分析表明，将环境质量的初始产权赋予全体公民能产生有效率的结果。在矿产资源开采的复杂情景下，需要使用混合的环境质量产权界定方式。在资源输出区生态补偿方式上，对于气相、液相废弃物应使用可交易的排污权制度，将其对环境的损害减少到限定的水平；对于固相废弃物、土地损害适用于土地复垦制度，将土地损毁恢复到破坏前的原貌；而对于突发性的地质灾害，应由企业、政府以及资源使用者按照一定的分担比例设立地质灾害防治基金；而对于荒漠化、水土流失等生态损害应设立生态修复基金。

中国当前的资源输出区生态补偿主要采取"企业缴费、政府治理"与土地复垦（保证金）相结合的混合方式进行。其中，企业缴费的方式混淆了企业与政府对生态补偿的责任，容易造成矿业企业的机会主义行为，是当前资源输出区生态环境日趋恶化的根源。目前，我国有 27 个省份在进行土地复垦与矿山环境恢复治理保证金制度试点，这一在国外普遍使用的资源输出区生态补偿模式在我国尚需进一步完善，如土地复垦标准、保证金征收标准的确定等。根据本节的分析，当前急需在国家法律层次上清晰界定环境质量产权。同时，对于资源输出区复杂情景下的生态环境损害需创新补偿模式，将"谁破坏、谁恢复"的资源输出区生态补偿原则真正落在实处。

第八章

资源环境产权缺陷与矿区生态补偿
机制缺失的影响机理[①]

　　矿区生态环境持续恶化的根源在于资源环境产权制度的缺失。我国矿产资源产权制度主要存在所有权、管理权、经营权混淆导致权责不清，采矿权权能残缺，以及一元矿权与二元地权的矛盾与冲突问题。对环境质量的使用权尚没有在法律层面上进行明确界定。对榆林矿区的实证研究表明，在矿产资源开发中利益主体与生态补偿的责任主体严重背离。只有从改革资源环境产权制度着手，才有望建立完善的矿区生态补偿机制，从而彻底解决矿区生态环境问题。

　　当前，困扰矿产资源开发的一个突出矛盾是矿区生态环境持续恶化的态势没有得到有效遏制。2010 年中国土地矿产法律事务中心发布的研究报告称，目前中国因矿产资源开发等生产建设活动，挖损、塌陷、压占等各种人为因素造成的破坏废弃土地约达 13.33 万平方千米，占中国耕地总面积的 10% 以上。2011 年，陕西榆林神木县因资源开采形成的塌陷面积达 87.67 平方千米，地下水资源遭到严重破坏，该县境内作为陕西省最大的内陆湖红碱淖水位连续下降，湖面平均每年退缩 4 平方千米，湖水面积由原来的 70 平方千米缩减到现在的 46.66 平方千米左右。

　　矿区生态环境问题引起了决策层的高度关注。中共十八大报告明确提出要建立资源的有偿使用制度和生态补偿制度。理论界对资源开发区的生态补偿问题从四个方面进行了研究。一是生态补偿的内涵。王金南等（2005）认为，生态补偿包括对生态环境本身补偿、通过补偿费将外部性内部化、对个人或区域因保护生态而放弃发展机会的补偿，以及对重大生态价值区域的保护性投入等四层含义。李文华等（2010）则认为，生态补偿是一种公共制度安排。二是生态补偿机制的构建与完善。张复明（2009）基于矿产开发的负效应，提出了开发前防范性补偿、开发后修复性补偿和开发中即时性补偿的资源开发补偿框架。三是资源开发的收益分配。吕雁琴等（2013）采用博弈论的研究表明，应该以各利益相关者之间合理分配利益为导向，规范补偿各环节和各利益相关者的行为。曾先峰等（2013）的研究发现，与美国相比，我国采矿业的普适税费负担水平偏重，而资源税与环境税费的负担水平偏轻，税赋负担存在结构性扭曲。四是生态环境损失价值评估。李国平等（2012）运用 CVM 法估算了榆林地区每年因煤炭开发造成的环境损失在 20.8 亿～31.6 亿元。上述文献均认识到了建立健全矿区生态补偿机制的极端重要性与紧迫性。但缺陷在于，大多数研究仅着眼于生态补偿本身，

---

　　① 本章部分内容发表于《统计与信息论坛》，原标题《煤炭矿区生态环境改善的支付意愿与受偿意愿的差异性分析——以榆林市神木县、府谷县和榆阳区为例》[J]. 2012 年 3 月。

忽视了更为本质的问题，即资源环境产权与生态补偿之间内在的逻辑联系。对矿产资源产权以及收益分配的研究没有进一步延伸到对生态补偿的分析，而对生态补偿的研究也忽视了产权制度的基础。本章认为，当前矿区生态环境持续恶化的直接原因是矿产资源开发的产权主体、利益主体与生态补偿的责任主体三者脱节，而根源在于生态补偿的制度安排缺位，最根本的制度是产权制度。

矿产资源开发主要涉及两种产权：矿产资源产权与环境质量产权。这两种产权共同构成了矿区生态补偿的制度基础。资源产权既直接又间接影响矿区生态补偿。直接影响有两条途径，一是产权制度界定了资源开发环节利益相关者的权利与义务，明确界定了"谁应该为矿区生态环境损害负责"这一在生态补偿中的首要问题；二是产权清晰、权责明确的资源产权制度能够充分发挥激励功能、约束功能和外部性内部化功能，激励企业从源头上进行绿色开采。另外，资源产权通过产权收益分配间接影响矿区生态补偿，只有在成本—收益对称的情况下才可能实现对矿区生态环境的充分补偿。环境质量产权的核心是环境资源的使用权。环境资源使用权的界定与实现方式决定了矿区生态补偿方式的选择。

本章分析了资源环境产权制度缺陷导致矿区生态补偿机制缺失与生态环境持续恶化的内在机理。相应的政策命题是，完善矿产资源生态补偿机制至关重要的一步，就是要重建矿产资源与环境质量的产权制度。

第一节　资源环境产权制度缺陷与矿区生态环境恶化

一、矿产资源产权制度存在问题分析

产权是一组权利束。我国矿产资源产权的权利束由资源的国家所有权，以及由所有权所派生的矿业权组成。矿业权包括探矿权和采矿权。现行矿产资源产权制度安排缺陷主要是，在国家所有权明确的情况下，产权实现过程中不同权利主体之间的责、权、利边界不清。

1. 矿产资源所有权、管理权、经营权混淆导致的权责不清

现行矿产资源产权本质上是公有制基础上的委托—代理关系，矿产资源的国家所有权事实上被国家垄断企业和地方政府（或由地方政府控制的企业）二元分割。国家法律上规定的矿产资源所有权及其行使是明确的，但在委托代理关系中缺乏人格化的所有者，所有权主体虚置导致了一系列产权关系的混淆与错位。

首先，中央直属企业认为自己是资源国家所有权的代表，享有占有、使用、处置和经营管理矿产资源的一切权利，结果导致资源的国家所有权与国有企业的开发经营权之间产权混淆和严重错位。

其次，在法律层次上，由矿产资源所有权所衍生出来的矿业权审批权由中央授权予地方政府。如探矿权的审批权限主要集中在中央与省两级政府，而采矿权则由中央、省、市、县四级政府审批。这样，地方政府既代替中央政府执行矿产资源所有权管理职能，又承担对矿产资源开发经营的行政管理职能。实践中，地方政府的所有权管理权能代替了行政管理权能，而在所有权管理上，由于地方采矿权人对地方政府税费贡献要远大于中央和省级企业，因此，基于自身利益最大化的倾向，地方政府普遍存在机会主义行为，违法审批、以大化小、变更矿种、越权审批屡禁不止。另外，由于国家所有权主体缺位，地方政

府与中央企业为各自利益对矿产资源的控制权相互争夺，而对矿区生态补偿的责任互相推诿。"单一的所有权主体，多元的所有权代表"造成国家的所有权、政府的行政管理权被事实上的经营权所代替，产权关系不清、责任主体不明，造成资源浪费和矿区生态环境的破坏。

最后，按照资源管理的属地原则，地方特别是县级政府是环境保护的首要责任者和矿产资源开采的重要监督者。一方面，对采矿权探矿权的审批主要集中于市、省以及中央部委，而县级政府的审批权限较小，造成矿山属地政府的权力与责任不对称；另一方面，在当前的税费制度框架下，中央和省级财政以及矿业企业获得了大部分资源开采的收益，而地方政府，尤其是市（县）级政府的收益相对有限，造成基层政府的事权与财权不对称，基层政府无力也不愿履行相应的监管责任。政府部门的个别官员甚至与企业合谋牟取私利，更激化了资源开采环节的乱象。权力与责任不对称、事权与财权错配导致基层政府监管缺位，私挖滥采、无证开采屡禁不止，矿区生态环境遭到严重破坏。

2. 采矿权权能残缺与生态补偿责任不明导致环境破坏与无人负责并存

首先，矿产资源的所有权属于国家，矿业企业获得的只是一定时期内的使用权，这就使采矿权不具有真正意义上的独立性与完整性（李香菊等，2011）。矿产资源的使用权期限受制于发证机关核定的开采期限，而且非常不确定（作为所有者代表的政府随时可以要求再谈判）。采矿权权能残缺激励了以收益最大化为目标的矿业权人的急功近利、不惜代价、不顾后果的掠夺式资源开发行为，导致了严重的生态环境问题。

其次，相关法律法规虽然在所有权人与采矿权人之间分配了矿产资源产权，却没有明确彼此的义务，尤其是采矿权人对矿区生态补偿的责任不明。《矿产资源法实施细则》规定了对探矿权人和采矿权人应当履行"水土保持、土地复垦"的义务。但实际运作过程则是矿业企业向地方政府缴纳生态环境税费，然后由地方政府对辖区内的矿区生态环境进行修复治理。其存在的问题有：（1）政府与企业的职能错位，地方政府事实上代替了本应由矿业企业承担的生态环境修复治理责任。（2）环境税费的征收标准过低，未能充分补偿矿区生态环境损害。（3）地方性的环境税费对以中央企业为主体的矿业企业缺乏约束力而流于形式。（4）对地方政府实施的矿区环境修复治理的质量缺乏检测与监督。从而难以真正落实"谁破坏、谁补偿"原则，各地生态补偿存在严重的"搭便车"现象。

3. 矿权与地权之间的矛盾与冲突

在我国，矿产资源所有权与土地所有权是分离的。矿产资源为国家一元所有，而土地属国家和集体二元所有。一方面，国家通过审批制度，以招、拍、挂等方式将矿业权——探（采）矿区块地下的使用权出让，但在法律上对于覆盖于矿上的土地所有权与使用权如何出让并未做出具体规定；另一方面，资源的国家所有排斥了资源地政府与社区居民对资源的支配权力和参与资源利益分配的权利。因此，依附于集体土地上的矿业权与地权的冲突与矛盾随之产生：当地政府索取高额的地权使用费，间接分享矿资源开发利益而导致的征地困难、阻挠矿业权人生产作业、非法开采、私挖滥采等，结果造成矿区开采秩序混乱，对环境破坏与生态恶化无人负责。

二、环境质量产权缺失与矿区生态环境恶化

我国的法律法规明确将环境质量的所有权界定为全体公民所有，但缺失对环境质量使用权的明确界定。而使用权是环境质量产权束的核心，环境使用权既是全体公民环境质量所有

权的实现方式,又是对环境质量这一稀缺资源价值的确认和保护,是将矿产资源开采环节中的环境外部性内部化的一种制度安排。

理论上,对于矿产资源开发这一复杂条件下环境质量使用权有多种界定方式,包括环境税、可交易的排污权制度、土地复垦与矿区环境恢复治理保证金制度、生态修复基金、地质灾害防治基金等。矿区生态补偿本质上就是对环境质量使用权的界定。在这个意义上,矿区环境质量使用权的界定方式决定了生态补偿的实现方式。当前,由于环境质量使用权界定缺失,导致矿区生态补偿方式单一,仅有矿区生态补偿费与矿山环境质量保证金制度两种补偿方式,且缺乏严格的法律依据,征收标准偏低且不统一,应缴税费总额远低于生态修复重建工程的费用。补偿的客体仅限于矿山土地以及"三废"造成的环境污染,对因矿资源开发而诱发的突发地质灾害(地震、泥石流等)以及矿山周边的生态破坏(荒漠化、水土流失等)没有相应的补偿措施,生态补偿不充分。

上述分析表明,矿区生态环境恶化根源在于资源环境产权的"制度失灵",矿业企业缺乏从源头上实施绿色开采、保护环境的激励机制,以及在制度与法律层面的约束机制,矿区生态环境的修复治理始终处于被动地位。

第二节　矿产资源开发中的利益主体与生态补偿的责任主体相背离——以榆林煤炭开采为例

产权就是受保护的利益(盛洪,2003)。矿产资源开发中相关利益者主要有中央政府、地方政府(省、市、县三级)、采矿权人、土地所有者与矿区居民。各级政府与矿业企业分别通过税费分成与净利润的方式参与矿产资源开发的收益分配。矿区居民与土地所有者尚没有合法的参与资源开发收益的途径。对于矿区的生态补偿,实践中的做法是,中央政府通过转移支付的方式进行,矿业企业通过上缴生态补偿费由地方政府实施矿区生态环境恢复治理,地方政府同时又是辖区生态环境的监管者。

由于资源环境产权制度缺陷,导致资源开发中的利益主体与生态补偿的责任主体相脱节,并最终导致矿区生态环境因无人负责而持续恶化。榆林是我国重要的能源化工基地和能源接续地,本节就以榆林为例,考察在矿产资源开采环节各产权主体的收益分配及其承担的生态补偿责任,剖析资源开发中利益主体与生态补偿责任主体的背离。

一、榆林煤炭资源开发环节收益分配关系

榆林市煤炭资源开采的中央收益为矿业企业所得税分成、增值税分成、两权价款与使用费分成和资源补偿费分成的加总。省级政府与榆林市县级政府收益分别为企业所得税分成、增值税分成、资源补偿费分成、两权价款与使用费分成、资源税分成、环境税费分成的加总。煤炭开采企业净利润为企业利润总额与所得税之差。表8.1为2008~2010年各级政府与企业收益分配关系。

表 8.1　　2008~2010 年榆林市煤炭开采业应缴税费与各级政府和企业收益分配关系 单位：亿元

年份	分类		中央级	省级	市县级	企业净利润
2008 年	一般 税费	增值税	41.67	4.17	9.72	—
		所得税	11.71	3.9	3.9	—
	资源 税费	资源补偿费	2.2	0.66	1.54	—
		两权价款与使用费	0.93	1.86	1.86	—
		资源税	—	1.49	3.48	—
	环境 税费	价格调节基金	—	9.32	13.98	—
		其他环境税费	—	1.72	2.67	—
	合计		56.51(19.5%)	23.12(8%)	37.15(12.8%)	173(59.7%)
2009 年	一般 税费	增值税	61.19	6.12	14.282	—
		所得税	17.48	5.83	5.83	—
	资源 税费	资源补偿费	2.78	0.83	1.94	—
		两权价款与使用费	1.26	2.51	2.51	—
		资源税	—	2.01	4.69	—
	环境 税费	价格调节基金	—	12.56	18.84	—
		其他环境税费	—	6.03	9.96	—
	合计		82.71(22.5%)	35.89(9.8%)	58.05(15.8%)	190.3(51.9%)
2010 年	一般 税费	增值税	90.2	9.02	21.05	—
		所得税	22.48	7.49	7.49	—
	资源 税费	资源补偿费	4.94	1.48	3.46	—
		两权价款与使用费	1.54	3.09	3.09	—
	环境 税费	资源税	—	2.47	5.76	—
		价格调节基金	—	15.44	23.16	—
		其他环境税费	—	7.46	12.2	—
	合计		119.16(22.5%)	46.45(8.8%)	76.21(14.4%)	288.15(54.4%)

　　资料来源：企业所得数、增值税数据来源于榆林市统计局。其他环境税费主要包括水土流失补偿费（2009 年后开始征收）、排污费、水资源费、水利基金和水土防治费。括号中的百分数为各利益主体占榆林煤炭资源开采总收益的比重。环境税费中没有包括需要返还企业的"矿山环境修复治理保证金"。

　　表 8.1 的数据显示，如果将省级和中央级财政收入作为一级的话，那么，榆林市煤炭资源开采的收益分配呈现典型的"杠铃"型特征：矿业企业与中央、省级财政的收益较大，而资源开采地政府的收益偏小。2008 年矿业企业与中央、省级收入占榆林地区煤炭资源开采总收益的比重分别为 59.7% 和 27.5%，市县收入占比 12.8%。2009 年以后，陕西省对煤炭开采企业加征 5 元/吨的水土流失补偿费，加之当年美国次贷危机的影响，矿业企业收益的比重下降到 51.9%，中央、省级和市收入占比分别提高至 32.3% 和 15.8%。2010 年，矿业企业和中央、省级的收益比重分别为 54.4%，市县收入下降至 14.4%。

二、不同利益主体承担的生态补偿责任分析

矿业企业是矿区生态环境的直接损害者和生态补偿的责任主体。当前，矿业企业主要通过缴纳环境税费的方式间接履行矿区生态补偿与修复治理责任。2008～2010年，榆林煤炭企业缴纳的用于生态环境修复治理的环境税费种类及征收标准见表8.2。

表8.2　　　　　2008～2010年榆林煤炭资源开采环节的环境税费种类及征收标准

环境税费种类	征收标准	环境税费种类	征收标准
排污费	1元/吨	水资源费	0.5元/吨
水土流失费（2009年后开始征收）	5元/吨	水利基金	0.14元/吨
水土防治费	1元/吨	价格调节基金（50%用于生态环境治理）	7.5元/吨
矿山环境恢复治理保证金	3元/吨		
合计		2008年为13.14元/吨，2009～2010年为18.14元/吨	

资料来源：陕西省国土资源厅。本表以陕西省可持续发展基金中用于生态环境修复治理的比例折算陕西省煤炭价格调节基金中用于生态环境治理的金额。

根据表8.2，2008年榆林市开采吨煤缴纳的环境税费为13.14元，煤炭开采企业应缴纳的用于环境治理的税费为20.41亿元。2009～2010年，榆林市加征了吨煤5元的水土流失费，吨煤缴纳环境税费标准提高至18.14元，2009年和2010年煤炭开采企业应缴纳的用于环境治理的税费分别为37.97亿元和46.68亿元。

中央与地方政府在矿区生态补偿中承担的责任。根据《中国国土资源统计年鉴》（2009～2011年卷）提供的数据，2008～2010年，中央财政对陕西省矿山环境恢复治理的转移支付分别为4990万元、13130万元和19390万元；地方财政支出分别为760万元、1075万元与2803.7万元；另外，除了上交的税费外，矿业企业就矿山环境修复治理分别支出331万元、8990.4万元和6514.13万元。一方面，我们无法获得中央与地方财政对榆林地区矿山环境恢复治理方面的投入资金数据；另一方面，由于榆林煤炭资源产量在陕西省的绝对优势地位，不妨假设中央财政与地方财政对陕西省矿山环境修复治理的资金投入全部用于榆林地区。这样可以大体核算出中央、地方财政以及矿业企业对矿区生态环境修复治理方面的支出（见表8.3）。需要说明的是，表8.3中由于中央与地方对陕西省矿山环境修复治理的支出被当作是榆林地区的支出，因此会高估中央与地方政府对榆林地区矿山环境修复承担的责任。

表8.3　　　　2008～2010年各级财政与企业对榆林矿区生态环境修复治理的资金投入情况　　单位：万元

年份	中央财政支出	地方财政支出	矿业企业支出	环境损害价值	中央支出/环境损害价值	地方支出/环境损害价值	企业支出/环境损害价值	未补偿比例
2008	4490	760.00	157831.0	1399104	0.0032	0.0005	0.1128	0.8834
2009	13130	1075.00	338590.4	1720184	0.0076	0.0006	0.1968	0.7949
2010	19390	2803.67	411814.1	1895532	0.0102	0.0015	0.2173	0.7710

注：生态环境损害价值按照吨煤66.85元的标准计算；矿业企业支出为矿业企业上缴的生态环境税费与企业自身的生态环境治理支出之和。

根据表8.3，在榆林矿产资源开采中，中央财政对矿区生态环境损害补偿的资金投入占环境损害总价值的比例最高为2010年的1%，而地方财政的比例最高为0.15%。矿业企业对矿山环境补偿的资金投入比例最高，2008年占环境损害价值的11.28%，2009年和2010年则分别提高至19.68%和21.73%。3年中未补偿的生态环境损害分别为88.34%、79.5%和77.1%。

三、讨论：矿产资源开发中利益主体与生态补偿的责任主体相背离

中央、地方以及矿业企业在矿产资源开采中获得的收益与承担的矿区生态补偿责任严重背离。在2008~2010年间，获得矿产资源开采收益份额分别为59.7%、51.9%、54.4%的矿业企业承担了11.28%、19.68%和21.73%的生态环境损害治理责任，获得收益份额分别为19.5%、22.5%、22.5%的中央政府仅承担了约0.32%、0.76%、1%的矿区生态损害治理责任，而获得收益份额分别为20.8%、25.6%、23.2%的省与地市两级政府仅承担了0.05%、0.06%、0.15%的矿区生态补偿责任。在现有的产权体系下，矿业企业承担了矿区生态环境损害的部分成本，远未实现环境外部成本的完全内部化。另外，按照法律法规，地方政府负责本辖区的矿山地质环境保护工作，但地方政府从矿产资源开采中的获益有限，如榆林市县级政府在2010年仅获得矿产资源开采全部收益的14.4%，没有能力为未补偿的77.1%的生态环境损害提供资金投入。

由于资源环境产权制度的缺陷，导致矿产资源开发中利益主体与生态补偿的责任主体严重背离，致使大部分的矿区生态环境损害无人负责，矿区生态环境持续恶化。

第三节　研究结果

以往研究过多地关注了生态补偿本身，所提出的政策建议因没有触及问题的本质而难以实现预期的效果。本章的研究则表明，导致矿区生态环境持续恶化的直接原因是矿产资源开发的产权主体、利益主体与生态补偿的责任主体三者脱节，而根源是资源环境产权的制度安排缺失。只有从产权改革着手，才可能建立有效运行的矿区生态补偿机制，从而彻底解决矿区生态环境问题。

一是从国家法律层面界定环境质量的初始产权。针对生产过程对环境质量使用以及损害的不同特征，通过命令—控制、环境税、排污权交易、土地复垦等多种方式界定环境质量的使用权。

二是明确政府与企业在矿产资源开发中对于生态补偿的责权利关系，探索多元化的生态补偿方式，彻底改变当前地方政府代替矿业企业行使矿区生态补偿责任，以及无人为矿区生态损害负责的乱象。根据污染者付费原则以及受益者分担原则，矿业企业是矿区生态补偿的责任主体，主要承担正在发生的矿区生态环境损害的补偿责任，主要包括废弃物（固相、液相、气相）、土地塌陷、地形地貌破坏以及矿山闭坑造成的环境损害。中央政府作为资源开发的受益者一方，主要承担单个企业无力承担的自然灾害（如地震、泥石流等），以及无法区分责任的诸如荒漠化、水土流失等生态损害的补偿责任。而长期以来低价使用矿产资源的输入地政府作为资源开发的受益者一方，应承担历史遗留的矿区生态环境损害的补偿问题，补偿方式可以通过征收跨区税以及横向转移支付的方式进行。改革的方向是从资源开发中获得

的收益与承担的生态补偿责任相匹配。

三是厘清中央政府与地方政府在矿区生态补偿中的责权利关系。首先，要进一步明晰矿产资源的国家所有权，关键点在于作为所有者的中央政府应该从资源开发中获得相应的产权收益，主要通过全面实施矿业权有偿取得制度实现；其次，要明确中央政府在资源开发中的公共管理职能，这一职能主要体现在制定全国性的与矿产资源开发有关的法律法规、矿产资源发展规划等方面；再次，明确地方政府的监管职能，主要包括对当地资源开发秩序、矿区公共实施建设、矿山环境恢复治理等的监管；最后，以事权与财权相对称为原则，重构中央与地方在资源开发中的利益分享机制，主要是改革现行的财税体制，特别是中央与地方的税收分享比例，加大资源地政府的分享比例，增强地方政府的财力，使地方政府有足够的激励实现其监管职能。

四是探索通过不同方式解决一元矿权与二元地权的矛盾与冲突。矿权与地权矛盾的焦点在于土地市场价值溢价的分配问题，根源于农户市场化配置土地资源权利的缺失。因此，化解矿权与地权矛盾的关键就在于在矿业权人、土地所有者、土地使用者之间合理地分配土地市场价值的溢价。化解的途径之一就是赋予农民市场化配置土地资源的权利，也就是说，要确立集体土地所有者对集体土地享有处分权，将集体土地的流转权归还给农民。当农民拥有了土地流转权后，就可以通过与矿业权人谈判，以市场化方式确定矿业用地流转的交易价格、转让期限等。途经之二是国家征用集体土地，应当赋予农户以谈判权，通过农户与政府之间的谈判实现对土地使用者的市场化补偿，以维护集体和农户的收益权。途径之三是可以借鉴国外的做法，实行土地股权制度，允许土地的所有者与使用者将土地的使用权入股，获得土地市场价值溢价的部分收益，实现土地所有者与使用者的收益最大化。

煤炭资源开采中生态环境外部
成本测度及内部化①

在当前社会经济发展对煤炭等资源的依赖程度依然很高的背景下，如何促进资源开采引致的外部成本内部化，实现资源的最优开采与生态环境的可持续发展，是当前我国经济社会发展的重要方向。本章借鉴达斯古普塔和希尔（Dasgupta and Heal；1974，1979）、斯威尼（Sweeney，1977）以及卡米恩和施瓦茨（Kamien and Schwartz，1982）等的分析思路，构建考虑生态环境负外部性及内部化条件下的煤炭资源最优开采模型，讨论煤炭资源开采与生态环境质量之间的相互影响，探讨煤炭资源开采中生态环境外部成本测度及内部化问题。

第一节　基本假设与目标函数

一、基本假设

理论界按照可再生过程的时间将资源分为三类，即永续利用的（expendable）、可再生的（renewable）和可耗竭的（depletable）。煤炭是典型的可耗竭资源，它的再生过程非常缓慢，是自然界在漫长的地质年代生成的，因此可以认为煤炭对人类来说是一次性的，只要消耗了就不会再有。

以煤炭为例对可耗竭资源的使用进行一定的假设，具体来说，主要包含四个假设条件：一是煤炭在一定时期内的存量不会增加；二是只有大自然存在煤炭资源的条件下才会存在煤炭资源消耗；三是只要煤炭被消耗，其在大自然中的存量必然减少；四是煤炭存量的减少速度是煤炭消耗速度的单调递增函数。

本节接下来对煤炭资源开采及其生态环境负外部性进行理论分析。用 S_t 表示 t 年结束时煤炭资源的存量，根据定义可知存在 $S_t \geqslant 0$。E_t 表示 t 年的煤炭资源开采量，也可以表示为开采率，根据定义可知 $\sum_{t=1}^{\infty} E_t \leqslant S_0$，也即整个时期内煤炭资源的开采量不高于初始时间的煤炭资源存量 S_0；同时假设每开采 1 单位的煤炭资源，会使煤炭资源的存量相应地减少 1 单位，也即存在 $S_t = S_{t-1} - E_t$。

上述分析都采用离散时间模型的假设，实际上我们可以假设存在一个潜在的连续时间模型，也即离散时间变量等于相应的连续时间变量的积分。假定连续时间的开采率为 $\vartheta(t)$，时

---

① 原标题为：能源资源富集区生态环境治理问题研究［J］. 中国人口·资源与环境 2013（7）。

间间隔长度为 L。则存在离散时间开采率可用连续时间开采率表示为：$E_t = \int_t^{t=l} \vartheta(\gamma)d\gamma$，而式 $S_t = S_{t-1} - E_t$ 也可以表示为：$\dfrac{dS}{dt} = -\vartheta(t)$。

二、目标函数

分别用 E_t 和 P_t 表示 t 时期煤炭资源的开采量和价格，此时，煤炭开采企业可获得的煤炭开采收入 R_t 可以表示为：$R_t = P_t E_t$。煤炭资源在一定时期内的开采成本主要取决于这一时期的开采量以及上一时期的资源存量和开采时间，也即煤炭的开采成本函数为：$C_t(E_t, S_{t-1})$，假设成本函数为凸函数，并且进一步假设煤炭的开采成本对所有煤炭开采企业都是完全可知的。因此，本节得到煤炭开采企业的目标函数为：

$$\text{Max}\Pi = \sum_{t=1}^{T} \left[P_t E_t - C_t(E_t, S_{t-1}) \right] e^{-rt} \tag{9-1}$$
$$s.t.\ S_t = S_{t-1} - E_t$$
$$S_T \geqslant 0$$
$$E_T \geqslant 0$$

式（9-1）中，Π 表示煤炭开采企业在所有开采期内收益的贴现值，T 表示总的煤炭资源开采时间，r 表示煤炭开采企业面临的收益的即时利率。

第二节　煤炭资源开采的最优化模型

可耗竭资源最优开采模型的基本分析是在给定的存量条件下，开采后的资源存量是否会影响开采成本，一般来说，初始的可耗竭资源存量会影响成本结构，当前的开采量必然会影响未来的存量，但存量是否会影响未来的可耗竭资源开采成本却是不确定性的，资源经济学一般将这一影响称为"存量效应"（stock effects）。本节也按照煤炭资源存量对未来开采成本是否有这一存量效应将其分为两类分别进行理论分析。

一、不存在存量效应的煤炭开采最优化模型

（一）最优化模型求解与分析

在不存在存量效应的条件下，煤炭开采成本与资源存量无关，因此，式（9-1）可简化为：

$$\text{Max}\Pi = \sum_{t=1}^{T} \left[P_t E_t - C_t(E_t) \right] e^{-rt} \tag{9-2}$$
$$s.t.\ S_t = S_{t-1} - E_t$$
$$S_T \geqslant 0$$
$$E_T \geqslant 0$$

构造上述最优化模型的拉格朗日函数，可将式（9-2）转化后无约束的最优化模型为：

$$\text{Max}H = \sum_{t=1}^{T} \left[P_t E_t - C_t(E_t) \right] e^{-rt} - \lambda_t \sum_{t=1}^{T} (S_t - S_{t-1} + E_t) + \mu S_T \tag{9-3}$$

式（9-3）中，λ_t 和 μ 分别表示影子价格现值，或者称为机会成本现值。

由库恩—塔克定理可知，对每一个 S_t 和 E_t 来说，最优点都是拉格朗日函数的稳定点，将函数 H 对每一个 S_t 和 E_t 求微分，可得到煤炭资源开采最优的一阶必要条件为：

$$\frac{\partial H}{\partial E_t} = \left[P_t - \frac{\mathrm{d}C_t}{\mathrm{d}E_t} \right] e^{-rt} - \lambda_t \begin{cases} = 0 \, (E_t > 0) \\ \leqslant 0 \, (E_t = 0) \end{cases}$$

$$\frac{\partial H}{\partial S_t} = -\lambda_t + \lambda_{t+1} = 0 \, , \quad (t \leqslant T) \qquad (9-4)$$

$$\frac{\partial H}{\partial S_T} = -\lambda_T + \mu = 0$$

$$\mu S_T = 0$$

式（9-4）说明影子价格的现值在开采成本与存量无关的模型中与时间无关，因此下文的分析将去掉时间因素的影响，直接用 λ 表示影子价格的现值，将式（9-4）进行变换，可得到煤炭资源开采最优化函数的最优解为：

$$P_t = \frac{\mathrm{d}C_t}{\mathrm{d}E_t} + \lambda e^{rt} (E_t > 0)$$

$$\geqslant \frac{\mathrm{d}C_t}{\mathrm{d}E_t} + \lambda e^{rt} (E_t = 0) \qquad (9-5)$$

$$\lambda S_T = 0 \qquad (9-6)$$

式（9-5）的右边由两部分组成，一是煤炭资源的边际开采成本；二是煤炭资源开采的机会成本现值，在竞争性市场上，煤炭资源开采的边际成本和机会成本现值之和等于煤炭资源的价格，这也意味着煤炭资源的价格大于边际开采成本。此外，由于机会成本的现值与时间无关，可以认为其在不考虑存量效应的条件下按照利率增长。

式（9-6）表明，除非煤炭资源在开采时间内所有存量都被开采，否则在不存在存量效应条件下机会成本为零，此时的煤炭资源价格等于边际成本，与竞争性市场中其他普通商品的最优化条件相同。在这种条件下，库恩—塔克条件也是最优解的充分必要条件，根据前文的假设，成本函数 $C_t(E_t)$ 为凸函数，那么 $-C_t(E_t)$ 必然是凹函数，则式（9-2）也是凹函数，在线性约束条件下可以得到一个可行的凸集，因此，库恩—塔克充分条件同样得到满足，煤炭资源按式（9-5）和式（9-6）的开采方式开采是最优的。

（二）机会成本分析

在不存在存量效应的条件下，成本函数为凸函数时必然存在 $\frac{\mathrm{d}^2 C_t}{\mathrm{d}E_t^2} \geqslant 0$，也即边际成本是开采率的增函数，那么由式（9-5）可知，煤炭资源最优开采率的条件是边际成本与机会成本之和等于煤炭资源价格，如图9.1所示。因为边际成本是开采率的增函数，那么，边际成本或者机会成本越大，煤炭资源的最优开采率越低，其他条件不变时，价格越高，边际开采率越高。

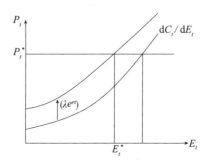

图9.1　煤炭资源最优开采率

下文进一步分析煤炭资源开采的机会成本，即影子价格 λ 的变化，如图9.2所示。图9.2显示了由式（9-6）决定的 λ 的变化，向上倾斜的曲线表示当开采率由式（9-5）决定，并且式（9-2）中的非负条件可以被打破情况下不同时点的煤炭资源存量。

图9.2表明，机会成本越大，每个时点煤炭资源的开采率就越低，因此其煤炭资源存量越大，如果煤炭资源开采的机会成本足够大，那么任何时期都不会发生开采，煤炭资源最终存量与最初存量相等。反之，如果 λ 足够小，式（9-2）中的非负条件就会被打破，S_T 将为负数。在煤炭资源最优开采路径上，λ 的值为使 S_T 等于0时的值，而由式（9-6）可知，只有对 λ 的所有正值来说，S_T 也为正值时，λ 减小到0。可以看到，煤炭开采的机会成本最优值取决于煤炭资源的最初存量、被开采的煤炭资源价格以及各个时点的边际成本。

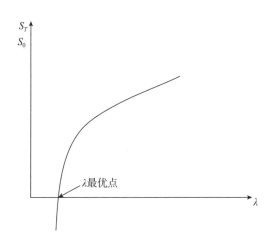

图9.2　煤炭资源最优开采路径下的机会成本

通过上述分析，本节可以得到以下两个结论：一是，任何时点的煤炭资源最优开采率都必须同时考虑边际开采成本和机会成本；二是，煤炭资源开采的机会成本可能会被过去、现在和将来的情况影响，并反映在增量开采带来的收入或者成本的增加上。

（三）生态环境外部性内部化的影响

在前文的分析中，一个潜在的假设是煤炭资源开采不存在外部性，但事实却是，煤炭资源的开采带来了严重的土地下陷、大气污染等生态环境负外部性问题，因此，本节将分析煤炭资源开采企业将外部成本内部化的措施对最优开采率的影响。

假定单位煤炭开采所造成的生态环境边际损失为 D_t，从而环境政策发生变化，尽管煤炭开采企业在一开始可以忽略生态环境的负外部性问题，但目前来看，煤炭开采企业必须承担生态环境成本，在新的政策体系下，煤炭开采企业的净收入将减少 D_t。而由式（9-5）可知，当边际开采成本不变时，价格的下降必然造成边际成本的下降，假设外部成本内部化之后的煤炭开采机会成本为 λ'（$\lambda' < \lambda$）。

假定政府通过税费的方式内部化外部环境成本 D_t（以下称为环境税），而税费的征收方式主要有两种：一是从量税，二是从价税。下面分别对这两种环境税的影响进行分析：

当征收存量税时，假定单位煤炭的从量税 D，由于从量税与时间无关，在征收从量税的早期，必然存在 $D + \lambda' e^n > \lambda' e^n$，煤炭资源的开采率下降。然后，经过一段时间之后，机会成本的降低将成为主要因素，此时存在 $D + \lambda' e^n < \lambda e^n$，煤炭资源的开采率增大。

当征收从价税时，假定环境税以利率的水平不断上升，那么可以得到环境税的贴现值最

终会等于 D，这可以分为三种状况：第一，如果环境税较小，那么它可能不会对一段时间内的煤炭开采产生影响或者是产生很小的影响。第二，如果环境税以大于利率 r 的水平不断上升，那么它将使煤炭资源开采企业比未征收环境税时更快开采。煤炭资源开采量的变动取决于 $(De^{rt} + \lambda'e^{rt})$ 与 λe^{rt} 的关系，当前者大于、等于或者小于后者时，煤炭资源开采量将分别减少、保持不变或者增加，此外，虽然 $(D + \lambda' - \lambda)e^{rt}$ 的大小会发生变化，但其正负符号却不会发生变化，这是因为环境税的贴现值不会变化，而 λ 与 λ' 同比变化。第三，当环境税 D 足够大时，征收环境税会一直降低煤炭资源开采量，如果环境税比最初的机会成本大（ $D > \lambda$ ），则在 $\lambda' \geqslant 0$ 的条件下，必然存在 $D > \lambda - \lambda'$ ，环境税大于机会成本的减少额，那么煤炭资源开采量将会减少，并且煤炭资源也不会在一定时间范围内被完全开采出来。

因此，在所有的开采时间范围内煤炭开采量也会是一直减少、保持不变或者增加，但是第一种状况和第三种状况明显和式（9-6）相冲突，只有第二种状况下，式（9-6）才成立，也即当 $D + \lambda' = \lambda$ 时，所有等式将都满足，因此，不管是否征收环境税，煤炭资源开采量仍将保持不变。

二、存在存量效应的煤炭开采最优化模型

（一）最优化模型求解与分析

采用拉格朗日函数将式（9-1）转化为无约束的最优化问题，可表示为：

$$\text{Max}H = \sum_{t=1}^{T}\left[P_tE_t - C_t(E_t, S_{t-1})\right]e^{-rt} - \lambda_t\sum_{t=1}^{T}(S_t - S_{t-1} + E_t) + \mu S_T \qquad (9-7)$$

为简化分析，对机会成本现值进行简化，用 ϑ_t 表示，公式为：

$$\vartheta_t = \lambda_t e^{rt} \qquad (9-8)$$

因此，拉格朗日函数式（9-7）可简化为：

$$\text{Max}H = \sum_{t=1}^{T}\left[P_tE_t - C_t(E_t, S_{t-1})\right]e^{-rt} - (\vartheta_t e^{-rt})\sum_{t=1}^{T}(S_t - S_{t-1} + E_t) + \mu S_T \qquad (9-9)$$

根据库恩—塔克原理，一阶条件必须在最优点上，对每一个 S_t 与 E_t 来说，拉格朗日解必定是一个最大值点。对每个变量求 H 微分，得到一阶必要条件为：

$$\frac{\partial H}{\partial E_t} = \left[P_t - \frac{\partial C_t}{\partial E_t}\right]e^{-rt} - \vartheta e^{-rt}\begin{cases} = 0(E_t > 0) \\ \leqslant 0(E_t = 0) \end{cases}$$

$$\frac{\partial H}{\partial S_{t-1}} = -\frac{\partial C_t}{\partial S_{t-1}} - \vartheta_{t-1}e^{-r(t-1)} + \vartheta_t e^{-rt} = 0(t \leqslant T) \qquad (9-10)$$

$$\frac{\partial H}{\partial S_T} = -\vartheta_T e^{-rt} + \mu = 0(t = T)$$

$$\mu S_T = 0$$

式（9-10）给出了最优化问题的基本一阶必要条件：

$$P_t = \frac{\partial C_t}{\partial E_t} + \vartheta_t E_t > 0$$

$$\leqslant \frac{\partial C_t}{\partial E_t} + \vartheta_t E_t = 0 \qquad (9-11)$$

$$\vartheta_t = \vartheta_{t-1}e^r + \frac{\partial C}{\partial S_{t-1}}\ (t < T) \qquad (9-12)$$

$$\vartheta_T S_T = 0 \ ; \ \vartheta_T \geq 0 \ ; \ S_T \geq 0 \qquad (9-13)$$

式 $S_t = S_{t-1} - E_t$ 以及式（9-11）、式（9-12）和式（9-13）共同界定了煤炭开采的机会成本现值、开采量以及剩余储量的时间变化路径。具体来说，给定 ϑ_t，由式（9-11）可以求出煤炭最优开采量。式 $S_t = S_{t-1} - E_t$ 是约束 S_t 的微分方程；式（9-12）是约束 ϑ_t 的微分方程。在已知的煤炭价值决定了最初的煤炭存量的界限条件下，式（9-13）提供了机会成本在末期的界限条件。同时，在已知 S_0 提供的初期煤炭存量的边际条件下，这些式有解，因此可以得到每一个变量的时间轨迹。需要说明的是，这里仍然假定煤炭资源开采的成本函数为凸函数，也即目标函数为凹函数，因此可行集为凸集，所以煤炭资源开采最优化问题的一阶必要条件也是最优化的充分条件。

式（9-11）与式（9-5）等同，右边由煤炭边际开采成本和机会成本现值组成。煤炭资源的最优开采率是指在这一点时，边际开采成本与机会成本现值之和等于煤炭资源的销售价格。当不存在存量效应时，机会成本仅取决于价格和成本，ϑ_t 在煤炭资源开采率最优值上进行计算，式（9-11）的解仍可由图9.1表现出来。当引入存量效应时，在开采成本和存量有关的模型中，煤炭开采的影子价格现值将随时间发生变化，也就是说，尽管机会成本的作用未发生变化，但其动态演化过程发生了变化。

为了便于表示，将一段时间内的利息率定义为 ρ，也即存在：

$$1 + \rho = e^r \qquad (9-14)$$

于是，式（9-12）可改写为：

$$\vartheta_t = \vartheta_{t-1}(1 + \rho) + \frac{\partial C_t}{\partial S_{t-1}} \ (\ t \leq T\ ) \qquad (9-15)$$

式（9-15）决定了机会成本现值的动态变化。如果存在 $\partial C_{t+1} / \partial S_t = 0$，则式（9-15）将变为：

$$\vartheta_{t+1} = \vartheta_t e^r \ t < T$$

这个动态方程的解为：

$$\vartheta_t = \lambda e^{rt}$$

这里的 λ 为常数，表明，如果存在 $\dfrac{\partial C_t}{\partial S_{t-1}} = 0$，那么机会成本现值将以利息率 r 增长，此时的等式与不存在存量效应状况下的模型等式一致。

如果 $\dfrac{\partial C_t}{\partial S_{t-1}} < 0$，机会成本现值存在增长或者减少两种情况，如果是增长的话，由式（9-15）可知，机会成本的现值增长率会低于利息率 r，这种累计降低会造成机会成本现值的萎缩。

如果 $\dfrac{\partial C_t}{\partial S_{t-1}} > 0$，考虑存量效应条件下的机会成本现值将随着时间的增加以大于利息率 r 的增长速率增长。

式（9-13）为微分方程提供了一个边界条件，它与式（9-6）相同，表明在时间为 T 的情况下，除非煤炭存储量在一段时间内被全部开采，否则机会成本的现值为零。除了具有存量效应的可耗竭资源外，一般来说，资源的最终存量都会为正。在最终机会成本为零的情况下，当到达时限时，机会成本现值必定在萎缩，而不是增长。

煤炭开采不存在存量效应条件下的稳态条件非常简单明了，当煤炭资源存量为零时，煤炭资源的开采活动就停止了，也就不存在进一步开采问题。在存在存量效应条件下，煤炭资源开采在稳态条件下也会停止，但煤炭资源的存量不一定会被全部耗竭掉。在此，我们分析稳态的存量水平，在此水平下煤炭资源的开采活动将永久性停止，此外，本节假设分析的一些外部条件，即煤炭资源的价格、成本函数以及利息率等是固定不变的，而且时间 T 的期限是无限长的，因此它对当前的决策不产生任何影响。

在假设条件下，式（9-11）和式（9-12）可以限定稳态条件下的存量水平，在这个水平上，机会成本保持不变，煤炭资源的开采活动停止，并且存量水平保持不变。稳态条件下的煤炭资源存量将取决于价格与成本函数，可能也取决于利息率。在稳态条件下，从时间 t 到下一个时间 $t+1$ 的机会成本保持不变，本节用 $\hat{\vartheta} = \vartheta_t = \vartheta_{t+1}$ 来表示稳态条件下的机会成本，根据式（9-15）可得：

$$\hat{\vartheta} = \frac{\partial C / \partial S}{\rho} \qquad (9-16)$$

由于稳态条件下煤炭资源所有开采活动都停止了，因此，在 $E=0$ 时点计算成本的值，稳态条件下机会成本就是各期相同的增量成本流 $-\partial C / \partial S$ 的现值。

这个解释使时间无限长的假设条件更加明晰了，$(T-t)$ 年里的增量成本 $-\partial C / \partial S$ 的当期贴现值为 $\hat{\vartheta}\left[1 - e^{-r(T-t)}\right]$，然而，当 $(T-t)$ 的值足够大时，这一贴现值近似于 $\hat{\vartheta}$，因为假定时间无限长从而有 $\lim\limits_{T \to \infty} e^{-r(T-t)} = 0$。

将稳态条件下的式（9-11）和式（9-16）联立就可以得到稳态条件下的煤炭资源存量，计算公式为：

$$P = \frac{\partial C}{\partial E}\bigg|_{E=0} - \frac{\partial C / \partial S}{\rho} \qquad (9-17)$$

式（9-17）右边每一项都是在 $E=0$ 的条件下计算出来的，由于煤炭资源的开采率并不是这个等式中的变量，而存量 S 是稳态条件下唯一的变量，从而可以通过式（9-17）求出。该式右边为煤炭资源存量的减函数，S^* 是在煤炭资源价格等于边际成本加上稳态机会成本时被决定的存量水平，两个值都是当开采率为 0 时计算出来的，如图9.3所示。通过图9.3可以看出，煤炭资源价格越高，稳态条件下的煤炭资源存量越低，同时达到稳态之前的开采量越大。

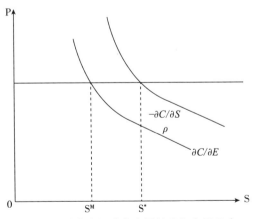

图9.3　煤炭资源稳态和最终均衡存量示意

图9.3中，S^M 表示煤炭资源的存量水平，在这一点上有 $E=0$ 时的边际成本等于价格。当时间到达 T 时，如果煤炭资源存量超过 S^M，那么在此时间范围内将发生开采活动。如果开采量为 0 时总成本是煤炭资源存量的减函数，从而在 $\hat{\vartheta} > 0$ 时，那么稳态条件下的煤炭资源存量会超过 S^M，在这种条件下，在这个时间区间之内，煤炭资源的存量可能会收敛于稳态水

平，但是一旦时间接近这一时区时，煤炭企业就可以重新开采资源。也就是说，煤炭资源的开采活动可以终止，同时也可以在价格和成本函数没有发生变化时，再重新开始。

在许多情况下，如果煤炭资源没有开采，那么将在零成本或某些固定的停业成本下，煤炭资源的剩余储量也将独立的存在，如将煤炭矿山或者矿井堵上或者放弃的成本将不取决于煤炭资源的剩余储量。在这种条件下，$\hat{\vartheta} = 0$，图 9.3 中的两条线重合。一旦煤炭资源的开采活动临时停止，它将永远保持停滞状态，除非结果或成本随时间而发生变化。但是还有另外一些情况，使煤炭开采活动尽管已经停止，都还存在依赖于存量的成本，也即 $\hat{\vartheta} > 0$。这些情况一般来说都是同煤炭开采或利用的生态环境后果有关。例如，煤炭开采可能导致覆盖的土表下陷并且下陷程度可能取决于最终煤炭资源的总存量，此外，煤炭资源累计消费量越多，那么即使是在停止使用后，大气中积累的二氧化碳也越多，此时在 $E = 0$ 和 $\hat{\vartheta} > 0$ 的情况下，也存在 $\frac{\partial C}{\partial S} < 0$。

总之，如果随着存量的减少，边际成本急剧增高的话，最终开采的资源总量将少有原始存量。如果价格并不相应上升的话，煤炭开采企业就会发生停业。而停止开采时的煤炭剩余存量将取决于边际开采成本（$E = 0$）、已开采煤炭资源的价格（P）、与存量相关的环境成本或者其他成本的大小以及利息率的大小。

（二）机会成本分析

当煤炭开采成本存在存量效应时，机会成本将不再依赖于煤炭资源可利用的绝对限度。即便煤炭资源没有完全消耗掉，机会成本也会存在，这个结论与不存在存量效应的模型结果形成鲜明的对比。尤其是当煤炭资源没有被完全消耗时，机会成本可视为由 t 时期额外开采而导致的未来成本的当期值（体现到 t 时期）的增量。为了检验在存在存量效应条件下关于机会成本的阐述，本节通过逆推法进行推导。

首先假定煤炭资源没有被完全消耗掉，存在 $S_T > 0$，由式（9-13）可知，$\vartheta_T = 0$。对于这种假设条件下的煤炭资源来说，其开采量没有绝对限制，煤炭资源开采企业可以开采更多的煤炭资源，而不需要在另外一个时间降低开采量。

通过式（9-12）用递推的方式求解，本节从 $t = T-1$ 时期往前一期推导。由此可得：

$$\vartheta_t = \vartheta_{t+1} e^{-r} - \frac{\partial C_{t+1}}{\partial S_t} e^{-r} \tag{9-18}$$

边界条件 $\vartheta_T = 0$ 保证了式（9-18）至少存在理论解。这个递推公式关于机会成本现值和机会成本贴现值的一般解为：

$$\vartheta_t = -\sum_{\tau=t+1}^{T} \frac{\partial C_\tau}{\partial S_{\tau-1}} e^{-r(\tau-t)} \tag{9-19}$$

$$\frac{\partial C_\tau}{\partial S_{\tau-1}} = 0 \tag{9-20}$$

式（9-19）表明，t 时期的机会成本是 t 时期多开采一单位煤炭资源所导致的未来成本增量的当期值，即 t 时期的贴现值。时期 t 内每一时期额外多开采一单位的煤炭，未必会导致 t 时期煤炭开采量的相应减少，但在 t 时期以后开采一单位煤炭却会导致煤炭存量相应减少一单位。在时间 τ 上，煤炭资源储量的减少会引起煤炭开采成本的变化为 $\frac{-\partial C_\tau}{\partial S_{\tau-1}}$。成本变化对 t 时期的贴现因子为 $e^{-r(\tau-t)}$，对 0 时期的贴现因子为 $e^{-r\tau}$。正如式（9-19）和式（9-20）所示，对后期的各期各项求和可知，煤炭开采的机会成本等于当期额外开采所导致的未来成本的现值。

如果煤炭资源的总储量最终被耗竭的话，那么式（9－12）和式（9－13）列出了源于煤炭资源开采绝对限额的机会成本，此时的机会成本以利息率的幅度增长，与不存在存量效应条件下的模型结果一致。

由于式（9－12）是线性方程，机会成本可以由两个单独推出且概念上独立的成分组成。因此，总的机会成本就是未来增量成本的现值加上资源有限性导致的指数增长项，用公式表示为：

$$\vartheta_t = -\sum_{\tau=t+1}^{T} \frac{\partial C_\tau}{\partial S_{\tau-1}} e^{-r(\tau-t)} + \lambda e^{rt} \tag{9-21}$$

由式（9－19）或式（9－21）可知，机会成本的初始值都较小，当煤炭资源储量被耗竭时，机会成本会随时间上升，但是如果临近时间终点，机会成本的值会下降。具体来说，当 S_t 很大时，也即由于煤炭资源的特性，煤炭资源较多时，其开采成本相对较小，此时煤炭的开采成本对剩余存量相对不敏感，但当接近不经济边际时，也即开采成本接近煤炭价格时，煤炭的开采成本对 S_t 非常敏感。

煤炭资源储量的机会成本来源于两个相对独立的部分，一部分是因开采引起的以利息率水平增长的机会成本，但是在煤炭资源未被完全耗竭却因其他原因被迫关闭的条件下，这部分就总是零。另一部分来源于存量效应，如果目前的煤炭开采减少了未来煤炭资源存量水平而带来未来成本，那么这些额外成本的当期贴现值就是机会成本的第二部分，并且或许是机会成本唯一的部分。

（三）生态环境外部性内部化的影响

相位图是分析非时变条件下变量向稳态调整的比较动态分析和稳态之间比较静态分析的一种便利工具，本节也使用相位图来分析环境外部性对煤炭资源最优开采的影响。

相位图是由 S 和 φ 构成的一个空间，根据二者的运动方向，相位图可以被分解为四个区域，两条轨迹确定了区域的边界，一是 S 的不变轨迹，也即在 $E=0$ 时与存量保持不变的点的轨迹；二是 φ 的不变轨迹，也即随时间变化而 φ 保持不变的点的轨迹。

S 保持不变的点的不变轨迹为：

$$\vartheta = P - \frac{\partial C}{\partial E}\Big|_{E=0} \tag{9-22}$$

沿着 S 保持不变的轨迹或者在其上方，S 保持不变，然而，当 ϑ 值减少时，$E>0$，此时煤炭资源存量会随着时间而降低。这个从式（9－11）中可以看出，对于 ϑ 的任何一个值而言，在 $E=0$ 的条件下，当 ϑ 增加时，E 仍然为零，但当 ϑ 下降时，开采率 E 将变正值。因此，沿着 ϑ 的不变轨迹向右移动（S 变大），机会成本不断增加，而在那条曲线向左移动时，机会成本不断降低。这一结论可以从式（9－12）中的 φ 不变函数看出，如果 S 增加，等式右边第一项不变，在凸性假设条件下，第二项增大或者保持不变。

ϑ 保持不变的点的不变轨迹为：

$$\vartheta = \frac{\partial C/\partial S}{\rho} \tag{9-23}$$

这里的 $\frac{\partial C}{\partial S}$ 按照与式（9－12）中定义的 ϑ 一致的煤炭资源开采率计算。稳态相位图如图9.4 所示。

煤炭资源开采的外部性与其开采和利用必然存在相关性，并且其外部性依赖于煤炭开采率的成本。我们假设存在一些生态环境损失，并且这些损失随着煤炭资源开采数量的增加而不断上升，而且还会减少所剩煤炭资源的数量。

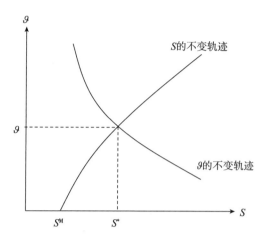

图9.4　煤炭资源开采的相位图

生态环境负外部性内部化的影响 $\partial C/\partial S$ 可以通过式（9 - 11）和式（9 - 12）表现出来。当生态环境负外部性被内部化时，将是更小的负数，在 ϑ 和 S 给定的条件下，式（9 - 12）右侧是下降的，因此，式（9 - 22）是不变的，只有式（9 - 23）发生了变化，这种变化表现为忽视生态环境负外部性的 ϑ 的不变轨迹向右上方移动，导致稳态条件下煤炭资源开采的机会成本和存量增加，随着时间的推移，开采的煤炭资源越来越少，如图9.5 所示。

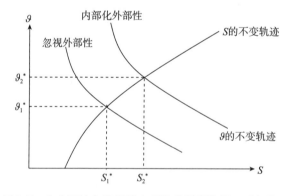

图9.5　生态环境负外部性内部化的煤炭资源开采相位图

对于一个给定的煤炭资源存量水平，更高的机会成本意味着更低的开采率，将与存量相关的生态环境负外部性内部化的结果就是煤炭开采率的降低以及最终开采量的减少，这种结果与同流量相关的生态环境负外部性内部化的结果是有区别的。当外部性依赖于开采率而不是存量时，斜线的方向取决于边际环境外部成本的现值是升还是降。如果与流量相关的外部性成本现阶段较低，但预计在未来会有所上升，那么外部成本内部化会导致早期更多的煤炭开采，从而避免在环境外部成本上升时再开采。而对于与煤炭资源存量相关的外部成本而言，将任何存量水平下的外部成本内部化都会导致煤炭资源开采率下降，从而降低最终的煤炭资源开采量。

第三节　煤炭资源开采与生态环境质量相互作用分析

一、煤炭资源开采与生态环境质量的最优模型构建及求解

煤炭开采与生态环境负外部性相互影响的经济模型在构建时要注意五个方面的内容：一是煤炭资源可耗竭的特性；二是生态环境负外部性的可累积性；三是生态环境对煤炭开采企业和当地居民的影响；四是对物质资本（包括研发）的投资能够降低生态环境负外部性；五是对生态环境破坏治理和控制以及循环利用的投入。

（一）模型构建

假定煤炭矿区的人口是固定的，即当地的劳动力供给弹性为 0，因此，在给定的时点上，当地居民的效应水平为 $U(C,P)$，效应水平是由消费水平 C 和生态环境治理 P 决定的。而经济产出函数为 $F(K,R,P,Q)$，式中，K 是物质资本投入、R 为煤炭资源投入量、P 为环境质量、Q 为煤炭资源存量。此外，假设经济产出可以用来消费，也可以用来积累，物质资本积累的函数表达式为 $\overline{K} = F(K,R,P,Q) - C$，其中 $\overline{K} = dK/dt$。

煤炭资源投入到生产函数中会减少煤炭资源的储量 $Q(t)$，因此煤炭资源储量的变动方程为 $\overline{Q} = g(Q,P) - R$，式中，$g(Q,P)$ 是指依赖煤炭资源现有储量和生态环境治理而自然再生的煤炭资源，本节假定煤炭资源为耗竭性也即非可再生资源，因此有 $g(Q) = 0$。

在煤炭开采和消费过程中都会产生影响生态环境质量的负外部性，本节假设长期的生态环境污染水平变动函数为 $\overline{P} = p(K,R,P,C,Q)$。

因此可以得到居民效应最大化的最优化模型为：

$$\int_0^\infty U(C,P)e^{-vt} \tag{9-24}$$

$$s.t.\ \overline{K} = F(K,R,P,Q) - C \tag{9-25}$$

$$\overline{Q} = -R \tag{9-26}$$

$$\overline{P} = p(K,R,P,C,Q) \tag{9-27}$$

$$K(t) \geq 0 \text{、} Q(t) \geq 0 \text{、} P(t) \geq 0 \text{、} C(t) \geq 0 \text{、} R(t) \geq 0\ (\ t \geq 0\ ) \tag{9-28}$$

其中，式（9-24）中的 v 表示时间偏好的社会贴现率，式（9-27）表示煤炭资源利用对生态环境质量的影响，生态环境质量可以直接影响效用，也可以通过对煤炭资源开采间接影响效用。

（二）模型求解

采用最优控制理论对上述最优化模型进行求解和分析，构建居民效用最大化的汉密尔顿函数形式为：

$$\begin{aligned} H(C,R,\eta_K,\eta_Q,\eta_P) = {} & U(C,P) + \eta_K\big[F(K,R,P,Q) - C\big] \\ & - \eta_Q R + \eta_P p(K,R,P,C,Q) \end{aligned} \tag{9-29}$$

式（9-29）中，η_i 为协状态变量，可以解释为它们各自状态变量的影子价格或者边际价值。求解上式的最优内点解的必要条件为：

$$U_C(C,P) = \eta_K \qquad (9-30)$$

$$\eta_K F_R(K,R,P,Q) = \eta_Q \qquad (9-31)$$

$$\overline{\eta_K} = \upsilon\eta_K - \eta_K F_K - \eta_P p_K \qquad (9-32)$$

$$\overline{\eta_Q} = \upsilon\eta_Q - \eta_K F_Q - \eta_P p_Q \qquad (9-33)$$

$$\overline{\eta_P} = \upsilon\eta_P - U_P - \eta_K F_P - \eta_P p_K \qquad (9-34)$$

式（9-30）和式（9-31）是静态效率条件，要求流动资产的边际价值等于存量资产的边际价值，以确保资产的边际价值与资产的利益相对，具体来说，模型中消费的边际效用必须等于资产的边际价值，而且煤炭投入量的边际生产率价值必须等于煤炭资源存量的边际价值。式（9-30）和式（9-31）暗含了消费和煤炭资源开采的最优水平是资本、煤炭资源、生态环境污染存量依据它们的状态变量的影子价格的函数。在任何时点，整个系统都可以用这些状态变量和它们的影子价格进行描述。

式（9-32）和式（9-33）是动态效率条件，要求资产的回报率等于其折旧率，并且每个资产的回报率相同。例如，资产的回报率就是资产所得 $\dfrac{\overline{\eta_K}}{\eta_K}$ 加上资本的边际生产率 F_K，再加上资本对生态环境质量贡献的边际价值 $(\dfrac{\eta_P}{\eta_K})p_K$。总之，煤炭资源利用和生态环境之间的动态相互作用是由各个状态变量的影子价格反映的。

二、煤炭资源开采与环境质量的最优模型分析

现阶段，大部分研究资源与环境的经济最优化模型都是检验与一个变量（如环境质量或者可耗竭资源）或者两个变量（如可耗竭资源和生态环境治理）的状态变量有关的问题，很少有研究三个变量（如可再生资源、不可再生资源和生态环境质量）的模型，这是因为三个状态变量会产生六个差分方程，当没有严格的函数假设形式时，分析过程不可能或者很难概括模型的特征。

本节即假设有两个状态变量的模型，通过构建引入煤炭资源和生态环境资产的代表性经济增长模型来分析煤炭资源与生态环境的相互作用。本节先从分析一个状态变量的模型开始，以便简单明了地阐明最优增长模型中生态环境和煤炭资源的一些基本特征，随后再讨论两个状态变量模型条件下煤炭资源和生态环境之间的相互作用。

（一）单状态变量模型

假设消费是煤炭开采的一个函数，目标是效用最大化，因此单状态的最优化问题就转化为选择一个煤炭资源的消费路径 $R(t)$，使其最大化效用，表示为：

$$\text{Max} \int_0^\infty U(C)e^{-\upsilon t}\mathrm{d}t \qquad (9-35)$$

式（9-35）的限制性条件为：

$$C(t) = R(t) \qquad (9-36)$$

$$\overline{Q}(t) = -R(t) \qquad (9-37)$$

式（9-36）为非负限制性条件，式（9-37）为初始条件。

而上述最优化的一阶条件为：

$$U_C = \eta \qquad (9-38)$$

$$\overline{\eta} = -\upsilon\eta \qquad (9-39)$$

式（9-39）中 η 表示煤炭资源的影子价格，煤炭资源的影子价格是指使煤炭资源消费的边际价值与不消费时的边际价值相等时的价格。由于煤炭资源的非可再生性，而且只能用于消费，煤炭资源的回报就可以简单地看作资本的收益 $\dfrac{\overline{\eta}}{\eta}$，等于贴现率，这也是煤炭价格以贴现率增长的霍特林法则（Hotelling，1931）。

对式（9-35）求时间的全微分，并利用式（9-39）可以得到：

$$\frac{\overline{C}}{C} = -\frac{\upsilon}{\chi(C)} < 0 \qquad (9-40)$$

式（9-40）中，$\chi(C) = \dfrac{-[CU_{CC}]}{U_C} > 0$，表示边际消费效用弹性，表明效用函数的"斜率"，因为有限的煤炭资源总量最终将被消耗为0。因此，如果贴现率是正的，那么沿着最优路径消费就是递减的，一个更高的贴现率意味着消费的快速降低以及未来消费向当前消费转移。

索洛（Solow，1974）和斯蒂格利茨（Stiglitz，1974）构建了一个在生产函数中引入可再生资源（如资本）作为非可再生资源替代品的增长模型，本节借鉴二者构建的模型，分析资本积累对煤炭资源消耗的影响。假定选择煤炭开采和消费的时间路径，以实现效用最大化，也即满足式（9-32），而此时的非负条件和初始条件分别为：

$$\overline{K} = F(K,R) - C \qquad (9-41)$$

$$\overline{Q} = -R \qquad (9-42)$$

而一阶条件为：

$$U_C = \eta_K \qquad (9-43)$$

$$\eta_K F_R = \eta_Q \qquad (9-44)$$

$$\overline{\eta}_K = \upsilon\eta_K - \eta_K F_K \qquad (9-45)$$

$$\overline{\eta}_Q = \upsilon\eta_Q \qquad (9-46)$$

可再次得到消费的边际价值等于资本影子价格的条件，此外，煤炭资源的边际生产率也必须等于煤炭资源的价格。这两个动态条件要求资产的报酬率相等，这意味着煤炭资源边际生产率的增长率 $\dfrac{\overline{F}_R}{F_R}$ 必须等于资本的边际生产率 F_K。消费水平的变化率可以对式（9-43）求时间的微分并经过适当变化得到，其函数形式为：

$$\frac{\overline{C}}{C} = \frac{F_K(K,R) - \upsilon}{\chi(C)} \qquad (9-47)$$

由式（9-47）可知，用资本替代煤炭资源的能力使得逐渐增加消费成为可能，实际上，如果在生产模型中没有煤炭资源，经济体就会积累资本，直到资本的边际生产率与贴现率相等，然后进入一个资本存量可以负担的稳态消费水平。由于煤炭资源的开发最终将减少到0，消费路径的最终行为决定于资本——煤炭资源投入比率无限增加时资本生产率状况。相应地，这取决于生产模型决定的资本和煤炭资源的替代机会。具体来说，当生产函数的规模报酬和替代弹性为常量时，如果替代弹性小于1，则资本生产率下降为0，随后消费也最终下降为0；如果替代弹性大于1，作为资本生产率将大于0并且越来越大，此时持续的消费成为可能；如果替代弹性等于1，那么只有当且仅当资本的产出弹性大于煤炭资源消耗的产出弹性时，持续的消费增长才是可能的。消费的持续增长是否是最优的，取决于资本生产率的渐近线是大于还是小于社会贴现率，如果前者大于后者，就会产生一种沿着最优消费路径不断增长的增长模型。

（二）两个状态变量模型

克拉瑟姆（Krautkraemer，1985）将生态环境引入资本—资源的增长模型中，认为资源开发破坏了当地的生态环境，导致对生态环境不可逆转的损失，这种不可逆转性在剩余资源存量和从生态环境舒适性服务流之间建立一种非降低的关系，这也就意味着生态环境舒适度的价值可通过包含剩余资源作为一个自变量的效用函数来表示，因此，模型中包含消费和自然资源存量的两个状态变量模型。本节采用这一模型分析煤炭资源存量的影响。

由于效用函数中煤炭资源存量的出现使得效用函数变为 $U(C,Q)$，煤炭资源存量的这个非消费价值给了煤炭资源存量有关正的自身回报率，因此式（9-48）变为：

$$\bar{\eta}_Q = v\eta_Q - U_Q(C,Q) \tag{9-48}$$

式（9-48）表明，煤炭资源利用的环境效应是如何影响煤炭资源开采路径的，生态环境舒适度价值导致煤炭资源价格的增长缓慢，这通常意味着考虑生态环境舒适度时，初始煤炭资源价格会很大；反之，煤炭资源存量的非负限制将会被打破。实际上，煤炭的价格可以分解为两部分，公式表达为：

$$\eta_Q(t) = \eta e^{vt} + \int_t^\infty e^{-v(s-t)} U_Q[C(s),Q(s)]ds \tag{9-49}$$

式（9-49）中，$\eta = \lim_{t\to\infty} e^{-vt}\eta_Q$，这给出了与煤炭资源稀缺性相关的使用成本现值（如果煤炭资源没有被消耗则等于0）。式（9-49）右侧第二项表示受保护的生态环境的未来边际舒适度价值的现值。生态环境舒适度价值提高了资源的保护，这样即使是煤炭资源存量最终会耗竭，煤炭资源耗竭的比例也变得更缓，而且生态环境舒适度的价值也隐含着耗尽煤炭资源存量不是最优的。

因为生态环境舒适度并不影响生产技术，所以它们也不会影响可持续消费增长的可行性和最优化条件。如果消费变为0，边际消费效用变为无穷大时，那么避免消费降低为0的能力就是永久环境保护达到最优的一个必要条件。另外，即便消费是一直增长的，永久的保护任何包含煤炭资源的自然环境也许也不是最优的，这是因为维持消费增长的能力是基于资本存量积累时最优生产率逐渐增加，即便煤炭资源出产量的边际价值降低，但是其投入量的边际生产率的价值是不断增加的。如果消费的增长是以增加煤炭资源生产率的技术进步为基础的，那么也会产生一个相似的结论（Krautkraemer，1985）。

以上关于煤炭资源最优开采以及煤炭开采与生态环境动态互动模型的分析，确定了考虑生态环境负外部性内部化对煤炭资源最优开采的影响。下文将对煤炭开采中生态环境外部成本的测算以及内部化方式进行详细阐述，以得到合适的煤炭资源开采中生态环境外部成本测度体系和内部化模式。

第四节　煤炭资源开采中生态环境外部成本测度及内部化

一、生态环境外部成本测度体系

生态环境外部成本测度的范围应该包括生态环境的使用价值和非使用价值两方面损失，

具体包括：资源开采引发的水资源破坏、土地资源破坏、矿山"三废"污染和土地退化等方面，以及由此导致的矿区居民福利方面的损失。对于生态环境的使用价值可以借助于直接市场法和间接市场法，但这两种方法并不能够对使用价值进行全面的评价，而且这两种方法对于非使用价值的测度却无能为力；国际上先进的CVM被认为是唯一能够解决环境物品的使用价值和非使用价值的研究方法，能够充分地反映生态环境的使用价值和非使用价值。基于此，本节构建了基于CVM的生态环境外部成本测度体系，见图9.6。

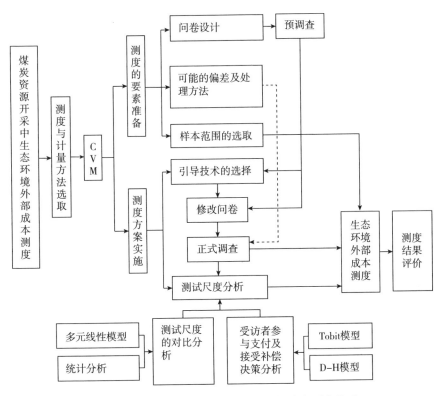

图9.6　煤炭资源开采中生态环境外部成本测度体系

煤炭资源开采中生态环境外部成本的测度体系，确立了运用CVM测度生态环境外部成本的过程中需要重点解决的问题及其处理方法。根据本节的研究需要，重点对CVM引导技术的选择、WTA与WTP的差异、CVM的有效性检验进行研究。

（一）引导技术的选择

如何科学合理地选择CVM的引导技术，使问卷更能够揭示受访者的真实出价水平，是CVM研究需要重点解决的问题之一。

由于CVM问卷的引导技术存在较大的差异，而且学术界对引导技术的选择也没有给出判断的标准，因此，引导技术的选择就成为CVM问卷设计的一个关键问题。对于这一问题的解决，本节CVM调查正式实施前，按照多种引导技术分别设计问卷，通过预调查对各种问卷在调查地区的可行性进行分析。通过预调查来修正CVM问卷也是学界常用的手段：一是，通过预调查，可以选择出能够适应调查地区特点的引导技术；二是，根据预调查结果，也可以对问卷中存在的缺陷进行修改，如问题的数量和顺序做出优化、专业问题进行简单化处理、提问方式进行调整等；三是，通过预调查的参与，有利于调查员熟悉问卷的调查的流程、提高对问卷的认识、增强与受访者交流的技巧。

（二）测度尺度的对比分析

根据 CVM 的学理基础，对于居民 WTP 或 WTA 的调查可以从不同角度获取同一种生态环境物品变化所带来的经济价值的变化。在居民现有福利水平不变的条件下，改善煤炭矿区的生态环境，将引起矿区居民的生态环境效用水平提高，为了维持居民现有的福利水平不变，需要居民支付一定的货币量，从而实现生态环境物品带来的效用提高与货币收入减少带来的效用下降相平衡。那么，在矿区生态环境改善的条件下，居民需要支付的货币量是多少，只有通过居民对生态环境公共物品的享用而必须支付的最大数额即 WTP 的调查才能获得估算数据。

同理，在居民现有福利水平不变的条件下，煤炭矿区的生态环境变坏，将引起矿区居民的生态环境效用水平下降，为了维持居民现有的福利水平不变，需要给居民补偿一定的货币量，从而实现生态环境物品带来的居民效用下降与货币收入增加带来的效用提高相平衡。那么，在矿区生态环境恶化的条件下，居民能够接受的货币补偿量是多少，只有通过居民为忍受生态环境公共物品质量下降所愿意接受的最小货币量即 WTA 的调查才能获得估算数据。

WTP 和 WTA 从不同角度反映了生态环境变化所带来的经济价值的变化，但是两者很少出现一致性。对于不同的生态环境项目，WTP 和 WTA 都可能是 CVM 研究时所采用的测度尺度，但是 WTP 和 WTA 在实际的案例研究中表现出了极大的差异性。现有关于 WTP 与 WTA 之间的差异的研究多集中于非能源资源领域的研究，那么在煤炭资源开采中生态环境外部成本研究中的差异如何？本节将通过案例调研的数据进行统计和计量分析。

既然 WTP 与 WTA 之间存在差异，那么如何在 WTP 与 WTA 之间做出选择，以获取合理的煤炭资源开采中生态环境外部成本测度的测度尺度？本节将通过对基于 WTP 和 WTA 测度出的生态环境外部成本结果的评价，对选择问题做出回答，并通过有效性检验，论证选择结果的合理性。

（三）受访者参与支付及接受补偿决策分析

受访者的参与支付及接受补偿决策直接影响到受访者对 WTP 及 WTA 的判断，进而影响煤炭资源开采中生态环境外部成本的测度结果，因此，有必要对受访者的参与支付及接受补偿决策进行分析。对于 CVM 受访者参与支付决策及接受补偿的分析，国内多采用多元线形回归〔如吴丹、刘书俊（2009）〕、Logit 模型〔如葛颜祥等（2009）〕、Probit 模型〔如杨凯、赵军（2005）〕等传统的计量分析方法。但是，这些方法在分析 CVM 的调查资料时，对运用 CVM 调查时出现的零观察值不能进行合理的分析。

CVM 调查中出现的"零支付"可分为两类：一是真正的零观察值（real zero），即受访者对受访问题呈支持态度，但由于经济等方面的原因，没有能力支付；二是抗议性零观察值（protest zero），即受访者对受访问题呈负面的态度，不愿意答复其心中的 WTP，而选择了零支付，并非该环境资源对其没有效益可言。对于含有抗议性零观察值的 CVM 调查资料，传统的处理方式是先将抗议性零观察值样本删除，再对剩余的视为合理的非抗议性答复样本进行分析。

但删除大量抗议性样本，不但将缩小原有样本规模，更有可能引起抽样偏差（sampling bias），导致最终估算结果的偏误。也就是说，原来的样本虽然是随机选择的，但并不意味着删除抗议性样本仍符合随机抽样的条件。为了解决这一问题，学术界〔如李国平等（2009）〕采用了能够分析受限（censored）资料的 Tobit 模型。Tobit 模型假设所有的受访者都愿意参与支付，即将真正的零观察值与抗议性零观察值均视为角解（corner solution）。

　　然而，克拉格（Cragg，1971）认为零观察值的由来，除了可能是角解之外，也有可能是受访者对该物品的需求为零，也就是受访者选择不参与该支付行为。于是，克拉格在 Tobit 模型的基础上发展出了双槛式模型（double-hurdle model，D－H 模型）。D－H 模型将受访者的参与支付决策分为两个槛，即"决定是否参与支付"的选择决策与"决定支出多少金额"的数量决策。布莱克威尔等（Blackwell et al.，2001）认为，消费行为是人们为获取并使用财货所直接参与的行为，包括在行为之前决定该行为的种种决策程序。由此，可以判断 D－H 模型对受访者参与支付决策的分解，反映了受访者做出参与决策和支出决策的先后顺序，符合受访者在做出参与支付决策时的心理变化。D－H 模型认为唯有在两个决策行为同时确立的情况下，才会构成一个完整的参与支付决策。

　　D－H 模型有两个优于 Tobit 模型的特点：一是 Tobit 模型将"决定是否参与支付"与"决定支出多少金额"合并为一个支付决策，即 Tobit 模型忽略了受访者的选择决策，而直接分析数量决策；D－H 模型将"决定是否参与支付"与"决定支出多少金额"分为两个步骤分别进行研究，且可以比较影响"决定是否参与支付"与"决定支出多少金额"两个行为的因素的差异。二是 Tobit 模型假设所有的零观察值都是角解，而 D－H 模型允许零观察值可以同时有角解与非参与的理由存在。而且相关的文献〔如吴佩瑛等（2004）〕也已经论证了 D－H 模型较 Tobit 模型对受访者的参与支付决策更具解释能力。

　　CVM 调查中出现的"零补偿"也可分为两类：一是真正的零观察值，即受访者对受访问题呈支持态度，但由自身的相关利益没有受到损失等原因，不需要补偿；二是抗议性零观察值，即受访者对受访问题呈负面的态度，不愿意答复其心中的 WTA，而选择了零补偿，并非该生态环境质量恶化对其没有负面影响。但是目前采用 D－H 模型对生态环境外部成本的研究几乎都集中在 WTP 上，采用该方法对 WTA 的研究很鲜见。而且现有研究对 WTA 的分析也是针对受访者"决定接受多少金额"的分析，忽略掉了受访者"决定是否接受补偿"的分析，因此，对于受访者的接受补偿决策分析不够完整。因此，本节将采用 D－H 模型研究受访者的 WTA，分析受访者"决定是否接受补偿"和"决定接受多少金额"两个行为的影响因素，研究他们之间的异同。

　　本节将分别使用 D－H 模型和 Tobit 模型对受访者的参与支付及接受补偿决策进行分析，并比较两种模型的优劣性，从中选择解释能力更强的模型，用来解释影响受访者参与支付决策及接受补偿的社会经济因素。

　　（四）测算结果评价

　　基于生态环境外部成本测度获得的生态环境外部成本数量值是制定生态环境外部成本内部化标准的重要依据，因此，评价采用 CVM 测度出的生态环境外部成本数量值的有效性和可靠性，就是 CVM 应用过程中的重要内容。

　　在实际应用中，使用 CVM 来评价自然生态环境的价值，其测度结果具有近似性和动态性。而且，使用 CVM 评价出的生态环境价值是否能够充分反映生态环境质量的变化状况，其经济意义又如何？以上决定了对于 CVM 的研究结果进行评价很有必要。

　　对于 CVM 的测度结果评价，学术界认为 CVM 对于生态环境价值的测度存在一定的偏差，但仍然不失为一种测度生态环境外部成本的有效方法。事实上，CVM 对居民的调查是建立在居民的主观判断之上的，也就是说居民更多地是从自身的经历来判断 WTP 或 WTA 的数量。目前学术界对于生态环境外部成本的测度大部分学者采用了 WTP，也有部分学者既采用 WTP 又采用 WTA，还有学者采用 WTA，对于煤炭资源开采中生态环境外部成本的测度几乎都是采用 WTP。对于采用 WTP 的测度结果学者们普遍认为该结果偏低，但对于偏低的原因很少提及；对于采用 WTA 的测度结果的评价更是鲜见。

由于 CVM 的两个测度尺度——WTP 和 WTA 都可以作为测度生态环境外部成本的基础，对基于这两个测度尺度获得的生态环境外部成本值所能反映的煤炭资源开采中生态环境外部成本实际状况，还需要进一步研究，这也是对测度尺度做出选择的重要步骤。在此基础上，对基于所选测度尺度获取的生态环境外部成本值进行有效性和可靠性评价，判断 CVM 测度出的煤炭资源开采中生态环境外部成本值的合理性。

二、生态环境外部成本内部化标准

（一）理论标准

煤炭资源开采中生态环境外部成本是煤炭资源开采造成的必然结果，是一种典型的外部不经济性。解决煤炭资源开采中生态环境外部不经济性，必须使煤炭资源开采中生态环境外部成本内部化。

为了实现煤炭资源开采中生态环境外部成本内部化，需要对煤炭资源开采中生态环境外部不经济性导致的社会福利损失进行界定，该福利损失也就是煤炭资源开采中生态环境外部成本内部化的理论标准。如图 9.7 所示。

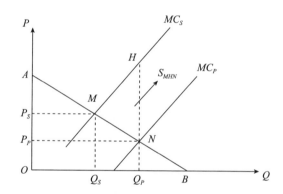

图 9.7　煤炭资源开采中生态环境外部成本内部化的理论标准

MC_P 表示某煤炭资源开采企业的私人边际成本，MC_S 代表社会边际成本，AB 为需求曲线。在没有生态环境破坏时，企业为追求利润最大化，最优产量为 Q_P。当该企业的生产导致了环境破坏，如果环境破坏的外部不经济性不需要企业承担，则企业仍然会把产量确定在 Q_P；此时，实现社会福利最大化的产量应选在 Q_S。由于外部不经济性的存在，使企业按照利润最大化确定的产量 Q_P 与按社会福利最大化确定的产量 Q_S 严重偏离，$Q_P > Q_S$。在这一过程中，虽然价格下降、产量增加，但实际带来的社会福利却有损失。当均衡点为 M 时，整个社会总福利为 AMQ_SO，而当均衡点移动到 N 时，虽然增加了 MNQ_PQ_S 的私人收益，但是社会福利却损失了 MHN，MHN 的面积 S_{MHN} 就是外部不经济给社会带来的净损失。这部分损失需要以对煤炭资源开采企业征收"庇古税"的方式解决，税收的标准就是 S_{MHN}。由于对煤炭资源开采企业征收了"庇古税"，使该企业的私人边际成本与社会边际成本一致，社会福利损失消失，煤炭资源开采带来生态环境外部不经济性问题得以解决，S_{MHN} 就是煤炭资源开采中生态环境外部成本内部化的理论标准。

（二）现实标准

煤炭资源开采中生态环境外部成本内部化的理论标准为煤炭资源开采中生态环境外部成

本内部化的实践提供了一个理论参照，具体的实践活动以该理论标准为基础，通过对煤炭矿区的实地调查，获取第一手的研究资料，并结合统计工具，对煤炭资源开采中生态环境外部成本进行科学的测度，以获取煤炭资源开采中生态环境外部成本的数量值，该数量值就是煤炭资源开采中生态环境外部成本内部化的现实标准。

煤炭资源开采中生态环境外部成本包括煤炭资源开采过程中对生态环境的破坏，具体包含水资源破坏的损失、土地资源破坏的损失、矿山"三废"污染造成的损失、土地退化等方面的损失，还包括由于上述问题而导致的居民福利方面的损失。只有将这些方面考虑在内，才是对煤炭资源开采中生态环境外部成本的充分测度。上文依据生态环境价值论论证了选择CVM作为生态环境外部成本测度方法的合理性，为获取煤炭资源开采中生态环境外部成本内部化的现实标准提供了科学手段。

三、生态环境外部成本内部化责任主体

煤炭资源开采中生态环境外部成本内部化以"庇古税"理论和环境产权理论为理论依据。

煤炭资源开采中生态环境外部成本内部化的责任主体主要有两个：一个是煤炭资源开采企业；另一个是煤炭资源的受益者，即消费企业。对于煤炭资源开采企业征收生态环境税费，是以"庇古税"理论为依据。对于煤炭资源消费企业征收生态环境税费，则主要通过"科斯"方式，从环境收益权界定的角度进行考虑。

"庇古税"通过征收生态环境税费的方式使生态环境外部成本内部化的设想，构成了生态环境外部成本内部化的基本框架。"庇古税"的基本原则与"谁破坏、谁补偿"的原则相一致（刘友芝，2001），这也是许多国家制定生态环境税费所依据的基本原则。

但是"谁破坏、谁补偿"原则确立的以生态环境破坏企业为主的煤炭资源开采中生态环境外部成本内部化模式，并不能实现煤炭资源开采中生态环境外部成本的充分内部化。因此，需要从煤炭资源的消费企业角度探寻其他责任主体与煤炭资源开采企业一起承担煤炭资源开采中生态环境外部成本内部化责任的可行性。

中国特殊的工业布局决定了煤炭资源的消费企业需要承担起煤炭资源开采中生态环境外部成本内部化责任。蓝虹（2004）认为，中国东富西贫的国情决定了消费者负担的绩效高于污染者付税，应该将西部环境资源的收益权界定给西部地区所有，东部地区需要为西部的环境治理缴纳环境税费作为补偿。中国的能源资源生产主要集中广大的西部地区，煤炭资源的消费却只集中在发达的东部地区。西部地区高强度的资源开采为东部地区提供了廉价的原材料，同时也给资源产地造成了大规模的生态环境破坏。由于现有煤炭资源定价机制的缺陷，资源开发造成的生态环境外部成本并没有涵盖在煤炭的价格之内，所以，煤炭消费企业在享受廉价资源的同时，并没有承担资源开采的环境代价。因此，需要按照公平的原则，煤炭矿区的环境收益权应该界定给煤炭矿区，煤炭消费企业在消费廉价的资源产品时，应缴纳一定的生态环境税费，并通过转移支付的方式用于矿区的生态环境恢复治理。

从市场的角度来讲，煤炭资源消费企业也应该承担部分煤炭资源开采中生态环境外部成本内部化责任。袁眉、王聪（2009）认为，市场是由供求双方组成的商品生产与消费体系，消费是生产的拉动力；消费者作为生产的受益者，是生态环境成本的重要责任者；面向消费者征收环境税是一条适用的内部化生态环境成本的方法。马雁（2011）认为，在商品经济社会中，生产行为的基点是市场需求和厂家对利润的追逐，消费者对某种商品的需求构成了生

产商规模性地生产该商品的行为动力，因此生产过程中发生的生态环境破坏问题应由生产者和消费者共同分担；而且消费者始终是生态环境成本的非显性的实际承受者。在煤炭资源领域也同样遵循上述市场规律，向煤炭资源征收税费也会引起煤炭开采企业将税费成本增量向煤炭消费者转嫁的行为，造成消费者成为煤炭税费增量的事实上的承担者。辛洪波（2014）对煤炭资源税计征方式由从量计征改为从价计征并提高税率以后的影响研究就表明，煤炭开采企业将税负成本增量部分转嫁给了煤炭消费者，形成开采企业和消费企业共同负担税负成本的事实，但煤炭开采企业难以将所有税负成本增量全部转嫁给煤炭消费者。

中国煤炭价格的持续走低，也为煤炭资源消费企业承担煤炭资源开采中生态环境外部成本内部化责任提供了现实条件。厉以宁（1990）认为，在资源价格偏低时，可以实行"谁受益、谁分担"原则作为"谁破坏、谁补偿"原则的补充，具体地说，资源价格偏低表明资源的消费企业从中受益，这些受益者可以承担一部分环境治理成本，以弥补资源开采企业的环境治理费用不足的缺陷。

以上分析说明，煤炭资源开采中，的生态环境外部成本内部化的责任主体，在理论层面主要有两个：一个是煤炭资源开采企业；另一个是煤炭资源的消费企业，而且要求煤炭资源的消费企业承担煤炭资源开采中生态环境外部成本内部化责任也具备现实要求和条件。但在实际中，煤炭资源开采中生态环境外部成本内部化的责任主体还包括政府财政投入。政府财政作为我国煤炭资源开采中生态环境外部成本内部化的承担主体之一，在煤炭资源开采中的生态环境外部成本内部化过程中发挥了极为重要的作用，在某种程度上被认为代替煤炭资源开采企业承担了煤炭资源开采中生态环境外部成本内部化的责任，但是现有文献并没有将政府财政在煤炭资源开采中生态环境外部成本内部化的状况进行具体量化和比较研究，因此，本节在研究煤炭资源开采中生态环境外部成本内部化的实际水平时将对政府财政投入做重点研究。而现有法律法规并没对煤炭资源消费企业应该承担煤炭资源开采中生态环境外部成本的责任加以规定，所以，在研究煤炭资源开采中生态环境外部成本内部化的实际水平时，暂不将煤炭资源的消费企业考虑在内。

第十章

数据调研[①]

采用 CVM 测度煤炭资源开采中生态环境外部成本，是以大量有效的调查数据为基础。调查地点的选择须有代表性，才能体现研究的意义；合理的问卷设计是获取研究数据的重要保证；对调查信息的统计能够反映调查所获取的基本信息，为本节的研究提供基础数据资料。

第一节 调查地点

我国的煤炭资源呈北多南少，西多东少的自然分布。煤炭资源主要分布在山西、陕西、内蒙古、新疆等省份，占全国煤炭远景储量的 94.9%，占全国已探明煤炭储量的 80.5%。近年来，我国煤炭资源的生产布局越来越向晋陕蒙三个省份集中，2010 年，晋陕蒙三省份的煤炭产量占全国煤炭总产量的 57%；到 2013 年，晋陕蒙三省份的煤炭产量占全国总产量的 60%，占当年全国煤炭产量增量的 91%。晋陕蒙能源资源富集区在未来相当长的时间内都将是我国煤炭供应的主要来源。

同时，晋陕蒙地区又是生态环境极其脆弱的地区，该地区是我国唯一的国家级水土保持重点监督区，也是七个国家级水土流失重点监督区之一。晋陕蒙地区是我国水土流失最严重的地区，年水土流失量几乎占我国水土流失总量的 1/3；该地区也是水资源极其匮乏的区域，每平方千米土地的水资源拥有量为 78500 立方米，仅为全国平均水平的 27%。大规模的煤炭资源开采，引起地下岩层的变动和地貌的改变，导致当地的"潜水渗流补给的沟谷网水系"破坏严重，引致地表水量衰减，甚至干涸，进一步加剧了该地区的耕地丧失、植被死亡、水土流失、荒漠化等生态环境问题。晋陕蒙地区的生态环境劣势与资源禀赋优势之间的矛盾，伴随着煤炭资源的大规模开发而日益突出。因此，在该区域选取调查地点就有重要的现实意义。

榆林市位于晋陕蒙能源资源富集区的核心区域，1998 年 7 月国家计委批准榆林成为全国唯一的国家级能源化工基地。经过 10 多年的发展，榆林能源化工基地已成为国家西煤东运的源头、西气东输的腹地和西电东送的枢纽。2008 年 2 月国家发展和改革委员会决定编制的《鄂尔多斯盆地能源开发利用总体规划》（2009 年 2 月修改为《"三西两东"区域能源开发利用总体规划》）将榆林等地区纳入 21 世纪我国最重要的能源开发基地。2012 年 2 月国家发展和改革委员会发布的《西部大开发"十二五"规划》将榆林定位于全国重要的能源化工基地

---

① 原题为：榆林煤炭矿区生态环境改善支付意愿分析 ［J］. 中国人口·资源与环境，2012（3）。

和黄土高原水土保持区。2012年3月国家发展和改革委员会印发的《陕甘宁革命老区振兴规划》，将榆林的发展目标定位为建设能源化工基地、区域性中心城市等，主要发展能源、化工等产业；对于榆林境内的神府、神榆、榆横等煤炭矿区，提出提高开采集中度和煤炭资源回采率，加大矿区塌陷治理的目标。国务院2012年10月批复同意实施《呼包银榆经济区发展规划（2012—2020年）》，提出呼包银榆经济区是我国重要的能源和矿产资源富集区，也是重要的生态功能区；并将榆林定位为国家重要的能源、煤化工基地。榆林的能源产业已在多个国家级的区域规划之中出现，充分说明了榆林的煤炭资源在全国战略规划中的重要地位；同时这些规划赋予了榆林生态环境保护和治理的战略任务，体现了国家对榆林地区已有生态环境问题的重视，也体现了国家对榆林未来煤炭等资源开采所带来的生态环境问题进行治理的前瞻性考虑。榆林作为国家煤炭资源的重要开发区域和生态环境的重点保护区域的双重身份，决定了榆林的发展必然是在资源开发与生态环境保护的矛盾中前行。因此，选择榆林作为煤炭资源开采中生态环境外部成本测度及内部化研究的案例调研区域具有重要的现实意义和理论价值。

综上，本次CVM调查选择在陕西省榆林市展开。

一、榆林市的基本情况

榆林市位于陕西省最北部，地处黄土高原和毛乌素沙漠的交界处，陕甘宁蒙晋五省份交界接壤地带。榆林地区各种资源富集一地，被誉为中国的"科威特"。榆林境内拥有丰富的煤炭、天然气、石油、岩盐等资源，是21世纪中国重要的能源资源接续地。2006年，国家发展和改革委员会批复的《国家大型煤炭基地建设规划》提出的国家规划建设的13个大型煤炭基地及98个矿区名录中，榆林境内有陕北和神东两个基地；98个矿区中，榆林境内有4个，神东、府谷矿区划入神东基地，陕北基地有榆神、榆横两个矿区。从20世纪80年代开始，榆林的煤炭资源进入大规模开发时期，形成了以大柳塔为中心的煤炭基地，西电东送工程也落户榆林，榆林正在成为全国最大的火电生产基地。

二、榆林市的煤炭资源概况

榆林市煤炭资源按照煤层赋存的地层时代划分为侏罗纪煤资源、石炭二叠纪煤资源和三叠纪煤资源。

1. 侏罗纪煤资源

侏罗纪煤资源分布在榆阳区、神木县、府谷县、横山县、靖边县、定边县，即北部六县区。划归神府矿区、榆神矿区、榆横矿区等三个国家规划矿区及榆横靖预测区和非国家规划矿区的府谷哈镇庙沟门区。煤田构造简单，含煤地层总体倾角3-3°，大致沿府谷新民—榆阳青云—横山樊家河、韩岔一线出露，并依此向西北倾斜，至靖边县境埋深达1000米，定边县域达1500~2000米。资源储量总计为1371.5亿吨。

2. 石炭二叠纪煤资源

石炭二叠纪煤资源赋存在府谷县、吴堡县、佳县、绥德县沿黄河一线，在府谷县城以北煤层在地表出露，探明资源量分布在古城、段寨—海则庙一带，最大埋深1200米，在吴堡横沟一带埋深500~1200米，府谷矿区和吴堡矿区资源总量为95.71亿吨，其中府谷矿区资源量86.65亿吨，吴堡矿区资源量8.76亿吨。佳县螅镇、绥德河底预测资源量21.573亿吨。

3. 三叠纪煤资源

三叠纪煤资源主要分布在横山区南部，子长矿区的北部，多为中厚—薄煤层；在子洲、米脂县也有零星分布，多为薄煤层，原煤为长焰煤和不粘煤；横山艾好峁、高镇、石湾、王家峁及子洲槐树岔一带初步探明资源量约4亿吨。

三、榆林市的煤炭资源生产状况

经过二十多年的发展，榆林的煤炭工业取得了巨大的成就，到2011年，榆林市煤炭产量达到2.84亿吨，同比增长11.8%，约占陕西省煤炭产量的70%，占全国产量的8%，仅次于相邻的鄂尔多斯市，居全国第二产煤大市的位置。全市通过铁路和公路销售煤炭2.3亿吨，转化及其他工业用煤0.5亿吨。煤炭在全市经济中的重要地位更加凸显，全行业完成工业总产值1156亿元，同比增长33.3%，占全市工业总产值的45.28%；煤炭行业对财政的贡献为275亿元，占财政收入的49%。煤炭资源是榆林的资源优势和竞争优势，也是榆林发展经济的资本。煤炭资源产业已经成为当地经济社会发展的重要支撑。

（一）在榆林煤炭工业快速发展的同时，资源浪费、超能力开采等问题日益严重

1. 资源回采率低、资源浪费严重

2005年6月，全国煤炭回采率专项检查工作组对榆林市的404个煤矿进行了调查，除大柳塔矿外，其余煤矿的回采率均不达标，按当年产量计算，浪费煤炭超过1700万吨，约占榆林市当年煤炭产量1.06亿吨的16.04%。

地方煤矿按照目前实际生产能力和实际回采率计算，即使不考虑资源整合后增产等因素，煤矿平均服务年限不到20年，有30多处煤矿将在10年内因资源枯竭而闭坑，目前已有5处矿井因资源枯竭正办理闭坑审批手续。所以从长远看，作为煤炭资源大市的榆林在不久的将来面临着地方煤矿缺煤开采的危险。

2. 受利益的驱动，煤矿超设计能力开采严重

2008年，榆林市煤矿核定能力为6210万吨/年，实际生产煤炭近9000万吨，超产144.9%。由于大量超设计能力开采，导致煤矿服务年限缩短，神府矿区规划可开采200年，现可能只有100年、50年或更短。

3. 资源利用率低

榆林市兰炭企业的煤、焦产出比例为1.65:1，实际的耗煤量超过10%左右；在实际的炼焦过程中，煤粉、煤气基本不予回收，焦油的回收率也只有70%~80%；按全市兰炭产量估算，每年损失的焦油、煤气、煤炭的直接经济损失约6亿多元。

4. 浅层煤没有得到合理释放

埋藏较浅的煤炭资源因有关政策限制没有得到开发而发生自燃，既导致了资源损失，又污染了当地环境。而且部分地方由于长期自燃，造成严重的安全隐患。

（二）对煤炭资源的掠夺式开采和较低的资源利用率，使矿区的生态环境日益恶化

1. 采空区塌陷日益增多

截至2012年初，榆林全市因煤炭资源开采造成的采空区塌陷面积为65平方千米，涉及四县区20多个乡镇。其中神木县就达56.16平方千米，造成神木县境内有16个村、1900余户、6700多人受灾，2200多间房屋遭到不同程度破坏，77200余亩耕地、林草地损毁。榆阳区共形成采空区面积29.7平方千米，塌陷面积4.9平方千米。全区23个煤矿中有12个矿井因采煤引发了地面塌陷等地质灾害，采空残煤自燃、采空区沉陷等矿井灾害隐患逐渐开始显

现。采空区塌陷还不时引发地震，陕西地震信息网的数据显示，2012 年，榆林市全年共发生 18 次地震，分布在榆阳区、神木、府谷等地，最大震级为 3.3 级，全部为塌陷地震。

2. "三废"问题十分突出

榆林市煤炭资源企业的废气大多直接排放，根据大柳塔镇的监测数据，空气中的氮氧化合物、悬浮颗粒、二氧化硫三项污染指标，分别达到煤炭资源开发前的 4 倍、17 倍、24 倍。锦界工业园的氨氮超标 8.2 倍、悬浮颗粒超标 3.4 倍。大柳塔等大型煤矿的井下废水直接排入窟野河，不但影响了周边群众的生产生活用水，更导致了下游水质的污染。锦界工业园的聚氯乙烯企业，生活废水未经任何处理直接排放，生产废水经过简单中和后外排，导致 PH 值达 2.16，呈强酸性，悬浮物超标 4.3 倍。

3. 水资源破坏严重

榆林市属于联合国教科文组织认定的重度缺水区，地下资源的大量开采，地表水、地下水大面积渗漏，导致不少井泉下漏、淤坝干涸、树林枯死，矿区不少地方发生水荒。榆林因煤炭资源开采已造成了 4 条地表径流断流，340 多个泉眼干涸。

综上，选择陕西省榆林市作为 CVM 调查地点，研究煤炭资源开采中生态环境破坏状况，为下一步测度煤炭资源开采中生态环境外部成本提供数据资料支持，具有典型的代表性和重要的现实意义。

第二节　CVM 问卷设计

一、CVM 问卷的组成

CVM 调查问卷是调查者与受访者之间的交流信息载体，其设计的科学合理性直接关系 CVM 结果的可信度。

弗里曼将 CVM 问卷的内容归结为三个部分：一是列出受访者可能做出的所有选择（即选择背景）。包括对舒适性、其他被评价或排列的资源以及一些可能从事的活动的条件进行描述。二是设计出可以对价值进行推断的可供选择的问题。三是有关受访者的问题。据此，本节的 CVM 问卷由三个部分组成，顺序安排如下：

第一部分是矿区居民对当地生态环境问题的认识态度调查，包括受访者对本地区生态环境现状的满意程度、对生态环境问题的认识、生态环境问题对自身的影响、生态环境治理的紧迫性、改善生态环境的态度、对环境政策的了解程度。其中对生态环境问题的认识包含了两个方面的内容：一是对本地区最重要生态环境问题的判断，二是造成本地区生态环境问题的原因。改善生态环境的态度主要是为了确定受访者对环境治理主体的认识。

第二部分是当地居民的 WTP 和 WTA 调查。

第三部分是矿区居民的社会经济特征调查，包括性别、年龄、受教育程度、职业、家庭人口数及就业人数、家庭收入等。

问卷设计完成后，于 2010 年 1 月份在榆林市神木县西沟乡开展了预调查。预调查结果显示，受访者对问卷的理解程度较高，90% 以上的受访者表示能够清晰理解问卷设计的内容，并认为问卷的内容设计没有对他的认识产生诱导，因此，CVM 问卷的设计是有效的。

二、引导技术的选择及改进

（一）引导技术的选择

引导方式是 CVM 问卷设计的核心问题，目前学术界常用的引导技术有开放式、支付卡式、封闭式等，但是对于引导技术的选择，学术界并没有一个统一的标准，预调查是解决这一问题的有效手段。

在正式调查之前，根据开放式、支付卡式、封闭式三种引导方式分别设计了三种问卷进行预调查。预调查分为两个阶段：第一阶段，采用开放式问卷进行调查，其目的是验证开放式问卷在调查时的可行性，同时也为支付卡式问卷和封闭式问卷的设计提供起始投标值；第二阶段，在开放式问卷的基础上，分别设计了支付卡式问卷和封闭式问卷进行调查。每种问卷 50 份，通过调查比较三种问卷的在榆林矿区实施的可行性。预调查的结果显示，开放式问卷的有效问答率为 86%，支付卡式问卷的有效问答率为 74%，封闭式问卷的有效问答率为 54%，开放式问卷的有效率明显高于支付卡式问卷和封闭式问卷。

预调查发现，在支付卡式问卷的实施过程中，由于投标值的影响，受访者对于 WTP 和 WTA 的选择倾向于两个极端，即对于 WTP 的选择趋向于越小越好，而对于 WTA 的选择倾向于越大越好，其真实 WTP 和 WTA 并没有真正表达。在封闭式问卷的实施过程中，较为烦琐的引导方式很容易引起受访者的反感，使受访者失去耐心，导致出现抗议性答复的概率很高。在开放式问卷的实施过程中，虽然也出现了个别受访者不能说出 WTP 和 WTA 的情况，但大多数人还是能够在认真思考后，清楚地表达自己的 WTP 和 WTA。

通过预调查，本节认为，开放式作为 CVM 问卷设计的引导方式是具有可行性和有效的。一方面，开放式引导技术避免了其他引导方式因投标值的设定而对受访者 WTP 形成的偏差；另一方面，当地居民对煤矿开采造成的生态环境破坏具有较为深刻的了解和切身的感受，符合开放式引导技术的使用前提。

从统计学的角度来看，开放式问卷与支付卡式问卷和封闭式问卷相比较，更能减少偏差。一方面，支付卡式问卷投标值的设计容易对受访者 WTP 和 WTA 的做出产生诱导，从而使受访者给出的 WTP 和 WTA 与自己内心所要实际表达的数值产生偏差，形成始点偏差，进而造成统计结果的偏差。封闭式问卷在实际应用上相对较为困难，由于受访者只回答"是"或"否"这样的简单信息，因此只能知道他们的 WTP 和 WTA 高于或低于投标值。如果受访者对询问的投标值都表示不愿意，这不一定代表其 WTP 和 WTA 为零，很可能只是受访者对投标值都不满意而已，因此会产生统计结果的偏差。开放式问卷由于直接询问受访者的 WTP 和 WTA，没有设置任何投标值，可以自由回答意愿金额，因此不会产生支付卡式问卷和封闭式问卷所差生的偏差，从这点上讲，开放式问卷比支付卡式问卷和封闭式问卷更能有效减少偏差。

另一方面，运用 CVM 的目的是估计所有受访者 WTP 和 WTA 的平均值，开放式问卷要求受访者直接回答 WTP 和 WTA，通过统计每个受访者所回答的 WTP 和 WTA，可以直接计算所有受访者的平均 WTP 和 WTA。正因为运用开放式获取的平均 WTP 和 WTA 是以直接调查的数据为基础，数据统计上的误差可以避免。而通过封闭式问卷获取受访者的平均 WTP 和 WTA，需要通过建立统计模型进行估计，由于估计值受众多变量因素的制约，数据统计的误差无法避免。封闭式问卷的不足之处在于：需要相对大量的样本、存在"胖尾"现象（指有大量的"非期望值"位于数值分布上扬的尾部）、定价范围需预先设定、投标值带有主观性、要求复杂的统计处理等（张茵、蔡运龙，2005）。

综上，开放式引导技术可以有效地避免起点偏差，引导受访者清楚地表达自己的 WTP 和 WTA；而且可以有效地减少统计上的偏差。因此，本节选择开放式引导技术作为 CVM 问卷设计的引导方式。

（二）引导技术的改进

预调查发现，受访者在进行参与支付及接受补偿决策时的心理变化与通常的消费行为一致，首要考虑是否需要参与支付及接受补偿，如果愿意参与，才会考虑下一步意愿金额的多少；如果不愿意参与，意愿金额的询问也就没有必要。受访者的这种心理变化在开放式问卷中无法体现，因此，需要对开放式问卷进行改进。

具体的改进是，首先询问受访者"决定是否参与支付及接受补偿"，在得到肯定的答复后，询问"决定支出及受偿的额度"，否则询问不愿意参与支付及接受补偿的原因。

具体来讲：（1）对于 WTP 的提问，首先询问受访者是否愿意每年为恢复当地的生态环境而支付一定的费用。如果受访者回答"愿意"，则询问他在恢复期内每年的愿付金额，以及愿意支付的原因；如果受访者回答"不愿意"，则询问拒绝的原因。（2）对于 WTA 的提问，首先询问受访者是否愿意接受一定的补偿，以弥补当地生态环境恶化而给自己带来的损失。如果愿意，则直接询问受偿金额；如果不愿意，则需要询问拒绝的原因。图 10.1 是在预调查的基础上形成的 CVM 调查流程。

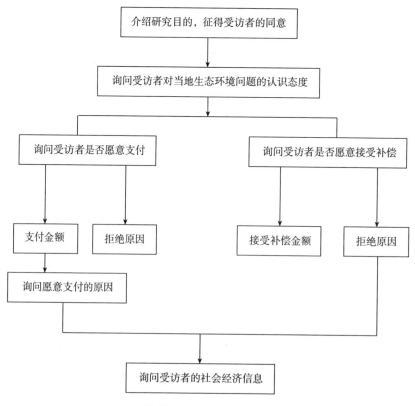

图 10.1　CVM 调查流程

第三节　CVM 调查情况

一、CVM 调查样本量的确定

调查样本量的确定是 CVM 调查的关键技术之一。随机调查样本量的规模决定了抽样误差的大小，同时又受调查成本的制约。一方面，样本量影响着抽样误差，样本量越大，抽样误差越小；另一方面，样本量也影响着调查成本，样本量越大，调查成本越高。根据统计学规律，抽样成本随着样本量的增加呈直线增加（样本容量增加一倍，调查成本也会增加一倍），而抽样误差只以样本量相对增长速度的平方根的速度递减。因此，调查的经济性约束要求用最小的样本量达到最大的抽样精确度。

本节依据舍弗（Scheaffer，1979）的抽样公式：

$$n = \frac{N}{(N-1) \times g^2} + 1 \tag{10-1}$$

其中，n 为抽样样本量，N 为抽样总体（人数），g 为抽样误差。

设定抽样误差为 0.05，2011 年末，榆林全市常住人口为 335.24 万人，则至少需要有效样本量约为 401 份。陈东景等（2003）认为，进行 CVM 研究时所需的有效样本数量达到 400 份就基本能反映实际情况。由于随机抽样调查具有一定的不确定性，在一定范围内增加样本的数量可以减小这种不确定性。米切尔和卡森（Mitchell and Carson，1989）指出，鉴于 CVM 的偏差，抽样样本量应大于一般统计学抽样量，他们建议 CVM 调查的样本量应控制在 600 份左右。根据预调查的情况及调查地点的实际情况，本次 CVM 调查共发放问卷 580 份。

二、CVM 调查实施方案

（一）调查的具体区域

由于交通、时间等客观因素的制约，调查选取榆林市的神木县、府谷县和榆阳区作为调查区域。这三个县区的资源都以煤炭为主，地处榆林煤炭资源开采的核心地带，其中神木县、府谷县是神府煤田的所在地，该煤田是我国已探明的最大煤田，也是世界七大煤田之一；榆阳区横跨榆横、榆神煤田。三个县区都已进入煤炭资源开采的高峰期，因煤炭资源开采引起的各种生态环境问题已经充分显现，十分具有调查价值。

具体调查区域包括：神木县大柳塔镇、店塔镇，府谷县三道沟乡、庙沟门镇，榆阳区麻黄梁镇、牛家梁镇、小纪汗乡等。在具体村庄选择时，根据与现有煤矿的距离，分为三类：地处煤矿的村庄、煤矿边缘的村庄以及远离煤矿的村庄，这种分法可以将涵盖至少三类居民：第一类是生产生活环境受到开矿的影响，但与矿受益的居民；第二类是生产生活受到开矿的影响，但没有得到矿业利益的居民；第三类是生产生活环境还未受影响，但却关注煤炭资源开采引致的生态环境问题的居民。这样做可以比较有效地避免样本集中于核心矿区所出现的以点带面的问题，以及对居民平均支付意愿估算的偏误，减少生态价值损失测度的误差。

（二）调查员构成

调查组一行 7 人，包括 4 名博士研究生和 3 名硕士研究生。高素质的调查员可以准确地理解问卷设计的目的和意义，并掌握问卷的内容设计和调研的背景信息，也就为进一步与受访者进行交流、消除受访者的种种疑虑、帮助受访者有效回答问卷内容奠定了坚实的基础。

在调查之前，对调查员进行了 CVM 相关知识和调查相关事项的培训，并通过预调查进行了锻炼，消除调查者的态度、对问卷的理解程度等因素可能引起的调查者偏差（investigator bias），使调查员能够独立、无偏的担当 CVM 调查的实施，从问卷调查实施者的角度保证了问卷的有效性。

（三）调查方式

CVM 调查可以采用信件、电话和面谈的方式进行。信件方式较为经济，但问卷的回收率通常很低，而且由于信件篇幅的限制，不可能对调研的目的、意义、背景等进行详尽的描述，而且也不能控制问题回答的顺序。电话采访可以在电话普及率较高的地方实施，如城市。由于本次调查的地方主要集中在矿区，以农户居多，固定电话的普及率不高，更多人使用的是移动电话，一方面，获取居民的联系方式存在一定的困难；另一方面，对调研的目的、意义、背景、内容等进行描述会占用较长的通话时间，有可能引起受访者的反感。入户面谈可以有效避免上述弊端，而且面谈成功率高，获取的信息量大，但缺点是调查的成本高。

比较各类调查方式的特点，本次调查采用面谈的调查方式。调查员单独入户，当场发放问卷、现场访谈、现场填写、当场收回。

通过面谈，一是，能够使调查者有机会对调研的目的、对象、内容等进行更为详细的描述，提高受访者对调查的兴趣；二是，通过更为详尽的背景介绍为受访者提供更多的参考资料，提高受访者对当地生态环境问题的认识；三是，使受访者意识到自己所回答的问题与自身的利益息息相关，清楚自己给出的答案会对政府将要制定的矿区相关政策产生影响，提高受访者回答问题的责任心；四是，使受访者清楚地了解调查员的学生身份，明白此次调研与当地政府没有联系，消除受访者的戒备或取悦心理。因此，选择面谈的方式可以更有效地消除 CVM 调查的假想偏差（hypothetical bias）、信息偏差（information bias）、策略性偏差（strategic bias）等。

（四）受访者的选取

受访者的选择决定了调查的普遍性。本次调查采用随机入户的方式进行，每户选取一名家庭成员作为调查对象，该成员尽可能是具有清楚的语言表达能力、了解家庭情况，并且成年的人。同时，要求尽量选择不同类型的居民户，保证入户的普遍性和无偏性。

（五）访谈时间的控制

入户尽量避开受访者用餐和休息的时间，以免引起受访者的反感，也可以避免受访者应付了事。面谈时尽量将时间控制在 15 分钟以内，避免较长的停留时间引起受访者的反感，从而较好地消除调研的停留时间偏差（residence time bias）。

三、主要调查信息统计

调查在 2010 年 7 月份进行，历时 15 天。CVM 调查共发放问卷 580 份，问卷全部收回，得到有效问卷 535 份，问卷有效率为 92.24%。

（一）受访者的基本信息

调查的有效样本中，男性 380 人，女性 155 人，男性比例大于女性比例。受访者的年龄最小 16 岁、最大 88 岁，平均年龄 39.78 岁，受访者主要集中于 23～60 岁；文化水平以初中为最多，其次分别为高中和小学，大专及以上和未上学最少；职业以农民最多，商人、工人、学生也有很大的比重；家庭年收入主要分布于 30000 元以下，占有效样本量的 55.14%（见表10.1）。

表 10.1　　　　　　　　　　　　受访者的基本情况

	选项	样本量(个)	百分比(%)		选项	样本量(个)	百分比(%)
性别	男	380	71.03	年龄	0 ~ 20 岁	25	4.67
	女	155	28.97		21 ~ 40 岁	261	48.79
文化程度	未上学	55	10.28		41 ~ 60 岁	182	34.02
	小学	119	22.24		61 岁及以上	67	12.52
	初中	164	30.65	职业	农民	233	43.55
	高中	143	26.73		工人	78	14.58
	大专及以上	54	10.09		商人	105	19.63
家庭年收入	小于等于10000 元	101	18.88		公务员	8	1.50
	10001 ~ 20000 元	88	16.45		教师	7	1.31
	20001 ~ 30000 元	106	19.81		学生	63	11.78
	30001 ~ 40000 元	56	10.47		退休	2	0.37
	40001 ~ 50000 元	56	10.47		无业	25	4.67
	50001 ~ 60000 元	36	6.73		其他	14	2.62
	60001 ~ 70000 元	20	3.74				
	70001 ~ 80000 元	17	3.18				
	80001 ~ 90000 元	10	1.87				
	90001 ~ 100000 元	35	6.54				
	100001 元及以上	10	1.87				

（二）受访者对当地生态环境问题的认识态度

1. 受访者对当地生态环境的满意程度

大多数受访者表示对当地的生态环境状况不满意，其中，225 人认为不太满意、178 人认为很不满意，分别占有效样本量的 42.06% 和 33.27%。另有部分受访者对当地的生态环境状况表示满意，其中，2 人认为非常满意、34 人认为比较满意，分别占有效样本量的 0.37% 和 6.35%（见图 10.2）。

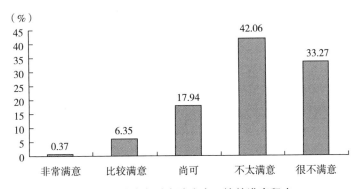

图 10.2　受访者对当地生态环境的满意程度

115

2. 生态环境破坏对受访者的影响

当地生态环境破坏对大部分受访者有较大的影响，其中，127 人认为生态环境破坏对自己的影响非常大、251 人认为生态环境破坏对自己的影响比较大，分别占有效样本量的 23.74% 和 46.92%。另有小部分受访者认为当地生态环境破坏对自己的影响较小，其中，10 人认为比较小、1 人认为非常小，分别占有效样本的 1.87% 和 0.19%（见图 10.3）。

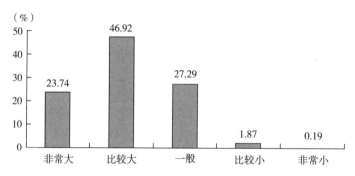

图 10.3　生态环境破坏对受访者的影响

3. 受访者对当地生态环境治理的态度

大多数受访者认为本地区生态环境急需治理，只有很少部分受访者认为当地生态环境的治理不急迫，其中，认为本地区生态环境治理非常急迫的有 123 人、急迫的有 287 人，分别占有效样本量的 22.99% 和 53.64%；而认为不急迫和不必改善的有 4 人和 1 人，分别占有效样本量的 0.75% 和 0.19%（见图 10.4）。

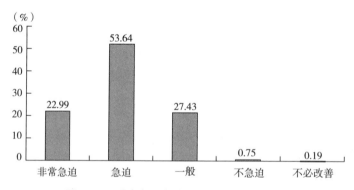

图 10.4　受访者对当地生态环境治理的态度

4. 受访者对改善当地生态环境的态度

245 人认为应由政府、企业和个人共同解决当地的生态环境问题，占有效样本量的 45.79%；143 人认为应该由政府解决，占有效样本量的 26.73%；79 人认为应该由污染企业治理，占有效样本量的 14.77%；48 人认为应由政府和企业共同解决，占有效样本量的 8.97%；20 人对改善当地生态环境持无所谓的态度，占有效样本量的 3.74%（见图 10.5）。

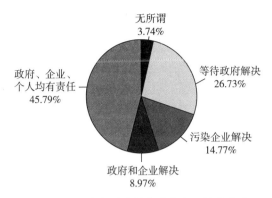

图 10.5 受访者对改善当地生态环境的态度

5. 受访者对环境保护政策的了解程度

从调查结果的统计来看，受访者对环境保护政策的了解程度有待加强，其中，表示自己对环境保护政策很了解和了解的分别有 32 人和 94 人，分别占有效样本量的 5.98% 和 17.57%；而表示自己对环境保护政策知道一点的有 245 人、不了解的有 164 人，分别占有效样本量的 45.79% 和 30.65%（见图 10.6）。

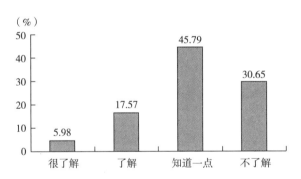

图 10.6 受访者对环境保护政策的了解程度

（三）受访者的 WTP

在被调查的 535 份有效样本中，个别受访者虽然表示"愿意"为恢复当地的生态环境而支付一定的费用，但出于家庭收入较低等原因，而回答了零支付，本节在数据处理过程中将这部分样本归为"不愿意"样本，因此，本节中表示愿意支付的受访者均具有正支付意愿。根据对有效样本中受访者 WTP 的统计（见表 10.2），65.98% 的受访者表示愿意支付，即正支付意愿所占的比重为 65.98%，或有效样本的参与率为 65.98%；愿付金额主要集中在 100 元及以下和 101～300 元两个档次上，选择这两个档次的受访者分别占愿意支付人数的 30.88% 和 37.96%。他们愿意支付的原因主要集中在三个方面：（1）为了自己的生活环境更好；（2）把良好的生存环境留给子孙后代；（3）保护生态环境是一种社会责任。34.02% 的受访者表示不愿意支付，其中的原因：（1）家庭收入水平较低而不愿意支付；（2）制度原因，一方面，受访者认为污染企业和政府应承担相应的责任，并且对政府表现出了较强的依赖性；另一方面，受访者对政府的生态环境恢复工作没有信心，担心生态环境恢复不能达到预期的目的，表现出对政府的不信任。

表 10. 2   受访者的 WTP

	选项	样本量(个)	比重(%)
是否愿意支付	愿意	353	65.98
	不愿意(零观察值)	182	34.02
表示"愿意"的受访者的支付额度	0~100元(不含0元)	109	30.88
	101~300元	134	37.96
	301~500元	65	18.41
	501元及以上	45	12.78

（四）受访者的 WTA

在被调查的有效样本中，个别受访者虽然表示愿意接受补偿，但是担心拿不到补偿款，而拒绝回答，本节将这部分样本归为不愿接受补偿类。所以，本节中表示愿意接受补偿的受访者均具有正的受偿意愿。根据统计结果（见表 10.3），77.38% 的受访者表示愿意接受补偿，即正受偿意愿所占的比重为 77.38%，或有效样本的受偿率为 77.38%。其中，26.09% 的受访者的受偿额度在 2000 元及以下；26.81% 的受访者的受偿额度在 2001~5000 元；25.36% 的受访者的受偿额度在 5001~10000 元；21.74% 的受访者的受偿额度大于 10000 元。22.62% 的样本表示不愿意接受补偿，其主要原因有：（1）认为当地煤炭开发所造成的生态环境破坏损失是无法估量的，对个人及家庭造成影响也是无法修复和补偿的，即使补偿也无济于事；（2）根据长期的社会经验，认为获得补偿是不可能轻易做到的事；（3）对当地政府机构不信任，担心拿不到补偿；（4）只要能将当地生态环境治理好就行，无须补偿。

表 10. 3   受访者的 WTA

	选项	样本量(个)	比重(%)
是否愿意接受补偿	愿意	414	77.38
	不愿意	121	22.62
表示"愿意"的受访者的受偿额度	2000元及以下(不含0元)	108	26.09
	2001~5000元	111	26.81
	5001~10000元	105	25.36
	10001元及以上	90	21.74

第十一章

煤炭资源开采中生态环境外部成本测度①

由于运用 CVM 测度生态环境外部成本依赖于受访者的 WTP 或 WTA，因此，对 CVM 测度尺度的分析成为运用 CVM 测度生态环境外部成本时必须考虑的问题，在此基础上，根据前期调查的实际情况，测度出基于 CVM 的煤炭资源开采中生态环境外部成本，并对测度结果进行评价。

第一节 WTP 与 WTA 差异分析

一、WTP 与 WTA 差异的统计分析

从表 10.2 和表 10.3 的统计发现，受访者的 WTP 分布较为集中，主要分布在 100 元及以下和 101~300 元两个档次；受访者的 WTA 分布较为分散，在 2000 元及以下、2001~5000 元、5001~10000 元和大于 10000 元四个档次分布较为均匀。根据对有效样本的统计，WTP 与 WTA 之间的差异较大，WTA 与 WTP 相比，平均值、中位数普遍偏大（见表 11.1）。WTP 与 WTA 的平均值的比值为 36.62，中位数的比值为 40，这两个比值与霍洛维茨和麦康奈尔（Horowitz and McConnell，2002）等国际研究的一般范围相符。

表 11.1 WTP 与 WTA 的统计

	WTP	WTA
平均值	229.56	8407.57
中位数	100	4000

为了反映 WTP 与 WTA 的比值，本节对有效样本进行了必要的调整，即将 WTP 中的零支付进行了剔除，得到样本量 353 份。通过对调整的有效样本进行分析得到，WTA/WTP 比值的均值为 44.99，最大值为 2000，非零最小值为 0.5，中位数为 13.33。WTA/WTP 比值的分布比较分散，其中，WTA/WTP 的非零比值主要集中在以下 3 个区间：大于 0 小于等于 5、大于 5 小于等于 10、大于 10 小于 20，分别占调整后样本量的 16.15%、13.60%、14.73%（见表 11.2）。

---

① 原题为：运用 CVM 评估煤炭矿区生态环境外部成本的测算尺度选择研究——基于有效性和可靠性分析视角 [J]. 生态经济 2018（8）。

表 11.2 WTA/WTP 比值的统计

比值	样本量(个)	比重(%)
0	71	20.11
0~5	57	16.15
6~10	48	13.60
11~20	52	14.73
21~30	19	5.38
31~40	15	4.25
41~50	24	6.80
51~60	10	2.83
61~70	9	2.55
71~80	2	0.57
81~90	1	0.28
91~100	22	6.23
101~200	10	2.83
大于200	13	3.68

二、WTP 与 WTA 差异的社会经济因素分析

(一) 解释变量选取

CVM 研究通常选择一些常见的社会经济变量来研究影响 WTP 或 WTA 的因素,如收入、教育等(Venkatachalam,2004)。本节根据调查的实际情况,并结合国内外应用 CVM 的研究,本节选定受访者的家庭年收入、受教育程度、年龄、家庭人口数、性别、职业状况、对当地生态环境状况的满意程度、对环境保护政策的了解程度,以及所在行政区域作为解释变量(见表 11.3),分析 WTP 与 WTA 之间的差异。

表 11.3 解释变量说明

变量	说明
INCOME	受访者的家庭年收入(元)
EDU	受访者的受教育程度:EDU=1,未上学;EDU=2,小学;EDU=3,初中;EDU=4,高中;EDU=5,大专及以上
AGE	受访者的年龄(岁)
FAMILY	受访者的家庭人口数(人)
MALE	虚拟变量,受访者的性别:MALE=1,男性;MALE=0,女性
FAMER	虚拟变量,受访者所从事的职业:FAMER=1,农业生产从事者;FAMER=0,非农业生产从事者
ATT	受访者对当地生态环境状况的满意程度:ATT=1,很不满意;ATT=2,不太满意;ATT=3,尚可;ATT=4,比较满意;ATT=5,非常满意
KNOW	受访者对环境保护政策的了解程度:ATT=1,不了解;ATT=2,知道一点;ATT=3,了解;ATT=4,很了解
PLACE1	虚拟变量,受访者所在行政区域:PLACE1=1,榆阳区;PLACE1=0,其他地区
PLACE2	虚拟变量,受访者所在行政区域:PLACE2=1,府谷县;PLACE2=0,其他地区

（二）WTP 与 WTA 差异的多元线性模型分析

采用多元线性模型分析 WTP 与 WTA 之间的差异是学界常用的手段。本节以 WTA/WTP 比值作为被解释变量，解释变量为受访者的社会经济因素，包括家庭年收入（INCOME）、受教育程度（EDU）、年龄（AGE）、家庭人口数（FAMILY）、性别（MALE）、职业状况（FAMER）、对当地生态环境状况的满意程度（ATT）、对环境保护政策的了解程度（KNOW），以及所在行政区域（PLACE1、PLACE2）（详见表 11.3），应用多元线形回归模型，研究社会经济因素对 WTP 与 WTA 之间差异的影响。回归方程如下：

$$WTA/WTP = \beta_0 + \beta_1 INCOME + \beta_2 EDU + \beta_3 AGE + \beta_4 FAMILY + \beta_5 MALE$$
$$+ \beta_6 FAMER + \beta_7 ATT + \beta_8 KNOW + \beta_9 PLACE1 + \beta_{10} PLACE2 + \mu \qquad (11-1)$$

其中，β_0 为截距项，$\beta_1 \sim \beta_{10}$ 为待估参数，μ 为残差项。

运用 Eviews6.0 软件进行回归，结果详见表 11.4。

从表 11.4 可以看出：（1）受访者的年龄对 WTP 与 WTA 之间的差异具有非常显著的影响，年龄越大，差异越大。（2）受访者所从事的职业对 WTP 与 WTA 之间的差异具有显著的影响，本节实证发现，在其他情况相同的条件下，农业生产从事者比其他职业从事者对 WTP 与 WTA 之间差异的影响程度低。（3）受访者对环境保护政策的了解程度对 WTP 与 WTA 之间的差异具有非常显著的影响，受访者对环境保护政策越了解，WTP 与 WTA 之间的差异越小。（4）受访者所在的行政区域对 WTP 与 WTA 之间的差异也具有一定的影响。榆阳区与神木县相比较，WTP 与 WTA 之间的差异相差较大；但实证研究没有发现府谷县与神木县在 WTP 与 WTA 之间的差异上存在显著性差别。（5）实证研究没有发现受访者的家庭年收入、受教育程度、家庭人口数、性别、对当地生态环境状况的满意程度对 WTP 与 WTA 之间的差异有显著性影响。

表 11.4　　　　　　　　　　多元线形回归模型分析结果

解释变量	系数	标准差	t - 统计量	P 值
C	-7.948519	65.20941	-0.121892	0.9031
INCOME	-8.00E-05	0.000263	-0.303850	0.7614
EDU	9.568012	7.901086	1.210974	0.2267
AGE	2.010609	0.608106	3.306345	0.0010
FAMILY	1.547931	4.284375	0.361297	0.7181
MALE	17.15435	16.21517	1.057920	0.2908
FAMER	-38.68280	20.05878	-1.928473	0.0546
ATT	0.378241	8.111654	0.046629	0.9628
KNOW	-24.26400	9.299144	-2.609273	0.0095
PLACE1	58.36325	18.19193	3.208194	0.0015
PLACE2	6.851040	18.65827	0.367185	0.7137
R^2	0.074894			
F - 统计量	2.760656			
D - W 值	2.000217			
N	353			

虽然通过对 WTA/WTP 比值的分析，发现了导致 WTP 与 WTA 之间差异的影响因素，但在分析过程中为了剔除"零"支付对 WTA/WTP 比值的影响，只选择了 353 个样本；同时，由于对"零"支付的剔除，导致对"零"支付受访者的 WTP 与 WTA 之间差异的解释无法给出，因此，上述回归结果可能存在偏误。为此，本节通过分析受访者参与支付及接受补偿决策，进一步研究可能导致 WTP 与 WTA 之间差异的原因。

第二节　受访者参与支付及接受补偿决策分析

一、基于 Tobit 模型的参与支付及接受补偿决策分析

对于 CVM 调查样本的实证分析，多采用能够分析受限数据的模型，但零观察值样本被删除，不但缩小了样本的规模，更有可能造成抽样偏差，引起估计结果被高估的倾向。近年来，Tobit 模型被广泛应用于对零观察值的解释，使 CVM 调查中零观察值的处理有了较好的方法。

Tobit 模型最先由诺贝尔经济学奖获得者詹姆斯·托宾（James Tobin）提出，其基本结构如下：

设某一耐用消费品支出为 y_i（被解释变量），解释变量为 x_i，则耐用消费品支出 y_i 要么大于 y_0（y_0 表示该耐用消费品的最低支出水平），要么等于零。因此，在线性模型假设下，耐用消费品支出 y_i 和解释变量 x_i 之间的关系为：

$$y_i = \begin{cases} \beta^T X_i + \mu & 若 \beta^T X_i + \mu > y_0 \\ 0 & 其他 \end{cases} \qquad (11-2)$$

$$\mu \sim N(0, \delta^2); i = 1, 2, \cdots, n$$

其中，X_i 是 $(k+1)$ 维的解释变量向量，β 是 $(k+1)$ 维的未知参数向量，μ 为残差项。此模型称为截取回归模型（censored regression model）。假设 y_0 已知，模型两边同时减去 y_0，变换后模型的常数项是原常数减去 y_0，由此得到的模型标准形式称为"Tobit 模型"（Tobit regression model）：

$$y_i = \begin{cases} \beta^T X_i + \mu & 若 \beta^T X_i + \mu > 0 \\ 0 & 其他 \end{cases} \qquad (11-3)$$

$$\mu \sim N(0, \delta^2); i = 1, 2, \cdots, n$$

Tobit 模型还可表示为：

$$y_i^* = \beta^T X_i + \mu$$

$$y_i = \begin{cases} y_i^* & 若 y_i^* > 0 \\ 0 & 若 y_i^* \leqslant 0 \end{cases} \qquad (11-4)$$

$$\mu \sim N(0, \delta^2); i = 1, 2, \cdots n,$$

Tobit 模型的一个重要特征是，解释变量 x_i 是可观测的（即 x_i 取实际观测值），而被解释变量 y_i 只能以受限制的方式被观测到：当 $y_i^* > 0$ 时，取 $y_i = y_i^*$，称 y_i 为"无限制"观测值；当 $y_i^* \leqslant 0$ 时，取 $y_i = 0$，称 y_i 为"受限"观测值。即"无限制"观测值均取实际的观测值，"受限"观测值均截取为 0。

Tobit 模型最容易定义为一个潜变量模型：

$$y^* = \beta_0 + x\beta + \mu, \qquad \mu \sim N(0,\delta^2) \tag{11-5}$$
$$y = \max(0, y^*)$$

潜变量 y^* 满足经典线性模型假定，具体而言，它服从具有线性条件均值的正态同方差分布。由于 y^* 服从正态分布，所以 y 也在严格正值上服从连续分布。也就是说，对于正值，给定 x 下 y 的密度与给定 x 下 y^* 的密度是一样的。而且，$\frac{\mu}{\delta}$ 服从标准正态分布并独立与 x，所以，

$$P(y = 0 \mid x) = P(y^* < 0 \mid x) = P(\mu < -x\beta) = P\left(\frac{\mu}{\delta} < -\frac{x\beta}{\delta}\right)$$
$$= \Phi\left(-\frac{x\beta}{\delta}\right) = 1 - \Phi\left(-\frac{x\beta}{\delta}\right) \tag{11-6}$$

为了记法上的方便，将截距项放到 x 中。如果 (x_i, y_i) 是得自总体样本的一次随机抽取，则在给定 x_i 下 y_i 的密度为：

$$(2\pi\delta^2)^{-1/2}\exp\left[-\frac{(y - x_i\beta)^2}{(2\delta^2)}\right] = (1/\delta)\Phi\left[\frac{(y - x_i\beta)}{\delta}\right], \quad y > 0 \tag{11-7}$$
$$P(y_i = 0 \mid x_i) = 1 - \Phi(x_i\beta/\delta) \tag{11-8}$$

其中，Φ 为标准正态分布函数。

从式（11-7）和式（11-8）得到每个观测 i 的对数似然函数：

$$l_i(\beta,\delta) = L(y_i = 0)\log[1 - \Phi(x_i\beta/\delta)] + L(y_i > 0)\log\left\{(1/\delta)\Phi\left[\frac{(y_i - x_i\beta)}{\delta}\right]\right\} \tag{11-9}$$

通过将式（11-9）对 i 求和，就可以得到容量为 n 的一个随机样本的对数似然函数。通过最大化这个对数似然函数，可以得到 β 和 δ 的最大似然估计值。

据此，本节建立如下 Tobit 模型：

$$\begin{aligned}
Y^* = {} & \beta_0 + \beta_1 INCOME + \beta_2 EDU + \beta_3 AGE + \beta_4 FAMILY + \beta_5 MALE \\
& + \beta_6 FAMER + \beta_7 ATT + \beta_8 KNOW + \beta_9 PLACE1 + \beta_{10} PLACE2 + \mu
\end{aligned} \tag{11-10}$$

其中，Y^* 是潜变量，Y 是受访者回答的 WTP（或 WTA）值，解释变量为受访者的社会经济因素，包括家庭年收入（INCOME）、受教育程度（EDU）、年龄（AGE）、家庭人口数（FAMILY）、性别（MALE）、职业状况（FAMER）、对当地生态环境状况的满意程度（ATT）、对环境保护政策的了解程度（KNOW），以及所在行政区域（PLACE1、PLACE2）（详见表 11.3），β_0 为截距项，$\beta_1 \sim \beta_{10}$ 为待估参数，μ 为残差项。

运用 Eviews6.0 软件进行 Tobit 模型分析，其结果详见表 11.5。

从表 11.5 可以看出：影响受访者 WTP 与 WTA 的社会经济因素不完全相同。受访者的 WTP 受其家庭年收入、受教育程度、年龄、职业状况的影响，而本节的实证研究没有发现受访者的所在行政区域对其 WTP 有显著性影响。受访者的 WTA 受其受教育程度、年龄、职业、对当地生态环境的满意程度和所在行政区域的影响，本节的实证研究没有发现家庭年收入对受访者的 WTA 有显著性影响，这与肖格伦等（Shogren et al., 1994）的研究结论一致。

表 11.5　　　　　　　　　　　　　**Tobit 模型分析结果**

变量	被解释变量：WTP		被解释变量：WTA	
解释变量	系数	标准差	系数	标准差
C	-488.49	155.53	-30105.94	6408.95
INCOME	0.0037 ***	0.00075	0.001	0.025
EDU	79.82 ***	25.20	2561.78 ***	832.50
AGE	5.01 ***	1.93	153.58 **	63.69
FAMILY	-2.47	10.65	525.13	325.92
MALE	-4.01	46.545	1426.42	1584.54
FAMER	-125.30 **	58.895	5528.81 ***	1914.008
ATT	23.44	30.65	3258.15 ***	804.74
KNOW	7.05	52.29	236.86	885.00
PLACE1	49.02	53.10	5961.43 ***	1727.91
PLACE2	52.13	56.54	1476.32	1884.12
Log likelihood	-2778.46		4670.90	
N	535		535	

注：*** 表示在1%水平上显著，** 表示在5%水平上显著。

二、基于 D－H 模型的参与支付及接受补偿决策分析

（一）D－H 模型

D－H 模型是克拉格（Cragg，1971）对个体消费行为进行研究时提出的，用于分析个体消费决策中两个不同阶段的影响因素。D－H 模型是在 Tobit 模型的基础上，允许零观察值可能来自零需求或角解的情况下发展出来的。该模型针对受访者参与支付及接受补偿决策的两个阶段，设立了选择方程和数量方程与之对应。具体来讲，在对受访者的 WTP 研究中，D－H 模型设立了一个"决定是否参与支付"的选择方程，另一个则是"决定支出多少金额"的数量方程；在对受访者的 WTA 研究中，D－H 模型设立了"决定是否接受补偿"的选择方程，另一个则是"决定接受多少金额"的数量方程。D－H 模型的主要估计步骤包括：第一步，使用 Probit 模型估计选择方程；第二步，使用 Tobit 模型中的受限回归分析来估计数量方程。

D－H 模型的形式如下：

$$D_i = \alpha Z_i + v_i \qquad v_i \sim N(0,1) \tag{11-11}$$

$$Y_i^* = \beta X_i + \varepsilon_i \qquad \varepsilon_i \sim N(0,\delta^2)；\quad i = 1,\cdots,n \tag{11-12}$$

其中，式（11-11）为第一个槛，即选择方程；式（11-12）为第二个槛，即数量方程。两个槛的残差项彼此是独立。D_i 为选择方程的虚拟变量，当 D_i 等于 1 时，表示愿意参与支付（或接受补偿）；当 D_i 等于 0 时，表示不愿意参与支付（或接受补偿）。Y_i^* 为受访者心中支出（或受偿）金额；α、β 分别为待估计的解释变量系数；Z_i、X_i 分别为影响受访者决策的解释变量；v_i、ε_i 分别为残差项。

只有当受访者 i 的选择变量 D_i 等于 1，且心中的支出（或受偿）金额 Y_i^* 大于 0 时，该受访者回答的支出（或受偿）金额 Y_i^D 将等于 Y_i^*；而在其他情况下，无论受访者 i 心中支出

（或受偿）金额 Y_i^* 是多少，受访者所回答的支出（或受偿）金额 Y_i^D 均为 0，即：

$$Y_i^D = \begin{cases} Y_i^* & \text{当 } D_i = 1, \text{且 } Y_i^* > 0 \\ 0 & \text{其他} \end{cases} \qquad (11-13)$$

结合式（11-11）、式（11-12）和式（11-13），可能产生的四种决策组合见表 11.6。

表 11.6　　　　　　　　　　　　　　　**受访者的决策组合**

决定是否参与支付（或接受补偿）	决定支出（或接受）多少金额	
	$Y_i^* > 0$	$Y_i^* \leq 0$
愿意，$D_i = 1$	$Y_i^D = Y_i^* > 0$	$Y_i^D = 0$
不愿意，$D_i = 0$	$Y_i^D = 0$	$Y_i^D = 0$

利用式（11-11）、式（11-12）和式（11-13）的决策模型假设，当受访者 i 回答的支出（或受偿）金额 Y_i^D 大于 0 时，其样本的概率函数可表示为：

$$\text{Prob}(D_i = 1)\text{Prob}(Y_i^D > 0)f(Y_i^D \mid Y_i^D > 0) = \Phi(\alpha Z_i)\frac{1}{\delta}\varphi_i(\frac{Y_i^D - \beta X_i}{\delta}) \qquad (11-14)$$

当受访者 i 回答的支出（或受偿）金额 Y_i^D 等于 0 时，其样本的概率函数可表示为：

$$\text{Prob}(Y_i^D = 0) = 1 - \Phi_i(\alpha Z_i)\Phi_i(\frac{\beta X_i}{\delta}) \qquad (11-15)$$

利用式（11-14）和式（11-15），可以推导出 D-H 模型的概率似然函数为：

$$L = \prod_{Y_i^D = 0}[1 - \Phi_i(\alpha Z_i)\Phi_i(\frac{\beta X_i}{\delta})] \cdot \prod_{Y_i^D > 0}[\Phi_i(\alpha Z_i)\frac{1}{\delta}\varphi_i(\frac{Y_i^D - \beta X_i}{\delta})] \qquad (11-16)$$

（二）矿区居民参与支付决策的影响因素分析

对于 D-H 模型解释变量的选取见表 11.3。本节运用 Eviews6.0 软件对影响受访者参与支付决策的影响因素进行 D-H 模型估计，结果见表 11.7。

表 11.7　　　　　　　**基于 D-H 模型的受访者参与支付决策影响因素估计**

解释变量	D-H 模型估计	
	选择方程	数量方程
C	0.5332	-9550.00
INCOME	1.67E-06	0.0202 ***
EDU	0.0192	1314.39 ***
AGE	-0.0027	37.89 ***
FAMILY	-0.0329	-175.50 **
MALE	0.1361	-809.25 *
FAMER	-0.0387	1361.13 ***
ATT	-0.1728 **	325.24 *
KNOW	-0.2166	-1096.69 ***

解释变量	D－H 模型估计	
	选择方程	数量方程
PLACE1	0.7929 ***	－118.84
PLACE2	0.4114 ***	－75.36
Log likelihood	－322.30	－2381.87
N	535	353

注: *** 表示在1%的显著性水平, ** 表示5%的显著性水平, * 表示在10%的显著性水平。

比较表 11.5 和表 11.7, 分别运用 Tobit 模型和 D－H 模型对受访者 WTP 的参与支付决策影响因素的分析, 可以发现, Tobit 模型的估计结果中, 受访者的家庭收入状况、受教育程度和年龄对其 WTP 的支出金额有显著的正向影响, 这与 D－H 模型中数量方程的估计结果相一致。反映受访者所在行政区域的两个变量在 Tobit 模型和 D－H 模型的数量方程的估计结果中均不显著。除此之外, 其余的变量均表现出了较大差异。其中, Tobit 模型的结果显示, 受访者的家庭人口数、性别、对当地生态环境状况的满意程度、对环境保护政策的了解程度均对其 WTP 的支出金额没有显著性影响, 但这些变量在 D－H 模型的数量方程的估计结果中均通过了显著性检验。另外, Tobit 模型中, 受访者的职业状况对其 WTP 的支出金额具有显著的负向影响, 但在 D－H 模型的数量方程中, 受访者的职业状况对其"决定支出多少金额"具有显著的正向影响; 通过观察 D－H 模型的选择方程, 本节发现, 受访者的职业状况对其"决定是否参与支付"呈负向影响, 但在统计意义上不显著, 这表明受访者的职业状况对其"决定是否参与支付"这一行为的影响程度非常的微弱。考虑 Tobit 模型只是对"决定支出多少金额"的数量方程进行研究, 同时, D－H 模型的数量方程在估计过程中对有效样本量进行了必要的选择, 本节认为这些现象属于一种可接受的结果。如同琼斯 (Jones, 1992) 对 D－H 模型和 Tobit 模型进行比较后所做出的结论, Tobit 模型的估计结果可能会存在误导的现象, 也就是说有些变量的特征是在 Tobit 模型中所无法观测到的, 或者说相同的变量在不同的方程中对解释变量的影响方向和影响程度会有所不同。

鉴于此, 本节根据特克洛德等 (Teklewold et al. , 2006) 提出的建议, 采用似然比值法来检验 D－H 模型是否比 Tobit 模型在分析参与支付决策影响因素上更具有效性。似然比值检验可以通过下式计算:

$$\Gamma = -2 \times [\ln L_t - (\ln L_p + \ln L_{tr})] \sim \chi_k^2 \qquad (11-17)$$

式 (11-17) 中, L_t、L_p、L_{tr} 分别是分别估算 Tobit 模型、选择方程模型和数量方程的对数似然值, k 是模型中独立变量的个数。假设: H_0 采用 Tobit 模型估算。如果 $\Gamma < \chi_k^2$, 则接受原假设, 采用 Tobit 模型估算; 否则拒绝原假设, 采用 D－H 模型进行估算。

在5%的显著性水平下, 根据式 (11-17) 计算得:

$$\Gamma = 148.58 > \chi_k^2 = 18.31$$

因此, 拒绝 H_0, 证明 D－H 模型对受访者 WTP 的参与支付决策影响因素的分析明显优于 Tobit 模型。所以, 本节采用 D－H 模型来解释受访者参与支付决策的影响因素。

选择方程式的估计结果表明, 受访者"决定是否参与支付"受其对当地生态环境状况的满意程度和所在行政区域的影响; 但没有发现受访者的家庭年收入、受教育程度、年龄、家庭人口数、性别、职业状况、对环境保护政策的了解程度这些因素对受访者"决定是否参与支付"有显著性影响。其中，受访者对当地生态环境状况的满意程度对其"决定是否参与支付"呈负向影响，该变量通过了5%的显著性水平检验，这说明，受访者对当地生态环境的满意程度越低，其更愿意参与支付，表明了受访者渴望当地生态环境改善的愿望。反映受访者所在行政区域的两个变量 PLACE1 和 PLACE2 都对受访者"决定是否参与支付"呈正向影响，且两个变量都通过了10%的显著性水平检验，这意味着，榆阳区和府谷县的受访者比神木县的受访者具有更高的参与愿望。

数量方程式的估计结果表明，受访者"决定支出多少金额"受其家庭年收入、受教育程度、年龄、家庭人口数、性别、职业状况、对当地生态环境状况的满意程度、对环境保护政策的了解程度的影响。其中，受访者的家庭年收入、受教育状况对其"决定支出多少金额"均具有显著的正向影响，并且分别通过了1%的显著性检验，这与经验判断一致。

受访者的年龄对其"决定支出多少金额"具有显著的正向影响，且通过了1%的显著性检验。可能的原因是，相对于年轻人，年纪大的受访者更愿意留在当地继续生活，所以他们更愿意为改善当地生态环境出一份力。受访者的职业状况也对其"决定支出多少金额"具有显著的正向影响，且通过了1%的显著性检验，这一结论似乎与经验判断不符，但调研的实际情况说明这一结果是合理的。煤田开采对地下水、地表水、土地的破坏直接影响农业生产，农业生产从事者为了自己的工作和生存，更愿意为改善当地生态环境出资。

受访者对当地生态环境状况的满意程度对其"决定支出多少金额"也具有正向影响，其通过了10%的显著性检验，这一结果似乎也与经验判断不符，但结合选择方程式的估计结果，本节发现，受访者对当地生态环境状况的满意程度作为唯一影响受访者"决定是否参与支付"与"决定支出多少金额"两个行为的共同因素，反映了对当地生态环境的满意程度较低的受访者的一种矛盾心理，即，一方面受访者渴望当地生态环境能够得到改善；另一方面，受访者又对当地生态环境治理缺乏信心，而在实际的支付中选择较低的金额。这一点也是 Tobit 模型的结果所不能反映的。

受访者的家庭人口数对其"决定支出多少金额"具有显著的负向影响，其通过了5%的显著性检验，说明，受访者的家庭人口数越多，其支付金额就越少；受访者的性别对其"决定支出多少金额"具有显著的负向影响，并且通过了10%的显著性检验，说明，男性的支付金额比女性的支付金额少。

受访者对环境保护政策的了解程度对其"决定支出多少金额"具有显著的负向影响，该变量通过了1%的显著性检验，说明，受访者对环境保护政策越了解，其支付金额越少。这可能与我国当前实行的生态环境治理政策有关，我国目前实行的煤炭行业生态环境治理政策主要遵循"谁开发、谁保护，谁污染、谁治理，谁破坏、谁恢复"的原则，这种原则使受访者倾向于认为生态环境治理的责任者应该是污染者、破坏者。因此，这种倾向在一定程度"挤出"了对环境保护政策较为熟悉的受访者的愿付金额。

通过对 D－H 模型估计结果的分析，发现，受访者"决定是否参与支付"与"决定支出多少金额"两个行为的影响因素不完全相同，这与吴佩瑛等（2004）的研究结论一致。

（三）矿区居民接受补偿决策的影响因素分析

对于 D－H 模型解释变量的选取见表 11.3。本节运用 Eviews6.0 软件对影响受访者接受补偿决策的影响因素进行 D－H 模型估计，结果见表 11.8。

表 11.8 基于 D–H 模型的受访者接受补偿决策分析

解释变量	D–H 模型估计	
	选择方程	数量方程
C	– 1. 139242	– 438781. 2
INCOME	– 2. 40E – 06	0. 362883
EDU	0. 210470 ***	12334. 00
AGE	0. 006312	1361. 677 *
FAMILY	0. 018188	3114. 292
MALE	– 0. 012308	29731. 03
FAMER	0. 459365 ***	64163. 67 *
ATT	0. 263825 ***	18539. 43 **
KNOW	– 0. 084930	2866. 496
PLACE1	0. 089061	80212. 18 **
PLACE2	0. 200087	– 2423. 964
Log likelihood	– 266. 7886	– 4222. 955
Total obs	535	414

注：** 表示 5% 的显著性水平，* 表示在 10% 的显著性水平。

结合表 11.5 和表 11.8 的估计结果，可以看出，Tobit 模型的估计结果显示了受访者的受教育程度、年龄、职业、对当地生态环境状况的满意程度、所在行政区域对其受偿金额有显著的影响。其中，受访者的年龄、职业、对当地生态环境状况的满意程度、所在行政区域对其受偿金额具有显著的正向影响，这与 D–H 模型的数量方程的估计结果一致。受访者的受教育状况对其受偿金额具有显著的正向影响，但在 D–H 模型的数量方程中并不显著；反而受访者的受教育状况对受访者"决定是否接受补偿"具有显著的正向影响。除此之外，并没有发现其他变量对 Tobit 模型的估计结果有显著性影响，也没有发现其他变量对 D–H 模型的估计结果有显著影响。

受访者的受教育程度、年龄、职业、对当地生态环境状况的满意程度、所在行政区域在对 D–H 模型中选择方程和数量方程的影响是存在差异的。受访者的职业和对当地生态环境状况的满意程度对其"决定是否接受补偿"以及"决定接受多少金额"均具有显著的正向影响；受访者的受教育程度仅对其"决定是否接受补偿"有显著的正向影响；受访者的年龄和所在行政区域对只其"决定接受多少金额"具有正向影响。

虽然受访者的受教育程度、年龄、职业、对当地生态环境状况的满意程度以及所在行政区域既是仅有的 5 个影响 Tobit 模型估计结果的因素，也是仅有的 5 个影响 D–H 模型估计结果的因素，但是通过 D–H 模型对受访者接受补偿决策的进一步分析，可以发现这 5 个因素并不能同时影响受访者"决定是否接受补偿"和"决定接受多少金额"两个行为，也就是说，通过 D–H 模型的进一步分解，能够更好地反映受访者的受偿意愿。为了进一步论证上述结论，采用似然比值法来检验 D–H 模型与 Tobit 模型在分析受偿决策时的有效性。

在 5% 的显著性水平下，根据式（11–17）计算可得：

$$\Gamma = 362.31 > \chi_k^2 = 18.31$$

因此，拒绝 H_0，证明 D–H 模型对受访者受偿意愿影响因素的分析优于 Tobit 模型。所以，本节采用 D-H 模型来解释受访者受偿意愿的影响因素。

D-H 模型的结果显示，受访者的受教育程度对其"决定是否接受补偿"有显著的正向影响，该变量通过了 1% 的显著性检验，说明受教育水平越高，会使受访者能够更加深入地了解煤炭资源开采所带来的生态环境破坏的影响，因此他们更愿意接受补偿。但是受教育水平对受访者所能够接受的补偿金额并没有显著影响，一方面，教育水平高的受访者可能从事的职业的选择面更广，获得收入的渠道很多，没有必要对补偿过分依赖；另一方面，较高的受教育水平，也加深了他们对当地生态环境的不满意程度，因此，为了获得更高的补偿金额而居留在当地的愿望不是那么强烈，所以高学历并不能影响他们的"决定接受多少金额"的决策。

受访者的职业和对当地生态环境状况的满意程度对其"决定是否接受补偿"以及"决定接受多少金额"均具有正向影响，说明这两个因素对于受访者做出受偿决策的两阶段都有重要的影响。受访者的职业对其"决定是否接受补偿"以及"决定接受多少金额"具有正向影响，分别通过了 1% 和 10% 的显著性检验，说明农业生产从事者更希望得到补偿，而且所希望得到的补偿数量相对更高，这与农业生产从事者所处的生产生活环境有密切关系。由于榆林市的煤矿几乎都处于农村区域，煤炭资源开采直接导致了农业生产所依赖的土地、气候、水源等自然条件遭受了重大甚至是毁灭性的破坏，农民所拥有的住房、饮用水、空气、道路等生活条件也同样遭受着重大的破坏，可以说，煤炭资源开采所引起的生态环境破坏对农民的生产生活条件的直接影响是最大的。因此，农业生产从事者愿意接受补偿的愿望相对更强烈，他们希望得到补偿金额的要求也会更高。受访者对当地生态环境状况的满意程度对其"决定是否接受补偿"以及"决定接受多少金额"均具有正向影响，并且分别通过了 1% 和 5% 的显著性检验，这一结论是似乎与经验判断不符，但是矿区的调查说明这一估计结果是合理的，反映了矿区的实际。调查资料显示：一是，对当地生态环境表示不满意导致受访者不愿意在当地继续居住的愿望非常强烈，一些受访者不愿意为了得到补偿而在当地居留；二是，恶劣的生产生活条件已将对当地居民造成了重大影响，如饮水困难、房屋毁坏、耕地毁坏、疾病等，受访者认为这些影响不是金钱补偿所能解决的，需要对生态环境实施有效的恢复，居民在获取补偿和改善生态环境之间，更倾向于当地生态环境能够得到改善；三是，受访者认为政府的补偿行为不可能落到实处或者执行过程会打折扣，受访者对补偿实施的效果存在怀疑，因此，受访者对当地生态环境的不满意，并不能引起他们接受补偿和获得更高补偿额的欲望，他们需要的不是高额的补偿，而是当地生态环境的有效改善。

受访者的年龄和所在行政区域对其"决定接受多少金额"具有正向影响，但是这两个因素对受访者"决定是否接受补偿"的行为没有显著影响，说明，受访者的年龄和所在行政区域与其是否愿意接受补偿没有显著性关系，但却是影响受访者做出能够接受的补偿金额的重要因素。受访者的年龄越大，其对煤炭资源开采所带来的生态环境恶化的感知越深刻，生态环境恶化带来的生产生活质量下降程度的感触越深刻，因此，他们获取更高补偿金额的愿望就越强烈，但并不能说明年龄大的受访者更愿意接受补偿，这一点是 Tobit 模型的结果所不能反映的。反映受访者所在行政区域的变量 PLACE1 仅对受访者"决定接受多少金额"有正向影响，通过了 5% 的显著性水平检验，这意味着榆阳区的受访者比神木县的受访者具有更高的补偿要求，但是该变量并不能说明榆阳区的受访者比神木县的受访者具有强烈的接受补偿愿望，这也 Tobit 模型所不能反映的。

（四）WTP 与 WTA 不对称的经济社会因素分析

基于 D-H 模型的分析结果，受访者"决定是否参与支付"受其对当地生态环境状况的满意程度和所在行政区域的影响，受访者"决定是否接受补偿"受其受教育程度、职业和对当地生态环境的满意程度的影响。

对当地生态环境的满意程度是影响受访者"决定是否参与支付"和"决定是否接受补偿"两种行为的共有因素。对当地生态环境的满意程度对受访者"决定是否参与支付"呈负向影响，对受访者"决定是否接受补偿"呈正向影响，说明在受访者生态环境不满意的条件下，受访者更愿意参与支付，而不愿意接受补偿。其中的原因，一方面是受访者迫切希望当地的生态环境得到改善，以为自己和后代留下良好的生产生活条件；另一方面是受访者愿意为改善生态环境而放弃补偿，只要能够改善当地的生态环境，能不能获得补偿都无所谓。

所在行政区域、受教育程度和职业这三个因素，由于只能影响受访者"决定是否参与支付"和"决定是否接受补偿"两种行为中的某一种，因此并不能肯定他们能够导致受访者在选择行为上的不对称，只能说他们可能会导致受访者"决定是否参与支付"和"决定是否接受补偿"两种行为之间的差异。

受访者"决定支出多少金额"受其家庭年收入、受教育程度、年龄、家庭人口数、性别、职业、对当地生态环境状况的满意程度、对环境保护政策的了解程度的影响。受访者"决定接受多少金额"受其年龄、职业、对当地生态环境的满意程度和所在行政区域的影响。

受访者的年龄、职业、对当地生态环境的满意程度是影响其"决定支出多少金额"和"决定接受多少金额"的共有因素，而且这三个因素对受访者"决定支出多少金额"和"决定接受多少金额"两种行为的影响都是正向的。说明受访者的年纪越大，他们愿意支付的金额越多，想得到的补偿也越多。其中的原因，一方面是年龄越大的居民，他们离开当地的可能性越小，因此，他们为了自己和后代生存原因支付更多；另一方面是年龄大的居民，他们的谋生手段只有依赖农业生产，这种职业对当地的生态环境要求颇高，但煤炭资源开采对当地生态环境的破坏而给农业生产带来的影响是致命的，从而使年龄大的居民随着年龄的增长逐步丧失谋生能力，因此他们也希望得到更多的补偿资金。正是由于年龄大的居民主要是农民，上述两点原因也就论证了为什么受访者的职业状况也能对受访者"决定支出多少金额"和"决定接受多少金额"的两种行为产生影响。受访者对当地生态环境状况的满意程度对其"决定支出多少金额"和"决定接受多少金额"两种行为的影响都是正向的。这种结果反映了对当地生态环境的满意程度较低的受访者既不愿意支付较高的金额，也不愿意接受较高额的补偿，说明了他们对当地的生态环境改善行为和补偿行为存在疑虑，这与他们不信任政府有很大的关系，他们既怀疑政府的生态环境治理效果，也怀疑政府补偿行为的执行力。

受访者的家庭年收入、受教育程度、家庭人口数、性别、对环境保护政策的了解程度和所在行政区域这六个因素只能影响受访者"决定支出多少金额"和"决定接受多少金额"两种行为中的某一个，因此并不能肯定他们能够导致受访者在数量行为上的不对称，只能说他们可能会导致受访者"决定支出多少金额"和"决定接受多少金额"两种行为之间的差异。

通过 D－H 模型的分析，本节对分别影响受访者 WTP 和 WTA 的经济社会影响因素有了充分的了解，同时也对导致受访者 WTP 和 WTA 之间差异的经济社会因素有了进一步的认识。将 D－H 模型与线性回归模型所得出的结论相比较，虽然两种结果之间存在差异，但是线性回归模型估计仅仅是建立在受访者"决定支出多少金额"和"决定接受多少金额"两种行为所获取数据的基础上，难以对受访者"决定是否参与支付"和"决定是否接受补偿"两种行为做出分析，因此，采用线性回归模型所做出的分析具有一定的局限性。

第三节 基于 WTP 与 WTA 的生态环境外部成本测度

一、意愿金额测算

运用开放式问卷对受访者 WTP 及 WTA 的调查，由于调查的数据提供了受访者 WTP 及 WTA 的直接测量，可以直接用非参数方法对调查区域范围居民的 WTP 及 WTA 进行计算（任朝霞和陆玉麟，2011）。但是，对于调查区域范围 WTP 及 WTA 的估算，既可以采用平均值，也可以采用中位值，如何在二者之间做出选择，是本节需要解决的问题。

赵军和杨凯（2006）的研究建议，应该选用平均值而不是中位值作为计算的标准，中位值不能用于推导生态环境的总价值，环境经济学更倾向于采用平均值来计算生态环境的总价值。

贝特曼和卡森（Bateman and Carson，2002）认为，如果强调决策的效率和科学性，应采用平均值，中位值适用于民主决策。在中国当前的经济发展阶段和政治体制下，CVM 研究可能的应用方向是资源环境的成本核算、使用权出让、资源的多用途比较等经济目的，为资源所有者的科学决策提供依据，因此，应该选择平均值而不是中位值作为计算的标准（董雪旺等，2011）。如果从提高环境功能价值、严控环境污染和生态破坏的角度考虑，建议选用平均值作为计算标准（刘超等，2011）。

本节是为了对煤炭资源开采中生态环境外部成本进行科学的测度，以为煤炭资源开采中生态环境外部成本内部化提供参考依据，因此，选择了用受访者 WTP 及 WTA 的平均值推导调查区域范围居民的 WTP 及 WTA。

根据调查资料，本节采用克里斯托（Kristrom，1997）的 spike 模型对平均支付意愿及受偿意愿进行估算。

（一）平均支付意愿的测算

首先，计算受访者正支出金额的平均值：

$$E(WTP)_{正} = \sum A_i P_i \qquad (11-18)$$

式（11-18）中，A_i 为支出金额，P_i 为受访者选择该数额的概率。

根据调查结果得出，受访者正支出金额平均值为 $E(WTP)_{正} = 347.92$（元）。

其次，采用克里斯托的方法对平均支出金额进行修正，即平均支出金额 $E(WTP)_{非负}$ 等于 $E(WTP)_{正}$ 乘以正支付意愿占全部支付意愿的比例。

所以，$E(WTP)_{非负} = E(WTP)_{正} \times 65.98\% = 229.56$（元）。

综合以上分析，调查区域范围居民为改善当地生态环境每人每年的支出金额为 229.56 元。

（二）平均受偿意愿的测算

首先，计算受访者正受偿金额的平均值：

$$E(WTA)_{正} = \sum A_i P_i \qquad (11-19)$$

式（11-19）中，A_i 为受偿金额，P_i 为受访者选择该数额的概率。

根据调查结果得出，受访者正受偿金额平均值 $E(WTA)_{正} = 10864.86$（元）。

其次，采用克里斯托的方法对平均受偿金额进行修正，即平均受偿金额 $E(WTA)_{非负}$ 等于

$E(WTA)_{正}$乘以正受偿意愿占全部受偿意愿的比例。

所以，$E(WTA)_{非负} = E(WTA)_{正} \times 77.38\% = 8407.57$（元）。

综合以上分析，调查区域范围居民因当地生态环境恶化而愿意接受的补偿金额为每人每年 8407.57 元。

二、生态环境外部成本测算

榆林市煤炭资源开采带来的生态环境损害不仅仅存在于矿区当地，对陕西省及周边省份乃至全国都是有影响的。但如果将调查样本范围扩到陕西省及周边省份乃至全国，也存在一定的弊端。一是，会使煤炭资源开采中生态环境外部成本的测度结果成倍增加，可能导致测度值被夸大。二是，各个地区由于经济社会发展程度的不同，居民收入、生活环境、教育水平等具有较大的差异，也会导致居民对同类生态环境物品的 WTP 及 WTA 存在差异。因此，运用调查区域范围居民的 WTP 及 WTA 代替陕西省及周边省份乃至全国居民的 WTP 及 WTA 将会导致极大的误差。三是，在各个地区进行调查也将极大地增加调查的资金成本、时间成本等。

本节主要考虑煤炭资源开采对榆林市的生态环境带来的外部成本，所以，本节将榆林市作为调查样本范围，总人口样本范围为榆林市的常住人口。

根据张志强等（2004）对调查样本范围居民数量的处理方法，结合调查区域范围居民平均意愿金额的估算值，计算出矿区生态环境外部成本为：

$$生态环境破坏价值损失 = 平均意愿金额 \times（居民数 \times 参与率）\qquad (11-20)$$

2011 年榆林市的常住人口为 335.24 万人，结合式（11-20），本节依次分别根据 WTP 和 WTA 的调查参与率和调查区域范围居民的人均意愿金额对煤炭资源开采所造成的生态环境外部成本进行测算。

1. 基于 WTP 的生态环境外部成本测算

根据式（7-20），本节测算出榆林煤炭资源开采中生态环境外部成本大约在 5.08 亿元；当年榆林市煤炭产量为 2.84 亿吨，所以，2011 年榆林市每开采 1 吨煤就会产生 1.79 元的生态环境代价。该研究结果与李国平等（2009）基于 WTP 对陕北煤炭矿区的计算结果相似。

2. 基于 WTA 的生态环境外部成本测算

根据式（7-20），本节测算出榆林煤炭资源开采中生态环境外部成本大约在 218.10 亿元；当年榆林市煤炭产量为 2.84 亿吨，所以，2011 年榆林市每开采一吨煤就会产生 76.80 元的生态环境代价。

以上分别以 CVM 的两个测度尺度作为估算依据，对榆林煤炭资源开采中生态环境外部成本进行了测算，发现依据 WTP 和 WTA 所测算出的生态环境外部成本值的差别很大。因此，还需要对依据 WTP 和 WTA 所测算出的煤炭资源开采中生态环境外部成本估算结果展开进一步的评价。

第四节　测算结果评价

一、基于 WTP 及 WTA 的测度结果分析及选择

根据 CVM 调查的实际情况，受访者认为本地区生态环境问题主要集中于空气污染、噪声

污染、水污染和水短缺、固体废弃物增多、地面沉陷等方面，这些问题导致居民疾病、生活用水困难、居住条件受损、出行条件受损、生产条件受损等方面的损失，体现了居民对自身福利条件的不满。

从受访者参与支付的原因来看，受访者希望给自己以及后代留下良好的生产生活条件是他们愿意参与支付的主要原因，说明受访者是从改善当地的生态环境的角度考虑参与支付意愿的调查的，这与 WTP 调查的学理基础相符合，也与问卷设计的立脚点相符。因此，基于 WTP 测算出的生态环境外部成本主要体现了矿区居民为改善当地生态环境而愿意支付的资金，是对生态环境破坏引致的居民福利损失的反映。基于 WTP 测度出的生态环境外部成本偏低是有原因的，一方面，受访者对于煤炭资源开采所引致的空气污染、噪声污染、水污染和水短缺、固体废弃物增多、地面沉陷等方面问题的改善寄希望于政府和煤炭企业，众多的受访者都认为政府和煤炭企业应该承担起当地生态环境改善的主要责任；也有一些受访者认为个人也有改善当地生态环境的责任，但为次要责任，主要是因为生态环境改善能够给未来的生产生活带来好处。另一方面，受访者 WTP 反映了其对自己及后代的福利改善的愿望，并没有完全考虑煤炭资源开采给当地生态环境所造成的破坏状况，如大气污染、噪声污染、水污染和水短缺、固体废弃物增多、地面沉陷等。基于 WTP 测算出的生态环境外部成本主要反映了生态环境破坏引致的居民福利损失。因此，基于 WTP 测度出煤炭资源开采中生态环境外部成本偏小存在其必然性。

从受访者接受补偿的原因来看，煤炭资源开采给矿区带来的生态环境破坏导致的受访者自身福利水平遭受的巨大损失，以及后代发展机会受限等福利损失，是受访者愿意接受补偿的主要原因，说明受访者是从福利水平受损的角度考虑参与补偿意愿的调查的，这也与 WTA 调查的学理基础相符，也与问卷设计的立足点相符。煤炭资源开采给矿区带来的生态环境破坏导致的受访者福利损失是生态环境各类损失的体现，矿区居民是矿区土地、水、大气等资源的利用者，对生态环境的破坏直接导致居民生产生活所依赖的物质基础的受损，进而导致居民衣、食、住、行以及经济基础、人身健康、后代发展机会等的受损。所以，受访者对 WTA 的判断，是基于自身生产生活所依赖的物质基础的破坏状况做出的，体现了居民对煤炭资源开采带来的大气污染、噪声污染、水污染和水短缺、固体废弃物增多、地面沉陷等方面损失的评价，也体现了对自己以及后代的福利损失的补偿。基于 WTA 测度出的煤炭资源开采中生态环境外部成本能够比较充分地反映煤炭资源开采导致的矿区生态环境恶化的损失水平。

综上，本节认为基于 WTA 的测度结果能够比较充分地反映煤炭资源开采所带来的生态环境负外部性成本。下文将根据 CVM 测度结果的收敛有效性检验做出进一步验证。

二、有效性检验

（一）有效性检验的途径

CVM 测算结果的有效性检验即收敛有效性检验有两条途径：其一是将 CVM 与其他评估方法获得的结果进行对比；其二是将 CVM 估值与以往案例研究的结果相比较。

目前，学术界用于生态环境外部成本测度的方法除了 CVM，还有直接市场法、间接市场法等。由于直接市场法和间接市场法侧重于对煤炭资源开采造成的土地资源、水资源以及空气质量损失的测度，但并不能实现对疾病及生活用水、居住条件、出行条件、生产条件受限与受损等导致的居民福利损失的测度，进而不能全面地反映生态环境的损失状况；而依据受访者 WTP 测算出的生态环境外部成本主要反映了生态环境破坏引致的居民福利损失，是对煤炭资源开采所造成的生态环境破坏损失的部分反映，因此，在采用 WTP 进行生态环境外部成本测算时，有必要与直接市场法和间接市场法搭配使用，共同测度煤炭资源开采中的生态环境外部成本，这种搭配使用的策略与茅于轼等（2008）以及 2014 年国际环保机构自然资源保护协会（NRDC）发布的《2012 煤炭真实成本》的方法使用策略相同。

基于上述分析，一方面，本节首先依据直接市场法和间接市场法对煤炭资源开采造成的土地资源、水资源以及空气质量损失进行测度；其次结合基于 WTP 的测度结果，共同得到收敛有效性检验的参考值；最后将该参考值与基于 WTA 的测度结果进行比较。另一方面，将茅于轼等（2008）、国际环保机构自然资源保护协会（2014）的研究结果分别与基于 WTA 的测度结果进行比较。上述两种比较，分别体现了收敛性检验的两条途径，从两个方面确保了收敛有效性检验结论的合理性。

（二）参考值的计算

采用直接市场法和间接市场法对煤炭资源开采中生态环境外部成本的测度主要包括对煤炭资源开采造成的土地资源、水资源以及空气质量等方面损失的测度，具体见图 11.1。

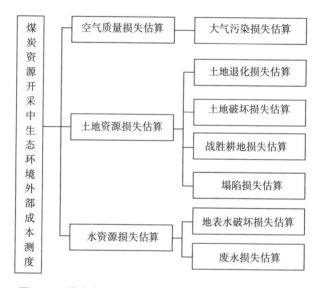

图 11.1　煤炭资源开采中生态环境外部成本测度的内容

1. 土地资源损失估算

煤炭资源开采对矿区最直接和最大的影响是对土地资源的破坏。煤炭资源开采过程中的矿井建设、废弃物堆置、地面沉陷、水位下降等都会直接或间接造成大面积地貌和植被的破坏。

榆林煤炭矿区煤炭资源埋藏浅、煤层厚，很适宜大规模开采。为了追求利润，许多煤矿加大了开采力度，加速了对土地的破坏，造成山体崩塌、地表塌陷、地裂缝、土地沙化、水土流失等地质问题日益增多。当前，榆林市每开采 1 万吨煤炭，就会破坏土地 1600 多平方米，生产煤矸石 1000 吨，占地约 693 平方米。榆林市的采空区的塌陷面积还在以每年 30 ~ 40 平方千米的速度增加。

2011 年榆林市全年煤炭产量 2.84 亿吨，则大约会破坏土地约 11 平方千米。按照国家矿区恢复标准6万元/万平方米计算，2011年榆林市煤炭资源开采破坏土地的价值量为2.84亿元。

按照榆林市每年新增30~40平方千米塌陷面积的标准，为了计算方便，以每年35平方千米的标准计算。目前，我国煤炭矿区塌陷土地的恢复成本为360元/平方米，可估算出2011年榆林市煤炭矿区土地塌陷的损失值为126亿元。

按照榆林市每开采1万吨煤炭，占地约6.9万平方米的标准计算，2011年榆林市因煤炭资源开采共占用土地1969平方千米。2011年榆林市种植业耕种面积为5600平方千米，种植业产值达到92.78亿元，可知，当年榆林市单位面积的种植业产值为1.66元/平方米。可估算出，2011年榆林市煤炭资源开采占用土地造成的损失值为32.62亿元。

由于煤炭等资源的开采，榆林土地沙化的速度以每年200平方千米的增长。在榆林，能源资源开采引起的土地沙化主要与煤炭资源开采有关，与油气资源开采的关系不大。土地沙化引起的粮食产量减少约为总产量的20%。按照2011年榆林市单位面积的种植业产值1.66元/平方米的标准计算，2011年榆林市煤炭资源开采造成土地沙化的损失值为0.66亿元。

根据陕西省水土保持局公布的数据，陕北每开采1吨原煤造成水土流失的损失值为10.75元，可估算出，2011年榆林市煤炭资源开采造成水土流失的损失值为30.53亿元。

将上述计算加总得知，2011年榆林市煤炭资源开采破坏土地资源的损失值为192.65亿元。

2. 水资源损失估算

煤炭资源开采造成的生态环境破坏远不只是土地资源的破坏，水资源也同样受到严重破坏和污染。由于独特的地质构造，榆林地下水的蕴藏较浅，一般为数米到数十米，而煤炭的开采面通常位于地下50~200米，大规模、高强度的采矿使原有的含水层和隔水层被打乱，破坏地下含水层结构，地下水的储存、排泄和流向发生变化，即使以降低回收率为代价的刀柱、房柱式开采，也会使地下水的均衡系统遭到严重破坏，特别是地下采空区大面积出现引致地表塌陷后，造成区域性地表水泄漏、地下水位下降。另外，煤炭资源开采伴随的废液、废渣的渗漏和直接排放严重影响到群众的生活用水和农业用水安全。煤矿排土场堆积的煤矸石含有大量的金属元素和硫等，这些物质会被雨水溶解，流入地表水，并渗透到地下水系，使矿区的水质受到严重的污染。神木窟野河上游乌兰木伦河流经5家煤矿和1家洗煤厂，这些厂矿的废水、废渣直接排入该河，导致窟野河下游水质严重恶化，严重威胁沿河居民的生产生活用水安全。水资源短缺、供水紧张和水资源污染已成为制约煤炭矿区及周边区域经济发展又一重大瓶颈制约。

目前，榆林市每开采1万吨煤就会破坏地表水2.84吨。按照榆林市工业用水价格1.6元/立方米计算，2011年榆林市煤炭资源开采造成的地表水损失值为12.72亿元。

由于缺少榆林市煤炭行业的废水排放量统计资料，本节根据煤炭行业占整个能源行业的产值比重，以榆林市能源行业的废水排放量为基数对煤炭行业的废水排放量进行了估算。

2011年榆林市能源行业共排放废水5098万吨。当年榆林市煤炭资源开采和洗选业的产值为1207.83亿元、石油和天然气开采业的产值为578.04亿元、石油加工和炼焦业的产值为352.25亿元。以此数据，本节对煤炭行业的废水排放量进行了估算，得到2011年榆林市煤炭行业的废水排放量大约是2879.87万吨。

目前，榆林市工业废水的处理成本是2.89元/吨，可估算出2011年榆林市煤炭资源开采造成的废水污染的成本大约是0.83亿元。

将以上数据加总得知，2011 年榆林市煤炭资源开采造成水资源破坏的损失值为 13.55 亿元。

3. 空气质量损失估算

煤炭资源开采造成的空气质量污染也是非常严重的。煤炭资源开采造成的空气质量污染主要来源于两个方面：一是粉尘污染，煤炭堆积和运输过程中都会产生大量的粉尘；二是煤矸石自燃，露天堆放的煤矸石会发生氧化自燃，产生二氧化硫、一氧化碳等有害气体，对大气造成严重的污染。以地处神府矿区腹地中心的神木县大柳塔镇为例，该镇大气中的二氧化氮、总悬浮颗粒和二氧化硫指标分别是开采前的 4 倍、17 倍和 24 倍。

2011 年榆林市能源行业共排放废气 2569 亿立方米。由于缺少煤炭行业的统计数据，本节运用吴文洁和高黎红（2011）的数据进行估算。

吴文洁和高黎红（2011）的研究显示，2008 年榆林市能源资源开采大气污染的环境代价为 7.3 亿元。按照 2011 年和 2008 年榆林市的能源行业废气排放量进行估算得出，2011 年榆林市能源行业的大气污染代价为 8.25 亿元。

根据《榆林市环境质量报告书（2008）》的数据，2008 年煤炭资源开采产生废气 21988296 万立方米，油气开采产生废气 732905 万立方米，可知煤炭资源开采废气排放量大约是油气开采废气排放量的 30 倍，可估算出榆林市 2011 年煤炭资源开采产生废气的污染损失为 7.99 亿元。

以上分别对榆林市煤炭资源开采造成土地资源破坏、水资源破坏及空气质量污染的损失进行了评估，得出 2011 年榆林市煤炭资源开采造成的土地资源、水资源及空气质量的破坏损失共计 214.19 亿元，折合单位煤炭 75.42 元/吨。环境保护部环境规划研究院与能源基金会（2014）联合发布的《煤炭环境外部成本核算及内部化方案研究》报告，采用直接市场法与间接市场法测度出 2010 年我国煤炭资源开采过程中的生态环境外部成本为 68 元/吨，本节采用市场法与间接市场法测度出的煤炭资源开采中生态环境外部成本与上述研究的果相比略显偏大，其中的原因可能是研究地域范围存在差异、测度对象选择的差异、价格差异等因素造成的，因此本节采用直接市场法与间接市场法测度出的结果是可信的。

前文的研究得出基于 WTP 的生态环境外部成本测算结果为 5.08 亿元，结合采用直接市场法和间接市场法获取的煤炭开采造成的土地资源、水资源及空气质量的破坏损失为 214.19 亿元，两者搭配使用得到的生态环境外部成本值为 219.27 亿元，该值即为收敛有效性检验的参考值。

（三）有效性检验

通过上文的计算，得到了收敛有效性检验的参考值为 219.27 亿元。本节借鉴卡森等（1996）的方法，计算基于 WTA 获取的生态环境外部成本值与该参考值的比率，以判断收敛有效性。

$$\frac{\text{基于 WTA 的测算结果}}{\text{参考值}} = \frac{218.10}{219.27} = 0.99$$

检验结果表明，基于 WTA 的测度结果具有收敛有效性。

为了确保上述结论的合理性，本节参考已有研究成果进一步验证。茅于轼等（2008）测度出 2005 年我国煤炭开采的环境外部成本达到 69.47 元/吨，国际环保机构自然资源保护协会（2014）测算出 2012 年我国煤炭生产的外部损害成本为 66.3 元/吨，考虑到价格因素的影响，将上述两个结果以 2011 年为基准进行折算，结果分别为 84.59 元/吨和 64.62 元/吨。基于 WTA 测算的 2011 年榆林市开采单位煤炭的生态环境外部成本为 76.80 元/吨，该测算值介于茅于轼等（2008）和国际环保机构自然资源保护协会（2014）的研究结果之间，表明基于WTA 的测算结果具有一定的收敛有效性。

三、可靠性检验

CVM 的可靠性检验常用的方法是实验—复试法，该方法可进一步分为重复受访者法和重复目标人群法。由于重复受访者法容易引起记忆效应（recall effect），因此国内外的研究多选择重复目标人群法。本次可靠性调研于 2014 年 7 月进行。两次调研的调查区域、问卷相同，调查人员教育背景相近。

（一）可靠性调研的基本情况

可靠性调查共发放问卷 550 份，问卷全部收回，得到有效问卷 497 份，问卷有效率为 90.36%。

1. 受访者的基本信息

调查的有效样本中，男性 364 人，女性 133 人，男性比例大于女性比例。受访者的年龄最小 19 岁，最大 78 岁，平均年龄 40.32 岁，受访者主要集中于 23~60 岁；文化水平以初中为最多，其次分别为高中和小学，大专及以上和未上学最少；职业以农民最多，商人、工人、学生也有很大的比重；家庭年收入主要分布于 30000 元以下，占有效样本量的 56.87%（见表11.9）。

表 11.9　　　　　　　　　　　　受访者的基本情况

分类	选项	样本量(人)	百分比(%)	分类	选项	样本量(人)	百分比(%)
性别	男	364	73.24	年龄	0~20 岁	41	8.25
	女	133	26.76		23~40 岁	223	44.87
文化程度	未上学	47	9.46		43~60 岁	184	37.02
	小学	105	21.13		61 岁及以上	49	9.86
	初中	161	32.39	职业	农民	225	45.27
	高中	136	27.36		工人	46	9.26
	大专及以上	48	9.66		商人	77	15.49
家庭年收入	小于等于 10000 元	59	11.87		公务员	25	5.03
	10001~20000 元	103	20.72		教师	16	3.22
	20001~30000 元	122	24.55		学生	45	9.05
	30001~40000 元	47	9.46		退休	11	2.21
	40001~50000 元	54	10.87		无业	31	6.24
	50001~60000 元	41	8.25		其他	21	4.23
	60001~70000 元	23	4.63				
	70001~80000 元	19	3.82				
	80001~90000 元	11	2.21				
	90001~100000 元	14	2.82				
	100001 元及以上	4	0.80				

2. 受访者的 WTA

（1）受访者 WTA 的统计信息。根据统计结果（见表 11.10），82.08% 的受访者表示愿意接受补偿，其中，26.76% 的受访者的受偿额度在 2000 元及以下；27.49% 的受访者的受偿额度在 2001～5000 元；26.76% 的受访者的受偿额度在 5001～10000 元；18.98% 的受访者的受偿额度大于 10000 元；17.30% 的样本表示不愿意接受补偿。

表 11.10   受访者的 WTA

	选项	样本量（人）	比重（%）
是否愿意接受补偿	愿意	408	82.09
	不愿意	89	17.91
表示"愿意"的受访者的受偿额度	2000 元及以下（不含 0）	109	26.72
	2001～5000 元	112	27.45
	5001～10000 元	109	26.72
	10001 元及以上	78	19.12

（2）平均受偿意愿的测算。根据式（11－19）并结合调查结果，得出受访者正受偿金额平均值为：

$$E(WTA)_{正} = 10358.86（元）$$

采用克里斯托的方法对平均受偿金额进行修正得出：

$$E(WTA)_{非负} = E(WTA)_{正} \times 82.09\% = 8503.59（元）$$

综合以上分析，调查区域范围居民因当地生态环境恶化而愿意接受的补偿金额为每人每年 8503.59 元。

（二）可靠性检验

通过将表 11.9、表 11.10 以及表 11.1 和表 11.3 相比较，发现两次调研的各项主要统计指标都相当接近。首次调研中，WTA 的平均值为 8407.57 元，可靠性调研获取的 WTA 的平均值为 8503.59 元，扣除价格因素，两者非常接近。以上比较表明，采用 CVM 对榆林煤炭矿区进行的两次调研中，调研结果具有较好的稳定性和可靠性。

总之，通过可靠性调查，可以确定本节对于榆林煤炭矿区的 CVM 调研具有较好的可靠性，获取的 WTA 的稳定性和可重复性都较高。

综上，通过有效性和可靠性检验，本节认为基于 WTA 测度出的煤炭资源开采中生态环境外部成本值能够较为有效和可靠地反映煤炭资源开采所带来的生态环境外部成本。据此，本节得出 2011 年榆林市煤炭资源开采的生态环境外部成本为 218.10 亿元，折合单位煤炭生态环境外部成本为 76.80 元/吨。2011 年榆林市实现 GDP 2292.26 亿元，煤炭资源开采造成的生态环境外部成本占榆林市当年 GDP 的 9.51%。2011 年榆林市实现财政总收入为 558.16 亿元，地方财政收入为 180.25 亿元，煤炭资源开采给当地带来的生态环境损失占榆林市当年财政总收入的 39.07%，是当年榆林市地方财政收入的 1.21 倍。

煤炭资源开采中生态环境外部
成本内部化分析

通过对煤炭资源开采中生态环境外部成本进行测度，从数量上反映了煤炭资源开采给矿区生态环境造成破坏的损失水平，获取了煤炭资源开采中生态环境外部成本内部化的现实标准。上文的研究表明，榆林市因煤炭开采造成的生态环境破坏程度已非常严重，对煤炭资源开采中生态环境外部成本进行内部化已成为当地急需解决的重要问题。

按照国际上通行的原则，煤炭资源开采企业是煤炭资源开采中生态环境外部成本内部化的主要承担者。但是我国的煤炭资源开采企业并没有承担起应有的生态环境外部成本内部化责任，反而政府财政在很大程度上代替了煤炭资源开采企业，承担了生态环境外部成本内部化的责任。宋蕾等（2006）认为，政府代替资源开采企业履行生态环境恢复治理义务，导致矿区的生态环境恢复治理处于被动地位。政府需要逐步减少对煤炭资源开采中生态环境外部成本内部化的责任。那么，煤炭资源开采企业是否能够承担全部的生态环境外部成本内部化的责任？李国平和张海莹（2012）以煤炭采选业为例，分析了在外部成本充分内部化、价格管制、工业行业平均主营业务净利润率三重约束条件下的煤炭资源采选业税费水平调整的幅度，认为在现行的税费制度和价格管制下煤炭资源采选业的税费提高的水平并不能满足外部成本充分内部化的要求。因此，对于我国煤炭资源开采中生态环境外部成本内部化的分析，需要从煤炭资源开采企业和政府财政两个方面进行考虑，分析两者在我国煤炭资源开采中生态环境外部成本内部化中的状态，并研究煤炭开采中生态环境外部成本内部化的新的途径。

第一节　生态环境外部成本的内部化程度

一、煤炭资源开采企业生态环境费分析

（一）生态环境费种类及标准

对煤炭资源开采企业征收生态环境费，把煤炭资源开采中生态环境外部成本内部化为企业的生产成本，可以有效地约束和减少开采企业的生态环境损害行为。

我国煤炭资源开采企业应交纳的生态环境费主要有两类：一是生态环境治理费，二是环境恢复治理保证金。征收生态环境治理费属于事后行为，煤炭资源开采企业交纳生态环境治理费后，政府将代替企业承担起生态环境治理的责任。征收环境恢复治理保证金属于事前行为，该行为一方面能够激励企业认真履行生态环境恢复治理责任，以获得保证金的全额返还；另一方面约束企业规避生态环境恢复治理责任的行为，使其为忽视生态环境恢复治理付出代

价。虽然，通过征收生态环境治理费可以使煤炭资源开采企业为自己的生态环境破坏行为买单，但是，煤炭资源开采过程中产生的生态环境破坏问题往往治理难度大、周期长，甚至有些破坏是不可逆转的，所以，企业上交的生态环境治理费可能不能满足整个生态环境恢复治理过程中的费用开支。环境恢复治理保证金作为生态环境治理费的有效补充，能有效地激励和约束企业参与生态环境恢复治理行为。生态环境治理费和环境恢复治理保证金能够从事前、事后两个阶段，有效地保证矿区生态环境恢复治理任务的完成。

根据中央、陕西省及榆林市的有关规定，榆林市煤炭资源开采企业应提取的生态环境费主要涉及以下名目：水土流失补偿费、煤炭价格调节基金、煤炭矿井废水处理费、煤矸石排污费、地表塌陷补偿费、煤炭矿山环境恢复治理保证金等，具体标准见表12.1。

表12.1 　　　　　　　　　　榆林市煤炭资源开采企业应交的生态环境费

	项目	征收标准	依据
生态环境治理费	水土流失补偿费	5元/吨	2009年实施的《陕西省煤炭石油天然气资源开采水土流失补偿费征收使用管理办法》规定，陕北地区征收水土流失补偿费的标准为原煤5元/吨、石油30元/吨、天然气0.008元/立方米
	煤炭价格调节基金	1元/吨	2007年，陕西省政府决定，在煤炭价格调节基金中，每吨煤提取1元作为神府矿区采空塌陷治理的经费
	矿井废水处理费	0.42～1.2元/吨	根据2005年国家环境保护总局和国家质量监督检验检疫总局联合颁布的《煤炭工业污染物排放标准》：我国煤矿平均每吨煤排放水量为2.0～2.5吨，同时给出酸性矿井水平均处理成本为0.48元/吨，非酸性矿井水平均处理成本为0.21元/吨。由以上数据可知，每开采1吨煤炭需要交纳的矿井废水处理费为0.42～1.2元
	煤矸石排污费	0.7元/吨	根据中国投资咨询网发布的《2007～2008年中国煤矸石工业分析及投资咨询报告》：中国每年生产1亿吨煤炭排放矸石1400万吨左右，可知平均每生产1吨煤炭的煤矸石排放量为0.14吨。2003年国家发展计划委员会、财政部、国家环境保护总局、国家经济贸易委员会联合颁布的《排污费征收标准管理办法》规定，每吨煤矸石的排污费征收标准为5元。根据以上两项标准，可推算出每生产1吨煤炭征收煤矸石排污费为0.7元
	矿区地方政府制定的生态环境治理费征收标准	0.2～3元/吨	神木县向一般煤矿企业每吨提取2元，向神东公司每吨提取0.2元，为地表塌陷补偿费。 府谷县政府于2006年出台了《府谷县关于建立煤炭资源开发补偿机制有效化解矿区村矿纠纷的指导意见》，规定由县煤炭协会向本县境内所有煤炭生产企业提取煤炭资源开发补偿费，标准是县境内国有、乡镇煤矿按销售数量每吨提取3元；县境内大型煤电、煤化工等项目的配套煤矿按实际产量每吨提取1元。 榆阳区2010年和2011年按吨煤2元的标准提取环境治理补偿费
环境恢复治理保证金	煤炭矿山环境恢复治理保证金	3元/吨	2007年陕西省国土资源厅制定的《陕西省煤炭矿山环境恢复治理保证金管理暂行办法》规定，煤炭矿山环境恢复治理保证金交存标准确定为3元/吨

综上，榆林市煤炭资源开采企业每开采 1 吨煤提取的生态环境费，即水土流失补偿费、煤炭价格调节基金、煤炭矿井废水处理费、煤矸石排污费、地表塌陷补偿费、煤炭矿山环境恢复治理保证金合计为 10.32 ~ 13.9 元。

（二）生态环境费与生态环境外部成本比较

2011 年榆林市煤炭产量达 2.84 亿吨，可以估算出当年榆林市煤炭资源开采企业应该上交的生态环境费为 29.33 亿 ~ 39.48 亿元。

2011 年榆林市因煤炭资源开采引致的生态环境外部成本为 218.10 亿元，煤炭资源开采企业应交的生态环境费远远小于煤炭资源开采中生态环境外部成本，煤炭资源开采企业应交的生态环境费仅能使煤炭资源开采中生态环境外部成本的 13.44% ~ 18.10% 得到内部化。

依据现有的煤炭资源开采企业应交的生态环境费征收标准，榆林市煤炭资源开采企业应交的生态环境费远低于煤炭资源开采造成的生态环境外部成本，煤炭资源开采企业并没对资源开采造成的生态环境外部成本进行充分的内部化。

二、生态环境外部成本内部化财政支出分析

（一）财政用于生态环境恢复治理的支出状况

2007 ~ 2009 年榆林市财政用于生态环境恢复治理的资金在逐年增加（见表 12.2），当地的生态环境治理也取得了一些成绩，但是同毗邻且同为新兴资源大市的鄂尔多斯市和延安市相比，还处于比较低的水平。以 2009 年为例，鄂尔多斯市生态环境治理财政支出为 10.61 亿元，占全市财政支出总量的 4.58%；延安市生态环境治理财政支出为 6.02 亿元，占全市财政支出总量的 3.84%；而榆林市生态环境治理财政支出仅为 3.2 亿元，占全市财政支出总量的 1.87%。

表 12.2　　　　　　　　　　**2007 ~ 2009 年榆林市级财政中生态环境支出情况**

		2007 年	2008 年	2009 年
财政支出总额	总支出（亿元）	96.75	123.80	171.10
	生态环境支出（亿元）	0.74	1.70	3.20
	生态环境支出所占比重（%）	0.76	1.37	1.87
财政支出总额中上级政府转移支付	总支出（亿元）	66.71	100.20	133.60
	生态环境支出（亿元）	0.16	0.60	2.50
	生态环境支出所占比重（%）	0.24	0.60	1.87
财政支出总额中本级财政支出	总支出（亿元）	30.04	23.60	37.50
	生态环境支出（亿元）	0.58	1.10	0.70
	生态环境支出所占比重（%）	1.93	4.66	1.87

资料来源：《关于榆林市 2007 年财政预算执行情况和 2008 年财政预算草案的报告》《关于榆林市 2008 年财政预算执行情况和 2009 年财政预算草案的报告》《关于榆林市 2009 年财政预算执行情况和 2010 年财政预算草案的报告》，经整理计算得出。

目前，榆林市的财政支出由两部分构成：一是本级财政的支出；另一部分是上级财政的转移支付。2007 ~ 2009 年榆林市本级财政环境支出在全市财政环境支出中的比重分别为 78.38%、64.71%、21.88%；同期榆林市地方财政收入在全市财政总收入中的比重分别为

31.60%、32.76%、30.39%。这一组数据表明，榆林市本级财政支出承担了与其地方财政收入不相匹配的生态环境支出，上级政府与资源开采地政府在收益与支出之间存在较大的不对等性。因此，上级政府和资源开采地政府之间还需进一步调整各自应在矿区生态环境治理过程中的责任关系，应当做到"收益与责任均等"。

根据榆林市统计局的资料，2011 年榆林市用于生态环境治理的财政支出为 8.65 亿元。考虑到榆林市的生态环境治理的财政支出并非完全用于煤炭资源开采所造成的生态环境破坏治理，本节以榆林市煤炭资源行业实现的工业增加值占全市 GDP 的比重，对该市生态环境治理的财政支出进行了折算，以估算出榆林市用于治理煤炭资源开采造成的生态环境破坏的财政支出。2011 年，第六届"中国·榆林煤炭科技发展论坛"上披露的数据显示，榆林市煤炭产业对 GDP 的贡献率分别达到 55%，以此数据折算得出，2011 年榆林市可用于煤炭资源行业的生态环境恢复治理的财政支出约为 4.76 亿元。

2011 年榆林市因煤炭资源开采引致的生态环境外部成本为 218.10 亿元，当年榆林市用于煤炭行业的生态环境恢复治理财政支出仅能使煤炭资源开采中生态环境外部成本的 2.18% 得到内部化。将煤炭资源开采企业应交的生态环境费和政府财政用于煤炭资源行业的生态环境恢复治理支出一起计算，也仅能使炭资源开采中生态环境外部成本的 15.62%~20.28% 得到内部化。要实现榆林市煤炭资源开采中生态环境外部成本的充分内部化，还存在巨大的经费缺口。

在对煤炭资源开采企业征收的生态环境费标准没有调整的前提下，这个缺口只能依靠增加政府的财政支出进行弥补。煤矿所在地方政府作为矿区生态环境恢复治理的主要力量，在很长时间内承担了实施矿区生态环境恢复治理的主要任务。但是受当地财政结构和国家财税制度的限制，矿区地方政府可用于矿区生态环境恢复治理的资金非常有限，严重制约了矿区生态环境恢复治理工作的进程。从榆林市的实际情况来看，无论是绝对量还是相对量，榆林市的生态环境财政支出都处于相对较低的水平，难以为当地生态环境的恢复治理提供有效的资金支持。其中的原因：一方面，榆林市财政支出结构不合理，生态环境治理支出所占比重小；另一方面，财政增收能力存在一定的局限，导致地方财政支出资金来源不足。

（二）财政支出水平的影响因素分析

1. 财政支出结构不合理，限制了生态环境保护经费的支出

长期以来，榆林市能源资源开采同老百姓的收入增长脱节，工业化进程没有带来人民生活的较快提高，榆林财政支出依然面临庞大的民生需求。2009 年榆林全市 12 个县（区）中，仍然有 10 个属于国家级贫困县，28.9 万人处于贫困状态，4 万左右大学生尚未就业。这样的背景，使榆林市不得不将财政支出集中于民生领域。2011 年榆林市将新增财力的 80% 以上和新增资源税收入都用于改善民生，重点用于就业、教育、医疗等事项。在 2012 年 3 月 19 日国务院扶贫开发领导小组办公室公布的国家级贫困县名单中，榆林市仍然有 8 个县在列。民生需求负担重，导致榆林市不可能将有限的财力过多地用于当地的生态环境恢复治理工作。

近年来，榆林市加大了民生事业的财政投入，取得了显著的成绩。2009 年，全市财政一般预算支出为 171.1 亿元，主要支出项目按资金数量排列如下：教育支出为 40.5 亿元，占比 23.67%；一般公共服务支出为 30.8 亿元，占比 18.0%；农林水事务支出为 22.1 亿元，占比 12.92%；交通运输支出为 14.4 亿元，占比 8.42%；社会保障和就业支出为 13.8 亿元，占比 8.07%；医疗卫生支出为 11.9 亿元，占比 6.95%；城乡社区事务支出为 9.5 亿元，占比 5.55%；公共安全支出为 9.3 亿元，占比 5.44%；文化体育与传媒支出为 4.7 亿元，占比 2.75%；采掘电力信息等事务为 4.2 亿元，占比 2.45%；环境保护支出为 3.2 亿元，占比

1.87%；科学技术支出为2.3亿元，占比1.34%；粮油物资储备管理等事务为1亿元，占比0.58%。从榆林市的财政支出结构来看，支出项目主要集中在教育、水利、交通、社保、医疗等领域，约占财政支出总额的60.03%，而与榆林经济发展及民生息息相关的环境保护事业获得的财政支出仅占财政支出总额的1.87%，位居主要支出项目排名的倒数第三位，这种财政支出结构显然不合理。按照2007年国务院发布的《国家环境保护"十一五"规划》提出的要求，全国环保投资约需占同期国内生产总值的1.35%。以2007～2009年的环境保护财政支出数据进行估算，得到"十一五"期间榆林市的环保支出大约为同期国内生产总值的0.19%，其中，2009年榆林市的环保支出大约为同期国内生产总值的0.25%，远没有达到国家规定的标准。

2. 财政增收能力受限，不能为生态环境治理提供足额资金

以民生为主的财政支出结构限制了榆林财政的生态环境恢复治理支出，但是财政增收能力受限才是制约财政支出结构的根源。

榆林市作为新兴的典型能源资源型城市，财政收入具有明显的资源依赖性，财政收入的来源主要靠煤炭、石油、天然气等能源资源行业来提供。2011年，第六届"中国·榆林煤炭科技发展论坛"上披露的数据显示，榆林市煤炭产业对财政收入的贡献率达到50%。煤炭资源需求及价格不断上升给榆林市带来了可观的财政收入，但是榆林的地方财政收入在财政总收入中所占的比重并没有实现明显增长，反而从2002年的48.67%下降至2011年的32.29%（见表12.3）。

表12.3　　　　　　　　　　　2002～2011年榆林市财政收入分级次情况

年份	财政总收入(亿元)	地方财政收入(亿元)	比重(%)
2002	19.89	9.68	48.67
2003	26.00	12.35	47.50
2004	40.32	19.54	48.46
2005	67.02	23.84	35.57
2006	115.07	35.66	30.99
2007	158.60	50.12	31.60
2008	213.70	70.01	32.76
2009	300.00	91.18	30.39
2010	400.80	125.54	31.32
2011	558.16	180.25	32.29

资料来源：《榆林市国民经济和社会发展统计公报》（2002～2011），经整理计算得出。

从榆林的实际情况来看，导致地方财政增收能力受限的原因主要有以下方面：

（1）矿区地方财政获取的资源收益份额小。第一，税收收益分配中，地方政府所占份额过小。目前，榆林市境内煤炭生产企业的税赋构成主要有增值税、消费税、所得税（含个人税）、营业税、资源税、城市维护建设税。按照现行的财政税收体制，榆林市矿产资源开采企业上交的增值税中，中央财政、省级财政、市级财政、县级财政的分配比例分别为75%、7.5%、7.5%、10%；企业所得税中，中央财政、省级财政、市级财政、县级财政的分配比例分别为60%、20%、10%、10%，消费税全部上划中央财政。增值税、消费税、所得税（含个人所得税）三项共占榆林市财政总收入的74.8%，榆林市主体收入中的绝大部分上划中央和省级财政，直接导致市、县财政收入在总收入中的比重较低。第二，矿产资源开采收益在省、市、县之间

财政的分配比例偏重于省级财政。如矿产资源补偿费在中央与省的分配比例为 5:5，陕西所得的 50% 矿产资源补偿费被分成三个部分进行分配：矿产资源管理经费为 50%，市、县矿产资源保护开发专项经费为 20%，省财政为 30%。也就是说，作为矿产资源开采地的市、县政府仅能获得所有矿产资源补偿费的 10%，并且这部分资金难以用于矿产资源开采中外部不经济性治理。

（2）资源税计征方式改革长期滞后。截至 2010 年 11 月，榆林市煤炭、石油、天然气资源税的计征税率分别为 3.2 元/吨、28 元/吨、12 元/立方千米，低于国家规定的煤炭 5 元/吨、石油 30 元/吨、天然气 15 元/立方千米的最高计征标准。虽然，近年来煤炭、石油、天然气等矿产资源的价格大幅度上涨，但是，由于资源税计征方式和税率设置的不合理，使矿区地方政府无法获得产品价格上涨所带来的税收收益。从 2010 年 12 月起，原油、天然气资源税从价计征改革正式在西部 12 省区市推行，根据榆林市地税局的估算，榆林市将每年增加财政收入近 10 亿元。根据 2011 年《国务院关于修改〈中华人民共和国资源税暂行条例〉的决定》的要求，从当年 11 月 1 日起，石油、天然气等矿产资源的资源税征收标准调整为销售额的 5%～10%，但是在煤炭领域，仅对焦煤的资源税征收标准进行了提高，由原来 0.3～5 元/吨提高到 8～20 元/吨，而其他煤炭仍然维持 0.3～5 元/吨征收标准。

2011 年榆林市煤炭产量达 2.84 亿吨，焦炭产量为 0.147 亿吨。由于缺乏焦煤产量的统计数据，按照 1 吨焦煤大约能提炼 0.75～0.85 吨焦炭的标准进行折算，取中间值 0.8，也就是说 1 吨焦炭需要损耗 1.25 吨焦煤，据此估算出生产 0.147 亿吨焦炭大约需要 0.184 亿吨焦煤。基于以上数据，以所有煤炭 5 元/吨的资源税计征标准估算，榆林市 2011 年的煤炭资源税收入为 14.2 亿元；以焦煤 20 元/吨和其他煤炭 5 元/吨计算，榆林市 2011 年可获得煤炭资源税约 16.96 亿元；以所有煤炭 20 元/吨的资源税征收标准计算，榆林市 2011 年可获得煤炭资源税约 56.8 亿元；如果对煤炭资源实施从价征收，按照 5% 的税率、每吨原煤 500 元、每吨焦煤 1510 元的价格计算，榆林市 2011 年的煤炭资源税应该在 80.29 亿元（见表 12.4）。通过不同计征标准的比较，可以发现，从价计征下煤炭资源税收入水平最高，是所有煤炭 5 元/吨计征标准下资源税收入的 5.65 倍，是焦煤 20 元/吨、其他煤炭 5 元/吨计征条件下资源税收入的 4.73 倍，是所有煤炭 20 元/吨计征标准下资源税收入的 1.41 倍。所以，煤炭资源税改革还需进一步推进。

表 12.4　　　　　　　　不同计征标准下，2011 年榆林市的煤炭资源税收入估算

计征标准	资源税收入（亿元）	
	总额	说明
所有煤炭按 5 元/吨的标准征收	14.20	焦　煤:0.92
		其他煤炭:13.28
焦煤 20 元/吨，其他煤炭 5 元/吨	16.96	焦　煤:3.68
		其他煤炭:13.28
所有煤炭按 20 元/吨的标准征收	56.80	焦　煤:3.68
		其他煤炭:53.12
所有煤炭按 5% 的从价税率计征	80.29	焦　煤:13.89
		其他煤炭:66.4

（3）煤炭资源开采企业税费流失严重。第一，税收与税源的背离，造成企业税费大量从榆林转移。2007 年榆林市因税收制度缺陷和税收政策不完善而造成的税收转移和流失约 260

多亿元，相当于每年全市地方财政收入的 5 倍多。神华集团不执行省以下政府的收费项目，在榆林市采煤每吨留给地方财政的实际可支配收入仅为 3.5 元左右，而地方煤矿每吨留给市、县财政可支配收入就达 30 元左右，两者相差八九倍。2010 年神华集团神东煤炭分公司东胜结算部、神朔铁路公司应交企业所得税实行北京神华股份有限公司总机构汇交后分配各分支机构，致使应交企业所得税从榆林被转移 1.77 亿元。第二，企业应交税费落实不到位。榆林市的经济社会发展与煤炭资源的开采有重要的关系，然而在榆林从事煤炭资源开采的中央、省级企业对税费政策执行不到位，影响了榆林市的发展进程。例如，神华能源股份公司不交纳地方煤炭价格调节基金、水土流失补偿费等，都给地方财政收入造成很大的流失。

2006 年 10 月 1 日起施行《陕西省煤炭价格调节基金征收使用管理办法》规定，凡在本省行政区域内从事煤炭、焦炭生产的企业按销售量交纳煤炭价格调节基金。神华集团在 2008 ~ 2010 年累计拒交地方煤炭价格调节基金 38.4 亿元；按 2010 年煤炭产量 6680.7 万吨计算，神华集团少交煤炭价格调节基金 13.4 亿元。神华集团在榆林从事煤炭资源开采，每吨煤炭上交的地表塌陷补偿费低于地方企业，神华集团一直沿用 20 世纪 90 年代商定的每吨煤炭 0.2 元的补偿标准，远低于神木县对煤炭企业要求的每吨煤炭 2 元的地表塌陷补偿费征收标准；仅 2010 年神华集团就需要补交 1.2 亿元的地表塌陷补偿费。

（4）税收减免导致矿产资源企业上交地方财政的税收减少。国家出台税收减免政策的目的是为了改善西部地区的投入环境政策，促进优势产业的发展，推动地方经济的健康、快速发展。但是该政策的实行将不可避免地对地方财政收入造成负面影响。

2006 ~ 2009 年榆林市国税共减免各类企业税收为 78.63 亿元，其中，矿产资源企业减免为 78.52 亿元，约占减免总量的 99.86%；2006 ~ 2010 年，榆林地税共减免各类企业税收为 18.37 亿元，其中矿产资源企业减免 18.34 亿元，约占减免总量的 99.84%（见表 12.5）。矿产资源企业成为榆林税收减免政策的主要受益者。

从行业看：煤、油、气、盐开采类行业多，享受所得税减免额大。其中，2006 ~ 2009 年，国税累计减免煤、油、气、盐资源类开采企业 14 户，累计减免所得税为 51.63 亿元，占同期榆林市国税减免各类企业税收总额的 65.66%；以煤炭为主的转化类企业为 16 户，累计减免所得税 26.99 亿元，占同期榆林市国税减免各类企业税收总额的 34.32%。2006 ~ 2010 年，地税累计减免煤、油、气、盐资源开采企业 12 户，累计减免所得税 18.26 亿元，占同期榆林地税减免各类企业税收总额的 99.4%；发电企业 1 户，五年累计减免所得税 750 万元，占同期榆林地税减免各类企业税收总额的比重不到 0.41%。

表 12.5　　　　　　　　　　　　　榆林市税收优惠减免统计

年份	国税减免税收				地税减免税收			
	企业数量		金额		企业数量		金额	
	各类企业总数（户）	矿产资源企业所占比重（%）	各类企业减免总额（元）	矿产资源企业所占比重（%）	各类企业总数（户）	矿产资源企业所占比重（%）	各类企业减免总额（元）	矿产资源企业所占比重（%）
2006	16	100.00	23.61	100.00	11	81.82	2.213	99.68
2007	20	95.00	25.10	99.76	10	80.00	3.183	99.75
2008	20	95.00	16.90	99.94	10	80.00	3.493	99.83
2009	17	94.12	13.02	99.62	10	80.00	3.246	99.88
2010	—	—	—	—	10	80.00	6.238	99.89

第二节　生态环境外部成本内部化的途径

一、责任主体界定

按照国际上通行的原则，煤炭资源开采企业是煤炭资源开采中生态环境外部成本内部化的承担者。我国的法律也已明确规定，矿产资源开采企业为矿产资源开采中生态环境外部成本内部化的责任主体。但前文的研究结果表明，2011年榆林市生产单位煤炭的生态环境外部成本为76.80元/吨。当年榆林市煤炭资源开采企业每开采1吨煤炭提取的生态环境费合计为10.32～13.9元，企业上交的生态环境费与煤炭资源开采造成的生态环境损失之间的缺口非常大。按照煤炭资源开采中生态环境外部成本的充分内部化要求，煤炭资源开采中生态环境外部成本内部化水平与煤炭资源开采所造成的生态环境外部成本应该相一致，以此标准计算，榆林煤炭资源开采企业上交的生态环境费需要提高4.53～7.44倍。

但是，在当前煤炭市场景气度不高，煤炭价格持续下滑的背景下，由煤炭资源开采企业承担全部的生态环境外部成本，将使煤炭资源开采企业的利润大幅减少甚至亏损，因而要求煤炭资源开采企业承担全部的生态环境外部成本内部化责任缺乏可行性。在这种背景下，需要寻找其他的责任主体与煤炭资源开采企业共同分担煤炭资源开采中生态环境外部成本的责任。

由分析框架的第三点可知，煤炭资源开采中生态环境外部成本内部化的责任主体除了煤炭资源的开采企业之外，还包括煤炭资源消费企业。第一，环境产权理论决定了消费企业可以成为煤炭资源开采中生态环境外部成本内部化的责任主体；第二，市场的供求关系要求消费企业担负生态环境外部成本内部化的责任；第三，向煤炭资源征收税费，也会引起开采企业将税费成本增量向消费者转嫁的行为，使消费者成为生态环境外部成本内部化责任的事实分担者；第四，持续走低的煤炭价格也为消费企业承担生态环境外部成本内部化责任提供了现实条件。因此，由消费企业与生产企业共同分担煤炭资源开采中生态环境外部成本内部化责任具有可行性。

然而，我国的法律法规并没有对煤炭资源消费企业应该承担的煤炭资源开采中生态环境外部成本的责任进行规定。长期以来，中国的能源资源价格并没体现生态环境恢复治理的要求，煤炭资源开采地高强度的资源开采为资源消费企业提供了廉价的材料，同时也给资源产地造成了大规模的生态环境破坏。由于资源定价机制的缺陷，资源开采造成的生态环境外部成本并没有纳入资源产品的价格范畴，很长一段时期内，资源消费企业在享受廉价资源的同时，并没有承担资源开采的生态环境成本，造成了我国煤炭资源开采中生态环境破坏比较严重和历史欠账比较沉重的局面。因此，需要按照矿区生态环境产权的要求，将因开采煤炭资源而导致的生态环境外部成本由煤炭资源的开采企业和消费企业共同承担，资源消费企业在消费廉价的资源产品时，应交纳一定的生态环境税费，并通过转移支付的方式用于煤炭矿区的生态环境恢复治理。

以下研究煤炭资源开采企业和消费企业需要分担的生态环境外部成本内部化的水平和比例。

二、责任主体承担的外部成本内部化水平

（一）煤炭资源开采企业需要承担的生态环境外部成本内部化水平分析

1. 煤炭资源开采企业承担的生态环境外部成本内部化水平调整的前提

要求煤炭资源开采企业承担全部的生态环境外部成本内部化责任，将会导致企业税费负担的增加。过重的税负将导致企业的投资收益减少和预期下降，影响企业的竞争力，不利于整个煤炭产业的健康稳定和可持续发展，也不利于煤炭资源开采中生态环境外部成本内部化。2012 年，全国重点煤炭企业亏损家数超过 20%，煤炭产业景气指数下跌 5.18%，更说明增加税费负担对企业的发展是不利的。因此，制定煤炭资源开采企业承担的生态环境外部成本内部化的责任水平，至少应在不增加煤炭资源开采企业总的税负水平的条件下进行。这就要求政府必须对煤炭资源开采企业的税负结构做出调整，以满足既不增加煤炭资源开采企业总的税负水平，又能提高生态环境税负水平的要求。

2. 煤炭资源开采企业承担的生态环境外部成本内部化水平调整的着手点

据《中国煤炭报》的报道，我国涉煤的税费不少于 109 项，除 21 项税种外，还包括矿产资源补偿费、探矿权及采矿权使用费、探矿权及采矿权价款、煤炭价格调节基金、铁路建设基金、水利建设基金、港口建设费、生态补偿基金、造林费、水土保持设施补偿费、水土流失防治费及各种协会会费等各种规费，据初步统计，不少于 88 项。在我国产业分类目录中，煤炭资源开采和洗选业归属工业类。按公平赋税原则，其在做各项抵扣后的增值税税率应与工业企业平均税率大致相同。但统计结果表明，煤炭资源开采和洗选业的增值税税率大大高于工业企业增值税税率。2011 年，全国煤炭资源开采洗选业增值税实际税率为 7.5%，而同年全国规模以上工业企业增值税实际税率为 3.12%，二者相差 4.38 个百分点。

在不增加煤炭资源开采企业总的税负水平的条件下，实现企业上交生态环境税费的增加，必须对企业所承担的其他税费负担进行调整。现有的文献〔如张举钢、周吉光（2011）〕表明增值税是煤炭资源开采企业各种税负负担中份额最大的税种，约占采矿企业税费总额的60% 以上。1994 年的税制改革以来，我国建立了以增值税为主体的税制体系，其中煤炭企业的增值税税率是 17%。后因企业普遍反映税负偏高，财政部和国家税务总局于 1994 年发布了《关于对煤炭调整税率后征税及退还问题的通知》，将煤炭产品增值税率降至 13%。2008 年11 月 5 日的国务院常务会议决定自 2009 年 1 月 1 日起在全国范围内实施增值税转型改革，将原来的生产型增值税转变为消费型增值税，矿产品增值税率恢复到 17%。此次增值税转型对大部分企业而言是利好，但对于煤炭企业来讲，增值税转型对企业税收抵扣的影响并不大，反而使企业的税负大大提高（薛振利，2011）。

因此，可以从降低煤炭资源开采企业的增值税负担着手，将煤炭资源开采企业增值税实际税率调整到与全国规模以上工业企业增值税值实际税负相同的水平，即从 7.5% 下降到3.12%。同时将煤炭资源开采企业应交的生态环境费标准同步提高，以实现在煤炭资源开采企业总的税负水平不变的前提条件下，煤炭资源开采企业承担的生态环境外部成本内部化水平的提高。

3. 煤炭资源开采企业承担的生态环境外部成本内部化水平界定

从 2011 年底开始，榆林市的煤炭价格开始大幅下跌，为了避免选择特定年份而造成的数据代表性偏差，本节以 2009～2013 年榆林市煤炭的平均价格 400 元/吨作为计算标准，估算出将煤炭资源开采企业增值税实际税率调整到与全国规模以上工业企业增值税值实际税负相

同水平时，煤炭资源开采企业增值税水平将下降17.52元/吨。在对煤炭资源开采上交的增值税税负水平进行下调的同时，将煤炭资源开采企业应交的生态环境费标准同步提高，保持煤炭资源开采企业总的税负水平不变，也就是说，可以将煤炭资源开采企业开采1吨煤炭提取的生态环境费提高17.52元，即从10.32～13.9元提高到27.84～31.42元，从而实现煤炭资源开采企业承担的生态环境外部成本内部化水平的调整。在新的标准下，煤炭资源开采企业应交的生态环境费水平占到煤炭资源开采中生态环境外部成本的36.25%～40.91%。

（二）煤炭资源消费企业承担的生态环境外部成本内部化水平分析

1. 煤炭资源消费企业需要承担的生态环境外部成本内部化水平界定

孔凡斌（2010）的研究建议，以各阶段煤炭产品销售价格的15%～30%的标准将部分生态环境成本纳入煤炭资源产品的价格构成。以单位煤炭400元的价格计算，煤炭价格将上涨60～120元。这一标准与生产单位煤炭造成的生态环境外部成本76.80元/吨相比，基本可以实现对煤炭资源开采中生态环境破坏损失的充分内部化，可能还会为煤炭矿区生态环境恢复治理筹集更多资金，但也存在使煤炭资源开采企业应该承担生态环境外部成本内部化责任完全"转嫁"给煤炭资源消费企业的可能，使煤炭资源开采企业逃脱生态环境外部成本内部化的责任，而使煤炭资源的消费企业承担了过重的生态环境外部成本内部化的责任。因此，需要对煤炭资源的消费企业承担的煤炭资源开采中生态环境外部成本内部化水平进行合理的设定。实际上，我国也没有对煤炭资源消费企业应该承担的生态环境外部成本内部化水平进行明确的规定，甚至没有将煤炭资源消费企业应该承担的煤炭资源开采中生态环境外部成本内部化的责任进行明确规定。

按照煤炭资源的开采企业和消费企业共同承担的方式，将煤炭资源开采中生态环境外部成本内部化水平分解给煤炭资源开采企业和煤炭资源消费企业，既有理论依据也有可行性。基于对煤炭资源开采企业应该承担的生态环境外部成本内部化水平的确定，按照煤炭资源开采企业和煤炭资源消费企业共同承担的方式，以45.38～48.96元/吨的生态环境费的征收标准，即占煤炭销售价格（400元/吨）的11.35%～12.24%的水平向煤炭资源消费企业征收生态环境恢复治理费用。并根据煤炭资源产地向煤炭资源消费企业提供的资源流量，由政府向煤炭资源消费企业征收"煤炭资源生态环境恢复治理共同基金"，专项用于煤炭资源产地的生态环境的治理与修复工作。

2. 煤炭资源消费企业所需承担的生态环境外部成本内部化水平的可行性分析

依据本节计算的分担标准，在每单位煤炭资源上，资源消费企业承担的生态环境外部成本内部化水平将高于资源开采企业承担的生态环境外部成本内部化水平。煤炭资源的消费企业承担了生态环境外部成本的内部化责任之后，将造成其生产成本的上升。那么这种成本压力是否能为煤炭资源消费企业所能承受？我国的煤炭消费集中在电力、冶金、建材、化工和其他行业，其中电力行业用煤是煤炭消费中最主要的部分，占煤炭消费总量的60%左右，因此，本节选择电力行业对上述问题进行回答。

2012年火电企业利润暴增七成，成为全国41个工业大类中利润增幅最大的行业。火电企业2012年利润大增的主要原因是2011年以来的煤价下跌。从2011年第四季度开始，我国煤炭价格遭遇持续的下跌，至今没有转暖的迹象。根据榆林市统计局发布的《2012年榆林市经济运行情况分析》，2012年榆林市煤炭平均价格400元左右，全年市场上煤炭价格每吨低于上年同期100元以上。2013～2012年煤炭资源的价格跌幅明显高于消费企业所要承担的生态环境外部成本的内部化水平。在现有其他条件不变的情况下，以2012年的煤炭价格作为基数，考虑火电企业承担的生态环境外部成本内部化水平之后，火电企业所承受的煤炭成本仍然低于 2011 年的水平，因此，火电企业在 2012 年仍有一定的盈利空间。从单位煤炭的利润水平来看，2012 年我国电力行业煤炭资源的消费量为 18.55 亿吨，2012 年火电全行业利润为 1028 亿元，折合成吨煤 55.42 元，高于火电企业单位煤炭应该承担的生态环境外部成本内部化责任水平。因此，从短期来看，煤炭消费企业完全有能力承担起生态环境外部成本的内部化的责任。

从长期来看，火电企业承担生态环境外部成本内部化的责任后引起生产成本的上升，将有助于激励煤炭资源消费企业节约煤炭及转化产品的使用，提高使用效率，达到资源节约和环境保护的双重目的。

第三节　生态环境外部成本内部化的机制

一、管理制度层面

（一）完善矿产资源开采中生态环境外部成本内部化的立法体系

我国关于矿产资源开采中生态环境保护的法律法规多是一些口号式的规定。如《矿产资源法》第 32 条的规定，开采矿产资源，必须遵守环境保护的法律规定，防止污染环境；《环境保护法》第 19 条的规定，开发利用自然资源，必须采取措施保护生态环境。这些规定并没有对矿产资源开采中生态环境外部成本内部化提出相应的具体措施和要求。虽然《矿产资源法实施细则》《矿山地质环境保护规定》中提出了实行矿山环境影响评估制度和矿山环境恢复保证金制度，但均没有对相应的标准、对象、形式、法律责任、经费来源、经费使用，以及监督管理等进行说明。而且这些细则、规定多以行政命令的形式出现，并没有全国人大颁布的法律作为矿产资源开采中生态环境外部成本内部化的上位法依据。因此，完善矿产资源开采中生态环境外部成本内部化的立法体系是促进煤炭资源开采中生态环境外部成本内部化的需要。

第一，修改《矿产资源法》，将矿产资源开采中生态环境外部成本内部化制度上升为矿产资源法的基本制度范畴，这是开展煤炭资源开采中生态环境外部成本内部化工作的实际需要。

从 20 世纪 70 年代开始，越来越多的矿业国家，如美国、德国、加拿大、澳大利亚等都将矿产资源开采中生态环境外部成本内部化列入矿业立法的条款之中，为本国的矿山生态环境外部成本内部化提供了坚实的法律依据。美国《露天采矿管理与（环境）修复法》的出台，为美国建立统一的露天矿开采和复垦标准提供了法律依据。该法对采矿许可证、土地复垦保证金制度等都有具体的规定。明确要求矿产资源开采企业必须对资源开采所造成的土地破坏予以修复，改善被破坏的生态环境；该法对土地复垦的标准和要求提出了苛刻的规定，并对采矿过程中产生废弃物的处理、堆放等都做了具体规定。德国的《联邦采矿法》《矿产资源法》是德国实施矿产资源开采中生态环境外部成本内部化的重要法律依据。加拿大《露天矿和采石场控制与复垦法》明确了复垦资金的来源、土地复垦的标准，以及各级政府在矿山土地复垦中的责任。其《矿业法》对矿产资源开采中进行的环境评估项目进行了具体规定。

因此，尽快修改《矿产资源法》，为建立采矿许可制度、环境监督制度、矿山生态环境治理保证金等提供法律依据，也为加速我国矿产资源开采中生态环境外部成本内部化试点，使其正当性和合法性得到认可提供依据。

第二，依托《生态补偿条例》立法的启动，制定矿产资源开采中生态环境外部成本内部化的实施细则，对矿产资源开采中生态环境外部成本内部化的主体、对象、标准、形式、法律责任、经费来源、经费使用，以及监督管理等予以明确的规定。根据目前地方出台资源生态补偿相关政策的实际情况，从国家层面制定《矿区环境恢复治理保证金管理办法》《矿产资源可持续发展基金管理办法》《矿山生态环境破坏损失评价办法》《矿区生态环境恢复治理验收办法》等，为地方立法机关制定相应的政策法规，提供立法依据。

（二）健全煤炭矿山生态环境治理保证金制度

矿山生态环境治理保证金制度是国外主要矿业大国常用的一种约束和督促手段，该制度体现了"谁破坏、谁补偿"原则，也体现了环境公平的原则。通常矿企按时、足额交纳矿山生态环境恢复治理保证金是获取开采许可证的前提条件，其目的是促使矿产资源开采企业积极、及时、有效地参与矿山生态环境修复的工作中。

强行要求矿产资源开采企业对资源开采所造成的生态环境破坏给予恢复治理，是美国开采许可证制度中行之有效的方法。在美国，开采许可证只发放给符合要求的复垦计划申请者。在开采许可证颁发之前，申请人必须足额交纳复垦保证金，每一个许可证所交纳的保证金不得少于1万美元，完成复垦计划并验收合格后予以返还。如果开采企业不履行复垦计划，该保证金将用来支付复垦所需的费用。通过复垦保证金制度的实施，有效地调动了美国矿产资源开采企业参与矿区生态环境恢复治理的积极性。

德国联邦政府根据联邦矿山法的有关规定，将复垦规划作为新开发矿山开采审批的先决条件；要求新开发矿山企业必须预留复垦专项资金，其金额由复垦量来决定，通常占企业年利润的3%；新开发矿山企业必须对因开采占用的森林、草地实行等面积异地恢复。在开发和恢复过程中，政府部门制定了严格的法规和标准制度，并辅以严格的专项检查，确保复垦工作的有效进行。

澳大利亚也有一套严格的矿区生态环境复垦抵押金制度。澳大利亚联邦立法规定，矿产资源开采企业在开采前必须交纳矿区生态环境复垦抵押金，数目为项目总投资的25%～100%，具体上交比例由政府与矿业公司协商。如果矿产资源开采企业不交纳矿区生态环境复垦抵押金，也不实施矿区生态环境恢复治理工作，政府主管部门有权终止该企业的开采活动；如果矿产资源开采企业上交了矿区生态环境复垦抵押金但不履行矿区的生态环境恢复治理工作，政府主管部门有权动用该抵押金实施矿区生态环境的恢复治理工作。

加拿大政府实施的矿山关闭及复垦制度是推进矿山可持续发展的重要举措。加拿大立法规定，在颁发采矿许可证之前，矿产资源开采申请人必须提出矿山关闭计划，对矿山关闭及复垦的费用及实施提出合理的计划。政府允许矿产资源开采企业采用现金支付、资产抵押、担保三种形式进行矿区的生态环境恢复治理保证。

我国多数省份已经建立了矿山生态环境恢复治理保证金制度，但是在中央层面并没有专门的法律对矿山生态环境恢复治理保证金制度提出具体规定，建议以修改《矿产资源法》为契机，将煤炭资源生态环境治理保证金与采矿许可证相结合，在企业的煤炭资源开采许可证申请获得审批后，申请企业需足额交纳生态环境恢复治理保证金，以此作为政府部门向企业颁发煤炭资源开采许可证的条件。保证金的数额需综合考虑生态环境治理所需成本、生态环境恢复治理标准、矿企的承受力等要素的要求，由政府管理机构制定征收数额。如果煤炭资源开采企业能够在资源开采完后按照政府管理部门的标准完成生态环境恢复治理工作，企业将获得保证金的返还；如果煤炭资源开采企业没有履行生态环境恢复治理的义务，政府部门将利用这笔保证金组织实施生态环境的恢复治理工作。同时，政府管理部门需要制定详细的生态环境恢复治理保证金的复审、罚没、返还准则和生态环境恢复治理工作的督查和验收制度，确保生态环境恢复治理达到规定标准。

（三）建立煤炭矿山环境监督制度

环境监督制度也是主要矿业国家常用的一种督促手段。美国矿山环境监督制度规定，联邦内政部露天采矿办公室和各州自然资源局矿产地质处设立的矿山环境监督检查员是矿山环境监督检查的具体执行者。矿山环境监督检查员负有矿山环境监督管理的直接责任，具体的监督包括：生态环境、地质环境、土地复垦等方面；矿产资源开采企业上交的生态环境保证金数额是否与土地破坏的实际相符；矿企是否按照开采许可证的要求进行矿区生态环境恢复治理；接受矿区居民的申请，并在十天内进行检查，并及时答复。

澳大利亚的矿山环境管理规范要求矿产资源开采企业每年必须在规定的时间内向政府矿业部门递交年度环境执行报告书。如果矿产资源开采企业没有在规定的时间内递交年度环境执行报告书，政府矿业部门会再次通知；如果仍不递交，政府矿业部门有权收回矿产开采企业的采矿权。在政府矿业部门审查了年度环境执行报告书以后，会有专人进行现场抽查。如果矿产生态环境未达到治理要求，且影响较小的，则由书信通知要求整改；如果拒绝接受且环境影响恶劣的，环境检察员可直接现场下达书面整改通知；如果问题严重的，环境检察员可向上级反映，勒令矿企停产，并收回采矿权。

我国已经在矿产资源开采过程中实施了矿山环境影响评价制度，要求矿产资源开采企业在申请采矿许可证时，需要进行矿山地质环境影响评价，但该评价报告往往被作为获取采矿许可证的一种必要手续，在矿企获得采矿许可证之后，矿山地质环境影响报评价报告对企业来讲就失去了必要的价值，不予执行。因此，需要建立煤炭矿山环境监督制度确保煤炭矿山生态环境恢复治理工作的有效实施。一方面，通过实施矿山环境检测制度，定期或不定期对矿山环境进行检测，具体包括对水、土地、生物、空气、废料的检测，以及对矿区周边环境的监测，环境监测员要及时公布检测结果，向公众提供监测信息，向管理机关提供检测报告。另一方面，实施公众参与制度，调动矿区周边居民参与监督矿企的生态环境恢复治理工作。矿山开采产生的生态环境问题对矿区周边的人居环境造成了严重的影响，因此，建立煤炭矿山环境监督制度就需要将矿区周边居民的意见充分考虑进来，将居民是否满意作为矿山环境恢复治理工作评价的重要指标。

第三，实施矿山环境检查制度，主要检查矿山的开采计划落实情况、环境恢复治理资金到位情况、环境恢复治理工作开展情况等，以及矿区周边居民对矿山环境恢复治理的满意度，对环境检查中存在的问题应及时发现、及时纠正。环境检查员有提出整改意见和处罚的权利，对矿企拒不执行整改意见或不能达到整改要求的行为，环境检查员可以上报上级主管部门，勒令企业停产，直至收回采矿权。

（四）改革矿山生态环境恢复治理的管理体系

在矿山生态环境恢复治理中，政府除了承担一部分组织、投资工作外，更重要的工作是承担矿山生态环境恢复治理的制度和政策制定，以及项目审批、监管等管理职能。我国的矿山生态环境恢复治理的管理呈现九龙治水的局面，涉及国土、环保、农业、林业、水利等多个部门，各个部门管理分工不明确、职责交叉，常常形成多头管理或无人管理的局面，造成矿山生态环境恢复治理方面的制度、政策及法规不能及时出台和贯彻执行。

在国外，通常都由单独的政府部门承担矿山生态环境恢复治理的主要管理职能。如印度尼西亚的矿产能源部负责全部的矿山环境保护、治理活动的监督和管理。澳大利亚的矿区土地复垦工作主要由环境局负责。美国的矿山土地复垦工作由内政部牵头，由内政部露天采矿与复垦执法办公室专管全国矿山的土地复垦工作。

建议参考国外经验，成立国务院直属的矿山生态环境治理委员会，对现有的隶属于国土、环保、农业、林业、水利等不同部门的矿山生态环境恢复治理的管理职能进行统一协调和组织，将矿山生态环境恢复治理的各项管理职责明确到具体的部门，界定各组成部门的职责范围，消除重复管理或无人管理的现象，并将协调的程序予以制度化，辅以严格的法律责任，以保障协调制度的运行。

建立严格的矿山生态环境恢复治理的管理责任制度、绩效考核与问题责任追究制度，对因审批不当、监管不力等管理部门失职造成的矿山生态环境恢复治理工作不达标现象，要追究有关责任人的纪律及法律责任。

二、财税政策层面

（一）调整煤炭资源生态环境税费体系

1. 将煤炭资源的消费企业纳入煤炭资源生态环境税费的征收对象范围。

第一，可以为煤炭矿区的生态环境恢复治理筹集更多的资金；第二，通过将生态环境税费纳入煤炭资源消费企业的生产成本，调动消费企业节约资源、降低生产成本、提高资源利用率的积极性；第三，能够促使能源结构的改善，打破我国经济社会发展对煤炭资源过度依赖的局面。

2. 建立相对独立的矿产资源生态环境税费体系

将生态环境税费与体现资源有偿使用的资源税费分别设立，各成体系。只采用通过单独征收目的明确的生态环境税费，使企业明确所征收项目的意义，才能真正把煤炭资源开采造成的生态环境外部成本转化为企业内部的不经济性，促使企业重视生态环境保护工作，加强生产过程中的生态环境保护。

3. 调整煤炭矿区财政政策

第一，调整财政支出政策。将生态环境治理支出调整为政府财政支出的重点内容，保证环保支出占同期国内生产总值的比重不低于国家环境保护规划提出的标准，并做到治理资金专款专用。特别在主要矿产资源生产大省，要确保用于矿山生态环境治理的财政投入稳定增长。

第二，加大中央财政转移支付力度。将财政收入的重心向地方倾斜，合理调整中央和地方在支出责任和收入能力之间的匹配关系，明确中央与地方在矿山生态环境恢复治理中的责任关系，确保矿山生态环境治理资金充裕。

第三，将资源税费的征收办法和分配比例向有利于矿区地方政府的方向改革。提高采矿区政府在资源收益分配中所占的比重，避免资源税收收入过多地集中于中央和省级财政，也要避免税收减免政策的受益者过多地集中于资源行业。考虑到矿区地方政府财政收入的资源依赖性，建议及时调整矿业企业税收减免政策，避免税收减免政策的受益者过多地集中于资源行业，促进矿区地方财政的增收。

第四，进一步完善煤炭资源的资源税征收标准的改革。2011 年 11 月 1 日起实施的资源税改革对煤炭资源税收入的增加幅度有限，煤炭资源税改革还需进一步深入，如果按照所有煤炭 20 元/吨计征或从价计征，将使矿区地方政府的煤炭资源税收入大幅增加，其中从价计征的煤炭资源税增幅最高。因此可以考虑，一方面，逐步将所有的煤炭资源都纳入资源税改革的范畴；另一方面，参考油气领域的征收标准，在煤炭领域实施从价计征试点，以进一步增加矿区地方政府的地方财政收入。

三、企业层面

（一）加强生态环境保护宣传力度

对于煤炭资源开采企业，需要不断加大生态环境保护的宣传和教育力度，将生态环境保护融入企业的文化建设，增强企业每个成员的环境保护意识，特别是要增强企业的投资者和管理者的生态环境保护意识。通过不断地宣传和教育，使企业的投资者和经营者认识到生态环境保护的意义和重要性，将生态环境保护工作放在企业生产经营的核心位置，切实从生态环境保护的角度规范和调节企业的生产行为。不断加大企业的生态环境保护和治理资金投入，对已经发生的生态环境破坏行为，积极采取措施进行修复和治理；加大企业生产工艺的革新力度，将生态环境保护理念贯穿于企业生产经营活动的全过程，积极预防和降低生产行为带来的生态环境破坏。

对于煤炭资源的消费企业，通过生态环境保护意识的宣传和教育，使煤炭资源的消费企业意识到自己也是煤炭矿区生态环境外部成本内部化的责任主体，需要为煤炭矿区的生态环境恢复治理提供必要的支持。

（二）制定生态环境外部成本内部化实施规划

煤炭资源开采企业应制定详细的煤炭资源开采中生态环境外部成本内部化实施规划，从企业生产活动的前、中、后三个方面制订详细的生态环境保护、恢复治理计划和细则，确保生态环境外部成本内部化的相关工作落到实处。建立系统的生态环境破坏和恢复治理信息发布体系，对煤炭资源开采企业的生态环境外部成本内部化活动进行监督。

煤炭资源的消费企业需要制定相应的煤炭资源开采中生态环境外部成本内部化的实施规划，一是，从节约资源的角度出发，将节约资源与保护环境有效地衔接起来，促进企业改进生产条件，节约资源；二是，积极将生态环境税费纳入企业的生产经营成本，确保按时足额的上交生态环境税费；三是，通过一定的项目援助形式，积极参与煤炭矿区的生态环境恢复治理活动，将煤炭资源开采中生态环境外部成本内部化责任落到实处。

第三篇

流域生态服务价值评估与补偿研究
——以南水北调中线工程为例

第十三章

流域生态系统服务价值评估与补偿的相关概念界定

第一节 研究背景及问题的提出

一、现实背景

中国古代就曾出现过关于保护生态环境、提升生态服务供给和维持生物多样性的思想，如《管子·八观》记载："山林虽广，草木虽美，禁发必有时。""江海虽广，池泽虽博，鱼鳖虽多，网罟必有正。"《逸周书·文传》记载："土不失其宜，万物不失其性，天下不失其时。山林非时不升斤斧，以成草木之长；川泽非时不入网罟，以成鱼鳖之长；不拾鸟卵，不捕幼兽，以成鸟兽之长。"可见，今日中国对生态环境问题的关注，古已有之。

保护生态环境是今日中国的基本国策，中国在生态环境保护方面的政策法规日益完善。2012 年，中共十八大把生态文明建设纳入中国特色社会主义事业"五位一体"总体布局，明确提出全面建设中国社会主义生态文明的目标和任务，并且要求建立反映市场供求规律、体现资源稀缺程度和生态环境价值的资源有偿使用制度和生态补偿机制。2015 年 1 月，中国的新《环境保护法》规定，应"推进生态文明建设，促进经济社会可持续发展"，并明确"环境保护坚持保护优先、预防为主、综合治理、公众参与等原则"。2015 年 5 月，中共中央印发《关于加快推进生态文明建设的意见》，提出科学界定生态保护者与受益者权利义务，加快形成生态损害者赔偿、生态受益者付费、生态保护者得到合理补偿的生态保护机制。并提出加快建立区域横向生态环境保护的补偿机制，引导生态受益区与保护区之间、流域上游与下游之间，通过资金补助等方式实施生态补偿。2015 年 10 月，中共十八届五中全会将生态文明建设首次纳入五年规划的任务目标。

近年来，中国政府在生态环境管理包括环境保护、生态服务合理利用和生物多样性维护等方面做了很多工作。比如，中央政府对生态环境保护的财政资金额度 2001 年为 23 亿元，2012 年增至 780 亿元，累计 2500 亿元。其中，中央森林生态效益补偿资金 2001 年为 10 亿元，2012 年增至 133 亿元，累计 549 亿元；草原生态奖励补助资金 2011 年为 136 亿元，2012 年增至 150 亿元，累计 286 亿元；水土保持补助资金 2001 年为 13 亿元，2012 年增至 54 亿元，累计 269 亿元；国家重点生态功能区转移支付 2008 年为 61 亿元，2012 年增至 371 亿元，累计 1101 亿元[①]。

---

① 中共第十二届全国人民代表大会常务委员会第二次会议上《国务院关于生态补偿机制建设工作情况的报告》，http：//www.npc.gov.cn/npc/xinwen/2013 – 04/26/content_ 1793568.htm.

可惜的是，由于人们对生态系统复杂性和生态服务多样性的认识不足，往往低估或忽视生态服务总经济价值。当今中国许多区域仍然没有走出"边治理、边破坏"的粗放发展模式。在生态服务使用过程中，往往过分强调某一类生态服务而忽视其他生态服务，从而导致生态服务过度利用或利用不当，对生态系统的恢复和补偿不够，进而造成生态退化，形成生态服务提供和使用过程中的"公地悲剧"。流域生态系统提供了重要的生态服务，亦存在上述"公地悲剧"，主要表现在以下三个方面：

（一）流域生态服务供给不足，使用过度

从生态服务供给的视角看，总体而言，中国不仅以占全球7%的耕地生态系统养活了占世界22%的人口，而且靠全球4%的森林生态系统、14%的草地生态系统和10%的湿地生态系统提供的多种生态服务来支持13亿人的需求。以流域生态服务提供为例，近30年中国水源涵养区内耕地和城乡工矿用地快速增加，增幅分别达到了35.0%和20.7%；林地和草地面积比例均下降，分别减少了3.5%和4.4%。森林、草地未得到有效保护，存在森林资源过度开发、天然草原过度放牧等问题，结果导致水源涵养区内林地、草地面积下降，水源涵养功能遭到削弱。2014年中国环境公报的统计结果显示，全国423条主要河流、62座重点湖泊Ⅰ－Ⅲ类水质断面占63.1%，Ⅳ类占20.9%，Ⅴ类和劣Ⅴ类占16%。其中，38个湖泊水质为Ⅰ－Ⅲ类，15个为Ⅳ类，9个为Ⅴ类或劣Ⅴ类。同时，中国主要水源区还存在水资源过度开发、环境污染加重等问题，如京津水源区、三峡库区和丹江口库区的点源和面源污染都影响到流域生态系统的生态服务供给。

从生态服务使用的视角看，总体而言，当前中国经济发展中的生态环境承载能力已经达到或接近上限，生态破坏和环境污染问题非常严峻。西方国家百年工业化所累积的生态环境破坏现象，在中国改革开放30多年的经济社会快速发展中集中呈现。根据中国环境规划院（2010）连续7年的生态环境经济价值核算结果，中国环境污染治理和生态保护压力日益增大，环境改善成本从2004年的5118.2亿元增至2010年的15389.5亿元，GDP占比也从2004年的3.05%增至2010年的3.5%。以流域生态服务使用情况为例，当前中国经济发展付出的水量、水质成本过高，导致某些区域出现水源短缺、水体污染严重、流域生态退化等严重问题，"有河皆干，有水皆污"已在中国多个流域成为现实。根据环境保护部和中国工程院（2011）的测算结果，中国超3亿人使用的水源遭到污染或破坏，中国仍有1/3的水系未达到国家规定的清洁标准。

（二）流域生态服务提供方激励不够，使用方付费缺位

从流域生态服务提供和使用的微观主体看，主要存在以下三个方面的问题：第一，流域生态保护者的责任不到位。流域生态补偿资金与生态保护责任联系不紧密，导致有的区域仍存在流域生态环境保护效果不佳的现象，在个别区域甚至还存在边享受生态补偿资金、边破坏生态环境的问题。第二，对流域生态保护者的补偿不到位。流域上游的公众为保护流域生态环境做出了很大努力和实质贡献，但由于种种原因，仍存在生态保护成本偏高、补偿标准偏低的问题。除此以外，地方政府没有及时足额拨付生态补偿资金，还有的地方政府仍未把生态保护区、生态保护者的基数摸清，不能实现生态补偿的全方位覆盖，这些也是影响生态保护者积极性的因素之一。第三，流域生态服务使用方的付费意识不强。流域生态服务作为公共物品，使用方普遍存在免费消费的"搭便车"心理，缺乏生态服务付费意识。

在流域生态服务提供和使用的过程中容易引发两种不平衡，一是较低的边际社会成本与较高的边际私人成本之间的不平衡，二是较高的边际社会收益与较低的边际私人收益之间的不平衡。流域上游不愿意因保护生态环境而牺牲经济增长，甚至不愿意降低过快的经济增长

以减少对生态环境的破坏。流域下游则认为流域生态服务特别是清洁水源属于全民所有的物品，从而不愿意补偿流域上游的生态保护者。结果必然引起流域上下游之间区域外部性难以内部化的问题：流域上游如果承担额外的生态环境保护责任，要么会因为边际私人成本高于边际社会成本导致经济发展缓慢，要么会因为边际私人收益低于边际社会收益而导致保护不力，造成流域生态系统的生态环境恶化。

中国大多数流域的上游地区往往属于经济发展相对缓慢、生态系统相对脆弱的区域，这些区域既难独自承担生态建设和流域生态保护的重任，又对摆脱贫困有着强烈需求，导致流域上游经济发展与生态保护的矛盾十分突出（张惠远和刘桂环，2006）。例如，南水北调中线工程存在严峻的区域发展不均衡问题——受水区属于经济相对发达地区，且经济发展过程中过度透支了生态环境；水源区属于经济相对贫困地区，多年来因为区位劣势等导致发展不足，但是生态环境保护较好。经济相对发达地区在发展过程中过度透支了当地的生态环境，现在又对经济欠发达地区的生态服务产生了需求，这将造成新的区域发展不均衡问题。

（三）流域生态服务管理机制仍不完善，补偿标准难以统一

中国还没有形成全国性的生态补偿机制，没有专门的公共机构或组织去厘清和界定生态补偿中各利益相关方的相互关系。中国现行环境保护法律法规仅仅规定了地方政府的环境保护责任，并未明确政府各部门应如何履责并进行有效监管（李晓西，2015）。虽然中国生态环境治理由国务院统一领导、地方政府分级负责，但是，仍未理顺中央与地方政府在生态环境治理中的分工与权责关系。比如，中央政府仍未确立生态服务价值评估框架和补偿机制；中央部门分头负责生态保护相关投资、国际环境问题谈判、可持续发展目标任务等，仍存在环境保护机构职能错位、环境保护管理范围冲突等体制机制障碍；地方政府仍普遍存在"重发展、轻保护"的倾向。

中国生态服务价值评估框架、生态补偿标准测算体系和生态环境保护的监测体系仍然非常落后，流域生态服务价值评估、生态补偿标准等问题仍未达成共识，缺乏相对权威而又统一的评估框架和方法（徐绍史，2013）。目前，中国重要流域仍缺乏跨区域的地方政府横向生态补偿方式和相对市场化的生态补偿方式，未建立流域生态保护与生态补偿的长效管理机制，未建立利益相关方对水源区生态保护的权责对等关系，从而没有合理补偿水源区为流域生态建设和生态保护做出的贡献，并导致水源区因保护流域生态系统面临经济增长缓慢的困局。

二、理论背景

（一）流域生态服务属于公共物品，存在外部性问题

流域生态服务的公共物品特征十分显著，表现为：第一，流域生态服务不具备明确的产权特征；第二，流域生态服务的提供缺乏激励；第三，流域生态服务的使用具有非排他性；第四，流域生态服务的使用一般具有非竞争性；第五，流域生态服务供给和需求的私人成本和私人收益不平衡。显然，流域生态服务不为任何经济主体单独所有，每个经济主体都能以较小成本使用生态服务，经济活动中并不存在排他性使用生态服务的内在机制，结果必然导致流域生态服务使用的"公地悲剧"。

流域生态服务作为一种"流域内公共物品"，流域下游居民往往无法有效激励上游居民保护流域生态环境，造成"上游保护，下游受益；上游污染，下游遭殃"的外部性问题。即使产权界定清晰，也会因为水的流动特征引起较高的交易成本，无法构建完善的市场交易机

制，导致外部性得不到有效解决。流域外部性还呈现出较强的非对称性，即特定流域上游的生态保护（或环境污染）对下游地区的影响要远远大于流域下游对上游的影响。外部性的对称程度直接影响地方政府间生态环境保护协作机制中的补偿方式、实施方式和付费标准分摊等问题（Mitchell and Keilbach，2001）。

（二）流域生态服务外部性内部化困难，存在制度选择困境问题

流域生态服务提供与使用的不平衡问题需要合适的生态环境治理手段予以解决。然而，生态环境问题往往难以得到有效治理，其原因除了快速增加的经济社会发展需求外，还有市场失灵、政府失灵和信息失灵等。科斯认为，只要产权界定清晰，交易成本足够低，利益相关方可通过谈判、讨价还价等方式，将外部性"内部化"（Coase，1960）。但实际上，流域生态服务产权很难清晰界定，即使界定了产权，也会因为交易成本过高导致"市场失灵"。庇古（1932）认为，政府介入能实现生态环境的有效治理，但是，流域生态服务治理的"政府之手"同样有可能失灵。关于外部性内部化的研究表明，不仅会出现"市场失灵"，政府规制也会无效，即产生"政府失灵"（Dixon and Howe，1993；Hanemann，1995；Bergland and Pedersen，1997）。

除了利用"市场之手"和"政府之手"外，理论界进一步提出生态保护和环境质量改善有赖于社会环境意识的显著提高（Xepapadeas and Zeeuw，1999），公众参与方式越来越成为西方发达国家偏好的生态环境治理手段。不过，无论上述哪一种治理手段，仍未较好地解决生态环境保护不力、生态服务提供不足和使用过度的问题。

（三）流域生态服务价值长期被低估或忽视，价值评估方法具有多样性

流域生态服务的经济价值长期被主流经济学家忽略或低估，对生态服务价值进行评估一直是近年来生态经济学家和环境经济学家关注的热点问题。生态服务价值既包括直接使用价值，也包括间接使用价值和非使用价值。其中直接使用价值只占生态服务经济价值的很小部分，而间接使用价值和非使用价值则占生态服务价值的绝大部分（Sanders et al.，1990）。现实中大部分流域生态服务并没有可交易的市场，这给评估生态服务价值特别是间接使用价值和非使用价值带来很大困难。由于流域生态服务的公共物品属性和人们对流域生态服务价值的忽视（低估），导致流域生态服务提供和使用之间出现不平衡，即流域生态服务提供严重不足（流域生态环境保护不力），并过度消耗了流域生态服务（流域生态环境受损严重）。

由于生态服务具有多样性，生态服务价值评估方法具有不一致性，这给流域生态服务价值评估特别是补偿标准测算带来了很大的困难。当前的生态服务价值评估框架仅在存量价值上取得了一定进展，仍未完全打通生态服务价值评估与生态补偿标准测算之间的通道，还没有建立一套完整的、科学的基于生态服务价值确立补偿标准的方法。因此，为了在一个统一的框架内将流域生态服务价值评估与生态补偿标准联系起来，以构建完善的流域生态补偿机制，基于流域生态服务价值评估确立生态补偿标准就成为当前亟待解决的重要问题之一。

三、问题的提出

流域生态服务价值评估和生态补偿既是中国经济社会转型过程中面临的一个重大现实问题，也是理论界长期探讨但仍悬而未决的一个理论问题。近年来，中国政府应对流域生态系统保护和生态环境治理实施了很多规划，比如，中央政府制定的最严格的水资源管理制度、重点流域水污染防治规划，一些地方政府主导的流域生态补偿实践等，这些流域生态环境治理项目的良好发展态势为中国构建流域生态补偿机制提供了极强的现实基础。尽管国外关于

流域生态服务价值评估和生态补偿的研究已经取得了大量成果，但随着理论的发展和研究的深入，这些成果需要得到进一步的论证，特别是结合中国经济社会转型的特殊背景进行分析。本文以生态系统服务价值为视角，构建流域生态服务价值评估和补偿的理论基础和分析框架，并以南水北调中线工程为例进行实证研究，致力于回答和解决以下主要问题：

第一，流域生态服务价值评估与补偿需要构建一个基本的理论分析框架。从微观视角看，流域生态服务提供方和使用方的决策行为和方式是怎样的，受偿意愿和支付意愿为何是生态补偿的价值基础；从宏观视角看，生态系统功能的空间范围是怎样的，生态服务存量价值在时间上的最优利用路径又如何，以及如何将生态服务价值评估与生态补偿标准有效结合起来？这些都是值得在理论上加以明确的重要问题。

第二，流域生态服务的直接利益相关方的决策方式、决策结果是怎样的？即流域生态服务提供方是否愿意主动提供生态服务，或者说需要得到多少货币价值才愿意提供生态服务，又有哪些因素影响了他们的决策结果；流域生态服务使用方付出代价以获得改善的生态服务的真实支付意愿如何，又有哪些因素影响了他们的决策结果？

第三，流域生态补偿标准一直是理论界探讨较多的问题，也是现实中争议的焦点。流域生态系统究竟能提供多少生态服务价值？哪些是能直接提升全流域人类福利的，哪些是需要流域下游进行补偿的？流域生态服务价值的最优利用路径如何，从而生态补偿标准是多少？也就是说，应如何根据某一空间内微观主体所提供并实际消耗的生态服务（价值）确立生态补偿标准。具体到南水北调中线工程这一案例，生态补偿标准又该如何进行区域分摊？这些问题都需要一个较为明确的答案。

上述问题都有待理论和实证的检验，同时，这些问题也是当前中国经济转型过程中生态文明建设面临的重大现实问题。

第二节　研究意义与研究方法

一、研究意义

本篇立足于中国转型经济背景下的生态破坏和环境污染日趋严峻的现实背景，结合中国建设生态文明和构建生态补偿机制的客观实际，以典型的重大调水工程为具体案例，借鉴国内外已有的相关理论和经验研究，从流域生态服务供需的微观视角评估流域生态服务提供方的受偿意愿和使用方支付意愿；并且，从流域生态服务最优利用路径和动态变化情况出发，基于流域生态服务价值确立生态补偿标准，其研究意义主要表现在理论和实践两个方面。

（一）理论意义

第一，流域生态服务与一般的经济学研究对象不同，其长期难以纳入主流的经济学模型，是较为特殊的研究对象。流域生态服务价值评估与补偿属于生态学、环境科学和经济学等交叉学科共同研究的领域。本篇在研究过程中考虑了现有研究在理论上的掣肘，从生态经济学视角，以生态系统服务价值为出发点，研究了流域生态服务提供方和使用方的生态补偿参与行为及其受偿意愿和支付意愿，阐明了生态服务价值与生态补偿的理论联系，奠定了流域生态补偿的价值基础和理论前提，对构建流域生态补偿机制具有理论指导意义。

第二，通过条件价值法在流域生态服务价值评估与生态补偿中的应用和改进，重点探讨了该方法本身的难点和前沿问题，包括问卷调查过程中的偏误问题、偏误处理方法和真实支付意愿估算方法等。并且，本篇深入分析了流域生态服务价值评估中受偿意愿和支付意愿的影响因素及其边际效应，特别是通过引入右端截取模型估计方法，较为合理地估计了受偿意愿的影响因素，并进一步探讨了可能存在的内生性问题，检验了模型稳健性。上述处理方法有效避免了条件价值法问卷调查中受偿意愿高报的策略性偏误，并为条件价值评估的影响因素边际效应分析提供了一个通用的技术处理手段。

（二）实践意义

第一，目前，中国流域生态环境治理沿袭"自上而下"政府主导的生态补偿机制，大多数学者也主要侧重于从宏观角度研究政府的作用、生态补偿机制构建等问题。本篇从微观角度考察了流域生态服务提供方的受偿意愿和使用方的支付意愿问题，奠定了生态服务价值评估的基础。关于受偿意愿和支付意愿影响因素的研究结果不仅弥补了中国流域生态服务价值评估与生态补偿研究的不足，而且揭示了中国现阶段人们对生态服务供给和需求的选择偏好特征。这些研究结果为中国流域生态补偿机制的"顶层设计"提供了较好的微观基础，对流域生态补偿机制和环境治理体系中如何激励公众参与生态环境保护具有重要的指导意义。

第二，在评估南水北调中线水源区生态服务价值的基础上，系统考察了南水北调中线工程的生态补偿标准问题，这对中国政府构建南水北调工程生态补偿机制具有实践价值。本篇提出了基于生态服务价值确立生态补偿标准的评估方法，并测算了南水北调中线工程的生态系统服务价值、生态补偿上限标准和支付标准，提出了区域分摊机制。这为南水北调中线工程生态补偿标准确立了基本界限，既明确了受水区应予补偿的具体补偿标准，又避免了水源区索要过高的补偿资金，对构建南水北调中线工程流域生态补偿机制有一定的借鉴意义。

二、研究方法

本篇主要采用生态经济学、环境经济学和计量经济学的基本研究方法，借鉴区域经济学、统计学、经济地理学等相关学科的方法与思想，对流域生态服务价值评估与补偿问题进行深入研究。

（一）文献查阅与实地调研相结合

文献查阅是任何研究工作的基础，有利于掌握相关研究问题的动态和进展。在研究过程中，本篇梳理了前人针对流域生态服务、生态服务价值评估和流域生态补偿研究的主要理论和观点，并及时了解了学术界的研究现状。实地调研是指调查人员直接深入被研究的具体对象所在地，获取第一手资料和信息。本篇实地考察了南水北调中线受水区郑州市和水源区陕南三市，开展了总计为期三个多月的实地调研。通过给受水区居民和水源区农户发放调查问卷，了解生态服务供需和流域生态补偿的基本情况；并有针对性地访谈了城市环保部门工作人员和农村领导干部，深入了解流域生态服务供给、使用和生态补偿的实际情况，为找出流域生态服务价值评估和补偿存在的主要问题与解决方法提供了宝贵的一手材料。

（二）定性分析与定量分析相结合

定性分析是运用归纳、推理等来确定研究对象内部构成和外部制约因素之间的规律。本书以生态经济学、环境经济学和新古典福利经济学的基础理论作为切入点，论证了流域生态服务价值评估与补偿的理论分析框架。定量分析就是运用数学、统计学和计量经济学知识，对所获取的数据信息进行具体的数量分析，以找出研究问题的内在联系及其发展规律。本篇融合福利经济学理论分析和主流计量经济学经验研究作为主要分析手段，以遥感图像解译和问卷调查作为数据采集的主要途径，运用微观计量经济学研究方法，构建合适的计量模型来验证理论分析和假设。

（三）实证研究与规范研究相结合，并辅以逻辑演绎

实证研究侧重于概括、归纳现实经济现象，即从某一特定经济问题出发，总结并分析这一现象的内在规律性，强调陈述和描述事实，主要回答"是什么"的问题。本篇运用条件价值法和效益转移法，对流域生态服务供需微观主体的意愿价值、流域生态服务的总经济价值进行实证研究，以揭示流域生态服务价值评估和补偿中的典型事实。规范研究侧重于推理和演绎经济规律，即以相关经济学原理为起点，阐述和解释所发生的各种经济现象，力图回答"应该怎样"的问题。借助经济学基本理论和主流计量分析方法，阐释基本研究问题和流域生态服务价值评估与补偿中的特征和规律，试图解决应如何评估流域生态服务价值和确立流域生态补偿标准的问题。同时，还以地理学、生态学等其他学科的研究方法为辅，体现自然科学与社会科学相结合的研究方法。

第三节　基本概念界定

一、流域

流域既属于生态系统，对大自然产生重要影响，又属于经济—社会系统，对关联区域产生经济社会影响，也对人类福利产生较为重要的影响。因此，流域的概念可以从地理学和经济学两个角度理解。

从地理学角度看，流域主要是以河流和水资源的定向运动所识别的地域系统，是典型的自然地理概念。流域一般是指某一河流或河段流过的区域。波拉斯等（Porras et al.，2008）认为，流域是指特定水体流经的生态系统和土地的地理边界，包括溪流、湿地、池塘和湖泊流入与流出形成的地下水含水层。可见，流域①一般是指某一主要河流流经的区域，属于特定水体流经的生态系统。从经济学角度看，流域是由分水岭所包围的特定区域，是组织和管理经济—社会系统，进行以水资源开发和利用为中心的重要空间单元。

综上所述，流域既指特定水体流经形成的一个生态系统，又指以水资源综合开发利用形成的特定空间单元，是一个经济地理学上的概念。从本篇所选研究案例看，南水北调中线工程实际上是人工构造的一条全新流域，在这条人工流域中，水源区类似于自然流域的上游地区，受水区类似于自然流域的下游地区，水源区、受水区及渠道构成了以清洁水源综合利用为中心形成的空间单元。

二、生态系统服务

20 世纪 60 年代后期，生态系统服务，或者说生态服务（ecosystem/ecological services，ES）这一概念才首次被使用。之后，有关生态系统服务的研究取得了显著进展。科斯坦扎（Costanza，1997）认为，生态系统服务是指人类直接或间接从生态系统功能中获得的收益。戴利（Daily，1997）认为，生态系统服务是指自然生态系统及其组成物种得以维持和满足人

---

① 在英文语境中，river basin、river sub-basin、catchment 和 watershed 等都可以指代"流域"，watershed 的定义较为宽泛，可泛指"流域"，而 river basin 和 catchment 一般指大流域（large watershed），river sub-basin 指小流域。

类生命的环境条件和过程，它们可以维持生物多样性和各种生态系统产品的生产。联合国 MEA 报告（2005）进一步完善了生态系统服务的概念，认为生态系统服务实际上是生态系统产品和服务的简称，指人类从所有生态系统中获得的所有益惠，包括供给服务、调节服务、文化服务和支持服务。

近年来，随着生态经济学的兴起，生态系统服务的概念又得到了一些发展。费合尔等（Fisher et al.，2008）强调生态系统服务的"产品"属性，认为生态系统服务这一"产品"是在特定生态系统（如流域、森林）上经过一定生态过程产生的。生态系统服务可分为中间服务和最终服务，在评估生态服务价值时，只有最终服务带来的人类收益才能被核算。中间服务和最终服务的定义阐释了生态系统服务的生产过程，生态系统的最终服务是人类所能获得的经济价值，这有效避免了生态服务价值评估的重复计算。贝特曼（Bateman，2011）认为，生态系统服务属于存量—流量资源，是从生态资产（自然资本）"存量"中获得的"流量"，即生态系统服务是自然所提供的储备服务，是在自然资本的存量—流量配置中带来的服务。

生态系统服务与环境服务既有区别，也有联系。如联合国粮农组织认为，环境服务是生态系统服务的子集，环境服务是生产用于直接消费的食物或木材时产生的副产品，生态系统服务则是从生态系统中所得到的人类福利。穆拉迪安等（Muradian et al.，2010）认为，生态系统服务是环境服务的子集，是从生态系统中获得的人类福利，环境服务则包含了管理生态系统所获得的人类福利。德瑞斯等（Derrissen et al.，2013）认为，环境服务既包括自然的环境产品和服务，也包括人类生产的环境产品和服务。不过，国内外大多数学者都未明显区分生态系统服务和环境服务，二者在很多场合是混用的。

由此可见，生态系统服务（或生态服务），与环境服务存在一定程度的混用，生态系统服务具体是指由生态系统提供的、能直接或间接提升人类福利的产品和服务。这一概念意在强调生态系统服务是天然存在的，不由人类劳动所创造，并且能提升人类福利，具有经济价值。这意味着人类在使用生态系统服务时，要像使用市场产品（服务）一样付费，以保护生态系统，防止生态系统服务的过度使用。基于流域和生态系统服务的概念，流域生态服务是指由流域生态系统提供的、能直接或间接提升人类福利的产品和服务，如清洁水源提供、土壤保持、生物多样性维持、娱乐文化等服务（Sylvia et al.，2002）。流域生态系统提供的最主要的生态服务是水质和水量服务（Landell-Mills et al.，2002），流域所提供的生态服务可简化为表13.1。

表13.1　　　　　　　　　　　　　　　流域生态服务

类型	描述
水量（quantity）	调水作用,提供大量水资源
均匀流量（evenness of flow）	缓冲作用,为干旱季节蓄水
水质（quality）	清洁水源,饮用水、工业用水、灌溉、生物栖息地、水土保持等

三、生态补偿

生态补偿的概念在国内外理论界既有联系，又有差别。国外学者曾给出了生态补偿的定义，比如美国生态学家卡曾鲁斯（Cuperus，1996）认为，生态补偿是对生态功能所造成损害的一种补助，目的是为了提高受损地区的环境质量或者用于创建新的具有相似生态功能和环境质量的区域。维拉罗亚和普伊格（Villarroya and Puig, 2010）认为，生态补偿可以被理解为替代被损害或丢失的栖息地、生态价值和功能的一系列措施，也就是说，这些措施是为了弥补实施某个基础设施项目造成的损害，补偿可能包括损害区域的生态改进和新栖息地的创造。上述学者关于生态补偿的概念是从生态学上界定的，主要是指对大自然的补偿，并未从人类福利视角给出经济学上的定义。

从经济学角度看，国外生态系统服务付费与国内生态补偿的概念有较为对应的关系。生态系统服务付费目前被引用次数最多、也最被认可的定义是温德尔（Wunder, 2005）给出的，他认为生态系统服务付费是指，第一，自愿交易；第二，完整界定生态服务；第三，存在生态服务的买方；第四，至少有一个生态服务的提供方；第五，生态服务提供方能够保证生态（环境）服务的供应。生态系统服务付费的这一概念本质上是将具有正外部性的生态系统服务内部化，是对科斯定理的实践。世界银行经济学家帕吉奥拉（Pagiola, 2006）也给出了类似的定义，认为生态系统服务付费是改善生态服务供给的一种机制，它包括以下方面：第一，提供方获益，即生态服务提供方获得收益；第二，使用方支付，即生态服务使用方支付费用；第三，支付是有条件的；第四，参与是自愿的。雪莱（Shelley, 2011）总结了国外生态系统服务付费的研究进展，发现至少存在以下几个术语：PES、MES、CES和RES。雪莱在探讨这些概念的缺点与不足的基础上，从正负外部性两个方面提出了关于生态服务付费的概念，即生态服务补偿与收益（compensation and rewards for ecosystem service stewardship, CRESS）。这一概念界定包括正负外部性两个方面，即补偿（CESS）与收益（RESS）。生态服务收益（RESS）与PES一样都强调正外部性的内部化；生态服务补偿（CESS）则是指将那些生态环境破坏带来的外部性内部化（负外部性的内部化）。

国内学者对生态补偿的概念探讨较多，但仍未达成统一共识。毛显强（2002）认为，生态补偿是指通过对保护环境的行为进行补偿，以提高该行为的收益，从而激励保护行为的参与主体增加因其行为带来的正外部性，达到保护环境的目的。王金南（2006）认为，生态补偿具有四个方面的含义：第一，对生态系统自身的补偿；第二，对破坏生态环境的行为予以控制，将经济活动的负外部性内部化；第三，对保护生态环境或放弃经济发展机会的行为予以补偿，相当于绩效奖励；第四，对具有重大生态服务价值的区域进行保护性投入，包括重要生态系统类型和重要生态保护区域的生态补偿。李文华等（2008）认为，生态补偿是以保护生态服务为目的，以经济手段为主调节利益相关方关系的制度安排。可见，国内学者并未在生态补偿概念上达成统一定义，但通常认为生态补偿包括两个方面的内容：第一，对生态系统提供的生态产品或服务进行付费（补偿）；第二，对破坏生态系统的行为予以控制，实行破坏（污染）者赔偿。

结合已有研究成果和本篇研究实际，生态补偿是指，生态服务使用方对生态服务提供方付予的经济补偿，是将生态系统服务外部性内部化的制度安排，它主要包括以下几个要素：完整界定生态服务；生态服务提供方受偿；生态服务使用方支付；自愿参与。

第四节 研究框架与研究内容

一、研究思路

为了解决前面提出的重要问题，按照图13.1所示的技术路线来安排和组织全篇的研究。

首先提出研究问题，然后梳理文献进行理论准备，接下来对问题进行初步分析，并在此基础上将问题进一步深化。在分析问题和深化问题的过程中，分别对生态服务价值评估和生态补偿问题进行理论探讨，形成理论分析框架。然后从微观视角对生态服务提供方和使用方开展问卷调查，并运用微观计量方法进行实证检验；从宏观视角收集和处理土地利用数据，运用效益转移法对生态服务价值进行评估，并据此确立生态补偿标准和区域分摊机制，最后提炼研究结论，并给出政策建议。

二、技术路线

基于上述研究思路，提出以下技术路线（见图 13.1）。

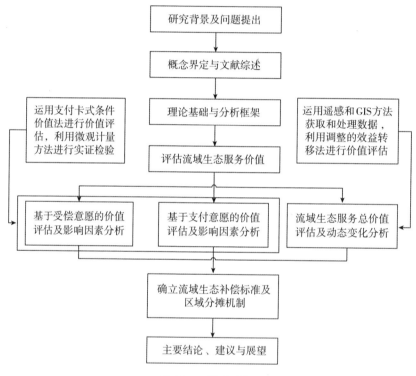

图 13.1　技术路线

三、研究内容

本篇的研究内容主要包括以下四点：

第一，文献梳理。结合所要研究的相关问题，从流域生态服务价值评估方法、流域生态服务提供方受偿意愿及其影响因素、流域生态服务使用方支付意愿及其影响因素、流域生态服务价值评估和生态补偿标准等方面对国内外相关研究文献进行回顾和评述。同时，评述流域生态服务价值评估和生态补偿标准领域理论和经验研究的前沿动态和主要不足之处。

第二，构建流域生态服务价值评估与补偿研究的理论分析框架。阐述流域生态服务价值评估与补偿的理论基础，从流域生态服务供需双方视角分析微观主体的参与行为和意愿，探讨流域生态系统服务价值与生态补偿的关系，提出基于生态服务价值确立生态补偿标准的理论依据，最终提出流域生态服务价值评估与补偿的分析框架。

　　第三，基于流域生态服务提供方受偿意愿的价值评估实证研究。运用支付卡式条件价值法，以南水北调中线陕南水源区的农户问卷调查微观数据为基础，考察水源区农户的基本环境意识和生态补偿受偿意愿。在控制一些经济环境和内生性因素的条件下，采取右端截取模型分析农户受偿意愿的影响因素及其边际效应，为确立流域生态补偿标准提供数据支持和依据。

　　第四，基于流域生态服务使用方支付意愿的价值评估实证研究。通过在南水北调中线郑州受水区进行问卷调查，在利用支付卡式条件价值法引导居民支付意愿的基础上，建立 Tobit 模型对生态服务使用方的支付意愿进行评估；并且，把流域生态服务使用方异质性因素、产权意识和支付意愿决策背景等纳入统一的研究框架，以全面分析流域生态补偿背景下居民支付意愿的影响因素及其边际效应。

　　第五，基于流域生态服务价值的生态补偿标准研究。首先，提出基于流域生态服务价值的生态补偿标准确立方法；其次，通过遥感和 GIS 分析方法获取南水北调中线工程水源区的土地利用类型数据，运用调整的效益转移法全面评估水源区生态服务总经济价值；最后，根据生态服务价值的最优利用路径和动态变化情况，确立生态补偿的上限标准、支付标准和区域分摊机制，以期为南水北调中线工程生态补偿机制提供客观依据和数据支撑。

第十四章

流域生态系统服务价值评估与
补偿的研究进展及评价

　　流域生态服务价值评估与生态补偿问题是当前经济社会发展中的热点问题，也是理论界长期关注的议题。人们对流域生态服务的认识经历了从感性的价值认知到理性的价值评估的过程；由于流域生态服务具有外部性，人们对流域生态服务的利用又经历了从免费使用到付费使用的过程。流域生态服务价值评估在理论和实践中成为可能之后，诸多学者探讨了流域生态服务提供和使用过程中最直接的利益相关方，即生态服务提供方受偿意愿和使用方支付意愿问题，并进一步探讨了流域生态服务价值评估与生态补偿的关系。国内外学者对流域生态服务价值评估与补偿问题的研究非常丰富，总体看来，主要有以下三个核心议题：（1）流域生态服务提供方的受偿意愿问题；（2）流域生态服务使用方的支付意愿问题；（3）流域生态补偿标准问题。

　　本章将对流域生态服务提供方受偿意愿及其影响因素、流域生态服务使用方支付意愿及其影响因素、流域生态服务价值评估和流域生态补偿标准的国内外相关研究文献进行回顾和评述。通过梳理和系统总结上述领域的研究脉络、研究方法和研究成果，进一步讨论已有研究的不足及对本书的启示，作为全篇的理论准备和研究基础。

第一节　流域生态服务价值评估：条件价值法研究进展及其应用

一、关于流域生态服务价值评估方法的研究

　　关注生态环境问题的经济学家很早就开始探索生态服务价值评估方法。1925年，德鲁马克斯（Drumax）以森林游憩的费用支出作为野生生物的经济价值。1947年，弗洛丁（Flotting）用旅行支出测算消费者剩余，并将其作为旅游区的游憩经济价值。戴维斯（Davis，1963）在研究缅因州森林的游憩经济价值时，首次提出了基于问卷调查的条件价值法。不过，上述生态价值评估还处于启蒙阶段，生态服务价值评估研究不够系统，也缺乏一定的理论指导。直到1967年，克鲁蒂拉（Krutilla）发表了Conservation reconsidered一文，探讨了环境价值的各种类型，提出了自然价值的概念，并使用成本收益分析方法测算了修建大坝丧失的景观价值，从而为生态服务价值评估构建了理论基础。

　　从20世纪80年代开始，全球生态环境问题愈加严峻，引起了各国政府和研究机构的广泛关注。凯勒特等（Kellert et al，1984）运用成本收益法评估了野生动物和环境的经济价值。卢米斯等（Loomis et al，1986）运用成本收益法对野生生物和环境价值进行了评估。英国经

济学家皮尔斯等（Pearce et al.）出版了以 *The Economic Value of Biodiversity* 和 *Blueprint for A Green Economy* 为代表的系列丛书，揭示了生物多样性的巨大经济价值，并研究了如何利用市场机制来评估这些生态服务价值。

巴尔福德等（Balmford et al.，2002）从自然栖息地生态系统功能视角对野生动物保护经济价值的评估研究表明，一个有效的全球野生动物保护计划的收益成本比例为 100 : 1，保护的经济收益远超过保护成本。环境问题的成本收益分析极大地深化了人们对环境经济价值的认识，但是该分析方法很大程度上低估了生态系统服务价值，因此越来越多的环保主义者开始采用基于功利主义（utilitarian arguments）的生态系统服务价值评估方法（Armsworth et al.，2007）。

20 世纪 90 年代开始，生态系统服务成为生态环境问题研究的主流（Costanza and Daly，1992；Perrings et al，1992；Daly，1997）。以生态系统服务作为关键词的研究文献得到迅速发展（Perrings et al.，1995）。戴利等（1997）出版的 Nature's Service：Societal Dependence Onnatural Ecosystems 和科斯坦扎等（1997）"全球自然资本和生态系统服务估值研究"将生态服务价值评估研究推向生态经济学和环境经济学研究的前沿，成为一个重要里程碑。这一时期关于生态服务价值评估的研究表明，生态服务具有巨大的经济价值，生态服务供给的成本不容忽视，生态系统服务对提升人类福利有重要影响。

总而言之，目前关于生态服务价值的评估方法可以分为三大类，即市场化评估方法、显示偏好法和状态偏好法（李文华，2008；TEEB，2010）。市场化评估方法以成本收益分析为理论依据，包括基于市场价格的方法、基于成本的方法和基于生产的方法，这类方法根据生态产品的价格、成本和生产过程进行估值，估值结果相对准确，但容易受到市场不完全和政府干预导致市场扭曲的影响，还有可能导致重复计算。显示偏好法包括旅行成本法和内涵价格法。状态偏好法主要包括条件价值法、选择实验法等，其中又以条件价值法的应用最为广泛和成熟。除此之外，还有一种基于上述方法价值评估结果的方法，即效益转移法，它的核心思想是通过分析比对前人研究成果，找出最适于评估对象的单位价值，根据评估对象的人口或土地类型进行价值加总，得出某区域生态服务的总经济价值。具体如表 14.1 所示。

表 14.1　　　　　　　　　　　**生态系统服务价值评估方法**

方法类型	具体方法	优势	劣势
市场化评估方法	市场价格法	较容易获得市场品（如木材、水产品）价格，估值相对准确	市场不完全，政府干预导致价格扭曲
	基于成本的方法，包括避免成本法、机会成本法、替代成本法等	非市场品的成本比收益更容易衡量	该方法假定成本收益是平衡的，但事实并非总是如此
	基于生产的方法，包括生产函数法、收入因子法等	能广泛应用于生产性活动（如捕鱼、农业生产）的价值评估	需要构建资源投入与产出模型，还可能导致重复计算
显示偏好评估方法	旅行成本法	能广泛应用于娱乐型生态服务（如森林公园、自然保护区）价值评估	对消费者行为有严格假定，评估结果对统计方法很敏感
	内涵价格法	资产价格（如房产）相对容易评估	市场价格扭曲，居民行为被收入制约

方法类型	具体方法	优势	劣势
状态偏好评估方法	条件价值法	是一种被广泛应用的方法,能评估选择价值和存在价值,并能较好地评估总经济价值	从调查实施到结果处理的过程中容易产生诸多偏误
	选择实验法	与条件价值法类似,但应用相对较少	调研问卷设计较为复杂,需要受访者有较好的理解能力
效益转移法	单位价值转移;函数转移	是一种节约时间和经费的评估方法;被广泛用于评估较大区域的生态系统服务价值,可评估生态系统的存量总价值	政策点与研究点存在差异,可能存在转移偏误;单位价值会变化,从而不适用于目前的评估

二、条件价值法研究进展

(一) 条件价值法的发展历程

条件价值法(CVM)也称意愿调查法、或然价值法。该方法由伯恩(Bowen, 1943)和西里阿希·旺特卢普(Ciriacy-Wantrup, 1947)最先提议,他们认为公开调研是一种有效的调查公众对公共物品价值看法的工具。在被公认为环境与资源经济学第一本专著的 *Resource Conservation: Economics and Policy* 一书中,西里阿希·旺特卢普(1952)详细阐述了"直接访问法"(direct interview methods)的应用原理。20世纪五六十年代美国户外休闲运动兴起,国家公园和森林服务管理机构需要了解关于公众户外休闲偏好和支付意愿的信息,同时,美国政府对水利工程项目产生的休闲价值感兴趣,这些都推动了条件价值法评估生态服务价值的快速发展。戴维斯(1963)是第一个正式使用条件价值法的经济学家,他研究了缅因州森林的休闲价值,认为公众真实市场行为可以通过在调研中描述可替代的设施来引导他们可能的最高出价。自此以后,条件价值法开始被广泛运用于生态环境服务的经济价值评估,如休闲、空气质量、废物处理等。

20世纪60年代后期,条件价值法开始应用于生态服务的非使用价值评估。一些学者开始论证条件价值法引导支付意愿和受偿意愿估计非使用价值的适用性(Arrow and Fisher, 1974)。之后,条件价值法引导支付意愿和受偿意愿方法进一步被美国诸多联邦机构接受为生态环境经济价值评估工具。1980年,美国通过了《综合环境反应、补偿和责任法》,目的是识别潜在的环境威胁点并资助恢复生态环境,1986年的管制发展法规允许恢复环境失去的被动选择价值以及使用条件价值法。这一时期,欧洲也开始大量运用条件价值法,欧洲环保局(Environmental Protection Agency, EPA)1984年全面引进了条件价值法,并详细介绍了条件价值法的理论框架和使用原则,如问卷设计问题、支付意愿(受偿意愿)引导形式、潜在偏误等。

1989年,阿拉斯加埃克森·瓦尔迪兹(Exxon Valdez)发生石油泄漏事故,根据当时的法律,阿拉斯加州政府起诉石油公司承担被动使用价值的损失。但埃克森·瓦尔迪兹石油公司开始质疑条件价值法的可靠性,反对条件价值法的(由埃克森赞助)团体出现在华盛顿举行的事故处理会议中(Hausman, 1993)。条件价值法的反对者声称CVM调查在损失评估或政府决策方面的可靠性会误入歧途(Diamond and Hausman, 1994)。1994年底,美国国家海洋和大气管理局(National Oceanic and Atmospheric Administration, NOAA)组织邀请诺贝尔奖得主阿罗(Arrow)和索洛(Solow)领衔蓝带小组(Blue Ribbon Panel)论证了条件价值法所有的理论和经验工作，认为"CVM调查估计的可靠性能够支持包括损失被动使用价值和选择价值在内的自然资源损害的法院和行政决策"。另外，蓝带小组为增加条件价值法的可靠程度，建立了一套条件价值法的应用准则，这些准则对条件价值法的后期发展产生了极其重要的影响。CVM各法发展历程如表14.2所示。

表14.2 条件价值法（CVM）的发展历程

研究者（时间）	研究对象	重要意义
伯恩（1943），西里阿希·旺特卢普（1947，1952）	公共物品价值评估	提议公开调研方法，提出direct interview methods
戴维斯（1963）	美国缅因州森林休闲价值	首次采用CVM进行实证研究
毕晓普和赫伯林（1979）	非市场物品价值评估的潜在偏误	首次应用二分选择引导技术
米切尔和卡森（1981，1984）	水质改进的国家收益	首次应用支付卡引导技术
卡森（1992）	美国埃克森·瓦尔迪兹海上溢油损失	引发了关于CVM可靠性的争论
阿罗等（1993）	CVM方法可靠性	论证了CVM的可靠性，并提出了CVM应用准则
贝特曼（2002）	状态偏好方法	制定了包括CVM在内的状态偏好法指导手册
德格鲁特等（2010）	生态系统与生物多样性经济学的理论基础和评估方法	奠定了CVM在生态系统和生物多样性价值评估中的主流地位

（二）条件价值法的理论基础

条件价值法以基于消费者效用的新古典福利经济学为基础，假定消费者效用函数受私人物品、公共物品和个人偏好等因素的影响，此外，还受测量误差等随机因素的影响。条件价值法通过构建生态服务公共物品的假想市场，借助问卷调查支付意愿或受偿意愿衡量消费者对生态服务公共物品改善或损失所导致的福利改变，并通过评估受访者支付意愿或受偿意愿的分布规律得到生态服务的经济价值，是一个相对灵活的价值评估工具（Carson and Hanemann，2005）。

希克斯（Hicks，1941，1943）提出人类福利计量的两个重要指标，即补偿变差与等价变差。条件价值法评估的是希克斯消费者剩余，补偿变差和等价变差都是由公共物品供给改变而引起的（Bateman and Tumer，1993）。根据新古典经济学对消费者间接效用函数的设定，假设消费者对于私人物品 X 和生态服务公共物品 Q 的支出函数为：

$$E = e[P,Q,U(x,Q)] \tag{14-1}$$

假定时期1和时期2。在时期1，私人物品价格为 P_1，生态服务公共物品供给量为 Q_1，消费者收入水平为 W_1，效用水平为 U_1；在时期2，对应的量分别为 P_2、Q_2、W_2 和 U_2。那么，补偿变差 CV 可以表示为：

$$CV = e(P_1,Q_1,U_1) - e(P_2,Q_2,U_1) + W_2 - W_1 \tag{14-2}$$

同样，等价变差 EV 可以表示为：

$$EV = e(P_1, Q_1, U_2) - e(P_2, Q_2, U_2) + W_2 - W_1 \qquad (14-3)$$

威利格（Wiilig，1976）的研究表明，对于价格变动来说，补偿变差和等价变差之间的差异较小，并且差异大小取决于商品的需求收入弹性。兰达尔和斯托尔（Randall and Stoll，1980）将威利格的研究从价格变动拓展到数量变动，结果表明，在仅考虑收入效应时，补偿变差和等价变差趋于一致。

补偿变差（*CV*）和等价变差（*EV*）与条件价值法中的支付意愿（WTP）和受偿意愿（WTA）有密切联系。当生态服务水平（Q）上升时，*CV* 是指为获得改进的生态服务水平而愿意支付的最大数额，即支付意愿，*EV* 是指个人自愿放弃改进的生态服务水平所需补偿的货币总额，即受偿意愿。类似地，当生态服务水平（Q）下降时，*CV* 则是个人为了避免生态服务水平下降导致效用下降所愿意支付的最小数额，换句话说，它是接受补偿意愿的数值。*EV* 是个人为了避免因生态服务水平下降所引起的效用损失而愿意支付的最大数额。总体看来，补偿变差 *CV* 和等价变差 *EV* 与支付意愿和受偿意愿的关系如表 14.3 所示。

表 14.3 　　　　　　　　　　**CV/EV 与 WTP/WTA 之间的关系**

福利度量	环境水平上升	环境水平下降
补偿变差(*CV*)	获得的 *WTP*	接受的 *WTA*
等价变差(*EV*)	放弃的 *WTA*	避免的 *WTP*

条件价值法中支付意愿和受偿意愿的引导方式主要有 4 种，即支付卡方式、投标博弈方式、开放式和二分选择式，其中二分选择式又分为单边界二分选择式和双边界二分选择式。皆晓普和赫伯林（1979）首先在 CVM 调研的支付意愿引导中使用了二分选择式技术（dichotomous format）。米切尔和卡兹（1981）在评估水质改进的社会收益时，首次应用了支付卡引导技术。上述 4 种引导技术优劣势各不相同：开放式能根据问卷调查结果直接统计支付意愿，但往往会产生策略性偏误，且容易产生极端异常值。二分选择式能有效避免策略性偏误，但是容易产生起始点偏误。支付卡式引导技术的优势体现在：第一，受访者的支付意愿能直接从原始数据得到；第二，支付卡为受访者呈现了一系列用于估计支付意愿的货币数值，这为受访者提供了一个良好的投标环境，因此不会产生起始点偏误，也不会出现大量的极端异常值（Venkatachalam，2004）。各种引导技术的优势和劣势如表 14.4 所示。

表 14.4 　　　　　　　　　　**CVM 中各种引导方式的优势和劣势**

引导方式	优势	劣势
开放式	受访者可以根据自己的理解自由评价；简单易用	没有价格提示，受访者心中缺乏评价依据，容易出现抗议性出价和策略性偏误
投标博弈式	具有价格提示功能，帮助受访者找到合适出价；减少信息和策略性偏误	需要受访者具备耐心，实施过程较复杂，时间成本较高
二分选择式	受访者仅需要回答"是"或"否"，容易实施引导；所需回答时间较短	容易产生价格起始点偏误；所获得的出价结果不直观，需要进行统计分析
支付卡式	将价格限定在某一范围内，使受访者容易回答；可减少起始点偏误；改善开放式拒绝率高的情况	受访者的真实支付（受偿）意愿受限于支付卡；支付卡价格范围较难确定

（三）条件价值法偏误问题

尽管条件价值法已经成为较为主流的价值评估方法，但是在进行条件价值法应用研究时，应充分了解该方法可能产生的偏误问题，以减少评估结果偏误并获得受访者的真实支付意愿或受偿意愿。条件价值法的偏误有四大类，分别是问卷设计偏误（questionnaire design biases）、假设偏误（hypothetical bias）、策略性偏误（strategic bias）以及嵌入偏误（embedding bias）。

1. 问卷设计偏误

问卷设计偏误是由问卷中关于公共物品的信息内容、引导方式和调查方式等引起的不同形式的偏误。

第一，信息内容偏误。条件价值法有效性与提供给受访者的信息水平和性质有较大关联。受访者需要知道的信息有价值评估对象的属性、受访者自身的需求和预算约束、替代品或互补品的相关信息等。实际上，案例研究往往受问卷篇幅所限，难以保证信息的完全性。如果对于上述信息无法详尽、专业地提供，对相关生态环境公共物品甚至没有涉及，那么，从具体案例研究的调查统计结果看，信息偏误确实存在。受访者对于价值评估对象的信息掌握不完全，直接导致该公共物品的支付意愿偏低。不过，问卷设计并不是包含的信息越多越好，信息量过于丰富可能导致受访者产生厌倦心理。因此，信息提供容量主要根据价值评估的研究目的、评估对象属性以及信息获取成本等确定。

第二，支付机制偏误。支付机制主要有征税、收费和成立基金等方式，如果受访者熟悉支付机制，并且问卷设计也符合实际情况，一般不会产生支付机制偏误。不过，罗（Rowe，1980）针对同一群体的不同支付机制问卷调查表明，在征税方式下的民众支付意愿比收费方式高。哈耶斯等（Hayes et al.，1992）的研究发现，美国罗德岛居民因纳拉干西特湾（Narragansett）水质改善的支付意愿因支付机制不同而存在偏误。莫里森等（Morrison et al.，2000）指出，许多国家由于公众对征税方式不熟悉而产生支付机制偏误。

第三，起始点偏误。由于应用条件价值法时经常会询问受访者是否愿意支付的起始金额，所以起始金额的设定往往会对受访者产生引导效果，或称抛锚效应（anchoring effect），造成起始点偏误。文献中对起始点偏误是否存在的研究结论不一。博伊尔等（Boyle et al.，1985）和约翰内松等（Johannesson et al.，1999）发现，起始点偏误明显存在于条件价值法研究中；赫里赫斯和肖格伦（Herriges and Shogren，1996）发现，明显的抛锚效应会导致高估支付意愿。然而，汉利（Hanley，1989）认为，条件价值法中的起始点偏误并不严重，在研究减少饮用水水质污染时，没有发现明显的起始点偏误。

第四，调查方式偏误。面访、电话调查和邮寄是条件价值法最常用的3种调查方式。卢米斯和金（Loomis and King，1994）发现，运用电话和邮寄调查方式得到的支付意愿偏高，林德伯格等（Lindberg et al.，1997）的研究却得到支付意愿偏低的结论。马奎尔（Maguire，2009）通过对比研究面访、电话和邮寄三种调查方式发现，调查方式不同将导致调查结果存在差异，不过，产生偏误的原因仍不明确。美国NOAA认为，面访方式优于电话和邮寄调查方式，国内外的研究也大多采用了面访方式，这也是一种生态服务价值评估较为常用的方式。不过，NOAA是在1993年网络未普及年代给出建议的，近年来，运用网络调查方式的条件价值法研究案例显著增多，网络在线调查方式与其他三种调查方式的偏误对比研究也成为必要。

2. 假设偏误

条件价值法将一个假想市场提供给受访者，受访者在假想市场情况下报告支付意愿或受偿意愿的具体值，这与真实市场情况下所做出的决策未必相同，从而造成受访者支付意愿或受偿意愿报告值高于或低于他们的真实值，此即假设偏误。大多数研究都表明报告支付意愿低于真实支付意愿，或报告受偿意愿高于真实受偿意愿。当人们对价值评估对象不熟悉时，假想特性会带来严重的偏误问题，重复实验方法可以使受访者对于条件价值法和价值评估对象更熟悉，可在一定程度上减少假想偏误。另外，在问卷中增加真实性较高的支付环节，也可有效降低假想偏误，如李（Lee，2007）在对韩国生态旅游价值评估的研究中，在问卷中让受访者提供一个环境保护组织的名称，以便更好地执行实际捐赠。

不过，米切尔和卡森（1989）认为假设偏误是合理的随机误差，称不上系统性误差；卢维尔（Louviere，2009）对一些研究的综述性分析也表明，假想行为往往是实际行为的合理指示。总之，为减少假设偏误，就必须设计信息完善、逻辑合理的调查问卷，让受访者感受到假设性市场状况会真实发生，并且在预调查过程中充分模拟市场，使用接近真实情况的支付工具。

3. 策略性偏误

策略性偏误是指受访者如果认为他最终必须支付问卷中所报告的支付意愿或受偿意愿金额，则他会故意低报支付意愿值或高报受偿意愿值。受访者认为其他人可以为生态服务公共物品支付足够的货币，自己没有必要支付那么多，从而降低报告的支付意愿，产生"搭便车"行为。不过，若过度强调问卷中假设性市场的假设性质，也可能造成受访者认为反正不需要真实付费而故意高报支付意愿，以提高影响潜在政策的可能性。米切尔和卡森（1989）指出，邮寄问卷比电话访问和面访更容易产生策略性偏误，因为邮寄问卷允许受访者有较多的思考时间以采取策略性回答。

米切尔和卡森（1989）建议采用四种方法减少策略性偏误：第一，排除所有的极端值；第二，强调其他人的支出是确定的；第三，不要让受访者知道他人报告的 *WTP/WTA*；第四，让受访者了解生态服务品质改善程度依据社会的总 *WTP/WTA*。另外，如果采用面访的形式，强调受访者给出的支付意愿值并不会产生实际影响，仅是作为研究使用，也会有效降低策略性偏误的影响。在引导技术选择上，卡森（1991）认为，二分选择式问卷的使用可以减少策略性偏误。总体而言，除了少数研究专门讨论了策略性偏误外，大部分研究认为策略性偏误不会对条件价值法的有效性和可信性产生较大影响。

4. 嵌入偏误

公众对某项生态服务 *WTP/WTA* 金额大小有时会受到该生态服务是否附属于其他产品（服务）之内的影响，并且会受到问题被询问顺序的影响，由此造成的偏误被称为嵌入偏误。卡尼曼（Kahneman，1992）首先提出了嵌入偏误这一专有名词，并认为除了非使用价值，公共物品的使用价值评估中也会有嵌入偏误。

卡森等（Carson et al.，1994）进一步细分了嵌入偏误，包括：第一，范围效应（scope effect），表示受访者未能准确区分生态服务公共物品的数量与范围；第二，序列效应（sequence effect），表示受访者对生态服务的价值评估受到问卷中问题顺序的影响；第三，次加总效应（subadditivity effect），是指单独询问受访者对各项生态服务 *WTP/WTA* 的加总值比一次性询问的合计值要高。其中序列效应和次加总效应是可以预期的，可以用替代性与边际效用递减解释嵌入偏误的存在。

为了克服这些偏误，一些学者曾就问卷设计原则和问卷调查过程提出了具体指导原则，最有影响的是美国 NOAA 提出的针对生态环境非使用价值评估的应用准则。总之，以上偏误并不是条件价值法特有的，这些偏误的存在也不会导致方法无效。条件价值法的理论体系和应用框架已经基本完备，在生态服务公共物品的价值评估方面具有较好的有效性和可靠性。

三、条件价值法应用研究

（一）关于流域生态服务提供方受偿意愿及其影响因素的研究

近年来，国外学者对生态服务提供方受偿意愿的研究主要集中在环境保护项目背景下土地所有者（农户）提供生态服务的参与意愿和行为偏好方面，韦德尔等（Vedel et al.，2015）通过研究欧盟"Nature 2000"大自然保护计划中丹麦森林私人所有者的参与偏好和行为，发现他们提供生态服务的受偿意愿与政策现状有一定联系，那些之前从未允许公众进入森林（获得清新空气等生态服务）的私人所有者受偿意愿为14～28欧元/（公顷·年），而那些之前允许公众进入森林（获得清新空气等生态服务）的私人所有者受偿意愿则几乎为零。林德杰姆和三谷（Lindhjem and Mitani，2012）研究发现，挪威森林所有者自愿提供非市场化生态服务的受偿意为180克朗/（平方千米·年），农户拥有的森林面积、产权完整程度与受偿意愿负相关，与森林产品生产率正相关。

迪普拉等（Dupraz et al.，2003）分析了比利时瓦龙（Walloon）大区农户参与欧盟农业环境计划（agri-environmental measures，AEM）的意愿和生态服务供给行为，发现农业支柱性较弱地区的受偿意愿为198欧元/（户·年），而农业支柱性较强地区的受偿意愿为372欧元/（户·年），进一步研究发现，农场潜在生产率和家畜密度对农户提供生态服务有显著的负向影响，说明在农业发达地区更难执行生态环境保护计划。布什（Bush，2009）研究了乌干达保护区农户保护生物多样性的受偿意愿，发现农户的受偿意均值为354美元/（户·年），远高于运用农产品市场价格衡量的收入损失。舒尔茨等（Schulz et al.，2014）研究了德国"共同农业政策"（common Agricultural Policy，CAP）中农户生态保护的受偿意愿，发现生态保护区（Ecological Focus Area）面积每提高1%，农户受偿意愿会额外增加6.32欧元/公顷，农户的参与决策受到现行政策特点、个人和家庭特征等影响。

随着条件价值法在20世纪90年代传入中国，关于流域生态服务价值评估，特别是受偿意愿的研究案例逐年增多，呈现蓬勃发展的趋势。国内学者对中国重要流域生态服务提供和生态环境保护的农户受偿意愿进行了研究。李芬（2009）等选取鄱阳湖区3个县作为典型区域，调查农户对土地利用变化后所承担经济成本（损失）的受偿意愿，结果显示，每户农民的受偿意愿在13762～15525元/公顷。车越（2009）等评估上海市饮用水源保护的利益相关方认知，探讨了黄浦江上游的水源区生态补偿机制。发现当前水源保护相关政策认知比例普遍较低，水源区部分居民的福利受到一定影响，水源区受偿意愿为1526元/月·户。周阿蓉和黎元生（2015）研究发现，闽江流域居民生态保护意识较强，参与生态补偿的意愿较高，上游受访农户的平均受偿意愿是2410.65元/公顷·年。徐大伟等（2013）用支付卡式条件价值法，发现辽河流域中游地区居民保护流域生态环境和水资源的受偿意愿为248.56元/人·年。徐大伟（2015）等以中国西部地区怒江流域为研究对象，运用条件价值法对怒江流域水土保持生态补偿的支付意愿和受偿意愿进行了分析测算，发现农户受偿意愿为584.53元/人·年。具体应用及受偿意愿测度如表14.5所示。

表14.5   国内流域生态提供方受偿意愿研究现状

研究者（时间）	流域	受偿意愿（WTA）
刘雪林和甄霖（2007）	泾河流域	565 元/月
车越等（2009）	黄浦江上游水源地	1526 元/月
李芬等（2009）	鄱阳湖区	13762 – 15525 元/公顷
姜宏瑶和温亚利（2011）	鄱阳湖湿地生态系统	339.9 元/户·年
李军龙（2012）	闽江源流域	6520.5 元/户·公顷
徐大伟（2013）	辽河中游地区	248.56/人·年
杜晓芹等（2014）	武进港小流域水环境	346.2 元/年
徐大伟等（2015）	怒江流域	584.53 元/人·年
周阿蓉和黎元生（2015）	闽江流域	2410.65 元/公顷·年

在探讨生态服务提供方特别是农户生态环境意识和生态补偿受偿意愿的基础上，国内学者还进一步分析了受偿意愿的影响因素。杜晓芹（2014）等对武进港小流域水环境治理工程中居民的受偿意愿进行调查研究，结果发现，62%的受访者具有良好的受偿意愿，平均受偿意愿为346.2 元/年，受访者受偿意愿与受教育水平呈显著正相关，与年龄呈显著负相关，与职业存在较弱的负相关性。李军龙（2012）对闽江流域农户受偿意愿的研究结果表明，绝大多数农户希望能够参与生态补偿，其受偿意愿是6520.5 元/户·公顷，农户受偿意愿的影响因素主要是受教育水平、家住距离、收入水平、耕地面积和对生态环境的认知等，这些因素也是农户是否自愿参与生态保护的关键变量。

尚海洋等（2015）研究发现，石羊河流域农户对流域生态保护与恢复有着较好的认知，并且对实施生态补偿有着较高的期望，受偿意愿的主要影响因素为农业收入。刘雪林和甄霖（2007）以黄土高原泾河流域为例，研究了农户对生态服务的消费状况和受偿意愿，结果发现，农户受偿意愿为565 元/户，农户受偿意愿与退耕地面积、养羊数量、收入水平密切相关，并且，退耕还林工程的实施通过改变农户种养格局和收入间接影响了农户的受偿意愿。姜宏瑶和温亚利（2011）以鄱阳湖湿地生态系统为例，调查得到农户生态补偿受偿意愿为339.9 元/户·年，农户受偿意愿的影响因素有年龄、生态环境认知及生态保护态度等。

（二）关于流域生态服务使用方支付意愿及其影响因素的研究

流域生态服务使用方支付意愿会对生态补偿产生重要影响，国外学者在探讨生态服务使用方（或付费方）支付意愿的基础上，分析了支付意愿的影响因素，并进一步探讨了生态服务付费的可行性和有效性。阿米格等（Amigues et al.，2002）对法国加龙河流域河岸栖息地项目的支付意愿进行了研究，发现支付意愿较高。比纳比和赫恩（Bienabe and Hearne，2006）对哥斯达黎加的居民进行了条件价值调查分析，结果表明，各类不同人群都愿意增加生态环境服务的付费水平。莫拉纳等（Morana et al.，2007）通过对苏格兰居民生态服务付费的支付意愿进行问卷调查，发现基于环境和社会福利目标的居民有较高的支付意愿，并愿意以收入税的模式参与生态服务付费。

卢米斯等（2000）评估了恢复普拉特河流五类生态服务的总经济价值，并探讨了支付意愿与受访者社会经济特征变量之间的关系，发现支付意愿与受访者经济社会特征密切相关。莫雷诺桑切斯等（Moreno-Sanchez et al.，2012）运用条件价值法研究了哥伦比亚安第斯流域农户参与流域生态服务付费项目的支付意愿和影响因素，结果发现流域生态服务使用方支付意愿为 1 美元/月，生态服务使用方异质性会对支付意愿产生重要影响。卡普洛维茨等（Kaplowitz et al.，2012）研究发现，哥斯达黎加多斯诺维略（Dos Novillos）流域生态服务（清洁水源）使用方的支付意愿为 4.66 美元/人·月，基于社区农户参与建立区域性生态服务付费机制具备一定的可行性。赫肯等（Hecken et al.，2012）运用条件价值法研究了尼加拉瓜马蒂瓜（Matiguás）地区流域下游居民获得改进水质服务的支付意愿，发现生态服务付费情景下的居民支付意愿为 99 科多巴/户·月，进一步的研究发现，生态服务付费机制在该地区仅能作为流域生态保护的补充性制度安排。

国内诸多学者对中国重要流域的支付意愿进行了深入研究。张志强等（2002）研究发现，黑河流域张掖地区的居民获得水源的支付意愿为 53.35 元/户·年。赵军等（2004）基于支付意愿对上海城市内河的生态服务价值进行了评估，发现上海居民获得清洁水源的支付意愿为 528.8 元/户·年。徐大伟等（2007）研究发现，黄河流域郑州段支付意愿为 24.2 元/户·月，葛颜祥等（2009）研究发现，黄河流域山东段居民有一定的环境意识和生态补偿意识，生态补偿年度支付意愿为 184.38 元/人·年。郑海霞等（2010）研究发现，金华江流域居民参与生态补偿的支付意愿为 298.46 元/户·年。

国内诸多学者在对中国重要流域的支付意愿进行评估的基础上，还深入探讨了支付意愿的影响因素。秦艳红和康慕谊（2007）认为，支付意愿在很大程度上取决于人们对生态服务的认知程度和环境意识。居民受教育程度和收入水平与生态补偿支付意愿显著正相关；女性居民的生态补偿支付意愿比男性居民高。接玉梅等（2011）运用山东省 16 市居民问卷调查获得的 464 份数据，评估了山东省黄河下游居民生态补偿认知程度和支付意愿，发现该区域居民有较好的生态环境意识和较高的支付意愿。受教育程度、工作优越性及收入与居民生态补偿支付意愿存在着正相关关系，男性居民较女性居民的生态补偿支付意愿更高。许罗丹（2014）通过对西江流域四省城乡居民的问卷调查，发现受访者对假设情景下的水环境改善项目有信心，西江流域水环境改善的家庭支付意愿为 132.6 元/户·月。受访者参与生态环境保护的意愿以及当地水环境质量等因素对居民水环境改善支付意愿有显著的正向影响，受访者年龄、性别等个体特征对水环境改善支付意愿影响较小，而家庭月收入对支付意愿有显著的正向影响。史恒通和赵敏娟（2015）研究发现，陕西省渭河流域居民的生态服务支付意愿为 249.27 元/户·年。居民社会地位和环境认知程度与支付意愿显著正相关，受访者年龄和是否为农村居民则对支付意愿有负向影响，男性受访者具有更高的支付意愿。

除了个人异质性因素，居民的家庭经济社会特征也是支付意愿的重要影响因素。熊凯（2014）基于 202 份农户调查数据，采用条件价值法和 Heckman 两阶段模型，对鄱阳湖湿地农户生态补偿支付意愿的支付水平及其影响因素进行实证分析，结果表明，研究区内具有生态补偿支付意愿的农户占被调查农户总数的 46.53%，农户户均年支付意愿为 487.40 元/（户·年）；被调查农户的家庭收入来源、家庭居住位置、是否重视湿地环境改善及拥有耕地面积与农户生态补偿支付意愿呈现显著相关性。魏同洋（2014）对北京城区居民进行水源地保护的支付意愿调查评估，结果显示，57.28% 的受访者有支付意愿，单边界下居民的支付意愿为 162 元/（户·年）。支付意愿受年龄、性别、受访者月收入、家庭水费、是否去过水源地、对供水水量的看法、对供水水质的看法等因素的影响。杨卫兵（2015）调查了江苏省农户水环境治理的支付意愿，结果表明，被调查农户水环境治理支付意愿较高，有 73.64% 的农户表示愿意支付；主要影响因素有水环境现状评价、非农收入比重、对政府的信任度、健康状况、文化程度和年龄等。典型研究成果如表14.6所示。

表14.6 中国流域生态服务使用方支付意愿研究现状

研究者（时间）	流域	支付意愿（WTP）
张志强等（2002）	黑河流域张掖地区	53.35 元/户·年
赵军等（2004）	上海城市内河	528.8 元/户·年
葛颜祥等（2009）	黄河流域山东段	184.38 元/人·年
徐大伟等（2007）	黄河流域郑州段	24.2 元/户·月
郑海霞等（2010）	金华江流域	298.46 元/户·年
杜丽永（2013）	长江流域南京段	259~288 元/户·年
徐大伟（2013）	辽河中游地区	59.39 元/人·年
研究者（时间）	流域	支付意愿（WTP）
熊凯（2014）	鄱阳湖湿地	487.4 元/户·年
许罗丹（2014）	西江流域	132.6 元/户·月
魏同洋（2014）	北京延庆水源地	150 元/户·年
史恒通和赵敏娟（2015）	陕西省渭河流域	249.27 元/户·年

除了受访者个人特征、家庭经济社会特征等个体异质性因素外，流域生态服务使用方支付意愿还有诸如政策背景、决策背景等影响因素。这些因素是在中国经济转型过程中形成的，国内学者选择不同的研究案例，对一些较为重要的因素进行了剖析。张翼飞等（2007）在支付意愿影响因素分析中纳入"户籍"变量及户籍与收入的交互项，以反映中国特殊的城乡二元结构和区域间经济不平衡造成的大规模流动人口对生态服务的特殊影响。李超显等（2012）以湘江流域长沙段的居民支付意愿为例，运用结构方程和条件价值法分析了流域生态补偿支付意愿的影响因素，发现以"外部特征""现状评价""心理特征"取代传统研究的"个人社会经济特征"作为支付意愿的主要影响因素更具全面性和解释力。杜丽永（2013）以南京市居民对长江流域生态补偿的支付意愿为例，采用双边界二分式问卷和 Spike 模型，得到的支付意愿在 259~288 元/户·年，发现"加入决策"和"支付决策"是两种不同的机制，二者在影响因素上存在差异。

四、研究述评

流域生态服务价值评估方法种类较多，已经形成了较为完备的理论体系，应用研究也比较丰富。条件价值法在生态服务价值评估方面具有很大潜力，即使在发展中国家也能够得到具有有效性和可信性的结果，不失为一种富有应用前景的生态服务价值评估方法。自条件价值法出现，特别是生态补偿成为一种受到广泛关注的生态环境保护机制以来，国内外学者对生态服务提供方及其受偿意愿问题给予了大量关注。这些研究主要涉及生态服务提供方参与生态补偿的受偿意愿、生态服务提供方受偿意愿的影响因素等问题。不过，在中国转型经济政策背景下，现有受偿意愿影响因素研究虽然涵盖了个人和家庭特征、制度背景、自然环境因素等，但各种影响因素的指标设定仍带有一定的随机性和直觉性，对于影响因素的类别特征和影响程度缺乏深入的分析，各变量间的因果关系甚至可能导致的内生性、受偿意愿影响因素的边际效应等都是现有研究的一个薄弱环节，同时也正是本书选择以流域生态服务提供方作为视角之一的重要原因。

从现有流域生态服务使用方支付意愿研究的文献来看，作为生态服务使用方的流域下游居民具备一定的生态环境意识和生态补偿付费意识，居民支付意愿会因为自身异质性和外部条件的不同而差别较大。不过，已有研究往往只考虑了流域生态补偿可行性问题或流域生态服务使用方支付意愿差异性问题，未根据报告支付意愿评估结果对真实支付意愿进行估算和比较，没有充分考虑中国转型经济背景下公众环境意识和生态服务使用方支付意愿的决策背景。并且，已有研究普遍未明确区分引起支付意愿差异性因素概率和实际值的边际效应。这正是当前生态服务价值评估中支付意愿研究的一些不足之处，为此，本书试图从流域生态服务使用方支付意愿的理论阐释和实际调研入手，并以此作为研究的理论基础和数据来源来讨论中国流域生态补偿中的居民支付意愿、支付意愿影响因素及其边际效应问题。

第二节　流域生态服务价值评估：效益转移法研究进展及其应用

一、效益转移法研究进展

效益转移法（benefit tranfer method）是指将研究点（study site）的生态服务货币价值估计值转换到政策点（policy site），即将已有研究结果应用到新的待研究区域。越来越多的国家在进行立法和项目开发时，公共事务管理者和金融机构要求对项目进行生态环境影响的成本收益分析。由于开展基础性的价值评估研究需要耗费大量的时间和资金，受委托的评估方通常无法在规定期限内启动并完成环境价值评估工作。近年来，鉴于环境评估的时间和资金限制，当决策者希望在较短时间内用较小投入对市场上无法交易的生态服务赋予货币价值时，这些环境评估者逐渐开始采用效益转移法进行分析和评估。

20 世纪 60 年代末，效益转移法开始应用于生态环境价值评估。美国总统里根在 1981 年签署了 12291 号令，对全国主要开发项目进行环境规制，要求对超过 1 亿美元的项目进行环境成本效益分析。这一法规对非市场产品，特别是生态服务的价值评估产生了重要促进作用，而鉴于研究资金和时间的限制，美国国内兴起应用效益转移法评估生态服务价值。1992 年，著名期刊《水资源研究》（Water Resources Research）曾出版一期专刊介绍生态服务价值评估的概念和技术，提出了效益转移法的应用准则，这些准则涉及生态服务所在地区、受益者状况以及研究性质。1997 年，科斯坦扎（Costanza）在改进效益转移法的基础上，首次对全球生态系统服务价值进行了评估，明确了基于效益转移评估生态系统服务价值的基本原理和方法。科斯坦扎将全球陆地生态系统分为 9 个一级类型，即森林、农田、草地、湿地、荒漠、湖泊（河流）、冰川、冻土和城镇，包括气体调节、气候调节、水供给、水调节、干扰调节、原材料、食品供给、废弃物处理、侵蚀控制、土壤形成、营养循环、授粉、生物控制、基因资源、栖息地、娱乐和文化等 17 类生态服务。某一级类型生态系统的生态系统服务价值计算公式为：

$$V_j = \sum_{i=1}^{n} A_j P_{ij} \tag{14-4}$$

某区域陆地生态系统服务总经济价值为：

$$V = \sum_{i=1}^{n} \sum_{j=1}^{m} A_j P_{ij} \qquad (14-5)$$

式中，V 为区域生态系统服务总经济价值；A_j 为第 j 种土地类型的总面积；P_{ij} 为第 j 种土地类型 i 类生态服务的单位价值量。

效益转移法可以分为两大类，即单位价值转移和函数转移（见图 14.1）。其中单位价值转移包括两种方式：（1）单位价值直接转移，指根据所选研究点的单位人口或单位面积的生态服务价值，评估政策点的生态服务总价值；（2）单位价值经过调整后转移，与第一种方法类似，但单位价值要根据政策点特征进行调整，最常用的调整依据是区域间的收入水平和价格水平差异。对于政策点与研究点两者的背景资料调查越详细，越有利于调整单位价值比例进行参数设定（Walsh et al.，1992）。函数转移也包括两种方式：（1）通过供给或需求函数转移，即利用函数对研究点价值进行参数调整并加以应用。克里希霍夫等（Kirchhoff et al.，1997）研究发现，函数转移方式在实证研究中有诸多限制条件，难以准确构造合适的转移函数；（2）荟萃分析函数转移，与第三类方法类似，这一方法首先对众多研究点文献进行荟萃分析，然后利用函数进行参数调整以评估政策点的价值。

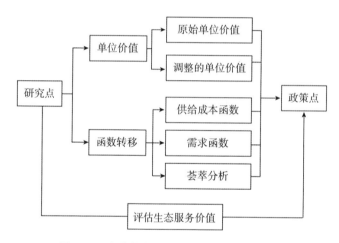

图 14.1　生态服务价值评估的效益转移方式

效益转移法作为生态环境价值评估技术也存在一些争议，1998 年，生态经济学领域重要期刊 Ecological Economy 推出专刊讨论科斯坦扎等全球生态系统服务价值的评估原理和方法。之后，对效益转移法评估生态系统服务价值有效性和可靠性的质疑越来越多。不过，如果充分考虑了研究点和政策点的相似性，或者对单位价值进行了合适的调整，效益转移法将是一种评估生态系统服务价值的合适方法（Smith，2002；TEEB，2010）。

效益转移法对于较大区域内耗时耗力的生态系统服务价值评估，具有很大的优势。第一，效益转移法的应用可以大大降低研究成本（包括开展实地调查工作所需的人力、物力和财力）以及价值评估所需的时间，使决策者能够较为迅速地对生态补偿项目的可行性做出决策；第二，效益转移法能够使生态服务价值的评估建立在一个统一的标准之上，能避免过多的人为主观干预，更能避免生态服务价值评估方法纷繁芜杂带来的价值评估结果多样性。不过，研究点和政策点之间的评估方法、经济社会特征、环境保护现状和区域自然环境间的差异，均会对效益转移后的评估价值产生影响。如果研究点和政策点生态服务、市场背景等具有一致性，效益转移结果就具有较好的可靠性。具体来讲，政策点和研究点需要达到物品一致性、市场背景一致性、福利度量标准一致性，效益转移法的价值评估结果才具有可信性。如果在物品、市场或福利度量上存在显著差异，则需要进行调整，以满足效益转移的一致性前提。

二、效益转移法应用研究

国内外关于流域生态服务总经济价值的测算研究众多，以全球或区域尺度评估的生态系统服务价值，采用的方法多为效益转移法。以科斯坦扎等为代表的学者首先对全球生态系统服务价值进行了评估。泽德勒（Zedler，2003）基于流域管理、水资源开发利用、生态环境保护政策制定等目的，探讨了流域生态服务的经济价值评估问题。帕塔纳亚克（Pattanayak，2004）探讨了流域生态服务价值评估理论和方法，并分析了市场化商品服务和非市场化生态服务、流域保护与经济发展的相互关系。勒万和索德维斯特（Lewan and Söderqvist，2002）探讨了土地利用变化对流域生态服务价值的影响，并采用分类描述生态系统服务价值的方法以促使公众认知和理解所在区域的生态系统服务价值。斯沃洛等（Swallow et al.，2009）和加里克等（Garrick et al.，2009）在分析经济发展和生态服务、流域上下游保护之间关系的基础上，探讨了土地利用变化和各种政策措施对流域生态服务价值的影响。

流域生态服务价值评估的研究以生态系统静态价值为主，部分研究体现了生态系统时间变化的动态价值。如特洛伊和威尔索伊（Troy and Wilsoii，2006）利用价值转移法评估了美国马萨诸塞州盆地生态系统服务的经济价值。斯特格等（Steg et al，2012）依据 TEEB 数据库案例对全球的生态系统服务价值进行了重新估值。与静态生态系统服务价值评估相比，生态系统服务的动态价值评估体现了时空的变化，更能体现某地区或者某类生态系统服务价值的变化趋势，并且研究范围大多为空间尺度更大的生态服务变化。动态生态系统服务价值评估需要以不同年份的土地利用数据为基础。鲍曼斯等（Boumans et al.，2002）在校正 1900～2000 年相关土地数据的基础上利用 GUMBO 模型，模拟 2000 年全球生态系统服务价值为当年全球经济总量的 4.5 倍，还预测了不同情景下生态系统服务价值的变化趋势。德格鲁特（De-Groot，2012）评估了全球的生态系统服务价值，并与科斯坦扎的价值评估结果进行了比较分析，解释了生态服务价值变动的原因。

近年来，中国在流域生态服务价值评估领域的研究文献较多，这些研究不仅对生态服务价值评估的理论与方法进行了探索，而且开展了很多生态服务价值评估的应用实践，取得了诸多进展。从 20 世纪 90 年代开始，国内学者受科斯坦扎和联合国 MEA 研究成果的影响，对生态服务价值评估原理及其应用范围展开了深入研究。如欧阳志云等（1999）对生系统功能及生态服务价值评估理论与方法做了分析，估算了中国的生态系统服务价值。欧阳志云等（1999）阐释了生态系统的概念、内涵及其价值评估方法，并以海南岛为例，评估了生态服务价值，后又对中国陆地生态系统的价值进行了初步测算；谢高地等（2001）参考科斯坦扎等的生态服务价值评估法，根据中国实际情况首次提出了适用于中国陆地生态系统的单位面积生态服务价值表，并以农田生态系统的食物生产生态服务作为单位价值，评估了中国自然草地生态系统和青藏高原高寒草地的生态服务价值。之后，谢高地等（2008）基于专家知识对生态服务价值当量进行了改进，提升了效益转移法评估中国陆地生态系统服务价值的有效性和可靠性。谢高地等（2015）对单位面积价值当量因子静态评估法进行了改进，构建了基于单位面积价值当量因子的生态系统服务价值动态评估法，生态系统功能的分类也由之前的

9 种增加到 11 种，实现了对全国生态服务价值在时间和空间上的动态综合评估。

国内诸多学者利用改进的效益转移法对中国重要流域的生态系统服务价值进行了评估。如胡和兵等（2011）以南京市九乡河流域为研究区域，以遥感影像为基本数据源，在调整生态系统服务单位价值的基础上，计算了流域生态系统服务价值损失量，结果发现 2003 年和 2009 年九乡河流域生态系统服务价值损失率分别为 2.63%。段锦（2012）等利用遥感和 GIS 分析方法对东江流域的生态系统服务价值进行评估，研究结果表明，2000 ~ 2008 年东江流域生态系统服务总价值呈减少趋势。粟晓玲（2006）以甘肃河西走廊为例，评估了石羊河流域的动态生态系统服务价值。马国军（2009）借助土地利用类型遥感数据评估了甘肃石羊河流域的生态服务价值，结果显示，1999 年的总体生态服务价值为 115.31 亿元，2006 年为 156.5 亿元。赵军（2010）借助土地利用类型遥感数据评估了甘肃石羊河流域生态服务价值的动态变化情况，结果显示，生态服务价值从 2000 年的 100 亿元降低到 2006 年的 97.18 亿元，损失为 28.82 亿元，减幅达 2.82%。

国内诸多学者还利用改进的效益转移法对南水北调工程的生态系统服务价值进行了评估。蔡邦成等（2006）以生态服务价值评估的现有成果为手段，根据土地利用类型变化评估得到南水北调东线一期生态工程实施后每年所增加的生态系统服务价值为 12816 万元，结合区域社会经济发展状况，引入生态价值发展阶段系数调整后的结果为 4229 万元。韩德梁（2010）根据丹江口库区（包括湖北十堰市市辖区、丹江口市、郧西县、郧县及河南淅川县共 5 县市）1987 年、2000 年和 2008 年三期遥感影像，结合生态系统服务评估方法，制定了适合丹江口库区的单位面积生态系统服务价值表，并模拟测算出 2015 年丹江口库区综合发展目标情景下的生态系统服务价值为 3372 亿元。

三、研究述评

从基于效应转移法的生态服务价值评估研究成果可以看出，生态服务价值评估是当前生态环境治理中的热点问题，诸多学者从理论和应用两方面开展了大量研究，形成了适用于中国生态系统特征的生态服务价值评估方法。效益转移法比较适合大区域尺度或大型生态系统类型的生态服务价值评估。不过，已有研究仍存在一些不足之处，主要表现为在将生态服务价值评估方法应用到具体研究案例时，区域特征差异性、生态服务外部性会导致所选方法出现可靠性和有效性问题。更为重要的是，由于生态服务往往难以商品化，生态服务价值难以市场化，生态系统服务整体—部分效应、利益主体异质性、经济社会背景等会显著影响价值评估结果，引起了诸多关于生态服务价值的争议，降低了生态服务价值作为生态补偿标准确立依据的可信性。并且，从本书所选研究案例看，现有研究往往只测算了南水北调中线工程部分水源区的生态系统服务价值，仍未见从全部水源区评估生态系统服务总经济价值的研究。

第三节　基于流域生态服务价值的生态补偿标准研究

随着生态环境问题日益获得学者和公众的重视，国内外学者对生态系统服务的研究逐步深入，使人们更为深刻地认识到生态服务价值，并成为反映生态系统经济价值、确立生态服务付费（补偿）标准的重要基础。科斯坦扎等和联合国千年生态系统评估（MEA）的研究在这方面起到了巨大的推动作用。基于生态系统服务价值来确定生态补偿标准的核心内容，是采用生态经济学方法评估生态服务价值,并利用价值评估结果进一步确立生态补偿标准。国外关于流域生态服务付费标准的探讨源于流域管理计划,之后,关于流域生态服务付费标准的研究主要是在生态服务付费分析框架下展开的。由于国外市场机制较为发达,主要侧重于市场化方式解决生态服务外部性,重点关注生态服务谈判机制和交易市场主体的构建。国内关于流域生态补偿标准的探讨初期以对负外部性进行损害赔偿的案例居多,之后,伴随国外生态服务价值理论及其评估方法在中国的发展,特别是生态服务付费机制在全球多个地区的推广,基于生态服务价值探讨生态补偿标准的文献也越来越多。

一、国外关于流域生态服务付费标准的研究

早在 20 世纪 30 年代,美国就开始实施田纳西河流域管理计划,这被认为是最早将生态补偿应用于流域管理和规划的实践,该计划通过确立生态服务付费(补偿)标准并筹集资金用于流域管理和水源综合开发。从 20 世纪末开始,生态系统服务的概念开始进入政策实施领域。联合国 MEA(2003)设立了将生态系统服务植入生态服务付费(补偿)政策领域的重要界标,MEA 框架不仅强调人类依赖于生态系统服务,而且强调潜在的生态系统功能,它们有助于使生物多样性和生态过程在人类福利中可见,这为生态系统服务植入政策领域做出了重大贡献。之后,关于生态系统服务和生态保护项目的实践和研究文献大量增加。在全球大量保护生态系统的实践和研究中,生态系统服务正通过基于市场保护机制的实施而增长,以生态系统服务付费为代表的经济激励手段逐渐替代了传统的命令—管制手段,使生态系统服务付费的治理方式得以形成和推广。

流域生态服务付费标准是 PES 制度框架的核心环节,国际环境与发展研究所(IIED)认为,流域生态服务付费的付费目的是处理环境外部性,为上游地区提供改进水质和水量生态服务给予制度激励。流域生态服务付费标准依据提供生态服务的土地使用条件确立,如生态保护成本、生态服务经济价值,或者上下游直接进行谈判。流域生态服务付费机制已在许多国家建立,如哥斯达黎加、法国、厄瓜多尔、哥伦比亚和巴西等国家的流域生态服务付费项目。例如,哥斯达黎加的流域生态服务付费项目由世界银行发起,该项目旨在改善流域水环境服务功能。日本和美国也在境内部分流域施行了具有生态服务付费属性的流域生态系统管理项目。流域生态服务付费项目主要通过增加流域内的森林面积,改善水文条件和提升水质,因此付费资金主要向生态服务使用方直接征收,其他生态服务的受益方较少被考虑在内。国外典型流域流域 PES 项目中的付费标准情况见表 14.7。

表 14.7　　　　　　　　　国外典型流域生态服务付费案例

PWES 项目	生态服务类型	生态服务提供方	生态服务使用方(或付费方)	付费标准和付费方式
哥斯达黎加沙拉皮基(Sarapiqui)	水资源调节,保护多样性	上游森林所有者	私有水电公司、政府基金	政府专门基金:水电公司每年 18 美元/公顷,政府补贴 30 美元/公顷
纽约卡茨基尔(Cats-kills)和特拉华(Delaware)清洁供水协议	水源涵养和水质净化	上游森林所有者、农民和伐木公司	纽约用水者、政府	征税与政府补贴:向用水者征税,政府在 10 年内补贴 10 亿~15 亿美元

PWES 项目	生态服务类型	生态服务提供方	生态服务使用方（或付费方）	付费标准和付费方式
法国佩里尔·伟图（Perrier Vittel）矿泉水公司	改善饮用水质	上游农民、森林所有者	矿泉水公司、法国农艺协会和水利部门	企业和协会直接补偿上游农民、购买上游土地产权
哥伦比亚考卡（Cauca）流域保护项目	水流调节，减少灌溉水渠沉积物	森林所有者	由农民组成的灌溉协会、政府	直接支付和购买土地产权两种方式。用水者每季支付0.5美元/（秒·升），并额外支付每季1.5~2美元/（秒·升）给 CVC 流域保护基金
哥伦比亚流域管理	清洁水源、水流调节	私人土地所有者	下游居民、企业和政府	直接支付和购买土地产权两种方式。政府财政预算的1%，超过1万千瓦水电公司销售额的6%，其他用水工业投资额的1%

从表14.7可以看出，国外的流域生态服务付费标准和付费方式各不相同。哥斯达黎加沙拉皮基流域为进行水资源调节和保护多样性，流域生态服务提供方（上游森林所有者）获得了流域生态服务使用方（私有水电公司）的付费激励，即由政府出面成立专门生态补偿基金，由水电公司每年缴纳18美元/公顷，政府同时补贴30美元/公顷。再比如，纽约卡茨基尔和特拉华达成了清洁供水协议，为激励生态服务提供方（上游森林所有者）供给水源涵养和水质净化的生态服务，政府向纽约用水者征税，同时政府在10年内补贴10亿到15亿美元。哥伦比亚考卡流域保护项目中，农民组成的灌溉协会和政府共同以直接支付和购买土地产权的方式，激励生态服务提供方减少灌溉水渠沉积物，生态服务使用方用水者每季支付0.5美元/（秒·升），并额外支付每季1.5~2美元/（秒·升）给流域保护基金。总之，国外的流域生态服务付费机制偏向于付费资金的市场化配置，制定付费标准的市场化程度较高。

二、国内关于流域生态补偿标准的研究

国内学者比较重视流域生态补偿标准的测算问题，以特定流域的生态补偿案例为基础，深入探讨和分析了生态补偿标准测算方法问题。沈满洪（2004）综合分析了林业、水利、环保和新安江开发总公司的生态保护投入、限制发展的机会成本等，从成本角度提出了杭州市、嘉兴市上游千岛湖地区的生态补偿标准测算方法。王金南（2006）归纳和比较了成本收益核算和谈判协商确定生态补偿标准的两种方法，认为根据成本收益核算结果进行协商的方式比较行之有效。魏楚（2011）认为，常用的流域生态补偿标准测算方法可以分为两类，分别是针对水源区生态保护补偿和针对跨界断面赔偿的测算方法。其中，水源区保护补偿的测算方法包括机会成本法、条件价值法、水资源价值法和生态系统服务价值法等。

具体的生态补偿标准应以流域上下游生态损益、机会成本、居民支付意愿分别作为补偿上限、参考值和下限来综合确定。如张惠远和刘桂环（2006）认为，流域生态补偿标准测算

应包括两个方面内容：第一，流域上游为水质水量达标、改善流域水质和水量所付出的成本，即以直接投入（成本）为依据，如上游地区水源涵养、综合整治环境污染、治理非点源污染、建设城镇污水处理设施等项目的成本；第二，以上游地区为水质水量达标所丧失的发展权，即发展机会成本为依据，主要包括节水的投入、移民安置的投入以及限制产业发展的损失等。戴君虎等（2012）认为，理论上生态补偿标准下限应是生态保护者因放弃开发利用损失的机会成本与新增的生态管理成本之和，生态补偿标准上限为生态服务使用方获得的生态保护收益（生态价值）。黄寰等（2012）认为按生态系统功能进行价值评估是生态补偿金标准估算的重要参考和理论上限值。在生态补偿实践中，由于对流域生态服务价值难以准确评估，而流域上游土地使用者的机会成本相对容易评估，因此在有限的预算约束下，生态补偿标准通常设定在略高于土地使用机会成本的水平。

流域生态服务价值对制定流域生态补偿标准具有重要指导作用，国内学者在借鉴国外生态系统服务价值测算原理的基础上，进一步探讨了重要流域的生态补偿标准问题。王振波等（2009）认为，生态系统服务与生态补偿的关系密切，生态系统服务价值评估是生态补偿确立的根本依据。刘桂环等（2010）利用效益转移法和中国陆地生态系统单位面积价值表，测算出2000年官厅水库流域生态服务价值为215.8亿元；并且在此基础上探讨了生态系统服务价值和生态补偿的关系，认为生态系统服务的跨区域关联特征是实施流域生态补偿的重要依据，而人类福利则是建立流域生态服务价值与生态补偿机制的关键纽带。

许多文献结合生态环境保护和生态补偿对流域生态服务价值进行评估。徐劲草等（2012）测算了晋江上游地区的生态系统服务价值，并依据水体和湿地生态系统的水源涵养、废物处理生态服务价值，确立的生态补偿标准为8327万元/年，支付方式为泉州市政府支付1/4，其余由晋江下游各县（市、区）按所分配水量比例进行分摊。李云驹（2011）对云南省滇池松华坝流域生态补偿标准的计算方法进行了评价和分析，认为依照生态服务价值计算的生态补偿标准可作为流域退耕还林生态补偿标准的上限。白景锋（2010）根据南水北调中线工程河南水源区土地利用类型变化情况，测算出河南水源区因为生态建设而增加的生态服务价值为35.4亿元，按调水比例和GDP比例加权平均的生态补偿分摊标准为河南1.56亿元/年、河北1.41亿元/年、北京0.84亿元/年，天津0.51亿元/年。王一平（2011）在测算南水北调中线工程水源区河南淅川县生态系统服务价值变化量的基础上，估算出淅川县的生态补偿标准为44.4亿元/年。

三、研究述评

从国内外已有研究可以看出，流域生态服务价值的评估目的是为了在生态服务价值货币化的基础上，为流域管理、特别是流域生态补偿标准的确立提供理论依据和科学基础。已有研究仍存在一些不足之处，主要表现为在将生态服务价值评估方法应用到具体研究案例时，区域特征差异性、生态服务外部性会导致所选方法出现测算结果可靠性和有效性问题。由于不同研究者对生态服务的理解不同，对于同一种生态服务采用不同的价值评估方法，往往导致结果差异较大。生态系统的中间服务不能直接被人类利用，但是能够对其他生态系统功能产生间接影响，因此，生态补偿标准确立过程中是否应该扣除这些中间服务以避免重复计算，值得商榷。并且，流域生态服务价值评估结果往往高于生态补偿标准，需要对价值评估结果进一步剥离，得出合理的生态补偿标准，而生态补偿标准在政府决策和实践中的应用则有待进一步论证和拓展。因此，应从流域生态系统功能及其价值与人类福利的关系角度来研究流域生态补偿标准问题，并以此作为研究基础来讨论生态补偿标准的区域分摊问题。

第十五章

流域生态服务价值评估与补偿的理论分析框架

　　流域生态服务价值评估和生态补偿是生态环境治理中的关键问题。在新古典经济学体系中，环境决策通常是基于成本收益分析框架的，但这一分析框架在很大程度上忽视了生态服务的经济价值。生态经济学家逐渐开始采用合理的产权结构、适用的货币估值工具、基于市场的生态补偿政策设计等这一套逻辑框架来避免生态服务价值损失和增进人类福利（Spash，2008；Daily et al.，2009；Child，2009）。设计流域生态补偿项目，首先要界定清楚生态服务的提供方及使用方、提供方向使用方提供何种生态服务、外溢范围及作用强度有多大，然后根据生态补偿中最核心利益相关方的补偿（付费）意愿，即根据生态服务提供方受偿意愿和使用方支付意愿构建生态服务价值评估的基础，并根据生态服务价值确立生态补偿标准，构建出合适的流域生态补偿机制。

　　本篇拟从理论上构建流域生态服务价值评估与补偿的分析框架，首先，阐明流域生态服务价值评估与补偿的研究基础，即流域生态服务价值评估与补偿的环境经济学和生态经济学理论基础；其次，从流域生态服务提供方和使用方的微观视角，对微观主体的供给行为和消费者行为进行分析，并据此从理论上分析流域生态服务提供方的受偿意愿和使用方的支付意愿；最后，提出基于流域生态服务价值确立生态补偿标准的理论依据，并构建流域生态服务价值评估与生态补偿标准研究的理论分析框架。

第一节　流域生态服务价值评估与补偿的理论基础

一、生态系统服务价值理论

（一）生态系统服务价值理论进展

　　长期以来，人类往往忽视了生态系统服务价值，或者由于理论认识和评估手段的局限性，极大地低估了生态系统服务价值。人类对生态系统服务价值的认识经历了从免费、低估价值到合理估值的历程，这一认识过程与经济学发展阶段息息相关。经济学作为一门独立学科产生以后，人们对生态系统服务价值的认识经历了从使用价值到交换价值的过程。20世纪60年代以来，随着环境经济学和生态经济学的兴起，人们日益认识到生态系统服务的非人类价值、非使用价值等，促进了生态系统服务价值评估理论的迅速发展。生态服务价值理论发展阶段及其特点如表15.1所示。

　　1. 古典经济学时期对生态环境使用价值的认识

　　这一时期还没有生态系统服务的概念，但已经认识到了自然的贡献。古典经济学家认为生态环境具有使用价值，以土地为主要代表形式的自然（资源）在经济发展中占重要位置，他们认为自然（资源）是一种互补的、不可替代的生产要素。威廉·配第（1662）提出了"土地是财富之母，劳动是财富之父"的著名论断。马尔萨斯（1820）在《政治经济学原理》中，把"土壤、矿产以及鱼类资源"看作自然的资本。可是，他们认为自然仅具有使用价值，不具有交换价值，因此，把自然提供的服务看成是免费的、大自然馈赠的礼物。如李嘉图（1821）的土地收益递减规律就假定自然服务不能提供交换价值，萨伊（1829）认为自然服务是大自然提供的无成本、免费的礼物。

2. 新古典经济学时期对生态环境交换价值的认识

在古典经济学晚期，格尔、瓦尔拉和杰夭兹（Menger, Walras and Jevons）发起的边际分析革命对自然（环境）的经济分析产生了重大影响，新古典经济学家的视角逐渐转移到生态环境的交换价值。20世纪早期，格雷、拉姆齐、艾兹和霍特林（Gray, Ramsey, Ise and Hotelling）等开始关注自然资源耗竭对未来人类的外部影响，并从理论和技术（比如运用贴现率）层面进行了详细论证。但是，纯粹的新古典经济学家没有把生态系统产品或服务的价值纳入分析框架，从而忽视了生态环境的经济贡献。这一时期对生态环境价值的分析还处于萌芽状态，生态环境交换价值的经济分析被限制在那些能进行市场化货币估值的生态产品或服务，未包括那些不能进行市场交易的生态系统服务。从古典经济学中自然（环境）是一种使用价值转变到新古典经济学中的交换价值，直接引发了生态系统服务的商品化和生态系统服务价值的市场化。

3. 环境经济学和生态经济学对自然资本和生态系统服务价值的认识

伴随20世纪中叶现代环保主义的兴起，学术界开始反思主流经济学环境分析方法的缺陷，把生态系统服务纳入经济学分析框架。慕尼和埃利希（Mooney and Ehrlich, 1997）指出马什（Marsh）在1864年出版的《人与自然》（*Man and Nature*）是现代历史上对生态系统服务进行研究的起点。20世纪60年代末70年代初，一系列文献开始提及服务于人类社会的生态系统功能及其价值（King, 1966; Helliwell, 1969; Hueting, 1970; Odumand Odum, 1972）。随后，舒马赫（Schumacher, 1973）首先使用了"自然资本"这一概念，随后韦斯特曼（Westman, 1977）、皮门特尔（Pimentel, 1980）等一些学者正式使用了"生态（或/环境/自然）系统服务"这一概念。之后，诸多学者开始构建生态环境问题经济学分析的理论基础，以此来强调人类社会从生态系统和生物多样性保护中所获得的人类福利。这一时期的文献重点阐释了生态系统的经济价值，并且，生态系统服务价值是以功利主义为基础的，即主要是在论述生态系统服务对人类福利的影响，价值评估的目的是为了提升生态环境保护的人类福利（Ehrlich and Ehrlich, 1982）。

表 15.1　　　　　　　　　　　生态服务价值理论发展阶段及特点

时期	经济学派	自然（环境）的概念	价值属性
19世纪	古典经济学	土地是一种生产要素	互补性,使用价值
20世纪初期	新古典经济学	自然资源的外部影响	替代性,交换价值
20世纪60年代	环境经济学	自然资本	替代性和互补性,交换价值
20世纪80年代	生态经济学	生态系统服务	互补性,使用价值和交换价值

（二）生态系统服务价值的分类框架

随着人们对生态环境价值认识的日益深入，许多研究开始对生态系统提供的生态服务价值进行分类。美国未来资源研究所的环境经济学家克鲁蒂拉（Krutilla）于1967年在《美国经济评论》（*American Economic Review*）上发表了《自然保护的再认识》一文，提出了"舒适型资源的经济价值理论"，奠定了生态环境价值分类框架的基础。克鲁蒂拉和费舍尔（Krutilla and Fisher，1985）根据生态环境服务是否可以通过市场体系进行正常交易，将生态环境价值分为两大部分：一部分是有形的、物质性的经济价值，属于（间接）市场价值，一部分是无形的、舒适性的经济价值，属于非市场价值。后来，还有很多学者也对生态环境价值的分类方法进行了研究，比如弗里曼（Freeman，1979）、史密斯和德苏斯热（Smith and Desvousges，1983）、米切尔和卡森（Mitchell and Carson，1989）等，这些分类方法所强调的重点都有所差异，但基本上都认同生态系统服务总经济价值（TEV）的分类框架，即把生态系统服务价值分为使用价值和非使用价值。其中，使用价值分为直接使用价值、间接使用价值和选择价值；非使用价值分为存在价值和遗赠价值。这些价值都会对人类福利产生影响，属于基于人类中心主义的工具价值，强调特定生态产品或服务直接或间接提升人类福利（效用）的能力（Bockstael et al.，2000；Farber et al.，2002）。

尽管上述基于人类中心主义的生态服务价值观得到了经济学界较多的认同，但基于生态中心主义的生态价值观也逐渐得到发展。生态中心主义与人类中心主义相反，强调生态环境的内在价值，认为生态环境价值完全不用考虑人类需求和人类福利（TEEB，2010）。可见，内在价值与工具价值在某种程度上是对立的。生态系统服务内在价值与工具价值的争论还有互补性和替代性的问题，哈尔科斯和松井（Halkos and Matsiori，2012）认为，生态系统服务包含工具价值和内在价值，这两类方法对于评估一个生态系统来说是互补的。科斯坦扎（2006）也支持两类方法互补的观点。生态系统价值评估研究的挑战是融合上述两类学者对价值的看法。总的来说，从互补性和融合的视角出发，生态环境价值包含了内在价值和工具价值，具体分类如图15.1所示。

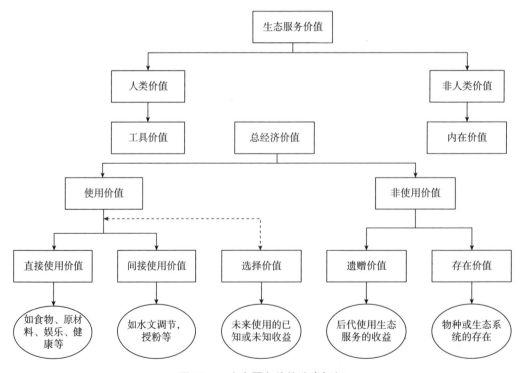

图 15.1　生态服务价值分类框架

二、自然资源产权与公共物品理论

自然资源产权难以清晰界定，即使清晰界定，也会因为较高的交易成本而难以形成完备的产权体系。除极少数可以市场化交易的生态产品以外，生态服务一般属于公共物品，在使用过程中常常会遭遇"搭便车""公地悲剧"等问题。

（一）自然资源产权理论

历史上关于产权的讨论最早源于对土地产权的分析，然后发展到对自然资源产权的研究。西方主流经济学关于产权的研究始于科斯（Coase）对外部性问题的再思考，经过诺斯（North），希拉西尔（Brasil），阿尔坎（Alchian），德姆塞茨（Demsets），威廉森（Williamson），格罗斯曼、哈特、摩尔（Grossman-Hart-Moore）等的共同努力，逐步形成了产权经济学的分析框架和方法。科斯（1960）认为，产权不仅表现为财产权的归属关系，还表现为因财产而引起的人与人之间的行为关系。"产权安排确定了每个人相对于物的行为规范，每个人都必须遵守他人之间的相互关系，或承担不遵守这种关系的成本。"阿尔坎（1965）认为产权是指人们在资源稀缺约束条件下使用某种资源的规则或权利。诺斯（1991）则认为产权是由于人口增长和经济发展引起的一系列制度安排。德姆塞茨（1967）认为产权是指人们如何受益或受损的权利。可见，产权是一种制度安排，能形成人与人进行交易时通过社会的法律、习俗和道德的合理预期。20世纪80年代末期，格罗斯曼和哈特（1986）、哈特和摩尔（Hart and Moore，1990）的研究正式开创了不完全契约理论，该理论强调所有权的重要性，也被称为"产权理论"

经济社会条件总是在不断变化，产权界定也随之发生变化。产权界定过程通常会被分割，从而构成一组权利束。斯科特（Scott，1988）的研究表明产权是多维变量，每一维变量对应权利的一个属性。《牛津法律大辞典》认为，"产权不是单一权利，而是许多不同权利的集束（bundles），其中的若干权利可以在不丧失所有权的情况下让渡"。施拉格尔和奥斯特罗姆（Schlager and Ostrom，1992）认为自然资源产权包含了一束权利：

接近权：使用或享受财产直接效用的权利；

收益权：有效使用财产以获取利润的权利；

管理权：制定和完善财产使用规则的权利；

排他权：排除一些使用者并制定接近财产规则的权利；

转让权：出售、出租或继承上述四项权利的权利。

生态服务的产权界定决定了不同利益相关方的分配与消费机会，直接决定着谁有权利拥有或使用。产权不清晰，就无法衡量生态服务利益相关方的合理性与合法性，也缺乏了对影响生态环境的行为进行惩罚或补偿的依据。只有明晰生态服务产权，才能合理界定生态补偿的利益相关方，保障生态补偿政策的有效性。

产权界定的权力通常属于中央政府，且中央政府的目标是全社会福利最大化，地方政府则追求区域利益最大化。流域提供的水质和水量生态服务属于公共资源中的"公共物品"，难以明晰产权。由于公共物品性质和流域生态服务的不可分割性，其产权界定困难重重，而且大多也只能界定在社区（村庄）这种相对较小的空间范围。对各项产权进行界定时，产权主体拥有的权力束是不同的，比如所有者可以拥有完整产权，控制者没有让与权，各产权主体可以拥有的权利束如表15.2所示。

表 15.2 生态服务产权束及其属性

权利名称	权利属性	所有者	控制者	索取者	授权使用者
接近权	使用或享受财产直接效用的权利	√	√	√	√
收益权	有效使用财产以获取利润的权利	√	√	√	√
管理权	制定和完善财产使用规则的权利	√	√	√	
排他权	排除一些使用者并制定接近财产规则的权利	√	√		
让与权	出售、出租或继承上述四项权利的权利	√			

（二）公共物品理论

根据产权界定方式的差别和产权体系差异，可以把物品分为私人物品和公共物品。私人物品拥有清晰的产权，私人具有完整产权束，是一种完备的产权体系；公共物品通常难以清晰界定产权，或者即使清晰界定，也会因为较高的交易成本而难以形成完备的产权体系。公共物品最大的特征是使用过程中的非竞争性。萨缪尔森（1953）很早就指出，公共物品是那些"每个人的消费都不会减少其他任何人对这种物品的消费"的物品。后来的研究进一步指出了公共物品的其他特征，并根据这些特征对公共物品进行了分类。布坎南（1965）提出了俱乐部物品的概念，认为俱乐部物品是集体消费的所有权安排。奥斯特罗姆（1990）认为，具有竞争性和非排他性的物品是共有资源（common pool resources，CPR），是一种特殊的公共物品。可见，公共物品相对于私人物品而言，具有非排他性或（和）非竞争性。根据上述特征，可将公共物品分为三类：一是同时具备非竞争性和非排他性的物品，即纯公共物品；二是具备非竞争性但有排他性的物品，即俱乐部物品，也可称之为自然垄断物品；三是具备非排他性但有竞争性的物品，即共有资源。具体分类见表 15.3。

表 15.3 物品分类及其属性

	排他性	非排他性
竞争性	私人物品	共有资源
非竞争性	俱乐部物品	纯公共物品

公共物品在使用过程中经常出现"搭便车"和"公地悲剧"问题。哈丁（Hardin，1968）认为，"这是一个悲剧。每个人都被锁定进一个体系。这个体系迫使他在一个有限的世界上无节制地增加他自己的牲畜。在一个信奉公地自由使用的社会里，每个人追求他自己的最大利益，毁灭是所有人趋之若鹜的目的地"。这就是所谓的公地悲剧问题，公地悲剧也可以用"囚徒困境"博弈来形式化表达。奥尔林（Olson，1994）提出了"搭便车"问题，是指参与者不需要承担任何成本而可以得到与费用支付者完全等价的效用。该问题对于分担公共物品供给成本的公平性有重要影响，以及影响公共物品供给能否持续。奥斯特罗姆 Ostrom（1990）认为"公地悲剧"和"搭便车"问题是公共事物治理所面临的难题。如果所有人都有"搭便车"行为，集体利益就不会产生；如果一部分人提供公共物品，而另一部分人"搭便车"，就会导致公共物品供给不是最优水平。

生态服务属于公共物品，具有非排他性和非竞争性。生态服务具有非排他性，比如水、空气等很难界定为私人产权，或者即使能够界定，交易成本也是巨大的；生态服务也具有非竞争性，由于生态系统在一定限度内具有自我净化能力，当污染物排放在一定范围内时，对生态服务的使用是非竞争性的。另外，生态服务的提供具有整体性，其提供的服务具有不可分割性。20 世纪中叶以来对生态服务等公共物品的研究均表明，公共物品一般都会存在过度使用的情况。奥斯特罗姆（1990）对共有资源的研究表明，共有资源具有非排他性和竞争性，资源系统可以共同享用，但资源单位却不能共同享用，因此个人的理性可能导致资源使用拥挤或者资源退化问题，资源使用者可能集体持有产权并可持续地管理资源。产权理论、集体行为理论和公共资源理论等都强调了公共物品集体行动的困难，表明生态服务的过度使用是不可避免的。

三、外部性及其内部化理论

外部性及其内部化理论是生态经济学和环境经济学的重要基础，也是环境政策的重要理论支柱。关于外部性的讨论已超过一个世纪，最早可以追溯到马歇尔（Marshall，1890）提出的外部经济和外部不经济的概念，他认为社会主体会因为外部性遭到损害或获得收益。庇古（1920）进一步把外部性发展为负外部性和正外部性，并运用边际分析方法，提出边际社会成本收益和边际私人成本收益的相关概念，形成了外部性问题的理论分析框架。之后，埃利斯和费纳（Ellis and Fellner，1943）、米德（Meade，1952）、科斯（1960）、布朗宁（Browning，1977）、雷蒙德（Raymond，2003）等陆续发展和完善了外部性问题中的私人成本和社会成本分析，并深入讨论了负外部性和正外部性问题。不过，外部性的概念是"分外难以捉摸的……我们仍然没有把握住所有分歧点"（Baumol and Oates，1975）。

生态服务产生的外部性主要反映在正负外部性两个方面，一是，自然资源开发造成生态破坏和环境污染所形成的负外部性；二是，生态建设和环境保护产生的正外部性。流域生态系统也面临类似的外部性问题：流域上游承担生态建设和水源保护的成本，为下游提供清洁水源，但往往无法获得应有的补偿，对下游地区来说构成了显著的正外部性；如果流域上游为了经济增长，不再注重生态建设和水源保护，造成水量减少水质污染，而又不会受到相应惩罚，这就属于负外部性。

关于外部性最大的分歧在于其解决机制，即外部性内部化的途径，在具体的执行手段上，也可以理解为政府的干预程度。庇古提出通过政府干预解决外部性的思路，他认为如果政府愿意，可通过"鼓励"或"限制"某一领域的投入行为，以消除该领域的外部性。这种"鼓励"或"限制"最明显的形式是"给予奖金和征税"。如果私人边际产品大于社会边际产品，即存在负外部性，政府可以采取征税的方式；如果私人边际产品小于社会边际产品，即存在正外部性，则政府可以给予补贴。庇古还认为，"必须有一个比较集权的中央管理机构，由这个机构负责干预和处理公共物品的外部性问题。"之后，很多经济学家如布朗宁（1977）、鲍莫尔和奥茨（Baumol and Oates，1988）等延续了"庇古税"思路，赞同使用政府干预的方式解决外部性问题，并进一步拓展了庇古税理论及其实施机制。

不过，有许多学者对"庇古税"方式的外部性解决机制提出了质疑，并提出了完全相反的机制。奈特（Knight，1924）很早就对庇古用税收和津贴来纠正社会边际产品和私人边际产品之间差异的观点提出批评。以科斯，布坎南和塔洛克（Tullock）为代表的新制度经济学派认为外部性的产生是由于产权不够清晰，清晰的产权界定可以很大程度降低甚至完全消除外部性。外部性不应该通过政府干预解决，特别是当政府规制的交易成本过高时，完全可以通过市场交易的方式来解决，政府的唯一责任就是界定并保护产权。具体来说，就是把外部性内部化问题转变成产权界定问题，然后讨论产权应该如何安排才能消除外部性，并实现帕累托效率，这为解决外部性问题提供了新的思路。之后，众多经济学家如拉德尔（Yandle，1998）、安德森和莱亚尔（Anderson and Leal，2001）等都赞同科斯产权界定方法作为解决外部性问题的主要机制。

上述产权理论、公共物品理论、外部性理论及外部性内部化机制对于流域生态补偿具有较好的政策意义。在中国当前的生态补偿机制设计的政策路径中，政策工具都有差异化的适用范围和条件，要根据生态补偿项目中所涉及的生态服务公共物品的属性以及产权界定情况来进行选择。如果通过自愿谈判和协商的交易成本较低，那么适合采用市场化交易方式；反之，如果政府规制的交易成本较低，那么适合采用庇古税思路；如果两者的交易成本相等，那么两种途径具有等价性。

第二节　流域生态服务提供方受偿意愿理论分析

流域生态服务提供方是指供给流域生态服务或承担流域生态建设和环境保护成本（或损失）的主体。帕吉奥拉等（Pagiola et al.，2004）认为，生态服务提供方带来的生态服务社会收益为正，私人收益为负，并且，社会收益和私人收益的总和为正。格雷纳等（Greiner et al.，2013）认为，生态系统服务供给与人类福利有密切联系，生态服务提供方供给了大量自然资本和生态系统服务价值，生态保护和环境修复行为也极大提升了人类福利。

一、流域生态服务提供方供给行为分析

流域生态服务主要依附于森林、河流等土地类型而存在，在中国这些土地的所有权主体一般为国家或集体，但土地的使用权一般都以农户为主。因此，农户是生态保护和生态服务提供的重要利益相关方。农户是各类土地中最为活跃的生产者，对土地的利用度和依赖度较高，特别是在中国土地集体所有的背景下，他们的生产活动对生态服务的供给水平影响较大，流域生态补偿项目对他们的福利水平影响也较大。农户提供流域生态服务的实质是共同合作供给公共物品的行为。由于公共物品的非竞争性和非排他性特征，农户提供生态服务公共物品的私人边际成本大于私人边际收益，因而没有人愿意提供生态服务，每个潜在的生态服务提供方都会试图"搭便车"。

不过，在道德观念、社会规范和集体荣誉的共同影响下，人们可能会参与公共物品供给，并达到供给量的最优水平。国外关于公共物品供给的实验经济学研究结果表明，非零值自愿供给公共物品的现象是显著且稳健的，公共物品供给总量一般相当于最优供给量的40%～60%（Ledyard，1997）。实验经济学研究还表明，现实中的公共物品供给参与人有大量的自愿提供公共物品的合作行为（陈叶烽等，2010）。因此，"搭便车"现象在某种程度上是确实存在的，但是，没有人愿意提供生态服务公共物品的"搭便车"强假设却是明显错误的。

流域生态服务提供方会采取一些保护生态环境的措施和行为，如减少土地耕种、减少农药化肥使用量、植树造林等。流域生态服务提供方的生态环境保护行为产生了外部经济，即生态服务提供方并没有完全获得生态环境保护产生的社会收益，还有很多其他受益方未承担生态环境保护的社会成本。特别是在一些经济和社会发展水平落后的地区，流域生态服务提供方的基本食物和能源等生计必需品在很大程度上依赖于生态系统的食品和原材料提供等生态服务，他们的生活条件改善受制于生态环境的保护程度。流域生态服务提供方（或流域生

态保护者）的投入资金较难收回，付出的成本得不到合理补偿。在生态保护费用得不到合理补偿的情况下，由于农户在生态保护活动中追求的是私人收益最大化，就会减少这种产生正外部性的活动或行为，从而导致生态环境保护和生态服务供给不足。

假定存在 n 个生产者（其中 $n = 1, 2, \cdots, n$），根据环境经济学对生态服务供给的假定，生产者直接供给私人物品 X_n^s，并且私人物品供给影响生态服务供给 Q^s，也就是说，生产者并不直接影响生态服务供给数量或质量，仅在私人物品供给过程中影响生态服务，那么，生产可能性集合就是 $(X_n^s, Q^s) \in Y_n$，其中 Y_n 是生产者 n 所有可能提供的物品组合。当私人物品的价格给定为 P^s，生态服务免费提供时，生产者利润是：

$$\pi = P^s X_n^s \tag{15-1}$$

现在，假定存在一个流域生态服务虚拟市场（pseudo market），即对生产者而言，存在一个生态服务价格 P_Q^s，那么，生产者 n 的利润就是：

$$\pi = P^s X_n^s - P_Q^s Q^s \tag{15-2}$$

可以看出，如果假定生态服务价格 P_Q^s 非负，那么 Q^s 所代表的生态服务是指生产者生产私人物品过程中对生态服务造成的污染和损害。在生态服务交易市场中，如果生产者对生态服务造成的污染和损害越大，利润越低；如果对生态服务造成的污染和损害的代价越大，即 P_Q^s 越高，利润越低。将生产者利润最大化，就得出了私人物品和生态服务净供给：

$$\overline{X_n} = x(\overline{P^s}, \overline{P_Q^s}) \tag{15-3}$$

$$\overline{Q_n} = Q(\overline{P^s}, \overline{P_Q^s}) \tag{15-4}$$

式（15-3）和式（15-4）衡量了生产者的私人物品和生态服务供给水平，其中 $\overline{P^s}$ 是生产者提供私人物品的（边际）价格，$\overline{P_Q^s}$ 是生产者对损害生态服务的边际付费（受偿）价格。

二、流域生态服务提供方受偿意愿分析

生态系统服务付费项目中存在信息不对称，流域生态服务提供方了解自己提供生态服务的土地机会成本，但在参与生态补偿项目时会为了寻租而策略性地高报自己的机会成本。联合国 MEA 认为，一个有效的流域生态补偿项目最终依赖于利益相关方的受偿意愿。新古典福利经济学基于基数效用理论提出了"希克斯—卡尔多"补偿原则（Hicks-Kaldor compensation principle），当福利受益者补偿受损者后，如果受益者的福利水平仍可提高，那么整个社会的福利水平也相应提高，这一配置方式就是资源的最优配置。经合组织（OECD）根据该原则提出了生态补偿"谁保护，谁受益"原则，此处的"受益"是指生态保护者得到补偿。基于前述原则，流域生态服务提供方为了弥补生态环境保护成本而要求的最小补偿，就是他们的受偿意愿。从理论上讲，在生态补偿项目实施之前，流域生态服务提供方的生产方式带来的社会收益为正，私人收益为负，且二者的总和为正；实施生态补偿项目之后，流域生态服务提供方获得的补偿可以弥补个人收益为负的情况，从而激励其保护生态环境并提供生态服务。

新古典福利经济学认为生态服务的供给能给消费者带来效用变化，从而引起福利变化，但由于生态服务的公共物品特性，难以像私人物品那样找到均衡的市场价格。为了找到生态服务的货币价格，环境经济学家修改了个人偏好和需求的效应函数模型，使生态服务具体化为效用函数的一个自变量，还考虑了个人所面临的价格变化、个人收入及生态服务相关的福利变化度量。农户作为流域生态服务提供方保护生态环境、丧失了部分发展权，需要得到生态服务使用方的部分经济补偿激励。但每个农户的（间接）效用函数形式并不完全相同，从

而提供水质和水量生态服务的福利水平也会不同，这会对受偿意愿产生直接影响。真实受偿意愿是农民的隐藏信息，并受农户自身偏好和生态补偿参与成本主观信念的影响（Parks，1995）。农户受偿意愿的影响因素包括农户社会经济特征这样的可观测特征和劳动的机会成本等不可观测特征（Jack et al.，2009）。假定水源区农户（流域生态服务提供方）提供流域生态服务的间接效用函数 V：

$$V = [P, R(W), Q(W), X] \tag{15-5}$$

其中，P 是各类生态服务的平均价格，$R(W)$ 是流域生态服务 W 的市场价值，比如农户从流域生态系统中提取食物和原材料而获得的货币收益，$Q(W)$ 是流域生态服务 W 的质量水平，属于非市场价值，比如流域生态系统的气候调节、废物处理等的生态服务价值，X 是影响水源区农户效用水平的特征向量。

这里考虑两期，在政府实施流域生态环境保护项目之前，农户在时期 1（即项目实施前）的间接效用函数为：

$$V_0 = v[P, R(W_0), Q(W_0), X] \tag{15-6}$$

现假设政府准备实施流域生态环境保护项目，并假定各类流域生态服务的市场价格不变，即 P 不变。那么，在流域生态环境保护项目实行后，农户获得的直接市场价值和非市场价值都会随之变化。在时期 2（即项目实施后），度量农户福利变化的间接效应函数可以表示为：

$$V_1 = v[P, R(W_1), Q(W_1), X] \tag{15-7}$$

那么，两期中水源区农户福利的效用变化函数为：

$$\vec{V} = V_0 - V_1 = v[P, R(W_0) - R(W_1), Q(W_0) - Q(W_1), X] \tag{15-8}$$

令 $\Delta R = R(W_0) - R(W_1)$，则 ΔR 是水源区因为生态环境保护放弃直接生产活动（即保护的机会成本）的收入损失，属于市场价值的福利变化，并且：

$$\Delta R = R(W_0) - I(W_1) \geq 0 \tag{15-9}$$

令 $C_Q = Q(W_0) - Q(W_1)$，则 C_Q 表示水源区非市场化生态服务质量 $Q(W_0)$ 变化为 $Q(W_1)$ 时的人类福利损失，属于非市场价值的福利变化。

ΔR 和 C_Q 衡量了水源区农户因为生态环境保护的福利损失，为保证水源区农户维持在第一期的收入水平和生态服务供给水平，农户的真实受偿意愿应该是收入损失与环境变化造成的福利损失之和。即农户的真实受偿意愿为：

$$WTA = \Delta R + C_Q \tag{15-10}$$

农户的生态环境保护行为会提高水源区的生态服务供给水平，并且，周边地区（比如流域下游地区）也会获得部分生态服务（如清洁水源），这相当于转移了部分生态服务。因此，总体环境质量水平 $Q(W)$ 的变化方向是不确定的，农户福利变化也是不确定的，即 C_Q 的变化方向不确定。根据 ΔR 和 C_Q 的变化情况，真实受偿意愿的几种情况如表 15.4 所示。

表 15.4	受偿意愿（WTA）的变化情况	
	$R(W_1) < R(W_0)$	$R(W_1) = R(W_0)$
$Q(W_1) > Q(W_0)$	$C_Q < 0, \Delta R > 0; WTA = \Delta R + C_Q >, =, < 0$	$C_Q < 0, \Delta R = 0; WTA = C_Q < 0$
$Q(W_1) = Q(W_0)$	$C_Q = 0, \Delta R > 0; WTA = \Delta R > 0$	$C_Q = 0, \Delta R = 0; WTA = 0$
$Q(W_1) < Q(W_0)$	$C_Q > 0, \Delta R > 0; WTA = \Delta R + C_Q > 0$	$C_Q > 0, \Delta R = 0; WTA = C_Q > 0$

若要使农户在两期的效用水平保持不变，根据公式（15－6）、公式（15－7）和公式（15－10），可以得到：

$$V_0 = v[P, R(W_0), Q(W_0), X] = v[P, R(W_0) + \Delta R + C_Q, Q(W_0), X]$$
$$= v[P, R(W_0) + WTA, Q(W_0), X] - V_1 \quad (15-11)$$

假定各类生态服务价格水平 P 在两期中保持不变，重写公式（15－11），可得到受偿意愿投标函数的一般形式：

$$WTA = B[R(W_0), R(W_1), Q(W_0), Q(W_1), X] \quad (15-12)$$

由公式（15－12）可见，生态服务 W 的数量水平和质量水平会直接影响农户的真实受偿意愿，农户效用水平特征向量也是农户真实受偿意愿的重要影响因素。

第三节　流域生态服务使用方支付意愿理论分析

流域生态服务使用方支付意愿是流域生态补偿中的另一重要问题。流域生态服务长期被视为"免费午餐"，但随着生态破坏和环境污染问题的日益严峻，逐渐产生了流域生态服务使用方应付费使用的意识。生态补偿的另一基本原则也因此产生，即"谁受益，谁付费"原则，此处的"受益"指生态服务使用方享受或使用生态服务。流域生态服务使用方消费行为对生态服务存量有重要影响，进而影响了人类福利水平，而流域生态服务使用方的支付意愿又会影响生态服务的供给水平。流域生态服务使用方的支付意愿取决于改进的生态服务带来的消费者效用变化，只有生态服务提供方投入成本增加了可供使用的生态服务，生态服务使用方才具有对改进的生态服务付费的动机。

一、流域生态服务使用方消费者行为分析

流域生态服务使用方是获得生态服务正外部性的主体。在实践中，流域生态服务使用方可能不用付费，或者说不是生态服务付费方。在许多具体的流域生态补偿项目中，政府会作为生态服务使用方的代表对生态服务进行付费，它们的付费行为将激励生态服务提供方的保护行为，是对提供方生态环境保护的补贴。随着人们对生态服务价值认识的深入，越来越多的流域生态服务使用方和 NGO 愿意为生态服务付费，以减少生态破坏和环境污染引发的生态服务减少和损失。

消费者对私人物品和生态服务都有需求。假设经济体中消费者为 m（其中 $m=1, 2, \cdots, m$），根据新古典福利经济学对生态服务的考虑，消费者效用是人们对私人物品和生态服务净需求的集合，因此，消费者的效用函数可以设定为：

$$U_m = u(X_m^d, Q^d) \quad (15-13)$$

X_m^d 是消费者 m 私人物品消费数量，可以用货币数量表示；Q^d 是消费者所获得的生态服务水平，该效用函数具有递增、准凹和可微的特性。

现在，开始探讨消费者面临的预算约束。在常规的均衡分析中，假定个人对不同私人物品的净需求有偏好，并存在私人物品的市场价格 P^d，这样，消费者面临的预算约束为：

$$P^d X_m^d \leqslant W_m \quad (15-14)$$

式（15－14）中，W_m 是消费者 m 的财富（或总收入）水平，消费者所有的私人物品消费数量的货币价值 $P^d X_m^d$ 不能高于消费者自身的财富水平。这样，消费者行为的效用最大化问题

可以表示为：

$$Max\ U_m = u(X_m^d, Q^d) \qquad (15-15)$$
$$s.t.\ P^d X_m^d \leqslant W_m$$

在这种情况下，如果价格非负，将能得到这一效用最大化问题的解。

在常规均衡分析中，流域生态服务供给仅仅是作为一个参数存在于消费者效用函数中，也就是说，生态服务被隐含的假定为"免费使用"。现在，假定存在一个环境管理公共机构向消费者出售生态服务，即对每个家庭而言，都存在一个生态服务付费价格 P_Q^d，因此，消费者面临的预算约束就成为：

$$P^d X_m^d + P_Q^d Q^d \leqslant W_m \qquad (15-16)$$

这样，在此预算约束下将消费者效用最大化，就可以得到消费者对私人物品和生态服务的净需求，即：

$$\overline{x_m} = x(\overline{P^d}, \overline{P_Q^d}, W_m) \qquad (15-17)$$

$$\overline{Q_m} = Q(\overline{P^d}, \overline{P_Q^d}, W_m) \qquad (15-18)$$

式（15-17）和式（15-18）衡量了消费者对私人物品和流域生态服务的需求，其中 $\overline{P^d}$ 是消费者对私人物品的（边际）付费意愿，$\overline{P_Q^d}$ 是消费者对改进的流域生态服务的（边际）付费意愿。

二、流域生态服务使用方支付意愿分析

流域生态服务使用方为了获取生态服务愿意且有能力支付的费用，就是公众的支付意愿。根据生态服务使用方的不同，其支付意愿动机不同。首先，流域生态服务使用方的支付意愿取决于改进生态服务所带来的效用增进，只有生态服务提供方通过投入成本改进了生态服务，使用方才愿意支付，才具有对生态服务付费的动机。其次，作为流域生态服务使用方的私人部门，其付费动机不仅依赖于改进的生态服务带来的直接经济利润，也要考虑投资于生态建设和环境保护的间接收益（如参与生态保护可提升企业形象）和非经济利润（如企业环保行为的社会责任）。最后，因为生态服务的公共物品特征使得使用方难以界定，付费方可能是作为公共机构的政府。政府作为生态服务使用方的代表，其付费动机不仅依赖于生态服务改善，还旨在解决生态服务提供方所在区域的贫困问题，促进贫困地区环境治理和经济社会协调发展。

消费者总是选择他们能负担的最佳物品组合，流域生态服务使用方也不例外。假定流域生态服务使用方面临两类物品的选择，第一类是普通私人物品 M，第二类是以流域生态服务为代表的生态服务公共物品 E，这两类物品都能给消费者带来正效用。在图15.2中，纵轴代表 M 的消费水平，横轴代表 E 的消费水平。若某消费者的初始商品组合为（M_0, E_0），那么，在图中经过 A 点（M_0, E_0）商品组合的无差异曲线为 W_0，这一曲线上所有的商品组合都具有相同的效用水平。现在假设流域生态服务供给水平从 E_0 提高至 E_1，那么，在消费者私人物品消费不变（即仍然为 M_0）的情况下，消费者的总体效用水平得到提高，即图中无差异曲线 W_1 所代表的效用水平。可见，如果流域生态服务是免费提供的，消费者在预算约束不变的情况下，福利水平将会显著提高。但是，如果经济体系中存在一个特殊的机构（比如政府）负责提供流域生态服务这类公共物品，并对使用这些服务的消费者收费，那么，在预算约束不变的情况下，消费者为获得改进的流域生态服务（$E_0 \rightarrow E_1$），将不得不减少私人物

品 M 的消费水平。

图 15.2 中，当商品组合从 A 变为 C 点时，消费者总效用水平没有变化，生态服务消费水平从 E_0 提高至 E_1，私人物品 M 的消费水平降低为 M_1。也就是说，理性的消费者愿意减少 $M_0 - M_1$ 私人物品的消费量，享用 $E_1 - E_0$ 的流域生态服务。这里，$M_0 - M_1$ 就是消费者获得改进的流域生态服务 $E_1 - E_0$ 的真实支付意愿，如果给定私人物品 M 的价格水平 P，就得到了消费者使用流域生态服务支付意愿的货币值 $P(M_0 - M_1)$。

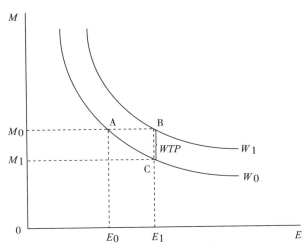

图 15.2　支付意愿的无差异曲线分析

新古典福利经济学认为消费者的公共物品效用函数是间接函数的形式，流域生态服务使用方的间接效用函数为：

$$U(Y,S,Q,q) \tag{15-19}$$

Y 是消费者的家庭收入，S 是消费者的其他人口与经济特征因素，Q 是消费者家庭消费商品的数量，q 是流域生态服务供给水平。一般情况下，收入越多，消费品数量越多，户主的效用水平越高。现在，假定增加流域生态服务的供给，因此，户主在流域生态服务供给水平为 q_1 时的效用要高于 q_0 时的效用。因此：

$$U(Y,S,Q,q_0) < U(Y,S,Q,q_1) \tag{15-20}$$

假定消费者要比较两种流域生态服务供给水平 q_0 和 q_1 的效用或福利。既然更高供给水平的效用或福利更高，那么就有理由相信消费者愿意支付以达到 q_1。当然，消费者支付的越多，他们得到的效用就越少。实际上，他们最大的支付意愿可以由货币支付来描述，这种支付使高水平提供的效用等于低水平提供的效用。支付数量用 P_{WTP} 来表示，则：

$$U(Y,S,Q,q_0) = U(Y - P_{WTP},S,Q,q_1) \tag{15-21}$$

P_{WTP} 是补偿变量，用来衡量福利变化，它是消费者为获得更高水平非市场品提供的最大支付意愿。

通过处理上述方程，P_{WTP} 能看成一个其他参数的函数，可用 $P(.)$ 表示，这也就是所谓的投标函数（bid function）：

$$P_{WTP} = P(Y,S,Q,q_0,q_1) \tag{15-22}$$

另外，消费者的最大支付意愿受支付能力的约束，最大支付意愿不能高于他们的收入。

$$P_{WTP} = P(Y,S,Q,q_0,q_1) \leqslant Y \qquad (15-23)$$

这里 Y 是指可支配收入，用于住房、食品、衣服、交通等市场商品以及一些需要考虑的非市场商品。

基于以上几点，假定流域生态服务从 q_0 到 q_1 代表消费者生活水平的改进，有三种可能情况：第一，消费者认为这是一种改进；第二，消费者认为这是一种改进，或者至少是一样的，即改进的价值是 0；第三，消费者认为是一种改进、倒退或者是一样的。通常，流域生态服务公共物品的支付意愿不可能为负，因为一种不能提供效用的非市场公共物品可以直接忽略。因此，支付意愿是非负的，最终的投标函数就是：

$$0 \leqslant P(Y,S,Q,q_0,q_1) = WTP \leqslant Y \qquad (15-24)$$

第四节　基于流域生态服务价值的生态补偿理论分析

一、流域生态服务价值与生态补偿的关系探讨

生态系统服务一直是学界和政府探讨生态补偿制度安排及其政策设计的前提和出发点，生态系统服务价值则是实现生态补偿制度安排的重要前提条件。

（一）流域生态服务对人类福利的影响

从韦斯特曼（Westman，1977）开始使用"生态系统服务"概念开始，皮门特尔（Pimentel，1980）、蒂博多和奥斯特罗姆（Thibodeau and Ostro，1981）、凯勒特（Kellert，1984）、德格罗特（de Groot，1987）和科斯坦扎（2006）等越来越多的学者将生态系统服务与人类福利联系起来考虑。联合国 MEA 报告界定了人类福利的概念，并被广泛地应用于生态服务价值评估和人类福利的研究中。从表面看，流域生态服务是人人可以共同享有的福利，但是在特定经济系统内，不同社会阶层类型的生态服务价值提供和使用是一个比较复杂的问题。由于流域生态服务的公共物品属性，生态服务并不会均衡地让该区域的所有人自动享受，生态系统产生的服务价值往往未带给那些贫困群体。并且，流域生态服务的任何变化都涉及所有的家庭与生产者，但经济体中的每个当事人对这种变化又有不同的感受。比如，对于一个湿地自然保护区来说，有的人关心栖息地和生物多样性问题，还有的人关心农业生产收益问题。生态服务的提供和使用受到生态系统功能的可达性、家庭规模、受教育程度、家庭收入、人际关系、个人能力、性别等家庭经济社会特征，以及政府规制和复杂的生态补偿资金形成机制的影响。具体的流域生态服务与人类福利的关系如图 15.3 所示。

（二）流域生态服务供给的区域范围

流域生态服务供给的区域范围与生态系统功能密切相关。流域生态系统功能不同，流域生态系统的服务范围就不同，从而流域生态服务受益群体也不同，进而对生态补偿项目特别是补偿标准产生重要影响。

生态系统功能与生态服务是两个既有联系又存在区别的概念，存在一定程度的混用。生态系统功能并不以人类为中心，是一种基于科学观点的术语。科斯坦扎 Costanza（1997）认为，生态系统功能是指生态系统的环境、生物及系统属性或过程。联合国 MEA 报告拓展了上述概念，认为生态系统功能是指与维持生态系统完整性（如初级生产力、食物链）的一系列状态和生态过程相关的内在特征，包括分解、生产、养分循环以及养分和能量的通量变化等过程。从上述定义可以看出，生态系统功能并不一定直接影响人类福利。图尔纳和戴利

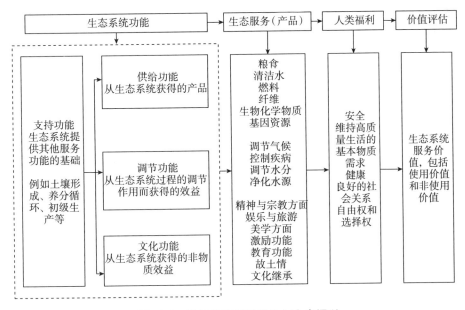

图 15.3 流域生态系统服务与人类福利

（Turner and Daily，2008）根据生态系统功能，提出了区分生态系统功能中间服务和最终服务的概念，他们认为只有生态系统功能的最终服务能直接提高人类受益者的福利水平。与之对应的是，生态系统功能的中间服务只能通过影响最终服务改变人类的福利水平。在上述框架下，最终服务与中间服务根据受益者类型而地位各不相同。这种受益类别对于区分生态系统服务至关重要，进而对于确立准确的生态补偿标准也至关重要。

从流域生态系统功能的服务范围看，流域生态服务可以分为全球和全国性生态服务、流域上下游地区共享的生态服务和流域上游生态服务三大类。根据流域生态系统功能服务范围的区别，生态补偿范围也有所不同。第一，全球和全国性生态服务，主要包括气体调节、气候调节、生物多样性保护和娱乐文化等。这四类生态服务的外部性范围较广，其外溢是全球性或全国性的，受益区域并不局限于流域下游地区，而是包括研究区周边甚至全国、全球范围。因此，在探讨某一特定流域的生态补偿标准时，不应把其生态服务价值纳入补偿范围，而应重点体现全国乃至全球的补偿责任。第二，流域上下游地区共享的生态服务，主要包括水源涵养、土壤形成与保护和废物处理。这三类生态服务既能让流域上游受益，也能让流域下游受益，且受益范围一般不会超过流域辐射地区，因此具体的流域生态补偿标准应根据流域上下游获益比例进行区分。第三，流域上游生态服务，主要是指食物生产和原材料提供生态服务。这两类生态服务的受益者主要是流域上游地区（水源区）。如果此类生态服务价值增加，说明上游地区（水源区）的私人收益大于全部流域的外部收益，在具体的生态补偿标准测算中，应对这部分价值进行扣除。反之，若此类生态服务价值降低，说明上游地区（水源区）的私人成本大于全部流域的外部成本，在具体的生态补偿标准测算中，应对这部分价值进行补偿。流域生态系统功能及补偿范围如表15.5所示。

表 15.5   **流域生态系统功能及补偿范围**

	功能描述	受益(损)区	是否补偿
气体调节	调节大气化学组成	全球	不补偿
气候调节	调节气温和降水等	全球	不补偿
水源涵养	调节水文过程,水分供给	流域上游(水源区)和下游(受水区)	分摊
土壤形成与保护	土壤形成,营养循环,侵蚀控制	流域上游(水源区)和下游(受水区)	分摊
废物处理	恢复养分,转移、分解有害物质	流域上游(水源区)和下游(受水区)	分摊
生物多样性保护	调节种群,提供栖息地和基因资源	全球	不补偿
食物生产	从初级生产力中提取食物	流域上游(水源区)	扣除
原材料	从初级生产力中提取原材料	流域上游(水源区)	全部补偿
娱乐文化	提供娱乐、美学和科学价值	全国	不补偿

(三) 流域生态服务使用的最优路径

从人类中心主义的生态服务价值概念看,生态系统是为生态服务使用方(人类)提供潜在服务的资本存量。生态服务被看作资本存量,主要是因为它具有资本的两大关键特性:耐久性和迟滞性。耐久性意味着生态服务利用的跨期选择特别重要,过去的决策与现状紧密联系,并对未来的资源利用产生重要影响。耐久性特征使生态服务可以作为财富积累起来,并且,存量大小受使用者投机性决策和生产决策的影响。迟滞性是指生态服务存量的调整成本较高,迫使决策者要长远考虑,并通过分摊成本(比如生态补偿)来转移生态服务存量变化的冲击。总之,耐久性和高调整成本这两大特征带来了生态服务使用的跨期选择问题。

如何实现生态服务存量价值在利用过程中的利益最大化,由此就成为一个资本存量在时间上的最优利用问题。生态服务在某一时期的最优利用路径,是提升人类福利水平的生态服务流量价值,生态服务的这种流量价值是生态系统的最终服务(而不是中间服务)直接提供给人类的经济价值,人类需要为获得的这些流量价值付出成本(补偿)。因此,生态服务价值的最优利用路径是确立生态补偿标准的重要依据。解决了生态服务的最优利用路径问题,也就能相应地根据生态服务使用方消耗的生态服务(流量)价值确立生态补偿标准。

生态服务(自然资源)最优利用问题中最常用的模型是 Pearl - Verhulstm 模型,又称为逻辑斯蒂模型。该模型把生态服务的利用状况看成两个基本问题,即时机选择问题和最优收益问题,其基本形式为:

$$N(t) = \frac{K}{1 - \left[1 - \frac{K}{N(0)}\right] e^{-rt}} \qquad (15 - 25)$$

式(15-25)中,K 代表生态系统的承载能力,或者说生态服务价值存量水平,r 是生态服务的最大内在增长率,t 是时间。Pearl-Verhulstm 模型假设生态服务随时间呈逻辑斯蒂或 S 形曲线变化,在这个模型中,生态系统服务价值(主要表现为生物数量和质量)在早期快速增长,然后增长率逐渐降低,并且逐渐倾向于生态系统承载容量,或者说生态服务价值存量 K(如图 15.4)。

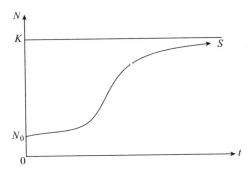

图 15.4　逻辑斯蒂曲线

流域生态系统服务价值提升了人类潜在福利水平的（资本）存量价值。从生态服务提供和使用的角度看，利用逻辑斯蒂模型对生态系统服务价值进行调节，以实现流域生态服务利用的收益最大化，即资本存量价值在时间上的最优利用问题，是确立生态补偿标准的关键问题。

二、流域生态补偿标准的确立依据

流域生态系统服务能直接或间接提升人类福利。从生态服务使用方角度看，生态服务可以分为中间服务和最终服务，所谓中间服务不能直接提升人类福利，但是能作为一种投入品，产出最终服务使人类获益，最终服务则能直接提升人类福利。

为区分生态服务的中间服务和最终服务，假定流域生态服务使用方 j 效用函数的一般形式是 $U_j[X, Y(X, Z)]$，这里 $\frac{\partial U}{\partial X} > 0$，$\frac{\partial U}{\partial Y} > 0$，$\frac{\partial Y}{\partial X} > 0$。$U_j$ 是可度量的生态效果 X 和 Y 带来的利益或效用的理论度量。这些生态效果能影响生态进程和条件。从理论的角度看，关键的问题是生态效果是否在 $U_j(\cdot)$ 中直接反馈。如果生态效果不需要为了影响人类利益进行任何进一步的生态生产或转换，就是最终服务。相反，Z 是中间服务，它需要通过生态生产函数 $Y(\cdot)$ 影响 Y，进而影响 $U_j(\cdot)$。这样的设定使生态效果 X 可以从理论上直接影响效用，也可以通过生产最终服务 Y 做出间接贡献。X 变化的边际效用为 $\frac{\mathrm{d}U}{\mathrm{d}X} = \frac{\partial U}{\partial X} + \frac{\partial U}{\partial Y} \times \frac{\partial Y}{\partial X} > 0$，包括直接和间接变化的影响。

现假定存在生态效果 h（$h = 1, 2, \cdots, H$），生态效果 h 要成为流域生态服务使用方 j 的生态系统服务，h 代表的必须是生态系统产出，而不是任何结合了人类劳动、资本和技术的产出。在认识生态系统服务现状时，准确区分生态系统产出和人类产出至关重要。如果不能正确区分，会误把某种市场商品当作生态系统服务。一旦人类劳动、资本被用于将一种生态系统服务转换成某种其他产品（服务），那么，这种产品（服务）将仅仅是人类产品，而不是生态系统服务（Fisher et al.，2009）。生态效果 h 要成为流域生态服务使用方 j 的生态系统服务，h 的变化必须影响使用方 j 的福利，以至于一个完全信息的、理性的使用方 j 愿意为 h 的增加付费。在效用函数 $U_j[X, Y(X, Z)]$ 中，所有的生态效果 $h = \{X, Y, Z\}$ 都满足上述条件。现在，假设存在第四种生态效果 Q，如果 $\frac{\mathrm{d}U_j}{\mathrm{d}Q} = 0$，那么，$Q$ 对于流域生态服务使

用方 j 来说，不是最终或中间生态系统服务，没有给使用方提供任何收益。

理论上讲，生态补偿标准应介于生态服务提供方的机会成本与其所供给的生态服务价值之间。或者说，流域上游生态服务提供方所得到的补偿至少应等于土地利用的机会成本；而流域下游生态服务使用方的支付数量不应高于所获得的流域生态服务的经济价值。但是，由于现实中成本分析相对容易，生态补偿标准设置更趋近于机会成本，这往往导致生态补偿严重不足。在具体的流域生态补偿项目实践中，生态服务提供方和使用方之间可以通过谈判（讨价还价）达成生态补偿标准，生态服务使用方的谈判能力越低，生态补偿标准越高。不过，在政府主导的流域生态补偿项目中，生态服务提供方通常谈判能力受到限制，这会导致生态补偿标准过低，通常也违背了社会公平正义的原则。从国内目前的流域生态补偿实践看，普遍存在的问题就是生态补偿标准过低，既不能完全反映生态服务的真实经济价值，也不能反映流域上游生态服务提供方因生态建设和水源保护所承担的成本（损失）。

流域生态服务具有动态性、可再生性和全流域共享性，根据生态系统服务价值确立的生态补偿标准应作为理论上限，具体支付标准还应根据水源区生态系统服务价值的动态变化情况和利益相关方的具体情况等其他方式确定。流域生态补偿中的付费方一般是流域生态服务使用方及其代理人，如居民或政府等。在根据生态服务价值探讨生态补偿标准时，流域生态服务使用方只需要根据生态服务实际使用量进行付费。因此，生态服务总价值不能直接确定为生态补偿支付标准，而应根据流域生态服务使用方获得的生态服务价值确立支付标准。

在流域生态补偿实践中，流域上下游、中央与地方往往会相互推诿生态环境保护责任，这一直是建立和完善生态补偿机制的重点和难点工作之一。从"谁受益，谁付费"的生态补偿原则看，流域下游的私人部门并不是唯一的受益者，地方政府和中央政府也都从流域生态服务中受益，因而也应为此付费。所以，流域生态补偿标准的区域分摊比例的确定，既要体现流域上下游地区享用水质和水量生态服务后的付费义务，又要体现中央政府从全局角度管理、保护水源区生态环境的责任，同时还要考虑研究区域当前财政管理体制的实际情况。

第五节　流域生态服务价值评估与补偿的理论机理分析

一、流域生态服务付费机制

20 世纪 30 年代，美国政府在经济萧条和自然灾害频繁的背景下利用公众自愿付费计划来改善农业生产环境。英国政府在 1986 年实施了环境敏感区项目，通过直接给农民付费来激励保护区农民在农业生产中降低农药化肥等的使用量。从 20 世纪 90 年代开始，随着生态服务价值评估理论和方法研究的快速发展，激发了全球保护生态系统和生态环境的实践和研究，以生态系统服务付费为代表的经济激励手段逐渐替代了传统的命令—管制手段，使生态系统服务付费的框架和治理方式得以初步形成并获得推广。

生态服务提供方和使用方之间存在生态环境保护和利用的权利、责任和利益冲突。流域上下游之间也会发生类似的矛盾：流域上游的土地使用方为了发展农业生产而破坏生态环境，而作为流域生态服务使用方的下游企业和居民，则依赖于上游土地所有者的生态保护。这些利益相关方之间的冲突问题需要生态系统服务付费机制来解决。恩格尔等（Engel et al.，2008）认为，生态系统服务付费可将生态服务的正外部性内部化，是对"科斯定理"的实践。生态系统服务付费的机制设计将生态服务提供方或土地使用方的收益（或成本）内部化，让生态环境的保护者、生态服务提供者得到补偿。在国际上的生态系统和生物多样性经济学框架下，生态系统服务付费的制度框架由生态服务的供给者、受益者和付费机制等构成，具体如图 15.5 所示。

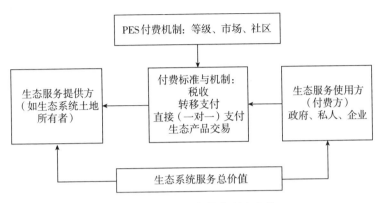

图 15.5　生态服务付费制度安排

在图 15.5 中，生态系统服务付费框架中的付费标准与支付机制是连接生态服务提供方和使用方的关键纽带。一方面，付费标准与支付机制从生态服务使用方，或者使用方的代表那里获得应予支付的补偿资金；另一方面，付费标准与支付机制将补偿资金传递给生态服务提供方，激励提供方从事生态保护工作或采取保护环境的行为。合理的生态服务付费制度安排能够协调和平衡生态服务提供方和使用方的利益冲突和各种诉求。

生态系统服务付费并不全是基于市场的付费方式，万特（Vatn，2010）认为理想的制度安排方式包括层级、市场和社区三种。其中，层级和市场结构属于正式制度，社区管理属于非正式制度。由于现实中的生态系统服务付费制度框架和产权通常比较模糊，同时需要正式制度和非正式制度来协调各个利益相关方之间的冲突，因此，大部分生态系统服务付费项目中同时采用了多种制度安排方式或混合的治理结构。层级、市场和社区的制度安排方式不仅创造了生态服务使用方对生态服务的需求，还通过合适的组织行为方式来影响利益相关方遵守制度规则的意愿，从而直接或间接影响生态服务提供方和使用方的行为选择。

根据上述生态服务使用方类型的不同，国际上把生态系统服务付费的支付方式分为两类：第一类是政府付费，或者称为公共支付体系；第二类是运用市场手段，以生态服务使用方付费的方式进行市场交易。政府付费（或购买）的生态服务付费制度安排的参与主体是中央政府、地方政府或委派机构，政府是生态服务使用方的代理人，向生态服务提供方付费以获得足够的生态服务，采用的具体支付机制就是直接的公共支付方式。生态服务使用方付费的生态系统服务付费制度安排的参与主体是使用方、提供方和政府公共机构共同参与的管理组织（如流域管理委员会），或者是非政府组织、私人部门。在最为纯粹的市场交易方式中，甚至可以由私人直接付费，即生态服务使用方直接付费，或者通过中间机构（如 NGO、公共机构或企业）向生态服务提供方付费，或者由生态服务的直接消费者自愿购买经过绿色认证的商品。生态服务使用方直接付费的生态系统服务付费项目对于提供方和使用方而言都是自愿交易的，他们可以自愿谈判达成或放弃付费合同，如厄瓜多尔的 FRORAFOR 项目的付费方即为FACE 电力协会。与之相反的是，在政府付费的生态系统服务付费项目中，通常只有生态服务的提供方是自愿的，生态服务使用方的付费则具有一定的强制性，如中国正在实施的退耕还林项目。实际上，许多生态系统服务付费项目都是混合的，政府和生态服务使用方都是付费方。从理论上看，生态服务使用方直接付费方式和第三方（政府或其他组织）代表使用方付费的支付方式具有明显的差别。但在某些具体的应用案例中，政府付费和使用方付费两种支付方式常常相互交织而难以准确分辨，比如哥斯达黎加的 PSA 项目主要由政府付费，同时还包括生态服务使用方、国际环境组织和其他非政府组织付费。

流域生态服务具有公共物品特性，上游土地所有者能通过土地管理决策影响下游水质和水量。如果不能很好地排除未付费者的"搭便车"行为，水质和水量生态服务使用方也没有激励为改善的流域生态服务付费。如果流域上游给下游地区带来了环境污染，流域上游就要对流域下游因环境污染遭受的损失进行补偿；反之，如果流域上游为流域下游投入了生态保护并提供了良好的生态服务，那么流域下游理应对流域上游地区付费。

流域生态服务付费根植于 PES 的制度框架，不过，流域生态服务付费的制度框架更为清晰和具体（如表 15.6）。国际环境与发展研究所（IIED）认为，流域生态服务付费的目的是处理环境外部性，为上游地区提供改进的水质和水量生态服务给予制度激励。流域生态服务付费标准根据提供生态服务的土地使用条件进行支付，如生态保护成本、生态价值，或者上下游直接进行谈判，付费标准确立的主要依据是机会成本或支付（受偿）意愿。对于付费给谁的问题，流域生态服务付费项目主要付费给土地所有者，包括公共土地和私人土地，也可以是管理保护区域的政府或 NGO。流域生态服务付费方是生态服务需求方，可以是政府、私人部门等。流域生态服务付费方式是指补偿资金如何从买方转移到卖方。主要有两种：第一种是卖方直接付费给买方；第二种是通过中介付费，需要中介管理，比如政府转移支付。流域生态服务付费效果主要指付费机制是否可以改善生态服务的传递，是否改善生态服务供需双方生活水平，特别是穷人的生活水平。

表 15.6 流域生态服务付费的制度安排

制度变量	制度设计	具体说明
为何付费	生态服务外部性	改进的水质和水量服务
付费给谁	生态服务提供方	土地所有者，政府，流域上游
谁来付费	生态服务使用方	流域下游
付费标准	使用价值，交换价值	生态保护成本，生态服务价值，上下游谈判
付费方式	市场交易，转移支付	买卖双方直接交易(如水权)，政府转移支付(实物或现金)
付费效果	公平与效率	支付水平是否足够，是否影响穷人生计，是否有效提高了生态服务供给水平

由此可见，流域生态服务付费（或生态补偿）机制的主要构成要素由流域生态服务服务的提供方、使用方、生态补偿（付费）标准及其相互关系组成。其中生态补偿（付费）标准是连接生态服务提供方和使用方的纽带。生态系统与生物多样性经济学认为，一方面，以补偿（付费）标准和支付方式为主要内容的支付机制从流域生态服务使用方，或者使用方的委托人那里获得应予付费的生态保护资金；另一方面，支付机制将生态保护资金付费给流域生态服务提供方，激励生态服务提供方采取生态保护措施并提供生态服务。

二、流域生态服务价值评估与生态补偿的一般框架

综上所述，基于流域生态服务付费机制的制度安排，将本章所涉及的理论和论证的内容

整合在统一的理论框架内，就可以构建出流域生态补偿服务价值评估与生态补偿标准测度的一般框架，具体如图 15.6 所示。

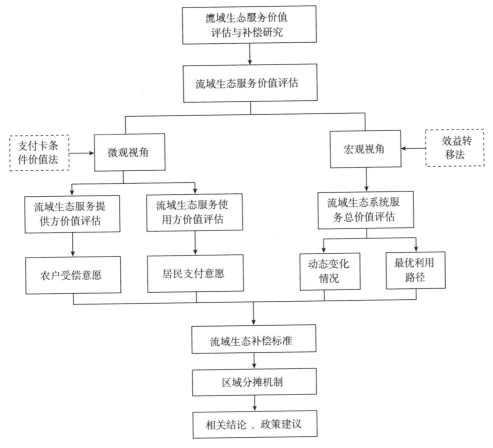

图 15.6　流域生态服务价值评估与生态补偿标准测度的一般框架

　　总之，流域生态服务既具有人类价值，也具有非人类价值，只有能直接提升人类福利的最终服务才是流域生态补偿中的重要指标。流域生态服务最直接、最重要的利益相关方是生态服务提供方和使用方，他们的受偿意愿和支付意愿是影响生态服务价值，进而影响生态补偿标准的重要变量。在具体的流域生态补偿政策的设计过程中，应充分分析流域生态补偿中利益相关方补偿意愿及其影响因素，即生态服务提供方受偿意愿和使用方支付意愿。在流域生态服务价值评估和补偿标准确立过程中，从微观视角看，流域生态服务提供方受偿意愿和使用方支付意愿则是制定具体支付标准过程中应综合考虑的重要指标；从宏观视角看，流域生态服务存量价值动态变化情况及其最优利用路径是重要基石。最终的流域生态补偿标准应综合考虑微观和宏观双重视角下的生态服务价值，据此确立生态补偿标准和区域分摊机制。

第十六章

基于流域生态服务提供方受偿
意愿的价值评估实证研究

从流域生态服务提供的微观主体看，由于生态服务主要依附于森林、耕地、河流等土地类型而存在，在中国，这些土地的所有权主体一般为国家或集体，但土地的使用权一般都以农户为主。因此，农户是生态保护和生态服务提供的重要利益相关方，农户生态环境认知情况和生态保护态度将对生态服务供给产生重要影响。在中国生态环境保护政策中，农户往往被认为是生态环境的威胁者，缺乏明确对农村社区权利及利益保障的内容。这种封闭式的保护模式只考虑生态环境保护的目标实现，而忽略了生态保护区和周边农村社区相互嵌套、相互牵制、相互影响的关系，造成生态环境保护与农村社区发展之间的矛盾冲突（王昌海，2014）。国内有不少学者研究了农户生态服务供给的受偿意愿和影响因素，但由于所选案例的不同，得出的结论差异往往较大。苏芳等（2011）认为流域上游农户作为生态服务提供方，具备较好的生态环境意识和生态补偿意识，农户参与生态保护和生态服务供给的意愿和行为是一个复杂的动态过程，是由农户自身、家庭和社会等内外部影响因素共同作用的结果。但是，影响农户受偿意愿的机理如何，重要影响因素有哪些及其边际效应又是怎样，至今仍缺少较为明确的研究成果。

南水北调中线工程是缓解中国北方水资源严重短缺局面的战略性基础设施，随着 2014 年12 月的正式竣工和通水，水源区生态环境保护、生态服务（水质和水量）供给与区域经济社会发展之间的矛盾日益突出，特别是水源区农户的农业生产活动与生态环境保护的冲突日渐显现出来。水源区农户是否愿意主动提供流域生态服务，或者说需要得到多少货币价值才愿意提供生态服务，又有哪些因素影响了他们的决策结果，这些都值得深入探讨。在这一背景下，本章首先从南水北调中线工程水源区流域生态服务供给的角度，采用支付卡式条件价值法评估水源区农户参与流域生态补偿、提供水质和水量生态服务的受偿意愿，并建立右端截取模型考察农户受偿意愿的影响因素，最后对可能的内生性影响因素和模型稳健性进行检验。

第一节　研究区域概况[①]

南水北调工程分东、中、西三条线路从长江调水北送，东线工程于 2013 年 12 月正式通

---

① 原题为：流域生态补偿中的农户受偿意愿研究——以南水北调中线工程陕南水源区为例 [J]. 中国土地科学，2015（8）。

水，中线工程于2014年12月正式通水。南水北调中线工程跨越长江、淮河、黄河、海河四大流域，涉及十余个省份，输水总干线全长1267千米。受水区涉及河南、河北、北京和天津，供水用途以城镇居民生活用水和工业用水为主。根据《国务院关于丹江口库区及上游水污染防治和水土保持规划的批复》，水源区包括陕西、湖北、河南3省40个县（市、区）（见图16.1）。

图16.1　南水北调中线工程区位图

资料来源：作者采用GIS软件自绘。

南水北调中线工程陕南水源区指陕西南部汉江、丹江流域地区，包括汉中、安康和商洛3市28县（区），境内河流分布较多，水资源丰富。境内河流主要属汉江和丹江水系。汉江和丹江均发源于秦岭南麓，是长江水系的重要支流，年度水量丰枯变化相对较小，主要支流有褒河、清水河、子午河、牧马河、旬河、金钱河、银花河等。陕南水源区各条河流水质清澈、污染较小，每年向湖北丹江口水库输送290亿立方米的水资源用于南水北调工程，占南水北调中线工程输水量的70%以上，生态功能战略地位十分重要，是南水北调中线工程的重要水源地。

陕南水源区处于中国经济欠发达地区，经济发展水平较低，各项经济发展指标均低于陕西省平均水平，远低于全国平均水平，长期以来形成了"吃财政饭"的现象，地方政府财力比较薄弱，主要依靠森林里的木材、药材、矿产资源等发展经济。陕南水源区内除汉台区、南郑县、城固县和平利县4个县（区）以外，其余24个县（区）均属于国家级贫困县，整个水源区内贫困县比例高达83.3%（具体见表16.1）。

近年来，陕南地区全面加强了水源地的生态环境保护工作，比如建设生活污染治理设施，整治农村环境，实行封山育林、退耕还林、退牧还草、水土保持和生态移民等政策。陕南地区先后有10个县（区）进入国家生态示范区建设范围，同时，还有20个县（区）属于秦巴生物多样性国家重点生态功能区。但是，由于水土流失治理和生态环境保护的资金不足，陕南地区水源地保护形势严峻，同时为了保证汉江、丹江向南水北调工程供水的质量，陕南地区在工业、农业等方面都做出了巨大的牺牲，导致经济滞后，发展缓慢。为保障陕南地区的发展权益和人民切身利益，建立生产发展、生活富裕、生态良好的南水北调中线工程生态安全屏障，需要加快推进流域生态补偿。

表 16.1 南水北调中线工程陕南水源区生态建设现状

市	县级行政区	国家级贫困县	国家重点生态功能区	生态示范区
汉中	汉台区、南郑、城固、洋县、西乡、勉县、略阳、宁强、镇巴、留坝、佛坪	洋县、西乡、勉县、略阳、宁强、镇巴、留坝、佛坪	南郑、洋县、西乡、勉县、宁强、略阳、镇巴、留坝、佛坪	汉台区、南郑、西乡、留坝、勉县、镇巴、佛坪
安康	汉滨区、汉阴、石泉、宁陕、紫阳、岚皋、镇坪、平利、旬阳、白河	汉滨区、汉阴、石泉、宁陕、紫阳、岚皋、镇坪、旬阳、白河	宁陕、紫阳、岚皋、镇坪、旬阳、平利、白河、石泉、汉阴	宁陕、旬阳
商洛	商州区、镇安、丹凤、商南、洛南、山阳、柞水	商州区、镇安、丹凤、商南、洛南、山阳、柞水	镇安、柞水	商州区
合计	28 个	24 个	20 个	10 个

第二节 研究设计与实施

一、问卷设计

（一）CVM 问卷设计原则与一般构成

问卷设计不当可能会导致条件价值法运用过程中产生问卷设计偏误。卡森和海里曼（Carson and Hanemann，2005）提出条件价值法的问卷设计应遵循以下五个方面的基本原则，主要包括：第一，与经济学基本理论相符，并且具有较好的理论与实践的一致性；第二，应该尽可能容易地让受访者充分理解问卷内容；第三，问卷中的问题应集中于所界定的生态服务变化造成的影响；第四，应充分考虑假设情景和受访者支付（受偿）意愿选择机制的现实性和可行性，应尽量做到激励相容；第五，受访者所接受的信息应是中立观点，内容应该是客观的，即问卷设计不能带有研究人员的主观性，避免受访者的误解，并且在关键问题之后应设计有后续问题，以便了解受访者的决策过程或出发点。

在此基础上，卡森和海里曼（2005）认为，条件价值法调查问卷一般包括：第一，设定决策的一般背景；第二，所提供服务的描述；第三，提供服务的制度背景；第四，生态服务的付费方式；第五，引出受访者支付意愿的方法；第六，一些需要说明的后续问题；第七，关于受访者态度和人口信息的问题。

条件价值法主要有四种引导受偿意愿的方式，即支付卡式、投标博弈式、开放式和二分选择式。近年来，这些引导方式越来越多地被用于引导农户提供水量和水质生态服务的受偿意愿。与其他三种引导技术相比，支付卡式引导技术有非常明显的优势：第一，受访者的受偿意愿能直接从原始数据得到；第二，支付卡能为受访者呈现一系列用于估计受偿意愿的货币数值，为受访者提供一个良好的投标环境，不会产生起始点偏误，也不会出现大量的极端异常值。因此，这里将选用支付卡方式引导研究区流域生态服务提供方的受偿意愿。

（二）问卷整体设计

为避免问卷设计偏误（questionnaire design bias），根据美国 NOAA 蓝带小组提出的条件价值法应用准则（Venkatachalam，2004），并结合水源区实际情况将问卷设计为以下形式：第一，水源区环境问题和农户环境意识。这一部分用来提供引导农户受偿意愿的背景信息。第二，水源区生态环境保护现状，主要包括当前农户土地利用情况、退耕还林情况以及污染治理现状。这一部分实际上是在展现水源区生态服务的产品属性。问卷前两部分为受访者提供了大量关于生态服务的信息，以避免可能产生的信息偏误（inoformation bias）。第三，采用支付卡形式引导水源区农户受偿意愿，即每年以现金直接补贴的方式发放到家庭专有银行账户。支付卡式引导技术为受访者提供一个良好的投标环境，不会产生起始点偏误，也不会出现极端异常值。第四，受访者家庭经济社会特征及态度。

二、调研实施

（一）调研员培训

问卷调研要求激励受访者给出全面、准确的回答，条件价值法要求尽量避免来自迎合社会愿望、从众心理或其他来源的偏误。因此，在调研开始之前，在环境经济领域专家的指导下，成立了由副教授、博士后、研究生和大学生组成的"完善流域生态补偿机制（水源区部分）"调研组，并制定了"调研员注意事项"。然后，对调研组成员进行了条件价值法相关理论知识和具体问卷内容的培训。培训完成之后，调研组成员在附近区域进行了模拟调研。根据模拟调研过程中调研组成员的表现和调研结果，淘汰了部分调研成员，最终形成了由1名博士后、2名副教授和20名大学生组成的调研团队。这有效避免了条件价值法调研实施过程可能产生的访员偏误，保证了条件价值法问卷的有效性和可靠性。

（二）焦点团体座谈和预调研

在正式调研前，应通过焦点团体（focus group）座谈和预调研确定条件价值法问卷的假设情景、投标值等，以避免可能出现的假设偏误和投标起点偏误。首先，在陕西省镇安县回龙镇万寿村对农户焦点团体进行座谈以确定具体的假设情景。然后，通过预调研修正假设情景并确定投标值。基于此，将农户受偿意愿的引导机制确定为：南水北调中线工程通水后，农户保护当地河流、湖泊生态环境的受偿意愿货币值；农户获得补偿的方式是当生态环境保护达到某个基本标准后，政府每年按期把生态补偿基金划拨到家庭专有银行账户上。

（三）抽样方法选择

由于陕南三市（汉中市、安康市、商洛市）是汉江、丹江的主要流经地区，丹江口水库约70%的水源来自陕南地区，该地区是南水北调中线工程重要的水源涵养区。因此，本研究选择陕南水源区作为样本调研区域。对于陕南水源区具体样本点的选择，采用分层随机抽样的方法，即首先把范围确定为南水北调中线工程水源涵养区陕南三市（汉中市、安康市、商洛市），然后选择该区域范围内汉江、丹江及其支流附近等靠近水源的流域地区，再对当地农户进行随机抽样调查。

（四）正式调研

正式调研时间是2014年4~5月份，入户调查地区包括40个行政村，涉及汉江、丹江附近20条支流，共回收问卷470份，通过对收回的调查问卷进行审核并剔除错误样本（如前后矛盾、信息不全）后，最终得到有效问卷 416 份。

第三节　水源区农户受偿意愿的典型事实与假说

一、水源区农户基本特征与环境意识分析

在 416 份有效问卷中，受访农户中男性占 2/3，已婚人数达到全部样本的 81.49%，77.4% 的受访者年龄在 50 岁以下。陕南地区的农村居民受教育程度普遍较低，受访者中仅有 13.22% 的居民拥有大学或大专学历，但该地区识字率较高，仅有不到 1% 的文盲。在家庭经济收入方面，约 60% 以上的受访者家庭年收入（毛收入，未扣除家庭开支）在 20000～50000 元，仍有 16.11% 的受访农户家庭年收入在 20000 元以下。受访者基本特征具体见表 16.2。

表 16.2　受访者基本特征

特征	选项	频数（人）	百分比（%）
性别	男	278	66.83
	女	138	33.17
婚姻	已婚	339	81.49
	未婚	77	18.51
年龄	18～29 岁	74	17.79
	30～39 岁	90	21.63
	40～49 岁	158	37.98
	50～59 岁	70	16.83
	60 岁以上	24	5.77
受教育程度	小学以下	4	0.96
	小学	96	23.08
	初中	160	38.46
	高中/中专	101	24.28
	大专及以上	55	13.22
家庭年收入	20000 元以下	67	16.11
	20000～30000 元	84	20.19
	30000～40000 元	94	22.60
	40000～50000 元	72	17.31
	50000～60000 元	41	9.86
	60000 元以上	58	13.94

农户对水源区森林、野生动物、河流和鱼类资源等生态服务的认知上，大多数受访者都表示非常重要、重要或一般，只有少部分农户回答比较不重要或完全不重要（见表 16.3）。可以看出，大部分农户都认识到当地流域生态系统具有重要价值。

表 16.3　　　　　　　　　　　　　水源区农户的生态环境意识

	非常重要	重要	一般	比较不重要	完全不重要	样本数
森林	157	178	69	10	2	416
野生动物	107	162	116	24	7	416
河流	161	189	55	10	1	416
鱼类	99	147	147	17	6	416

　　水源区农户对当地生态环境满意度，仅有 18.51% 的受访者表示"满意"或"非常满意"，另外 81.49% 的受访者对当地环境不满意或持一般看法。另外，有 77.89% 的农户认为当地河流、湖泊等水源的生态环境治理问题非常急迫或急迫，仅有 2.64% 的农户认为当地环境治理问题不急迫或不必改善（见图 16.2）。可见，一方面，水源区农户环境意识在不断提高，对生态环境的要求也越来越高；另一方面，水源区的环境治理问题也较为急迫。对于当地生态环境遭到破坏原因，受访农户认为依次是生活垃圾污染、工业污染、农业污染和上游地区带来的污染。

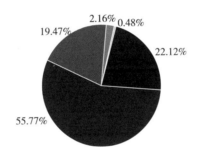

图 16.2　水源区农户的生态环境治理意愿

二、水源区农户的受偿意愿及其分布

　　水源区农户参与流域生态环境保护可能会丧失一些经济发展权，引起市场价值损失，即 $\Delta R > 0$；另外，水源区需要将部分流域生态服务（主要指水量和水质）调出至受水区，降低了水源区当地的生态服务存量水平，引起生态服务供给的非市场价值损失，即 $C_Q > 0$。因此，水源区农户的 $WTA > 0$，即作为生态服务提供方的农户需要获得一个正的补偿激励，以提供生态服务。在 416 个有效样本中，有 406 个受访者表示愿意接受南水北调生态补偿，农户受偿意愿主要集中在每年 700～1000 元/年，合计占比 49.04%，受偿意愿的均值为 889 元/年，中位数为 900 元/年，其中，有 22.6% 的受访者受偿意愿在 1200 元/年以上（见表16.4）。受访者报告的受偿意愿高于支付卡上限值符合条件价值法问卷调研过程中的经验事实，受访者会根据问题采取策略性行为，高报真实受偿意愿，这与支付意愿调研中的抗议性零支付情况一样。

表16.4　　　　　　　　　　　受访者 WTA 累计频率分布

WTA(元/年)	绝对频次(人)	相对频度(%)	调整频度(%)	累计频度(%)
100	1	0.24	0.25	0.25
200	5	1.20	1.23	1.48
300	5	1.20	1.23	2.71
400	4	0.96	0.99	3.69
500	25	6.01	6.16	9.85
600	26	6.25	6.40	16.26
700	41	9.86	10.10	26.35
800	63	15.14	15.52	41.87
900	32	7.69	7.88	49.75
1000	68	16.35	16.75	66.50
1100	15	3.61	3.69	70.20
1200	27	6.49	6.65	76.85
1200 以上	94	22.60	23.15	100.00
愿意接受(WTA > 0)	406	97.60	100.00	
拒绝接受(WTA = 0)	10	2.40		
总计	416	100.00		

在愿意参与流域生态补偿的受访者中，约一半农户持悲观预期，主要原因是认为政府（村委会）腐败，导致农民难以拿到补偿金，以及政策实施难度较大。另外，还有 10 个受访者表示不愿意接受补偿并且受偿意愿为零。进一步询问不接受补偿的原因后，发现主要是受访农户认为补偿太少，不足以弥补保护环境带来的发展权和收入损失，还有部分受访农户认为政府不作为和村委会腐败会导致农民拿不到补偿款。

三、关于水源区农户受偿意愿的假说

流域生态服务提供方的受偿意愿有多种影响因素。从研究案例南水北调中线工程水源区看，首先，水源区居民作为生态服务提供方，需要牺牲部分发展权保护当地生态环境，但每个农户的（间接）效用函数的形式并不完全相同，这会对受偿意愿产生直接影响。其次，农户迁移倾向也是直接影响受偿意愿的重要因素。农户迁移将对农村土地利用产生重要影响，土地作为生态服务的载体，其利用方式的改变会影响水源区生态服务提供的价值总量，因此，在中国农村劳动力转移和农村土地利用变化的背景下，对农户迁移倾向的生态环境影响进行考察是有必要的。另外，根据人力资本理论，农户迁移属于一种人力资本投资，若农户存在迁移倾向或已经迁移，会影响农户的收入预期和接收信息的数量和质量，在水源区即将实行流域生态补偿政策的情景下，农户的某些生产行为会发生变化，这改变了农户的福利水平，进而影响农户的受偿意愿。再次，决策制度背景和现实背景是影响农户受偿意愿的重要变量，特别从 1999 年开始在水源区实行的退耕还林工程，以现金补贴、免费提供的职业培训与工作信息服务等方式降低了农户参与生态建设和保护的心理负担，增加了农户的未来收入预期，使农户更愿参与生态补偿项目（万海远，李超，2013）。最后，当地水源现状反映了农户受

偿意愿的决策现实背景，会在一定程度上影响农户的真实受偿意愿。

因此，在讨论农户受偿意愿的过程中，有三类因素是十分重要的：一是水源区农户家庭经济社会特征，这是由生态服务提供者自身异质性引起的，比如居民收入、受教育水平、年龄、性别等方面的差别；二是农户的迁移倾向，比如农户在村庄的生活时间长度、务工收入占总收入的比例、对迁移的态度等；三是当地现有的生态补偿政策和水源现状是农户受偿意愿的重要决策背景。根据以上分析和基本的经济理论，提出以下假说：

假说Ⅰ：农户个人特征和家庭经济社会方面的异质性特征会对农户生态服务供给的受偿意愿产生潜在影响。

假说Ⅱ：农户迁移倾向会对受偿意愿产生影响。

假说Ⅱa：农户务农收入占比高，说明他们在当地居住时间长，农业生产活动更多，生态环境的改善会提高农户的福利水平。也即，当 $Q(W_1) > Q(W_0)$ 时，农户的人类福利损失 C_Q 下降（或者人类福利收益上升），从而受偿意愿更低。

假说Ⅱb：在选择迁移的情况下，农户期望尽快获得生态服务供给的补偿资金，受偿意愿更高。

假说Ⅲ：农户提供生态服务的决策背景是影响受偿意愿的重要因素。

假说Ⅲa：农户受偿意愿与退耕还林政策执行效果相关。由于退耕还林政策会改善当地生态服务，即当 $Q(W_1) > Q(W_0)$ 时，退耕农户由于非市场化生态服务价值的增加使人类福利增加（或者人类福利损失 C_Q 下降），从而真实受偿意愿更低。

假说Ⅲb：水源现状背景也会对农户受偿意愿产生重要影响。

第四节　水源区农户受偿意愿影响因素分析

一、模型构建

调研结果显示，南水北调中线工程陕南水源区有 22.6% 的受访农户报告的受偿意愿高于支付卡上限值，即大于 1200 元/户·年。受访农户报告的受偿意愿高于支付卡上限值符合条件价值法问卷调研过程中的经验事实，因为受访者可能采取策略性行为，高报受偿意愿。但是，若把高于支付卡上限值的样本直接纳入或剔除进行分析，估计结果都可能会产生策略性偏误（strategic bias）。为避免这种偏误以合理分析高于支付卡上限值的农户样本，引入右端截取模型来处理受访农户报告的受偿意愿高于支付卡上限值的情况。用一个基本的潜变量 y_i^* 来表示所观测的响应 y_i，右端数据截取模型一般形式如下：

$$y_i^* = \beta_0 + X_i\beta + \mu_i, \mu_i \sim N(0, \sigma^2), I = 1, 2, \cdots, n \qquad (16-1)$$

$$y_i = \begin{cases} y_i^*, 若 y_i^* < R \\ R, 若 y_i^* \geq R \end{cases} \qquad (16-2)$$

y_i^* 为潜变量，满足经典线性假定，即服从线性条件均值下的正态同方差分布。方程组（16-2）意味着，当 $y_i^* < R$ 时，所观测的 y_i 等于 y_i^*；当若 $y_i^* \geq R$ 时，y_i 等于 R。据此，建立如下截取回归模型进行估计：

$$WTA^* = c + X\beta + \mu \qquad (16-3)$$

其中，WTA^* 是居民提供生态服务的受偿意愿，X 是包括农户特征和潜在影响因素在内的向量，β 是待估计系数的向量，μ 是随机误差项。

二、变量选择及描述性统计

被解释变量是通过问卷调查得到的受访者受偿意愿值。在全部416个有效样本中，发现有10个样本不愿意接受补偿（WTA=0），这可能是出现了受访者抗议出价的情况，为避免受访者的策略行为造成估计偏误，这些样本将被剔除，最终的样本量为406个。在406个受偿意愿大于零（WTA>0）的有效样本中，农户报告的受偿意愿均值为911元/户·年，具体如表2.5第一行所示。

解释变量主要有三类，第一类是描述受访者个人和家庭经济社会特征的变量，主要包括受访者受教育年限（edu）、年龄（age）、性别（gender）、家庭总人数（family）、家庭上年生活总支出（lnexp）等，由于直接询问收入获得的数据存在较大偏差，因此以家庭生活总支出替代家庭总收入，并取对数值；第二类是农户迁移倾向，务农收入占总收入的比例（ai）和是否打算离开农村迁入城镇（migrant）用以衡量农户土地的引力和移民倾向，当地生活时间长度（period）用以衡量农村生活的拉力。第三类是农户参与流域生态补偿的决策背景，包括政策背景和水源现状背景。退耕还林（join）是中国目前唯一在全国范围内实行的直接补贴农户的生态补偿项目，模型中将重点考察退耕还林对受访者参与南水北调流域生态补偿的影响。在询问完受访者关于受偿意愿的问题后，还询问了他们关于这一生态补偿政策在多长时间内能付诸实践的看法（expect）。另外，政策了解程度（policy）用以衡量受访者的信息掌握程度。关于农户水源现状的变量主要有居住点附近水源的距离（km）、本地保护水源对下游地区水源的影响（protect）。所有变量的描述性统计结果见表16.5。

表16.5 　　　　　　　　　　　　　　模型变量说明

变量	具体说明	最小值	最大值	均值	标准差	样本量
WTA>0	农户报告受偿意愿（元/户·年）	100.000	1201.000	911.315	256.638	406
1. 个人特征						
edu	受访者教育年限（年）	0.000	18.000	9.136	3.377	406
age	受访者年龄（岁）	18.000	74.000	40.784	40.784	406
gender	虚拟变量，受访者性别（1=男，0=女）	0.000	1.000	0.668	0.471	406
family	家庭总人数（人）	1.000	12.000	4.394	1.138	406
lnexp	家庭上年生活总支出的对数值	8.294	11.406	9.872	0.575	406
2. 迁移倾向						
ai	务农收入占总收入比例（%）	0.000	100.000	22.831	22.345	406
period	受访者在当地生活时长（年）	1.000	74.000	34.130	15.586	406
migrant	虚拟变量，受访者是否打算离开居住村（1=是，0=否）	0.000	1.000	0.185	0.389	406
3. 政策背景						
policy	政策了解程度（1=非常了解，2=了解，3=一般，4=不了解，5=完全不了解）	1.000	5.000	2.870	0.730	406

续表

变量	具体说明	最小值	最大值	均值	标准差	样本量
expect	虚拟变量，生态补偿政策预期（1 = 是，0 = 否）	0.0	1.0	0.493	0.501	406
join	虚拟变量，受访者是否参与退耕还林工程（1 = 是，0 = 否）	0.0	1.0	0.582	0.494	406
4. 水源现状						
km	居住点到最近水源的距离（千米）	0.1	20.0	3.707	4.129	406
protect	本地保护对下游的重要性（1 = 非常重要，2 = 重要，3 = 一般，4 = 不重要，5 = 完全不重要）	1.0	4.0	1.976	0.673	406

三、实证结果分析

（一）经验检验结果

利用 Stata 12 软件估计农户受偿意愿影响因素经验模型，估计结果见表 16.6。模型的 LR 统计量为 72.78，并在 1% 显著性水平下通过似然比检验，说明模型构建较为合理。然后，在各个解释变量均值处估计了各变量对受偿意愿的边际效应，结果显示，各变量的显著性水平与模型系数 β 的显著性基本保持一致。

表 16.6　　　　　　　　　　农户受偿意愿影响因素估计结果

变量	模型（1）Right censored model：WTA > 0	
	β	dy/dx
age	-3.601 * (-1.78)	-2.098 * (-1.78)
gender	41.21 (1.17)	24.301 (1.16)
edu	-0.515 (-0.10)	-0.3 (-0.10)
family	39.85 *** (2.93)	23.218 *** (2.93)
lnexp	-90.14 *** (-3.18)	-52.516 *** (-3.18)
ai	-218.3 *** (-2.94)	-127.163 *** (-2.94)
period	1.456 (0.96)	0.848 (0.96)
migrant	93.43 ** (2.25)	51.714 ** (2.37)

变量	模型（1）Right censored model：WTA > 0	
	β	dy/dx
policy	44. 39 **	25. 861 **
	(2. 1)	(2. 10)
expect	92. 09 ***	53. 625 ***
	(2. 97)	(2. 97)
km	11. 42 ***	6. 652 ***
	(2. 88)	(2. 90)
protect	− 52. 53 **	− 30. 606 **
	(− 2. 24)	(− 2. 24)
join	− 75. 46 **	− 43. 505 **
	(− 2. 35)	(− 2. 37)
constant	1709. 7 ***	
	(5. 29)	
LRχ^2	72. 78 ***	
Pseudo R^2	0. 0156	
样本量	406	

注：（1）系数列括号内为 t 统计量，边际效应列括号内为 z 统计量；（2） ***、**、* 分别表示估计值在 0. 01、0. 05、0. 10 水平上显著。

（二）假说检验及边际效应分析

1. 假说 I 的检验

农户个人和家庭方面的异质性特征是生态服务供给中受偿意愿的重要影响因素。从农户的个人异质性看，年龄对农户受偿意愿有负向影响，并在 10% 显著性水平下通过检验。通过计算年龄均值处的边际效应，发现年龄每增加一岁，受偿意愿将降低 2.1%。另外，受教育年限对受偿意愿的影响为负，但并未通过显著性水平检验。

从农户的家庭异质性看，家庭支出变量在 1% 显著性水平下通过检验，通过计算家庭支出均值处的边际效应，发现家庭支出对数值每提高 1%，受偿意愿则降低 52.52%。家庭人数变量在 1% 显著性水平下通过检验，其均值处的边际效应同样显著，家庭人数每增加 1 人，受偿意愿将增加 23.22%。可能的解释是随着家庭人数的增加，有限耕地下的收入压力越大大，提供生态服务并放弃部分经济发展权对他们的福利影响也越大，即当生态服务供给增加导致 $R(W_1) < R(W_0)$ 时，家庭人数多的农户对放弃直接农业生产活动引起的收入损失 ΔR 更敏感，从而显著提高了农户的受偿意愿。

3. 假说 II 的检验

农户的迁移倾向会对受偿意愿产生重要影响。农户是否准备迁出农村进入城市对受偿意愿有显著影响，从边际效应看，计划迁出农户的受偿意愿比不迁出的农户高 51.71%。可能的解释是，在选择迁移或外出务工的情况下，迁移农户的农业收入大幅下降，在生态补偿政策即将执行的预期下，他们希望获得更多货币补偿以弥补农业收入方面的损失。随着南水北调中线工程的通水，水源区实行流域生态补偿的政策预期越来越强，引致农户生产方式和生活行为发生变化,从而改变了农户的福利水平,进而影响农户的受偿意愿。

务农收入占总收入比例是衡量农户迁移倾向的间接指标,这一变量在1%显著性水平下通过检验,其边际效应为 -127.16。农户务农收入占比越高,对农村生产生活环境的依赖性就越强,在生态环境保护政策能改善当地生态环境和生态服务供给水平的背景下,即在 $Q(W_1) > Q(W_0)$ 的情况下,农户将由于水源区非市场生态服务质量 $Q(W_0)$ 变化为 $Q(W_1)$ 时的人类福利损失 C_Q 下降(或者人类福利收益上升),引致农户受偿意愿降低。

3. 假说 III 的检验

农户生态服务供给的决策背景是受偿意愿的重要影响因素。农户对生态环境保护政策了解程度变量在10%水平下通过检验,且边际效应为正,说明农户越了解相关生态环境政策,受偿意愿越高。农户对生态补偿政策预期变量在1%显著性水平下通过检验。从边际效应看,如果农户认为南水北调中线工程的生态补偿政策会付诸实施,其受偿意愿比那些持悲观期望的农户高 53.63%。农户居住地距离水源地的远近变量在1%的水平下显著,从该变量均值处的边际效应看,居住地每远离水源地1公里,受偿意愿则提高 6.65%。农户水源保护给下游造成影响的变量显著为负,说明若农户认为当地保护水源对下游来说不重要,其受偿意愿会降低。

农户退耕还林参与度在5%显著性水平下通过检验。从该变量的边际效应看,退耕户的受偿意愿比非退耕户低 43.51%。退耕户的受偿意愿显著低于非退耕户,可能是因为退耕户对土地的依赖性较弱,提供生态服务的机会成本更低,从而具有较低的受偿意愿。并且,退耕还林能给水源区带来诸如清新空气、景观质量改善和水土流失控制等非市场化的环境经济价值(韩洪云和喻永红,2012),在 $Q(W_1) > Q(W_0)$ 的情况下,农户由于非市场化生态服务质量变化时的人类福利损失 C_Q 下降(人类福利收益提升),从而导致受偿意愿显著下降。从非退耕户的视角看,耕地本身具有生态服务价值,能提供食物生产等市场化生态服务,从而导致非退耕户的受偿意愿更高。另外,非退耕户因未曾享有过退耕还林收益,因此希望通过参加其他的生态环境保护计划以获得额外收益,从而具有相对较高的受偿意愿。

四、稳健性检验

采用逐步剔除解释变量和替换被解释变量的方法,并运用右端截取和双边界 Tobit 两种估计手段,对建立的模型进行稳健性检验,具体结果如表 16.7 所示。

表 16.7　　　　　　　　　　　　　　　　稳健性检验

变量	模型 (2)	模型 (3)	模型 (4)	模型 (5)	模型 (6)
	$WTA > 0$	$WTA > 0$	$WTA > 0$	$WTA \geqslant 0$	$WTA \geqslant 0$
age	-3.158 (-1.55)	-2.552 (-1.26)	-2.506 (-1.22)	-4.562** (-2.02)	-4.687** (-2.00)
gender	33.668 (0.95)	31.607 (0.89)	36.834 (1.02)	35.645 (0.90)	35.650 (0.87)
edu	-0.115 (-0.02)	0.718 (0.14)	-0.089 (-0.02)	-0.896 (-0.16)	-0.969 (-0.16)

变量	模型（2） $WTA > 0$	模型（3） $WTA > 0$	模型（4） $WTA > 0$	模型（5） $WTA \geqslant 0$	模型（6） $WTA \geqslant 0$
family	36.051 *** (2.63)	35.633 *** (2.59)	35.024 ** (2.52)	43.019 *** (2.80)	43.725 *** (2.76)
lnexp				−65.687 ** (−2.08)	−64.493 ** (−1.98)
ai	−151.458 ** (−2.11)			−177.302 ** (−2.14)	−177.394 ** (−2.07)
period	1.971 (1.29)	1.810 (1.18)	1.503 (0.97)	2.575 (1.51)	2.704 (1.54)
migrant	99.292 ** (2.37)	98.358 ** (2.34)	108.359 ** (2.55)	96.809 ** (2.07)	98.903 ** (2.05)
policy	46.571 ** (2.18)	49.680 ** (2.32)	57.712 *** (2.69)	42.854 * (1.80)	43.139 * (1.75)
expect	89.598 *** (2.86)	95.972 *** (3.07)	109.131 *** (3.48)	104.00 *** (2.98)	106.631 *** (2.96)
km	12.164 *** (3.05)	10.478 *** (2.68)	11.489 *** (2.90)	14.301 *** (3.18)	14.826 *** (3.19)
protect	−55.356 ** (−2.33)	−59.456 ** (−2.50)	−54.397 ** (−2.27)	−43.311 (−1.64)	−42.911 (−1.57)
join	−82.260 ** (−2.54)	−94.057 *** (−2.93)		−79.320 ** (−2.19)	−79.948 ** (3.73)
constant	786.787 *** (5.48)	737.586 *** (5.19)	653.187 *** (4.63)	1407.859 *** (3.91)	1388.835 *** (3.73)
LRχ^2	62.67 ***	58.24 ***	49.73 ***	61.15 ***	59.19 ***
Pseudo R^2	0.0134	0.0125	0.0107	0.0125	0.0124
样本量	406	406	406	416	416

注：（1）括号内为 t 统计量；（2）***、**、* 分别表示估计值在 0.01、0.05、0.10 水平上显著。

首先，家庭支出对受偿意愿来说可能是一个具有较强内生性的变量，因此不太适合作为一个解释变量来简单考察它对另一个变量的影响程度。这里剔除了这一变量进行检验，发现除年龄变量不再显著外，模型（2）中的其他变量与模型（1）相比未发生显著变化。为进一步排除家庭支出方面的内生性可能，在剔除与农户家庭支出密切相关的务农收入占比变量后，模型（3）除年龄外的其他变量仍未发生显著变化。另外，退耕还林工程是一种已长期执行的生态环境保护政策，会对南水北调工程产生正外部性影响，从而可能对农户受偿意愿决策产生内生影响。在剔除农户退耕还林参与度后，模型（4）中的变量与模型（1）相比，仅年龄不再显著，与模型（2）和模型（3）相比则不再发生显著变化。

然后，将样本扩大为包含 10 个受偿意愿为零的 416 样本，即以 $WTA \geq 0$ 作为被解释变量，但仍然使用右端截取模型作为估计手段。结果发现与模型（1）相比，模型（5）中上游保护水源对下游地区影响的变量不再显著。为避免样本冲击可能带来的估计偏误，米用能处理受限因变量具有上下边界的双边界 Tobit 估计手段，发现与模型（5）相比，模型（6）中变量显著性不再有明显变化。估计结果表明，上述计量模型的参数估计结果具有一致性，表明在弱化各个变量间内生性的情况下，主要结论依然成立，说明本节的研究发现具有较好的解释力。

第十七章

基于流域生态服务使用方支付
意愿的价值评估实证研究

　　随着流域生态系统破坏和环境污染问题日益严峻，逐渐产生了应付费使用流域生态服务的意识。不过，在现实的流域生态补偿项目中，流域上游往往坚持"谁受益，谁付费"的原则，而流域下游则坚持"谁污染，谁治理"的原则，流域生态服务提供方和使用方较难达成一致。在这种情况下，流域上游和流域下游构建合理的经济联系成为流域生态服务价值评估中的一个重要问题。流域生态服务使用方参与流域生态补偿的支付意愿是建立流域上下游之间社会经济联系的重要价值基础，也是政府构建流域生态补偿机制的核心议题。作为流域生态服务使用方的居民支付意愿取决于改进的生态服务带来的效用变化，只有流域生态服务提供方通过投入成本提供了改进的生态服务，居民才具有对改进的生态服务付费的动机。

　　近年来，国内外许多学者都基于流域生态服务使用方的支付意愿进行了价值评估研究，并分析了支付意愿的影响因素。研究表明，作为流域生态服务使用方的流域下游居民具备一定的环境意识和生态补偿意识，居民支付意愿会因为自身异质性和外部条件的不同而差别较大。现有研究往往只考虑了流域生态补偿可行性问题，或流域生态服务使用方支付意愿差异性问题，未对支付意愿的评估结果进行比较以获得真实支付意愿，也未指出引起支付意愿差异性因素的边际效应。本章首先利用支付卡式条件价值法引导居民支付意愿，对支付意愿结果进行比较以估算真实支付意愿，并建立能有效处理支付意愿零值情况的 Tobit 模型，把流域生态服务使用方异质性因素、产权意识和支付意愿决策背景等纳入统一的研究框架，以全面分析流域生态补偿背景下居民支付意愿赋值的影响因素及其边际效应。

第一节　研究区域概况①

　　南水北调中线工程受水区为河南、河北、北京和天津四省市，具体区位如图 17.1 所示。供水用途以城镇居民生活用水和工业用水为主。根据中线工程沿线受水区的缺水状况和需求，考虑到水源地丹江口水库的供水能力，按照丹江口水库与受水区当地地表水、地下水联合调度规则，最终确定南水北调中线一期工程（2014～2030 年）多年平均调水量为 95 亿立方米。南水北调中线二期工程（2030 年之后）具体规划指标和调水量等会发生变化，预期年调水规

---

　　①　原题为：流域生态补偿的支付意愿及影响因素——以南水北调中线工程受水区郑州市为例［J］. 经济地理，2015（6）。

模将达 130 亿立方米。

　　南水北调中线工程受水区河南、河北、天津和北京四省市调水量分别为 38 亿、35 亿、10 亿、12 亿立方米，重点解决北京、天津、石家庄、郑州等沿线大中城市和众多小城市的水源匮乏问题。其中，河北省的供水范围包括邯郸、邢台、石家庄、保定、廊坊、衡水、沧州 7 个地级市 92 个县。河南省的供水范围包括南阳、平顶山、许昌、漯河、周口、郑州、焦作、新乡、安阳、鹤壁、濮阳 11 个地级市。河南省是南水北调中线工程水渠干线最长、占地面积最大、投资额度最多、计划分水量最大的省份。根据南水北调中线工程水量分配计划，河南省分水最多的城市是省会郑州市，分水量为 5.17 亿立方米，平均日供水量约 91 万吨，地级市南阳和新乡位居第二位和第三位。

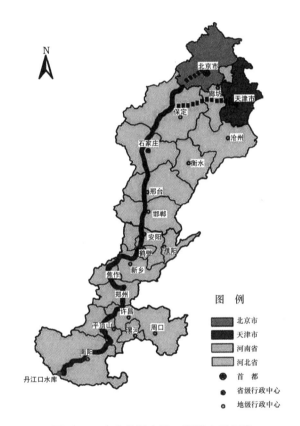

图 17.1　南水北调中线工程受水区示意

资料来源：作者采用 GIS 软件自绘。

　　郑州市缺水现象比较严重，对南水北调中线工程清洁水源的需求较大。首先，郑州市的缺水现象非常严重，水源区水质达标率低，属于典型的水量型和水质型问题并存的缺水地区；其次，河南省是南水北调中线工程水源区之一，也是最大的受水区，而郑州市又是河南省最大的受水城市；再次，郑州市为对接南水北调中线工程的清洁水源，规划改建和扩建 11 座自来水厂，其中郑州市城区新建、改建和扩建 4 座自来水厂，并对现有的白庙水厂和柿园水厂进行改扩建；最后，在郑东新区新建一个自来水厂，在位于郑州市区南部的刘湾新建一个自来水厂。郑州市的缺水现状和对南水北调中线工程清洁水源的需求，有利于当地常住居民更好地把握水质和水量生态服务的商品属性，有利于引导出居民的真实支付意愿。

第二节　研究设计

一、问卷设计

为避免问卷设计偏误，根据美国 NOAA 蓝带小组提出的条件价值法应用准则，并结合南水北调中线工程受水区实际情况和预调研结果，最终将问卷确定为四个部分：（1）受水区生态环境问题和居民环境意识调查。这一部分用来设定居民支付决策的背景信息。（2）受水区居民自来水的使用和供给，主要包括当前自来水的供给情况，受访家庭自来水服务付费情况，以及关于自来水水源的信息。这一部分用来描述水服务的商品属性以及描述当前水供给的制度背景。（3）采用支付卡形式引导受水区居民的支付意愿，即由政府在每月水费基础上加价，筹集到的资金交由专门的机构管理，以保证家庭生活用水的水量和水质。这里确定了支付卡式引导技术的付费机制和投标值，并询问了居民关于水源保护看法等后续问题。（4）受访者基本信息及态度。

二、调研实施

1. 调研员培训

调研开始之前，在环境经济领域专家的指导下，成立了由博士生和硕士生组成的"完善流域生态补偿机制（受水区部分）"调研组，并制定了"调研员注意事项"。然后，对调研组成员进行了条件价值法相关理论知识和具体问卷内容的培训。培训完成之后，调研组成员在附近区域进行了模拟调研。根据模拟调研过程中调研组成员的表现和调研结果，淘汰了部分调研成员，最终形成了由 5 名博士生和 7 名硕士生组成的调研团队。这有效避免了条件价值法调研实施过程可能产生的访员偏误，保证了条件价值法问卷的有效性和可靠性。

2. 焦点团体座谈和预调研

在正式调研前，应通过焦点团体座谈和预调研确定条件价值法问卷的假设情景、投标值等，以避免可能出现的假设偏误和投标起点偏误。首先，调研组在夏季用水高峰时期，通过对河南郑州市家庭住户的焦点团体座谈确定具体的假设情景，然后通过预调研修正假设情景并确定投标值，以此为基础将支付意愿的引导机制确定为南水北调中线工程通水后，居民自愿接受水质和水量生态服务改进（即现在的水源变为未来的"南水北调清洁水源"）的支付意愿，支付工具为每月水费直接加价。

3. 抽样方法与正式调研

由于河南省是南水北调中线工程渠首所在地，河南省是受水区 4 省市中最大的受水区，郑州市是河南省最大的受水城市，因此，选择郑州受水区作为样本调研区域。对于郑州受水区具体样本点的选择，采用简单随机抽样的方法，在郑州市二七区、惠济区、金水区、中原区、管城回族区以及郑东新区的广场、公园、社区和企事业单位，对当地常住居民进行随机抽样调查。

本次正式调研具体时间在 2013 年 10 月份，采用面对面访谈的形式，共发放 320 份问卷，实际回收 320 份问卷，通过对收回的调查问卷进行审核并剔除错误样本（如前后矛盾、信息不全）后，最终得到有效问卷 302 份。

第三节　受水区居民支付意愿典型事实与假说

一、受水区居民基本特征与环境认知分析

在南水北调中线工程郑州受水区的 302 份有效问卷中，受访居民男女比例为 6∶4，已婚人数达到全部样本的 84.11%，近一半的受访者年龄在 40 岁以下。受访居民的受教育程度普遍较高，受访者中有 50.99% 的居民拥有大学或大专学历。在家庭经济收入方面，8 成以上的受访者家庭月收入在 12000 元以下，且多在 4000~8000 元，不过，仍有 20.2% 受访居民的家庭月收入在 4000 元以下。受访者基本特征具体见表 17.1。

表 17.1 受访者基本特征

特征	选项	频数（人）	比例（%）
性别	男	187	61.92
	女	115	38.08
婚姻	已婚	254	84.11
	未婚	48	15.89
家庭月收入	0~4000 元	61	20.20
	4000~8000 元	124	41.06
	8000~12000 元	77	25.50
	12000~16000 元	24	7.95
	16000~20000 元	9	2.98
	20000 元以上	7	2.32
年龄	18~29 岁	65	21.52
	30~39 岁	78	25.83
	40~49 岁	45	14.90
	50~59 岁	50	16.56
	60 岁以上	64	21.19
教育水平	小学及以下	22	7.28
	初中	41	13.58
	高中/中专	74	24.50
	大学/大专	154	50.99
	研究生及以上	11	3.64

郑州市属于典型的水量型和水质型问题并存的缺水地区，受访者对当地水源周边的生态环境和水质水量生态服务现状有较为直观的感受。从调研结果看，在 302 个有效样本中，85.34% 的受访者认为生活区域附近的河流、湖泊等对家庭生活质量有较为重要的影响，但仅有 13.25% 的受访者对当地的河流、湖泊的生态环境现状感到"非常满意"或"满意"。近

2/3 的受访者表示近期听说过关于水污染的新闻或消息，但仅有 15.56% 的受访者对生态环境保护政策"很了解"或"了解"，55.96% 的受访者仅拥有生态环境保护政策的碎片信息（知道一点），还有 28.48% 的受访者完全不了解生态环境保护政策。另外，尽管当地水质和水量都较差，仍有 36.42% 的受访者家庭没有相应的节水、净水措施（具体见表 17.2）。总体上看，受访者对河流、湖泊生态环境拥有较好的认知水平，有效避免了条件价值法问卷中对假设情景要求较高而产生的偏误，有利于引导出受访居民的真实支付意愿。

表 17.2   受访者对当地水质和水量生态服务的认知

认知项目	选项	样本数（个）	比例（%）
河流、湖泊等对家庭生活质量的影响	非常重要	120	39.74
	重要	138	45.70
	一般	32	10.60
	比较不重要	8	2.65
	完全不重要	4	1.32
对附近河流、湖泊（水库）等生态环境现状的满意程度	非常满意	2	0.66
	满意	38	12.58
	一般	96	31.79
	不满意	127	42.05
	非常不满意	39	12.91
近期是否听说过关于水污染事件的新闻（消息）	是	195	64.57
	否	107	35.43
家里是否有节水、净水的措施	是	192	63.58
	否	110	36.42
对生态环境保护政策的了解程度	很了解	9	2.98
	了解	38	12.58
	知道一点	169	55.96
	不了解	79	26.16
	从不关注	7	2.32

二、受水区居民支付意愿分布

在 302 个有效样本中，有 255 个受访者表示愿意参与支付，且支付意愿大于 0，占比为 84.44%。支付金额多为每月 10 元/月及以下，占全部正支付意愿样本的 89.8%，依次以每月 10 元/月、2 元/月和 5 元/月最多，累计占比近 60%（见表 17.3）。受访居民愿意支付的原因主要有：希望喝上健康水，提升生活质量；为了保护水源，应该补偿水源周边和上游地区的居民；受益了就应付费。还有 15.56% 的受访者表示不愿意支付，他们的支付意愿为零，原因主要有：大多数受访者认为自己已经纳税，保护水源是政府的义务；支付的资金不能真正用在水源保护上，所以拒绝支付，这其中有些受访者认为如果不通过政府，而是把资金直接支付给上游保护水源的民众，则愿意支付。

表 17.3　受访者报告 WTP 累计频率分布

WTP(元/月)	绝对频次(人)	相对频度(%)	调整频度(%)	累计频度(%)
1	30	9.93	11.76	11.76
2	51	16.89	20.00	31.76
3	28	9.27	10.98	42.75
4	7	2.32	2.75	45.49
5	38	12.58	14.90	60.39
6	7	2.32	2.75	63.14
7	3	0.99	1.18	64.31
8	3	0.99	1.18	65.49
10	62	20.53	24.31	89.80
13	2	0.66	0.78	90.59
15	2	0.66	0.78	91.37
20	12	3.97	4.71	96.08
30	9	2.98	3.53	99.61
50	1	0.33	0.39	100.00
愿意支付(WTP > 0)	255	84.44	100.00	
拒绝支付(WTP = 0)	47	15.56		
总计	302	100.00		

在引导居民支付意愿的过程中，还询问了他们对于南水北调中线工程的水源应由谁保护的看法。在全部样本中，有 2/3 以上的受访者认为应由中央政府和地方政府负责保护水源，仅有 10.2% 的人认为应由自来水的使用者负责保护水源，还有约 23% 的人认为应该由政府、自来水公司和居民共同保护水源。进一步询问其原因，发现大部分受访者都认为自己拥有使用清洁水源的权利，或者认为自己已经纳税而不愿意额外缴费，还有部分受访者表示南水北调中线工程主要是给京津调水，应该由京津地区的政府或居民补偿。可见，受水区居民对于使用流域生态服务需要付费的意识仍然不是很强，并默认自己拥有清洁水源的使用权。

三、关于受水区居民支付意愿的假说

流域生态服务变化会引起消费者效用变化，从而改变人类福利。为保证消费者福利在生态服务变化前后的整体效用不变，个人为获得改善的生态服务所愿意支付的最大金额，即支付意愿，这是基于物品产权转移过程中合适的福利度量。流域生态补偿本质上是生态服务使用方对生态服务提供方的经济补偿，支付意愿则是生态服务使用方在当前环境水平、信息条件和自身意识交互作用下对福利（效用）水平变化的反映。

首先，受水区居民作为生态服务使用方，应对生态服务提供方供给的生态服务付费，但每个居民的（间接）效用函数形式并不完全相同，这会对支付意愿产生直接影响。其次，居民自身偏好和掌握的信息也是影响支付意愿的直接因素。当受水区居民长期使用某一水源以后，居民的用水习惯将呈现出刚性状态，会影响居民的偏好；并且，居民所掌握的关于水源

和生态环境现状的信息，也会对居民效用水平产生潜在影响。再次，与其他生态产品或服务的生态补偿相比，水量和水质生态服务的流动性特征使流域生态补偿具有一定的特殊性，这本质上是由产权无法清晰界定引起的，或者，即使产权界定清晰，也会因为上下游之间高额的交易费用而导致水源保护责任的相互推诿，形成水源保护上的"公地悲剧"。在这种情况下，受水区居民对清洁水源的支付意愿将依赖于他们是否默认自己拥有享用来源于流域上游水质和水量生态服务的权利。最后，当地水源现状反映了居民支付意愿的决策背景，会一定程度上影响居民真实支付意愿。

因此，在讨论居民支付意愿的过程中，至少有四类因素是十分重要的：一是受水区居民家庭经济社会特征，这是由生态服务使用方自身异质性引起的，比如居民收入、受教育水平、年龄、性别等方面的差别；二是居民偏好，比如居民在社区生活的时间长度，对清洁水源的偏好状态等；三是居民对水源产权的认知情况，比如水源在被污染的情况下，对上下游责任划分的看法；四是当地水源现状，如自来水水质和水量现状，是居民支付意愿的重要决策背景。

根据以上分析，提出以下四条假说：

H1：居民在家庭经济社会特征方面的异质性会对居民参与流域生态补偿的支付意愿产生潜在影响。

H2：居民偏好异质性会对支付意愿产生影响。若受水区居民的用水习惯刚性越强，则支付意愿越低；若居民更愿意使用清洁水源，则支付意愿越可能为正。

H3：居民对清洁水源的产权意识不同，支付意愿将不同。受水区居民若默认自身拥有流域生态服务使用权，将不愿意对上游地区提供的水量和水质生态服务额外付费（补偿），支付意愿可能为零或很小。

H4：居民参与流域生态补偿的决策背景是支付意愿的重要影响因素。若受水区居民所在地目前水量不稳定、水质较差，将会提高他们通过参与流域生态补偿获得清洁水源的支付意愿。

第四节　受水区居民支付意愿影响因素分析

一、模型构建

南水北调中线工程清洁水源是能带来正效用的产品，即在其他条件不变的情况下，当清洁水源的水质和水量都提高时，流域生态服务使用方的效用水平也会提高。在新的效用水平大于等于原来的效用水平的情况下，使用方将愿意为清洁水源支付更高的价格。因此，假定生态服务使用方愿意支付一个非负的数额。但是，在具体的调研过程中，以支付卡方式引导的支付意愿会报告一些零值。Spike 模型和 Tobit 模型能有效处理支付意愿引导中的零值问题（Hackl and Pruckner，1999），但 Spike 模型无法分析出现零值的影响因素，Tobit 模型则能将所有零值样本纳入模型，并能对影响因素进行分析（Halstead et al.，1991）。因此，本节运用 Tobit 模型处理受访者报告支付意愿为零的情况，对影响居民支付意愿的因素进行分析，并对居民的支付意愿进行预测。用一个基本的潜变量来表示所观测的响应 y_i，Tobit 模型一般形式如下（Greene，2012）：

$$y_i^* = \beta_0 + X_i\beta + \mu_i, \mu_i \mid X \sim N(0, \sigma^2), i = 1, 2, \cdots, n \tag{17-1}$$

$$y_i = \begin{cases} 0, & \text{若} \, y_i^* \leq 0 \\ y_i^*, & \text{若} \, y_i^* > 0 \end{cases} \qquad (17-2)$$

y_i^* 是潜变量,满足经典线性假定,即服从具有线性条件均值的正态同方差分布。方程组(17—2)是指当 $y_i^* > 0$ 时,所观测的 y_i 等于 y_i^*;当 $y_i^* \leq 0$ 时,y_i 等于0。据此,建立如下Tobit 模型进行估计:

$$WTP^* = c + X\beta + \mu \qquad (17-3)$$

这里,WTP^* 是居民获得改进的水质和水量生态服务的支付意愿,X 是包括居民特征和潜在影响因素在内的向量,β 是待估计系数的向量,μ 是随机误差项。

二、变量选择及描述性统计

模型中的因变量是居民报告的支付意愿值(WTP),自变量包括居民家庭经济社会特征、居民用水特征和居民对水源的认知等三类变量。收入是调研过程中难以获得准确结果的变量,受访者在回答收入问题时可能有谎报的情况,因此在调研过程中同时询问受访者家庭收入的具体金额和收入区间,以期获得相对准确的收入值,当受访者回答的收入数值不在收入区间内时,则视为无效问卷,并对收入进行对数化处理来平滑收入差距。家庭自来水水量和水质变量用来衡量受访者家庭自来水目前的水量和水质状况。在问卷中设置了三个关键问题,即水压、停水频率和水质,采用李克特量表方式让受访者对自来水的水量和水质做出五级标准判断,并询问了受访者对于水质水量异常原因的看法。河流上下游污染变量用来衡量受访者对水源被污染原因的看法。家庭自来水水源会受到本地(下游)和上游双重污染,在问卷中将污染原因细分为本地(下游)水源周边生活垃圾污染、农业污染、工业污染以及上游带来的污染等,并在模型中把水源污染原因确定为两个虚拟变量,即是否上游污染水源(up)和是否下游污染水源(down)。受访者是否愿意尽快喝上南水北调清洁水是虚拟变量(willing),用来衡量受访者对于清洁水源的心理期望。受访者社区生活时间用来衡量居民的用水习惯刚性(period)。年龄(age)、性别(gender)、教育水平(edu)、家庭总人口(family)和工作性质(work)等属于受访者的个人特征。全部变量的详细说明见表17.4。

表 17.4　　　　　　　　　　　　　　模型变量说明

变量	具体说明	最小值	最大值	均值	标准差	样本量
age	受访者年龄(1 = 18~29 岁,2 = 30~39 岁,3 = 40~49 岁,4 = 50~59 岁,5 = 60 岁及以上)	1.00	500.00	2.90	1.46	302
gender	虚拟变量,受访者性别(1 = 男,0 = 女)	0.00	1.00	0.62	0.49	302
edu	受访者教育水平(1 = 小学及以下,2 = 初中,3 = 高中,4 = 大学,5 = 研究生及以上)	1.00	5.00	3.30	1.00	302
period	受访者在当地生活时长(年)	1.00	75.00	14.80	15.01	302
family	家庭总人口数(人)	1.00	12.00	3.64	1.58	302
work	工作性质(1 = 国家机关,2 = 国有企业,3 = 民营企业,4 = 外资企业,5 = 个体户,6 = 事业单位,7 = 其他)	1.00	7.00	4.00	2.04	302
lninc	受访者家庭月收入(元)的自然对数	7.09	10.24	8.78	0.56	302

变量	具体说明	最小值	最大值	均值	标准差	样本量
quatity	受访者家庭自来水水量状况(1=非常好,2=好,3=一般,4=差,5=非常差)	1.00	5.00	2.51	0.81	302
quality	受访者家庭自来水水质状况(1=非常好,2=好,3=一般,4=差,5=非常差)	1.00	5.00	3.09	0.91	302
willing	虚拟变量,受访者是否愿意尽快喝上南水北调清洁水(1=是,0=否)	0.00	1.00	0.93	0.25	302
down	虚拟变量,受访者是否认为河流下游居民会破坏水源(1=是,0=否)	0.00	1.00	0.74	0.44	302
up	虚拟变量,受访者是否认为河流上游居民会破坏水源(1=是,0=否)	0.00	1.00	0.32	0.47	302

三、实证结果分析

(一)估计结果

运用 Stata12.0,对建立的 Tobit 模型进行估计,LR 检验值为 79.77,在 1% 的显著性水平下通过 LR 检验。然后估计解释变量对支付意愿为正的边际效应,即解释变量变化时,被解释变量支付意愿为正的概率。最后估计解释变量对支付意愿值大小的边际效应,即解释变量变化时,被解释变量支付意愿的具体变化值。具体估计结果见表 17.5。

需要说明的是,这里采用替换被解释变量和剔除解释变量的方法,并运用 Tobit、Logit 和 Probit 三种估计手段,对建立的模型进行了稳健性检验。在分别以被解释变量 $WTP \geqslant 0$ 和 $WTP > 0$ 以及不同样本量的模型中,水质变量未通过检验,年龄变量的显著程度下降为 10%。除此以外,报告的其他解释变量的显著性水平都没有明显变化。另外,在剔除了家庭收入和受访者是否愿意尽快喝上南水北调清洁水两个可能具有内生性影响的解释变量后,除年龄变量不再显著外,其他变量的显著性水平也没有明显变化。综合模型检验结果,发现这里构建的模型具有代表性,一方面,它包含了所有重要的控制变量,同时样本容量也没有损失太多;另一方面,该模型也有效地排除了内生性因素的影响,使估计结果更加准确。

表 17.5 居民支付意愿影响因素估计结果

解释变量	系数	正 WTP 概率边际效应(dy/dx)	WTP 值的边际效应(dy/dx)
lninc	2.308 ***	0.103 ***	1.251 ***
	(2.80)	(2.77)	(2.59)
wcj	8.689 ***	0.46 ***	3.544 ***
	(4.20)	(4.39)	(5.00)
work	-0.158	-0.007	-0.086
	(-0.74)	(-0.74)	(-0.78)
family	0.154	0.007	0.083
	(0.56)	(0.55)	(0.59)

解释变量	系数	正 WTP 概率边际效应（dy/dx）	WTP 值的边际效应（dy/dx）
up	− 1.958 **	− 0.090 **	− 1.033 **
	（− 2.12）	（− 2.06）	（− 2.21）
down	2.740 ***	0.129 ***	1.415 ***
	（2.82）	（2.67）	（3.12）
quatity	1.828 ***	0.082 ***	0.991 **
	（3.42）	（3.38）	（2.50）
quality	− 0.836 *	− 0.037 *	− 0.453 *
	（− 1.73）	（− 1.72）	（− 1.82）
age	0.888 **	0.040 **	0.481 *
	（2.32）	（2.31）	（1.89）
gender	− 0.00995	− 0.001	− 0.005
	（− 0.01）	（− 0.01）	（− 0.01）
period	− 0.137 ***	− 0.006 ***	− 0.074 ***
	（− 4.05）	（− 3.97）	（− 4.48）
edu	1.127 **	0.050 **	0.611 **
	（2.12）	（2.11）	（2.01）
_cons	− 31.144 ***		
	（− 4.12）		
LR χ^2	79.77 ***		
Pseudo R^2	0.0428		

注：系数列的括号内为 t 统计量，边际效应列的括号内为 z 统计量。＊表示 p < 0.1，＊＊表示 p < 0.05，＊＊＊表示 p < 0.01。

（二）假说检验及边际效应分析

1. 假说 1 的检验

第一类是受访居民家庭经济社会特征。这主要是指居民个人和家庭特征等方面的异质性，国内外学者在不同的研究案例中得出的结果差异往往较大。从受访者个人特征看，受访居民教育水平对支付意愿有显著的正向影响，受访者的受教育程度越高，支付意愿越高，这与预期相符。受教育水平对正支付意愿概率和支付意愿值的边际效应分别为 0.05 和 0.611，都在 5% 的显著性水平下通过检验。受教育水平每提高一个等级，居民具有正支付意愿的概率增加 5%，支付意愿值增加 61.1%。受教育水平高的居民，更易于接受各类信息，环境意识更好，容易达成可持续发展的共识，从而更愿意为保护生态环境做出更大的努力。并且，受教育水平高的居民由于具有较高的人力资本，比较容易获得高收入，从而具备更高的支付能力。年龄对支付意愿有显著的正向影响，其边际效应分别为 0.04 和 0.481，分别在 5% 和 10% 的显著性水平下通过检验。这说明在 18 岁以上的成年人口中，年龄每增加 10 岁，支付意愿为正的概率增加 4%，支付意愿值增加 48.1%。性别的边际效应为负，表明女性的支付意愿比男性高，但影响较小，且未通过系数检验。另外，受访者工作性质的边际效应也不显著。

从受访者家庭特征看，家庭收入对支付意愿有显著的正向影响，受访者收入越高，其支付意愿越高。收入对正支付意愿概率和支付意愿值的边际效应分别为 0.103 和 1.251，都在 1% 的显著性水平下通过检验。也就是说，居民家庭年收入的自然对数值每提高 1%，具有正支付意愿的概率会增加 10.3%，支付意愿值则会提高 125.1%。需要注意的是，家庭收入对支付意愿来说可能是一个具有较强内生性的变量，因此不太适合作为一个解释变量来简单考察它对另一个变量的影响程度。为了做进一步说明，这里剔除了这一变量进行检验，发现结论与文中模型一致，不存在内生性。另外，随着家庭人口数量的增加，正支付意愿概率会增加，但边际效应并不显著。

2. 假说 2 的检验

第二类是居民偏好的异质性。社区生活时间长度可以反映居民的用水偏好，它对支付意愿有显著的负向影响，受访者在当地居住时间越长，支付意愿越低，这与预期相符。社区生活时间长度的正支付意愿概率和支付意愿值的边际效应都在 1% 的显著性水平下通过检验，生活时间每增加 1 年，居民支付意愿为正的概率降低 0.6%，支付意愿值降低 7.4%。居民长期生活于某地，会形成较为刚性的消费偏好，可能对"做过去经常做的事"有稳定的偏好，从而不愿意改变某种生态服务利用模式，哪怕是坏的模式。

另外，受访者是否愿意喝上南水北调清洁水是虚拟变量，系数为正且显著，正支付意愿概率和支付意愿的边际效应都在 1% 的显著性水平下通过检验。也就是说，在控制了其他变量后，当居民愿意尽快喝上南水北调清洁水时，他们具有正支付意愿的概率比不愿意尽快喝上南水北调清洁水的居民高 46%，支付意愿则要高 354.4%。

可见，受水区居民对水质和水量生态服务的偏好是影响支付意愿的重要因素。若要让受水区居民主动参与流域生态补偿并提高他们的支付意愿，需要综合考虑居民对当前用水习惯的心理依赖度和对清洁水源的心理期望度，也就是说，应尽可能破除居民当前的用水陋习，并加强他们对南水北调中线工程水质和水量生态服务的认知，以主动参与流域生态补偿的方式实现生态服务利用的最优结果。

3. 假说 3 的检验

第三类是居民关于清洁水源的产权意识。居民对清洁水源产权的认知会直接影响支付意愿结果。以水源污染形成原因及其治理责任衡量产权意识，估计结果显示，上游和下游污染变量都通过了系数检验。受访者若认为水源周边遭到污染，其支付意愿会明显提高，支付意愿为正的概率会显著增加，达到 12.9%，支付意愿会显著增加 141.5%；受访者若认为上游带来了污染，其对支付意愿的影响是负向的，会降低居民支付意愿为正的概率，支付意愿会显著降低 103.3%。

由于产权界定不清等原因，受水区居民往往无法有效激励水源区居民保护流域生态环境和提供清洁水源。即使产权界定清晰，也会因为水的流动特征引起较高的交易成本，无法构建完善的市场交易机制，导致流域外部性得不到有效解决。从研究结果看，受访者认为上游污染应该由上游居民或政府自行解决，下游没有责任为上游的破坏行为买单，这表明受访者默认拥有清洁水源的使用权，支付意愿决策具有较强的自利动机，意味着流域生态补偿中"谁污染，谁付费"的原则更易在受水区推行，而"谁受益，谁补偿"的原则需要受水区居民对水量和水质生态服务的产权归属有新的认识。

4. 假说 4 的检验

第四类是居民支付意愿的决策背景。在流域生态补偿中，水质和水量现状会对居民支付意愿决策过程产生重要影响。根据调研反馈的信息，在 302 个有效样本中，212 个受访家庭近一年内出现过停水现象、138 个受访家庭出现过水质异常现象，另外，受访者的适应能力也会影响受访者的支付意愿决策过程。从模型估计的水质和水量现状两个变量对受访居民支付意愿的影响来看，水质和水量现状这两个变量均通过了检验，但对受访居民支付意愿的影响相反。居民对水量变化比较敏感，水量变化的边际效应分别为 0.082 和 0.991，在 1% 和 5% 的显著性水平下通过检验，也就是说，水量等级每降低一等，支付意愿为正的概率增加 8.2%，支付意愿值增加 99.1%。水质则拥有相反的边际效应，水质每变差一个等级，居民支付意愿为正的概率降低 3.7%，支付意愿值降低 45.3%。这说明水量和水质变化影响了居民的效用水平，从而对支付意愿产生了重要影响。

居民在水量变差时的支付意愿更高，这与假设相符；但是水质的边际效应为负，这与假设相背离。在 138 个水质异常样本中，有 101 个受访者认为是由自来水公司设备老化或管理疏漏引起的，只有 31 个样本认为是由水源地被污染引起的。居民认为水质异常应由自来水公司负责，这可能为水质变量与假设相背离提供了一个解释。

第五节　受水区居民真实支付意愿估算

支付意愿易受到抗议性零支付的干扰，即受访者可能出于"搭便车"，或者是不愿承担补偿责任的心理，出现报告支付意愿为零的情况。但报告支付意愿为零并不代表受访者的真实支付意愿为零。抗议性零支付将干扰真实支付意愿的计算，国外诸多学者基于支付意愿评估原理，深入分析了真实支付意愿的估算方法。其中，支付卡式支付意愿估算方法主要有两类，即基于问卷直接测算法和构建模型测算法，下面将具体介绍这两类方法。

一、真实支付意愿估算方法

用支付卡方式引导受访者的支付意愿，需要在支付卡上列出一系列投标值（bid level），当受访者指出其支付意愿的最大值后，就可以假定他们的真实支付意愿一定在这个最大值和支付卡上紧邻的较高投标值之间。用 B_L 代表受访者选择的投标水平（较低投标水平），B_H 代表支付卡中紧邻的较高投标值。那么，在投标函数中，受访者选择较低投标值 B_L 的概率就是他们的真实支付意愿在 B_L 和 B_H 之间的概率，用支付意愿的累积密度函数（CDF）表示的概率就是：

$$Pr(B_L < C_i \leqslant B_H) = F(B_H; a, \sigma^2, \rho) - F(B_L; a, \sigma^2, \rho) \qquad (17-4)$$

相应地，受访者回答的支付意愿可能低于支付卡上的最小值。以 B_{LL} 代表这个最小值，则受访者的回答低于这个最小值的概率表示为：

$$Pr(C_i \leqslant B_{LL}) = F(B_{LL}; a, \sigma^2, \rho) \qquad (17-5)$$

同理，受访者回答的支付意愿可能高于支付卡上的最大值。以 B_{HH} 代表这个最大值，则受访者的回答高于这个最大值的概率表示为：

$$Pr(C_i > B_{HH}) = F(B_{HH}; a, \sigma^2, \rho) \qquad (17-6)$$

基于上述原理，支付卡式条件价值法中的支付意愿估算方法有两大类，第一类根据问卷直接测算，包括最小法定 WTP 方法和区间中点 WTP 方法，第二类是双边界支付卡模型，这类方法通过建立合适的回归模型对居民的真实支付意愿进行估计（Hackl and Pruckner, 1999; Xu et al., 2011）。

（一）最小法定 WTP 方法

在最小法定 WTP 的估计模型中，受访者在支付卡上选择的支付意愿值代表受访者有能力、也有责任去支付的值。由于支付卡方式引导出的受访者支付意愿位于受访者选择的值和支付卡上紧邻的较高值之间，那么这个选择值就是受访者支付意愿的最小值，即"最小法定 WTP"。给定支付卡上受访者选择的不同选择值 A_i 和出现频率 P_i，那么，所有受访者支付意愿的均值和中位数都可以计算出来。WTP_{ML} 的均值可以用以下公式计算。

$$WTP_{ML} = \sum_{i=0}^{H} A_i P_i \tag{17-7}$$

式（17-7）中，A_i 和 P_i 分别是受访者的报告值和出现频率。WTP_{ML} 的中位数值可通过对受访者选择的 WTP 进行排序而识别出来。

（二）区间中点 WTP 方法

区间中点 WTP 估计模型假定每个人的支付意愿都分布在给定区间中，这个区间由受访者选择的支付意愿值和支付卡上紧邻的较高值组成。在这个假定下，WTP_{IM} 的均值由以下公式计算：

$$WTP_{IM} = \sum_{i=0}^{H-1} \frac{A_i + A_{i+1}}{2} \times P_i + \frac{A_H + A_T}{2} \times P_H \tag{17-8}$$

其中，A_H 是支付卡上的最大值，A_T 是截断值（truncated value），也叫上限值。A_i 和 P_i 分别是受访者的报告值和出现频率。把区间中点的支付意愿值进行排序，可以识别出区间中点的 WTP_{im} 中位数。

（三）双边界支付卡模型

双边界支付卡模型出现过 Probit、Logit、Spike（Hackl and Pruckner，1999；Xu et al.，2011）和 Tobit（Halstead et al.，1991；刘治国等，2006）等几种形式。在双边界支付卡模型中，WTP_{DB} 的均值和中位数可以由以下公式计算：

$$WTPDB = S \times \frac{c + \beta \times X}{\alpha} \tag{17-9}$$

式（17-9）中，X 是描述受访者个人特征变量的向量，β 代表相应的系数，c 是常数项，α 是收入弹性，S 是指 Spike 模型中所有受访者报告的支付意愿值大于零的比率，S 在其他三个模型中的值都为 1。

上述真实支付意愿估算方法中，第一类（最小法定 WTP 和区间中点 WTP 方法）根据问卷直接计算支付意愿的方法，简单有效，但会受到居民回答的零支付意愿的影响，第二类（双边界支付卡模型）根据模型预测支付意愿的方法，能排除零支付意愿对样本的干扰，但变量选择的不同往往会影响支付意愿的预测值。可见，根据上述两类方法计算的支付意愿值有差异，在特定的假设情景中，应比较各类方法测算出的支付意愿，找出最接近居民真实支付意愿的 WTP（Xu et al.，2011）。另外，国内学者在对支付意愿的处理上多是直接计算支付意愿的均值和中位数，不利于研究个人特征和社会经济条件对公众支付意愿值的影响及差异。这里，将运用上述两类方法估算并比较南水北调中线工程郑州受水区居民的支付意愿。

二、真实支付意愿估算结果比较

南水北调中线工程提供的水质和水量生态服务能为受水区居民带来正效用，即在其他条件不变的情况下，当水质和水量生态服务都增加时，受水区居民的福利水平会提高。在新的福利水平大于等于初始福利水平的情况下，受水区居民将愿意为流域生态服务支付更高的价格。因此，受水区居民的 $WTP \geq 0$ ，即生态服务使用方愿意为增加的水质和水量生态服务支付一个非负的金额。

支付卡方式引导的受访者支付意愿，是受访者的最低支付意愿。运用最小法定 WTP 方法计算的居民支付意愿均值为 6.89 元/月。运用区间中点 WTP 方法计算出受水区居民支付意愿均值为 8.26 元/月。由于拒绝支付的受访者真实支付意愿不一定为 0，若考虑全部样本，支付意愿的均值为 7.05 元/月。利用前文建立的 Tobit 模型，对居民的支付意愿进行预测，结果显示，居民支付意愿均值为 8.1 元/月，中位数为 8.09 元/月。通过这三种方法计算出来的支付意愿均值最低为 6.89 元/月，最高为 8.26 元/月，中位数最低为 3.5 元/月，最高为 8.09 元/月，具体结果如表 17.6 所示。

按前文所述，WTP_{ML} 方法计算的是"最小法定"的支付意愿，可以作为居民支付意愿的下限。由于 WTP_{IM2} 的中位数低于 WTP_{ML} ，因此，可以舍弃 WTP_{IM2} 的值。对于居民真实支付意愿的上限，可以根据不同比较方法取 WTP_{IM1} 和 WTP_{TOBIT} 中相对较大的值。以均值标准看，由于 WTP_{IM1} 的均值大于 WTP_{TOBIT} 的均值，因此 WTP_{IM1} 可以作为居民真实支付意愿的上限，这样，郑州居民对南水北调中线清洁水的真实支付意愿在 6.89～8.26 元/月。由于均值会受到居民报告的支付意愿极端值的干扰，而中位数因为拇指规则能很好规避这一缺点，并且运用中位数估算居民真实支付意愿已成为一个趋势。因此，以中位数为参考标准，WTP_{TOBIT} 的中位数大于 WTP_{IM1} ，可作为居民真实支付意愿的上限。据此得到郑州受水区居民的真实支付意愿在 5～8.09 元/月。

表 17.6　　　　　　　　　　　　居民支付意愿估算与比较

	WTP_{ML}	WTP_{IM1}	WTP_{IM2}	WTP_{TOBIT}
均值	6.89	8.26	7.05	8.10
中位数	5.00	5.50	3.50	8.09
标准差	6.99	9.02	8.75	2.10
最小值	1.00	1.50	0.50	2.65
最大值	50.00	65.00	65.00	16.38
样本数	255.00	255.00	302.00	302.00

基于流域生态服务价值的生态补偿标准研究

随着生态环境破坏现象日益严重，催生了对生态系统功能及其价值研究的深入，使人们更为清晰地意识到生态系统服务的经济价值。流域生态服务价值评估的目的是为了在生态服务价值货币化的基础上，为流域管理、特别是流域生态补偿标准的确立提供理论依据和科学基础，进而形成流域经济发展和生态系统保护的良性循环，以提高流域附近地区居民当前和未来的人类福利。基于生态服务价值来确定生态补偿标准的核心内容，是采用生态经济学方法对生态服务价值进行评估，并利用价值评估结果进一步确立生态补偿标准。

从流域生态补偿标准的现有研究成果看，生态补偿标准测算方法较多，结果差异也较大。具体到本章研究案例，南水北调中线工程水源区生态系统服务价值测算结果差异较大，现有研究往往只测算了部分水源区的生态系统服务价值或生态补偿标准，未见从全部水源区生态系统服务总价值角度探讨生态补偿标准的研究。基于此，本章运用改进的效益转移法，全面评估南水北调中线工程水源区的生态系统服务总经济价值（TEV），以及工程开工前后的生态服务价值动态变化情况，并以此为基础尝试确立水源区生态补偿标准，为确立生态环境保护激励机制和完善流域生态补偿机制提供理论基础与数据支撑。

第一节　研究区域概况[①]

南水北调中线水源区地跨 31°31′~34°25′N，105°31′~112°2′E，水源区土地总面积为 8.81 万平方千米（见图 18.1），包括陕西、湖北和河南三省的 40 个县市区。南水北调中线水源区地形较为复杂，高山和陡坡较多，山地和丘陵面积占比 84%，该区域拥有保存较完好的亚热带森林，是中国南北植物区系的重要过渡带和东西植物区系的交汇区，生物多样性明显，森林覆盖面积占比 48%。水源区气候比较湿润，雨量丰沛，年平均降水量为 800~1200 毫米。矿产资源种类较多，生态农业优势突出，工业具有一定基础，旅游业特色鲜明。2010 年，水源区总人口为 1355.9 万人，地区生产总值为 2 362.5 亿元，人均 GDP 为 17424 元。南水北调中线水源区详细数据见表 18.1。

---

① 原题为：南水北调中线工程水源区生态补偿标准研究——以生态系统服务价值为视角 [J]. 资源科学，2015（4）。

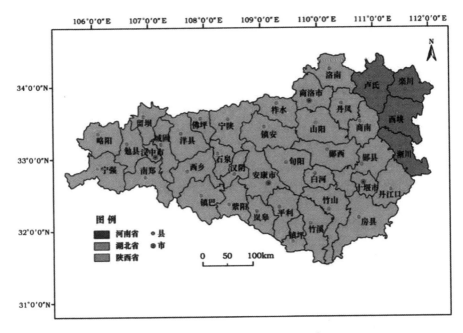

图 18.1　南水北调中线水源区示意

资料来源：作者采用 GIS 软件自绘。

南水北调中线水源区河流主要以汉江、丹江及其支流为主，流域面积在 100 平方千米以上的河流有 215 条，1000 平方千米以上的有 21 条。水资源总量达到 388 亿立方米，占汉江和丹江全流域的 66.7%，水源区人均水资源总量为 3741 立方米/人，超过全国人均水平（2200立方米/人）近 70%，因此，水源区是南水北调中线工程水源供给的强大后盾。

表 18.1　　　　　　　　　　　　　南水北调中线水源区总体情况

省	市	县（市、区）	气候特征及地带性	年平均日照时数(h)	年平均气温（℃）	年平均降水量（mm）	GDP（亿元）	人口（万人）
陕西	汉中	汉台区、南郑、城固、洋县、西乡、勉县、略阳、宁强、镇巴、留坝、佛坪	亚热带大陆性季风气候	1355.9	15.1	901.6	509.7	341.8
	安康	汉滨区、汉阴、石泉、宁陕、紫阳、岚皋、镇坪、平利、旬阳、白河	亚热带大陆性季风气候	1749.6	16.0	1231.9	327.1	263.1
	商洛	商州区、镇安、丹凤、商南、洛南、山阳、柞水	北亚热带大陆性季风气候	1942.1	12.9	709.8	285.9	234.3
湖北	十堰	丹江口、郧县、郧西、竹山、竹溪、房县、张湾区、茅箭区	北亚热带大陆性季风气候	1958	15.2	834.0	736.8	334.1

续表

省	市	县（市、区）	气候特征及地带性	年平均日照时数（h）	年平均气温（℃）	年平均降水量（mm）	GDP（亿元）	人口（万人）
河南	三门峡	卢氏	北亚热带大陆性季风气候	2118.0	12.6	623.9	43.8	35.2
	洛阳	栾川	暖温带大陆性季风气候	2103.0	12.4	872.6	142.3	34.3
		西峡	北亚热带大陆性季风气候	2019	15.2	850.0	171.5	44.5
	南阳	淅川	北亚热带大陆性季风气候	1994.4	15.8	805.3	145.4	68.6

注：数据均来自相关区域的统计年鉴和统计公报。

第二节　研究方法与数据来源

一、基于流域生态服务价值的生态补偿标准确立方法

流域生态服务价值是确立生态补偿标准的重要依据。根据前文的论述和受益者付费原则，人类受益程度应是确定补偿标准的重要依据。另外，生态系统的部分生态服务属于支持型服务，是其他生态服务的中间投入品，并且，部分生态服务价值每年都能更新或再生。因此，在生态服务具有支持性、可再生性和全流域共享性的前提条件下，生态系统服务价值的评估结果仅能作为生态补偿上限标准（Pagiola et al.，2007），而不能直接作为生态补偿支付标准。部分学者认为根据生态系统服务价值确立的生态补偿标准有偏高之嫌，正是因为未区分生态补偿理论上限标准和具体支付标准。

基于生态系统服务价值确立生态补偿标准，首先，应界定生态系统功能对人类福利的贡献，并界定清楚生态服务使用方的获益比例；其次，根据生态服务存量价值的最优利用路径确立生态补偿上限标准；最后，根据研究案例实际情况确立具体的生态补偿支付标准。

（一）评估流域生态服务总经济价值

效益转移法已被广泛应用于流域生态服务的总经济价值（total economic value，TEV）评估。要运用效益转移法评估流域生态系统服务价值，首先应选择合适的效益转移方式，然后制定符合研究区域现状的生态系统服务价值当量及其单位价值量。谢高地等 2003 年首次提出了适用于中国陆地生态系统的生态服务价值当量，此后，诸多学者又在此基础上发展出了多种改进方法。为增加研究结果的科学性和可比性，这里采用在中国运用最为广泛，由谢高地等 2003 年制定、2008 年改进的"中国陆地生态系统单位面积生态服务价值当量"（如表 18.2）。

表 18.2　　　　　　　中国陆地生态系统单位面积生态服务价值当量

	森林	草地	农田	湿地	水体	荒漠
气体调节	4.32	1.50	0.72	2.41	0.51	0.06
气候调节	4.07	1.56	0.97	13.55	2.06	0.13

	森林	草地	农田	湿地	水体	荒漠
水源涵养	4.09	1.52	0.77	13.44	18.77	0.07
土壤形成与保护	4.02	2.24	1.47	1.99	0.41	0.17
废物处理	1.72	1.32	1.39	14.40	14.85	0.26
生物多样性保护	4.51	1.87	1.02	3.69	3.43	0.40
食物生产	0.33	0.43	1.00	0.36	0.53	0.02
原材料	2.98	0.36	0.39	0.24	0.35	0.04
娱乐文化	2.08	0.87	0.17	4.69	4.44	0.24

生态系统服务的单位价值量 P_{ij} 是根据农田生态系统的食物生产生态服务单位价值确定的。根据某一研究区的粮食播种面积、粮食单产、粮食全国平均价格，利用以下公式计算单位面积农田食物生产生态服务价值：

$$E_a = \frac{1}{7} \sum_{i=1}^{n} \frac{m_i p_i q_i}{M}, (i = 1, \cdots, n) \tag{18-1}$$

式（18-1）中，E_a 为单位面积农田食物生产生态服务价值（元/公顷）；i 为粮食种类；p_i 为第 i 种粮食平均价格（元/吨）；q_i 为第 i 种粮食单产（吨/公顷）；m_i 为第 i 种粮食种植面积（公顷）；M 为 n 种粮食作物种植总面积（公顷）。谢高地等计算的全国 E_a 为 884.9 元/公顷。王一平计算的南水北调中线工程核心水源区（河南淅川）E_a 为 1114.28 元/公顷。鉴于河南省淅川县是南水北调中线工程的核心水源区，也是丹江口水库水源涵养重要区域，更符合水源区农田生态系统的特征，因此不采用全国农田食物生产生态服务价值，而是选用南水北调中线工程核心水源区（河南淅川）的单位面积农田食物生产生态服务价值。根据"中国陆地生态系统单位面积生态服务价值当量"和研究区单位面积农田食物生产生态服务价值，可得研究区各种土地类型的生态系统服务单位价值：

$$E_{ij} = e_{ij} E_a, (i = 1, \cdots, n; j = 1, \cdots, m) \tag{18-2}$$

式（18-2）中，E_{ij} 为第 j 种土地类型第 i 类生态服务的单位价值（元/公顷）；e_{ij} 为第 j 种土地类型第 i 类生态服务的当量因子。由此可得南水北调中线工程水源区生态系统单位面积生态服务价值（见表18.3）。

表18.3　　　　　　　水源区生态系统单位面积生态服务价值　　　　单位：元/公顷

	森林	草地	农田	湿地	水体	荒漠
气体调节	4813.69	1671.42	802.28	2685.41	568.28	66.86
气候调节	4535.12	1738.28	1080.85	15098.49	2295.42	144.86
水源涵养	4557.41	1693.71	858.00	14975.92	20915.04	78.00
土壤形成与保护	4479.41	2495.99	1637.99	2217.42	456.85	189.43
废物处理	1916.56	1470.85	1548.85	16045.63	16547.06	289.71
生物多样性保护	5025.40	2083.70	1136.57	4111.69	3821.98	445.71
食物生产	367.71	479.14	1114.28	401.14	590.57	22.29
原材料	3320.55	401.14	434.57	267.43	390.00	44.57
娱乐文化	2317.70	969.42	189.43	5225.97	4947.40	267.43

（二）界定受水区获得的生态服务价值存量水平

生态系统自身的服务价值和应予补偿的生态服务价值存在巨大差异。应予补偿的生态系统服务价值主要是指生态服务提供方的实际损失，或者生态服务需求方的实际收益；对应予补偿的生态系统服务价值进行界定，主要有两个思路，即生态服务提供方的实际损失或生态服务需求方的实际收益。南水北调中线工程是跨多个区域、多个流域的大型系统工程，在现有技术手段下，难以测量工程建设期间和通水后对水源区生态系统服务价值造成的实际损失，而生态服务使用方的收益则较容易通过调水量衡量，因此，从生态服务需求方收益的角度，确定受水区应予补偿的生态系统服务价值。从南水北调中线工程生态服务使用方看，界定受水区应予补偿的生态系统服务价值应分为两步：

第一步，界定水源区为受水区提供的生态服务种类。南水北调中线工程渠道设计基本为明渠，相当于构造了一条人工河流，且清洁水源均汇入了受水区的水库中。从生态系统类型看，受水区能获得水体生态系统提供的生态服务价值。从生态系统功能看，受水区获得的实际收益是从水源区调来的以水资源为载体的生态服务，"水源涵养"生态服务的功能主要是淡水过滤、持留和储存以及供给淡水，保证了水源区的水质和水量。森林、草地等覆盖植被的生态系统存在林冠截留和林地蒸散的现象，即水源涵养（主要指降水）过程中林冠层对大气降水进行截留，林内降水量减少、降雨历时延长、雨水对土壤结构的破坏降低，进而减少和延迟了地表径流，还有部分降水通过土壤、枯枝落叶及植被表面蒸发到大气中，或通过植被吸收后再蒸腾到大气中。可见，只有在扣除林冠截留和林地蒸散后，其他四类生态系统（森林、草地、农田、湿地）提供的"水源涵养"生态服务才形成了水源区的水资源量，从而通过调水工程使受水区获得了清洁水源。

第二步，界定受水区的获益比例。水源区和受水区都能从水源区生态服务中获益，受水区仅需对实际获益的生态服务进行补偿（付费）。根据前文分析，受水区获得的实际收益是从水源区调来的以水资源为载体的生态服务，而水体生态系统提供的全部生态服务，以及森林、草地、农田、湿地生态系统提供的"水源涵养"生态服务（扣除林冠截留量和林地蒸散量），形成了水源区的水资源总量。因此，可以使用受水区总调水量和水源区水资源总量作为衡量指标，来界定受水区应予补偿的生态系统服务价值。基于此，受水区应予补偿的生态系统服务价值为：

$$V' = \left[V_r + F_w \times (1 - I - S) \right] \times \frac{W_r}{W} \qquad (18-3)$$

式（18-3）中，V' 是受水区应予补偿的生态系统服务价值，V_r 是水体生态系统的生态服务价值，F_w 是除水体外其他四类生态系统（森林、草地、农田、湿地）水源涵养的生态服务价值，I 是林冠截留率，S 是林地蒸散率，W_r 是受水区每年的总调水量，W 是水源区水资源总量。

（三）根据生态服务存量的最优利用路径确立上限标准

生态系统服务价值是能提升人类潜在福利水平的（资本）存量价值。从生态服务提供和使用平衡的角度看，如何在自然资源供需平衡过程中实现生态服务利用的收益最大化，即资本存量价值在时间上的最优利用问题，是确立生态补偿标准的关键问题。生态服务价值存量变化的最优利用路径与 Pearl-Verhulstm 模型的 S 形曲线类似，生态系统服务价值最优利用路径调节系数可以据此计算。基于此，根据生态环境保护和经济社会发展的阶段性特征，采用调整的 Pearl-Verhulstm 模型作为生态系统服务价值最优利用路径调节系数，既避免了由于市场缺失无法形成生态服务价格的问题，又能衡量生态服务需求方的支付能力和意愿。调整的

Pearl-Verhulstm 模型为:

$$L = \frac{1}{1 + e^{-t}} \qquad (18-4)$$

式 (18-4) 中, L 为生态系统服务价值最优利用路径的调节系数; e 为自然对数的底; t 为研究区域的经济发展阶段, 按照人们的生活水平可分为贫困、温饱、小康、富裕和极富等五个水平, t 与恩格尔系数具有对应关系, 即:

$$t = \frac{1}{En} - 3 \qquad (18-5)$$

将生态服务价值最优利用路径的调节系数 L 乘以应予补偿的生态服务价值, 即可得到生态服务使用方有能力且愿意支付的生态补偿金额。最终的生态补偿上限标准 V^* 为:

$$V^* = V' \times L \qquad (18-6)$$

根据生态服务存量水平的最优利用路径调整后, 应予补偿的生态系统服务价值是生态补偿标准区间的理论上限, 能有效避免不同测算方法导致的补偿标准不统一问题, 可以用来指导实践中的生态补偿, 但并不意味着实践中的支付标准一定会达到该上限。

(四) 根据生态服务使用方价值动态变化确立支付标准

流域生态服务具有动态性、可再生性和全流域共享性, 根据生态系统服务存量价值确立的生态补偿标准应作为理论上限, 具体支付标准还应根据水源区生态服务价值的动态变化值、生态服务提供方受偿意愿和使用方支付意愿等指标确定。生态补偿支付标准是指某一时期流域生态服务使用方应予支付的生态服务服务价值 (消耗) 量。应根据某一时期内流域生态服务价值的动态变化得出流域生态服务使用方最终的具体支付标准。

根据效益转移法的基本原理, 如果根据研究点和政策点收入水平、价格水平等指标差异调整单位价值进行转移, 则能得到政策点的生态服务价值。政策点生态服务价值的实际消费量, 就是流域生态补偿中生态服务使用方的具体支付标准。单位价值的调整方法主要是对政策点与研究点两者的背景资料进行调查和对比, 调查和对比越详细, 越有利于调整单位价值比例进行效益转移参数设定 (Walsh et al., 1992)。条件价值法获取的支付意愿和受偿意愿是经过严谨调查和详细论证的, 目前是一种较为主流和成熟的支付意愿和受偿意愿获取方法。并且, 支付意愿和受偿意愿也能反映政策点和研究点的收入水平和价格水平, 因此, 可以使用支付意愿和受偿意愿作为单位价值的调整方法。

为获得基于研究点生态服务价值的政策点生态服务价值, 以流域上游地区 (水源区) 受偿意愿作为研究点指标, 流域下游地区 (受水区) 支付意愿作为政策点指标, 对生态服务单位价值进行调整。具体地, 根据公式 (18-1) 单位面积农田食物生产生态服务价值 E_a, 以支付意愿和受偿意愿的比例作为调整因子, 调整后的单位价值 E'_a 为:

$$E'_a = \frac{WTP}{WTA} \times E_a \qquad (18-7)$$

流域下游地区 (受水区) 居民获得流域上游地区 (水源区) 提供的流域生态服务, 流域下游地区所获得的生态服务价值属于流量价值, 即某一个时间段内的具体经济价值 (消耗) 量。

二、数据来源及处理

通过遥感图像解译土地利用类型是近年来生态系统服务价值评估的重要数据获取方法。采用 2002 年和 2010 年分辨率为 30 米的 Landsat 卫星 TM 影像, 成像时间在 2002 年 (±2 年)

和 2010 年（±2 年），以获取南水北调中线工程水源区 2002 年和 2010 年的土地利用类型现状。利用 Envi 4.8 遥感图像解译软件和 ArcGIS 9.3 地理信息分析软件，将研究区土地利用类型划分为森林、草地、农田、湿地、水体（包括湖泊和河流）和城市建设用地六大类。需要说明的是，在谢高地等制定的生态系统服务价值当量中，还包括荒漠这一土地类型，由于南水北调中线工程水源区地处暖温带或亚热带季风性气候区，年均温高，年平均降雨量大，日照时数长，未被利用的土地多为植被所覆盖，因此不包括荒漠这一土地利用类型。

其他所需数据来源于 2011 年中国以及河南、河北、天津和北京的统计年鉴、"南水北调工程规划""丹江口库区水土保持与污染防治十一五、十二五规划"等。

第三节　流域生态服务总经济价值评估及其动态变化

一、水源区土地利用现状评价

根据 Envi 4.8 遥感图像解译结果和 ArcGIS 9.3 地理信息分析结果，南水北调中线工程水源区土地利用类型主要有森林、草地、农田、湿地、水体和城市建设用地等六大类（图 18.2）。

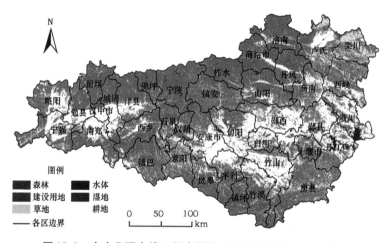

图 18.2　南水北调中线工程水源区土地利用类型（2010 年）
资料来源：作者采用 GIS 软件自绘。

2010 年，南水北调中线工程水源区森林面积为 7136946.72 公顷，占研究区总面积的 67.32%，是研究区最主要的生态系统类型；森林面积与 2002 年相比减少了 849868.2 公顷，年变化率为 -1.01%。草地面积为 82229.67 公顷，占 0.78%，草地以高山草甸为主；草地面积与 2002 年相比减少了 14701.77 公顷，累计变化率为 -0.14%。农田面积为 2681278.74 公顷，占 25.29%，主要分布在各个县区、乡镇的城市建设用地周围；农田面积与 2002 年相比增加了 566089.83 公顷，年变化率为 0.66%。湿地面积为 270475.02 公顷，占总面积的 2.54%，主要分布在水源区东北部的丹江口库区附近；湿地面积与 2002 年相比增加了 94658.94 公顷，累计变化率为 0.89%。水体面积为 151411.95 公顷，占 1.43%，主要包括丹江口水库水域，汉江、丹江及其支流和其他河流，以及各种大小湖泊等；水体面积与 2002 年相比增加了 69714.81 公顷，累计变化率为 0.66%。城市建设用地面积为 279365.1 公顷，占 2.64%，主要集中在城市城区、县城和重要的核心乡镇；城市建设用地面积与 2002 年相比增加了 134106.39 公顷，累计变化率为 1.26%。

二、水源区生态服务总经济价值评估结果

南水北调中线工程水源区生态系统主要有五类，即森林、草地、农田、湿地和水体生态系统。结合土地利用类型的面积，利用式（18-1）和式（18-2），得出水源区 2002 年和 2010 年的生态系统服务总经济价值（TEV）分别为 2849.94 亿元和 2724.56 亿元。2010 年，森林生态系统服务价值为 2236.26 亿元，占研究区总价值的 82.08%，农田生态系统服务价值为 236.03 亿元，湿地生态系统服务价值为 165.07 亿元，水体生态系统服务价值为 76.51 亿元，草地生态系统服务价值为 10.69 亿元（见表 18.4）。可见，水源区绝大部分的生态服务价值来自森林生态系统的贡献。湿地和水体生态系统虽然面积体量较小，但其单位价值比较高，对水源区生态系统保护起着至关重要的作用。与现有南水北调中线工程的案例研究相比，本节评估出的水源区 2010 年生态系统服务总价值为 2724.56 亿元，低于韩德梁测算的丹江口库区生态系统服务价值 3372 亿元，这主要是因为韩德梁的结果是预期值，南水北调中线工程水源区可能会因为涵养水源、保护生物多样性等逐年增加生态系统服务价值；另外，该研究还从生态安全角度调高了丹江口库区的单位面积生态系统服务价值，从而大幅提高了生态系统服务总价值。

与南水北调中线工程开工前的 2002 年相比较，水源区生态系统服务总价值减少了 125.38 亿元，各类生态系统的价值变化较大。森林生态系统的价值变化量最大，累计减少了 266.29 亿元，平均每年减少 1.33%。水体生态系统服务价值变化速度最快，累计变化 85.33%，累计增加达到 35.23 亿元；其次是湿地，其生态系统服务价值增加了 57.77 亿元，累计变化为 53.84%；再次是农田，其生态系统服务价值增加了 49.83 亿元，累计变化为 26.76%；草地的生态系统服务价值缓慢下降，累计减少了 1.9 亿元。

森林、草地生态系统服务价值降低，主要有三个原因：一是 2002~2010 年，全国城镇化速度明显加快，引致城镇建设用地大幅增加，破坏、占用了城镇附近的森林和草地面积；二是水源区植被破坏和水土流失也较严重；三是与丹江口水库大坝加高引起森林和草地淹没也有一定关联。水体、湿地生态系统服务价值增加，也有两个原因：一是丹江口水库大坝高程从 162 米加高至 176.6 米，正常蓄水位 157 米提高到 170 米，正常蓄水位库容由 174 亿立方米增加到 290 亿立方米，从而大幅增加了水体生态系统服务价值；二是与水源区 2006 年来实施的"丹江口库区及上游水污染防治和水土保持规划"密切相关，该规划以水土流失治理面积、坡耕地治理面积、径流调控能力、生态自然修复能力和多目标、多功能、高效益的综合防治体系的建立作为控制考核指标，提高了水土流失累计治理程度，从而也增加了水体、湿地和农田的生态系统服务价值。

表 18.4　　2002~2010 年南水北调中线工程水源区生态系统服务价值动态变化情况

	森林	草地	农田	湿地	水体	合计
2002 年（亿元）	2502.55	12.60	186.20	107.30	41.28	2849.94
2010 年（亿元）	2236.26	10.69	236.03	165.07	76.51	2724.56

续表

	森林	草地	农田	湿地	水体	合计
变化值(亿元)	-266.29	-1.91	49.83	57.77	35.23	-125.38
累计变化率(%)	-10.64	-15.17	26.76	53.84	85.33	-4.40
年变化率(%)	-1.33	-1.90	3.35	6.73	10.67	-0.55

从水源区提供的9类生态服务看，在2010年，水源区生态服务价值最大的是水源涵养、生物多样性保护和气候调节，其价值分别为421.83亿元、407.76亿元、398.39亿元，共占生态系统服务总价值的45.07%；其次的贡献来自气体调节、土壤形成与保护、原材料、废物处理，其价值分别为374.56亿元、372.35亿元、250.28亿元、247.98亿元，共占比45.7%；娱乐文化和食物生产的贡献较小，二者合计的价值为251.41亿元，仅占比9.23%（见表18.5）。可见，水源区生态系统提供了极其重要的生态服务，特别是水源涵养、生物多样性保护和气候调节的生态服务需要被重点保护。

表18.5 　　　　　　**南水北调中线工程水源区生态系统服务价值汇总** 　　单位：亿元

	森林	草地	农田	湿地	水体	合计
气体调节	343.55	1.37	21.51	7.26	0.86	374.56
气候调节	323.67	1.43	28.98	40.84	3.48	398.39
水源涵养	325.26	1.39	23.01	40.51	31.67	421.83
土壤形成与保护	319.69	2.05	43.92	6.00	0.69	372.35
废物处理	136.78	1.21	41.53	43.40	25.05	247.98
生物多样性保护	358.66	1.71	30.47	11.12	5.79	407.76
食物生产	26.24	0.39	29.88	1.08	0.89	58.49
原材料	236.99	0.33	11.65	0.72	0.59	250.28
娱乐文化	165.41	0.80	5.08	14.13	7.49	192.92
合计	2236.26	10.69	236.03	165.07	76.51	2724.56

南水北调中线工程水源区从2002年到2010年气体调节、气候调节、生物多样性保护和娱乐文化四类生态服务价值都大幅下降，分别为33.68亿、16.79亿、30.03亿和10.37亿元。水源区从2002年到2010年水源涵养、土壤形成与保护和废物处理三类生态服务价值的变化值分别为-5.37亿、-26.75亿和18.99亿元。水源区从2002年到2010年食物生产和原材料提供生态服务价值分别增加3.9亿元和减少25.29亿元。

第四节　流域生态补偿标准的确立及比较

由于中国迄今尚未出台全国性的生态补偿条例，而对于跨越多个行政区、多个流域的南水北调工程而言，涉及诸多利益相关方，如水源区、受水区和汉江下游地区等的政府、企业和居民，因此，建立南水北调中线工程生态补偿标准的阻碍因素更多、实施难度更大，生态补偿标准应在进行生态服务价值评估的基础上，考虑中央政府、水源区和受水区的责任和义务，分步有序地建立生态补偿标准。在南水北调中线工程生态补偿的现实操作中，可以先根据流域生态服务总价值确立生态补偿上限标准，然后根据生态服务使用方价值动态变化情况确立具体支付标准。

一、流域生态补偿上限标准及分摊机制

（一）流域生态补偿上限标准

在已得到南水北调中线工程水源区生态系统服务价值的基础上，要确立生态补偿上限标准，首先应界定受水区应予补偿的生态系统服务价值。2010 年的水体生态系统服务价值为76.51 亿元，森林、草地、农田和湿地水源涵养生态服务价值总和为 390.16 亿元；由于水源区地形地貌特征复杂，涵盖了亚热带和暖温带等气候带，并且秦岭山地的垂直气候特征明显，进而无法把水源区确定为单一的植被类型，因此，把水源区林冠截留率取森林生态系统林冠截留率的平均值 24.95%；虽然林地蒸散在陆地生态系统水分平衡中占有重要地位，但由于难以准确计量林地蒸散，大多数关于森林水源涵养量的计量方法都忽略了林地蒸散，因此，林地蒸散率取为 0。南水北调中线工程水源区多年平均水资源总量为 388 亿立方米，工程通水后，受水区的年调水量为 95 亿立方米。结合上述数据，根据式（18 - 3）得到受水区应予补偿的生态系统服务价值为 90.43 亿元。

南水北调中线工程受水区为河南、河北、天津和北京四省市，供水用途以城镇居民生活用水和工业用水为主，因此，Pearl - Verhulstm 曲线中的恩格尔系数采用受水区城镇家庭的恩格尔系数，分别为 0.33、0.32、0.36、0.32。根据四省市城镇人口占总城镇人口的比例，加权得出受水区的平均恩格尔系数为 0.33。然后结合式（18 - 4）得出生态系统服务价值最优利用路径的调节系数 L 为 0.51。

最后，根据式（18 - 6），得到南水北调中线工程受水区 2010 年生态补偿上限标准为46.12 亿元/年。水源区每年生态系统服务价值是动态变化的，在具体的生态补偿实践中，生态补偿标准应根据当期生态服务价值确定，若水源区生态服务价值上升，则补偿标准随之上升；若水源区生态服务价值下降，补偿标准也会下降。可见，运用生态系统服务价值确立的生态补偿标准能提升水源区政府和公众保护生态系统、保护水源的积极性，有利于形成南水北调中线工程生态环境保护的动态激励机制。

（二）流域生态补偿标准的区域分摊机制

生态补偿标准的分摊机制应考虑中央政府的生态保护责任、受水区的实际调水量等，因此，可分为两部分来支付，一部分由中央政府以专项基金的形式对水源区进行纵向转移支付，另一部分根据受水区的实际调水量对水源区进行横向转移支付。最终的分摊方式可确定为：

$$V_c = \alpha \times V^* \tag{18 - 8}$$

$$V_i = R_i^w \times (V^* - V_c) \qquad\qquad (18-9)$$

其中，V_c 是中央政府应分摊的生态补偿资金，α 代表中央政府分摊系数；V_i 是每个受水地区应分摊的生态补偿资金，其中 i（i = 1，2，…，N）代表受水省市，R_i^w 是某个受水省市调水量占总调水量的比例。

中国仍未形成全国性的生态补偿机制，中央与地方在具体的生态补偿实践中往往会相互推诿，中央与地方的财政资金分摊比例没有统一的分配公式，这一直是建立和完善生态补偿机制的重点和难点工作。通常，中央财政转移支付资金都要求地方政府按照 1:1 进行配套，如近年来中国的水利建设投资项目，国家要求地方资金必须与中央一比一匹配。部分学者建议南水北调中线工程中央与地方生态补偿资金分摊比例确定为 4:6（即 $\alpha = 0.4$）。1994 年分税制改革以后，中央、地方财政长期存在事权和财权不统一的现象，逐步形成了地方财政依赖中央财政转移支付的体制，到 2010 年，地方财政支出对中央财政转移支付的依赖比重为 43.95%，地方财政收支的自给率在 55% 左右。

具体到本研究案例，生态补偿资金分摊比例的确定既要体现南水北调中线工程受水区享用清洁水源后的付费义务，又要体现中央政府从全国角度管理、保护水源区生态环境的责任，同时也不能脱离中国当前财政管理体制的实际情况。因此，在综合考虑受水区补偿责任、中央政府保护责任和中国财政管理体制现状的背景下，以及为增加本研究结果与已有研究的可比性，把中央与地方生态补偿资金分摊比例确定为 4:6（即 $\alpha = 0.4$）。

最后，根据式（18-8）计算出中央政府生态补偿上限标准的分摊额度为 18.45 亿元/年，河南、河北、天津和北京四省市共同承担的生态补偿上限标准的分摊额度为 27.67 亿元/年。根据《南水北调中线工程规划（2001 年修订）》，中线工程一期工程调水总量为 95 亿立方米，其中河南、河北、天津和北京四省市分别为 38 亿、35 亿、10 亿、12 亿立方米，利用式（18-9）计算出河南、河北、天津和北京四省市生态补偿上限标准的分摊额度分别为 11.07 亿元/年、10.21 亿元/年、2.91 亿元/年和 3.49 亿元/年（见表 18.6）。

表 18.6　　　　　　　南水北调中线工程受水区生态补偿上限标准分摊额度

	调水量（亿立方米）	分摊系数	分摊金额（亿元）
河南省	38	0.400	11.07
河北省	35	0.369	10.21
天津市	10	0.105	2.91
北京市	12	0.126	3.49
合计	95	1.000	27.67

在南水北调中线工程受水区的地级市中，扣除水渠沿线蒸发和漏损水量后，水量分配最多的城市是河北省石家庄市、保定市和河南省郑州市、南阳市（含南阳引丹灌区），分别为 7.82 亿立方米、5.5 亿立方米和 5.02 亿立方米、10.91 亿立方米，分水最少的城市主要集中在河南省，如漯河市和周口市，仅为 1.06 亿立方米和 1.03 亿立方米。利用式（18-11）可得出受水区生态补偿上限标准分摊额度的城市空间分布情况，地级市中分摊额度最多的是河北省石家庄市、保定市和河南省南阳市、郑州市，分别为 2.28 亿元/年、1.6 亿元/年和 3.18

亿元/年、1.46 亿元/年，分摊额度最低的是河南省周口市，仅为 0.3 亿元/年（见图 18.3 和图 18.4）。

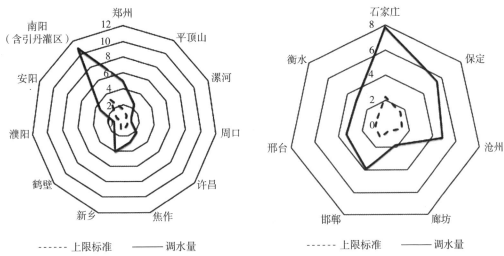

图 18.3 河南省受水城市调水量和补偿标准　　图 18.4 河北省受水城市调水量和补偿标准

二、流域生态补偿动态支付标准

南水北调中线工程生态补偿支付标准与水源区生态服务价值和受水区获得的生态服务价值密切相关。应在调整生态服务单位价值的基础上，根据特定研究时期的生态服务价值动态变化情况确定具体的支付标准。

南水北调中线工程生态服务单位价值调整因子依据水源区受偿意愿和受水区支付意愿的对比情况进行计算。由于在南水北调中线受水区四个受水省市中，河南、河北两省与北京、天津两市的收入水平存在明显差异，从而支付意愿也存在差异，因此，这里根据效益转移法的基本原理，借鉴魏同洋和靳乐山（2014）北京水源地延庆的支付意愿评估结果，对受水区支付意愿进行平均化处理。首先，北京城区居民对延庆清洁水源的支付意愿为 150 元/户·年，把研究点的支付意愿效益转移到政策点，即北京市对延庆水源区的支付意愿效益转移到北京市和天津市对南水北调中线水源区。然后，根据在受水区郑州市调研得到的支付意愿 66 元/户·年，转移到政策点河南和河北省的其他调水城市。据此得到了能代表南水北调中线工程全部受水区的支付意愿，即 108 元/户·年。根据在南水北调中线工程水源区的调研，以问卷直接计算的中位数看，水源区的受偿意愿为 900 元/户·年，结合式（18-7），南水北调中线工程调整后的生态服务单位价值 E'_a 为 133.71 元/公顷。

然后，结合中国陆地生态系统单位面积生态服务价值当量表，得到根据受水区支付意愿和水源区受偿意愿调整后的南水北调中线工程生态系统单位面积生态服务价值（见表 18.7）。

表 18.7　　　　　　　　调整后的生态系统单位面积生态服务价值　　　　　　单位：元/公顷

	森林	草地	农田	湿地	水体	荒漠
气体调节	577.64	200.57	96.27	322.25	68.19	8.02
气候调节	544.21	208.59	129.70	1811.82	275.45	17.38

续表

	森林	草地	农田	湿地	水体	荒漠
水源涵养	546.89	203.24	102.96	1797.11	2509.80	9.36
土壤形成与保护	537.53	299.52	196.56	266.09	54.82	22.73
废物处理	229.99	176.50	185.86	1925.48	1985.65	34.77
生物多样性保护	603.05	250.04	136.39	493.40	458.64	53.49
食物生产	44.13	57.50	133.71	48.14	70.87	2.67
原材料	398.47	48.14	52.15	32.09	46.80	5.35
娱乐文化	278.12	116.33	22.73	627.12	593.69	32.09

根据南水北调工程水源区 2002～2010 年土地利用类型的面积，利用式（18－1）和式（18－2），得出水源区 2002 年和 2010 年的生态系统服务价值分别为 341.99 亿元和 326.95 亿元，2010 年的生态服务价值比 2002 年减少了 15.05 亿元（见表 18.8）。由于这里的生态服务价值已根据研究点（水源区）的生态服务单位价值进行效益转移，从而得到了政策点（受水区）通过南水北调工程获得的潜在生态服务价值。

2002～2010 年，即使受水区仍未真正获得水源，但这期间因为南水北调中线工程的开工和建设，造成水源区生态服务价值减少 15.05 亿元，这是受水区通过南水北调工程获得的潜在生态服务价值，根据受益方付费原则，这也是南水北调工程受益方（受水区）在 2002～2010 年应予支付的具体补偿标准。这一时期水源区生态系统的保护和建设得到了中央政府的政策支持和转移支付资金支援，受水区地方政府实际并未承担生态保护责任。在南水北调中线工程通水后，根据生态服务价值动态变化确立的生态补偿支付标准，仍应根据中央政府的生态保护责任、受水区的实际调水量等因素进行分摊。

表 18.8　　　　　　　2002～2010 年调整后的水源区生态服务价值动态变化

	森林	草地	农田	湿地	水体	合计
2002 年（万元）	3003063.52	15125.55	223435.32	128758.80	49540.42	3419923.62
2010 年（万元）	2683510.83	12831.43	283233.51	198082.22	91814.87	3269472.86
变化值（万元）	－319552.69	－2294.12	59798.19	69323.42	42274.45	－150450.76
累计变化率（%）	－10.64%	－15.17%	26.76%	53.84%	85.33%	－4.40%
年变化率（%）	－1.33%	－1.90%	3.35%	6.73%	10.67%	－0.55%

根据式（18－9），2002～2010 年，鉴于南水北调中线工程对水源区生态服务价值动态变化的影响，各个受水区应予支付给水源区的生态补偿支付标准分摊额度分别为河南省 6.02 亿元、河北省 5.55 亿元、天津市 1.58 亿元和北京市 1.9 亿元（见表 18.9）。

表 18.9 南水北调中线工程受水区生态补偿支付标准分摊额度

	调水量(亿立方米)	分摊系数	分摊金额(亿元)
河南省	38	0.400	6.02
河北省	35	0.369	5.55
天津市	10	0.105	1.58
北京市	12	0.126	1.90
合计	95	1.000	15.05

三、与相关研究成果的比较及讨论

由于生态服务价值和生态补偿标准的确立依据和方法具有多样性,这里将研究结果与前人的研究进行对比,以期得出更为科学的结论。

与现有南水北调中线工程的案例研究相比,本节评估出的南水北调中线工程水源区 2010 年的生态系统服务总价值为 2287.97 亿元,低于韩德梁(2010)测算的 2015 年丹江口库区生态系统服务价值 3372 亿元,这主要是因为韩德梁的结果是预期值,南水北调中线工程水源区可能会因为涵养水源、保护生物多样性等逐年增加生态系统服务价值;另外,该作者还从生态安全角度调高了丹江口库区的单位面积生态系统服务价值,从而大幅提高了丹江口库区的生态系统服务总价值。白景锋(2010)根据南水北调中线工程河南水源区土地利用类型变化情况,结合生态系统服务评估方法测算得到河南水源区生态建设增加的生态系统服务价值为 35.4 亿元,按调水比例和 GDP 比例加权的平均生态补偿(支付)标准为河南 1.56 亿元/年、河北 1.41 亿元/年,北京 0.84 亿元/年,天津 0.51 亿元/年。王一平(2011)利用类似方法测算了南水北调中线工程水源区河南淅川县的生态系统服务价值,并根据价值评估结果估算得出淅川县的生态补偿量为 44.4 亿元。

还有少数学者运用其他方法测算了南水北调中线工程水源区的生态补偿标准,如董(Zhengju Dong,2011)运用成本分析方法,测算了湖北省十堰市 2003~2050 年南水北调中线工程的直接成本和机会成本,分别为 2627 亿元和 2563.3 亿元,据此得出十堰市 2014~2020 年、2023~2030 年、2033~2040 年和 2043~2050 年四个时期的生态补偿(受偿)标准分别为 21.76 亿元/公顷、5.33 亿元/公顷、4.4 亿元/公顷和 4.1 亿元/公顷。王国栋(2010)利用直接成本和机会成本法,估算出南水北调中线工程水源区生态补偿标准约为 240.04 亿元/公顷,利用条件价值法受偿意愿测算出南水北调中线工程水源区最低可接受生态补偿标准为 246.41 亿元/年。

另外,效益转移法中的中国陆地生态系统服务价值当量是一个全国范围的平均状态值。虽然国内学者在不同的研究案例中,多是直接运用价值当量表评估研究区域的生态系统服务价值。但部分学者指出,应对生态系统服务价值评估对象空间异质性和评估结果精确性等进行不同空间层次、不同尺度的实证分析。其中有少数学者基于各自不同的研究目的或评估对象,改进了效益转移法并进行了相关案例分析,如韩德梁(2010)根据生物量修订了丹江口库区生态系统服务的单位价值,将森林、草地、农田、湿地和水体生态系统服务价值的调整系数确定为 1.04、1.18、1、1 和 1。如果运用这一调整系数修订本节中南水北调中线工程水源区生态系统单位面积生态服务价值,得到的水源区 2002 年和 2010 年生态系统服务总价值分别为2952.3亿元和2815.94亿元，生态系统服务价值动态变化量为－136.37亿元，与本节研究结果相比扩大了近11亿元。王等（Wanjing Wang et al.）根据中国西南地区农田生态系统的实际情况，把单位面积农田食物生产生态服务价值调整为1237.45元/公顷，若利用这一数值重新评估本节中南水北调中线工程水源区的生态系统服务价值，2002年和2010年分别增加到3164.96亿元和3025.73亿元，生态系统服务价值动态变化量为－139.23亿元。可见，修订后的生态系统服务价值及其动态变化量均高于修订前，原因可能是南水北调中线工程水源区的生物量高于全国平均水平，这也较直观地反映出近年来水源区退耕还林（草）、天然林防护工程等对提高生态系统服务价值的贡献。

第四篇

国家重点生态功能区生态补偿转移支付激励机制研究

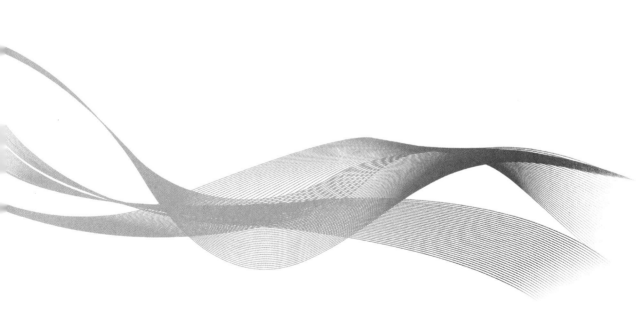

第十九章

国家重点生态功能区财政转移
支付制度的研究背景

第一节　问题的提出

一、选题背景

（一）现实背景

自然资源和生态环境为人类生产和生活提供了空间载体、资源和生态系统服务，功能健全的资源环境和生态系统是人类生存与发展的基础条件。但是不断增长的人类需求对生态环境造成了巨大的压力。世界自然基金会（World Wide Fund for Nature or World Wildlife Fund，WWF）2012 年的数据显示，1961～2008 年，尽管反映人类需求的全球生态足迹指标值基本稳定在人均 2.5 全球公顷的水平上，但生态承载力指标值却持续下降，在 1970 年以后，生态足迹指标值便超过生态承载力指标值，出现生态赤字，并呈现逐年扩大的趋势，如图 19.1 所示。

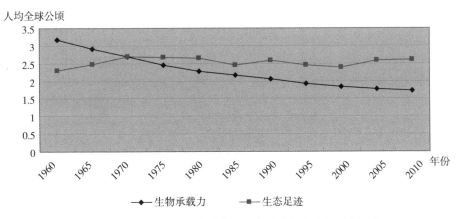

图 19.1　1961～2010 年全球人均生态足迹与生态承载力变化

在此压力下，超越承载力极限的自然环境和生态系统开始持续恶化，最近 50 年内，全球生态系统服务的 60% 左右已经退化。1900～1999 年，全球 50% 的湿地、40% 的森林和 35% 的红树林消失了（Barbier，Markandya，2012）。

为了应对日益严峻的生态环境压力，20 世纪 80 年代以来，美国、巴西、加拿大、欧盟等国家和地区开展了大量的生态环境保护和补偿活动，而建立生态补偿机制也成为世界各国为保护生态环境达成的共识。国外的生态补偿是以生态系统的服务功能为基础，通过经济或行政手段协调生态系统服务提供方和受益方利益关系的机制，常见的生态补偿方式主要有公共支付方式（本书称为生态补偿转移支付方式）、市场贸易方式、私人交易方式和生态标记方式四种。公共支付方式即政府出资购买生态环境服务，供给全社会成员享用，这是国外生态环境保护的重要方式之一，这种方式又可以细分为两种方式：一是政府直接投资，即政府代表受益方付费，如美国的保护性储备计划、巴西的生态税计划、澳大利亚的水分蒸发蒸腾计划、德国的易北河流域生态补偿计划、墨西哥的森林生态系统服务补偿计划、哥斯达黎加的 FONAFIFO 项目和森林碳汇项目以及南非保护流域水环境的 WFW 计划等；二是建立专项基金，如法国国家森林基金、哥斯达黎加的国家林业补偿基金、日本的水源涵养林建设基、厄瓜多尔首都基多的流域水土保持基金以及中东欧国家的环境基金等。生态转移支付的实施对这些国家的生态环境改善和生态系统服务增值发挥了重要的作用，是遏制生态恶化和环境污染的重要措施。

处在经济快速增长的中国，同样面临着严重的生态环境破坏问题。1978 年以来，我国经济以年均增长率9%的速度创造了经济增长"奇迹"的同时，也造成了极大的生态破坏和环境污染问题，西方发达国家在近两个世纪的工业化进程中分阶段出现的生态环境问题在中国工业化过程中集中出现。生态资源的高度消耗与破坏，绿色植被面积锐减、水资源枯竭和污染、土地塌陷和沙漠化、空气质量低劣、濒危物种增多等生态环境问题纷沓而至，使我国处于环境风险的显现期，经济发展负重前行。在巨大的环境压力下，政府环境保护部门和越来越多的学者开始意识到经济增长和环境保护之间需要有所权衡（trade - off）（陆旸，2011）。

面对生态环境的日益恶化，我国政府开始加强生态文明建设，国家重点生态功能区的提出和确立，是我国生态文明建设的重要体现和组成部分。国务院在《全国生态环境保护纲要（2000）》中，首次提出建立生态功能区这一新思路。随后，2008 年国家环境保护部开始实施《全国生态功能区划》，最终国务院于 2010 年出台了《全国主体功能区规划》，进一步明确生态产品提供和生产能力的提高是我国国土空间开发和利用的重要任务。现阶段国家重点生态功能区生态环境保护和补偿的深层次矛盾表现在生态资源保护成本和收益的区域错配，保护生态环境的成本都是由国家重点生态功能区当地政府和居民承担，且当地政府因服从生态保护和建设的禁限目标，大规模的城镇化和工业化受到限制，机会成本损失同样巨大；而由于生态环境的正溢出效应，其他地区的居民也无偿享有了生态环境效益，即生态环境保护效益产出由全民享有。因此，为实现国家重点生态功能区生态环境的永久保护，中央政府或者其他受益地区应对国家重点生态功能区当地政府和居民的保护成本和发展机会成本损失进行补偿。

为解决这一区域利益错配问题，财政部分别于 2009 年、2011 年和 2012 年发布、改进的《国家重点生态功能区转移支付办法》（以下简称《办法》），从国家角度规定了对重点生态功能区所在区域进行补助的办法，以激励县级政府加大生态环境保护投入。支付范围从最初的452 个县增加为 2014 年的 512 个县，支付资金也从 2008 年的 60 亿增加到 2014 年的 480 亿，但反映资金成效的生态环境质量指数却没有明显变化。据统计，2010 ~ 2012 年全国享有国家重点生态功能区转移支付的 452 个县中，生态环境质量变好和轻微变好的有 31 个、占6.86%，生态环境质量变差和轻微变差的有 9 个、占 1.99%，生态环境质量基本稳定的有

412 个、占比达 91.15%①；可见，资金投入的不断增加，尽管遏制了生态环境质量的变坏，但却没有换来生态环境质量的显著变化。究其原因，除了生态环境保护与建设周期长、见效慢的客观因素外，国家重点生态功能区转移支付对当地政府和居民的激励机制缺乏也是重要的主观原因。

随着人们生态意识和环保意识的提高，对生态环境的保护和支付意愿也逐渐增强，但是，想要使生态补偿成为一种自发的主动行为并将其制度化，仍存在一定的难度，因此，政府转移支付也就成为世界各国生态保护和生态系统服务付费的主要模式，特别是发展中国家更是如此。我国的政府补偿（生态转移支付）更是生态补偿的主要形式，在补偿途径及融资渠道方面表现为以纵向转移支付为主，这种纵向转移支付是相对较为容易实施的补偿方式，但这种方式的明显缺陷就是不利于调动生态保护者的积极性，因为自上而下确定补偿标准的时候一方面容易造成"一刀切"，导致一些地区"补偿不足"，而一些地区"补偿过渡"，如在西部的一些重点生态功能区，如果按照这样的补偿方式补偿就存在严重的补偿不足（李长亮，2009）；另一方面的问题是容易忽视生态保护的微观主体——当地居民的利益和参与积极性，这会使生态保护微观主体产生抵触和敌对情绪，而不是以更积极的姿态继续投入生态环境保护和建设中。

（二）理论背景

生态转移支付的激励机制主要涉及生态转移支付理论和激励机制理论两方面，下面对这两方面的研究脉络进行介绍。

1. 生态转移支付相关理论

转移支付是财政学理论的重要组成部分，而对生态转移支付的研究也由来已久，但是古典经济学家将主要精力都放在了国民财富性质与原因的研究上，因此对生态保护和建设的研究也放在了"富国裕民"的理想中，主要在地租、人口的框架中进行了探讨，在"自发秩序"的完美信条中，一个廉价政府的财政，对于土地的退化以及人口的过度增长等问题更多的是一种"无为而治"的态度。直到 20 世纪初，随着能源问题的严重，以及边际革命之后经济学对于稀缺资源的关注，以马歇尔、庇古等为代表的财政学家，才在对于福利的研究中逐渐引入了环境税收以及补贴的思想，使得生态破坏以及重建作为一个重要的问题进入了财政学的视野中。

庇古以外部性理论解释了自发秩序在资源环境破坏方面的无能为力，这与第一次世界大战后兴起的资源保护运动相对应。庇古的外部性理论在 20 世纪 60 年代兴起的公共财政学中成为环境治理的法则，庇古的环境税以及补贴政策在各国环境保护中起到了积极作用，而环境质量的恶化使得环境治理成为公共投入以及政府直接介入的重要领域。庇古的外部性理论代表的市场失灵解，对于 20 世纪初以来的环境破坏有一定的解释力，对于财政补贴引入生态环境保护领域也具有积极意义。但是，外部性仅仅回答了市场机制的失效，却并未说明政府的介入就必然是有效的。在环境治理实践中，政府介入之后的低效、无效乃至逆效应同样引起了广泛关注，20 世纪 60 年代公共部门经济学的兴起，对于政府行为的效率以及政策效果进行了深入的分析。科斯的社会成本理论回应了基于外部性的政府干预，提出了产权思路，对于庇古等人的理论疑虑给出了一种解释。科斯认为，无论是政府作为第三方的税收与补贴主体介入，还是基于外部性的双方谈判，一个关键的因素是能否减少交易费用。科斯的理论

---

① 关于 2013 年国家重点生态功能区生态环境监测考核及奖惩情况的通报 ［EB/OL］，http。

回应了各国资源环境管理中政府行为的低效问题，在实践中产生了环境治理的产权思路——通过拍卖资源所有权，以及双重征税的政策主张。

随着生态环境问题的日益严重以及理论研究的深入，20 世纪 80 年代以来，生态环境保护的重要理论和手段——生态系统服务付费或者生态效益付费开始兴起，其内涵和理论基础从科斯定理延伸到庇古理论，而后用演变为超越科斯定理和庇古理论的、以经济激励为核心内容的制度安排（Muradian et al.，2010；Tacconi，2012；Kroeger，2012）。PES 成为生态环境保护与治理领域的研究重点，其作为一种新的政策工具，正在成为国际上流行的生态环境保护方法（Engel et al.，2008）。对 PES 概念的经典界定是温德尔（Wunder，2005）的定义，他认为 PES 就是当且仅当生态系统服务供给者可靠地提供生态系统服务时（条件性），一种界定清晰的生态系统服务（或可能提供该服务的一种土地用途），被买家（最少一个）从供给者那儿买走，而形成的一个自愿交易。温德尔的定义是一种纯市场型 PES，并未涉及政府。恩格尔等（2008）追随温德尔的定义，放宽 PES 定义的严格限制性，把 PES 分为使用者付费和政府付费两种类型，并指出，政府付费的 PES 可被视作与使用者付费相结合的环境补贴，政府被认为是生态系统服务买家的第三方，实质上政府作为买家的 PES 就是政府提供转移支付促进生态保护。

PES 为生态环境保护领域引入了新的资源和激励，比传统的命令—控制措施更有效率（Zhang and Lin，2010）。国外关于生态补偿转移支付研究集中在对巴西、德国以及葡萄牙等国的生态税或生态转移支付的制度分析以及效果检验方面。

2. 激励机制相关理论

现阶段对激励理论的研究取得了大量的成果，但是在早期很长一段时间内，激励理论都未进入主流经济学范围，其基本思想仅散见于经典的经济学著作中，如亚当·斯密的《国富论》中就对劳动分工与交易引起的激励问题就行了讨论；伯利和米恩斯（Berle and Means）提出了现代公司所有权与经营权分离的观点，也即企业的董事们将"行使企业业务与资产支配权利"转移到管理者手中，尽管他们没有使用"代理"这一专业术语，但他们当时已经意识到"代理"理论：也即董事与管理者利益存在分歧，管理者的利益可以同所有者的利益相背离。

科斯提出了"交易费用"的概念，并将其引入经济学分析中，从而使对企业的研究备受经济学关注。当经济学家试图对企业的管理和生产进行系统深入研究时，激励问题就成为关注的中心问题。事实上，当企业所有者将若干不同性质的任务分配给具有不同目标的企业员工时，激励问题就会和企业内部的利益分配问题同时出现。阿罗（1963）认为，企业所有者将不同专业的员工组织在一起进行合作生产，但本身又无法完全掌握员工能力程度时，就会产生信息不对称问题。在经济学家对企业合同和组织机构广泛讨论的基础上，交易成本理论、委托代理理论和产权理论等逐渐形成并成为研究重点。

20 世纪 80 年代，契约理论开始引入生态补偿激励机制的研究中，而现阶段对生态补偿方式研究最明显的趋势就是对信息问题的关注，采用激励机制即契约设计方式解决生态补偿的低效率问题已成为生态、资源、环境以及区域协调发展等诸多领域的研究热点。国外学者的研究也表明，合理的生态补偿激励契约设计和有效的生态保护激励方式是提高生态环境保护效率的最有效方法（Igoe et al.，2010；To et al.，2012）。由于国内外政治体制及经济体制的差异，国外对生态补偿的研究更侧重于市场化的补偿模式，激励机制的研究集中在私人地主和农户之间生态补偿委托代理问题的讨论上，涉及政府间的生态补偿契约研究较少。国内对生态补偿激励机制设计的研究还处在起步阶段，主要是运用委托代理理论及其扩展形式对此进行讨论，这为研究我国生态补偿激励机制提供基础和思路的同时，也提供了进一步系统深入研究的空间。

二、问题的提出

（一）我国生态补偿制度的特点

我国生态补偿制度起源于1980年水利部出台的"小流域综合治理"政策，该政策鼓励通过包户进行小流域的综合整治，实现生态环境维护和水土资源可持续利用的目的。1991年颁布并实施的《中华人民共和国水土保持法》第三十三条规定，通过税收、技术、资金等方面的减免、扶持，鼓励个人和单位积极参与水土流失治理活动，进一步强化了生态补偿制度在水土保持中的作用。以长江流域"98洪灾"为界，生态补偿实践在我国进入全新阶段，1998年在17个省区市展开的天然林保护工程、1999年开始的退耕还林（草）工程、1998年《森林法》建立的中央财政森林生态效益补偿金制度，标志着以森林生态补偿为重心的、迄今为止世界最大的三个生态补偿项目在我国形成。

通过对我国的生态补偿制度的脉络梳理，可以发现其实施中存在两个特点：一是我国生态补偿的精神和理念散见于中央政府和地方政府制定的法律法规中，缺乏专项的生态补偿法，造成生态补偿机制建设缺乏最基础的法律保障。对于这个问题，最好的解决办法就是国家尽快出台生态补偿条例或者生态补偿法等法律法规，为生态补偿制度建设提供基本保障，这一问题不属于经济学研究的范畴，从经济学角度研究的意义不大。二是国务院及财政部主导着生态补偿制度体系的形成，财政部制定的政策大多是采用财政手段推动生态补偿机制建立的财政政策，国家财政资金是生态补偿资金的最主要来源。这种纵向支付制度在区域生态补偿实践当中也存在诸多问题，还存在许多不合理之处。但是，这一现状在很长一段时间内很难改变，基于财政转移支付的生态补偿依然是最直接和行之有效的手段，因此与其提出其他完善生态补偿的政策，不如在现有的基础上，继续完善生态补偿的纵向转移支付制度，使之更适合于生态补偿的目标，这也是当前最切实可行的选择。纵向转移支付制度的一大优势就是节约了交易成本，保证一些生态补偿措施的顺利实施，而它的短处则在于补偿效率相对低下，以及对生态环境直接保护主体——当地居民的忽视。

（二）现有生态补偿转移支付激励机制的研究现状

由于国内外政治制度和经济制度的差异，国外生态补偿的研究更多的是市场化条件下的PES研究，研究对象为生态产品交易制度和交易制度的实施机制，主要包括PES类型、理论基础、实施机制以及绩效检验方面。在实施机制研究中对PES的激励机制进行了大量的研究，总体上是从两个方面进行的：一是在生态补偿契约给定的条件下，关注特定环境下契约的应用或者契约设计的某一个主要方面；二是在生态补偿契约不给定的条件下，通过一系列菜单契约，对比不同的契约设计方案在克服生态补偿中逆向选择和道德风险问题的效果。生态补偿转移支付作为PES的类型之一，也获得了部分学者的关注，而国外生态转移支付在补偿标准、补偿方式和激励机制等方面较为完善，其研究的重点侧重于案例的制度设计、制度实施状况以及制度实施效果检验等方面，政府间激励机制的专门研究相对较少。

相比较国外的PES，我国生态补偿在理论研究和实践方面都相对落后，基本上还处在基本问题和基本理论的探讨和完善阶段，同时由于国内生态资源产权特别是使用权和使用权划分和匹配的模糊，国内的生态补偿主要形式就是生态补偿转移支付，而研究的重点侧重于基本制度和整体框架的构建，对具体的实施机制研究较少。对于生态补偿转移支付激励机制的研究侧重于生态补偿各主体的行为选择分析和描述，对于激励机制的研究处于初步的探讨阶段，在生态补偿激励机制上如何体现生态原则，形成中央、地方与居民的互动与合作方面存在进一步研究的需求。

（三）国家重点生态功能区转移支付奖罚制度的内涵

从 2009 年国家重点生态功能区转移支付确定以来已有六、七年的时间，已具备开展行为主体之间长期激励机制研究的基本条件，这也为本书的研究提供了经典的案例。为进一步具体总结本书的研究问题，接下来以国家重点生态功能区转移支付办法，特别是奖罚办法为例进行具体说明。

历年的《办法》都从基本原则、资金分配（分配范围和分配方法）、监督考评、激励等方面对国家重点生态功能区转移支付做出了规定，如表 19.1 所示。

在资金使用方面，三次《办法》的规定均具有双重性，即用于环境保护和涉及民生的基本公共服务领域，但没有对其应在环境保护上用多少以及具体应用于哪些方面做出安排。

由表 1.1 中具体的转移支付奖罚制度可以得到两个基本结论：一是国家重点生态功能区转移支付是围绕"改善民生"和"保护环境"的双重目标设置的，一方面，由于转移支付资金由县级政府支配，在对上要实现政府社会经济发展绩效、对下要实现居民福利增收等的政治体制中，县级政府无疑会将资金优先使用于社会保障、医疗卫生、教育、公共基础设施建设等方面，最终导致国家重点生态功能区转移支付资金在实际使用中的"重民生轻环保"的问题，生态环境保护投入不足；另一方面，改善民生的目标也暗含通过提高居民生活水平来间接激励其保护生态环境的含义。二是国家重点生态功能区转移支付的奖罚机制包含静态激励和动态激励两方面，根据国家重点生态功能区当地县级政府上一年的 EI 指数决定当年的转移支付额度是静态奖罚机制，根据连续几年的 EI 状况决定转移支付额度是动态奖罚机制。

表 19.1　　　　　　国家重点生态功能区转移支付规定的监督考核与激励机制

文件名称	监督考核	激励机制
《国家重点生态功能区转移支付（试点）办法》	（1）环境保护和治理：县域生态环境指标 EI 体系 （2）基本公共服务：学龄儿童净入学率、每万人口医院（卫生院）床位数、参加新型农村合作医疗保险人口比例、参加城镇居民基本医疗保险人口比例等	（1）根据 EI 值结果，对生态环境明显改善的地区，给予适当奖励；对因非不可抗拒因素而生态环境状况持续恶化的地区，将应享受转移支付的 20% 暂缓下达；连续三年生态环境恶化的县区，下一年度将不再享受该项转移支付；享受奖励性补助的地区，如果生态环境质量状况恶化并达不到 2009 年水平时，除按规定处理外，已经享受的奖励性补助予以扣回 （2）基本公共服务指标中任何一项出现下降的，按照其应享受转移支付的 20% 予以扣除
《2012 年中央对地方国家重点生态功能区转移支付办法》	财政部会同环境保护部等部门对限制开发等国家重点生态功能区所属县进行生态环境监测与评估（根据 2011 年、2012 年、2013 年的《国家重点生态功能区县域生态环境质量考核工作实施方案》的相关规定，对于 2012 年度国家重点生态功能区县域生态环境质量的考核仍然延续 EI 指标体系）	对生态环境明显改善的县，适当增加转移支付；对非因不可控因素而导致生态环境恶化的县，适当扣减转移支付

通过对我国生态补偿制度和国家重点生态功能区转移支付奖罚办法内涵的分析，可以总结出本书的研究问题为：如何通过生态补偿转移支付激励生态环境保护区当地政府和居民保护生态环境，更好地发挥生态补偿激励机制的作用，提高我国的生态环境质量。以国家重点生态功能区转移支付为例具体来说，研究如何建立健全国家重点生态功能区转移支付的激励机制，包括两方面的内容：一是建立健全中央政府和县级政府之间的激励机制，既要节约中央政府的生态补偿成本，又可以充分激励县级政府的生态保护行为，增加县级政府在生态环境保护方面的投入；二是建立健全激励当地居民的生态保护意愿和行为的激励机制，发挥当地居民在生态环境保护中的主体地位。

第二节　研究目标和意义

一、研究目标

根据前文的分析，本篇研究的落脚点是中国国家重点生态功能区生态补偿转移支付的激励机制，研究目标旨在通过理论分析和实证研究，为建立健全国家重点生态功能区转移支付激励机制提供理论指导和经验支撑。

具体来说，本篇的研究目标有两个：一是运用生态补偿理论和方法建立有别于市场机制成熟和产权制度完善国家、适用于政府主导下、面临比市场机制更复杂的信息不对称结构和委托代理人多重结构等问题的生态补偿激励机制理论架构，通过这个逻辑统一的理论框架解释政府主导下以转移支付为主要形式的生态补偿激励机制设计问题；二是在我国现阶段的资源环境政策、产权制度和生态补偿制度的特殊背景下，以国家重点生态功能区转移支付实践为案例，应用建立的理论架构考察我国生态补偿存在的制度性缺失和问题，依据理论研究和实证研究的结论，提出完善我国生态补偿转移支付制度的理论思路和政策建议。

二、研究意义

提高政府生态补偿的激励效应是进一步巩固和推动我国生态环境保护的重要课题，根据我国国家重点生态功能区转移支付实施办法和现状，采用委托代理模型和羊群效应模型对中央政府和县级政府、政府和当地居民之间的生态补偿和生态保护之间的委托代理关系及各自的行为选择进行理论分析，构建国家重点生态功能区转移支付激励机制研究框架，并在此基础上实证研究中央政府与县级政府静态和动态激励机制，政府生态补偿政策对当地居民生态保护意愿和行为的激励机制，试图进一步完善我国国家重点生态功能区转移支付激励机制，对生态文明建设和美丽中国建设提供有效的政策建议。因此本篇具有重要的理论意义和现实意义。

（一）理论意义

激励理论作为经济学的一个重要分支，在研究中也逐渐纳入对人的行为的认识，现代激励理论试图通过严密的逻辑推理和数学模型对人的行为和激励过程的回馈机制进行探讨，激励理论的研究成果也越来越多地被应用于各个方面。本篇将其引入国家重点生态功能区转移支付激励机制的研究中，一方面，有利于完善我国生态补偿的理论研究，现阶段我国对生态补偿理论研究更多地聚焦在生态补偿标准的确立和政策制度分析上，对生态补偿方式的研究停留在对政府补偿、市场补偿或者二者相结合的讨论上，相对缺乏对如何更好地发挥政府补偿效果方面的研究。本篇根据我国国家重点生态功能区转移支付的目标及实施办法，从县级政府和当地居民双重维度对国家重点生态功能区转移支付激励机制进行理论讨论和实证研究，有利于扩展我国生态补偿理论特别是生态补偿激励机制理论的研究进展。另一方面，激励机制理论为生态资源的公共品或准公共品领域的生态保护和生态补偿机制设计提供了理论指导，但已有生态补偿激励机制研究案例和对象主要集中在市场机制和产权制度相对成熟的国家，对政府间特别是市场机制不成熟和产权机制不健全的发展中国家政府间的生态补偿激励机制研究不足，本篇将激励机制理论引入我国国家重点生态功能区转移支付激励机制设计中，有利于扩展委托代理理论的应用研究范围，推进激励机制理论在政府间生态补偿机制研究中的应用和发展。

（二）现实意义

政府转移支付在现阶段和未来很长一段时间内依然是我国生态补偿资金的主要来源和重要形式，政府生态补偿转移支付的效果也成为我国生态补偿实施效果的主要影响因素，我国现阶段实施的转移支付虽然对生态保护起到了一定的作用，遏制了生态环境质量恶化的趋势，但与预期的生态环境保护和生态建设的目标还有一定距离。本篇针对国家重点生态功能区转移支付的生态保护效果，对转移支付的激励机制进行研究，一方面，通过对中央政府和县级政府之间的委托代理问题的研究，得出了中央政府在短期（静态）和长期（动态）内生态转移支付形式和标准的选择菜单，有利于改进"一刀切"的生态补偿政策；另一方面，居民作为我国生态补偿政策和项目实施的直接利益主体，其权益被弱化和忽视了，这影响了制度的公平性和生态转移支付的效果，本篇通过羊群效应模型、扩展的计划行为理论和构建结构方程模型，研究了生态补偿政策对当地居民生态保护意愿和行为的影响，为提高居民在生态保护中的重要地位提供了理论支持和实证经验。

第三节　研究对象的界定

一、生态补偿和生态补偿转移支付

"生态补偿"术语起源于生态学理论，而后才逐渐演化为具有经济学意义的概念，生态补偿的概念通常交替使用其生态学、经济学含义，难以形成统一的共识。

20世纪80年代到90年代初期，经济学意义上的生态补偿本质上就是生态环境赔偿（章铮，1995；庄国泰等，1995）；此后的90年代中后期，生态补偿侧重于对生态环境保护、建设者进行财政转移支付等生态效益补偿（洪尚群等，2001；毛显强等，2002；刘峰江等，2005）。俞海和任勇（2008）明确指出，生态补偿不仅包含受益者补偿保护者，而且包含破坏者赔偿受损者，强调根据不同类型问题选择不同政策工具。《环境科学大辞典（修订版）》（2008年）将生态补偿概念理解为以经济激励为基本特征的制度安排，原则是外部成本的内部化，目的是调节相关利益主体之间的环境及经济利益关系，实现保育、恢复或提高生态系统功能和生态系统服务供给水平。国内经济学范畴的生态补偿已经从单纯对生态环境破坏的赔偿，演化为对生态保护效益的补偿，从而明确定位在生态保护领域，以区别于污染防治（杨光梅等，2007）。李文华和刘某承（2010）将生态补偿定义为，依据生态系统服务价值、生态保护者的实际投入成本和机会成本，采取政府工具和市场工具，调整生态保护利益相关者之间环境与经济利益关系的一种公共制度，该制度的目的在于保护生态环境、促进实现人与自然的和谐发展。根据以上学者的研究，本篇研究的生态补偿界定为：以经济激励为核心手段，根据生态保护成本、发展机会成本以及生态系统服务价值，运用政府或者市场手段，实现生态环境的永久保护和可持续利用的公共制度。

转移支付是政府间为了平衡财政关系而通过一定形式或者途径无偿转让财政资金的活动，主要用于政府的基本公共服务支出，一般分为纵向转移支付和横向转移支付，生态补偿财政转移支付制度是指对通过政府之间或者政府与企业、公民之间财政资金的转移对生态功能的提供者以及因生态保护而发展受限的牺牲者提供补偿的一种制度。生态补偿财政转移支付制度通过对生态相关主体的利益再分配方式实现生态保护，达到支持矫正辖区外溢，解决居民环境权和发展权矛盾的目标。本篇研究的国家重点生态功能区生态补偿转移支付是一种中央政府对县级政府和当地居民的纵向转移支付，是指中央政府对国家重点生态功能区县级政府和当地居民因保护生态环境而付出的成本和执行各项禁止和限制政策造成的经济损失进行补偿的一种转移支付制度。

二、激励机制和生态补偿转移支付激励机制

"机制"一词最早源于希腊文，原指机器的构造和工作原理，现指有机体的构造、功能及其相互关系，机制的本义引申到不同的领域产生了不同的含义。社会学中的机制可表述为"在正视事物各个部分存在的前提下，协调各部分之间关系，以更好地发挥作用的具体运行方式"。激励机制是指在组织系统中，通过特定的方法与管理体系，激励主体运用多种激励手段并使之规范化和相对固定化，而与激励客体相互作用、相互约制的结构、方式、关系及演变规律的总和。勒波夫（M. Leboeuf）博士在《怎样激励员工》中指出，奖励是世界上最伟大的原则，受到奖励的任务会被做得更好，每个人在有利可图的情况下都会干得更漂亮。弗鲁姆的期望理论公式同样表明，对个人的激励机制可以通过改变一定的奖酬与绩效之间的关联性以及奖酬本身的价值来实现。

研究激励机制的首要问题就是对激励机制中的行为主体及其行为选择进行确认，激励机制的行为主体一般称之为委托人和代理人，委托人将一项或者一类任务委托给代理人，给后者某些决策权，并要求后者的行为准则是前者的利益最大化，而委托人要对代理人的行为选择后果承担风险责任（Fama，Jensen，1983）。激励机制效率不能实现最优的根源在于委托代理双方对自身利益最大化的追求。詹森和梅克林（Jensen and Meckling，1976）指出：如果双方都是追求效用最大化的人，就有充分的理由相信代理人会以自身利益最大化为准则，选择有利于自己的行为；拉丰和蒂罗尔（Laffont and Tirole，1986）、拉丰和拉蒂莫特（Laffont and Lartimort，2001）同样指出面临信息不对称情况的委托人需要权衡激励强度和信息租金。信息租金等于信息对称情况下与信息不对称情况下的委托人总效用之差，完善激励机制的目标就是在利益冲突和信息不对称情况下设计一个最优契约，使它既是激励可行的，又尽可能少付出信息租金（Sappington，1991）。

国家重点生态功能区转移支付激励机制中的委托人是中央政府，代理人是县级政府及当地居民，根据激励机制的含义，国家重点生态功能区转移支付激励机制的内涵可定义为：作为委托人的中央政府将生态环境保护和建设的任务委托给作为代理人的县级政府和当地居民，同时前者提供生态补偿转移支付以激励后者提供更多的生态保护努力，并促使这种激励行为制度化和固定化。在具体的激励机制设计中，文章重点关注中央政府与县级政府之间、政府与当地居民之间的生态补偿激励机制研究，在满足激励相容条件和参与约束条件下，中央政

府可以根据已知的信息结构，制定相应的激励策略，促使县级政府和当地居民选择有利于中央政府利益的行为，充分发挥国家重点生态功能区转移支付对生态环境保护和建设的激励效应，是国家重点生态功能区转移支付激励机制的研究重点。

第四节 研究思路与研究方法

一、研究思路

本篇紧紧围绕生态补偿激励机制这一主线，遵循"提出问题—文献述评—理论分析—实证分析—政策建议"的总体思路，采用扩展的委托代理模型和羊群效应模型对国家重点生态功能区转移支付的激励机制展开研究，具体研究思路如下：首先，通过对生态补偿转移支付国内外研究现实背景和理论背景的介绍，并结合我国国家重点生态功能区转移支付激励机制的实际状况，提出研究问题；其次，通过对国内外有关生态补偿激励机制的文献进行梳理，找出国内外生态补偿激励机制的研究成果和不足，进一步提出研究切入点；再次，在文献梳理的基础上，采用委托代理模型和羊群效应模型构建了国家重点生态功能区转移支付激励的理论模型，对生态补偿转移支付激励机制进行理论分析；从次，根据理论分析框架，分别采用数值模拟方法、计量回归方法以及调研数据分析法等对国家重点生态功能区转移支付的激励机制及效应进行实证分析；最后，总结全文，提出建立健全国家重点生态功能区转移支付生态补偿激励机制的政策建议。

二、研究方法

1. 规范分析与实证分析相结合的方法

规范分析是指基于一定的价值判断，提出某些分析经济问题的标准，并研究怎样才能符合这些标准的分析方法。实证分析是指超越一切价值判断，以可证实的前提为基点，分析经济活动的分析方法。本篇即采取规范分析与实证分析相结合的方法对国家重点生态功能区转移支付的生态补偿激励机制进行研究，具体来说，一方面，以国家重点生态功能区转移支付为例，对生态补偿激励机制进行理论分析，先是通过扩展的委托代理模型，构建中央政府和县级政府之间的静态和动态激励契约，理论分析中央政府和县级政府之间的委托代理关系；然后运用羊群效应模型分析生态补偿政策对当地居民保护意愿和行为的影响，从理论上考察政府生态补偿政策当地居民的激励机制。另一方面，对理论分析的三部分进行实证分析，先是对静态条件下不完全信息状况对生态保护激励机制的影响进行数值模拟，随后以陕西省国家重点生态功能区转移支付的实施及其效果为研究样本，实证研究转移支付生态补偿激励机制效果；然后以调研数据为研究样本，从居民生态保护意愿和生态保护行为视角进一步研究国家重点生态功能区转移支付激励效应。

2. 系统分析法

系统分析法是研究任何一个问题都要使用到的方法，只有将一个问题作为一个系统进行研究，才能全面理解该问题。国家重点生态功能区转移支付激励机制的建立与完善是一项复杂的系统工程，既包括中央政府与地方政府之间的激励问题，又包括政府和当地居民之间的激励问题，同时还涉及静态与动态激励问题。先是从静态的视角研究中央政府与县级政府的激励机制构建问题，分析不同的不完全信息状况对激励机制和县级政府生态保护努力的影响；

随后以陕西省为例，研究动态条件下生态补偿转移支付的激励机制效果及影响因素，提出构建长效的生态保护激励机制；然后根据国家重点生态功能区双重目标中改善民生目标，对如何激励当地居民生态保护行为问题进行研究。本篇对国家重点生态功能区转移支付激励机制的系统研究，有利于系统认识国家重点生态功能区转移支付激励机制。

3. 数值模拟分析法

在分析静态条件下国家重点生态功能区转移支付对县级政府生态保护的激励效应时，采用了数值模拟分析法，分析不同价值类别资源比例、保护成本差异以及保护努力达到既定目标的概率等因素对隐藏信息、隐藏行为以及既隐藏信息又隐藏行为三种不完全信息条件下与完全信息条件下激励机制的影响差异，分析静态条件下生态补偿转移支付激励机制的最优形式及影响因素。

4. 实地调研分析法

实地调研分析法是指研究者通过实地面谈、提问调查等方式收集、了解事物详细资料数据，并加以分析的方法。这种方法通常用来探测、描述或解释社会行为、社会态度或社会现象。本篇在分析国家重点生态功能区当地居民生态保护意愿对生态补偿行为的影响时，采用了实地调研分析法，通过对陕西省的柞水县、镇安县等地区农户的实地调研，获得第一手数据，并以此为研究对象，分析了国家重点生态功能区转移支付实施办法中改善民生这一目标对居民生态保护行为的激励机制效应。

三、内容安排

本篇的具体内容包括：

第一，对现有关于生态补偿以及生态补偿转移支付激励机制的研究成果进行梳理和总结。首先，对生态补研究现状进行综述，主要从生态补偿理论基础、生态补偿类型以及实施机制三方面进行综述；其次，对激励机制理论演进进行综述，在此基础上综述委托代理视角下的激励机制；再次，对生态补偿转移支付及激励机制的研究现状进行总结，在对生态补偿转移支付的重要性研究、生态补偿转移支付制度设计分析、生态补偿转移支付效果研究三方面内容进行综述的基础上，对生态补偿转移支付激励机制的研究现状进行梳理；最后，提出本篇的研究切入点。

第二，构建国家重点生态功能区转移支付激励机制理论分析框架。首先，描述和界定我国生态补偿转移支付激励机制理论分析思路和模型环境，然后对静态条件下国家重点生态功能区转移支付的激励机制模型进行分析，该部分的主要关注点是信息状况对激励机制的影响；其次，分析动态条件下国家重点生态功能区转移支付的激励机制模型，关注点在于转移支付的使用以及长效激励机制；再次，从国家重点生态功能区当地居民视角研究转移支付的激励机制，主要是运用羊群效应模型说明激励农户的生态保护意愿能够实现增进整体生态保护行为；最后，提出理论分析框架。

第三，国家重点生态功能区转移支付激励机制静态分析。首先，对国家重点生态功能区转移支付的委托代理双方以及激励契约形式进行界定；其次，对比分析了隐藏行为、隐藏信息以及既隐藏行为又隐藏信息条件下生态补偿激励契约与完全信息条件下激励契约的效率；再次，对分析结果进行数值模拟分析；最后，根据研究结论提出静态条件下完善国家重点生态功能区转移支付激励机制的政策建议。

第四，国家重点生态功能区转移支付激励机制的计量分析。首先，对县级政府的双重目标进行分析，并根据第三章的理论分析以及相应的文献梳理，提出三个研究假说；其次，以陕西省 2008～2014 年享受国家重点生态功能区转移支付的 33 个县为研究样本，对转移支付的长效激励机制及上述命题进行实证检验；最后，提出如何完善国家重点生态功能区转移支付长效机制的政策建议。

第五，居民视角下国家重点生态功能区生态补偿激励机制分析。首先，梳理计划行为理论的观点和该理论在相关领域的应用，并在此基础上构建出研究国家重点生态功能区得到居民生态保护意愿和行为的实证模型；其次，提出国家重点生态功能区当地居民生态保护行为态度、主观规范、感知行为控制、生态补偿政策、生态保护意愿以及生态保护行为的六个假设；再次，采用结构方程模型对假设进行验证；最后，提出如何提高国家重点生态功能区当地居民生态保护行为的政策建议。

第二十章

生态补偿财政转移支付研究述评

本章对国家重点生态功能区转移支付激励机制研究涉及的基础理论和相关研究的文献综述进行梳理，对生态补偿转移支付激励机制的研究成果进行总结，找出现阶段可能存在的不足，从而得到研究的切入点。

第一节　生态补偿研究现状

欧美等国家和地区的水源、土壤及生物多样性保护等农业友好政策已经实施了几十年，生态系统服务市场与 PES 等市场化工具也广泛应用了近 20 年；有关 PES 的研究虽然源于 1974 年，但超过 90% 以上的文献都集中出现在 2004 年以后。国内生态补偿研究始于 20 世纪 80 年代，集中在 1992 年以后，内容从初期纯粹的理论探讨（1992～1998 年），逐渐演变为理论与实践的综合性研究（1998 至今）。本篇将我国的生态补偿和国际上通用的生态系统服务（PES）看作同义词，从理论基础、生态补偿类型、生态补偿机制等角度对国内外研究生态补偿及 PES 的文献进行梳理和评述。

一、生态补偿理论基础

国外对生态补偿理论基础的研究，集中在生态资源价值论、外部性理论和公共品理论三方面，国内研究是在引进国外研究成果的基础上，结合我国实际状况展开的。

（一）国外生态补偿理论基础研究

1. 生态资源价值论

生态环境价值论的确立有两种理论依据，一种是西方经济学中的"效用价值论"，另一种是马克思的"劳动价值论"。效用价值论最早表现为一般效用论，其主要观点是：一切物品的价值都来自它们的效用，用于满足人的欲望和需求。19 世纪 70 年代演化为边际效用论。边际效用论认为价值源于效用，是以物品的稀缺性为条件，效用和稀缺性构成了价值得以体现的充分条件，只有在物品相对人的欲望来说稀缺的时候，才能形成价值；某种物品越稀缺同时需求越强烈，那么边际效用就越大，价值就越大，反之则越小。效用价值表现的是人对物的判断，它将交换价值解释为个体在充分考虑物的稀缺性条件下对其效用的评价。根据这一理论，效用是价值的源泉，价值取决于效用、稀缺两个因素，前者决定价值的内容，后者决定价值的大小。西方环境价值理论是构建在效用价值理论基础之上的。该理论认为生态环境的价值源于其效用，即在生态环境稀缺性条件下其满足人类生态环境需求的能力及对其的评价，生态环境是一种不可或缺的生产要素。

马克思的劳动价值论认为，没有经过人类劳动的环境资源没有价值。但随着人类认识客观事物的深化，环境资源仅仅没有绝对价值（即指直接通过人类劳动创造的价值），但却具有相对价值（即指间接通过人的劳动创造的价值），因此，以相对价值来表示环境具有价值是符合客观实际的，也即生态环境中凝结的人类抽象劳动，表现为人类在发现、培育、保护和利用生态环境、维护生态系统潜力等过程中的活劳动的投入。因此，从劳动价值论的角度来看，环境也是存在价值的。此外，根据马克思的级差地租理论，生态环境差别性地租体现在其不同的价值上，其级差性地租源于生态环境的优劣导致的等量资本投入等量生态环境中产生的社会生产价格和个别生产价格的差异。生态环境的级差地租可分为两类：一类是由于地理环境和生态环境丰裕度不同导致的级差租；另一类是由于各种投入的生产效率差异带来的级差租。

2. 外部性理论

生态补偿的另一个重要理论基础就是外部性理论，进行生态补偿的直接原因就是内化生态保护的外部性，而生态环境保护努力不足的根源也在于生态保护过程中生产的外部性。在现代经济学中，外部性概念是一个出现较晚、但越来越重要的概念。

事实上，外部性理论起源于对正外部性的关注和探讨。西奇威克有关灯塔问题的研究就认识到外部性的存在，并认为解决外部性问题需要政府的干预。通常认为，外部性概念源于经济学家马歇尔提出的"外部经济"。之后，庇古（1920）研究了经济活动经常存在的私人边际成本与社会边际成本、边际私人净收益与边际社会净收益的差异，断定不可能完全通过市场模式优化各种资源的配置，从而实现帕累托最优水平，庇古以灯塔、交通、污染等问题的案例分析佐证了自己的观点和理论，指出外部性反映一种传播到市场机制之外的经济效果，该效果改变了接受厂商产出与投入之间的技术关系，这种效果要通过政府的税收或补贴来解决。至此，静态外部性的理论轮廓基本成形，"庇古税"开始成为依赖政府干预消除经济活动外部性的理论依据。"谁破坏、谁补偿"原则、污染者付费制度等都是"庇古税"在现实中的应用。

1924 年奈特开创性地拓展了"外部性"研究的视野，他重新审视了庇古研究的"道路拥挤"问题，认为缺乏稀缺资源的产权界定不清晰是"外部不经济"的真实原因，他认为，可以采用将稀缺资源赋予私人所有的方法来克服"外部不经济"问题。奈特的研究为外部性的产权理论发展奠定了基础。1960 年新制度经济学奠基人科斯提出了"交易成本"的范畴，虽然没有对外部性进行界定，却扩展了奈特等的研究思路，认为由于交易成本的存在，凭借稀缺资源产权的完全界定克服外部性几乎难以实现。科斯对产权界定问题的研究得出的科斯定理就是通过对现实中存在的典型环境污染问题案例总结出的。经过科斯等的努力，产权经济学逐渐成形，交易成本、产权成为外部性研究的又一种经典理论工具。

3. 公共品理论

生态环境保护具有更广义的公共品属性，这也是生态环境保护不足，需要进行生态补偿的根源之一，本部分主要从公共品的概念演化和分类、公共品效率损失以及公共品供给方式三方面对公共品理论进行综述。

公共物品是相对于私人物品而言的，其内涵事实上就是非私人物品。实际上，无论新古典学派，还是制度学派，都没有将俱乐部及集体物品列进纯公共物品的范围，但学术界却习惯将公共物品概念扩展为涵盖俱乐部物品、集体物品以及其他类似物品。不同学者依据公共使用、可分性程度、交易、相对成本，以及排他性与竞争性等各自不同的标准，从不同的角度刻画物品的本质属性，并且得出私人物品之外，包含纯公共物品、俱乐部物品和公共资源在内的、广义公共物品的多种性质。

现代经济学意义上的公共品最初是由林达尔正式提出，后由萨谬尔森等人加以系统化的发展。福利经济学家庇古（1920）在理论上对公共品理论进行了进一步的拓展和深化，使之成为福利经济学的一个基本问题。

被普遍接受的公共物品概念和内涵是由萨谬尔森采用的排他性和竞争性标准界定的，萨谬尔森（1954）指出，公共品的个体消费不会导致其他人对该物品消费的减少，同时也不能有效排除某一个体对该物品的消费，萨谬尔森界定的是非竞争性和非排他性显著的纯公共物品。之后，布坎南（Buchanan）将具有非竞争性和排他性的物品描述为俱乐部物品，认为这是一种集体消费所有权的安排，俱乐部物品又称自然垄断物品，而俱乐部物品理论也就是萨谬尔森提出的合作成员理论。俱乐部物品理论包含不同数量成员间分配消费所有权的研究，弥补了萨缪尔森在纯私人物品和纯公共物品之间的理论缺口，能够涵盖公共品、私人物品和混合物品等所有物品。

另一种广义的公共物品是奥斯特罗姆（Elinor Ostrom）描述的具有竞争性和非排他性的公共池塘资源，简称公共资源。关于自主组织的公共资源治理，奥斯特罗姆主张基于其占有与供给现状，多层次分析制度构成，通过正式、非正式的集体选择协商，即自主组织行为，明确公共资源的操作细则，解决公共资源面临的新制度供给、可信承诺以及相互监督三大问题。至此，获得广泛认可的物品四分法得以形成。曼丘（Mankiw）将物品最终分为纯公共物品、公共资源、自然垄断物品和私人物品四类。

（二）国内生态补偿理论基础研究

张建国（1986）指出，劳动价值论是森林等生态资源效益评估的基础，稀缺理论则是评估依据的有益补充。聂华（1994）、谢利玉（2000）和胡仪元（2009）以分析物化在生态资源生产过程的社会必要劳动时间为起点，阐述生态资源具有的使用价值与非使用价值两种基本属性，概括出生态资源的劳动价值论，指出生态资源价值、价格理论是生态补偿及其相应价格决定的理论依据。李金昌（1999）认为，环境价值的本质在于环境有益于人类，价值大小与环境的稀缺性和环境的开发、使用条件相关。曹明德（2010）、谢慧明（2012）认为，在传统的人造资本、人力资本和金融资本之外，存在着由自然资源、生态环境和生命系统共同构成的自然资本，生态补偿实际就是自然生态系统和资源资本化、经济化的过程，应遵循自然资本理论的基本原理。陶建格（2012）将生态补偿中的生态资本理论基本内容概括为：生态环境资本范围、稀缺性、劳动价值观、自然与社会二重性、总价值中使用价值与非使用价值的二元结构等。关于生态资本的非使用价值，陶建格（2012）指出，其实质是人类利用生态环境过程中所获得的、由整个生态系统平衡发展所产生的福利和收益；刘春江等（2009）认为，它包括选择价值和存在价值两部分。丁任重强调，自然生态环境的价值多重性及其构造与功能的系统性，决定了现有资源价值体系难以涵盖其价值的全部，为了尽可能完整地体现其价值，保持其良性发展和正常功能的发挥，有必要实施生态补偿。

毛显强等（2002）认为，外部性补偿的庇古手段、科斯方法的产权界定、生态补偿要素及内涵等构成了生态补偿理论的三大支柱。沈满洪和杨天（2004）指出，生态资源价值论、外部性理论和公共物品理论是生态补偿机制的三大理论基石。中国生态补偿机制与政策研究课题组认为，生态补偿的基础理论包括自然资源利用的生态学理论、自然资源环境资本理论、环境资源的产权理论、公共品理论、外部性理论，其中，生态学范畴下自然资源利用呈现的不可逆性是构建和实施生态补偿机制的自然属性要求；环境资本论是生态补偿机制构建的价值基础，也是补偿标准确定的理论依据；环境资源产权状况是生态补偿的法理基础；不同的公共品属性是生态补偿政策工具选择的前提条件；外部性是生态补偿问题的核心，相关理论是生态补偿机制和制度构建应遵循的原则，也是相应政策工具选择的依据。崔金星和石江水（2008）在解释中国西部生态补偿理论时指出，环境公平与自然正义是生态补偿的法理基础，自然资本论的基本观点则是实施生态补偿、弥补由人类活动产生的环境损害和资源消耗的理论根源。李文国和魏玉芝（2008）认为，可持续发展理论为生态补偿确定了最终目标，外部性理论为生态补偿提供了思路和方法，公共品理论说明了生态补偿的必要性，生态资本理论则是生态补偿额度计算方法的依据。

综上所述，虽然国内生态补偿理论基础的研究主要集中在生态环境价值理论、外部性理论（包括庇古理论和科斯理论）和公共物品理论，并就此取得了广泛的共识，但其中也有其他理论的研究，比如生态学理论、功能区划理论、可持续发展理论等。有关研究不仅探讨了生态补偿理论基础的基本构成，而且透彻、准确地分析了各种理论在生态补偿制度构建中的不同作用和地位，有些研究还对特定理论主要观点及在其生态补偿语境下的意义做了阐述和解释。

二、生态补偿类型研究

（一）国外 PES 类型研究

恩格尔等（Engel et al.，2008）将 PES 项目分为两种类型，即消费者（也称所有者）付费和政府付费，两种 PES 付费类型的关键区别不仅仅在于谁付费，还在于谁有权做出付费的决策。亚洲开发银行（2010）将 PES 机制的各种类型划分为三个基本种类：直接付费、减缓与补偿付费、认证，其中直接付费包括一般补贴、积分补贴、谈判和竞标；减缓与补偿付费包括清洁发展机制、湿地减缓银行和生物多样性补偿；认证包括生态标签和森林认证。巴比尔和马坎迪亚（Barbier and Markandya，2012）根据所涉及的付费机制不同，将 PES 分为自愿契约协议、公共付费计划和交易体系三种主要类别。惠滕和谢尔顿（Whitten and Shelton，2005）与 nmbiwg（2005）也将矫正市场失灵的市场化工具分为市场摩擦机制、基于价格的机制和基于数量的机制。洛克（Lockie，2012）将基于价格的政策工具分为市场改革和市场设计两种类型，从而提出四分法。皮拉尔（Pirard，2012）指出，广泛意义上的 PES 应包括 PES、税收和补贴、减缓行动或和物种基因银行、认证等工具，他基于 MBIs、经济理论、市场三者之间的联系，将政策工具的集合确定为规制价格信号、科斯类型的协议、竞标、可交易许可证、直接市场和自愿价格信号六种。

从各种分类方法涉及的范畴来看，有狭义和广义之分，二分法为狭义 PES，其余为广义 PES。即使广义 PES 所涵盖的实际工具也不完全相同，被多次提及的工具有自愿协议、补贴、竞标、可交易许可证、认证和标签五种，其余如标准、能力建设，以及产品等工具则分别仅在某种归类法提及，如表 20.1 所示。

表 20.1   **PES 类型和归类方法**

常见工具	二分法 恩格尔（2008）	三分法 ADB 亚洲开发 银行（2010）	三分法 巴比尔（2013）	四分法 洛克（2012）	六分法 皮拉尔（2012）
自愿协议	使用者付费	直接付费	自愿协议		科斯协议
政府津贴	政府付费	直接付费	公共付费	市场改革	规制价格信号

常见工具	二分法 恩格尔（2008）	三分法 ADB 亚洲开发 银行（2010）	三分法 巴比尔（2013）	四分法 洛克（2012）	六分法 皮拉尔（2012）
竞标		直接付费		市场创建	招标
可交易许可证		支付补偿付费	交易体系	数量机制	可交易许可证
认证、标签		认证		市场摩擦	自愿价格信号
能力建设				市场摩擦	
标准				市场摩擦	
产品					直接市场

（二）国内生态补偿类型研究

国内关于生态补偿类型的研究遵循了恩格尔提出的狭义的两分法，将生态补偿类型分为政府模式和市场模式。万军等（2005）根据支付主体的不同，将生态补偿区分成政府与市场两类，政府补偿工具主要包括重大生态建设工程、财政专项基金和财政转移支付，市场补偿工具有排污权交易、水权交易、排污费、环境费、资源费和生态补偿费等。葛颜祥等（2007）指出，市场补偿是生态服务受益者直接补偿保护者，主要有生态标记、一对一交易、产权交易市场等方式，政府补偿多采用生态补偿基金、政策补偿和财政转移支付等方式。

我国生态补偿类型研究的侧重点集中在两种生态补偿类型的适用性和政府补偿类型具体分析方面，葛颜祥等（2007）指出，市场补偿方式交易成本高、制度运行成本低，政府补偿则恰与之相反，前者适用于规模小、产权清晰和补偿主体集中的流域，后者适用于规模大、产权模糊和补偿主体分散的流域。周映毕（2007）比较了中国流域生态补偿的实践和探索，指出政府主导应是主要补偿模式。俞海和任勇（2008）依据生态系统及其服务的物品属性，对相应生态补偿问题进行分类，指出生态补偿首先要进行初始产权的界定，即全国生态功能区的划分；其次，纯粹公共品的生态补偿问题宜用财政补贴手段，公共资源问题宜在强化政府干预的同时、逐步向自愿协商转变，矿产资源开发等准私人物品问题宜用自愿协商机制；最后，地方公共品和俱乐部物品问题宜由地方政府合理选择相应机制。马莹（2010）从利益相关者视角分析了流域政府主导型生态补偿制度的设计要点：责任与收益匹配、使用成本加利法测算标准、相关利益者分摊费用以及激励监督主体承担责任等。尚海洋等（2011）认为，市场补偿机制目标少且明确，涉及 ES 类型多，效果好，而政府补偿机制涉及 ES 单一，但是通常多目标，更具规模经济性。黄飞雪（2011）以绿地、园林为例，采用 2006～2008 年 30 个省区市的绿地面积和政府投入面板数据构建回归模型，通过成本效益分析发现庇古手段的生态补偿效果明显，认为绿地与园林生态补偿应以庇古手段为主、科斯手段为辅，使用科斯手段时为了减少生态损失，应以经营权私人化为产权调整方向。冯俏彬和雷雨恒（2014）从生态补偿制度的实际运作角度出发，认为，我国生态补偿制度建设应当借鉴生态服务交易理念、引入市场化机制，加大排污权交易、进行生态产品认证。李荣娟和孙友祥（2013）分析了政府资源环境管制和政府 ES 购买的缺陷，认为完善政府管制工具、健全政府补偿工具、探索并引入市场化补偿工具，构建市场、政府和社会协同的 ES 供给机制，才可能提高 ES 供给水平。聂倩和匡小平（2014）认为，我国生态补偿以政府主导模式为主，效率较低，应推进市场化补偿模型的发展。

在政府补偿模式中，杜振华和焦玉良（2004）指出，纵向财政转移支付不能体现 ES 在相关产业、区域、流域间漂移的特征，横向生态补偿尚属空白，应设立区际生态转移支付基金作为相应生态补偿的操作范式和制度选择。张冬梅（2013）认为从福利经济学角度观察，纵横交错的财政转移支付制度是民族地区生态补偿最直接有效的政策选择。田贵贤（2013）探讨了生态补偿横向转移支付的三大优先领域：流域生态补偿、重点生态功能区补偿、省际间区域补偿。杨中文等（2013）分析了现有水生态补偿财政转移支付制度的缺陷，提出构建纵向为主、横向为辅，横向转移支付纵向化的水生态补偿财政转移支付制度。杨晓萌（2013）指出，我国重点生态功能区划与地方政府财政能力差异相矛盾，应以横向转移支付制度作为生态补偿纵向财政转移支付制度的有益补充。卢洪友等（2014）认为，应建立和实现绿色环境资源税费体系，完善生态激励与财力均衡相结合的生态补偿纵向财政转移支付制度，推广跨地区的横向转移支付制度。

三、生态补偿机制研究

国内外关于生态补偿机制研究主要包括生态补偿实施机制、补偿标准以及运行环境等方面。

（一）实施机制研究

科尔韦拉等（Corbera et al.，2009）提出了一个评估制度设计、制度绩效、制度相互作用、PES 能力和规模等的概念方法，识别确定了影响自然资源管理制度成功的要素，诸如参与者对规则的接受程度，或者参与者对承诺的监督，等等。万特（2010）致力于研究治理结构与下列因素的相互关系：产权配置、协调规则、机构代理人间互动；交易成本水平；PES 的动机及其意义。穆拉迪安等（Muradian，et al.，2010）解释了为什么和如何在治理结构中考虑下面这些因素：高成本信息、不确定市场、资源的不公平利用、产权初始配置，以及中介的作用、制度环境、文化背景等。克罗格（Kroeger，2012）认为，最优 PES 设计的核心是条件性和目标性，但是如果缺乏适当的生态系统服务定义和相应的产出测度，就难以进行成本效益分析；他构建了一个框架，用来界定条件性强度的成本效益水平，明确提高 PES 或其他生态服务项目成本效益的关键分析方法和数据。塔科尼（Tacconi，2012）强调了环境服务或其替代物的度量和监测控制在 PES 的基础地位和重要作用，指出有效 PES 应该具备条件性、额外性和透明性，认为条件性、额外性和透明性是 PES 的重要特征，至少供给者的自愿参与应该是首选，结构良好的 PES 体系包括：明确保养的、适当规模的环境服务（并与其他服务有潜在的关系），或者显现出有助于 ES 供给的、环境管理的活动；选择适合参与的区域和供给者的程序，达成契约指定参与的条件（包括奖惩）、监督协议的实施、检查计划的绩效。扎特勒等（Sattler et al.，2013）以 PES 所涉及的 10 大类共计 32 小类特征为标准，对被公认为成功的美国和德国 22 个 PES 案例进行了多重分类，从中归纳概括出对 PES 成功有重要影响的一些共性特征：中介参与，政府角色的介入、契约时限、协同效益、参加自愿以及基于产出的 PES 设计等。

国内关于实施机制的研究主要集中在生态补偿制度的整体架构方面，万军等（2005）、王金南和庄国泰（2006）认为，应建立多层次补偿系统，通过西部、重点生态功能区、流域和要素等生态补偿机制，因地制宜、突出重点、宽领域、多层次地实施补偿。任勇、俞海（2008）指出，中国生态补偿制度应涵盖定位、原则、目标、优先领域，法理及政策依据，补偿标准及依据，政策工具，管理体制和责任赔偿机制等内容。张金泉（2007）认为，必须建立起 ES 与物质产品之间等价交换的补偿机制，为生态修复者、建设者与破坏者、受益者构建虚拟市场和制度框架，实现不同生态功能区之间的合理分工与协调发展。孙新章和周海林（2008）认为，我国生态补偿制度中补偿主体、补偿标准和融资都不曾形成完整的方法、体系，需要通过加快立法进程，明确问题主次、加强关键问题研究，拓宽融资渠道，推动生态补偿制度的建设。马莹（2010）认为，激励相容性流域生态补偿制度的本质在于兼顾利益相关者及其联盟的利益诉求，具体包括协调利益矛盾、规范参与者行为、解决利益再分配问题，并指出该制度设计的关键是收益与履行责任匹配，采用成本加利测算补偿标准，将补偿成本合理分摊在上一级政府、上下游利益相关者和后代之间，并激励监管者履行监管责任。尚海洋等（2011）认为，生态补偿的制度分析通常可以从"结构—功能"和"手段—目标"两种分析维度展开，他们强调其他政策的调整、匹配与结合，同时发挥政府与市场的作用。国土开发与地区经济研究所课题组（2015）提出，区域间横向生态补偿制度要根据"受益者付费"，明晰补偿主体，依据"保护者受偿"，完善"四权（所有权、使用权、收益权、转让权）分置"的生态资源产权制度、明确补偿对象，以双边博弈和边际成本为依据确定补偿标准，综合公共政策和市场手段开发多元化补偿方式，以公开、公正、公平为原则，构建平等双向、多元参与的动态调整机制和评估监管体系。

国内另一个研究重点是生态补偿主体行为，梁丽娟等（2006）指出，流域生态问题的根源在于流域利益主体间博弈的个体理性，建议构建诱导上游生态保护、迫使下游主动补偿的选择性激励机制，以实现集体理性，破解流域内生态问题。李镜等（2008）应用博弈模型模拟了岷江上游退耕还林机制中不同主体的决策选择过程，发现政策效果与补偿额关系微弱，而与补偿年限、农民外出务工收入、本地第三产业水平关系密切。杨云彦和石智雷（2009）构建南水北调水源区与受水区政府之间的博弈模型，分析纳什均衡条件下收益矩阵中参数变量的政策意义，提出了协调利益冲突、实现整体最优的路径和方法。曹国华（2011）采用微分对策方法研究了流域生态补偿机制中地方政府的动态最优决策问题。李炜和田国双（2012）构建主体功能区中受限区和优先发展区的博弈模型，分析其纳什均衡，认为优先发展区应支付补偿、受限区应生态保护。接玉梅等（2012）采用双种群博弈模型分析了影响流域上下游合作演化方向的八种因素，确定了提高水源地生态补偿机制效应的途径和方法。徐大伟等（2013）探讨了跨流域生态补偿的政府间逐级协商的机制。曹洪华等（2013）构建生态补偿主体间的非对称演化博弈模型，研究了补偿过程的动态演化机制和其稳定策略。

（二）补偿标准研究

国外关于 PES 支付标准的早期研究认为应将一定的行为和投入作为付费标准（Sierra，Russman，2006；Robalino et al.，2008）。但后来学者们的研究多支持基于绩效的付费标准。格罗斯（Groth，2005）研究发现，绩效付费能提高经济效率和环境效益。齐伯曼等（Zilberman et al.，2008）认为，基于绩效付费有助于降低信息分布的不对称性，提高 PES 的成本效益；但是风险转嫁给了服务提供者，保护者可能索要一个风险溢价，又提高了付费额度。Zabel 和 Roe（2009）讨论了绩效付费的经济理论，并且运用多个简洁阐述的土地案例简要说明和对比了四种不同的付费方法，他们发现，在全球各地都存在基于绩效付费的 PES 计划，然而其中许多规模都非常小。扎贝尔和恩格尔（Zabel and Engel，2010）分析了印度基于绩效野生动物保护计划的框架，该框架的基础是瑞典首先实施的、针对食肉动物保护的绩效付费计划，目标是将工业化国家的 PES 经验交流到发展中国家。斯库奇等（Skutsch et al.，2011）强调 REDD 的碳项目是基于绩效的 PES 计划。

国内生态补偿标准有"价值补偿"与"效益补偿"之争。陈钦和徐益良（2000）指出，价值是生产过程中消耗的物化劳动量与活劳动的体现，是资源配置水平、技术进步的函数；效益则取决于消费过程中的利用程度，基于生产过程的补偿只能是价值补偿，尽管价值评估有难以精确的缺憾，但以价值为生态补偿标准仍是有说服力的。吴水荣等（2001）认为，根据庇古理论，生态系统服务的价值为最佳补偿额。但由于生态服务系统价值化研究尚处于初级阶段，多数评估方法又并非直接基于生态补偿的目的，以现有价值评估结果作为补偿标准，既难以令人信服，又不能满足实际需要，因此学者一般以其作为补偿标准的理论上限，而非实际标准。毛显强等（2002）认为，应根据受偿主体保护行为的机会成本作为补偿标准。赵翠薇和王世杰（2010）指出，测算生态补偿标准多采用价值法、成本法和意愿调查方法，价值法虽由于其缺陷不具备作为补偿依据的可行性，但可作为标准的上限，下限可采用成本法；在确定生态补偿标准所采用成本法中，也经历了从直接损失成本核算演化为机会成本核算的过程。

特定生态补偿项目补偿标准的测算也是研究的热点，这方面的文献也非常丰富，国内外学者根据具体方法得到了不同的结论，这里不再综述。

（三）运行环境研究

恩格尔等（2008）强调 PES 通常运行在已存在的各种管制措施背景中，此时重要的是厘清这些不同工具是互相补充、还是相互冲突以及补充或冲突的程度。温德尔和阿尔班（Wunder and Albán, 2008）认为，即使弱强制力的管制也能降低源于不履约的预期收益，并通过增强参与动机、减少付费比例等方式对 PES 项目进行补充。兰德尔·米尔斯和波拉斯（Landell-Mills and Porras, 2002）认为，选择生态保护方式的关键不是以促进市场替代政府干预，而是市场、层级制度和合作系统的最优组合。帕吉奥拉和普拉泰（Pagiola and Platais, 2007）的研究也表明，世界银行支持的 PES 项目已不再是独立的 PES 项目，而是把实施 PES 作为广泛政策或方法的组成部分。TEEB（2010）描述了生态系统和生物多样性保护中应用的工具和措施，指出不同工具适用于不同情况，认为没有任何一个单一的政策能够适用于所有国家，政策制定者需要决定什么工具、方法最适合自己的国家以及当前的情况。亚洲开发银行（2010）报告认为，PES 是生态保护系列政策工具的一种，要与其他互补政策一起使用，而不是完全简单地替代；该报告还指出，PES 设计必须辅之以有效的生态补偿行政管理机制、土地产权制度和土地使用制度等，同时充分利用现有各种产业政策和措施，可以通过生态移民政策、增加公共投资政策和农村区别发展政策来改变环境效益。科尔韦拉等（Corbera et al., 2009）、穆拉迪安和瑞瓦（Muradian and Rival, 2012）指出，设计良好的 PES 有助于改善生态系统服务供给的经济效率与环境效益，但 PES 成功的关键在于整个制度环境的相互作用。

国内关于生态补偿运行环境的研究多是强调从立法角度保障生态补偿的健康运行。孙新章和周海林（2008）认为，我国生态补偿制度中补偿主体、补偿标准和融资都未形成完整的体系，需要通过加快立法进程，推动生态补偿制度的建设。张术环和杨舒涵（2010）从法的视角，将生态补偿制度界定为生态补偿机制实现路径和框架内容的规范化、制度化，指出完善的生态补偿制度体系应该包括有关维护相关者利益、践行标准、政府行为，以及相关法律法规和司法程序等制度。黄润源（2011）在考察国内外实践的基础上，提出我国生态补偿法律制度的立法模式、补偿方法和补偿标准三方面的完善措施，在立法方面强调规则内容的整合、立法层次的提高和多层次体系的构成等。尚海洋等（2011）认为，中国生态补偿制度应坚持法律政策框架下的项目运作，强调其他政策的调整、匹配与结合。严耕（2012）指出，我国法律没有确认公民的环境权益，生态环境母法缺失、现有立法层次较低，生态环境立法、执法中权责失衡现象严重，应尽快加以改善。史玉成（2013）认为，生态补偿应是有关"生态利益"的制度安排，从规范法学角度审视，生态补偿法律制度需要涵盖确定的法律关系主体、合理的权利义务配置、公平的补偿标准、可行的补偿方式及程序等内容。

第二节　激励机制研究综述

一、激励机制演化进展

随着经济学家对企业经济性质研究的深化，激励理论也逐渐发展起来，被广泛应用于各个领域，并成为一个独立的经济学组成部分。激励理论中的代表性研究成果主要包括团队生产理论和委托代理理论。

（一）团队生产理论

阿尔契亚和德米特斯（Alchian and Demsetz，1972）提出了团队生产理论，从团队生产的视角阐释了企业如何组织内部不同成员之间的协同合作来实现产品生产，认为在生产过程中，每一个成员的行为选择都会对其他成员的生产率和产品的数量及质量产生影响，因此，企业最终产品是所有成员协同合作和努力的结果。但是，因为每个成员的贡献是无法分割的，同时企业所有者也无法准确掌握所有成员的努力程度，从而无法按成员的真实贡献支付报酬，因此就产生了偷懒和"搭便车"问题。对于如何缓解这一问题，阿尔契亚和德米特斯认为，可以让一部分员工负责对团队生产活动进行监督，这部分员工具有一定的剩余利润索取权和对其他人员的指挥权。

与科斯的交易费用理论相比，阿尔契亚和德米特斯的团队生产理论把对企业的研究重点深入到了企业内部的组织结构以及所有权安排等方面，不仅关注对财产权的分配，更关注企业生产员工的行为，更加具有现实意义。但是他们的研究也存在一定的缺陷，如他们认为企业员工都是同质的，每个人都可以作为监督者，企业所有者的选择仅取决于监督成本的大小，他们还认为应该将监督活动与生产活动分开，各司其职。

霍姆斯特罗姆和蒂罗尔（Holmstrom and Tirole，1993）进一步探讨了团队生产理论的激励问题，认为如果企业团队中每个成员对产品贡献的不可分导致了监督者占有利润的剩余索取权，那么对成员贡献度量的困难将会影响由谁来承担监督责任，这时所有权的作用就凸显出来了。与阿尔契亚和德米特斯强调监督不同，霍姆斯特罗姆和蒂罗尔认为激励比监督更重要。

康纳和普拉哈拉德（Conner and Prahalad，1996）以一个具体的公司企业为案例，分析了一种基于知识的企业团队生产伦理，认为个人团队合作的组织模式影响了他们对商务活动的应用，此外，他们还理论分析了公司之间的竞争与性能差异之间的关系。斯坦威克（Stanwick）认为，团队生产组织规模密切关系个人对团队绩效的影响，认为在小规模团队生产组织内，个人对团队的影响较大，个人对团队绩效的影响也较大，因此对团队成员的激励强度要大。而随着团队生产组织规模的扩大，激励强度也随之下降。

（二）代理理论

詹森和梅克林（1976）系统研究了经理人少量持有该企业股份这一状态对经理人企业管理努力的降低效应，以及债务问题导致的过分冒险行为。两位学者重点关注了企业的所有人与经理人之间的契约安排导致的代理成本问题，以及在所有权与经营权两权分离情况下对管理者的激励问题，结果认为，均衡的企业所有权结构是由股权代理成本和债权代理成本之间的平衡关系决定的。康纳和普拉哈拉德（1996）以一个具体的公司企业为案例，分析了一种基于知识的企业伦理，认为个人合作的组织模式影响了他们对商务活动的应用，他们对组织模式的选择进行了预测，确定了企业组织和市场契约是否会导致更多有价值的知识被应用到商务活动中去，以知识为基础的组织形式与基于机会主义的组织形式相比，具有相对成本优势。还建立了一个理论的公司之间的竞争企业的性能差异理论的关系。法玛研究表明，劳动力市场会对契约的正式激励进行补充，并提出了经理劳动力市场工资调整解决经理激励问题应满足的三个一般条件：一是经理劳动力市场提供经理人当前或者前期的部分信息以揭示其企业管理的才能和行为偏好；二是经理劳动力市场能够通过经理人当期或者前期的有用信息调整经理人当期的工资，并能够据此调控该经理人的行为选择；三是调整经理人工资过程的相关权数足以解决与经理激励有关的任何问题。

二、委托代理视角下最优激励契约设计

20 世纪 70 年代以来，现代激励理论的兴起使得许多学者开始在委托代理理论的框架下研究最优激励报酬契约设计问题，而对激励理论的贡献也主要集中在缓和逆向选择与道德风险。下面对几种常见的激励契约进行梳理。

（一）最优线性激励契约

霍姆斯特罗姆和米尔格罗姆（Holmstrom and Milgrom，1987）分析了最优线性激励契约的形式和性质，将该契约形式表述为：$w = a + \beta(e + x + \gamma y)$，其中，$w$ 表示工资，a 表示固定收入，β 表示激励强度，e 表示努力程度，x 表示一个随机变量，$z = e + x$ 可以用来表示努力结果的指数，y 表示一个消除噪声 x 影响的指数，受努力程度 e 的影响在统计上与 x 相关。在霍姆斯特罗姆和米尔格罗姆的分析中，e 和 x 并不能被直接观察到，只有 z 能被观察到，e 和 x 的不同组合可以产生相同的 z。因此，报酬就由两部分组成：一是基数固定收入 a；二是激励系数与 z 和 y 的变化乘积部分。在这样一种契约制度下，较高的业绩会得到更多的报酬，而较差的业绩只能得到较少的报酬甚至受到惩罚，这种契约形式较为容易被员工理解并激励雇员提高工作努力程度，减少偷懒等欺骗性活动。他们在此基础上讨论了最优线性契约设计中的信息提供原理、激励强度原理和监督强度原理。

随后，霍姆斯特罗姆和米尔格罗姆（1991）又对线性激励合同模型进行了扩展，提出了多任务委托代理模型，认为当代理人从事的工作或者需要完成的任务不再是一项时，单一任务和目标的委托代理模型得出的结论适用性必然较差。多任务或者多目标条件下，对代理人从事的任何给定工作的激励不仅要观察该任务或者目标本身，还要考虑其他任务合作目标。该模型为威廉姆森所提出的企业内部的"弱激励"问题提供了很好的解释。

（二）多代理人激励

在现实的管理过程中，作为代理人的管理者可能是多个人，因此学术界也形成了多代理人激励理论，较为经典的多代理人理论是基于"搭便车"行为、"串谋"行为、相对绩效与锦标赛制度、公平理论与报酬比较过程形成的四种理论脉络。

1. "搭便车"问题

解决"搭便车"问题的理论框架最早见于 20 世纪 70 年代，泽和晋桑（Ze and Poussin，1971）在公共经济学研究领域内发展了关于互惠规划内容的投票程序研究成果，提出了新的研究观点。克拉克（Clarke，1971）、格罗韦斯（Groves，1973）、格罗韦斯和勒布（Groves and Loeb，1974）等学者进一步研究"搭便车"问题，他们通过约束代理人学位偏好的方式，提出了一种新的能够实现激励相容的帕累托最优机制。20 世纪 80 年代之后，更多的学者对

"搭便车"问题的解决思路进行了研究，提出了新的方法，霍姆斯特罗姆（1982）认为，解决"搭便车"行为的一个重要方式就是打破传统的预算平衡，设计差异化的激励契约，对不同代理人实施不同的固定支付和激励支付；但是埃斯瓦兰和科特瓦尔（Eswaran and Kotwal，1984）的研究表明这种方法会产生新的问题，即合谋问题，委托人和一个代理人达成利益合作，损害其他代理人的利益。麦卡菲和麦克米兰（Mcafee and Mcmillan，1991）通过构建线性激励契约的理论模型，尝试同时解决多个代理人的"搭便车"行为选择和逆向选择问题，以得到更一般化的策略选择。

2. "串谋行为"问题

蒂罗尔（Tirole，1999）通过建立多个代理人的委托代理模型进行研究，结果表明代理人的串谋行为会给委托人带来额外的费用，还进一步讨论了目标不同的委托人之间的协调和冲突问题。萨平顿（Sappington，1983）、贝斯特尔和施特劳斯（Bester and Strausz，2001）等学者对面向多个代理人的激励契约最优形式设计问题进行了研究，他们认为在具体的委托代理实践中，委托人是可以观测到代理人的行为选择的，只是成本太高，但是不同代理人之间了解各自信息的成本相对较低，因此不同代理人就有动机结合起来，即形成串谋，以损害委托人利益的形式获得超额收益。他们也提出了一种可行的改善思路，即利用不同代理人之间的竞争来降低信息不对称程度，从而减少串谋的可能性。

3. 锦标赛制度

团队管理的实践经验表明经理人的报酬应该具有相对稳定性，不应因受到其他外部因素影响而轻易改变，这一重要结论给出的政策性含义就是相对绩效评估制度，也是通常所称的锦标赛制度。霍姆斯特罗姆（1982）通过研究认为，企业所有者应根据经理人的相对绩效而不应该是绝对绩效的大小给予其报酬；雷伊·贝尔（Rey-Biel，2007）也认为应按照锦标赛制度的设计思路，对经理人支付差异性的报酬以达到最大的激励效应；有学者还对代理人心理变量如同情和嫉妒等变化对锦标赛制度实施效果的影响进行了研究（Grund，Sliwka，2005）。尽管锦标赛制度和相对绩效评估制度能够发挥显著的激励效应，但还是有部分学者对此提出了质疑（Baker et al.，1988；Gibbons and Murphy，1990），伯特兰和穆来纳桑（Bertrand and Mullainathan，2001）通过研究表明，在显性激励机制设计中很少使用锦标赛制度和相对绩效评估方法。

4. 公平理论与报酬比较过程

拉齐尔（Lazear，1989）、米尔格罗姆和罗伯茨（Milgrom，Roberts，1988）、菲弗和兰顿（Pfeffer and Langton，1993）等学者都已经注意到同一组织及不同组织内部员工之间的报酬比较能够体现社会和谐与公平。迈耶（Meyer，1997）通过研究表明，当实施差异性报酬被认为是一种不平等现象而采用一刀切报酬制度时，大部分员工会选择消极怠工或者离职。刘兵（2002）则将空闲时间同样定义为代理人的报酬之一，在相对绩效评估的分析框架下讨论了能够实现激励约束相容的最优激励合同的实施成本问题，提出来一种新的分析思路。德穆然（Demougin，2003）、魏光兴和蒲勇健（2006）等学者讨论了锦标赛制度实施过程中的公平问题，认为公平理论在代理人报酬制定中具有重要作用。

（三）动态激励

委托代理理论中的激励机制的另一个演化发展脉络是对动态即跨期激励的研究，现阶段共形成三种理论。

1. 效率工资理论

索洛（Solow，1979）和萨洛普（Salop，1979）最早提出了效率工资理论，夏皮罗等（Shapiro et al.，1984）则进一步研究了效率工资理论，提成了实现动态激励机制最优的办法，夏皮罗以劳动力市场为例给出了动态激励问题的解决办法，当代理人的工作表现不容易验证时，激励契约不能保证委托人可以得到利润的份额，就可以用威胁中止契约作为约束机制。这一理论对当今西方国家工资决定机制有着相当强的解释力，同时也为理解西方国家普遍持久的失业现象提供了理论依据（Yellen，1984）。圣保罗（Saint-paul，1996）以文献评述的方式对效率工资理论研究脉络和研究进展进行了系统的总结和展望。

2. 棘轮效应理论

"时间"是影响激励机制效应的一个重要因素，并且二者之间存在正相关。吉本（Gibbon，1992）、米勒（Miller，1975）认为随着激励合同执行时间的推移，激励合同会面临绩效标准提高的棘轮效应和成果增加的约束，他们认为解决棘轮效应负面影响的一种有效办法就是制定长期和短期内方式不同的激励契约，短期内委托人可采取高固定报酬比例、低激励性报酬比例的契约，而随时间的变化逐渐降低固定报酬比例，增加激励性报酬比例。

3. 声誉机制理论

20世纪80年代出现的声誉机制理论更好地解释了"时间"在激励契约执行中的重要性，但与前两者理论不同的是，该模型的研究前提假设是委托人和代理人之间的交易是不断重复的。法玛（Fama，1980）、霍姆斯特罗姆（1982）、拉德纳（Radner，1985）和密尔本（Milboum，2003）等学者在重复博弈模型框架下对声誉机制模型进行了系统的讨论，提出了许多建设性的意见。皮天雷（2009）对西方的声誉理论进行了系统的梳理，从宏观和微观角度两个方面对声誉理论进行了评述，并得出对中国转型经济的启示。

黄金芳等（2010）对激励理论的进展进行了梳理，王宗军等（2011）对其设计的框架进行了补充和完善，对最优激励合约设计的理论发展和进行了总结，如图20.1所示。

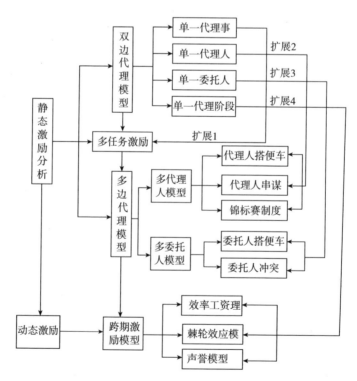

图20.1　基于委托代理关系的激励机制研究框架

第三节　生态补偿转移支付及其激励机制研究综述

20 世纪后半叶，资源环境与经济社会发展间的矛盾日益激化，可持续发展逐渐成为世界各国的共识，环境经济学、生态伦理学、资源承载力、自然权利论等思想深入人心。在这种背景下，世界各国学者开始对环境保护和生态补偿问题进行全面研究。建立生态补偿机制已成为世界各国为保护生态环境而达成的共识，在生态补偿方式方面，国内外大多数学者将其分为政府补偿和市场补偿两种。其中，政府补偿包括转移支付、政策优惠等；市场补偿包括环境服务投资基金、流域付费机制、私人交易、生态标志等。在市场机制相对健全的发达国家，倾向于通过市场机制进行生态补偿；而大多数发展中国家更多的是选择政府补偿的方式，尤其是通过转移支付的形式进行生态补偿。生态转移支付的目的是通过财政拨款补偿生态富集地区因保护生态而承担的成本和因减少开发而造成的利益损失，但是其他地区同样承担着生态环保职责，因而这些地区也需要为保护生态环境或者无偿享有的生态效益提供补偿，也就是说，有必要依托横向财政转移支付和纵向转移支付的财政关系来提升生态环境保护的积极性。生态转移支付的研究集中在必要性、制度设计以及制度效果检验三方面，激励机制作为生态补偿转移支付实施机制的重要内容，也包含于制度设计研究中，国外对生态补偿转移支付激励机制的研究集中在政府和农户，以及农场主（企业）和农户间，国内关于生态补偿转移支付激励机制的研究还处在初级阶段，国家重点生态功能区转移支付激励机制的研究也逐渐兴起。

一、生态补偿转移支付研究

（一）生态补偿转移支付必要性研究

关于生态补偿转移支付必要性的研究，国内外学者都认为政府间（横向和纵向）的财政转移支付是一种内部化生物多样性保护所产生的利益溢出的恰当工具，是保护生态环境的重要措施。伯德和斯马特（Bird and Smart，2002）认为，财政转移支付能够诱导地方政府支持和维护其领土内的水和自然保护区，同时能够提供超越其边界的更广泛的环境利益。帕吉奥拉等（Pagiola et al.，2003）、瑞恩（Ring，2002，2008a；2008b）等学者认为，将生态指标用于从中央向地方重新分配财政资金的指标，是一种支持地方政府提供具有效益溢出的生态公共物品和服务的有效手段，尽管生态公共功能和生态指标在财政转移支付体系内被更广泛的认可仍需要一段时间。卡普兰和席尔瓦（Caplan and Silva，2005）认为，生态补偿的最主要形式是政府间的转移支付，其实施形式是政府通过征收与生态环境保护和生态资源利用有关的税收作为转移支付资金来源，从而对生态环境保护行为进行补偿。沙阿（Shah，2006）、杜尔和斯塔尔（Dur and Staal，2007）等学者也指出，从联邦到地方政府的财政转移支付可以有效解决地方政府环境保护活动支出的外溢效应，有助于全国性环境项目的实施。法利等（Farley et al.，2010）认为，转移支付是内部化生态环境服务外部性，保证地方生态服务供给的一种有效方式，而这种方式的思想是建立激励地方生态保护行为，实现生态资源的可持续利用的激励机制。吉玛和马纳吉（Kumar and Managi，2009）研究了印度为实现环境目标而制定的环境政策，认为地方政府之间责任承担和利益分配的不匹配是地方政府不能提供最佳环境服务的原因，并认为印度实施的横向财政转移支付是一种合适的补偿机制分配体系，有助于内化提供环境公共物品的外溢效应。桑托斯等（Santos et al.，2012）认为，许多国家都使用了财政转移来重新分配税收和各级政府的收入，而加入生态保护参数在内的财政转移可以更有效地保护生物多样性。博里等（Borie et al.，2014）通过探索财政转移对保护区政策的贡献，认为生态转移支付计划可以为保护生态环境提供一个有效的选择，以满足生物多样性保护与公平分配地方的金融资源。OECD（2005）的研究还发现，政府间财政转移支付还可以补偿保护活动和由于土地使用限制所导致的发展成本，可以和缩小不同主体间的贫富差异结合起来。

国内学者对生态补偿转移支付必要性的研究主要是基于不同的视角从纵向转移支付必要性和横向转移支付必要性两个方面入手的，也有学者认为应将横向转移支付与纵向转移支付相结合，共同发挥生态补偿转移支付对生态环境保护的积极效应。

在纵向转移支付必要性研究方面，谢利玉（2000）认为，生态效益是典型的公共产品，本身具有的非排他性特征使得确定受益主体很困难，故应由国家财政予以提供者补偿。邢丽（2005）在对建立中国生态补偿机制的财政政策研究中指出，中央政府设计和实施科学合理的生态补偿转移支付制度是实现地区间生态公共服务均等化的重要保障。王金南等（2006）、王昱等（2010）、余敏江（2011）等学者认为，生态转移支付有助于矫正地方政府以环境破坏换取经济增长的环境政策弊端，协调上下级政府间环境治理目标与利益的冲突，推进地方政府环境治理职能的归位。

在横向转移支付必要性研究方面，田贵贤（2013）认为，中国现阶段的资源短缺、环境污染以及生态退化等问题迫切需要建立和完善生态补偿类横向转移支付制度。李齐云和汤群（2008）指出，生态环境具有显著的跨区域性，区域性生态服务的受益地区和保护区往往隶属于不同的行政区划，分属于不同级次的财政，因此，协调区域间生态与经济之间的关系十分复杂，破解这一难题的重要途径是建立基于生态补偿的政府间横向转移支付制度。李坤刚和鞠美庭（2008）针对中国经济发展中出现的"反溢出效应"，根据生态足迹理论，认为经济发达的东部沿海地区应对较落后的中西部地区提供生态补偿资金。邓晓兰等（2013）认为，区域性生态补偿横向转移支付具有强化微观主体利益的信息激励、有效降低交易成本、提高资源的社会效益、增强地方政府的财政激励、提高生态补偿资金的使用效率等优势。因此，应从完善现行财政体制、强化中央政府职能等方面，建立生态补偿横向转移支付制度。杨晓萌（2013）从重点生态功能区的角度分析了我国生态补偿转移支付的现状，指出现行转移支付制度下我国重点生态功能区划与地方财政差异度之间存在矛盾，建议我国可以尝试建立以生态补偿为导向的横向转移支付制度，作为现有纵向转移支付制度的有益补充。

此外，还有学者认为，要实现纵向转移支付和横向转移支付的有效结合，共同促进生态效益产出，张询书（2008）在分析我国流域生态补偿存在问题的基础上，认为财政转移支付有助于实现功能区因保护生态环境而牺牲经济发展的机会成本和额外环境保护成本的补偿。其中，机会成本的补偿主要由中央一般财政转移支付予以补偿，而额外成本的补偿应由中央和地方政府的专项财政转移支付予以补偿。王璇（2015）在对生态财政转移支付研究方法、研究内容、研究结论以及优化路径进行综述的基础上，提出应因地制宜的将横向转移支付和纵向转移支付相结合的政策，完善我国生态财政转移支付制度。

（二）生态补偿转移支付制度研究

1. 国外研究

国外在生态补偿的转移支付方面实践较早，20世纪30年代，为了应对严重的沙尘暴和频繁发生的洪涝灾害，美国就已经开始实行退耕项目，退耕还林、退耕还草以保护生态环境或者利用经济手段引导农民休耕，对休耕或退耕农民加以补偿；20 世纪 80 年代，美国还实施了"保护性储备计划"，用以防止荒漠化；1985 年美国颁布的《食品安全法案》确立了目前仍在推行的长期退耕计划，在这些项目中都是政府支付资金购买生态效益，实行生态转移支付。经过几十年的发展，生态转移支付已被发达国家和发展中国家应用于各层次政府间和各种类型的生态补偿问题，国外对生态补偿的财政转移支付研究基本上集中在典型国家的案例研究上，这些国家根据自身的财政体系的不同设置了不同的转移支付制度，转移支付形式主要分为以巴西的生态增值税（ICMS - E）、葡萄牙的地方财政法（LFL - Law 2/2007, 15th January）为代表的纵向生态转移支付和以德国各州政府之间的转移支付的生态横向转移支付。国外的生态补偿转移支付制度研究主要集中在资金分配设计方面，多数国家的生态财政转移支付资金分配方式就是将生态性指标纳入转移支付中来核算生态性转移支付的数额（Farley and Costanza，2010）。但生态性指标的选取存在差异，具体来说主要有以下几种标准：

一是根据保护区面积分配生态补偿转移支付，梅等（May et al.，2002）对巴西的纵向生态转移支付进行分析，认为保护单元的面积比例（CU）被大多数实行生态增值税（ICMS-E）的州作为分配生态转移支付资金的依据；瑞恩（2008a）通过对德国财政均衡法实践经验的分析，认为德国政府间的生态转移支付同样按照保护区面积指标进行分配。二是根据生态环境质量及其影响因素分配生态补偿转移支付，舍尔等（Scherr et al.，2004）对墨西哥的生态补偿转移支付实施现状进行了分析，认为墨西哥的生态补偿的对象分为重要生态区和非重要生态区两类，并根据森林提供生态系统服务来确定补偿的标的，对重要生态区每公顷每年补偿 40 美元，对非重要生态区每公顷每年补偿 30 美元；桑托斯等（2010）对葡萄牙的生态转移支付案例进行分析，认为地方财政法（LFL）将财政能力和生态质量相结合，确定了生态转移支付资金的分配标准。三是将保护区面积和生态环境结合起来作为生态补偿转移支付的分配标准，科尔纳等（Köllner et al.，2002）研究了瑞士保护生物多样性的财政转移支付实施方案，认为每一时期财政转移支付应根据各州的生态环境具体情况进行动态分配，分配依据主要包括各州生物多样性和最小权重要求的资格、各州的大小以及其他影响生物多样性的结构性因素，同时最后也指出，财政转移还要与其他环境保护部门保护和增强生物多样性的政策相配合，实现最佳效应；梅等（2002）、法利和科斯坦扎（2010）的研究表明，巴西的巴拉那州也在 ICMS - E 的分配中加入了质量指标，巴拉那使用两个因素来计算生物多样性保护系数：一个数量因素和一个质量因素，前者是指保护单元占城市陆地面积的比例，后者是一个质量标准，其基于一些基本变量，例如生态和屋里质量、水资源质量和保护单元在区域生态系统中的重要性、保护计划的质量、实施情况等，来评价保护单元的质量。蒙布南等（Mumbunan et al.，2012）研究认为，印度尼西亚的生态转移支付资金的分配是由各地方的人口、区域经济发展、生态质量等因素综合决定的。此外，也有部分国家采取其他方法分配生态转移支付，哈科维奇（Hajkowicz，2007）基于澳大利亚昆士兰州的一项调查，对自然资源管理中的资金（共计 1.466 亿美元）的分配问题进行了研究，认为多重标准分析方法（multiple criteria analysis method，MCA）是实现环境基金财政均等化的一种有效的结构化分析方法，各地区可以因地制宜地制定最优的分配方式，并认为 MAC 方法可能同样适用于其他地方。

在生态转移支付制度研究的其他方面，施罗特、施拉克等（Schröter-Schlaack et al.，2014）认为，在生物多样性丧失和生态系统退化的背景下，欧洲需要包含地方政府、城市和其他地方当局更多地共同参与保育工作，他们建议欧洲实施或者引入新的生态财政转移支付（EFT）方案，从国家和地区政府间重新分配公共收入，保护欧洲的生物多样性。桑托斯等

（Santos et al.，2015）对葡萄牙生态补偿转移支付实施进行案例分析，认为生物多样性的保护政策应包括针对私人（欧洲农业环境措施）和针对地方政府（生态财政转移支付）在内的组合工具，并认为应将二者连接起来，以加强生物多样性的保护。

2. 国内研究

国内以生态补偿为名的生态补偿项目是 1983 年云南磷矿植被恢复治理的生态保护实践，以 1998 年天然林保护项目和 1999 年的退耕还林项目的试点实施为标志，开始进入快速发展的阶段，这不仅表现为原有生态补偿项目覆盖地域的快速扩张，还表现为从中央到地方涉及的多种生态要素的生态补偿项目的出台和实施。刘春腊等（2013；2014）对我国生态补偿的研究进展和研究趋势、省域差异和影响因素等进行了系统的梳理和总结。本书将国内生态补偿转移支付制度的研究同样按照资金来源分为纵向转移支付、横向转移支付以及二者相结合三类进行归纳：

国家重点生态功能区转移支付是我国纵向生态补偿转移支付的主要组成部分，也是现阶段研究的重点，关于国家重点生态功能区转移支付制度设计的研究主要包括：贾康（2009）根据我国主体功能区战略规划，提出对不同区域的功能定位构建差异化的生态转移支付制度。宋小宁（2012）通过借鉴巴西生态补偿性财政转移支付的成功经验，从生态环境类型定价、转移支付提供主体以及使用绩效与定价相结合三个方面对国家重点生态功能区生态补偿性转移支付提出政策建议。杨晓萌（2013）分析了我国重点生态功能区转移支付的现状，认为在现行的转移支付制度下我国重点生态功能区划与地方财政差异度之间存在矛盾，建议我国可以尝试建立以生态补偿为导向的横向转移支付制度，作为现有纵向转移支付制度的有益补充。程岚（2014）在对建设国家重点生态功能区的定位和目标进行分析的基础上，认为优化国家重点生态功能区转移支付制度的重点在于力求合理界定中央政府和地方政府权责、完善地方政府均衡性转移支付的制度与考核，以及建立横向转移支付等方面。李国平和李潇（2014）研究了国家重点生态功能区转移支付的资金分配机制，发现转移支付资金向财力较强、生态质量较好的地方倾斜，这与转移支付的政策目标相违背。卢洪友等（2014）认为，完善我国资源环境税费体系和生态补偿转移支付制度应从建立资源税费体系、实现税制绿色化、完善财力均衡与生态激励相结合的纵向生态补偿转移支付以及推广跨流域（区域）的横向生态补偿转移支付三方面着手。何立环等（2014）围绕国家重点生态功能区转移支付资金绩效评估目标，确定了以县域生态环境质量动态变化值作为转移支付资金使用效果的评价依据，根据区域生态环境质量的基本表征要素，建立了以自然生态指标和环境状况指标为代表的评价指标体系。伏润民和缪小林（2015）基于扩展的能值模型对生态环境溢出价值进行测算，并认为应将此作为国家重点生态功能区转移支付的确立依据。何伟军等（2015）以武陵山片区部分县市区为例，剖析了国家重点生态功能区转移支付政策的缺陷，并从统筹双重目标、拓宽资金来源渠道、优化制度设计和考核、加强宣传和民众参与度方面提出了改进措施。

在横向转移支付制度设计方面，杜振华和焦玉良（2004）认为，我国区域或者流域间的横向转移支付生态补偿较少，他们认为德国横向转移支付操作模式也即建立区际间生态转移支付基金比较符合我国生态补偿现状，在流域间和区域间可以采用生态基金模式，从而实现横向生态转移支付。郑雪梅（2006）在对生态转移支付制度的现实基础及理论依据进行分析的基础上，提出构建生态转移支付制度的重要性和基本思路，认为在构建区域生态转移支付制度时，转移支付的资金可以由生态系统服务的受益区的财政收入来拨付；而资金的分配应当考虑生态系统服务提供区的财力情况、生态外溢性、人口数量以及经济发展状况等。陶恒和宋小宁（2010）基于国家主体功能区规划的视角，探讨了重点开发类和优先开类主体功能区对限制类和禁止类主体功能区建设和机会成本损失进行补偿的横向转移支付制度。

在纵向转移支付和横向转移支付相结合的制度研究方面，彭春凝（2009）认为，在完善生态补偿转移支付制度设计时应充分考虑我国的现实情况，首先，要不断扩大我国转移支付中对生态环境的补偿力度，其次，要从全局出发对我国生态转移支付制度进行合理设置，加快推进纵向生态转移支付制度的改革；再次，在实践过程中探索实现生态补偿的有效机制，并重视对财政政策的横向生态补偿的构建；最后，可以尝试在各级政府间成立专门的管理机构，对转移支付制度的实施进行有效的监督和管理。张冬梅（2012）认为，财政转移支付是完善民族地区生态补偿机制的最直接、最有力的重要经济手段之一，完善民族地区生态补偿的转移支付策略应从引进相容的激励机制、增强纵向转移支付力度和建立横向转移支付制度三方面入手。孙开和孙琳（2015）基于资金供给视角，在界定纵向和横向转移支付分工的前提下，基于"共担、共享"原则，将灰色系统理论引入费用分析方法之中，围绕补偿标准设计与转移支付制度安排，对进一步完善和规范流域生态补偿机制设计提供了政策建议。

此外，还有学者从其他方面对生态补偿转移支付制度进行了研究，孔凡斌（2010）认为，我国完善生态补偿转移支付制度应主要从三个方面入手，即强化环境转移支付的预算管理、拓宽转移支付资金来源和厘清环境事权与责任。禹雪中和冯时（2011）基于生态补偿转移支付推进方式和资金分配方法对各省的生态转移支付实践进行了比较分析。王军锋等（2011）剖析了河北省子牙河流域生态转移支付制度的基本思路、政策框架和监管体系等方面。杨卉和阿斯哈尔·吐尔逊（2011）对我国少数民族地区新疆的生态补偿制度建设问题进行了系统研究。

（三）生态补偿转移支付效果研究

关于生态补偿转移支付效果的研究，大部分学者的实证分析都证明生态补偿转移支付能够有效提高生态保护努力和生态环境质量，格里格·格兰（Grieg-Gran，2000）实证研究了巴西米纳斯吉拉斯州（Minas Gerais）和朗多尼亚州（Rondonia）的生态财政转移支付政策IC-MS-E（生态增值税）的效果，发现转移支付的补偿和激励作用在两个州都获得了成功。梅等（2002）则实证发现，在ICME-E政策实施的10年间，巴西米纳斯吉拉斯州的保护区面积增加了62.4%，巴拉那州（Paraná）的保护区面积增加了165%。瑞恩和施恩特、施拉克（2011）进一步从ICMS-E政策实施的生态效果、成本节约效果和社会效果的角度全面分析了这项生态转移支付政策，认为ICMS-E政策不仅取得了良好的生态保护效果，还具有节约交易成本的效果。洛卡泰利等（Locatelli et al.，2008）运用模糊综合评估法发现，哥斯达黎加对北部森林实施的生态转移支付显著提高了森林覆盖率。罗瓦利诺等（Robalino et al.，2008）、普法夫等（Pfaff et al.，2008）通过比较同一地区在实施生态转移支付前后的森林砍伐率，评估哥斯达黎加保护计划的生态效应，认为该项生态补偿制度的实施提高了森林利用率。阿利克斯·卡西亚等（Alix-Carcia et al.，2012）通过比较实施生态补偿地区和不实施生态补偿地区的森林砍伐率，结果表明墨西哥森林保护计划产生了显著的生态效应。蒙布南等（2012）对印度尼西亚从全国到省级的现行生态保护财政转移制度进行分析发现，印度尼西亚约有1/3省份受益于新的转让制度和生态补偿转移支付，各省保护区面积比例增加。伊拉宛等（Irawan et al.，2013，2014）对印度尼西亚等国REDD+（reducing emissions from deforestation and forest degradation）项目的政府间转移支付（intergovernmental fiscal transfer，IFT）进行研究，结果表明，IFTs可以作为一种从国家层面到地方政府的分配REDD+收入的有效手段，这种手段对减少森林砍伐和森林退化，保护当地生态环境，提高可持续发展能力发挥了重要作用。

但是，也有许多学者的研究表明，生态转移支付制度产生的生态保护效应非常有限，瑞恩（2002）对德国的横向生态补偿转移支付效果进行了评估，认为那些容易显现效果的环境支出，如污染终端治理等增加显著，而难以直接显现绩效的支出如水土涵养、生物多样性等投入乏力。西拉和罗斯曼（Sierra and Russman，2006）对哥斯达黎加森林资源的生态补偿效率进行研究，结果表明，将生态补偿资金补偿给个人比补偿给地区其补偿效率要高得多。沙奎特等（Saugquet et al.，2012）研究表明，自 2000 年以后，巴西巴拉那等州的生态保护区面积并没有增加，反而有 4 个市县退出了生态转移支付机会，将生态保护区恢复为农业经济区。沙奎特等（2014）进一步对巴西巴拉那等州的 ICMS-E 的有效性进行分析，认为地方政府相互作用下的固定比例 ICMS-E 会使地方政府间的生态保护行为存在空间战略关系，这将影响 ICMS-E 政策的生态保护效果。马尔汉德等（Marchand et al.，2012）利用巴西巴拉那州所有直辖市 2000~2010 的数据为研究样本，利用空间贝叶斯 Tobit 模型对生态转移支付的效率进行了实证研究，结果表明这种生态补偿方式非常有效，可以以极低的交易成本保护生态资源，但是，潜在的空间负相关作用成为了保护生物多样性的障碍，这应引起决策者的注意。

国内学者对生态转移支付效果的研究主要集中在退耕还林转移支付效果检验方面，并且都认为退耕还林补偿对生态环境质量的提高发挥了重要作用。彭文英等（2005）研究了黄土坡耕地退耕还林对土壤性质的影响，认为坡耕地退耕后，土壤有机质、速效养分增加，土壤结构得到改善，退耕对土壤性质产生了显著的正影响。宋乃平等（2007）以宁夏固原市原州区为例，研究了退耕还林还草对黄土丘陵区土地利用的影响，认为退耕还林提高了林地面积，但草地面积变化不大，同时还提高了耕地的利用效率，对土地利用具有显著的正向影响。韩洪云和喻永红（2012）基于重庆万州的调查数据，采用选择实验法，评估了退耕还林的环境改善价值，认为退耕还林给项目区带来了高达 327048137.61 元/年的巨大的环境价值。姚盼盼和温亚利（2013）对河北省承德市退耕还林工程综合效益进行了评估，认为承德市退耕还林工程的总生态效益为 582619.09 万元，生态效益主要以涵养水源和保持土壤肥力效益为主，二者占总生态效益的 80.84%。周德成等（2013）以陕西安塞县为例，研究了退耕还林工程对黄土高原土地利用和覆被变化，结果表明耕地先增后减，整体减少 38.4%，林地先减后增，增加了 4.36%。韩洪云和喻永红（2014）基于重庆万州的农户调查数据进行实证研究，认为退耕还林工程显著提高了土地生产力，使小麦和玉米的单产增加了 20.9% 和 12.7%。肖庆业等（2014）构建退耕还林工程综合效益评价指标体系，动态评价了中国南方 10 个典型县退耕还林工程综合效益，结果表明，经过 10 余年的退耕还林建设，森林覆盖率提高，生态效益明显改善。胡生君等（2014）对干热河谷区退耕还林生态效益价值进行了评估，结果表明退耕还林工程产生了显著的生态效应。陈佳等（2015）以陕西省 W 县退耕还林为例，对退耕还林效果进行评估，认为截至 2014 年，W 县退耕还林面积累计达到 244.79 万亩，全县林草覆盖率由 19.2% 提高到 62.9，土壤年侵蚀模数由每平方公里 1.53 万吨下降到 0.54 万吨，水土流失得到有效治理。此外，还有学者对退耕还林转移支付其他方面的效应进行了评价，李桦等（2013）以陕西省吴起县为例研究了退耕规模与收入的关系，认为退耕还林工程补贴政策对中低收入农户具有长期提高作用，而对高收入农户的影响具有阶段性。刘秀丽等（2014）研究了退耕还林对农户福祉的影响，认为 2001~2011 年，宁武县农户福祉从 36.61 增加到 40.40，增长率为 10.35%。

在其他生态补偿转移支付项目效果研究上，陈永正等（2006）研究了天然林保护工程的生态产品溢出效应，认为天保工程产生了以防洪为首的巨大生态效益溢出，受益地区减少的防洪成本应作为补偿支付给保护区。郭玮和李炜（2014）通过构建生态补偿评价指标体系，运用因子分析法评价了我国各省生态补偿转移支付效果，并探讨了各省生态补偿转移支付的内在特征。刘炯（2015）以东部6个省份46个地级市的数据为例，实证研究了生态转移支付对地方政府环境治理的激励效应，结果表明"奖励型"和"惩罚型"两种不同激励方式产生不同的效果，同时也表明我国现行的体制不利于生态转移支付激励效应的发挥。李国平等（2013；2014）分析了国家重点生态功能区转移支付政策的分配依据、计算公式等，发现国家重点生态功能区的生态补偿效果不显著与国家重点生态功能区转移支付政策密切相关，实证分析了陕西省国家重点生态功能区转移支付对生态环境质量的影响，结果表明这种影响较为微弱。

二、生态转移支付激励机制研究

马瑟夫特等（Mathevet et al.，2010）和福克等（Folke et al.，2011）认为生态转移支付是一种有效管理保护区的保护与发展的财政再分配方式，它可以提供直接的激励效应。但是由于政治体制的差异，国外关于生态补偿转移支付的研究更多的是集中在生态补偿政策、法规的分析以及效果的实证检验方面，还较少涉及转移支付契约的设计问题。国外生态补偿激励机制关注的热点是地主与农户私人之间的生态补偿（PES）激励契约问题，主要的研究成果包含两方面的内容：一是在生态补偿契约给定的条件下，关注在一个特定环境下契约的应用或者契约设计某一个主要方面（Ozanne et al.，2001；Antle et al.，2003；Crépin，2005）；二是在生态补偿契约不给定的条件下，通过一系列菜单契约，对比不同的契约设计方案在克服生态补偿中逆向选择和道德风险问题的效果（Latacz-Lohman and Van der Hamsvoort，1998；Ferraro，2008）。

但也有部分学者关注了政府与地主（农场主）之间转移支付的激励契约设计问题。史密斯（Smith，1995）以美国土地休耕保护计划（CRP）为例，运用机制设计理论分析了成本最低的CRP的性质，认为3400万英亩的休耕土地成本每年不应超过10亿美元。莫西等（Moxey et al.，1999）基于委托代理模型，认为在隐藏信息和隐藏行动条件下，按投入土地面积计算转移支付补偿标准的方式能够实现最佳的真实自愿告诉机制；怀特（White，2002）通过对莫西等的模型的扩展得到了不同的结论，认为按投入成本计算转移支付补偿标准的契约更有效，按投入成本计算的生态补偿标准契约允许监管者设计一个相对简单的机制；但随后奥册娜和怀特（Ozanne and White，2007）通过数理模型分析认为，在存在道德风险和逆向选择条件下按投入土地面积和投入成本设计的农业环境政策契约的效果等同，二者在生态保护效果水平、补偿费、监测成本和检测概率确认等方面的效果一致，同时还得出在违规罚金可变条件下，最优的契约独立于农场主的风险偏好。

国内方面，许多学者从理论和实证的角度对退耕还林工程的激励机制进行了研究。张俊飚和李海鹏（2003）首次关注了我国退耕还林政策实施的激励不相容和不对称信息问题，指出这是我国退耕还林政策制度改进的方向。蒋海（2003）认为，退耕还林政策长期性的关键是形成农户的林业投资激励。徐晋涛（2004）通过对信息不对称条件下的利润分成和采伐限额契约的分析，解释了国有林业企业普遍存在的超限额采伐的经济原因，实证验证了信息不对称将会导致超限额采伐和国有林资源增长率下降的假说。王小龙（2004）通过构建双重委托—代理模型，对退耕还林实施中的激励不相容问题进行了研究，认为不对称信息条件下市场价格的冲击会导致退耕农户的自利性经营行为偏离社会生态目标，并以陕西退耕还林为例进行了经验分析，提出了政府规制的建议；刘燕和周庆行（2005）从公共经济学理论视角分析了退耕还林中地方政府和农民的成本效益问题，认为中央政府忽视了地方政府的利益，加重了地方政府负担，同时对农户的补偿与其承担的成本相比明显不足，中央政府应加大对地方政府和农户的补偿，建立长效的生态补偿机制。在农户差异对退耕还林效果影响研究方面，李桦和姚顺波（2011）、赵敏娟和姚顺波（2012）基于农户生产技术效率视角进行了研究，分析了不同退耕规模农户的生产技术效率及其影响因素，并以陕西和甘肃等地为例，进行了实证研究，对退耕还林政策实施的效果进行了评价；万海远和李超（2013）利用2009年退耕还林调查数据，对农户参与退耕还林项目决策的影响因素和意愿进行了研究，发现农户的收入水平、家庭规模、受教育程度和土地机会成本等是影响农户参与退耕还林意愿的主要因素。危丽等（2006）采用多项任务委托—代理模型的，构建了关于退耕还林工程的中央政府与地方政府之间的双重任务委托—代理模型，并将土地资源禀赋因子引入模型中，分析了中央政府与地方政府在退耕还林工程实施过程中的最优激励合约。

第四节　研究评述及研究切入点

一、研究评述

（一）生态补偿研究评述

通过对国内外生态补偿研究综述可以发现，国外 PES 研究重点在于实施机制，对于理论基础及整体框架的研究相对较少；国内正好相反，生态补偿研究重在基本制度、补偿标准等方面而疏于实施机制的研究。这种现象的原因在于研究对象和范畴不同，国内关注的是生态补偿制度体系，国外研究的只是单纯的交易制度及其实施机制。研究对象和范畴不同的原因，一方面在于国外 PES 研究将产权等基本制度作为限定因素来对待，而国内的产权结构除了所有权属清晰外，使用权、收益权等划分和匹配处于模糊状态，以此为基础的其他规则如付费原则、付费标准等也处在虚置和不确定情形中；另一方面在于相对于国外 PES，国内生态补偿在研究和实践方面都落后，还处在基本问题和基本理论的探讨和完善阶段。将 PES 理论和技术引入国内生态补偿研究中，特别是将实施机制的相关内容引入我国的生态补偿中，不仅能够取长补短，为生态补偿的理论探讨带来新的启发，还可以有效提高我国生态补偿的效率。

关于生态补偿类型，国内研究从本质上明确了生态补偿政府与市场两种模式不同的作用机理，并对两种治理模式各自的优势、缺点和应用环境进行了不同程度的研究，尤其对政府模式中纵向和横向财政转移支付制度做了深层次的探讨。但在具体的实施机制，特别是激励机制的研究讨论上存在一定的空白和进一步研究的空间。本书借鉴国外 PES 实施中的激励机制设计理论和方法，建立了分析我国生态补偿纵向财政转移支付激励机制的理论分析框架，并进行实证研究，为建立健全我国生态补偿转移支付激励机制提供了理论基础和实证经验。

（二）激励机制理论研究评述

作为经济学的一个重要分支，激励理论也逐渐纳入人的个体行为的研究，与对人的研究进一步结合，并借助博弈论和信息经济学的发展取得了丰硕的成果。由于市场的竞争和企业内部的激励契约之间的回馈反应非常复杂，因此现代激励理论试图通过严密的逻辑推理和数理模型对人的行为和激励过程的回馈机制进行探讨。如今激励理论的成果已经被越来越多地应用于组织中的各个层面。

20 世纪 80 年代，契约理论开始引入生态补偿激励机制的研究中，而现阶段对生态补偿方式的研究最明显趋势就是对信息问题的关注，采用激励机制即契约设计方式解决生态补偿的低效率问题已成为生态、资源、环境以及区域协调发展等诸多领域的研究热点。激励机制理论是本书研究生态补偿转移支付激励机制的另一个重要的理论基础，而将委托代理理论引入我国政府主导下的生态补偿机制研究，建立健全政府生态补偿转移支付条件下的激励机制，也是对委托代理理论基本应用的一次扩展。

（三）生态补偿转移支付及其激励机制研究评述

关于生态补偿转移支付实施的必要性，国内外学者都认为这是一种非常有效的生态补偿手段，是一种内部化生态环境保护产生的利益溢出的恰当工具。关于生态补偿转移支付形式的研究，国外学者的研究主要集中在对巴西、葡萄牙、德国、印度以及印度尼西亚等国家实施的生态补偿转移支付（生态税）制度进行案例分析，主要形式分为以巴西和葡萄牙为典型代表的纵向转移支付（生态税）和以德国为典型代表的横向转移支付两种形式，纵向转移支付（生态税）的实施都是以法律的形式重新规定从中央到地方的财政收入，加大对环保地区的地方财政收入（或减免税收）；而横向转移支付同样是以法律的形式规定发达地区（生态受益区）对欠发达地区（生态保护区）的收入转移。国内生态补偿转移支付形式主要以纵向转移支付为主，生态补偿资金由中央政府支付，主要工程包括退耕还林工程、天然林保护工程以及近期才实施的国家重点生态功能区转移支付上。

关于生态转移支付制度的研究，国外研究的焦点主要集中在生态转移支付资金的分配依据上，其分配依据主要可分为按保护区面积、生态质量以及二者相结合三种，研究成果较为丰富。国内研究的焦点主要集中在纵向和横向生态补偿转移支付的完善和设计上，不同的学者基于各自的案例和视角得出不同的方案和政策建议。

在生态转移支付效果的研究方面，国外学者的早期研究多数认为生态转移支付的实施对提高生态环境质量起到了促进作用，但当学者们逐渐加入空间因素或者对效果进行细分时，发现生态转移支付的效果有时并不显著，有待进一步对转移支付政策进行优化。国内的生态转移支付效果研究主要集中在对退耕还林效果及国家重点生态功能区转移支付效果二者的研究上，对退耕还林转移支付效果的研究较为丰富并取得了大量的研究成果，大部分学者持积极观点，认为退耕还林补贴对我国的生态环境保护起到了主要作用，但对国家重点生态功能区转移支付的研究还处在初级阶段，学者们的研究结论表明，国家重点生态功能区转移支付对遏制当地生态环境质量恶化起到了重要作用，但还未达到预期目标。

对于生态补偿转移支付激励机制的研究，由于政治体制的差异，国外除部分研究政府对农场主（地主）的转移支付激励机制设计外，多数都集中在农场主（地主）和农户之间的私人激励契约设计方面，很少对政府间的生态补偿转移支付激励机制进行理论分析；国内对生态补偿财政转移支付激励的研究都停留在对现状描述和政策法规效果的分析上，对激励机制的研究一般着重于个案研究，属于实践经验总结与归纳时期，缺乏深入系统的理论推导和实证研究。

二、研究切入点

国外关于生态补偿转移支付以及生态补偿激励机制的研究为研究我国生态补偿转移支付激励机制提供了理论基础和文献支撑，而国内生态补偿转移支付的实施现状也为本书的研究提供了客观需求。通过对比国内外生态补偿激励机制、生态补偿转移支付方式以及我国生态补偿转移支付及其激励机制的研究文献和现状，笔者发现我国生态补偿中央政府激励机制存在的两个主要缺陷就是生态保护激励不足和当地居民主体地位的弱化和忽视。这两个缺陷也是本书试图解决和改善的问题，以生态补偿转移支付的典型案例——国家重点生态功能区转移支付的实施为例，依据实施办法和现状并结合我国政府主导下的生态补偿缺乏激励机制的国情，系统深入地分析了生态补偿财政转移支付的激励机制。具体来说，研究切入点主要有两个：

一是中央政府和县级政府之间的激励机制研究。通过对《国家重点生态功能区转移支付办法》的分析可以发现，在国家重点生态功能区转移支付的使用方面，中央政府和县级政府之间存在生态补偿和生态保护的委托代理关系，因此研究二者之间的激励机制是第一个切入点。关于二者之间的委托代理激励机制，主要从静态和动态两个方面进行研究，静态条件下主要关注信息状况对激励机制及其效果的影响，为中央政府在不同信息状况下的积累契约制定提供可选择的菜单；动态条件下关注长效激励机制和县级政府自身状况（经济水平、财政收入、人口、城乡差异以及产业结构等方面）变化对生态环境质量的影响。通过这两方面的研究完善中央政府和县级政府之间的生态补偿激励机制。

二是生态补偿政策对居民生态保护意愿和行为的激励机制。国家重点生态功能区转移支付的目标在于激励县级政府和当地居民保护生态环境，国家重点生态功能区转移支付的改善民生目标也暗含激励当地居民保护生态环境的含义，奥尔森（Olson，2008）通过两人博弈认为，高收入者比低收入者更愿意提供公共物品，而低收入者更倾向于搭便车，这个结论同样适用于国家重点生态功能区当地居民，既提高当地居民的民生水平，也会增强他们生态环境保护的积极性。伏润民和缪小林（2015）的研究也认为，激励当地居民保护生态环境也是国家重点生态功能区转移支付最终目标之一。当地居民是生态环境保护的最直接主体，但是其主体地位被弱化和忽视了，这不利于生态环境质量的保护和制度的公平。因此，本书的另一个研究切入点是建立健全生态补偿政策对当地居民生态保护行为的激励机制。通过分析生态补偿政策及其他因素对居民生态保护意愿和行为的影响，找出构建居民生态保护激励机制的政策建议。

第二十一章

生态补偿转移支付激励机制理论分析

本章结合我国国家重点生态功能区转移支付实施办法的相关规定，理论分析了中央政府与县级政府间的行为选择策略以及生态补偿政策对当地居民生态保护意愿和行为的影响，构建了国家重点生态功能区转移支付激励机制理论分析框架。

第一节　理论模型分析思路和环境描述

一、国家重点生态功能区转移支付激励机制理论分析思路

在委托人（中央政府）不能有效观察代理人（县级政府）的行为选择情况下，有两类措施可以缓解委托—代理问题（Eisenhardt，1989；Verhoest，2005）：一是中央政府投资建立监督系统，通过不断收集代理人的行为信息，在生态补偿转移支付资金的分配与生态环境效益产出之间建立联系，并通过监督转移支付使用过程来提高生态环境效益产出。对于中央政府来说，尽管这一举措会导致其额外的成本，但确实能在很大程度上影响生态效益产出水平。二是实施激励制度，具体来说，就是基于生态环境效益产出分配生态补偿转移支付，这种将生态补偿转移支付配置建立在代理人生态环境效益产出基础上的契约安排是一种能够控制代理人行为、尽可能减少目标冲突的有效机制（Kivistö，2005，2008）。值得注意的是，与监督系统不同，激励制度的实施并不必然会引致额外的成本。给定中央政府对县级政府生态环境保护的总投入，配置结构的变化就会对县级政府产生不同的激励效应，这也是本节所关注的焦点。更重要的是，给定其他条件不变，国家重点生态功能区的生态环境效益产出是由生态环境保护中的有效转移支付以及县级政府和当地居民的努力共同决定的。监督体制只能从合规性角度保证转移支付的合理使用，无法解决代理人的努力问题，而激励制度则可以从转移支付与努力投入两方面改善县级政府和当地居民生态环境保护的行为选择。因此，对县级政府和当地居民实施激励性的转移支付制度更有利于发挥转移支付的生态环境保护效应，这也是本节研究的主题。

基于本节的研究问题和目标，笔者从中央政府对县级政府的生态保护激励机制和生态补偿政策对当地居民的激励机制两个方面设计本节的分析框架，具体来说：

一是关注中央政府对县级政府的生态补偿转移支付激励机制，根据《办法》中的奖罚规定，从静态和动态两个视角进行研究。

首先，关注静态条件下信息状况对生态转移支付显性激励机制的影响。菲拉罗（Ferraro，2008）指出由于代理人会比委托人了解更多信息，使委托—代理关系存在道德风险和逆向选

择问题，由此会产生信息租金。信息租金等于信息对称情况下与信息不对称情况下的委托人总效用之差，委托—代理研究的目标就是在利益冲突和信息不对称情况下设计一个最优契约，使得它既是激励可行的，又尽可能少付出信息租金。因此，第一个关注点就是在单一契约执行时期内即静态条件下，中央政府如何根据可观测的信息对县级政府进行奖罚，即"显性激励机制"的设计问题。而主要工作就是通过对比信息不对称条件下和完全信息条件下生态转移支付激励效果，找出克服信息不对称产生的不利影响的政策建议。

然后，关注动态条件下长期激励机制也即"隐性激励机制"的效应及其影响因素。在显性激励机制作用不明显的情况下，可以用"时间"来解决这一问题，也即建立长期的动态委托代理契约。鲁宾斯坦和雅丽（Rubinstein and Yaari，1983）、麦克劳德（Macleod，1988）的研究结果表明，只要委托人和代理人之间存在长期或者重复的契约关系，即使外在的监督不存在，也会形成一个有效率的均衡。在长期的委托代理关系中，中央政府可以相对准确地从观测到的变量值推断县级政府的努力水平，县级政府不可能用偷懒的办法提高自己的福利。因此，第二个关注点就是在长期契约执行时期内，也即动态条件下，中央政府如何在县级政府双重目标条件下实现激励其保护生态环境的"隐性激励机制"设计问题。而主要工作就是验证生态转移支付以及其他影响因素对生态效益产出的影响，并据此提出政策建议。

二是关注转移支付政策对当地居民生态保护意愿和行为的激励机制。

在我国实施的生态补偿项目中，国家重点生态功能区转移支付的最终目标包含通过对当地居民的补偿来激励其保护环境，提高生态补偿转移支付的效果。因此，第三个关注点就是当地居民生态保护意愿对生态保护行为的影响，从行为选择视角分析生态补偿政策如何通过影响居民的生态保护意愿来激励其生态保护行为。主要工作就是分析其生态保护行为选择的影响因素，找出如何提高居民生态环境保护行为的激励机制和政策，从居民视角完善国家重点生态功能区转移支付激励机制。

二、国家重点生态功能区转移支付理论模型环境设定

（一）中央政府和县级政府间激励机制模型的环境设定

通过《办法》的解读可知，中央政府和县级政府之间存在保护环境的委托代理关系，这为本节的研究提供了基本的现实依据。本部分将这一关系模型化，为下文的理论分析提供现实基础和理论环境。根据《办法》的相关规定，假定国家重点生态功能区转移支付契约的委托人为中央政府，代理人为县级政府。中央政府委托县级政府进行生态保护，并提供激励性转移支付。根据中央政府和县级政府决策的时间顺序，本节给出一个完整的一阶段国家重点生态功能区转移支付实施过程，如图21.1所示。

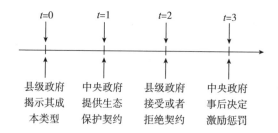

图21.1　国家重点生态功能区转移支付契约实施过程

在 $t=0$ 阶段，县级政府向中央政府揭示其生态保护成本类型，在 $t=1$ 阶段，中央政府根据县级政府的生态保护成本类型提供生态保护转移支付激励契约；在 $t=2$ 阶段，县级政府决定是否接受该契约，由于国家重点生态功能区设定以及转移支付的实施是一种强制性生态保护政策，县级政府必须执行，当然中央政府也会充分考虑县级政府的保留收益。因此，假设县级政府接受该契约；在 $t=3$ 阶段，中央政府对县级政府生态保护努力结果进行检查，并根据检查结果制定进一步的激励惩罚措施。

长期（动态）的转移支付激励机制并不是对这一实施过程的简单重复，还要考虑其他因素。在长期中，县级政府的目标或者任务不再单单是保护生态环境，还包含发展地方经济、提高公共基础设施等方面，因此，本节假设在长期中，县级政府的任务或者目标概括为保护生态环境和发展经济，这两个任务的委托人分别为中央政府和当地居民，中央政府委托其保护生态环境，当地居民委托其发展地方经济。

（二）政府和当地居民激励机制模型的环境描述

当地居民是国家重点生态功能区生态环境保护的最直接主体，国家重点生态功能区转移支付的最终目标是引导生态功能区政府和当地居民保护生态环境（伏润民和缪小林，2015）。奥尔森（2008）通过两人博弈认为，高收入者比低收入者更愿意提供公共物品，而低收入者更倾向于"搭便车"，这个结论同样适用于国家重点生态功能区当地居民，即通过改善民生提高当地居民的民生水平，增强其生态环境保护的积极性。当地政府对居民生态环境保护的激励越大，其保护生态环境的意愿越强，也越有利于促使居民自觉保护生态环境，带动更多的人保护生态环境。因此，国家重点生态功能区转移支付的实施要充分考虑当地居民的生态保护意愿和行为，激励其生态环境保护行为，这同样是国家重点生态功能区转移支付激励机制研究所必须要考虑的问题。

就单一居民来说，他会通过对自身利益的思考，选择有利于自己的行为，但每一个居民都不是单独存在的，必然处在一个群体中，他的行为还会受到和自己面临相同处境的其他居民行为的影响，他们之间存在相互学习、认同和激励的效应。虽然他们之间的相互影响不能改变他们的私人利益和风险大小，但可以在潜移默化中改变思想和意识以及预期，从而间接影响他们的行为选择。如当一个群体中多数人都进行生态环境保护时，其他部分居民就会认为他们得到了更多的信息，能够通过保护环境获得收益，因此也会改变自己的行为选择，尤其是当环境保护的居民越来越多时，单个居民则会越发相信保护生态环境是有利可图的。这种通过周边个体行为影响其他个体行为决策的现象就是所谓的"羊群效应"，这种效应可以用在生态环境保护中，通过"羊头"的行为带动群体行为，从而实现生态环境保护和永续利用的目的。下文的理论模型会通过一个数理模型来分析"羊群效应"在生态环境保护中的应用。

第二节　生态补偿转移支付静态委托代理模型①

静态条件下，委托人（中央政府）可以和代理人（国家重点生态功能区所在县级政府）签订一个共同分担风险和享受收益的激励合约，通过诱使代理人的效用最大化行为来实现委

---

① 原题为：退耕还林生态补偿契约设计及效率问题研究 [J]. 资源科学，2014（8）。

托人的效用最大化（Spence and Zeckhauser，1971；Ross，1973；Mirrless，1976）。本部分主要分析静态（一期）时，不同信息状况下委托代理双方的行为选择。

一、基本假定

（一）生产技术

县级政府提供生态效益产出为 x 时，需要支付的成本为 $c(x,\theta)$，成本函数由两部分决定，一部分为固定成本 F，一部分为可变成本，其中，可变成本取决于县级政府的生态效益产出和其边际成本系数 θ，本节将边际成本系数 θ 分为两类：一类是生产技术、经验水平和积极性较高的县级政府，能够通过较低努力就提供较多生态产出，将其边际成本系数记为低边际成本系数；一类是生产技术、经验水平和积极性较低的县级政府，其需要付出更多的努力才能提供与低边际成本县级政府相同的生态效益产出，将其边际成本系数记为高边际成本系数，字母表示为：$i = L,H$。并进一步假定县级政府边际成本为低边际成本系数 θ_L 的概率为 v，则其为高边际成本系数 θ_H 的概率为 $1 - v$。因此，可以得到边际成本系数不同的两类县级政府生产成本函数为：

$$c(q,\theta_L) = \theta_L q + F \qquad (21-1)$$
$$c(q,\theta_H) = \theta_H q + F \qquad (21-2)$$

本节假定 $\Delta\theta = \theta_H - \theta_L > 0$ 表示两类县级政府边际成本系数之差，在下文的分析过程中，不再讨论固定成本 F，假定其为0。此外，需要指出的是，县级政府的边际成本系数为其私人信息，中央政府无法准确掌握。但县级政府边际成本类型的概率对县级政府和中央政府来说，都是已知的。

（二）效用函数

中央政府作为社会公众的代表，其效用函数包含两部分，一是国家重点生态功能区所在县级政府提供的生态效益，生态环境产品是典型的公共物品，其具有较强的正外部性，基本上县级政府保护生态环境努力创造的生态效益产出会由全体公民享有，因此本节假设县级政府提供的生态环境价值由中央政府获得，假定生态效益函数为 $u(x)$，其满足 $u' > 0$，$u'' < 0$ 和 $u(0) = 0$，也即边际生态效益函数是正的，并且随生态环境产品数量的增加呈现递减的增长趋势。二是为县级政府保护生态环境所支付的转移支付补偿资金。因此，中央政府的效用函数可记为：

$$y(x_i,s_i) = u(x_i) - s_i \quad i = L,H \qquad (21-3)$$

式（21-3）中，y 为中央政府通过国家重点生态功能区转移支付契约得到的净生态效益函数；s_i 为中央政府为国家重点生态功能区所在 i 县级政府提供的生态补偿转移支付。

县级政府的效用函数主要包含两部分：一是成本；包括固定成本和可变成本；二是承担国家重点生态功能区建设获得的转移支付，因此，i 县级政府得到的效用函数为：

$$\pi_i = -c(x_i) + s_i \quad i = L,H \qquad (21-4)$$

式（21-4）中，π_i 为县级政府 i 通过承担国家重点生态功能区建设得到的总效用。

需要说明的是，尽管一直以来，政府一直在强调"青山绿水就是金山银山""自然环境是有价值的"，但是生态环境效益是一种公共物品，其正外部性很难实现内部化，因此县级政府保护生态环境行为的收益很少，甚至为0，这也是县级政府缺乏生态环境保护积极性的最主要原因。基于此，在县级政府的效应函数中，本节假定县级政府承担了生态建设和环境保护的成本和禁限措施带来的发展损失，但除了获得中央政府提供的转移支付外，没有从国家重点生态功能区建设中获得效益，这部分效益全部为社会公民的代表——中央政府获得。

（三）激励合同

在单一时期内，县级政府提供的生态效益产出是固定的、不连续的，因此这里 x 定义为一个具体的数值，而在长期中，县级政府提供的生态效益产出必然是一个连续的范围值，长期形式将在动态条件下进行分析。

假定中央政府根据国家重点生态功能区所在县级政府提供的生态效益产出 x 决定转移支付额度 s，因此，两类县级政府获得的国家重点生态功能区转移支付激励契约应为 $\{x_L, s_L\}$ 和 $\{x_H, s_H\}$。

二、完全信息条件下的委托代理模型

完全信息条件下，中央政府掌握国家重点生态功能区所在县级政府的边际成本信息，可以根据县级政府的生态保护成本补偿县级政府，这是一种理想状态。现实中是不存在完全信息状态的，但完全信息条件下的生态补偿契约是分析不完全信息条件下生态补偿契约设计的理论参照，这里先对完全信息条件下的模型进行分析。

完全信息条件下，中央政府最优的生态补偿支付仅需要等于县级政府生态保护的成本，本节将其称为无差异支付。基于中央政府的角度，生态补偿要解决的问题就是给予不同类型的县级政府相应的生态补偿，实现生态效益最大化，公式可表示为：

$$\underset{x,s}{\text{Max}}\ y = v[u(x_L) - s_L] + (1 - v)[u(x_H) - s_H] \tag{21-5}$$

$$\text{s. t.}\ \ s_L \geq c(x_L) = \theta_L x_L \tag{21-6}$$

$$s_H \geq c(x_H) = \theta_H x_H \tag{21-7}$$

式（21-5）为中央政府最大化生态效益的目标函数；式（21-6）和式（21-7）表示低边际成本县级政府和高边际成本县级政府的参与约束条件，中央政府对县级政府提供的生态补偿正好等于无差异的生态补偿。

建立拉格朗日方程：

$$L = v[u(x_L) - s_L] + (1 - v)[u(x_H) - s_H] - \mu[c(x_L) - s_L] - \lambda[c(x_H) - s_H] \tag{21-8}$$

式（21-8）中，μ、λ 为拉格朗日因子。下面以高边际成本县级政府的生态补偿契约为例进行说明，找出完全信息条件下的最优契约。最优生态补偿契约的一阶条件为：

$$dL/dx_H = (1 - v)u'(x_H) - \lambda\theta_H = 0 \tag{21-9}$$

$$dL/ds_H = -(1 - v) + \lambda = 0 \tag{21-10}$$

$$dL/d\lambda = c(x_H) - s_H = 0 \tag{21-11}$$

通过式（21-11）可以看出，$s_H = c(x_H) = \theta_H x_H$，最优的生态补偿契约提供的生态补偿支付正好等于县级政府的生态保护成本。通过式（21-2）、式（21-9）和式（21-10）可知：$(1 - v)u'(x_H) = \lambda\theta_H$、$1 - v = \lambda$，也即存在 $u'(x_H) = \theta_H$。完全信息条件下两种边际成本类型县级政府的等效用曲线和最优生态补偿契约，如图 21.2 和图 21.3 所示。

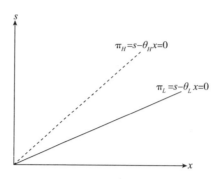

图 21.2　两类县级政府的等效用曲线

由图 21.2 可以看到，随着县级政府提供的生态效益产出越大，其获得的转移支付越多，同时，由于存在 $\theta_H > \theta_L$，因此，高边际成本县级政府的等效用曲线斜率高于低边际成本县级政府等效用曲线的斜率。

完全信息条件下的最优生态补偿契约如图 21.3 中的（A^*，B^*）点所示。A^* 点和 B^* 点是中央政府无差异收益曲线和两类县级政府等效用曲线的交点，也即 $u'(x_L) = \theta_L$ 和 $u'(x_H) = \theta_H$ 时的两点。

通过上述分析，可以得到以下结论：

结论 1：在完全信息条件下，中央政府为不同成本类型县级政府提供的生态补偿转移支付的边际收益与该县级政府生态保护的边际成本相等，此时的生态转移支付契约能够实现帕累托最优和生态补偿资金的最有效利用。

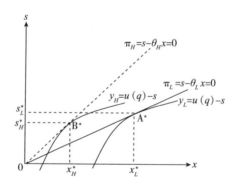

图 21.3　完全信息条件下最优生态补偿契约

三、不对称信息条件下共同代理模型

在不对称信息条件下，中央政府不能准确区分县级政府的边际成本类型，低边际成本的县级政府有激励为获得信息租金而将其边际成本类型伪装为高边际成本。因此，生态补偿契约 $\{x_L, s_L\}$ 和 $\{x_H, s_H\}$ 要能够诱使他们透露自己的类型，减少信息租金。此时的最优契约具有两个特征：一是激励不同边际成本类型的县级政府都积极参与；二是激励两类县级政府提供真实信息。这两个特征是不对称信息条件下国家重点生态功能区转移支付最优契约的参与约束条件和激励相容条件。

不对称信息条件下国家重点生态功能区转移支付最优契约的参与约束条件与信息对称条件下生态保护的最优契约的参与约束条件相同。不对称信息条件下国家重点生态功能区转移支付最优契约的激励相容条件：为了确保低边际成本的县级政府选择为其设计的生态补偿契约，中央政府必须对低边际成本县级政府选择高边际成本县级政府契约所获得的额外净收益进行补偿，低边际成本县级政府相对应的激励相容条件为：

$$s_L - \theta_L x_L \geq s_H - \theta_L x_H \qquad (21-12)$$

式（21-12）中，$s_H - \theta_L x_H$ 为低边际成本县级政府选择高边际成本县级政府生态补偿契约的收益，前者大于或者等于后者表明低边际成本县级政府选择中央政府为其制定的生态补偿契约的收益不低于其选择高边际成本生态补偿契约获得的收益。

同理，高边际成本县级政府对应的激励相容条件为：

$$s_H - \theta_H x_H \geq s_L - \theta_H x_L \qquad (21-13)$$

式（21-13）中，$s_L - \theta_H x_L$ 为高边际成本县级政府选择低边际成本县级政府生态补偿契约的收益，前者大于或者等于后者表明高边际成本县级政府选择中央政府为其制定的生态补偿契约的收益不低于其选择低边际成本生态补偿契约获得的收益。

中央政府设计的生态补偿契约要让县级政府接受，还必须满足参与约束条件，即：

$$s_L - \theta_L x_L \geq 0 \qquad (21-14)$$
$$s_H - \theta_H x_H \geq 0 \qquad (21-15)$$

此外，由式（21-12）和（21-13）可知，不完全信息条件下的生态补偿契约还必须满足单调性约束：$x_L \geq x_H$。

上述分析表明，在不对称信息条件下，国家重点生态功能区转移支付生态补偿最优契约将包括四个约束条件，即式（21-6）、式（21-7）两个参与约束条件和式（21-12）、式（21-13）两个激励相容条件。因此，在不对称信息条件下，包含所有参与约束和激励相容条件的中央政府生态效益最大化问题表达式变为：

$$\max_{x,s} y = v[u(x_L) - s_L] + (1-v)[u(x_H) - s_H] \qquad (3-16)$$
$$\text{s. t. } s_L \geq c(x_L) = \theta_L x_L$$
$$s_H \geq c(x_H) = \theta_H x_H$$
$$s_L - \theta_L x_L \geq s_H - \theta_L x_H$$
$$s_H - \theta_H x_H \geq s_L - \theta_H x_L$$

但是，与完全信息条件下中央政府能够准确区分县级政府边际成本类型不同，在不完全信息条件下，低边际成本的县级政府存在模仿高边际成本县级政府行为的激励，在这种条件下，低边际成本县级政府能够获得信息租金，信息租金可表示为：

$$s_H - \theta_L x_H = s_H - \theta_H x_H + \Delta\theta x_H = \tau_H + \Delta\theta x_H \qquad (21-17)$$

可以看到，当信息不对称条件下高边际成本县级政府的效用水平仍与完全信息条件下的效应水平相当，即 $\tau_H = s_H - \theta_H x_H = 0$ 时，低边际成本县级政府的信息租金为 $\Delta\theta x_H$。因此，只要存在 $x_H > 0$，中央政府则必须支付给低边际成本县级政府正的信息租金 $\Delta\theta x_H$。信息租金来源于县级政府相对于中央政府的信息优势，而不完全信息条件下，中央政府的另一个目标是降低信息租金。在下文的分析中，本节假定高边际成本和低边际成本县级政府的信息租金分别为 $\tau_H = s_H - \theta_H x_H$ 和 $\tau_L = s_L - \theta_L x_L$。

将信息租金的定义引入中央政府的目标函数和县级政府的参与约束条件以及激励相容条件中，最终可得到不完全信息条件下中央政府的最优化问题为：

$$\underset{(x_L,\tau_L),(x_H,\tau_H)}{\text{Max}} \quad y = v\big[u(x_L) - \theta_L x_L\big] + (1-v)\big[u(x_H) - \theta_H x_H\big] - \big[v\tau_L + (1-v)\tau_H\big] \quad (21-18)$$

$$\text{s. t.} \quad \tau_L \geqslant 0$$

$$\tau_H \geqslant 0$$

$$\tau_L \geqslant \tau_H + \Delta\theta x_H$$

$$\tau_H \geqslant \tau_L - \Delta\theta x_L$$

式（21-18）的目标函数是指中央政府要实现社会生态价值的最大化，目标函数右侧第一项和第二项为预期的分配效率，而第三项表示预期支付给县级政府的信息租金。

接下来对式（21-18）进行求解，在求解之前先可以对式（21-18）的约束条件进行简化。本节认为低边际成本县级政府的参与约束和高边际成本县级政府的激励约束是恒成立的。首先考虑低边际成本的县级政府模仿高边际成本县级政府的情形，低边际成本县级政府模仿高边际成本县级政府的行为暗含了低边际成本县级政府的参与约束条件 $\tau_L \geqslant 0$ 是能够严格满足的，同时，事实上，式（21-18）中的两个约束条件 $\tau_H \geqslant 0$ 和 $\tau_L \geqslant \tau_H + \Delta\theta x_H$ 也就暗含了约束条件 $\tau_L \geqslant 0$ 恒成立。其次，高边际成本县级政府的激励约束也是多余的，将低边际成本县级政府的激励相容条件代入高边际成本县级政府的激励相容条件中并经过整理可以得到 $x_L - x_H \geqslant 0$，这与生态补偿契约必须满足的单调性约束 $x_L \geqslant x_H$ 相同，因此可以认为高边际成本县级政府的激励相容条件恒成立。

因此，简化之后的最优化问题的约束条件只有两个，也即低边际成本县级政府的激励相容约束条件 $\tau_L \geqslant \tau_H + \Delta\theta x_H$ 和高边际成本县级政府的参与约束条件 $\tau_H \geqslant 0$。同时，本节也可以得到在中央政府实现生态效益最大化条件下，这两个约束条件都是紧的，也即等号成立，因为如果等号不成立，那么中央政府可以通过降低对县级政府的信息租金而仍然得到相同的结果，这就与中央政府支付最低状态相矛盾，因此，必然存在：

$$\tau_L = \Delta\theta x_H \quad (21-19)$$

$$\tau_H = 0 \quad (21-20)$$

将式（21-19）和式（21-20）代入式（3-18）的目标函数中，可以得到新的目标函数为：

$$\underset{x_L,x_H}{\text{Max}} \quad y = v\big[u(x_L) - \theta_L x_L\big] + (1-v)\big[u(x_H) - \theta_H x_H\big] - v\Delta\theta x_H$$

与完全信息条件下的最优函数相比，不完全信息下的目标函数增加了一项，也即中央政府必须对低边际成本的县级政府支付信息租金以防止其模仿高边际成本县级政府的行为，因为低边际成本县级政府可以通过模仿高边际成本县级政府的行为获得同样的额外收益[①]。同时，低边际成本县级政府获得的信息租金仅仅依赖于高边际成本县级政府的生态环境产出。

中央政府目标函数中的信息租金与低边际成本县级政府的生态环境产出无关，不完全信息条件下中央政府生态效益最大化时，低边际成本县级政府次优（second-best, SB）的生态环境产出与完全信息条件下的最优式的生态环境产出相同，也即存在：

$$u'(x_L^{SB}) = \theta_L \text{ 或者 } x_L^{SB} = x^* \quad (21-21)$$

因此，生态效益函数最大化时，高边际成本县级政府的生态环境产出为：

$$(1-v)\big[u'(x_H^{SB}) - \theta_H\big] = v\Delta\theta \text{ 或者 } u'(x_H^{SB}) = \theta_H + \frac{v}{1-v}\Delta\theta \quad (21-22)$$

式（21-22）阐释了在次优的最优化模型中，不完全信息条件下配置效率和信息租金提取二者之间的均衡。

---

① 实际中，县级政府之间也存在信息不对称现象，低边际成本县级政府模仿高边际成本县级政府也是需要支付信息租金的，但这不是本节的研究重点，笔者在此不再展开分析。

总之，在不完全信息条件下，低边际成本县级政府的生态环境产出与完全信息条件下相同，不存在扭曲现象，也即 $x_L^{SB} = x^*$，而高边际成本县级政府的生态环境产出却存在扭曲，也即 $x_H^{SB} < x_H^*$。只有低边际成本县级政府才能获得信息租金，其大小也仅取决于高边际成本县级政府的生态环境产出，也即 $\tau_L^{SB} = \Delta\theta x_H^{SB}$，同时，两类县级政府获得的生态补偿转移支付分别为 $s_L^{SB} = \theta_L x^* + \Delta\theta x_H^{SB}$ 和 $s_H^{SB} = \theta_H x_H^{SB}$。

仍然用图形的形式对不完全信息条件下的两类县级政府的次优生态环境产出进行表述。首先，可以看到，完全信息条件下的最优契约（A^*，B^*）在不完全信息条件下不再是激励相容的，我们需要重新构建一个激励相容的生态补偿契约（B^*，C），也即在低边际成本县级政府生态环境产出不变的条件下（x_L^*），给予其更高的转移支付。如图 21-4 所示。可以看到，低边际成本县级政府的生态补偿契约 C 是指低边际成本县级政府的效用无差异曲线向上平移经过高边际成本县级政府的最优契约 B^* 的直线与 x_L^* 相交的点。此时的（B^*，C）是激励相容的，低边际成本县级政府获得的信息租金为 $\Delta\theta x_H^*$。

通过分析同样可以得到一个结论：

结论2：在中央政府不能完全掌握县级政府生态保护信息的条件下，低边际成本县级政府为获得额外的生态补偿转移支付（信息租金），会谎报生态效益产出，此时生态补偿转移支付契约是次优的，中央政府需要支付信息租金，低边际成本县级政府获得高于实际成本的转移支付，而高边际成本县级政府获得的转移支付不变。

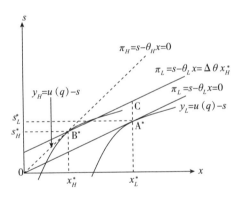

图 21.4　包含信息租金的次优生态补偿契约

第三节　生态补偿转移支付动态委托代理模型

在静态条件下，中央政府为激励县级政府选择符合其预期的生态保护行为时，必须根据可观测的结果对县级政府进行奖励和惩罚，此时的激励机制是"显性激励机制"，但是，当县级政府的行为很难甚至无法证实时，显性激励机制很难产生效果。在没有显性激励机制的情况下，可以用"时间"来解决这一问题，也即建立长期的动态委托代理契约。

在长期中，县级政府除考虑保护生态环境的任务外，还要考虑发展经济的任务，也即此时中央政府对县级政府委托的任务有两个——保护环境和发展经济。本节假设中央政府不同的部门委托不同的任务。将中央政府分为委托人 1 和委托人 2，委托人 1 委托环境保护的任务，委托人 2 委托发展经济的任务。以便分析长期中地方政府的行为选择。

一、基本假定

（一）产出水平假定

假设中央政府中负责环境保护部门为委托人 1，其委托任务为生态环境保护，中央政府中负责经济发展的部门为委托人 2，其委托任务是促进地方的经济发展，提高居民生活水平；县级政府是代理人，县级政府掌握两种资源，一是自身的努力水平（包括政府投入的精力和其他的一般性财政投入）；二是中央政府提供的国家重点生态功能区转移支付。县级政府在生态环境保护和地方经济发展的双重任务上分配这两种资源，每一个任务都产生一个可测量的结果①。

中央政府获得的生态效益函数为：

$$y_1 = e_1 + s_1 + \varepsilon_1 \tag{21-23}$$

e_1 表示县级政府投入生态环境保护上的努力，s_1 表示县级政府投入生态环境保护上的中央政府提供的国家重点生态功能区转移支付份额，ε_1 表示其他影响生态环境产出的随机影响因素，假定其服从正态分布，即存在 $\varepsilon_1 \sim N(0, \sigma_1^2)$。

当地居民获得的经济发展效益函数为：

$$y_2 = e_2 + s_2 + \varepsilon_2 \tag{21-24}$$

e_2 表示县级政府投入发展地方经济上的努力；s_2 是县级政府转移到发展经济上的国家重点生态功能区转移支付份额，上文中提到国家重点生态功能区转移支付确立标准是县级政府财政收支缺口，其目标同样是保护环境和改善民生，而非专门用来保护生态环境的，因此，县级政府可以将其用在发展经济（改善民生）上；ε_2 表示其他影响地方经济产出的随机影响因素，假定其服从正态分布，即存在 $\varepsilon_2 \sim N(0, \sigma_2^2)$。

此外，假设二者产出的波动的协方差 $\sigma_{12} = 0$，也即保护生态环境和发展地方经济的任务产出分布相互独立。

需要指出的是，e_i 和 s_i（$i = 1, 2$）仅仅是在函数形式上可分的，实际中只有县级政府能够观察二者的投入量，中央政府和当地居民仅能观察到作为产出的结果。

（二）激励契约

委托人 1 和委托人 2 分别单独向县级政府提供激励合同。其中，由于多任务性、产出不易度量以及多委托人等公共部门的典型特征（Dixit，2002；Burgess，Ratto，2003），委托人 1 与县级政府签订的是雇佣合同，这一契约虽然在短期内提供相对固定的弱激励性工资，但在长期内以职级晋升的方式予以激励。我们参照霍姆斯特姆（1999）的处理方法，假定委托人 1 与县级政府之间的长期雇佣合同分为两个阶段，为了避免事前的逆向选择行为，委托人 1 在第一阶段提供一个较低的固定水平的报酬 a_1，并给予生态保护转移支付；在第二阶段提供一个取决于第一阶段生态环境产出的激励性报酬。这样，第一阶段的生态环境产出越多，第二阶段获得的报酬就越高。因此，县级政府在生态环境保护中从两阶段获得的收益可以表示为：

$$w_1 = a_1 + \alpha y_1 \tag{21-25}$$

式（21-25）中，α 表示委托人 1 对县级政府的激励强度；y_1 表示县级政府在第一阶段的生态环境产出，与静态分析中的 y 含义相同；因此，长期中我们就得到一个准线性的激励合同。需要说明的是，县级政府的生态环境保护行为虽然会受到预期的激励，但在第一阶段他只获得固定转移支付 a_1。

与一般的经典委托代理关系相同，县级政府和委托人 2 之间的委托代理关系可以看作是

---

① 虽然公共部门的产出在现实中难以度量，但如果从增进社会效用的角度理解，理论上仍存在着一个客观的产出值。

县级政府（代理人）对委托人 2 的责任和义务，县级政府必须为经济发展和居民福利水平提高负责并做出应有的贡献。这里借鉴贝克尔（Becker，1965）和希思等（Heath et al.，1998）等的分析思路，假定县级政府对委托人 2 的贡献可以通过提高经济增长水平实现，也就是说经济增长水平能够满足县级政府的预算支付、县级政府的各项职能能够顺利实现。对于委托人 2 而言，本节假定来自生态环境保护的收入是固定的，长远利益无助于当期消费预算。因此，委托人 2 对县级政府的激励契约可以表示为：

$$w_2 = a_2 + \beta y_2 \tag{21-26}$$

其中，a_2 表示委托人 2 对县级政府的固定支付（可以理解为委托人 2 对政府提供的职位迁升和财政收入等）；β 表示当地居民对经济发展的短期激励程度。

（三）效应函数

借鉴霍姆斯特姆和米尔格罗姆（Holmstrom and Milgrom，1991）的思路，本节假定县级政府有常数的绝对风险厌恶的风险偏好，其效用函数可表示为：

$$u = - e^{-\rho[w_1 + w_2 - \varphi(e_1,e_2) - \chi(s_2)]} \tag{21-27}$$

式（21-27）中，ρ 是绝对风险厌恶系数，$\rho = - u''/u'$。$\varphi(e_1,e_2)$ 是县级政府付出努力的个人成本，假设其函数形式为二次型，也即：$\varphi(e_1,e_2) = \dfrac{(c_1 e_1^2 + c_2 e_2^2 + 2\kappa e_1 e_2)}{2}$，且存在 $0 \leqslant \kappa \leqslant \sqrt{c_1 c_2}$。县级政府提高在一项任务上的努力，就会增加另一项任务努力的边际成本，也即两项任务之间存在努力成本替代问题，当 $\kappa = 0$ 时，表示两项努力在技术上是相互独立的；当 $\kappa > 0$ 时，表示两项努力在技术上存在努力替代，κ 越接近于 $\sqrt{c_1 c_2}$，二者的替代性越大；当 $\kappa = \sqrt{c_1 c_2}$ 时，表示两项努力在技术上是完全可替代的。$\chi(s_2)$ 表示县级政府将国家重点生态功能区转移支付挪用后带来的事后审计成本，也采用二次型的函数形式，为：$\chi(s_2) = b s_2^2/2$，且 $b \geqslant 0$。

根据国家重点生态功能区设立的依据和目的，假设县级政府在从事生态环境保护方面具有比较优势，即存在 $c_1 < c_2$，并且进一步假设存在 $c_1 < \kappa < c_2$，也就是说发展地方经济的努力 e_2 增加比生态环境保护努力 e_1 的增加能更快地提高两项任务的边际成本。

假设中央政府的两个委托人都是风险中性的，二者有不同的目标，前者提供国家重点生态功能区转移支付的目的是生态环境效益最大化；后者的目标是经济发展和收入的增加[1]。因此，委托人 1 和委托人 2 的效应函数也即风险中性条件下的收益函数为：

$$u_1 = y_1 - a_1 \tag{21-28}$$

$$u_2 = y_2 + a_1 \tag{21-29}$$

值得注意的是，在本节的模型中，县级政府在考虑其效用最大化问题时，虽然其行为会受到长期收益的影响，但是在做出生态环境决策时所考虑的成本却只体现在本期内。因为下一期的收入也是固定的，与成本无关，只需要在下一期考虑成本最小化即可，也就是说县级政府下一期的行为独立于本期行为。此外，中央政府对县级政府的生态保护激励是通过县级政府的"职业关注"机制实现的。中央政府的生态环境收益来源于县级政府在上一阶段提供的生态环境产出，而成本仅仅局限于本阶段的固定支付 a_1。显然，本节构建的生态补偿委托代理模型的本质仍然是一个单一阶段的决策问题。

---

　　① 对于当地居民来说，他们也会关心周边的生态环境状况，但是国家重点生态功能区多数处于西部贫困地区，当地居民更关心当地的经济发展和自身收入水平的提高。因此，本节假定当地居民只关心经济增长和收入水平的提高。

二、基准模型：县级政府不存在财政收入缺口的共同代理模型

现阶段国家重点生态功能区转移支付的标准是县级政府的财政收支缺口，中央政府根据县级政府的财政收支缺口支付相应的转移支付，因此应分析存在财政收支缺口条件下的激励模型，但是与完全信息条件下的激励模型是不完全信息条件下激励模型的基准模型一样，不存在财政收支缺口条件下的激励模型是存在财政收支缺口条件下的奖励模型的基准模型，本部分先对基准模型进行分析。

在共同代理的分析框架下，中央政府的委托人 1 部门和委托人 2 部门分别选择一个激励契约，使得自身收益最大化，而县级政府则通过成本和收益的权衡选择"最优"的资源配置方式以实现自身收益的最大化。

由于县级政府是风险规避的，其效用函数需要转化为确定性等价收入，由式（21 - 25）~ 式（21 - 27）可得县级政府的确定性等价收入为：

$$a_1 + \alpha(e_1 + s_1) + a_2 + \beta(e_2 + s_2) - \frac{\rho(\alpha^2\sigma_1^2 + \beta^2\delta_2^2)}{2} - \varphi(e_1, e_2) - \frac{bs_2^2}{2}$$

首先分析不存在财政收支缺口的情形，也即县级政府的财政收入及中央政府的一般化财政转移支付能够满足支出需求。县级政府效用最大化问题可表示为：

$$\text{Max} \, a_1 + \alpha(e_1 + s_1) + a_2 + \beta(e_2 + s_2) - \frac{\rho(\alpha^2\sigma_1^2 + \beta^2\delta_2^2)}{2} - \varphi(e_1, e_2) - \frac{bs_2^2}{2}$$

县级政府选择 $\{e_1, e_2, s_2\}$ 以最大化自身效用，由一阶条件可得①：

$$e_1^* = \frac{\alpha c_2 - \beta\kappa}{c_1 c_2 - \kappa^2} \quad e_2^* = \frac{\beta c_1 - \alpha\kappa}{c_1 c_2 - \kappa^2} \quad s_1^* = s - \frac{\beta - \alpha}{b}s_2^* = \frac{\beta - \alpha}{b} \quad (21 - 30)$$

为便于分析，这里假设存在 $b \geqslant \beta/\alpha$，这表明即便委托人 1 不对县级政府的生态环境保护行为进行激励，后者仍然会将一定的国家重点生态功能区转移支付用于生态环境保护，这与现实相符，因为保护生态环境也是政府的基本公共职能之一。

（一）县级政府的收益比较

委托人 1 和委托人 2 都提供激励契约的条件下，县级政府的收入可表示为：

$$a_1 + \alpha(e_1^* + s_1^*) + a_2 + \beta(e_2^* + s_2^*) - \frac{\rho(\alpha^2\sigma_1^2 + \beta^2\delta_2^2)}{2} - \varphi(e_1^*, e_2^*) - \chi(s_2^*) \quad (21 - 31)$$

如果委托人 1 不对县级政府提供激励，则存在 $w_1 = 0$（或者说 $a_1 = 0$、$\alpha = 0$），此时，县级政府的效用最大化问题可以表示为：

$$\text{Max} \, a_2 + \beta(e_2 + s_2) - \frac{\rho\beta^2\delta_2^2}{2} - \varphi(e_1, e_2) - \chi(s_2)$$

县级政府选择 $\{e_1, e_2\}$ 从而最大化自身收益，由一阶条件可得：

$$e_1' = \frac{-\beta\kappa}{c_1 c_2 - \kappa^2} \quad e_2' = \frac{\beta c_1}{c_1 c_2 - \kappa^2} \quad s_1' = s - \frac{\beta}{b} \quad s_2' = \frac{\beta}{b}$$

因此，县级政府的收益可表示为：

$$a_2 + \beta(e_2' + s_2') - \frac{\rho\beta^2\delta_2^2}{2} - \varphi(e_1', e_2') - \chi(s_2') \quad (21 - 32)$$

---

① 由于中央政府和县级政府之间存在的激励特征普遍为弱激励，而县级政府与当地居民之间的关系更为密切（也即与保护生态环境相比，县级政府更加关注发展经济和提高居民生活水平），因此，本节假设存在，也即发展经济对县级政府的激励要超过保护生态环境。

如果委托人 2 不对县级政府提供激励，则存在 $w_2 = 0$（或者说 $a_2 = 0$、$\beta = 0$），此时，县级政府的效用最大化问题可以表示为：

$$\text{Max } a_1 + \alpha(e_1 + s_1) - \frac{\rho\alpha^2\delta_1^2}{2} - \varphi(e_1, e_2) - \chi(s_2)$$

县级政府选择 $\{e_1, e_2\}$ 从而最大化自身收益，由一阶条件可得：

$$e''_1 = \frac{\alpha c_2}{c_1 c_2 - \kappa^2} \quad e''_2 = \frac{-\alpha\kappa}{c_1 c_2 - \kappa^2} \quad s''_1 = s \quad s''_2 = 0$$

因此，县级政府的收益可表示为：

$$a_1 + \alpha(e''_1 + s''_1) - \frac{\rho\alpha^2\delta_1^2}{2} - \varphi(e''_1, e''_2) \tag{21-33}$$

由式（21-31）减去式（21-32），可以得到县级政府与委托人 1 合作的额外收益为：

$$\Delta'' = a_1 + \alpha(e_1^* + s_1^*) + a_2 + \beta(e_2^* + s_2^*) - \frac{\rho(\alpha^2\sigma_1^2 + \beta^2\delta_2^2)}{2} - \varphi(e_1^*, e_2^*) - \chi(s_2^*)$$

$$- [a_2 + \beta(e'_2 + s'_2) - \frac{\rho\beta^2\delta_2^2}{2} - \varphi(e'_1, e'_2) - \chi(s_2')]$$

$$= a_1 + \alpha(e_1^* + s_1^*) + \beta(e_2^* + s_2^* - e'_2 - s'_2) - \frac{\rho\alpha^2\sigma_1^2}{2}$$

$$- [\varphi(e_1^*, e_2^*) - \varphi(e'_1, e'_2)] - [\chi(s_2^*) - \chi(s'_2)] \tag{21-34}$$

由式（21-31）减去式（21-33），县级政府与委托人 2 合作的额外收益为：

$$\Delta'' = a_1 + \alpha(e_1^* + s_1^*) + a_2 + \beta(e_2^* + s_2^*) - \frac{\rho(\alpha^2\sigma_1^2 + \beta^2\delta_2^2)}{2} - \varphi(e_1^*, e_2^*) - \chi(s_2^*)$$

$$- [a_1 + \alpha(e''_1 + s''_1) - \frac{\rho\alpha^2\delta_1^2}{2} - \varphi(e''_1, e''_2)]$$

$$= a_2 + \alpha(e_1^* + s_1^* - e''_1 - s''_1) + \beta(e_2^* + s_2^*) - \frac{\rho\alpha^2\sigma_2^2}{2}$$

$$- [\varphi(e_1^*, e_2^*) - \varphi(e''_1, e''_2)] - \chi(s_2^*) \tag{21-35}$$

（二）中央政府两个委托人的收益比较

当中央政府两个委托人都与县级政府合作时，二者得到的期望收益为：

$$E(u_1) = e_1^* + s_1^* - a_1 - \alpha(e_1^* + s_1^*) \tag{21-36}$$

$$E(u_2) = a_1 + \alpha(e_1^* + s_1^*) + e_2^* + s_2^* - a_2 - \beta(e_2^* + s_2^*) \tag{21-37}$$

如果委托人 1 不对县级政府提供激励，则存在 $w_1 = 0$（或者说 $a_1 = 0$、$\alpha = 0$），此时，中央政府的收益为：

$$E(u_1) = e'_1 + s'_1 \tag{21-38}$$

如果委托人 2 不对县级政府提供激励，则存在 $w_2 = 0$（或者说 $a_2 = 0$、$\beta = 0$），此时，当地居民的收益为：

$$E(u_2) = a_1 + \alpha(e''_1 + s''_1) + e''_2 + s''_2 \tag{21-39}$$

接下来比较中央政府两个委托人激励与否的收益差额。由式（21-36）减去式（21-38）可得委托人 1 的收益差额为：

$$\Delta u_1 = (e_1^* + s_1^* - e'_1 - s'_1) - a_1 - \alpha(e_1^* + s_1^*) \tag{21-40}$$

由式（21-37）减去式（21-39）可得委托人 2 的收益差额为：

$$\Delta u_2 = \alpha(e_1^* + s_1^* - e''_1 - s''_1) + (e_2^* + s_2^* - e''_2 - s''_2) - a_2 - \beta(e_2^* + s_2^*) \tag{21-41}$$

（三）最优激励水平的确定

由（21-32）式加上（3-40）式，可以得到委托人 1 和县级政府额外收益之和为：

$$\beta(e_2^* + s_2^* - e_2' - s_2') - \rho\alpha^2\sigma_1^2/2 - [\varphi(e_1^*, e_2^*) - \varphi(e_1', e_2')] - [\chi(s_2^*) - \chi(s_2')]$$

将 e_1^*、e_2^*、e_1'、e_2'、s_1^*、s_2^*、s_1'、s_2' 代入上式可得:

$$\frac{2\alpha c_2 - \alpha^2 c_2}{2(c_1 c_2 - \kappa^2)} - \frac{1}{2}\rho\alpha^2\sigma_1^2 + \frac{2\alpha - \alpha^2}{2b} \qquad (21-42)$$

中央政府选择激励强度 α 使式（21-42）最大化，由一阶条件可得:

$$\alpha = \frac{bc_2 + (c_1 c_2 - \kappa^2)}{bc_2 + b\rho(c_1 c_2 - \kappa^2)\sigma_1^2 + (c_1 c_2 - \kappa^2)} \qquad (21-43)$$

由式（21-35）加上式（21-41）可得委托人 2 和县级政府的额外收益之和[①]为:

$$\alpha(e_1^* + s_1^* - e_1'' - s_1'') + (e_2^* + s_2^* - e_2'' - s_2'') - \frac{\rho\alpha^2\sigma_2^2}{2} - [\varphi(e_1^*, e_2^*) - \varphi(e_1'', e_2'')] - \chi(s_2^*)$$

将 e_1^*、e_2^*、e_1''、e_2''、s_1^*、s_2^*、s_1''、s_2'' 代入上式可得:

$$\frac{2\beta c_2 - \beta^2 c_2}{2(c_1 c_2 - \kappa^2)} - \frac{1}{2}\rho\beta^2\sigma_1^2 + \frac{2\beta - \beta^2 - 2\alpha + \alpha^2}{2b} \qquad (21-44)$$

中央政府选择激励强度 β 使式（21-44）最大化，由一阶条件可得:

$$\beta = \frac{bc_1 + (c_1 c_2 - \kappa^2)}{bc_1 + b\rho(c_1 c_2 - \kappa^2)\sigma_2^2 + (c_1 c_2 - \kappa^2)} \qquad (21-45)$$

可以看到，当惩罚系数 b 趋向于无穷大时，式（21-43）和式（21-45）可表示为:

$$\alpha = \frac{c_2}{c_2 + \rho(c_1 c_2 - \kappa^2)\sigma_1^2} \, ; \, \beta = \frac{c_1}{c_1 + \rho(c_1 c_2 - \kappa^2)\sigma_2^2}$$

于是，县级政府进行生态环境保护的产出为:

$$E(y_1^*) = e_1^* + s_1^* \qquad (21-46)$$

结合式（21-30）、式（21-43）和式（21-46）可知，对生态环境保护及其产出的衡量越精确（越小），中央政府委托人 1 就越可以采取相对较大的激励强度，县级政府也相应付出较多的努力，进而可以提供更多的生态环境产出，在此意义上，本节为基于相对绩效的激励机制（如锦标赛）在生态环境保护的应用提供了一种理论支持。在众多县级政府面临相似的生产环境的条件下，类似于锦标赛的机制可以过滤掉公共噪声的冲击，提供更为准确的产出信息，为实施较强的激励机制提供了条件。

三、扩展形式：县级政府存在财政收支缺口下的共同代理模型

与其他县级地区相比，国家重点生态功能区所在县级政府基本处于经济发展水平较为落后的区域。它们面临长期利益和短期利益的均衡，增加对生态环境保护的努力和投入在长期内可能是最优选择，但短期内却面临着经济增长不能满足当地居民需求的窘境。如果县级政府选择有利于长期利益的行为，在短期内很难取得经济方面的增长，但促进经济增长，满足当地人的生产、生活需要又是县级政府义不容辞的责任和义务。此时，县级政府将在生态环境保护和经济发展二者之间重新分配资源以适应当地居民对经济发展需要的最低约束。

假定县级政府对委托人 2 负有的责任和义务体现在经济增长和财政收入方面，县级政府对委托人 2 的贡献不能低于 h_0，当 $e_2^* + a_1 \geqslant h_0$，也就是说中央政府支付的固定报酬和县级政府在发展经济方面的努力获得的经济增长能够满足约束条件，此时县级政府的最优资源配

[①] 这里委托人 2 支付的工资 $e_1^* + s_1^* - e_1'' - s_1''$ 不再重复计算。

置方案与无约束的情形一致。但是，当 $e_2^* + a_1 < h_0$ 时，县级政府必须重新配置努力和资源，以满足支出约束，这又可以分为不可转移资源和可转移资源两种情形。

（一）不可转移国家重点生态功能区转移支付的情形

如果不能将国家重点生态功能区转移支付转化为一般财政收入（$b = +\infty$），则县级政府只能靠增加经济发展的努力投入来满足支出约束，其他假设条件同上，县级政府的问题可重新描述为：

$$\text{Max } w_1 + w_2 - \varphi(e_1, e_2) \qquad (21-47)$$
$$a_1 + e_2 \geqslant h_o$$

接下来可以按照转移支付使用和监管方式分为两种形式进行讨论：

一种是当国家重点生态功能区转移支付的使用能够被中央政府观察到时，如国家重点生态功能区转移支付的实际控制权仍掌握在中央政府手中，县级政府的使用需要中央政府的审批。此时这一部分转移支付只能用于生态保护方面，县级政府不能挪用，因此只能对投入保护环境和发展本地经济两方面的努力进行重新配置，重新配置的努力投入必然偏离最优情形，当收入约束满足时，式（21-47）是紧的，也就是说在国家重点生态功能区转移支付不可转移情形下，县级政府对经济发展的努力投入为：

$$\bar{e}_2 = h_0 - a_1 \qquad (21-48)$$

由县级政府的确定性等价收益公式对 e_1 的一阶条件，可以得到县级政府选择生态环境保护努力投入（e_1）的反应函数：

$$\alpha - c_1 e_1 - \kappa e_2 = 0 \qquad (21-49)$$

将式（21-48）代入式（21-49）中，可以求得在给定经济发展努力投入 $\bar{e}_2$ 的情形下，县级政府对生态环境保护投入的最优努力值为：

$$\bar{e}_1 = \frac{[\alpha - \kappa(h_0 - a_1)]}{c_1} \qquad (21-50)$$

另一种形式是国家重点生态功能区转移支付的使用情况不可观察，但能够通过事后审计发现违规行为，并进行严厉的惩罚，也即将国家重点生态功能区转移支付转为一般收入的成本非常高（$b = +\infty$）。

当 $\beta - \alpha - bs_2 < \beta - c_2 \bar{e}_2 - \kappa \bar{e}_1$，也就是说当县级政府转移国家重点生态功能区转移支付的边际收益小于 $\bar{e}_2$ 处增加经济发展努力投入的边际收益时，县级政府的最优选择仍然是不转移国家重点生态功能区转移支付，仅通过"任务套利"即通过增加对经济发展的努力投入，同时减少对生态环境保护努力投入来满足支出约束，此时县级政府努力配置与资源可观测的情形一样，仍由式（21-48）和式（21-50）决定。

显然，县级政府对经济发展的努力投入（$\bar{e}_2$）要大于最优的努力投入（e_2^*）。而对生态环境保护的努力投入（$\bar{e}_1$）要小于最优的努力投入（e_1^*），县级政府的努力配置偏离了无约束时的最优情形。此时，生态环境保护的产出可以表示为：

$$E(\bar{y}_1) = \frac{[\alpha - \kappa \bar{e}_2]}{c_1} + s \qquad (21-51)$$

对式（21-51）求解 $\bar{e}_2^2$ 的一阶导数，可知 $\dfrac{\partial E(\bar{y}_1)}{\partial \bar{e}_2} < 0$，也就是说向经济增长中转移的努力投入越多，会导致生态环境保护产出越少，而努力转移的多少取决于当地的收入缺口（$h_0 - a_1$）。如果收入水平 a_1 超过支出约束 h_0。县级政府的努力配置依然是最优情形，但如果收入水平低于支出约束，县级政府就不得不通过任务套利来满足当地发展的支出约束。而且，收入水平越低，县级政府向经济发展转移的努力水平越多，生态环境保护产出越少，由

此，本节得到以下结论：

结论3： 县级政府的财政收入是影响激励机制的重要原因。在财政收入水平较低且国家重点生态功能区转移支付不可转化为一般财政收入的情况下，县级政府有动机减少生态环境保护中的努力投入，从而增加经济发展方面的努力投入，导致生态环境产品产出低于潜在最优水平。

（二）可转移国家重点生态功能区转移支付情形

假定中央政府将国家重点生态功能区转移支付交由县级政府使用，无法观察到资源的投入，只能通过事后审计来评估转移支付的使用状况，如果发现违规使用状况则进行惩罚，此时县级政府有动机将部分国家重点生态功能区转移支付转化为财政收入以进行"资源套利"，这取决于"资源套利"和"任务套利"的相对收益大小。

在 $(\bar{e}_1, \bar{e}_2)$ 处，县级政府转移国家重点生态功能区转移支付的边际收益大于增加经济发展努力的边际收益，即 $\beta - \alpha - bs_2 > \beta - c_2\bar{e}_2 - \kappa\bar{e}_1$ 时，县级政府的最优选择是将部分国家重点生态功能区转移支付用于经济发展，而随着挪用 s_2 的增加，用于经济发展的转移支付的边际收益下降，而对经济增长发展努力投入的减少使得经济发展努力的边际收益上升。当两种行为的边际收益相等时，资源配置达到新的均衡，也就是说，县级政府可以通过加大对经济发展的努力投入（任务套利）和挪用部分国家重点生态功能区转移支付（资源套利）两种途径来满足居民的需要。

国家重点生态功能区转移支付挪用的数量取决于投入经济发展努力的边际收益和挪用转移支付的边际收益二者之间的权衡，新的资源配置需要满足下面两个条件：

$$\beta - \alpha - bs_2 = \beta - c_2 e_2 - \kappa \frac{\alpha - \kappa e_2}{c_1}，也即 s_2 = \frac{(c_1c_2 - \kappa^2)e_2 + \alpha(\kappa - c_1)}{bc_1} \qquad (21-52)$$

$$e_2 + s_2 = h_0 - a_1 \qquad (21-53)$$

求解式（21-52）和式（21-53）构成的方程组可得：

$$s_2 = \frac{(h_0 - a_1)(c_1c_2 - \kappa^2) + \alpha(\kappa - c_1)}{(c_1c_2 - \kappa^2) + bc_1} > 0 \quad \tilde{e}_2 = \frac{(h_0 - a_1)bc_1 - \alpha(\kappa - c_1)}{(c_1c_2 - \kappa^2) + bc_1} \qquad (21-54)$$

同时，由式（21-49）可得：

$$\tilde{e}_1 = (\alpha - \kappa \tilde{e}_2)/c_1 \qquad (21-55)$$

将式（21-55）代入（21-23）式中，可得：

$$E(\tilde{y}_1) = (\alpha - \kappa \tilde{e}_2)/c_1 + s - s_2 \qquad (21-56)$$

将式（21-54）代入式（21-56）并对 b 求导，可知在 $(\tilde{e}_2, s_2)$ 处有：

$$\partial E(\tilde{y}_1)/\partial b < 0 \qquad (21-57)$$

式（21-57）意味着，外生的惩罚系数 b 越大，生态效益产出反而越小，也就是说，当县级政府收入水平较低时，严格的惩罚系数可能不是最优的。由式（21-30）可知：随着惩罚系数 b 从极大向下变动，县级政府挪用国家重点生态功能区转移支付的数量 s_2 增加，对经济发展的努力投入 e_2 相对于 $\bar{e}_2$ 减少。这使县级政府生态环境保护的努力 e_1 相对于 $\bar{e}_1$ 增加，尽管投入生态环境保护上的转移支付 s_1 减少，但生态环境效益产出在整体上仍然是增加的。国家重点生态功能区转移支付的挪用矫正了因地方政府财政支出约束引致的努力配置扭曲，客观上起到了收入补贴的作用，并激励县级政府做出最优的努力配置，提高生态效益产出水平，由此得到另一个结论。

结论 4：在财政收入水平较低（不能满足财政支出约束），但国家重点生态功能区转移支付可转移的情况下，国家重点生态功能区转移支付一方面可以作为生态效益产出的要素投入，另一方面还可以挪用到经济发展方面（资源套利），矫正因收入分配制度不匹配引致的激励扭曲（任务套利）。也就是说国家重点生态功能区转移支付对县级政府的生态环境保护在短期内有"显性激励"，在长期内有"隐性激励"。

第四节　居民生态保护意愿与行为视角下的激励机制理论分析[①]

当地居民作为生态环境保护的直接主体和实际保护者，对其进行激励更为重要。国家重点生态功能区转移支付的最终目标也是激励县级政府和当地居民保护生态环境。前文分析了中央政府和县级政府之间的委托代理问题，接下来分析政府（中央政府和县级政府）和当地居民关于生态环境保护的委托代理问题。在这一关系中，政府是委托人，当地居民是代理人，前者将生态环境保护和建设的任务委托给后者，并通过制度相应的激励机制保证当地居民的生态环境保护和建设的积极性。为避免与前文的重复性工作，本部分将通过羊群效应模型重点研究政府的生态补偿政策对当地居民生态环境保护和建设意愿和行为的影响机理，从而从居民视角提出相应的完善国家重点生态功能区转移支付激励机制的政策建议。

卢克斯（Lux，1995）的羊群效应模型主要描述的是行为个体在股票市场中的自发行为，行为个体的意愿（悲观和乐观）转化是根据自身对股票市场风险的判断，转化的条件是行为主体对市场的判断，结果是获取更大的利益。居民生态保护意愿同样存在"愿意保护和不愿意保护"之间的转化，只是转化的条件变为"生态补偿激励"状况，当生态补偿激励超高居民预期时，居民的行为选择就会由不保护转为保护，同样为获取更大的收益。可以看出，二者的转化机理是一致的，只是转化条件不一样，前者是交易主体自发的判断，而后者是居民对政府生态补偿政策的判断。本节将该模型引入居民生态保护意愿和行为的激励机制研究中，以分析居民的生态保护意愿转化条件和行为选择。

一、基本假定

假设一地区有固定数量为 $2N$ 的居民群体，为便于分析，假设这一地区是封闭的，不存在人口外来输入和本地输出状况，这些居民可以分为愿意保护和不愿意保护生态环境两种人，不存在保持中间态度的人。假设 n_1 表示愿意保护生态环境的居民数量，n_2 表示不愿意保护生态环境的居民数量，且存在 $n_1 + n_2 = 2N$。假设存在 $n = 0.5(n_1 - n_2)$，令 $x = n/N$，则 $x \in [-1,1]$，x 表示整个地区生态保护意愿平均值的一个指标，当 $x = 0$ 时，该地区愿意保护生态环境和不愿意保护生态环境的人数相等，当 $x > 0$ 时，该地区愿意保护生态环境的人数大于不愿意保护生态环境的人数，当 $x < 0$ 时，该地区愿意保护生态环境的人数小于不愿意保护生态环境的人数，当 $x = 1$ 时，该地区所有居民都愿意保护生态环境，当 $x = -1$ 时，该地区所有居民都不愿意保护生态环境。

① 原题为：生态补偿、居民心理与生态保护——基于秦巴生态功能区调研数据研究 ［J］. 管理学刊，2018（4）。

二、模型分析

根据卢克斯（1995）的动力学描述，当愿意保护生态环境的居民增多时，不愿意保护生态环境的居民可能会改变其态度转向愿意保护；相反，当不愿意保护生态环境的居民增多时，愿意保护生态环境的居民可能会改变其态度转向不愿意保护，假定从不愿意保护转向愿意保护的概率为 P_1，从愿意保护转向不愿意保护的概率为 p_2。可以看出，二者是由 x 的分布决定的。也即存在 $p_1 = p_1(x)$，$p_2 = p_2(x)$。这表明所有居民都以相同的方式影响某一个特定居民，为简化分析，假设每一个居民的态度只能改变一次。随着居民理性预期的变化，他们对生态环境保护的态度也随之发生变化，一部分不愿意保护生态环境的居民变为愿意保护，而一部分愿意保护生态环境的居民可能转换为不愿意保护，这都会导致 x 的变化。两类居民之间的相互转化依赖于各自的转移概率 p_1 和 p_2，而转移概率又依赖于居民的行为选择和 x 本身。

进一步假设所有居民改变生态环境保护态度的概率是一样的，这样从一种态度转向另一种态度的居民人数就可以由每一类居民的数量乘以相应的转移概率而近似得到，因此由不愿意保护生态环境转向愿意保护的居民人数就是 $p_1 n_2$，而由愿意保护生态环境转变为不愿意保护的居民人数为 $p_2 n_1$。由此可以得到两类居民之间的人数转换率为：由不愿意保护生态环境转向愿意保护的居民数量转换率为 $\dfrac{\mathrm{d}n_1}{\mathrm{d}t} = p_1 n_2 - p_2 n_1$；由愿意保护生态环境转向不愿意保护的居民数量转换率为 $\dfrac{\mathrm{d}n_2}{\mathrm{d}t} = p_2 n_1 - p_1 n_2$。

由 $n = 0.5(n_1 - n_2)$ 和 $x = n/N$ 可得：

$$\frac{\mathrm{d}x}{\mathrm{d}t} = \frac{0.5d(n_1 - n_2)}{N\mathrm{d}t} = \frac{1}{2N}\frac{\mathrm{d}n_1}{\mathrm{d}t} - \frac{1}{2N}\frac{\mathrm{d}n_2}{\mathrm{d}t} = \frac{1}{N}(p_1 n_2 - p_2 n_1) \tag{21-58}$$

又由 $n_1 + n_2 = 2N$ 和 $n = 0.5(n_1 - n_2)$ 可得：$n_1 = N + n$ 和 $n_2 = N - n$，因此有：

$$\frac{\mathrm{d}x}{\mathrm{d}t} = \frac{1}{N}(p_1 n_2 - p_2 n_1) = \frac{1}{N}[p_1(N - n) - p_2(N + n)] = (1 - x)p_1(x) - (1 + x)p_2(x)$$

$$\tag{21-59}$$

假设居民态度由不愿意保护生态环境向愿意保护生态环境转变的概率相对变化随 x 线性增加，而由愿意保护生态环境向不愿意保护生态环境转变的概率相对变化随 x 线性减少，也即存在 $\dfrac{\mathrm{d}p_1}{p_1} = a\mathrm{d}x$，$\dfrac{\mathrm{d}p_2}{p_2} = -a\mathrm{d}x$。又由于 $p_1 > 0$，$p_2 > 0$，因此可得 p_1 和 p_2 的函数形式为：$p_1(x) = ve^{ax}$，$p_2(x) = ve^{-ax}$。这里，$a \geqslant 0$ 表示转化的力度，是由两方面的因素决定的：一是集体中其他人的行动的影响（a_1）；二是集体行动带来的影响（a_2），并假设存在 $a = a_1 + a_2$。v 代表转化速度。因此，基于卢克斯（1995）的动力模型，可以得到：

$$\mathrm{d}x/\mathrm{d}t = (1 - x)ve^{ax} - (1 + x)ve^{-ax} = 2v[\sinh(ax) - x\cosh(ax)] = 2v\cosh(ax)[\tanh(ax) - x]$$

$$\tag{21-60}$$

通过模型，可以得到以下结论：第一，在 $x = 0$ 时，也即没有外力作用条件下，整个社会处于动态平衡状态，此时存在 $p_1 = p_2 = v$。第二，当 $a \leqslant 1$ 时，Lux 动力模型存在唯一的稳态解 $x = 0$，此时"羊群效应"较弱并随时间逐渐消失；当 $a > 1$ 时，$x = 0$ 是不稳定的，此时 x 存在大于 0 和小于 0 的两个稳态解，也就是说，只要 x 稍微偏离 0，就会产生累积转化过程，并最终导致居民生态保护态度由不愿意向愿意或者由愿意向不愿意转化。a 越大，转化率也越高，向愿意或者不愿意态度转化的绝对值越大。

接下来，我们讨论这种转化的条件：

当 $a = a_1 + a_2 \leqslant 1$ 时，社会动态平衡是一种稳定的动态均衡，虽然也会出现一定的波动，但这种波动一般比较小并逐渐消失。在这种条件下，他人的行动与集体的行为结果不会出现累积放大效应，也就是说，开始可能有个别居民会模仿他人的行为，但看到模仿后集体的行为结果并没有发生较大的变化，那么居民就不会再模仿，这种相互模仿的行为就会逐渐消失。

当 $a = a_1 + a_2 > 1$ 时，社会的动态平衡是一种不稳定的动态均衡，在这种条件下，他人的行动与集体的行为结果会出现累积放大效应，也就是说，开始可能有个别居民模仿他人的行为，但看到模仿后集体的行为结果发生了较大的变化，其他居民也会受到启发，开始模仿，此时这种相互模仿的行为就会逐渐扩大，形成"羊群效应"（Herding）。也就是说，他人和集体行为结果的影响相互叠加是形成"羊群效应"的基本条件。通过分析，可以得到以下结论：

结论 5：当地居民的生态环境保护意愿会受到其他居民和集体行为结果的影响，政府可以通过一系列生态补偿政策促使更多的居民形成正向的生态保护意愿，有意识地提高"羊头"的影响，从而影响群体行为的结果，使更多的人参与生态保护保护中。

第五节　理论分析框架

综上所述，根据研究目标和理论分析，基于我国生态补偿现状特别是国家重点生态功能区转移支付现状，归纳出完善生态补偿转移支付激励机制的理论分析框架，为下文的实证研究提供统一的逻辑框架，如图 21.5 所示。

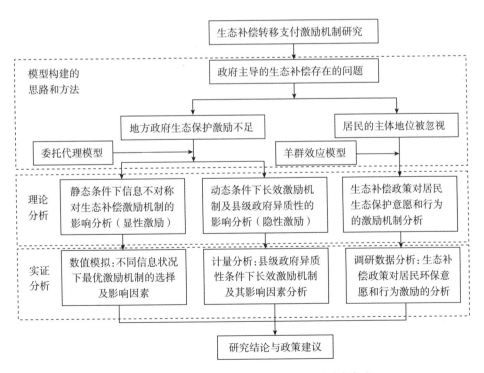

图 21.5　生态补偿转移支付激励机制理论分析框架

第二十二章

国家重点生态功能区转移支付激励机制静态分析[①]

本章根据理论分析部分的委托代理静态模型，通过对基本委托—代理模型的扩展，构建了静态条件下中央政府与国家重点生态功能区所在县级政府生态补偿转移支付激励契约模型，研究不同信息不对称结构对转移支付激励机制的影响。

第一节　国家重点生态功能区生态补偿契约的界定

一、契约代理人——县级政府的界定

（一）保护努力假设

借鉴安顿和索林（Anthon and Thorsen，2004）、胡敏（2004）的分析思路并结合我国国家重点生态功能区转移支付的实施现状，将县级政府的生态环境保护努力状况 a 分为基本努力程度（a_0）、低保护努力程度（a_l）和高努力保护程度（a_h）三种。基本保护努力是指县级政府为满足生态环境保护基本需要或者迫于社会公众压力而自愿提高的生态环境保护努力程度；另外两种保护努力程度是在基本保护努力程度的基础上进行的保护努力，即存在 $a_0 < \alpha_l < \alpha_h$。

（二）生态资源价值假设

借鉴莫特等（Motte et al.，2002；2003）的土地利用价值的划分方法，将国家重点生态功能区内资源价值分为高价值和低价值两类，记为 $k = h(high)$、$l(low)$。假定提供生态效益的边际成本相同，因此，提供同样的生态环境效益产出 P，l 类别资源要服从比 h 类别资源更高的生态环境保护边际保护成本。因此，考虑生态环境保护努力程度和国家重点生态功能区内资源价值类别信息的最佳保护努力为 $a_{i,k}$（$i = 0,l,h$；$k = h,l$）。

（三）生态效益产出假设

短期内国家重点生态功能区所在县级政府提供的生态环境保护努力很难对本县的经济发展产生效益，仅产出生态效益 P，这里假设生态环境保护努力不会给县级政府带来经济效益[②]。P 由 a_i、k 和随机影响因素 ε 决定，可表示为：

$$P_j = P(a_i,k,\varepsilon) \quad j = 0,n \tag{22-1}$$

式（22-1）中，P_j 是一个离散值，$P_0 < P_n$。P_j 随 a 的增加而增加，且有 $\dfrac{\partial P}{\partial a} > 0$，$\dfrac{\partial^2 P}{\partial a^2} < 0$。

---

① 原题为：国家重点生态功能区生态补偿契约设计与分析 [J]. 经济管理，2014（8）。

② 这与基本现实相符，现阶段县级政府的生态保护努力很少能够给当地官员带来经济上或者是政绩上的激励，这也是国家重点生态功能区所在的县级政府生态保护积极性不高的主要原因。

即使在相同的保护努力程度下，资源价值类别的不同也会导致提供的生态效益 P_j 不同。

因此，县级政府对 k 类别资源投入 a_i 保护努力产生生态效益为 P_j 的条件概率为：

$$\rho_{j,i,k} = P(P_j \mid a_i, k)\ j = 0, n\ ;\ i = l, h\ ;\ k = l, h \tag{22-2}$$

在正常状况下，对于同一价值类别的资源来说，随着保护努力的增加，生态效益为 P_n 的概率越大；在同一保护努力程度下，h 类别资源比 l 类别资源产生生态效益为 P_n 的概率高，即 h 类别资源产生的生态效益大于 l 类别资源产生的生态效益；对于同一生态效益 P_j，h 类别资源比 l 类别资源所需的保护努力更少；县级政府对两种价值类别的资源只提供基本保护努力而不提供更多的保护努力时，要想提供 P_n 的生态效益是不可能的，即 $\rho_{n,0,k} = 0$。

（四）生态保护成本假设

县级政府经济开发的生产性投入为 z，获得的经济产出为 Q，记为：$Q = Q(z, a_i)$，根据要素报酬递减规律可知 $\dfrac{\partial Q}{\partial z} > 0$，$\dfrac{\partial^2 Q}{\partial z^2} < 0$。为便于讨论，假定 Q 是 a 的线性减函数，随着 a 的增加而线性下降，也即经济开发的产出随资源保护努力的提高而下降。当县级政府对国家重点生态功能区内生态资源提供 a_i（$i = l, h$）保护努力时，其获得的经济收益为 π_i，在风险属性方面，假定县级政府是风险规避的，效用函数为：

$$U[\pi_i(z^*, a_i)] = U[pQ(z^*, a_i) - wz^* - \varphi a_i] \tag{22-3}$$

其中，p 为单位经济产品的价格；z^* 是县级政府最佳的生产性投入，w 为单位生产性投入的成本；φ 为单位资源保护努力成本。

此外，假设 z 和 a 对经济产出的影响相互独立，即有 $\dfrac{\partial^2 Q}{\partial z \partial a} = \dfrac{\partial^2 Q}{\partial a \partial z} = 0$。这样，就可以在模型中只关注资源保护的努力投入 a，而无须同时关注生产性投入 z。县级政府保护努力成本是保留收益 π_0 和提供 a_i 保护努力时的收益 π_i 之间的差。为简化模型，令 $a_0 = 0$、$\varphi = 1$，则县级政府保护努力成本为：

$$c_i(z^*, a_i) = \pi_0 - \pi_i(z^*, a_i) = p[Q(z^*, a_0) - Q(z^*, a_i)] + a_i \tag{22-4}$$

县级政府目标是在开发投入为 z^* 的条件下实现资源保护努力成本 a_i 的最小化。

二、契约委托人——中央政府的界定

（一）不完全信息状况界定

雅各布斯和茨德普洛格（Jacobs and Van Der Ploeg，2006）认为，在公共预算配置过程中，委托人（中央政府）和代理人（县级政府）之间普遍存在由于委托—代理问题而引起的不完全信息（information asymmetries）问题。萨姆（Saam，2007）认为，信息不对称问题源于生产活动的复杂性使得委托人（即中央政府）很难准确观察和评价代理人（县级政府）的行为（努力程度、经费投入）及效益产出。而关于委托代理双方不完全信息的形式，假设中央政府关于国家重点生态功能区内资源保护与开发状况面临三种信息不对称状况，即县级政府隐藏资源保护努力信息、隐藏资源价值类别信息和既隐藏保护努力又隐藏价值类别信息（双重隐藏信息）。

（二）中央政府成本函数界定

假定中央政府面对的信息环境为 I，对县级政府提供的生态效益制定的奖罚激励为 S。不同信息状况下中央政府利用契约激励县级政府进行生态保护努力的计划成本是不同的。假定政府计划的激励成本及转移支付为 $C(S, I)$，表示激励成本 C 是在给定的信息环境 I 时的最佳激励结构的函数。政府的目标是使激励成本 C 最小化。在县级政府资源保护努力产出的生

态效益为 P_j 时，中央政府预期的激励成本可表示为：

$$EC(S_k, I) = \sum_j (\rho_{j, i=k, k} \times s_{j, k}) = \rho_{0, i=k, k} \times s_{0, k} + \rho_{n, i=k, k} \times s_{n, k}$$
$$j = 0, n \; ; \; i = l, h \; ; \; k = l, h \tag{22-5}$$

三、约束条件与最大化预期效用假定

中央政府要设计出一个生态补偿转移支付契约，以满足县级政府的参与约束条件和激励相容条件。县级政府只有在获得保留效益的前提下，才会提供资源保护努力，因此，具有信息优势的县级政府获得的效益只有达到或超过保留效用时，才有可能提供中央政府要求的资源保护努力。风险规避性县级政府的参与约束条件可表示为：

$$EU_k[\pi_i, S_k] \geqslant U_0$$
$$i = l, h \; ; \; k = l, h \tag{22-6}$$

其中，U_0 是县级政府的保留收益；$S_k = [s_{0, k}, s_{n, k}]$，$s_{j, k} = s_k[P_j]$。

中央政府希望县级政府提高资源保护努力，而县级政府为实现自身利益最大化，必然希望减小资源保护努力，因此中央政府只能通过促使县级政府效用最大化来实现自身效用最大化。二者之间的激励相容条件可表示为：

$$EU_k[\pi_{i=k}, S_k] \geqslant U_{\cdot}[\pi_{i \neq k}, S_k]$$
$$i = l, h \; ; \; k = l, h \tag{22-7}$$

因此，根据中央政府和县级政府之间的契约，当对国家重点生态功能区内资源开发的经营投入为 z^* 时，县级政府最大化效用函数可表示为：

$$\text{Max}EU_k[\pi_i, S_k] = \rho_{0, i, k} U[\pi_i + s_{0, k}] + \rho_{n, i, k} U[\pi_i, s_{n, k}]$$
$$i = l, h \; ; \; k = l, h \tag{22-8}$$

假定国家重点生态功能区内不同价值类别资源的保护努力可以由一个基本的保护努力的倍数来表示，不同资源的保护努力可以通过具体的数量变化来反映，即将不同的资源通过数据相加统一成相同价值类别资源，就可以对国家重点生态功能区的资源进行统一处理。

进一步假定共用有 m 个基本生态资源，对于某一国家重点生态功能区，h 类别资源比例为 λ，l 类别资源比例为 $1 - \lambda$；F 表示中央政府管理和保证契约执行的固定成本；β 表示契约形成的社会成本，给定信息状态下，为保证预期总计划成本最小，中央政府设计的县级政府参与资源保护的契约是：

$$\text{Min}EC(S, I) = m\beta[\lambda ES_h + (1 - \lambda)ES_l + F] \tag{22-9}$$
$$s. t. \; (IR) \; EU_k[\pi_{i=k}, S_k] \geqslant U_0 \; k = l, h \tag{22-10}$$
$$(IC) \; EU_k[\pi_{i=k}, S_k] \geqslant U_k[\pi_{i \neq k}, S_k] \; k = l, h \tag{22-11}$$

至此，本节已构建了中央政府和县级政府生态补偿转移支付的契约模型。下一部分要对不同信息状况下的生态补偿契约进行比较分析，以确定中央政府不同信息状况下的转移支付契约形式。

第二节　国家重点生态功能区转移支付静态激励契约设计

本部分设计了三种信息不对称状况下国家重点生态功能区转移支付的契约，探讨中央政府和县级政府之间不同信息条件下的转移支付的委托—代理契约形式。

一、完全信息状况下的国家重点生态功能区转移支付契约形式

在资源保护努力信息和资源价值类别信息都可观察时，中央政府与县级政府的信息是对称的，中央政府可以要求县级政府对 l 类别的资源提供 l 保护努力，对 h 类别的资源提供 h 保护努力，同价值类别资源的最优契约可以通过保护努力来设计，记作 $s_k(a_i)$。此外，假定中央政府的风险属性为中性，与县级政府共同分担风险，并且进一步假设契约结构独立于县级政府通过投入资源保护努力产生的生态效益，这时，最优契约设计问题简化为一个典型的风险分担问题，只要县级政府的资源保护努力 a 满足参与约束，就可以促使其选择有效的资源保护努力水平 a_l、a_h。因此，完全信息状况下转移支付最优契约可以表示为：

$$l \text{ 类别资源}: s_l(a_l) = c_l, s_l(a_{i \neq k}) \leq 0 \tag{22-12}$$

$$h \text{ 类别资源}: s_h(a_h) = c_h, s_h(a_{i \neq k}) \leq 0 \tag{22-13}$$

式（22-12）和式（22-13）表明，如果 $a_{i=k}$ 能够被中央政府所观察，中央政府就不必根据县级政府保护努力生产的生态效益 P_j 而对县级政府进行转移支付，而仅支付县级政府资源保护的努力成本 c_l 和 c_h。$s_l(a_{i \neq k}) \leq 0$ 和 $s_h(a_{i \neq k}) \leq 0$ 表示县级政府提供的保护努力与中央政府提出的保护要求不符时，超出的保护努力得不到转移支付，而当县级政府的资源保护努力达不到要求时，中央政府将根据转移支付契约中的惩罚规定对县级政府进行惩罚，直到收回所有转移支付。

二、隐藏保护努力信息状况下国家重点生态功能区转移支付契约形式

中央政府要求县级政府提供符合资源价值类别的保护努力，设计的最优契约的结构为 $s_{jk} = s_k(P_j)$，中央政府根据县级政府资源保护产生的生态效益设计相应的转移支付契约，契约形式可以通过式（22-9）~式（22-11）求得。由于国家重点生态功能区内资源价值类别是可观察的，因此，契约结构 $[s_{0,k}, s_{n,k}]$ 只须满足县级政府的参与约束，就能设计出最优的转移支付契约，通过奖罚措施促使县级政府提供与资源价值类别相符的保护努力。与理论模型相对应，也为便于后面的模拟检验，本节假定在该信息条件下，县级政府对 l 类别的资源只提供基本努力保护而不提供更多保护努力，中央政府不进行支付，即 $s_{0,l} = 0$。下面来求导两种类别资源的成本最小化的转移支付契约结构。

当 $k = l$ 时，满足约束条件（22-14）的最优化的一阶条件为：

$$EU_l[\pi_l, S_l] = U_0 \tag{22-14}$$

由于 $EU_l[\pi_l, S_l] = \pi_l + EC(S_l)$，而且对于 l 类别资源，企业可以选择基本努力或 l 努力，因此根据式（22-8）有：

$$EU_l[\pi_l, S_l] = \pi_l + EC(S_l) = \pi_l + \rho_{0,l,l} \times s_{0,l} + \rho_{n,l,l} \times s_{n,l} \tag{22-15}$$

又有 $s_{0,l} = 0$，所以：

$$\begin{aligned}
EU_l[\pi_l, S_l] &= \pi_l + \rho_{n,l,l} \times s_{n,l} \\
&= \pi_l + \rho_{n,l,l} \times s_{n,l} + \rho_{n,l,l} \times \pi_l - \rho_{n,l,l} \times \pi_l \\
&= \pi_l + \rho_{n,l,l} \{(\pi_l + s_{n,l}) - \pi_l\}
\end{aligned} \tag{22-16}$$

式（22-16）可改写为：

$$EU_l[\pi_l, S_l] = U(\pi_l) + \rho_{n,l,l} \{U(\pi_l + s_{n,l}) - U(\pi_l)\} \tag{22-17}$$

对式（22-17）变形可得：

$$U(\pi_l) + \rho_{n,l,l} \{U(\pi_l + s_{n,l}) - U(\pi_l)\} = U_0 \tag{22-18}$$

即：

$$\rho_{n,l,l} \{U(\pi_l + s_{n,l}) - U(\pi_l)\} = U_0 - U(\pi_l) \tag{22-19}$$

式（22-19）即为 l 类别资源转移支付的最优契约结构。

当 $k = h$ 时，由约束条件式（22-10）的最优化的一阶条件为：

$$EU_l[\pi_l, S_l] = U_0 \tag{22-20}$$

由激励相容条件式（22-11）的最优化的一阶条件为：

$$EU_h[\pi_h, S_h] = U_h[\pi_l, S_h] \tag{22-21}$$

所以有：

$$U_h[\pi_l, S_h] = U_0$$

根据式（22-8）有：

$$EU_h[\pi_l, S_h] = \pi_l + EC(S_h) \tag{22-22}$$

$$= \pi_l + \rho_{0,l,h} \times s_{0,h} + \rho_{n,l,h} \times s_{n,h}$$

$$= \pi_l + \rho_{n,l,h} \times \pi_l - \rho_{n,l,h} \times \pi_l + \rho_{0,l,h} \times s_{0,h} + \rho_{n,l,h} \times s_{n,h} \tag{22-23}$$

又有 $\rho_{0,l,h} + \rho_{n,l,h} = 1$，所以：

$$EU_h[\pi_l, S_h] = \pi_l + \rho_{n,l,h}[(\pi_l + s_{n,h}) - (\pi_l + s_{0,h})] + s_{0,h}$$

$$= U[\pi_l + s_{0,h}] + \rho_{n,l,h}\{U[\pi_l + s_{n,h}] - U[\pi_l + s_{0,h}]\} \tag{22-24}$$

又有 $U_h[\pi_l, S_h] = U_0$，所以有：

$$\rho_{n,l,h}\{U[\pi_l + s_{n,h}] - U[\pi_l + s_{0,h}]\} = U_0 - U[\pi_l + s_{0,h}] \tag{22-25}$$

式（22-25）即为 h 类别资源的最优转移支付契约结构。

因此，两种类别资源的成本最小化的转移支付必须满足：

$$l \text{ 类别资源：} \rho_{n,l,l}\{U[\pi_l + s_{n,l}] - U[\pi_l]\} = U_0 - U[\pi_l] \tag{22-26}$$

$$h \text{ 类别资源：} \rho_{n,l,h}\{U[\pi_l + s_{n,h}] - U[\pi_l + s_{0,h}]\} = U_0 - U[\pi_l + s_{0,h}] \tag{22-27}$$

式（22-26）表明，l 类别资源与完全信息状况相同下的转移支付相同，$s_{n,l}$ 是中央政府唯一的可控制变量，确定 $s_{n,l}$ 就可以实现县级政府满足 l 类别资源保护的参与约束条件和激励相容条件。同时，要使县级政府为 l 类别的资源提供 a_l 努力，就要保证县级政府提供 a_l 努力和 a_0 努力带来的预期边际效用等于相应的边际成本。式（22-27）表明，县级政府提供 a_h 保护努力的最佳契约结构由选择 a_l 保护努力效用加上 h 类别的资源相关支付的边际值与选择 a_0 保护努力获得的超过 a_l 的效用相等的解决定。也可以解释为，选择 a_l 得到的转移支付可能是 $s_{0,h}$，也可能是 $s_{n,h}$，要想使县级政府对 h 类别的资源选择 a_h 努力而不是 a_l 努力，就要使县级政府选择 a_h 时的预期的边际收益等于边际成本。

与完全信息状况相比，在县级政府隐藏努力信息的状况下，中央政府将承担所有风险，并需要额外支付一部分风险金 r_k 来补偿县级政府的风险成本，以保证契约满足参与约束。

由式（22-26）可知：

$$\rho_{n,l,l} \times s_{n,l} = U_0 - U(\pi_l) + r_l = c_l + r_l，即 s_{n,l} = (c_l + r_l)/\rho_{n,l,l} \tag{22-28}$$

由式（22-10）可知：

$$\pi_h + \rho_{n,h,h} \times s_{n,h} + \rho_{0,h,h} \times s_{0,h} = \pi_0 + r_h \tag{22-29}$$

又有 $\rho_{n,h,h} = 1 - \rho_{0,h,h}$，所以有：

$$s_{n,h} = \frac{[(c_h + r_h) - \rho_{0,h,h} \times s_{0,h}]}{\rho_{n,h,h}} \tag{22-30}$$

$$s_{0,h} = \frac{[(c_h + r_h) - \rho_{n,h,h} \times s_{0,h}]}{\rho_{0,h,h}} \tag{22-31}$$

此时，中央政府制定的生态补偿转移支付最优激励契约需要向不同类别资源支付的转移支付为：

$$l \text{ 类别资源：} s_{n,l} = \frac{(c_l + r_l)}{\rho_{n,l,l}}；$$

$$s_{0,l} = 0 \tag{22-32}$$

h 类别资源：$s_{n,h} = \dfrac{\left[(c_h + r_h) - \rho_{0,h,h} \times s_{0,h} \right]}{\rho_{n,h,h}}$；

$$s_{0,h} = \dfrac{\left[(c_h + r_h) \quad \rho_{n,h,h} \times s_{0,h} \right]}{\rho_{0,h,h}} \tag{22-33}$$

三、双重隐藏信息状况下的国家重点生态功能区转移支付契约形式

当县级政府的资源保护努力和国家重点生态功能区资源价值类别信息都不可观察时，中央政府只能根据生态效益 P_j 设计转移支付契约，此时，还要引入一个防止县级政府故意错误地传递资源价值类别以至对 h 类别资源提供 a_l 而不是合意的 a_h 保护努力的激励约束。中央政府不能完全了解资源价值类别，只能给出一个包括 l 和 h 类别资源的综合契约，即 $s_n^* = s_{n,h} = s_{n,l}$、$s_0^* = s_{0,h} = s_{0,l}$，对两种价值类别资源提供相同的契约。此时契约目标是诱使县级政府为相应价值类别的资源提供相应的保护努力。

当代理人是风险中性时，其努力程度是否可观察对风险分担没有影响，这种状况与风险规避代理人努力程度可观测情况相同；而在隐藏信息条件下，代理人是风险中性还是风险规避对其选择无影响，因为代理人没有不确定性，因此，隐藏信息条件下风险规避县级政府的契约形式和双重隐藏信息下风险中性县级政府的契约形式相同。在假定中央政府是风险中性后，假定县级政府也是风险中性的，这时县级政府的边际效用恒定，与保护努力无关（张维迎，2004）。这时契约转变为资源价值类别不可观测状况下的契约，县级政府获得的转移支付只有信息租金，而没有风险贴水。县级政府的风险属性为中性时可得：

$$U[\pi_i + s_i] = \pi_i + s_i \quad i = l,h \tag{22-34}$$

为了激励县级政府为 l 和 h 类别资源提供相应的保护努力，中央政府成本最小化问题除满足式（4-5）~式（4-7）外，还要受县级政府提供给相应价值类别资源相应保护努力的激励相容条件约束。也就是要确定 $P_{n,l}$、$P_{n,h}$ 和 a_0、a_l、a_h 三个努力程度的单一组合，形成一个有约束力的激励保证县级政府对 h 类别的资源提供 a_h 而不是 a_0 或 a_l 保护努力；对 l 类别的资源提供 a_l 而不是 a_0 保护努力。当 $\rho_{n,0,k} = 0$，$\rho_{n,l,k} > 0$、$\rho_{n,h,k} > 0$，且中央政府和县级政府都是风险中性。接下来本节求解此时中央政府最优的生态补偿转移支付。

县级政府是风险中性的，意味着 $\partial \pi / \partial a = 1$，$\partial^2 \pi / \partial a^2 = 0$，即激励结构与不同特征资源所需保护努力水平无关，而取决于该资源的特征类型。

当 $k = l$ 时，

满足约束条件（22-10）的最优化的一阶条件为：

$$EU_l[\pi_l, S_l] = U_0$$

根据式（22-26）有：

$$EU_l[\pi_l, S_l] = \pi_l + EC(S_l)$$
$$= \pi_l + \rho_{0,l,l} \times s_{0,l} + \rho_{n,l,l} \times s_{n,l} = \pi_0 \tag{22-35}$$

所以有：

$$s_0^* = s_{0,l} = (c_l - \rho_{n,l,l} \times s_{n,l}) / \rho_{0,l,l} \tag{22-36}$$

当 $k = h$ 时，

由激励相容条件式（22-11）的最优化的一阶条件为：

$$EU_h[\pi_h, S_h] = U_h[\pi_l, S_h] \tag{22-37}$$

$$\pi_h + \rho_{n,h,h} \times s_{n,h} + \rho_{0,h,h} \times s_{0,h} = \pi_l + \rho_{n,l,h} \times s_{n,h} + \rho_{0,l,h} \times s_{0,h} \tag{22-38}$$

又有 $c_i = \pi_0 - \pi_i$，所以有：

$$-c_h + \rho_{n,h,h} \times s_{n,h} + \rho_{0,h,h} \times s_{0,h} = -c_l + \rho_{n,l,h} \times s_{n,h} + \rho_{0,l,h} \times s_{0,h} \qquad (22-39)$$

即：

$$(\rho_{n,h,h} - \rho_{n,h,h}) \times s_{n,h} = c_h - c_l + (\rho_{n,h,h} - \rho_{n,h,h}) \times s_{0,h} \qquad (22-40)$$

将 $s_{0,l} = s_0^*$ 代入式（22-40）可得：

$$(\rho_{n,h,h} - \rho_{n,h,h}) \times s_{n,h} = c_h - c_l + (\rho_{n,h,h} - \rho_{n,h,h}) \times [(c_l - \rho_{n,l,l} \times s_{n,l})/\rho_{0,l,l}] \qquad (22-41)$$

式（22-41）整理可得：

$$(\rho_{n,h,h} - \rho_{n,h,h}) \times s_{n,h} = \rho_{0,l,l} \times (c_h - c_l) + (\rho_{n,h,h} - \rho_{n,h,h}) \times c_l \qquad (22-42)$$

所以有：

$$s_n^* = s_{n,h} = s_{n,l} = c_l + (c_h - c_l) \times [\rho_{0,l,l}/(\rho_{n,h,h} - \rho_{n,l,h})] \qquad (22-43)$$

将式（22-43）代入 s_0^* 中可得：

$$s_0^* = s_{0,h} = s_{0,l} = c_l - (c_h - c_l) \times [\rho_{n,l,l}/(\rho_{n,h,h} - \rho_{n,l,h})] \qquad (22-44)$$

因此，可以得到双重隐藏信息条件下的最优转移支付契约的激励结构为：

$$s_0^* = c_l - (c_h - c_l) \times [\rho_{n,l,l}/(\rho_{n,h,h} - \rho_{n,l,h})] \qquad (22-45)$$

$$s_n^* = c_l + (c_h - c_l) \times [\rho_{0,l,l}/(\rho_{n,h,h} - \rho_{n,l,h})] \qquad (22-46)$$

这一激励结构除满足式（22-9）~式（22-11）外，县级政府还能获得一个由资源价值类别决定的期望转移支付，激励其根据资源价值类别选择相应的保护努力。

由式（22-5）、式（22-45）和式（22-46）可知，双重隐藏信息状况下最优契约的预期转移支付为：

$$E_l[S] = c_l \qquad (22-47)$$

$$E_h[S] = c_l + (c_h - c_l) \times \frac{(\rho_{n,h,h} - \rho_{n,l,l})}{(\rho_{n,h,h} - \rho_{n,l,h})} \qquad (22-48)$$

在双重隐藏信息状况下，当中央政府和县级政府的风险属性都为中性时，中央政府提供给县级政府的 l 类别资源转移支付刚好等于保护成本的期望值，但由于资源类别信息的不对称，中央政府要对 h 类别资源提供高于保护成本期望的转移支付，县级政府获得信息租金 v。

由 $E_h(v) = E_h[S] - c_h$，可得：

$$
\begin{aligned}
E_h(v) = E_h[S] - c_h &= c_l + (c_h - c_l) \times \frac{(\rho_{n,h,h} - \rho_{n,l,l})}{(\rho_{n,h,h} - \rho_{n,l,h})} - c_h \\
&= (c_h - c_l) \times \frac{(\rho_{n,l,h} - \rho_{n,l,l})}{(\rho_{n,h,h} - \rho_{n,l,h})}
\end{aligned} \qquad (22-49)
$$

式（22-49）表明，信息租金 v 包括两部分，第一部分为 $(c_h - c_l)$，是县级政府保护努力从 a_l 到 a_h 时成本的增加；第二部分为 $(\rho_{n,l,h} - \rho_{n,l,l})/(\rho_{n,h,h} - \rho_{n,l,h})$，由两方面构成，$(\rho_{n,l,h} - \rho_{n,l,l})$ 为由资源价值类别决定的，县级政府提供 a_l 保护努力获得生态效益为 P_n 的概率差别；$(\rho_{n,h,h} - \rho_{n,l,h})$ 为县级政府为 h 类别资源提供 a_h 和 a_l 保护努力产生生态效益为 P_n 的概率差别。通过先前的假定可知，信息租金的第二部分是正的。

四、转移支付契约成本影响因素变动的比较分析

国家重点生态功能区转移支付委托—代理契约的成本随着县级政府保护成本和可观察生态效益的概率变化而变化。通过比较分析得到三个重要的结论：

结论 1：在隐藏保护努力信息状况下，中央政府总的生态保护成本 $W = E[C(S_k)]$ 随 l 类别和 h 类别资源的保护成本上升而上升。对于相同的 $s_{0,k}$、$s_{n,k}$ 有：

$$\frac{\partial W_l}{\partial c_l} > 0 ; \frac{\partial W_h}{\partial c_h} > 0$$

证明：当 $k = l$ 时，中央政府总的生态补偿机会成本为：

$$W_l = E[C(S_l)] = m\beta(\rho_{n,l,l} \times s_{n,l} + \rho_{0,l,l} \times s_{0,l} + F_l) \quad (22-50)$$

将式（22-32）代入可得：

$$W_l = E[C(S_l)] = m\beta[\rho_{n,l,l} \times (c_l + r_l)/\rho_{n,l,l} + F_l] = m\beta(c_l + r_l + F_l) \quad (22-51)$$

对 W_l 求 c_l 的偏导数可得：

$$\frac{\partial W_l}{\partial c_l} = m\beta(1 + \partial r_l/\partial c_l) > 0 \quad (22-52)$$

当 $k = h$ 时，中央政府总的生态补偿机会成本为：

$$W_h = E[C(S_h)] = m\beta(\rho_{n,h,h} \times s_{n,h} + \rho_{0,h,h} \times s_{0,h} + F_l) \quad (22-53)$$

将式（22-33）代入可得：

$$W_h = E[C(S_h)] = m\beta[(c_h + r_h) - (1 - \rho_{n,h,h}) \times s_{0,h} + \rho_{0,h,h} \times s_{0,h} + F_l] = m\beta(c_h + r_h + F_l)$$

对 W_h 求 c_h 的偏导数可得：

$$\frac{\partial W_h}{\partial c_h} = m\beta(1 + \partial r_h/\partial c_h) > 0 \quad (22-54)$$

因此，总成本受参与约束和激励相容条件的影响，在隐藏努力信息条件下，为了满足参与约束条件，中央政府提供的生态补偿转移支付随着保护成本的上升而上升。在现实中，这是很容易理解的。

结论2：双重隐藏信息状况下，国家重点生态功能区内 h 类别资源的信息租金随着 h 类别资源保护成本的上升而上升，但随着 l 类别资源保护成本的上升而下降。对于相同的 s_0^*、s_n^* 有：

$$\frac{\partial E_h(v)}{\partial c_h} > 0, \frac{\partial E_h(v)}{\partial c_l} < 0$$

证明：由于企业的风险属性是风险中性或风险规避的，因此并不能改变信息租金的变化情况，对式（22-49）分别求 c_h 和 c_l 的偏导数可得：

$$\frac{\partial E_h(v)}{\partial c_h} = \frac{(\rho_{n,l,h} - \rho_{n,l,l})}{(\rho_{n,h,h} - \rho_{n,l,h})} \quad (22-55)$$

$$\frac{\partial E_h(v)}{\partial c_l} = \frac{-(\rho_{n,l,h} - \rho_{n,l,l})}{(\rho_{n,h,h} - \rho_{n,l,h})} \quad (22-56)$$

根据实际情况，我们可知 $\rho_{j,i,k}$ 必然具有如下性质：第一，对同一类别的资源，期望保护努力提供的社会效益必然随保护努力程度的增加而增加，所以有 $\rho_{n,h,h} > \rho_{n,l,h}$；第二，当保护努力程度相同时，$h$ 类别的资源比 l 类别的资源更容易提供社会效益 P_n，所以有 $\rho_{n,l,h} > \rho_{n,l,l}$。因此可知：

$$\frac{\partial E_h(v)}{\partial c_h} > 0, \frac{\partial E_h(v)}{\partial c_l} < 0$$

结论2表明，为了防止资源价值类别被错误地表达，h 类别资源的信息租金必须随着保护成本的上升而上升，而 l 类别资源保护成本的上升，h 类别资源必要的信息租金就会下降。

结论3：在双重隐藏信息状况下，h 类别资源的信息租金随着县级政府提供给 h 类别资源 a_l 努力产出生态效益为 P_n 的概率增加而增加，但随着县级政府提供给 l 类别资源 a_l 努力产出生态效益为 P_n 的概率增加而减少。对于相同的 s_0^*、s_n^* 有：

$$\frac{\partial E_h(v)}{\partial \rho_{n,l,h}} > 0, \frac{\partial E_h(v)}{\partial \rho_{n,l,l}} < 0$$

证明：对式（22-49）求 $\partial \rho_{n,l,h}$ 的偏导数可得：

$$\frac{\partial E_h(v)}{\partial \rho_{n,l,h}} = (c_h - c_l)[(\rho_{n,h,h} - \rho_{n,l,l})/(\rho_{n,h,h} - \rho_{n,l,h})^2] \quad (22-57)$$

又由 $\rho_{j,i,k}$ 的两个性质可知：$\rho_{n,h,h} > \rho_{n,l,h}$，$\rho_{n,l,h} > \rho_{n,l,l}$，即有 $\rho_{n,h,h} > \rho_{n,l,l}$，因此可得

出：$\dfrac{\partial E_h(v)}{\partial \rho_{n,l,h}} > 0$

对式（22-49）求 $\partial \rho_{n,l,l}$ 的偏导数可得：

$$\frac{\partial E_h(v)}{\partial \rho_{n,l,l}} = \frac{-(c_h - c_l)}{(\rho_{n,h,h} - \rho_{n,l,h})} < 0 \qquad (22-58)$$

结论 3 说明，h 类别资源的信息租金必然随着 a_l 保护努力提供的两类资源的社会效益 P_n 的概率的差别的增加而增加，此时可以减小资源类别被错误表达的可能性。

以上推导出的结论，是下一节进行数值模拟的基础，我们将找出一个特殊变量，通过该变量的变化来分析不完全信息状况下生态补偿契约总成本的变化。

第三节　转移支付契约成本影响因素变动的数值模拟

一、数值设定

由于保留收益和保护努力成本的大小仅影响转移支付的规模，不会对数值的正负产生影响，因此，本节假定县级政府对国家重点生态功能区内资源开发得到的独立于资源价值类别、保护努力为 a_0 的保留利润为 $\pi_0 = 5000$[①]；保护努力 a_l 和 a_h 将分别减少县级政府 10% 和 20% 的保留利润，即 $c_l = 500$，$c_h = 1000$；l 和 h 类别资源的比例各为 50%。巴德斯利和伯弗德（Bardsley and Burford，2013）在设计生态服务拍卖契约时将风险规避系数确定为 0.5，而我国县级政府作为转移支付契约的代理人，其风险偏好程度会高于与自身利益密切相关的地主，因此，假设县级政府对各价值类别的资源的风险规避系数都为 0.75。县级政府的期望效用满足：

$$U_{j,i,k}[R] = U_{j,i,k}[R]^{0.75} \quad j = 0,n，i = l,h，k = l,h \qquad (22-59)$$

R 表示县级政府在国家重点生态功能区内进行适度开发，加上中央政府的转移支付确定的净收益。根据式（22-8），上式可以写为：

$$U_{j,i,l}[R] = \rho_{0,i,l} \times U[\pi_0 - c_i + s_{0,l}]^{0.75} + \rho_{n,i,l} U[\pi_0 - c_i - s_{n,l}]^{0.75} \qquad (22-60)$$

$$U_{j,i,h}[R] = \rho_{0,i,h} \times U[\pi_0 - c_i + s_{0,h}]^{0.75} + \rho_{n,i,h} U[\pi_0 - c_i - s_{n,h}]^{0.75} \qquad (22-61)$$

对于生态资源保护产出概率的假定如表 22.1 所示。从表 22.1 可知，l 类别资源的 $\rho_{0,0,l}$、$\rho_{0,l,l}$ 和 $\rho_{0,h,l}$ 分别为 100%、80% 和 65%，而相应的 $\rho_{n,0,l}$、$\rho_{n,l,l}$ 和 $\rho_{n,h,l}$ 为 0、20%、35%。h 类别资源的 $\rho_{0,0,h}$、$\rho_{0,l,h}$ 和 $\rho_{0,h,h}$ 分别为 100%、70% 和 50%，而相应的 $\rho_{n,0,h}$、$\rho_{n,l,h}$ 和 $\rho_{n,h,h}$ 为 0、30%、50%。为了计算方便，假定国家重点生态功能区内两类资源各占 50%。

表 22.1　　　　　　　　　　资源保护产出的概率（$\rho_{j,i,k}$）分布

资源类别（所占比例）		l 类别资源（50%）		h 类别资源（50%）	
努力程度	成本 c	P_0	P_n	P_0	P_n
a_0	0	1.00	0.00	1.0	0.0
a_l	500	0.80	0.20	0.7	0.3
a_h	1000	0.65	0.35	0.5	0.5

---

①　本节同样尝试了将保留收益设定为 3000、5000 和 8000 的情形，发现会对所有状况下的契约无效率的绝对大小同时产生影响，但不影响各种状况下契约无效率的相对大小。因此本节将保留收益最终确立为 5000 进行数值模拟。

二、数值模拟分析

本部分对信息不对称条件下契约影响因素的变动进行数值模拟，讨论不同信息结构下不同价值类别资源比例、保护成本差异及保护努力达到目标的概率等因素对契约成本的影响。

（一）保护成本不变时的数值模拟结果

表22.2为给定条件下中央政府的预期转移支付和转移支付契约结构（s_0和s_n）、县级政府的期望效用和真实保护成本、契约成本和契约无效率的数值。这些数值是根据第三部分中各信息状况下契约结构计算公式计算出的：$E(S)$由式（22-5）计算所得；县级政府期望效用由式（22-60）、式（22-61）计算所得；$s_{0,k}$、$s_{n,k}$由各信息状况下的计算方法得到。信息不对称导致中央政府多出的转移支付与县级政府实际成本的比为契约无效率，在两类资源各占50%时，整个契约无效率由中央政府对两类资源实际多出的支付除以750得到。

表22.2　　　　　　　　　　　**不同信息状况下的保护契约**

信息状态	完全信息			隐藏保护努力信息			隐藏价值类别信息			双重隐藏信息	
资源特征	l	h	合计	l	h	合计	l	h	合计	l	h
所占比例	50%	50%	1	50%	50%	1	50%	50%	1	50%	50%
预期支付 $E(S)$	500	1000	750	524.51	1215.9	870.21	500	1250	875	587.2	1461.1
$s_{0,k}$	500	1000		0	-975.6		0	0		-26.7	-26.7
$s_{n,k}$	500	1000		2622.56	3407.4		2500	2500		3042	3042
县级政府期望效用	594.6	594.6		594.60	603.14		5000	5250		599.45	678.14
真实保护成本	500	1000	750	500	1000	750	500	1000	750	500	1000
契约成本	0	0	0	24.51	215.9	120.21	0	250	125	87	461
单契约无效率(%)	0	0		4.90	21.5		0	25		17.4	46.1
总契约无效率(%)			0			16.03			16.67		

注：契约成本是指中央政府实际多支付的保护成本，即预期支付与真实成本之差；契约无效率是指契约成本和真实成本之比。

在县级政府隐藏保护努力信息状况下，中央政府对两种类型资源的预期支付高于完全信息时的预期支付，并且h类别资源有较高风险贴水，导致其契约成本比l类别资源契约成本高。风险规避型县级政府隐藏资源价值类别信息状况的结果与风险中性县级政府双重隐藏信息的环境类似，数值模拟结果显示，h类别资源获得了信息租金，而l类别资源只获得了保护成本的转移支付补偿，也就是，说在本节的假设条件下，l类别资源的契约效率与完全信息状况下的契约效率相同，契约无效率主要来自源于h类别资源的信息租金。在风险规避型县级政府双重隐藏信息的环境下，县级政府可以根据资源价值类别的私人信息进行选择，可以通过h类别资源获得一定的信息租金。

此外，县级政府隐藏保护努力和资源价值类别信息产生的契约总成本之和为32.7%（16.03% + 16.67%），小于双重隐藏信息状况下的契约无效率水平36.55%，表明县级政府双重隐藏信息状况下产生更多的信息问题。两者之差为3.85%，称之为信息附加值，表示双重隐藏信息状况引起的信息问题变化，这一值为正，表示县级政府在双重隐藏信息状况下的信息问题加重，反之则为减轻。在双重隐藏信息状况下，l 类别资源分别隐藏保护努力和资源价值类别信息的契约无效率水平之和小于双重隐藏信息的契约无效率水平（$4.90\% + 0\% < 17.4\%$）；h 类别资源分别隐藏保护努力和资源价值类别信息的契约无效率水平之和大于双重隐藏信息的契约无效率水平（$21.5\% + 25\% > 46.1\%$）。由此得到结论4。

结论4：契约选择与保护努力信息和资源价值类别信息的相对重要性有关，中央政府可以通过信息不对称状况激励约束县级政府的资源保护行为。

（二）资源价值类别比例变化时的数值模拟

上述是 l、h 类别资源各占50%的模拟分析，那么 h 类别资源比例上升会导致契约成本如何变化？由前文可知，λ、$(1-\lambda)$ 分别为 h、l 类别资源所占比例。则契约成本可表示为：

$$契约成本 = [\lambda \times E_h(S) + (1-\lambda) \times E_l(S)] - [\lambda \times 1000 + (1-\lambda) \times 500]$$
$$= [E_l(S) - 500] + \lambda[E_h(S) - E_l(S) - 500]$$

$[E_l(S) - 500]$ 与资源价值类别比无关，在隐藏保护努力信息、隐藏资源价值类别信息和双重隐藏信息顺序下，$[E_h(S) - E_l(S)]$ 的值分别为 691.39、750、873.9。因此，随着 λ 的增加，尽管 l、h 类别资源的契约成本不变，但总的契约成本仍呈现减缓增长趋势。详见表 22.3。

此外，h 类别资源比例上升对信息附加值的影响也是本节关注的重要问题，双重隐藏信息状况下的契约成本（$[\lambda \times 1461.1 + (1-\lambda) \times 587.2] - [\lambda \times 1000 + (1-\lambda) \times 500]$）分别减去县级政府隐藏保护努力信息条件下的契约成本（$[\lambda \times 1215.9 + (1-\lambda) \times 524.51] - [\lambda \times 1000 + (1-\lambda) \times 500]$）和县级政府隐藏生态资源资源价值类别信息条件下的契约成本（$[\lambda \times 1250 + (1-\lambda) \times 500] - [\lambda \times 1000 + (1-\lambda) \times 500]$）可得 $62.7 - 66.7\lambda$，这表明随着 λ 的增加，双重隐藏信息与分别隐藏二者产生的契约无效率的差变小，在 $\lambda = 94\%$ 时出现逆转，分别隐藏保护努力信息和资源价值类别信息产生的契约无效率之和更大。由此可以推出结论5。

结论5：总的契约成本取决于 h 类别资源的比例，随着 h 类别资源所占比例越大，契约无效率水平不断增加，总的契约成本越大，但信息附加值却呈现递减趋势。

表 22.3　　　　　　　　契约无效率与 h 类别资源比例 λ 的关系

比例 λ	0%	10%	20%	30%	40%	50%	60%	70%	80%	90%	100%
隐藏保护努力(%)	4.90	7.94	10.46	12.60	14.44	16.03	17.42	18.65	19.74	20.71	21.59
隐藏价值类别(%)	0.00	4.55	8.33	11.54	14.29	16.67	18.75	20.59	22.22	23.68	25.00
双重隐藏信息(%)	17.44	22.65	27.00	30.67	33.82	36.55	38.94	41.05	42.92	44.60	46.11
信息附加值	12.54	10.16	8.21	6.53	5.09	3.85	2.77	1.81	0.96	0.21	-0.48

注：契约无效率 = 契约成本/（$\lambda \times 1000 + (1-\lambda) \times 500$）；信息附加值为保护努力和资源价值类别都隐藏的契约无效率减去分别隐藏的契约无效率。

（三）保护成本变化时的数值模拟

结论1表明，隐藏努力信息条件下，转移支付总的契约成本随着两类价值资源的保护成本上升而上升；结论2表明，双重隐藏信息条件下，h 类别资源信息租金随其保护成本上升而上升，随 l 类别资源保护成本上升而下降，这说明信息租金的变化并不像在隐藏保护努力信息时风险贴水的变化那样确定。这里模拟保护成本变化对契约成本的影响。如表 2.4 所示。

在隐藏保护努力信息条件下，随着保护成本的不断增加，县级政府要求获得的风险贴水上升，当保护成本增长50%时，l类别资源的风险贴水与保护成本的比例也即契约无效率水平由4.90%上升到7.30%，增长约0.5倍；而h类别资源的契约无效率水平由21.50%上升到59.36%，增长1.5倍还多。这表明，即使在资源保护成本h同比例增长的情况下，h类别资源的风险贴水增长幅度也快于l类别资源风险贴水的增长幅度。中央政府预期转移支付的增加既有保护成本的增加，又有风险贴水的增加。

在隐藏资源价值类别信息条件下，保护成本同比例变化使类别资源信息租金也同比例变化。由于两种价值类别的资源保护成本同比例增加，h类别资源信息租金相对于保护成本的比例没有改变，契约的非效率保持不变，仍为25%。

在双重隐藏信息条件下，契约无效率水平的变动取决于风险贴水增长幅度与信息租金变化的相对大小，即由两方面决定的：一是c_l、c_h引致的支付给h类别资源的信息租金变化的净结果；二是l、h类别资源风险贴水变化的净结果。只有h类别资源的信息租金有净增长并且两种价值类别资源的风险贴水随着c_l、c_h同时增长时，才能确定契约成本会随着保护成本的增加而增加。表22.4表明，两种价值类别资源的保护成本增加50%时，将总的契约成本从274.2提高到547.5，契约的无效率从36.55%增加到48.67%

表22.4 不同信息环境中的保护成本和契约无效率

信息状态	完全信息			隐藏保护努力信息			隐藏资源价值类别信息			双重隐藏信息		
资源特征	l	h	合计	l	h	合计	l	h	合计	l	h	合计
所占比例	50%	50%	1	50%	50%	1	50%	50%	1	50%	50%	1
预期支付 $E(S)$	500	1000	750	524.5	1215.9	870.2	500	1250	875	587.2	1461.1	1024.2
保护成本	500	1000	750	500	1000	750	500	1000	750	500	1000	750
契约无效率	0%	0%	0%	4.90%	21.50%	16.03%	0%	25.00%	16.67%	17.40%	46.10%	36.55%
预期支付 $E(S)$	550	1100	825	579.6	1398.5	989.1	550	1375	962.5	658.0	1626.6	1142.3
保护成本(增加10%)	550	1100	825	550	1100	825	550	1100	825	550	1100	825
契约无效率	0%	0%	0%	5.38%	27.14%	19.89%	0%	25.00%	16.67%	19.63%	47.87%	38.46%
预期支付 $E(S)$	600	1200	900	635.2	1601.5	1118.4	600	1500	1050	731.8	1799.0	1265.4
保护成本(增加20%)	600	1200	900	600	1200	900	600	1200	900	600	1200	900
契约无效率	0%	0%	0%	5.86%	33.46%	24.26%	0%	25.00%	16.67%	21.97%	49.92%	40.60%
预期支付 $E(S)$	650	1300	975	691.2	1822.7	1257	650	1625	1137.5	808.7	1980.0	1394.4
保护成本(增加30%)	650	1300	975	650	1300	975	650	1300	975	650	1300	975
契约无效率	0%	0%	0%	6.34%	40.21%	28.92%	0%	25.00%	16.67%	24.42%	52.31%	43.01%
预期支付 $E(S)$	700	1400	1050	747.7	2064.6	1406.1	700	1750	1225	889.9	2168.5	1529.2
保护成本(增加40%)	700	1400	1050	700	1400	1050	700	1400	1050	700	1400	1050
契约无效率	0%	0%	0%	6.82%	47.47%	33.92%	0%	25.00%	16.67%	27.13%	54.89%	45.64%
预期支付 $E(S)$	750	1500	1125	804.8	2390.4	1597.6	750	1875	1312.5	973.95	2371.05	1672.5
保护成本(增加50%)	750	1500	1125	750	1500	1125	750	1500	1125	750	1500	1125
契约无效率	0%	0%	0%	7.30%	59.36%	42.01%	0%	25.00%	16.67%	29.86%	58.07%	48.67%

从表22.4还可以看到，在资源保护成本增加20%后，分别隐藏保护努力和资源价值类别信息产生的契约无效率之和为40.93%（24.26%＋16.67%），大于双重隐藏信息时的契约无效率为40.60%，这表明前两者契约无效率严重于后者，通过比较也可以发现，随着资源保护成本的增加，这种现象越来越严重，因此，随着保护成本的增加，双重隐藏信息状况下的契约更具有效率。由此得到结论6。

结论6：在双重隐藏信息状况下，随着县级政府生态环境保护成本的增加，生态补偿契约无效率水平增加，并且高价值类别资源无效率水平增加值会高于低价值类别资源无效率水平的增加值。

（四）契约成本和契约无效率的边际数值模拟

下面再分析保护成本增加时，契约成本和契约无效率的边际变化，如表22.5所示，随着保护成本同比例的增长，隐藏保护努力信息时契约成本及契约非效率的增加值快于双重隐藏信息时契约成本及契约非效率的增长。原因是在前者的信息条件下，保护成本的增加大大提高了h类别资源的风险贴水，但这一风险贴水在后者的信息条件下得到了部分的抵销。对于政府而言，风险贴水在最佳合约中是必须得到弥补的，但政府可以通过获取资源价值类别信息来选择给付信息租金的大小。随着保护成本的不断增加，双重隐藏信息条件下的契约吸引力是不断增强的，因为最终隐藏保护努力信息条件下的契约成本将超过前者的契约成本，这在国家重点生态功能区中h类别资源比例较高时情况尤其如此。

表22.5　　　　　　　　保护成本增加时订约成本和契约效率的边际增加

信息状况	隐藏保护努力			隐藏资源价值类别			双重隐藏信息		
价值类别	l	h	合计	l	h	合计	l	h	合计
保护成本	契约成本边际增加								
增加10%	5.10	82.60	43.90	0	25	12.5	20.80	65.50	43.20
增加20%	5.60	103.00	54.30	0	25	12.5	23.80	72.40	48.10
增加30%	6.00	121.20	63.60	0	25	12.5	26.90	81.00	53.95
增加40%	6.50	141.90	74.10	0	25	12.5	31.20	88.50	59.85
增加50%	7.10	225.80	116.50	0	25	12.5	34.05	102.55	68.30
保护成本	契约无效率的边际增加（%）								
增加10%	0.48	5.64	3.86	0	0	0	2.23	1.77	1.91
增加20%	0.48	6.32	4.37	0	0	0	2.34	2.05	2.14
增加30%	0.48	6.75	4.66	0	0	0	2.45	2.39	2.41
增加40%	0.48	7.26	5.00	0	0	0	2.71	2.58	2.63
增加50%	0.48	11.89	8.09	0	0	0	2.73	3.18	3.03

通过表22.5的分析，可以得到本节的结论7：

结论7：在隐藏保护努力和双重隐藏信息状况下，不同价值类别资源的保护成本差别越

大，企业获取 h 类别资源的信息租金越大，契约成本也越大。

第四节　主要结论及政策建议

一、主要结论

本节以我国生态转移支付契约的典型案例——国家重点生态功能区转移支付政策的实施为例，通过扩展一期的委托—代理模型来设计隐藏信息、隐藏行动和双隐藏三种条件下的生态补偿契约，进而运用成本效益分析法对不同价值类别的资源比例、保护成本差异以及保护努力达到目标的概率等因素对最优契约成本的影响进行数据模拟，探讨不同信息不对称状况下中央政府的最优行为选择和契约选择，完善生态补偿契约设计和成本效益分析理论。

通过理论分析可知：在中央政府不了解县级政府生态保护努力信息条件下，中央政府总的生态补偿成本会随着国家重点生态功能区资源保护成本的上升而上升。在中央政府既不了解县级政府保护努力程度，又不了解国家重点生态功能区内资源价值差异的条件下，国家重点生态功能区内高价值资源的信息租金随着其保护成本的上升而上升，但随着低价值资源保护成本的上升而下降；高价值资源的信息租金随着县级政府提供低努力产出高生态效益概率的增加而增加，但随着县级政府提供给低价值资源低努力产出高生态效益概率的增加而减少。

通过数值模拟，得到以下结论：一是契约选择与保护努力信息和资源价值类别信息二者的相对重要性有关，中央政府可以根据具体的信息不对称状况激励约束县级政府的资源保护行为；二是总的契约成本取决于高价值资源的比例，其比例越大，契约成本越大，但信息附加值却呈现递减趋势；三是在双重隐藏条件下，随着县级政府保护成本的增加，契约无效率水平增加，并且高价值资源无效率水平增加值高于低价值资源无效率水平增加值，不同价值类别资源的保护成本差别越大，县级政府获取高价值资源的信息租金越大，契约成本也越大。

二、政策建议

对于国家重点生态功能区转移支付的拨付，财政部根据 EI 指标体系对生态补偿效果进行年度考核，并据此决定下一年的转移支付金额，但这种事后考核方法面临的信息不对称（隐藏环境保护与生态建设行为以及隐藏不同价值资源的比例）问题较大，极易造成县级政府生态环境保护行为缺失，影响转移支付的生态补偿效率。

中央政府在不能获得完全信息的条件下，应根据获得县级政府保护情况和重点生态功能区内不同价值资源比例情况的难易状况进行权衡，依据具体情况提供多样化的生态补偿契约，实现社会期望福利最大化（Salzman，2005）。通过理论分析和数值模拟，并借鉴生态补偿转移支付实施的国际经验，笔者认为我国应建立独立的生态补偿转移支付制度，中央政府应依据地方政府保护努力水平和国家重点生态功能区资源状况的信息结构设计转移支付契约，根据可获得的地方政府行为和保护区生态效益信息确定生态补偿金额，改变现有的依据财政缺口来确定国家重点生态功能区转移支付水平的方式，兼顾转移支付的效率和公平。结合本节的结论，对完善国家重点生态功能区转移支付契约提出以下政策建议：

第一，在中央政府不了解县级政府生态保护努力程度的条件下，中央政府可以根据资源的不同价值，提供相宜的生态补偿的转移支付契约，提高生态补偿转移支付政策的效率，此时生态补偿转移支付标准应结合资源价值状况。但当国家重点生态功能区高价值类别的资源比例较高时，可以对该区内所有资源（包括低价值类别资源）设定统一的契约，来降低隐藏资源保护努力信息状况下的信息租金以提高契约效率，虽然对低价值类别资源采取和高价值类别资源相同的保护努力是没有效率的，但仍可能比对依据不同资源价值类别分别进行保护产生更多的社会效益，这样，第一种信息不对称（隐藏行为）条件下每一个国家重点生态功能区生态补偿转移支付契约的设计可根据契约的信息租金与契约成本之间的比较而抉择。

第二，在中央政府不了解国家重点生态功能区资源价值差异的条件下，中央政府应提供与县级政府资源保护努力相对应的生态补偿转移支付契约，此时确立的生态补偿转移支付标准应结合县级政府投入的保护成本状况。此时生态补偿契约的信息租金会随高价值资源比例的上升而上升，因此，中央政府应根据国家重点生态功能区内高价值类别和低价值类别的生态资源比重信息制定不同的生态补偿标准和管理制度，从而减少风险贴水、提高资源保护绩效。

第三，在既不了解县级政府保护努力程度，又不了解国家重点生态功能区内资源价值差异的条件下，中央政府既要支付信息租金，又要支付风险贴水，生态补偿契约的效率损失较大，生态补偿标准只能结合县级政府提供的生态效益来确定。而降低双方的信息不对称状况成为重点，中央政府应加大对地方政府生态环境保护行为和当地生态环境状况的监测，具体来说：一方面可以加大对县级政府的监督检查力度，定期或者不定期地对部分县级政府的生态保护行为及生态环境状况进行抽查，保持县级政府保护生态环境，防治生态环境破坏的高压线。另一方面可以激励当地公众参与生态环境保护的监督，把国家重点生态功能区的利益相关者制衡机制纳入生态转移支付制度之中，提高当地居民生态环境保护和监督的决策地位，使其监督建议及部分决策的权力得以制度化，逐渐提高其参与程度；此外，中央政府还可以增加物质激励，成立专门的生态保护激励基金，对积极参与生态保护共同治理的社会公众给予物质奖励，并在其他可能获得私人利益的项目和工作方面给予优先考虑。

国家重点生态功能区转移支付激励机制的计量分析[①]

本章根据理论分析部分的动态条件下共同代理模型及结论，实证研究动态条件下国家重点生态功能区转移支付的长效激励机制及县级政府财政收入水平、生态保护能力以及生态环境状况等方面异质性的影响。

第一节　双重目标分析和命题的提出

一、双重目标分析

我国国家重点生态功能区处于经济发展较为落后的地区，这里的县级政府一般都面临财政收入水平较低、政绩考核压力较大的现实，可以肯定的是，这些县级政府必然面临生态环境保护和发展经济的双重目标的冲突与选择。

目标冲突则是因为代理人（县级政府）目标的复杂性，我国中央政府对地方官员实施的是以 GDP 为主要指标的绩效考核制度（周黎安，2004；聂辉华和李金波，2006），在这种绩效考核下，发展地方经济会给地方官员带来经济上的激励（Qian and Weingast，1996；林毅夫和刘志强，2000；Jin et al.，2005），这曾经对我国经济增长发挥了重要作用（皮建才，2012）；但也导致了地方政府相对缺乏提供生态产品的积极性。县级政府在很大程度上会根据个人偏好展开生态环境保护行为，而本地整体经济发展目标与生态环境保护目标之间也存在着不可避免的潜在冲突。更重要的是，在个体层面上，县级政府的行为动机可能会导致显而易见的目标冲突。假设县级政府有两种行为动机，即经济增长（职位晋升）与生态环境保护。县级政府的具体行为与其所处的制度环境密切相关，在特定制度环境约束下，县级政府个体的理性选择可能是投入更多精力追求经济增长和职位晋升，很难保证生态环境保护活动的投入（在努力和经费投入意义上均是如此），导致国家重点生态功能区转移支付的使用偏离中央政府期望的目标。

这里借助一个几何图形对县级政府在双重目标下重经济轻环保的行为选择进行分析。假设县级政府在保护生态环境和发展地方经济双重目标之间分配国家重点生态功能区转移支付资金。由于中央政府和县级政府存在信息不对称，并且这一部分资金的专用性较差，中央政府仅通过事后审计很难观察到这一部分资金的具体利用状况。县级政府会基于自身利益最大

---

① 原题为：国家重点生态功能区转移支付的生态保护效应研究——基于陕西省数据的实证研究 [J]. 中国人口·资源与环境，2017（11）。

化和行为选择偏好，对中央政府的生态标准适当变通，将一部分甚至全部资金挪用到经济发展中，减少对生态环境保护的投入。

为便于分析，将县级政府在保护环境和发展经济双重目标之间的财政预算分配视为公共消费的行为选择过程，也就是说，将县级政府视为一个消费者，将财政预算视为预算约束条件，最终的消费品有保护生态环境和发展地方经济两种。中央政府提供的国家重点生态功能区转移支付会增加县级政府总的财政预算水平，也即预算约束线向右上方移动，这部分资金本来是用于保护生态环境的，但有限理性的县级政府会基于自身偏好，挪用部分甚至全部资金用于经济发展，通过"资源套利"获得短期经济利益。国家重点生态功能区转移支付资金的使用选择路径如图 23.1 所示。

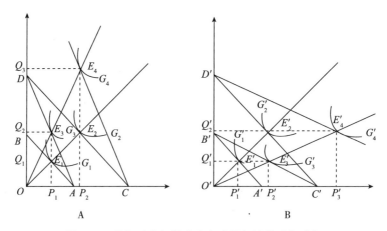

图 23.1　县级政府保护生态和发展经济的路径选择

图 23.1 中，横轴表示县级政府发展经济投入的财政预算，纵轴表示县级政府保护生态环境的财政预算。A 图表示中央政府提供国家重点生态功能区转移支付后，希望县级政府选择的保护生态环境和发展地方经济的最佳路径，B 图表示县级政府实际选择的保护生态环境和发展地方经济的可能路径之一，也是对中央政府来说，县级政府最差的路径选择。假设在提供国家重点生态功能区转移支付之前，县级政府的财政预算约束线为 AB 和 $A'B'$，曲线 G_1 和 G_1' 表示相应的效用函数曲线。

中央政府提供转移支付 BD 后，希望县级政府的预算约束变为 AD，县级政府把中央政府提供的转移支付资金"消费"到保护生态环境中，在发展经济的预算投入不变的条件下，将生态环境保护投入从 OQ_1 提高到 OQ_2，从而改善生态环境，提供更多的生态环境效益。但是，县级政府会基于自身偏好，将转移支付挪用到发展地方经济中，也即预算约束由 $A'B'$ 变为 $B'C'$（这里假设 $BD = A'C'$），县级政府发展地方经济的财政投入从 OP_1' 提高到 OP_2'，而投入到保护生态环境中的财政预算仍为 OQ_1'，县级政府通过"资源套利"，即将中央政府提供的转移支付挪用到经济发展上获得短期的经济利益，如图 23.1 中的 B 图所示。

此外，需要说明的是，图 23.1 中的两种状况是县级政府关于生态保护行为选择极端好和极端差的状况，实践中县级政府不会将转移支付全部用于生态环境保护，也不会全部用于发展经济，而是在二者之间进行分配，也就是说图 23.1 中的 A 图和 B 图给出了县级政府环境保护资金利用的变化范围，但县级政府基于自身政绩考核的理性选择必然是挪用部分甚至全部资金用在发展经济方面。

二、命题的提出

根据第三章的动态委托代理理论分析得到的两个结论可知，县级政府的财政收入水平对其生态环境保护努力投入具有重要影响。一般来说，县级政府财政收入水平高则意味着较小的财政支出缺口，在其他变量相同的条件下，县级政府相应的更有可能投入较多的努力从事生态环境保护活动，有较少的激励将国家重点生态功能区转移支付挪作他用，因而有较高的生态环境效益产出。奥尔森（Olson，2008）通过两人博弈认为，高收入者比低收入者更愿意提供公共物品，德里森和奎斯（Derissen and Quaas，2013）同样认为，随着生态环境产品稀缺性和消费者收入水平的增加，居民对生态环境产品的风险属性可能由风险中性变为风险规避，增加对生态环境产品的需求并自觉保护生态环境，本节认为这同样适用于不同财政收入水平的县级政府。因此，提高县级政府的财政收入水平和增加转移支付都会对县级政府的生态环境保护行为产生显著影响。

作为以上分析的一个进一步引申，将生态补偿转移支付资金更多地配置到财政收入较高（相对于同等条件下其他县级政府的平均财政收入而言）的县级政府、对生态环境保护投入力度较大的地区，可能会产生更显著的生态环境效益产出。此外，县级政府不同的生态保护边际成本也是影响生态效益产出的重要因素，一般来说，高保护能力（低边际保护成本）的县级政府的生态效益产出要高于低保护能力（高边际保护成本）县级政府的生态效益产出，因此对其支付更多的转移支付有利于整体生态效益产出的增加。由此，本章提出以下 3 个待检验的命题：

命题 1：生态补偿转移支付水平对县级政府的生态环境效益产出具有显著影响，获得转移支付越多，县级政府的生态环境效益产出越高。

命题 2：县级政府财政收入水平对转移支付的激励效应和生态环境效益产出具有重要影响，财政收入水平越高，转移支付的激励效应越强，生态环境效益产出越高。

命题 3：县级政府的生态保护能力对转移支付的激励效应具有重要影响，生态保护能力越高，转移支付的激励效应越强，生态环境效益产出越高。

第二节　模型设定和数据分析

结合陕西省国家重点生态功能区转移支付实施状况，对上一部分的命题进行验证，并分析国家重点生态功能区转移支付激励机制效应的影响因素。

一、计量模型设定

在实际测算中，每年的生态环境质量指数（EI）实际是前一年的生态环境质量状况，如2013 年测度的生态环境质量实质上是 2012 年的生态环境状况，因此，本节将生态环境质量的影响因素均采用滞后一期的数据。将实证模型设定为：

$$\ln EI_{it} = C + \theta_1 \ln TR_{it-1} + \theta_2 \ln GR_{it-1} + \theta_3 \ln EI_{it-1} + \omega Z_{it} + \varepsilon_{it} \quad (23-1)$$

式（23 - 1）中，EI_{it} 表示国家重点生态功能区所在的 i 县 t 年的生态环境质量，《办法》中详细规定了国家重点生态功能区生态环境质量的测度指标，这里不再赘述。TR_{it-1} 表示 i 县 $t - 1$ 年获得的国家重点生态功能区转移支付额，该变量用来表示中央政府对县级政府生态环境保护的激励水平，GR_{it-1} 表示 i 县 $t-1$ 年的财政收入水平；财政收入高的县级政府与财政收入低的县级政府相比，对生态环境产品的偏好越强，越愿意提供生态环境保护努力，获得更多的生态环境效益；EI_{it-2} 表示 i 县 $t-1$ 年的生态环境质量，用于测算生态资源质量对生态效益产出的影响，生态环境质量是由前一期的生态环境保护努力水平和生态环境质量状态决定的，这也间接表明前期的生态环境保护努力水平对后期的生态环境质量也产生影响，因此为保证生态环境质量的提高，县级政府必须重视生态环境保护的长期性；Z_{it-1} 表示 i 县 $t-1$ 年其他影响生态环境质量的控制变量；C 为常数项；ε_{it} 为误差项。

本节选取的控制变量主要包括：各地区人均 GDP（$\ln perGDP_{it}$）及人均 GDP 的二次方（$(\ln perGDP_{it-1})^2$），经济发展水平是影响生态环境质量的重要因素，现阶段我国的经济增长与生态环境质量之间存在矛盾冲突，一般情况下，在经济发展水平较低时，经济增长会阻碍生态环境质量的提高，但随着经济发展水平的提高，人们对生态环境的重视程度增加，生态环境质量得到改善，因此本节认为生态环境质量和经济增长之间存在"U"形曲线关系；产业结构（$\ln IS_{it-1}$），用各县级政府第二产业增加值占 GDP 的比重表示，第二产业比重的上升意味着带来了更多的工业污染和废弃物的排放，不利于生态环境质量的改善；城乡收入差距（$\ln INC_{it-1}$），用各县城镇居民可支配收入和农村居民纯收入之比表示，城乡收入差距的扩大使得农村居民不平等的心理加强，可能会利用自身的变量提高破坏和污染生态环境获得收入，这不利于生态环境质量的提升；居民消费水平（$\ln CONS_{it-1}$），用各县级政府社会消费品零售总额表示，消费水平的提高一般情况下会带来更多的生产和生活垃圾，也不利于生态环境保护；县域耕地面积（$\ln CUL_{it-1}$），用各县年末常用耕地面积表示，土地是生态环境的载体，耕地增加会导致更多的森林草地被破坏，不利于生态环境保护。为保证数据的平稳性和收敛，各数据均采用自然对数表示。

在具体的实证过程中，为更好地分析国家重点生态功能区转移支付激励效应的影响因素，本节在对整体数据进行回归的基础上，又分别按照各县级政府的财政收入水平和生态保护能力（边际保护成本）进行分类回归。

二、数据来源及统计描述

国家重点生态功能区转移支付于 2008 年实施，并于 2009 年测算生态环境质量指数（EI）。基于数据的可获得性，实证研究数据的时间跨度定为 2008～2015 年，EI 指数选取 2009～2015 年数据，而其他自变量选取滞后一期也即 2008～2014 年的数据。具体来说，选取陕西省 2008～2015 年连续获得国家重点生态功能区转移支付的 33 个县为研究样本进行实证分析。这 33 个县分别为：太白县、凤县、南郑县、城固县、洋县、西乡县、勉县、宁强县、略阳县、镇巴县、留坝县、佛坪县、岚皋县、汉阴县、石泉县、宁陕县、紫阳县、平利县、镇平县、旬阳县、白河县、洛南县、山阳县、丹凤县、商南县、镇安县、柞水县、绥德县、米脂县、佳县、吴堡县、清涧县和子洲县共 33 个县级行政单位。相关数据来源于《陕西省统计年鉴》（2009－2015）、《中国区域统计年鉴》（2009－2015）以及陕西省环保厅、财政厅的调研数据。

（一）数据分组

首先，按国家重点生态功能区所在县级政府的财政收入水平进行分组，分组的依据是各县级政府 2008～2014 年人均财政收入的均值，前 16 个县级政府为高财政收入县级政府，而后 17 个县级政府为低财政收入县级政府，分组状况如表 23.1 所示：

表 23.1　　　　　　　　　　　　县级政府生态保护能力分类

分类	县域
高财政收入组	佛坪县、吴堡县、留坝县、太白县、镇平县、宁陕县、清涧县、凤县、米脂县、略阳县、柞水县、子洲县、佳县、白河县、岚皋县、石泉县
低财政收入组	石泉县、商南县、绥德县、平利县、宁强县、镇安县、紫阳县、汉阴县、丹凤县、勉县、镇巴县、旬阳县、山阳县、洛南县、西乡县、南郑县、城固县、洋县

其次，生态保护能力是一个潜在变量，主观性较强，现阶段在该方面的测量研究上还存在一定的问题，需要寻找一个相应的替代变量。一般情况下，生态保护能力强的县级政府提供的生态环境效益也较高即补偿成效较高；反之，生态保护能力弱的县级政府提供的生态环境效益也较低，即补偿成效较低，因此这里采用补偿成效替代生态保护能力，补偿成效高的县生态保护能力较强，反之，补偿成效低的县生态保护能力较差，而补偿成效采用人均转移支付的生态环境质量指数表示。按照陕西省国家重点生态功能区所在的 33 个县级单位 2008 ~ 2015 年的数据将县级政府分为高、低生态保护能力两类，如表 23.2 所示：

表 23.2　　　　　　　　　　　　县级政府生态保护能力分类

分类	县域
高保护能力组	吴堡县、丹凤县、佳县、镇安县、凤县、清涧县、商南县、绥德县、太白县、旬阳县、米脂县、勉县、柞水县、宁强县、洛南县、子洲县
低保护能力组	山阳县、西乡县、略阳县、南郑县、洋县、岚皋县、石泉县、镇巴县、汉阴县、紫阳县、白河县、城固县、平利县、留坝县、佛坪县、宁陕县、镇平县

（二）数据统计性描述

对整体数据及分组数据进行统计性描述，如表 23.3 所示：

表 23.3　　　　　　　　　　　　　样本描述性统计

统计量	lnEI	lnTR	lnGR	lnperGDP	lnIS	lnINC	lnCONS	lnCUL
整体样本								
均值	4.0716	8.0595	8.7892	9.5193	3.5626	1.2821	11.1534	9.6446
最大值	4.3196	9.3443	10.7132	11.5858	4.4046	1.4895	12.8345	10.6348
最小值	3.6136	5.5947	6.3474	8.6517	2.6071	1.0290	9.0116	7.4419
标准差	0.1580	0.7320	0.9270	0.4722	0.3497	0.0938	0.7295	0.7621
样本量	231	231	231	231	231	231	231	231
高财政收入水平样本								
均值	4.0583	7.5423	8.2742	9.6358	3.5909	1.2804	10.6692	9.1931
最大值	4.3196	8.4390	10.5478	11.5858	4.4046	1.4895	11.7529	10.3528

统计量	ln*EI*	ln*TR*	ln*GR*	ln*perGDP*	ln*IS*	ln*INC*	ln*CONS*	ln*CUL*
最小值	3.6136	5.5947	6.3474	8.6517	2.7701	1.1120	9.0116	7.4419
标准差	0.2053	0.6339	0.8957	0.5550	0.3560	0.0750	0.6641	0.8440
样本量	112	112	112	112	112	112	112	112
低财政收入水平样本								
均值	4.0842	8.5462	9.2739	9.4096	3.5360	1.2836	11.6091	10.0695
最大值	4.1925	9.3443	10.7132	10.2025	4.0237	1.4867	12.8345	10.6348
最小值	3.6674	7.4524	7.7044	8.7676	2.6071	1.0290	10.6919	9.4179
标准差	0.0937	0.4170	0.6579	0.3472	0.3436	0.1090	0.4367	0.2954
样本量	119	119	119	119	119	119	119	119
高保护能力样本								
均值	4.0166	7.7968	8.8937	9.5767	3.5757	1.2937	11.3469	9.8460
最大值	4.3196	8.9811	10.5788	11.5858	4.4046	1.4895	12.8345	10.6348
最小值	3.6136	5.5947	7.0527	8.6517	2.6071	1.1120	9.9022	8.7816
标准差	0.2027	0.7866	0.9264	0.5656	0.3857	0.0958	0.6013	0.5798
样本量	112	112	112	112	112	112	112	112
低保护能力样本								
均值	4.1234	8.3066	8.6908	9.4653	3.5504	1.2712	10.9712	9.4550
最大值	4.2390	9.3443	10.7132	10.2718	4.1076	1.4861	12.3796	10.3177
最小值	3.9838	6.9157	6.3474	8.7676	2.6797	1.0290	9.0116	7.4419
标准差	0.0671	0.5803	0.9222	0.3584	0.3139	0.0911	0.7936	0.8619
样本量	119	119	119	119	119	119	119	119

第三节　实证结果分析[①]

本部分主要是对本章的理论假设进行实证验证，分析国家重点生态功能区转移支付及影响因素对县级政府生态效益产出的激励效应，为完善国家重点生态功能区转移支付激励机制提供现实证据。具体来说，在对整体数据进行回归的基础上，又分别按照财政收入水平和生态保护能力进行分组讨论，以期系统全面地分析国家重点生态功能区转移支付的激励效应。

一、整体回归结果分析

（一）协整检验

在进行面板回归之前，要对数据的平稳性和协整关系进行检验，以避免伪回归的出现。本节采用 LLC 检验、Breitung 检验、IPS 检验、F-ADF 检验和 F-PP 检验五种常用方法检验数

---

① 原题为：国家重点生态功能区转移支付的生态保护效应研究——基于陕西省数据的实证研究［J］. 中国人口·资源与环境，2017（11）。

据的平稳性，检验结果表明所有面板数据都是一阶单整的。关于协整检验，本节采用基于残差的检验方法，通过分析因变量和自变量之间的残差是否平稳来检验是否存在协整关系，主要的检验方法有 Kao 检验和 Pedroni 检验两种方法。检验结果如表 23.4 所示。

在 5% 的显著性水平下，除 Group rho – Statistic 统计量未通过显著性检验外，其他统计量均通过显著性检验。因此可以认为县域生态环境质量与国家重点生态功能区转移支付、财政收入水平、经济发展水平等其他自变量之间存在协整关系，实证回归结果也是比较精确的，不存在伪回归现象。

表 23.4   面板数据协整检验

统计量	Kao 检验	Pedroni 检验						
	ADF	Panel v-Stat	Panel rho-Stat	Panel PP-Stat	Panel ADF-Stat	Group rho-Stat	Group PP-Stat	Group ADF-Stat
$\ln TR$	4.032 ***	2.328 **	− 2.621 ***	− 28.353 ***	− 4.658 ***	1.141	− 20.027 ***	− 7.273 ***
$\ln GR$	3.251 ***	1.734 **	− 2.735 ***	− 22.711 ***	− 4.394 ***	0.839	− 19.295 ***	− 36.442 ***
$\ln perGDP$	2.807 ***	1.992 **	− 2.906 ***	− 22.171 ***	− 5.179 ***	0.726	− 18.960 ***	− 7.531 ***
$\ln IS$	3.251 ***	1.533 *	− 2.168 **	− 15.887 ***	− 2.377 ***	0.776	− 18.238 ***	− 14.134 ***
$\ln INC$	5.196 ***	1.570 *	− 2.798 ***	− 25.159 ***	− 6.140 ***	0.196	− 22.093 ***	− 15.667 ***
$\ln CONS$	2.055 **	1.709 **	− 2.529 ***	− 24.494 ***	− 6.249 ***	0.698	− 19.949 ***	− 28.550 ***
$\ln CUL$	5.742 ***	1.906 **	− 2.626 ***	− 21.524 ***	− 3.457 *	1.138	− 18.399 ***	− 7.349 ***

注：***、** 和 * 分别表示在 1%、5% 和 10% 的显著性水平下通过显著性检验，拒绝不存在协整关系的原假设。

（二）实证回归结果分析

动态面板数据相对于静态面板数据能够有效避免因自变量内生性问题带来的参数估计偏误和组内估计变量非一致性问题，因此，本节构建动态面板回归模型；而布伦德尔和邦德（Blundell and Bond，1998）的研究也表明，相对一阶差分 GMM 估计方法，系统 GMM 方法具有更好的有限样本特征，因此本节采用系统 GMM 估计方法。结果如表 23.5 所示。

通过表 23.5 可知，9 个回归方程中，$AR(1)$ 检验的 p 值小于 0.01，$AR(2)$ 检验的 p 值大于 0.05，即回归模型的残差序列项存在一阶自相关而不存在二阶自相关，而 sargan 检验的 p 值大于 0.05，表明方程过度识别有效，这些表明本节设定的动态面板回归模型较为理想，与现实基本相符。

表 23.5   回归估计结果

变量	方程(1)	方程(2)	方程(3)	方程(4)	方程(5)	方程(6)	方程(7)	方程(8)
$\ln EI_{t-1}$	0.5089 ***	0.5167 ***	0.5189 ***	0.6190 ***	0.6490 ***	0.6089 ***	0.6544 ***	0.7799 ***
	(4.208)	(8.533)	(5.678)	(5.041)	(9.462)	(7.211)	(8.822)	(8.372)
$\ln TR_{t-1}$	0.3266 ***	0.3240 ***	0.2886 ***	0.1595 ***	0.1679 ***	0.1160 ***	0.1175 ***	0.1132 ***
	(13.941)	(7.628)	(7.138)	(2.665)	(8.672)	(3.651)	(7.120)	(3.724)

续表

变量	方程(1)	方程(2)	方程(3)	方程(4)	方程(5)	方程(6)	方程(7)	方程(8)
$\ln GR_{t-1}$		0.1629***	0.0703**	0.1291**	0.0632**	0.0223*	0.0166*	0.0184***
		(4.187)	(2.497)	(3.159)	(2.982)	(1.658)	(1.816)	(4.674)
$\ln perGDP_{t-1}$			-0.0179**	-0.1359***	-0.0215*	-0.0260*	-0.0263***	-0.0365**
			(-2.439)	(-3.640)	(-1.749)	(-1.999)	(-3.156)	(-2.359)
$(\ln perGDP_{t-1})^2$				0.0060	0.0031	0.0035	0.0092	0.0013
				(0.431)	(0.253)	(0.522)	(0.529)	(1.194)
$\ln IS_{t-1}$					-0.0118**	-0.0338*	-0.0112*	-0.0190*
					(-2.622)	(-1.919)	(-1.449)	(-1.594)
$\ln INC_{t-1}$						-0.0064**	-0.0043*	-0.0013*
						(-2.290)	(-1.412)	(-1.790)
$\ln CONS_{t-1}$							-0.0791**	-0.0379***
							(-2.166)	(-3.906)
$\ln CUL_{t-1}$								-0.0161*
								(-1.922)
$AR(1)\,p$ 值	0.0000	0.0015	0.0013	0.000	0.0005	0.0000	0.0000	0.0022
$AR(2)\,p$ 值	0.9484	0.3680	0.8544	0.9988	0.9438	0.8517	0.9913	0.8697
Sargan p 值	0.1768	0.1561	0.1471	0.3731	0.2766	0.1451	0.2618	0.3854

注：***、**和*分别表示在1%、5%和10%的显著性水平下通过显著性检验；括号中的数值为 t 统计值；所有方程的截距项的系数在给定的条件下都通过了显著性检验，限于篇幅，表中未汇报出截距项的系数和 t 统计量，下同。

可以看到，国家重点生态功能区转移支付对县级政府的生态环境质量具有显著的促进作用，所有回归系数在1%的显著性水平下均通过检验，滞后一期的生态环境质量在给定的显著性水平下通过检验，这一方面表明本节设定的动态回归方程是符合现实的，能够更好地拟合现实状况，另一方面也表明基期的生态环境质量对后期的生态环境质量改善起到了显著的促进作用，这表明中央政府应将县级政府的基期生态环境质量和生态效益产出共同引入考核机制中，完善生态补偿考核机制。陕西省国家重点生态功能区所在县级政府的生态环境质量自2009年以来，呈现"基本稳定，逐渐好转"的趋势，这与国家重点生态功能区转移支付的激励作用密不可分，因此命题1得证。县级政府的财政收入水平增加也是生态环境质量改善的重要影响因素，回归结果显示财政收入能够显著促进县域生态环境质量的提高，这是因为随着县级政府财政收入水平的增加，县级政府用于生态环境保护的支出也会增加，假说2部分得证。

对于其他控制变量来说，人均 GDP 与生态环境质量存在负相关关系，并通过了显著性检验，而人均 GDP 的二次方在给定的显著性水平下是不显著的，这表明对于陕西省的国家重点生态功能区所在县级政府来说，经济增长和生态环境质量之间仅存在负相关关系，经济增长会阻碍环境治理的提高，二者"U"形曲线的趋势不明显。第二产业比重的增加、城乡收入差距的扩大同样抑制了生态环境质量的改善，但城乡收入差距对生态环境质量的不利影响相对较小。居民对零售商品消费量的增加对生态环境质量提高也产生了抑制作用，这一方面是因为居民特别是农村居民将更多的钱用于购买消费产品，对生态环境保护的投入不足，另一方面是因为消费品增加，产生的生产消耗、生产垃圾以及生活垃圾也相应增加，影响了生态环境质量。最后，耕地面积同样也是影响生态环境质量的显著因素，耕地面积的增加会造成草地和山地的减少和动植物的破坏，因此，退耕还林还草仍然是改善生态环境的一项重要措施。

二、按财政收入水平划分的回归结果分析

（一）协整分析

在对高财政收入组和低财政收入组进行分类回归前，先进行协整检验。高财政收入组和低财政收入组的样本数据协整检验结果如表 23.6 所示。

可以看出，与整体数据的协整检验相似，在 1% 的显著性水平下，除 Group rho – Statistic 统计量未通过显著性检验外，其他统计量均通过显著性检验。因此也可以认为按财政收入水平分组的县级政府生态环境质量与其他自变量之间存在协整关系，可以直接对实证模型进行回归分析，而回归结果较精确，不存在伪回归现象。

表 23.6　面板数据协整检验

统计量	Kao 检验	Pedroni 检验						
	ADF	Panel v-Stat	Panel rho-Stat	Panel PP-Stat	Panel ADF-Stat	Grouprho-Stat	Group PP-Stat	Group ADF-Stat
高财政收入组								
lnTR	2.782 ***	1.207 *	−1.815 *	−23.608 ***	−10.547 ***	0.846	−16.747 ***	−10.272 ***
lnGR	2.374 ***	1.794 **	−1.876 **	−18.314 ***	−15.788 ***	0.442	−16.732 ***	−14.815 ***
lnperGDP	2.897 ***	1.716 **	−2.906 ***	−16.174 ***	−15.799 ***	0.385	−14.852 ***	−15.074 ***
lnIS	2.438 ***	1.268 *	−1.275 *	−9.192 ***	−2.483 ***	0.555	−12.284 ***	−5.022 ***
lnINC	3.789 ***	1.704 **	−1.875 **	−18.545 ***	−16.768 ***	0.088	−16.713 ***	−15.911 ***
lnCONS	1.896 **	1.732 **	−1.627 *	−19.127 ***	−14.973 ***	0.437	−16.566 ***	−13.376 ***
lnCUL	4.411 ***	1.030 *	−1.795 **	−16.159 ***	−15.323 ***	0.577	−12.929 ***	−13.065 ***
低财政收入组								
lnTR	2.611 ***	2.653 ***	−1.907 **	−14.993 ***	−15.857 ***	0.769	−11.655 ***	−12.995 ***
lnGR	1.515 *	1.501 *	−2.032 **	−12.479 ***	−13.481 ***	0.739	−10.651 ***	−11.818 ***
lnperGDP	3.105 ***	1.741 *	−2.110 **	−14.605 ***	−15.664 ***	0.638	−12.007 ***	−13.481 ***
lnIS	1.731 *	1.398 *	−2.023 **	−16.415 ***	−16.701 ***	0.542	−13.492 ***	−14.473 ***
lnINC	2.216 **	1.810 *	−2.161 **	−16.377 ***	−17.993 ***	0.187	−14.567 ***	−16.008 ***
lnCONS	1.605 *	2.009 *	−2.120 **	−14.614 ***	−15.851 ***	0.549	−11.722 ***	−13.172 ***
lnCUL	2.896 ***	1.545 *	−2.004 **	−12.505 ***	−12.190	1.027	−13.092 ***	−10.335 ***

注：***、** 和 * 分别表示在 1%、5% 和 10% 的显著性水平下通过显著性检验，拒绝不存在协整关系的原假设。

（二）回归结果分析

同样采用系统 GMM 方法进行回归检验，表 23.7 和表 23.8 给出了高财政收入组和低财政收入组样本的回归结果。可以看到，高财政收入的县级政府明显更能充分发挥国家重点生态功能区转移支付对生态环境质量的促进作用，根据第三章的理论分析，一方面，在收入水平很低且国家重点生态功能区转移支付不可转移的情形下，县级政府有动机减少在生态环境保护方面的努力投入；增加在其他方面特别是经济发展方面的努力投入；另一方面，在国家重点生态功能区转移支付可转移的条件下，县级政府有可能将转移支付转移出去，通过"资源套利"获取短期利益。这两方面都表明县级政府的财政收入水平对国家重点生态功能区转移支付的激励效应具有重要的影响。而通过对比表 23.7 和表 23.8 的回归结果也可以发现这一影响程度的大小。按财政收入水平分组的样本数据同样表明财政收入水平对生态环境质量具有显著的影响，且财政收入水平越高，转移支付对生态效益产出的促进作用越大，验证了本章的命题 2。

表 23.7 高财政收入组回归估计结果

变量	方程（1）	方程（2）	方程（3）	方程（4）	方程（5）	方程（6）	方程（7）	方程（8）
$\ln EI_{t-1}$	0.415 ***	0.4980 ***	0.6085 ***	0.5069 ***	0.4954 ***	0.4677 ***	0.5501 ***	0.6576 ***
	(4.704)	(11.941)	(13.660)	(6.606)	(6.477)	(5.976)	(5.934)	(3.807)
$\ln TR_{t-1}$	0.3373 ***	0.3001 ***	0.3011 *	0.2902 ***	0.2015 *	0.1904 *	0.1618 ***	0.1616 ***
	(4.066)	(4.435)	(1.934)	(2.828)	(1.913)	(2.201)	(6.059)	(6.010)
$\ln GR_{t-1}$		0.2119 **	0.1357 **	0.1087 ***	0.0947 ***	0.0468 **	0.028 *	0.02614 *
		(2.828)	(2.844)	(3.060)	(3.425)	(2.581)	(1.839)	(2.258)
$\ln perGDP_{t-1}$			0.0637 ***	0.2750 **	0.3369 *	0.3469 ***	0.3442 ***	0.3361 ***
			(3.431)	(2.043)	(2.436)	(2.808)	(2.742)	(2.728)
$(\ln perGDP_{t-1})^2$				-0.0105	-0.0123 *	-0.0119 **	-0.0111 *	-0.0104 *
				(-1.189)	(-1.958)	(-2.023)	(-1.842)	(-1.754)
$\ln IS_{t-1}$					-0.0393 *	-0.0252	-0.0208 *	-0.0108 *
					(-1.788)	(-0.820)	(-1.693)	(-2.321)
$\ln INC_{t-1}$						-0.2028 *	-0.1163 *	-0.1265
						(-1.693)	(-1.950)	(-0.997)
$\ln CONS_{t-1}$							-0.0918 *	-0.0932 *
							(-1.718)	(-1.956)
$\ln CUL_{t-1}$								-0.1187
								(-0.7077)
$AR(1)$ p 值	0.0000	0.0001	0.0017	0.0000	0.0000	0.0076	0.0000	0.0005
$AR(2)$ p 值	0.9154	0.3595	0.3727	0.3355	0.3700	0.3294	0.3527	0.3018
Sargan p 值	0.1076	0.1941	0.1020	0.1056	0.1920	0.1649	0.1113	0.1194

对于控制变量来说，高财政收入组的回归结果表明，这些地区的生态环境质量与经济增长水平呈现倒"U"形曲线关系，经济增长在一定程度上促进了国家重点生态功能区的生态

环境质量，但这种促进作用在到达一定程度时会发展改变，由促进变为阻碍。这与整体回归结果的经济增长水平与生态环境质量负相关的结论不同，本节认为这主要是因为地区财政收入水平和经济增长水平的差异造成的，高财政收入或者高经济发展水平的县级政府也会相应提高生态环境保护投入，生态保护投入初期带来的正效应会大于经济增长带来的负效应，因此经济增长水平和生态环境质量正相关；随着生态保护投入边际效应的递减和经济增长对生态环境质量负效应的积累，后者的效应会大于前者，这使得经济增长与生态环境质量之间的关系由正相关转为负相关，也即二者呈现倒"U"形曲线关系。而低财政收入组的回归结果表明经济增长会阻碍生态环境质量的提高，并且二者不存在"U"形或者倒"U"形关系，本节认为这一区别同样是由财政收入水平决定的，财政收入水平高的地区在经济发展过程中会更加关注对生态环境的变化和生态资源的合理利用，经济增长和生态环境呈现"双赢"状态，而只有在对生态环境保护利用过度和开发强度不同增加时，才会促使二者的关系发生变化；而对于低财政收入组来说，其更加关注经济增长，希望通过发展经济改善本地区的财政状况，但这一行为忽视了对生态环境的保护，更有可能造成生态环境资源的不合理利用，降低了生态环境质量。对于其他控制变量，其影响方向和整体回归结果相似，并且这也不是本节的研究重点，这里不再进行详细的阐述。

表 23.8　　　　　　　　　　　　低财政收入组回归估计结果

变量	方程(1)	方程(2)	方程(3)	方程(4)	方程(5)	方程(6)	方程(7)
$\ln EI_{t-1}$	0.8496 ***	0.8519 ***	0.8360 ***	0.8153 ***	0.8300 ***	0.6791 ***	0.552 ***
	(27.970)	(28.038)	(27.067)	(24.986)	(21.348)	(12.992)	(9.194)
$\ln TR_{t-1}$	0.2215 ***	0.2193 ***	0.2075 **	0.1082 **	0.1025 **	0.1023 **	0.0633 *
	DW(4.150)	(3.312)	(2.215)	(2.175)	(2.1454)	(1.968)	(1.911)
$\ln GR_{t-1}$		0.0364 *	0.0581 *	0.0346	0.0113	0.01263 *	0.0184 **
		(1.869)	(1.963)	(0.456)	(0.136)	(1.747)	(2.036)
$\ln perGDP_{t-1}$			-0.0386 ***	-0.0416 ***	-0.0501 ***	-0.0176 *	-0.0360 *
			(-3.288)	(-3.504)	(-2.939)	(-1.940)	(-1.834)
$\ln IS_{t-1}$				-0.0271 **	-0.0253 *	-0.0024	-0.0035 *
				(2.027)	(-1.854)	(-0.157)	(-1.817)
$\ln INC_{t-1}$					-0.0377 *	-0.0562 *	-0.0173
					(-1.786)	(-1.755)	(-0.314)
$\ln CONS_{t-1}$						-0.0537 ***	-0.0420 ***
						(-4.347)	(-3.262)
$\ln CONS_{t-1}$							-0.0535 ***
							(-2.990)
$AR(1)p$ 值	0.0000	0.0002	0.0000	0.0009	0.0000	0.0000	0.0000
$AR(2)p$ 值	0.7748	0.4933	0.3392	0.3263	0.4881	0.3815	0.3658
Sargan p 值	0.1140	0.1486	0.1443	0.2766	0.1356	01606	0.1789

注：低财政收入组数据加入人均GDP的平方项时多数变量都变得不显著，并且其自身也是不显著的，因此这一回归方程未添加人均GDP的平方项。

三、按生态环境保护能力划分的回归结果分析

按照生态保护能力（边际保护成本）的异质性对县级政府进行分类，分析对不同保护能力的县级政府提供转移支付效果的差别，进一步量化分析如何充分发挥国家重点生态功能区转移支付的激励效应。

（一）协整检验

采用基于残差的检验方法，通过分析因变量和自变量之间的残差是否平稳来检验是否存在协整关系，主要检验方法有 Kao 和 Pedroni 检验两种方法。检验结果如表 23.9 所示。

可以看出，按保护能力分组的样本数据 Kao 检验在 1% 的水平下通过显著性检验，而在 Pedroni 检验中，大部分 Panel v – Stat 统计量和 Group rho – Statistic 统计量都未通过显著性检验，但其他统计量在 1% 的水平下均通过显著性检验。因此可以认为按生态保护能力分组样本的生态环境质量与其他自变量之间也存在协整关系，可以直接对实证模型进行回归分析，并且回归结果同样不存在伪回归现象。

表 23.9　　　　　　　　　　　　保护能力分组数据协整检验

统计量	Kao 检验	Pedroni 检验						
	ADF	Panel v-Stat	Panel rho-Stat	Panel PP-Stat	Panel ADF-Stat	Group rho-Stat	Group PP-Stat	Group ADF-Stat
高保护能力组								
ln*TR*	3.703 ***	2.483 ***	− 1.706 **	− 18.550 ***	− 17.095 ***	0.617	− 17.007 ***	− 17.533 ***
ln*GR*	3.195 ***	1.641 *	− 1.892 **	− 15.0505 ***	− 14.413 ***	0.412	− 15.840 ***	− 15.410 ***
ln*perGDP*	2.261 **	0.200	− 2.005 **	− 14.489 ***	− 14.902 ***	0.372	− 14.548 ***	− 16.073 ***
ln*IS*	1.640 **	0.334	− 1.360 *	− 9.604 ***	− 9.275 ***	0.581	− 14.568 ***	− 15.351 ***
ln*INC*	3.701 ***	0.651	− 1.884 ***	− 16.572 ***	− 16.100 ***	0.137	− 17.534 ***	− 17.570 ***
ln*CONS*	1.566 *	0.770	− 1.701 **	− 16.683 ***	− 14.742 ***	0.416	− 15.626 ***	− 14.267 ***
ln*CUL*	3.967 ***	0.862	− 1.853 **	− 14.895 ***	− 14.406 *	0.544	− 16.172 ***	− 14.728 ***
低保护能力组								
ln*TR*	1.430 *	− 0.023	− 2.116 **	− 22.944 ***	− 21.399 ***	0.990	− 11.403 ***	− 11.626 ***
ln*GR*	1.955 *	− 1.455	− 1.988 **	− 18.057 ***	− 16.461 ***	0.770	− 11.517 ***	− 11.240 ***
ln*perGDP*	1.465 *	− 1.655	− 2.119 **	− 17.908 ***	− 17.418 ***	0.651	− 12.302 ***	− 12.512 ***
ln*IS*	3.705 ***	− 1.345	− 1.826 **	− 14.971 ***	− 14.175 ***	0.517	− 11.276 ***	− 12.070 ***
ln*INC*	2.216 **	− 1.106	− 2.124 **	− 19.950 ***	− 19.265 ***	0.140	− 13.771 ***	− 14.398 ***
ln*CONS*	2.165 **	− 2.038	− 1.931 **	− 18.313 ***	− 16.257 ***	0.569	− 12.635 ***	− 12.308 ***
ln*CUL*	4.210 ***	− 1.367	− 1.841 **	− 15.627 ***	− 14.642	1.058	− 9.946 ***	− 8.721 ***

注：***、** 和 * 分别表示在 1%、5% 和 10% 的显著性水平下通过显著性检验，拒绝不存在协整关系的原假设。

（二）回归结果分析

这里同样采用系统 GMM 回归方法进行回归检验，表 23.10 和表 23.11 分别给出了高保护

能力样本组和低保护能力样本组的回归结果。可以看到，高保护能力的县级政府明显更能充分发挥国家重点生态功能区转移支付对生态环境质量的促进作用，并且这一作用程度远大于低保护能力样本组，从而验证了本章的命题3。按财政收入水平分组的样本数据同样表明财政收入水平对生态环境质量具有显著的影响，且财政收入水平越高，影响程度越大，同样验证了命题2。其他变量的解释与上述分析类似，这里不再赘述。

表23.10　　　　　　　　　　　　　高保护能力组回归估计结果

变量	方程(1)	方程(2)	方程(3)	方程(4)	方程(5)	方程(6)	方程(7)
$\ln EI_{t-1}$	0.9056***	0.8552***	0.8388***	0.8553***	0.8416***	0.7964***	0.7955***
	(25.086)	(27.868)	(26.106)	(28.314)	(29.416)	(24.662)	(20.141)
$\ln TR_{t-1}$	0.4153**	0.4254***	0.4258***	0.4296***	0.392***	0.3700***	0.4000***
	(2.132)	(3.145)	(4.562)	(4.516)	(4.372)	(4.194)	(4.1099)
$\ln GR_{t-1}$		0.197**	0.1403***	0.1421**	0.0366***	0.0556***	0.0569***
		(2.313)	(3.908)	(3.812)	(3.528)	(4.416)	(4.324)
$\ln perGDP_{t-1}$			−0.0360***	−0.0313***	−0.0094*	−0.0113*	−0.0087*
			(−3.239)	(−2.729)	(−1.691)	(−1.856)	(−1.875)
$\ln IS_{t-1}$				−0.0191*	−0.0208*	−0.0372*	−0.0352*
				(−1.6752)	(−1.771)	(−1.966)	(−1.754)
$\ln INC_{t-1}$					−0.1425**	−0.1242*	−0.1416**
					(−2.196)	(−1.921)	(−2.027)
$\ln CONS_{t-1}$						−0.0292**	−0.0326**
						(−2.298)	(−2.389)
$\ln CUL_{t-1}$							−0.0075*
							(−1.838)
AR(1)p值	0.0002	0.000215	0.0001	0.0000	0.0000	0.0000	0.0002
AR(2)p值	0.1320	0.1308	0.1254	0.2437	0.2183	0.1247	0.1348
Sargan p值	0.1768	0.1379	0.1678	0.2461	0.1136	0.1946	0.2631

注：***、**和*分别表示在1%、5%和10%水平下通过显著性检验；括号中的数值为t统计值；

　　　　所有方程的截距项的系数在给定的条件下都通过了显著性检验，限于篇幅，表中未汇报。低财政收入组数据加入人均GDP的平方项时多数变量都变得不显著，因此未添加人均GDP的平方项。

表23.11　　　　　　　　　　　　　低保护能力组回归估计结果

变量	方程(1)	方程(2)	方程(3)	方程(4)	方程(5)	方程(6)	方程(7)
$\ln EI_{t-1}$	0.5863***	0.5335***	0.5131***	0.4876***	0.3845***	0.4119***	0.4124***
	(11.711)	(9.889)	(8.994)	(8.149)	(5.582)	(6.190)	(6.062)
$\ln TR_{t-1}$	0.0357***	0.0161*	0.0147***	0.0166*	0.0107*	0.0195**	0.0193**
	(6.045)	(1.955)	(3.334)	(1.851)	(1.954)	(2.812)	(2.424)

变量	方程(1)	方程(2)	方程(3)	方程(4)	方程(5)	方程(6)	方程(7)
$\ln GR_{t-1}$		0.0167 **	0.0190 **	0.0178 *	0.0276 ***	0.0070 *	0.0071 *
		(2.266)	(2.325)	(2.016)	(2.836)	(1.8370)	(1.974)
$\ln perGDP_{t-1}$			−0.0058 ***	−0.0116 **	−0.0454 **	−0.0352 **	−0.0357 **
			(−2.553)	(−2.146)	(−2.598)	(−2.134)	(−1.788)
$\ln IS_{t-1}$				−0.0121 *	−0.0183 *	−0.0264 *	−0.0264 *
				(−1.839)	(−2.109)	(−1.810)	(−1.790)
$\ln INC_{t-1}$					−0.0166 ***	−0.0147 **	−0.0147 **
					(−2.687)	(−2.550)	(−2.521)
$\ln CONS_{t-1}$						−0.0347 **	−0.0351 **
						(−2.554)	(−2.247)
$\ln CUL_{t-1}$							−0.0056 *
							(−1.964)
$AR(1)p$ 值	0.0000	0.0000	0.0000	0.0000	0.0000	0.0000	0.0022
$AR(2)p$ 值	0.5843	0.5716	0.4569	0.3117	0.2467	0.3925	0.8697
Saragn p 值	0.1467	0.1989	0.1471	0.2604	0.1989	0.2146	0.3854

第四节　主要结论与政策建议

一、主要结论

本章主要考察了我国国家重点生态功能区转移支付的长期动态激励效应，对生态补偿契约的激励约束效应进行分析。通过第三章的数理分析和理论分析，分别提出了各县级政府的生态环境效益产出与国家重点生态功能区转移支付、县级政府财政收入水平以及生态保护能力三者关系的三个命题。随后，以陕西省33个县为研究样本对上述命题进行实证研究，主要得到以下结论：

第一，国家重点生态功能区转移支付对生态环境质量改善起到了重要的作用，是抑制生态环境质量恶化，促进生态环境逐渐转好的重要因素；县级政府财政收入水平增加在抵消转移支付激励效应的同时，也会促使县级政府自觉提高生态环境保护努力，后者的正效应大于前者的负效应；基期的生态环境状况同样对当期的生态环境质量提高发挥了不可或缺的促进作用，建立长效的激励机制成为必然选择。

第二，财政收入水平高的县级政府更愿意保护生态环境，提高生态环境效益产出，因此，应提高各个县级政府的财政收入水平，国家重点生态功能区属于禁止开发区和限制开发区，当地政府很难通过大规模的城镇化和工业化增加财政收入，而其他地区特别是优先开发和重点开发地区一直在无偿享受这些区域提供的生态环境产品，其理应为此支付补偿。

第三，考虑生态保护能力异质性的转移支付办法有利于充分发挥国家重点生态功能区转移支付激励机制的效应。本节的实证分析结果表明，高生态保护能力县级政府能够相对更好地发挥国家重点生态功能区转移支付的生态环境保护效应，尽管还有其他因素造成国家重点生态功能区转移支付的效果未能达到预期目标，但忽视县级政府生态保护能力异质性，仍是主要原因之一。

第四，现阶段的经济增长仍会阻碍生态环境质量的改善，陕西省范围内的国家重点生态功能区所在县级政府的经济增长与生态环境质量之间尚未呈现"U"形曲线发展趋势；而第二产业增加值占 GDP 的比重增长、城乡居民收入差距的拉大、居民消费增加以及耕地面积的增加都在一定程度上阻碍了生态环境质量的改善。

二、政策建议

构建本节的理论分析和实证研究结论，本节提出以下提高生态效益产出政策建议：

第一，完善国家重点生态功能区的生态补偿激励考核机制。建立健全国家重点生态功能区生态补偿长效机制，必须构建能够激励县级政府的动力机制。一方面，继续加大对国家重点生态功能区所在县级政府的转移支付水平，激励县级政府继续生态保护的积极性；另一方面，可以结合前几期和当期的生态环境效益综合考虑转移支付分配，也可以采用分批下拨的方式将转移支付拨付给县级政府，使得县级政府要获得相应的生态补偿转移支付，既要关注当期的生态环境效益，也要关注后期的生态环境效益，保证县级政府生态环境保护的持久性，促进生态环境的永续发展。

第二，扩大中央政府的一般性财政转移支付和受益地区的横向财政转移支付，增加国家重点生态功能区所在县级政府财政收入。国家重点生态功能区内的资源禀赋现状和地理位置因素决定了其经济发展的落后，因此县级政府的财政收入水平有限，而国家重点生态功能区生态环境保护和建设目标又进一步限制经济增长，使其面临生态环境保护成本增加和机会成本损失的双重压力。基于此，一方面，中央政府应继续加大对国家重点生态功能区所在县级政府的一般性和专项的财政转移支付，提高其基本的财政收入水平，保证财政支出能力。另一方面，东部发达地区在进行大规模工业化和城镇化开发的同时，也无偿享受了国家重点生态功能区生态环境保护和建设提供的生态环境效益，因此前者向后者提高横向生态环境保护和建设的财政转移支付也是应有之义，当然，东部地区除向国家重点生态功能区所在县级政府提供资金支持外，还应在技术、人力交流方面提供便利，促进这些地区自身的发展能力。

第三，中央政府在制定生态补偿转移支付政策时，应将县级政府生态保护能力异质性考虑到生态补偿决策中，根据县级政府生态保护能力的异质性水平，制定差异性的转移支付激励机制。根据县级政府生态保护能力异质性提供生态补偿转移支付并不是降低对低生态保护能力县级政府的转移支付数量，而是制度不同的转移支付形式。对于低保护能力的县级政府来说，中央政府可以加大固定性转移支付比例，降低激励性转移支付比例，对于高保护能力的县级政府来说，要加大激励性转移支付比例，降低固定性转移支付比例。此外，还可以加大对低保护能力县级政府生态保护工作的监督考察，迫使其投入更多的生态保护努力，弥补生态保护能力的不足。

第四，改变县级政府片面追求 GDP 增长的政绩考核制度，明确县级政府社会福利包含经济增长和生态环境保护两部分，并逐步提高生态环境保护的比重。实证结果表明，生态效益产出与经济增长之间呈现负相关关系，经济增长在一定程度上抑制了生态效益产出。要提高地方政府环境保护的积极性，首要在于改变片面追求 GDP 的政绩考核制度，增加环境保护在政绩考核中的比重，构建能够反映生态环境保护要求的绿色 GDP 的政绩考核制度，将生态效益产出状况、生态环境保护状况、自然资源使用和环境破坏指标纳入政绩考核体系，特别是国家重点生态功能区所在地方政府的政绩考核中，才能平衡地方政府在生态保护和经济增长之间的倾向，增强地方政府环境保护的积极性。

第五，县级政府可以从调整产业结构、缩小城乡收入差距和退耕还林方面入手，提高当地居民特别是农村居民的生态保护努力。首先，要调整产业结构，因地制宜地发展生态农业和生态旅游业，大规模的工业化和城镇化建设与作为禁限开发区的国家重点生态功能区的建设目标存在冲突，本节的实证研究也表明工业化的发展不利于生态环境质量的提高，因此，这些地区要对存在高污染的企业实施异地开发或者直接关停，转而充分发挥本地区丰富的生态资源的比较优势，因地制宜地发展生态农业和旅游业，农村居民还可以依据地理位置的优势开办农家乐等副业。其次，要增加农村居民收入，降低城乡居民收入差距。城乡居民收入差距的扩大增加了农村居民的不公平心理，促使其为了提高收入水平，会基于自身的地理位置便利破坏生态环境以增加自己的收入水平，这造成了生态效益产出的下降，因此提高农村居民的收入水平，改变其行为选择也是提高生态环境质量的一个重要举措。最后，要继续推进和巩固退耕还林工程。一些学者的研究表明，我国实施退耕还林的地区存在返耕现象，这在造成成本浪费的同时也不利于生态效益产出，2014 年 8 月，国家多部委联合出台了《新一轮退耕还林还草总体方案》，正式下达退耕还林任务 483 万亩，标志着新一轮退耕还林工程正式启动，这要求地方政府做好退耕还林的宣传和指导工作，保证退耕还林工程的可持续性。

第二十四章

居民视角下国家重点生态功能区
生态补偿激励机制分析[①]

通过第五章的理论分析可知，生态补偿政策是影响居民生态保护意愿和行为的重要外部因素，实施生态补偿政策，提高"羊头"和集体的生态保护意愿，可以形成更多的生态保护行为。本章主要运用计划行为理论和结构方程模型对国家重点生态功能区当地居民的生态保护意愿及行为进行分析。首先，对计划行为理论的演进进行分析，并据此设计调研问卷的变量，并提出本节的待检验命题；其次，对调研设计及样本特征进行描述，并对数据的信度和效度进行检验；再次，构建生态补偿政策对居民生态保护意愿和行为影响的结构方程，对命题进行验证；最后，得出部分的主要结论并从居民视角提出促进生态保护行为的激励机制政策建议。

第一节　计划行为理论及命题的提出

一、计划行为理论

计划行为理论（theory of planned behavior，TPB）是在理性行为理论（theory of reasoned action，TRA）的基础上演化和形成的。阿杰恩和菲什拜因（Ajzen and Fishbein，1977）提出了最初的理性行为理论，用来解释和研究行为主体的行为意愿问题，理性行为理论认为，除了行为主体的行为态度影响行为意愿外，行为主体的主观规范也会对行为意愿产生影响，而受行为态度和主观规范影响的行为意愿是决定行为主体实际行为的最直接因素。具体来说，行为态度是行为主体在进行某项行为（如保护生态环境）时，对该项行为对自身产生的主观性感受，该感受可能是积极的（如能够通过生态保护获得更好的空气和水源），也可能是消极的（如生态保护占用了生产资料和劳动力），行为态度是主体对该项行为产生结果的一种自我评价。主观范式是行为主体在进行某项行为（如保护生态环境）时，受到的周边对自己产生重要影响的人物（如家人、亲戚、邻居等）或者政府组织等行为主体行为选择的影响。理性行为理论模型如图24.1所示。

理性行为理论不仅能够分析行为主体行为选择的过程，还可以发现该行为选择的影响因素，因此该理论在分析实际问题时具有较高的理论价值，从而受到广大学者，特别是社会心

---

① 原题为：生态补偿、心理因素与居民生态保护意愿和行为研究——以秦巴生态功能区为例［J］. 资源科学，2017（5）。

理学学者的青睐。但是，理性行为理论也存在固有的缺陷，其中最重要的缺陷就是行为主体的意愿能够完全控制行为选择的前提假设，这一假设条件并非总是成立的，现实中的行为选择在多数情况下不仅仅受到行为意愿的影响，还会受到其他主客观因素的影响，这一违背现实的假设使得该理论的实际应用存在某些限制，因此，社会心理学家对理性行为理论进行发展和完善，逐渐形成了新的理论——计划行为理论，扩大了该理论的有效性和适用性。

图 24.1　理性行为理论模型

20 世纪 80 年代，美国社会心理学学者阿杰恩以理性行为理论为基础，初步提出了计划行为理论，其相对于理性行为理论最大的改进是创造性的增加了感知行为控制因素。感知行为控制主要是行为主体基于自身掌握的机会和能力等因素而自我感觉的该项行为选择的难易程度，是对该项行为选择的主观认知。计划行为理论的模型如图 24.2 所示。

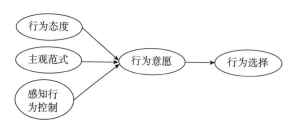

图 24.2　计划行为理论模型

随着计划行为理论的发展和日趋完善，该理论在解释行为主体的意愿和行为选择方面取得了更为理想的效果，并得到了社会心理学、经济学以及生态环境学等诸多领域专家学者的接受和肯定。当然，计划行为理论和其他理论一样，也存在不足的地方，阿杰恩（1991）也认为计划行为理论模型并不完美，在研究一些具体状况下的主体行为选择时，要根据研究的实际问题对计划行为理论进行修正和扩展，以适应特定的研究对象。国内外学者对该理论的应用也是在特定情境下加入特定变量。

在生态环境保护方面，计划行为理论得到了广泛的应用，国外方面，贝塔和雷曼（Beedell and Rehman，1999）将计划行为理论引入贝德福德地区的农民对野生物种进行保护的行为选择研究中，结果表明，社会因素对农民保护野生物种的行为选择方面具有显著的解释力。班贝格和施密特（Bamberg and Schmidt，2003）以 254 份调查问卷为研究样本，将计划行为理论引入消费者对低碳旅行工具的选择上，结果表明，汽车的使用习惯会显著提高计划行为理论模型预测的准确性，但是消费者行为规范变量对选择低碳旅行工具意愿的影响是不显著的。凯瑟和古瑟（Kaiser and Gutscher，2003）以瑞士 895 份调研问卷为研究样本，验证了感知行为控制因素对家庭日用品循环利用行为选择的影响，结果表明，行为意愿、主观规范和感知行为控制三种能够有效解释消费者的行为选择。韩、许和苏（Han，Hsu and Sheu，2010）采用计划行为理论和结构方程，研究了消费者的绿色酒店消费行为选择，结果表明，计划行为理论能够显著解释消费者的行为选择，态度、主观规范和感知行为控制能够对消费者对绿色酒店的行为选择产生积极影响。国内方面，陆文聪和余安（2011）以浙江省16个县（市）的311份居民调研问卷为研究样本，增加认知变量控制计划行为理论模型，随后通过Logistic回归分析研究了居民采用节水灌溉技术的意愿影响因素，结果表明，制度、收入、增收以及风险因子等都对居民行为产生了显著的影响。朱长宁和王树进（2014）以陕西省陕南三市（安康、汉中和商洛）的291份居民调研问卷为研究样本，基于计划行为理论，采用列联表和卡方检验的计量方法，从农技培训、信息获取等方面讨论了该地区退耕还林居民的农业认知影响因素，并提出相应的政策建议。王瑞梅等（2015）以山东各地区随机获得的347份调研居民为研究对象，基于计划行为理论模型研究了我国农村固体废弃物排放行为及其影响因素，结果表明，居民固定废弃物排放行为意愿直接显著效应排放行为，而行为意愿主要受行为态度的影响，其他外部因素影响较小。侯博和应瑞瑶（2015）以环太湖流域的216个分散居民为研究样本，基于计划行为理论和结构方程模型讨论了分散居民的低碳生产行为及其影响因素，结果表明，居民低碳行为意愿能够显著促进其低碳生产行为，而居民低碳行为选择意愿主要是由居民的行为态度、主观规范以及知觉行为控制决定的。牛晓叶（2013）以我国2008~2011年受邀回答GDP问卷的317家企业为研究对象，运用计划行为理论分析了企业低碳决策行为选择的影响因素，结果表明，来自政府和顾客的期望或者压力是其低碳决策的主因，缺乏利益驱动。此外，还有学者同样运用计划行为理论对知识型员工的节能意愿（张毅祥，王兆华；2012）、绿色消费行为（劳可夫，吴佳；2013）、旅游者环境负责行为意愿（周玲强，李秋成，朱琳；2014）以及低碳旅游意愿（胡兵，傅云新，熊元斌；2014）等方面进行了研究。

通过上述文献综述可以看出，国内外学者通过对计划行为理论进行修正和扩展，加入特定研究背景下特定变量而使该理论内涵更为丰富，增加了模型的适用性和有效性，这为本节的研究提供了较好的研究范式和文献支持。

二、实证模型构建

国家重点生态功能区当地居民是当地生态环境建设和保护的最直接的主体，其生态建设和保护行为选择会受到其心理因素以及其他外部因素的影响，而本部分就是构建分析居民生态环境建设和保护意愿及行为模型，探讨影响居民生态保护的因素。

在具体的模型构建中，除包含当地居民行为态度、主观规范以及感知行为控制因素外，中央政府和当地政府的生态补偿政策也是重要的影响因素，并且生态补偿政策不仅能够直接影响当地居民的生态环境建设和保护行为，还会通过影响其生态环境建设和保护意愿间接影响生态环境建设和保护行为，因此，将生态补偿政策作为重要变量引入模型中，从而形成了本节基于计划行为理论的实证模型，如图24.3所示。

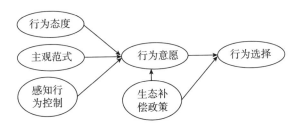

图 24.3　居民生态补偿意愿与行为理论模型

三、变量设置和命题的提出

依据图 24.3 的理论模型对国家重点生态功能区当地居民的行为态度、主观规范、感知行为控制、生态保护意愿、生态补偿政策以及生态保护行为等相关变量进行界定，并推出文章研究的待检验假设。

（一）行为态度

行为态度是国家重点生态功能区当地居民在进行生态环境保护时对该项行为对自身利益影响的积极或者消极感受，代表了居民对生态环境保护的主观看法。一般状况下，当居民认为保护生态环境能够对自身产生积极的影响时，会更愿意进行生态环境保护，因此，本节关于行为态度的命题为：

H_1：国家重点生态功能区当地居民积极的行为态度能够正向影响环境保护意愿。

（二）主观规范

主观规范是国家重点生态功能区当地居民在决定是否保护生态环境时受到的周围重要的人或者组织的影响。在计划行为理论中，一般认为行为主体对主观规范的认知越强，其行为意愿也会越强烈。当地居民在决定是否保护生态环境时必然会面临来自家人、亲戚、朋友、邻居以及政府部门等周边人或者组织的影响，从而对其生态环境保护意愿产生影响。因此，关于主观规范的命题为：

H_2：国家重点生态功能区当地居民积极的主观规范能够正向影响生态保护意愿。

（三）感知行为控制

感知行为控制是国家重点生态功能区当地居民自觉地进行生态环境保护行为的难易程度，是当地居民对影响其生态环境保护行为因素的主观认识。一般状况下，当居民认为自身越有能力进行生态环境保护行为时，就会导致居民的这种感知行为控制越强，从而产生越强烈的生态环境保护意愿。因此，关于感知行为控制的命题为：

H_3：国家重点生态功能区当地居民强烈的感知行为控制能够正向影响保护意愿。

（四）生态保护意愿

计划行为理论最核心的内容就是认为行为主体的内在心理变量（主要包括行为态度、感知行为控制和主观规范三者）会对该行为主体的行为意愿产生影响，并且当心理变量越积极（也即行为态度越积极、感知行为控制越强烈、受到周围人或者组织的积极影响越强烈）时，行为主体进行行为选择的积极意愿越强烈，而这种积极的生态保护意愿必然会带来正向的生态保护行为影响。也就是说，当国家重点生态功能区当地居民的生态保护态度越积极、认为自身能够进行生态保护的感知越强烈、受到周边人或者组织积极保护生态环境的影响越大，其生态保护意愿也会越强烈，其越愿意进行生态保护行为，因此，关于生态保护意愿的命题为：

H_4：国家重点生态功能区当地居民积极的生态保护意愿能够正向影响保护行为。

（五）生态补偿政策

计划行为理论虽然得到了广泛的应用，但是该理论忽视了其他外在因素的影响，而学者在利用计划行为理论时也会从自身的研究出发，对其进行扩展，以增强计划行为理论的适用性。国家重点生态功能区当地居民在进行生态环境保护时，一个重要的外在因素就是生态补偿政策，中央政府和当地政府会对居民的生态保护行为及其因此造成的损失进行补偿，这必然在一定程度上影响当地居民的生态保护意愿和生态保护行为。而已有的研究也表明，政策变量可以直接影响居民的生态保护行为，也可以通过影响生态保护意愿间接影响居民的生态保护行为（赵建欣和张忠根，2007）。因此，关于生态补偿政策的命题为：

H_5：国家重点生态功能区生态补偿政策能够正向影响当地居民的生态保护意愿。

H_6：国家重点生态功能区生态补偿政策能够正向影响当地居民的生态保护行为。

第二节　变量选择与调研设计

一、变量选择

在设计国家重点生态功能区居民生态保护意愿及行为调研问卷之前，作者先查阅了国内外关于居民行为和意愿的研究成果，特别是基于问卷调查的研究成果，在分析和总结前人研究成果的基础上，制定了本节的调研问卷，同时，为了真实、全面和有效地反映相关问题，完善生态补偿机制研究课题组成员首先对陕西省长安区大峪口地区的居民进行了小规模的访谈并对问卷进行了修改，形成了最终的调研问卷。

基于上述计划行为理论及其扩展理论的分析以及预调研的反馈，本节借鉴其他学者的研究成果，定义研究国家重点生态功能区当地居民生态保护意愿及其行为的潜变量和潜变量相对应的可观测变量，假定 x_1、x_2、x_3、x_4、x_5 和 y 分别表示行为态度、主观规范、感知行为控制、生态补偿政策、生态保护意愿和生态保护行为。

（一）心理变量的测量

1. 行为态度

国家重点生态功能区当地居民生态保护的行为态度对其进行生态环境保护行为会产生较大的积极或消极的影响。而在行为态度变量选择上，赵建欣和张忠根（2007）认为，制度环境会在较大程度上影响居民的生态建设态度；曹世雄等（2009）将能否带来收入作为居民退耕还林行为态度的影响因素。考虑到国家重点生态功能区的生态环境保护能够增加该地区的生态环境质量，良好的生态环境可以使当地居民身心愉悦，这也必然会提高当地居民的生态保护意愿。因此，本节这里选择当地居民对待政策的态度（x_{11}）、身心愉悦（x_{12}）和收入影响（x_{13}）三个方面测量居民保护生态环境的行为态度。

3. 主观规范

国家重点生态功能区当地居民生态环境保护的主观规范是指其在进行生态环境保护时受到周围人或者组织的影响。柯水发等（2008）研究认为，退耕还林居民在做出退耕还林决策时会明显受到当地政府特别是林业管理部门的意见影响；黄瑞芹等（2008）认为，邻居对行为主体的行为决策会产生重要影响。而在当地居民做出生态保护行为决策中，家人以及亲戚朋友的意见也必然会产生重要影响，因此，本节在测度当地居民的主观规范时，采用当地政府意见（x_{21}）、家人意见（x_{22}）、周边邻居意见（x_{23}）以及亲戚朋友意见（x_{24}）四个变量。

4. 感知行为控制

国家重点生态功能区当地居民生态环境保护的感知行为控制是指居民对进行生态环境保护难易程度的主观认识。在感知行为控制变量的选取上，姚增福等（2010）在测度居民感知行为控制时从其生产能力和风险承担能力两方面进行了测度。本节借鉴前人的研究成果并考虑国家重点生态功能区的实际状况，从当地居民的补偿收入状况（x_{31}）、参与能力（x_{32}）以及风险承受能力（x_{33}）三个方面进行测度。

5. 生态保护意愿

国家重点生态功能区当地居民的生态保护意愿是指居民自发主动的保护生态环境行为的主观愿望。在意愿研究方面，柯水发等（2008）在研究居民生态建设意愿时将其是否愿意参与退耕还林作为测度指标；姚增福等（2010）采用粮食种植对居民家庭的重要性以及是否符合居民自身意愿作为居民种粮意愿的测度指标；魏凤等（2011）把是否愿意带动邻居和自己选择相同的行为作为居民宅基地换房意愿的测度指标。具体到国家重点生态功能区生态环境保护意愿考察上，本节认为不给予当地居民生态保护转移支付条件下其还是否愿意继续生态环境保护也是考察居民生态保护意愿的重要变量，因此，本节选择是否愿意保护生态环境（x_{51}），没有生态补偿条件下是否愿意保护生态环境（x_{52}），生态保护是否符合我的意愿（x_{53}），生态保护对家庭生活、生产很重要（x_{54}）以及是否建议周围人一起保护生态环境（x_{55}）五个指标来测度当地居民的生态保护意愿。

（二）生态补偿政策

生态补偿政策是中央政府或者当地政府对国家重点生态功能区当地居民的生态环境保护行为给予的一系列激励措施，其中最重要也是最有力的政策就是国家重点生态功能区转移支付。夏自兰等（2012）在研究农业生产和生态环境的相互影响时，采用退耕还林补贴、地方政府检查状况以及对退耕还林后的产业发展给予指导等三个方面研究政策变量。而本节认为除了这些因素外，政策的透明性也是国家重点生态功能区生态补偿政策的一个重要程度方面，因此，本节选择生态补偿政策相关信息是否透明（x_{41}）、是否赞同政府采用生产成本方法来发放补助（x_{42}）、地方政府是否检查生态保护状况（x_{43}）以及政府是否给予生态保护后续的技术指导（x_{44}）四个方面测度。

（三）生态保护行为

国家重点生态功能区当地居民的生态环境保护行为是指当地居民在一定时间内从事的生态环境保护和建设活动。王雪梅等（2003）以伊春地区的生态林区林木管护为例，认为当地生态林管护中存在乱砍滥伐现象，并且管护人员缺乏基本的管护技术及学习技术的机会。因此，当地居民的生态环境保护行为应包括维护已种植的树林以及学习相应的技术，同时国家重点生态功能区的生态环境保护还应包括对生活垃圾的处理以及规劝周边人员保护生态环境。最终，选择是否维护生态保护后种植的树木（y_1）、是否自觉处理垃圾（y_2）、是否规劝周边他人自觉处理垃圾（y_3）以及是否学习相关的生态保护技术（y_4）四个测度指标。

对于上述潜变量对应的可观测变量的测度，采用 Likert5 点量表法表示，这六个潜变量及其对应的可观测变量及其测度状况如表 24.1 所示。

表 24.1　　　　　　　　　　　　变量定义及描述性统计

类别	变量	变量说明	变量取值
行为态度	x_{11}	生态保护是国家政策，必须执行	1 完全不同意；2 不同意；3 无所谓；4 同意；5 完全同意
	x_{12}	生态保护能够实现青山绿水，带来愉快心情	同 x_{11}
	x_{13}	生态保护同时还能够带来稳定的收入	同 x_{11}

续表

类别	变量	变量说明	变量取值
主观范式	x_{21}	政府认为应该进行生态保护活动	同 x_{11}
	x_{22}	家人认为应该进行生态保护活动	同 x_{11}
	x_{23}	邻居认为应该进行生态保护活动	同 x_{11}
	x_{24}	亲戚朋友认为应该进行生态保护活动	同 x_{11}
感知行为控制	x_{31}	水源区生态保护有补偿政策,可以得到补贴	同 x_{11}
	x_{32}	有生态保护(植树造林)的能力	同 x_{11}
	x_{33}	能够承担水源区生态保护过程中的风险	同 x_{11}
生态补偿政策	x_{41}	生态保护补偿政策的相关信息是否透明	1 很不透明;2 不透明;3 一般;4 透明;5 很透明
	x_{42}	赞同政府采用生产成本方法来发放补助	1 很不赞同;2 不赞同;3 一般;4 赞同;5 很赞同
	x_{43}	政府检查水源区生态保护状况(退耕、植树)	1 从来不做;2 很少做;3 一般;4 做一些;5 经常做
	x_{44}	政府给予生态保护(如,植树)技术指导	同 x_{43}
生态保护意愿	x_{51}	你是否愿意参与生态保护	1 非常不愿意;2 比较不愿意;3 一般;4 比较愿意;5 很愿意
	x_{52}	没有生态保护补助是否愿意参与生态保护	同 x_{51}
	x_{53}	生态保护活动对我的家庭生产、生活很重要	同 x_{11}
	x_{54}	生态保护活动符合我的意愿	同 x_{11}
	x_{55}	建议周围的人进行生态保护活动	同 x_{11}
生态建设行为	y_1	您是否维护生态保护后种植的树木	同 x_{43}
	y_2	是否将垃圾扔到指定的垃圾桶(站)中	同 x_{43}
	y_3	是否会阻止他人破坏生态保护或乱扔垃圾	同 x_{43}
	y_4	是否学习生态保护(植树造林)方面的技术	同 x_{43}

二、调研设计及样本特征

（一）抽样地点

商洛市的柞水县和镇安县是本次调研的地点。柞水县主要选择牛背梁国家自然保护区附近的营盘镇、乾佑镇和下梁镇的 6 个村进行调研。镇安县主要选取木王国家森林公园附近的木王镇和杨泗镇的 5 个村级单位进行调研。

（二）调研方法

本次调查方法采用直接面访问卷调查方法，在讲解调研目的、方法和内容之后，对居民进行现场访问，并按照被调查者的回答由调研人员直接填写。

（三）数据分布与收集

本次调研共发放 630 份问卷，收回有效问卷 614 份，有效问卷分布状况如表 24.2 所示。

表 24.2   **有效问卷分布状况**

所在县	所在镇	所在村	有效问卷数	占比
柞水县	营盘镇	安沟村	89	14%
		朱家湾村	65	10%
		药王堂村	71	12%
	乾佑镇	什家湾村	51	8%
		石镇村	54	9%
	下梁镇	沙坪村	41	7%
镇安县	木王镇	月坪村	53	9%
		长坪村	67	11%
		栗扎坪村	35	6%
	杨泗镇	平安村	61	10%
		桂林村	27	4%

（四）样本特征分析

对 614 份有效问卷的调查对象基本状况进行统计，结果如表 24.3 所示。可以看出，本次调研对象男女比例基本各占一半，男性稍多；调查对象的年龄在 25～54 的占总调查人数的 69.06%；由于调研多是在农村进行，因此，调查对象的文化程度较低，初中及以下学历的人数占比为 72.97%；调查对象的职业多为农民，占比为 65.80%；调查对象所在家庭的人口数在 4～6 人的占比为 73.13%；调查对象的家庭年收入在 10000～40000 元的占比为 62.54%；家庭收入基本靠打工收入，打工收入占比为 77.85%。

表 24.3   **样本数据的基本特征**

统计指标	分类指标	人数	比例（占有效样本）	分类指标	人数	比例（占有效样本）
性别	男	322	52.44%	女	292	47.56%
年龄	18～24	65	10.59%	45～54 岁	14	23.45%
	25～34	135	21.99%	55～64 岁	90	14.66%
	35～44	145	23.62%	65 岁以上	35	5.70%
文化程度	未上学	42	6.84%	高中/中专/大专	133	21.66%
	小学	163	26.55%	本科	32	5.21%
	初中	243	39.58%	硕士及以上	1	0.16%
职业	农民	404	65.80%	教师	9	1.47%
	普通工人	57	9.28%	学生	22	3.58%
	个体户	54	8.79%	退休	12	1.95%
	医生	2	0.33%	无业	28	4.56%
	公务员	13	2.12%	其他	13	2.12%

统计指标	分类指标	人数	比例（占有效样本）	分类指标	人数	比例（占有效样本）
家庭人口数	1 人	4	0.65%	5 人	159	25.90%
	2 人	31	5.05%	6 人	98	15.96%
	3 人	69	11.24%	7 人以上	61	9.93%
	4 人	192	31.27%			
家庭年平均收入	1000 元以下	5	0.81%	[8000,10000) 元	32	5.21%
	[1000,2000) 元	3	0.49%	[10000,20000) 元	144	23.45%
	[2000,4000) 元	5	0.81%	[20000,40000) 元	240	39.09%
	[4000,6000) 元	5	0.81%	[40000,60000) 元	94	15.31%
	[6000,8000) 元	13	2.12%	60000 元以上	73	11.89%
收入主要来源	农业	31	5.05%	营业	56	9.12%
	林业	4	0.65%	打工	478	77.85%
	养殖业	1	0.16%	其他	44	7.17%

第三节　样本数据分析

一、样本的统计性描述

对 614 份问卷的 23 个问题进行统计性描述，结果如表 24.4 所示。通过表 24.4 可知，各个问题得到的均值都相对较高，均值最小的选项为"水源区生态保护有补偿政策，可以得到补贴"，数值为 2.414，也就是说大部分人没有得到生态保护的补贴；均值最大的选项为"生态保护能够实现青山绿水，带来愉快心情"，数值为 4.320，也就是说大部分人都认为保护生态环境可以带来青山绿水和愉快心情。而从各选项的标准差可以看出，行为态度、主观范式、生态保护意愿和生态保护行为的选项差异性相对较小，其标准差在 0.5 ~ 0.7；而感知行为范式和生态保护政策的选项异性相对较大，其标准差在 1 之上。

表 24.4　　　　　　　　　　　　　样本统计性描述

类别	变量	最小值	最大值	均值	标准差	样本量
行为态度	x_{11}	2	5	4.020	0.532	614
	x_{12}	2	5	4.320	0.567	614
	x_{13}	1	5	3.028	0.709	614
主观范式	x_{21}	2	5	3.894	0.552	614
	x_{22}	3	5	3.899	0.532	614
	x_{23}	1	5	3.837	0.584	614
	x_{24}	1	5	3.762	0.589	614

类别	变量	最小值	最大值	均值	标准差	样本量
感知行为控制	x_{31}	1	5	2.414	1.092	614
	x_{32}	1	5	2.642	1.108	614
	x_{33}	1	5	2.709	1.047	614
生态补偿政策	x_{41}	1	5	2.862	1.154	614
	x_{42}	2	5	3.500	1.057	614
	x_{43}	1	5	3.267	1.028	614
	x_{44}	1	5	3.015	1.029	614
生态保护意愿	x_{51}	2	5	3.953	0.605	614
	x_{52}	2	5	3.723	0.698	614
	x_{53}	2	5	3.886	0.556	614
	x_{54}	2	5	3.821	0.568	614
	x_{55}	1	5	3.655	0.569	614
生态保护行为	y_1	2	5	3.689	0.583	614
	y_2	2	5	3.836	0.652	614
	y_3	2	5	3.704	0.641	614
	y_4	3	5	3.637	0.684	614

二、样本信度和效度检验

为保证调研数据的质量，必须对调研数据进行信度检验，只有通过信度检验的数据才能进行下一步的实证分析。

（一）信度分析

信度指标的量化值称为信度系数，值越大，表明测量数据的可信度越高。一般认知在 0.65 以下是不可信的，0.65 ~ 0.70 之间是最小可接受的范围；0.7 ~ 0.8 之间认为相当好；0.8 ~ 0.9 之间认为非常好。

关于国家重点生态功能区当地居民生态保护意愿和行为的调研问卷数据的信度检验，本节采用克朗巴哈 α 信度系数（cronbach's α 值）和组合信度（CR）来检验。

克朗巴哈 α 信度系数的计算公式为：

$$\alpha = \frac{k}{k-1}\left(1 - \frac{\sum\limits_{i=1}^{k} \text{var}(i)}{\text{var}}\right) \qquad (24-1)$$

式（24-1）中，k 表示量表中评估项目的总数，$\text{var}(i)$ 为第 i 个项目得分的表内方差，var 表示全部项目总得分的方差。这种方法非常适用于态度、意见式问卷的信度检验。

组合信度的计算公式为：

$$CR = \frac{\left(\sum\limits_{i=1}^{k} a_i\right)^2}{\left(\sum\limits_{i=1}^{k} a_i\right)^2} + \sum\limits_{i=1}^{k} \theta_i \qquad (24-2)$$

式（24－2）中，CR 表示组合信度；a_i 为第 i 个可观测变量的标准化因子载荷；θ_i 为第 i 个可观测变量的残差方差。这也是一种常用的对于态度、意见式问卷的信度检验方法。

运用 SPSS18.0 对国家重点生态功能区当地居民的调研问卷得到的 6 个潜变量及其 23 个可观测变量进行信度分析，结果如表 6.5 所示。可以看出，生态补偿政策的克朗巴哈 α 信度和组合信度系数分别为 0.792 和 0.795，其余 5 个潜变量的克朗巴哈 α 信度和组合信度信度系数都大于 0.8，可以认为本节调研问卷的数据信度是比较理想的。

表 24.5　　　　　　　　　　变量信度、效度及因子分析结果

潜变量	可观测变量	标准因子载荷	组合信度（CR）	平均方差萃取（AVE）	cronbach's α 值
行为态度	x_{11}	0.697	0.876	0.644	0.812
	x_{12}	0.802			
	x_{13}	0.699			
主观范式	x_{21}	0.669	0.910	0.751	0.815
	x_{22}	0.796			
	x_{23}	0.707			
	x_{24}	0.650			
感知行为控制	x_{31}	0.706	0.851	0.609	0.850
	x_{32}	0.741			
	x_{33}	0.617			
生态补偿政策	x_{41}	0.684	0.795	0.599	0.792
	x_{42}	0.619			
	x_{43}	0.627			
	x_{44}	0.601			
生态保护意愿	x_{51}	0.617	0.871	0.671	0.851
	x_{52}	0.649			
	x_{53}	0.593			
	x_{54}	0.771			
	x_{55}	0.549			
生态建设行为	y_1	0.715	0.882	0.644	0.819
	y_2	0.693			
	y_3	0.740			
	y_4	0.750			

（二）效度分析

效度分析是指对调研数据准确性的度量，只有数据检的准确性达到一定的要求后，才能进行下一步实证研究，保证结果的有效性。问卷调查的最终目的就是要进行高效度的实证测量并得到有效的结论，效度越高，表示调研测验的行为真实度越高，越能够达到问卷设计的目的。效度包括两个方面的含义：一是调研问卷设计的目的；二是问卷对既定目标的表达的精确度和真实性。

一般来讲，效度分析主要包括内容效度检验和结构效度检验两种。内容效度检验是分析通过调研问卷的数据能否反映真实状况，真实表达调研内容。内容效度检验属于命题的逻辑分析，所以也称为"逻辑效度""内在效度"。结构效度检验是指检验调研结果体现出来的某种结构与测量值之间的对应程度，可以分为聚合效度检验和区分效度检验。结构效度检验最理想的方法是利用因子分析法分析整个问卷的结构效度。

对于内容效度来说，本节设计的问卷相关问题是在参考其他学者的研究成果基础上，结合当地实际状况并咨询相关领域专家后选定的，并经过了预调研后再次修改得到的，具有一定的内容效度，这里不再进行内容效度检验。

采用因子分析法分析调研数据的结构效度，首先采用 KMO（Kaiser - Meyer - Olkin）方法和 Bartlett 球体检验法对调研数据是否适合采用因子分析法进行检验，通常来说，KMO 检验值越大，Bartlett 球体检验显著性水平越低，越适合进行因子分析，通过 SPSS18.0 得到的结果表明，本节调研数据的 KMO 检验值为 0.871，而 Bartlett 球体检验值为 3269，显著性水平小于0.001，因此，适合进行因子分析法。结构效度检验结果如表 24.5 和 24.6 所示。

由表 24.5 可知，调研数据对应的潜变量的标准化因子负荷都大于 0.6，且显著性水平都小于 0.001，显示了良好的聚合效度，所有可观测变量的标准载荷因子取值都在 0.6~0.9，并且显著性水平均小于 0.001。此外，所有潜变量的平均方差都大于 0.7，这表明测度指标能够解释大部分方差。由表 4.6 可知，每个潜变量的平均方差萃取（AVE）的平方根都大于变量间的相关系数，通过了区别效度检验。因此，总体上来说，本节的调研数据具有较好的信度和效度，能够进行下面的分析。

表 24.6　　　　　　　　　　区别效度分析结果

潜变量	行为态度	主观范式	感知行为控制	生态补偿政策	生态保护意愿	生态建设行为
行为态度	0.803					
主观范式	0.782	0.867				
感知行为控制	0.711	0.709	0.780			
生态补偿政策	0.675	0.683	0.671	0.774		
生态保护意愿	0.541	0.679	0.560	0.519	0.819	
生态建设行为	0.362	0.551	0.573	0.554	0.633	0.803

第四节　结构方程模型构建及分析

一、结构方程模型

结构方程模型能够将因子分析法和路径分析法融为一体，不仅能够有效地避免测量误差，还能够分析各变量之间的关系，得到变量间相互影响的直接效果、间接效果和总效果。结构方程模型包含了测量和结构两个模型，可观测变量与潜变量之间的相互关系由测量模型表示，潜变量与潜变量之间的关系由结构模型表示。根据前文的分析，本节的结构方程模型和测量方程分别表示为：

结构模型：

$$x_5 = \alpha_1 x_1 + \alpha_2 x_2 + \alpha_3 x_3 + \alpha_4 x_4 + \mu_1 + \mu_2 + \mu_3 + \mu_4 \qquad (24-3)$$

$$y = \alpha_5 x_4 + \alpha_6 x_5 + \mu_5 + \mu_6 \qquad (24-4)$$

其中，x_1、$x2\cdots$、x_5、y 分别表示国家重点生态功能区当地居民的生态保护行为态度、生态保护主观规范、生态保护感知行为控制、生态补偿政策、生态保护意愿以及生态保护行为；α_1，α_2，$\cdots$，α_5，α_6 分别表示各潜变量之间的路径系数；μ_1，μ_2，$\cdots$，μ_5，μ_6 分别表示 6 个潜变量的残差。

测量模型：

$$x_{1i} = \beta_j x_{1i} x_1 + e_j, i = 1,2,3, j = 1,2,3 \qquad (24-5)$$

$$x_{2i} = \beta_j x_{2i} x_2 + e_j, i = 1,2,3,4, j = 4,5,6,7 \qquad (24-6)$$

$$x_{3i} = \beta_j x_{2i} x_3 + e_j, i = 1,2,3, j = 8,9,10 \qquad (24-7)$$

$$x_{4i} = \beta_j x_{4i} x_4 + e_j, i = 1,2,3,4, j = 11,12,13,14 \qquad (24-8)$$

$$x_{5i} = \beta_j x_{5i} x_5 + e_j, i = 1,2,3,4,5, j = 15,16,17,18,19 \qquad (24-9)$$

$$y_i = \beta_j y_i y + e_j, i = 1,2,3,4, j = 20,21,22,23 \qquad (24-10)$$

其中，x_{1i}，x_{2i}，x_{3i}，x_{4i}，x_{5i}，y_i 表示相应潜变量的观测变量；$\beta_j(j = 1,2,\cdots,22,23)$ 表示 23 个可观测变量的载荷系数；$e_j(j = 1,2,\cdots,22,23)$ 表示 23 个可观测变量的残差。

进而设定的潜变量间以及潜变量和可观测变量间的关系路径如图24.4所示。

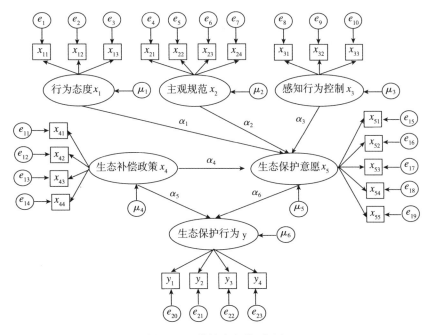

图24.4　结构方程模型路径

二、模型拟合优度评价

在采用最大似然估计法对结构方程参数进行估计之前，首先要对样本数据的拟合优度进行检验。参考吴明隆的方法和思想，对国家重点生态功能区当地居民生态保护意愿和行为的结构方程拟合优度进行评价。吴明隆认为，用于评价结构方程拟合优度的最常用指数为绝对拟合指数、相对拟合指数和信息指数。

卡方自由度比（χ^2/df）、渐进残差均方和平方根（RMSEA）、适配度指数（GFI）和调整后适配度指数（AGFI）四个指标是绝对拟合指数常用的方法。具体来说，$\chi^2/df <$ 时，该模型适配度极佳；模型的 RMSEA 小于 0.08 表明匹配度处于合理水平之上，小于 0.05 表明匹配度非常好；GFI 大于 0.9 表明样本数据与模型适配度较好；AGFI 越接近 1 表明模型越好，一般认为大于 0.9 就可判定样本数据与模型适配度较好。非规准适配指数（TLI）、比较适配指数（CFI）和增值适配指数（IFI）是相对拟合指数常选指标。这 3 个指标值都是越接近于 1 表示模型适配度越好，一般认为大于 0.9 就说明模型拟合很好。Akaike 讯息效标（AIC）和调整的 Akaike 讯息效标（CAIC）是信息指数常用的指标，模型的 AIC 和 CAIC 越小越具有高契合度，二者的评价标准是理论模型的 AIC 值和 CAIC 值小于独立模型和饱和模型的 AIC 值和 CAIC 值。

运用 AMOS17.0 统计软件对结构方程模型进行检测，结果表明各指标均达到了理想状态，本研究所设定模型具有很好的拟合优度。结构方程检验结果见表 24.7。

表 24.7   模型拟合指标

拟合指标	具体指标	建议值	模型估计
绝对拟合指数	卡方自由度比值 χ^2/df	<2	1.431
	渐进残差均方和平方根 RMSEA	<0.05	0.014
	适配度指数 GFI	>0.9	0.975
	调整后适配度指数 AGFI	>0.9	0.940
相对拟合指数	非规准适配指数 TLI	>0.9	0.931
	比较适配指数 CFI	>0.9	0.977
	增值适配指数 IFI	>0.9	0.964
信息指数	Akaike 讯息效标 AIC	理论模型同时小于独立模型和饱和模型	605.40 < 745.09
			605.40 < 1415.91
	调整的 Akaike 讯息效标 CAIC		989.71 < 1768.087
			989.71 < 1327.151

注：各检验指标的建议值来源于吴明隆（2009）。

三、参数检验

表 24.8 给出了测量方程的拟合结果，测量方程的因子载荷估计值都在 10% 的水平上通过显著性检验，且可观测变量 C.R 值都大于 2，可以认为潜变量和可观测变量间的载荷系数估计通过显著性检验。

通过表 24.8 可得，行为态度的 3 个可观测变量 x_{11}、x_{12}、x_{13} 的标准化因子载荷为 0.629、0.753 和 0.514，即当地居民对待政策的态度、能否带来身心愉悦和居民收入能增加国家重点生态功能区当地居民生态保护意愿。主观规范的 4 个可观测变量 x_{21}、x_{22}、x_{23} 和 x_{24} 的标准化因子载荷为 0.605、0.406、0.274 和 0.322，这表明当地居民的生态保护意愿在很大程度上会受到政府、家人、邻居和亲戚朋友的正向影响。感知行为控制的 3 个可观测变量 x_{31}、x_{32}、x_{33} 的标准化因子载荷分别为 0.639、0.791 和 0.534，也即国家重点生态功能区当地居民的补偿收入状况、参与能力以及风险承受能力对其感知行为控制同样能够正向影响当地居民的生态保护和建设意愿。生态补偿政策的 4 可观测变量 x_{41}、x_{42}、x_{43} 和 x_{44} 的标准化因子载荷分别为 0.363、0.743、0.558 和 0.263，表明生态补偿政策相关信息透明度、政府采用生产成本方法来发放补助、地方政府检查生态保护状况以及政府给予生态保护后续的技术指导 4 个变量对生态补偿政策贡献度较大，且都能够正向影响国家重点生态功能区当地居民的生态保护意愿。生态建设意愿的 5 个可观测变量 x_{51}、x_{52}、x_{53}、x_{54} 和 x_{55} 的标准化因子载荷分别为 0.724、0.421、0.246、0.354 和 0.602，也即保护生态环境意愿、没有生态补偿条件下保护生态环境的意愿、生态保护合意性、生态保护对家庭生活、生产的重要性以及建议周围人一起保护生态环境这 5 个指标同样对国家重点生态功能区当地居民生态保护意愿产生正向影响，并且对生态保护行为产生正向影响。生态保护行为的 4 个可观测变量 y_1、y_2、y_3 和 y_4 的标准化因子载荷分别为 0.855、0.342、0.537 和 0.458，可知维护生态保护后种植的树木、自觉处理垃圾、规劝周边他人自觉处理垃圾以及学习相关的生态保护技术能够提高国家重点生态功能区当地居民的生态保护行为的积极性。通过上述分析可知，本节调研问卷的问题在一定程度上可以较好地测度当地居民的生态保护意愿和行为。

表 24.8 测量方程拟合指标结果

可观测变量	载荷系数	潜变量	标准化载荷系数	C. R. /t 值
x_{11}	$\beta_1 \leftarrow$	行为态度	0.629 ***	
x_{12}	$\beta_2 \leftarrow$	行为态度	0.753 **	2.417
x_{13}	$\beta_3 \leftarrow$	行为态度	0.514 ***	7.596
x_{21}	$\beta_4 \leftarrow$	主观范式	0.605 ***	
x_{22}	$\beta_5 \leftarrow$	主观范式	0.406 ***	8.662
x_{23}	$\beta_6 \leftarrow$	主观范式	0.274 ***	6.462
x_{24}	$\beta_7 \leftarrow$	主观范式	0.322 **	2.674
x_{31}	$\beta_8 \leftarrow$	感知行为控制	0.639 ***	
x_{32}	$\beta_9 \leftarrow$	感知行为控制	0.791 ***	8.660
x_{33}	$\beta_{10} \leftarrow$	感知行为控制	0.534 ***	6.731
x_{41}	$\beta_{11} \leftarrow$	生态补偿政策	0.363 ***	
x_{42}	$\beta_{12} \leftarrow$	生态补偿政策	0.743 ***	8.641
x_{43}	$\beta_{13} \leftarrow$	生态补偿政策	0.558 **	2.367
x_{44}	$\beta_{14} \leftarrow$	生态补偿政策	0.263 ***	8.427
x_{51}	$\beta_{15} \leftarrow$	生态保护意愿	0.724 ***	
x_{52}	$\beta_{16} \leftarrow$	生态保护意愿	0.421 ***	6.181
x_{53}	$\beta_{17} \leftarrow$	生态保护意愿	0.246 **	2.172
x_{54}	$\beta_{18} \leftarrow$	生态保护意愿	0.354 ***	8.259
x_{55}	$\beta_{19} \leftarrow$	生态保护意愿	0.602 *	2.104
y_1	$\beta_{20} \leftarrow$	生态建设行为	0.855 ***	
y_2	$\beta_{21} \leftarrow$	生态建设行为	0.342 ***	5.258
y_3	$\beta_{22} \leftarrow$	生态建设行为	0.537 ***	7.042
y_4	$\beta_{23} \leftarrow$	生态建设行为	0.458 ***	7.103

同样采用 AMOS17.0 分析软件对结构方程进行拟合分析，该软件直接得到的路径系数是非标准化的，而未经过标准化的路径系数不能直接进行比较分析，因此要对这些路径系数进

行标准化处理。结构方程的标准化路径系数和拟合结果如表 24.9 所示。这里可根据表 24.9 对前文提出的 6 个命题进行验证。

表 24.9　　　　　　　　　　　结构方程模型拟合指标结果

潜变量	路径系数	潜变量	标准化路径系数	C. R. /t 值	假设检验
x_5	$\alpha_1 \leftarrow$	行为态度	0.342 ***	3.630	支持
x_5	$\alpha_2 \leftarrow$	主观范式	0.184 ***	4.311	支持
x_5	$\alpha_3 \leftarrow$	感知行为控制	0.305 **	2.469	支持
x_5	$\alpha_4 \leftarrow$	生态补偿政策	0.178 *	2.103	支持
y	$\alpha_5 \leftarrow$	生态补偿政策	0.121 *	2.251	支持
y	$\alpha_6 \leftarrow$	生态保护意愿	0.441 ***	7.557	支持

由拟合结果可以得到以下结构方程表达式和路径分析图 24.5。

$$x_5 = 0.342x_1 + 0.184x_2 + 0.305x_3 + 0.178x_4$$
$$y = 0.121x_4 + 0.441x_5$$

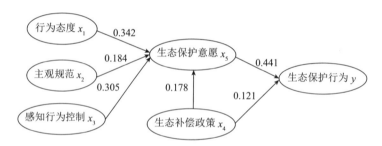

图 24.5　结构方程路径分析

由表 24.9 和图 24.5 的模型路径系数可以发现，当地居民行为态度、主观规范和感知行为控制对生态保护意愿的影响路径系数在 5% 的显著性水平下通过检验，其系数值 α_1、α_2 和 α_3 分别为 0.342、0.184 和 0.305；也即这三个潜变量都对当地居民的生态保护意愿产生了正向的促进作用，因此命题 H_1、H_2、H_3 得证。政府生态补偿政策对当地居民生态保护意愿的影响路径系数在 10% 的水平下通过显著性检验，系数值 α_4 为 0.178，也即生态补偿政策对当地居民的生态保护意愿产生正向促进作用，命题 H_5 得证。居民的生态保护意愿和政府的生态补偿政策对居民生态保护行为的影响路径系数在 10% 的条件下通过显著性检验，其路径系数值 α_6 和 α_5 分别为 0.441 和 0.121，也即这两个潜变量对当地居民的生态保护行为产生正向的促进作用，因此命题 H_4 和 H_6 得证。

四、模型效应分析

路径系数表示了结构方程中潜变量间的相互影响关系，为了更深入探讨潜变量间的关系，还可以通过各潜变量间的直接效应、间接效应和总效应来进一步分析作用效果。具体来说，原因变量到结果变量的路径系数表示直接效应，当模型中有中介变量时也会有间接效应，可以用影响区间内两路径系数的乘积来衡量间接影响；总效应就是直接效应与间接效应之和。

各效应的标准化的系数如表 24.10 所示。

由表 6.10 可知，国家重点生态功能区当地居民的行为态度、主观规范和感知行为控制对生态保护意愿的直接效应分别为 0.342、0.184 和 0.305，没有间接效应；三者对生态保护行为的间接效应分别为 0.151、0.081 和 0.135，没有直接影响。生态保护意愿对生态保护行为的直接效应为 0.441，没有间接效应。生态补偿政策对居民的生态保护意愿和行为的直接效应分别为 0.178 和 0.121，对其生态保护行为的间接效应为 0.078，因此，生态补偿政策对生态保护行为的总效应为 0.199。通过分析可知，生态补偿政策的实施即能够直接增加当地居民的生态保护行为，也能够在一定程度上通过提高当地居民的生态保护意愿间接增加当地居民的生态保护行为。生态保护意愿作为模型的中介变量，对增加当地居民生态保护行为的总效应为 0.441，影响效应最大，对生态保护行为的影响都是最重要的，当地居民的生态保护行为很大程度上取决于生态保护意愿。

表 24.10　　　　　　　　　　不同变量对生态保护意愿及行为的影响效应

变量	生态保护意愿			生态保护行为		
	直接效应	间接效应	总效应	直接效应	间接效应	总效应
行为态度	0.342		0.342		0.151	0.151
主观规范	0.184		0.184		0.081	0.081
感知行为控制	0.305		0.305		0.135	0.135
生态补偿政策	0.178		0.178	0.121	0.078	0.199
生态保护意愿				0.441		0.441

第五节　主要结论及政策建议

一、主要结论

从静态到动态、从单目标到双目标、从政府到农户等方面层层深入，构建了研究国家重点生态功能区转移支付生态补偿激励效应的理论分析框架。我国国家重点生态功能区生态补偿转移支付的特殊性决定中央政府对国家重点生态功能区的生态补偿转移支付必须既要考虑对地方政府的激励，又考虑对当地居民的激励。首先，通过扩展的委托代理模型，构建了中央政府和县级政府之间的静态和动态激励契约，在静态条件下分析了完全信息和不对称信息两种状况的激励机制的差异，并考察了信息不对称状况对激励机制的影响，又在动态条件下分析了生态补偿的长效激励机制，并考察了县级政府在财政收入以及保护能力等方面的异质性对激励机制的影响。其次，运用羊群效应模型分析了生态补偿政策对当地居民保护意愿和行为的影响，考察了政府生态补偿政策对当地居民的激励机制。随后在统一逻辑框架下对国家重点生态功能区转移支付激励机制进行了实证研究，通过理论分析和实证研究，主要得到以下结论。

（一）当中央政府与县级政府在生态保护行为、资源价值等信息方面存在不对称时，中央政府需要支付给县级政府一定的信息租金

中央政府提供的国家重点生态功能区转移支付最优规模和信息租金、县级政府所在地的资源价值类别，以及县级政府的生态保护努力三者密切相关。本节对县级政府隐藏当地资源价值类别信息（隐藏信息）、隐藏生态环境保护行为能力（隐藏行为）和资源价值类别与生态环境保护行为信息都隐藏（双重隐藏）三种情况下中央政府提供最优生态补偿转移支付的形式和金额进行了理论探讨和数值模拟，研究发现：第一，在双重隐藏状况下，国家重点生态功能区内高价值类别资源的信息租金会随着其保护成本的上升而上升，随着低价值类别资源保护成本的上升而下降；随着县级政府为高价值类别资源提供低保护努力产出的生态效益增加而增加，随着提供给低价值类别资源低保护努力产出的生态效益增加而减少。第二，在双重隐藏信息状况下，不同价值类别资源的保护成本差别越大，县级政府获取高价值类别资源的信息租金越大，转移支付也越大。第三，最优的转移支付取决于高价值类别资源的比例，高价值类别资源所占比例越大，所需的转移支付越大，但信息附加值却呈现递减趋势。第四，契约选择与保护努力信息和资源价值类别信息的相对重要性有关，中央政府可以通过信息不对称状况激励约束县级政府的资源保护行为。

（二）国家重点生态功能区转移支付的长效激励机制有利于提高生态效益产出，同时县级政府的财政收入水平和生态保护能力也对长效激励的发挥产生了重要影响

以陕西省国家重点生态功能区转移支付为例，研究了生态环境效益产出与国家重点生态功能区转移支付、县级政府财政收入水平以及县级政府生态保护能力三者之间的关系，结果表明：第一，国家重点生态功能区转移支付对生态环境质量改善起到了重要的作用，是抑制生态环境质量恶化，促进生态环境逐渐转好的重要因素；县级政府财政收入水平增加在抵消转移支付的激励效应同时，也会促使县级政府自觉提高生态环境保护努力，并且后者效应大于前者；基期的生态环境状况同样对质量提高发挥了不可或缺的促进作用，建立长效的激励机制成为必然选择。第二，财政收入水平高的县级政府更愿意保护生态环境，提高生态环境效益产出，因此，应提高各个县级政府的财政收入水平，国家重点生态功能区属于禁止开发区和限制开发区，当地政府很难通过大规模的城镇化和工业化增加财政收入，而其他地区特别是优先开发和重点开发地区一直在无偿享受这些区域提供的生态环境产品，其理应为此支付补偿。第三，考虑生态保护能力异质性因素有利于充分发挥生态补偿转移支付激励效应。尽管还有其他因素造成转移支付效果未能达到预期目标，但忽视县级政府生态保护能力异质性的转移支付政策是主要原因之一。

（三）国家重点生态功能区当地居民的心理因素、生态补偿政策等都对生态保护意愿和行为产生显著的正效应；生态保护意愿对生态保护行为也会产生显著的正向影响

首先，国家重点生态功能区当地居民的行为态度、主观规范和感知行为控制可以通过其意愿在很大程度上转化为行为，因此，要从根本上转变农户的行为态度，使其认为生态保护能为自身带来较大的综合收益，促使其产生较为积极的态度；要影响居民的主观规范，使其在决定是否进行生态保护活动时受到来自周围重要人物和团体组织的积极影响；增强居民的感知行为控制，让其主观上感觉到完成生态保护相对容易并能够获得收益，并增强这种主观认知。其次，生态补偿政策不仅能直接有效地激励居民参与生态保护，还可以通过正向影响生态保护意愿发挥其间接的激励效果。但是生态补偿政策对生态保护意愿和行为的影响系数都较小，且其显著性检验只在10%的水平下通过，这也说明生态补偿政策的激励效应未充分发挥，还有进一步挖掘的空间。最后，国家重点生态功能区当地居民的生态保护意愿对其生

态保护行为的产生起到了至关重要的作用，要让居民从事生态保护活动，就必须从主观上转变居民的行为态度；影响其主观规范；增强对生态保护的感知控制，通过促进居民意愿从而最终使其产生生态保护行为，激励居民参与生态保护活动。

二、政策建议

根据本节的理论分析和实证检验，对完善我国国家重点生态功能区转移支付的生态保护激励机制提出以下政策建议。

（一）改变县级政府片面追求 GDP 增长的政绩考核制度，明确县级政府社会福利包含经济增长和生态环境保护两部分，并逐步提高生态环境保护的比重

改变片面追求 GDP 的政绩考核制度，增加环境保护在政绩考核中的比重，构建能够反映生态环境保护要求的绿色 GDP 的政绩考核制度，将生态效益产出状况、生态环境保护状况、资源消耗、环境损害纳入经济社会发展评价体系和政绩考核体系，特别是国家重点生态功能区所在地方政府的政绩考核中，根据不同区域主体的功能定位，实行差异化绩效评价考核。这样平衡地方政府在生态保护和经济增长之间的倾向，增强地方政府环境保护的积极性。

（二）中央政府应加大对地方政府生态环境保护行为和当地生态环境状况的监测，降低双方的信息不对称程度，提高生态补偿转移支付的效率

信息不对称是影响国家重点生态功能区转移支付激励机制充分发挥其应有效应的最大因素，只有充分降低中央政府和县级政府之间的信息不对称状况，以便中央政府准确掌握县级政府的生态保护行为，才能充分发挥转移支付的激励效应，激励县级政府提高生态保护努力程度。具体来说：一是中央政府可以凭借其政治主导地位，强制要求地方政府对本地区的生态资源状况提交普查统计报告，并对当年的生态环境变化状况进行分析，推测县级政府的生态保护能力水平，提高中央政府对地方资源环境和地方政府保护能力真实信息的掌握程度，根据地方政府的生态保护状况提供最优的转移支付政策。二是加大对县级政府的监督检查力度，定期或者不定期地对部分县级政府的生态保护行为及生态环境状况进行抽查，督促县级政府保护生态环境，严防触碰生态环境破坏的高压线。三是激励当地公众参与生态环境保护的监督。把国家重点生态功能区的利益相关者制衡机制纳入生态补偿转移支付制度中，一方面，逐渐提高当地居民生态环境保护和监督的决策地位，使其监督建议及部分决策的权力得以制度化，逐渐提高其参与程度；另一方面，也要增加物质激励，政府可以成立专门的生态保护激励基金，对积极参与生态保护共同治理的社会公众给予物质奖励，并在其他可能获得私人利益的项目和工作方面给予优先考虑。四是提升生态环境质量监测技术，对县级政府监测和考察的增加必然会导致中央政府生态环境保护成本的提高，此时考虑其他外生政策以降低该监测和考核成本，提高监管和考核技术水平成为必要措施。

（三）转移支付金额的确定应与地方政府提供的生态效益和信息不对称状况直接挂钩，根据不同区域的主体功能定位，实现差异化的绩效考评机制

中央政府应依据地方政府保护努力水平和国家重点生态功能区资源状况的信息结构设计转移支付契约，根据可获得的地方政府行为和保护区生态效益提供的信息来确定生态补偿金额，改变现有的依据财政缺口来确定国家重点生态功能区转移支付水平的方式，兼顾转移支付的效率和公平。结合本节的分析，笔者认为，中央政府应根据信息的可获得性制定生态补偿转移支付的标准，当中央政府能够获得国家重点生态功能区内生态资源价值类别信息时，生态补偿转移支付标准应根据生态资源价值类别进行确定；当中央政府能够获得县级政府的

生态保护能力信息时，则应根据生态保护能力信息制定生态补偿转移支付标准；当中央政府对这两方面的信息都不了解时，只能根据生态环境效应产出来确定生态补偿转移支付标准。

（四）增加对重点生态功能区转移支付，完善国家重点生态功能区生态保护成效与资金分配挂钩的激励机制

国家重点生态功能区转移支付和前一期的生态环境质量对生态效益产出具有显著的促进作用，因此中央政府激励县级政府生态保护行为可以从这两方面入手：一方面，继续加大对国家重点生态功能区所在县级政府的转移支付水平，激励县级政府生态保护的积极性，但对于不同保护能力的县级政府应制定差异化的转移支付激励机制，对于低保护能力的县级政府来说，可以加大其固定转移支付，降低激励性转移支付，另一方面，注重国家重点生态功能区转移支付的长效激励机制，如可以结合前几期和当期的生态环境效益综合考虑转移支付额，也可以采用分批下拨的方式将转移支付拨付给县级政府，使得县级政府要获得相应的转移支付，既要关注当期的生态环境效益，也要关注后期的生态环境效益，保证县级政府生态环境保护的持久性，促进生态环境的永续发展。

（五）扩大中央政府的一般性财政转移支付和受益地区的横向财政转移支付，增加国家重点生态功能区所在县级政府财政收入

国家重点生态功能区内的资源禀赋现状和地理位置因素决定了其经济发展的落后，因此县级政府的财政收入水平有限，而国家重点生态功能区生态环境保护和建设目标又进一步限制了当地的经济增长，同时使其面临生态环境保护成本增加和机会成本损失的双重压力。基于此，一方面，中央政府应继续加大对国家重点生态功能区所在县级政府的一般性和专项的财政转移支付，提高其基本的财政收入水平，保证财政支出能力；另一方面，东部发达地区在进行大规模工业化和城镇化开发的同时也无偿享受了国家重点生态功能区生态环境保护和建设提供的生态环境效益，因此前者向后者提高横向生态环境保护和建设的财政转移支付也是应有之义，当然，东部地区除向国家重点生态功能区所在县级政府提供资金支持外，还应在技术、人力交流方面提供便利，促进这些地区自身的发展能力。

（六）通过影响国家重点生态功能区当地居民的心理变量，提高生态保护意愿和行为

一是加强舆论引导，改变居民对国家政策的传统看法，使其从被动接受现行政策到主动遵守和执行现行政策。二是增加当地居民的收入水平。居民只有获得切实稳定的收益才有可能投入劳力从事生态保护，提升其参与生态保护的价值感，可以建立以绿色生态为导向的农业补贴制度，采取政府购买服务等多种扶持措施，培育发展各种形式的生态环境源污染治理、污水垃圾处理市场主体。三是通过相关人物的影响，以增强国家重点生态功能区当地居民生态保护的主观规范。通过政府的宣传和引导，让周围重要的人物和组织对其决策产生重要的积极影响。四是树立自然价值和自然资本的理念。自然生态是有价值的，保护自然就是增值自然价值和自然资本的过程，就是保护和发展生产力，就应得到合理回报和经济补偿，让居民感觉参与生态保护有利可图，从而增强其对生态补偿的收益性感知对促使其产生生态保护行为有较大促进作用。五是制定更为合理的生态补偿政策，积极引导国家重点生态功能区当地居民进行后续生产。生态补偿政策不仅对居民生态保护行为有直接效应，还可以通过生态保护意愿发挥间接激励效应，政府部门应对居民生态保护做定期检查或不定期抽查，从而打破居民的消极预期；也可以按照居民生态保护情况发放补贴款，甚至可以建立评价机制，对生态保护执行较好的居民给予奖励，以此激励居民参与生态保护促使居民积极参与生态保护。

此外，中央政府还可以通过鼓励地方政府之间相互交流和学习，通过交流引进先进的经验和技术来提高生态保护能力共同提高生态保护能力。

第五篇

国家重点生态功能区转移
支付制度研究

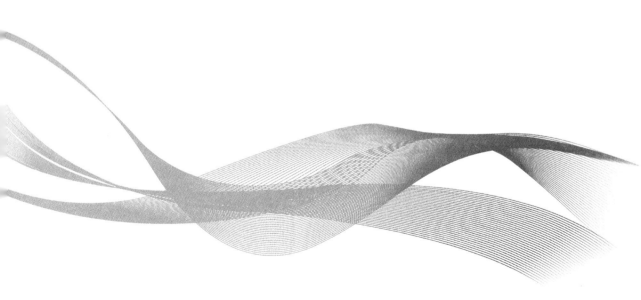

第二十五章

国家重点生态功能区的制度安排

第一节　国家重点生态功能区的设立与禁限制度

一、国家重点生态功能区的界定与分类

《全国生态保护"十一五"规划》首次提出："在重要水源涵养区、洪水调蓄区、防风固沙区、水土保持区以及重要物种资源集中分布区，优先建设22个国家重点生态功能保护区和一批地方生态功能保护区。"国家重点生态功能区分类见表25.1。

表25.1　　　　　　　　　　　　　　国家重点生态功能区划分

		名称	类型
国家重点生态功能区	国家层面限制开发的重点生态功能区	大小兴安岭森林生态功能区	水源涵养
		长白山森林生态功能区	水源涵养
		阿尔泰山地森林草原生态功能区	水源涵养
		三江源草原草甸湿地生态功能区	水源涵养
		若尔盖草原湿地生态功能区	水源涵养
		甘南黄河重要水源补给生态功能区	水源涵养
		祁连山冰川与水源涵养生态功能区	水源涵养
		南岭山地森林及生物多样性生态功能区	水源涵养
		黄土高原丘陵沟壑水土保持生态功能区	水土保持
		大别山水土保持生态功能区	水土保持
		桂黔滇喀斯特石漠化防治生态功能区	水土保持
		三峡库区水土保持生态功能区	水土保持
		塔里木河荒漠化防治生态功能区	防风固沙
		阿尔金草原荒漠化防治生态功能区	防风固沙
		呼伦贝尔草原草甸生态功能区	防风固沙
		科尔沁草原生态功能区	防风固沙
		浑善达克沙漠化防治生态功能区	防风固沙
		阴山北麓草原生态功能区	防风固沙
		川滇森林及生物多样性生态功能区	生物多样性
		秦巴生物多样性生态功能区	生物多样性
		藏东南高原边缘森林生态功能区	生物多样性
		藏西北羌塘高原荒漠生态功能区	生物多样性
		三江平原湿地生态功能区	生物多样性
		武陵山区生物多样性及水土保持生态功能区	生物多样性
		海南岛中部山区热带雨林生态功能区	生物多样性

续表

		名称	个数	面积(万平方千米)	占陆地国土面积比重
国家重点生态功能区	国家禁止开发区域	国家级自然保护区	319	92.85	9.67%
		世界文化自然遗产	40	3.72	0.39%
		国家级风景名胜区	208	10.17	1.06%
		国家森林公园	738	10.07	1.05%
		国家地质公园	138	8.56	0.89%

数据来源：《全国主体功能区规划》。

国家重点生态功能区的功能定位和主体功能的实现，是我国通过空间管制从源头上遏制全国自然生态系统和环境恶化状况的创新性制度安排，对促进我国自然资源和生态环境保护、节约和经济增长方式转型，落实和促进可持续发展具有深远的战略意义。国家重点生态功能区为了实现其主体功能，不仅需要对妨碍其主体功能实现的产业进行限制，变相地剥夺这一区域的发展权；还需要为生态恢复和建设承担相应的支出；同时也需要引导区域内剩余人口有效地向城市化区转移，而人口迁移的内在机理和过程，使得重点生态功能区内本就薄弱的地方公共服务流失严重。

二、国家重点生态功能区的定位

面对日益严重的生态环境问题和人民对生活环境质量越来越高的要求，中央政府在设计国家发展战略时，越来越重视对与生态系统服务功能密切相关的区域的定位。自21世纪初以来，我国密集出台一系列政策文件对国家重点生态功能区的功能进行定位。

《国家重点生态功能保护区规划纲要》把国家重点生态功能区的功能定位作为全国国土空间管制的重要内容，指出重点生态功能保护区是在重要生态功能区中选择一定区域，对其进行重点保护和限制开发。《国家重点生态功能区保护和建设规划编制技术导则》明确规定重点生态功能区的功能目标："保护、恢复和提高区域水源涵养、防风固沙、保持水土、调蓄洪水、保护生物多样性等重要生态功能，维护和提高区域提供各类生态服务和产品的能力。"《全国主体功能区规划》对国家重点生态功能区的功能定位是："保障国家生态安全的重要区域，人与自然和谐相处的示范区。"具有上位法意义的《全国主体功能区规划》要求：按照"尊重自然、顺应自然，根据不同国土空间的自然属性确定不同的开发内容"等理念将国土空间分为优化开发区域、重点开发区域、限制开发区域和禁止开发区域4种区域，"构建高效、协调、可持续的国土空间开发格局"，国家重点生态功能区属于限制开发区域。这些政策文件均在不同程度上体现了国家重点生态功能区的相应保护、限制内容，为其保护和建设奠定了制度基础。

中共十八大报告将"优化国土空间开发格局、全面促进资源节约、加大自然生态系统和环境保护力度、加强生态文明制度建设"作为"建设美丽中国，实现中华民族永续发展"的重要途径，而作为承担国土空间生态安全的国家重点生态功能区的保护与建设，在实现我国生态文明建设中具有关键作用，如何保障国家重点生态功能区的功能实现，需要对其禁限规定和制度安排做进一步探讨。

三、对国家重点生态功能区的禁限规定

国家重点生态功能区包括限制开发区内的重点生态功能区和禁止开发区域内的重点生态功能区。

限制开发区内的重点生态功能区是指"生态系统脆弱或生态功能重要，资源环境承载能力较低，不具备大规模高强度工业化城镇化开发的条件，必须把增强生态产品生产能力作为首要任务，从而应该限制进行大规模高强度工业化城镇化开发的地区""禁止开发区域是依法设立的各级各类自然文化资源保护区域，以及其他禁止进行工业化城镇化开发、需要特殊保护的重点生态功能区"（《全国主体功能区规划》）。

这两种定义的重点生态功能区都涉及森林、水源、土壤、生物多样性等众多生态要素和生态系统功能的保护与建设。限制开发的国家重点生态功能区要保障国家生态安全，实现人与自然和谐相处；禁止开发的国家重点生态功能区是自然文化资源、珍稀动植物基因的保护地。为了实现与保障两个区域的功能定位，中央政府及各部门又颁布了一系列的禁限规定。

第一，对限制开发区现有产业的调整和产业发展的限制。《国家重点生态功能保护区规划纲要》提出要"根据生态功能保护区的资源禀赋、环境容量，合理确定区域产业发展方向，限制高污染、高能耗、高物耗产业的发展。要依法淘汰严重污染环境、严重破坏区域生态、严重浪费资源能源的产业，要依法关闭破坏资源、污染环境和损害生态系统功能的企业，在发展资源环境可承载的特色产业、推广清洁能源的同时，要提高或恢复重点生态功能区的水源涵养、水土保持、防风固沙、调洪蓄洪、生物多样性维护等功能"。

第二，对限制开发区的各类开发活动进行严格管制。《全国主体功能区规划》对限制开发区内的国家重点生态功能区提出了总体限制目标："限制进行大规模高强度的工业化、城镇化，对各类开发活动进行严格管制，不得损害生态系统的稳定和完整性。"按照四种不同类型的重点生态功能区的规划目标和发展方向，提出了具体的开发管制原则：一是空间面积限制。二是基础设施建设要采取生态保护优先的原则。三是正确处理开发和保护的关系。四是规定产业准入的环境门槛（《全国主体功能区规划》）。

第三，对禁止开发区的强制性保护规定。"根据法律法规和有关方面的规定，国家禁止开发区域共1443处，总面积约120万平方公里，占全国陆地国土面积的12.5%。在禁止开发区域内实施强制性保护，严格控制人为因素对自然生态和文化自然遗产原真性、完整性的干扰。"主要禁止规定为：一是"严禁不符合主体功能定位的各类开发活动，引导人口逐步有序转移，实现污染物'零排放'，提高环境质量"。二是，对于每一类型的禁止开发区，都有相配套的管制原则，以自然保护区为例，核心区，被严禁任何生产建设活动；缓冲区，除必要的科学实验活动外，严禁其他任何生产建设活动；实验区，除必要的科学实验以及符合自然保护区规划的旅游、种植业和畜牧业等活动外，严禁其他生产建设活动"。三是"交通、通信、电网等基础设施要慎重建设，能避则避，必须穿越的，要符合自然保护区规划，并进行保护区影响专题评价。新建公路、铁路和其他基础设施不得穿越自然保护区核心区，尽量避免穿越缓冲区"。

我国的国土规划把全国主体功能区划分为优化开发、重点开发、限制开发和禁止开发四大类，其中的限制开发和禁止开发区域与国家重点生态功能区的范围重合①。

---

① 原题为：国家重点生态功能区转移支付的生态补偿效果分析［J］．当代经济科学，2013（9）。

国家重点生态功能区的禁限规定如表25.2所示。

表 25.2   **国家重点生态功能区禁限规定**

文件名称	颁布单位	禁限规定
《国家重点生态功能保护区规划纲要》	环保部	限制高污染、高能耗、高物耗产业的发展; 依法淘汰严重污染环境、严重破坏区域生态、严重浪费资源能源的产业; 依法关闭破坏资源、污染环境和损害生态系统功能的企业
《国家重点生态功能区保护和建设规划编制技术导则》	环保部	生态保护实行封育措施; 生态恢复区实施退耕退牧,还林还草,还湖还沼,治理沙化和退化土地,恢复林草植被; 生态经济区发展有益于区域主导生态功能发挥的资源环境可承载的特色产业,限制不符合主导生态功能保护需要的产业发展,鼓励使用清洁能源
《全国主体功能区规划》	国务院	限制国家重点生态功能区内进行大规模高强度的工业化、城镇化。对各类开发活动进行严格管制,不得损害生态系统的稳定和完整性; 开发矿产资源、发展适宜产业和建设基础设施,要控制在尽可能小的空间范围之内,并做到天然草地、林地、水库水面、河流水面、湖泊水面等绿色生态空间面积不减少; 控制新增公路、铁路建设规模,必须新建的,应事先规划好动物迁徙通道; 在有条件的地区之间,要通过水系、绿带等构建生态廊道,避免形成"生态孤岛"; 严格控制开发强度,原则上不再新建各类开发区和扩大现有工业开发区的面积,
《中华人民共和国自然保护区条例》	国务院	禁止在自然保护区内进行砍伐、放牧、狩猎、捕捞、采药、开垦、烧荒、开矿、采石、挖沙等活动; 禁止任何人进入自然保护区的核心区; 禁止在自然保护区的缓冲区开展旅游和生产经营活动

表25.2中各文件对国家重点生态功能区的禁限规定虽然不尽一致,但基本上体现了三个方面:一是对国家重点生态功能区的生态环境实行封育,禁止任何人为活动,实现污染物零排放;二是对国家重点生态功能区的生态环境实行人工修复,恢复国家重点生态功能区的生态系统功能;三是对国家重点生态功能区进行环境治理,控制和减少污染程度,实现重点生态功能区人与自然的和谐共处、经济社会和生态环境的协调发展。

对于区域发展的禁止、限制势必导致当地经济社会发展的损失,对于生态环境保护的要求也势必导致当地财力的投入,这"一减一增"两方面的损失会对管制措施的顺利实施提出严峻挑战。因此,要保障限制开发区与禁止开发区的功能定位,就必须对两个区域进行生态补偿,确保区域不因功能区建设遭受损失,同时具有保护、建设功能区与维护其成果的积极性。

第二节　国家重点生态功能区中央财政转移支付制度的双重目标

我国《全国主体功能区规划》从空间科学管制自然地理功能分工层面将我国国土空间划分为国家重点生态功能区和非国家重点生态功能区，非国家重点生态功能区以提供工业品和服务产品为主体功能，应优先进行工业化和城镇化开发；国家重点生态功能区以提供生态产品为主体功能，属于禁止和限制进行大规模高强度工业化城镇化开发地区。

重点生态功能区为了实现其主体功能，不仅需要对妨碍其主体功能实现的产业进行限制和禁止，变相地剥夺这一区域的发展权；还需要为生态恢复和建设承担相应的支出；同时也需要引导区域内剩余人口有效地向城市化区转移，而人口转移的内在机理和过程，会使得重点生态功能区内本就薄弱的地方公共服务流失严重。为了更好地引导国家重点生态功能区的生态环境保护行为，改变该区域对经济开发和环境保护的权衡选择，应当使当地在获得生态环境保护奖励的同时，能够持续得到基本的公共服务，需要国家对此进行生态补偿。

我国于2008年开始在均衡性转移支付的项目下，试点建立具有生态补偿性质的国家重点生态功能区转移支付制度。自2008年此项制度试点以来，转移支付的原则、范围、补助金额的计算标准等一直都在调整之中，享受国家重点生态功能区转移支付的市、县（区）的范围和金额也在进一步扩大。国家重点生态功能区转移支付属于财政性转移支付的范畴，除了用于生态环境保护之外，还可以用于基本公共服务的各个方面。事实上，我国国家重点生态功能区转移支付制度具有"提高当地政府的基本公共服务能力"和"生态环境保护"的双重目标，由财政部颁布的《国家重点生态功能区转移支付（试点）办法》（2009）、《国家重点生态功能区转移支付办法》（2011）和《2012年中央对地方国家重点生态功能区转移支付办法》（2012）等所规定。

为了提高国家重点生态功能区转移支付资金的使用效益，国家对享受此项转移支付的市、县（区）的资金使用效果进行评估，并根据评估结果采取相应的奖惩措施。在《国家重点生态功能区转移支付（试点）办法》（2009）和《国家重点生态功能区转移支付办法》（2011）中，对监督考评办法和激励约束机制的规定中明确提出，"对生态环境保护较好和重点民生领域保障力度较大的地区给予适当奖励；对因非不可抗拒因素而生态环境状况恶化以及公共服务水平相对下降的地区，采取扣减转移支付等措施"。2009年和2011年的办法中针对生态环境保护和提高基本公共服务的转移支付给出了绩效考核指标体系，并确定了要根据对国家重点生态功能区生态环境保护和基本公共服务的考核结果进行奖惩。

2012年的办法对激励约束机制进行了重大调整，仅以对县域生态环境质量考核结果作为激励约束的唯一依据。《2012年中央对地方国家重点生态功能区转移支付办法》（2012）指出，"建立健全县域生态环境质量监测考核机制，根据评估结果实施适当奖惩"。其监督考评办法仅针对县域生态环境质量设立绩效考评指标体系，根据生态环境保护的考核结果进行奖惩。《2012年中央对地方国家重点生态功能区转移支付办法》在基本原则、监督考评办法和激励约束机制三方面体现了"生态环境保护"这一目标，但其资金分配公式和资金使用用途与2009年和2011年的办法相同，既考虑当地政府标准财政收支缺口，也考虑生态环境保护支出，强调"享受转移支付的基层政府需要将资金重点用于生态环境保护和涉及民生的基本公共服务领域"。

梳理财政部颁布的《国家重点生态功能区转移支付（试点）办法》（2009）、《国家重点生态功能区转移支付办法》（2011）和《2012 年中央对地方国家重点生态功能区转移支付办法》（2012）可知，国家重点生态功能区转移支付制度具体包括四个部分：基本原则、资金分配公式、资金使用用途和监督考评办法，见表 25.3。

表 25.3　　　国家重点生态功能区转移支付政策的双重目标与绩效考核

	《国家重点生态功能区转移支付（试点）办法》(2009)	《国家重点生态功能区转移支付办法》(2011)	《2012 年中央对地方国家重点生态功能区转移支付办法》(2012)
基本原则与双重目标	第三条:实施绩效考评机制,对生态环境保护较好和重点民生领域保障力度较大的地区给予适当奖励;对非不可抗拒因素而生态环境状况恶化以及公共服务水平相对下降的地区,采取扣减转移支付等措施	第四条:与《国家重点生态功能区转移支付（试点）办法》(2009)第三条相同	第三条:建立健全县域生态环境质量监测考核机制,根据评估结果实施适当奖惩
资金分配与双重目标	资金分配公式:某省(区、市)国家重点生态功能区转移支付应补助数 = (∑该省(区、市)纳入试点范围的市县政府标准财政支出 − ∑该省(区、市)纳入试点范围的市县政府标准财政收入)×(1 − 该省(区、市)均衡性转移支付系数) + 纳入试点范围的市县政府生态环境保护特殊支出 × 补助系数	资金分配公式:某省(区、市)国家重点生态功能区转移支付应补助数 = ∑该省(区、市)纳入转移支付范围的市县政府标准财政收支缺口 × 补助系数 + 纳入转移支付范围的市县政府生态环境保护特殊支出 + 禁止开发区补助 + 省级引导性补助	资金分配公式:某省国家重点生态功能区转移支付应补助额 = ∑该省限制开发等国家重点生态功能区所属县标准财政收支缺口 × 补助系数 + 禁止开发区域补助 + 引导性补助 + 生态文明示范工程试点工作经费补助
资金用途与双重目标	享受转移支付的基层政府需要将资金重点用于生态环境保护和涉及民生的基本公共服务领域	同 2009 年	同 2009 年
监督考评与双重目标	1. 环境保护指标。林地覆盖率、草地覆盖率、水域湿地覆盖率、耕地和建设用地比例;水源涵养指数、生物丰度指数、植被覆盖指数、未利用地比例和坡度大于 15 度耕地地面积比。SO_2 排放强度、COD 排放强度、固废排放强度、工业污染源排放达标率、Ⅲ类或优于Ⅲ类水质达标率、优良以上空气质量达标率。 2. 公共服务指标。与 2011 年相同	考核指标体系分为两部分。 1. 环境保护和治理。具体指标与 2009 年相同。 2. 基本公共服务指标。学龄儿童净入学率、每万人口医院(卫生院)床位数、参加新型农村合作医疗保险人口比例与参加城镇居民基本医疗保险人口比例	考核指标体系由财政部和环保部联合制定的《国家重点生态功能区县域生态环境质量考核办法》(2011)提供。具体指标与 2011 年的环境保护和治理指标相同
激励约束与双重目标	1. 对生态环境明显改善的地区,给予适当奖励。对因非不可抗拒因素而生态环境状况持续恶化的地区,暂缓下达转移支付直至生态环境状况得到改善。生态环境连续恶化的县区,下一年度不再享受该项转移支付,待生态环境指标恢复到 2009 年前水平时重新纳入转移支付范围。 2. 学龄儿童净入学率、每万人口医院(卫生院)床位数、参加新型农村合作医疗保险人口比例、参加城镇居民基本医疗保险人口比例指标中任何一项出现下降的,中央财政将按照其应享受转移支付的 20% 予以扣除。多项指标均出现下降的,不重复扣除	1. 对生态环境明显改善的地区,给予适当奖励。对非因不可控因素而导致生态环境恶化的地区,暂缓下达补助资金,直至生态环境状况得到改善;对生态环境持续恶化的县市,下一年度不再享受此项转移支付,待生态环境指标恢复到 2009 年水平时,重新纳入转移支付范围。 2. 针对基本公共服务指标考核结果的激励约束与 2009 年相同	1. 对生态环境明显改善的县,适当增加转移支付。对非因不可控因素而导致生态环境恶化的县,适当扣减转移支付。其中,生态环境明显恶化的县全额扣减转移支付,生态环境质量轻微下降的县扣减其当年的转移支付增量

表 25.3 中的规定显示，《国家重点生态功能区转移支付（试点）办法》（2009）和《国家重点生态功能区转移支付办法》（2011）的规定存在双重目标难以兼顾的问题。第一，资金分配公式侧重于提高当地政府的基本公共服务，而监督考评机制与激励约束机制侧重于对生态环境保护目标的实现。资金分配公式虽然同时考虑了"环境保护"目标和"提高基本公共服务"目标，但是却以纳入转移支付范围县域的标准财政收支缺口为核心（标准财政收支体现的是基本公共服务均等化），只要纳入转移支付范围的县域存在着标准财政收支缺口，便会享受这一转移支付。第二，在监督考评机制提供的绩效考核指标体系中，基本公共服务指标有四个明细指标，而生态环境保护指标则分为自然生态指标和环境状况指标，共 15 个明细指标。第三，在激励约束机制中，对于基本公共服务四项指标，仅指出对下降的指标按照应享受转移支付的 20% 予以扣除，而没有给出四项指标上升时所获得的奖励。对于生态环境保护（和治理）指标，不仅提出对生态环境明显变好的区县予以奖励，也提出对生态环境恶化的地区予以惩处。更是明确指出生态环境连续恶化的县区，下一年度不再享受该项转移支付。可见，《2012 年中央对地方国家重点生态功能区转移支付办法》仅在资金分配公式和资金使用用途上体现了双重目标，在基本原则、监督考评和激励约束机制方面则强调"生态环境保护"目标。

财政部根据《全国主体功能区规划》（2010）和《全国生态功能区划》（2008）等文件确定享受国家重点生态功能区转移支付的县域，在《国家重点生态功能区县域生态环境质量考核办法》（2011）提供的国家重点生态功能区县域名单中，451 个享受国家重点生态功能区转移支付的县域中有 279 个属于西部地区。经济发展落后的西部地区是我国重要的生态屏障，自然生态环境极端脆弱，开发与保护矛盾突出。

第三节　国家重点生态功能区中央财政转移支付的 EI 指数

国家重点生态功能区的中央财政转移支付，其资金分配按县的双重目标考核和测算进行分配，由中央统一下达到省级财政厅。各省市区则根据本省市区的实际情况制定符合省情的国家重点生态功能区转移支付办法，并根据此办法提供的测算公式计算本省内国家重点生态功能区所覆盖的市、县（区）应获得的转移支付金额。享受转移支付的基层政府按照规定必须将所获得的转移支付资金重点用于生态环境保护和改善民生。为了提高国家重点生态功能区转移支付资金的使用效益，《国家重点生态功能区转移支付（试点）办法》（2009）、《国家重点生态功能区转移支付办法》（2011）和《2012 年中央对地方国家重点生态功能区转移支付办法》（2012）均提出考核享受转移支付的国家重点生态功能区生态环境质量的规定，要求财政部门定期会同有关部门，对转移支付使用效果进行评估，并根据评估结果采取相应的奖惩措施。

结合《国家重点生态功能区转移支付（试点）办法》（2009）和《国家重点生态功能区转移支付办法》（2011），给出国家重点生态功能区考核环境保护的生态环境指标（EI）体系和考核基本公共服务的指标，见表 25.4。

表 25.4 　　　 2009～2011 年国家重点生态功能区转移支付绩效考核指标体系

基本公共服务指标		教育	学龄儿童净入学率
		医疗	每万人口医院(卫生院)床位数
		社会保障	参加新型农村合作医疗保险人口比例
			参加城镇居民基本医疗保险人口比例
生态环境保护(EI)指标	共同指标	自然生态指标	林地覆盖率
			草地覆盖率
			水域湿地覆盖率
			耕地和建设用地比例
			未利用地比例
		环境状况指标	SO$_2$ 排放强度
			COD 排放强度
			固体废物排放强度
			污染源排放达标率
			III 类或优于 III 类水质达标率
			优良以上空气质量达标率
	特征指标	生态	水源涵养类型	水源涵养指数
			生物多样性维护类型	生物丰度指数
			防风固沙类型	植被覆盖指数
				未利用地比例
			水土保持类型	坡度大于 15° 耕地面积比
				未利用地比例

依据考核结果，"对生态环境保护较好和重点民生领域保障力度较大的地区给予适当奖励；对因非不可抗拒因素而生态环境状况恶化，以及公共服务水平相对下降的地区予以适当处罚"。2011 年 2 月环保部、财政部联合制定了《国家重点生态功能区县域生态环境质量考核办法》，并以急件的形式印发给各省、自治区、直辖市环境保护厅（局）、财政厅（局），要求各地遵照执行。至此我国国家重点生态功能区生态环境质量考核工作制度才正式建立起来。根据《国家重点生态功能区县域生态环境质量考核办法》的规定，环保部负责组织实施对水源涵养、水土保持、防风固沙、生物多样性维护、南水北调中线工程丹江口库区及上游等重点生态功能区县域生态环境质量的年度考核，财政部对考核的全过程进行指导和监督。其中，考核的指标体系见表 1.5 中的生态环境指标（EI）体系。年度考核的具体程序为：第一，县级人民政府负责本县生态环境质量考核的自查工作，编制自查报告。并于每年 1 月底前，向所在地的省级人民政府环境保护主管部门报送自查报告。第二，省级人民政府环境保护主管部门对被考核县级人民政府上报的自查报告中的各项指标进行审查，提出审查意见。并于每年 3 月底前，将本省行政区域内县级人民政府的自查报告和审核意见上报环境保护部。第三，中国环境监测总站负责计算被考核县域与 2009 年相比的生态环境指标变化 EI 值。并对省级人民政府上报的材料进行技术审核，根据考核要求汇总计算考核得分，形成技术审核报告，于每年 4 月底前报环境保护部。第四，环境保护部组织对各项报告结果进行抽查，抽

查重点是与 2009 年度及上一年度有变化的指标、环境质量的相关指标等。并于每年 5 月 30 日前，将编制完成的上一年度国家重点生态功能区县域生态环境质量考核报告提供财政部。财政部根据考核结果，对生态环境明显改善或恶化的地区通过增加或减少转移支付资金等方式予以奖惩。

国家重点生态功能区转移支付实施及考核工作，分工明确，责任鲜明。但是仍存在以下几方面的问题：

首先，国家重点生态功能区转移支付存在多重目标的问题。我国实施国家重点生态功能区转移支付的两大目标（推动地方政府加强生态保护和提高当地政府的基本公共服务保障能力）是相互矛盾的。这种矛盾体现的是如何处理好"保护"与"发展"之间的关系。虽然《国家主体功能区规划》（2010）中提出对重点生态功能区的考核要轻发展，重环保。但是在当地政府拿到如此较大数额的一笔资金时，"理性人"必然会选择能够较快见到成效的"发展"而忽视成果缓慢的"保护"，在绩效考核结果中也往往反映为多数地区 EI 变化缓慢。虽然说 2012 年《中央对地方国家重点生态功能区转移支付办法》单独强调了根据县域生态环境考核的结果给予相应激励，在一定程度上纠正了"理性人"对"发展"的过度偏好，但是这又出现了新的问题：一是这能在多大程度上纠正政府行为误区，还有待观察。二是在转移支付资金用于改善民生的情况下，不对此项资金支出进行考核，明显不合理。

其次，EI 指标体系能否完全反映生态环境状况的问题。现有的 EI 指标体系选取了 11 项能反映自然生态质量和环境状态的共同指标，并依据重点生态功能区的不同生态功能制定了 6 项特征指标。这样的指标体系便于不同地区之间的比较，但是却没有全面地考虑区域生态环境问题，比如作为生态环境重要一环的土地质量、地表水污染情况等并没有被囊括进 EI 指标体系。同时 EI 指标体系不能够反映深层次、专业性的生态问题。比如植被覆盖率指数中林地仅分为有林地、灌木林地、疏林地和其他，并未说明对森林生态功能大小起决定性作用的林种结构和林龄结构。

最后，将共同指标自然生态指标纳入县域生态环境质量年度考核范围是否合理。众所周知，树木、草地、水域湿地等不是一夕而成的，树木从存活到长成一株参天大树需要的也不只是一年的光景。而每年的生态环境质量考核中考评这些指标，在诱导地方政府为了追求政绩，种植不适于在当地栽种的树木的同时，也导致大量的人力、物力、财力的浪费。

第四节　国家重点生态功能区中央财政转移支付制度激励约束机制分析

一、国家重点生态功能区转移支付办法监督考核与奖惩机制评价

在 2009 年与 2011 年的国家重点生态功能区转移支付办法中都专门列出章节对国家重点生态功能区转移支付的监督考评和激励约束做出规定。从资金的到位率、省对下转移支付两方面评价资金的分配情况；从环境保护和治理、基本公共服务两方面评价资金的使用效果；最后根据转移支付资金是否下达、是否减少、生态环境改善情况、公共服务指标变化情况四项考评结果，实施相应的激励约束措施，即对国家重点生态功能区所属县域进行奖惩。

环境保护和治理的考核方面，在 2011 年的《国家重点生态功能区转移支付办法》出台之前，环保部联合财政部制定了《国家重点生态功能区县域生态环境质量考核办法》，其目的

是加强国家重点生态功能区生态环境质量的监测、评价与考核工作。需要特别说明的是，该考核办法与 2009 年、2011 年的国家重点生态功能区转移支付办法中的生态环境质量考核相同，均提出了评价环境保护和治理的县域生态环境指数 EI（表 25.5）。在《国家重点生态功能区县域生态环境质量考核办法》中详细规定了各二级指标的含义、计算公式和数据来源，最终以生态环境指数 EI、ΔEI 来评价国家重点生态功能区县域生态环境质量及其变化。基本公共服务方面，2009 年、2011 年的国家重点生态功能区转移支付办法中，"以学龄儿童净入学率、每万人口医院（卫生院）床位数、参加新型农村合作医疗保险人口比例、参加城镇居民基本医疗保险人口比例等指标评估享受该项转移支付县域的公共服务状况"。EI 体系的共同指标涵盖了生态环境质量的各个主要方面，而特征指标又根据不同生态功能类型设置针对性的特征指标，最终，综合计算得出 EI 值并以 ΔEI 来评价生态环境质量变化；基本公共服务指标体系包含了教育、医疗、社保等民生重要领域，以各指标值的变化来评价改善民生的效果。总体而言，国家重点生态功能区转移支付的考核指标体系是科学而合理的，以此来监督考评国家重点生态功能区转移支付资金的使用具有可行性。

表 25.5　　　　　　　　　　　　生态环境指标（EI）体系

指标类型	一级指标		二级指标
共同指标	自然生态指标		包括:林地覆盖率、草地覆盖率、水域湿地覆盖率、耕地和建设用地比例
	环境状况指标		包括:SO$_2$ 排放强度、COD 排放强度、固废排放强度、工业污染源排放达标率、Ⅲ类或优于Ⅲ类水质达标率、优良以上空气质量达标率
特征指标	自然生态指标	水源涵养类型	水源涵养指数
		生物多样性维护类型	生物丰度指数
		防风固沙类型	植被覆盖指数
			未利用地比例
		水土保持类型	坡度大于15°耕地面积比
			未利用地比例

但是，由于 2012 年的国家重点生态功能区转移支付办法对资金使用和监管的规定却不如前两个办法细致，其奖惩机制的规定也仅依据生态环境监测与评估的结果。这一变化带给我们两方面的思考：一是转移支付目标、计算公式与考核对象的矛盾。在三次调整中，转移支付保护生态环境与改善民生的目标、以所属县标准财政收支缺口为核心的计算公式都不曾改变，但奖惩的依据从生态环境保护和基本公共服务两方面减少为仅依据生态环境保护，这导致转移支付资金计算方式、利用目标与资金使用绩效考核的不一致，对国家重点生态功能区转移支付办法的奖惩机制产生影响。二是考核对象的改变可以看出国家对生态环境质量的重视，也隐含国家重点生态功能区转移支付向生态环境保护补助方面倾斜的趋势，这是对国家重点生态功能区转移支付计算公式缺乏生态补偿性质的补充和改进（李国平等，2013）。

第二十六章

国家重点生态功能区生态补偿的
理论标准、支付公式与测算方法

第一节　国家重点生态功能区生态补偿的理论标准

一、正外部性内部化的生态补偿标准

根据已有文献，对于正外部性内部化的生态补偿标准可以分为以下几个方面：

一是从生态保护者的直接投入成本和发展机会成本损失的补偿角度，提出生态补偿的标准。生态保护者为了保护生态环境，投入的人力、物力和财力等直接成本应得到补偿；同时，由于生态保护者因保护生态环境牺牲了自己的发展权，造成机会成本的损失，也应得到补偿。由此决定：生态补偿标准＝直接投入成本＋机会成本（从保护主体出发）。

二是从生态保护受益者的免费获利的角度提出生态补偿的标准。生态保护受益者没有为自身所享有的他人提供的生态产品和生态服务付费，使生态保护者的保护行为没有得到应有的报偿，产生了生态保护所贡献的生态效益的外部性，如果生态保护所贡献的生态效益的外部性不能得到报偿，实现生态保护的正外部性内部化，那么，就会出现生态产品和生态系统功能服务的供给不足，这就需要生态保护的受益者向生态保护者支付费用。由此决定：生态补偿标准＝生态受益者得到的生态效益（从受益主体出发）。

三是从生态系统服务的价值角度提出生态补偿的标准。在涉及从生态系统服务的价值角度提出生态补偿的标准的文献中，大多以科斯坦扎等在1997年对生态系统服务价值的估算原理为基础，对于估算出的价值，有的直接以此作为生态补偿量；有的结合意愿调查法，将生态系统功能服务价值作为补偿上限、支付意愿作为补偿下限。有学者提出，依据湿地生态服务功能价值确定的生态补偿标准作为上限，而生态补偿的下限则由补偿主体和客体根据补偿主体的支付能力、支付意愿和补偿客体的接受水平协商制定（韩美和李云龙，2018）。可以发现，大多数学者虽然研究的是"基于生态系统功能服务价值的生态补偿"，但在文中没有明确两者之间的关系，只是对生态系统功能服务价值进行了估算。

二、生态补偿的理论标准①

（一）外部性内部化的理论模型

生态补偿的理论标准是解决正外部性的内部化问题。外部性是经济学中一个长盛不衰的问题。在一定的意义上，经济学的全部问题都是外部性问题，有的是已经解决的外部性问题，有的是正在解决的外部性问题。外部性的概念由西季威克（Henry Sidgwick）和马歇尔（Alfred Marshall）率先提出②。20世纪20年代，庇古（A. C. Pigou）在《福利经济学》中系统研究了外部性问题。庇古将外部性区分为正外部性和负外部性，指出"经济外部性的存在是因为当A对B提供劳务时，往往使其他人获得利益或受到伤害，可是A并没有从受益者那里获得报酬，也未向受害者支付补偿。其中，对他人造成损害的行为具有负外部性；使他人共同受益的行为具有正外部性"③。庇古提出了负外部性内部化的理论模型，见图26.1。

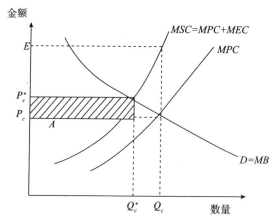

图 26.1　庇古税模型

如图26.1所示，假设有行为I，其会对生态环境造成污染（破坏），边际外部成本 MEC 随产量的增加而增加，私人成本为 MPC 、边际效益为 MB ，此时的边际社会成本为 $MSC = MPC + MEC$ 。在没有管制的情况下，I依据 $MB = MPC$ 决定产量和价格，均衡点为（ P_c, Q_c ），但过多的产量导致边际社会成本与边际私人成本的偏离，I不承担 MEC 造成生态环境的恶化；在有管制的情况下，对I施加庇古税（也可为付费、补偿等），从而达到有效率的（ P_c^*, Q_c^* ），使 $MB = MSC$ ，外部成本内部化。此时，庇古税等于 $P_c^* P_c$ ，亦即污染者需付费，模型中A就是负外部性内部化的理论标准：即负外部性（边际社会成本大

---

① 原题为：国家重点生态功能区转移支付的生态补偿效果分析［J］. 当代经济科学，2013（9）。

② 马歇尔是英国"剑桥学派"的创始人，是新古典经济学派的代表。外部性概念源于马歇尔1890年发表的《经济学原理》中提出的"外部经济"概念。

③ 庇古于1912年发表了《财富与福利》一书，后经修改充实，于1920年易名为《福利经济学》出版。庇古首次用现代经济学的方法从福利经济学的角度系统地研究了外部性问题，在马歇尔提出的"外部经济"概念基础上扩充了"外部不经济"的概念和内容，将外部性问题的研究从外部因素对企业的影响效果转向企业或居民对其他企业或居民的影响效果。

于边际私人成本的部分）的负价格，据此对制造外部环境成本的行为人征收的税或者费用。

（二）国家重点生态功能区的最小安全标准与价值补偿

国家重点生态功能区是关系我国生态安全的重点区域，其区域内的生态坏境系统具有不可逆性与不确定性，生态资源的开发利用一旦超过某一临界值或最低安全标准（standard of minimum safety，SMS），就会造成突变而产生不可逆的后果，导致人类可利用资源库的枯竭。国家重点生态功能区的禁限规定本质上保障了最低安全标准的客观生态规律的要求，而执行禁限规定给该区域所带来的价值损失，必须予以充分补偿，才能保证生态资源的阈值储量。

假设国家重点生态功能区有两种可能的选择：一是无约束地利用生态环境、获得效益，包括利用森林、水源等生态要素，排放污染物等，因而导致国家重点生态功能区生态环境恶化；二是在 SMS 标准的约束下，保证资源储量不低于安全阈值，但丧失了资源开发的机会成本。再假设，"选择二"下的效益为 X，亦即 SMS 标准下保护生态环境造成的机会成本损失；"选择一"下生态环境恶化对未来的生态价值有两种影响：一种可能是，不会对未来造成任何影响，损失值为 0；另一种可能是，对未来造成影响，损失值为 Y。这样，两种政策选择与生态价值的两种可能性构成了最大损失矩阵，见表 26.1。

表 26.1　　　　　　　　　　　　不同政策选择的损失矩阵

策略选择	可能性一时的损失	可能性二时的损失	最大损失
利用生态环境	0	Y	Y
根据 SMS 保护生态环境	X	X − Y	X

从表 26.1 可见，最终选择哪种策略，取决于最大损失 Y 与 X 的大小比较，如果 X < Y，即保护生态环境的机会成本较小，则社会应该选择 SMS 的保护生态环境，此时的最大损失值为 X；反之，若保护生态环境的机会成本过大，则将选择利用生态环境的政策，此时的最大损失值为 Y。而大多数情况下，生态环境恶化带来的最大损失可能远比利用其带来的效益大得多，所以 SMS 标准应被选择。

在 SMS 标准下，保护国家重点生态功能区内的生态环境会造成机会成本 X 的损失，因此，考虑最低安全标准的价值补偿就是对机会成本的补偿。如图 26.2 所示，AA' 表示每提高一单位的生态环境保护所增加的内部成本，也是生态环境保护对其所有者而言的机会成本，等于生态环境保护的边际社会成本；BB' 表示每提高一单位的生态环境保护带给所有者的内部效益，随着资源数量的增加而递减，当达到某一值后将保持不变。在 P^* 点，保护的边际内部成本等于保护的边际内部效益，是资源所有者在无管制情况下、不考虑边际社会效益做出的最优决策；而在 P'' 点，保护的边际效益最低且之后将维持不变，但保护的边际成本却不断增大，结合上述损失矩阵的分析，该点的资源数量应为生态安全阈值，即 SMS 标准。此时，价值补偿标准为 P^* 与 P'' 间，AA' 与横轴之间的面积——机会成本。

（三）国家重点生态功能区生态补偿的理论标准①

最低安全标准下的价值补偿，保证了生态资源的安全储量。而国家重点生态功能区的价

---

① 本章节部分内容发表于 2013 年 2 月份的《经济学家》，题目为《生态补偿的理论标准与测算方法探讨》。

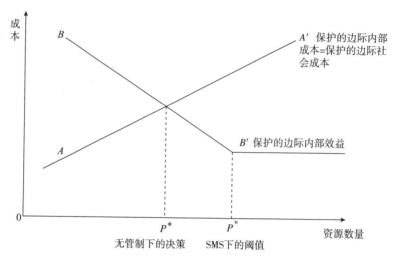

图 26.2　SMS 标准下的生态阈值

值补偿不仅涉及因禁限规定造成的机会成本的补偿，还涉及为了达到"SMS"所支出的生态建设成本的补偿。

借鉴费舍尔（Fischel，1987）的土地使用管制模型，建立满足最小安全标准要求的资源保护与补偿模型，对资源所有者的保护行为的边际社会收益与私人效益、边际社会成本与私人成本进行分析，从而得到国家重点生态功能区在其区内生态环境提供社会外部效益的情况下的生态补偿的理论标准。

如图 26.3 所示：LL'、NN'（同图 26.2 中 BB'）、MM'（同图 26.2 中 AA'）分别表示每提高一单位的资源保护程度而增加的边际社会效益、带给资源所有者的内部效益及增加的社会成本。按照供给需求理论，LL' 即社会对于资源保护的需求曲线，其与资源保护程度（横轴）之间的面积表示社会对于资源保护程度变化的意愿支付；MM' 中即保护主体对资源保护的供给曲线，因此保护者边际内部成本等于资源保护的边际社会成本，其与资源保护程度（横轴）之间的面积表示保护主体由于资源保护程度变化所遭受的净损失，也是资源保护对保护主体而言的机会成本。图 26.3 中，MM' 与 NN' 的交点 X_1（同图 26.2 中 P^*）是资源所有人在没有管制的情况下、不考虑资源的边际社会效益所做出的决策，此时，边际内部效益等于边际内部成本，资源所有人利润最大化；LL' 与 MM' 的交点 O^* 表示社会最优的资源保护程度，是政策决定者的目标。

禁限规定的目标是使资源保护程度由 X_1 到达效率点 O^*——既考虑区内资源最小安全标准的阈值，又满足边际社会成本与边际社会效益相等情况下的帕累托最优的点，按此要求，必须对资源所有者的净损失 A——资源所有者为保护资源而牺牲的利益，也就是资源所有者的机会成本进行补偿；还要对资源所有者提供给社会的外部效益 B——资源所有者为提供这些效益所付出的直接成本进行补偿。国家重点生态功能区的生态补偿一方面要补偿由于生态保护行为而限制了该区发展权所导致的净损失，另一方面要补偿生态建设行为所导致的直接成本支出，兼备对保护与限制的补偿、对贡献的补偿两个原则，生态补偿的理论标准为机会成本与直接成本之和。

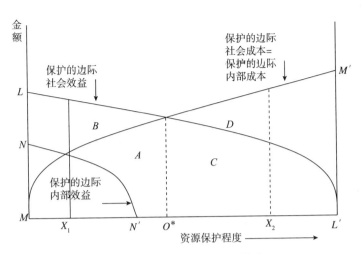

图 26.3　资源保护与补偿模型

图 26.3 中 LL'、NN'、MM' 分别表示每提高一单位的资源保护程度而增加的边际社会效益、带给资源所有者的内部效益及增加的社会成本。按照供给需求理论，LL' 即社会对于资源保护的需求曲线，其与资源保护程度（横轴）之间的面积表示社会对于资源保护程度变化的意愿支付；MM' 即保护主体对资源保护的供给曲线，因此保护者边际内部成本等于资源保护的边际社会成本，其与资源保护程度（横轴）之间的面积表示保护主体由于资源保护程度变化所遭受的净损失，也是资源保护对保护主体而言的机会成本。图中，MM' 与 NN' 的交点 X_1 是资源所有人在没有管制的情况下、不考虑资源的边际社会效益所做出的决策，此时，边际内部效益等于边际内部成本，资源所有人利润最大化；LL' 与 MM' 的交点 O^* 表示社会最优的资源保护程度，是政策决定者的目标；而图中的 X_2 表示较 O^* 更为严苛的一个资源保护程度。

为使资源保护程度由 X_1 到效率点 O^*，须补偿资源所有者的净损失 A，此净损失即为资源所有者为保护资源而牺牲的利益，也就是资源所有者的机会成本；或者补偿 A 加上资源所有者提供给社会的外部效益 B，即补偿资源所有者提供的边际社会效益。究竟是补偿 A 还是补偿 A + B，需要结合资源产权的保障法则来讨论。

由此可见，要保护、修复国家重点生态功能区的生态环境，必须依据国家重点生态功能区生态补偿的理论标准，对因生态保护与建设带来的损失和投入的成本进行充分补偿，这是建立国家重点生态功能区生态保育激励约束机制的基础。

第二节　国家重点生态功能区生态补偿的支付公式

一、国家重点生态功能区转移支付的分配公式及其变化

历次的转移支付办法中的转移支付应补助额的计算公式在主要结构上都涉及"改善民生"和"保护环境"这两个目标，其中，公式因子"国家重点生态功能区所属县标准财政收支缺口"主要是对"改善民生"的体现；"纳入试点范围的市县政府生态环境保护特殊支出""禁止开发区域补助""引导性补助""生态文明示范工程试点工作经费补助"等是对"保护

环境"的体现，见表 26.2。

表 26.2   国家重点生态功能区转移支付的分配公式

年份	文件名称	分配公式
2009 年	《国家重点生态功能区转移支付(试点)办法》	某省(区、市)国家重点生态功能区转移支付应补助数 = (∑该省(区、市)纳入试点范围的市县政府标准财政支出 - ∑该省(区、市)纳入试点范围的市县政府标准财政收入) × (3 - 该省(区、市)均衡性转移支付系数) + 纳入试点范围的市县政府生态环境保护特殊支出 × 补助系数
2011 年	《国家重点生态功能区转移支付办法》	某省(区、市)国家重点生态功能区转移支付应补助数 = ∑该省(区、市)纳入转移支付范围的市县政府标准财政收支缺口 × 补助系数 + 纳入转移支付范围的市县政府生态环境保护特殊支出 + 禁止开发区补助 + 省级引导性补助
2012 年	《2012 年中央对地方国家重点生态功能区转移支付办法》	某省国家重点生态功能区转移支付应补助额 = ∑该省限制开发等国家重点生态功能区所属县标准财政收支缺口 × 补助系数 + 禁止开发区域补助 + 引导性补助 + 生态文明示范工程试点工作经费补助

国家重点生态功能区转移支付资金分配公式中，包括"国家重点生态功能区所属县标准财政收支缺口""纳入转移支付范围的市县政府生态环境保护特殊支出""禁止开发区域补助""引导性补助""生态文明示范工程试点工作经费补助"等因子。

首先，以"国家重点生态功能区所属县标准财政收支缺口"为分配公式的核心，其补助实质是地方的财政缺口，主要集中在教育、医疗、社保、城乡、农林水等一般公共服务上，是对改善民生的补助。"禁止开发区域补助""引导性补助""生态文明示范工程试点工作经费补助"在一定程度上体现了对限制发展造成的机会成本和生态环境保护投入的建设成本的补偿，但并不是计算公式的核心。其次，虽然"国家重点生态功能区所属县标准财政收支缺口"能够反映该县当年的财政损失，但并不是全县发展权限制所造成的损失的充分体现，换句话说，它只是对机会成本的部分补偿。再次，虽然"禁止开发区域补助""引导性补助"在概念上也是机会成本的补偿，但其确定方法①同样不能充分反映机会成本。最后，"生态文明示范工程试点工作经费补助"是对开展生态文明示范工程的补助，它可能与生态建设的直接成本有关，但生态文明示范工程试点不仅仅是生态建设，生态建设的直接成本也不仅仅是生态文明示范工程的投入，两者虽有交集但不完全重合。可见，国家重点生态功能区转移支付资金分配公式部分体现了国家重点生态功能区生态补偿的要求，总量上尚不能满足生态补偿的需要。

在国家重点生态功能区转移支付双重目标不变的条件下，2009 ~ 2012 年的分配公式的微调主要体现在两个方面：

一是以"生态文明示范工程试点工作经费补助②"代替了"纳入试点范围的市县政府生

---

① "禁止开发区域补助"按照禁止开发区域的面积和个数等因素测算确定；"引导性补助"按照标准收支缺口给予适当补助。

② "生态文明示范工程试点工作经费补助"按照市级 300 万元/个、县级 200 万元/个的标准计算确定。

态环境保护特殊支出①"，以固定的"生态文明示范工程试点工作经费补助"代替按需安排的"生态环境保护特殊支出"，使国家重点生态功能区转移支付的总额发生变化。这一改变表面上似乎具有公平性（每个区域给予相同的补助），但实质上导致补偿标准的不同，忽略了各地区的禀赋差异、环境保护与生态建设成本的不同。另外，由于生态文明示范工程试点的主要任务包括加强生态建设和环境保护、加快转变经济发展方式、努力优化消费模式等，因而可能增强资金的使用目标由环保转向民生。

二是新增了"禁止开发区补助"和"省级引导性补助"两项，提高了国家重点生态功能区转移支付的总额。这两项主要针对《全国主体功能区规划》中的禁止开发区域和不在国家重点生态功能区转移支付补助范围的其他重要生态功能区域而设定，两者在概念上都是对发展受损的补偿，但仍然没有体现对生态建设的补偿。

二、国家重点生态功能区转移支付的补助公式的改革方向

国家重点生态功能区生态补偿补助额的理论标准 = 当地居民为了保护生态环境所丧失的发展权造成的"机会成本" + 当地居民保护生态环境所投入的"直接成本"。根据这一理论标准，国家重点生态功能区转移支付的补助公式应做如下调整：

第一，国家重点生态功能区的转移支付计算公式仍以"县域"为基本单位来计算资金数额，对"县域标准财政收支缺口"的补助改为对"县域发展损失的补偿"，即选用国家重点生态功能区所在省市区的其他县域的平均值为参考，计算国家重点生态功能区所在县与参考区之间的城镇、农村居民人均收入的总差额，公式为：$(R_0 - R) \times N_t + (S_0 - S) \times N_f$，其中 R_0、R 分别为参考地区和国家重点生态功能区县域的城镇居民人均收入，S_0、S 分别为参考地区和国家重点生态功能区县域的农村居民人均收入，N_t、N_f 分别为国家重点生态功能区县域的城镇与农村人口。

第二，"禁止开发区域补助""引导性补助"是补偿区域禁止开发或限制开发带来的损失，予以保留，但名称应改为"禁止开发区域补偿""引导性补偿"，直接体现生态补偿的目标，计算方法仍参照现行《2012 年中央对地方国家重点生态功能区转移支付办法》中的方法。

第三，"生态文明示范工程试点工作经费补助"改为"国家重点生态功能区生态环境保护投入与生态建设贡献补偿"，根据生态保护与生态建设的投入成本测算；在目前国家重点生态功能区水源涵养型、水土保持型、防风固沙型、生物多样性维护型四种分类的基础上，按照禁止开发或限制开发的程度和不同类型的国家重点生态功能区的生态环境保护和生态建设要求，对其补偿标准进行计算，在计算公式中添加"生态功能类型特征补偿"因子，该项补偿可结合生态要素类型、禁限程度类型、地区实施生态保护难易程度等综合计算。

第四，最终公式应为：某省市区国家重点生态功能区转移支付应补助额 = $\sum [(R_0 - R) \times N_t + (S_0 - S) \times N_f]$ + 禁止开发区域补偿 + 引导性补偿 + 国家重点生态功能区生态环境保护投入与生态建设贡献补偿 + 生态功能类型特征补偿。

---

① "纳入试点范围的市县政府生态环境保护特殊支出"指按照中央出台的重大环境保护和生态建设工程规划，地方需安排的支出，包括南水北调中线水源地污水、垃圾处理运行费用等。

第三节　国家重点生态功能区生态补偿的测算方法①

一、生态补偿标准的确立依据评述

已有的国内文献中，关于生态补偿标准的讨论立足于执行层面的具体标准，研究结论仅针对具体案例，由于缺乏统一的理论基础和讨论，其研究所得出的结论的信度和效度受到质疑。以外部性理论和产权理论为依据，以正、负外部性内部化为视角，可将生态补偿标准的确立依据和评估方法统一起来并加以分类：

（一）正外部性下生态补偿标准的确立依据

一是从生态保护者的直接投入和机会成本的补偿角度提出生态补偿的标准。"生态保护者为了保护生态环境，投入的人力、物力和财力等直接成本应纳入补偿标准的计算之中；同时，由于生态保护者因保护生态环境而牺牲了部分发展权，这一部分机会成本也应纳入补偿标准的计算之中"。

二是从生态受益者的获利角度提出生态补偿的标准。生态受益者没有为自身所享有的他人提供的产品和服务付费，使生态保护者的保护行为没有得到应有的回报，产生了正外部性问题。为使生态保护的这部分正外部性内部化，需要生态受益者向生态保护者支付这部分费用。

可以看出，两种核算依据符合正外部性理论和产权理论。"从生态保护者的直接投入和机会成本角度"体现的是外部效益的内部化，要对生态保护者进行补偿，补偿额为机会成本与直接投入之和。"从生态受益者的获利角度"也体现了外部效益的内部化，受益者必须对施益者所提供的正外部性进行补偿。此时的正外部性就是对保护者提供的生态系统服务功能价值的界定，付费是对正外部性（价值）的内部化，付费额是对保护者提供的生态系统服务功能价值的补偿标准，如同购买商品要付费一样。

（二）负外部性下生态补偿标准的确立依据

人类的活动尤其是资源开发活动会造成一定范围内的植被破坏、水土流失、水资源破坏、生物多样性减少等，直接影响到区域的水源涵养、水土保持、景观美化、气候调节、生物供养等生态服务功能，减少了社会福利。因此，按照污染（破坏）者付费和保护者补偿（报偿）的原则，需要通过环境治理与生态恢复与建设的成本投入以满足生态修复的要求。通过对污染（破坏）者行为的控制，来实现外部成本的内部化，即对造成生态破坏的当事人"征收庇古税"（或其他形式）来进行生态环境的恢复治理。

二、生态补偿标准的评估方法评述

由于对生态补偿标准的确立依据的讨论缺乏统一的答案，学界对生态补偿标准的评估方法存在多学科、多角度、多方法混用的状况，以至于对同一研究对象得出差异较大的结论，不利于服务于生态补偿实践的政策制定。

基于生态补偿标准统一的外部性理论和产权理论基础，从正负外部性视角下的生态补偿

---

① 原题为：生态补偿的理论标准与测算方法探讨［J］. 经济学家，2013（2）。

理论标准的确立依据出发，可将现有生态补偿标准的测算方法进行归纳（见表26.3），并对各主要评估方法做出简要的评价。

表 26.3　　　　　　　　　　　　生态补偿标准的主要评估方法评述

类型	方法	评估目的	适用性
正外部性内部化的测算方法	直接成本法（direct costing）	将生态建设和保护的所有直接投入之和，作为生态补偿的标准	计算生态环境保育的各项直接投入
	机会成本法（opportunity cost）	在无市场价格的情况下，资源使用的成本可以用所牺牲的替代用途的收入来估算	计算保护（受限）地区的经济损失，而没有计算保护地区所提供的生态环境的价值
	条件估值法（支付意愿法）（contingent valuation methed）	通过建立模拟市场，使受访者针对环境状态的变化给出愿意支付的价值	通过受访者的支付或受偿意愿，对生态环境服务（损失）价值进行评估
	选择实验法（choice experiments）	受访者要在不同的假设情景下，做出自己的偏好选择，根据选择结果估算支付意愿，而不是由受访者直接确定支付意愿	通过收集和分析受访者的一系列选择结果，估算受访者的支付或受偿意愿，是 CVM 法的一种改进
	市场价值法（marketing value methed）	利用生态系统产品或服务的市场价格，通过简单的统计分析计算其经济价值	计算的是替代生态工程或生态系统在生产过程中作用的价值的变化
负外部性内部化的测算方法	成本（费用）分析法（cost analysis）	治理生态环境要承担一定的成本（费用），此成本用以判定受益区对保护区应进行的生态补偿额度	计算生态环境在治理中的各项投入的成本（费用）

生态保护者的保护行为会产生正外部性，为了使这部分外部效益内部化，必须对生态保护者的保护行为产生外部效益进行测算。正外部性下生态补偿的评估方法如下所示：

一是利用直接成本法，将生态保护的各项投入成本加总，以退耕还林为例：直接成本 = 退耕还林的直接成本 + 封山育林的直接成本 + 新造林的投入 + 水土流失治理的投入 + 水质监测或改善的投入等。该方法认为：保护者的直接投入将会改善生态环境，提供生态环境外部效益，对直接投入的核算就是对外部效益 B 的间接核算。但事实上，一方面，生态保护的各项投入并不直接等同于或必然转化为生态环境要素；另一方面，即使生态保护的各项投入直接转化为生态环境要素，也存在着生态保护各项投入的价值与生态环境要素所提供的生态环境价值不一致的情况。

二是利用机会成本，对于保护区来说，限制发展会造成保护区的主体遭受净损失 A，对 A 的核算就是对机会成本的核算。机会成本法常用的公式如下所示：

$$P = (G_0 - G) \times N \text{①} \quad 或 \quad P = (R_0 - R) \times N_t + (S_0 - S) \times N_f \text{②}$$

以人均 GDP 或人均收入的横向差异来间接计算净损失的机会成本法，只是一种类比的近似估计；此外，这种测算方法仅计算保护区主体的经济损失，并没有考虑保护区主体在保护过程中所提供的生态环境效益（包括外部效益和内部效益）。事实上，保护区主体在提供保

---

① P 为补偿金额，G_0、G 分别为参考地区和保护区的人均 GDP，N 为保护区人口。

② P 为补偿金额，R_0、R 分别为参考地区和保护区的城镇居民人均收入，S_0、S 分别为参考地区和保护区的农村居民人均收入，N_t、N_f 分别为保护区的城镇、农村人口。

护生态环境的服务中也获得生态环境效益（即内部效益），但机会成本法测算出的是保护区的总损失，而不是净损失。

三是利用条件估值法、选择试验法和市场价值法。这些方法通过模拟市场来评估生态系统服务价值，即是对生态系统所提供的正外部性进行估值以作为付费的依据，是生态效益（生态环境成本）内部化的手段。

条件估值法与选择试验法同属于陈述偏好法，既可用于对生态环境保护受偿意愿的估算，也可用于对生态环境破坏支付意愿的估算，适合于计算所有外部性下的生态补偿意愿。

市场价值法是根据生态系统的产品或服务的市场价格，计算生态系统的价值，如森林生态系统的价值 = 木材价格 × 森林储量。由于许多生态系统服务直接市场价格的难以确定，常用替代市场来决定其价值。如用人造的服务代替原有生态系统所提供的价值，那么这些人造服务的成本可以用来估算生态系统服务的价值；假设生态系统不再提供服务，那么人们为此而遭受的损失也可用来估算生态系统服务的价值。此外，可以利用生态系统变化造成的产值变化估算生态系统服务的价值。

三、负外部性下生态补偿的评估方法

人类活动对生态环境的污染、破坏所产生的负外部性必须内部化。成本（费用）法通过对生态破坏的恢复成本的计算，使生态环境得以恢复和补偿。以流域生态补偿为例，恢复成本 = 农业非点源污染治理成本 + 城镇污水治理成本 + 水土流失治理成本 + 植被恢复成本等。根据庇古税模型，"征税"的理论标准就是对破坏行为产生的边际社会成本与边际私人成本之间的差额进行征收——边际外部成本内部化，因此，该治理恢复成本的补偿理论标准就是庇古税模型中的 A，成本（费用）分析法符合负外部性内部化的理论与模型。

无论是生态补偿标准的确立依据还是测算方法，都从同一的外部性内部化的原则和两个侧面体现着基于外部性理论的庇古税模型和资源保护与补偿模型的要求。由于具体案例的生态补偿标准测算的复杂性与不确定性，如何准确、综合地运用和完善上述方法，值得深入研究。

现实中生态补偿标准的核算依据与核算方法的多样性，导致了同一案例的生态补偿标准核算数额的差异，致使在利用核算出的补偿标准指导实际补偿时出现与理论标准的较大背离，不利于生态补偿政策的落实。因此，深入研究生态补偿标准的评估系统，不仅需要评估的统一理论基础和依据，还应在评估依据下寻求科学、合理、具有可操作性的评估方法。

四、正外部性内部化的生态补偿标准的测算

正外部性内部化是对生态保护行为产生的所有外部效益进行补偿。根据资源保护与补偿模型，曲线 LL' 下 X_1 与 O^* 之间的面积 A + B 就是保护行为所产生的所有外部效益。其中，A 表示保护区由于生态建设和保护行为而限制了发展权所导致的净损失，即保护区的机会成本；B 是曲线 LL' 与曲线 MM' 在 X_1 与 O^* 之间的面积，亦即保护的边际社会效益与保护的边际社会成本之间的差额，表示社会从保护行为中获得的外部效益。因此，正外部性内部化的生态补偿的理论标准就是 A + B，如何科学、合理地测算 A + B，关系到生态补偿的理论标准的具体确定的关键。

现有的直接成本法以计算生态保护与建设的所有直接投入来间接地测算了 B，但事实上，这些投入并不一定等同于生态环境提供的外部效益 B；机会成本法测算的是保护主体的净损失 A，但只测算了保护主体的经济损失，而没有扣除其从保护行为中获得的生态效益；直接

市场法将环境资源看成生产要素，通过环境变化对生产过程的作用的价值变化来评估 A + B，但是其只能评估环境资源的使用价值，而不能评估环境资源的非使用价值。可见，上述三种方法在评估正外部性内部化的生态补偿理论标准（A + B）时都存在一些缺陷。

A + B 表示将保护程度从 X_1 提高到 O^* 而增加的边际社会效益，也可视为社会对于保护程度从 X_1 提高到 O^* 所愿意支付的价值 WTP（willingness to pay），在这个意义上，正外部性内部化的生态补偿的理论标准的测算就转化为测算社会的意愿支付，采用测算意愿支付的方法来估算正外部性内部化的生态补偿的理论标准，不失为现阶段较为理想的方法选择。

五、负外部性内部化的生态补偿标准的测算

负外部性内部化的生态补偿的理论标准是庇古税模型中的 A。从形式上看，成本（费用）法在模型上符合负外部性内部化的生态补偿理论标准的测算要求，但是，由于一些污染治理费用难以确定，测算出的成本费用不一定就是实际支出的恢复、治理费用，成本（费用）法存在结果与测算要求之间的偏差。

庇古税模型中的 A 是向污染者征收的生态补偿的理论标准，当无法有效确定被污染的环境物品的价值时，只有通过公众对污染者的负外部性行为结果的评估（支付意愿），才能较好地体现被污染（破坏）的环境物品的所有效用。这样，负外部性内部化的生态补偿理论标准的测算将转化为测算社会的支付意愿，采用对支付意愿的测算方法来测算负外部性内部化的生态补偿的标准，是目前值得采纳的方法选择。

总之，无论是正外部性内部化的生态补偿标准的测算，还是负外部性内部化的生态补偿标准的测算，最终都转化为对支付意愿的测算，而测算支付意愿的方法主要有条件估值法（CVM）和选择试验法（CE）。

CE 法与 CVM 法同属于陈述偏好法，是近年来国际上出现的一种应用于环境资源非市场价值评估的新方法（Hanley，Wright，Adanowicz，2002）。CVM 法由于应用过程中所产生的多种潜在估计偏差，尤其是有些战略偏差的存在，使参与者为影响决策而有意识地隐藏自己的真实偏好，进而影响评估结果，而 CE 法比 CVM 法能更充分地揭示出消费者的偏好信息，克服了 CVM 法存在的策略性、嵌入性等偏差，是在 CVM 法发展过程中出现的一种改善方法。（徐中民等，2003；金建君，王志石，2005；金建君，江冲，2011）。

CE 法既能满足生态环境保育的生态系统服务功能价值的评估，又能满足生态环境污染的付费评估和补偿标准的测算。在生态保育所创造的生态系统功能价值评估中采用 CE 法，以资源或环境物品的不同属性（如耕地资源保护的属性有耕地面积、耕地质量、保护耕地支付成本、耕地生态景观、田间基础设施等；退耕还林的属性有有无补助保障、补助数量、生态林面积等）构成研究是否进行保育行为时的选择集；受访者通过综合考虑成本、效益等因素，从选择集中选出最优的备选方案；通过对受访结果的分析，可以估算出受访者对于保育行为的受偿意愿。在生态环境污染（破坏）行为的付费研究中采用 CE 法，以污染（破坏）行为的各属性（如水污染治理的属性有治理时间或成本、氨氮化合物数量、重金属含量、水质标准等）构成选择集，通过对受访者选择结果的分析，估算负外部性内部化的生态补偿的标准。由此可见，鉴于直接成本法、机会成本法、直接市场法、成本（费用）法存在的一些问题，需要采用国际上趋于成熟的生态补偿的评估方法（CE 法）来研究我国的生态补偿标准的实际问题，并从 CE 法的理论认识、案例调查、问卷设计、样本选择等关键过程上展开系列研究。

第二十七章

国家重点生态功能区财政转移
支付的县域生态环境效应

第一节　国家重点生态功能区转移支付的县域生态环境质量变化

国务院在《全国生态环境保护纲要（2000）》中首次提出建立生态功能区这一新思路。随后，2008 年原国家环境保护部开始实施《全国生态功能区划》，最终国务院于 2010 年出台了《全国主体功能区规划》，进一步明确生态产品提供和生产能力的提高是我国国土空间开发和利用的重要任务。2011 年，《国家重点生态功能区县域生态环境质量考核办法》中"国家重点生态功能区县域名单"所列的 451 个县（市、区）县域生态环境质量考核评价，涉及河北、山西、内蒙古、吉林、黑龙江、安徽、江西、河南、湖北、湖南、广西、海南、重庆、四川、贵州、云南、西藏、陕西、甘肃、青海、宁夏和新疆 22 个省份及新疆生产建设兵团。此后数量逐年有小幅度增加，直到 2016 年，国务院印发了《关于同意新增部分县（市、区、旗）纳入国家重点生态功能区的批复》，原则同意将 240 个县（市、区、旗）和东北、内蒙古国有林区 87 个林业局新增纳入国家重点生态功能区。该次调整将国家重点生态功能区的县市区数量至 676 个，占国土面积的比例达到 53%。截至 2018 年，参加评价考核县域进一步增加到 818 个，涵盖了除香港特别行政区、澳门特别行政区和台湾地区外，我国内地 31 个省级行政区划单位的陆域。可以看到，2012~2018 年，我国国家重点生态功能区涵盖县域数量增长率达 80.97%，该增长率体现了我国对维护生态安全，促进生态文明建设越来越重视，政策力度与覆盖范围越来越广。

现阶段国家重点生态功能区生态环境保护和补偿的深层次矛盾表现在生态资源保护成本和收益的区域错配，"绿水青山"尚未真正转化为"金山银山"。保护生态环境的成本都是由国家重点生态功能区当地政府和居民承担，且当地政府因服从生态保护和建设的禁限目标，其大规模的城镇化和工业化受到限制，机会成本损失同样巨大；而由于生态环境正的溢出效应，其他地区的居民也无偿享有了生态环境效益，即生态环境保护效益产出由全民享有。

为解决这一区域利益错配问题，财政部分别于 2009 年、2011 年和 2012 年发布、改进的《国家重点生态功能区转移支付办法》（以下简称《办法》），从国家角度规定了对重点生态功能区所在区域进行补助的办法，以激励县级政府加大生态环境保护投入。2011~2018 年国家重点生态功能区转移支付变动情况如表 27.1 所示。

表 27.1　　　　2013～2018 年中央对地方国家重点生态功能区转移支付分配情况

时间	2011 年	2012 年	2013 年	2014 年	2015 年	2016 年	2017 年	2018 年
补助总额	249.2 亿元	300 亿元	423 亿元	480 亿元	509 亿元	570 亿元	627 亿元	721 亿元

可以看到，中央对地方国家重点生态功能区转移支付分配金额呈现稳健增长的趋势，截至 2018 年补助总额已达到 721 亿元，充分体现了国家日益重视生态环境，将绿色发展理念落到实处，推动生态文明建设的决心。

自 2012 年起，原环保部按照《国家重点生态功能区县域生态环境质量考核办法》，每年对上一年度转移支付县域开展生态环境监测评价与考核。拟通过对县域生态环境综合评价实现转移支付资金的绩效考核，考核评估结果直接用于每年中央财政转移支付资金调节。

由于被考核县域在不断增长，绝对数据无可比性，因此，选用对比"变好""基本稳定"与"变差"的变化情况分析国家重点生态功能区县域生态环境的变化趋势。根据《国家重点生态功能区县域生态环境质量考核办法》中生态环境质量指数（EI 指数）的测算办法，2012～2018年（2016 年整体数据未披露）国家重点生态功能区县域生态环境质量变动状况如表 27.2 所示。

表 27.2　　　　2013～2018 年国家重点生态功能区县域生态环境质量变化

年份	2012 年	2013 年	2014 年	2015 年	2017 年	2018 年
变好	58 个（12.83%）	31 个（6.90%）	69 个（14.00%）	103 个（20.10%）	57 个（7.90%）	78 个（9.50%）
基本稳定	380 个（84.07%）	412 个（91.10%）	355 个（72.20%）	344 个（67.20%）	585 个（80.90%）	647 个（79.10%）
变差	14 个（3.10%）	9 个（2.00%）	68 个（13.80%）	65 个（16.70%）	81 个（11.20%）	93 个（11.40%）

注：2016 年数据未披露。

具体来说，2012 年国家重点生态功能区被考核县域共 452 个，其中"基本稳定"的县有 380 个，占比 84.07%；"变好"的县有 58 个，占比 12.83%，其中 32 个"明显改善"，26 个"轻微改善"；"变差"的县有 14 个，占比为 3.10%，其中 12 个"轻微变差"，2 个"明显变差"。由此可看出，2012 年国家重点生态功能区生态环境质量总体上呈现出"总体稳定、略有变好"的趋势。2013 年，综合环境保护部对国家重点生态功能区的生态环境质量变化情况的考核结果显示，进行考核的 452 个县域中，生态环境质量"基本稳定"的有 412 个，占比为 91.1%，较 2011 年上涨 7.03%；"变好"的县有 31 个，占比为 6.9%；生态环境质量"变差"的有 9 个，占比为 2.0%，该年度生态环境质量"变好"与"变差"的县域较 2012 年都有所减少，呈总体稳定趋势。2014 年国家重点生态功能区获得转移支付的县域增加为 492 个，通过对县域生态环境状况进行监测、评价与考核（其中 2014 年新增的县域只进行生态环境质量现状评估），发现该年度生态环境质量变差的县域陡增至 68 个，占比 13.8%，其中 4 个为"明显变差"，15 个为"一般变差"，49 个为"轻微变差"；生态环境质量"变好"的县域也小幅上涨至 69 个，占比 14.0%，其中"明显变好""一般变好"与"轻微变好"的县域分别有 4 个、17 个和 48 个；"基本稳定"的县域则减少为 355 个，占比 72.2%；2015 年，国家重点生态功能区被考核的县域进一步增加至 512 个，生态环境质量"变差"的县域数量较 2014 年基本稳定，有 65 个，占比 12.7%；"变好"的县域有 103 个，为近年来最大比率，达到 20.1%；"基本稳定"的县域有 344 个，是近年最低比率，占比为 67.2%；2017 年，国家重点生态功能区转移支付县域为 818 个，对其中 723 个县域的生态环境变化进行考核（海南省三沙市及新增 94 个县域不考核），生态环境"变好"的县域急速下降为 57 个，占比仅 7.9%；"变差"的县域也略有减少，为 81 个，占比为 11.2%；"基本稳定"的县域有 585 个，占比从 67.2% 上升至 80.9%。2018 年，818 个国家重点生态功能区县域中，生态环境质量"变好"的县域有 78 个，占比为 9.5%；"变差"的有 93 个县，占比为 11.4%；"基本稳定"的有 647 个，占比为 79.1%，与 2017 年相比基本保持稳定。

总体上来看，每年国家重点生态功能区县域生态环境质量基本稳定的比例维持在 60% 以上。基本遏制住了我国生态环境质量持续恶化的趋势，并呈现逐渐变好的趋势。国家财政转移支付资金投入的增加对遏制生态环境质量恶化有一定积极作用，但尚未实现显著改善国家重点生态功能区县域生态环境质量的目标。

第二节 陕西省国家重点生态功能区财政转移支付的县域生态环境质量变化

在国家重点生态功能区名录中，覆盖陕西的国家重点生态功能区有黄土高原丘陵沟壑水土保持生态功能区和秦巴生物多样性生态功能区。选取的陕西省国家重点生态功能区的县（区）域共有 41 个，陕北榆林和延安两市的国家重点生态功能区县位于黄土高原丘陵沟壑水土保持生态功能区；关中和陕南的国家重点生态功能区位于秦巴生物多样性生态功能区。本部分选择陕西七市（西安市、宝鸡市、延安市、汉中市、榆林市、安康市、商洛市）的 41 个国家重点生态功能区所在县的 2014～2018 年度生态环境质量动态变化综合分析。

一、2014～2018 年 EI 指数变化

（一）总体变化

陕西省 41 个国家重点生态功能区所在县的 2014～2018 年生态环境质量考核结果的整体动态变化如表 27.3 所示。可以看到，41 个县生态环境质量变化（ΔEI）范围在 -2.68～11.17，其中，生态环境质量下降最多的为延安市子长县，其 ΔEI 为 -2.68；生态环境质量提升最大的为榆林市清涧县，其 ΔEI 为 11.17。生态环境质量保持"稳定"（-1 < ΔEI < 1）的有 12 个，占比为 29.27%；生态环境质量"变好"（ΔEI ≥ 1）的有 23 个，占比为 56.10%；生态环境质量"变差"（ΔEI ≤ -1）的有 6 个，占比为 14.63%。生态环境质量"变好"的 23 个县中，8 个"明显变好"（ΔEI > 4），5 个"一般变好"（2 < ΔEI < 4），10 个"轻微变好"（1 ≤ ΔEI ≤ 2）。生态环境质量"变差"的 6 个县中，"一般变差"（-4 < ΔEI < -2）的 2 个，"轻微变差"（-2 ≤ ΔEI ≤ -1）的 4 个，"明显变差"（ΔEI < -4）的为 0 个。

表 27.3　陕西省国家重点生态功能区县（区）域生态环境质量的综合考核结果

县（区）域名称	ΔEI	评价	县（区）域名称	ΔEI	评价
周至县	3.73	轻微变好	吴堡县	3.62	明显变好
凤　县	0.45	基本稳定	清涧县	11.17	明显变好

续表

县（区）域名称	ΔEI	评价	县（区）域名称	ΔEI	评价
太白县	1.01	轻微变好	子洲县	5.26	明显变好
子长县	-2.68	一般变差	安康市汉滨区	3.03	一般变好
安塞县	0.23	基本稳定	汉阴县	-1.15	轻微变差
志丹县	-1.98	轻微变差	石泉县	2.91	一般变好
吴起县	2.66	一般变好	宁陕县	1.63	轻微变好
汉中市汉台区	9.22	明显变好	紫阳县	1.63	轻微变好
南郑县	0.09	基本稳定	岚皋县	2.11	一般变好
城固县	0.61	基本稳定	平利县	0.92	基本稳定
洋　县	-1.37	轻微变差	镇坪县	11.07	明显变好
西乡县	-0.92	基本稳定	旬阳县	-2.39	一般变差
勉　县	1.22	轻微变好	白河县	1.98	轻微变好
宁强县	0.42	基本稳定	商洛市商州区	3.20	一般变好
略阳县	8.03	明显变好	洛南县	-1.40	轻微变差
镇巴县	0.63	基本稳定	丹凤县	0.10	基本稳定
留坝县	1.29	轻微变好	商南县	0.11	基本稳定
佛坪县	1.61	轻微变好	山阳县	1.19	轻微变好
绥德县	5.68	明显变好	镇安县	-0.44	基本稳定
米脂县	6.62	明显变好	柞水县	1.95	轻微变好
佳　县	-0.31	基本稳定			

注：ΔEI 是指 2018 年与 2014 年 ΔEI 值的差。其中，米脂县 2018 年数据缺失，ΔEI 为 2017 年与 2014 年 ΔEI 值的差。

资料来源：《陕西省国家重点生态功能区县（区）域生态环境质量考核综合考核结果》。

与 2011 年与 2009 年的 ΔEI 差值对比，生态环境质量变好的县（区）域从 10.81% 增加到 56.10%，基本稳定的县（区）域从 89.19% 下降到 29.27%，新增 14.63% 变差的县，主要为"轻微变差"。可以看出，目前陕西省国家重点生态功能区多于一半的县（区）域生态环境质量都有显著改善，国家重点生态功能区所在县主要以减少破坏、保持生态环境质量稳定为主，2014~2018 年则通过加强对自然保护区等禁止开发区的监管，制定并落实环境准入负面清单，有效降低主要污染物排放强度，保障生态系统休养生息，生态环境质量提高明显。其中商洛市生态环境质量基本稳定，汉中市稳中有进，安康市略有下降，榆林生态环境质量进步最为明显。总体来看，陕西省 41 个县 2014~2018 年生态环境保护目标实现程度较好。

（二）逐年变化

1. 2014 年国家重点生态功能区县（区）域生态环境质量的综合考核结果

2014 年，陕西省 41 个国家重点生态功能区所在县（区）的生态环境质量考核结果整体一般。41 个县中，生态环境质量"变好"（ΔEI≥1）的县为 12 个（其中"轻微变好"的为 3 个，"一般变好"的为 3 个，"明显变好"的为 6 个），占陕西省整体被考核县（区）的 29.27%；生态环境质量"基本稳定"（-1＜ΔEI＜1）的县为 12 个，占被考核县（区）域的 29.27%；生态环境质量"变差"（ΔEI≤-1）的县为 17 个（其中 8 个为"轻微变差"，7 个为"一般变差"，

2 个为"明显变差"），占被考核县（区）域的 41.46%。详细情况如表 27.4 所示。

表 27.4　陕西省 2014 年国家重点生态功能区县（区）域生态环境质量的综合考核结果

县（区）域名称	ΔEI	评价	县（区）域名称	ΔEI	评价
周至县	-3.68	一般变差	吴堡县	-5.24	明显变差
凤县	-0.74	基本稳定	清涧县	5.60	明显变好
太白县	0.03	基本稳定	子洲县	5.49	明显变好
子长县	-1.35	轻微变差	汉滨区	-2.57	一般变差
安塞县	1.11	轻微变好	汉阴县	2.43	一般变好
志丹县	5.34	明显变好	石泉县	-1.44	轻微变差
吴起县	0.77	基本稳定	宁陕县	-0.06	基本稳定
汉台区	10.64	明显变好	紫阳县	-0.12	基本稳定
南郑县	0.73	基本稳定	岚皋县	-1.28	轻微变差
城固县	-3.05	一般变差	平利县	1.46	轻微变好
洋县	-1.45	轻微变差	镇坪县	11.17	明显变好
西乡县	-2.61	一般变差	旬阳县	-1.52	轻微变差
勉县	-4.60	明显变差	白河县	-1.38	轻微变差
宁强县	-1.86	轻微变差	商州区	0.99	基本稳定
略阳县	4.16	明显变好	洛南县	-3.46	一般变差
镇巴县	-0.21	基本稳定	丹凤县	-2.44	一般变差
留坝县	-0.18	基本稳定	商南县	1.16	轻微变好
佛坪县	0.48	基本稳定	山阳县	-1.53	轻微变差
绥德县	2.46	一般变好	镇安县	-0.03	基本稳定
米脂县	2.18	一般变好	柞水县	-3.32	一般变差
佳县	0.02	基本稳定			

注：ΔEI 是指 2014 年与 2013 年 EI 值的差。

资料来源：《陕西省国家重点生态功能区县（区）域生态环境质量考核综合考核结果》。

2. 2015 年国家重点生态功能区县（区）域生态环境质量的综合考核结果

2015 年，陕西省被考核县（区）域的生态环境质量呈现出"总体稳定、稳中趋好"的态势。41 个县（区）域中生态环境质量"变好"（ΔEI ≥ 1）的县增加为 13 个（其中"轻微变好"的为 3 个，"一般变好"的为 4 个，"明显变好"的为 6 个），占被考核县（区）域的 26.83%；生态环境质量"基本稳定"（-1 < ΔEI < 1）的县为 27 个，占被考核县（区）域的 65.85%；生态环境质量"变差"（ΔEI ≤ -1）的县由 2014 年的 17 个减为 1 个（为"一般变差"），占被考核县（区）域的 2.44%。详细情况如表 27.5 所示。

表27.5　陕西省2015年国家重点生态功能区县（区）域生态环境质量的综合考核结果

县(区)域名称	ΔEI	评价	县(区)域名称	ΔEI	评价
周至县	0.23	基本稳定	吴堡县	−0.06	基本稳定
凤县	0.15	基本稳定	清涧县	5.53	明显变好
太白县	0.14	基本稳定	子洲县	6.13	明显变好
子长县	0.67	基本稳定	汉滨区	0.77	基本稳定
安塞县	4.25	明显变好	汉阴县	0.87	基本稳定
志丹县	0.62	基本稳定	石泉县	0.38	基本稳定
吴起县	2.97	一般变好	宁陕县	0.07	基本稳定
汉台区	6.47	明显变好	紫阳县	1.19	轻微变好
南郑县	−0.15	基本稳定	岚皋县	0.19	基本稳定
城固县	2.34	一般变好	平利县	0.49	基本稳定
洋县	0.95	基本稳定	镇坪县	10.45	明显变好
西乡县	0.24	基本稳定	旬阳县	−2.82	一般变差
勉县	1.02	轻微变好	白河县	0.25	基本稳定
宁强县	−0.27	基本稳定	商州区	1.43	轻微变好
略阳县	6.46	明显变好	洛南县	0.36	基本稳定
镇巴县	0.18	基本稳定	丹凤县	0.06	基本稳定
留坝县	0.06	基本稳定	商南县	0.77	基本稳定
佛坪县	0.08	基本稳定	山阳县	0.43	基本稳定
绥德县	3.93	一般变好	镇安县	0.92	基本稳定
米脂县	3.62	一般变好	柞水县	0.40	基本稳定
佳县	0.38	基本稳定			

注：ΔEI 是指 2015 年与 2014 年 EI 值的差。

资料来源：《陕西省国家重点生态功能区县（区）域生态环境质量考核综合考核结果》。

3. 2016 年国家重点生态功能区县（区）域生态环境质量的综合考核结果

2016 年陕西省 41 个国家重点生态功能区所在县（区）生态环境质量"变好"（ΔEI ≥ 1）的县为 11 个（其中"轻微变好"的为 9 个，"一般变好"的为 2 个），占被考核县（区）域的 26.83%；生态环境质量"基本稳定"（−1 < ΔEI < 1）的县为 29 个，占被考核县（区）域的 70.73%；生态环境质量"变差"（ΔEI ≤ −1）的县为 1 个（"轻微变差"），占被考核县（区）域的 2.44%。详细情况如表 27.6 所示。

表27.6　陕西省2016年国家重点生态功能区县（区）域生态环境质量的综合考核结果

县(区)域名称	ΔEI	评价	县(区)域名称	ΔEI	评价
周至县	1.98	轻微变好	吴堡县	1.32	轻微变好
凤县	−0.47	基本稳定	清涧县	3.48	一般变好
太白县	−3.00	基本稳定	子洲县	1.02	轻微变好

县（区）域名称	ΔEI	评价	县（区）域名称	ΔEI	评价
子长县	0.99	基本稳定	汉滨区	1.35	轻微变好
安塞县	0.63	基本稳定	汉阴县	-0.05	基本稳定
志丹县	1.05	轻微变好	石泉县	2.01	一般变好
吴起县	-1.89	轻微变差	宁陕县	0.26	基本稳定
汉台区	0.76	基本稳定	紫阳县	0.16	基本稳定
南郑县	0.33	基本稳定	岚皋县	0.78	基本稳定
城固县	0.01	基本稳定	平利县	0.08	基本稳定
洋县	0.13	基本稳定	镇坪县	0.61	基本稳定
西乡县	0.51	基本稳定	旬阳县	0.46	基本稳定
勉县	0.16	基本稳定	白河县	1.03	轻微变好
宁强县	1.26	轻微变好	商州区	1.03	轻微变好
略阳县	0.83	基本稳定	洛南县	-0.10	基本稳定
镇巴县	0.76	基本稳定	丹凤县	-0.05	基本稳定
留坝县	-0.15	基本稳定	商南县	0.06	基本稳定
佛坪县	0.62	基本稳定	山阳县	0.54	基本稳定
绥德县	0.97	基本稳定	镇安县	0.16	基本稳定
米脂县	1.73	轻微变好	柞水县	0.95	基本稳定
佳县	-0.44	基本稳定			

注：ΔEI 是指 2016 年与 2015 年 EI 值的差。

资料来源：《陕西省国家重点生态功能区县（区）域生态环境质量考核综合考核结果》。

4.2017 年国家重点生态功能区县（区）域生态环境质量的综合考核结果

2017 年，陕西省纳入国家重点生态功能区生态环境质量考核的 41 个县（区）域中生态环境质量"轻微变好"（1≤ΔEI≤2）的县为 7 个，分别为周至县、米脂县、吴堡县、清涧县、留坝县、宁陕县、岚皋县，占被考核县（区）域的 17.1%；生态环境质量"轻微变差"（-2≤ΔEI≤-1）的县为 4 个，分别为佳县、汉阴县、洛南县、镇安县，占被考核县（区）域的 9.8%；生态环境质量"一般变差"（-4<ΔEI<-2）的县为 1 个，为子洲县，占被考核县（区）域的 2.4%；其余 29 个县（区）生态环境质量保持"基本稳定"（-1<ΔEI<1），占被考核县（区）域的 70.7%。详细情况如表 27.7 所示。

根据国家、省级技术审核结果，2017 年陕西省被考核县（区）域存在的问题主要有在以下两个方面：一是生态环境质量问题。主要为安塞县、吴起县、佳县 3 个县，地表水水质优良（达到或优于Ⅲ类）率或污染源排放达标率较低。汉阴县、子洲县、佳县、镇安县 4 个县生态环境质量变差幅度较大，分别下降 2.24、2.11、1.06 和 1.01。平利县存在主要污染物排放强度不降反升等问题。二是无人机遥感抽查发现吴起县、城固县、洋县、勉县、绥德县、米脂县、清涧县、汉滨区、商州区、洛南县 10 个县（区）存在不同程度的自然生态地表破坏。

表 27.7　2017 年陕西省国家重点生态功能区县（区）域生态环境质量的综合考核结果

县（区）域名称	ΔEI	评价	县（区）域名称	ΔEI	评价
周至县	1.19	轻微变好	吴堡县	1.73	轻微变好
凤　县	-0.23	基本稳定	清涧县	1.30	轻微变好
太白县	0.35	基本稳定	子洲县	-2.36	一般变差
子长县	-0.50	基本稳定	汉滨区	0.93	基本稳定
安塞区	0.25	基本稳定	汉阴县	-1.66	轻微变差
志丹县	-0.43	基本稳定	石泉县	0.48	基本稳定
吴起县	0.92	基本稳定	宁陕县	1.03	轻微变好
汉台区	0.12	基本稳定	紫阳县	0.65	基本稳定
南郑县	0.06	基本稳定	岚皋县	1.17	轻微变好
城固县	-0.26	基本稳定	平利县	0.05	基本稳定
洋　县	-0.44	基本稳定	镇坪县	0.43	基本稳定
西乡县	-0.54	基本稳定	旬阳县	0.11	基本稳定
勉　县	0.37	基本稳定	白河县	0.65	基本稳定
宁强县	0.10	基本稳定	商州区	-0.01	基本稳定
略阳县	0.62	基本稳定	洛南县	-1.47	轻微变差
镇巴县	-0.01	基本稳定	丹凤县	0.01	基本稳定
留坝县	1.11	轻微变好	商南县	-0.19	基本稳定
佛坪县	0.57	基本稳定	山阳县	0.60	基本稳定
绥德县	0.43	基本稳定	镇安县	-1.32	轻微变差
米脂县	1.27	轻微变好	柞水县	0.15	基本稳定
佳　县	-1.12	轻微变差			

注：ΔEI 是指 2017 年与 2016 年 EI 值的差。

资料来源：《陕西省国家重点生态功能区县（区）域生态环境质量考核综合考核结果》。

5. 2018 年国家重点生态功能区县（区）域生态环境质量的综合考核结果

2018 年，陕西省纳入国家重点生态功能区的县（区）域共有 43 个，分布在西安、宝鸡、延安、榆林、汉中、安康、商洛 7 个市，其中，对延安市黄龙、宜川两个新增县进行生态环境现状评价，对原 41 个县（区）域进行 2015～2017 年度生态环境质量动态变化综合考核。

41 个县（区）生态环境质量变化评价（ΔEI）范围在 -4.90～1.87，其中延安市子长县为 -4.90，榆林市绥德县为 1.87；生态环境质量保持"稳定"（ -1 < ΔEI < 1）的有 31 个，占比为 75.6%；生态环境质量"变好"（ΔEI ≥ 1）的有 3 个，占比为 7.3%；生态环境质量"变差"（ΔEI ≤ -1）的有 7 个，占比为 17.1%。生态环境质量"变好"的 3 个县均为"轻微变好"，分别为宝鸡市凤县、太白县，榆林市绥德县。生态环境质量"变差"的 7 个县中，"轻微变差"的为 2 个，分别是榆林市佳县、清涧县；"一般变差"的为 3 个，分别是延安市安塞区、志丹县，榆林市吴堡县；"明显变差"的为 2 个，分别为汉中市宁强县、延安市子长县。详细情况如表 27.8 所示。

表 27.8　　2018 年陕西省国家重点生态功能区县（区）域生态环境质量的综合考核结果

县（区）域名称	ΔEI	评价	县（区）域名称	ΔEI	评价
周至县	0.33	基本稳定	镇巴县	0.63	基本稳定
凤县	1.00	轻微变好	留坝县	0.86	基本稳定
太白县	1.35	轻	佛坪县	0.47	基本稳定
安塞区	-3.84	一般变差	汉滨区	-0.02	基本稳定
子长县	-4.90	明显变差	汉阴县	-0.31	基本稳定
志丹县	-3.22	一般变差	石泉县	0.04	基本稳定
吴起县	0.66	基本稳定	宁陕县	0.27	基本稳定
绥德县	1.87	轻微变好	紫阳县	-0.37	基本稳定
米脂县	-0.15	基本稳定	岚皋县	-0.03	基本稳定
佳县	-1.48	轻微变差	平利县	0.30	基本稳定
吴堡县	-2.01	一般变差	镇坪县	-0.42	基本稳定
清涧县	-1.13	轻微变差	旬阳县	-0.14	基本稳定
子洲县	-0.33	基本稳定	白河县	0.05	基本稳定
汉台区	-0.67	基本稳定	商州区	0.75	基本稳定
南郑县	0.12	基本稳定	洛南县	-0.19	基本稳定
城固县	-0.30	基本稳定	丹凤县	0.08	基本稳定
洋县	0.27	基本稳定	商南县	-0.53	基本稳定
西乡县	0.34	基本稳定	山阳县	-0.38	基本稳定
勉县	0.35	基本稳定	镇安县	-0.20	基本稳定
宁强县	—	明显变差	柞水县	0.45	基本稳定
略阳县	0.87	基本稳定			

注：ΔEI 是指 2018 年与 2017 年 EI 值的差。

资料来源：《陕西省国家重点生态功能区县（区）域生态环境质量考核综合考核结果》。

根据国家、省级技术审核结果，2018 年陕西省被考核县（区）域存在的问题主要集中在以下五个方面：

一是突发环境事件成为陕西省生态环境质量明显变差的主因。2017 年陕西省共有 3 个县发生突发环境事件。其中，汉中市宁强县因 2017 年 5 月 5 日，燕子砭镇汉中锌业铜矿有限责任公司违法排污导致嘉陵江流域广元段突发铊污染，从而造成广元市西湾水厂饮用水水源地水质铊超标的重大突发环境事件，按照县（区）域考核指标体系，实施"一票否决"，考核结果定为明显变差。同时，延安市子长县因 2017 年 10 月 11 日，杨家园子镇发生原油泄漏的生产安全事故，延安市安塞区因 2017 年 10 月 13 日，延长集团管道公司第二分公司发生原油泄漏的生产安全事故，均被扣 0.3 分。

二是生态环境质量监测结果达标率剧烈变化引起考核结果明显变差。主要为安塞区、子长县、志丹县 3 个县，地表水水质优良（达到或优于Ⅲ类）率变差幅度较大，2017 年，3 个县（区）达到或优于Ⅲ类水质达标率分别为 0%、40% 和 8.3%，分别较 2015 年下降 50%、

60%和42%。吴堡县优良以上空气质量达标率由2015年的73.7%下降至2017年的44.4%。同时,佳县、子洲县2017年污染源均不能达标排放。

三是生态环境保护管理及监测数据上报问题。主要表现在未制定并公布重点生态功能区产业准入负面清单;农村环境综合整治率较低;未提供乡镇生活垃圾、生活污水收集相关材料。榆林市佳县、子洲县,汉中市略阳县,商洛市洛南县、山阳县5县2016年第二产业所占比例比2015年增加2%以上。2016年中央环保督察,安康市宁陕县因东阳石材厂废水渗坑排放,被扣0.5分。污染源监测数据上报不完整、未上报二次分包结果等。

四是无人机监测、卫星遥感抽查发现问题。延安市吴起县,榆林市绥德县、米脂县、佳县,汉中市洋县和安康市汉滨区存在不同程度的自然生态地表破坏,被扣0.3分到1分不等。

五是第三方环境监测质量问题。根据生态环境部质控抽查和现场核查结果,我省榆林市部分县委托的环境监测机构存在监测程序不规范、质控措施不完整等问题。

二、2014～2018 年 EI 指数与转移支付变化关系

以2014年为基期,2014～2018年陕西省国家重点生态功能区所在县(区)生态环境质量变动(ΔEI)与财政转移支付变动的(Δ转移支付)情况如图27.1所示。可以看出,陕西省大部分国家重点生态功能区所在县二者之间的变动是不一致的。

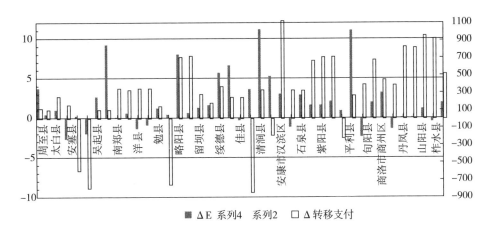

图27.1 2014～2018 年陕西省国家重点生态功能区县(区)生态环境质量与财政转移支付差额对比

陕西省26个国家重点生态功能区所在县的新增国家重点生态功能区财政转移支付比例大于EI的变化值,占比为63.41%,主要集中在汉中市、商洛市与安康市,其中汉中市差距较小,商洛市差距较大;5个县的生态环境质量与财政转移支付较为匹配,占比为12.20%,分别为宝鸡市凤县、汉中市勉县、汉中市略阳县、汉中市佛坪县与安康市石泉县;10个县新增转移支付比例小于EI的变化值,占比为24.39%,主要集中在榆林市与延安市。其中EI指数为负的有9个县,除志丹县财政转移支付为 - 800 万元外,其他县(区)域财政转移支付都在增加,增加额在156万～920万元。财政转移支付为负的有6个县,吴堡县财政转移支付下降最多,为848万元,子洲县最少,为194万元。除志丹县EI值为 - 1.98 之外,其他县(区)域EI都在增加,增加值在0.23～5.26。

第三节 实证研究的模型设定、变量与数据来源①

一、模型设定与评估方法

实证分析的样本变量来自陕西省 2009 ~ 2011 年获得国家重点生态功能区转移支付的县级政府的相关数据。这种短期而宽的样本数据一方面可以使我们有效克服我国国家重点生态功能区转移支付政策相关统计数据时间期限较短、难以进行时间序列分析的缺陷，另一方面能使单纯的截面数据扩大 3 倍，进而有效地解决样本量不足的问题。

本文采用如下人均国家重点生态功能区转移支付与生态环境质量的简约式回归方程进行分析：

$$\ln S_{it} = \alpha_i + \beta_1 \ln Z_{it} + \beta_2 \ln \gamma_{it} + \mu_{it} \qquad (27-1)$$

公式中下标 i 为县代码，t 表述年份。因变量 S 为陕西省各县的 EI 值（生态环境状况指数）；解释变量 Z 为各县所获得的国家重点生态功能区转移支付资金的人均值；γ 为控制变量，包括陕西省各县的人均 GDP、陕西省各县的城镇化率和陕西省各县的城乡收入差距。一般来讲，对数据取对数之后不会改变数据的性质和关系，但能够消除量纲和减少异方差性，因此在式（27-1）中，分别对解释变量、被解释变量和控制变量取对数。

由于面板数据具有截面、时序的两维特性，模型的设定直接决定了参数估计的有效性，因此必须对模型的设定形式进行假设检验。面板数据模型分为变系数模型、变截距模型和混合面板模型三类，变截距模型又分为固定效应变截距模型（FE）和随机效应变截距模型（RE）两种。由于本文研究的是我国陕西省各个县域的数据，存在区域性的差异，变系数模型不能反映这种差异，因此本文面板数据估计主要考虑变截距模型和混合面板模型，即根据 Hausman 检验在固定效应模型和随机效应模型中进行选择，同时根据 F-test 来判断究竟是选用混合面板模型还是变截距模型。

Hausman 检验：

$$H = (\beta_{RE} - \beta_{FE})' \left[Var(\beta_{RE} - \beta_{FE}) \right]^{-1} (\beta_{RE} - \beta_{FE})' \sim \chi^2(k) \qquad (27-2)$$

β_{RE}、β_{FE} 分别为固定效应模型和随机效应模型的估计系数。Var（$\beta_{RE} - \beta_{FE}$）为系数向量（$\beta_{RE} - \beta_{FE}$）的协方差矩阵。在随机效应的原假设下，Hausman 检验服从 χ^2（k）分布，其中 k 为回归方程的解释变量个数。如果 H 统计值大于临界值，则拒绝原假设。

F-test 的统计量构造如下：

$$F = \frac{(SSE_r - SSE_u)/(N-1)}{SSE_u/(NT-N-K)} \sim F(N-1, NT-N-K) \qquad (27-3)$$

其中 SSE_r、SSE_u 分别为混合面板模型、固定效应模型的残差平方和（sum squared resid）。

一般而言，面板数据的残差相关包括截面异方差、时序异方差与混合异方差三类，由于本文所选的样本数据截面数（37）远大于时期数（3），因此采用广义最小二乘估计方法（GLS）对残差的截面异方差进行纠正。

---

① 原题为：国家重点生态功能区转移支付与县域生态环境质量——基于陕西省县级数据的实证研究[J]. 西安交通大学学报（社会科学版），2014（3）。

二、变量说明与数据来源

（一）被解释变量

陕西省各县县域生态环境质量指数（EI 值）。县域生态环境指标根据不同类型的生态功能区特点设置，由自然生态指标（水源涵养指数、植被覆盖指数、生物丰度指数、林草地覆盖率、耕地和建设用地比例；坡耕地面积比、未利用地比例）和环境状况指标（SO_2 排放强度、COD 排放强度、固废排放强度、污染源排放达标率、Ⅲ类或优于Ⅲ类水质达标率、优良以上空气质量达标率）两部分组成，采用综合指数法，对每个市县生态环境年际变化量进行评价。

（二）解释变量

陕西省各县所获得的人均国家重点生态功能区转移支付。国家重点生态功能区转移支付资金主要用于涉及民生的基本公共服务领域和生态环境保护，既要改善当地民生，又要提高当地生态环境质量。本文主要考察该项转移支付资金与生态环境质量的关系。由于人均转移支付资金体现转移支付资金的平均效果，因此采用人均转移支付资金作为解释变量。该变量由陕西省享受国家重点生态功能区转移支付的 37 个县级行政区的国家重点生态功能区转移支付资金除以县域常住人口数据计算得出。

（三）控制变量

人均 GDP。目前，我国经济粗放型增长方式尚未根本转变，经济增长在很大程度上依靠大量消耗物质资源来实现，能源的大量消耗又会对生态环境质量产生反向作用。与 GDP 相比，人均 GDP 更能真实地反映一个地区经济发展的情况。

城镇化率。城镇化一般指人口向城市地区聚集的过程和乡村地区转变为城市地区的过程。城镇化可以使农村人口向城镇聚集，降低人类活动对环境的压力。但是城市扩建又会增加生活垃圾、废气、污水等废弃物的排放，对生态环境产生不利的影响。

城乡收入差距。我国目前仍是城乡分割的二元经济结构。在这种体制下，城乡收入差距较大，使得农民在生产经营和生活决策时优先考虑的是如何发展经济、提高收入，忽略了对农村环境质量的需求，导致种植业污染、养殖业污染和生活污染大量产生。该控制变量由城镇居民人均可支配收入除以农民人均纯收入计算得出。

根据数据的可获得性，面板数据包括陕西省享受国家重点生态功能区转移支付的 37 个县在 2009～2011 年间的原始数据。县域生态环境质量指数（EI 值）数据来源于陕西省环保厅，各县获得的国家重点生态功能区转移支付资金来源于陕西省财政厅。县域常住人口数据来源于《陕西省统计年鉴》（2010～2012）。地区生产总值、城镇化率、城镇居民人均可支配收入和农民人均纯收入的数据来源于《奋进中的陕西县域经济》（2004～2009）和《陕西县域经济监测排行榜》（2010～2011）。

第四节　实证结果与分析

采用 eviews6.0 软件对面板模型进行估计，针对面板数据的特殊性，需要先进行 F-test 和 Hausman 检验，根据检验结果，选取合适的面板模型进行估计。由于模型中控制变量之间存在多重共线性的问题，通过中心化处理的操作进行消除。表 27.9 列出了三类面板模型（OLS、FE、RE）的回归结果，结果显示，生态环境质量与人均国家重点生态功能区转移支付之间存在正向关系。经过 F-test 和 Hausman 检验，最终选择固定面板模型。回归结果如下：

$$\ln S = 3.99 + 0.011\ln Z - 0.00014\ln PG - 0.002\ln CZ - 0.00025\ln CX$$

表 27.9   生态环境质量与人均转移支付资金的估计结果

	OLS	FE	RE
C	3.2 (39.53)***	3.99 (399.1)***	3.93 (82.89)***
LnZ	0.157 (12.16)***	0.011 (6.58)***	0.02 (3.24)***
LnPG	0.011 (2.296)***	−0.00014 (−0.52)	$-1.47*10^{-5}$ (−0.99)
LnCZ	−0.08 (−2.42)***	−0.002 (−0.976)	−0.0098 (−0.723)
LnCX	0.017 (2.92)***	−0.00025 (−1.31)*	$-3.36*10^{-5}$ (−0.97)
R^2	0.59	0.999	0.102
Sample	110	110	110
F	874.5		
Hausman − test	18.3；p = 0.001		

注：括号内数值为估计系数的 t 值，*、*** 表示在 10%、1% 水平下变量的系数显著。

表 27.9 的回归结果显示，反映人均国家重点生态功能区转移支付水平的变量 LnZ 的系数为正，且通过 1% 的显著性水平检验，表明人均国家重点生态功能区转移支付水平的提高能够改善生态环境质量；反映经济发展水平的 LnPG 变量与反应城镇化水平的 LnCZ 变量的系数均为负，表明经济发展水平、城镇化建设对生态环境质量的改善起反作用，但是两者的系数并没有通过显著性水平检验。反映城乡收入差距的 LnCX 变量系数为负，通过 10% 的显著性水平检验，表明城乡收入差距不利于生态环境质量的改善。而且从人均转移支付对生态环境质量的弹性为 0.011 来看，人均国家重点生态功能区转移支付资金每增长 1%，生态环境质量将提高 0.011%，即生态环境质量对该项人均转移支付的变化缺乏弹性。

综合前述估计结果，得出以下结论：国家重点生态功能区转移支付资金的增加能够促进生态环境质量的改善，但是这种影响较为微弱。这与《陕西省国家重点生态功能区县域生态环境质量考核综合考核结果》的结论相一致。

第二十八章

国家重点生态功能区项目类生态补偿政策绩效研究

第一节　国家重点生态功能区项目类生态补偿政策梳理

我国生态补偿实践最初主要集中在水土保持方面。1980年水利部推出"小流域综合治理"，通过户包治理小流域，实现可持续使用水土资源和维护生态环境，但此时的治理成效相对有限。1991年通过并开始实施的《中华人民共和国水土保持法》，一方面，要求对造成水土流失的生产建设活动进行治理（第32条），征收水土流失防治费和补偿费；另一方面，鼓励单位和个人参与水土流失治理，并在资金、技术、税收等方面予以扶持（第33条）。

进入21世纪以来，我国大力推动多领域的生态补偿实践。2016年国务院办公厅《关于健全生态保护补偿机制的意见》明确了生态补偿实践涉及森林、草原、湿地、荒漠、海洋、流域和耕地等领域。表28.1梳理了我国在这些领域内的生态补偿政策与实践。

表28.1　　　　　　　　　　　　我国生态保护补偿项目实践

领域	项目/政策	领域	项目/政策
森林	天然林资源保护工程 中央和地方财政森林生态效益补偿基金 京津风沙源治理工程 三北防护林体系建设 退耕还林还草	耕地	绿色食品和有机食品认证补贴 耕地轮作休耕补助 退耕还林还草
草原	退牧还草工程 草原生态保护奖励补助	空气	二氧化硫排放交易 COD排放量交易 安徽环境空气质量生态补偿
海洋	捕捞渔民转产转业补助 海洋伏季休渔渔民低保制度 增殖放流和水产养殖生态环境修复补助政策	流域	东阳义乌水权交易 皖浙亿元对赌水质
荒漠	沙化土地封禁保护	湿地	退耕还湿地补偿 湿地生态效益补偿

在耕地领域，2003年中国国家认证认可监督管理委员会批准建立国内第一家有机食品认证机构：中绿华夏有机食品认证中心；2015年《中共中央关于制定国民经济和社会发展第十三个五年规划的建议》提出"探索实行耕地轮作休耕制度试点"，于2016年在东北冷凉区、

北方农牧交错区等地开展轮作试点，在地下水漏斗区、重金属污染区和生态严重退化地区开展休耕试点。

在海洋领域，2000 年修订的《中华人民共和国渔业法》规定"县级以上人民政府渔业行政主管部门可以向受益的单位和个人征收渔业资源增值保护费，专门用于增值和保护渔业资源"。2002 年其对渔民转产转业实行补贴政策，引导转岗渔民发展养殖业或其他加工工业。2003 年，南通市首次将禁渔期 1 万多名渔民全部纳入最低生活保障范围内。

在流域领域，2000 年东阳市与义乌市之间在钱塘江重要支流金华江流域完成我国首次水权交易，尝试用市场机制的价格形式来实现流域生态补偿，引导节约利用水资源和保护水资源。2005 年以来，相继在江苏、河北等 12 个省内开展流域生态补偿实践（程滨等，2012；张军，2014）。2012 年，新安江流域启动全国首个跨省流域生态补偿机制首轮试点，由中央财政和皖浙两省出资，若年度水质达到考核标准，浙江向安徽拨付 1 亿元，又称为"亿元对赌水质"的制度设计。

在空气质量领域，2005 年，国务院发布《关于落实科学发展观加强环境保护的决定》，规定"要完善生态补偿政策，尽快建立生态补偿机制"（第 23 条）。同年，我国正式加入国际清洁发展机制市场，并于 2012 年在全国 7 个省市开展碳排放权交易试点。2018 年 7 月起，安徽省实施环境空气质量生态补偿，颗粒物浓度不降反升的设区将向安徽省级财政上缴生态补偿资金，用于补偿空气质量改善的设区市。

在草原领域，2003 年起，中国西部地区开展退牧还草工程，对禁牧、休牧、轮牧的牧民进行补偿，包括围栏建设费补助、饲料补助和草场补播建设补助。2011 年，财政部和农业部颁布了《中央财政草原生态保护补助奖励资金管理暂行办法》，不再安排饲料粮补助，对禁牧草原和落实草畜平衡制度的草场给予补助。

湿地生态补偿目前还处于试点阶段。根据《中共中央国务院关于全面深化农村改革加快推进农业现代化的若干意见》文件"开展湿地生态效益补偿和退耕还湿试点"，2014 年起在江西、黑龙江、重要湿地开展了湿地生态效益补偿试点工作，中央财政安排相关支出 15.94亿元[1]，在黑龙江、吉林、辽宁和内蒙古开展退耕还湿试点，面积为 15 万亩[2]。以黑龙江兴凯湖湿地为例，通过中央政府给予湖区农民补偿，使其保持秋收时节的田地作物，以及人工投食，为迁徙候鸟提供食物。在地方层面，部分省市出台了地区性的保护法规。2016 年江西省对保护候鸟和湿地而受损的农户补偿 35 元/亩，2018 年天津出台《天津市湿地生态补偿办法（试行）》，对补偿范围内的集体土地流转补偿 500 元/亩·年。

荒漠生态补偿目前还处于初期探索阶段。2013 年国家启动实施了沙化土地封禁保护区试点，先后在内蒙古、西藏等 7 个省区开展试点建设，严格管控封禁保护区内的开发建设活动，促进植被自然修复。2015 年制定了《国家沙化土地封禁保护区管理办法》，2016 年国家林业局出台的《沙化土地封禁保护修复制度方案》明确提出，到 2020 年建立起较为完善的沙化土地封禁保护修复制度体系，为今后开展防沙治沙工作提供基本遵循。

此外，2010 年我国制定了《全国主体功能区规划》，提出国家重点生态功能区名录，同期我国颁布《国家重点生态功能区转移支付办法》，对限制开发的国家重点功能区和国家级禁止开发区等所属县开展中央对地方的转移支付，以落实地方政府加强生态环境保护。转移

---

[1]　数据来自农业司，http://nys.mof.gov.cn/zhengfuxinxi/bgtGongZuoDongTai_1_1_1_1_3/201408/t20140804_1121846.html。

[2]　数据来自黑龙江新闻网，http://jiuban.moa.gov.cn/fwllm/qgxxlb/hlj/201410/t20141023_4113158.htm。

支付包括根据财政缺口确定的重点补助、根据禁止开发面积确定的引导性补助、根据示范区和生态建设工程确定的引导性补助、对生态护林员的补助以及根据生态考核情况确定的奖惩资金。

我国先后于 1999 年、2014 年启动两轮退耕还林工程，为改善生态环境和惠及民生做出了重大贡献。2016 年，财政部等七部门联合印发了《关于扩大新一轮退耕还林还草规模》的通知，明确指出，"国家推进退耕还林工程有利于促进生态文明建设和可持续发展，是惠民生、稳增长的一项重要政策"。然而，在目前的退耕还林补偿制度下，存在补偿标准不充分、参与农户满意度不高等现象，造成惠民生方面激励不强的问题。另一方面，当前针对生态功能区稳增长方面的研究不足，缺乏退耕还林与绿色经济增长之间的理论分析和实证研究。

从对我国退耕还林政策的补助标准的梳理后可以看出，现行退耕还林补助主要是依据静态的土地机会成本确定的"一刀切"式补助标准，忽略了土地机会成本的波动和不确定性，导致补助水平与土地机会成本的不一致性，造成了退耕农户的利益损失和过度补偿并存的问题。

自 1999 年起，国家在四川、陕西和甘肃进行为期三年的退耕还林试点，随后 2002 年国务院决定全面启动退耕还林工程。大致来看，退耕还林工程历经了"启动—成果巩固—再启动"这三个阶段，前两个阶段的补助期限都是生态林 8 年，经济林 5 年，第三阶段不再区分生态林和经济林，补助期限都是 5 年，如表 28.2 所示。

表 28.2　　　　　　　　　　折算前后的退耕还林工程分阶段补助标准

实施阶段	国家政策	南方地区	北方地区
第一阶段：启动	2002 年《国务院关于进一步完善退耕还林政策措施的若干意见》	粮食:150kg/(亩·年) 生活补助:20 元/(亩·年) 种苗造林补助:50 元/亩 折合[1]:280 元/(亩·年) 折合[2]:235 元/(亩·年)	粮食:100kg/(亩·年) 生活补助:20 元/(亩·年) 种苗造林补助:50 元/亩 折合[1]:210 元/(亩·年) 折合[2]:180 元/(亩·年)
第二阶段：成果巩固	2007 年《国务院关于完善退耕还林政策的通知》	现金:105 元/(亩·年) 生活补助:20 元/(亩·年) 合计:125 元/(亩·年)	现金:70 元/(亩·年) 生活补助:20 元/(亩·年) 合计:90 元/(亩·年)
第三阶段：再启动	2014 年《新一轮退耕还林还草总体方案》	共补助 1500 元/亩,第一年 800 元(包含 300 元种苗造林费)、第三年 300 元、第五年 400 元 合计:300 元/(亩·年)	

注：1. 按照《国务院关于进一步完善退耕还林政策措施的若干意见》中的规定，补助粮食（原粮）的价款按每公斤 1.4 元折价计算。2. 徐晋涛（2004）中指出，按 1.4 元价款折算的补贴水平存在高估的问题，补助粮食（原粮）的价款按 1999 年调查地区玉米和水稻市场价格的算术平均数折算，为 1.1 元/kg 折价计算。

在第一阶段中，国家设定的补偿水平根据长江流域及南方地区、黄河流域及北方地区（以下简称"南方地区"和"北方地区"）有所区分，补偿中包含了粮食补助、生活补助和种苗造林补助，折合价值分别为 235 元和 180 元。在第二阶段中，国家继续对退耕还林补助期满后的退耕农户进行直接补助，并不再安排新增退耕任务，以确保"十一五"期间耕地不少于 18 亿亩。2014 年，国家出台《新一轮退耕还林还草总体方案》，明确给出中央政府确定的退耕还林补助标准。

从补助标准的水平来看，第一阶段的补助标准高于第二阶段的补助标准，但第三阶段的补助标准比前两阶段的补助标准都高。特别地，第一阶段以粮食补助为主，主要是因为在退耕还林试点和启动之际，正值我国国有粮食部门库存积压和潜在亏损挂账增加之时，以粮食补助为主的退耕还林补偿方式有助于降低国有粮食部门库存和减少亏损挂账。第二阶段国家全面暂停新增退耕还林任务，并在补助期满后对退耕农户再提供一轮现金补偿，主要是因为粮食价格逐渐上扬增加了中央向粮食部门购买补助粮的财政负担，耕地减少造成粮食产量下降可能影响国家粮食安全。

从补助标准的操作模式来看，第三阶段退耕还林补助不再区分南方地区和北方地区。2014 年 9 月 25 日，发改委关于启动新一轮退耕还林答记者问中提到，这是因为南方地区退耕地块的农业收益较高，但造林成本低，北方地区退耕地块的农业收益较低，但造林成本较高，综合考虑，南北方地区实行统一的补助政策较为合理。

第二节　国家重点生态功能区项目类生态补偿机制的缺陷

一、退耕还林生态补偿制度的缺陷

我国退耕还林工程取得了举世瞩目的成绩，但是不可否认的是，在成功的背后，该政策仍有改进的空间。

首先，退耕还林工程的生态补偿立法层次较低。为了保障退耕还林工程的合法有序进行，我国先后出台了《国务院关于进一步做好退耕还林还草试点工作的若干意见》《退耕还林条例》《完善退耕还林政策补助资金管理办法》。这些行政法规的法律效力较低，无法调整好退耕还林过程中所涉及的相关法律关系。

其次，缺少长期、动态激励约束机制。我国退耕还林补偿标准固定，且合同期限较短。《国务院关于进一步做好退耕还林还草试点工作的若干意见》和《完善退耕还林政策补助资金管理办法》均规定了粮食补助、现金补助的年限："还生态林补助 8 年，经济林补助 5 年，还草补助 2 年。"退耕还林补偿标准固定，且合同期限较短，很难从根本上调动农民的积极性，并融入退耕还林保护环境的工程中去。

最后，管护检查制度不完善。根据《退耕还林条例》的规定，县级人民政府是退耕还林管护制度的制定者和实施主体，县级林业主管部门是退耕还林工程的检查机关和检查验收标准、办法的制定者。这样的制度设定给予县级政府部门过大的行政权限，一方面，可能会导致县级管护检查制度的制定不合理，影响退耕还林工作的绩效；另一方面，会导致退耕还林农户的管护义务被人为加大，打击农民的积极性。因为根据《退耕还林条例》的规定，县级林业部门验收合格之后，才会一次性发给农民全年的粮食补助、现金补助。这样如果某些县级政府出于退耕还林政绩考虑，制定严苛的管护和检查制度，则既单方面加重了农民的负担，又将这一工程的社会风险转嫁到农民身上。

二、天然林保护工程中生态补偿制度的缺陷

我国天然林保护工程于 1998 年特大洪灾之后启动，且从 2011 年起开始实施天然林资源保护二期工程。我国天然林保护工程在实践过程中面临一些问题：

首先，全面禁止砍伐的政策不符合科学发展的规律。在天然林保护工程实施的过程中，存在一个思维的误区，就是将保护与禁伐画等号。禁伐封山育林固然能够起到天然林保护的作用，但是如果森林密度较高，也会引起许多安全隐患。在国外林业发达国家也不存在将禁伐作为唯一保护手段的现象。瑞士等国家在保护本国的森林资源时，着重强调的是依据科学规律在林业资源砍伐上设置限制，以大幅减少负面效应，同时政府对由于附加限制条件而造成的砍伐成本的提高予以补贴。

其次，配套资金不足、补偿标准过低。天然林保护工程是一种政府强制性的制度变迁。但是在实施的过程中，由于实施的是全面禁伐的政策，使得实施该项工程的林区的财政收入减少。而这些地区本就位于贫穷落后的山区，减少的财政收入、被迫放弃的经济发展机会，使得地方配套资金无法足额落实到位。虽然《天然林资源保护工程财政专项资金管理办法》提出中央财政对天保工程区内集体和个人所有的国家级公益林安排森林生态效益补偿基金，但是补偿标准过低仅为每亩每年 10 元。这样配套资金不足、补偿标准过低，导致林区内民生问题较为突出，人均收入偏低，医疗、养老等社会保障制度覆盖率不高。

最后，集体林权受到侵犯。天然林是我国森林的主要组成部分，但是集体林权在我国天然林中占据比较重要的地位。1981 起实施的稳定山林权、划定自留山、确定林业生产责任制的林业"三定"工作，让农户不同程度上拥有了集体林地的使用权。但天然林保护工程将禁伐作为唯一保护手段，没有考虑林区内农户的权利要求，在事实上限制、侵蚀了居民的财产权。

三、退牧还草生态补偿制度的缺陷

我国退耕还草生态补偿制度在生态、经济社会效益方面取得了较为显著的成就，但是退牧还草工程在实施过程中也存在一些问题，这些问题制约着退牧还草工程的可持续性。

首先，补偿主体分散，管理体制不顺。退牧还草的生态补偿由财政部门和粮食部门分别执行，财政部门提供资金补偿，粮食部门提供粮食补偿，农牧部门监管还草的验收工作，基层政府负责退牧还草政策的推行。整个退牧还草工程的生态补偿主体分散，管理体制不合理。

其次，补偿范围狭窄、标准单一且水平过低。2011 年出台的《关于完善退牧还草政策的意见》提出自 2011 年起不再安排饲料粮补助，开始全面实施草原生态保护补助奖励机制。"对实行禁牧封育的草原，中央财政按照每亩每年补助 6 元的标准对牧民给予禁牧补助；禁牧区域以外实行休牧、轮牧的草原，中央财政对未超载的牧民，按照每亩每年 1.5 元的测算标准给予草畜平衡奖励"①。较低的补偿标准，使得牧区农牧民面临生产、生活成本高而收入、生活质量低的窘境。

最后，生态补偿资金来源渠道单一。退牧还草补偿资金是由中央财政和地方财政两种方式筹集的，其中围栏建设补助资金的 80% 是由中央资金补助，20% 的补助资金是由地方政府承担。这种生态补偿资金的来源结构表明，退牧还草的生态补偿主要以中央政府资金投入为主体，地方政府资金不足并且缺少其他方式的资金来源。而政府财力的有限和单一的融资渠道，无法给予退牧还草工程长期充足的资金支持。

四、国家重点生态功能区生态补偿制度的不足

国家重点生态功能区转移支付制度的问题主要表现在以下几个方面：

---

① 《关于完善退牧还草政策的意见》（2011）。

一是，国家重点生态功能区双重目标不兼容。国家重点生态功能区转移支付虽是在均衡项目下试点建立的，但与均衡性转移支付的其他子项目相比，其资金的使用受到限制，"重点用于生态环境保护和涉及民生的基本公共服务领域"，其目的也不是单一地解决地区间财力差异，而是既要提高当地政府的基本公共服务能力，又要引导当地政府加强生态环境保护。国家重点生态功能区的双重目标，在财政部出台的《国家重点生态功能区转移支付（试点）办法》（2009）、《国家重点生态功能区转移支付办法》（2011）和《2012年中央对地方国家重点生态功能区转移支付办法》的基本原则、资金分配、资金用途和监督考评机制等方面都有体现，但是这些办法并没有明确"改善民生"和"生态环境保护"两种目标的主次关系，也没有指出用在两种目标上的资金支出比例、绩效考评应侧重的目标。这样基层政府在转移支付资金有限的情况下，就会将转移支付资金主要用于基本公共服务，以改善当地民生。即在国家重点生态功能区转移支付实施的过程中，很容易产生"改善民生"目标挤出"生态环境保护"目标的问题。

二是，国家重点生态功能区缺少区域间的横向转移支付。区域生态环境作为公共产品，具有相当广泛的受益主体和相对集中的负担成本。在负担成本由提供生态环境公共产品的既定辖区承担的情况下，其他区域享受了生态环境公共产品和服务的利益，既定的辖区缺少激励，其理性的反应是减少这种"公共品"的供给（张冬梅，2012；李宁，丁四保，2010）。

第三节　国家重点生态功能区项目类生态补偿机制的优化

一、建立健全生态补偿法律体系

目前我国生态补偿实践超前于生态补偿立法工作，由于相关法律法规的建设滞后，在生态补偿实践中出现了无法可依的尴尬局面。法律是制度得以顺利实施的重要保障，只有建立不同法律级次的生态补偿法律体系，将生态补偿制度法律化，才能够保障生态补偿工作顺利实施。

首先，确定生态补偿的宪法地位。《宪法》是我国的根本大法，也是设立其他法律法规的依据。虽然《环境保护法》《森林法》《草原法》等法律法规的具体条文中涉及生态补偿机制，但是缺少宪法的支持。需要将生态补偿的内容写进宪法中，使其成为具有宪法意义上的基本制度。其次，制定《生态补偿法》。以法律的形式明确生态补偿的内涵、主客体、标准、方式和法律责任等内容。再次，制定生态补偿专门性法规，规范流域、森林、草原、生物多样性等方面生态补偿中各机构、组织以及个人的行为。例如制定管理流域水资源生态补偿的《流域水资源生态补偿条例》。最后，完善《刑法》《民法》等相关法律制度，使之与生态补偿相协调。

二、加强政府补偿能力建设

我国实行以政府为主导的生态补偿模式。政府补偿能力的大小直接决定着生态补偿政策的落实情况，而政府补偿能力主要从加大政府补偿资源的投入、提高资源的使用效率两方面进行加强。这可以从完善相关税收政策与拓宽生态补偿的融资渠道来增加政府补偿资源投入和生态补偿的资金来源。我国国家重点生态功能区大多位于经济欠发达的中西部，对该区域内国家重点生态功能区的生态补偿也就是对经济欠发达地区的生态补偿。生态环境具有公共物品的属性，在我国，中西部地区为东部经济发达地区提供优质的生态系统服务，那么在东部地区征收环境税，对中西部地区进行补偿，也是合法合理的。因此完善相关的环境资源税收政策，对加强我国政府的生态补偿有重要的意义。我国生态补偿资金来源单一，主要是由中央政府投入。但是中国经济处于转轨的重要时期，政府财力相对有限，对环境保护方面的支出比例较小。为了增大生态补偿资源来源，可以试点发行用于国家重点生态功能区进行生态补偿的专项政府债券，或者设立生态补偿基金彩票对国家重点生态功能进行专项经济援助；同时引入市场机制，允许从事循环经济、绿色经济的企业上市，从资本市场上筹集资金进行生态补偿。

提高投入资源的使用效率则应着重避免无效率事件的出现。2018 年我国组建自然资源部，适度统一多部门对自然资源管理的职能，成为目前集中负责生态补偿事项的部门，集中管理各个领域的生态环境保护补偿工作，避免重复、多头补偿情况的出现。这一体制变化，为制定弹性的补偿制度，定期检测生态补偿效果，并根据效果及时、动态地调整补偿安排提供了保障。

三、继续完善现行生态保护补偿转移支付制度

现行我国生态保护补偿的中央财政转移支付制度在我国生态补偿中发挥着重要作用。完善国家重点生态功能区转移支付制度是最切实可行的措施。

要提高国家重点生态功能区转移支付的环境保护效率，需要对国家重点生态功能区转移支付办法进行调整。首先，应该明确生态环境保护为该项转移支付的首要目标，并据此明确双重目标资金支出的比例。其次，要针对县域生态恢复和生态建设支出给予配套的专项补助。最后，应建立政府间横向转移支付制度。由区域生态环境受益方以财政资金拨付的形式为国家重点生态功能区提供智力、财力补偿。这样既能够推动形成生态供给者的长效激励机制，更能够对生态受益者进行约束，解决外部性问题。

四、健全共同治理的法律体系

生态补偿旨在解决生态环境保护者和生态环境受益者及相关利益方之间的利益协调关系。生态补偿机制的建立与健全依赖于各利益相关方的共同参与。信息不对称、政府的有限理性都不利于生态补偿政策的制定与实施，单一的政府管理体制难以获得生态补偿的高效率。需要将其他相关利益主体纳入生态补偿的体制机制建设中与生态补偿实践中。我国法律对生态补偿的公众参与制度已有一些原则性的规定，现实中急需探索公众的参与程度、效果和区域自然生态环境保护的共同治理模式。一是，将保护区的公众、社会团体的有关人士，特别是自然生态环境科技方面的专家、地方行政人员组织起来，建立保护区与非保护区所有利益相关者的共同治理组织或各类环境协会。二是，建立生态环境保护共同治理的法律体系。我国《宪法》第 2 条提供了我国公民进行环境管理的法律依据，也提供了区域公众对生态环境保护的共同治理的法律依据。依据宪法来建立生态环境保护的共同治理的法律体系，赋予保护区与非保护区全体公众进行生态环境共同治理的决定权，这是生态环境保护、实现自然资源永续利用的制度保障。

第四节　研究结论

经济社会发展到一定阶段必然会产生环境问题，而彻底解决生态环境问题又需要一国拥有足够的经济实力，国外发达国家多采用生态补偿的方式协调经济发展与保护生态环境两者的关系，并取得了良好的成效。我国的经济实力虽不能完全解决生态环境问题，但是生态资源对社会经济发展的限制迫使我们必须加强生态环境保护、合理利用自然资源。近年来我国在生态文明建设的国策形势下，逐步健全生态环境保护补偿机制，采用生态环境保护补偿的多种措施将我国的经济发展模式和生态环境保护补偿相结合，寻求经济社会发展和环境保护之间的耦合方式，逐渐形成了我国国家重点生态功能区独具特色的生态补偿经验，成为我国生态补偿制度探索和创新的先行模式。

健全我国国家重点生态功能区生态补偿机制。

国家重点生态功能区是优质生态系统服务的供给者。从优质生态系统服务的供给看，由于人类对资源环境的过度耗竭，为了保持资源环境的消耗速度能够与社会经济发展的节奏相协调，投入了大量的人力物力，现在的自然生态系统中有人类社会劳动的参与，具有劳动价值，客观上要求得到价值实现。但由于生态产品和生态服务作为公共物品，具有公共外部性，任何人都能共享生态产品和生态服务，缺乏健全的生态补偿机制，将导致生态产品和生态服务供给不足。因此，为了协调优质生态系统服务供给者与需求者之间的关系，鼓励提供者积极提供充足的优质生态系统服务，需要通过健全生态补偿的方式给予供给者一定的物质和智力的补偿。

我国国家重点生态功能区生态补偿机制还存在不完善之处。与国外发达国家市场化的生态补偿机制相比，我国国家重点生态功能区生态补偿机制还存在着缺少长期动态激励机制、生态补偿资金来源单一等问题。转移支付是国际上公认的普遍有效的生态补偿方式，被广泛运用于生态补偿实践中。通过对陕西省国家重点生态功能区县域的财政转移支付生态环境质量绩效的分析，可以发现，在国家重点生态功能区内实施的生态转移支付存在着"改善民生"目标挤出"环境保护"目标现象。

完善我国国家重点生态功能区生态补偿制度刻不容缓。生态补偿是一项持续时间长、耗资巨大的系统性工程，需要多部门、多学科的配合，更需要配套政策的同步跟进。应该构建生态补偿的整体制度，将生态补偿机制提到《宪法》的高度上。从我国特殊的国情以及政治制度出发，还需要加强政府在生态补偿方面的能力建设，拓展生态补偿资源的融资渠道。政府作为理性的经济人，会在给定的制度和非制度的约束下，追求自身利益的最大化，因此将社会公众纳入生态补偿政策的制定、实施各个环节中来，建立生态环境保护补偿的共同治理模式，才能够有效地避免由于信息不对称所引发的各种不利于生态补偿政策制定和执行的意外。

第二十九章

国家重点生态功能区生态补偿政策绩效研究

第一节 甘肃省国家重点生态功能区转移支付绩效实证研究

国家重点生态功能区是指承担水源涵养、水土保持、防风固沙和生物多样性维护等重要生态功能，关系全国或较大范围区域的生态安全，需要在国土空间开发中限制进行大规模高强度工业化城镇化开发，以保持并提高生态产品供给能力的区域。我国国家重点生态功能区总面积约 386 万平方公里，占全国陆地国土面积的 40.2%，其主体功能的实现，不仅有利于从源头上扭转全国生态环境恶化的趋势，而且对促进国家资源节约和环境保护，实现可持续发展具有重要影响。国家重点生态功能区为了实现其主体功能，不仅需要对妨碍其主体功能实现的产业进行限制，对这一区域的发展权带来严重影响；还需要为生态恢复和建设承担相应的支出；同时也需要引导区域内剩余人口有效地向城市化区转移，而人口迁移的内在机理和过程，使得重点生态功能区内本就薄弱的地方公共服务流失严重。为了更好地引导国家重点生态功能区的生态环境保护力度，使当地能够持续保持基本的公共服务，需要国家对此进行生态补偿。

我国于 2008 年开始在均衡性转移支付的项目下，试点建立具有生态补偿性质的国家重点生态功能区转移支付制度。自 2008 年此项制度试点以来，转移支付的原则、范围、补助金额的计算标准等一直都在调整之中。在享受国家重点生态功能区转移支付的市、县（区）的范围和金额都在进一步扩大的背景下，国家重点生态功能区转移支付资金使用绩效的考核评估工作也就显得格外重要。国家重点生态功能区转移支付资金使用绩效考核作为加强国家重点生态功能区环境保护和管理的一项重要措施，在提高国家重点生态功能区转移支付资金的使用效益、增强区域生态服务功能、改善生态环境质量的同时，也是构建国家生态安全屏障的重要支撑。甘肃省作为长江、黄河等大江大河的上游重要水源补给区，在生态环境保护中的地位非常重要。但是长期以来，甘肃省因干旱少雨、生态建设资金困难等原因，出现大面积草场退化、土地严重沙化、沙尘暴连年肆虐等现象。鉴于甘肃省生态保护形势比较严峻，自国家重点生态功能区转移支付制度试点建立之初，甘肃省相关市、县（区）便成为第一批获得此项转移支付的地区。通过对甘肃省某市进行实地调研，并以该市为例对该省国家重点生态功能区转移支付绩效进行评价，在探求存在的问题的同时，期望提出提高国家重点生态功能区转移支付绩效的改进思路。

一、甘肃省国家重点生态功能区转移支付绩效考核办法及存在的问题

甘肃省自 2008 年开始享受国家重点生态功能区转移支付。这项转移支付属于纵向转移支付，其资金分配按县测算，由中央统一下达到省，再由省根据本省的实际情况制定符合省情

的省级《国家重点生态功能区转移支付办法》，并根据省级《办法》提供的测算公式计算本省内国家重点生态功能区所覆盖的市、县（区）应获得的转移支付金额。县（区）所享受的转移支付资金通常以两种方式下达至县（区）：一是省直接管辖县（区）的转移支付资金直接由省下达到县（区）；二是省下达到市级，再由市分配到各个县（区）。

甘肃省为了规范本省省域内国家生态功能区转移支付资金的使用和管理，提高资金使用效益，要求本省内国家重点生态功能区所覆盖的县（区）根据《国家重点生态功能区转移支付办法》（2011）、《甘肃省国家重点生态功能区转移支付绩效评估考核管理（试行）办法》（2011）的规定，结合自身国家生态功能区建设和保护的实际，制定县（区）级的《国家重点生态功能区转移支付资金使用管理办法》。在甘肃省，国家重点生态功能区转移支付资金分配到县（区）级之后，需要根据各县（区）制定的《国家重点生态功能区转移支付资金使用管理办法》以项目申报的形式分配到生态功能区建设的各相关单位。

为了明确此项转移支付资金使用的效果，甘肃省于2011年制定了《甘肃省国家重点生态功能区转移支付绩效评估考核管理（试行）办法》。该办法明确指出，应按照《国家重点生态功能区县域生态环境质量考核办法》（2011）的要求将资金重点用于环境保护和治理，以及涉及民生的基本公共服务领域，且提出考核环境保护和治理的生态环境保护指标以及基本公共服务指标，具体见表29.1。

表 29.1 **甘肃省国家重点生态功能区转移支付考核指标体系**

甘肃省国家重点生态功能区转移支付绩效评价指标体系	基本公共服务	教育	学龄儿童净入学率
		医疗	每万人口医院（卫生院）床位数
		社会保障	参加新型农村合作医疗保险人口比例
			参加城镇居民基本医疗保险人口比例
	生态环境保护	自然生态指标	林地覆盖率
			草地覆盖率
			水域湿地覆盖率
			耕地和建设用地比例
			未利用地比例
		环境状况指标	SO_2 排放强度
			COD 排放强度
			固体废物排放强度
			污染源排放达标率
			Ⅲ类或优于Ⅲ类水质达标率
			优良以上空气质量达标率
		自然生态指标 水源涵养类型	水源涵养指数
		生物多样性维护类型	生物丰度指数
		防风固沙类型	植被覆盖指数
			未利用地比例
		水土保持类型	坡度大于15°耕地面积比
			未利用地比例

《甘肃省国家重点生态功能区转移支付绩效评估考核管理（试行）办法》（2011）同时也要求甘肃省各市财政局和环保局根据本市内各县（区）的自查报告和生态环境质量指标、县级基本公共服务指标数据的核查情况，按照《甘肃省国家重点生态功能区转移支付绩效评估考核赋分表》的计分方法，对各县（区）分年度生态功能区转移支付绩效进行评分。《甘肃省国家重点生态功能区转移支付绩效评估考核赋分表》实行百分制，由市财政、环保等部门在查看相关资料的基础上，针对《赋分表》提供的组织管理、生态环境质量和公共服务能力三方面内容进行打分。该《赋分表》将与转移支付绩效无关但与绩效考核相关的组织管理的权重设置为50%，即50分；将能够反映国家重点生态功能区转移支付资金使用绩效的生态环境项目的权重设置为30%，公共服务能力项目的权重为20%。

甘肃省采用这种打分的方式来评价本省内各县（区）生态功能区转移支付绩效具有一定的合理性。但是这种打分的方式极易受主观因素的影响，不能真实、客观反映被考察县（区）转移支付资金使用的实际情况。而且在省级对下级国家重点生态功能区转移支付资金的分配需要考虑到该评分结果的前提下，各个市财政、环保部门基于政绩的考虑，也会在评分的时候打分过高，导致各个县（区）的总得分差异不大，无法正确评估被考核县（区）转移支付的使用绩效。

为了克服甘肃省考核县域国家重点生态功能区转移支付绩效的主观打分法所带来的不便，使最终结果能够客观地反映真实情况。本研究选用熵权—灰色关联的方法，将客观赋值的熵权法与灰色关联分析法相结合，在消除主观赋值法带来的片面影响，使得权重的赋值更加客观的同时，也从更理性的角度评价甘肃省国家重点生态功能区转移支付绩效。

二、甘肃省重点生态功能区转移支付办法的实施程序

甘肃省自2008年开始享受国家重点生态功能区转移支付。该省对市、县国家重点生态功能区转移支付按照《甘肃省生态功能区转移办法》（2011）提供的测算公式，分县测算下达。并按照以下两种方式下达：一是由市（州）级财政根据省级下达数落实到相关县（区、市），二是按照生态环境保护与治理特殊支出核定市（州）级的转移支付。

为了进一步加强国家重点生态功能区转移支付资金管理，确保资金发挥效益，甘肃省结合本省实际，于2011年制定了《甘肃省国家重点生态功能区转移支付绩效评估考核管理（试行）办法》。该办法依据统筹兼顾，注重实效；自定目标，据实考核；自评为主，抽查为辅；公开透明，客观公正；激励先进，鞭策后进五项原则，对全省所有享受国家重点生态功能区转移支付市（州）、县（市、区）进行考评。该《办法》提出的考评指标体系在国家重点生态功能区转移支付绩效考评体系的基础上，增加了针对组织管理的十项指标。且甘肃省国家重点生态功能区转移支付指标体系由共同指标和特征指标组成，其中共同指标是指具有普遍性和共同性的评价指标，市县必须选取；特征指标由市县结合自身资金使用方向选择确定。根据《甘肃省国家重点生态功能区转移支付绩效评估考核管理（试行）办法》（2011）的规定，甘肃省年度考核的具体程序如下：

第一，县级人民政府负责本县（市、区）国家重点生态功能区转移支付绩效考评工作，形成自评报告，于每年3月底前上报省市两级财政、环保部门备案。

第二，市（州）财政、环保部门负责对县级人民政府上报自评结果进行核查，并按照标准评分，形成分县核查报告后，于每年4月底前上报省财政厅和环保厅备案。

第三，省财政厅、环保厅根据市县上报考评情况，组织实施抽查工作，抽查重点是与2009年度及上一年度有变化的指标。抽查采用现场核查、与相关部门核对统计数据等方式。

第四，省财政厅、环保厅于每年5月底前，组织编制完成上一年度国家重点生态功能区

转移支付绩效评估考核报告，并报送省政府和财政部、环保部备案。

第五，省财政厅与环保厅根据考评结果，研究制定下一年度省财政下达的国家重点生态功能区转移支付资金分配方案，对生态环境明显改善或恶化、基本公共服务能力提升或下降的地区通过增加或减少转移支付资金等方式予以奖惩。

三、甘肃省重点生态功能区转移支付办法实施的案例分析

（一）定性分析

甘肃省作为长江、黄河等大江大河的上游重要水源补给区，在生态环境保护中的地位非常重要。但是长期以来，甘肃省却因干旱少雨、生态建设资金困难等原因，出现大面积草场退化、土地严重沙化、沙尘暴连年肆虐等现象。出于促进资源节约和环境保护，实现可持续发展；引导人口分布、经济布局与资源环境承载能力相适应；以及推进区域协调发展，缩小地区间基本公共服务和人民生活水平的差距的考虑，甘肃省于 2012 年 7 月印发了《甘肃省主体功能区规划》，该《规划》给出了甘肃省划入国家限制开发区域中重点生态功能区的范围和禁止开发区的范围。以甘肃省某市 1 区 3 县为例，科学评价该省国家重点生态功能区转移支付绩效，对探讨该区域可持续发展具有重要意义。

甘肃省某市处于陇西黄土高原、祁连山东延余脉与腾格里沙漠三大区域的过渡地带，国土面积占甘肃省国土总面积的 4.4.%，下辖 A 区、B 区两个市辖区和 C 县、D 县、E 县三个县。由于位于甘肃中部干旱地区，该市全境内生态环境异常严酷。市内 C 县于 2009 年开始享受国家重点生态功能区转移支付，且自 2010 年开始全市除了 A 区之外，其他的区县均开始享受国家重点生态功能区转移支付资金。通过对该市的实地调研，发现甘肃省国家重点生态功能区转移支付绩效考核存在以下问题：

1. 资金重点用于改善县（区）基本公共服务

甘肃省国家重点生态功能区转移支付资金分配到县级之后，需要根据各县制定的《国家重点生态功能区转移支付资金使用管理办法》，以项目申报的形式分配到生态功能区建设的各相关单位。该市 B 区、C 县、D 县和 E 县的转移支付资金，在下达到县之后，均是以项目的方式分配到各个单位。通过查看该市 1 区 3 县项目汇总表，可以发现该市 1 区 3 县所获得的国家重点生态功能区转移支付资金均多数用于改善县（区）内的基本公共服务。前文提出，我国国家转移支付资金的双重目的具有矛盾性，"发展"目的挤压"保护"目的的现象在此表现得淋漓尽致。

2. 甘肃省国家重点生态功能区转移支付考核指标体系存在不足

一是基本公共服务 4 项指标不能完全涵盖民生改善的各个方面。该市国家重点生态功能区转移支付资金多数用于改善民生。但是通过查看该市的项目汇总表，某些区、县某些年并没有将资金用于农村合作医疗、城市居民医疗保险、新型农村合作医疗等项目；某些区、县某些年将资金支出用于农村危房改造补助、寄宿生生活补助以及小学维修等项目，那么如果继续考核这 4 项指标体系，转移支付使用绩效的合理性便不得不让人怀疑。

二是针对组织管理提出的十项考核指标缺少相应法律依据。《国家重点生态功能区转移支付（试行）办法》（2009）、《国家重点生态功能区转移支付办法》（2011）均规定，财政部会同有关部门从资金的分配情况和资金的使用效果两个方面对享受国家重点生态功能区转移支付地区进行监督考评。其中资金分配情况是从资金到位率、省对下转移支付两个方面进行。资金使用效果主要考察环境保护和治理、基本公共服务两个方面。而《2012 年中央对地方国家重点生态功能区转移支付办法》（2012）仅是提出财政部会同环境保护部等部门对限制开发等国家重点生态功能区所属县进行生态环境监测与评估，并根据评估结果采取相应的

奖惩措施。那么甘肃省根据《甘肃省国家重点生态功能区转移支付绩效考评管理（暂行）办法》（2011）中统筹兼顾、注重实效的原则，对市县政府及相关部门落实生态功能区转移支付补助政策和管理使用资金情况的考核便缺少相应法律依据。

三是《甘肃省国家重点生态功能区转移支付绩效评估考核赋分表》提供的组织管理、生态环境质量和公共服务能力三大项目的权重有待商榷。《赋分表》中组织管理项目的权重为50%，即在百分制下满分为50分；生态环境质量项目的权重为30%，公共服务能力项目的权重为20%。在我国国家重点生态功能区转移支付资金重点用于生态环境保护和涉及民生的基本公共服务领域的背景下，将组织管理项目纳入《赋分表》并赋权重为50%明显有失偏颇。同时甘肃省将组织管理、生态环境质量和公共服务能力的比例设置为5∶3∶2的理论依据、法律依据有待深究。

四是《甘肃省国家重点生态功能区转移支付绩效评估考核赋分表》提供的评分依据笼统不清。首先，组织管理项目评分依据暧昧不明。比如，组织管理项目中制度建设指标的评分标准："若制定了相关的办法、制度，且比较详细，给满分5分。"但是详细的标准是什么在《赋分表》中并没有进行界定。其次，生态环境质量项目中，仅说明了各项共同指标满分为1分，特征指标满分为5分，并没有提供评分依据。最后，公共服务能力项目依据中"指标值与基期年（2009）比较变化不明显，给1分"，可以有多种解释，既可以解释为与基期相比不明显地增加，给1分；又可以解释为与基期相比不明显地降低。若解释为后者，在公共服务能力指标下降的情况下，仍给1分，则惹人非议。

五是《甘肃省国家重点生态功能区转移支付绩效评估考核（试点）办法》规定，甘肃省各市财政局和环保局，根据各县区的自查报告和生态环境质量指标、县级基本公共服务指标数据的核查情况，按照《赋分表》提供的计分方法对各县（区）分年度生态功能区转移支付绩效进行评分。这种打分的方式易受主观因素的影响，不能真实、客观反映被考察县（区）转移支付资金使用的实际情况。

（二）甘肃省国家重点生态功能区转移支付绩效实证分析

1. 评价指标体系

甘肃省为了规范本省省域内国家生态功能区转移支付资金的使用和管理，提高资金使用效益，要求本省内国家重点生态功能区所覆盖的县（区）根据《国家重点生态功能区转移支付办法》（2011）、《甘肃省国家重点生态功能区转移支付绩效评估考核管理（试行）办法》（2011）的规定，结合自身国家生态功能区建设和保护的实际，制定县（区）级的《国家重点生态功能区转移支付资金使用管理办法》。在甘肃省，国家重点生态功能区转移支付资金分配到县（区）级之后，需要根据各县（区）制定的《国家重点生态功能区转移支付资金使用管理办法》以项目申报的形式分配到生态功能区建设的各相关单位。

为了明确此项转移支付资金使用的效果，甘肃省于2011年制定了《甘肃省国家重点生态功能区转移支付绩效评估考核管理（试行）办法》。该办法明确指出，应按照《国家重点生态功能区县域生态环境质量考核办法》（2011）的要求将资金重点用于环境保护和治理，以及涉及民生的基本公共服务领域，且提出考核环境保护和治理的生态环境保护指标以及基本公共服务指标，具体见表29.1。

《甘肃省国家重点生态功能区转移支付绩效评估考核管理（试行）办法》（2011）同时也要求甘肃省各市财政局和环保局根据本市内各县（区）的自查报告和生态环境质量指标、县级基本公共服务指标数据的核查情况，按照《甘肃省国家重点生态功能区转移支付绩效评估考核赋分表》的计分方法，对各县（区）分年度生态功能区转移支付绩效进行评分。《甘肃省国家重点生态功能区转移支付绩效评估考核赋分表》实行百分制，由市财政、环保等部门在查看相关资料的基础上，针对《赋分表》提供的组织管理、生态环境质量和公共服务能力三方面内容进行打分。该《赋分表》将与转移支付绩效无关但与绩效考核相关的组织管理的权重设置为50%，即50分；将能够反映国家重点生态功能区转移支付资金使用绩效的生态环境项目的权重设置为30%，公共服务能力项目的权重为20%。

甘肃省采用这种打分方式来评价本省内各县（区）生态功能区转移支付绩效具有一定的合理性。但是这种打分方式极易受主观因素的影响，不能真实、客观反映被考察县（区）转移支付资金使用的实际情况。而且在对国家重点生态功能区转移支付资金的分配需要考虑到该评分结果的前提下，各个市财政、环保部门基于政绩的考虑，也会在评分时打分过高，导致各个县（区）的总得分差异不大，无法正确评估被考核县（区）转移支付的使用绩效。

本研究针对表29.1给出的甘肃省国家重点生态功能区转移支付绩效考核指标体系做出相应调整。首先，在生态环境保护方面，由于该市1区3县在2010和2011两年间Ⅲ类或优于Ⅲ类水质达标率均达到100%；市县（区）两级环保部门均无空气质量监测条件，各县（区）的优良以上空气质量达标率数据为0；以及无法获得该市1区3县固体废物排放强度的数据、坡度大于15度耕地面积比的数据、计算水源涵养指数、生物丰度指数、植被覆盖指数所需的归一化系数，因此在使用熵权—灰色关联方法进行评估时，将此七项指标删除。其次，在基本公共服务的教育方面，研究样本地区的学龄儿童净入学率为100%，已完全满足学龄儿童对接受教育的满足程度，因此，这里采用残疾儿童入学率作为替代指标，以体现国家基本公共教育服务的公平性与改善程度。再次，本次调研没有获得参加城镇居民基本医疗保险人口比例的数据，故而采用恩格尔系数与参加新型农村合作医疗保险人口比例两项指标来反映社会保障覆盖程度。最后，使用调研所获得的万人拥有卫生机构数（个）、万人拥有卫生技术人员数（个）、每千人实有床位数（个）三项指标数据代替每万人口医院（卫生院）床位数指标，作为反映基本医疗服务的评价指标。综上，本文所采用的指标评价体系见表29.2。

表29.2 　　　　　　　　　　　　　　**调整后的指标评价体系**

		教育	残疾儿童入学率
甘肃省国家重点生态功能区转移支付绩效评价	基本公共服务	医疗	万人拥有卫生机构数(个)
			万人拥有卫生技术人员数(个)
			每千人实有床位数(个)
		社会保障	参加新型农村合作医疗保险人口比例
			恩格尔系数
	生态环境保护	自然生态指标	林地覆盖率
			草地覆盖率
			水域湿地覆盖率
			耕地和建设用地比例
			未利用地比例
		环境状况指标	SO_2排放强度
			COD排放强度
			污染源排放达标率

2. 研究方法

采用熵值法确权之后，再采用灰色关联模型确认相关变量之间的关联度。具体来说：

（1）熵权法确定各个指标的权重。

首先，对数据进行标准化，本文采取的方法是最大—最小值标准化法，该方法对于原始的面板数据进行线性变换，使变换结果落入 $[0,1]$ 区间内，转换公式如下：

对于正指标：

$$x'_{ij} = \frac{x_j - x_{\min}}{x_{\max} - x_{\min}}$$

对于负指标：

$$x'_{ij} = \frac{x_{\max} - x_j}{x_{\max} - x_{\min}}$$

其中，i 为待评估单位，j 为待评估指标，x_{ij} 表示第 i 个待评估单位第 j 项指标的数值，x_j 表示第 j 项指标项，$x_{\max}$ 为第 j 项指标项的最大值，$x_{\min}$ 为第 j 项指标项的最小值，x'_{ij} 为标准化值。正指标表示其值越大，对实际值影响越好的指标；反之，负指标表示其值越小，对实际值影响越好的指标。

其次，对于进行标准化后的数据，通过熵值法来测算，具体步骤如下：

第一步，计算第 j 项指标下第 i 个待评估单位占整体方案的比重，公式如下：

$$P_{ij} = \frac{x_{ij}}{\sum\limits_{i=1}^{n} x_{ij}}, (j = 1, 2, \cdots m)$$

第二步，可以计算出第 j 项指标的熵值：

$$e_j = -k \times \sum_{i=1}^{n} P_{ij} \log(P_{ij}) ,$$

其中，$k = \dfrac{1}{\ln m}$，$\ln$ 为自然对数，$0 < e_j \leqslant 1$。

第三步，计算第 j 项指标的差异系数，公式如下：

$$g_j = 1 - e_j ,$$

其中，g_j 越大，指标的重要性越强。

第四步，计算指标权重：

$$W_j = \frac{g_j}{\sum\limits_{j=1}^{m} g_j}, j \in [1, m]。$$

（2）灰色关联模型确定关联度。灰色关联模型能够通过对国家重点生态功能区转移支付绩效评价体系原始指标矩阵的转换和处理得到相应的关联矩阵，并结合熵值法确权得到关联度大小，最终实现按样本关联度大小的最优排序。具体的计算过程为：

首先，确定分析数列。根据上述熵值法中无量纲化之后的指标体系，确定参考数列。假定有 m 个数列、n 个评价指标，则数列为：

$$X_{ij} = \begin{cases} x_{11} \ x_{12} \ x_{13} \cdots x_{1n} \\ x_{21} \ x_{22} \ x_{23} \cdots x_{2n} \\ \vdots \ \ \vdots \ \ \vdots \ \ \vdots \ \ \vdots \\ x_{m1} \ x_{m2} \ x_{m3} \cdots x_{mn} \end{cases}; i = 1, 2, 3, \cdots, m ; j = 1, 2, 3, \cdots, n$$

进一步地，在 m 个评价指标中，选出每一个评价指标的最优值作为评价标准，选取的原则是正指标则为最大值、逆指标为最小值，确定其为 $X_{0j} = \{x_{01}, x_{02}, x_{03}, \cdots, x_{0n}\}$; $j = 1$, 2, 3, $\cdots$, n。

其次，计算关联系数。x_{0j} 与 x_{ij} 的关联系数可以表示为：

$$\varepsilon_{ij} = \frac{\Delta_{\min} + \rho\Delta_{\max}}{|x_{0j} - x_{ij}| + \rho\Delta_{\max}}$$

其中，$\Delta_{\min}$、$\Delta_{\max}$ 参照数列与比较数列的绝对差 $|x_{0j} - x_{ij}|$ 的最小值和最大值；ρ 为分辨系数，位于 0 与 1 之间，一般取 $\rho = 0.5$。

（3）计算灰色关联度。本研究采用的是熵值—灰色关联分析的方法，即使用熵值的方法确定各个指标的权重，在计算关联度时采用权重乘以关联系数的方法。公式如下：

$$\gamma_j = \sum_{j=1}^{n} \varepsilon_j w_j$$

（三）计算结果

不同指标的计量单位不同，在使用熵值—灰色关联法之前，需要将甘肃省某市 1 区 3 县 2010 年和 2011 年原始数据进行无量纲化处理。

原始数据在进行无量纲化之后，先根据熵权法确定各个指标分别在 2010 年与 2011 年的权重，再根据灰色关联分析的方法计算该市 A 区、B 县、C 县和 D 县 2010 年和 2011 年评价指标的关联系数，具体结果见表 29.3 和表 29.4。

表 29.3 各个指标在 2010 年与 2011 年的权重

指标	2010 年	2011 年
残疾儿童入学率	0.081719430	0.062045145
万人拥有卫生机构数（个）	0.082721934	0.059690566
每千人实有床位数（个）	0.090560346	0.084437398
万人拥有卫生技术人员数（个）	0.065749144	0.079798493
新农村合作医疗参保率	0.073413777	0.092435584
恩格尔系数	0.059630513	0.064596027
林地覆盖率	0.058822250	0.060007965
草地覆盖率	0.083001334	0.084817596
水域湿地覆盖率	0.085148817	0.086865213
耕地和建设用地比例	0.083796690	0.085203276
SO_2 排放强度	0.060190248	0.062513312
COD 排放强度	0.059880577	0.061331604
污染源排放达标率	0.056736782	0.056438142
未利用地比例	0.058628158	0.059819676

注：通过对甘肃省某市的调研获得相关原始数据。

表 29.4　　　　　　1 区 3 县的评价指标在 2010 年与 2011 年的关联系数

指标	A 区		B 县		C 县		D 县	
	2011 年	2010 年	2011 年	2010 年	2011 年	2010 年	2011 年	2010 年
残疾儿童入学率	0.31	0.40	0.33	0.52	1.00	1.00	0.76	0.33
万人拥有卫生机构数(个)	0.30	0.41	0.33	0.50	1.00	1.00	0.89	0.33
每千人实有床位数(个)	1.00	1.00	0.33	0.33	0.36	0.37	0.33	0.35
万人拥有卫生技术人员数(个)	1.00	1.00	0.33	0.33	0.41	0.42	0.39	0.34
新农村合作医疗参保率	0.33	0.34	1.00	1.00	0.38	0.35	0.38	0.33
恩格尔系数	1.00	1.00	0.33	0.33	0.92	1.00	0.73	0.92
林地覆盖率	1.00	1.00	0.33	0.33	0.73	0.73	0.87	0.87
草地覆盖率	0.99	0.99	0.33	0.33	0.38	0.38	1.00	1.00
水域湿地覆盖率	1.00	1.00	0.35	0.35	0.33	0.33	0.36	0.36
耕地和建设用地比例	0.33	0.33	1.00	1.00	0.35	0.35	0.36	0.36
SO_2 排放强度	0.33	0.33	1.00	1.00	0.75	0.82	0.93	0.95
COD 排放强度	0.33	0.33	0.76	0.74	1.00	1.00	0.92	0.94
污染源排放达标率	0.43	0.44	0.33	0.33	0.49	0.48	0.48	0.41
未利用地比例	0.89	0.89	0.61	0.61	0.33	0.33	1.00	1.00

注：通过对甘肃省某市的调研获得相关原始数据。

在确定了 2010 年和 2011 年某市 A 区、B 县、C 县和 D 县的各个指标的权重和关联系数之后，便可以根据公式③，计算 2010 年和 2011 年 A 区、B 县、C 县和 D 县的灰色关联度。具体见表 29.5。

表 29.5　　　　　　1 区 3 县国家重点生态功能区转移支付绩效水平关联度

年份	A 区	B 县	C 县	D 县
2010	0.6603	0.5195	0.6198	0.6546
2011	0.6875	0.5565	0.5780	0.6191

（四）结论与建议

本研究根据调整之后的甘肃省国家重点生态功能区转移支付绩效评价指标体系，运用熵权法与灰色关联法相结合的方法考核评估了甘肃省某市 1 区 3 县 2010 和 2011 年的国家重点生态功能区转移支付绩效，结果表明：

2011 年与 2010 年 1 区 3 县资金使用绩效的排序一致，均为 A 区 > D 县 > C 县 > B 县。2011 年 A 区和 B 县的转移支付资金的使用绩效相比于 2010 年小幅度提高，而 C 县、D 两县的转移支付绩效则降幅较大。1 区 3 县 2010 年与 2011 年的转移支付资金使用绩效排序一致，反映了采用此方法对评价对象进行考核时，被考核对象的基本公共服务初始水平、生态环境禀赋对县（区）考核结果的排序起着重要作用。B 县 2010 年和 2011 年所获得国家重点生态功能区转移支付资金总额远远大于该市其他县（区）。但是 B 县基础差、底子薄，不仅生态任务繁重，发展经济，提高当地居民生活水平的任务同样繁重，即使拨给它一笔如此巨额的资金，改变后的各项指标数仍与最优序列差距最大，这也就意味着虽然该县转移支付资金的使用绩效一直都在提高，但其排名依然靠后。

我国的林地面积、草地面积、水域湿地面积、耕地面积和建设用地面积每5年由相关的政府部门进行一次清查，该市1区3县2011年与2010年采用相同的林地覆盖率、草地覆盖率、水域湿地覆盖率、耕地与建设用地面积比例和未利用地比例，这也就意味着我国每年进行一次的国家重点生态功能区转移支付绩效评估考核只能够反映出短期内国家重点生态功能区转移支付对基本公共服务水平和当地的环境质量状况的影响，但无法确定其对自然生态状况的影响。针对我国国家重点生态功能区转移支付绩效考评制度存在着的局限性，本书提出以下建议：一是统一国家重点生态功能区转移支付的目的，明确生态保护与改善民生的主次。二是完善国家重点生态功能区转移支付绩效考核指标体系。应制订操作性强、保障公平的转移支付绩效考评指标体系。三是地方设立的评价地方国家重点生态功能区转移支付绩效的办法，应该在符合现有法律法规的基础上进行创新。

第二节　陕西省国家重点生态功能区转移支付绩效实证研究

一、陕西省国家重点生态功能区转移支付的县域生态环境质量效应[①]

陕西省是国家"两屏三带"生态安全战略格局的重要组成部分，在国家生态环境保护中的地位十分重要，省内生态重要程度高和较高的区域约占全省总面积的70%。从生态脆弱性看，中度以上生态脆弱区域占全省总面积的35.4%。全省生态重要性突出，但生态环境相对脆弱。陕西省自2008年起便一直获得国家重点生态功能区转移支付资金，为了规范资金用途，提高资金的使用绩效，该省于2012年制定了《陕西省2012年国家重点生态功能区转移支付办法》，从分配原则、范围确定、分配办法、资金使用和监管四个方面的规定看，与财政部颁布的国家重点生态功能区转移支付政策相同。

陕西省国家重点生态功能区转移支付政策具有"保护生态环境"和"改善民生"的双重目标。在资金分配与生态环境保护方面的规定主要有：（1）限制开发区域及南水北调中线水源地保护区所属县区国家重点生态功能区转移支付应补助额 = 该县标准财政收支缺口 × 补助系数，补助系数 = 省财政安排的补助金额增量 ÷ 财政收支缺口。（2）禁止开发区域重点生态功能区转移支付补助额 = 禁止开发区域面积 × 补助标准，补助标准 = 省财政安排的补助金额 ÷ 区域面积总和。（3）引导性补助参照环境保护部制定的《全国生态功能区划》，对生态功能较为重要的县按照其标准收支缺口给予适当补助。（4）生态文明示范工程试点县工作经费补助按照每县200万元的标准计算。其中已享受限制开发等国家重点生态功能区转移支付的试点县，不再给予此项补助。而对转移支付的生态环境质量绩效考核的奖惩机制与财政部的办法相同。可见，陕西省财政部门在分配转移支付资金时做到了重点突出、分类处理，对不同类型的区域给予有区别的转移支付金额。并以激励约束的方式将县域生态环境质量改善程度与县域获得的国家重点生态功能区转移支付资金相挂钩，鼓励基层政府努力提高县域生态

---

① 原题为《国家重点生态功能区转移支付与县域生态环境质量——基于陕西省县级数据的实证研究》[J]．西安交通大学学报（社会科学版），2014（3）。

环境质量。

不管是中央还是地方的国家重点生态功能区转移支付政策，均重视生态环境保护目标的实现，二者的环境质量考核指标体系都采用 2011 年《国家重点生态功能区县域生态环境质量考核办法》所确定的 EI 指标体系。该体系根据不同类型的生态功能区的特点设置，包括自然生态指标和环境状况指标两部分，并采用综合指数法，可以得到每个市县的生态环境指标年纪变化量。陕西省国家重点生态功能区县域生态环境质量考核综合考核结果如表 29.6 所示。

表 29.6　　　陕西省国家重点生态功能区县域生态环境质量的综合考核结果

县域名称	ΔEI	评价	县域名称	ΔEI	评价
周至县	2.18	一般变好	紫阳县	0.00	基本稳定
太白县	0.40	基本稳定	平利县	0.00	基本稳定
凤县	0.33	基本稳定	镇坪县	0.00	基本稳定
汉台区	0.84	基本稳定	旬阳县	−0.11	基本稳定
南郑县	1.90	轻微变好	白河县	0.20	基本稳定
城固县	−0.41	基本稳定	商州区	0.26	基本稳定
洋县	−0.20	基本稳定	洛南县	−0.38	基本稳定
西乡县	0.20	基本稳定	山阳县	0.32	基本稳定
勉县	−0.39	基本稳定	丹凤县	0.81	基本稳定
宁强县	0.04	基本稳定	商南县	4.02	明显变好
略阳县	−0.75	基本稳定	镇安县	0.07	基本稳定
镇巴县	0.01	基本稳定	柞水县	−0.32	基本稳定
留坝县	0.36	基本稳定	绥德县	3.01	一般变好
佛坪县	0.00	基本稳定	米脂县	0.68	基本稳定
汉滨区	−0.24	基本稳定	佳县	0.02	基本稳定
岚皋县	0.01	基本稳定	吴堡县	0.03	基本稳定
汉阴县	−0.01	基本稳定	清涧县	−0.42	基本稳定
石泉县	−0.01	基本稳定	子洲县	−0.61	基本稳定
宁陕县	0.01	基本稳定			

注：数据来源于《陕西省国家重点生态功能区县域生态环境质量考核综合考核结果》。

通过表 29.6 可以看出，陕西省 37 个区县 2009～2011 年生态环境保护目标的实现程度并不明显。在陕西省享受国家重点生态功能区转移支付的所有县当中，仅有 1 个县的生态环境质量明显变好，1 个县的生态环境质量轻微变好，2 个县的生态环境质量一般变好，生态环境质量明显变好、轻微变好、一般变好的县占该省享受此项转移支付全部县（以 37 个县为基数）的 10.81%，33 个县域的生态环境质量则基本稳定，生态环境质量基本稳定的县占全省享受此项转移支付的县（以 37 个县为基数）的 89.19%。这也就意味着，在短期内陕西省国家重点生态功能区转移支付制度对生态环境能够起到一定的保护稳定的作用，但环境质量改善效果并不显著。

二、陕西省国家重点生态功能区转移支付的支付额度与机会成本[①]

对限制发展地区资源保护主体行为和结果的补偿，理论上要求估算其直接成本、机会成本和新增生态效益。生态保护者为了保护生态环境，投入的人力、物力和财力等直接成本应纳入补偿标准的计算之中；同时，由于生态保护者要保护生态环境，牺牲了部分的发展权，这一部分机会成本也应纳入补偿标准的计算之中；新增生态效益是指限制发展地区土地产权人因土地使用受限或用于生态环境而新提供的生态效益。现行国家重点生态功能区生态补偿的基本制度是中央财政转移支付制度。通过对国家重点生态功能区典型区域生态保育者机会成本的测算，并与其享有的转移支付额度进行比较，发现两者之间的差距。

（一）机会成本估算

根据上文的生态补偿标准界定，国家重点生态功能区生态补偿的下限是生态保育者新增的生态保育成本与放弃开发利用所损失的机会成本之和。由于数据限制，我们对国家重点生态功能区 2009～2014 年的机会成本进行测算。

机会成本估算有多种方法，争议较多。一是最常用、对指标要求最宽松的，利用参照区和研究区的人均 GDP 或人均地方财政收入、农村居民人均纯收入、城镇居民人均可支配收入的市场比较法。这种方法虽然是简单的类比，但在数据指标有限时，不失为一种衡量机会成本的选择。二是生态保护前后的分产业发展权损失合计。第一产业的发展权损失以单位农地的经济价值核算，第二产业的发展权损失以第二产业增加值核算，并以发展权损失参数和收益调整系数进行调整，第三产业的发展权损失以参照区的旅游业收入核算。它能够分类核算不同产业的机会成本损失，避免整体核算导致的偏差，但必须有各产业的主要经济指标。三是利用地理学科中的 RS 和 GIS 技术对土地利用变化进行动态监测，依次估算补偿标准，对地理信息技术的要求较高。四是针对工业发展，以单项或综合经济产出指标实证估算机会成本，要求具有与工业发展联系紧密的诸如财政收入、就业、工资收入等诸多指标。五是利用所有经济作物的收益变化作为机会成本，要求有作物种植种类、面积等数据。

基于国家重点生态功能区县域社会经济统计指标的局限性，本书采用方法一进行国家重点生态功能区的机会成本估算，它能够最大程度上反映国家重点生态功能区的整体机会成本损失，为国家重点生态功能区的补偿下限提供参考。公式为：

$$P = (G_0 - G) \times N + (R_0 - R) \times N_R + (F_0 - F) \times N_F$$

其中，G_0、G、R_0、R、F_0、F 分别为参照区和研究区的人均地方财政收入、城镇居民人均可支配收入、农村居民人均纯收入，N、N_R、N_F 分别为研究区的总人口、城镇人口、农村人口。对于参照区，其选择原则是"与研究区地理位置相近、产业结构相似、自然条件和生态资源类同"。因此，考虑上述因素并结合《陕西省主体功能区规划》中对于重点开发区域的范围设置、陕西省地形图、陕西省生态重要性评价图，选定关中地区国家重点生态功能区县域的参照区为户县和眉县，陕北地区国家重点生态功能区县域的参照区为横山县，陕南地区国家重点生态功能区县域的参照区为华县，估算结果如表 29.7 所示。

---

① 原题为：国家重点生态功能区的生态补偿标准、支付额度与调整目标［J］. 西安交通大学学报（社会科学版），2017（3）。

表 29.7　　　基于发展权的陕西省国家重点生态功能区机会成本　　　单位：万元；%

参照区	县域	2009 年			2010 年			2011 年		
		转移支付	机会成本	占比	转移支付	机会成本	占比	转移支付	机会成本	占比
户县	周至县	—	—	—	2066	138647.03	1.49	2423	168084.71	1.44
眉县	凤县	883	18095.83	4.88	883	27033.25	3.27	883	35716.18	2.47
	太白县	631	15720.62	4.01	631	19281.67	3.27	734	25630.73	2.86
华县	汉台区	3324	109331.19	3.04	4620	87605.19	5.27	4901	98677.67	4.97
	南郑县	6956	115146.58	6.04	8202	104577.13	7.84	8586	116743.59	7.35
	城固县	8540	128710.89	6.64	9675	120309.93	8.04	10147	138738.33	7.31
	洋县	6446	135049.00	4.77	8075	127933.04	6.31	8477	140778.45	6.02
	西乡县	5010	115903.35	4.32	6085	105808.70	5.75	6480	123870.18	5.23
	勉县	4698	104671.34	4.49	5953	90429.77	6.58	6249	102316.25	6.11
	宁强县	3978	88834.13	4.48	4918	78925.31	6.23	5172	90685.83	5.70
	略阳县	2810	41984.45	6.69	3351	40046.46	8.37	3631	46731.47	7.77
	镇巴县	4313	82233.15	5.24	5325	79878.16	6.67	5621	94723.57	5.93
	留坝县	1213	13554.77	8.95	1395	12649.75	11.03	1578	14718.40	10.72
	佛坪县	1126	8654.47	13.01	1264	7640.19	16.54	1443	8975.90	16.08
横山县	绥德县	1800	33818.70	5.32	2984	43759.55	6.82	3204	52854.78	6.06
	米脂县	1351	10841.70	12.46	2135	14236.15	15.00	2335	17827.79	13.10
	佳县	1281	42829.52	2.99	2071	50737.35	4.08	2241	57091.56	3.93
	吴堡县	269	12367.27	2.18	614	13135.32	4.67	763	15153.14	5.04
	清涧县	867	30634.59	2.83	1605	36747.82	4.37	1783	44647.80	3.99
	子洲县	1919	37855.64	5.07	3064	49128.03	6.24	3242	58837.71	5.51
华县	汉滨区	13332	115509.57	11.54	15674	162497.23	9.65	16309	160429.17	10.17
	汉阴县	3835	86273.13	4.45	4792	68485.18	7.00	5059	82388.08	6.14
	石泉县	2757	42848.39	6.43	3403	37736.93	9.02	3648	40983.42	8.90
	宁陕县	2656	22567.52	11.77	3036	20668.20	14.69	3263	22292.31	14.64
	紫阳县	4582	96017.31	4.77	5347	85048.13	6.29	5541	89912.72	6.16
	岚皋县	2644	41562.05	6.36	3330	34526.83	9.64	3544	38117.94	9.30
	平利县	4449	66736.70	6.67	5366	60414.29	8.88	5659	67630.67	8.37
	镇坪县	1688	13476.17	12.53	1974	12226.12	16.15	2163	13687.48	15.80
	旬阳县	4962	103030.10	4.82	6529	88936.83	7.34	6966	89938.90	7.75
	白河县	2890	55711.72	5.19	3787	51082.56	7.41	4040	57926.45	6.97
	商州区	8638	111680.78	7.73	10150	88356.82	11.49	10477	105872.89	9.90
	洛南县	5454	92348.63	5.91	6794	84691.43	8.02	7131	103878.35	6.86
	丹凤县	2077	70268.04	2.96	2980	55098.23	5.41	3236	69673.40	4.64
	商南县	2436	55446.02	4.39	3535	49400.38	7.16	3821	59045.99	6.47
	山阳县	5871	104930.50	5.60	6987	100410.65	6.96	7283	143057.67	5.09
	镇安县	3286	71888.64	4.57	4289	62193.73	6.90	4625	79263.21	5.83
	柞水县	2028	34414.35	5.89	2512	27651.15	9.08	2742	34153.98	8.03

续表

参照区	县域	2009 年			2010 年			2011 年		
		转移支付	机会成本	占比	转移支付	机会成本	占比	转移支付	机会成本	占比
户县	周至县	5130	194361.08	2.64	5529	209140.88	2.64	5529	226885.51	2.44
眉县	凤县	1301	39195.25	3.32	1383	38602.49	3.58	1800	34472.03	5.22
	太白县	2398	25294.17	9.48	2508	28500.17	8.80	2711	30280.00	8.95
华县	汉台区	5205	76326.10	6.82	5396	46892.75	11.51	5396	34872.73	15.47
	南郑县	9373	100328.53	9.34	9523	75632.44	12.59	9715	65076.90	14.93
	城固县	11434	126839.36	9.01	11779	108472.71	10.86	13330	107481.51	12.40
	洋县	10981	136692.69	8.03	11325	128238.42	8.83	12602	129917.31	9.70
	西乡县	7457	121520.83	6.14	7708	112556.21	6.85	9027	113138.42	7.98
	勉县	6976	103050.36	6.77	7163	90350.05	7.93	7163	89976.81	7.96
	宁强县	6367	91802.23	6.94	6609	82475.18	8.01	7707	82904.29	9.30
	略阳县	4377	45427.54	9.64	4820	41837.19	11.52	5510	45938.74	11.99
	镇巴县	6458	97937.06	6.59	6660	92806.02	7.18	7471	94488.50	7.91
	留坝县	2469	14161.44	17.43	2585	12954.81	19.95	2922	12967.18	22.53
	佛坪县	2804	9004.72	31.14	2948	8269.01	35.65	3348	8012.94	41.78
横山县	绥德县	4313	75148.77	5.74	4620	87105.21	5.30	6112	78721.16	7.76
	米脂县	3199	31622.30	10.12	3651	37234.04	9.81	4745	37555.00	12.63
	佳县	2911	72672.45	4.01	3082	80175.20	3.84	3919	69082.95	5.67
	吴堡县	1592	21238.17	7.50	1805	23938.57	7.54	2953	20501.29	14.40
	清涧县	2696	61751.46	4.37	2917	67095.69	4.35	3954	57949.45	6.82
	子洲县	4282	81546.35	5.25	4573	90655.91	5.04	5701	76982.31	7.41
华县	汉滨区	18089	107234.65	16.87	18563	41821.48	44.39	20152	65166.28	30.92
	汉阴县	5682	81254.15	6.99	5847	70693.36	8.27	6542	64910.60	10.08
	石泉县	4328	39104.09	11.07	4489	33261.20	13.50	5174	29744.98	17.39
	宁陕县	4491	23222.59	19.34	4597	23041.66	19.95	4951	24163.85	20.49
	紫阳县	6056	97111.59	6.24	6201	97925.44	6.33	7279	101408.65	7.18
	岚皋县	4144	37141.32	11.16	4286	32665.94	13.12	4833	29596.71	16.33
	平利县	6402	74632.98	8.58	6607	67307.93	9.82	7476	62984.69	11.87
	镇坪县	3522	15594.67	22.58	3691	14535.77	25.39	4333	14721.54	29.43
	旬阳县	7652	94933.72	8.06	7825	90012.43	8.69	7886	97320.22	8.10
	白河县	4624	65386.02	7.07	4779	63064.19	7.58	5522	65308.50	8.46
	商州区	11398	102726.92	11.10	11624	79768.65	14.57	12261	74310.81	16.50
	洛南县	7951	108704.25	7.31	8163	92134.08	8.86	8429	88750.16	9.50
	丹凤县	3931	71357.87	5.51	4133	60948.81	6.78	4749	59412.48	7.99
	商南县	4327	58938.86	7.34	4842	54372.36	8.91	5672	54895.74	10.33
	山阳县	8151	152497.66	5.35	8371	146253.25	5.72	8992	144659.27	6.22
	镇安县	5403	81458.38	6.63	5593	73283.30	7.63	6119	70966.69	8.62
	柞水县	3586	32778.26	10.94	3626	27084.13	13.39	3731	28864.40	12.93

注：机会成本核算数据来源于各年《陕西省统计年鉴》《中国县域统计年鉴》《中国区域统计年鉴》，转移支付数据来源于陕西省财政厅的调研，其中周至县在 2009 年没有获得转移支付。

（二）机会成本与转移支付额度的差距

我们对国家重点生态功能区 2009～2014 年的机会成本与其享有的转移支付进行对比，探讨两者之间的差距。

表 29.7 列出了 2009～2014 年、国家重点生态功能区政策及转移支付办法实施之后的陕西省 37 个国家重点生态功能区县域的机会成本估算值、转移支付金额和转移支付占机会成本的比例。图 29.1 清晰地描述了各年的转移支付占比情况。

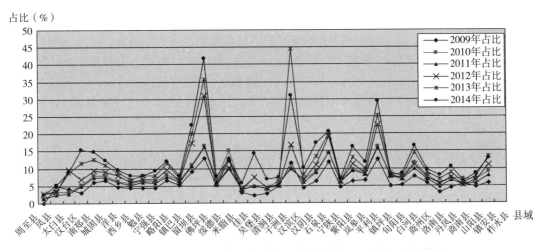

图 29.1 陕西省国家重点生态功能区转移支付与机会成本占比情况

如图 29.1 所示，2009～2014 年，陕西省各国家重点生态功能区县域享有的转移支付额占其机会成本损失的比例多集中于 5%～15% 的区间；最低的为 2011 年的周至县，转移支付仅能弥补其机会成本的 1.44%；最高的为 2013 年的汉滨区，转移支付能弥补其机会成本的 44.39%。具体来看，在 2009 年享有转移支付的 36 个县中，有 31 个县的转移支付占比低于 10%，仅有 5 个县的占比超过 10%、但低于 15%，最低的为吴堡县，仅 2.18%，最高的为佛坪县，为 13.01%。在 2010 年和 2011 年享有转移支付的 37 个县中，均有 31 个县的转移支付占比低于 10%，仅有 6 个县的占比超过 10%，2010 年最低的为周至县的 1.49%、最高的为佛坪县的 16.54%，2011 年最低的为周至县的 1.44%、最高的为佛坪县的 16.08%。在 2012 年享有转移支付的 37 个县中，有 27 个县的转移支付占比低于 10%，有 8 个县的占比在 10%～20%，有 2 个县的占比超过 20%，最低的为周至县的 2.64%、最高的为佛坪县的 31.14%。2013 年，有 24 个县的转移支付占比低于 10%，有 10 个县的占比在 10%～20%，有 3 个县的占比超过 20%，最低的为周至县的 2.64%、最高的为汉滨区的 31.14%。2014 年，有 19 个县的转移支付占比低于 10%，有 13 个县的占比在 10%～20%，有 5 个县的占比超过 20%，最低的为周至县的 2.44%、最高的为佛坪县的 41.78%。此外，对于各县域转移支付占比的纵向变化，除佛坪县、汉滨区、镇坪县有显著提高外，其他各县的转移支付占比虽也在波动中提高，但变化不明显。

综上所述，以陕西省为例的国家重点生态功能区转移支付总量，与不考虑国家重点生态功能区的直接成本的补偿最下限——机会成本的比较显示（补偿下限为直接成本与机会成本之和，由于数据限制，本书仅测算机会成本，这一数值也可理解为当地不需要为生态环境保护与建设投入成本的情况下，补偿标准的下限），虽然各县域享有的转移支付金额在不断提高、对于机会成本的弥补力度也在不断增大，但转移支付占机会成本的比例仍整体较低，不能完全抵消机会成本，更不用说国家重点生态功能区还要为生态环境保护与建设投入一定量的直接成本。因此，国家重点生态功能区转移支付按现有公式（国家重点生态功能区财政转移支付办法）计算出的支付额度和实际应该补偿额度存在较大差距，现有分配公式在生态补偿视角下的补偿不足，影响着国家重点生态功能区的生态环境保护与建设。

三、生态补偿的支付额度与生态效益

克鲁蒂拉（Krutilla，1967）在《自然资源保护的再认识》一文中提出，生态环境资源按照唯一性、真实性、不确定性、不可逆性等特征，其价值可以分为三部分：一是当代人直接或间接使用环境资源而获取的经济效益，称之为"使用价值"；二是当代人为保证后代人能够利用而做出的支付和后代人因此而获得收益，称之为"选择价值"；三是人类不是出于任何功利的考虑，只是因为环境资源的存在而表现的支付意愿，称之为"存在价值"。皮尔斯（Pearce，1994）遵循克鲁蒂拉的研究，对生态环境价值进行探讨，认为环境资源的总价值由使用价值和非使用价值构成，使用价值分为直接使用价值（可直接消耗的量）、间接使用价值（功能效益）和选择价值（将来的直接或间接使用价值），非使用价值分为存在价值（继续存在的价值）和遗传价值（为后代遗传的价值）。可见，生态环境价值评估的基础是其使用价值和非使用价值，国际上主流的测度方法是假想市场价值法，包括 CVM 和 CE 法。CVM与 CE 中衡量生态环境价值变化的两个测度尺度均为受偿意愿（willingness to accept，WTA）和支付意愿（willingness to pay，WTP），其理论基础是希克斯（Hicks）衡量消费者剩余的两个指标：补偿变差（compensation variation，CV）和等量变差（equivalent variation，EV）。假想市场价值法在模拟市场的情况下，直接调查或询问人们对效用水平变动的 WTA 或 WTP，以辨明人们关于公共物品变化的偏好，推导生态环境效益改善或生态环境质量损失的价值。

（一）运用假想市场价值法对生态效益（生态环境价值）的估算

2014 年 7 月，课题组采用面访调查的方式，利用 CVM 问卷的开放双边界二分式引导技术，以柞水、镇安两个水源涵养型国家重点生态功能区为例，调研区域内农村居民对国家重点生态功能区生态补偿的受偿意愿，共发放问卷 624 份，问卷全部收回，其中仅 10 份为无效问卷（进行数据统计时不予考虑），问卷有效率达 98.4%。

在开放双边界二分式引导技术下，经过双边界二分式的询问后，第三阶段开放式的结果是受访者通过完整决策过程学习和经验累积得到的最终结果。在 595 个愿意接受补偿的样本中，有 431 个受访者的受偿意愿在 0~1000 元，119 个受访者的受偿意愿在 1003~2000 元，33 个受访者的受偿意愿在 2003~5000 元，12 个受访者的受偿意愿在 5003~10000 元，受偿意愿主要集中在 0~1000 元档次。此外，有 87 人的最小受偿意愿为 0 元，占愿意受偿人数的14.62%，在对为什么受偿意愿为零的进一步询问中，出现以下解释：一是生态环境已经很好了，无须政策改善；二是生态环境保护与建设与自己息息相关，为了自己的生活环境更好不需要补偿；三是家庭经济条件或生态环境保护意识较好，选择零补偿；四是不相信在现行体制下补偿能够实现，但国家出发点是好的，个人应承担责任义务；五是无所谓补偿多少。

考虑到零观察值对结果的影响，本研究采用非参数法对农村居民平均受偿意愿进行估计并通过 Spike 模型修正。

首先，受访者的正受偿金额的平均值为：

$$E\left(WTA\right)_{正} = \sum_i A_i P_i = 1146.387$$

其次，经过 Spike 模型修正后的平均受偿金额为：

$$E\ (WTA)_{非负} = E\ (WTA)_{正} \times P_{正} = 1146.387 \times 85.378\% = 978.764$$

最后，根据意愿调查文献中常用的 生态环境价值 = 平均受偿意愿×居民总数×愿意受偿率 的处理方法，得到柞水、镇安两县农村居民提供的生态环境价值分别为 0.824 亿元、1.476 亿元。

(二) 转移支付额度与生态效益的差距

上述调研结果显示调研区域 2014 年农村居民的平均受偿意愿，而受偿意愿会随着社会经济的发展和生活水平的升降不断发生变化。在经济社会发展和生活水平较低的时期，居民原有的、影响生态环境资源的活动并不强烈，当国家重点生态功能区政策实施时，受到的禁限损失自然要小，受偿意愿相应较低。在经济社会发展和生活水平较高的时期，居民利用当地特有的生态环境资源进行经营活动、改善生活质量、提高收入，当国家重点生态功能区政策实施时，居民受到的禁限损失自然会提高，受偿意愿相应提高。在此情况下，按照差异化的补偿要求，必须对补偿客体实施动态化的生态补偿转移支付。但是，由于进行 CVM 调研的成本较高，经常性的基于其测算各个年份的农村居民受偿意愿不切实际，因此，借由能够客观反映社会经济发展水平和居民生活水平的社会经济发展阶段系数，基于 2014 年的调研结果，对不同时期的受偿意愿进行动态调整：

$$\frac{WTA_i}{L_i} = \frac{WTA_j}{L_j}$$

其中，社会经济发展阶段系数 L 可根据简化的 Pearl 生长模型求得，即 $L = \dfrac{1}{1 + e^{-t}}$，而时间 t 可根据恩格尔系数转换得到 $1/En = t + 3$。表 29.8 列出了调研区域国家重点生态功能区成立至今各年的农村社会经济发展阶段系数和经过调整的各年受偿意愿即生态补偿转移支付标准。可以看出，随着经济发展水平与居民生活水平的提高，其对国家重点生态功能区保护与建设要求的受偿意愿也在提高。这不仅符合人们对生态环境价值感受与经济发展正相关的客观规律，还体现出国家重点生态功能区居民的受偿意愿随着相关措施对区域的累积限制效应的严重程度的变化而变化。

表 29.8　　　　　2009~2014 年调研区域 (柞水、镇安) 生态补偿额动态调整

变量	2009 年	2010 年	2011 年	2012 年	2013 年	2014 年
农村社会经济发展阶段系数	0.462	0.481	0.583	0.591	0.659	0.666
生态补偿额:元/年/人	678.962	706.885	856.786	868.542	968.477	978.764
柞水县农村人均转移支付(元)及占生态补偿额比例(%)	184.580	222.840	293.080	400.500	368.950	429.280
	27.190	31.520	34.210	46.110	38.100	43.860
镇安县农村人均转移支付(元)及占生态补偿额比例(%)	145.910	191.280	212.170	310.590	3289.000	393.120
	21.490	27.060	24.760	35.760	33.550	40.160

注：由于县级消费支出没有统计数据，故本书以陕西省平均恩格尔系数计算研究区域社会经济发展阶段系数，该数据虽不完全切合研究区域实际，但能够代表其社会经济发展总体趋势。表格中 2008~2014 年数据均根据《陕西省统计年鉴》计算而得；农村人均转移支付通过各县每年的总转移支付额除以各县农村人口计算而来，这里假设国家重点生态功能区转移支付全部平均分配给农村居民。

将调研得到的生态补偿转移支付标准经过动态调整后的结果与现有国家重点生态功能区

人均转移支付标准（假设转移支付金额全部分配给农村居民）比较，发现虽然后者也呈逐年增长趋势，但远不及当地居民的受偿意愿。其中，柞水县农村人均转移支付占受偿意愿比例中最高的为 46.11%、最低的为 21.88%，镇安县农村人均转移支付占受偿意愿比值中最高的为 40.16%、最低的为 12.00%。可见，如果继续按照现有转移支付办法对国家重点生态功能区进行补助，即使补偿金额能全部到达农村居民手中，最多满足居民意愿 46% 的金额总数，也势必导致当地居民对国家重点生态功能区政策的消极抵抗，重返生态环境保护与建设政策限制、禁止的行业，危害国家重点生态功能区功能定位。

四、生态补偿标准的合理区间与调整目标

以上分析表明，在计算期内针对国家重点生态功能区的财政转移支付额度没有满足生态补偿标准合理区间中的下限——受限者的净损失，更谈不上触及生态补偿标准合理区间中的上限——受限者的净损失与提供的外部效益之和。其中，若以下限数值为补偿额度，根据机会成本法以区域整体为核算单位的性质，以 2009～2014 年柞水和镇安两县为例，区域内个体进行无差别补偿的数值分别为 2240.52 元/年/人、1781.65 元/年/人、2173.54 元/年/人、2067.31 元/年/人、1687.98 元/年/人、1779.77 元/年/人和 2418.86 元/年/人、2009.72 元/年/人、2651.99 元/年/人、2725.30 元/年/人、2421.59、2361.78 元/年/人。若以上限数值为补偿额度，则还需增加受限者提供的生态效益，以柞水和镇安两县的农村居民为例，2009～2014 年增加的数值为 678.96 元/年/人、706.89 元/年/人、856.79 元/年/人、865.54 元/年/人、968.48 元/年/人、978.76 元/年/人；对于城镇居民，则需利用 CVM 法单独计算其平均受偿意愿，并作为补偿上限中的外部效益部分。对比柞水、镇安两县 2014 年的人均转移支付 429.28 元/年/人、393.12 元/年/人，区域内居民整体的人均机会成本分别是其 4.15 倍、6.01 倍，区域内农村居民提供的人均生态效益分别是其 2.28 倍、2.49 倍，可见，2014 年的国家重点生态功能区人均转移支付平均仅占下限标准的 20%，仅占上限标准中新增生态效益的 40%，差距偏大，急需进行调整。

国家重点生态功能区的生态补偿标准如何调整？学术界缺乏生态补偿标准合理区间的理论分析，在对国家重点生态功能区生态补偿的应用研究中，鲜有"以下限作为数值标准还是以上限作为数值标准"的讨论，大量论文集中于"用哪种方法进行测算"的多种讨论。在退耕还林领域中，多以机会成本与直接成本之和的测算结果作为补偿标准；在自然保护区等生态区域中，多以 CVM 法或旅游成本（TCM）法的估值结果作为补偿标准；在流域中，多以水价、污染治理成本等的计算结果作为补偿标准。通过本研究的理论分析得到结论：生态补偿理论标准的合理区间是所有生态系统功能区生态补偿的理论依据，结合我国国情，现实生态补偿需经历生态补偿标准从下限到上限的发展过程。

当前国家重点生态功能区生态补偿标准的调整，究竟以下限作为数值标准还是以上限作为数值标准？需要进一步结合国情讨论其可行性和实施条件。现阶段我国经济发展方式步入转型的关键时期，经济增长与生态保护的矛盾依然尖锐，国家财政转移支付的资金难以大幅度增长，按照生态补偿的理论标准的合理区间，国家重点生态功能区的现实补偿标准的提高可分为两个阶段。第一阶段：完全补偿国家重点生态功能区的机会成本，并补偿其直接成本，努力实现生态补偿标准合理区间中的下限标准的完全补偿。虽然国家重点生态功能区的禁限政策一定会给当地带来诸如美好的景观、健康的生活环境、对潜在绿色高科技产业的吸引等生态环境效益，但由于我国的国家重点生态功能区经济发展水平绝大多数仍处于初级阶段，

这些生态效益在短期内无法被国家重点生态功能区的居民真切感受到，如果以下限（机会成本）作为标准，可能会造成生态补偿额小于资源保育者心理预期，影响其对继续进行生态系统保护与建设的态度。另外，我国的国家重点生态功能区主要分布于经济落后的西部地区，强烈的开发愿望和薄弱的环保意识，极易导致其逃避生态保护责任，在这种形势下，积极推进生态补偿标准合理区间中的下限标准的完全补偿，将很大程度上促进我国所有生态系统功能区的生态资源保育。第二阶段，逐步实施能够触及生态补偿标准合理区间中的上限标准，转移支付额度应调整至等于国家重点生态功能区内居民净损失 A（机会成本 + 直接成本）与提供的生态效益增量 B 之和。若能实施上限理论标准的激励性补偿数额，将奠定生态补偿制度永续化的基础。

第三节　国家重点生态功能区财政转移支付的生态补偿绩效提升的制度设计

国家重点生态功能区转移支付的范围是《全国主体功能区规划》中规定的限制开发区和禁止开发区。这些区域的生态环境保护和生态建设关系国家和地区的生态安全，是国土空间规划中的特殊区域，必须以保护生态环境和生态建设为最高目标。针对目前国家重点生态功能区转移支付制度"生态补偿绩效不高"的问题以及 2012 年国家重点生态功能区转移支付激励约束机制的重大调整，需对该制度的资金计算公式、使用去向、绩效考核与激励机制进行调整，以适应国家重点生态功能区转移支付激励约束机制的新要求。

一、转移支付计算公式与生态补偿的理论标准相衔接

根据前文对生态补偿理论标准的讨论，国家重点生态功能区转移支付应当以生态环境保护与生态建设为最高目标，国家重点生态功能区的生态补偿应该包含对发展权受损的补偿和对保护建设投入的补偿。因此，遵循受损补偿和贡献补偿两个原则的转移支付的资金计算公式才能体现生态补偿的理论标准的要求。

国家重点生态功能区的转移支付计算公式仍以"县域"为基本单位来计算资金数额，对"县域标准财政收支缺口"的补助改为对"县域发展损失的补偿"，即用 $(R_0 - R) \times N_t + (S_0 - S) \times N_f$ 项代替，其中 R_0、R 分别为参考地区[①]和国家重点生态功能区县域的城镇居民人均收入，S_0、S 分别为参考地区和国家重点生态功能区县域的农村居民人均收入，N_t、N_f 分别为国家重点生态功能区县域的城镇与农村人口；"禁止开发区域补助""引导性补助"是补偿区域禁止开发或限制开发带来的损失，予以保留，但名称应改为"禁止开发区域补偿""引导性补偿"，直接体现生态补偿的目标；"生态文明示范工程试点工作经费补助"改为"国家重点生态功能区生态环境保护投入与生态建设贡献补偿"。在目前国家重点生态功能区水源涵养型、水土保持型、防风固沙型、生物多样性维护型等分类的基础上，按照禁止开发或限制开发的程度和不同类型的国家重点生态功能区的生态环境保护和生态建设要求，对其补偿标准进行计算，在计算公式中添加"生态功能类型特征补偿"因子，该项补偿可结合生态要素类型、禁限程度类型、地区实施生态保护难易程度等综合计算。综上所述，提高生态补偿绩效

---

① 参考区可选为国家重点生态功能区所在省其他县域人均收入的平均水平。

的计算公式如下：

某省国家重点生态功能区转移支付应补助额 $= \sum \left[(R_0 - R) \times N_t + (S_0 - S) \times N_f \right]$ + 禁止开发区域补偿 + 引导性补偿 + 国家重点生态功能区生态环境保护投入与生态建设贡献补偿 + 生态功能类型特征补偿

该计算公式中加入"禁止开发区域补偿""引导性补偿""生态功能类型特征补偿"，既考虑了因发展受限导致的机会成本，又考虑了因生态建设增加的直接成本，符合国家重点生态功能区生态补偿理论标准的要求。

二、对生态环境保护与生态建设主体的直接补偿

目前国家重点生态功能区转移支付资金只要求"分配给指定的国家重点生态功能区所涉市县"，而没有提及生态保护与生态建设的实际主体——居民。这种针对地方财政收入的间接补偿，一方面，没有对区内生态保护与生态建设的主体形成有效的激励约束，使得生态保护与生态建设很难落到实处，难于实现可持续发展，并加剧了开发与保护的矛盾，引起社会不满；另一方面，生态补偿与生态保护主体的脱离，很可能导致资金挪用现象，加大地方政府为获取更多的转移支付资金而与中央政府进行博弈的机会主义行为，严重影响生态保护与生态建设的效率。因此，在肯定当地政府为生态保护、生态建设所牺牲的发展机遇与所付出的成本投入时，应当直接肯定居民对国家重点生态功能区的贡献。国家重点生态功能区转移支付的资金流向应从对政府的间接补偿调整为对居民的直接补偿，根据居民由于生态环境保护损失的机会成本与由于生态建设损失的直接成本给予补偿。

三、以生态补偿为目标完善监督考核与激励机制

《2012 年中央对地方国家重点生态功能区转移支付办法》已经将监督考核与激励机制的对象由生态环境指标 EI 体系和基本公共服务指标调整为单一的生态环境指标 EI 体系。根据 EI 指标体系对生态环境质量进行考评，并以 EI 值变化实施奖惩，有利于国家重点生态功能区转移支付制度的生态补偿绩效提高。民生指标的剔除，并不意味着对于改善民生的忽视，而是明确改善国家重点生态功能区民生的补助应转用其他方式进行。

此外，由于各国家重点生态功能区自然环境条件的差异，其进行生态环境保护的成本收益存在较大差异，某地区因生态环境恶劣投入了大量成本进行生态环境保护和建设，但生态环境质量并没有明显改善。因此，新的考核与激励约束机制应在对生态环境质量重视的基础上，纳入生态环境保护与生态建设投入增长率指标，结合 EI 值结果和生态环境保护与生态建设投入增长率结果，以实现激励机制的公平性与效率的兼容。

总之，对于国家重点生态功能区转移支付制度的完善，应本着从"重民生轻环保转为专项针对环保并提高生态补偿绩效"的路径，即生态补偿视角下的"从正负外部性补偿转为仅针对正外部性的补偿"。只有这样才能实现国家重点生态功能区"保障国家生态安全，人与自然和谐相处"的功能定位。

第六篇

生态系统服务付费视角下我国生态补偿制度安排与运行效率研究

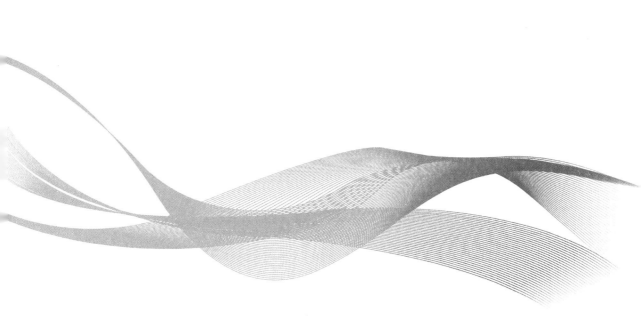

第三十章

生态系统服务付费的研究背景与概念界定

第一节　问题的提出

一、研究背景

（一）现实背景

自然资源和生态环境为人类活动提供了空间载体、资源和生态系统服务（ecosystem services，ES），功能健全的自然资源和生态系统是人类生存与发展的基础条件。然而，不断增长的人类需求对生态环境造成了巨大的压力。根据世界银行数据①，全球主要温室气体二氧化碳排放量在 1973～1990 年间增加了 31%，之后在同样时间跨度内（1990～2007 年）增加 36%；以经济合作与发展组织（OECD）成员国为例的发达国家，自 1990 年以来排放量增加了 15%，其中 1990 年的最大排放国美国增加了 20%，而新兴经济体中国、印度、巴西和其他发展中国家排放量的增张则更加迅猛（Barbier and Markandya，2013）。根据世界自然基金会（WWF）的数据（2012），1961～2010 年间，虽然反映人类需求的全球生态足迹②指标值基本稳定在人均 2.5 全球公顷的水平，但度量地球可再生能力的生物承载力指标值的持续下降，在 1970 年之后，全球生态足迹便超越地球生物承载力，出现生态赤字，并且呈现逐年扩大的趋势，如图 30.1 所示。

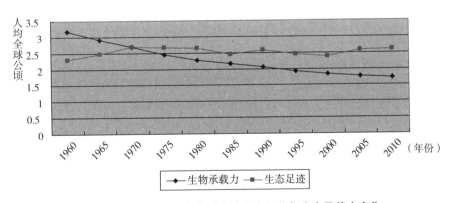

图 30.1　1961～2010 年全球人均生态足迹与生态承载力变化

---

① 数据来自世界银行指数和 http：//cdiac. ornl. gov/ftp/ndp030/CSV－FILES/。

② 维持个人生存所需要的或能够容纳吸收个人排放废物的、具有生物生产力的地域面积，单位为全球公顷（gha）。

在此压力之下，超越承载极限的自然环境和生态系统开始恶化。1900～1999年地球上50%的湿地、40%的森林和35%的红树林不复存在（Barbier and Markandya，2013）。这种趋势可以从全球生物多样性组织（GLOBIO）开发的、用以度量生物多样性损失速率的平均物种丰度（MSA）区域面积的变化中得到准确反映：1900～2000年的一个世纪内，全球监测到的MSA区域面积消失了25亿公顷，缩减了21%；从生态系统类型观察，消失最多的依次是温带森林、湿地草原和热带森林；就区域分布而言，消失面积主要存在于经济合作与发展组织国家，而后是中南美洲、撒哈拉以南的非洲和南亚地区，如表30.1所示。按照这一趋势，在下个50年内预计会继续有12亿公顷MSA区域面积的消失，消失的主要生态系统是稀树草原，而后是草地、北方森林和热带森林；MSA区域面积消失的地区分布主要是撒哈拉以南的非洲，而后是俄罗斯及中亚，最后是南亚（Barbier and Markandya，2013）。

表30.1　　　　　　　　1900～2000年全球平均物种丰度区域的面积变化　　　　　单位：1000公顷

生物群落	冰原冻土	湿地草原	北方森林	温带森林	热带森林	沙漠	变化比例
经合组织	-18158	-245901	-118677	-278755	-13590	-42642	-23%
中南美洲	-3200	-170483	-4062	-82342	-191819	-3905	-26%
中东	0	-46940	0	0	0	-49790	-9%
南非洲	0	-281142	0	-11238	-76072	-44567	-19%
俄罗斯中亚	-11629	-58187	-171040	-41840	0	-2793	-14%
南亚	-1627	-145743	-3478	-33326	-133360	-22872	-40%
中国	-19701	-76816	-35195	-79433	-1579	-9321	-24%
总计	-54316	-1025203	-332452	-526934	-416421	-175890	-28%
变化比例	-6%	-26%	-16%	-45%	-25%	-8%	-21%

无独有偶，世界自然基金会（WWF）2012年数据的显示，1970～2008年间，追踪、监测、度量全球2688种脊椎物种9000多个种群数量、密度、丰度动态变化趋势的地球生命力指数（LPI）整体下降了28%，热带地区下降了61%，下降最快的阶段是1980～2000年，如图30.2所示。

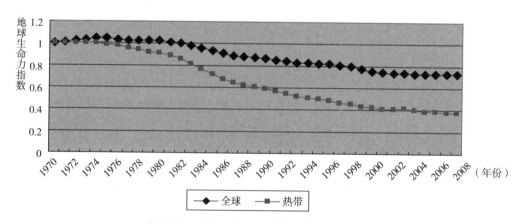

图30.2　1970～2008年地球生命力指数变化

环境压力和生态危机也出现在经济快速增长的中国。如图 30.3 所示，1961～2008 年中国生物承载力虽有少许下降，但 1971 年后生态足迹超越其生物承载力，出现持续扩大生态赤字的主要原因却是生态足迹的快速上升；由于生态足迹上升速度在 2001 年后增大，生态赤字也急速攀升，国内生态环境承载前所未有的压力。就生态赤字的地区分布而言，并不均衡，2009 年的统计数据显示，只有西藏、青海、内蒙古、新疆、云南等西部欠发达地区由于其广阔的自然土地资源禀赋，生物承载力超过其生态足迹，呈现一定的生态盈余，其他省区市都存在不同程度的生态赤字，其中上海、北京、天津、广东、浙江等经济发达地区的生态赤字最大，如图 30.4 所示。这种状况也可用表 30.1 进行旁证，1900～2000 年间，中国的全球平均物种丰度区域面积共消失了 22203.6 万公顷，缩减比例达 24%，而按照这种速度趋势，2000－2050 年仍将缩减 7374.5 万公顷的全球平均物种丰度区域面积。根据 2008～2013 年完成的中国湿地资源第二次调查数据，同口径相比于 1995～2003 年第一次完成的调查结果，10 年间湿地面积缩减 339.63 万公顷，减少率为 8.82%，年平均减少 0.92%；其中自然湿地缩减 9.33%，年平均减少 0.97%，共计 337.62 万公顷。中国湿地生态状况总体处于中等水平，评级"好"的湿地仅占 15%，评级为"中"的占 53%，评级为"差"的占 32%。

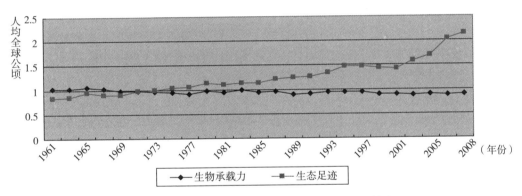

图 30.3　1961～2008 年中国生态足迹与生物承载力

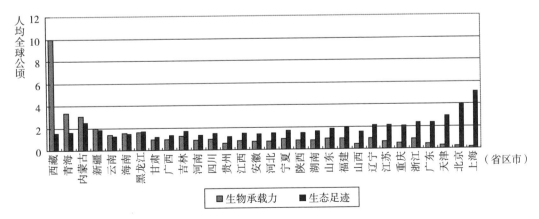

图 30.4　2009 年中国生物承载力与生态足迹的区域分布

综上所述，无所节制的人类需求、过于频繁的人类活动已经并且继续潜移默化地扰动、损害地球的自然生态系统，日益严峻的、全球性的生态退化问题已经开始危及人类生存和发展的基本条件。

造成生态退化的原因来自两个方面：一是自然资源利用过程中造成的生态损坏，二是生态保护不力引发的生态系统服务能力衰退。生态破坏具有清楚的责任主体，相对容易治理；而生态保护不力通常缺乏明晰的责任主体，治理难度较大。因此，尽管生态保护活动已在全球范围内展开，并对改善生态环境质量、扩大生态建设投资、增强大众的生态保护意识产生了重要的积极作用，但是，其实际效果却并不尽如人意，时常受到质疑，生态保护者、环境政策制定者面临的依旧是全球性的生态退化和生物多样性危机（TEEB，2010）；我国也概莫能外，生态系统退化的趋势依然严峻，自然资源约束继续加剧，生态环境问题较多。

为了应对日益增大的生态退化压力，自 20 世纪 80 年代开始，美国、加拿大、日本、爱尔兰、哥伦比亚、哥斯达黎加、墨西哥等许多国家开展了大量地理尺度不同的生态环境保护活动，涉及流域治理、农业环境保护、生物多样性保护、自然生态保护与恢复、植树造林、碳循环等多种类型，所采取的具体方法既有现金及实物补贴、土地信托、税收减免、开放式契约等经济激励手段，也有保护公约等法律化措施（秦艳红和康慕谊，2007）。

就国内而言，面对持续的自然资源与生态环境压力，中央政府自 2005 年首次提出"完善生态补偿政策，建立生态补偿机制"以来，始终把发挥市场机制基础性作用、建立和完善反映资源稀缺程度、体现生态价值的生态补偿制度、依靠生态补偿制度加大生态环境保护力度，作为解决生态环境问题、建设生态文明、实现经济社会可持续发展的基本要求和根本途径。

（二）理论背景

人类赖以生存和发展的自然资源与生态环境是有价值的，但自然资源与生态环境生产和供给 ES 过程中的市场失灵，以及应对此类市场失灵的政府政策缺陷形成的政府失灵，导致了生态退化等环境危机（沈满洪，2000），市场失灵包含自然资源开发、利用过程中生态损坏行为的负外部性和生态系统抚育、保持、保护行为的正外部性、生态破坏行为的生态保护行为的外部性、ES 的公共品属性、产权的不完善、信息的不完全等多种形式（Tietenberg，2006；Robert and Stenger，2013）。

为应对上述问题，国外对生态环境服务付费问题进行了广泛的研究，并取得了大量的研究成果。自生态系统服务付费（payment for ecosystem services，PES）提出以来，其作为一种新的、内化 ES 生产供给过程中正外部性的政策工具，逐渐成为国际流行的生态环境保护方法，尽管其内涵和理论基础从科斯定理延展到庇古哲学，而后又演变为超越科斯和庇古理论、以经济激励为核心内容的制度安排，但核心理念仍是以科斯理论为基础的市场经济学方法。亚洲开发银行（Asian Development Bank，亚洲开发银行；2010）认为 PES 可以为生态保护领域引入额外的资金和激励，比传统的命令—控制措施有更高的成本—效益优势和更大的激励—抑制作用。国外 PES 的研究不仅涉及其概念内涵、理论基础、环境效益、类型模式、治理结构和优化标准，而且强调 PES 是广泛制度变革的组成部分，而不是其他手段和方法的替代，其成功关键在于整个制度环境的相互作用（Hanley and Oglethorpe，1999；Hecken，Bastiaensen，2010；Muradian，Rival，2012；Schomers，Matzdorf，2013）。

国内生态补偿的概念先是完成了从生态学范畴到经济学范畴的蜕变，而后又经历了从等同于生态环境赔偿语义到定位在生态保护领域的演化（曹明德，2004；罗小芳和卢现祥，2011），其内涵包括生态破坏行为负外部性的内部化和生态保护行为正外部性的内部化两部分。目前，经济学意义上的生态补偿内涵既有接近于 PES 的单纯经济激励工具之说（李文华等 2006；俞海和任勇，2008），又有包括多种手段在内的生态保护制度之说（亚洲开发银行，2010），呈现多层次化的特征，多种不同的保护方法或工具都被称为"生态补偿"（袁伟彦和周小柯，2014）；国内生态补偿的研究主要集中在其环境效益、机制和各类补偿模式与对策等方面（刘春腊等，2013）。

李文华等（2006）首次将 ES 融入生态补偿的概念，并提出 ES（功能）维护和保育的目标，指出生态（效益）补偿是用经济手段激励人们对 ES 功能进行维护和保育，解决由于市场失灵造成的生态效益的外部性，并保持社会发展的公平性，达到保护生态与环境效益的目标；李文华等（2007）将生态补偿定义为"以保护和可持续利用 ES 为目的，以经济手段为主调节相关者利益关系的制度安排"，李文华和刘某承（2010）又将该定义扩展成"以保护生态环境、促进人与自然和谐发展为目的，根据 ES 价值、生态保护成本、发展机会成本，运用政府和市场手段，调节生态保护利益相关者之间利益关系的公共制度"。该概念与国际通行的 PES 概念衔接在一起，为中国的生态补偿研究与国际通行的 ES 研究的接轨奠定了基础，也为二者的结合提供了空间，但是，如果简单地将国际上的 PES 等同于中国的生态补偿，却有以偏概全之嫌，毕竟中国生态补偿的外延和范畴更宽泛些。

国外 PES 的研究成果以及国内学者对生态补偿制度的研究，为研究 PES 视角下的生态补偿制度安排和运行效率提高了扎实的理论基础，本篇也是在前人研究成果基础上做的进一步的研究。

二、研究问题的提出

从经济学意义考察，生态环境问题的本质在于：因为自然资源、生态环境利用与保护的外部效应显著，受益与保护、损失与破坏等行为主体之间责任、利益的分配不对等，在 ES（environmental services，ES）供给过程中产生了生态及经济利益关系的扭曲，而这种扭曲降低了 ES 的供给水平，导致了生态退化；具体地讲，由于 ES 的公共品特性和正外部效应，ES 供给者、保护者与其受益者、破坏者之间，在生态效益及其经济利益的配置上并不公平，受益者无偿享用，破坏者没有保护压力，供给者、保护者得不到应有的回报和补偿，缺乏保护的经济激励（中国生态补偿机制与政策研究课题组，2007；任勇等，2008）。

在中国，持续三十余年高能耗、高生态成本的增长方式，使决策者面临的环境挑战更为严峻，生态与经济利益关系的扭曲不仅引发了各类生态环境危机，而且威胁到生态资源禀赋不同的地区之间、人群之间的公平和均衡发展，因为中国地区间经济增长不平衡的部分原因来自区域自然环境资源禀赋的差异，发达地区有更大的自然环境资源需求，而这些需求的大部分要由欠发达地区供给（亚洲开发银行，2010）。目前，破解这一难题的各种条件业已具备，经过三十多年高速增长的中国具备了较强的财政能力，尤其是发达地区有相对充足的资金补偿贫穷地区对其生态环境资源及服务的供给；同时十二五规划、中共十八大及中共三中全会报告中有关加快生态补偿制度建设的阐述，彰显了积极应对环境挑战、有效破解该难题的强烈政治意愿和国家意志。

严峻的生态环境问题，突出的地区之间、人群之间有失公允的不均衡发展，以及强烈的政治意愿和国家意志，一方面，凸显了建构蕴含多种生态补偿机制、为多种生态补偿措施实施提供规则保障的生态补偿制度的重要性和紧迫性；另一方面，折射出我国现有生态补偿制度（机制、政策）不能有效内化 ES 供给过程中正外部性、纠正扭曲的生态及经济利益关系，存在难以从根本上达到提高 ES 供给水平、实现生态保护目标的功能障碍（袁伟彦、周小柯，2014）。

我国生态补偿制度的这种功能障碍既源于现行制度政府主导的、非市场化的性质和基本特征，也来自生态补偿制度组成要素和结构体系方面存在的缺陷。具体而言，国内生态补偿制度、生态环境保护支撑性政策及其实践，存在五方面突出的问题：其一，缺乏立法、监管等基础性制度的支撑，表现为现有生态保护法律法规对利益与责任主体缺乏明确规定和界定，实施过程中主管部门多样，条块分割严重，利益相关者责、权、利关系不清晰，争议较多。其二，侧重于单生态要素补偿政策的设计和应用，结构性政策缺位，不同领域的政策工具之间难以有效衔接、协调和匹配，生态补偿政策缺乏系统性、整体性；生态补偿具体政策及其实施指南的缺乏。其三，工具手段单一，主要是政府主导的补偿，市场化经济激励政策基本空白，具体表现为：临时措施多，长效机制少；补偿针对各种部门的较多，直接面向农民、牧民的较少；多采取资金和物资的直接补偿形式，较少采取产业扶持的形式和完善生产方式的间接形式；投资于生态建设项目的较多，而投资在发展、扶贫及调整农村能源结构方面的较少（张惠远，2011）。其四，融资渠道单一、资金投入不足，具体表现是覆盖面小、标准低、配套资金不到位等（孙新章等，2006）。国内生态补偿制度及其实践中存在的这些问题，不仅涉及现有生态补偿制度的基本性质（政府主导），而且依次波及生态补偿的基本制度、治理模式（或结构）、实施机制，以及体系结构和功能等，表明现行生态补偿制度从性质到基本特征、从一般性规则到具体实施规则、从组成要素到整体结构，存在着系统性的不足。而这些不足又反映了国内生态补偿理论上的系列缺陷，即：市场化意识淡薄、市场化机制核心理念缺乏（冯俏彬和雷雨恒，2014），基本含义、理论根据、补偿标准、补偿模式等的系统性、一致性差（杨光梅等，2007），存在某些盲点或误区（俞海和任勇，2008）。

总而言之，生态补偿实践问题的原因，很大程度上在于生态补偿制度的不科学、不完善，而其根源在于生态补偿理论体系的不科学、不完整；我国生态补偿制度、政策及其技术框架急需在理论体系、方法创新等方面有所突破（刘春腊等，2013）。

放眼国外，作为生态环境保护重要政策选项和市场化工具的 PES（payments for environmental services, PES），尽管其定义、基础理论、有效实施机制等依然缺乏更为充分的共识，但是，其以市场化机制内化 ES 正外部性的核心理念在生物多样性保护和 ES 供给的理论与实践中地位突出，其卓有成效的生态保护效果也已被国际公认，PES 也因此在世界各地得到广泛应用。

PES 运用市场机制为生态保护注入新资金资源的基本特征，对于中国生态补偿的理论与实践而言具有多重意义：既能有效应对国内生态补偿实践手段单一、资金不足、效率低下等突出现实问题，又切合国家构建以市场机制为基础的生态补偿制度、吸纳社会资本投入生态保护的意志；同时，导入 PES 概念、借鉴国外相对成熟的生态保护理论研究成果，也有助于促进国内生态补偿理论的进一步完善、发展。此外，具有方法论意义的是，PES 本质上是一种交易实施机制，包括政府与市场两种基本模式，而生态补偿制度本质上是由生态补偿基本制度、生态补偿模式选择制度和具体实施制度（交易制度）组成的制度体系，因此，从结构上讲，PES 是诸多生态补偿模式中的一类，是生态补偿制度体系中的终端制度安排，PES 制度的优化不仅有其自身的标准和方法，而且受到生态补偿基本制度、模式选择制度等高层次制度安排的限定和约束；PES 的生态效益和经济效率，不仅直接反映其自身制度安排的有效性，而且能够深刻反映包括基本制度、模式选择制度在内的整个生态补偿制度结构的有效性，因为整个生态补偿制度体系的功能作用毕竟都要从终端的、具体实施机制的生态效益和效率中直接表现出来。简而言之，从 PES 的视角研究生态补偿制度有助于系统、全面地揭示生态补偿制度的基本性质、要素组成、框架结构、作用机理、功能效率、以及各种内在缺失，准确地识别、评价生态补偿现有制度的性质、特征，为构建发挥市场基础作用的生态补偿制度奠定基础、提供有效理论支撑。不仅如此，PES 视角下的生态补偿制度研究还将研究内容限定在以经济激励内化生态保护过程中正外部性的范围之内，尤其强调基于 PES 的正外部性内部化制度的研究，而将针对自然生态资源合法利用过程中生态损害（负外部性）而征收税费的生态补偿制度和纯粹通过行政手段（项目支持或政策优惠等非物质利益方式）实现生态保护正外部性内部化的生态补偿制度排除在外。

综上所述，我国生态补偿"补给谁、谁来补、补多少、怎样补"等基本问题依然存在，以此为理论依据的生态补偿制度既有市场化核心理念、结构性政策、实施机制的缺失，也有基本制度不完善、政策碎片化、工具手段单一的缺陷，生态补偿理论及生态补偿制度的科学性、系统性，均不足以实现 ES 供给过程正外部性的内部化，纠正生态保护过程中扭曲的经济利益关系，破解生态环境的本质问题，支撑自然资源有效利用和生态保护实践；如何引入 PES 先进的国际理念、理论，借鉴国际相对成熟的 PES 方法和经验，完善生态补偿的理论依据，构建面向 ES 正外部性的、有机融合的、基于 PES 的生态补偿制度体系，强化生态补偿中市场的激励作用，已经成为我国建立生态保护长效机制、遏止甚至扭转生态环境持续恶化趋势、实现区域均衡增长和生态环境资源可持续利用亟待研究解决的重大理论和现实问题。

具体而言，该问题可在三个层面展开：一是 PES 和生态补偿各自的内涵是什么，二者之间存在何种关系？PES 视角下的生态补偿制度具有什么独特的内涵？PES 的微观基础是什么？PES 视角下的生态补偿制度为何呈现出基本制度、治理模式和实施机制等层级化的特征，各层级制度安排如何优化？相互之间存在何种关系，又如何匹配？生态补偿层级制度体系如何响应 PES 类型（科斯型或庇古型）的变化，尤其如何实现由政府主导的庇古型 PES 向市场化的科斯型 PES 转变的要求？二是我国现行的、以实现生态保护正外部性内部化为目标的生态补偿制度的基本性质是什么？实际运行效果、效率如何？存在哪些问题？三是构建与完善我国基于 PES 的生态补偿制度的基本路径和方法有哪些？即如何构建与完善以市场为基础调节机制的、以内化生态保护正外部性为主旨的、基于 PES 的生态补偿制度？

第二节　研究目的与意义

一、研究目的

作为我国生态文明建设与可持续发展战略的基础组成部分，生态补偿制度建设所要解决的核心问题是，如何通过相关制度安排，扭转生态保护过程中存在的、扭曲的经济利益关系以有限的成本投入实现 ES 可持续的高水平供给，逐渐缓解我国经济与社会发展过程中面临的生态环境问题。

本篇的研究目的着眼于该核心问题的解决，具体包括三个层面的目标。首先，解决如何构建、优化基于市场机制的、PES 视角下生态补偿制度体系的理论问题；其次，解决如何运用理论分析结果对我国现有生态补偿制度性质、特征及绩效进行评估、实证，从而揭示我国生态补偿制度从核心理念到制度结构存在系统性缺陷的问题；最后，在理论分析和实证研究的基础上，解决如何实现我国生态补偿制度市场化转型、提高 ES 总供给水平的政策建议问题。围绕这三个层面的问题，本篇试图在构建 PES 视角下生态补偿制度基本制度、治理模式（科斯型 PES 或庇古型 PES）、实施机制等三层次制度安排、制度间相互作用、制度绩效等三维度分析框架的基础上，运用数理模型分析 PES 的微观基础，即 ES 外部性内部化的两种基本模式（庇古模式和科斯模式），研究治理模式（PES 类型选择）、实施机制（PES 体系或构成要素）的制度安排与优化，以及不同产权结构与不同治理模式（PES 类型选择）之间的组合、匹配；通过计量回归、案例分析等方法揭示 PES 视角下我国现行生态补偿制度具有的多种系统性缺陷，确定以市场机制为核心的 ES 正外部性内化制度构建的努力方向，为实现我国生态补偿制度的市场化转型，有效实施生态保护、推进生态文明建设提供理论指导和决策依据。

二、研究意义

（一）理论价值

首先，本研究将基于制度经济学理论与方法，构建 PES 视角下生态补偿制度三维度的理论分析框架，一方面，采用最优理论和方法构建生态保育外部性内部化的数理模型，演绎并推导直接数量控制、庇古补贴、科斯方法内化 ES 正外部性的机理和优化条件，填补正外部性内部化政策设计分析工具的空白。另外，构建三维度的生态补偿制度分析理论框架，为评价、分析、完善我国生态补偿制度提供了较为系统、科学的理论分析工具。其次，通过构建参与者数量—交易费用的 ES 外部性内部化工具选择模型、收益分布—责任义务—内部化工具选择模型，探讨生态补偿制度治理模式层级和基本制度层级优化的方向和方法，拓展生态补偿制度体系中治理模式和基本制度的选择与优化的理论。最后，概括、提炼 PES 机制优化的条件和标准，完善生态补偿及 PES 制度中资源配置层次优化的理论基础。

（二）现实意义

有助于系统科学地剖析、判断我国现有生态补偿制度的缺陷或不足，同时，面向现实问题，提出既符合经济学原理，又满足中国实践需要的、兼具较强系统性和指导性的对策建议，推进生态补偿制度完善进程、加快生态文明建设步伐。中国的生态补偿尽管已经持续了二十余年，但是具体政策选择和实施机制缺乏、结构政策缺位等制度性问题却始终未能解决，以至于生态补偿实践整体有效性偏低。本篇试图通过借鉴国际上相对成熟的 PES 理论和经验，探讨我国 PES 视角下生态补偿制度的产权结构基本制度、治理模式和实施机制等三个层级制度安排优化的方向和方法，推进我国生态补偿制度市场化建设进程。另外，通过完善生态补偿制度，有效地矫正生态保护实践中保护者、供给者与受益者、破坏者之间扭曲的生态与经济利益关系，进一步提高我国各类生态保护措施的效果、效率和可持续性，从根本上破解经济增长与生态保育之间的矛盾，促进我国经济社会的可持续发展。中国过于依赖自然资源投入的经济增长方式具有较高的生态成本，在经济持续增长的大背景下，生态退化及环境承载过大的问题已经变成未来经济社会可持续发展的巨大障碍。有效缓生态环境压力，促进经济增长和生态保护良性互动、推动整个社会的生态文明进程，正是构建以市场机制为核心的我国生态补偿制度的目的和努力方向。

第三节　概念界定

一、PES 的界定

温德尔（Wunder，2005）将 PES 定义为：当且仅当 ES 供给者可靠地提供环境服务时（条件性），一种界定清晰的 ES（或可能提供这一服务的一种土地用途），被一个 ES 买家

（最少一个）从一个 ES 供给者那儿买走，而形成的一个自愿交易。温德尔不仅提出了引用广泛的科斯型意义上的 PES 定义，并且讨论了满足他所界定的所有标准的、真正的 PES 与没有满足所有标准的类似 PES 安排之间的区分。恩格尔等（Engel et al.，2008）认为 PES 就是科斯定理的运用，追随温德尔的定义，指出 PES 是一种将外在的、非市场环境价值转化为当地参与者提供生态服务（ES）的真实财务激励的机制，并把 PES 具体界定在以下几个方面：（1）一个自愿交易；（2）界定明确的环境服务（或可能确保这种服务的土地用途）；（3）被环境服务的买家（至少一个）从环境服务的提供者（至少一个）购买；（4）当且仅当服务提供者保证服务提供时发生（条件）。恩格尔等将温德尔的 PES 定义的严格限制性条件放宽，把 PES 分为使用者付费和政府付费两种类型，并指出政府付费的 PES 可被视作与使用者付费相结合的环境补贴，政府被认为是代表服务买家的第三方。温德尔和恩格尔等的 PES 定义虽然严谨清晰，但却缺乏实用价值，因为绝大多数真实世界的情形不符合它的要求，使真正能够归类为 PES 计划的情形很少。

世界自然基金会（WWF，2007）认为，PES 是指通过 ES 受益者对其供给者的报偿，确保 ES 可持续、及时供给的多种安排。杰克等（Jack et al.，2008）谈到，PES 计划依赖诱发行为变化的经济激励，因此可以被视为更为广泛的激励或市场机制的环保政策一部分。科尔韦拉等（Corbera et al.，2009）将 PES 的概念抽象为，通过提供经济诱因、提高或改变自然资源管理者生态系统管理行为的新制度设计。穆拉迪安等（Muradian et al.，2010）将 PES 理解为，旨在创造诱因，使自然资源管理中个体或集体土地使用决策与社会利益保持一致的、不同社会角色之间的一种资源让渡。

总而言之，正如恩格尔等（2008）所说，在许多情况下，术语 PES 似乎被用作任何一种基于市场的保护机制的统称，扎特勒和马特兹多夫（Sattler and Matzdorf，2013）也认为 PES 术语应用相当宽泛，大量不同的方法都被概括在内；在现实中，只有极少的案例满足温德尔的定义，大多数案例只能作为穆拉迪安以及其他人相对广义概念下的 PES。综合各种不同的 PES 定义，可以将 PES 界定为：在一定的产权背景下，通过政府、第三方机构或 ES 直接使用者向 ES 自愿供给者有条件地付费，将 ES 的外部性价值内化为面向供给者的真实经济激励，从而实现 ES 额外供给的市场、准市场机制。本质上，PES 是一种市场或准市场的机制和工具，核心是 ES 价格或付费标准的激励作用。

二、生态补偿的界定

与国际上 PES 概念接近的术语是在中国的生态补偿。但由于生态补偿术语起源于生态学理论，逐渐演化为具有经济学意义的概念，所以，至今生态补偿的概念通常交替使用其生态学、经济学含义，难以形成相对统一的共识。

20 世纪 80 年代到 90 年代初期，经济学意义上的生态补偿本质上实际就是生态环境赔偿（章铮，1995；庄国泰等，1995）。此后的 90 年代中后期，生态补偿侧重于对生态环境保护、建设者的财政转移支付机制等生态效益补偿（洪尚群等，2001；毛显强等，2002；刘峰江等，2005）。俞海和任勇（2008）明确指出，生态补偿不仅包含受益者补偿保护者，而且包含破坏者赔偿受损者，强调根据不同类型问题选择不同政策工具。《环境科学大辞典（修订版）》（2008 年）将生态补偿概念机制理解为以经济激励为基本特征的制度安排，其原则是外部成本的内化，目的是调节相关利益主体之间的环境及经济利益关系，实现保育、恢复或提高生态系统功能和 ES 供给水平，从而使原来生态学范畴下的生态补偿概念具有了经济学的意义。

万本太等指出，生态补偿是一系列的制度安排和政策措施，它以保护自然生态 ES 功能、促进人与自然和谐为目的，采用市场工具、税费工具、财政工具等多种工具方法，调整生态保护利益相关主体之间的经济利益分配关系，实现生态保护责任与义务在利益相关主体之间的公平配置，内化生态保护效益。

国内经济学范畴的生态补偿已经从单纯对生态环境破坏的赔偿，演化为对生态保护效益的补偿，从而明确定位在生态保护领域，以区别于污染防治（杨光梅等，2007）。为了准确反映目前中国生态保护理论研究和实践探索的本质特征和全貌，本书将经济学意义上的生态补偿界定为：以经济激励为核心手段，通过内化自然环境资源开发、利用和生态环境资源保护过程中的外部性（正外部性或负外部性），调整相关行为主体间生态与经济利益关系，实现生态保护及 ES 可持续有效供给的制度体系。

三、PES 视角下生态补偿的界定

中国环境与发展国际合作委员会生态补偿课题组在其报告（2006）中指出，国内狭义的生态补偿概念与国际通行的 PES 概念有类似之处，按同意语对待。国内关注 PES 的研究者如赖力等（2008）、戴君虎等（2012）、赵雪雁等（2012）均持此观点，将生态补偿等同于 PES。

亚洲开发银行（2010）在其报告中界定了生态补偿的范畴及其与 PES 的另一种关系：生态补偿指的是为了制定 PES 计划、建设 PES 市场而进行的更为广泛的投入，包括政策、法律、能力建设等，以及使环境发挥自然服务功能、使 PES 计划成功实施的制度协调。按照亚洲开发银行的观点，生态补偿涵盖 PES，但却不仅只是 PES，除了 PES 自身方案设计外，生态补偿制度应该还包括为科学制定和有效实施 PES 所进行的更为基础、广泛的法律、政策、能力、制度协调等投入。

亚洲开发银行的观点明确指出，生态补偿制度和 PES 的关系是整体与部分的关系，并且强调 PES 在生态补偿中的核心地位。但是二者之间的关系却并非只是整体与部分关系这样单一。生态补偿制度体系中其他制度并不必然就是 PES 设计、实施的配套或辅助制度。由于 PES 内含的市场化机制，以其为核心的生态补偿制度结构整体上具有更强的激励—约束机制和更高的成本—效益优势，是理想的生态补偿制度。基于 PES 的生态补偿制度的本质就是以市场为主要调节机制、发挥市场机制基础性作用的生态补偿制度。

按照本篇界定的 PES 和生态补偿概念，二者虽然都是以政府或市场手段通过经济激励实现外部性的内部化，但是，外延和范畴却并不相同，生态补偿内化的不仅有 ES 供给过程中的正外部性，而且有自然环境资源开发、利用过程中的负外部性，而 PES 只是内化 ES 供给过程中的正外部性，所以，从二者关系看，PES 只是面向生态环境资源保护活动中正外部性的生态补偿，如表 30.2 所示。从制度安排角度考虑，PES 制度是一类特殊的生态补偿制度，生态补偿制度未必都能被视为 PES 制度；从术语的实际应用方面审视，PES 多被理解为一类具体的交易机制，而生态补偿则既包括具体交易机制，也包含为实现交易而进行的产权界定等其他制度安排。因此，即使单纯地就以内化 ES 供给过程中正外部性而言，应用"生态补偿"术语时涵盖的内容也比"PES"术语涵盖的内容丰富。

表 30.2   生态补偿及 PES 视角下生态补偿的内涵和制度定位

领域	问题产生	行为特性	外部性类型	内部化方式	制度定位	
生态保护	生态环境资源保护	合法	正外部性	数量控制		
				以经济激励为核心手段	生态补偿	基于 PES 的生态补偿
	自然环境资源开发利用中的生态破坏	合法	负外部性			其他生态补偿
				数量控制		
		违法	负外部性	生态赔偿		

为了既能与国际接轨，又能准确反映目前中国生态保护理论研究和实践探索的本质特征和全貌，本篇所要研究的是 PES 视角下的生态补偿制度，或者称为基于 PES 的生态补偿，更多地关注生态系统服务正外部性内部化方面的研究。亚洲开发银行的生态补偿概念本质上就是本篇所界定的 PES 视角下生态补偿的概念。结合亚洲开发银行的定义，本篇所研究的 PES 视角下生态补偿制度可以定义为：以内化 ES 正外部性为目标，以 PES 机制为核心，包括其他政策、法律、能力建设等多种投入、制度安排和相应制度协调在内的制度体系。

第四节　研究思路与研究方法

一、研究思路

本篇整体上遵从理论分析到实证研究、而后又理论概括的研究思路，全篇结构分为有机联系的三个层次。

第一层次属于理论分析。首先，基于现实描述和文献梳理，回答"为什么要从 PES 视角研究我国生态补偿制度"的问题，阐明本篇选题意义和逻辑基点；其次，运用最优理论和数理模型探究 ES 外部性内部化的原理、即 PES 的微观基础，根据外部性理论、自主治理理论、交易费用理论等，运用制度分析的方法，构建 PES 视角下生态补偿制度研究三维度的理论分析框架；最后，围绕该框架构建模型，分析生态补偿制度基本制度、治理模式、实施机制三个层次的制度安排和相互间作用，探讨生态补偿制度体系优化的方向、条件和方法，为后续实证研究奠定理论基础。

第二层次属于实证研究范畴。先是描述了我国 PES 视角下生态补偿制度的演化过程，并基于理论分析结果评述 PES 视角下我国现行生态补偿制度的基本特征和性质，提出研究假设，而后对假设进行实证。实证包括两方面内容，其一是基于省际面板数据对 PES 视角下我国生态补偿的省际制度进行实证检验，其二是基于案例研究对 PES 我国生态补偿制度微观运行效率进行分析。

第三层次是有关主要结论和政策建议的理论概括。具体内容包括：提炼本篇的基本观点，提出构建和完善我国基于 PES 生态补偿制度的政策建议，指出可能的创新及不足，展望未来研究方向。

二、研究方法

1. 定性研究与定理研究相结合的方法

与其他社会科学一样，经济学与自然科学相比，更加注重理论研究而不是数据分析，因而，定性研究方法对于各类经济学问题的分析、解决尤其重要，因为定性研究可以利用变量之间的各种逻辑关系，清晰地演绎变量的变化方向和趋势，为解决问题确定正确的思路和路径；但是，另一方面，经济学的社会科学属性决定了其用以解释社会现象的本质，而大多源自现实的理论和假说的实证都需要依赖模型的数理分析和数据分析，即定量研究的方法，所以，在相关数据支撑下运用定性与定量相结合的研究方法，既是经济学科发展的要求，也是现实环境中研究各类经济学问题的需要。本篇首先通过构建基于 PES 的生态补偿制度分析理论框架，定性地研究了 ES 外部性供求结构、内部化的路径、生态补偿制度层级构成，以及基本制度、治理模式、实施机制等制度安排和制度间相互作用、匹配等一系列内容；其次，综合运用定性与定量分析的方法，对我国生态补偿制度的绩效进行研究，依据我国 27 个省市区面板数据构建数理经济模型和计量经济模型，并以 Frontier4.1 软件为工具，对我国省际 PES 的生态效益和效率进行量化测算；最后，对多个 PES 项目案例的参与者互动、制度安排、制度间相互作用、制度绩效等内容进行性质判定和量化研究。

2. 规范研究与实证研究相结合的方法

规范研究是对经济现象或研究变量"应该是什么""应该如何选择"的回答，其中蕴涵行为主体或研究者的主观价值判断。与此相应的实证研究则是要基于大量的事实、数据，准确回答经济现象或研究变量"究竟是什么""究竟如何变化"等问题。本篇遵循规范—实证—规范的分析思路，先在理论分析外部性市场结构、生态环境问题性质、内部化路径、制度化方式的基础上，阐述了生态补偿制度的层次构成以及制度安排和制度间相互作用；接着，基于实际案例和省级统计数据，采用计量回归分析和案例研究方法，对我国生态补偿制度的运行现状和绩效进行实证，以期可靠、准确地判定我国生态补偿制度中存在的缺陷；最后，基于实证结论，分析我国生态补偿制度存在的问题，提出构建和完善以 PES 为基础、充分发挥市场机制主导性作用的生态补偿制度体系的政策建议。

3. 比较研究方法

新理论、新方法通常缺乏客观、准确的评价标准，比较能够为问题的分析、判断提供相应的参照系。相对于经济学其他传统分支而言，环境经济学、生态经济学属新兴学科，其中的 PES 和生态补偿理论与方法出现才 20 余年，所以本篇在研究中大量采用比较研究方法，如生态补偿制度体系中 PES 与命令—控制方法的比较，PES 具体工具补贴、自愿协议、可交易许可证、认证与标签等的比较，PES 案例研究中天然林保护工程、退耕还林工程等不同项目制度安排及其绩效的比较，PES 效果与效率研究中东、中、西三大地区的比较以及省际比较等。

4. 案例研究方法

案例是理论应用和实践探索的缩影，案例研究既能使原有的理论知识得到更好的理解和检验，又能积累感性认识，为提炼、归纳新的理论观点、构建科学的知识体系、丰富与发展相关理论奠定基础。本篇将基于天然林保护工程、退耕还林工程等多个 PES 项目，利用案例研究方法深层次分析现阶段我国生态补偿制度体系中不同层次、不同类型制度安排之间的关系，以及其中 PES 制度的实际构成要素和绩效，以期准确、系统地揭示我国生态补偿制度中存在的问题。

三、研究内容

本篇首先利用最优理论和方法对 PES 的微观基础（ES 外部性经济效应及科斯理论、庇古理论内化的原理）进行数理分析，在外部性理论（科斯理论、庇古理论）、公共品理论、交易费用理论等制度经济学理论和奥斯特罗姆制度分析方法的基础上，构建 PES 视角下生态补偿制度安排、制度间相互作用、制度绩效等三维度的理论分析框架。具体内容安排上，首先，描述 PES 视角下我国生态补偿制度的起源和变迁，运用理论分析结果分析 PES 视角下我国生态补偿制度的性质和基本特征，并提出 PES 视角下我国生态补偿制度有关制度安排、制度间相互作用和制度绩效的研究假设；其次，以奥斯特罗姆制度分析方法为基础，对生态补偿基本制度、治理模式或结构、实施机制等层级制度体系的制度安排及制度间相互作用进行理论探讨；再次，运用计量模型测算分析我国省际 PES 项目的生态效益和制度效率，并在生态补偿三层级四维度（增加参为者互动分析维度）制度分析框架下，通过多案例研究的方法，从 PES 视角探讨我国生态补偿现有制度的实际状况和存在问题，明确转型优化的方向；最后，从制度设计（主要包括基本制度、治理结构、实施机制等）层面分析我国生态补偿制度问题产生的深层次原因，提出完善我国生态补偿制度的路径、方法和政策建议。全文共八章，遵循"理论分析—现状评估与假设—实证分析—政策建议"的逻辑顺序。

本篇的具体内容安排如下：

第一，文献述评。从 PES 与生态补偿概念、国内生态补偿制度研究以及国外 PES 制度研究三个方面梳理国内生态补偿制度和国外 PES 的相关文献，并对现有文献进行评述，进一步明确本篇研究的方向和价值意义。

第二，构建 PES 视角下生态补偿制度的理论分析框架。首先，对生态补偿的理论基础也即生态环境价值论、外部性理论和公共物品理论三个方面进行理论分析；其次，在经济人假设下构建正外部性的数理模型，利用最优化理论和方法，对直接数量控制、庇古方法、科斯产权方法内化外部性的过程和最优条件进行演绎推导，奠定 PES 及生态补偿制度的微观基础；最后，基于奥斯特罗姆制度分析方法，构建 PES 视角下生态补偿制度三维度（制度安排、制度间相互作用、制度绩效等）的理论分析框架。

第三，PES 视角下我国生态补偿制度的演化与假设。先对我国 PES 视角下我国生态补偿制度的起源、发展过程进行梳理，而后运用理论分析结果分析、评估 PES 视角下我国生态补偿制度的基本特征和性质，提出实证研究的假设。

第四，PES 视角下生态补偿制度的制度安排及相互间作用分析。本部分包括三方面内容，首先，通过构建收益分布—责任义务—内部化工具及 PES 类型选择的理论模型，分析生态补偿基本制度即产权结构对 PES 模式选择的影响；其次，依据边际成本比较成本曲线不变和变化两种条件下多种内部化的方法，选择内部化工具及 PES 类型，形成生态补偿制度政府或市场两种不同的模式或结构；最后，根据 PES 的概念内涵和基本原理，运用交易费用理论和成本效益分析方法，提炼、归纳出 PES 体系及其构成要素优化的方向和标准。

第五，PES 视角下我国生态补偿制设计及运行效率的案例研究。首先，依据三层次四维度（增加参与者互动维度）的制度分析理论框架，以天然林保护、退耕还林、生态公益林补偿金、新安江跨省生态系统付费、浙江省生态环保财力转移支付办法等五个具有代表性和前瞻性的项目为案例，进行我国 PES 项目的制度分析，揭示我国生态补偿制度实际形成、运行过程中所显现的系统性缺陷，指明我国生态补偿制度从以政府主导型向市场型转变的基本方向。

第六，PES 视角下我国生态补偿省际制度效率研究。先通过各类生态系统价值当量因子的选择，测算出我国 2004~2013 年 30 个省区市省际生态系统价值当量及其增量，并在此基础上，构建 PES 的超越对数生产函数模型，对我国 27 个省区市 2007~2013 年省际 PES 的制度效率、传统效率及其影响因素进行测算、识别和分析，进行我国生态补偿制度统计数据计量分析的实证研究。

第三十一章

生态系统服务付费研究评述

国内生态补偿研究始于 20 世纪 80 年代，集中在 1992 年以后，内容从初期纯粹的理论探讨（1992～1998 年），逐渐演变为理论与实践的综合性研究（1998 年至今）。国际上，欧美地区水源、土壤及生物多样性保护等农业友好政策已经实施几十年，ES 市场与 PES 等市场化工具也被广泛应用了近 20 年；有关 PES 的研究虽然源于 1974 年，但是，其中超过 90% 以上的文献却集中出现在 2004 年以后。本章从理论基础、制度构成、制度绩效等角度分别对国内外研究生态补偿及 PES 的文献进行梳理和评述。

第一节 国内生态补偿制度的研究

一、生态补偿理论渊源

国内学者从不同视角、运用不同学说阐述了生态补偿的必要性和应遵循的原理。张建国（1986）指出，劳动价值论是森林等生态资源效益评估的基础，稀缺理论则是评估依据的有益补充。聂华（1994）、谢利玉（2000）、张秋根（2001）、李杨裕等（2004）和胡仪元（2009）以分析物化在生态资源生产过程的社会必要劳动时间为起点，阐述生态资源具有的使用价值与价值两种基本属性，概括出生态资源的劳动价值论，指出生态资源价值、价格理论是生态补偿及其相应价格决定的理论依据。李金昌（1999）认为环境价值的本质在于环境有益于人类，价值大小与环境的稀缺性和环境的开发、使用条件相关。曹明德（2010）、谢慧明（2012）直言，在传统的人造资本、人力资本和金融资本之外，存在着由自然资源、生态环境和生命系统共同构成的自然资本，生态补偿实际就是自然生态系统和资源资本化、经济化的过程，应遵循自然资本理论的基本原理。陶建格（2012）将生态补偿中的生态资本理论基本内容概括为：生态环境资本范围、稀缺性、劳动价值观、自然与社会二重性、总价值中使用价值与非使用价值的二元结构等。关于生态资本的非使用价值，刘春江等（2009）认为它包括选择价值和存在价值两部分，陶建格（2012）指出，其实质是人类利用生态环境过程中所获得的、由整个生态系统平衡发展所产生的福利和收益。丁任重强调，自然生态环境的价值多重性及其构造与功能的系统性，决定了现有资源价值体系难以涵盖其价值的全部，为了尽可能完整地体现其价值，保持其良性发展、保证其正常功能的发挥，有必要实施生态补偿。

毛显强等（2002）认为外部性补偿的庇古手段、科斯方法的产权界定、生态补偿要素及内涵等构成了生态补偿理论的三大支柱；李国平等（2013）在对生态补偿理论进行系统分析时同样持此观点。沈满洪和杨天（2004）指出，生态资源价值论、外部性理论和公共物品理论是生态补偿机制的三大理论基石。中国生态补偿机制与政策研究课题组认为，生态补偿的基础理论包括自然资源利用的生态学理论、自然资源环境资本理论、环境资源的产权理论、公共品理论、外部性理论，其中：生态学范畴下自然资源利用呈现的不可逆性是构建和实施生态补偿机制的自然属性要求；环境资本论是生态补偿机制构建的价值基础，也是补偿标准确定的理论依据；环境资源产权状况是生态补偿的法理基础；不同的公共品属性是生态补偿政策工具选择的前提条件；外部性是生态补偿问题的核心，相关理论是生态补偿机制和制度构建应遵循的原则，也是相应政策工具选择的依据。崔金星和石江水（2008）在解释中国西部生态补偿理论时指出，西部生态服务可持续供给的保证在于主体功能区划理论的作用，ES补偿理论决定了由财政转移支付输血型机制向造血型机制转变的必要性，环境公平与自然正义是生态补偿的法理基础，自然资本论的基本观点则是实施生态补偿、弥补由人类活动产生的环境损害和资源消耗的理论根源。李文国和魏玉芝（2008）认为，可持续发展理论为生态补偿确定了最终所要达到的目标，生态补偿的思路和方法由外部性理论提供，必要性落实在公共品理论上，生态资本理论则是生态补偿额度计算方法的依据。孔凡斌（2007）、于航等（2010）认为，生态补偿的公平、公正原则源于可持续发展理论。

综上所述，虽然国内生态补偿理论基础的研究主要集中在生态环境价值理论、外部性理论（包括庇古理论和科斯理论）和公共物品理论，并就此取得了广泛的共识，但其中也有其他理论的研究，比如生态学理论、功能区划理论、可持续发展理论等。有关研究不仅探讨了生态补偿理论基础的基本构成，而且透彻、准确地分析了各种理论在生态补偿制度构建中的不同作用和地位，有些研究还对特定理论主要观点及在其生态补偿语境下的意义做了阐述和解释。国内生态补偿理论基础研究的缺陷有二：其一，交易费用理论在生态补偿制度设计、完善、变迁中的基础地位被忽视，或者研究不足，原因在于国内生态补偿研究更关注各类政策工具的效果，效率研究，尤其是制度体系总体的效率研究并不是重点；其二，虽然也提及生态学理论，但是对于生态学原理作用于生态补偿研究不足，尤其缺乏对贯穿生态学、经济学的 ES 的研究，使得源于生态学的生态补偿理论却失去了生态学理论的有效支撑。

二、生态补偿制度构成

生态补偿制度研究首先应该关注生态补偿的宏观产权制度，即与生态补偿相关的土地、森林、湿地、水域等自然生态资源的所有权制度，因为生态补偿宏观产权、即生态资源的国家或集体所有制度是生态补偿产权制度最为明晰且不可改变的特征，它在生态补偿实践中发挥着基础的约束作用。尽管这方面的研究也是缺乏的，但是本篇研究的重点却是包括基本制度、治理结构、实施机制等层级化的生态补偿制度，生态资源的公共所有宏观产权制度只是作为影响或限定层级化生态补偿制度具体构成的既定因素，也称之为"制度环境"。

（一）基本制度

生态补偿制度作为调节生态保护过程中生态效益和经济利益关系的一套制度体系，其基本制度就是有关生态保护过程中利益相关者之间权利、义务分配的一般规则，核心就是生态补偿的产权制度。有关生态补偿基本制度的研究包括以下方面。

1. 生态补偿的内涵和定位

章铮（1995）首先基于外部性内部化的庇古哲学，认为生态环境补偿费是为控制和减少生态环境破坏而征收的一种费用。庄国泰等（1995）指出，生态补偿机制是对自然资源具有的生态环境价值的补偿。洪尚群等（2001）认为，生态补偿机制是利益驱动的激励机制、协调机制，是一种环境保护的经济手段。毛显强等（2002）把生态补偿界定为通过经济手段激励生态保护或生态损害的行为主体，增加或减少其行为产生的外部经济或外部不经济，他们主张通过收费调整环境增益和环境损害主体间的经济利益关系，并将生态补偿模式分为交易体系、基金、保证金、财政补贴、优惠信贷、生态补偿费税等六种不同的形式。粟晏、赖庆奎等（2005）指出生态补偿能够改变成本收益的动态分配关系，实现社会公正、公平，是观念分歧、利益差别和社会矛盾的整合器。刘峰江和李希昆（2005）把生态补偿理解为预防生态资源非优化配置的一种经济工具，具体包括三种方式：其一，依靠法律工具内化生态保护的外部效益，让生态服务与产品的享用者付费、补偿其生产者；其二，通过制度安排破解生态产品消费中的"搭便车"问题，激励其足额供给；其三，依靠制度创新向生态投资者提供合理回报，使生态资本价值增加，激励生态保护投资。

任勇等（2006）将生态补偿机制定义为维持、恢复和改善 ES 功能，调节生态保护或生态损害过程中相关利益者间环境及经济利益关系，以内化外部成本或收益为原则的、富有经济激励特性的制度。梁丽娟等（2006）基于博弈论将生态补偿理解为通过选择性激励机制实现集体理性的、走出生态领域"囚徒困境"的一种制度安排。原国家环保总局在其《关于生态补偿试点工作的指导意见》（2007）① 中把生态补偿理解为调节生态保护与建设过程中利益相关者之间经济关系的政策，其手段包括行政和市场手段两种，其依据在于 ES 价值以及生态保护保护者的实际投入成本和机会成本，目的在于保护生态环境，实现人与自然的和谐发展。李文华等（2007）首先将生态补偿解释为以保育养护 ES、促进 ES 可持续利用为主旨，通过经济手段调整利益相关者之间经济关系的制度安排，而后（李文华和刘某承，2010）又将其进一步定义为依据 ES 价值、生态保护者的实际投入成本和机会成本，采取政府工具和市场工具，调整生态保护利益相关者之间环境与经济利益关系的一种公共制度，该制度目的在于保护生态环境、实现人与自然的和谐发展。曹明德（2010）则基于消费补偿理论将其界定为自然资源的有偿使用制度。根据熊和王（Xiong and Wang，2010）的观点，生态补偿是利用财政转移机制内化外部性从而修正私人收益与社会收益之间扭曲的公共规则，是通过要价（或补偿）鼓励操作者减少甚至破坏、实施保护，从而减少负外部性、增加正部经济性，实现生态资源保护的财政转移补偿机制，其中费用是为了减少负外部性，而不同形式下的补偿是为了正外部性供给的分配。穆兰等（Mullan et al.，2011）指出，乍看生态补偿似乎符合庇古型 PES 概念，与穆拉迪安等（2010）的 PES 定义相符，但是实际上却与 PES 矛盾，因为这种付费本质上是对法定土地用途限制的补偿，而不是促进土地用途变化的经济激励，在这个意义上，中国的生态补偿更像是管制措施的有益补充。徐绍史在其代表国务院所做的《关于生态补偿机制建设工作的报告》（2013）② 中阐释生态补偿机制时，把生态补偿定义为通过采取财政转移支付方式或市场交易方式、合理补偿生态保护行为主体、内化生态保护外部性的公共制度，其基础是 ES 价值生态保护者的实际投入成本和机会成本。汪劲（2014）在解释《生态补偿条例》草案的立法背景时把生态补偿定义为：在综合衡量 ES 价值、生态保护者的实际投入成本和机会成本的前提下，通过行政手段或市场手段，使生态保护的受益主体或者生态损害的施加主体向生态保护主体或因者生态损害而受损主体直接支付资金、物质，或者间接提供非物质利益，以补偿生态保护主体或受损主体的成本投入和其他利益损失的行为。此

---

① 国家环保总局. 关于开展生态补偿试点工作的指导意见. 2007.8.24.
② 见徐绍史在第十二届全国人民代表大会常务委员会第二次会议上所作的《国务院关于生态补偿机制建设工作情况的报告》，2013 年 4 月 23 日。

外，杜万平（2001）基于生态学视角将生态补偿机制的功能界定为理顺和协调生态系统各要素之间关系，改善其物质、能量流动，促进其良性循环；毛峰、曾香（2006）认为，生态补偿是对生态系统物质与能量的反哺、调节机能的修复，因为此类生态系统已经丧失了自我反馈及恢复的能力。

不难看出，国内生态补偿及其机制的内涵，首先，有生态学与经济学不同的学科之分，其次，其经济学上的意义也从对生态环境破坏的赔偿，演化为对生态保护效益的补偿，最后，明确定位在生态保护领域，以区别于污染防治。就各种概念的具体内容而言，不同程度地涉及、揭示了生态补偿问题的外部性根源、调整经济利益关系的本质、内部化手段、经济激励作用、改善生态环境的目的等；就其实质而言，从最初的手段、工具说，演化为目前的制度说（2006 年之后），这种变化既反映了生态补偿手段方法的多样性、系统性，也从一个侧面反映了生态问题和生态补偿实践的复杂性。

2. 利益相关者的明晰

生态补偿基本制度的最关键问题之一就是要明晰付费主体和受偿主体。曹明德（2010）认为，支付主体是指依照法律规定赋有生态补偿职责及权力能力的国家、政府机关、法人和自然人，客体即接受主体是指生态补偿的权利和义务的指向对象。杨丽韫等（2010）直接把接受主体界定为生态保护的贡献者、生态损害的受损者、生态治理的受害者以及减少生态破坏行为的组织和个人。汪劲（2014）认为，生态补偿的付费主体即生态受益者或损害者，受偿主体即生态保护者或受损者；并将前者定义为从生态保护行为中受益，或开发利用活动有害于生态环境的地方政府、单位和个人；将后者定义为通过人、财、物投入维护和生产 ES，或者因此而发展受限的地方政府、单位和个人，以及因生态环境受损而遭受损失的地方政府、单位和个人。

3. 补偿依据及其测算方法

标准是生态补偿基本制度中"补偿多少"的重要问题，包括补偿依据及其测算方法两方面的内容。

一方面，生态补偿标准有"价值补偿"与"效益补偿"之争。陈钦和徐益良（2000）指出，价值是生产过程中消耗的物化劳动量与活劳动的体现，是资源配置水平、技术进步的函数；效益则取决于消费过程中的利用程度，基于生产过程的补偿只能是价值补偿，因此尽管价值评估有难以精确的缺憾，但以价值为生态补偿标准仍是有说服力的。吴水荣等（2001）认为，根据庇古理论应以供给 ES 的价值为最佳补偿额。由于生态服务系统价值化研究尚处于初级阶段，多数评估方法又并非直接基于生态补偿的目的，以现有价值评估结果作为补偿标准，既难以令人信服，又不能满足实际需要，因此学者一般以其作为补偿标准的理论上限，而非实际标准，国际上普遍认可的实际上是以机会成本为基准的补偿水平（李文华等，2006）。毛显强等（2002）就认为应根据受偿主体生态保护行为的机会成本作为补偿标准。赵翠薇和王世杰（2010）指出，测算生态补偿标准多采用价值法、成本法和意愿调查方法，价值法虽由于其缺陷不具备作为补偿依据的可行性，但可作为标准的上限，下限可采用成本法；而在确定生态补偿标准所采用成本法中，也经历了从直接损失成本核算演化为发展机会成本核算的过程。国内最初采用的是价值评估法（张翼飞等，2009）。

另一方面，ES 价值或生态保护成本的评估和测算方法多种多样。温作民（2001）指出，合理标准应介于价值标准和机会成本标准之间，综合考虑支付主体经济承受能力评估而定。粟晏、赖庆奎等（2005）、杨光梅等（2006）认为，生态补偿利益相关方的支付意愿和受偿意愿，特别是其中弱势群体的意愿应该在补偿标准的确定过程中得到体现。赖力等（2008）

指出，补偿标准应包括期限与空间选择、等级划分、等级幅度选择以及上下限等内容，决定因子应该多元化，在经济可行性、社会可接受性与生态效益之间协调统一；国内补偿标准的依据主要是 ES 价值的评估，评估方法包括重置成本法、碳税法、影子价格法、市场价格法、机会成本法等。李晓光等（2009）认为，市场理论、半市场理论以及价值理论是确定补偿标准的理论根据；赵翠薇和于世杰（2010）进一步指出，价值理论是实施生态补偿的基础，ES 虽由于其公共品特性而无法通过市场有效配置，但支付主体、受偿主体与其关系却类同于市场要素，补偿标准也与商品价格相似，取决于均衡状态，所以生态补偿标准的确定可通过市场模拟而实现。戴君虎等（2012）在强调 ES 评估的研究尺度、经济学原理、利益相关者问题等基础上，构建了以支付意愿为础的、相对完整合理的评估理论框架，将各项 ES 具体价值界定在不同尺度的相关利益者，为生态补偿标准及受偿主体的确定奠定了基础。李国平等（2013）基于外部性内部化的生态补偿概念，从正负外部性内部化两个层面探讨了生态补偿的理论标准及其测算方法。

就生态补偿基本制度所要规定的内容而言，其研究丰富且充分，结论的共识性也相对较强，不足的是基本制度作用和制度化方式的研究，也就是说，这些基本规则如何影响生态补偿制度体系中其他的制度安排、进而影响整体制度结构，其制度形式究竟应该是法律，还是法规或政策、文件？

（二）治理模式或结构

生态补偿治理模式实际就是由不同生态补偿工具所反映的政府模式和市场模式，不同的工具、方法和手段对应不同的治理模式，形成不同的治理结构。治理模式或结构研究包括分类和选择两方面的内容。

一是生态补偿治理模式或结构类型的研究。万军等（2005）根据支付主体的不同将生态补偿区分成政府与市场两类，政府补偿工具主要包括重大生态建设工程、财政专项基金和财政转移支付，市场补偿工具有排污权交易、水权交易、排污费、环境费、资源费和生态补偿费等。模式选择上以政府主导型为主（洪尚群等，2001），具体可采用货币、人力、技术等多元形式（以货币为主）（杜万平，2001），辅之以生态购买，可以优势互补（吴学灿等，2006）。葛颜祥等（2007）指出，市场补偿是生态服务受益者直接补偿保护者，主要有生态标记、一对一交易、产权交易市场等方式，政府补偿多采用生态补偿基金、政策补偿和财政转移支付等方式。

二是不同治理模式或结构选择的研究。葛颜祥等（2007）指出，市场补偿方式交易成本高、制度运行成本低，政府补偿则与之相反，前者适用于规模小、产权清晰和补偿主体集中的流域，后者适用于规模大、产权模糊和补偿主体分散的流域。周映毕（2007）比较了中国流域生态补偿的实践和探索，指出政府主导应是主要补偿模式。俞海和任勇（2008）依据生态系统及其服务的物品属性，对相应生态补偿问题进行分类，指出生态补偿首先要进行初始产权的界定，即全国生态功能区的划分，其次，纯粹公共品的生态补偿问题宜用财政补贴手段，公共资源问题宜在强化政府干预的同时逐步向自愿协商转变，矿产资源开发等准私人物品问题宜用自愿协商机制；地方公共品和俱乐部物品问题宜由地方政府合理选择相应机制。马莹（2010）从利益相关者视角分析了流域政府主导型生态补偿制度的设计要点：责任与收益匹配、使用成本加利法测算标准、相关利益者分摊费用以及激励监督主体承担责任等。尚海洋等（2011）认为市场补偿机制目标少且明确，涉及 ES 类型多，效果好，而政府补偿机制涉及 ES 单一，但通常是多目标的，更具规模经济性。黄飞雪（2011）以绿地、园林为例，采用 2006～2008 年 30 个省区市的绿地面积和政府投入面板数据构建回归模型，通过成本效益分析发现，庇古手段的生态补偿效果明显，认为绿地与园林生态补偿应以庇古手段为主、科斯手段为辅，使用科斯手段时为了减少生态损失，应以经营权私人化为产权调整方向。冯俏彬和雷雨恒（2014）从生态补偿制度的实际运作角度出发，认为我国生态补偿制度建设应当借鉴生态服务交易理念、引入市场化机制，加大排污权交易、进行生态产品认证。李荣娟和孙友祥（2013）从理论上分析了政府资源环境管制和政府 ES 购买的缺陷，认为完善政府管制工具、健全政府补偿工具、探索并引入市场化补偿工具，构建市场、政府和社会协同的 ES 供给机制，才可能提高 ES 供给水平。聂倩和匡小平（2014）认为，我国生态补偿以政府主导模式为主，效率较低，应推进市场化补偿模型的发展。

在政府补偿模式中，杜振华和焦玉良（2004）指出，纵向财政转移支付不能体现 ES 在相关产业、区域、流域间漂移的特征，横向生态补偿尚属空白，应设立区际生态转移支付基金作为相应生态补偿的操作范式和制度选择。张冬梅（2013）认为，从福利经济学角度观察，纵横交错的财政转移支付制度是民族地区生态补偿最直接有效的政策选择。田贵贤（2013）探讨了生态补偿横向转移支付的三大优先领域：流域生态补偿、重点生态功能区补偿、省际间区域补偿。杨中文等（2013）分析了现有水生态补偿财政转移支付制度的缺陷，提出构建纵向为主、横向为辅，横向转移支付纵向化的水生态补偿财政转移支付制度。杨晓萌（2013）指出，我国重点生态功能区划与地方政府财政能力差异相矛盾，应以横向转移支付制度作为生态补偿纵向财政转移支付制度的有益补充。卢洪友等（2014）认为，应建立和实现绿色的环境资源税费体系，完善生态激励与财力均衡相结合的生态补偿纵向财政转移支付制度，推广跨流域或跨地区的横向转移支付制度。

文献显示，有关生态补偿制度治理模式或结构研究，虽然从本质上明确了生态补偿政府与市场两种模式不同的作用机理，并对两种治理模式各自的优势、缺点和应用环境进行了不同程度的研究，尤其对政府模式中纵向和横向财政转移支付制度做了深层次的探讨，但是，在 ES 正外部性内部化的语境中，政府与市场两种治理模式的作用机理（庇古理论和科斯理论）并不似负外部性内部化（污染治理）的研究那样，有精准的数理模型、严谨的数学推理，具备坚实的微观基础；同时，如何在不同的现实环境中进行两种治理模式选择，尤其是如何在市场模式的各种工具间进行选择，以及这种选择如何因应产权结构等基本制度的不同等，都缺乏更为深入的探究。

（三）实施机制

1. 最优机制研究

在生态补偿主体行为研究方面，梁丽娟等（2006）指出，流域生态问题的根源在于流域利益主体之间博弈的个体理性，可以通过构建诱导上游生态保护、迫使下游主动补偿的选择性激励机制，实现集体理性，破解流域内生态问题。李镜等（2008）应用博弈模型模拟了岷江上游退耕还林现有机制中不同主体决策选择的过程，发现政策效果与补偿额关系微弱，甚至无关，而与补偿年限、农民外出务工收入、本地第三产业水平关系密切。杨云彦和石智雷（2009）构建南水北调水源区与受水区政府之间的博弈模型，分析纳什均衡条件下收益矩阵中参数变量的政策意义，探寻协调利益冲突、实现整体最优的路径和方法。曹国华（2011）采用微分对策方法研究了流域生态补偿机制中地方政府的动态最优决策问题。李炜和田国双（2012）构建主体功能区生态补偿时受限区和优先发展区的博弈模型，分析其纳什均衡，发现优先发展区应支付补偿、受限区应生态保护。接玉梅等（2012）采用双种群博弈模型，分析了影响上下游合作演化方向的八种因素，确定了提高水源地生态补偿机制合作效应的途径和方法。徐大伟等（2013）探讨了跨区域流域生态补偿的政府间逐级协商的机制。曹洪华等

（2013）构建运用生态补偿主体间的非对称演化博弈模型，研究了补偿过程的动态演化机制和其稳定策略。

2. 价值评估与补偿标准的研究

特定生态补偿项目补偿标准的测算始终是研究的热点。吴晓青等（2003）建议以受损量与受益量差额的一半作为区际生态补偿标准的计算基准。熊鹰等（2004）以农户损失机会成本为下限、湿地增加的 ES 价值作为上限，结合农户调研确立了湿地生态补偿的具体标准。章锦河和张捷等（2005）在比较本地居民与旅游者之间生态足迹差异的前提下，依据本地居民从事生态保护所产生的生态价值、以及旅游者对当地生态产生的压力来计算生态补偿的额度。顾岗等（2006）采用影子工程方法测算了水源地建设生态功能区产生的正外部效益的最小估值。孙新章等（2006）分析调研意愿发现，有必要延长退耕还林（草）补偿期限，而补偿额可以适当减少。王等（Wang et al.，2007）运用 RPL 模型测算安塞、西安、北京居民每年针对黄土高原生态补偿的支付意愿，发现其额度分别是年收入的 2.2%、2.0%、3.2%。魏楚和沈满洪（2011）从污染权视角出发采用价值法和机会成本法，构建了流域补偿标准的计量经济学模型，并将其运用在浙江飞云江流域的补偿标准的测算上。王蕾等（2011）运用基于生态足迹的"虚拟地"概念构建定量方法，测算了武夷山自然保护区的生态补偿的最低标准。徐大伟等（2012）利用条件价值评估法，测算了辽河流域居民的支付意愿和受偿意愿。陈江龙等（2012）从发展权价值评估角度测定了太湖东部水源区的生态补偿标准。李屹峰等（2013）采用草场及牲畜的机会成本法测算了青海三江源自然保护区生态移民的补偿标准。代明等（2013）构建了计量模型，计算了禁止和受限的工业产值与原产值之间差异，并以此作为生态补偿的标准。为了更加公平地分摊成本，调动上游地区生态保护的积极性，李维乾等（2013）提出了基于 DEA 合作博弈的补偿额分摊方案，并基于梯形模糊数确定地区权重，对 ShaPley 值进行修正作为补偿标准。

虽然补偿标准是生态补偿实施机制的关键组成部分，但却远不是其全部，条件性、额外性是生态补偿实施机制的基本构成要素，生态补偿最优机制包括一系列相互作用的构成要素，远非简单策略分析和单纯补偿标准可以代表，因此，无论现有研究结论如何可靠，都有以偏概全之嫌，有关生态补偿制度实施机制的研究是不足的，甚至是匮乏的。

（四）制度架构

有关生态补偿制度的整体架构，万军等（2005）、王金南和庄国泰（2006）认为应建立多层次补偿系统，通过西部、重点生态功能区、流域和要素等生态补偿机制，因地制宜、突出重点、宽领域、多层次地实施补偿。任勇和俞海（2008）指出，中国生态补偿制度应涵盖定位、原则、目标、优先领域，法理及政策依据，补偿标准及依据，政策工具，管理体制和责任赔偿机制等内容。张金泉（2007）认为，必须建立起 ES 与物质产品之间等价交换的补偿机制，为生态修复者、建设者与破坏者、受益者构建虚拟市场和制度框架，实现不同生态功能区之间的合理分工与协调发展。孙新章和周海林（2008）认为我国生态补偿制度中补偿主体、补偿标准和融资都不曾形成完整的方法、体系，需要通过加快立法进程，明确问题主次、加强关键问题研究，拓宽融资渠道，推动生态补偿制度的建设。马莹（2010）认为，激励相容性流域生态补偿制度的本质在于兼顾利益相关者及其联盟的利益诉求，具体包括协调利益矛盾、规范参与者行为、解决利益再分配问题，并指出该制度设计的关键是收益与履行责任匹配，采用成本加利测算补偿标准，将补偿成本合理分摊在上一级政府、上下游利益相关者和后代之间，并激励监管者履行监管责任。尚海洋等（2011）认为生态补偿的制度分析通常可以从"结构—功能"和"手段—目标"两种分析维度展开，他们指出，中国生态补偿制度应坚持法律政策框架下的项目运作，强调其他政策的调整、匹配与结合，同时发挥政府与市场的作用。史玉成（2013）认为，生态补偿应是有关"生态利益"的制度安排，不包括"资源利益"的调整手段；从规范法学角度审视，生态补偿法律制度需要涵盖确定的法律关系主体、合理的权利义务配置、公平的补偿标准、可行的补偿方式及程序。国家发改委国土开发与地区经济研究所课题组（2015）提出，区域间横向生态补偿制度要根据"受益者付费"，明晰补偿主体，依据"保护者受偿"，完善"四权（所有权、使用权、收益权、转让权）分置"的生态资源产权制度、明确补偿对象，以双边博弈和边际成本为依据确定补偿标准，综合公共政策和市场手段开发多元化补偿方式，以公开、公正、公平为原则，构建平等双向、多元参与的动态调整机制和评估监管体系。

张术环和杨舒涵（2010）从法的视角将生态补偿制度界定为生态补偿机制实现路径和框架内容的规范化、制度化，指出完善的生态补偿制度体系应该包括有关维护相关者利益、践行标准、政府行为，以及相关法律法规和司法程序等制度。黄润源（2011）在考察国内外实践的基础上，提出了我国生态补偿法律制度立法模式、补偿方法、补偿标准三方面的完善措施，尤其在立法方面要强调规则内容的整合、立法层次的提高和多层次体系的构成等。普书贞等（2011）在流域水资源的生态补偿法律研究中发现，立法模式不适应实际需要、生态补偿法律制度缺位，法律制度滞后，部分现有法律法规彼此矛盾、冲突。严耕（2012）指出，我国法律没有确认公民的环境权益，生态环境母法缺失、现有立法层次较低，生态环境立法、执法中权责失衡现象严重。汪劲（2014）在梳理我国有关生态补偿的法律、行政法规、政府规范性政策文件、部门规章的基础上，指出涉及生态补偿的法律有 14 部，其中仅有《森林法》明确了森林生态效益补偿金制度，其他法律只是规定应对环境资源开发利用收费、补偿生态保护行为，我国实施生态补偿多依赖国务院 80 篇的法规、政策文件，以及国务院生态补偿主管部门多达 146 篇的部门规章，就具体内容而言，涉及森林和矿区的规定最多，义务主体多是地方政府，少数涉及个人（退耕还林）和企业（矿产资源开发）。汪劲认为，生态补偿专项立法缺失，现有相关法律、法规不完善、不健全、不系统，具体表现为：生态补偿领域、主客体不明晰，补偿范围狭窄，保护者与受益者之间权责执行不到位、利益关系脱节，产权制度、主体功能区规划制度不到位；涉及主管部门多，融资渠道单一，补偿手段以政府工程补贴为主，市场作用微弱；补偿标准计算方法不科学，补偿金额过低，保护者积极性不高；缺乏有效的检测、监督、考核体系，资金使用规范性差。汪劲最后明确道：当前散布于各个领域、各项法律法规内的生态补偿制度应该融合为国家综合性的生态补偿法律制度，重点确立生态补偿基本原则、相关利益主体权利义务、主要领域，补偿范围、对象、标准，资金来源、考核方式以及责任追究等制度安排。梁增然（2015）指出，我国森林生态补偿制度应该强化刚性和适用性，规范表述形式，补偿主体多元化，加强监督。

亚洲开发银行（ADB，2010）在《中国生态补偿政策面临的挑战和机遇》中指出，更富成果的生态补偿政策框架包括：一是面向生态补偿的法律与监管依据，以解决 ES 的财产权、管辖范围与机构之间的协调等两个基本问题，其中产权决定 ES 市场的关键参与者和利益相关者，为成功的生态补偿项目提供基础，政策、法规和激励措施会激发管辖范围之间的协调。二是强调生态补偿更有效果的关键因素，其中包括更清晰的生态补偿定义，使优先事项和目标定位更清晰地出现在政策框架的开发过程中；鼓励甚至强调开发、使用基于激励的、如 PES 的生态补偿项目；更多依赖基于市场的工具确定补偿标准，以确保中国的生态补偿计划能够改善激励机制、降低成本，并在适应不断变化的环境挑战中为经济提供更大的灵活性。三是充分利用现有的产业政策与措施。因为解决环境与自然资源基础重建问题所要求的一些法律、法规、政策、计划和激励措施已经存在于其他行业之中，生态补偿，更明确地说，PES 计划只是众多工具中的一种，应该被探究与其他互补工具一起使用，换句话说，应对政策不应局限于"环境"的决策过程，而且还需要来自如渔业、农业、林业、能源、食品和饮料、采掘业、交通运输、旅游和健康等其他部门的政策，如果能够从国民经济核算、监管和财政政策，到公共与私人采购、政府支出等方面广泛考虑，决策就能更好地体现自然资本的价值；虽然应用单一政策工具可能会发生作用，但在更多时候，适当的政策反对应该是一个灵活的"智能"的政策组合，该组合要从易到难，逐渐展开；通过立法与管理机构构建针对私营部门的法律与监管框架，吸引私有部门参与的环境服务市场开发，为实现大规模省级生态补偿项目的实施筹措资金。四是从战略上将扶贫目标纳入生态补偿项目，通过立法保护参与项目的农民。

生态补偿制度整体框架的现有研究，多数侧重于其构成内容、本质、功能和法律法规的研究，虽然也指出了存在的一些问题和改进的方向，但是，有关制度体系各种构成要素或内容（即制度安排）在生态补偿制度体系中不同位置以及他们之间相互关系的研究是不足或缺失的，忽视了对各种制度安排相对地位及相互关系的研究，制度结构不清楚也不完整；亚洲开发银行虽然谈及生态补偿制度的多重构成，但是各制度安排的具体内容以及相互之间的关系仍存在模糊空间。

三、生态补偿的效应

国内有关生态补偿制度运行效果研究的主要方法是调查、统计手段。庞淼（2011）通过调研，实证了四川省布拖县乐安湿地保护有限的实施效果。王立安等（2012）构建度量指标体系，通过调研采集数据、量化分析了甘肃陇南武都区生态补偿对贫困户生计的影响，发现贫困户生计能力整体上升，但也有个别地区因为"一刀切"的补偿政策，贫困户生计能力下降。赵雪雁等（2012，2013）研究了黄河甘南地区水源地生态补偿对牧民社会观念的影响、对农户生计的影响，发现：其一，生态补偿对牧民的环保意识、参与意识和监督意识有较大影响，但是对环保维权意识的影响相对较弱；其二，生态补偿使农户整体上生计方式趋于多样，非农户增加，同时所有农户资本都有所增加，但幅度不同。苏芳和尚海洋（2013）构建指标定量研究了张掖市不同生态补偿方式对农户生计策略的影响，指出以农业为生计的农民希望技术、实物支持，而以非农业为生计的农民希望政策、资金扶持。国家林业局（2014）在《退耕还林工程生态效益检测国家报告（2013）》中，按照《退耕还林工程生态效益检测评估技术标准与管理规范》，选取辽宁、云南、甘肃、河北、湖南、湖北六省 703 个区县为数据采集样本，依据三种植被类型（封山育林、宜林荒山荒地造林、退耕还林地）和 3 种林木类型（灌木林、经济林、生态林），采用四级分布式测算方法，对退耕还林 6327 个均质化测算单元的生物多样性保护、净化大气环境、固碳释氧、保育土壤、涵养水源和林木积累营养物质等 6 项功能 11 类指标进行测算评估，得出结论：截至 2013 年年底的退耕还林工程，生态效益显著，生态保护和生态文明建设意义重大；社会效益明显，极大促进了农民脱贫致富、生产方式转变、产业结构调整。

显然，生态补偿制度运行效果现有研究侧重于单个生态补偿项目的生态效应和社会效应分析，其中又以社会效应（扶贫目标）的研究为主；生态效应的度量标准并不明确，相关研究也缺乏基于大样本的研究；生态补偿效率研究缺乏。研究方法相对单一，以调研、统计手段为主，罕见计量回归等其他规范方法的应用，因而现有研究相对简单，结论的指导意义不明显。同时，生态补偿制度体系构成如何影响其运行效果仍缺乏经验实证和规范的系统分析。

第二节　国外 PES 的研究

作为国际上通用的生态保护方式，PES 制度研究的文献可以从类型、理论基础、实施机制和绩效等方面进行回顾和梳理。

一、PES 类型

由于 PES 定义的不同，其范畴有狭义和宽泛之分。恩格尔等（2008）根据 ES 买家是 ES 实际使用者与买家是代表 ES 使用者的第三方（通常是政府、非政府组织、或国际机构）的不同，将 PES 项目分为使用者付费（user-financed）和政府付费的（government-financed）的两种情形。政府付费和使用者付费的 PES 项目之间的关键区别，不仅仅在于谁付费，还在于谁有权做出付费的决策。

亚洲开发银行（2010）将 PES 机制的各种类型划分为三个基本种类：直接付费、减缓与补偿付费、认证。其中直接付费包括一般补贴、积分补贴、谈判和竞标；减缓与补偿付费包括清洁发展机制、湿地减缓银行和生物多样性补偿；认证包括生态标签和森林认证。

巴比尔和马坎迪亚（Barbier and Markandya，2013）根据所涉及的付费机制的不同，将 PES 分为三种主要类别：自愿契约协议、公共付费计划和交易体系。惠滕和谢尔顿（Whitten and Shelton，2005）与 NMBIWG（2005）也将矫正市场失灵的市场化工具分为三大类：第一类，如生态标签或教育等市场摩擦机制，通过消除 ES 的识别障碍，改进现有市场的效率；第二类，如拍卖、招标与税收等基于价格的机制，通过设置或调整价格以迫使市场将 ES 成本纳入；第三类，如交易上限计划和补偿抵消计划等基于数量的机制，设置所要达到或维持的环境服务目标。

洛克（Lockie，2012）四分法认为惠滕和谢尔顿（2005）与 NMBIWG（2005）的三分法不能区分两种同样以价格为基础但目的并不相同的方法，混淆了在本质上最适合于基于价格工具的那些政策目标，将基于价格的政策工具分为明确寻求对现有市场内化环境成本的鼓励，和作为创造新市场、并通过该市场配置针对 ES 供给的支付的手段。把运用基于价格的市场工具作为市场化改革的工具，和运用基于价格的市场工具创造新的 ES 市场分离，四种类型分类法更有用（见表 31.1）。

表 31.1　　　　　　　　　　　Lockie 的 PES 类型

类型	市场干预	实例	适用场合
市场摩擦	消除 ES 认识上的障碍,改善现有市场的效率	标准、认证、生态标签及能力建设	降低交易成本或增加信息可改善结果的情形
市场改革（基于价格）	设定或调整价格以内化 ES 成本	生态税	可度量的点源活动,如碳排放、水开采等
市场设计（基于价格）	PES 的市场分配机制	招标、拍卖	扩散源环境结果,如生物多样性,盐碱减缓
基于数量	设定获得或保持 ES 的目标	限额或交易机制,可交易补偿	可度量的点源活动,如碳排放、水开采等

罗曼·皮拉尔（Romain Pirard，2012）指出，广泛意义上的 PES，也就是 MBIs，包括 PES、税收和补贴、减缓行动或和物种基因银行、认证等极其多样的工具，这些工具唯一的共同特征可能是面向自然的价格属性，然而方式不同。为了更好地了解政策的制定，罗曼·皮拉尔（2012）基于 MBIs、经济理论、市场二者之间的联系，为这个政策工具的集合确定了包括六种一般类型的、更为合适的词汇（如表31.1所示）：规制价格信号、科斯类型的协议、竞标、可交易许可证、直接市场和自愿价格信号，如表31.2所示。

表31.2 广义 PES 即面向生物多样性和 ES 的市场工具类型

类型	独有特征	说明	与市场关系	实例
直接市场	生产者和消费者之间直接交易环境产品的市场	国际层次上为所有国家和各种交易构建具体规则	接近市场的程度取决于实际情形和商品化程度	遗传资源、经济林产品、生态旅游
可交易许可证	创造人为稀缺性和相应的特定市场，用户购买可进一步交易的许可证	有明确的环境目标(有生物物理指标)，根据可接受的社会成本设计	依据给定的环境目标建立特定的市场，预计将揭示信息	纾缓银行、欧洲排放配额、碳汇交易、可交易的土地发展权
竞标	候选者响应公共部门召唤、设定付费水平的机制	旨在揭示价格、避免搭便车和寻租	创建拍卖市场，有利于通过投标人之间的竞争实现成本效率	PES(澳大利亚的丛林养护、美国的 CRP)
科斯型协议	受益人和供给者为共同利益而交换权利的自愿交易	需要明确的产权配置，地点的高度具体化	通常不遵守市场规则，具有更多的契约性质	Wunder 的 PES、地役权保护、保护优惠
规制价格信号	诱发相对较高或较低价格的规制措施	公共部门财政政策(有环境目标)的组成部分(包括补贴)	根据现有的市场	生态税、农业环境措施
自愿价格信号	生产者向消费者发送积极的环境影响信号，在市场获得溢价	消费者支付意愿相对较低，对行动的激励作用有限	利用现有市场识别和促进各种良性活动	森林认证、有机农业标签、规范(自产前认证)

综上所述，恩格尔等（2008）二分法的标准是形成 PES 两种不同的理论基础：使用者付费的 PES 依据的是科斯产权理论，政府付费的 PES 依据的是庇古福利经济学理论（政府干预理论）；亚洲开发银行（2010）三分法的标准是付费的直接依据，直接付费依据所约定的 ES 供给水平，减缓与补偿付费依据反映 ES 供给水平的"信用"，即人为的"稀缺性"，认证依据反映 ES 供给水平的"信息"；巴比尔和马坎迪亚（2013）三分法的标准是付费行为主体的不同，自愿协议发生在直接供给者和使用者之间，公共付费计划发生在使用者代理人—政府与供给者之间，交易体系则发生在政府与使用者、或使用者与使用者之间（显然二分法也是基于行为主体的区别划分的）；惠滕和谢尔顿（2005）与 NMBIWG（2005）三分法的标准是市场摩擦、价格、数量等三种不同的作用机制；洛克（2012）四分法的标准与惠滕和谢尔顿

与 NMBIWG 三分法类似，但却将基于价格的市场改革机制与基于价格的市场创建机制区分开来；罗曼·皮拉尔（2012）六分法的标准则是形成 PES 的不同经济理论及与市场不同的关系，直接市场近似于经典的商品市场，竞标和可交易许可证是通过创建市场来揭示信息，从而实现成本效益最大化，规制价格信号和自愿价格信号是基于现有市场的价格调整，科斯协议不遵守市场规则，具有契约性质。

从各种分类方法所涉及的范畴来看，有狭义和广义之分，二分法为狭义的 PES，其余则为广义的 PES。即使广义 PES 的三分法、四分法和六分法，所涵盖的实际工具也并不完全相同，被多次提及的工具有自愿协议、补贴、竞标、可交易许可证、认证和标签等五种，其余如标准、能力建设，以及产品等工具则分别仅在某种归类法提及，如表 31.3 所示。按照本篇给出的定义，PES 范畴涵盖了多种归类法普遍认可的五种具体工具类型，即政府津贴、自愿协议、可交易许可证、招标、认证和标签等。根据研究目的，本文采用恩格尔等（2008）的二分法，将这五种工具类型根据其暗含的理论基础分为庇古型 PES 和科斯型 PES，前者就是政府津贴，也可称为"政府型 PES"；后者则包括自愿协议、可交易许可证、招标、认证和标签等，分别通过模拟、创建市场和自发调整价格信息来利用市场机制，因此，也可以称为"市场型 PES"。

表 31.3   **PES 类型和归类方法**

常见工具	二分法 恩格尔（2008）	三分法 亚洲开发银行 （2010）	三分法 巴比尔（2013）	四分法 洛克（2012）	六分法 皮拉尔（2012）
自愿协议	使用者付费	直接付费	自愿协议		科斯协议
政府津贴	政府付费	直接付费	公共付费	市场改革	规制价格信号
竞标		直接付费		市场创建	招标
可交易许可证		纾缓补偿付费	交易体系	数量机制	可交易许可证
认证、标签		认证		市场摩擦	自愿价格信号
能力建设				市场摩擦	
标准				市场摩擦	
产品					直接市场

二、PES 体系构成

PES 体系构成的研究就是 PES 治理结构的研究，主要包括有效治理结构的外在特征、有效治理结构设计的限定性因素、有效治理构成要件的设计选择以及 PES 的运行环境等四个方面的内容。

按照万特（Vatn，2010）的观点，制度可以理解为解决集体选择问题的方案，各种 PES 合同共同形成了这类制度的治理结构。科尔韦拉等（Corbera et al.，2009）将制度界定为在给定情形下调整做什么和不做什么的正式、非正式规则，将 PES 定义为设计新制度，用于通过提供经济激励，提高或改变与生态系统管理相联系的行为。

恩格尔等（2008）分析了影响 PES 效果及效率的设计特征，指出其中一部分反映了 PES 涉及的 ES 属性、社会、经济或政治背景的不同，另一部分则是其有意识的选择结果。亚洲开发银行（2010）指出，确定最佳 PES 机制取决于许多因素，包括 ES 类型、法律环境、参与方是公共还是私有的、获取信息的难度和成本、资金的可获得性以及配套制度。万特（2010）致力于研究治理结构与下列因素的相互关系：产权配置、协调规则、机构代理人间互动；交易成本水平；PES 的动机及其意义。穆拉迪安等（2010）解释了为什么和如何在治理结构中考虑下面这些因素：高成本信息、不确定市场、资源的不公平利用、产权初始配置，以及中介的作用、制度环境、文化背景等。肯克斯等（Kemkes et al. ，2010）提出了一个理论分析框架，用于探讨 ES 特性，特别是竞争性和排他性方面的特性，如何影响各种治理结构形成，以及 PES 在哪些地方、如何能够成为 ES 供给的有效工具。科尔韦拉等（2009）提出了一个评估制度设计、制度绩效、制度相互作用、PES 能力和规模等的概念方法，识别确定了影响自然资源管理制度成功的要素，诸如参与者对规则的接受程度，或者参与者对承诺的监督等。

有关 PES 的最优体系构成，克罗格（Kroeger，2012）认为最优 PES 设计的核心是条件性和目标性，但是如果缺乏适当的 ES 定义和相应的产出测度，难以进行成本效益分析；他构建了一个框架，用来界定条件性强度的成本效益水平，明确提高 PES 或其他生态服务项目成本效益的关键分析方法和数据；并指出，对于 PES 最优方案的设计来说，这些分析概念、度量指标以及监测和模型化的方法是充分的，问题在于这些要素如何有效地融合在一起，一致地应用在 PES 的设计过程中；最后，克罗格还认为，空间分析和监测能力的提高，应该可以逐步实现，以提高 PES 的成本效益。塔科尼（Tacconi，2012）强调了环境服务或其替代物的度量和监测控制在 PES 的基础地位和重要作用，指出有效 PES 应该具备条件性、额外性和透明性，认为条件性、额外性和透明性是 PES 的重要特征，至少供给者的自愿参与应该是首选，结构良好的 PES 体系包括：明确保养的、适当规模的环境服务（并与其他服务有潜在的关系），或者显现出有助于 ES 供给的、环境管理的活动；选择适合参与的区域和供给者的程序，达成契约指定参与的条件（包括奖惩）、监督协议的实施、检查计划的绩效。扎特勒等（Sattler et al. ，2013）以 PES 所涉及的 10 大类共计 32 小类特征为标准，对被公认为成功的美国和德国 22 个 PES 案例进行了多重分类，从中归纳概括出对 PES 成功有重要影响的一些共性特征：中介参与、政府角色的介入、契约时限、协同效益、参加自愿以及基于产出的 PES 设计等。肖默斯和马特兹多夫（Schomers and Matzdorf，2013）认为影响 PES 协议有效性的设计特征包括在特定绩效付费、招标、空间定位和成本收益定位以及提高 PES 计划接受程度的因素等，多数学者研究了有利于提高效率和效益的 PES 有效设计特征的一个或几个，其中相对集中的是提高经济效率和环境效益的创新契约设计特征，如基于绩效付费（Matzdorf and Lorenz，2010；Burton and Schwarz，2013）、竞标（Latacz-Lohmann and Van der Hamsvoort，1998；Claassen et al. ，2008；Windle and Rolfe，2008）和空间定位（Uthes et al. ，2010；Raymond and Brown，2011；Schirmer et al. ，2012）。法尔科内（Falconer，2000）考虑了农场主的态度特征及其如何影响计划的吸引力。汉利等（Hanley et al. ，1999）、扎特勒和内格尔（Sattler and Nagel，2010）、格雷纳和格雷格（Greiner and Gregg，2011）、洛科茨等（Lokocz et al. ，2011）等讨论了影响项目参与者履约的因素。霍奇和麦克纳利（Hodge and McNally，1998）研究了在英国影响签订和执行自愿付费计划相关决策的关键因素。霍奇（2000）讨论了经济激励的重要性及其如何影响接受程度。

法尔科内（2000）研究和度量了参与 PES 项目的交易成本。法尔科内和桑德斯（Falconer and Saunders, 2002）测算、比较了个别协商管理协议和标准管理协议的交易成本。梅特潘宁根等（Mettepenningen et al., 2008）分析了影响公共交易成本的因素，并用定量和定性技术评估了这些因素。乌斯和马特兹多夫（Uthes and Matzdorf, 2013）发现许多文献仔细考虑了高交易成本的后果，指出尽管欧洲政府型 PES 项目的交易成本得到了认真的探索，而不是单纯的概念思考，但是相应案例却没有出现在收集的 PES 文献中。

西拉和鲁斯曼（Sierra and Russman, 2006）指出，将付费集中在最需要的区域提高了环境效益。罗瓦利诺等（Robalino et al., 2008）认为，ES 定位不当是 PES 低经济效率和环境有效性的主要原因之一，付费被定位在退化风险最大的地块，因而也是 PES 作用最大的区域。乌斯等（2010）指出，空间定位通过将付费定位在最脆弱退化和适当的土地上提高环境效益和经济效率，在这些地域，ES 以比其他地方都低的成本供给。温舍尔等（Wuenscher et al., 2008）开发了一套兼顾 ES 供给、退化风险和参与成本的、针对空间定位的选择工具，并用源于哥斯达黎加的案例数据实证检验该工具提高经济效率和环境效益的能力。

格罗斯（Groth, 2005）研究发现，与依据一定行为或投入付费相比，绩效付费更可能提高经济效率和环境效益。扎贝尔和罗（Zabel and Roe, 2009）指出，统一规定的土地用途通常并不一定适应当地的需要，绩效付费激发当地智力，产生富有活力的、新的土地利用实践；土地管理者会找到把投入与其特定场所相结合的最好方式，以实现供给环境服务预期水平的首要目标。齐伯曼等（Zilberman et al., 2008）认为，通常服务供给者对所需的投入和土地利用实践了解更多，因而能以较低的成本供给 ES；基于绩效付费有助于降低信息分布的不对称性，提高 ES 供给的成本效益；但是，服务供给的风险转嫁给了服务提供者，因此他可能索要一个风险溢价，而风险溢价又提高了付费额度。扎贝尔和罗（2009）指出，绩效付费通常只要求一次最终检查（Hoft et al., 2010），因而降低了整个监测成本，然而，付费必须系于可观测的指标，但是实际的指标却通常是扭曲的，因此，需要构建可靠的指标，否则基于绩效的付费难以实现 ES 的有效供给。哈松（Hasund, 2011）演示了指标构建的方法，霍夫特等（Hoft et al., 2010）评估了新近针对放牧活动影响植被的指标。扎贝尔和罗（2009）讨论了绩效付费的经济理论，并且运用多个简洁阐述的土地案例简要说明和对比了四种不同的付费方法。扎贝尔和罗（2009）发现，在全球各地都存在基于绩效付费的 PES 计划，然而其中许多规模都非常小。德国的绩效付费研究非常透彻，在那里农业生物多样性保护的实验已经存在（Bertke et al., 2003; Hoft et al., 2010）。扎贝尔和恩格尔（2010）提供了一个印度构建基于绩效野生动物保护计划的框架，该框架的基础是瑞典首先实施的、针对食肉动物保护的绩效付费计划，目标是将工业化国家的 PES 经验交流到发展中国家。斯库茨（Skutsch et al., 2011）强调 REDD 的碳项目将是基于绩效的 PES 计划。

费拉罗（Ferraro, 2008）认为，也称逆向竞拍或采购竞拍的招标，因为邀请可能的 ES 供给者提交他愿意签订 PES 协议的价格，所以具有契约设计特征，其中标的必须具有竞争性，因为只有合理的出价才可能被签约；竞标有助于揭示私人接受意愿和私人机会成本，是一种提高 PES 协议经济效率和环境效益的机制，因为信息不对称性及由此产生的信息租金被降低。由于付费最小化，这种揭示成本机制可以节约 ES 购买者的成本，在给定的预算约束下，招标标可以最大化所保护的 ES（Pascual and Perrings, 2007; Ferraro, 2008）。招标被成功地用于保护保育项目（Baylis et al., 2008），并且目前正在德国（Bertke et al., 2008）、印度尼西亚（Leimona et al., 2009; Jack et al., 2009）和澳大利亚（Rolfe and Windle, 2011）的现场实验，并接受检验。此外，亚马孙的碳付费计划讨论和推荐使用了招标（Boerner et al., 2010; Wertz-Kanounnikoff et al., 2008），并在墨西哥的国家 PES 项目中得以实施（Alix-Garcia et al.,

2009；Munoz-Pina et al.，2008）。为了进一步提高经济效率，德国的一个试点项目正在试验绩效付费与招标的结合（Groth，2005；Bertke et al.，2003，2005）。但是，斯基利齐等（Schilizzi et al.，2011）的研究表明，就预期的 ES 产出而言，招标与绩效付费结合可能适得其反，即竞标降低了环境效益。索思盖特和温德尔（Southgate and Wunder，2009）为了减少策略性行为及交易成本，提高 PES 协议经济效率，而探讨了运用 Vickery 招标，在 Vickery 招标机制中，赢家不是收到他们赢得的标的，而是收到作价偏低的竞争者提供的数量，也就是说，赢家收到了稍微高于他们标的的付费，他们认为 Vickery 招标机制可以防止夸大标的，因为这样的标的只是增加了对竞争者的付费。

索默维尔等（Sommerville et al.，2010）指出，由于 PES 交易，尤其是 ES 供给者的自愿本质，利益相关方对 PES 的承兑（努力付出程度）被认为是重要的；承兑大多与计划吸收力、游戏规则的因素相关，并且依附于游戏规则；承兑影响经济效率和环境效益。索默维尔发现，付费并不总是决定承兑和履约的关键动力，但是付费提高了监测行为的承兑，而这种承兑转而产生更多的履约和遵从，因为被抓的风险和罚金增加了，在他们看来，感觉上的公平、收益和成本的分配也影响付费的承兑。在中国，陈等（Chen et al.，2009）观察到，紧临付费社区层面的社会规范、项目时限，家庭人口和经济状况，农场特征，以及年龄、性别和教育等个人特征影响 PES 项目的登记注册。同样，在哥斯达黎加，兹宾登和李（Zbinden and Lee，2005）发现农场特征、家庭经济和人口状况也极大地影响着项目的参与程度。龚等（Gong et al.，2010）分析了超越纯粹经济激励的制度要素的作用，发现 PES 需要兼顾制度环境，如已经存在的正式、非正式规则，如果制度结构不能确保低交易成本、产权的清晰界定和建立强势社会资本，不管财政盈余，项目的参与度依然低。科索伊等（Kosoy et al.，2008）关注合作农场，证明制度环境影响参与度，发现参与度由经济激励、程序规则、利益方互动和个体特征决定。科尔韦拉等（2007）指出，思考、应用相关背景要素，并将其成功地融合在 PES 方案中的能力影响 PES 项目的参与度，因而也决定了该项目的成功或失败。赵雪雁（2012）不仅将生态补偿等同于国外的 PES，还在梳理国外理论研究与实践探索的基础上，分析了 PES 在经济意义上有效率和无效率的条件和影响因素，指出提高 PES 效率的基本途径包括：付费对象的空间定位、真实机会成本的合理估计、交易成本的降低等。

扎特勒和马特兹多夫（2013）指出，很多文献强调产权及其配置、交易成本及其降低措施的重要性，认为这两方面从整体上挑战了 PES 的可行性，特别是 PES 科斯方法的可行性，但是无论是产权配置的结果，还是交易成本的决定因素和影响，都缺乏实证评估。

在 PES 体系构成的研究中，有学者注意到了 PES 与其他制度组合使用、协调匹配的重要性，强调运行环境或制度体系结构对 PES 实施的影响。恩格尔等（2008）指出，PES 项目与其他市场工具如环境税、可交易许可证一样，比管制措施有更高的效率，原因在于，管制倾向于对所有的 ES 供应者规定同等水平的活动，而市场工具通常有更大的柔性。巴兰和普拉图（Baland and Platteau，1996）认为，在发展中国家，管制方法受到治理乏力、交易成本高、与设计有效使用规则相应的信息问题、监测，以及地方层次强制执行能力等因素的阻碍。巴尔特和恩格尔（Bulte and Engel，2006）指出，管制的刚性不利于利益分配的公平性，如强行限制许多依赖森林为生计的贫穷人家使用森林资源，会加剧他们的经济困难，并诱发社会冲突。恩格尔等（2008）强调说，PES 项目通常运行在已经存在各种管制措施的背景中，此时重要的是厘清这些不同工具是互相补充，还是相互冲突，以及补充或冲突的程度如何。帕吉奥拉（Pagiola，2008）认为，PES 会使管制也演变为有吸引力的激励。温德尔和阿尔班（Wunder and Albán，2008）则认为，即使弱强制力的管制也能降低源于不履约的预期收益，并通过增强参与动机、减少所需的付费比例，对 PES 项目进行补充。恩格尔和帕默（Engel and Palmer，2008）认为二者之间可能存在更复杂的关系，PES 项目通过提高所要保护资源对当地社区的价值，可以增强当地居民自我限制资源使用的动机，从而有助于克服国家强制力不足的问题。

正如兰德尔米尔斯和波拉斯（Landell-Mills and Porras，2002）所说，选择生态保护方法的关键问题不是是否应该以促进市场替代政府干预，而是就林业部门的效率和治理机构而言，市场、层级制度和合作系统的最优组合是什么。帕吉奥拉和普拉泰（Pagiola and Platais，2007）指出，最近世界银行支持的、应用 PES 项目，已经不再是独立的 PES 项目，而是把实施 PES 作为广泛政策或方法的组成部分。恩格尔等（2008）认为，虽然有关 PES 和其他工具的学术讨论通常以"或"的术语构建框架，但是，选择工具的更重要问题是如何组合不同工具以实现保护目标，因为在次优的现实世界里，市场失灵的几个来源并存，多种工具、方法的组合是必要的。

生态系统和生物多样性经济学（The Economics of Ecosystems and Biodiversity，TEEB）项目（2010）描述了已经在生态系统和生物多样性保护中应用的工具和措施，指出不同工具适用于不同情况，没有任何一个单一的政策解决方案能够适用于所有国家，政策制定者需要决定什么工具、方法最适合自己的国家以及当前的情况。进一步，TEEB 强调了生态系统和生态物多样性保护的基本思路和战略架构：其一，管制为确保自然资源的可持续利用、减少污染和破坏自然资源的危险事件，以及必要时启动环境改善，提供了一个有效的框架，即强有力的管制标准为其他包括环境服务付费在内的政策选项提供重要的基础条件；其二，管制措施作用有限，如果精心设计市场工具如税收、收费和可交易许可证等，并且这些工具能被准确无误地置于各个层次上实施，那么，就可以通过改变经济激励对管理调控（regulations）进行补充，从而更有效率地实现环境目标；其三，为确保政策选项的效率和一致性，需要改革危害环境的补贴，因为这样不仅可以修正传递给私营部门参与者，以及整体社会的经济信号，而且可以释放资金，因此这种改革应是优先选项；其四，因为 PES 具有适应性，并能灵活地应对各种环境挑战，所以，以 PES 为主要方法对服务供给予以报偿，还能够提供政策、资金和技术支持，促进 ES 供给，其中的政策选择范围从支持以社区为基础的农业先进技术推广服务，到税收优惠和地役权；其五，支持自然资本投资，尤其是保护区和生态基础设施的建设，要注意地方治理在该过程中作用重要，通常由国家立法和行政文化确定的地方治理框架包括不同层次的行动范围、财政联邦制和规划程序等。

亚洲开发银行（2010）报告认为 PES 是生态保护系列政策工具的一种，要与其他互补政策一起使用，而不是完全简单地替代，该报告还指出，PES 设计必须辅之以有效的生态补偿行政管理机制、土地产权制度和土地使用制度等，同时充分利用现有各种产业政策和措施。该报告认为，可以通过修正生态移民政策、增加公共投资政策和农村区别发展政策来改变环境效益。亚洲开发银行在分析中国如何运用 PES 时指出，如果希望 PES 产生无分配负影响的高收益，就需要精心设计和充分利用有利条件，有利条件即一个活跃的公民社会、良好的法律和司法系统、稳定的资金流、维持 ES 公共性质的强互补性政策，等等。

科尔韦拉等（2009）、穆拉迪安和瑞瓦（Muradian and Rival，2012）指出，设计良好的 PES 有助于改善 ES 供给的经济效率与环境效益，但 PES 成功的关键在于整个制度环境的相互作用。尽管科斯型实践案例非常稀少，庇古型实例采用的也是环境定价和标准的方法（Baumol and Oates，1971），但是这两种类型的区别并没有折射现有 PES 制度环境的广泛多样性。

综上所述，国外 PES 体系构成的研究内容多样、成果丰富，既涉及实施机制设计设计时需要考虑的限定性因素，如 ES 公共物品属性、农户特征、产权制度等，也有实施机制的选择，如 Vickery 招标机制的应用。即使在实际方案的设计研究中，也包括了 PES 目标或评价标准的确定，如环境效益、成本效益、效率与公平等，也有降低项目交易成本的基本构成要素研究，如空间定位、额外性、条件性及其成本效益水平、绩效付费等。但是，由于相关研究缺乏一个统一的背景，或者说缺乏相对一致的研究框架体系，研究内容和成果虽然丰富，却不能有效地相互印证，同时，不同研究内容及成果在 PES 理论研究中的地位作用、层次性不清晰，相互之间关联性不明确，甚至混乱，从而削弱了这些研究的价值，尤其是在这些成果的引用和实践指导方面。有关 PES 制度体系的研究虽然涉及不同工具组合、运行制度背景等内容，但是这些政策、制度与 PES 计划本身的关系并没有得到充分探讨，尤其缺乏制度安排在垂直方向相互关系的研究。因此，构建 PES 制度研究的体系框架，将不同 PES 项目的设计及其研究，置于相对稳定、一致的制度层级结构内，是 PES 未来研究的一个重要方向。

三、PES 的效应

国际上，PES 的效应首先被明确界定在 ES 的"额外增益"上（Persson and Alpizar，2013；Wunscher and Engel，2012），加西亚·阿马多等 Garciaa-Amado et al.，2010）指出，企业、个人实施的 PES 只关注 ES 的额外性，而政府和国际组织实施的 PES 会将扶贫同时纳入其目标。佩尔松和阿尔皮扎尔（Persson and Alpizar，2013）强调，在对 ES 额外增益的理解上，也有相对和绝对之分，相对额外增益指相对其他生态保护手段，PES 产生的 ES 额外增益的变化幅度，而绝对额外增益则是 PES 产生的 ES 额外增益的数值。

国际上 PES 生态效应的研究主要是对墨西哥、哥斯达黎加 PES 项目相对额外增益的测算。阿利克斯 - 卡西亚等（Alix-Carcia et al.，2012）通过比较实施 PES 地区和不实施 PES 地区的森林砍伐率，估算墨西哥森林保护计划的生态效应。利巴林等（Robalino et al.，2008）、普法夫（Pfaff et al.，2008）通过比较同一地区在实施 PES 前后的森林砍伐率，评估哥斯达黎加保护计划的生态效应。佩尔松和阿尔皮扎尔（2013）运用多重代理者博弈模型分析并实证了影响 ES 额外增益大小的因素，发现补偿标准、申请参与比例和参与者选择的合适与否，都会影响 ES 的额外增益规模。西拉和罗斯曼（Sierra and Russman，2006）通过不实施 PES 森林覆盖率是否降低、森林覆盖率的提高是否具有永久性、对某些栖息地的保护是否对其他栖息地产生不利影响等三个问题评估哥斯达黎加 OSA 半岛森林保护计划的实施效果。洛卡泰利等（Locatelli et al.，2008）运用模糊综合评估法发现 PES 计划对哥斯达黎加北部森林覆盖率提高有正面的影响。

在 PES 扶贫效应研究方面，肯克斯等（Kemkes R J et al.，2010）发现 PES 能够有效减贫，而兰德尔·米尔斯等（2002）的结论则刚好相反，他们的研究表明，PES 通过扩大贫富收入上的差距对贫困者产生了负面的作用。

总体来看，PES 绩效研究，尤其是生态效应的研究，无论是方法还是规模，都存在较大的拓展空间。而在 PES 绩效的影响因素研究方面，特别是制度因素对 PES 绩效的影响研究，更有待突破。

第三节 述评

综观国内生态补偿文献，理论基础研究相对广泛，涉及生态补偿制度暗含的各种经济学理论及其各自不同的作用方式，但是，在相关研究中，交易费用理论在治理模式选择、实施机制优化，甚至整个生态补偿制度体系构建中的基础地位并没有得到充分的显现，同时由于缺乏 ES 这一跨越生态学、经济学两大学科的概念的充分研究，原本建立在一定生态学基础上的生态补偿经济理论失去了生态学理论的有效支撑，ES 价值评估、补偿标准虽被强化，却有虚化之感。产权、补偿原则、补偿依据等的基本制度的研究虽然成果丰富，但是，有关生态补偿产权结构，尤其是使用权、收益权等的分割、组合和优化还没有触及，这些基本制度如何影响生态补偿制度体系的分析仍停留在笼统、抽象的层面。有关治理模式或结构的研究，尽管明确了生态补偿政府与市场两种模式各自不同的作用机理，并对两种治理模式各自的优势、缺点和应用环境进行了不同程度的研究，但是，在 ES 正外部性内部化的语境中，政府与市场两种治理模式作用机理（庇古理论和科斯理论）的研究，重思辨式分析，缺严格的数学语言论证，微观基础尚显薄弱；同时，如何在不同的现实环境中进行两种治理模式选择，尤其是如何在市场模式的各种工具间进行选择，以及这种选择如何因应产权结构等基本制度的不同等，都缺乏更为深入的探究。实施机制的研究集中在参与者博弈策略分析和某种类型项目或个案的补偿标准上，而忽视了对该层面制度安排如何从整体上保障资源的优化配置的研究。制度框架的研究只关注了要素构成、功能和相应的法律法规体系，以及这些方面的不足，缺少对构成要素（制度安排）相对地位及相互关系的分析，即生态补偿制度结构的研究从根本上并不完整。制度绩效研究中，社会效应（扶贫目标）研究居多，生态效应度量标准不明确，研究相对较少，且缺乏基于大样本的支持；生态补偿效率研究缺乏；生态效应评估方法相对单一，以调研、统计手段为主，罕见计量回归等其他规范方法的应用，因而研究结论相对简单，成果的指导意义不明显；同时，生态补偿制度体系构成如何影响其运行效果仍缺乏经验实证和规范的系统分析。

有关 PES 的文献，基础理论部分虽然也考察了公共品理论、信息不完全理论的影响，但是重点在于研究政府与市场两种不同治理模式隐含的科斯理论和庇古理论，交易费用理论虽有涉及，却不是重点研究内容。不同治理模式之间的分析处在相对粗略、浅显的水平上，不同条件下庇古型 PES 与科斯型 PES 之间、科斯型 PES 中不同工具权衡取舍的依据和方法，没有形成如污染治理工具选择研究那样，有严谨的数学模型和数理逻辑，其深度和理论价值都显不足。实施机制的研究虽然相对充分、深入，但是由于多是不同类型 PES 的研究，缺乏相对统一的研究背景和框架体系，相关成果不能有效相互印证，相互之间层次性、关联性不明确，甚至模糊、凌乱，难以形成相对系统的整体，从而削弱了这些成果的理论和实践价值。研究 PES 制度体系的文献虽然涉及工具组合、运行制度背景等内容，但是这些政策工具、制度与 PES 本身的关系并没有得到充分探讨，尤其缺乏制度安排在垂直方向相互关系的研究。PES 绩效研究，尤其是生态效应的研究，无论是方法还是规模，都存在较大的拓展空间；而在 PES 绩效的影响因素研究方面，特别是制度因素对 PES 绩效的影响研究，更有待突破。

对比而言，国内生态补偿制度研究重在基本制度、整体架构而疏于实施机制，国外 PES 研究长在实施机制而轻制度架构。之所以如此，是由于国内研究和国外研究的对象范畴不同，国内关注的是生态补偿制度体系，国外研究的只是单纯的交易制度和交易制度的实施机制，研究对象的不同，所涉及的内容自然不同。研究对象、范畴不同的间接原因在于国内生态补偿相对于国外 PES，无论是研究还是实践都是落后的，基本还处在基本问题和基本理论的探讨和完善阶段；造成研究对象、范畴不同的直接原因，在于国外 PES 研究将产权等基本制度作为限定因素来对待，因为发达国家产权结构相对明确，与 PES 方案设计的各种制度背景如产权结构、一般性规则等相对明了、稳定，而国内单一的产权结构除了所有权属清晰外，使用权、收益权等划分和匹配处于模糊、非优状态，以此为基础的其他规则如付费原则、付费标准等也处在虚置和不确定情形中，有待厘清、界定和优化。至于生态补偿和 PES 研究各自存在的不足和空白，则与生态保护理论研究和实践探索整体上仍处在初期阶段，其核心理论构成和相关理论研究都不成熟有关。尽管国内生态补偿研究和国外 PES 研究有着共性的不足和缺陷，但也有各自的优势和长处，将 PES 理论和技术引入国内生态补偿研究中，不仅能够在一定程度上取长补短、弥补各自的缺陷，为 PES 及生态补偿的理论探讨带来新的启发与进展，而且可以有效推动我国生态补偿制度市场化转型的进程。

在研究内容方面，如何构建系统的制度研究框架，将国内外研究成果置于相对统一的研究背景下，借鉴和引用国外 PES 研究成果，深化生态补偿制度体系整体及各个层次制度安排的研究，是推进生态补偿制度市场化转型、完善生态补偿制度理论建设的重要环节。在研究方法方面，运用数学语言演绎不同治理模式作用的过程和机理，或突破个案研究的局限性、采用大样本统计数据和计量分析等方法，对于提高研究成果和结论的可信度都是有帮助的。本篇的研究方向就是基于这种认识展开的。

第三十二章

理论基础与研究框架

生态补偿的理论基础是价值理论、外部性理论、公共品理论、交易费用理论等环境经济学、生态经济学和制度经济学理论。生态补偿的根本目的是生态保护正外部性的内部化，正外部性内部化原理和方法是生态补偿制度构建与优化的微观依据。生态补偿产权、治理模式、实施机制三层级制度体系在 PES 视角下表现为 ES 产权、PES 类型、PES 体系三层级制度安排，其研究分为制度安排、制度间相互作用、制度绩效三个相互联系的方面。

第一节 理论基础

一、价值理论

自然资源和生态环境约束的日益紧缩，使其富有价值的观点逐渐获得了理论上的认可和支持。具体地，自然资源和生态环境的价值可以从自然资源和生态环境的效用价值论、稀缺性、级差地租、劳动价值论和生态资本等多个视角进行理解和论述。

效用价值论认为，自然资源和生态环境价值源于其效用，即满足人类需求的能力，价值产生的前提条件是自然资源与生态环境的稀缺性。作为生产要素的自然资源、自然环境条件及环境容量，不仅孕育、承载着人类生存和发展的各种经济活动，有其不可或缺的效用价值，而且随着经济社会的发展，其稀缺程度逐渐增加，其效用价值日益提高。效用和稀缺是自然资源和生态环境价值的基础，也是相关市场机制形成的基本条件。

根据马克思的级差地租理论，自然资源和生态环境有差别的租金体现其不同的价值，级差地租产生的原因在于，自然资源和生态环境的优劣，导致等量资本投入等量的自然资源和生态环境上所产生的社会生产价格与个别生产价格之间存在差异。自然资源和生态环境的级差地租分为两类，第一类是不同自然资源和生态环境之间由地理位置和自然丰度不同产生的级差地租，第二类是由于生产效率随时间变化，同一自然资源和生态环境在不同投入阶段之间而产生的级差地租。依据马克思劳动价值论，自然资源和生态环境的价值是凝结其中的人类抽象劳动，表现为人类在发现、抚育、保护、利用自然资源和生态环境，以及维护、提高其生态系统功能潜力等过程中的活劳动、物化劳动投入。

以上理论都承认自然资源和生态环境是一种有价值的生产要素。作为特定价值的载体，自然资源和生态环境可以称为自然资本或生态资本。自然资本或生态资本理论研究可以追溯到皮尔斯（Pearce，1988）的自然资本概念和霍肯（Hawken，1993）的自然资本思想，理论体系成形于霍肯等（1997）在其著作《自然资本论》中正式提出的自然资本理论，霍肯等认为，自然资本是由自然资源、生命系统和生态构成的第四种形式资本，与传统人力资本、人造资本、金融资本之间存在某种程度的替代、互补关系，是人类可持续发展的限制性因素，需要予以投资。无独有偶，科斯坦扎等（1997）同年在 Nature 中发表的论文《世界生态系统服务和自然资本的价值》，不仅将自然资本价值界定为 ES，即人类直接或间接从自然生态系统功能中获得的收益，而且将 ES 分为 17 种类型。千年生态系统评估（millennium ecosystem assessment，MEA，2003）报告继承了科斯坦扎等的概念，并将体现自然资本价值的 17 种 ES 整合为支持、供给、调节、文化四种 ES 类型。科斯坦扎等（1997）、千年生态系统评估（MEA，2003）报告分别基于自己的分类标准和测算方法，估算出全球自然资本或称 ES 的令人惊叹的巨大经济价值。以他们的研究为标志，自然资本理论或其价值理论开始成为学者关注的热点领域。

关于自然资本，具有代表性的观点还有：自然资本是支持生命的生态系统总和，它与人造资本不同，无法通过人类活动进行创造，并且通常会被忽视，只有在源于生态系统功能的服务退化时才会引起人类的关注和反思（Hawken et al.，1999）。自然资本是环境和自然资源的经济价值，体现在效用、稀缺、获取困难三个方面，是存在于自然界而用于人类经济社会活动的自然资产和生态环境，是人化的自然而非原始、天然的自然（刘思华，1997）。世界银行仅将自然资本要素界定为土地、水、森林与矿产等，中国科学院则将自然资本界定为可被人类利用的自然物质、能量及其供给的生态服务，认为自然资本存量随时间推移保持基本稳定是人类可持续发展的基础和前提。

国内学者普遍认为，自然资本或生态资本主要包括：自然资源总量和环境自净能力，即直接进入社会生产与再生产过程的自然资源（可再生的和不可再生的）以及环境转化和消化吸收废物的能力；生态潜力，即自然资源与生态环境再生增量和质量的变化；生态环境质量，即生态系统中大气环境质量和水环境质量等各类生态因子总体状态对于人类生存与发展的效用等；整个生态系统等（刘思华，1997）。沈满洪等（2008）认为，生态资本具有严格的区域性和空间分布的不均匀性、开放性、替代性、极值性以及长期收益性和整体性等。

自然资源和生态环境价值理论是实施 PES 及生态补偿的价值基础，也是确定付费或补偿标准的理论依据，源于自然资源和生态环境的 ES 价值测度，是实现其价值的前提条件。

二、外部性理论

伴随着经济学家对外部性问题的持续关注和研究，人们对外部性本质的认识逐渐得以丰富、深化，由此产生的外部性概念以及解决外部性问题的路径和方法也在不断地演化、发展。但是，迄今为止，外部性理论研究的重心始终定格在负外部性及其治理上，即使在自然资源利用和环境治理领域也是如此，因此污染防治的理论研究相对更为成熟，实践活动也更为普及。然而，经济社会的正外部性同样影响人们的行为倾向及活动选择，同样使资源、商品、服务的供给和配置偏离最优状态，最终损及社会的总体福利。尤其在生态系统及自然资源环境的治理领域，如何有效应对 ES 供给过程所产生的正外部性问题，始终是破解 ES 供给不足、生态系统退化现实难题的核心环节和关键所在，其理论研究和实践探索与该领域内已经得到高度关注的环境污染治理具有同等重要的地位。

（一）外部性的概念及其演化

事实上，外部性理论原本就起源于对正外部性的关注和探讨。西奇威克在《政治经济学原理》（1887 年）中有关灯塔问题的研究就认识到外部性的存在，认为解决外部性问题需要政府的干预。通常，人们认为外部性概念源于经济学家马歇尔（1910）在《经济学原理》提出的"外部经济"。庇古（1920）研究了经济活动中经常存在的私人边际成本与社会边际成本、边际私人净收益与边际社会净收益的差异，断定单纯利用市场模式不可能完全优化各种资源的配置，从而实现帕累托最优水平，庇古以灯塔、交通、污染等问题分析为例佐证了自己的观点和理论，指出外部性反映一种传播到市场机制之外的经济效果，该效果改变了接受厂商产出与投入之间的技术关系，解决经济活动中普遍存在的外部性问题必须通过政府税收或补贴手段。至此，静态技术外部性的主要理论轮廓基本成形，"庇古税"原理开始成为依赖政府干预消除经济活动外部性的理论依据。

1924 年奈特的开创性研究拓展了外部性研究的视野，他重新审视了庇古研究的"道路拥挤"问题，认为"外部不经济"的原因是缺乏稀缺资源的产权界定，解决外部不经济的问题可以采用把稀缺资源赋予私人所有的方法。奈特的研究为外部性的产权理论发展奠定了基础。此后，有关外部性概念的界定逐渐宽泛，甚至有学者将"外部性"等同于"市场失灵"。1960 年新制度经济学奠基人科斯在《社会成本问题》中提出了"交易成本"的范畴，虽然没有对外部性进行直接界定，却延展了奈特等的研究思路，认为由于交易成本的存在，凭借稀缺资源产权的完全界定克服外部性几乎难以实现。经过科斯等人的努力，产权经济学逐渐形成，交易成本、产权成为外部性研究的又一种经典理论工具。

华人经济学家黄有光认为，外部性是某种经济力量通过非市场方式对另一种经济力量的影响和作用，是经济力量相互作用的结果，它揭示了一种事实情形，经济效应在市场机制之外进行传播，改变了供应厂商的产出与其投入间既定的技术关系。盛洪运用博弈论模型解释了外部性更具一般性的意义，认为人类社会始终存在的个体理性与群体理性的差异，以及由此产生的个体最优与群体最优的偏差就是外部性，外部性的危害不仅在于导致了人与人之间在成本收益分配上的冲突和扭曲，而且在于因为这类难以矫正的扭曲的存在，无法实现能够避免社会损失，或带来更大社会收益的制度安排，也就是社会成员之间的合作。盛洪将外部性问题的实质概括为，外部性使社会成员的个体理性无法消除外部性，实现社会潜在收益。

（二）外部性内部化的路径

外部性是产生非效率经济活动的内在根源之一，内部化外部性始终是经济学理论研究和实践探索的努力方向。外部性内部化的基本模式有政府与市场之争，前者表现为著名的"庇古税"或补贴模式，后者表现以科斯理论为基础的产权界定模式。

1. 庇古补贴模式

在生态保护领域内，针对 ES 供给过程中存在的正外部性，庇古模式表现为单一的补贴方式。根据庇古的观点，ES 外部性引发的非效率生产或供给不能依赖市场机制予以纠正，只有通过政府干预（调节），即政府向 ES 供给者提供补贴的方式，才可能消除社会收益与私人收益的差异，实现社会的最优供给。

如图 32.1 所示，由于 ES 的正外部性，其私人收益和社会收益存在差异，供给者面临的需求曲线 D_0 低于社会需求曲线 D_1，市场均衡点并非达到社会最优的 E^*，而是 E_0 点，ES 的实际供给水平 Q_0 低于社会最优的供给量 Q^*。正是因为具有正外部性的各类 ES 供给的不足，导致了生态系统退化的一系列危机。按照庇古理论，政府可以凭借其行政权力给予 ES 供给者 P^*-P_0 的补贴，从而使供给者面临的需求曲线从 D_0 移至 D_1，市场均衡点从原来的 E_0 点移动至 E^* 点，ES 实际供给水平从 Q_0 移动至 Q^*，实现社会最优。

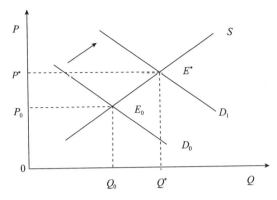

图 32.1　庇古补贴的基本原理

虽然补贴可以内化生态保护过程中的正外部效应，政府干预市场经济具有某种程度的合理性，但是，以补贴、课税或收费等方式应对经济活动中外部性问题的庇古模式却还需要一定的假设和前提。

首先，是完全信息，即政府拥有 ES 正外部性价值大小的充分信息。只有准确度量外部性的大小，并且清楚这些外部性对于 ES 使用者的实际价值，政府才能确定合适的补贴，使 ES 供给者面临的边际私人收益与边际社会收益一致。但是，由于 ES 量化、价值化存在大量理论与实际的困难和挑战，政府通常缺乏外部性充分的信息，从而使庇古补贴的应用受到限制。

其次，应用庇古补贴内化 ES 正外部性的管理成本足够低。政府运用行政手段干预 ES 的供给需要相应的成本投入，具体包括正外部性大小量化、价值化的成本，相应法律、法规、政策制定的成本，以及监管、执行的成本等。如果这些成本总和相对较大，超出了正外部性引发的社会福利损失，补贴等政府干预措施也会失灵。实际上，即使这些成本总和小于正外部性存在时引发的社会福利损失，采用政府补贴方法内化 ES 正外部效应是否适宜，还取决于该成本总和与其他借助市场化措施实现正外部性内部化方法的成本的比较。

最后，庇古补贴的实际效果受限于国家制度要素的构成。在高度依赖行政权威的国度或地区，以庇古补贴为例的政府干预因为具有较高的合法性与行政执行能力，通常可接受程度较高，实施效果良好。而在市场化程度较高的国度或地区，该方法则会受到质疑，同时，由于政府行政能力有限，管理成本较高，难以获得预期的理想效果。

2. 科斯的产权界定模式

虽然庇古补贴理论获得了大批学者某种程度的支持和认可，并且在大量政府政策中得以应用，但是科斯 1960 年发表的论文《社会交易成本》却对此提出了挑战，科斯主张的以产权界定纠正、消除外部性效应的方法，逐渐成为外部性内部化的另一种选项。

应对外部性问题的产权理论，源于科斯对外部性效应的不同认识和对庇古补贴的批判与继承。在科斯的观点中，外部性具有相互性，并不是纯粹的一方损害另一方（负外部性），或者一方让利另一方的单向效应，因此不存在课税一方、补贴另一方的明确取向；在交易成本为零的情况下，明晰的产权会使双方达成交易，实现社会最优，根本不需要政府庇古税或补贴的干预；在交易成本不为零的情形下，如果产权市场交易的交易费用低于庇古税或补贴的管理成本，明晰产权并凭借双方自愿协议或产权市场交易是有效率的制度安排，如果相反，交易成本高于管理成本，庇古税或补贴等政府干预措施则是有效的路径。当然，两种路径进行成本—效益比较的前提是：无论交易成本还是管理成本，都小于外部效应存在时产生的社会福利损失。

科斯方法内化外部性的基本原理可由一个事例阐明。毗邻而居的两户人家，其中一户在自己的庭院内种上了花圃，花开时节，花香四溢，风景无限，不仅愉悦自家，而且使其邻居也能享受此种风景而受益。花圃主人承担了花圃种植、维护的全部成本，但其收益则由花圃主人及其邻居共同享用。显然，花圃主人的种植、维护活动产生了正外部性，其邻居是该正外部效应的受益者。

假设：如图 32.2 所示，随着正外部性数量的增加，花圃主人的边际净成本逐渐增大，其邻居的边际净收益逐渐减小。在科斯的观点中，在交易成本为零时，如果将产权配置给花圃主人，边际净收益曲线就是花圃主人依据产权向其邻居索要的最高付费曲线，均衡点 Q^* 实现外部性供给的最优；如果将产权配置给邻居，边际净收益曲线则是花圃主人根据产权安排向其邻居支付的最低补偿曲线，花圃主人要么提供更多外部性、承担较大的边际净成本，要么提供较小的外部性、向其邻居支付较大的边际补偿，最终仍是在外部性供给的社会最优点 Q^* 实现均衡。图 32.2 说明，在产权明晰的条件下，无论其初始配置状态如何，都可以通过谈判交易实现外部性的内部化。

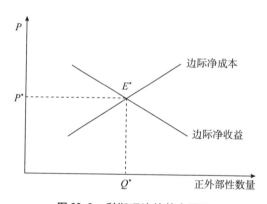

图 32.2　科斯理论的基本原理

应用科斯理论、以界定产权方式内化外部效应的方法，与应用庇古税或补贴类似，也需要建立在一系列假设的基础上。首先，与外部性相关的产权存在而且明晰，同时产权的强制执行力突出，能够确保相应产权的完全性。不完全产权、公共产权等弱产权制度下，难以依赖科斯方法内化外部性。其次，市场机制发达、完善，足以支撑产权谈判、交易的有效进行。多数发展中国家由于市场化程度低，尤其是产权交易市场的缺乏或不成熟，制约了科斯产权理论在应对外部性问题时的应用。最后，采用科斯产权方法时产权交易成本相对较低，但是，如果外部性供求双方数量众多，协商一致困难或成本巨大，或者争议时仲裁费用较高，都会导致科斯协议的失效。

三、公共品理论

ES 多具有广义公共品的属性，但是，不同 ES 类型的公共品属性及其资源配置问题性质是有差异的，由此需要采取各具特点的有效供给方式。包含概念内涵、分类、配置效应、供给方式在内的公共品理论是 PES 工具及生态补偿政策途径选择的基础。

（一）公共品的概念演化、分类和模型

福特和萨缪尔森（Forte and Samuelson，1967）、安斯特（Anster，1977）认为，公共物品是相对于私人物品而言，其内涵研究事实上就是非私人物品的分析。实际上，虽然无论新古典学派，还是制度学派，都没有将俱乐部及集体物品列进纯公共物品的范围，人们却毅然广泛将公共物品概念扩为涵盖俱乐部、集体物品以及其他类似物品在内的广义定义。在公共品概念、内涵的演进中，虽然不同学者依据公共使用、可分性程度、交易、相对成本、以及排他性与竞争性等不同的标准，从不同的角度刻画物品的本质属性，并且得出私人物品之外，包含纯公共物品、俱乐部物品和公共资源在内的广义公共物品的多种性质，但是被普遍接受的广义公共品概念和内涵却是依据萨缪尔森（1954）采用的排他性与竞争性标准界定的。萨缪尔森指出，相对于私人物品而言，公共物品的个体消费不会导致他人对该物品消费数量的减少，同时也不能有效地排除某一个体对该物品的消费。萨缪尔森界定的是非竞争性与非排他性显著的纯公共物品。同时，萨缪尔森（1954）基于新古典经济学中私人物品效用函数 $U^i = U^i(x_1^i, x_2^i, \cdots, x_n^i)$ [$(x_1^i, x_2^i, \cdots, x_n^i)$ 是个体 i 的 n 种私人物品] 的假定，通过界定从 $n+1$ 到 $n+m$ 的 m 种纯公共品，将效用函数延展为 $U^i = U^i(x_1^i, x_2^i, \cdots, x_n^i, x_{n+1}^i, \cdots, x_{n+m}^i)$，指出纯公共品不同于纯私人物品，具有等价性和可加性。即如果某个体生产、供给公共品，其他个体便可同时享用该公共品的效用，且各个体效用值相同，公共品的效用等于所有个体效用的加总，那么该个体生产的就是纯粹的公共品。萨缪尔森认为解决公共品供给不足问题应涵盖价值判断的标准和方法。

之后，布坎南（Buchanan，1965）将具有非竞争性和排他性的物品描述为俱乐部物品，认为这是一种集体消费所有权的安排。俱乐部物品又称自然垄断物品。布坎南的俱乐部物品模型也就是萨缪尔森（1955）所称的合作成员理论，该理论认为布坎南研究了俱乐部物品消费所有权在不同数目成员之间的分配，弥补了萨缪尔森在纯粹私人物品与纯粹公共物品间的理论空缺，能够涵盖公共品、私人物品和混合物品等所有物品。布坎南将俱乐部规模变量 N 加入萨缪尔森效用函数，延展形成俱乐部物品效用函数：

$$U^i = U^i[(x_1^i, N_1^i), (x_2^i, N_2^i), \cdots (x_n^i, N_n^i), (x_{n+1}^i, N_{n+1}^i), \cdots, (x_{n+m}^i, N_{n+m}^i)]$$

同样俱乐部物品的生产函数更改为：

$$F^i = F^i[(x_1^i, N_1^i), (x_2^i, N_2^i), \cdots (x_n^i, N_n^i), (x_{n+1}^i, N_{n+1}^i), \cdots, (x_{n+m}^i, N_{n+m}^i)]$$

边际替代率与边际技术转换率相等，即 $MRS = MRTS$ 的社会最优条件，实际上演化为：第 j 类俱乐部物品与第 k 类乐部物品满足：

$$\frac{MRS_j^i}{MRS_k^i} = \frac{MRTS_j^i}{MRTS_k^i}$$

同时俱乐部规模 N 满足 $MC_N = MR_N^i$，也就是 $\frac{\partial C^i}{\partial N} = \frac{\partial R^i}{\partial N}$，即俱乐部最优规模给每个俱乐部成员带来的边际成本和边际收益相等。显然当俱乐部规模 N 为 1 或者无穷大时，但俱乐部物品就演变为纯私人物品或者纯公共品。

另一种广义的公共物品是奥斯特罗姆（Ostrom，1990）描述的具有竞争性和非排他性的公共池塘资源，简称公共资源，奥斯特罗姆依据是否共同使用和是否具有排他性的标准将物品界定、划分为收费、私益、公益物品和公共池塘资源等四种类型，并且与其他一些学者将纯公共物品的研究等价于公共池塘资源的研究。关于自主组织的公共资源治理，奥斯特罗姆主张基于其占用与供给现状，通过正式、非正式的集体选择协商，解决公共资源面临的新制度供给、可信承诺、相互监督等三大问题。

至此，得到普遍承认的物品四分法得以成形。曼丘（Mankiw，1998）在其《经济学原理》中就将物品四分为纯公共物品、公共资源、自然垄断和私人物品。

（二）公共物品的资源配置与公共物品的有效供给方式

由公共品自身属性引发的资源配置非效率问题，主要指"搭便车""公地悲剧"现象。奥尔森（Olson）在其《集体行动的逻辑》中提出的"搭便车"问题，削弱了公共品供给成本分担的公平性，降低了公共品供给的持久性。"搭便车"实际上是参与者不支付任何费用就可享受与付费者完全等价物品效用的现象。如何有效解决"搭便车"问题，始终是公共品供给方法选择中的重点和关键。奥尔森认为，尽管由于"选择性激励"，成员众多的大集团难以实现集体物品的最优数量供给，以满足自身需求，然而，成员较少的小集团内部因为各成员之间存在着讨价还价的激励因素，却可以凭借讨价还价提供最优水平的集体物品。

哈丁（Hardin）最早谈及的"公地悲剧"，是指所有个体被锁定在特定的系统内，该系统迫使其无节制地追求自身利益的最大化，代价是公共资源的退化和耗竭。"公地悲剧"可以程式化为如表 32.1 所示的囚徒困境博弈，非帕累托最优的纳什均衡（0，0）由博弈双方的占优策略（不保护，不保护）构成，个体理性选择与集体理性选择（保护，保护）及其收益（2，2）完全悖逆。

表 32.1 公地悲剧的囚徒困境

	保护	不保护
保护	2,2	−3,5
不保护	5,−3	0,0

广义公共品有多种不同的供给方式，其中具有代表性的有政府供给、私人供给、自愿供给和联合供给四种，每种供给方式各有其自身的限定性使用条件，也有其优点和局限性。

首先，是公共品的政府供给方式。市场机制与政府公共政策在实现资源配置过程中存在一定程度的相互替代性，市场失灵时的公共品供给通常被期望依赖政府的行政干预措施予以实现。因为市场机制不能发挥作用，应该由政府供给有益物和公共品。税收融资是其供给的主要手段，这是因为私人效用与其他个人消费之间存在相互依存关系，劳动力税和消费税并非只是具有经济上的扭曲性，而是在有扭曲效应的同时兼有矫正的作用。这里的矫正即减少私人物品消费，增加公共品消费。但是，公共品的政府供给通常并不完全符合个人意愿和偏好，有时甚至是与个人偏好相悖的强制性消费。

其次，是公共品的私人供给方式。基于公共品社会需求曲线是其个体需求曲线垂直加总的事实，如果私人供给者有能力甄别、排除公共品的非购买者，就能有效地实现公共品的生产和供给；如果排他成本可以忽略，那么公共品的私人生产和供给类似于私人物品，存在竞争均衡。此外，完全垄断一般不可能实现公共物品的最优供给，反而是竞争结构下的生产供给能够在长期均衡中达到公共品的最优供给水平，因此可以将准公共品和公共品转化为私人物品予以应对。

与公共品私人供给方式类似但不同的方式是公共品的自愿供给，是有关公共品自主组织及自主治理的过程。个人往往会基于物质、经济、精神等三种利益的驱动向自愿组织捐赠。自愿合作供给公共品的案例在现实生活中并不罕见。人们供给公共品的绝对数量与其财富大小，或者财富占收入比例的大小正相关。但是，运用自愿交易理论刻画收入—支出过程并没有得到广泛认可，原因在于其竞争性假设、同质假设和由此产生的税收公平性问题。

布坎南将公共品理论视为马歇尔联合供给理论的延展，指出应对此类外部性问题有两类不同的路径：在交易双方规模较大时依赖政治过程实现最优供给；在交易双方规模较小时则通过一般交易过程达到帕累托最优。

综上所述，公共品并非必须依赖政府供给，某些个人或组织实际上也能供给。排他性公共品所具有的价格排他特性，决定了该类公共品实际上可以通过市场机制实现供给。特殊情况下，非竞争性物品"搭便车"造成的困扰并不重要，其供给融资的方式可以是支付具有随机性的一次性价格。虽然在现实中，广义公共品的供给多是私人供给方式、自愿供给方式、政府供给方式和联合供给方式等多种形式的匹配、融合，但是，具有不同属性的广义公共品各有其理论假说，因而在主导供给方式上相互之间存有差异，如表32.2所示。

表32.2　　　　　　　　　　　广义公共品及主导供给方式

广义公共品	主导供给方式	代表性研究者
纯公共品	政府供给,联合供给	萨缪尔森(1954)
俱乐部物品	联合供给,私人供给	布坎南(1965)
公共资源	政府供给,联合供给,自愿供给	奥斯特罗姆(1990)

四、交易费用理论

作为制度经济学的最小研究单元，交易是人类活动的基本单位，分为买卖交易、管理交易和限额交易等三种类型，古诺发现交易过程中存在不可避免的损耗，这种损耗就是科斯提出的交易费用，即"为了进行市场交易，而寻求交易对象，公告交易意愿和条件，谈判，讨价还价，拟定契约，实施监督以保证契约条款的履行"，而进行的额外支付。科斯指出，不仅市场存在交易费用，企业本身也会产生包括管理费用、监督费用、命令传输费用在内的内部交易费用，企业与市场的选择实际上是外部交易费用和内部交易费用比较取舍的结果。德尔曼以合约过程为线索，将交易费用分为合约签订之前了解交易意愿的时间和资源耗费、签约时决定交易条件而投入的成本，以及签约后为合约执行和监督、控制对方履行合约而投入的成本等三部分。威廉姆森研究了交易的频率和不确定性，认为交易频率通过影响相对交易成本而影响交易方式的选择，不确定性包括行为、预测、信息不对称、偶然事件等的不确定性，在不确定的条件下，为节约交易费用，决策应具有过程性、应变型的特征。张五常将交易费用细分为监督与管理费用、信息费用、制度架构变革产生的费用等，指出任何一个社会都需要制度，即约束人们行为的规则，制度因为交易费用而产生，因此交易费用可以称为制度成本。

关于交易费用的构成，科斯认为，围绕合约签订和实施过程的交易费用，包含进行谈判、讨价还价、拟定合约、实施监督以确保合约条款得以履行的各种费用；德尔曼指出，交易费用涵盖搜寻信息、协商决策、合约、监督、执行和转换等的费用；威廉姆森将其分为两部分，事前交易费用包括讨价还价、构建、运行、不适应、保证等多种成本投入等，实际是在解决合约自身存在问题的过程中，从条款变更到退出合约所投入的成本；张五常将其理解为识别费用、考核费用、测算费用、讨价还价费用、使用仲裁费用等的总和。交易费用事实上就是伴随交易进行整个过程所产生的全部费用，具体包含在信息搜寻、合同达成与签订、监督履行以及违约索赔等环节所投入的费用。

交易费用理论作为制度经济学的分析工具，始终以交易为基本的研究单元，强调产权安排、国家治理、产业及企业组织等制度的选择和变迁均是以降低交易费用或交易成本、提高资源配置效率为衡量标准的。威廉姆森认为，影响交易费用大小的因素包括环境的不确定性、信息不对称和投机行为等。沈满洪等指出，改革，尤其是中国经济体制由计划向市场的转型，实际上就是制度变迁的过程，关键目标就是降低交易费用，从而提高资源配置效率；在资源与环境产权制度的构建领域，可以运用交易费用理论，通过厘清交易费用的构成、影响因素和降低途径，依赖产权界定和市场手段，减小交易成本，实现生态环境资源的优化配置。

第二节　ES 正外部性内化的数理分析

以内化 ES 正外部性、提高 ES 供给为目标的生态补偿制度研究的逻辑起点是 ES 正外部性的经济效应分析和正外部性内部化原理及方法分析。王冰和杨虎涛（2002）阐述了正外部性内部化庇古津贴（政府解）和产权交易（市场解）两种路径的原理和绩效，认为庇古津贴使用条件严格、应用范围小、绩效差，而以合理产权界定为基础的产权交易方法则具有相对的优势。为进一步理解 ES 正外部性的经济效应及其内部化的各种方法，尤其是庇古津贴和科斯方法的原理，本节借鉴黄有光和张定胜（2008）研究负外部性经济效应以及内部化路径的思路，运用最优化方法构建数学模型，对正外部性的经济效应以及直接数量控制、庇古津贴和科斯方法的内化原理和最优条件进行数理分析。

一、ES 外部性的供求结构类型

ES 正外部性供求结构不同的类型，诱发了其供给过程中不同的问题。厘清我国 ES 正外部性供求结构类型的框架层次，有利于准确、系统地辨析我国生态环境退化问题的本质，实现 ES 外部性内部化工具和 ES 供给制度的优化选择。ES 正外部性供求结构类型受 ES 供求双方行为（利益）主体的数量影响，而行为（利益）主体数量又受到三种因素的影响，一是特定生态系统及其服务地理尺度的大小，二是 ES 类型及其公共品属性的差异，三是 ES 供求行为主体规模大小的界定。

（一）ES 的地理尺度

按照 ES 地理尺度的大小，由供给不足所造成的全球生态环境退化问题分为国际、国内两大部分。国际部分涉及跨国界的流域治理、全球性的森林碳汇和生物多样性保护等，国内部分分为重要生态功能区服务供给问题、流域 ES 供给问题、特定生态系统要素及其服务供给问题等。国内部分是我国生态补偿及 PES 制度关注的主要对象。

重要生态功能区 ES 供给问题的主要形成原因在于，这些地区是国家重要的生态环境安全屏障，其供给不足将危及整个国家的生物多样性及生态环境安全，影响全民族的生存和发展。我国已经确定的、对国家生态安全保障有重大作用的生态功能区共计 1458 个，涉及全国 11% 的人口、22% 的国土面积，具体涵盖防风固沙区、水源涵养区、洪水调蓄区、生物多样性保护区、土壤保持区等多种类型。由于涉及众多的经济行为主体或利益主体，重要生态功能区 ES 的治理是跨区域全国性的，通常有中央政府或其职能机构承担。

国内流域 ES 供给问题根据 ES 地理尺度的不同区分为四个层次：其一，跨越多个省界的大流域 ES 的供给，包括长江、黄河、淮河等七条大江大河的流域治理，其基本特征是相关 ES 供给与消费、保护与受益的关系难以准确界定，付费机制异常复杂；其二，跨越两个省份管理边界的中型流域的 ES 治理，此类流域有：跨越浙江、安徽的新安江流域，跨越甘肃、陕西的渭河流域，跨越江西、广东的东江流域，跨越广西、广东的西江流域，等等，基本特征是 ES 保护与受益的关系明确，流域地理尺度中等规模；其三，地市级小流域生态治理，基本特征是流域面积较小，所涉及利益主体的关系清晰，地方政府或其职能部门可相对容易地利用所拥有的事权协调各行为主体间的经济利益关系；其四，城镇饮用水源地保护，这类问题通常只涉及两个行为主体，即水源涵养保护区和饮用水供给区，无论二者是否同属一个行政辖区，其利益关系都相对清晰。

特定生态系统要素及其服务的供给问题，实际上是如何提高生态系统不同组成要素及其 ES 供给水平的问题，具体包括森林保护、草地保护，以及其他由水文、土地、矿产等资源开发造成的、ES 供给不足或受到破坏的问题。

生态问题类型的不同划分标准并不相互排斥，例如，生态功能区保护中既有森林养育，也有水源地保护。虽然运用不同标准进行不同类型的划分，有利于清晰地认识我国 ES 供给不足问题的现实状况，但是，只有同时运用多种归类标准了解生态问题的层次结构，才能系统、深入地刻画生态系统退化问题的全貌，以及各个子问题的本质特征。

（二）ES 的物品属性

根据 ES 消费的竞争性、排他性特征，ES 分为纯粹公共物品、俱乐部物品、公共资源等三种类型。

1. 纯粹公共物品属性的 ES 供给问题

纯粹公共 ES 的消费时兼有非竞争性和非排他性，某行为主体的消费享用不减少其他行为主体消费该 ES 的数量，某行为主体不能被有效地排除在该 ES 的消费之外。国家重要生态功能区所提供的供给、支持、调节、文化等 ES，维系整个国家的生态环境安全，关乎所有经济行为主体及个人的福祉利益，兼具非竞争性和非排他性，属于纯粹公共物品。全球性的森林碳汇和生物多样性保护，是更大地理尺度上的纯粹公共物品，所有成员国都是其消费者、受益者。供给不足是纯粹公共物品普遍存在的问题。

2. 俱乐部物品属性和公共资源属性的 ES 供给问题

俱乐部物品的消费虽然不具有竞争性，但却具有排他性，某个成员的消费不减少其他成员消费的数量，非俱乐部成员的消费使用能够被有效地阻止、排除。公共资源的消费则正好与之相反，具有竞争性，不具有排他性，某个经济行为主体的消费会减少其他消费主体的消费使用数量，某个经济行为主体不能被有效排除在该 ES 的消费使用之外。

流域 ES 的消费通常兼有俱乐部物品和公共资源的消费特点，其供给问题也同时存在两类物品供给的特征。一方面，流域上游生态系统的保护行为产生优质饮用水资源或者充沛水文资源等 ES，当流域地理尺度足够大时，此类 ES 的消费呈现非竞争性特征，特定用户的消费使用并不减少其他用户的消费使用数量，但是，随着地理尺度的逐渐缩小，消费的竞争性特征逐渐显现，特定用户的消费使用会减少其他用户的消费使用数量。另一方面，不能有效排除流域内的经济行为主体对这些 ES 的消费使用，却能够在一定程度上将处在流域地理边界之外的经济行为主体排除在这些 ES 消费使用之外。特定流域 ES 的消费属性受其地理尺度和供求双方经济利益主体界定的影响。从流域 ES 供求双方生态效益、经济利益的主体数量，以及利益关系界定的难易程度考察，长江、黄河等大流域 ES 消费具有明显的公共资源特征，常出现“公地悲剧”，而跨越两个省界的中型流域治理以及城镇饮用水源地保护、地市小流域治理等，所涉及的 ES 具有更明显的俱乐部物品特征。

ES 物品属性影响其供求的基本结构状态，而其自身也受 ES 地理尺度和行为主体界定规模等因素的影响，地理尺度和利益主体界定的变化会改变 ES 的消费特征和公共品属性。此外，依附于特定生态系统或生物群落的 ES 是多样的，不同的 ES 通常存在不尽相同的 ES 供求结构，因此，无论是 ES 物品属性的准确区分，还是其供求结构类型的判断，恰当、准确地界定 ES 都是首要的前提条件。

（三）ES 外部性的供求结构

ES 的地理边界、物品属性影响其供求双方行为主体的数量，以及行为主体之间经济利益关系的结构形式，如表 32.3 所示。

表 32.3 国内 ES 正外部性的供求结构

生态系统	地理尺度	ES 及其公共品属性	正外部性供求结构
森林、湿地、草地等重要生态动能区	全国范围	供给、调节、支持、文化等,纯粹公共物品属性	多数供给多数消费
流域	跨越三个以上省界	水质、水量、水文资源等供给、调节、支持、文化服务,公共资源属性	少数供给多数消费
	跨越两个省界	水质、水量、水文资源等供给、调节、支持、文化服务,俱乐部物品属性	少数供给少数消费
	地市级	水质、水量、水文资源等供给、调节、支持、文化服务,俱乐部物品属性	少数供给少数消费
	城市水源地	水质、水量等供给服务,俱乐部物品属性或准私人物品	少数供给少数消费简单双边外部性

*随着经济行为主体或利益主体界定尺度的变化,公共品属性和正外部性供求结构都会发生变化

值得注意的是，因为供求双方行为主体的数量和由此形成的正外部性供求结构，受人为界定的行为主体实际构成规模的影响，所以人们可以根据需要确定不同规模、不同组成成分的行为主体参与 ES 的供求过程。人为选择 ES 供求双方行为主体实际构成规模时，通常考虑的因素有：ES 的地理尺度、政府及其职能部门的事权范围、国家或集体所有的产权形式，以及应对生态环境问题的实际需要等。人为界定供求结构行为主体实际构成规模在生态补偿制度构建程中，具有明显的政策含义，即治理尺度的选择。

生态系统及其服务地理尺度的缩小，以及经济行为主体界定规模的扩大，会使 ES 正外部性供求结构类型从多供给主体—多需求主体的多边形式演化至单一供给主体—单一需求主体的简单双边形式。其中，扩大经济行为主体界定规模会增大由行为主体界定所衍生的委托－代理成本，这是行为主体构成规模大小界定和选择时必须权衡的因素。

二、ES 简单双边正外部性及其内部化

黄有光和张定胜（2008）用精准的数学逻辑证明了负外部性存在时竞争均衡的非帕累托最优性，并且讨论了通过政府或市场实现负外部性内部化的方法和路径，得出了一系列负外

部性内部化最优条件的经典结论。生态保护中的 ES 正外部性及其内部化虽然与此背向而行，但基本原理却是相通的，因此，本节沿用黄有光和张定胜的思路和方法来构建相应模型，描述正外部性的经济影响，分析正外部性内化的方法、过程和最优条件。

（一）模型描述

为简单直观地表述 ES 供给过程中的正外部性特征，假定在完全竞争的经济中存在两个行为主体 $i,i = 1,2$，它们构成经济的一个组成部分。两个行为主体是其产品和投入要素价格的接受者，行为主体 i 的预算约束为 D_i。不同于经典的竞争模型，这个经济系统中每个行为主体的生产技术不仅界定在它的 n 种可交易商品和服务 $(y_{1i},\cdots,y_{ni})$、m 种可交易投入要素 $(x_{1i},\cdots,x_{mi})$ 上，而且要界定在行为主体 1 的某种行为或该种行为产生的某类 ES 上，也就是说，行为主体 1 是该竞争经济中某类 ES 的生产者或供给者，该 ES 的数量 es 同时影响经济系统中行为主体 1 和行为主体 2 的福祉。

如果行为主体 i 的利润函数表示为 $B_i(x_{1i},\cdots,x_{mi},y_{1i},\cdots,y_{ni},es)$，那么一旦存在 $\partial B_2(x_{1i},\cdots,x_{mi},y_{1i},\cdots,y_{ni},es)/\partial es \neq 0$，就意味着行为主体 1 的行为直接影响到行为主体 2 的生产和利润，出现了外部效应。如果 $\partial B_2(x_{1i},\cdots,x_{mi},y_{1i},\cdots,y_{ni},es)/\partial es > 0$，说明竞争经济中出现了正外部性，行为主体 1 是正外部性的供给者，行为主体 2 是正外部性的消费者。如果 $\partial B_2(x_{1i},\cdots,x_{mi},y_{1i},\cdots,y_{ni},es)/\partial es < 0$，说明产生了负外部性。在 ES 生产与供给过程中，通常出现的是第一种正外部性的情形。

为方便讨论，将每个行为主体 i 的利润函数都界定在 es 上，利润函数的最大化通过优化既定价格 p 和预算 D_i 约束之下商品、服务组合来实现。这个最优化问题可以表示为：

$$\pi_i(p,D_i,es) = \max_{y_i \geq 0} B_i(x_i,y_i,es)$$
$$s.t\ p \times x_i \leq D_i$$

进一步将利润函数简化为 $\pi_i(p,D_i,es) = v_i(es)$，假定 $v_i(es)$ 二次可微且 $v''_i(es) < 0$，也就是假定利润函数有最大值。

（二）es 的竞争均衡值和最优化值

假定经济实现了竞争均衡，那么，每个行为主体都在可交易商品及要素价格 p 和预算约束之下实现了利润最大化。

使行为主体 1 实现 $v_1(es)$ 最大化的 es 值是均衡值 es^*，es^* 满足充分必要条件：

$$v'_1(es^*) \leq 0,es^* > 0\ 时\ v'_1(es^*) = 0 \tag{32-1}$$

内点解情形下 $v'_1(es^*) = 0$。

实现帕累托最优的 es 值是最优值 es°，es° 可以通过两个行为主体总利润最大化求取，即通过求解 $\max_{es \geq 0}[v_1(es) + v_2(es)]$ 获得。

es° 满足充分必要条件 $v'_1(es^\circ) + v'_2(es^\circ) \leq 0,es^\circ > 0\ 时\ v'_1(es^\circ) + v'_2(es^\circ) = 0$，即：

$$v'_1(es^\circ) \leq -v'_2(es^\circ),es^\circ > 0\ 时\ v'_1(es^\circ) = -v'_2(es^\circ) \tag{32-2}$$

内点解情形下 $v'_1(es^\circ) = -v'_2(es^\circ)$。

不难发现，除非 $es^\circ = es^* = 0$，否则 ES 的均衡水平 es^* 永远不等于其最优水平 es°，也就是说，竞争均衡条件下行为主体 1 供给 ES 的数量，并不等于整个经济系统福利最大化所要求的 ES 供给数量。内点解情形下集合 (es^*,es°) 中所有值均大于 0。行为主体 1 在 ES 的供给中产生了正外部性，对于所有 es，都有 $v'_2(es) > 0$。

由于 $v'_1(es^\circ) = -v'_2(es^\circ) < 0$ 及 $v'_1(es^*) = 0$，所以 $v'_1(es^\circ) < v'_1(es^*)$。在 $v'_1(es) < 0$ 的前提下，$es^\circ > es^*$，即 ES 的社会最优水平大于其竞争均衡水平，或者市场竞争机制下 ES 的供给

水平小于其社会最优水平，即 $es^* < es°$。具体地，行为主体 1 在 ES 生产、供给过程中的正外部效应，使得市场条件下该 ES 的实际供给水平低于社会福利最大化所要求的供给水平，简而言之，从经济效率角度观察，具有正外部性的 ES 在市场机制作用下出现供给不足问题。

（三）正外部性内部化的基本路径和方法

解决外部性问题的市场模式与政府模式之争始终贯穿在外部性理论逐渐形成、完善的过程中，并成为其中的一条主线。生态保护过程中存在的正外部性使竞争市场均衡结果偏离其社会最优水平，为减小乃至消除偏离、实现 ES 供给的社会最优，有两种基本路径可供选择：其一，政府通过数量直接控制进行干预；其二，是基于市场的一系列政府干预手段或市场化措施，如政府补贴、自愿协议、生态标签、可交易许可证、招标拍卖等。政府补贴是政府模式的庇古型 PES，自愿协议、生态标签、可交易许可证、招标拍卖属于市场模式的科斯型 PES。

1. 直接数量控制方法

如前面所述，在 ES 产生正外部效应的情况下，$es^* < es°$。理想条件下，正外部性治理最有效的方法是直接控制产生正外部性行为的 ES 数量，即政府简单地规定 $es \geq es°$，也就是 ES 供给者的 es 供给水平不能低于实现经济社会福祉最大化的 ES 供给水平 $es°$，在此数量规制的约束下，行为主体 1 必然选择其 ES 数量为 $es°$ 的正外部性水平，从而实现社会最优供给。在自然资源和生态环境保护的实践中，这种方法演化为生态功能区划的制度，即通过不同类型生态功能区的不同定位及不同规章制度来基本确保国家、地区经济社会可持续发展所需要的各类自然资源和 ES 的供给水平。生态功能区划制度的效益和效率通常较低，一是因为 ES 价值评估过程中始终存在价值认识的有限性、主观性，以及评估方法的复杂性、不完备性，$es°$的科学确定始终是一个难题；二是因为 ES 与生态系统区域面积之间的关系具有时空异质性，用生态系统地域面积替代 ES 度量指标作为控制标准的生态功能区划制度只能是相对粗约的治理方式。生态功能区划制度通常与其他基于市场方法组合使用，以便提高该方法的生态效益和成本效率。

2. 补贴方式—庇古模式

假定行为主体 1 每产生 1 单位的 es，政府都给予补贴 S_{es}，那么显然，如果 $S_{es} = v'_2(es°) > 0$，则会使行为主体 1 选择供给最优的正外部水平，因为此时行为主体 1 面临的问题是：

$$\max_{es \geq 0}(v_1(es) + s_{es} \times es) = \max_{es \geq 0}(v_1(es) + v'_2(es) \times es) = \max_{es \geq 0}(v_1(es) + v_2(es))$$

对应于式（32 - 2），其充分必要条件为：

$$v'_1(es) \leq -s_{es}, es > 0 \text{ 时 } v'_1(es) = -s_{es} \qquad (32-3)$$

给定 $s_{es} = v'_2(es°) > 0, es = es°$ 满足式（32 - 3）要求。同时给定 $v''_1(\cdot) < 0$，式（32 - 3）有唯一解 $es°$。

简而言之，行为主体 1 面对 $s_{es} = v'_2(es°) > 0$ 的 ES 供给补贴，其成本—效益计算的结果必然是将加之于行为主体 2 的正外部性完全内化，从而实现 ES 的社会最优供给水平 $es°$。

在自然资源利用和生态环境保护具体实践中，庇古补贴能否实现 ES 的最优供给，受到两种因素的影响：一是能否直接针对产生正外部性的行为进行补贴；二是政府是否拥有两个行为主体有关正外部性的成本、效益信息。前者是庇古补贴有效性的基本要求，后者是确定合理补贴标准的要求。现实环境中，这两方面都面临着极大挑战，ES 供给及其外部性与生态系统管理实践（或者说特定土地用途）的关系需要正确识别和判定，ES 正外部性供给与消费的边际成本和边际收益信息的不对称性需要克服。这种挑战一方面要求进一步改进庇古补贴方式，另一方面也为庇古补贴与其他揭示信息能力更强的市场化方法的结合使用提供了空间和机会。

3. 自愿协议—科斯模式一

假定能够明确界定 ES 供给过程中正外部效应的产权，例如，假设赋予行为主体 1 有阻止行为主体 2 利用正外部性的权力（决定生产多少正外部性的权力），即没有行为主体 1 的许可，行为主体 2 便不能利用 ES 的正外部效应。设想两个行为主体进行协议，协议内容是行为主体 1 向行为主体 2 要价，只有行为主体 2 向行为主体 1 付费 T，行为主体 2 才能利用正外部性水平 es，那么，当且仅当行为主体 2 接受这个要价所得的福祉不小于拒绝该要约得到的福祉，也即当且仅当 $v_2(es) - T \geq v_2(0)$ 时，行为主体 2 才会接受这个要价。行为主体 1 通过求解以下最大化问题选择 (es, T)：

$$\max_{es \geq 0}(v_1(es) + T) \tag{32-4}$$
$$s.t.\ v_2(es) - T \geq v_2(0)$$

由于约束条件对于该问题的所有解都有约束力，所以约束条件取等号，有 $T = v_2(es) - v_2(0)$，因此最大化问题可以改写为：$\max_{es \geq 0}[v_1(es) + v_2(es) - v_2(0)]$，其解就是 ES 的社会最优供给水平 $es°$。

假定赋予行为主体 2 享用 ES 正外部效应的权力。行为主体 2 要价行为主体 1，只有当其付费 T 时才能供给 ES，那么，当且仅当行为主体 1 接受该要价所得的福祉不小于拒绝该要价所得福祉，即 $v_1(es) - T \geq v_1(0)$ 时，行为主体 1 才会接受该要价。

行为主体 2 通过求解以下最大化问题选择 (es, T) 的最优值：

$$\max_{es \geq 0}(v_2(es) + T) \tag{32-5}$$
$$s.t.\ v_1(es) - T \geq v_1(0)$$

同样，由于约束条件对该问题所有解都有约束力，所以约束条件取等号，有 $T = v_1(es) - v_1(0)$，因此最大化问题可以改写为 $\max_{es \geq 0}[v_1(es) + v_2(es) - v_1(0)]$，其解也是 ES 供给的社会最优水平 $es°$。

假定行为主体 1 有权决定正外部性的供给。双方没有协议时，行为主体 1 将选择 ES 供给水平 $es°$。如果行为主体 1 向行为主体 2 要价为 $T > 0$，以使 $es > es^*$，那么，当且仅当行为主体 2 接受这个要价所得的福祉不小于拒绝该要约得到的福祉，也即当且仅当 $v_2(es) - T \geq v_2(es^*)$ 时，行为主体 2 才会接受这个要价。此时，行为主体 1 面临的最大化问题将变为 $\max_{es \geq 0}[v_1(es) + v_2(es) - v_2(es^*)]$，其解就是 ES 供给的社会最优水平 $es°$。

上述分析表明，ES 产权初始配置状况与最优解无关，ES 产权初始配置状况的变化只是改变了两个行为主体的最终财富分布状况。自愿协议产生的前提条件是明确、可执行性的产权，如果有关 ES 正外部效应的产权不能明确界定，或者界定的产权不能发挥作用，这类协议便不会产生。相对于直接数量控制和庇古补贴方法，自愿协议方法只需两个行为主体相互拥有对方的成本、收益信息，不涉及政府，因而对信息显示强度的要求要弱些，这在一定程度上提高了内部化的经济效率，因为任何信息的获得都会增加交易成本。

黄有光等学者认为，自愿协议形成的价格是谈判价格，不是反复出现的、真正意义上的市场价格。按照这种思想，正外部性内部化的方法还有市场方法，即通过创建竞争性市场而实现正外部性内部化的方法，但在简单的市场意义上，创建竞争性市场的方法也被视为科斯模式的另一种形式。

4. 市场方法—科斯模式二

假定 ES 的正外部效应产权界定清晰，且可以行使其功效，就可能存在有关正外部性产权的市场。简而化之，假设行为主体 1 具有产生正外部性、决定行为主体 2 可否利用这种正外部性的权力，且该权力的价格为 P_{es}，那么，行为主体 2 将通过求解以下最大化问题实现其购买决策的最优化：$\max\limits_{es \geq 0}\ (v_2\ (es_2)\ - p_{es}es_2)$，其一阶条件是：

$$v'_2(es_2) \leqslant p_{es}, es_2 > 0 \text{ 时 } v'_2(es_2) = p_{es} \qquad (32-6)$$

行为主体 1 的最优决策取决于以下最大化问题的解：$\max\limits_{es \geq 0}(v_1(es_1) + p_{es}es_1)$，其一阶条件是：

$$v'_1(es_1) \leqslant p_{es}, es_1 > 0 \text{ 时 } v'_1(es_2) = - p_{es} \qquad (32-7)$$

竞争均衡时 ES 正外部性产权市场出清，有 $es_2 = es_1$。

式（32-6）和式（32-7）蕴含的 ES 正外部性产权市场竞争均衡水平 es^{**}，满足条件：$v'_2\ (es^{**})\ \leqslant -v'_1\ (es^{**})$，$es^{**} > 0$ 时 $v'_2\ (es^{**})\ = -v'_1\ (es^{**})$

将该条件与式（32-2）比较，可以看出 $es^{**} = es°$，ES 正外部性的竞争均衡价格 $p_{es}^* = v'_2\ (es°)\ = -v'_1\ (es°)$，也就是说，如果存在一个竞争性的 ES 正外部性市场，其均衡结果就是最优水平。正是由于竞争性市场的这种功能，人们常把引发 ES 正外部性的原因归究于缺乏确定性的竞争市场，而把创造竞争性市场作为 ES 正外部性内部化的一种选择。

三、ES 多边正外部性及其内部化

森林、湿地保护和较大流域治理通常具有多边正外部效应，ES 正外部性由多个土地使用者的保护治理行为产生、对多个经济参与者发挥效用。ES 多边正外部性可以依据能否具有竞争性而分为非竞争性和竞争性两种类型。对于前者，某一个体的消费或享用不会使其他个体消费或享用的数量减少，对于后者，某一个体的消费或享用则会使其他个体所消费或享用的数量减少。本节重点研究具有非竞争性的多边正外部效应及其内部化的问题，因为四种 ES 类型中的支持、调节、文化三种 ES 正外部性都属于非竞争性类型，非竞争性的多边正外部效应及其内部化更为重要。

假设：产生某 ES 正外部性的行为主体与消费、享用该正外部性的行为主体不同，例如，前者为土地所有者或管理者，后者是一些消费主体，并且每个土地使用者产生的 ES 正外部性对这些消费主体的影响是同质无差异的。

那么，按照局部均衡方法，给定 n 个可交易商品的价格向量 p。J 个土地使用者在其生产过程中产生正外部性，价格向量为 p；土地使用者 j 的利润函数为 $\pi_j\ (es_j)$，其中 es_j 是 j 所生产的正外部性水平。I 个消费者具有拟线性形式的效用函数；消费者 i 的效用函数为 $u_i\ (\widetilde{es_i})$，$\widetilde{es_i}$ 是该消费者享用正外部性的数量。设定 $\pi_j\ (\cdot)$ 和 $u_i\ (\cdot)$ 都二次可微，并且 $\pi''_j\ (\cdot)\ <0$，$u''_i\ (\cdot)\ <0$。显然，ES 正外部性背景下，对所有 i 而言，有 $u'_i\ (\cdot)\ >0$。

假定在不可耗尽正外部效应语境中，每个消费者所享用的正外部性水平为 $\sum_j es_j$，也就是所有土地使用者生产的正外部性的总和。与简单双边正外部效应中的情形类似，在完全竞争均衡中，每个土地使用者 j 的最优正外部性水平 es_j^* 满足条件：

$$\pi'_j\ (es_j^*)\ \leqslant 0, es_j^* > 0 \text{ 时 } \pi'_j\ (es_j^*)\ = 0 \qquad (32-8)$$

而该 ES 多边正外部性的任意帕累托最优 $(es°_1,\ \cdots,\ es°_j)$ 满足以下最大化问题：

$$\max\limits_{es_j \geq 0}\ \left(\sum_{i=1}^{I} u_i\ \left(\sum_j es_j \right)\ + \sum_{j=1}^{J} \pi_j\ (es_j) \right) \qquad (32-9)$$

其充分必要一阶条件是：

$$\sum_{i=1}^{I} u'_i\ \left(\sum_j es°_j \right)\ \leqslant - \sum_{j=1}^{J} \pi_j\ (es°_j)$$

$$es°_j > 0 \text{ 时}, \sum_{i=1}^{I} u'_i\ \left(\sum_j es°_j \right)\ = - \sum_{j=1}^{J} \pi_j\ (es°_j), j = 1,\ \cdots,\ J \qquad (32-10)$$

　　和简单双边正外部效应一样，ES 多边正外部性的竞争均衡值和最优值除非均为 0，否则永不相等，竞争均衡值小于最优值。在 ES 正外部性内部化的过程中，由于难以准确界定这种 ES 的供给者和使用者，或者不能有效地排除不付费的使用者，会出现所谓的"搭便车"问题，所以，即使采用契约或市场化方法，也难以完全消除 ES 正外部性均衡值小于其最优值的情况。

　　然而，假使政府拥有充分的土地使用者利润函数及消费者效用函数信息，直接数量控制或庇古补贴的方法就能够实现 ES 正外部性水平的最优供给。在直接数量控制方法中，政府简单地规定土地使用者 j 供给的正外部性水平下界等于其最优值 $es°_j$ 即可。庇古补贴方法要求对每个土地使用者所产生的单位正外部性给予额度为 $s_{es} = \sum_i u'_i (\sum_j es°_j)$ 的补贴，此时土地使用者 j 面临的最大化问题是：

$$\max_{es_j \geq 0} (\pi_j (es_j) + s_{es} \times es_j) \tag{32-11}$$

　　其充分必要条件是：

$$\pi'_j (es_j) \leq -s_{es}, \quad es_j > 0 \text{ 时 } \pi'_j (es_j) = -s_{es} \tag{32-12}$$

　　将 $s_{es} = \sum_i u'_i (\sum_j es°_j)$ 代入该式，便可发现土地使用者 ES 正外部性的均衡供给水平就是其最优供给水平 $es°_j$。

　　ES 正外部性内部化数理分析及其结果为 PES 及生态补偿制度的构建与优化奠定了微观基础和依据。首先，PES 及生态补偿制度所要解决的主要问题由生态保护正外部性导致的 ES 竞争均衡值小于帕累托最优值的问题，其生态效益表现为 ES 实际水平与 ES 的竞争均衡值的差值，即 PES 及生态补偿前后 ES 的增量。其次，内化 ES 外部性、实现 ES 帕累托最优值的方式包括直接数量控制，以及属于 PES 及生态补偿范畴的政府津贴、自愿协议和市场方法等多种。最后，包括 PES 及生态补偿工具在内的各种内化方法揭示信息能力不同，对信息要求也不同，这些工具的运用受到产权制度、ES 供求结构等因素的制约，生态效益和效率水平受这些限定因素的影响。

第三节　概念界定

一、PES 的定义和分类

（一）PES 的定义

　　温德尔（2005）将 PES 定义为当且仅当 ES 供给者可靠地提供 ES 时（条件性），一种界定清晰的 ES（或可能提供该服务的一种土地用途）被 ES 买家（最少一个）从 ES 供给者处买走而形成的一个自愿交易。塔科尼（Tacconi，2012）认为温德尔的定义是以科斯方法为内容的 PES 概念，因此可以称为 PES 的科斯型概念，而符合该概念的 PES 称为科斯型 PES。帕斯夸尔等（Pascual et al.，2010）指出，该概念蕴涵的做法通常被视为 PES 的主要方法。穆拉迪安等（2010）认为，PES 的科斯型概念在相关文献中处于主导地位，但是，绝大多数正在运行的 PES 并不严格符合温德尔定义的科斯型 PES 的条件，这些 PES 通常高度依靠政府和社会的参与，因而不能认为是完全自愿的。肖默斯和马特兹多夫（Schomers and Matzdorf，2013）指出，即便是在科斯型 PES 应用最多的流域治理领域，相关文献中的 PES 计划也并不完全符合科斯型 PES 的特征，原因是政府当局往往不同程度地参与了这类计划的制定和运行。温德尔的 PES 科斯型概念强调界定清晰的 ES 及其卖家和买家，明确了产权制度在 PES 中的基础作用，强调 ES 交易的自愿性和条件性，明确了 PES 的基本特征。

恩格尔等（2008）继承了温德尔的定义，认为 PES 是科斯定理在生态保护领域的运用，指出 PES 是一种将外在的、非市场环境价值转化为当地参与者提供 ES 的真实财务激励的机制，并把 PES 具体界定在以下几个方面：（1）一个自愿交易；（2）界定明确的 ES（或可能确保这种服务的土地用途）；（3）被 ES 买家（至少一个）从 ES 提供者（至少一个）购买；（4）当且仅当 ES 提供者保证 ES 提供时发生（条件）。实际上，恩格尔等（2008）在追随温德尔将 PES 定义在科斯方法上的同时，就将定义的限制性条件放宽，把 PES 分为使用者付费和政府付费两种类型，指出政府付费的 PES 可被视为与使用者付费相对应的环境补贴，政府被视为代表 ES 买家的第三方。穆拉迪安等（2010）、万特（2010）、帕塔纳亚克等（Pattanayak et al.，2010）、赫肯和巴斯蒂安森（Hecken and Bastiaensen；2010a，2010b）都把政府付费的项目作为 PES 的另一个类型，并称之为庇古型概念的 PES 或庇古型 PES。赫肯和巴斯蒂安森（2010b）指出，庇古型概念 PES 的基础是在产品市场上课税负外部性、补贴正外部性的庇古方法，庇古方法要求付费额度等于外部性产生的边际净收益。

世界自然基金会（WWF，2007）认为，PES 是指通过 ES 受益者对 ES 供给者的报偿，确保 ES 及时、可持续供给的多种安排。杰克等（2008）指出，PES 通过经济激励促使生态系统管理方式变化，被视为广泛激励环保政策或市场环保政策的组成部分。科尔韦拉等（Corbera et al.，2009）将 PES 概念抽象为通过提供经济诱因、改善自然资源管理者生态系统管理行为的新制度设计。穆拉迪安等（2010）将 PES 理解为，旨在创造经济激励，使自然资源管理中个体或集体土地使用决策与社会利益保持一致的、不同社会角色之间的某种资源让渡。塔科尼（2012）把 PES 计划定义为一个通过向自愿供给者有条件地付费，从而实现环境服务额外供给的透明系统，并认为他的定义比温德尔（2005）的科斯型定义宽泛，比穆拉迪安等（2010）的概念具体，并且隐含与突出了穆拉迪安等（2010）概念中自愿参与和中介组织两大准则的重要性，可以包含 PES 的多种类型，有助于超越不同学者在各自定义中概括的、不同 PES 方法的表面特征，突出 PES 的本质特性。巴比尔和马坎迪亚（Barbier and Markandya，2013）指出，PES 机制一般是针对土地用途的付费，付费企图内化这些土地用途提供的生态系统服务收益，从而为土地所有者与使用者提供缺失的激励，使他们在其土地上保持功能正常的生态系统。扎特勒和马特兹多夫（Sattler and Matzdorf，2013）认为，除了温德尔的定义，这些 PES 定义不同程度地涉及科斯型 PES 和庇古型 PES 的共性特征，包含两种类型的 PES。

塔科尼（2012）指出，温德尔的科斯型 PES 定义属于环境经济学范畴，其他以穆拉迪安为代表、包含了庇古型 PES 在内的 PES 定义属于生态经济学范畴。环境经济学认为，PES 的主要目标是通过市场方式实现 ES 供给的帕累托效率；生态经济学认为市场配置并不确保 ES 的可持续供给，PES 的应用需要借助政府干预，公平和效率需要兼顾。恩格尔等（2008）指出，在许多情况下，术语 PES 似乎是所有基于市场的保护机制的统称。皮拉尔（Pirard，2012）认为，PES 指的是文献和实践中出现的各种工具，适合于生物多样性和生态系统服务市场工具的所有类型，而不是其中的一个。扎特勒和马特兹多夫（2013）指出，PES 术语应用相当宽泛，大量不同的方法都被包括在内，但是，现实中只有极少项目满足温德尔给出的环境经济学定义，大多数项目只能作为穆拉迪安及其他人给出的生态经济学概念下的 PES。

综上所述，PES 概念（生态经济学）具备以下要件：PES 的产权背景、非市场化的生态系统服务、使用者或第三方中介、自愿供给者，经济激励，以及在经济激励作用下供给者修正或保持其生态保护的土地用途。PES 的基本类型分为庇古型和科斯型两种，PES 的目的是生态系统服务的额外供给。实施 PES 的关键环节是付费的条件性与 ES 供给的额外性，而这两个环节实质上是一个问题的两个方面，从 PES 的绩效方面来说，寻求的是 ES 的额外供给，也就是要求超出没有 PES 情况下 ES 的原有供给水平；而为了确保额外供给的实现又必须将其设定为付费的前提条件，也就是说，只有在该额外供给实现后，才能根据 PES 履约付费。

基于研究对象和研究目的，本节将 PES 界定为：在一定产权背景下，通过政府、第三方中介机构或 ES 直接使用者向 ES 自愿供给者有条件地付费，将 ES 外部性价值内化为面向供给者的真实经济激励，从而实现 ES 额外供给的市场、准市场机制。

（二）PES 的类型

恩格尔等（2008）根据 ES 买家的不同，将 PES 项目分为使用者付费和政府付费两种类型。使用者付费 PES 的买家是 ES 实际使用者，政府付费 PES 的买家是代表 ES 使用者的第三方，通常是政府、非政府组织或国际机构。政府付费和使用者付费的 PES 项目之间的关键区别，不仅仅在于谁付费，还在于谁有权做出付费的决策。

亚洲开发银行（2010）将 PES 划分为直接付费、减缓与补偿付费、认证三种类型，其中直接付费包括一般补贴、积分补贴、谈判和竞标，减缓与补偿付费包括清洁发展机制、湿地减缓银行和生物多样性补偿，认证包括生态标签和森林认证。巴比尔和马坎迪亚（2013）把 PES 分为自愿契约协议、公共付费计划和交易体系三种主要类别。惠滕和谢尔顿（Whitten and Shelton，2005）、NMBIWG（2005）将 PES 分为三大类：一是生态标签或教育等市场摩擦机制，通过消除 ES 的识别障碍，改进现有市场的效率；二是拍卖、招标与税收优惠等基于价格的机制，通过设置或调整价格以迫使市场将 ES 成本纳入；三是交易上限计划和补偿抵消计划等基于数量的机制，由政府设置所要达到或维持的环境服务目标。洛克（Lockie，2013）将基于价格的 PES 细分为两种，一是通过对现有市场的改革内化环境成本，二是通过创造新市场，实现对 ES 供给的报偿，从而形成了在惠滕和谢尔顿（2005）、NMBIWG（2005）的 PES 三种类型基础上的、现有市场改革与 ES 市场创新分离的 PES 四种类型（见表32.4）。

表32.4　　　　　　　　　　洛克的 PES 分类

类型	市场干预	实例	适用场合
市场摩擦	消除 ES 认识上的障碍,改善现有市场的效率	标准、认证、生态标签及能力建设	降低交易成本或增加信息可改善结果的情形
市场改革（基于价格）	设定或调整价格以内化 ES 成本	生态税	水源保护,如碳排放、水开采等
市场设计（基于价格）	PES 的市场分配机制	招标、拍卖	扩散源环境结果,如生物多样性,盐碱化减缓
基于数量	设定获得或保持 ES 的目标	限额或交易机制,可交易补偿	可度量的点源活动,如碳排放、水开采等

皮拉尔（2012）根据 PES 的 ES 价格形成方式或表现形式的不同，将 PES 分为规制价格信号（regulatory price signals）、科斯类型的协议（Coasean - type agreements）、招标（reverse auctions）、可交易许可证（tradable permits）、直接市场（direct markets）和自愿价格信号（voluntary price signals）六种类型，如表 32.5 所示。

表 32.5 罗曼·皮拉尔的 PES 分类

类型	独有特征	说明	与市场关系	实例
直接市场	生产者和消费者之间直接交易环境产品的市场	国际层次上为所有国家和各种交易构建具体规则	接近市场的程度取决于实际情形和商品化程度	遗传资源,经济林产品,生态旅游
可交易许可证	创造人为稀缺性和相应的特定市场,用户购买可进一步交易的许可证	有明确的环境目标(有生物物理指标),根据可接受的社会成本设计	依据给定的环境目标建立特定的市场,预计将揭示信息	纾缓银行,欧洲排放配额,碳汇交易,可交易的土地发展权
招标	候选者响应公共部门召唤、设定付费水平的机制	旨在揭示价格、避免搭便车和寻租	创建拍卖市场,有利于通过投标人之间的竞争实现成本效率	PES(澳大利亚的丛林养护,美国的 CRP)
科斯型协议	受益人和供给者为共同利益而交换权利的自愿交易	需要明确的产权配置,地点的高度具体化	通常不遵守市场规则,具有更多的契约性质	温德尔的 PES,地役权保护,保护优惠
规制价格信号	诱发相对较高或较低价格的规制措施	公共部门财政政策(有环境目标)的组成部分(包括补贴)	根据现有的市场	生态税,农业环境措施
自愿价格信号	生产者向消费者发送积极的环境影响信号,在市场获得溢价	消费者支付意愿相对较低,对行动的激励作用有限	利用现有市场识别和促进各种良性活动	森林认证,有机农业标签,规范(自产前认证)

各种分类方法所涉及的 PES 范畴有狭义和广义之分，二分法为狭义的 PES，其余则为广义的 PES。即使广义 PES 的三分法、四分法和六分法，所涵盖的 PES 类型也并不完全相同，常见的 PES 类型有自愿协议、补贴、竞标、可交易许可证、认证和标签等五种，其余如标准、能力建设，以及产品等 PES 类型较为少见。按照本节给出的 PES 定义，PES 分为五种 PES 类型，即政府津贴、自愿协议、可交易许可证、招标、认证和标签等，其中政府补贴是庇古型 PES，自愿协议、可交易许可证、拍卖招标、认证和生态标签是科斯型 PES。

二、生态补偿的定义及其制度构成

国内与 PES 概念接近的术语是生态补偿。由于生态补偿术语起源于生态学，之后才逐渐演化为具有经济学意义的概念，而且即使在经济学上，生态补偿的内涵也几经变迁。

20 世纪 80 年代到 90 年代初期，经济学意义上的生态补偿本质上就是生态环境赔偿（章铮，1995；庄国泰等，1995）。此后的 90 年代中后期，生态补偿主要是生态效益补偿，实际是对生态环境保护、建设者进行财政转移支付（洪尚群等，2001；毛显强等，2002；刘峰江等，2005），也包括对自然资源开发和利用过程造成生态损害的补偿。俞海和任勇（2008）明确指出，生态补偿不仅包含受益者补偿保护者，而且包含破坏者赔偿受损者，强调根据不同类型问题选择不同政策工具。《环境科学大辞典（修订版）》（2008 年）将生态补偿概念理解为以经济激励为基本特征的制度安排，原则是外部成本的内化，目的是调节相关利益主体之间的环境及经济利益关系，实现保育、恢复或提高生态系统功能和 ES 供给水平。万本太等（2008）指出，生态补偿是一系列制度安排和政策措施，它以保护自然资源的生态功能和 ES、促进人与自然和谐为目的，采用市场、税费、财政等多种工具方法，调整生态保护利益相关主体之间经济利益分配关系，实现生态保护责任与义务在利益相关主体之间的公平配置，内化生态保护的效益。2016 年国务院印发的《关于健全生态保护补偿机制的意见》把生态补偿限定在生态保护正外部性内部化领域，而将自然资源开发过程中的生态损害补偿排除在外。

经济学范畴的生态补偿已经从单纯对生态环境破坏的赔偿，演化为对生态保护效益的补偿，从而被明确定位在生态保护领域，以区别于污染防治（杨光梅等，2007）和生态损害补偿。基于研究目的，为了准确反映目前中国生态保护理论研究和实践探索的本质特征和全貌，本节将生态补偿界定为：以经济激励为核心手段，通过内化生态环境资源保护行为的正外部性，调整相关行为主体间生态与经济利益关系，实现生态保护及 ES 可持续供给的制度体系。

制度（规则）体系是分层次的，某层次制度（规则）的变化，是在固定不变的更高层次制度（规则）作用下发生的，更高层次制度（规则）变化的难度更大、成本更高，制度（规则）变化难易程度的层次性差异使依制度（规则）行动的个体之间具有更高的稳定性预期（E. Ostrom，1990）。威廉姆森（Williamson，2000）将制度分为四个层级，第一层级是指内嵌于各种习俗、传统和社会文化中的制度，第二层级是指各种诸如宪政、法律、产权等正式的制度环境，第三层级是指各种具体交易形成的治理制度，第四层级是指在上述三个层级下的资源配置制度。黄少安（1992）指出，现实中各类经济制度层次性的明确程度，随着制度及其所要调整经济关系复杂程度的不同而有所变化，越是复杂的制度和经济关系，其层次性越清晰。由于生态保护过程中所涉及 ES 属性、地理尺度以及利益相关者的多样性，国际甚至仅是国内生态退化的问题都会异常复杂、多样，仅靠单一手段或方法根本无法有效应对，需要综合运用政府和市场的多种方法，因此，在生态保护领域，无论是制度构成还是制度所要调节的经济关系，都存在着客观的复杂性，生态补偿制度体系具有层次性划分的现实基础。依据从既定不变环境因素到特定研究对象，从一般规则到具体规则、再到实施机制的逻辑顺序，生态补偿制度可以划分成制度环境、产权制度、治理模式、实施机制四个层级，其中制度环境主要是宪法所规定的土地、森林、水源等自然资源和生态资源国家所有、集体所有制度，因为此类制度具有既定不变的特征，所以，根据研究对象和目的，本节将生态补偿制度界定在产权制度、治理模式、实施机制三层级制度构成的制度体系上。

（一）产权制度

生态资源资产产权制度是关于生态资源资产产权主体结构、主体行为、权利指向、利益关系等的制度安排，包括生态资源资产产权界定和配置制度、生态资源资产交易制度和生态资源资产产权保护制度。产权界定和配置制度是对生态资源资产各种权利明确的界定、安排，主要是生态资源资产所有权、使用权、收益权归属主体、权能内容的确定，以及权利实现方式的设定。产权交易制度理论上是所有权、使用权和收益权交易的程序、规则，现实中主要是生态资源资产使用权交易的程序、规则，具体内容包括使用权交易主体、客体、交易范围、交易价格的确定，以及交易市场建设与监管等。产权保护制度是为了保护各类生态资源资产产权主体的利益，保障各种生态资源资产所有权、使用权、收益权的合理界定、配置、交易，而建立起的正式（法律）保护制度和非正式保护制度。

生态补偿产权制度的功能通过生态资源及 ES 的产权界定配置制度、产权交易制度和产权保护制度，解决生态补偿活动中"谁补偿谁、补偿多少、如何补偿"等基本问题，明确治理模式选择、实施机制设计的基本准则、规则，以及这些准则、规则调整的程序，也就是要界定生态补偿的相关利益主体关系、基本原则及管理机构职责等基础性规则，具体内容包括，相关利益主体在生态补偿中的角色，生态系统获取权、生态系统产品及服务的使用和收集权，管理和保护生态系统并决定其用途的权力，生态系统产品及服务获取与使用的管制权，生态系统土地让渡权，生态系统服务收益权，以可持续方式使用、保护、管理生态系统及其服务的责任，将管理和保护决策告知土地所有者及其他利益相关者的责任，与 PES 及生态补偿方案设计与实施相关的权利和责任，等等。

（二）治理模式

治理模式层面制度安排的目的是为不同生态问题选择合适的治理模式，表现为不同的生态补偿工具。治理模式通常分为政府治理模式和市场治理模式两种基本类型。由于 ES 地理尺度、公共品属性、产权安排等自然属性和社会属性的不同，ES 外部性内部化需要解决的问题各不相同，既定内部化工具运用时所产生的成本和效益也不相同，内部化工具选择的目标是确定能够使生态资源使用者在既定约束之下以最低社会成本实现 ES 社会最优供给的机制和工具。

在两种治理模式中，市场治理模式因为竞争而具有较强的信息揭示能力，所以效率优势明显。治理模式优化的目标是有选择地采用市场模式应对生态问题、提高生态补偿制度的整体有效性。为此需要人为地调整 ES 的产权安排，从而实现以治理模式市场化转型为目的的产权制度优化。治理模式层面制度安排的结果是形成应对不同生态问题的生态补偿工具"菜单"，从而为各类生态补偿工具的应用提供指南，同时也为通过产权制度调整、实现治理模式的市场化转型提供理论依据。

（三）实施机制

实施机制层面制度安排主要是解决资金等生态补偿资源的优化配置问题，具体包括生态补偿项目实施时应遵循的各种操作规则，或者界定生态补偿项目设计时应该满足的各种标准。该层次制度安排通常包括两方面的规则和标准：一是评估生态补偿成果的准则，用于确定、衡量生态补偿实现预期目标的程度；二是为确保预期目标实现而对生态补偿实施过程或生态补偿机制构成要素做出的一系列规定，从不同角度引导、约束生态资源管理者的保护行为、实现资金等补偿资源的优化配置。理论上，生态效益、经济效率、成本效益最大化都可以作为评价生态补偿实施效应的准则，但是，现实条件下，评价生态补偿成果的准则要根据生态退化问题、生态系统和 ES 的实际特征选择具有实现可能性的准则标准。

由于实施机制对应于多种具体生态环境问题和多种生态治理模式，所以相对于产权制度和治理模式，实施机制需要具有较高程度的柔性，也就是自适应能力，因此本节该层次制度安排研究的重点内容是对生态补偿项目实施过程、环节、要素优化的一般性标准和方法的分析。

三、PES 视角下生态补偿制度构成

中国环境与发展国际合作委员会生态补偿课题组在其报告（2006）指出，国内狭义的生态补偿概念与国际通行的 PES 概念有类似之处，按同义语对待。国内关注 PES 的研究者如赖力等（2008）、戴君虎等（2012）、赵雪雁等（2012）均持此观点，将生态补偿等同于 PES。

亚洲开发银行（2010）在其报告中界定了生态补偿的范畴及其与 PES 的另一种关系："生态补偿指的是为了制定 PES 计划、建设 PES 市场而进行的更为广泛的投入，包括政策、法律、能力建设，以及使生态环境发挥自然服务功能、使 PES 计划成功实施的制度协调等"。按照该观点，生态补偿涵盖 PES，却不仅只是 PES，除了 PES 自身方案设计外，生态补偿制度还应包括为科学制定和有效实施 PES 所进行的更为基础、广泛的法律、政策、能力、制度协调等投入。亚洲开发银行明确指出生态补偿制度和 PES 的关系是整体与部分的关系，并且强调 PES 在生态补偿中的核心地位。从制度安排角度考虑，PES 是一类具体的交易机制，而生态补偿则既包括具体交易机制，也包含为实现交易而进行的产权界定等其他制度安排，因此，应用"生态补偿"术语时涵盖的内容比应用"PES"术语时涵盖的内容丰富。

本节根据亚洲开发银行的观点，把 PES 视为生态补偿制度的核心组成部分，并且按照 PES 的理论，从 PES 视角把生态补偿产权、治理模式、实施机制三层级制度具体化为有关 ES 产权、PES 类型、PES 体系构成的三层级制度安排。其中，有关 PES 类型的制度安排是在政府津贴、自愿协议、可交易许可证、招标与拍卖、生态标签五种 PES 类型之间进行选择，政府津贴属于政府治理模式，其余四种属于市场治理模式；有关 PES 体系构成的制度安排主要解决 PES 计划体系中目标设定和目标实现机制的问题，目的是优化资金等补偿资源的配置，以最低成本实现 ES 的高水平供给。

第四节　PES 视角下生态补偿制度分析

奥斯特罗姆等（Ostrom et al.，1994）在研究池塘等公共资源管理时，提出了制度分析与开发（the Institutional Analysis and Development，IAD）框架，其实质是公共资源自主治理的制度分析方法。该框架将既定制度环境下的经济行为分为相互联系、相互作用的若干组成部分，既有利于各组成部分的深入分析，也有助于将所有组成部分作为一个整体进行综合研究，从而为公共资源使用者提供了一种思路和方法，用于构建兼具激励约束功能的制度方案和评价制度方案的标准体系，因此被广泛用于现有制度的分析、评价和优化中。奥斯特罗姆制度分析与开发框架的核心是由身份、边界、选择、聚合、范围、信息、偿付七组规则变量构成的行动情景，这种行动情景可以描述为：具有特定地位的参与者，根据特定行动结果相应的成本、收益信息，通过具体的控制方式来完成自己的行动（action）。奥斯特罗姆认为，在一个开放的系统中，参与者可以通过对规则进行不同程度的修改，来影响甚至改变行动情景的内

部结构，从而完善制度、修正行为、提高绩效。在奥斯特罗姆等制度分析与开发框架启发下，杨（Young，2002）分析了生态保护领域不同制度安排之间的匹配、相互作用和治理尺度，科伯等（Corbera et al.，2009）将用于生态保护的 PES 制度研究限定在制度设计、制度间相互作用、治理尺度、组织能力、制度绩效等维度上，分析了各个维度所要探讨的内容以及各维度之间的联系。

我国生态补偿制度的构建与完善，可以理解为生态保护领域内国家层面上的自主治理体制建设，因此，可以借鉴奥斯特罗姆等制度分析与开发框架的思路和方法。本节在奥斯特罗姆等制度分析与开发框架的基础上，结合科伯等有关 PES 制度的研究，从总体上将 PES 视角下生态补偿制度研究的重心界定在相互联系、相互影响的制度安排、制度间相互作用和制度绩效三个维度上（后文在进行 PES 项目微观制度案例分析时拓展为包括参与者互动在内的四个维度）。

一、制度安排分析

制度安排分析是对 ES 产权、PES 类型、PES 体系三层级制度安排的分析，包括两个层面的内容：一是根据三层级制度安排各自的目标、功能，运用交易费用理论、边际成本比较法和成本效益分析方法对三层级制度安排各自优化的标准进行探讨；二是以这些标准为依据，分析生态补偿制度的现状，发现存在的问题，明确改进、优化的思路和方向。

二、制度间作用分析

制度间相互作用是不同制度间关系的性质和特征。制度间相互作用分析的目的是通过消除制度冲突和制度真空、实现生态补偿制度体系内不同制度安排之间的耦合、协同，提高生态补偿制度的整体有效性，也包括两层面的内容：一是运用交易费用理论分析不同制度安排之间耦合、协同的标准；二是运用理论标准分析生态补偿制度体系内制度间相互作用的特征，明确优化方向。

有关制度间相互作用的核心观点是，作为一种具体制度安排的 PES 或生态补偿项目，其绩效不仅受到其自身设计结构的影响，而且受到 PES 制度与其他制度互动作用的影响。根据杨（2002）的研究，制度间相互作用可以从两个不同的角度进行分析和归类：其一是双向互动与单向互动模式的区分；其二是垂直互动与水平互动模式的区分。双向互动模式指的是两种制度以类似方式相互影响、作用的情形，单向互动模式则是指一种制度影响另一种制度，而前者不受后者的作用、或受后者的作用相对较小的情形。垂直相互作用模式是指运行在不同层级社会组织上的两种制度之间的互动（如国家林业政策和林业资源管理传统之间），而水平相互作用模式是指运行在同层级社会组织上的两种制度之间的互动（如国家层面上的农业政策和林业政策之间）。在垂直相互作用的情形中，还要区分相邻制度间的互动（如中央与省级层面上的制度之间）与相距遥远制度间的互动（如社区或家庭层面上的环境协议与社会惯例之间）的差异。制度间相互作用的方式可以是协同也可以是冲突，其中冲突分为内在根源冲突、目标冲突和实施方法冲突三种情形。

PES 视角下生态补偿制度体系的制度间相互作用表现为两种形式：一是 ES 产权、PES 类型、PES 体系三层级制度安排间的垂直作用，即产权制度对 PES 类型的限定作用、PES 类型对 PES 体系的限定作用；二是 PES 类型和 PES 体系层面其他保护政策与 PES 之间的横向作用。不同层级制度间匹配、同层级制度间协同是生态补偿制度整体有效的必要条件。

三、制度绩效分析

制度绩效是制度实现既定目标的程度，包括效果和效率两个方面。制度绩效分析从制度要素、特征和运行结果二个目内到外的层面展开，要素层面涉及制度安排中产权、交易成本等要素治理水平分析，特征层面涉及单项制度安排（普适性、开放性、完备性）、制度结构（耦合性）和制度体系（柔性、可操作性、被接受程度）分析，结果层面涉及制度运行经济效益、经济效率的测算以及结果的公平性分析，生态补偿制度绩效评估分析的目的是从制度要素、制度特征、制度运行结果角度直观地判断生态补偿制度的有效性，揭示其存在的缺陷和不足，从而为其优化提供经验依据。

因为制度要素治理水平、单项制度安排特征以及制度结构特征的评价已经包含在制度安排分析和制度间相互作用的分析中，所以本节生态补偿制度绩效分析的内容包括对制度体系柔性、可操作性、被接受程度特征的分析、评价，以及根据制度优化标准设定指标体系对生态补偿（PES）项目、省际生态补偿的生态效益及经济效率进行测算、评价。

制度安排、制度间相互作用和制度绩效是相互联系、相互作用的统一整体。ES 产权、PES 类型、PES 体系构成三层级制度安排决定了三层级制度间相互作用的特征，直接影响制度的运行效果和效率，制度间相互作用的特征和制度绩效直接反映三层级制度安排的质量。

第五节 研究框架

制度安排、制度间相互作用和制度绩效三维度分析是系统研究生态补偿制度不可分割的三个组成部分，总体目的是探究生态补偿制度优化标准、评价生态补偿制度现状，为我国生态补偿制度的优化、转型提供理论参照和经验依据。

本节研究将以制度安排、制度间相互作用和制度绩效三维度分析为基础在以下三个层面展开：其一，利用动态规划方法分析 ES 产权、PES 类型、PES 体系三层级制度优化的理论标准；其二，依据理论标准、利用案例研究方法对中国 PES 及生态补偿项目层面的制度安排和制度绩效进行评价；其三，运用科斯坦扎等的核算方法测算 ES 价值当量增量，利用随机前沿分析法构建生态补偿随机前沿生产函数和无效率函数模型测度省际生态补偿制度效率和传统效率（不含制度变量），考察 PES 视角下省际生态补偿制度绩效。

一、PES 视角下生态补偿制度结构优化标准分析

经济学意义上的优化通常是指消费者效用、生产者利润、社会整体福利的最大化，帕累托效率或者公平正义是优化的一般原则。生态补偿制度优化的本质是通过一系列规则（制度）的选择，降低生态补偿活动中的不确定性和交易成本，提高生态补偿效率。本节 PES 视角下生态补偿制度安排和制度绩效研究的首要目标，是探寻整体交易成本最低时 ES 产权、PES 类型、PES 体系三层级制度的选择，为生态补偿制度优化提供理论参照和标准。制度选择问题就是决策问题，整体交易成本最低时 ES 产权、PES 类型、PES 体系三层级制度的选择实质上是一个多阶段决策过程最优化的问题，可以通过动态规划方法求解。动态规划是求解多阶段决策过程最优化的数学方法，这种方法利用各阶段之间的关系，将多阶段决策过程化

为单阶段决策问题，通过逐一求解，得到最优的决策过程。ES 产权、PES 类型、PES 体系三层级制度体系构建可被视为三阶段决策过程，其优化问题通过构建如下动态规划模型利用动态规划方法予以求解：

阶段：PES 视角下生态补偿制度构建过程分为三个阶段，$k = 1$ 表示 ES 产权制度的安排，$k = 2$ 表示 PES 类型的选择，$k = 3$ 表示 PES 体系构成要素的设计。

状态：$S_1 = \{A_1\}$，A_1 表示 ES 处于自由状态，无任何产权约束。$S_2 = \{B_1, B_2, \cdots, Bn\}$，$B_1, B_2, \cdots, Bn$ 表示 n 种 ES 产权结构。$S_3 = \{C_1, C_2, C_3, C_4, C_5\}$，$C_1, C_2, C_3, C_4, C_5$ 表示政府补贴、自愿协议、生态标签、可交易许可证、招标和拍卖五种 PES 类型。$S_4 = \{H_1\}$，H_1 表示 PES 体系。

决策：允许决策集合 $D_1(A_1) = \{B_1, B_2, \cdots, Bn\}$，决策 $u_1(A_1) = B_1, B_2, \cdots, Bn$，表示状态 A_1 在决策 $u_1(A_1)$ 作用下分别到达新的状态 $B_1, B_2, \cdots, Bn$。

策略：$p_{1,4}(S_1) = [u_1(S_1), u_2(S_2), u_3(S_3)]$，$p_{2,4}(S_2) = [u_2(S_2), u_3(S_3)]$，$p_{3,4}(S_3) = [u_3(S_3)]$。三层级制度安排的优化就是寻求最优策略 $p_{1,4}(S_1)$。

状态转移方程：$sk + 1 = Tk(sk, uk)$，Tk 是状态转移函数，也就是制度安排。

指标函数和最优值函数：指标函数为制度交易成本 IC，有：

$$IC_{k,4}(s_k, u_k, \cdots, s_4) = \sum_{j=k}^{4} ic_j(s_j, u_j) \qquad (32-13)$$

其中，$ic_j(s_j, u_j)$ 是第 j 阶段的制度交易成本，式 1-9 也可写成：

$$IC_{k,4}(s_k, u_k, \cdots, s_4) = ic_j(s_j, u_j) + IC_{k+1,4}(s_{k+1}, u_{k+1}, \cdots, s_4) \qquad (32-14)$$

最优值函数为：

$$\min_{u_k, \cdots, u_3} IC_{k,4}(s_k, u_k, \cdots, s_4) \qquad (32-15)$$

上述动态规划的解就是制度交易成本最低时的 ES 产权、PES 类型、PES 体系三层级制度安排的选择。因为 ES 产权结构选择受 ES 自然属性和社会宏观制度环境影响，难以准确判定哪种产权结构更为合理、交易成本更低，所以无法获得 ES 产权、PES 类型、PES 体系三层级制度安排的最优解，故而本节重点研究影响 $k = 2$ 时 PES 类型选择、$k = 3$ 时 PES 体系构成要素设计两个阶段决策优化的影响因素，即降低两阶段制度安排交易成本的因素，从而获得生态补偿三层级制度体系优化的部分理论参照和标准。具体地，首先，通过构建产权—收益分布—PES 类型选择的概念模型，分析不同产权结构下 PES 类型的最优选择；其次，通过构建 ES 供求参与者数量与内部化边际成本的关系模型，运用成本比较方法分析 ES 供求参与者不同数量时 PES 类型的最优选择；最后，利用交易费用理论和成本效益分析法，分析 PES 制度构成要素的优化，重点探讨 PES 付费条件的作用机理和最优的付费条件。

在得到了生态补偿制度结构优化的理论标准后，本节将基于这些标准，对我国生态补偿个案（PES 项目）具体的制度安排和制度绩效进行案例研究，对我国省际生态补偿制度绩效进行实证研究。

二、PES 项目制度安排和制度绩效分析

需要指出的是，制度安排、制度间相互作用、制度绩效三维度总体分析架构，虽然为系统探讨生态补偿制度安排现状和实际运行结果提供了有效分析工具，但是用于 PES 项目制度研究却只能停留在"PES 制度是什么"的层面上，缺乏"PES 制度如何形成"的探究，不能触及 ES 产权制度，因为 PES 项目制度只是生态补偿制度体系中治理模式和实施机制两层级的制度安排。为了分析 ES 产权制度要进行 PES 制度形成层面的探究。在奥斯特罗姆制度分

析与开发（IAD）框架中，制度（规则）由参与者互动形成，参与者互动模式分析揭示了制度形成过程。普罗科菲耶娃和戈里斯（Prokofieva and Gorriz，2013）依据奥斯特罗姆制度分析与开发（IAD）框架，将 PES 制度分析维度从制度安排、制度间相互作用和制度绩效三维度向前追溯，拓展到参与者互动，形成四维度分析架构，并将之用于西班牙东北加塔罗尼亚（Catalonia）地区森林保护 PES 制度形成、结构和生态效应分析上。为系统分析 PES 项目层面制度的形成过程、现状和运行结果，本章沿袭普罗科菲耶娃和戈里斯（2013）的 PES 四维度制度分析架构，并借用奥斯特罗姆制度分析与开发（IAD）框架中描述行动情景的方法对该分析架构予以刻画：处在特定制度环境中的参与者，在高层次制度的约束或激励下，以及同层次制度或协同促进或逆向阻碍的作用中，相互博弈从而产生较低层次制度和生态保护绩效，如图 32.3 所示。

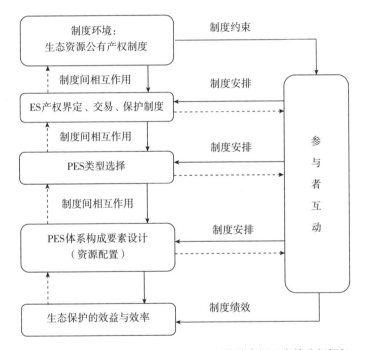

图 32.3　PES 项目层面制度安排与制度绩效案例研究的分析框架

PES 项目层面制度四维度分析架构的基本假设有三个：其一，制度环境是 PES 制度分析过程中更基本的制度，如生态资源公有产权安排等，制度环境通常是制度分析既定的约束条件；其二，参与 PES 或被 PES 影响的利益主体者之间互动，以及制度环境与 PES 制度的相互作用，同时影响 PES 制度安排和绩效；其三，PES 绩效评价不仅包含实际效果和效率的评估，而且需要深刻分析各种参与者互动、制度间相互作用及它们产生的制度安排所具备的有效或无效特征。

基于理论标准，本章将在具体确定了 PES 项目层面制度参与者互动、制度安排、制度间相互作用分析的范围—导向性问题—分析变量和制度绩效的评估标准之后，以天然林保护工程、退耕还林（草）、生态公益林补偿金、浙江省生态环保财力转移支付办法、新安江跨省（安徽、浙江）流域生态补偿等五个具有代表性的 PES 项目为例，对我国 PES 项目层面制度的形成、内容和绩效进行现状分析，从 PES 视角系统评价我国现有生态补偿制度。

三、PES 视角下省际生态补偿制度绩效测算

制度绩效包含生态效益和经济效率两方面。经济学上效率概念的核心是帕累托效率，本质含义是"不浪费资源"，实证分析中技术效率概念遵循这一本质含义，是效率量化测算、分析的工具，新制度经济学中交易费用的高低决定了实证研究中技术效率水平的大小（Fare and Lovell，1978；毕泗锋，2008）。本节生态补偿制度绩效分析包含生态效益和技术效率两个方面，为从经验层面评价我国生态补偿制度的生态效益和经济效率，本节将综合运用科斯坦扎和谢高地的方法，测算我国 2004～2013 年 31 个省份 ES 价值当量增量及增比，利用随机前沿分析法构建 PES 视角下生态补偿超越对数随机前沿函数、无效率函数模型对 2007～2013 年我国现有以政府付费 PES 为主的生态补偿制度效率（包含制度变量）和传统效率（不包含制度变量）进行测算、比较、分析，检验生态补偿制度对生态补偿生态效益和效率的影响。

PES 视角下省际生态补偿制度绩效评价指标和计算方法如表 32.6 所示。

表 32.6　　PES 视角下我国省际生态补偿制度绩效指标体系和计算方法

绩效指标	计算方法	变量选取		
生态效益：ES 价值当量增量 ΔV_{it}	科斯坦扎以及谢高地、高风杰等的方法	林地、湿地、草地、水域、耕地、园地六种生态系统单位面积价值当量因子 E_{it} 各省市区林地、湿地、草地、水域、耕地、园地六种生态系统占地面积 S_{it}		
经济效率：技术效率	随机前沿分析法（SFA）	产出：		各省市区 ES 价值当量增量 ΔV_{it}
		投入	要素投入	各省市区资金 $payment_{it}$
				各省市区土地 K_{it}（六种生态系统占地面积之和）
				各省市区劳动 L_{it}
				时间 T
			制度投入	各省市区生态补偿政策数量 $Qpolicy_{it}$
				各省市区补偿标准 P_{it}
				各省市区生态补偿工具多样性 $Qtool_{it}$
				各省市区进行补偿的生态系统的多样性 $Qecosystem_{it}$
		影响因素		各省市区生态系统脆弱度 Vulnerability $- VN_i$
				各省市区环境规制（污染治理投资额）$envireg_{it} - ER_{it}$
				各省市区单位国土面积国内生产总值 $GDPa_{it}$
				各省市区产业结构调整 GS_{it}
				各省市区城镇化率 urb_{it}

综上所述，PES 视角下生态补偿制度研究的理论分析框架如图 32.4 所示。

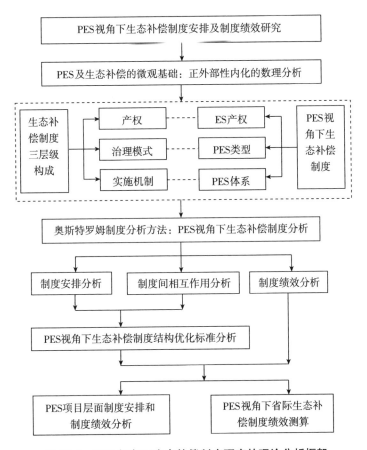

图 32.4 PES 视角下生态补偿制度研究的理论分析框架

第三十三章

PES 视角下生态补偿制度的结构优化标准研究

正外部性内部化过程的数理分析表明，在信息充分、产权明晰等理想条件下，直接数量控制、庇古补贴、科斯协议和市场方法都能完全内化 ES 的外部性，实现 ES 最优供给。然而，生态保护活动与 ES 供给之间关系的不确定性，ES 生产、消费过程中信息的不完全性，ES 的公共品、类公共品属性等现实背景，使这些方法难以真正实现 ES 外部性的完全内化，或者相应成本过大，超出了社会可以承受的范围。由 ES 产权、PES 类型和 PES 体系三层级制度构成的生态补偿制度体系，具有在现实环境中以最低成本完全内化 ES 外部性的潜能，但是，其内部化的实际效果受到这一制度体系能否有效应对 ES 供给过程中的各种不确定性、信息不完全性问题，以及这一制度体系内三层级制度安排是否优化、制度安排之间是否匹配等因素的影响。

第一节　ES 产权、收益分布与 PES 类型

一、基于产权和收益分布的 ES 分类

虽然从理论上讲，生态保护行动能够实现生态资源使用者个人收益和其他消费公众公共收益的双赢，但是，由于连接保护行动与其收益的生态系统功能过程和服务具有时间、空间的异质性，而这些异质性通常又有相互矛盾、复杂和不确定性的特征（Earl et al.，2010），所以，现实中的生态资源所有者、使用者是否采取生态保护措施并不确定，相关决策取决于他们自身的风险规避、折现率偏好、预期收益、投资能力等多种因素，尤其是 ES 产权制度和 ES 收益分布两种因素，前者规定了生态资源所有者、使用者应该承担何种责任义务在特定时空内供给 ES，后者确定了个人收益、公共收益的大小和比重（Bromley，1989）。

ES 产权是与生态资源使用、ES 消费有关的多种权利与义务的集合（Reeve，2001），是权利、义务连续分布图谱的某个状态。权利与义务可能表现为清晰正式化的法律法规，也可能表现为主体和权能边界模糊、存在纷争的非正式、不完备形式，权利义务组合可能随时间的变迁而发生变化。ES 产权最主要的特征是，生态资源的所有主体和使用主体可以通过营养成分、有机体、沉积物、空气和水等多种生态要素的扩散，将损失或收益转嫁给产权边界之外的其他资源使用者（Reeve，1997），并因此影响该生态资源的利用和保护，影响 ES 的供给水平。根据布罗姆利和霍奇（Bromley and Hodge，1990）的观点，转嫁引发的外部性并非不可避免，重新界定生态资源所有者、使用者的权利和义务，有可能减小、消除这种外部性。

生态资源和 ES 的产权制度对所有者、使用者产生激励约束作用，影响他们是否采取

措施进行生态保护以及进行生态保护的努力程度，从而作用于生态补偿制度绩效、影响生态保护政策工具及 PES 类型的优化选择。根据洛克（Lockie，2013）的观点，生态保护政策工具选择、设计的约束条件包括两方面的内容，一是各种 ES 生产与消费权利、责任义务等方面的界定（Reeve，2001）；二是生态系统功能过程属性及相应 ES 收益分布的状态（Bardsely et al.，2002）。

生态保护活动为私有资源使用者和其他消费公众提供 ES 及收益，其中私人收益和公共收益的大小及比例因 ES 自然属性和产权制度的不同而有差异。例如，多种土地保护活动既可以通过保持土壤结构及土地肥力来降低施肥成本和其他成本的投入，又可以通过改善水流功能、水流构造形态和下游水质来减小修复、保持成本，两种收益孰轻孰重，不仅受主观价值评估的影响和产权制度的直接作用，而且会因为 ES 具体情形的变化而有所变化。ES 私人收益和公共收益预期通过影响生态资源使用者的生态保护决策，基于生态效益最大化或成本效益最大化的生态保护工具选择受 ES 收益分布的限定和约束。

为了清晰描绘 ES 产权和收益分布两个既定条件对生态保护工具选择的限定作用，首先从产权和收益分布两个维度对生态保护所产生的 ES 进行分类。如图 33.1 所示，纵轴刻画 ES 的产权制度，描述生态资源所有者、使用者或管理者承担 ES 供给职责义务的相对程度，确定行为主体供给 ES 的行为是法律规定的职责义务，还是已经超出了责任义务的范围；横轴刻画源于 ES 的收益分布，描绘生态资源保护行为产生的 ES 私有收益和公共收益的相对分布状态，确定 ES 收益是归个人所有，还是由公众共享，或者二者兼而有之。ES 收益分布和由产权制度界定的责任义务状态，都沿坐标轴连续分布，既存在 ES 供给部分责任由生态资源使用者承担、部分责任在生态资源使用者法定义务之外的产权形式，也存在部分收益归个人所有、部分收益归公众共享的收益分布状态。

依据在产权、收益分布两个维度上的特征，ES 大体分为四种类型，分别处于纵横坐标轴形成的四个象限内。右上象限内，ES 收益为公共所有，提供该 ES 是社会赋予生态资源所有者、使用者的职责义务。右下象限内，ES 收益虽为公共所有，但是，该 ES 的供给却超出了生态资源所有者、使用者职责义务的范围。左上象限内，ES 收益为私人所有，供给该 ES 是生态资源所有者、使用者的职责义务。左下象限内，ES 收益虽为私人所有，但是提供该 ES 却并非生态资源所有者、使用者的职责义务，或者已经超出社会对他们的合理预期。除此之外，纵轴、横轴附近区域的 ES，和纵轴、横轴交叉区域的 ES，产权形式和收益分布都不再绝对、唯一，呈现出比较复杂的混合状态。

二、PES 类型的选择

产权、收益特征不同的 ES，其供给问题的性质不同，运用既定工具产生的成本和效益也不相同。用于生态保护和 ES 供给的政策工具包括规制、能力建设、产业结构调整、社区自主治理、政府补贴、自愿协议、拍卖招标、生态标签等多种类型，其中规制工具又可以细分为直接数量控制、可交易许可证（限额交易）、生态税三种。在这些工具中，可交易许可证、政府补贴、自愿协议、招标、生态标签属于 PES 范畴，政府补贴属于庇古型 PES，自愿协议、可交易许可证、生态标签、拍卖招标四种属于科斯型 PES。因为各种工具内在机制不同，能够应对的问题也就不同，所以，有些工具中只适用于产权—收益分布坐标系中某个确定象限内的 ES 供给，有些工具可以在各象限结合部分即坐标轴附近应用，还有一些能够用于多个象限内 ES 的供给，具体如图 33.1 所示。

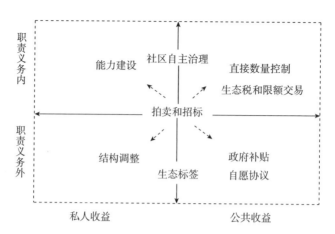

图 33.1　ES 产权、收益分布与 PES 类型的选择

在右上象限内，首选工具是规制。规制活动一般都需要经过权威机构的授权或核准，常用于对生态资源使用的控制，具体包括三种形式，直接数量控制、生态税和限额交易。直接数量控制是通过法律法规直接指定生态资源的具体用途及相应的数量，遵循"破坏者赔偿"原则。生态税等价格化措施和可交易许可证等限额交易机制（两者也都是数量化措施）也可用于该象限 ES 的供给，这种工具采用的"使用者付费"原则，试图通过现有市场的变革或新市场的创建而强制资源使用者内部化生态成本，适用这种工具的产权制度要明确提供公共产品是私人资源使用者获取生态资源的条件。生态税工具要求资源使用者、消费者为自身的生态损害行为付费，其原理和操作程序相对简单，却不能确保生态损害的实际减少，因为资源使用者和消费者可以只是被动地接受高价格而不停止生态损害活动。可交易许可证等限额交易机制通过设定生态资源使用数量上限和建立使用权交易市场来解决生态资源使用过程中的生态损害问题，创建使用权交易市场的目的在于促进整个经济体系中的生态成本以社会最优方式内化。

在左上象限内，首选工具是能力建设，即教育和其他可能提升生态资源所有者、使用者生态保护意识和 ES 供给能力的措施。因为此象限内 ES 的供给完全符合 ES 所有者、使用者的自身利益，所以采用教育等提高能力的措施可以确保生态资源所有者、使用者在产权不被侵犯的前提下实现自身利益。能力建设方面的措施很多，不仅包括信息供给、技术援助和对商务活动能力、资源规划能力、管理技能的培训，而且包括促进生态资源使用权主体成立自助协作的社会机构等方式（Lockie，2006）。教育等能力建设措施通常只被视作管制工具或市场工具的替代作法（Whitten and Shelton，2005），但是，如果它确实可以降低某些情形下的市场摩擦，或者确实可以将生态资源管理活动与生态保护目标联系在一起，从而有效地应对市场失灵问题，那么，也可以视为市场工具的另一种形式（Lockie and Higgins，2007）。

在右下象限内，首选工具是自愿协议或政府补贴两种形式的 PES，目的是补偿生态资源所有权主体、使用权主体生产、供给 ES 时产生的各种机会成本，或者补贴生产、供给 ES 活动的直接投入成本。完全成本 PES 采用的是"受益者付费"原则，该原则的依据来自三个方面：其一，在法律层面上，要求生态资源使用主体所有者、使用者供给 ES 可能被视作对其产权的侵犯，至少超越了法理相对公平的范围；其二，在现实层面上，生态资源所有权主体和使用权主体可能缺乏资金和管理技能来生产、供给 ES；其三，国家、政府机构可能缺乏相应政治资源，不能通过特定措施来强制私有生态资源使用主体无偿提供 ES 的公共收益（Bromley，1997）。自愿协议和政府补贴，通过对全部保护成本和全部已知生产性收入的补偿，达到了实际免除生态资源使用者承担公共产品供给责任义务的目的。这两种工具并不改变现有市场，而是通过将公共物品非市场化的生态收益界定为生产者的产权收益，依靠市场机制来实现外部性收益的内部化。自愿协议和政府补贴的核心特征是自愿参与，其中政府补贴迪过经济激励诱导能够权衡生态资源不同用途相对优劣的使用者自愿参与，如果能够明确界定出有助于多样性保护的 ES 产权结构，政府补贴可以用自愿协议替代。

在左下象限内，所选工具是产业结构调整，目的在于通过生态资源使用者的产业结构优化，使没有能力实现自身利益的生态资源使用主体不用履行供给 ES 的责任。虽然可以选择补贴或付费的方式实现该象限内 ES 供给，但是，由于这种做法缺乏法理依据（Bardsely et al.，2002），所以通常并不被采用。

除了责任义务明确、收益归属单一的四种类型 ES 外，处于纵、横坐标轴附近的 ES，或者供给责任义务相对模糊，或者个人收益与公共收益并存，或者两种情形同时出现，实现 ES 最优供给面临的问题更复杂，难度也更大。

横轴以上、纵轴附近且沿纵轴偏上区域 ES 的部分收益归个人所有、部分收益归其他消费者共享，其供给是生态资源使用者应该履行的责任义务。该区域 ES 的供给常通过生态资源的社区自主治理实现。社区自主治理利用社区知识和社区压力促进、激励社区内学习，协调自然资源的利用、保护活动，使社区及国家所有的生态资源利用更加有效，避免集中计划、管理、规制等手段产生的缺陷。这种工具的本质特征有两个：第一，鼓励社区资源使用者进行合作，从而增强社区资源使用者履行生态保护职责的能力，提高他们自身的生活水平；第二，由于部分 ES 收益归社区内其他资源消费者共享，生态资源保护活动会得到社区成员的支持或赞扬，在社区压力之下，这种支持或赞扬会成为面向生态资源保护者的激励或回报，促使他们在实现个人收益的同时兼顾公共收益。尽管如此，仍不能因为实施社区自主治理而免除社区生态资源使用者彼此的责任义务，即便采用社区生态资源自主治理，也要在生态资源使用产权中明确界定可持续利用和生态保护方面的责任义务。

横轴和纵轴交叉区域 ES 的部分收益归个人所有、部分收益归其他消费者共享，ES 供给的部分责任由生态资源使用者承担。运用市场配置机制的拍卖招标工具，其目标 ES 需要兼具私人收益和公共收益（Engel et al.，2008），其目标 ES 的产权制度需要明确规定资源使用者至少需要承担某种责任来提供这些服务，即使资源使用者缺乏提供该服务的能力，或者为此需要给予某些激励（Muradian 等，2010；Vatn，2010），因此，横轴和纵轴交叉区域 ES 的供给适合市场工具—拍卖招标的应用。图 33 - 1 中的虚线表示该区域生态资源使用者能够将目标 ES 供给与其责任义务和收益分布的变化联系在一起，具备应用拍卖招标类型 PES 的条件。拍卖招标产生的经济激励，不仅只是用来寻求那些能以最低财务成本采取预期管理活动的资源使用者，寻求那些自认为有责任提供公共利益却只需少量援助的资源使用者，以及那些对生态价值有个人偏好的资源使用者，而且可以用于寻求那些愿意在一定前提条件下以低成本采取相应行动的资源使用者。这个前提条件就是生态资源使用者经过估算发现源自目标 ES 的个人收益值较大、公共收益值较小，他们愿意为了获取个人收益而采取行动供给更多的 ES，从而兼顾公众利益。拍卖招标能够识别、确认那些能够以最低成本供给目标 ES 的资源使用者，并通过经济利益诱使他们自愿参与 ES 的供给。

横轴以下、纵轴附近并沿纵轴偏下区域 ES 的部分收益归个人所有、部分收益归其他消费者共享，生态资源使用者不承担供给责任，该区域 ES 外部性内化优先选用生态标签工具。有机认证、公平贸易、森林管理委员会的生态标签能够向消费者传递信息，说明生产者已经采取可核查的措施来内化社会成本或生态成本，从而使消费者确信可以通过向生产者支付价格溢价，来补偿生产者的生态成本，履行自身应该承担的社会成本或生态成本责任。

因为教育、研究等能力建设措施能够应对不完全信息引发的市场失灵，缓解 ES 供给过程中普遍存在的不确定性问题，所以对其他政策工具的实施效果或效率都会产生正面作用，适用于各种 ES 的供给。能力建设措施的最大优势是可以有效应对风险可计算的环境不确定性，使生态资源使用者利用现有市场合理地解决传统商业计划和技术投资面临的不确定性问题。此外，能力建设很少受到制度化产权的影响，也很少影响到产权，所以相关争议也很少。能力建设通常先行于其他工具选项实施，或者与其他工具同时实施。

总之，如图 33.1 所示，规制（包括直接数量控制、可交易许可证和生态税）、社区自主治理、能力建设、产业结构调整、生态标签、政府补贴、自愿协议等工具分别适用于从右上象限起、逆时针分布的各个区间内 ES 的供给，拍卖招标工具适用于纵轴、横轴交叉的中心区域 ES 的供给。

三、PES 类型的市场化与产权结构调整

（一）PES 类型的效率

政府补贴、生态标签、自愿协议、可交易许可证、拍卖招标五种 PES 类型统称为生态保护的市场化工具，但却不是真正意义上运用市场机制的工具，只是不同程度地具有了市场机制的某些要素。真正的市场是指三个以上的代理人，运用已有的产品服务信息，竞争地生产和交换商品或服务。斯塔文斯（Stavins，2001）认为，市场工具的本质是决策者依据市场信号权衡商品或服务生产、消费的成本及效益，做出行动决策；因为有更大的灵活性，可以揭示以前没有的信息，所以市场工具可以产生成本有效的解决方案。五种 PES 类型的效率潜能取决于它们能在多大程度上发挥市场方法的优势，揭示商品服务生产、消费的成本、收益信息。

政府补贴和生态标签是在现有市场基础上，通过对市场价格信号的修正（或生产成本的改变），内化生态保护行为和 ES 的正外部性。政府补贴运用强制性措施发送、传达"规制性价格信号"，改变 ES 供求的均衡，从而为财政资源锁定更高水平的 ES 供给，所以应用非常普遍。政府补贴属于公共干预，由国家预算直接资助，本质上是由付费纳税人而不是具体的受益者付费，这种工具在信息方面的弱点是完全依赖政府确定补贴的总额，很难收集到准确程度合理的信息，有时即使可以收集到这些信息，成本也一定会很高。生态标签通过生产者"自愿性价格信号"的发送，改变了能够体现生态保护行为和 ES 特性的商品或服务的均衡，从而实现生态效益外部性的内部化。生态标签通过 ES 供给者自愿地发送信息，部分揭示了 ES 生产的成本，但是由于缺乏 ES 消费者的直接参与、讨价还价，直接竞争压力不足，被揭示的信息也相对较少。

自愿协议中不存在市场价格，只存在通过供求双方讨价还价形成的交易价格，以及以交易价格为核心的 ES 供求契约。只有出现大量交易而使交易价格不断"重复"时，才可能形成市场价格，或衍生出标准化的产品及制度化市场，但此时自愿协议或许已经转化为可交易许可证等市场化程度更高的 PES 工具。自愿协议通过买卖双方的讨价还价揭示了一定的 ES 生产、消费信息，但因为买卖双方之间没有足够频繁的交易，所以这些信息并不完全，没有具体到生态系统退化的成本或新增服务的收益。

应用在碳汇市场、水权交易、异地补偿、湿地银行补偿等领域的可交易许可证，首先需要政府在生态保护法规框架下基于已有信息设定面向特定生态环境问题的生态保护目标，而

后通过创建新的市场，甚至创建人为的稀缺，引入竞争机制，揭示生态资源的市场价格，寻求以最低成本实现生态保护目标的最优方案。维塞尔和瓦佐尔德（Wissel and Watzold, 2010）认为，生态保护工具成本有效性缺乏的原因是这些工具应用时需要在保护和经济发展之间频繁地重新确定土地的用途，而土地用途的确定又要求代理人拥有高水平的机会成本变化信息，但是机会成本时常随时间以空间异构的方式发生变化，自上而下的方式难以获取这些机会成本的信息，只有引入可交易许可证，并采用拍卖方式进行可交易许可证的初始配置，才能通过真正的市场竞争揭示 ES 生产、消费的成本收益信息，有效避免"搭便车"和寻租行为，得到接近于最优值的解决方案，获取较高的经济效率。

拍卖招标具有双重的优势，首先，拍卖招标迫使土地使用者评估和揭示各种替代方案的成本和效益；其次，ES 供给者之间的竞争能产生成本最低的解决方案（Salzman, 2005）。拍卖招标最重要的特征是能够将 ES 供给过程中利益和责任的分配问题尽可能地转移给个体资源使用者，通过赋予个体资源使用者主张利益和责任诉求的机会，实现供给者信息的自我披露。在招标过程中，竞价迫使竞拍者评估、权衡各种生态保护活动与相应的财务成本，激励他们进一步寻求能够降低目标 ES 服务供给成本的资源管理方式；竞价之后，承担 PES 管理责任的政府或其他机构，依据每个竞价者所要求的付费额度和他们承诺的保护活动质量，通过评估确定能够以最低财务成本供给目标 ES 的自然资源使用者和生态保护活动；由于供求双方的共同参与，招标形成的契约具有更高的接受程度，更易履行。此外，拍卖招标机制允许资源使用者在其商业活动和自然资源管理中有某种程度的灵活性，所以，可能带来更高的社会整体福利，更富有经济效率。美国保持养护计划（Conservation Reservation Programme, CRP）和澳大利亚丛林保护项目（Bush Tenderprogramme）都运用了拍卖招标工具。

综上所述，由于具有不同的市场要素和揭示信息能力，五种 PES 工具的经济效率或成本效益水平各不相同，通常情况下拍卖招标、可交易许可证效率较高，政府补贴效率较低，而生态标签、自愿协议的效率水平居中。在五种 PES 工具中，政府补贴虽然也需要在特定的市场基础上发挥作用，但本质却是以政府干预为核心的庇古税方法，是庇古型 PES，属于政府治理模式；生态标签、自愿协议、可交易许可证、拍卖招标虽然不同程度地依赖政府对产权的界定，尤其是可交易许可证更需要以法律框架为支撑，但是它们的本质却是以自愿参与、竞争为核心的市场经济学方法，因此是科斯型 PES，属于市场治理模式。

（二）PES 工具的市场化与 ES 产权制度的调整

市场治理模式的效率优势意味着，为使生态补偿制度能以最低社会成本实现 ES 外部性的完全内化，需要尽可能选用自愿协议、生态标签、可交易许可证、拍卖招标等科斯类型的 PES 工具，推动生态补偿制度由政府治理模式为主向市场治理模式的转型。为了优先选用科斯类型的 PES 工具，根据科斯型 PES 的基本原理以及图 33.1 所示的产权—收益分布—PES 工具选择模型的分析结论，需要进行 ES 产权制度的优化和调整。

首先，要清晰界定 ES 所有权、使用权、收益权的主体边界和权能边界，尤其是使用权的流转、让渡权能，完善生态资源产权交易制度、利益保障制度，力争通过生态资源使用权的拍卖和自由流转，以及各项产权权能的有效保障，实现生态资源使用权的市场配置，促进自愿协议等科斯型 PES 工具的运用和运行效率的提高。

其次，对国家或集体所有的、有较大公共利益的生态资源，要将 ES 供给的责任明确界定在生态资源使用权能之中；对有利于 ES 供给水平提升的生态资源保护行为，如果 ES 公共收益较大，要将其供给明确界定在供给者责任义务之外，如果公共收益和私人收益接近时，要将其供给责任部分界定在资源使用者权利义务之内、部分界定在权利之外，从而扩大图 4.1

模型中右下象限及其坐标轴附近区域的范围，促进生态标签、可交易许可证、招标拍卖工具的使用，力争通过可交易许可证和政府集中购买、招标采购的方式实现 ES 的最优供给。

第二节　ES 供求双方参与者数量与 PES 类型

现实背景下，PES 类型的选择不仅受到 ES 产权制度和收益分布的约束，还受到 ES 供给、需求双方参与者数量的限制。基于供求双方参与者数量的最优内部化工具及 PES 类型的优化选择，可以通过比较参与者数量既定时 ES 外部性内部化的边际交易成本与边际管理成本而确定。

一、边际成本曲线不变时 PES 类型的选择

ES 外部性内部化的边际管理成本，是指运用庇古方法时每增加一个 ES 供给者或消费者所产生的政府管理成本增加量。政府管理成本涵盖生态保护机构用于庇古方法的运行成本、ES 监测成本、庇古补贴的发放成本等。运用庇古方法时不考虑交易成本及寻租行为导致的效率折损，并假设不同供给者或消费者生产或消费数量相同的 ES。同样道理，在忽略政府管理成本的前提下，ES 外部性内部化的边际交易成本，是指采用科斯方法时每增加一个 ES 供给者或消费者所产生的交易费用增加量。使用自愿协议时，交易费用指 ES 供求者之间互相获取对方供给与需求信息的成本、相互磋商达成协议的成本。使用可交易许可证时，交易费用涵盖搜寻交易者的信息成本、交易对象之间协商与签约成本等。边际交易成本和边际管理成本随 ES 供求双方行为主体数量增加而变化的趋势如图 33.2 所示，其中横轴表示 ES 供求双方参与者的数量，纵轴表示边际成本，边际交易成本为 MTC，边际管理成本为 MMC。

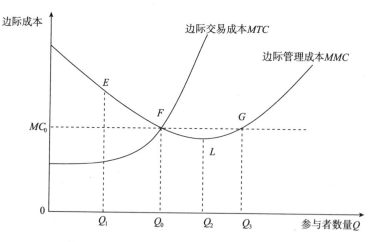

图 33.2　边际成本曲线不变时治理模式选择

因为交易费用随着 ES 供求双方数量的增加快速上升，所以边际交易费用 MTC 曲线具有 $dTC/dQ > 0$ 且 $d^2TC/dQ^2 > 0$ 的特征。边际管理成本 MMC 曲线呈现先下降、后上升的"U"型态势，原因在于政府生态保护机构的运行成本近似于固定成本，每个参与者的补贴发放成本相同且近似于变动成本，显然，随着参与者数量的增加，初期阶段每个参与者的平均分摊成本是逐渐减小的，但是，当参与者数量达到某一临界点继续增加时，原有生态保护机构已经不能正常履行职责，

机构必须扩张，甚至还要借助政府公、检、法等其他部门的共同配合，才能履行生态保护的各种管理职责，这个阶段大幅度上升的机构运行成本使边际管理成本 MMC 急剧增加。

图 33.2 可以说明边际成本曲线不变时 ES 外部性内部化各种工具的适用范围。在边际交易成本 MTC 曲线和边际管理曲线 MMC 交汇点 F，边际成本为 MC_0，ES 供求双方的参与者数量为 Q_0，庇古方法和科斯方法内化外部性的成本一样、效率相同，但是偏离此点，不同工具的边际成本之间差异迥然，效率明显不同，需要做出优化选择，因此将 F 点对应的 ES 供求双方参与者数量 Q_0 称为庇古方法和科斯方法应用的临界点。

在 Q_0 左侧，$Q < Q_0$，MTC < MMC，作为理性经济行为主体的政府将选择科斯方法实现 ES 外部性的内部化。进一步分析能够发现，在（0，Q_0）区间内存在点 Q_1，当 $Q < Q_1$ 时，自愿协议的交易成本更低，而可交易许可证则是不完全的，交易成本较高，最优选择应是自愿协议方法；当 $Q_1 < Q < Q_0$ 时，采用可交易许可证方法内部化 ES 外部性是最优选择。当然，Q_1 的确定要依据自愿协议和可交易许可证两类方法具体的边际成本曲线走势。

在 Q_0 右侧，$Q > Q_0$，MMC < MTC，政府将选择庇古方法实现 ES 外部性的内部化。进一步分析可以知道，边际管理成本 MMC 曲线经过一段区间的下降之后到达边际管理成本的最低点 L，随之进入持续上升的区间，并且在 G 点边际管理成本再次增至 MC_0，G 点之后边际管理成本上升速度加剧。L 点对应于 Q_2，G 点对应于 Q_3。显然，在（Q_0，Q_2）区间内采用庇古补贴方法是最优选择；然而，在 L 点之后采取何种内部化方法是最优的选择，则不仅取决于图 33.2 中所显现的边际管理成本 MMC 与边际交易成本 MTC 的比较，还要考虑直接数量控制等规制方法的边际成本大小。在（Q_2，Q_3）区间适宜的方法可能还是庇古补贴，也可能是直接数量控制等规制方法，但是当 ES 供求者数量 $Q > Q_3$ 时，庇古补贴等经济手段难以有效应对伴随着严重性急剧增加的生态退化问题，凭借政府权威强势解决生态问题的规制方法，也许因为其边际成本相对较小而成为最佳的选项。类似于 Q_1，Q_2、Q_3 的确定需要更多有关庇古方法、规制方法边际成本的信息。

二、边际成本曲线变化时 PES 类型的选择

边际交易成本 MTC 和边际管理成本 MMC 的概念，也可以用于阐明市场化程度提高、政府管理效率上升以及技术进步等因素变化时，ES 正外部性内部化最优方法的变化，或者特定内部化方法适用范围的变化，如图 33.3 所示。

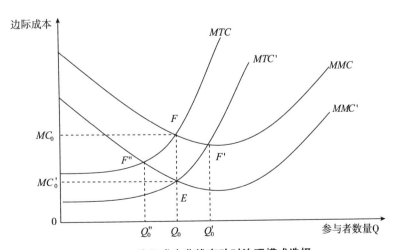

图 33.3　边际成本曲线变动时治理模式选择

随着生态保护宣传教育的持续进行、各类中介机构的完善，ES 市场交易的摩擦或障碍得以减小甚至消除，ES 交易成本降低使边际交易成本 MTC 曲线向右移动至 MTC′。而随着信息技术的提升、管理机制的优化，政府管理效率的提高也使 ES 管理成本全面下降，边际管理成本曲线由 MMC 右移至 MMC′ 的位置。显然，在市场化程度提高、边际交易成本下降的条件下，决定 ES 外部性内部化方法选择的临界供求者数量由 Q_0 增加到 Q'_0，科斯方法适用区间扩大了（Q_0，Q'_0），相应地庇古方法的适用区间被压缩了（Q_0，Q'_0）；而在政府管理效率提高、边际管理成本下降的条件下，临界供求者数量由 Q_0 减小到 Q''_0，庇古方法适用区间扩大了（Q''_0，Q_0），相应地，科斯方法的适用区间被压缩了（Q''_0，Q_0）。

在技术进步推动市场化程度和政府管理水平同步提升的情况下，边际交易曲线 MTC′ 和边际管理曲线 MMC′ 将会在 E 点交汇，临界 ES 供求双方参与者数量 Q_0 不变，由其决定的最优内部化方法选择区间不变，但是所有最优内部化方法的经济效率水平整体上都得以提高。

上述分析表明，ES 外部性内部化工具的最优选择只是提高外部性内部化成本有效性、解决生态退化问题的基本条件，促进技术进步、推动市场化进程、提升政府自身的管理水平也是提高各类生态保护行为效果与效率、应对生态退化危机的有效途径。

第三节　PES 构成要素优化

产权制度调整、PES 类型及治理模式的优化选择只是赋予生态补偿制度以最低成本完全内化 ES 外部性、实现 ES 社会最优供给的可能性，能否真正实现这个目的，还要看具体 PES 实施机制能否实现资金等补偿要素的优化配置。能够实现各类补偿要素优化配置的 PES 体系，不仅要有可以客观真实衡量 PES 绩效的目标评价指标，而且要有面向 PES 过程和 PES 构成要素的一系列优化标准。

一、PES 目标设定

额外性是 PES 结果需要遵循的基本原则（Wunder，2007），实质含义是 PES 的实施必须确保某种 ES 或 ES 组合的额外供给，即实际供给水平的提高。尽管如穆拉迪安等（2010）所说，经济激励并非决定土地使用活动的首要因素，即使没有 PES 项目，仍会存在某种形式或某种程度的土地利用，仍能提供一定水平的 ES，但是，缺乏额外性，却意味着 PES 投资没有真正获得生态效益，即没有 ES 供给水平的改善。额外性通常指的是 PES 项目绩效总水平的增加，而不针对 ES 供给的个体。虽然准确评估额外性会有困难，现有 PES 项目似乎也没有进行额外性的估算，但是，为了减少 PES 资金的浪费，设计时还是应该考虑额外性（Pattan-ayak et al.，2010）。

有效 PES 体系的实施结果，不仅要满足 ES 额外供给的基本要求，而且要实现经济学意义上的成本有效，即保障资金投入的效率。也就是说，最优 PES 要在预算既定时实现产出（收益）的最大化，在产出（收益）既定时实现投入（成本）的最小化。温舍尔等（Wünscher et al.，2008）把 PES 项目的财务效率定义为单位资金支出所产生的 ES（收益），认为 PES 的成本有效实际上就是财务效率的最大化。之所以选择成本有效而非经济学意义上的最优或有效率作为评价 PES 的标准，是因为 PES 根本不可能实现社会最优。严格意义上的社会最优或有效率，要求 PES 在既定预算下实现所有 ES 增值净现值的最大化，增值净现值涉及 PES 影响到的全部 ES，而不仅只是与目标 ES 相关。首先，鉴于各种 ES 之间的异质性，同时实现这些 ES 的最大化是不可能的；其次，即使能够同时实现这些 ES 的最大化，由于有关各类 ES 收益最大化的信息不完全，ES 收益最大值的大小和状态也难以确定，因此，实现社会最优的 PES 并不存在。PES 项目寻求特定 ES 供给水平的提高，要求在特定 ES 上有效率，而非抽象意义上有效率。事实上，即使只定义在特定 ES 及其组合上的经济效率，同样由于上述原因，也很难实现，因此，通常所说的最优或有效率 PES 项目，仅仅指在某种 ES 或 ES 组合上有最高的成本效益（核算成本效益需要明确组合中单个服务分配相应的权重），即成本有效。

二、PES 构成要素优化

（一）ES 边界界定、度量和监测

为实现 ES 的额外供给，无论进行结果检测、评价，还是实施过程的监督、控制，PES 都需要以具体 ES 或其组合的恰当界定、有效度量和监测为基础。如果不能以合适的方式界定 ES、以适当的精度度量 ES，就不能确定 ES 的外部性程度，PES 也就失去了发挥效用的基础条件。然而，准确界定 ES、描述 ES 的特征是困难的，其一，人们对 ES 的认识受有限理性制约，相关信息不充分；其二，人类行为、气候、土壤等影响 ES 供给的关键变量随时间和空间的变化而变化，有关生态系统的知识具有时空异质，不能交互使用；其三，ES 源于与生态系统相关的人类行为、生物、物理、社会等多种要素的互动，此类互动通常以可预测和不可预测并存的方式影响着 ES，从而使准确描述、度量、评估 ES 变得几乎毫无可能。尽管如此，为确保 PES 的顺利实施，对 ES 进行适当程度的描述、度量和监测却仍是必不可少的环节。

可以用于 ES 边界界定、度量和检测的 ES 概念有多种，这些概念从不同角度抽象、概括了 ES 的属性特征。由于多数概念没有区分生态系统功能或过程（如营养和水文循环等）、ES（如水供给等）、相应收益（如在特定地点饮用水供给的增加等）以及收益价值（减少的治疗成本、减少的由于不干净水导致疾病成本等），忽视"人是 ES 受益者"的基本事实，ES 度量中经常出现重复计算现象，导致度量、检测结果不能满足 PES 实施和评估的实际要求（Boyd and Banzhaf, 2007）。贯穿 PES 设计、评估全过程，能够满足 PES 实际需要的 ES 概念，应该有利于其高精度、高准确性的度量和检测，博伊德和班扎夫（Boyd and Banzhaf, 2007）面向终端，即针对直接用于享用、消费和实现人类福祉的自然构成要素的 ES 概念符合这种要求。博伊德和班扎夫认为，从特定收益、即人类活动或需要（如饮用的水、灌溉的水、工业用水等）的角度来界定这些终端服务，可以使 ES 收益具体化、ES 交付使用地点的明确化，有利于 ES 的复杂核算和正确评估。因为这种界定方法还使 ES 度量指标选择、ES 核算和 ES 变化检测有了清晰的地理指向和方法指南，可操作性增强。此外，利用博伊德和班扎夫的 ES 界定方法，还可以构建用收益指标替代 ES 价值评估的理论依据，使原本难以完成的、不同用途及场所的 ES 价值统一核算得以实现（Boyd and Wainger, 2002; Wainger et al., 2004）。

表 33.1 提供了运用博伊德和班扎夫（2007）ES 界定方法定义的、源于流域保护的终端 ES、具体收益（特定 ES 支撑）、中间 ES（根据终端 ES 生产选定）的清单。中间 ES 通常指那些被干预直接改变的视觉景观部分，其相对重要性基本上因流域的不同而有所变化，受益者的数量、每种 ES 产生的人均收益都会影响特定流域内各类 ES 的相对重要程度。表 33.1 中的每种 ES 都被明确地界定在特定空间和具体收益上，不存在"减沙"之类模糊的 ES，只有

在市政水厂摄入点、水电站水库和灌溉渠道等场所存在的与"减沙"相应的具体 ES，注明的场所实际上是该具体 ES 的交付地点。

表33.2 给出了各种终端 ES 的度量指标。面向具体收益的 ES 边界界定通过特定服务与具体用途的逐一对应，确定了 ES 产生、享用的位置，使 ES 指标的空间维度明晰、确切，如减沙功能在其作用场所与相应需求相结合，变成了特定的服务。

表33.1 和表33.2 中内容为监测 ES 变化奠定了基础。例如，依据"减少市政用水取水点沉积物"的 ES 定义便可确定这种 ES 的测量需要在提供这种服务的特定流域位置上进行。对这种收益具体化的 ES 来说，合理的度量指标是市政取水点每升水多少毫克 TSS，即 mg of TSS L^{-1}。如果 PES 项目被设计为寻求收益最大化而不是 ES 最大化，需要在表左侧确定具体收益的评价方法。面向终端、收益具体化的 ES 定义不仅可用于多种不同的生态系统（Escobedo 等，2011），而且有助于选择合适的 ES 度量指标，实现 PES 项目资金成本有效的目标。

另外值得关注的 ES 概念是法利和科斯坦扎（Farley and Costanza，2010）将 ES 理解为由存量—流量资源产生、随时间以特定比率发挥效用且不能贮存的付费型服务，付费型服务发挥效用时不会出现存量—流量资源物理形态的变化。法利和科斯坦扎的概念虽然不能很好地用于 ES 的度量和监测，但却由于强调 ES 的物理特性而非 ES 对人类的价值，避免了 ES 商品化的难题。根据这种 ES 概念，绝大多数 PES 项目实际上是付费给生态系统基金，即产生这种服务的土地使用，而不是这种服务本身。这种 ES 概念明确了土地利用管理活动与付费之间的对应关系，有助于人们对 ES 和 PES 本质的深刻理解。

表 33.1　　　　　　　　源于流域保护的潜在服务和相应收益

绩效指标	计算方法	变量选取		
生态效益：ES 价值当量增量 ΔV_{it}	科斯坦扎以及谢高地、高凤杰等的方法	林地、湿地、草地、水域、耕地、园地六种生态系统单位面积价值当量因子 E_{it} 各省市区林地、湿地、草地、水域、耕地、园地六种生态系统占地面积 S_{it}		
经济效率：技术效率	随机前沿分析法（SFA）	产出：		各省市区 ES 价值当量增量 ΔV_{it}
		投入	要素投入	各省市区资金 $payment_{it}$
				各省市区土地 K_{it}（六种生态系统占地面积之和）
				各省市区劳动 L_{it}
				时间 T
			制度投入	各省市区生态补偿政策数量 $Qpolicy_{it}$
				各省市区补偿标准 P_{it}
				各省市区生态补偿工具多样性 $Qtool_{it}$
				各省市区进行补偿的生态系统的多样性 $Qecosystem_{it}$
			影响因素	各省市区生态系统脆弱度 Vulnerability － VN_i
				各省市区环境规制（污染治理投资额）$envireg_{it}$ － ER_{it}
				各省市区单位国土面积国内生产总值 $GDPa_{it}$
				各省市区产业结构调整 CS_{it}
				各省市区城镇化率 urb_{it}

（二）空间定位和条件性

空间定位是提高 PES 成本效益的重要环节，特指从所有候选土地中进行选择并确定具体付费标准的过程。旨在最大化 PES 投资回报率的空间定位机制，试图将稀缺资金引向财务成本效率最大的土地，土地的 ES 收益被界定在额外的 ES 流量上，即超出没有保护措施情况下原有流量的那部分流量。空间定位机制有三种，分别依据 ES 供给潜能、未来 ES 损失威胁和 ES 供给成本进行付费土地的选择。虽然理论上 PES 项目应该同时采用两种或者全部三种机制进行空间定位（Wünscher et al.，2008），但是，实际上绝大多数 PES 的付费地块选择却常常只采用一种机制，甚至连一种机制也没有使用。如果空间定位机制能在 PES 收益条款里明确界定具体 ES，并确认它的供给成本，那么，PES 项目的成本效益就可能提高，即每单位成本投入获得的额外服务流量的数量就可以增加。进一步，如果 PES 的空间定位能够根据 ES 价值和供给成本分配支付的款项，那么，就可能最大限度地增加 PES 的净收益（见表 33.2）。

表 33.2　　　　　　　　　　　　　源于流域保护的终端 ES 度量指标

终端 ES	度量单位(度量指标)
城市取水点饮用水中减少的沉积物	mg of TSS L^{-1}(城市取水点水中)
水电站水库减少的泥沙输入	mg of TSS L^{-1}(进入水电站水库的水中)
在工业取水点减少的泥沙负荷	mg of TSS L^{-1}(工业取水点水中)
灌溉系统减少的沉降	mg of TSS L^{-1}(进入灌溉系统的水中)
城市的取水点饮用水中减少的细菌负荷(粪大肠菌，粪肠球菌)	cfu/100 mL(城市取水点水中)
直接从河里提取的饮用水中减少的细菌负荷	cfu/100 mL(取水点水中)
家畜饮用水中减少的细菌负荷	cfu/100 mL(取水点水中)
用于娱乐的地表水的数量和质量(悬浮沉积物,细菌,营养物质)	质量:mg of TSS L^{-1}(泥沙),cfu/100 mL(细菌),mg N 或 P L^{-1}河流为 x、水库为 y、湖泊为 z 的水中。数量:深度为 m,面积为 m^2,体积为 m^3
娱乐性捕鱼、狩猎、观看野生动物的人数;自然土地覆盖;水质(细菌,沉积物,营养)	个体数量,娱乐点和视域内天然土地覆盖率为%,mg of TSS L^{-1}(泥沙),cfu/100 mL(细菌),mg N 或 P L^{-1}河流为 x、水库为 y、湖泊为 z 的水中
支持收获的种群数量(鱼,贝类,哺乳动物,鸟类)	区域内个体数量
支持被动使用的种群数量	区域内个体数量
宗教或精神意义上的物种/栖息地	个体数量,物种自身的存在,场所数量
自然土地覆盖	住宅的视域内天然土地覆盖率,旅游设施或路线
人口密集和耕种地区避免洪水	m(高于洪水的水海拔)
饮用水供应	m^3(抽取或储存点水的体积)
工业用户水的供应	m^3(抽取或储存点水的体积)
农业用户水的供应	m^3(抽取或储存点水的体积)
发电用水的供应	m(电站水位)

注：m^3 立方米；cfu - 菌落形成单位；mg - 毫克；L - 升；N - 磷；TSS - 悬浮固体总量。

条件性是 PES 保障获取收益、降低付费风险的必备特征（Ferraro and Pattanayak，2006），也是从 PES 过程确保其生态效益和财务效率目标实现的基本方式。PES 的条件性规定，只有在 ES 供给者持续地提供约定数量和质量的的 ES 时（基于产出的条件性），或者已经完成与此相应的投入时（基于投入的条件性），才能获得报酬。举例说明，如果希望通过付费给土地使用者或管理者、激励他们减少倾倒在毗邻水域的沉积物，那么，只有在土地使用者或管理者已经按照约定的数量实际减少了沉积物的排放时，或者土地使用者或管理者已经使土地利用发生了质的变化时，诸如设置了植被缓冲带和河岸保护带，种植了树木，减少了牲畜密度等，付费才能兑付。付费条件的严格程度直接影响 PES 的成本投入和效益产出，优化的严格程度才可能实现 PES 成本效益的最大化。

（三）透明和公平

透明性指的是要向所有相关利益者及时可靠地提供信息（Kolstad and Wiig，2009）。鉴于透明性与验证核实相连，验证核实与信任相关，而信任又是成功集体行动所必需的，要求所有参与者共同行动的 PES 项目必须具备透明性。此外，为了使管理者承担其向合同协商过程中弱势群体提供急需信息的责任，透明性也是必要的（Mulgan，2000）。PES 透明性要求公开 ES 评估规则、PES 区域选择规则和过程、参与者选择规则和过程、利益报酬等内容。

帕斯夸尔等（Pascual et al.，2010）认为，PES 公平涉及扶贫和区域均衡发展等问题，主要是指结果分配的公正，包括代内公平和代际公平两个层面的内容。其实，参与资格的公平和实施规则的公平，也是实现 PES 公平不可或缺的条件。为了权衡公平与效率，兼顾代内公平和代际公平，改善生活、消除贫困的公平目标要与提高 ES 供给水平的效率目标融合在一起，进行综合考虑、一体化设计。

（四）供给自愿

自愿协商是科斯型 PES 的重要内容，然而，有中介组织参与、特别是国家参与的许多 PES，其 ES 最终享用者却并非总是自愿参与的。例如，针对流域治理的 PES 项目，因为由政府统一付费，下游享用者可能并没有察觉他已经由于 PES 项目而多付了水费。政府付费的 PES 隐含着一个基本假设：ES 最终享用者的自愿参与并不是 PES 的必要条件。之所以有此假设，至少有两方面的理由：其一，虽然终端使用者通常会从 PES 项目中获益，他们对 ES 供给者的补偿也能确保兑付，但是，如果由他们直接进行付费，却会产生较高的交易成本；其二，如果 PES 项目不能如约交付 ES，非自愿终端使用者个体遭受的损失甚微，原因是任何有关 ES 的费用都由国家承担，具体分摊到每个使用者的预算比例通常会很小。

尽管 ES 最终享用者的自愿参与并非 PES 的必要条件，但是，ES 供给者的自愿参与却是重要的，因为供给自愿不仅影响 ES 供给者生态资源管理活动的努力程度，而且影响 PES 的经济效率。从公平的角度考虑，实施 PES，会持续地改变 ES 供给者的生态资源管理活动，而这些活动通常对供给者的生计有重要影响，因此应该尊重 ES 供给者根据自己偏好进行选择的权力，那些由于参与 ES 而处境变得更糟的人应该有权利不参加 PES。从效率层面看，只有 ES 供给者可能拥有完全的、有关土地使用活动的成本和收益信息，也只有他们的自愿参与才可能造就更接近于帕累托效率的 PES 项目。在通过竞拍确定 ES 供给价格的情形中，ES 供给者的自愿参与，能够产生更高成本效益的 PES 项目。总而言之，在 PES 实施的过程中，ES 供给者的自愿参与比享用者的自愿参与有更重要的公平、效率意义。

综上所述，额外性和成本有效性，ES 的恰当界定、度量和检测，空间定位和条件性，透明和公平，以及供给自愿等有关目标设置和制度构成要素两方面的优化标准，共同形成了衡量 PES 整体有效性的系列指标。这些优化标准是一个完整的统一体，它们之间相互依存、相互作用，其中任何一个方面的缺陷都会影响其他方面，继而从整体上削弱 PES 的生态效益和成本效率。缺乏适当服务的定义，将难以选择合适的 ES 度量指标，实现有效的 ES 度量和监测；没有合适的 ES 度量指标和有效的 ES 度量、监测，候选土地之间的进一步分化和付费条件的建立缺乏相应的依据，空间定位难以实现，付费条件也不能发挥作用；缺乏透明和公平，供给自愿便难以保证；缺乏供给自愿，ES 供给的额外性和成本效率不能实现。

三、PES 付费条件优化

付费条件是判断土地使用者是否履行 PES 约定责任的标准（Honey‐Rosés et al.，2011），也是决定是否依据土地使用者实际 ES 供给水平予以付费，以及如何依据土地使用者实际 ES 供给水平予以付费的准则，付费条件是确保 PES 有效性的重要构成要素。付费条件的严格程度是付费条件规定的绩效（或获得绩效的活动）与报酬之间耦合的紧密程度，是衡量判断标准高低、条件约束作用大小的指标，严格程度越高，获取报酬难度越大、所需投入越多。优化付费条件的严格程度，可以提高 PES 的成本效益。

（一）付费条件的作用机理

付费条件的基本原理非常明确。土地使用者采取行动改变 ES 产出的机会成本包括实现 ES 产出所需要的资源投入和必须放弃的收入。如果 PES 协议没有明确规定获得报酬所必须达到的 ES 产出要求（或实现 ES 产出的活动投入要求），或者协议履行过程缺少监测和强制性，那么，寻求利益最大化的 PES 参与者将违背他们的承诺，减少各种成本投入、降低 ES 产出水平。绝大多数缺乏严格条件约束的 PES，其 ES 产出都会受到影响。付费条件发挥约束作用的前提假设是土地使用者追求利益最大化，如果土地使用者有其他履约动机，如社区压力等，付费条件便会失去功效。

付费条件能增加 PES 的生态效益，但也产生额外的机会成本，因此其选择需要进行成本效益的权衡。对于既定 PES 项目而言，其付费条件的生态效益和机会成本取决于条件要求的严格程度和既定生态系统自身的特征，其中，条件严格程度对既定 PES 项目成本效益的整体影响，则取决于该条件对供求两个方面作用的方向和大小，如图 33.4 所示。通常，基于产出

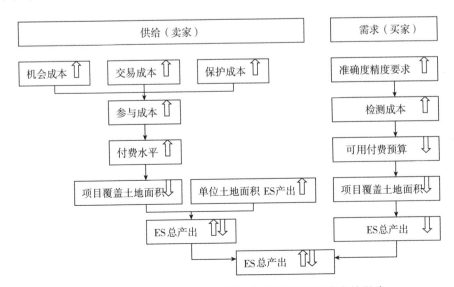

图 33.4　付费条件严格程度提高对 PES 项目 ES 产出的影响

的付费条件及其较高的严格程度会增加 PES 的成本投入，原因有两个：其一，为了减小供求双方出现纠纷的风险，需要提高 ES 度量的准确性和精度，但是，多数情况下监测产出（某个厂家倾倒在毗邻河流的沉积物及其养分的变化，或一个区域内物种的丰富度和多样性的变化）要比监测投入（河岸缓冲带的设置）更困难，相应成本也更高；其二，如果付费以实际产出为基准，而产出又是投入与其他资产共同的产物，那么，供给者即使为了履约做出了预期的、合理的努力，也会因为产出的不确定性面临得不到付费的风险，收益风险提高了土地使用者参与 PES 项目的机会成本，从而导致他们索要更高的报酬。

1. 付费条件及其严格程度提高对需求的影响

在需求方面，付费条件提高了买家的交易成本和机会成本。其一，付费条件提高了主要由检测成本构成的买家交易成本。在 PES 实施过程中，为判断 ES 供给者是否已经具备付费条件，需要度量 ES 产出或其替代活动投入，度量准确性和精度与下面要素正相关：度量指标的变异性、条件的严格性（付费前需要履行的合同义务的比例等）、达到阈值后是按产出（或投入比例）付费还是完全付费、支付款项的大小等。虽然既定准确性和精度的监测成本因为 ES 的不同而有所变化，但是，对于所有既定的 ES 而言，付费条件越严格，监测成本越高，所以，监测协议选择既要考虑可用的技术方法，又要兼顾监测成本与条件严格程度之间的平衡。其二，付费条件的机会成本是由于监测成本提高而被排除在 PES 之外的潜在参与土地所供给的 ES 价值，由于检测成本的增加，付费条件的引入也增加了买家的机会成本。

2. 付费条件及其严格程度提高对供给的影响

在供给方面，付费条件提高了卖方的参与成本。其一，在付费条件的约束之下，如果卖方交付的 ES 产出低于合同约定的水平将面临报酬减少的风险，机会成本增加。其二，如果卖方能够完全控制产出（或投入）的供给，报酬减少的风险为 0，然而，这种情形出现的可能性非常小，尤其是在产出控制方面，因为产出有时会依赖于一个以上土地使用者的活动，如泥沙从一块特定土地上排放到一条河里的情况，不仅取决于此块土地上的管理活动，还取决于毗邻的上坡土地上的使用活动；除此之外，闪电引起的森林火灾、极端天气等随机干扰事件也使 ES 产出存在更多的不确定因素，从而加剧产出控制的难度。即使在非常特殊情形下，卖方能够为可能的产出损失购买保险，但是他们需要承担相应的成本。无论是直接形式的收入损失，还是间接形式的保险费和免赔额，买方的交易成本都因报酬减少风险而增加。其三，条件性也会增加土地使用者的保护成本，原因是土地使用者为了应对产出降低的风险，将采取比没有付费条件时更多的管理活动，由此产生更多的保护成本投入。总之，由于增加了机会成本、交易成本和保护成本，与在没有条件性或条件严格程度较低的情况相比，土地使用者将为单位产出或单位投入索要更高的报酬。

此外，严格的付费条件会进一步增加 PES 单位产出的成本投入，从而减小既定 PES 预算所能覆盖的土地面积，降低 PES 的 ES 产出总量。潜在卖家厌恶风险并感觉到来自 PES 的收入风险比其他替代项目（当前或潜在的，例如非 PES 的土地协调利用）的收入风险更高时，付费条件会抑制他们参与 PES 的意愿。虽然风险厌恶可以通过较高的 PES 付费予以某种程度的克服，但是，付费水平需要提高的幅度将不成比例地高于风险的感知水平，因此，风险厌恶增加了付费水平，从而减少了既定 PES 预算可以覆盖的总土地面积。付费条件及其严格程度提高总体上将会减少既定 PES 项目能够涵盖的区域。在其他所有约束不变情况下，这往往会降低从既定 PES 预算中获得 ES 的总量。

与上述负面效应相反，付费条件也可能增加 PES 覆盖土地单位面积的 ES 产出。因为监测充分和强制执行时，付费条件会创造和增加由违约导致的报酬减少风险，从而激励约束土地使用者提供采取管理活动，减少供给失败的概率。虽然付费条件提高了参与成本，但也的确减少了土地使用者违约的程度和比例。如果付费条件将一些土地排除在 PES 之外，但仍有足够多相同质量或更高质量的土地加入这个项目，并能最终耗尽 PES 的预算，如果排除在外的土地和替代土地之间固有质量（根据 ES 产出衡量）的差异小于他们各自实际产出与潜在产出（由更好的管理行为实现）之间的差异，付费条件的这种作用将会增加 PES 覆盖土地单位面积的 ES 产出。

总之，付费条件对供求双方各种影响的大小，以及对 PES 成本效益所产生的总体影响，取决于付费条件要求的严格程度，付费条件严格程度的选择需要权衡其成本效益。

（二）付费条件严格程度的成本效益分析

在付费条件对目标 ES 产出的影响既定前提下，选择成本效益最大化的付费条件需要掌握与付费条件严格程度相对应的 ES 边际产出变化的信息。成本有效的付费条件严格程度是指，在该严格程度上，来自最后一单位严格程度增加的边际产出收益（源自 PES 覆盖土地单位面积 ES 产出的提高），恰好抵消来自这种严格程度增加的边际产出减少（更高的付费要求和增加的监测资金投入共同导致 PES 覆盖土地面积和 ES 总产出减少）。

图 33.5 至图 33.7 提供了一组简单的视图，来说明付费条件对 PES 成本效益的影响。

图 33.5 是程式化的描述，阐明了付费条件如何通过对供求曲线的作用影响参与 PES 土地的面积。PES 的土地供给 S 是付费价格 P_{PES} 的增函数，随着付费水平的持续提高，愿意参与 PES 的土地越来越多。PES 的土地需求 D 是付费价格 P_{PES} 的减函数，随着付费价格的下降，PES 土地需求量越来越大，最大需求量受 PES 预算限制。没有付费条件时 PES 土地的供求分别是 S 和 D，参与土地数量为 Q。

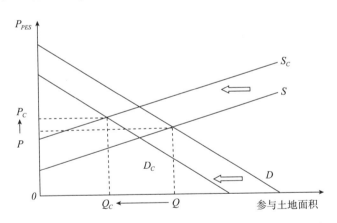

图 33.5 付费条件对既定 PES 预算所能覆盖土地面积的影响

付费条件的引入，或者付费条件严格程度的增加，通过对 PES 土地供求两个方面的影响，减少了既定预算下参与 PES 的土地面积。需求方面，因为条件的引入或条件严格程度的增加，监测和强制措施等交易成本增大，PES 用于付费的预算将有所减少，土地需求曲线从 D 减少到 D_c。供给方面，因为条件的引入或条件严格程度的增加，机会成本（来自违约导致的报酬减少风险或保险成本）、交易成本（来自配合履约评价的时间花费）和保护成本（来自为确保履约而增加的投入）增大，提高了土地使用者参与 PES 的成本和索要的付费水平，供给曲线由 S 向上移动到 S_c。付费条件通过对土地供求曲线的影响使参与 PES 的土地面积从 Q 减少到 Q_c。$Q - Q_c$ 的大小取决于付费条件对供求双方影响的强度和 PES 推广到潜在参与土地的机会成本，其中机会成本决定了供给曲线的斜率和截距。

付费条件对参与 PES 土地单位面积 ES 产出的影响如图 33.6 所示。假定没有付费条件时 ES 产出为 Q，Q 由参与土地的平均基准质量和土地使用者采取的管理活动决定。付费条件的引入将使达不到要求的土地无法获取报酬，为减小报酬缩减风险，参与 PES 的土地使用者将加强对土地的 ES 供给管理、提高单位面积土地的 ES 产出。由于生态阈值的存在，单位面积土地的 ES 产出最终会趋于极限值而不再变化。

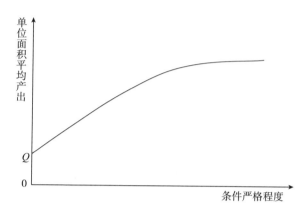

图 33.6   PES 的条件严格程度与参与土地单位面积 ES 平均产出的关系

付费条件对 PES 所能覆盖土地面积和单位土地面积上 ES 产出的影响的总和，决定了它对 ES 总产出的影响。图 33.5 和图 33.6 是简化的理想状态，现实中付费条件的影响要比图中描绘的复杂很多，因为其中有阈值效应和非线性关系。

付费条件对 ES 产出的影响受 PES 项目特定背景的影响，图 33.7 所示的曲线说明了理论上付费条件对既定 PES 项目 ES 总量的整体影响。没有任何付费条件时 PES 提供的 ES 量是 Q_1。付费条件 C_0 的引入有两种完全相反的效应：其一，使土地使用者参与成本增加，参与者要求更高的付费水平，监控和强制措施等交易成本增加，PES 能接纳的土地总面积减少，降低了 PES 的 ES 总产出；其二，由于加大土地管理力度，单位土地面积 ES 产出增加，提高了 PES 的 ES 总产出。按照图 33.7 中给定的曲线形状，在付费条件严格程度增加的初期，第一种效应小于第二种效应，PES 的 ES 总产出随严格程度增加而提高，而在付费条件严格程度增加的后期，第一种效应大于第二种效应，PES 的 ES 总产出随严格程度增加而降低。

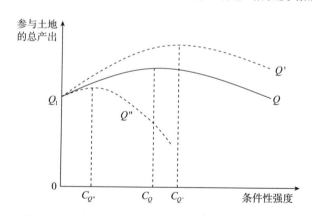

图 33.7   PES 条件严格程度与参与土地总产出的关系

如果实线 Q 表示付费条件严格程度与 PES 目标 ES 总产出的关系，预计严格程度在增至 C_Q 之前增加条件的严格程度将会提高 PES 覆盖土地的总目标 ES 产出，超过了此点，严格性程度提高对总产出的负面影响大于其正面影响。C_Q 是付费条件严格程度的成本有效水平，即在 PES 预算既定前提下，能够实现目标 ES 产出最大化的条件严格程度。

评估、选择付费条件的适当严格程度需要多种信息。首先，为了确定供求曲线的位置，除了需要了解土地使用者的供给成本、监测和强制措施的成本之外，还需有关土地使用者风险厌恶的信息。虽然多数情况下这些信息都可以得到，至少能以相对低的成本得到（Wünscher et al.，2008），然而，确定付费条件严格程度的最优水平，还需要有关目标 ES 产出因应具体投入、自愿退出等因素变化而变化的信息。缺乏决定图 33.7 和图 33.6 中曲线形状及位置的任何变量信息，PES 的 ES 产出总量对付费条件严格程度变化的反应就是不确定的。如果 PES 的 ES 产出总量的变化趋势如图 33.7 虚线 Q′ 或 Q″所示，那么原来最优的付费条件严格程度 C_Q 就不再是成本有效的，真正成本有效的付费条件严格程度将分别变成 $C_{Q'}$ 和 $C_{Q''}$。

综上所述，严格程度不同的付费条件通过对生态系统服务供求双方成本与收益的作用，影响 PES 所能覆盖土地的面积以及单位土地面积上 ES 的平均产出，最终影响 PES 的 ES 总产出。理论上，在预算既定前提下，随着付费条件严格程度的增加，PES 的 ES 总产出水平呈现先升后降的趋势，存在使 ES 总产出水平最大化的最优付费条件。根据参与 PES 的土地状况以及供求双方的实际情形确定合适的付费条件，是优化 PES 体系构成、提高 PES 有效性的重要内容。

第三十四章

PES 视角下我国生态补偿制度安排和 制度绩效的案例研究

系统分析我国生态补偿制度安排及其绩效的现状，是我国生态补偿制度体系完善、优化的前提基础。本章基于天然林保护工程等五个 PES 项目的制度样本，运用奥斯特罗姆、科尔韦拉等的制度分析方法，从参与者互动、制度安排、制度间相互作用和制度绩效四个维度，对我国 PES 项目微观制度的形成过程、构成内容和运行绩效进行深入、系统的研究，试图揭示我国生态补偿产权、治理模式、实施机制三层级制度存在的各种问题。

第一节 案例选择

为保证研究结论的一般性和前瞻性，本章共选取了五个案例，如表 34.1 所示，首先是国际上最大、国内较为普及的天然林保护工程、退耕还林（草）工程和中央生态公益林补偿金三个 PES 项目，其次是可能代表我国 PES 未来发展方向的第一个省级综合生态补偿项目——浙江省生态环保财力转移支付项目和第一个由国家实施的跨省流域治理项目——安徽、浙江新安江流域 PES 项目。

表 34.1　　　　　　　我国 PES 视角下生态补偿制度分析的案例样本

地理尺度（治理层次）	ES 类	PES 项目	PES 实施地域
全国（中央）	森林	天然林保护工程	全国
	森林、草地	退耕还林（还草）工程	全国
	森林	森林生态效益补偿金	全国
省际	流域	自愿协议	新安江省际生态补偿
省级	综合	财政转移支付	浙江

（一）天然林保护工程、退耕还林（草）工程和中央森林生态补偿效益补偿金

天然林保护工程（NFCP）始于 1998 年，首先在四川、云南、贵州、重庆、陕西、甘肃、青海、新疆、海南、吉林、内蒙古、黑龙江等 12 个省区试点，接着在 2000 年 10 月扩大到包括山西、河南、宁夏、湖北、西藏在内的 18 个省区，从而成为世界上最大的森林保护项目之一。天然林保护工程试图通过禁止砍伐、补偿由禁伐法律限制产生的经济损失、报酬重新造林和可持续森林管理活动等一系列措施，来治理水土流失、防洪和保护天然林，实现提高森林 ES 供给的目的。天然林保护工程资金的 81.5% 由中央政府提供，18.5% 由地方政府提供（Liu et al. ，2008）。

为了将陡峭坡地转换成草地或森林，1999 年中央政府在四川、陕西、甘肃 3 省率先实施了退耕还林项目（SLCP）。该项目的整体目标是进一步减少水土流失（沙化）、缓解中国生态最脆弱区域的农村贫困。与天然林保护项目相比，退耕还林项目有更广泛的地域范围，2002 年，退耕还林项目已经扩展到北京、天津、河北、山西、内蒙古、辽宁、吉林、黑龙江、安徽、江西、河南、湖北、湖南、广西、海南、重庆、四川、贵州、云南、西藏、陕西、甘肃、青海、宁夏、新疆等 25 个省区市和新疆生产建设兵团，共有 1897 个县（含市、区、旗）被覆盖。退耕还林项目补偿参与者的形式有实物支助和现金补贴两种。长江上游流域和黄河流域中上游的退耕还林付费标准并不相同。截至 2009 年，政府在退耕还林项目上累计投入 1300 亿元还多，实现了 900 万公顷坡地的退耕绿化。

2004 年国家林业局、财政部颁布《中央森林生态效益补偿基金管理办法》，开始由中央财政对《重点公益林区划界定办法》认定的、生态区位极重要或者生态状况极脆弱的公益林，进行营造、保护、抚育和管理的资金补偿。2007 年 3 月出台《中央财政森林生态效益补偿基金管理办法》，进一步规范了该基金的使用。

（二）浙江省生态环保财力转移支付项目

浙江省在 2000 年政府设立环境整治与保护专项资金，用于保护主要生态功能区及欠发达地区的生态系统和饮用水源；2005 年又根据《中央森林生态补偿效益补偿基金管理办法》和 2004 年 12 月发布的《浙江省森林生态效益补偿基金管理办法》，开始省级以上重点公益林的生态效益补偿。2006 年浙江省政府在钱塘江源头的 10 个市县试点省级生态环保财力转移支付制度，并于 2008 年颁布《浙江省生态环保财力转移支付试行办法》，将该制度推广至八大水系源头的 45 个市县。2011 年生态环保财力转移支付覆盖浙江全省，浙江成为国内实施综合生态补偿政策的第一个省份（见表 34.2）。

表 34.2　　　　　　　　　　　　浙江省级生态补偿制度的演化

年份	生态补偿政策	补偿范围	付费机制
2000	环境整治与保护专项资金	欠发达地区及主要功能区的生态和水源地保护	补贴
2005	省森林生态效益补偿基金	国家级、省级公益林	补贴
2006	省财政生态环保转移支付制度	钱塘江源头 10 个县市	财政转移支付（积分补贴）
2008		八大水系源头地区的 45 个县市	财政转移支付
2011		所有县市	财政转移支付

省辖市、县层面，浙江各级地方政府也根据地方生态环保问题的具体情况，开发出各具特色的生态补偿项目，形成了各级政府联动、多种政策支持、市场化推进的生态补偿制度建设格局（见表34.3）。浙江省生态补偿制度的演化过程和基本格局集中体现在表34.2和表34.3中。生态环保财力转移支付办法是浙江省生态补偿制度的核心组成部分，应该作为其制度分析的重点内容。

（三）新安江跨省（安徽、浙江）PES项目

新安江属于钱塘江水系干流的上游段，发源于安徽休宁县内，东入浙江西部，经淳安、建德，与兰江汇流之后形成钱塘江的干流（桐江段、富春江段），而后沿东北方向流入钱塘江。新安江是钱塘江的正源，干流长373千米，流域面积1.1万多平方千米，其中在安徽境内干流长242.3千米，面积6500平方千米，浙江境内全长41.4千米，流域面积1291.44平方千米。2005年，何少苓等在全国人大十届三次会议上联名提交《关于在新安江流域建立国家级生态示范区和构架"和谐流域"试点的建议》，2007年7月，环保部、财政部决定将新安江流域作为全国第一个跨省生态补偿的试点区域，新安江跨省（安徽、浙江）PES项目开始实施。浙江市县级生态补偿制度的演化如表34.3所示。

表34.3　　　　　　　　　　浙江市县级生态补偿制度的演化

年份	生态补偿政策	补偿范围	付费机制
2000	环境整治与保护专项资金	欠发达地区及主要功能区的生态和水源地保护	补贴
2005	省森林生态效益补偿基金	国家级、省级公益林	补贴
2006	省财政生态环保转移支付制度	钱塘江源头10个县市	财政转移支付（积分补贴）
2008		八大水系源头地区的45个县市	财政转移支付
2011		所有县市	财政转移支付

第二节　具体分析框架

一、参与者互动分析

参与者互动的分析内容包括识别、界定与PES设计、实施相关的参与者，了解他们的角色定位、偏好、拥有的资源，厘清他们之间的互动模式，如表34.4所示。首先，参与者及其集合由生态问题性质和生态系统的产权结构决定，有些参与者虽然地处该生态系统地理边界之外，但是其决策却影响该生态系统的管理。其次，参与者占有的资源，影响着他们相对于竞争对手的优势，决定着他们建立、改变规则的能力，以及他们根据现有规则、采取行动以满足其偏好的能力。最后，参与者的信息处理能力和决策依据，限定着他们个体利益与群体利益兼容匹配的水平，影响着阻止和消除生态补偿中投机行为的程度。

表 34.4　　　　　　　　　　　　参与者互动分析框架

范围	导向问题	分析变量
角色权利责任	参与者在使用和管理资源方面拥有什么法律或事实上的权利？ 土地所有者、产业及环保部门技术员、生态系统产品买家、行业顾问、生态系统所有者协会、非政府组织等影响生态系统管理业务的程度如何？ 在资源的使用、管理、控制和保护方面，不同参与者的责任义务是什么？ PES 项目中参与者拥有什么权利和责任？	参与者的角色。土地所有权、生态系统获取权、生态系统产品及服务的使用和收集权、管理和保护林地并决定其用途的权力、生态系统产品及服务获取与使用的管制权、生态系统土地让渡权 以可持续方式使用、保护、管理生态系统及其服务的责任 将管理和保护决策告知土地所有者及其他利益相关者的责任 与 PES 设计与实施相关的权利和责任
偏好利益预期价值	决定参与者行为的驱动力是什么？他们对自身及他人使用、管理资源的预期是什么？参与者有关 PES 策略和成果的价值观与偏好是什么？ 利益相关者有关 PES 策略偏好和他人产出的信息是什么？利益相关者来自 PES 项目的实际成本和收益、感知成本和收益是什么？	参与者的动机和偏好；参与者的偏好同质度；参与者有关资源未来的预期 参与者关于 PES 策略、成果观念 参与者对他人 PES 策略、成果观念的感知。来自 PES 项目的利益相关者实际成本和收益、感知成本和收益
资源能力	供给生态系统产品和服务重点需要哪些物质和人力资源？ 关于参与者有哪些知识和信息？ 参与者对自身行为的控制水平如何？ 超越参与者的组织能力是否充分地确保 PES 的有效设计和实施？	生产生态系统产品和服务的人力成本和资金成本（生态系统管理成本） 参与者的知识和能力 资源在参与者之间的分配 参与者对自身行为的控制程度 参与者的组织能力水平
资源使用管理	参与者获取了哪些生态系统产品和服务？他们供给哪些生态系统产品和服务？在该资源使用方面他们面临哪些约束？所研究的资源管理存在哪些方式、什么程度？参与者能够采取哪些措施？这些措施与最终成果有什么联系？	使用的生态系统产品和服务。供给的生态系统产品和服务。生态系统产品和服务使用的约束条件。该资源的管理规则。PES 活动与最终成果（生态系统产品和服务）的关系
信息共享	怎样收集和使用信息？ 信息来源？信息出现的频率如何？	信息收集和使用实践 信息分配和接收频率 利益相关者之间交流的程度和频度
游说	显现资源使用与管理方面强偏好是哪些联盟？这些联盟有哪些参与者？ 这些联盟影响程度如何？有弱偏好的其他参与者吗？谁没有加入任何联盟？	相关联盟的数量和组成部分 联盟的影响力和它们的重要程度 非关联利益相关者的数量和重要性
审核	谁决定森林管理业务将要实施的内容、或将要生产哪些 ES、保护哪些 ES、应用哪些工具与手段？运用与 PES 相关的哪一种决策策略？	职权结构。PES 项目中规则制定者与参与者之间的距离 与 PES 相关的决策程序

＊基于科尔韦拉等（2009）、普罗科菲耶娃和戈里斯（Prokofieva and Gorriz，2013）修正改进。

由于制度是社会互动固有的产物，所以制度演化过程和结果受到参与者之间主导互动模式的强烈影响。参与者互动模式由社会文化关系、历史背景、权力性质、权力关系以及相应的法律制度形态共同形塑而成，其中法律制度形态既包括现行法律法规情况，也包括法律法规的缺失情况。

参与者互动分析实际就是对 ES 产权规则、管理规则等基本制度的研究。这些基本制度界定了生态补偿的参与者，确定了这些参与者的角色定位和资源分配，决定了参与者互动的模式，影响着生态补偿制度治理模式（PES 类型）的选择和具体实施机制（PES 体系构成要素）的设计。

二、制度安排分析

PES 制度安排研究涉及 ES 属性、买家、卖家、中介等的界定和分析，这些研究可以揭示所有可能损害 PES 项目绩效的制度安排问题。探究 PES 项目和制度形成的过程，如 PES 项目为什么出现，为什么 PES 在特定的背景下被推荐为一种政策工具，哪个参与者塑造了 PES 制度，以及 PES 制度为什么和如何随时间变化等，对于了解 PES 制度如何适应动态的社会生态系统至关重要。

分析 PES 制度能够发现这些规则是否有利于实现其预定目标，或者是否由于缺乏明确的受益者、缺乏与其他政策的融合而难以实现其预定目标。作为新的环境治理制度，PES 应该有足够的灵活性适应生态系统的动态变化。但是，PES 并不总是生态保护的有效方案，因为在某些情形下，其他策略如在可持续技术及实践上的教育和投资，可能更为适宜。

由于生物系统的多样性、复杂性，在多种生态系统中都运行良好的制度安排并不存在。尽管如此，学者们还是确定了生态保护领域内设计成功、持久制度的一系列原则。多尔萨克和奥斯特罗姆（Dolsak and Ostrom，2003）将这些原则抽象概括为：（1）规则由资源使用者设计和管理；（2）规则是否被遵守要易于监控；（3）规则是强制性的；（4）制裁是分等级渐进的；（5）争议可以低成本裁决；（6）监测者、官员对用户负责；（7）制度在多层次上设计；（8）有修改规则的程序。设计 PES 制度需要了解这些原则，以便确定合适的标准，并据此标准选择既定约束下更为成功、持久的 PES 制度类型。

三、制度间相互作用分析

制度间相互作用的分析内容包括：PES 是否影响其他制度，或被其他制度影响，制度安排存在何种协同或冲突等，如表 34.5 所示。

类似于图 34.1 中产权结构与 PES 类型选择模型中产权状态对 PES 类型选择有约束作用，ES 产权界定了谁拥有生态系统及其服务的权力，谁能够从其销售中获取收益，因而决定了谁是 ES 的法定供给者、哪种资源管理实践类型具备可行性。但是，生态系统及其服务（如树木、木材和果实）的地方产权通常具有法律权利、事实权利互不相同的复杂特征，因而难以清晰地将 ES 收益从法律上界定或赋予某人。实际上，生态资源的这种产权结构是相互作用、不可分割的生态系统有效实现各项服务功能的必然结果。国内广大农村地区的土地、森林、草地、池塘等生态资源具有集体所用、农户承包经营的产权制度，就是这种情况。鉴于此，为了适应地方产权的现实结构，有针对性地调整制度安排，通常可以高效、公平地获取 ES 的收益（Turner et al.，2003）。

表 34.5 制度相互作用分析框架

范围	导向问题	分析变量
制度平台	哪些制度与 PES 体系互动?	影响或被 PES 体系影响的制度数量和类型。影响相同参与者的其他领域、治理层次、地理尺度和时间跨度的制度数量和类型
互相作用性质	相关制度间存在哪些协同作用和冲突?这种协同效应和冲突的来源是逻辑依据、目标,还是实施方法?	制度互动类型和效果 制度协同和冲突根源

 *基于杨(2002),科尔韦拉等(2009)、普罗科菲耶娃和戈里斯(2013)的整理。

 PES 项目存在于复杂的制度环境中,并且通常与同类其他政策工具一起实施,引入 PES 可能对这些制度的功能产生正面、中性或负面的影响。理解制度间相互作用的本质,识别协同效应明显、冲突可能性较低的制度组合,是明确制度影响因素,提高 PES 有效性、持久性的重要步骤。

四、制度绩效分析

 制度绩效分析是对 PES 实现既定目标程度的评价(Mitchell,2008),包括现有制度体系与制度体系优化标准的比较和现有制度框架下生态补偿生态效益和经济效率的测算、评价两方面内容,具体内容主要有:付费是否有助于改善生态系统管理实践并确保 ES 的额外供给,如何度量和监测 ES 的供给,评估 PES 的附带收益和负面结果,反思资源管理者决定参与 PES 的原因,检查和审视人们生活福祉提高的方面(如森林管理技能、家庭或社区物品上的投资)或降低的方面(如资源获取上的不公平、ES 存贮和流动、付费等),等等。

 制度绩效分析既依赖客观的绩效评估,也需要主观评价来作为有益补充。制度绩效分析需要界定多重评估指标,这些指标或存在于程序化的规则,或来自制度的直接目标,或反映受制度间接影响的某些要素变量。本章将 PES 及生态补偿制度绩效评价指标分为生态效益、效率、公平、柔性、可操作性、可接受程度共六个一级指标十七个二级指标,如表 34.6 所示。原则上,每个绩效指标和指标尺度都要明确界定,而界定的基础或是某个参照基点,或是更为规范的标准。

表 34.6 制度绩效评价指标

一级指标	二级指标	分析变量
生态效益	额外性:PES 在 ES 供给上实现改进的程度 持久性:PES 结束后这种变化持续的程度 副作用:对其他部门及活动合意或不合意、可预见或不可预见的影响 逆激励:产生不合意行为的程度	申请者数量 参加者数量 项目覆盖面积 不符合要求的参与者数量 对特定生态产品和服务的影响 实施活动(土地管理行为)的数量

一级指标	二级指标	分析变量
经济效率	成本效率：以最低成本实现既定目标的程度 成本效益：制度实施收益超过实施成本的程度	项目直接成本 项目间接成本 交易成本
公平	分配公平：成本和收益在不同成员间的分配 参与公平：参与机会的平等	成本和收益在参与者之间的分配 成为参与者的资格、标准、条件 大小生态系统所有者的参与率
柔性	内在柔性：制度相应外部环境、经济、社会、技术等条件变化而自发调节的程度 外在柔性：相关参与者（政府、管制机构等）为适应变化而修正制度的程度	对外部条件变化的敏感性 重新谈判和终止条款 保证灵活性的机制
可操作性	信息强度：设计制度所必需的信息数量 引进难易程度：制度在现有环境中实施的难易程度 管理可行性：以合理成本进行履约监测和强制的程度	必要的信息和技能 需要引入变化的数量和强度 监测和服从（承诺）的人力资源 监测和服从的技术需求
可接受程度	透明程度：关键参与者对制度目的、技术细节、财务效应、引入期、未来可能调整等的认知 参与程度：关键参与者在制度设计和实施过程中的介入 渐进性：制度逐渐引入的过程 可预见性：制度产出和成果的可预见程度	对 PES 制度存在、目标和指导规范的公众认知 生态系统所有者、公职人员对 PES 制度及自身权利、义务的认知 公共政策制定者对特定 PES 项目与其他项目如何关联的认知 利益相关者对 PES 制度的反应 与关键利益相关者磋商的次数 PES 项目的试点 PES 预计时间跨度

* 基于普罗科菲耶娃和戈里斯（2013）整理。

第三节　制度分析结果

一、天然林保护工程

（一）参与者互动

受天然林保护工程影响的行为主体有各级政府及其职能部门、工程技术部门、国有林场、林区农牧民，以及相关的非政府组织等。天然林保护工程的直接参与者包括：（1）国务院、国家林业局、发展与改革委员会、财政部、劳动与人力资源部等中央政府及其职能部门；

（2）省级、地市级人民政府以及省级林业局等相关职能部门；（3）国有林场；（4）工程技术设计机构（林业勘探设计研究院）。其中，中央政府和省级政府既是实施方案的批准者，也是中央投入资金和地方配套资金的供给者，政府职能部门是执行者和监管者，国有林场和各级政府是合同当事方，工程技术设计机构负责工程设计和技术支持。

天然林保护工程分为一期和二期。1998～2010 年的一期工程源于中央政府的政治意志，因为该工程采用由上至下设定目标责任制的方式，将任务层层分解，所以在所有参与者中，中央政府始终处于主动地位，而中央政府相关职能部门，以及省、市、县各级政府和其相应职能部门作为响应者，根据中央政府的指令和各自事权职责，创造性制定天然林保护的政策、计划和规范；工程技术设计机构通常以投标的形式参与制度设计，负责工程实施流程、技术规范的设计；被动参与天然林保护工程的国有林场，在资金、技术的支持下，依据各种政策和技术规范完成目标任务。受天然林保护工程影响的林区农、牧民没有参与该工程的任何互动，相关的非政府组织也在天然林保护工程的参与者互动中缺席。始于 2010 年的天然林保护二期工程，则将集体所有的森林覆盖在管护范围之内，覆盖区域内的农牧民因此而得到补贴。

（二）制度安排

各个参与者的角色定位由中央政府确定，各项规则基本围绕中央政府的政治意愿确定。在具体规则形成过程中，中央政府职能部门和省、市、县各级政府及其职能部门，甚至包括工程技术机构，都有不同程度的介入，因此已有规则最大限度地体现了这些参与者各自的主张和利益。但是，受天然林保护工程影响最大的国有林场及其职工的利益，只是通过各级政府及其职能部门对此的主观认定而体现在各种政策和规范中，时常被边缘化。

从 PES 角度审视天然林保护工程，发现该项目制度的目的在于通过补贴将国有林场职工的生计方式由原来的"林木砍伐"转变为"森林管护和植树造林"。具体补贴科目根据一期工程、二期工程任务重心的不同而有所区分，即使同样科目在一期和二期的补贴标准也有差异，具体如表 34.7 和表 34.8 所示。除了表中数据差异之外，在一期工程中，下岗职工养老保险社会统筹部分要按在职职工标准予以补贴，对下岗职工的一次性补贴不超过上一年平均工资的三倍，地方财政减收部分通过中央财政转移支付的方式予以适当补贴；二期工程不再通过一次性安置来解决国有职工下岗的问题，而是采取扩大森林管护任务和增添中幼林抚育任务的方式，来增加工作岗位、保障充分就业。

表 34.7　中国天然林保护工程基于森林面积的补贴科目和补贴标准

补贴科目		1998～2010 年（元/亩·年）	2010～2020 年（元/亩·年）
人工造林	长江上游	200（其中中央预算 160）	300
	黄河中下游	300（其中中央预算 240）	300
飞播造林		50（其中中央预算 40）	70
封山育林		70（其中中央预算 56）	120
森林管护	国有林	1.75（其中中央预算 1.4）	5
	集体所有国家公益林		10
	集体地方国家公益林		3

注：数据源于国家林业局天然林保护工程管理中心有关天然林保护工程一期和二期政策的解读文件。

表 34.8 中国天然林保护工程基于职工人数的补贴科目和补贴标准

补贴科目		1998~2010 年(元/人·年)	2010~2020 年(元/人·年)
教育补贴		12000	30000
卫生补贴	长江上游、黄河上中游	6000	15000
	东北、内蒙古	2500	10000
公检司法补贴		15000	10000

注:二期中政企合一的政府机关事业单位补贴 30000 元/人·年。数据源于国家林业局天然林保护工程管理中心有关天然林保护工程一期和二期政策的解读文件。

天然林保护工程实行省级政府负责制和各级政府目标责任制,实施目标下达到省、任务分配到省、资金下拨到省、责任落实到省,由省政府对国家负责。省级政府审核本省实施方案并报国家林业局审批;县(局)方案由县级政府审核,并经省级林业局商同省发改委、财政厅、劳动保障厅审核后报省级政府审批;大兴安岭林业集团实施方案由国家林业局商同有关部门审批。一期工程资金的 80% 来源于中央财政,剩余的 20% 由地方配套。造林科目的预付款在 50% 以内,此外根据进度逐步拨付的占 30%,年度任务完成验收合格时付 10%,3 年后保存率达标再付 10%。工程实行由下至上的三级验收制度:县(局)自查、省级主管部门或森工集团公司复查、国家林业局抽查。其中,被抽查的县(局)数量不低于县(局)总数的 15%,每个抽查县(局)被抽查的任务量不低于其总量的 30%、被抽查的资金比例为 80%;以省为单位,被抽查的任务量不低于其总量的 5%、被抽查的资金比例为 15%。天然林保护工程的付费具有条件性,该条件是有关土地用途的限定而非生态系统服务供给的限定,或者说该条件是基于投入的条件而非基于产出的条件。天然林保护二期工程取消了地方配套资金,从而提高了地方政府参与的积极性。

(三)制度间的相互作用

与天然林保护工程制度冲突的是各林场、林业集团具有的企业性质,现代企业制度的核心是自主经营、自负盈亏,如何使林场主要经营方式由"伐木获取盈利"变成"抚育得到报偿",才是天然保护工程制度设计真正需要破解的难题。或者说林业产业结构的调整。与此具有协同效应的是退耕还林制度和森林生态效益补偿金制度,在某种程度上提高了林场收益和天林保护工程区域农户的收入,从而促进该工程的顺利实施。在二期工程中,集体所有的国家公益林不仅得到补偿,而且与国有林补偿标准相同,实现并轨,协同效应得以充分体现。

(四)制度绩效

天然林保护工程的生态系统服务额外供给体现在两个方面:一是由于森林管护,原有林区生态系统服务各类损害减少,从而产生了生态系统服务增量;二是新造林的生态系统服务供给。其中,第二种生态系统服务增量处于主要地位。2003~2013 年我国天然林保护工程的年度森林管护面积、新增森林面积、人员和资金投入如表 34.9 所示。

表 34.9　　　　　　　　　　2003～2013 年中国天然林保护工程的生态效益和投入

年份	2003	2004	2005	2006	2007	2008	2009	2010	2011	2012	2013
造林	68.83	64.14	42.48	22.42	73.29	100.90	136.09	88.55	55.36	48.52	46.03
管护	8789.00	8785.00	9679.00	9838.00	9931.00	10364.00	10122.00	10485.00	11596.00	11409.00	11441.00
职工	108.52	108.53	108.52	108.92	98.28	83.28	79.79	87.04	85.30	82.72	80.48
投入	75.53	67.15	51.77	44.87	53.10	52.34	45.09	39.21	88.01	72.73	78.83

注：数据源于 2004～2014 年《中国统计年鉴》；投入以 2003 年不变价格计算，单位为亿元；造林和管护面积单位为万公顷；职工人数单位为万人。

假设天然林保护工程的各年份生产技术水平不变，沿用王兵、颜鹏飞（2006）提出的针对单一决策单元的时间序列 DEA 方法，计算双投入（资金和劳动）、双产出（造林面积和管护面积）天然林保护项目的生产效率。如图 34.1 所示，天然林保护工程综合效率年均值为 0.969，其中纯技术效率年均值为 0.975、规模效率年均值为 0.994，综合效率基本呈逐年上升的趋势，导致这种趋势的主要原因是纯技术效率的变化，规模效率变化不大、基本保持稳定。此外，效率测算结果显示，天然林保护工程在 2003～2007 年处在规模报酬递增阶段，增加投入可以提高其效率；在 2008～2010 年和 2013 年，保护工程进入规模报酬不变阶段，增加投入可以提高生态系统服务供给水平，但是保护效率不变；在 2013～2012 年，保护工程滑入规模报酬递减阶段，增加投入会降低保护的效率。

由于天然林保护工程计划覆盖地区的林场被强制参与该项目，受保护工程影响的林区农牧民利益没有得到关注，集体所有的国家公益林管护没有得到补贴，这些都削弱了天然林保护制度的公平性；天然林保护补偿标准在 2000～2010 年 11 年内不变，缺乏对物价变化和社会工资水平变化的响应，因而其制度的柔性较差；制度的可接受程度受补偿标准影响，相对较低。以上这些制度缺陷都会损及天然林保护工程的生态效益和成本效益。另外，由于补偿标准唯一，工程推进又由各级政府及其职能部门的财政支配权和强制执行权力保障，天然林保护制度的可操作性较强。二期工程中覆盖区域农牧民所有的国家公益林、地方公益林也得到补贴，并且投入资金和补贴标准也随物价及工资水平变化进行实时动态调整，这些变化都使制度的公平性和柔性都有所提高；但是，国家生态公益林和地方公益林补偿标准不同，依然有失公允。

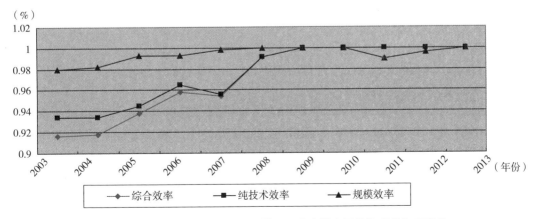

图 34.1　2003～2013 年天然林保护工程生产效率及其构成的年度变化

二、退耕还林（草）工程

（一）参与者互动

2002年，国务院在《退耕还林（草）条例》中明确指出，国务院西部开发工作机构承担退耕还林工程的综合协调工作，负责组织相关部门制定其政策、方法；国家林业局负责制定其计划，主管该工程实施、指导、监督、检查等项工作；发改委负责总体规划审批；财政部负责中央财政补助资金的安排和监管；农业部负责退耕还草规划、计划的编制，承担工程的技术指导与监督检查工作；水利部负责退耕还林（草）地区小流域治理、水土保护等的技术指导与监督检查工作；国家粮食局负责补贴粮源的调剂等。

整体上，退耕还林工程实行省级政府负责制，由上至下分配任务，逐级负责落实；县级以上政府及其林业、计划、财政、农业、水利、粮食等职能部门，按照职责分工负责退耕还林相关工作。具体来说，县级以上各级政府相关部门与工程项目负责人、技术负责人签订责任书；省级规划由省林业厅编制，报省级政府审批、国务院相关部门备案，相应任务下达至县（市）级政府；县级计划由县林业局制定，报县级政府审批、省级相关部门备案；县级林业局组织技术机构编制作业设计，并将内容落实到具体地块和土地承包人。县级政府及其委托的乡镇政府、有退耕还林（草）任务的土地承包经营权人是退耕还林合同的当事方。

退耕还林一期工程源于中央政府的强力推进，国务院有关职能部门、省市县各级政府及其职能部门作为响应者，按照职能事权分工，负责政策、计划、标准的制定，承担技术指导和组织、监督、检查等工作；退耕还林（草）工程覆盖地块的土地承包农户作为当事方被动参与该工程，接受退耕补助。

与一期工程不同，2014年开始的退耕还林二期工程不仅源于中央政府的强力推进，而且得益于参与省区市各级政府、林业部门及其他职能部门，民革、民盟等民主党派、中国工程院农学部等技术咨询机构，以及一期退耕农户等的参言建议。

（二）制度安排

在2002年的《退耕还林条例》中，限定退耕还林面积的80%必须是生态林，补贴也仅限于对生态林的补贴，黄河上游退耕农户每亩补贴补偿粮食100千克（或140元）、种苗费50元、管护费20元；长江上游退耕农户每亩补贴补偿粮食150千克（或210元）、种苗费50元、管护费20元；国家通过财政转移支付补偿地方政府因退耕还林引发的财政收入减少。不仅如此，条例还规定退耕农民需承担荒山荒地造林任务，每亩补贴标准为2260元（二期为1500元）；长江流域及其他南方地区退耕还草每亩补助760元，黄河流域及其他北方地区退耕还草每亩补助550元（二期800元）。退耕还林工程资金和实物的补偿期限为5~8年。

2007年8月的《国务院关于完善退耕还林政策的通知》要求，将到期的粮食和生活费补助延续下去，具体为，黄河流域及北方地区每亩补助现金70元，长江流域及南方地区每亩补助现金105元；原有的20元管护生活补助保持不变，直接补助给退耕农户；经济林补助时限为5年，生态林补助时限为8年，还草补助时限为2年。补助兑现具有一定的条件性，第一年分两次兑付，第二年起每年一次性兑付；种苗费在合同生效时一次付清；还林后，生活补助每年一次性付清，土地承包人享有林木（草）所有权。退耕还林一期工程补助条件严格、统一，禁止林粮兼作，这种制度安排柔性不足，难以适应多样的生态环境。在一期工程中，退耕农民对种植树种没有选择权利。退耕还林工程的目标空间区域清晰：在水土流失和风沙危害严重的、25度以上的陡坡地段及江河源头、湖库周围、石质山地、山脉顶脊等生态地位重要地区，要全部退耕还生态林（草）。

始于2014年的退耕还林二期工程被严格限定在以下空间区域内：25度以上非基本农田的陡坡耕地、重要水源地、严重沙化耕地和15～25度的坡耕地。二期工程在农民自愿申报的基础上，由中央核定规模并下拨补助资金到省，由省级政府负总责、确定兑现给农户的补助标准，从而由一期"政府主导"的模式转变为"农民自愿、政府引导"的模式。具体地，二期工程由县级政府相关部门确认农户申请，形成县级总规模，而后由省级林业厅、农业厅编制明确到县的省级实施方案，经省发改委、财政厅平衡后报省政府批准，并报国家有关部委备案。二期工程中，退耕土地是还林？还草？还是林草结合？造林是经济林还是生态林？以及还林的树种等，都由农户自行决定。二期工程补助政策也做了相应调整：中央每亩补助1500元（第一年为800元、第二年为300元、第五年为400元），还草每亩补助800元（第一年为500元，第二年为300元）。二期工程不再区分生态林和经济林、南方和北方，制度的公平性有所提高；二期工程允许林粮间作、发展林下经济，也不再要求退耕农户承担配套荒山荒地造林任务，农民利益得到保障，积极性有所提高。二期工程中符合标准的退耕后林木，可纳入中央或地方财政森林生态效益补偿，未纳入中央或地方财政森林生态效益补偿的林木经批准可采伐；明确草原权属的牧区退耕还草区域，纳入草原生态保护补助奖励范围。二期工程退耕林地、草地由县级以上政府依法确权变更登记，中央及地方政府还通过统筹安排中央财政专项异地扶贫搬迁投资、扶贫资金、农业综合开发资金、现代农业生产发展资金等，来调整农业产业结构，增加退耕农户收入。

（三）制度间相互作用

在一期工程中，退耕还林规则与我国基本农田保护制度有冲突，基本耕种的直补政策也对退耕还林政策的实施有冲击；退耕还林制度与森林生态补偿金制度、草原生态补助奖励制度之间缺乏衔接，降低该制度的持久性；农业产业结构政策的缺失，损害了退耕还林一期工程整体的生态效益和社会效益。退耕还林一期工程中的这些矛盾和冲突在二期工程制度安排中得到了关注和克服，但是各类政策的协同效应如何，还有待在后期的退耕还林实践中检验。

（四）制度绩效

退耕还林工程的生态效益反映在两个方面：一是由耕地变为林木草地后，防风固沙、保持水土、固碳等生态系统服务供给水平的增加；二是荒山荒地造林后各类生态系统服务的增量。2003～2013年我国退耕还林工程主要的生态效益和投入情况如表34.10所示。

同样，假设退耕还林（草）的各年份生产技术水平不变，沿用王兵、颜鹏飞（2006）的时间序列DEA方法，计算单投入（资金）、多产出（造林面积、退耕面积和种草面积）退耕还林项目的生产效率。如图34.2所示，2003～2013年我国退耕还林工程的综合技术效率年均值为0.820，纯技术效率年均值为0.991，规模效率年均值为0.828；退耕还林的综合效率总体呈逐年减小的趋势，主要原因是规模效率逐年的降低，纯技术效率基本处于稳定状态。此外，退耕还林工程除了在2003年、2004年和2010年处于规模报酬不变阶段外，在其他年份均处在规模报酬递增阶段，增加资金投入、提高补偿标准，不仅可以增加生态系统服务的供给，而且可以提升其供给效率。在退耕还林工程综合效率总体逐年下降的同时，我国林地确权工作和农村集体土地的确权工作也在持续进行，与退耕还林工程相关的林地和农村集体土地的产权由原来模糊不清逐渐变得明确、清晰，因此退耕还林综合效率逐年下降和产权结构逐渐优化是同步的，产权结构与退耕还林综合效率之间似乎负相关，也就是说现有的退耕还林制度安排与林地产权结构并不匹配。

年份	2003	2004	2005	2006	2007	2008	2009	2010	2011	2012	2013
造林	684.09	356.82	219.92	104.85	112.47	130.67	89.86	99.65	74.13	65.53	63.33
退耕	341.81	101.66	86.12	26.89	8.53	1.20	0.07	0.03	0.01	0.00	0.00
种草	19.69	123.33	4.76	5.95	4.07	6.28	2.93	202.00	1.14		
投入	225.99	213.15	223.84	179.89	152.17	147.95	194.57	172.68	131.17	132.69	128.17

表 34.10　　　　　　　　　2003～2013 年中国退耕还林的生态效益和投入

注：数据源于 2004～2014 年《中国统计年鉴》；投入以 2003 年不变价格计算，单位为亿元；造林、退耕、种草面积单位为万公顷。

与一期工程相比，二期工程中各级政府、农户自愿参与的程度提高，同时也不再区分生态林和经济林，公平性增加，目标空间区域更为清晰，可以预计二期工程的生态效益、社会效益以及投入的成本效益都会有较大的提升。

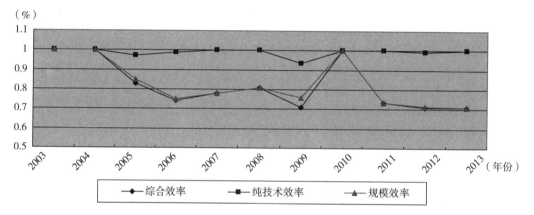

图 34.2　2003～2013 年退耕还林（草）工程生产效率及其构成的年度变化

三、中央生态公益林补偿金

（一）参与者互动

1998 年的《森林法修正案》明确，国家设立森林生态效益补偿基金用于营造、抚育、保护、管理提供生态效益的防护林、特种用途林。2000 年国务院《森林法实施条例》进一步规定，防护林、特种用途林两种林木的经营者有权利获得森林生态效益补偿。2001 年财政部、国家林业局发布《森林生态效益补助资金管理办法（暂行）》，对公益林实施生态效益补偿。根据该办法，各级政府财政、林业部门，以及管护、管理重点防护林和特种用途林的单位、集体和个人，包括国有苗圃、国有林场、林业系统自然保护区、集体林场以及其他所有制形式的单位、个人，都是生态公益林补偿金制度的参与者。但是，除了财政部、国家林业局具有较大主动性外，其他各级政府及其职能部门都有较大程度的被动性，资助对象的参与更是被动响应；生计、生活受公益林保护制度影响的林区农民、牧民在参与者互动中基本被忽视。

2004 年财政部、国家林业局印发《中央森林生态效益补偿基金管理办法》，进一步明确该基金是对重点公益林管护者营造、抚育、保护、管理等支出的专项补助，补偿金制度的参与者包括各级财政部门、林业部门、国有林场、自然保护区、村集体、集体农场、林农以及承担管护任务的其他行业和个人，除了各级财政部门之外的其他参与者均是各类管护合同的当事方。

（二）制度安排

在 2001 年《森林生态效益补助资金管理办法（暂行）》中，森林生态效益补助分为四类：管护人员工资或劳务性费用支出；防火、公安、病虫害防治等费用；资源监测、监督管理费用；林区道路维护费用。管护人员被界定为保护区域内所有的护林员、森林公安、直接管理人员。管护人员费用补助不低于整个补助标准的 70%，具体子项的补助标准由各省区市自行确定。生态效益补助资金申请、拨付的基本流程是：省级财政厅、林业局根据由财政部和国家林业局批准的实施方案，联合向财政部申请，并报送国家林业局，经财政部、国家林业局审定，由财政部向省财政厅下达资金，补助资金经财政国库，按预算级次下拨；县以下集体、个人的补助资金，经县财政局审核、县林业局汇总，由县财政拨付县林业局，再由县林业局拨付用款单位、集体和个人。

2004 年的管理办法，将森林生态效益补助范围明确为国家林业局公布的重点公益林的有林地，以及水土流失、荒漠化严重地区的疏林地、灌木地和灌丛地。森林生态效益补助标准为 5 元/亩·年，具体分为补偿性支出 4.5 元、公共管护支出 0.5 元，前者用于专职管护人员的劳务费、林农的补偿费、管护区内整地费、补植苗木费、林木抚育费，后者用于森林火灾预防与扑救、病虫害预防与救治、林业资源定点定期检测等支出。新的规则还对国有林场、集体林场、自然保护区、村集体、林农个人等不同权属行为主体经营或拥有的重点公益林的补偿性支出补助办法做了明晰而有区别的规定，其中村集体公益林补偿性支出由村集体根据林农承包面积统筹安排，通常专职护林员劳务费每亩不低于 3 元，林农个人经营或拥有的重点公益林补偿性支出全部拨付给林农个人。

（三）制度间相互作用

《中央森林生态效益补偿基金管理管理办法》强调，原则上只有在地方森林生态效益补偿基金安排后，中央补偿基金才予以补贴。该规则突出了地方在生态效益补偿中的主体地位，希望以此实现中央与地方不同层级制度间的协同，但是，这种制度安排增大了地方财政压力，尤其在经济落后、但生态系统服务贡献较大的西部省区。此外，中央森林补偿金制度、天然林保护工程、退耕还林制度三者之间虽有协同，但是能否实现一体化整合，也是降低制度交易成本、提高制度生态效益、经济效益和成本有效性的关键所在。

（四）制度绩效

在 2004 年的基金管理办法中，增加了付费的条件。首先，财政部只有在检查、验证各省区市上年度基金使用情况合格后才下拨中央补偿基金，省级财政厅只有在检查、验证上年度基金使用情况合格后才逐级拨付本年度补助资金。其次，各管护主体只有在管护责任落实后才能获得中央补偿基金。补偿基金在实际操作中，通过管护任务完成情况的公示制度，对符合合同标准、履行管护义务的人员兑现补贴。当然，这种公示制度也提高了基金规则的透明性、公平性。

但是，中央森林生态效益补偿金制度整体的公平性却值得质疑，因为其他非重点公益林的森林同样提供着相同的生态系统服务，厚此薄彼则有失公允。在生态效益基金实施过程中，补助标准过低损害着各级政府、林业部门、林场、村集体以及林农等管护森林的积极性，他们实际的管护投入并不充分，从而降低了该项制度的生态效益和成本效率。中央森林生态效益补偿金制度没有兼顾以管护区森林为生计依赖的农民、牧民的利益，这种缺陷既降低了制度的公平性，也在一定程度上增加了森林管护、抚育的难度，从而直接影响到该项制度的有效性。

四、浙江省生态环保财力转移支付办法

（一）参与者互动

浙江省生态环保财力转移支付制度的参与者有：省政府以及财政厅、林业厅、环保厅、水利厅等政府职能部门，杭州、临安等45个市、县，以及其他受该制度影响的单位和个人。显然，浙江省政府是该项制度的主导者，省级各职能部门是响应者，也是各项规则的制定者、检测者和监管者；地方政府虽然主要是作为该制度的响应者，但它们也通过不同的方法和渠道反映其自身对规则，尤其是对各项标准的主张。由于生态环保财力转移支付制度涉及的对象主要是政府及其职能部门，而这些机构之间又存在多种正式和非正式的权责关系和沟通渠道，因此，这些参与者的互动通常是充分的。但是，处在正式权责关系和沟通渠道之外的非政府的企业、事业单位、个人仅是作为被动的参与者进入该制度，极少参与互动。

浙江省政府及其各职能部门主导该项制度的政策走向，通过运用基于生态环保考核绩效的财政转移支付奖惩机制和包含生态保护指标的各级政府及其官员绩效考核机制，充分调动各级政府参与生态保护的积极性、主动性。技术等中介咨询机构科学制定检测、评估标准，规范具体操作流程，提高生态保护绩效评估的公正、公平和透明性。浙江省生态环保财力转移支付制度以政府政策为平台，促进各类经济主体主动参与生态保护，推进生态系统服务的市场化进程。与其他省份相比，共同点是该制度仍以政府为主导制定规则，不同点是在浙江省生态环保财力转移支付制度中，一方面，地方政府间互动强度和频度增加，以各级政府为行为主体的博弈活动日渐活跃；另一方面，市场化的生态保护契约、举措成为政府生态补偿制度不可或缺的有益补充。

（二）制度安排

省政府每年在省级财政预算中确定生态环保财力转移支付资金总额，由省级相关职能部门根据表34.11核算各市、县（市）生态环保的绩效指标值，由省财政厅依据该指标值和表34.12的报偿（奖惩）规则测算、拟定具体的财政转移支付资金分配方案，报省政府批准后一次性拨付。

表34.11　　　　　　　　**浙江生态环保财政转移支付的绩效指标体系**

一级指标及权重	二级指标及权重	计算方法	检测确认机构
生态功能保护 (0.5)	省级以上公益林面积 (0.3)	省级以上公益林面积/全省的省级以上公益林总面积	省林业厅
	大中型水库面积(0.2)	大中型水库折算面积/全省大中型水库的总面积	省水利厅
环境（水、大气）质量改善(0.5)	主要流域水环境质量 (0.3)	设置水环境功能区标准为警戒指标，同时设立分配系数：劣五类水0.1、五类水0.2、四类水0.3、三类水0.6、二类水0.8、三类水1，多条河流按其系数的加权平均。（检测点：交界断面）	省环保厅、省水利厅
	大气环境质量(0.2)	X = API 小于100的天数/全年天数，警戒指标为0.85，X = 1时补贴系数为1，每降低0.02，补助系数减0.1	省环保厅

注：数据源于2008年颁布的《浙江省生态环保财力转移支付试行办法》。

在财政转移支付规则中，生态绩效指标值分为生态功能保护和环境质量改善两大类，各占 50% 的权重。前者包括省级以上公益林面积指标值和大中型水库面积指标值，权重分别为 30% 和 20%，用以衡量该两个领域内生态保护的静态状况；后者包括主要流域水环境质量指标值和大气环境质量指标值，权重分别为 30% 和 20%，用以衡量环境质量改善的静态状况和动态变化。

在报偿（奖惩）规则中，不仅有基于各类年度指标值的转移支付额度，而且有基于各类指标值年度变化率的转移支付额度的奖惩，这种制度安排既能体现各市县生态效益的静态贡献，又能体现各市县为生态效益改善所作的努力。

表 34.12　　　　浙江生态环保财政转移支付中环境质量改善的报偿（奖惩）体系

二级指标	基于年度静态指标的报偿	基于年度指标动态变化的报偿
水环境质量	全部达到警戒指标以上补贴 100 万元，并按加权系数参与总额补助分配	系数较上年每提高 0.01 奖励 10 万元，每降低 0.01 扣罚 10 万元
大气环境质量	X≥0.85 奖励一定数额的补助	X 值较上年每提高 0.01 奖励 1 万元，每降低 0.01 扣罚 1 万元

注：数据源于 2008 年颁布的《浙江省生态环保财力转移支付试行办法》。

（三）制度间相互作用

浙江省以生态环保财政转移支付制度和包含生态保护指标的政府及官员绩效考核机制为核心，有效地将中央森林生态效益补偿金制度、地方森林生态效益补偿金制度、各类生态补偿专项资金安排，以及水权交易、水电资源开发权交易、异地开发补偿等多种形式的生态系统服务市场化工具综合在一起，从而使各类生态保护制度及实践协同效应明显，生态效益和社会效益良好。综合生态补偿制度体系不仅使浙江省因为有良好的生态资源支撑而长期处于全国经济增长的前列，而且反过来，又由于富有活力的经济和相对丰裕的财政收入，其生态环境保护拥有了良好的融资基础，浙江省也因此走出了一条经济增长与生态保护互相依存、互相促进的可持续发展路径。

（四）制度绩效

浙江省生态环保财力转移支付管理办法中各类生态系统服务的界定、其度量指标以及检测方案的选择相对适当、科学，体现了该制度规则的条件性、公平性、透明性，从而增加了各级政府参与的自愿性；同时其制度安排又在一定程度上体现生态系统服务付费机制额外性的特征，因此，浙江省生态环保财力转移支付制度具有良好的生态效益和社会效益，其中生态效益具体指标值年度变化见表 34.13。

表 34.13　　　　　　　2006～2013 年浙江省生态环境质量变化

年份	2006	2007	2008	2009	2010	2011	2012	2013
森林覆盖率(%)	60.5	60.5	60.5	60.55	60.58	60.58	60.97	60.82
县级城市空气质量达标天数比例均值(%)	75.0	78.0	88.6	95.70	96.90	92.80	98.60	91.60
县级以上集中水源地水质达标率(%)	82.8	84.7	85.6	83.20	87.40	86.40	86.70	86.10
省控断面水质达标率(%)	62.0	67.2	68.4	67.30	74.30	62.90	64.30	67.40

注：数据源于浙江省环境状况公报，因测点数量、评价项目变化，2010 年前后断面水质达标率不具可比性。

图34.3刻画了2006~2013年浙江全省生态环境质量的整体变化趋势,显而易见,在生态环保财力转移支付制度实施期间,以相同的统计口径核算,浙江省县级以上城市空气质量达标天数比例均值、县级以上集中水源地水质达标率、八大水系流域省控断面水质达标率,以及全省森林覆盖率等四大生态环境质量指标虽有小许波动,但总体呈稳定上升之势。

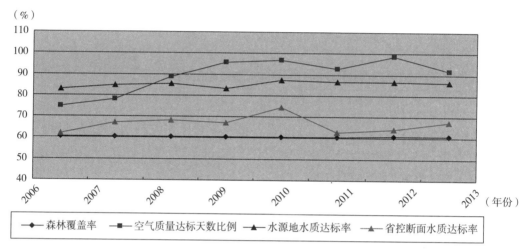

图34.3 2006~2013年浙江省生态环境质量变化

五、新安江跨省流域生态补偿项目

(一)参与者互动

新安江跨省流域生态补偿项目始于2011年,但是该机制的形成却经历了多个行为主体多年的酝酿和努力。具体参与该项目的利益主体包括财政部、环保部,浙江、安徽两省的省级政府以及相应的职能部门,作为流域生态系统服务直接供求方的黄山市和淳安县政府及其相应职能部门,黄山市新安江流域的企事业单位、居民以及中国环境监测总站等。由于该项目所涉及的经济利益巨大,其主要行为主体又是权责对等、事权关系平行的两个省份,所以,尽管在项目制度安排中仍是政府及其职能部门占据主导地位,但是它们的互动程度却是充分的。

然而,同样在制度安排过程中,作为流域生态系统服务直接供给者的黄山市的沿流域企事业单位、林农、农民,却始终处于互动网络的边缘地带,其互动积极性和实际参与程度都较低,在互动过程中话语权微小。

(二)制度安排

在新安江跨省流域生态系统服务付费项目制度的形成过程中,虽然浙江、安徽双方都有强烈的生态保护意愿,但是由于所涉经济利益巨大,两省还是就付费额度和考核标准等关键内容充分表达了各自的主张和诉求。首先,安徽认为自身进行流域保护的能力不足,需要国家给予更多的政策支撑,浙江强调即使没有补偿两省也应自行竭力保护流域生态系统免受破坏。

关于考核标准,浙江省主张采用湖泊水质标准,而安徽省认为采用河流水质标准。两者之间的区别，在于前者包含了度量水体富营养化的总氮指标，而后者没有。两省在这方面观点不一的症结在于，新安江在浙江省境内是湖泊水库，在安徽境内是河流，所以双方原本执行的保护标准就不一致。经过磋商，双方最终商定：第一，以新安江 2008~2010 年三年平均水质（具体包括总磷、氨氮、高锰酸盐指数等四种水体指标）为基准，将当年监测数据与之比较，作为水质变化趋势的评判依据；第二，由中国环境监测总站制定《新安江流域水环境补偿十点工作联合监测实施方案》，将人工监测点明确在跨界的街口断面，每月检测一次，同时，由国家和两省在街口分别设立自动水质监测站，每天检测六次，最终水质综合检测结果由中国环境监测总站核定。尽管浙江、安徽双方已就水质标准达成共识，但是安徽省还是希望在目标水质上留有余地，以便给上游地区更大的经济发展空间，对此浙江省强调，水质已经触及临界阈值，若继续恶化将再也难以恢复。2011 年 9 月经多方磋商，《新安江流域水环境补偿试点实施方案》出台。

实施方案的具体付费规则是：中央财政拨付安徽省 3 亿元，安徽省自身配套 1 亿元，用于新安江流域生态保护；在项目实施年度内，如果安徽、浙江两省跨界处水体断面水质达到基本标准，浙江补偿安徽 1 亿元，如果水质劣于基本标准，安徽补偿浙江 1 亿元。

（三）制度间相互作用

2011 年安徽省将黄山市单独列为四类地区，加大生态环保、现代服务业等指标在该市政府及官员绩效考核中的权重，改变其政绩评定的导向。同时，安徽省政府和黄山市先后出台新安江流域综合治理决定和考核办法、新安江流域生态补偿机制试点工作意见、水资源补偿资金绩效评价管理办法、"河长制"实施方案等 51 项制度文件，形成了具有协同效应、相对完善的新安江流域治理体系，特别是黄山市调整了各级政府的考核指标，规定由市、县、乡（镇）行政第一首长担任相应区域"河长"，从而增强该项制度的行政强制性。

安徽、浙江在制度安排上的分歧不仅体现了两省在流域生态保护中的利益之争，而且反映了生态资源"天赐神授"、免费使用等固有思维模式的作用，反映了唯经济增长的政绩考核机制和官员晋升制度的作用，因此，如果不能建立法定有效的绿色国民核算制度，个别区域性制度创新带来的正面环保效应也会逐渐磨灭。

（四）制度绩效

由于在新安江流域跨省生态系统服务付费制度形成过程中主要利益主体间互动充分，生态系统服务界定、度量指标选择、检测程序制定、付费额度和水质标准确立，都比较适宜，生态系统服务供给的额外性、付费的条件性、地方政府参与的自愿性，以及规则、结果的认可程度、透明程度、公平程度都较为显著，所以，该项目的实施具有了良好的制度基础。新安江街口水质的检测数据进一步验证了该项制度的有效性，2011 年街口水断面总氮、总磷、氨氮的年均值分别降低 11.39%、46.39%、5.56%，高锰酸盐稍有上升，水质总体得到改善；2012 年补偿指数为 0.833（基准值为 1），2013 年补偿指数为 0.828，新安江水质连续三年达到补偿条件，并且补偿指数呈降低趋势，表明水质持续向好。

但是，由于林农、农户等参与者在规则制定过程中被边缘化，加之付费额度较低的原因，新安江流域生态环保行为必须依赖于政府的行政监管，这种特征暗含着两大隐患：一是政府监管成本增加会损及付费机制的成本效率；二是过了协议期限，保护行为退化，制度的持久性难以保证。

第四节 制度分析结论

比较五个 PES 项目在参与者互动、制度安排、制度间相互作用和制度绩效四个维度的具体分析内容发现：

1. ES 直接供给者、保护者在参与者互动中被边缘化

五个项目参与者互动方面的主要特征是各级政府及其职能部分作为国家所有土地、各类生态系统的代理者，依据行政职责制订制度。财政资源和行政权力的多寡、大小决定这些代理者在制度制定时话语权的大小，因此，PES 制度形成过程中参与者互动的基本模式是沿科层等级从上至下展开。与生态保护和 ES 供给休戚相关的基层部门、集体所有土地和生态系统代理者的村集体，因为处在科层组织的底端，话语权较小，多数时间只是被动地参与制度制订的过程，尤其林农、农牧民、企事业单位及其员工等 ES 直接供给者通常只是被动地作为制度的响应者，他们的利益诉求能否得以体现和保障，只能取决于各种代理者—各级政府及其职能部门"眷顾"的程度。而其结果常常是，林农、农牧民、企事业单位及其员工的利益诉求在各级政府及其职能部门基于自身利益诉求的权衡、博弈过程中被边缘化。这种高度依赖行政权力的政府供给型制度，一方面，具有强制性和可执行性，保障了制度的落实；另一方面，公平性、可接受程度，以及 ES 直接供给者参与项目的自愿性等受到削弱，制度的生态效益和成本效率降低。

2. 补偿基本原则不明、以政府治理模式为主、实施机制非优化特征明显

第一，补偿什么、补偿多少、如何补偿等基本问题仍然悬而未决，相关规则模糊不清。首先，补偿什么缺乏清晰界定，没有明确规定我国生态补偿是基于 ES 存量补偿还是基于 ES 增量补偿，还是二者兼而有之。浙江省生态保护财力转移支付项目是同时基于 ES 存量和增量的付费，或者说，同时基于生态效益贡献份额和生态效益增量的付费，而其他四个 PES 项目都是基于 ES 增量（或其投入活动额外性）的付费，其中森林生态效益补偿基金虽然本质上是增量补偿，但其名称是基于生态贡献即存量的补偿。PES 机制强调基于额外增量付费，基于 ES 存量的付费在提高了制度公平性的同时使 ES 额外增量减少，造成制度成本效率下降。我国生态补偿的依据究竟是生态效益贡献还是生态效益增量，至今没有明确规定。其次，补偿多少的测算基准和测算方法不明。如果按照 PES 定义，依据 ES 增量付费，那么衡量增量大小的基准如何确立？天然林保护工程、退耕还林工程和森林生态效益基金三个项目是基于投入活动的付费，相应制度没有指明衡量投入活动的基准；新安江跨省流域 PES 项目、浙江省生态保护财力转移支付项目中衡量增量的基准采用的是惯例或者历史数据均值，缺乏法理依据的说明。五个项目制度都明确了付费额度或补偿标准，但是没有公开其核算办法，有"暗箱操作"之嫌，直接降低了制度的透明性、公平性和可接受程度。最后，解决如何补偿问题的补偿方式选择规则不明，缺乏基于结果付费和基于投入付费的使用条件和选择原则的说明。天然林保护工程、退耕还林工程和森林生态效益基金三个项目是基于土地利用方式或耕作方式等投入活动的付费，新安江跨省流域 PES 项目是基于结果的付费方式，浙江省生态保护财力转移支付项目是两类付费方式的综合使用。由于投入活动与 ES 供给之间关系的不确定性，基于投入活动的付费方式会削弱 PES 项目的生态效益和成本效率，然而，如果采用基于结果即 ES 增量的付费方式，必须能够获取有关投入活动与 ES 供给之间关系的信息，而获取此类信息也需要付出相应成本，因而也会降低项目的成本效率，所以，在实际操作过程中，

无论选择基于投入活动的付费方式，还是选择基于结果的付费方式，或者两种方式综合使用，都要进行成本效益分析、比较，相应原则、准则的明确界定是有效付费方式选择的前提条件。

第二，治理模式以政府主导的庇古型 PES 为主，市场化程度较低。五个 PES 项目都是政府付费的 PES 项目，即使形式上属于自愿协议的新安江跨省流域治理，也是在中央财政支持下浙江、安徽两省级政府之间的协议，本质仍属于政府付费形式。虽然受案例选择的局限，但五个项目的治理模式属性从一个侧面反映了我国 PES 视角下生态补偿制度体系以政府主导的庇古型 PES 为主，较少使用市场化程度较高的科斯型 PES，这是我国生态补偿环境效益和成本效率受限的主要因素之一。

第三，PES 实施机制无效率损耗严重。五个项目的制度安排虽然在一定程度上满足了额外性、条件性、目标空间定位和监测方案等优化标准的要求，但是，在目标 ES 界定、透明性、公平性、自愿参与性和可接受程度等方面普遍存在着明显的不足，严重削弱各个项目的整体绩效水平。

3. 制度横向冲突严重、协调困难，纵向层级不明、高层级制度缺位

在制度间相互作用方面，天然林保护工程、退耕还林工程和森林生态效益补偿金制度具有协同、整合的基础和现实要求，但是，三者却相互独立、缺乏协调。一方面，三个森林项目的目标生态要素、资金来源和主管部门相同，具有协同一致的基础。在补偿内容上，天然林保护和退耕还林两个项目都有对造林成本的补偿，所有三个项目都有对森林管护成本的补偿，因为造林之后必须进行森林管护，所以三个项目虽侧重不同，却有交叉重叠，如何协调统一不仅关乎每个项目自身的有效性，而且影响森林生态系统整体生态效益和成本效率，具有协调、统一的必要性。另一方面，同区域或相邻区域实施的基本农田保护制度、粮食直补制度、各种高产农业开发计划和技术补贴项目、渔业发展规划（由国土资源部、农业部制订），因为可以增加不实施生态保护时的实际收入，提高了农、林、牧民参与 PES 项目的机会成本，所以对 PES 及生态补偿项目的推广和实施都会产生负面影响。

横向制度间矛盾显著、难以协调的主要原因在于更高层级制度的实际缺位，不能发挥有效约束作用，具体表现为 PES 制度上位法缺失，PES 制度制订、调整的程序、规则不明，相应事权交叉、模糊、不统一。其一，五个项目制度形成过程缺乏统一的上位法律法规可以依赖，各级政府及其职能部门按行政权责分工参与制度的制定，依据的是散布于《森林法》《矿产资源法》等多种专业法律、法规中与生态补偿相关的条款，规则的目标性、系统性、整体性严重不足，直接面向 PES 制度制订、调整的流程、规则实际缺位，难以形成具有协同性、系统性、整体性的层级制度体系。其二，与 PES 制度制订、调整相应的事权分散于农业、林业、水利、环保和国土资源等多个职能部门，政出多门，难以形成统一、有效的管理体制，不能履行生态补偿制度构建、优化的职责。

现有背景下，浙江省以生态保护财力转移支付办法为基础的综合生态补偿制度，通过产业结构优化、政府及官员政绩考核制度变化和生态保护财政制度实施等一系列制度的综合调整，从功能导向上有效地消除了制度冲突，实现了多种制度之间的协同，从而成为生态补偿制度体系优化的成功典范。

4. PES 制度总体有效，但是无效率特征明显，优化空间巨大

在制度绩效方面，五个 PES 项目相应的制度安排从不同的角度、以不同的程度趋向最优化，有效地提高了目标 ES 的供给水平，生态效益明显，但是，整个制度体系中始终存在多种影响补偿有效性的因素，无论是制度安排维度，还是制度间相互作用维度，五个 PES 项目都有明显的效率提升空间。此外，基于时间序列 DEA 方法的测算结果表明，与集体所有林地确

权活动普及深化、森林资源产权制度日益清晰大背景相矛盾的是，退耕还林工程相对效率却呈逐年下降的趋势，似乎可以得出结论：政府补贴形式的退耕还林制度与清晰的林地产权安排并不相容，或可以说，政府补贴的 PES 工具与林地集体所有权、使用权不匹配，退耕还林工程所选用的 PES 类型需要做出调整。大样本下 PES 视角下生态补偿效益和效率的测算、评价有待下一章进行详述。

PES 项目微观制度分析结果暴露了我国 PES 视角下生态补偿产权、治理模式、实施机制三层级制度体系的不足和缺陷：

一是生态补偿产权制度不完善是导致制度体系各种缺陷的主要根源。PES 项目制度分析所显现的多数问题都可以归咎于生态补偿产权制度的不完善。第一，参与者互动中各种参与者的角色定位、拥有的资源和权利取决于生态补偿产权各种主体及权能的界定与配置，村集体和直接承担 ES 供给责任的农牧民、林场职工在互动中被边缘化，反映了生态补偿产权制度中国家所有与集体所有两种所有权边界不清、相应主体权能不平等，以及国家所有资源所有权、使用权分级行使过程中权、责、利不对等的事实。第二，补偿什么、补偿多少悬而未决，反映了生态补偿产权制度中各产权主体、权能边界不清的问题。即使衡量 ES 增量的基准本身也通常受到生态补偿产权制度的直接影响，产权制度的调整会使参照基准发生漂移，从而影响额外性的大小和付费的多少。第三，治理模式市场化程度低反映了生态补偿产权交易制度的局限性。第四，付费方式和治理模式选择规则不明，横向制度难以协调、高层级制度缺位或刚性约束不足、纵向制度层次性不明，是生态补偿产权保护制度不健全、相应法律缺位、管理体制不畅的总体反映。总而言之，我国生态补偿产权制度的局限性从根本上损害着生态补偿的效果和效率，急待通过生态补偿立法进行顶层制度设计，完善产权界定与配置、产权交易和产权保护三大制度。

二是治理模式单一、市场化程度低是生态补偿制度体系最突出的特征。PES 制度分析表明我国 PES 视角下生态补偿以政府治理模式为主导，市场化程度低，市场工具运用少。PES 工具有政府补贴、生态标签、自愿协议、可交易许可证、拍卖招标多种形式，其中生态标签、自愿协议、可交易许可证、拍卖招标相对于政府补贴都有不同程度的市场化优势，却很少使用，说明尽管我国经济市场化改革已经进行多年，市场经济体制已基本形成，但是，在生态补偿领域却依然是政府计划经济手段主导，市场意识和市场手段严重匮乏。治理模式方面的这种局限性是生态补偿制度生态效益和成本效率水平不高的主要因素之一，创新生态资源所有权的实现方式，构建高效的生态资源使用权市场交易平台，推进治理模式的市场化转型是完善我国 PES 视角下生态补偿制度、提高其生态效益和效率的关键环节。

三是实施机制非优化是生态补偿制度效率较低的直接原因。PES 制度安排是生态补偿制度实施机制的表现形式，决定了资金等补偿要素的配置状态，直接影响着生态补偿的成本效率水平。PES 制度安排中目标 ES 界定、透明性、公平性、自愿参与性和可接受程度等方面的不足或局限性，降低了目标 ES 的有效检测、潜在生态保护者的参与积极性和参与者生态保护的努力程度，从而影响 ES 的实际供给水平和供给成本，削弱了生态补偿制度的成本有效性。

综上所述，探究 PES 制度分析的结果发现，健全生态补偿产权制度、推进治理模式市场化转型、优化实施机制是提高 PES 视角下生态补偿制度整体性、系统性、系统性、有效性三个不可分割的组成部分，也是构建、完善我国 PES 视角下生态补偿制度、提高其生态效益和成本效率的根本要求。

第三十五章

PES 视角下我国省际生态补偿制度绩效的实证研究

综合运用科斯坦扎和谢高地的方法、测算我国 2004 ~ 2013 年 31 个省份 ES 价值当量增量及增比，并以省际 ES 价值当量增量为被解释变量，基于省级面板数据，利用随机前沿分析法构建生态补偿超越对数随机前沿生产函数、无效率函数模型，测算、比较 2007 ~ 2013 年我国现有以政府付费 PES 为主的、生态补偿制度效率（含制度变量）和传统效率（不含制度变量），评价我国生态补偿制度绩效。

第一节 PES 视角下我国省际生态补偿制度生态效益测算

一、研究方法

（一）度量指标选择

PES 及生态补偿的生态效益直接反映在与生态系统服务功能相关的各类物质量的变化上，考虑我国生态补偿涉及地理尺度之大、生态系统之多样，为使单一生态系统所提供的各种服务功能可以相加、累计，每个省份所含不同生态系统的生态效益具有加总性，不同省份生态补偿的生态效益具有可比性，清晰刻画不同生态补偿制度的生态效益差异，本书以生态系统服务的货币形式——价值当量作为统一的指标，衡量各个省份 PES 及生态补偿的生态效益，具体单位为万公顷森林 ES 价值当量。

（二）单位面积生态系统供给生态系统服务价值量的选择

科斯坦扎等（1997）在自然（Nature）发表论文，明确阐述了 ES 价值科学评估的原理和方法，尽管该理论方法尤其是其中具体参数选择在中国应用时存在颇多争议，但是，其基本原理和方法却奠定了 ES 价值测算的基础，成为国际上生态价值评估可信度较高、应用最为广泛的理论方法。该方法将生态系统服务分为供给、调节、支持、文化四大类 17 种，通过对各种生态系统服务经济价值的货币量化和加总，测算单位面积森林、湿地、草地、河流湖泊、草地、荒漠六类典型生态系统的生态系统服务价值，并以 54 美元/hm² 的经济价值量为统一价值当量单位进行当量化处理，得到单位面积六种典型生态系统的生态系统服务价值当量——生态系统服务价值当量因子。

国内，谢高地等（2008）沿用科斯坦扎等的思路，结合中国实际，将科斯坦扎等（1997）划分的 17 种 ES 类型整合为 9 种类型（如表 35.1 所示），并在 2002 年和 2007 年分两次对 700 位拥有生态学知识的学者进行问卷调查，以 449.1 元/hm²（2007 年，58.5 美元/hm² 为 1 个生态系统服务价值当量因子，量化不同类型的生态系统所提供的生态系统服务，由此获得了国内 ES 价值评估引用最多的、由各种生态系统类型 ES 价值当量因子构成的量化体系。谢高地等人的研究与科斯坦扎等的计算进行比较，结果如表 35.2 所示。虽然科斯坦扎和谢高地等两大体系中单位 ES 价值当量的经济价值量不同，并且学者们也都承认该经济价值量具有时空异性，同时又受主观偏好的影响，但是，这类量化体系却为不同类型生态系统供给生态系统服务水平的比较奠定了基础。

表 35.1   ES 类型划分

四大类型	科斯坦扎等(1997)子类	谢高地等(2008)子类
供给服务	食品生产 原材料生产	食品生产 原材料生产
调节服务	气体调节 气候调节、干扰调节 水调节、供水 废物处理	气体调节 气候调节 水调节 废物处理
支持服务	侵蚀控制可保持沉积物、土壤形成、营养循环 授粉、生物控制、栖息地、基因资源	保持土壤 维持生物多样性
文化服务	休闲娱乐	提供美学景观

此后，为了进一步简化六种典型生态系统供给生态系统服务水平及其价值之间的比较和加总过程，学者们又以森林生态系统服务价值当量 17.95 个价值当量因子为单位，对六种典型生态系统的价值当量因子进行归一化，统一表示为若干个森林生态系统价值当量（见表35.2）。国内其他学者也根据他们对生态系统的观测、理解将生态系统分为若干不同类型，测算、归一化处理这些生态系统的 ES 价值当量，结果如表 35.3 所示。

国内其他学者的相关研究结果与谢高地等（2008）的测算结果基本一致。参见表 35.2 和表 35.3，谢高地（2008）和方明（2014）测算的草地生态当量归一化指标值都为 0.42；谢高地在 2007 年测算的河流湖泊归一化指标值为 1.61，方明（2014）测算的水域归一化指标值为 1.61；谢高地在 2007 年测算的农田归一化指标值为 0.28，方明（2014）测算的耕地归一化指标值为 0.32。

表 35.2   各类生态系统单位面积 ES 价值当量的三种核算结果及归一化指标

生态系统	科斯坦扎等(1997)	谢高地等(2002)	谢高地等(2007)
森林	17.95 （1.00）	26.01 （1.00）	28.12 （1.00）
湿地	42.24 （2.35）	62.71 （2.41）	54.77 （1.95）
河流湖泊	17.47 （0.97）	129.76 （4.99）	45.35 （1.61）
草地	4.53 （0.25）	11.01 （0.42）	11.67 （0.42）
农田	1.70 （0.09）	5.29 （0.20）	7.90 （0.28）
荒漠	0.00 （0.00）	0.40 （0.02）	1.39 （0.05）

注：单位：价值当量因子（单位面积森林生态价值当量）。

表 35.3　　　　　　　　国内其他学者有关 ES 价值当量的归一化核算结果

（单位：单位面积森林生态价值当量）

生态系统	刘艳芳（2002）	赵娅奇（2006）	罗志军（2007）	赵丹（2011）	张程程（2012）	李彬（2012）	方明（2014）
林地	1.00	1.00	1.00	1.00	1.00	1.00	1.00
水域	—	—	—	0.83			1.61
园地	—	0.74	0.76	0.73	0.72	0.49	0.71
牧草地	0.73	0.72	0.74	0.71	0.70	—	0.42
耕地	0.68	0.67	0.69	0.66	0.65	0.45	0.32

基于以上分析，为了提高测算结果的可信度，本书在计算各类生态系统所具有的 ES 价值当量时，选用以谢高地（2008）测算结果为基准的生态系统服务价值当量因子归一化指标，即以每平方公里森林生态系统所提供的 17.95 个价值当量因子为单位，量化每平方千米其他生态系统的生态系统服务价值。具体地，考虑我国 PES 及生态补偿涉及土地利用类型，本书将 PES 及生态补偿涉及的土地利用类型分为林地、湿地、草地、水域、耕地、园地六种，生态系统服务价值取值分别为林地 1.00、湿地 1.95、草地 0.42、水域 1.61、耕地 0.28，园地 0.69（国内学者计算结果的均值）。因为荒漠生态价值微小，占用土地基本不参与生态补偿，所以在生态系统服务价值的核算中忽略不计。

（三）省际生态系统服务价值当量及其增量的计算

PES 及生态补偿的基本原理是通过经济激励改变土地的利用类型（生态系统），由于单位面积的不同土地利用类型（生态系统）具有不同的生态系统服务价值，所以，这种土地利用类型（生态系统）的改变必然带来生态系统服务价值的变化，PES 及生态补偿的生态效益由生态系统服务价值量的变化予以测算、评估。

在已知单位面积特定土地用途（生态系统）所产生的 ES 或其价值当量，以及各类用途（生态系统）土地面积的前提下，i 年份全国各省份 ES 价值当量总值 Q_i，可以根据高风杰等（2011）、刘春腊等（2014）、岳耀杰等（2014）、方明和吴次芳等（2014）的思路由式（35-1）计算。

$$Q_i = \sum_j S_{ij} \times E_j \qquad (35-1)$$

其中，j 是不同的土地用途（生态系统），包括森林、湿地、水域、草地、耕地、园地、荒地等；S_{ij} 是 i 年份第 j 类土地用途（生态系统）的土地面积；E_j 是第 j 类土地用途（生态系统）的价值因子。Q_o 是生态补偿及 PES 项目实施前的 ES 价值当量总值。

$$Q_o = \sum_j S_{oj} \times E_j \qquad (35-2)$$

进一步采用高风杰等（2011）、岳耀杰等（2014）在测算生态退耕的生态效益时所采用的 ES 价值当量增量的计算方法，PES 项目的产出 - ES 价值当量总值的增量 ΔQ_i 可由式（35-2）计算得出：

$$\Delta Q_i = \sum_j S_{ij} \times E_j - \sum_j S_{oj} \times E_j \qquad (35-3)$$

PES 及生态补偿实际上是通过土地利用变化实现 PES 的额外供给的，因此，ES 的增量是在经济激励作用下，通过一定面积大小的土地在该六种土地用途或生态系统之间转换产生的。

由于同一地区不同生态系统类型之间 ES 价值当量的差异，大于不同地区同一生态系统之间 ES 价值当量的差异，所以，以生态系统类型区分为依据来核算省际 ES 价值当量是可取的。

（四）敏感性指数的计算

为验证 ES 价值当量计算结果的可靠性，本书沿袭高风杰等（2011）、方明和吴次芳等（2014）的做法，采用敏感指数来度量各省区市 ES 价值当量对各种土地利用类型的 ES 当量因子的依赖程度，具体方法是将各种土地利用类型的 ES 当量因子值上下浮动 50%，重新计算各省区市的 ES 当量，进而由式（35-4）计算 ES 当量值对 j 类 ES 当量因子 E_j 的敏感性指数 CS_j。

$$CS_j = \left| \frac{Q_{ij} - Q_i}{Q_i} \right| \bigg/ \left| \frac{E'_j - E_j}{E_j} \right| \qquad (35-4)$$

其中，E'_j 是调整以后的 j 类 ES 当量因子，Q_{ij} 是相应的 ES 当量值。$CS_j \geq 1$ 时可以判定 Q_i 对 E_j 敏感、富有弹性，$CS_j < 1$ 时可以判定 Q_i 对 E_j 不敏感、缺乏弹性；敏感性指数越大，意味着 ES 价值的计算对 ES 当量因子的准确性要求越高。通常情况下，敏感性指数越小，ES 价值当量的核算结果越可信。

（五）数据来源

因为我国大范围实施 PES 视角下生态补偿始于 1998 年，所以各个年份生态系统服务价值增量均以 1997 年为基准。由于数据的可得性，本节计算自 1998 年中国开始实施 PES 及生态补偿以来 2004～2013 年各年份生态系统服务价值增量。相关生态系统土地面积的数据来源于 1998 年、2005～2014 年的《中国统计年鉴》和《中国环境统计年鉴》、2014 年国土资源部和国家统计局联合发布的《关于第二次全国土地调查主要数据成果的公报》、2014 年国家林业局在第二次全国湿地资源调查结果等情况新闻发布会公开的数据。由于前后统计口径不一，本节对原始数据进行了口径统一化处理。对于个别年份个别数据缺失的情况由前后年份数据按照平滑推移方法计算得出。

二、测算结果分析

ES 价值当量增量是生态补偿生态效益的绝对值，反映生态补偿改善本地区生态环境的绝对程度，也表明这种改善对全国生态环境的贡献大小；ES 价值当量增长比例是生态补偿生态效益的相对值，表明生态补偿改善本地区生态环境的相对程度。

（一）全国生态系统服务价值当量增量及增长比例的动态变化

整体上，相对于 1996 年，2004～2013 年我国生态系统服务价值都有显著的增加，31 个省区市 ES 价值当量增量总值年均值为 4732.95 个（万公顷森林生态系统服务价值当量），增比年均值为 11.54%，最大值为 2013 年的 5557.78 个（13.55%），最小值为 2004 年的 3717.84 个（9.07%），表明总体上我国生态补偿的生态效益明显。2004～2013 年我国 ES 价值当量增量总值及其比例总体呈现逐年上升趋势，尽管增速较低，但也表明我国生态补偿的生态效益随年份增加缓慢上升；具体到各年份，除 2007 年度 31 个省份 ES 价值当量增量总值及增比相对 2006 年稍有减小外，其余年份价值当量增量总值及增比都较前一年有所提高。

（二）生态系统服务价值当量增量及增长比例的空间差异

2004～2013 年我国 ES 价值当量增量年均值最大是内蒙古的 503.42，最小值是甘肃 -102.15，内蒙古、云南、黑龙江、广西、四川 5 个省份 ES 价值当量增量年均值在 300 以上，上海、青海和甘肃增量年均值为负数，分别为 -1.7、-33.38 和 -102.15，其他省份在 0 ~ 220 之间。2004 ~ 2013 年我国生态系统服务价值当量增量年均值的省际差异明显。

相对于 1996 年的生态系统服务价值当量，31 个省份 2004 ~ 2013 年的 ES 价值当量增长比例年均最大值是重庆的 78.43%，最小值是甘肃的 -7.57%，广西、贵州、云南、北京 4 个省份 ES 价值当量增长比例年均值在 25% ~ 35%，河北、河南、湖南、陕西、湖北、江西、山西、安徽、吉林、海南 10 个省份 ES 价值当量增长比例年均值在 15% ~ 25%，四川、福建、辽宁、广东、浙江、黑龙江、山东 7 个省份 ES 价值当量增长比例年均值在 10% ~ 15%，内蒙古、宁夏、新疆、江苏、西藏、天津 6 个省份 ES 价值当量增长比例年均值为小于 10% 的正值，ES 价值当量增长比例年均值为负数的省份除了甘肃外，还有 -0.92% 的青海、-1.61% 的上海。与其他省份生态补偿呈现积极的、强弱不一的生态效益相反，上海、青海、甘肃 3 个省市实施 PES 及生态补偿后，生态环境不但没有改善的迹象，而且呈现不同程度的恶化趋势。天津的生态系统服务价值当量增量（增长比例）的年均值虽然为正，但在 2011 年和 2012 年却都是负值，分别为 -0.22（-0.28%）和 -0.57（-0.72%）。可以发现，ES 价值当量增量与增长比例年均值的区域分布并不一致，ES 价值当量增量大小受到各省份 ES 价值当量增长比例及其 1996 年 ES 价值当量的共同影响，如图 35.1 所示。

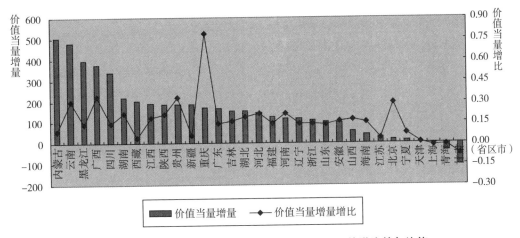

图 35.1 2004 ~ 2013 年我国省际 ES 价值增量及其增比的年均值

2004 ~ 2013 年我国生态补偿生态效益的空间差异不仅可由生态系统服务价值当量增量和增长比例的省际年均值得以详细说明，而且可以通过东部、中部、西部三大区域的生态系统服务价值当量增量和增长比例的动态变化及相互比较得到清晰展现。如表 35.4 所示，2004 ~ 2013 年东部、中部、西部三大地区的生态系统服务价值当量增量均呈逐年上升的趋势，各年份生态系统服务当量增量都是西部最大、中部次之、中部最小，年均值分别为 2504.72、1382.01 和 845.61，表明我国生态补偿生态效益的绝对贡献值的区域分布从大到小依次为西部、中部和东部，三大地区之间绝对贡献值相差巨大。相对于 1996 年的生态系统服务价值当量，生态系统服务价值当量增长比例为中部 17%、东部 13%、西部 9%，表明我国生态补偿改善环境的相对程度区域分布从大到小依次为中部、东部和西部，空间差异显著（如图 35.2所示）。比较三大地区的西部生态系统服务当量增量和增长比例，西部生态补偿的贡献最大，但增长幅度最小，生态补偿的力度有待提高。

表35.4　　　　　　2004～2013年中国东部、中部、西部三大地区ES当量增量及增比

单位：万公顷森林ES价值当量，%

地区	2004年	2005年	2006年	2007年	2008年	2009年	2010年	2011年	2012年	2013年	均值
东部	761.90	769.37	776.93	787.48	814.26	820.19	837.40	863.33	888.98	907.65	845.61
增比	0.12	0.12	0.12	0.12	0.13	0.13	0.13	0.14	0.14	0.14	0.13
中部	1193.69	1216.55	1239.49	1261.54	1305.65	1335.34	1382.18	1427.64	1472.65	1493.25	1382.61
增比	0.14	0.15	0.15	0.15	0.16	0.16	0.17	0.17	0.18	0.18	0.17
西部	1762.25	1795.23	1828.42	1741.05	1796.92	2229.11	2678.07	2869.81	3061.24	3156.86	2504.72
增比	0.07	0.07	0.07	0.07	0.08	0.10	0.11	0.12	0.12	0.09

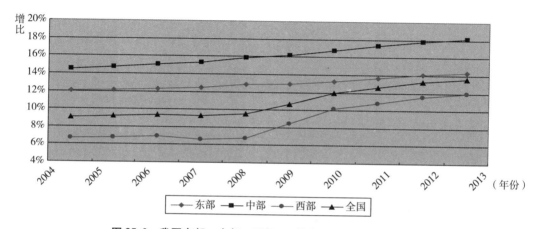

图35.2　我国东部、中部、西部ES价值当量增量的年度变化

（三）敏感性分析

由式（35-4）测算2004～2013年我国31个省份生态系统服务价值当量增量的敏感指数可以看到，将各种生态系统服务价值当量因子上下浮动50%，全国范围内ES价值当量增量相对于各种生态系统ES价值当量因子的敏感性指数均小于1，其中森林敏感性指数为0.446，是最大值，园地敏感性指数为0.018，是最小值，其余依次是草地敏感性指数为0.240、湿地敏感性指数为0.138、水域敏感性指数为0.080、耕地敏感性指数为0.076，表明单位面积森林、园地、草地、湿地、水域、耕地的生态系统服务价值当量增加或减少1%时，全国生态系统服务价值当量增量分别会增加或减少0.446%、0.018%、0.240%、0.138%、0.080%、0.076%。

图35.3显示，各类敏感性指数的区域分布状态也各不相同。31个省份ES价值增量对森林、湿地、草地、耕地、水域和园地等生态系统ES价值当量因子的敏感指数见表35.3，森林敏感性指数极大值为0.824，出现在云南，极小值为0.038，出现在上海，共有北京、山西、辽宁、吉林、黑龙江、浙江、福建、江西、湖北、湖南、广东、广西、海南、重庆、四川、贵州、云南、陕西等18个省区市的森林敏感性指数大于0.5，其余为份均小于0.5。湿地敏感性指数最大值为0.851，出现在上海，其余省份均小于0.5。草地敏感性指数最大值是新疆的0.601，而后是西藏的0.508，其余省份小于0.5。耕地的敏感性指数均小于0.5，水域敏感性指数小于0.3，园地的敏感性指数均小于0.15。

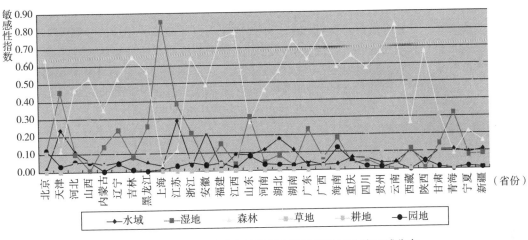

图 35.3　我国 ES 价值当量增量各种敏感性指数的区域分布

全国范围内生态系统服务价值当量各类敏感性指数的大小及 31 个省份各类敏感性指数大小的区域分布表明，森林 ES 当量因子取值的准确性对全国乃至各省份 ES 价值当量增量的核算结果影响最大，也最为全面，湿地和草地的 ES 当量因子取值的准确程度只会较大地影响到极少数省份 ES 价值当量的核算，对其他大多数省份及全国的影响不大或极弱，水域、耕地、园地的当量因子选择的准确性程度除对极少数省市 ES 价值当量核算有较小的影响外，对大多数省份及全国的影响极弱，可以忽略不计。

在森林、草地、湿地、水域、耕地、园地六类生态系统中，森林生态系统的研究最为广泛成熟，单位面积生态系统服务价值量化的共识度最高，因此基于现有研究成果选择的森林当量因子值是可信的；草地、湿地生态系统的研究虽不如森林研究成熟，但也一直是探讨的热点，其当量因子的选择也较为可信；相对而言，水域、耕地、园地生态价值当量因子选择有较大的探讨空间。

综合分析各类敏感性指数的大小分布和各种土地用途生态系统服务价值当量因子的准确程度，可以发现：在 2004～2013 年 31 个省份生态系统服务价值的量化过程中，由于森林生态系统敏感性指数虽大，但当量因子准确性高，其他生态系统虽然当量因子准确性有所降低，但相应的敏感性指数也在下降，所以，本书中 31 个省份 ES 价值当量增量及其增长比例的研究结果在总体上是可信的。

三、结论

PES 和生态补偿运用经济诱因引导用户改变土地用途，调整各类生态系统用地比例结构和功能，使生态系统服务水平发生深刻变化。论文依据统计数据、采用科斯坦扎和谢高地（2008）的方法对我国 2004～2013 年 31 个省份生态系统服务价值当量增量及增比进行测算分析，得出结论如下：

一是相对于 1996 年，2004～2013 年我国生态系统服务价值都有显著的增加，31 个省份 ES 价值当量增量总值年均值为 4732.95 个（森林生态系统服务价值当量因子），增比年均值为 11.54%，表明总体上我国生态补偿的生态效益明显。2004～2013 年我国 ES 价值当量增量总值及其比例总体呈现逐年上升趋势，尽管增速较低，但也表明我国生态补偿的生态效益随年份增加而缓慢上升。

二是东部、中部、西部三大地区的生态系统服务价值当量增量均呈逐年上升的趋势，各年份生态系统服务当量增量都是西部最大、中部次之、中部最小，年均值分别为2504.72、1382.01、845.61，表明我国生态补偿生态效益的绝对贡献值的区域分布从大到小依次为西部、中部和东部，三大地区之间绝对贡献值相差巨大。生态系统服务价值当量增长比例中部为17%、东部为13%、西部为9%，表明我国生态补偿改善环境的相对程度区域分布从大到小依次为中部、东部和西部，空间差异显著。西部生态补偿的贡献最大，但增长幅度最小，生态补偿的力度有待提高。

第二节　PES 视角下我国省际生态补偿制度效率研究

PES 视角下生态补偿制度绩效评价包括生态效益评价和成本效率评价两大部分。相对于生态效益指标，效率指标综合衡量了产出效益和成本投入，更能反映生态补偿制度的优劣。

一、研究方法与模型

为了突破 DEA 方法对输入数据准确性要求较高、无法分离噪声或误差项影响的局限性（Grifell – Tatje et al.，1999），从而客观、精确地测算我国 PES 视角下生态补偿的制度效率，本书将遵循巴蒂斯和科埃利（Battese and Coelli，1995）的思路构建 PES 视角下生态补偿的超越对数随机前沿生产函数、无效率函数，根据雷等（Ray et al.，1997）的方法构建超越对数形式的距离函数测算省际生态补偿技术效率。

（一）PES 视角下生态补偿生产函数和无效率函数模型的设定

因为 C – D（Cobb – Douglas）生产函数是超越对数（translog）生产函数的特殊情形，所以超越对数生产函数模型更具一般性。为了消除效率测算及影响因素回归两阶段法内在的理论冲突，论文沿用巴蒂斯和科埃利（1995）的方法，将 PES 视角下生态补偿生产函数和无效率函数定义为能通过一次回归同时估计生产函数及无效率函数全部参数的超越对数随机前沿函数：

$$\ln y_{it} = \beta_0 + \sum_{n=1}^{N} \beta_n \ln x_{nit} + 0.5 \sum_{n=1}^{N} \sum_{n=j}^{N} \beta_{nj} \ln x_{jit} + \sum_{n=1}^{N} \beta_{tn} t \ln x_{nit} + \beta_t t + 0.5 \beta_{tt} t^2 + v_{it} - u_{it}$$

$$(35 - 5)$$

其中：$i = 1,2,\cdots,I$；$t = 1,2,\cdots,T$；$\tilde{v}_{it} N(0,\sigma_v^2)$；$\tilde{u}_{it} N^+(0,\sigma_u^2)$；

$$m_{it} = \delta_0 + \sum_{h=1}^{H} \delta_h z_{hit} \qquad (35 - 6)$$

式（35 – 6）中，y_{it} 是第 i 个省份在第 t 年的产出—生态系统服务价值增量，x_{nit} 是第 i 个省份第 n 个投入变量在第 t 年的投入，t 是技术变动的时间趋势，z_{hit} 是外生解释变量—无效率影响因素，H 是无效率影响因素个数，β 是生产函数待估参数向量。v_{it} 是观测误差及其他随机因素，通常被假定独立于技术水平和各种投入要素，服从标准正态分布 $N(0,\sigma^2)$；u_{it} 是技术非效率的非负随机变量，通常被假定为服从在 0 处截尾的正态分布 $N(m_{it},\sigma_u^2)$；z_{it} 是技术无效率的解释变量，δ 是无效率函数待估参数向量，表征解释变量对非技术效率的影响。显然，δ 估值为负说明该变量正向作用于技术效率，δ 估值为正则表明该变量负向作用于技术效率。

由于随机前沿生产函数回归方程的误差项与最小二乘法（OLS）的古典假设不同，所以尽管它也具有参数线性特征，却并不能直接用最小二乘法估计相关参数。格林等（Greene et al.）构建的最大似然估计较好地克服了将统计误差及技术效率作为随机项（$v_u - u_u$）估计值时可能引发的不一致。最大似然估计的思路是设置 $\sigma^2 = \sigma_v^2 + \sigma_u^2$ 和 $\gamma = \sigma_u^2 / (\sigma_v^2 + \sigma_u^2)$ 两个参数替代观测误差方差 σ_v^2 和技术效率方差 σ_u^2，根据估计方程的最大似然函数估算 σ^2 及 γ 的最优拟合值，以得出 σ_v^2 及 σ_u^2（及 u）的无偏、有效估计。此外，为了对设定函数模型进行可靠性验证，需要采用最大似然法对原假设 $\gamma = 0$ 采用似然比检验，如果统计检验中原假设 $\gamma = 0$ 被接受，表明实际生产点都处在生产前沿上，相关参数估计可以直接采用最小二乘法，否则，超越对数随机前沿函数模型通过可靠性检验。

（二）PES 视角下生态补偿技术及其前沿的构建

PES 或 PES 视角下生态补偿实践是一种特殊的生产过程，每个省区市可被视为在特定社会经济技术条件下自行运用 $n \times 1$ 种投入（x）最大化 $m \times 1$ 种产出（y）的决策单元。根据研究目的，论文将 PES 或 PES 视角下生态补偿的投入（x）分为两种情形，其一只考虑所投入的各种资本（资金和土地）和劳动，其二除了资本劳动外还考虑某些制度因素的投入；产出（y）仅指 PES 或 PES 视角下生态补偿的环境效益—生态系统服务价值增量，不考虑如扶贫增收效应等社会效益。每个省区市 PES 或 PES 视角下生态补偿的技术集合可以用 $S = \{(x, y) : x$ 能够生产出 $y\}$ 界定，也可以由产出集合 $F(x) = \{y : (x, y) \in S\}$ 来定义。

采用线性规划法构建省际 PES 或 PES 视角下生态补偿观测数据的有效生产前沿，引入 PES 或 PES 视角下生态补偿的产出距离函数：$D_o(x, q) = min\{\delta : (q/\delta) \in P(x)\}$。很明显 $D_0(x, 0) = 0$；如果 (x, y) 处在生态补偿前沿面上，$D_0(x, y) = 1$；始终有 $0 \leqslant D_0(x, y) \leqslant 1$。

基于 PES 或 PES 视角下生态补偿距离函数的产出导向技术效率：$TE = D_0(x, y)$。

二、变量和数据

本书使用省际面板数据对我国 PES 视角下生态补偿制度效率进行测度和评价，研究时间跨度为 2007～2013 年，所用基础数据来源于各年度《中国统计年鉴》《中国环境年鉴》和各省市自治区统计年鉴和公报，以及中央政府和地方政府颁布的各种与 PES 视角下生态补偿相关的法令、法规、政策、文件。考虑到 PES 视角下生态补偿产出—生态系统服务价值增量的实际情况，本书研究对象确定为 27 个省区市，剔除生态系统服务价值增量出现过负值的上海、天津、甘肃和新疆四个省区市。构建科学合理的产出和投入指标体系是运用 SFA 准确量化、有效评价 PES 视角下生态补偿制度效率的前提条件，有关 PES 视角下生态补偿超越对数随机前沿生产函数和无效率模型产出、投入指标及其数据处理的说明如下：

（一）被解释变量

国际上 PES 效应被明确界定在 ES 的"额外增益"上（Persson and Alpizar，2013；Wunscher and Engel，2012）。佩尔松和阿尔皮扎尔（Persson and Alpizar，2013）强调，ES 额外增益有相对和绝对之分，相对额外增益指相对其他生态保护手段，PES 产生的 ES 额外增益的变化幅度，而绝对额外增益则是 PES 产生的 ES 额外增益的数值。本节采用绝对额外增益—生态系统服务价值增量作为 PES 视角下生态补偿函数的被解释变量（由式 35 - 4 计算获得，具体数值见附录 1），单位为 1 万公顷森林的 ES 价值当量。

（二）解释变量

由于生态补偿效率研究较少，解释变量的选取和处理仍处在尝试、探索阶段，因此，为了能够相对真实地反映 PES 视角下生态补偿的投入情况，较为系统地体现 PES 视角下生态补偿制度的全貌，本书将 PES 视角下生态补偿生产函数或无效率函数的解释变量分为两类，一是作为基本投入要素的土地、资金和劳动三个变量（进入生产函数模型），二是从不同角度反映 PES 视角下生态补偿制度的补偿标准、政策数量、工具多样性以及实施补偿的生态系统的多样性四个变量（进入生产函数模型或无效率函数模型）。

1. 土地

土地表示为 K，用于 PES 视角下生态补偿的土地资本（单位：万公顷）有两种计算方法：其一是各省份所拥有的产生或供给各类 ES 的各种生态系统土地面积的总和，这种计算方法的依据是所有这些土地都参与了 ES 的生产或供给，研究 ES 生产或供给水平应该考察所有土地投入的情况；其二是只加总可能参与 PES 视角下生态补偿项目的土地面积，这种计算方法的依据是 PES 视角下生态补偿的效率评价是对 ES 额外供给水平的判定，对应投入应是发生用途变化的土地面积。因为 ES 增量是主要由经济激励作用下森林、湿地、草地、园地、水域等面积的变化产生的，所以后一种方法更符合 PES 视角下生态补偿的机理。但是，由于既无法肯定经济激励仅是诱发了土地从耕种到其他用途的变化，又不能准确区分多种用途之间不同转换类型的土地面积，所以文中采用第一种方法计算用于 PES 视角下生态补偿的土地面积数据。各种生态系统土地面积的数据来源于 1998 年、2005～2014 年《中国统计年鉴》和《中国环境统计年鉴》、2014 年国土资源部和国家统计局联合发布的《关于第二次全国土地调查主要数据成果的公报》、2014 年国家林业局在第二次全国湿地资源调查结果等情况新闻发布会公开的数据。

2. 资金

资金表示为 Payment。我国现有 PES 视角下生态补偿是以政府付费 PES 项目为主体的生态补偿，所以资金变量数据应是各级政府生态保护的实际支出。目前生态保护投入的统计口径及数据来源尚不统一（李政大等，2013），本书中各省份 PES 视角下生态补偿资金（单位：亿元）由 2008～2014 年《中国统计年鉴》中全国财政支出决算表的环境保护科目所含自然生态保护、天然林防护、退耕还林、退耕还草和风沙荒漠治理等子项数据相加平减而得（统一为 2007 年不变价格），缺失数据采用移动平均法推算。

3. 劳动

劳动表示为 L。基于数据的可得性，各省份投入 PES 视角下生态补偿的劳动力数量（单位：万人）用 2008～2014 年份《中国统计年鉴》中水利环境和公共设施管理的从业人数替代。

4. 补偿标准

补偿标准表示为 P。补偿标准（单位：元/亩）以各省份公开的森林补偿标准替代，原因是在每个省份内部，特定生态系统的补偿标准多是通过比较该生态系统的生态效应与森林的生态效应，以森林补偿标准为基础调整而得，所以森林补偿标准从一个侧面反映了该省份补偿水平的整体情况。由于不是真正的加权均值，该补偿标准数据只能是虚拟变量。补偿标准统一平减为 2007 年不变价格。数据来源于各省份 2007～2014 年统计公报和相关文件。

5. 补偿政策数量

补偿政策数量表示为 Qpolicy，用于反映 PES 视角下生态补偿制度完善程度的政策数量，由各年度国家和各省份出台的与生态补偿相关的法律、法规、政策累计获得，其中国家层面政策适用于所有省份。数据来源于国家以及各省份出台生态补偿法律、法规、政策等文件。

6. 补偿工具多样性

补偿工具多样性表示为 Qtool，用于表征政策工具类型的多寡。PES 视角下生态补偿的工具包括政府补贴、可交易许可证、自愿协议、生态标签、招标拍卖五种类型。具体数据来自国家以及各省份出台生态补偿法律、法规、政策等文件。

7. 生态系统多样性

生态系统多样性表示为 Qecosystem，用于表征进行补偿的生态系统的多样性。生态系统包括森林、湿地、草地、园地、耕地、水域等多种类型。国家以及各省区市出台生态补偿法律、法规、政策等文件。

（三）控制变量

为提高计量结果的可靠程度，本节选择其他对生态补偿可能有明显影响的自然和经济因素作为控制变量，具体包括生态系统脆弱度、单位国土面积国内生产总值、环境规制、产业结构和城镇化率五种因素。

1. 生态系统脆弱度

生态系统脆弱度表示为 VN，用于反映生态资源禀赋的生态系统脆弱度，根据赵跃龙（1999）计算方法整理而得，具体如表 35.5 所示。

表 35.5　　　　　　　　　　　　各省份生态系统脆弱度

省份	脆弱度	省份	脆弱度	省份	脆弱度
北京	0.5500	安徽	0.5380	海南	0.1600
河北	0.6204	福建	0.3123	重庆	0.6200
山西	0.6927	江西	0.4137	四川	0.6285
内蒙古	0.6186	山东	0.2575	贵州	0.7153
辽宁	0.4400	河南	0.5893	云南	0.5928
吉林	0.5248	湖北	0.4766	西藏	0.8329
黑龙江	0.4314	湖南	0.3418	陕西	0.6613
江苏	0.2072	广东	0.1647	宁夏	0.8353
浙江	0.2017	广西	0.4507	新疆	0.6537

2. 单位国土面积国内生产总值

单位国土面积国内生产总值表示为 GDPa。单位国土面积 GDP（单位：亿元/平方千米）用区域 GDP 和区域国土面积的比值表示，既表征区域经济发展水平，还反映该区域国土的经济负荷，其中 GDP 数值统一平减为 1997 年不变价格。各省份的 GDP 和国土面积数据来源于 2008～2014 年《中国统计年鉴》和各省区统计年鉴。

3. 环境规制

环境规制表示为 ER。环境规制（单位：万元/万吨）主要反映区域内化环境负外部性的水平，目前还没有能够直接量化的指标（Cole et al.，2008），格雷（1987）与张成（2011）采用污染治理投资与企业产值或总成本之比来衡量，论文采用闫文娟等（2012）的做法，用污染治理投资与工业废水排放量的比值量化环境规制，以便真实反映相对于不同污染程度的治理投资水平，其中污染治理投资数值统一平减为 1997 年不变价格。

4. 产业结构

产业结构表示为 CS。根据研究的目的，本节采用单位 GDP 能耗（单位：吨标准煤/万元）作为产业结构的衡量指标，其中 GDP 数值统一平减为 1997 年不变价格。随着产业升级、换代以及产业结构的调整，能耗较低的产业如服务业等在国民经济中比重增加，单位 GDP 能耗越低。数据来自 2008~2014 年《中国统计年鉴》和《中国环境统计年鉴》。

5. 城镇化率

城镇化率表示为 Urb。本书采用周泽炯等（2013）的方法，用地区年末城镇常住人口与总人口的比值衡量城镇化水平。数据来自 2008~2014 年《中国统计年鉴》。

为消除可能的异方差，保证样本数据具有较为稳定的结构，本书中生态系统服务价值增量、土地、资金、劳动、补偿标准、单位国土面积国内生产总值、环境规制、产业结构八种变量数据在进入模型前均进行了对数化处理。由于前后统计口径不一，本节对原始数据进行了口径统一化处理。对于个别年份个别数据缺失的情况由前后年份数据按照平滑推移方法计算得出。

三、模型估计和实证分析

（一）模型估计

1. 模型设定形式的检验

论文构建了两个含有制度因素的模型（模型一和模型二）和一个不含制度因素的模型（模型三），以便相对系统、可靠地研究 PES 视角下生态补偿的制度生产效率和制度全要素生产率，准确地辨识考虑制度因素时 PES 视角下生态补偿效率、全要素生产率与不考虑制度因素时 PES 或 PES 视角下生态补偿效率、全要素生产率的差异。表 35.6 及表 35.7 是运用极大似然方法的 Frontier 4.1 软件计算出的三个超越对数随机前沿生产函数及无效率函数模型的参数估计结果。

在分析参数估计结果和效率测算结果之前，必须先对设定的随机前沿生产函数形式进行最优性检验，以确定所设生产函数结构形式是否正确或优化。论文采用似然比（looklihood ratio，LR）检验，统计量 $\lambda = -2\left[L\left(H_0\right) - L\left(H_1\right)\right]$，其中 $L\left(H_0\right)$ 与 $L\left(H_1\right)$ 分别是零假设与备选假设条件下的对数似然函数值。式（35-6）即备选假设 H_1 的模型形式。零假设 H_0 成立时，检验统计量 λ 服从渐近的 χ^2 分布（或者混和卡方分布），受约束变量数量即自由度值。

表 35.6 和表 35.7 的数据显示，三个模型形式具有相同的检验结果，具体如下：

（1）是否存在技术变化（也即随机前沿的移动）。

H_0：$\gamma = 0$，即所有含有时间变量 T 的各项系数均为 0，技术效率不存在；

$$H_1: \gamma > 0 \ (0 \leqslant \gamma \leqslant 1)$$

检验结果拒绝原假设，表明技术变化显著存在。

（2）是否存在技术中性。

H_0：时间变量 T 与其他变量交互项的系数均为 0，存在技术中性。

检验结果拒绝原假设，表明技术非中性。

（3）C-D 生产函数与超越对数生产函数的选择。

H_0：二次项系数均为 0，生产函数为简单的 C-D 生产函数；

H_1：否则为超越对数生产函数。

检验结果拒绝原假设，表明 PES 视角下生态补偿超越对数生产函数模型式（35-6）设定正确。

表 35.6　　　　　　生态补偿随机前沿生产函数（SFA）估计结果

解释变量	模型一		模型二		模型三	
	系数	T 值	系数	T 值	系数	T 值
常数项 β_0	53.4689 ***	2.8720	-28.7678 ***	-28.1022	0.6314	0.3269
lnPayment	1.6905 ***	2.5704	3.2960 ***	4.3529	2.9503 ***	3.5089
lnK	2.3709 **	1.9120	6.1715 ***	17.2487	0.8481 *	1.6416
lnL	0.2214 *	1.6192	1.4619 **	2.0510	1.9544 **	1.8345
lnQpolicy	-28.4523 ***	-3.0461				
lnP			0.1531 *	1.3806		
T	11.8817 ***	3.3313	0.4139 ***	2.5905	0.4368 ***	2.5743
0.5（lnPayment）^{2}	0.6578 ***	2.8583	0.9832 ***	4.1857	0.5526 ***	2.4913
lnPayment lnK	-0.1681 *	-1.4450	-0.6470 ***	-5.6371	-0.5264 ***	-4.3708
lnPayment lnL	-0.9374 ***	-4.5029	-0.9927 ***	-4.8161	-0.7390 ***	-3.5836
lnPaymentlnQpolicy	-0.0493	-0.1632				
lnPayment lnP			-0.0187	-1.1610		
T lnPayment	-0.0127	-0.1158	-0.0880 **	-1.7242	0.10103	0.2559
0.5（lnK）^{2}	-0.0217	-0.3534	-0.4408 ***	-5.7928	0.4506 ***	6.0641
lnK lnL	0.0272	0.2656	0.1919 **	2.2621	0.4155 ***	3.9243
lnK lnQpolicy	0.0576	0.4496				
lnK lnP			0.0074	0.4853		
T lnK	0.0095	0.1979	0.0784 ***	3.6376	0.0847 ***	3.3395
0.5（lnL）^{2}	0.2949 *	1.3774	0.2710	1.1339	0.6339 ***	3.2087
lnL lnQpolicy	-0.0372	-0.0138				
lnL lnP			-0.0706 ***	-2.8014		
TlnL	0.1537 *	1.5844	0.1528 ***	4.0072	0.0415	1.0988
0.5（lnQpolicy）^{2}	6.603 ***	2.8589				
0.5（lnP）^{2}			0.0045 *	1.4071		
TlnQpolicy	-2.5033 ***	-3.0142				
TlnP			0.0025	0.6920		
0.5T^2	0.5099 **	2.0137	0.0154	0.6781	0.0525 ***	3.5593

注：*** 表示 1% 的显著水平，** 表示 5% 的显著水平，* 表示 10% 的显著水平。

3. 模型估计结果

表 35.6 和表 35.7 数据显示三个模型的 LR 均在 1% 水平上显著，充分说明所建模型均具有统计意义上的可靠性。三个模型的 γ 检验统计量 t 值分别为 173.86、215.31 和 198.76，均在 1% 水平上显著，表明 PES 实际产出与既定经济制度条件下最大产出之间的差距中有技术

无效率因素，即存在 PES 无效率。也就是说，在 PES 的组织、实施过程中有效率损失的存在，若忽略 PES 的技术效率因素，采取传统方法估计 PES 生产函数函数，难以正确反映 ES 价值当量增量产生的过程。三个模型的 γ 值分别为 0.9806、0.9538 和 0.9034，表明作用于 ES 价值当量增量的各项随机性因素中，分别有 98.06%、95.38% 和 90.34% 可以依赖技术效率 u 予以解释；同时也表明无论是否考虑制度因素的影响，如何选择和处理制度因素，我国省际 PES 视角下生态补偿都存在着普遍的技术效率损失。模型一的 28 个回归系数中有 20 个回归系数分别在 1%、5%、10% 的显著性水平上显著，模型二的 26 个回归系数中有 21 个回归系数分别在 1%、5%、10% 的显著性水平上显著，模型三的 20 个回归系数中有 18 个回归系数分别在 1%、5%、10% 的显著性水平上显著，表明这些变量都具有较强的解释能力，也充分说明了运用超越对数随机前沿分析法研究我国省际 PES 视角下生态补偿制度效率的必要性和可靠性。

表 35.7 　　　　　　　　　　　无效率函数影响因素估计结果

解释变量	模型一		模型二		模型三	
	系数	T 值	系数	T 值	系数	T 值
常数项 δ_0	− 3.6250	− 0.5189	− 7.2660 **	− 2.1482	− 9.5146 **	− 1.9810
VN	2.8671 **	1.8474			2.5740 ***	2.8402
GDPa	− 0.4794 ***	− 2.3729	− 0.7173 **	− 2.3083	− 1.0964 ***	− 6.7728
ER	− 13.2925 **	− 2.1069			− 5.6202 **	− 2.1640
CS	1.1647 *	1.5091			2.0147 ***	3.8109
Urb	0.7281 **	1.9230			0.5496 **	2.065
P	− 2.7250 *	− 1.0644				
Qpolicy			0.7635 ***	2.9971		
Qtool			6.3080 **	2.1198		
Qecosystem			− 1.2896 **	− 2.3005		
σ^2	0.5822 **	2.0105	1.7300 **	2.1049	0.4661	4.4227
γ	0.9806 ***	173.8600	0.9538 ***	215.3101	0.9034 ***	198.7611
极大似然值	− 35.6926		− 22.5446		− 41.3149	
LR	85.3233 ***		68.6703 ***		104.0229 ***	

注：*** 表示 1% 的显著水平，** 表示 5% 的显著水平，* 表示 10% 的显著水平。

表 35.6 和表 35.7 显示，总体上，同一变量在不同模型中的系数估计值正负号相同，表明即使设定模型不同，该变量对生态补偿环境效益及效率的作用方向也是相同的。为了全面、系统地分析 PES 视角下生态补偿制度环境效益、效率的影响因素，尤其是其中的制度因素，论文将以拟合程度最高的模型一系数估计结果为基础、结合另外两个模型系数估计结果进行 PES 视角下生态补偿的影响因素分析。

（1）投入要素分析。在模型一中，投入要素资金 Payment、土地 K 和劳动 L 的系数估计值分别是 1.6905、2.3709 和 0.2214，并依次在 1%、5%、10% 的显著水平上通过检验，表明在 ES 价值当量增量的产生过程中，三种要素的贡献是显著的，并且资金和土地的贡献较大、劳动贡献较小。三种要素的贡献大小在一定程度上验证了 PES 的内在机理：提供生态系统服务的森林、湿地、草地等生态系统必须依附于一定的土地资源，补偿资金、劳动对 ES 价值当量增量的积极作用必须通过土地面积的变化或土地用途的变化才能实现。时间 T 的系数为 11.8817 并在 1% 显著性水平上通过检验，表明我国 ES 增量生产、供给过程中存在着明显的技术进步。

（2）制度变量分析。制度变量政策数量 Qpolicy 以生产要素形式进入模型一，其系数估计值为 -28.4523，并在 1% 显著性水平上通过检验，表明随着政策数量增加，ES 增量反而减少，究其原因，可能在于我国生态补偿制度在产权、机构职责等基本制度层面，在生态问题或产权结构与 PES 类型匹配的治理模式选择层面，存在系统性的缺陷，出现了功能性的障碍，使得生态补偿政策的增加只是加剧了各种制度之间的冲突和各种资源的无效率损耗。该结论意味着，提高生态补偿效率必须以消除生态补偿基本制度缺失和实现不同层次制度的匹配、协调、统一为条件，否则，新政策的出台只会出现事与愿违的结果。制度变量补偿标准 P 以无效率函数影响因素形式进入模型一，系数估计值为 -2.7250，并在 10% 的显著性水平上通过检验，表明补偿标准对生态效益和效率存在着显著的正向作用，提高补偿标准可以增加 PES 的环境效益、提高生态补偿的效率。此结论验证了众多学者有关补偿标准与生态补偿制度有效性的理论分析结果。

模型二制度变量补偿工具多样性 Qtool 的估计系数为 6.3080，并在 5% 的显著水平下通过检验，表明增加 PES 类型对我国 PES 视角下生态补偿环境效益、效率的作用是消极的，原因可能在于，生态问题性质或 ES 产权结构与 PES 类型（即治理模式）之间的不匹配，使 PES 类型的增加引发了更为严重的制度间冲突。该系数的估计结果实际上是对制度变量政策数量估计结果的进一步验证，即我国 PES 视角下生态补偿制度体系存在结构性、系统性的缺陷，制度安排及制度间协调质量低下。模型二制度变量（补偿）生态系统多样性 Qecosystem 的估计系数为 -1.2895，并在 5% 的显著水平下通过检验，表明在多个生态系统中同时实施生态补偿，能增加生态补偿的效率。原因是生物链将不同生态系统之间自然地连接在一起，在多个生态系统同时开展生态补偿，将使该生物链上不同生态系统之间形成良性循环，从而大大促进各生态系统的 ES 供给过程和供给水平，产生 1 + 1 > 2 的 ES 增量生产效果。

（3）控制变量分析。在模型一的控制变变量中，生态系统脆弱度 VN 的系数估计值为 2.8671，显著性水平为 5%，表明生态系统脆弱度对生态系统付费生态效益和效率的负向效应，其原因在于，生态系统越脆弱，ES 的生产和供给就越困难，付费机制激励作用被削弱的可能性和程度就越大，其实际作用效果也就越差。单位国土面积 GDP 系数估计值为 -0.4794，显著性水平为 1%，表明经济发展水平对 PES 视角下生态补偿的环境效益和效率有正向作用。原因可能在于经济社会发展水平的上升可以促使人们生态保护意识和技能的提高，同时还可以带来相对充足的补偿资金，而所有这些变化都会改善生态补偿活动的质量，提高其效率水平。

环境规制 ER 系数估计值为 -13.2925，显著性水平为 5%，表明环境规制对 PES 环境效益和效率有明显的正向作用，环境规制越大，付费效率越高。究其原因可能在于，有力的环境污染治理措施会缓解各类污染源对生态环境的破坏程度，减轻生态系统的环境压力，从而使生态系统各项服务功能得到更为充分的发挥。产业结构 CS 即单位 GDP 能耗系数估计值，1.1647 为显著性水平为 10%，表明随着单位 GDP 能耗的减小，对 PES 视角下生态补偿效率有积极的影响，其中原因十分明显：产业结构的调整、优化会降低经济活动的生态资源成本，减缓各类生态系统的自净压力，从而对 ES 增量的供给产生正面的作用。城镇化率 Urb 对 PES 视角下生态补偿的环境效益、效率有明显的负面作用，这与李政大等（2013）的研究结果类似。原因是我国城镇化过程中，不仅城市、道路以及其他各种配套设施的建设通常伴随着大量的植被破坏、土地占用等生态损害，而且工业化进程的加快也使人均能耗增大、各类污染物排放增加，从而削弱了 PES 等生态保护措施在 ES 增量供给方面的能力。

（二）实证结果分析

对比模型一与模型二的函数模型和测算结果发现，虽然二者含有的制度变量不尽相同，同一变量是引入生产函数还是进入无效率函数的处理方式也不一致，但是两个模型的效率测算数值却是接近的，因此，为了更加清晰地审视 PES 视角下生态补偿制度效率水平以及全要素生产率的变化，探究制度体系对生态补偿绩效的作用情况，论文将只选用模型一和模型三（不包含制度变量）的测算结果进行比较分析。另外，为了能够了解我国 PES 视角下生态补偿在绩效和制度作用上的区域差异，论文将同时按照多数学者的方法，把我国的地理空间分为东部、中部、西部三大区域，对不同区域的制度效率比较研究。

1. PES 视角下生态补偿制度效率与传统效率的总体分析

表 35.8 报告了 2007～2013 年我国三大区域和全国 PES 视角下生态补偿制度效率、传统效率的平均水平以及省际效率差异基本状况。就全国而言，27 个省区市 PES 视角下生态补偿制度效率的平均值为 0.6981，传统效率的平均值为 0.5697，整体水平都不高，有较大的提升空间，表明我国 PES 视角下生态补偿活动效率损失明显，提高生态补偿活动中的各种资源利用水平是加大生态补偿力度、实现自然环境和生态系统有效保护的前提条件。

表 35.8 中国 PES 视角下生态补偿制度效率与传统效率的水平

区域	制度效率		传统效率	
	平均值	变异系数	平均值	变异系数
东部	0.7547	0.2381	0.7516	0.2588
中部	0.7177	0.2187	0.6098	0.4695
西部	0.6315	0.4504	0.4472	0.8084
全国	0.6981	0.3122	0.5697	0.5436

具体到 27 个省份，PES 视角下生态补偿制度效率和传统效率的省际差异都非常明显。在各省份中，制度效率年均值大于 0.7 的省份共有 16 个，其中最大值为广西的 0.9323，而后依次是重庆为 0.9193、湖南为 0.9137、广东为 0.9120、海南为 0.9083、云南为 0.8903、浙江为 0.8887、湖北为 0.8751、北京为 0.8588、河北为 0.8416、四川为 0.7819、河南为 0.7775、黑龙江为 0.7756、江西为 0.7580、贵州为 0.7480、辽宁为 0.7269；年均制度效率值小于 0.5 的有 4 个省份，从大到小依次为山西为 0.4578、内蒙古为 0.4214、江苏为 0.3740、宁夏为 0.1937、新疆为 0.1769。在各省份中，传统效率年均值大于 0.6 的省份有 17 个，其中大于 0.9 的省份从大到小依次为湖南和重庆为 0.9205、浙江为 0.9180、广东为 0.9123、广西为 0.9006；传统效率年均值小于 0.3 的省份有 5 个，从大到小依次为宁夏为 0.1288、吉林和内蒙古为 0.0845、新疆为 0.0372、西藏为 0.0101。

27 个省份制度效率和传统效率的大小情况如图 35.4 所示。虽然制度效率的省份排序与传统效率的省份排序并不完全一致，但是二者之间却是相关的。进行 2007～2013 年 27 个省份制度效率值和传统效率值的 Kendallr 相关性检验，结果是相关性系数为 0.7857，并在 5% 的显著水平上通过检验，表明传统效率较高的省份通常也具有较高的制度效率。

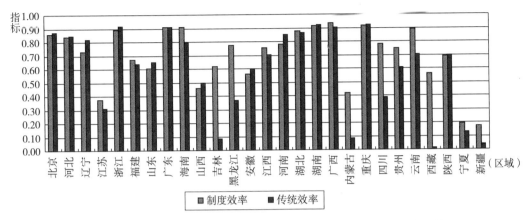

图 35.4　2007~2013 年中国各省份 PES 年均制度效率与传统效率比较

2. 制度效率区域差异与传统效率区域差异的比较

首先，审视 2007~2013 年我国 PES 视角下生态补偿制度效率和传统效率各自的地区分布状况。如图 35.5 所示，整体而言，2007~2013 年我国 27 个省份制度效率均值始终呈现出东部最高、中部次之、西部最低的梯度分布。表 35.8 的数据显示，传统效率的区域分布也是东部最高、中部次之、西部最低。这种生态补偿效率梯度分布的原因在于，东部地区经济相对发达，区域内所有经济活动通常都有较高的市场化程度和资源配置、利用效率，生态补偿实践作为以生态保护为目的的特定经济活动，其资源配置和利用水平自然较高；而在中部、西部地区，因为经济社会市场化程度相对较低，所以以生态补偿活动的资源配置和利用水平较低。仔细分析我国三大地区的 PES 视角下生态补偿实践和制度体系，不难发现市场特征显著的可交易许可证、自愿协议等补偿类型就主要出现在浙江、广东等东部地区。因此可以说，完善 PES 视角下生态补偿的市场机制，让市场在生态补偿的资源配置中发挥更大作用，是提高生态保护活动投入—产出效率的根本途径。

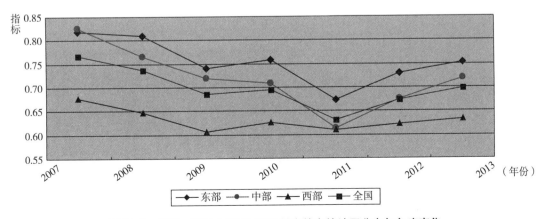

图 35.5　2007~2013 年中国 PES 制度效率的地区分布与年度变化

进一步比较制度效率省际差异与传统效率省际差异的大小。如表 35.8 所示，无论全国还是三大地区，制度效率的省际变异系数都小于传统效率的省际变异系数，表明考虑制度因素条件下 PES 视角下生态补偿的省际效率差异小于不考虑制度因素条件下 PES 视角下生态补偿的省际效率差异，究其原因在于，我国各个省份 PES 视角下生态补偿制度体系的主体是中央政府及其部委制定的法律、法规、政策、文件，地方政府政策通常只是中央政策的补充或其实施方案的具体化，因此各省份制度体系之间的共性特征明显，而差异性不明显，将制度因素纳入模型势必缩小各省份 PES 视角下生态补偿活动资源利用效率上的差异。

3. 制度效率与传统效率之间差距的整体情况、地区分布和年度变化

2007～2013 年全国和三大地区 PES 视角下生态补偿制度效率与传统效率的对比情况如表 35.9 所示，全国及三大地区的制度效率值均大于其传统效率值，表明 PES 视角下生态补偿制度在全国及三大地区的整体有效性，即现有生态补偿制度对 ES 的生产效率有正向作用。

表 35.9　　　　2007～2013 年中国 PES 年均制度效率与传统效率的地区比较

地　区	东部	中部	西部	全国
制度效率	0.75470	0.71770	0.63150	0.69810
传统效率	0.75160	0.60980	0.44720	0.56970
差　值	0.00313	0.10791	0.18435	0.12842

尽管全国及三大地区的制度效率值都大于其传统效率值，但是各个地区制度效率与传统效率的差值却并不相同，分别是东部为 0.00313、中部为 0.10791、西部为 0.18435，西部、中部因为生态补偿制度而有了更大程度的效率水平提高，似乎表明在生态退化较为严重的西部、中部地区，生态补偿制度的作用效果更为有效。考察我国生态补偿制度的实际构成和区域差异发现，在 2007～2013 年的样本期内，作为我国生态补偿制度重要组成部分的重点生态功能区规划及其转移支付制度、退耕还林制度、天然林保护工程，主要面向的就是西部、中部地区的生态系统，因此这些地区生态补偿制度的完备性更好、有效性更强，对生态补偿活动正面作用更大。事实上，这种制度体系上的不同，既使西部、中部生态补偿制度效率与传统效率之间的差距相对于东部更大，也使生态补偿效率在东、中、西三大地区之间的差异变小。总而言之，我国现有的 PES 视角下生态补偿制度不仅在全国和三大地区总体有效，提高了生态补偿过程中的资源利用效率，而且对于那些生态系统脆弱、生态资源匮乏的欠发达地区的作用，要大于对生态资源丰富的发达地区的作用，构建科学的生态补偿制度是在全国、尤其是在生态脆弱地区进行生态保护最为有效的途径。

2007～2013 年我国 PES 视角下生态补偿制度效率省际均值与传统效率省际均值的年度比较如表 35.10 所示，在所有年份制度效率的省际均值都大于其传统效率的省际均值，表明在整个研究时限内，就全国整体而言，生态补偿制度体系对 PES 的生态效益和效率的影响是积极的，完善生态补偿制度是提高生态保护效益和效率的有效途径。进一步考察制度效率与传统效率之间差距的年度变化，发现二者差距从 2007～2010 年的 0.14 左右减小到 2013～2013 年的 0.10 左右。制度效率和传统效率差距随年份减小，一方面验证了李怀（1999）的"制度生命周期与制度效率递减"假说，另一方面可能与我国 PES 视角下生态补偿制度体系存在的系统性缺陷有关。我国生态补偿制度体系长期存在产权等基本规则缺失、产权结构与治理模式匹配缺陷等系统性障碍，在此制度架构下，逐年增多的生态补偿政策加剧了各种制度安排

间的冲突，导致其体系的整体有效性下降。显然，构建科学清晰的生态补偿产权制度、管理分工制度，优化治理模式（PES 类型）与产权结构之间匹配水平，以及实现 PES 实施机制和体系构成要素的最优化等完善生态补偿制度的措施已经势在必行。

表 35.10　　　　　　　2007~2013 年中国 PES 制度效率与传统效率的比较

年份	2007	2008	2009	2010	2011	2012	2013	均值
制度效率	0.7675	0.7364	0.6851	0.6943	0.6320	0.6735	0.6974	0.6981
传统效率	0.6110	0.5942	0.5516	0.5489	0.5414	0.5712	0.5925	0.5697
差值	0.1566	0.1422	0.1334	0.1454	0.0906	0.1023	0.1049	0.1284

上述制度效率和传统效率的分析表明，制度层面的 PES 视角下生态补偿效率比单纯考虑投入要素的传统效率，更能真实反映我国各省份 PES 视角下生态补偿的实际效率水平，而二者的比较研究也使 PES 视角下生态补偿效率研究有了更为深刻、丰富的内容，不仅能够体现我国 PES 视角下生态补偿活动配置、利用资源的总体水平和区域间差异，而且能够揭示我国 PES 视角下生态补偿制度的整体架构、系统性不足和区域性特征。

四、结论

本书在规模报酬可变的假设条件下，引入 PES 视角下生态补偿制度政策数量、补偿标准、工具（PES 类型）多样性、实施补偿的生态系统多样性等制度变量，运用超越对数随机前沿生产函数、无效率函数模型方法，基于 2007~2013 年我国省级面板数据，对我国 PES 视角下生态补偿的制度效率进行测算、评价，对制度和非制度影响因素进行分析。研究结果表明：

第一，在 PES 视角下生态补偿制度中，补偿标准和补偿生态系统的多样性两个变量与生态补偿效益、效率正相关，提高补偿标准、进行多生态系统的综合保护可以提高生态补偿的效率；政策数量和付费工具数量两个变量与生态补偿效益、效率负相关，随着补偿政策和补偿工具的增多，ES 增量的供给反而减少，说明我国生态补偿制度存在系统性缺陷或者功能性障碍，使新政策的颁布实施、新补偿方法的使用，让不同层级制度间的不匹配更明显、同层级制度间的矛盾更突出，从而导致了更为严重的无效率损耗现象。完善生态系统制度架构、协调不同制度安排之间关系是提高生态补偿有效率最关键的措施。此外，非制度因素的回归结果表明，为了促进生态补偿效率的提高，需要继续加大以污染治理为主旨的环境规制力度，着力推动以节能降耗为目标的产业结构调整，尤其要重视现有城镇化过程中以生态资源为代价的"大拆大建"模式的改变。

第二，我国省际 PES 视角下生态补偿的制度效率和传统效率总体水平不高，普遍存在较大的效率损失；制度效率和传统效率都沿东部—中部—西部从大到小变化，市场化程度差异是导致生态补偿效率区域间差异的原因；制度效率区域间差距小于传统效率区域间差距，说明省级生态补偿制度的共性多于差异性，反映了我国生态补偿制度以国家政策为主的基本现实；制度效率普遍大于传统效率，且二者差距呈现西部最大、中部次之、东部最小的梯度分布，表明我国生态补偿制度整体有效，并且在生态退化更为严重的西部、中部地区，其有效性更强，而生态补偿效率水平的提升不仅需要生态补偿具有区域差异化的制度，而且重点在于西部、中部生态补偿制度的建设；制度与传统两种效率差异逐年减小，则是制度效率递减规律和生态补偿制度系统性缺陷共同作用的结果。

参考文献

［1］ A. C. 庇古. 福利经济学（上卷）［M］. 朱泱，张胜纪，吴良健译. 北京：商务印书馆，2006.

［2］ A·迈里克·弗里曼. 环境与资源价值评估——理论与方法［M］. 曾贤刚译. 北京：中国人民大学出版社，2002.

［3］ 阿兰 V，詹姆斯·L. 自然资源与能源经济学手册（第 1 卷）［M］. 李晓西，史培军译. 北京：经济科学出版社，2007.

［4］ 奥利弗·E. 威廉姆森，罗纳德·H. 科斯. 制度经济学家和制度的建设者［A］. 制度、契约与组织——从新制度经济学角度的透视［C］. 北京：经济科学出版社，2003：64－65.

［5］ 巴泽尔. 产权的经济分析［M］. 费方域，段毅才译. 上海：上海人民出版社，1997.

［6］ 白景锋. 跨流域调水水源地生态补偿测算与分配研究——以南水北调中线河南水源区为例［J］. 经济地理，2010，30（4）：657－661.

［7］ 贝尔纳·萨拉尼耶. 合同经济学［M］. 费方域，张肖虎，郑育家译，上海：上海财经大学出版社，2008：73－90.

［8］ 毕泗锋. 经济效率理论研究述评［J］. 经济评论，2008（6）：133－138.

［9］ 薄玉洁，葛颜祥，李彩红. 水源地生态保护中发展权损失补偿研究［J］. 水利经济，2011，29（3）：38－52.

［10］ 财政部. 国家重点生态功能区转移支付办法［Z］. 2013－7－19.

［11］ 财政部. 2012 年中央对地方国家重点生态功能区转移支付办法［Z］. 2012－7－25.

［12］ 蔡邦成，陆根法，宋莉娟，等. 南水北调东线水源地保护区生态建设的生态经济效益评估［J］. 长江流域资源与环境，2006，15（3）：384－387.

［13］ 蔡艳芝，刘洁. 国际森林生态补偿制度创新的比较与借鉴［J］. 西北农业科技大学学报（社会科学版），2009，9（4）：35－40.

［14］ 曹国华，蒋丹璐，唐蓉君. 流域生态补偿中地方政府动态最优决策［J］. 系统工程，2011（11）：63－70.

［15］ 曹洪华，景鹏，王荣成. 生态补偿过程动态演化机制及其稳定策略研究［J］. 自然资源学报，2013（9）：1547－1555.

［16］ 曹明德. 对建立生态补偿法律机制的再思考［J］. 中国地质大学学报（社会科学版），2010（5）：28－35.

［17］ 曹明德. 对建立我国生态补偿制度的思考［J］. 法学，2004（3）：40－43.

［18］ 曹世雄，陈莉，余新晓. 陕北农民对退耕还林的意愿评价［J］. 应用生态学报，2009，20（2）：426－434.

［19］ 查爱苹，邱洁威，黄瑾. 条件价值法若干问题研究［J］. 旅游学刊，2013，28（4）25－34.

［20］常修泽．关键在资源环境产权制度［J］．瞭望新闻周刊，2007（20）：42－43．

［21］车越，吴阿娜，赵军，等．基于不同利益相关方认知的水源地生态补偿探讨——以上海市水源地和用水区居民问卷调查为例［J］．自然资源学报，2009，24（10）：1829－1836．

［22］陈东景，徐中民，程国栋．恢复额济纳旗生态环境的支付意愿研究［J］．兰州大学学报（自然科学版），2003，39（3）：69－72．

［23］陈东立，余新晓，廖邦洪．中国森林生态系统水源涵养功能分析［J］．世界林业研究，2005，18（1）：49－54．

［24］陈会广，吕悦．给予机会成本与Markov链的耕地保护补偿基金测算——以江苏省徐州市为例［J］．资源科学，2015，37（1）：17－27．

［25］陈佳，高洁玉，赫郑飞．公共政策执行中的"激励"研究——以W县退耕还林为例［J］．中国行政管理，2015（6）：113－118．

［26］陈江龙，姚佳，徐梦月，陈雯．基于发展权价值评估的太湖东部水源保护区生态补偿标准［J］．湖泊科学，2012，24（4）：609－614．

［27］陈钦，徐益良．森林生态效益补偿研究现状及趋势［J］．林业财务与会计，2000（2）:5－7．

［28］陈湘满．论流域开发管理中的区域利益协调［J］．经济地理，2002，22（5）：525－529．

［29］陈叶烽，叶航，汪丁丁．信任水平的测度及其对合作的影响——来自一组实验微观数据的证据［J］．管理世界，2010（4）：54－64．

［30］陈永正，陈家泽，周灵，等．西部大型公共产品溢出效应分析——以天然林保护工程为例构建测算指标体系［J］．经济学家，2007（6）：103－108．

［31］程滨，田仁生，董战峰．我国流域生态补偿标准实践：模式与评价［J］．生态经济，2012（04）：24－29．

［32］程岚．基于主体功能区战略的转移支付制度探析［J］．江西社会科学，2014（1）：67－71．

［33］程文浩，卢大鹏．中国财政供养的规模及影响变量［J］．中国社会科学，2010（2）：84－102．

［34］崔金星，石江水．西部生态补偿理论解释与法律机制构造研究［J］．西南科技大学学报（哲学社会科学版），2008（6）：15－22．

［35］大卫·李嘉图．政治经济学及赋税原理［M］．郭大力，王亚南译．北京：商务印书馆，1962．

［36］代明，刘燕妮，陈罗俊．基于主体功能区划和机会成本的生态补偿标准分析［J］．自然资源学报，2013，28（8）：1310－1317．

［37］戴菊贵．敲竹杠问题的本质及其解决方法［J］．中南财经政法大学学报，2011（4）:10－16．

［38］戴君虎，王焕炯，王红丽，等．生态系统服务价值评估理论框架与生态补偿实践［J］．地理科学进展，2012，31（7）：963－969．

［39］戴其文，彭瑜，刘澈元，翟禄新．猫儿山自然保护区生态受益者支付意愿及影响因素［J］．长江流域资源与环境，2014，23（7）：913－917．

［40］党晋华，贾彩霞，徐涛等．山西省煤炭开采环境损失的经济核算［J］．环境科学研究，2007（4）：155－160．

［41］邓晓兰，黄显林，杨秀．积极探索建立生态补偿横向转移支付制度［J］．经济纵横，2013（10）：47-51.

［42］迪克逊，斯科拉，卡朋特等．环境影响的经济分析［M］．何雪炀，周国梅，王灿译．北京：中国环境科学出版社，2001.

［43］丁任重等．西部资源开发与生态补偿机制研究［M］．成都：西南财经大学出版社，2009.

［44］丁四保，王昱．区域生态补偿的基础理论与实践问题研究［M］．北京：科学出版社，2010.

［45］董雪旺，张捷，刘传华，等．条件价值法中的偏差分析及信度和效度检验［J］．地理学报，2011，66（2）：267-278.

［46］董正举，严岩，段靖，王丹寅．国内外流域生态补偿机制比较研究［J］．人民长江，2010，41（8）：36-39.

［47］杜丽永，蔡志坚，杨加猛，等．运用 Spike 模型分析 CVM 中零响应对价值评估的影响——以南京市居民对长江流域生态补偿的支付意愿为例［J］．自然资源学报，2013，28（6）：1007-1018.

［48］杜万平．完善西部区域生态补偿机制的建议［J］．中国人口资源与环境，2001（3）：87-96.

［49］杜晓芹，王芳，赵卉卉，等．基于 CVM 的武进港水环境综合整治工程环境价值支付/受偿意愿评估［J］．长江流域资源与环境，2014，23（4）：449-455.

［50］杜彦其．山西省矿产资源开发中的外部不经济问题浅析［J］．中北大学学报（社会科学版），2010，26（5）：10-18.

［51］杜振华，焦玉良．建立横向转移支付制度实现生态补偿［J］．宏观经济研究，2004（9）：53-54.

［52］段锦，康慕谊，江源．东江流域生态系统服务价值变化研究［J］．自然资源学报，2012，27（1）：90-103.

［53］范子英，张军．粘纸效应：对地方政府规模膨胀的一种解释［J］．中国工业经济，2012（12）：5-15.

［54］方明，吴次芳，沈孝强，吕添贵．杭州市生态系统服务价值演变分析［J］．地域研究与开发，2014（2）：153-164.

［55］菲吕博腾，配杰威齐．产权与经济理论——近期文献的一个综述［A］．财产权利与制度变迁——产权学派与新制度学派译文集［C］．上海：上海三联书店，1991.

［56］冯登艳．产权从来不可能得到完全界定——巴泽尔产权理论评述［J］．经济论坛，2011（11）：222-224.

［57］冯俏彬，雷雨恒．生态服务交易视角下的我国生态补偿制度建设［J］．财政研究，2014（7）：13-14.

［58］冯伟林，李树苗，李聪．生态系统服务与人类福祉——文献综述与分析框架［J］．资源科学，2013，35（7）：1482-1489.

［59］弗里曼 AM．环境与资源价值评估：理论与方法［M］．曾贤刚译．北京：中国人民大学出版社，2002.

［60］伏润民，常斌，缪小林．我国省对县（市）一般性转移支付的绩效评价［J］．经济研究，2008（11）：62-73.

［61］伏润民，缪小林．中国生态功能区财政转移支付制度体系重构——基于拓展的能值模型衡量的生态外溢价值［J］．经济研究，2015（3）：47 – 61.

［62］付光辉，刘友兆，祖跃升等．区域土地整理综合效益测算——以徐州市贾汪区为例［J］．资源科学，2007，29（3）：25 – 29.

［63］高风杰，张柏，雷国平等．退耕还林工程对区域 ES 价值的影响［J］．农业系统科学与综合研究，2011，27（2）：233 – 239.

［64］葛颜祥，梁丽娟，王蓓蓓，等．黄河流域居民生态补偿意愿及支付水平分析——以山东省为例［J］．中国农村经济，2009，10：77 – 85.

［65］葛颜祥，吴菲菲，王蓓蓓，梁丽娟．流域生态补偿：政府补偿与市场补偿比较与选择［J］．山东农业大学学报（社会科学版），2007（4）：48 – 55.

［66］顾岗，陆根法，蔡邦成．南水北调东线水源地保护区建设的区际生态补偿研究［J］．生态经济，2006（2）：43 – 45.

［67］郭江，铁卫，李国平．运用 CVM 评估煤炭矿区生态环境外部成本的测算尺度选择研究——基于有效性和可靠性分析视角［J］．生态经济，2018（8）：163 – 168.

［68］郭明，冯朝阳，赵善伦．生态环境价值评估方法综述［J］．山东师范大学学报（自然科学版），2003，18（1）：73 – 74.

［69］郭玮，李炜．基于多元统计分析的生态补偿转移支付效果评价［J］．经济问题，2014（11）：92 – 97.

［70］国家发改委国土开发与土地经济研究所课题组．地区间建立横向生态补偿制度研究［J］．宏观经济研究，2015（3）：13 – 23.

［71］国家环保总局，国家重点生态功能保护区规划纲要［Z］．2007 – 10 – 31.

［72］国家环保总局，全国生态保护"十一五"规划［Z］．2006 – 10 – 13.

［73］国家林业局．退耕还林工程生态效益检测国家报告（2013）［M］．北京：中国林业出版社，2014.

［74］国土开发与土地经济研究所课题组．地区间建立横向生态补偿制度研究［J］．宏观经济研究，2015（3）：13 – 23.

［75］国务院，关于进一步做好退耕还林还草试点工作的若干意见［Z］．2000.

［76］国务院，全国主体功能区规划［Z］．2013 – 06 – 08.

［77］国务院，全国主体功能区规划［Z］．2010 – 12 – 21.

［78］韩德梁．丹江口库区生态系统服务价值化研究［D］．北京：北京林业大学，2010.

［79］韩洪云，喻永红．退耕还林的环境价值及政策可持续性——以重庆万州为例［J］．中国农村经济，2012，（11）：44 – 55.

［80］韩永伟，高馨婷，高吉喜，等．重要生态功能区典型生态服务及其评估指标体系的构建［J］．生态环境学报，2010，19（12）：2986 – 2992.

［81］何立环，刘海江，李宝林，等．国家重点生态功能区县域生态环境质量考核评价指标体系设计与应用实践［J］．环境保护，2014（12）：42 – 45.

［82］何伟军，秦莈，安敏．国家重点生态功能区转移支付政策的缺陷及改进措施——以武陵山片区（湖南）部分县市区为例［J］．湖北社会科学，2015（4）：67 – 72.

［83］洪尚群，马丕京，郭慧光．生态补偿制度的探索［J］．环境科学与技术，2001（5）：40 – 43.

［84］侯博，应瑞瑶．分散农户低碳生产行为决策研究——基于 TPB 和 SEM 的实证分析

[J]．农业技术经济，2015（2）：4－13.

[85] 侯成成，赵雪雁等．生态补偿对牧民社会观念的影响 [J]．中国生态农业学报，2012（5）：650－655.

[86] 侯元兆，吴水荣．生态系统价值评估理论方法的最新进展及对我国流行概念的辨正 [J]．世界林业研究，2008，21（5）：7－16.

[87] 胡鞍钢，王亚华．国情与发展 [M]．北京：清华大学出版社，2005.

[88] 胡兵，傅云新，熊元斌．旅游者参与低碳旅游意愿的驱动因素与形成机制：基于计划行为理论的解释 [J]．商业经济与管理，2014（8）：64－72.

[89] 胡和兵，刘红玉，郝敬锋，等．城市化对流域生态系统服务价值空间异质性的影响——以南京市九乡河流域为例 [J]．自然资源学报，2011，26（10）：1715－1725.

[90] 胡生君，孙保平，王同顺．干热河谷区退耕还林生态效益价值评估——以云南巧家县为例 [J]．干旱区资源与环境，2014，28（7）：79－83.

[91] 胡雪萍．完善我国生态补偿制度应注重顶层设计 [J]．公共管理研究，2015，31，（2）：9－15.

[92] 胡仪元．生态补偿理论基础新探——劳动价值论的视角 [J]．开发研究，2009（4）：23－29.

[93] 环境保护部办公厅，国家重点生态功能区保护和建设规划编制技术导则，[Z] 2009－07－09.

[94] 环境保护部，国家重点生态功能区县域生态环境质量考核办法，[Z] 2013－2－17.

[95] 环境保护部，生态环境状况评价技术规范，[Z] 2015－3－13.

[96] 黄飞雪．生态补偿的科斯与庇古手段效率分析 [J]．农业经济问题，2011（3）：92－97.

[97] 黄寰，朱文翅，罗子欣．生态系统服务功能价值及其补偿相关研究述评 [J]．西南民族大学学报（人文社科版）．2012，33（9）：130－133.

[98] 黄金芳，等．现代企业组织激励理论新进展研究 [M]．北京：人民邮电出版社，2010.

[99] 黄瑞芹，杨云彦．中国农村居民社会资本的经济回报 [J]．世界经济文汇，2008（6）：53－63.

[100] 黄润源．论我国自然保护区生态补偿法律制度的完善路径 [J]．学术研究，2011（12）：183－186.

[101] 黄少安．关于经济制度及其层次性的分析 [J]．当代经济研究．1995（2）：57－61.

[102] 黄有光，张定胜．高级微观经济学 [M]．上海：格致出版社，2008.

[103] 贾康．推动我国主体功能区协调发展的财税政策 [J]．预算管理与会计，2009（7）：54－58.

[104] 贾晓俊，岳希明．我国均衡性转移支付资金分配机制研究 [J]．经济研究，2012（1）：17－30.

[105] 姜宏瑶，温亚利．基于WTA的湿地周边农户受偿意愿及影响因素研究 [J]．长江流域资源与环境，2011，（4）：489－494.

[106] 蒋海．中国退耕还林的微观投资激励与政策的持续性 [J]．中国农村经济，2003（8）：30－36.

[107] 蒋宏飞．农户巩固退耕还林成果的激励约束机制探讨 [J]．农村经济，2008（1）：

58 – 61.

[108] 蒋士成, 费方域. 从事前效率问题到事后效率问题——不完全合同理论的几类经典模型比较 [J]. 经济研究, 2008 (8): 145 – 156.

[109] 接玉梅, 葛颜祥, 徐光丽. 黄河下游居民生态补偿认知程度及支付意愿分析——基于对山东省的问卷调查 [J]. 农业经济问题, 2011 (8): 95 – 101.

[110] 接玉梅, 葛颜祥, 徐光丽. 基于进化博弈视角的水源地与下游生态补偿合作演化分析 [J]. 运筹与管理, 2012 (6): 137 – 143.

[111] 金建君, 江冲. 选择试验模型法在耕地资源保护中的应用——以浙江省温岭市为例 [J]. 自然资源学报, 2011, 26 (10): 1750 – 1757.

[112] 金建君, 王志石. 澳门固体废弃物管理的经济价值评估 [J]. 中国环境科学, 2005, 25 (6): 753 – 755.

[113] 靳乐山, 左文娟, 李玉新, 赵怡, 张庆丰. 水源地生态补偿标准估算——以贵阳鱼洞峡水库为例 [J]. 中国人口、资源与环境, 2012, 22 (2): 23 – 26.

[114] 柯水发, 赵铁珍. 农户参与退耕还林意愿影响因素实证分析 [J]. 中国土地科学, 2008, 22 (7): 27 – 33.

[115] 孔凡斌. 建立和完善我国生态环境补偿财政机制研究 [J]. 经济地理, 2010 (8): 1360 – 1366.

[116] 孔凡斌. 退耕还林（草）工程生态补偿机制研究 [J]. 林业科学, 2007, 43 (1): 95 – 101.

[117] 赖力, 黄贤金, 刘伟良. 生态补偿理论、方法研究进展 [J]. 生态学报, 2008, 28 (6): 2870 – 2877.

[118] 蓝虹. 外部性问题、产权明晰与环境保护 [J]. 经济问题, 2004 (2): 7 – 9.

[119] 劳可夫, 吴佳. 基于 Ajzen 计划行为理论的绿色消费行为的影响机制 [J]. 财经科学, 2013 (2): 93 – 100.

[120] 李彬, 边静. 基于生态绿当量的重庆市涪陵区土地利用结构优化研究 [J]. 海南师范大学学报（自然科学版）, 2012, 25 (2): 212 – 215.

[121] 李长亮. 中国西部生态补偿机制构建研究 [D]. 兰州: 兰州大学, 2009.

[122] 李超显, 彭福清, 陈鹤. 流域生态补偿支付意愿的影响因素分析——以湘江流域长沙段为例 [J]. 经济地理, 2012, 32 (4): 130 – 135.

[123] 李芬, 甄霖, 黄河清, 等. 土地利用功能变化与利益相关者受偿意愿及经济补偿研究——以鄱阳湖生态脆弱区为例 [J]. 资源科学, 2009, 31 (4): 580 – 589.

[124] 李国平, 郭江. 基于 CVM 的榆林煤炭矿区生态环境破坏价值损失研究 [J], 干旱区资源与环境, 2012, 27 (8): 17 – 22.

[125] 李国平, 郭江, 李治, 等. 煤炭矿区生态环境改善的支付意愿与受偿意愿的差异性分析——以榆林市神木县、府谷县和榆阳区为例 [J]. 统计与信息论坛, 2011, 26 (7): 98 – 104.

[126] 李国平, 郭江. 能源资源富集区生态环境治理问题研究 [J]. 中国人口·资源与环境, 2013, 23 (7): 42 – 48.

[127] 李国平, 郭江. 榆林煤炭矿区生态环境改善支付意愿分析 [J]. 中国人口·资源与环境, 2012, 22 (3): 137 – 143.

[128] 李国平, 李潇. 国家重点生态功能区的生态补偿标准、支付额度与调整目标

［J］．西安交通大学学报（社会科学版），2017（2）．

［129］李国平，李潇．国家重点生态功能区转移支付资金分配机制研究［J］．中国人口·资源与环境，2014，24（5）：124－130．

［130］李国平，李潇，汪海洲．国家重点生态功能区转移支付的生态补偿效果分析［J］．当代经济科学，2013，35（5）：58－64．

［131］李国平，李潇，萧代基．生态补偿的理论标准与测算方法探讨［J］．经济学家，2013（2）：42－49．

［132］李国平，刘倩，张文彬．国家重点生态功能区转移支付与县域生态环境质量——基于陕西省县级数据的实证研究［J］．西安交通大学学报（社会科学版），2014，34（2）：27－31．

［133］李国平，刘治国．陕北地区煤炭资源开采过程中的生态破坏与对策［J］．干旱区资源与环境，2007（1）：47－50．

［134］李国平，刘治国，赵敏华．中国非再生能源资源开发中的价值损失测度及补偿［M］．北京：经济科学出版社，2009．

［135］李国平，石涵予．国外生态系统服务付费的目标，要素与作用机理研究［J］．新疆师范大学学报（哲学社会科学版），2015，2：13－13．

［136］李国平，汪海洲，刘倩．国家重点生态功能区转移支付的双重目标与绩效评价［J］．西北大学学报（哲学社会科学版），2014，44（1）：153－155．

［137］李国平，张文彬，李潇．国家重点生态功能区生态补偿契约设计与分析［J］．经济管理，2014，36（8）：33－41．

［138］李国平，张文彬．退耕还林生态补偿契约设计及效率问题研究［J］．资源科学，2014，36（8）：1670－1678．

［139］李国伟，赵伟，魏亚伟等．天然林森林保护工程对长白山地区森林生态系统服务功能的影响评价［J］．生态学报，2015，（2）：3－14．

［140］李桦，郭亚军，刘广全．农户退耕规模的收入效应分析——基于陕西省吴起县农户面板调查数据［J］．中国农村经济，2013（5）：24－31．

［141］李桦，姚顺波．不同退耕规模农户生产技术效率变化差异及其影响因素分析——基于黄土高原农户微观数据［J］．农业技术经济，2011（12）：53－60．

［142］李怀恩，谢元博，史淑娟，刘利年．基于防护成本法的水源区生态补偿量研究——南水北调中线工程水源区为例［J］．西北大学学报（自然科学版），2009，39（5）：875－878．

［143］李怀．制度生命周期与制度效率递减［J］．管理世界，1999，（3）：68－77．

［144］李金昌．价值核算是环境核算的关键［J］．中国人口资源与环境，2002，12（3）：13－17．

［145］李金昌：生态价值论［M］．重庆：重庆大学出版社，1995：96－106．

［146］李镜，张丹丹，陈秀兰，等．岷江上游生态补偿的博弈论［J］．生态学报，2008（6）：2792－2798．

［147］李军龙．闽江源农户受偿意愿及影响因素调查［J］．三明学院学报，2012，29（3）：3－7．

［148］李坤刚，鞠美庭．基于生态足迹方法的中国区域间生态转移支付研究［J］．环境科学与管理，2008（3）：48－51．

［149］李琳．生态服务补偿：世界自然基金会的看法和实践［J］．环境保护，2006（19）：77－80．

［150］李萍，王伟．生态价值：基于马克思劳动价值论的一个引申分析［J］．学术月刊，2012，44（4）：90－95．

［151］李齐云，汤群．基于生态补偿的横向转移支付制度探讨［J］．地方财政研究，2008（12）：35－40．

［152］李荣娟，孙友祥．生态文明视角下的政府生态服务供给研究［J］．当代世界与社会主义，2013（4）：177－181．

［153］李士美，谢高地，张彩霞，等．森林生态系统水源涵养服务流量过程研究［J］．自然资源学报，2010，25（4）：585－593．

［154］李维乾，解建仓，李建勋．基于改进 Shapley 值解的流域生态补偿额分摊方法［J］．系统工程理论与实践，2013（1）：255－261．

［155］李炜，田国双．生态补偿机制的博弈分析［J］．学习与探索，2012（6）：106－108．

［156］李文国，魏玉芝．生态补偿机制的经济学理论基础及中国的研究现状［J］．渤海大学学报（哲学社会科学版），2008（3）：33－37．

［157］李文华，井村秀文．生态补偿机制课题组报告［R］．2008，13－12．

［158］李文华，李世东，李芬，刘某承．森林生态补偿机制若干重点问题研究［J］．中国人口资源与环境，2007（2）：62－69．

［159］李文华，刘某承．关于中国生态补偿机制建设的几点思考［J］．资源科学，2010（5）:45－52．

［160］李文华．生态系统服务功能价值评估的理论、方法与应用［M］．中国人民大学出版社，2008．

［161］李文华，张彪，谢高地．中国生态系统服务研究的回顾与展望［J］．自然资源学报，2009，24（1）：3－10

［162］李香菊，祝玉坤．西部地区矿产资源产权与利益分割机制研究［J］．财贸经济，2011（8）：28－34．

［163］李潇，李国平．信息不对称下的生态补偿标准研究［J］．干旱区资源与环境，2015，29（5）：12－17．

［164］李晓光，苗鸿，郑华等．生态补偿标准确定的主要方法及其应用［J］．生态学报，2009，29（8）：4433－4401．

［165］李晓光，苗鸿，郑华，欧阳志云，肖燚．机会成本法在确定生态补偿标准中的应用——以海南中部山区为例［J］．生态学报，2009，29（9）：4875－4883．

［166］李晓西．完善生态治理需要协同共治［N］．人民日报，2015－05－19（07）．

［167］李扬裕．浅谈森林生态效益补偿及实施步骤［J］．林业经济问题，2004（6）：369－371．

［168］李屹峰，罗玉珠，郑华．青海省三江源自然保护区生态移民补偿标准［J］．生态学报，2013（2）：764－770．

［169］李云驹，许建初，潘剑君．松花坝流域生态补偿标准和效率研究［J］．资源科学，2011，33（12）：2370－2375．

［170］李云燕．环境外部不经济性的产生根源和解决途径［J］．山西财经大学学报，2007，29（6）：7－13．

［171］李政大，袁晓玲．中国生态环境动态变化、区域差异和影响机制［J］．经济科学，2013，（6）：59－76.

［172］梁丽娟，葛颜祥，傅奇蕾．流域生态补偿选择性激励机制：从博弈论视角的分析［J］．农业科技管理，2006，5（4）：49－52.

［173］梁增然．我国森林生态补偿制度的不足与完善［J］．中州学刊，2015（3）：60－63.

［174］林毅夫，刘志强．中国的财政分权与经济增长［J］．北京大学学报（哲学社会科学版），2000（4）：5－17.

［175］刘兵．基于相对业绩比较的报酬契约与代理成本分析［J］．系统工程学报，2002（1）：8－13.

［176］刘春江，薛惠锋，王海燕等．生态补偿研究现状与进展［J］．环境保护科学，2009，35（1）：77－81.

［177］刘春腊，刘卫东，陆大道．1987－2012年中国生态补偿研究进展及趋势［J］．地理科学进展，2013，32（12）：1780－1792.

［178］刘峰江，李希昆．生态市场补偿制度研究［J］．云南财贸学院学报（社会科学版），2005（1）：23－27.

［179］刘刚，黄洪超，王莹．杭州市土地利用/覆被变化与生态系统服务价值评估［J］．杭州师范大学学报（自然科学版），2013（7）：379－384.

［180］刘桂环，文一惠，张惠远．基于生态系统服务的官厅水库流域生态补偿机制研究［J］．资源科学，2010，32（5）：856－863.

［181］刘炯．生态转移支付对地方政府环境治理的激励效应——基于东部六省46个地级市的经验证据［J］．财经研究，2015，41（2）：54－65.

［182］刘诗白．产权新论［M］．成都：西南财经大学出版社，1993：133.

［183］刘世强．水资源二级产权设置与流域生态补偿研究［D］．南昌：江西财经大学，2012.

［184］刘思华．对可持续经济发展的理论思考［J］．经济研究，1997（6）：45－61.

［185］刘伟，平新乔．经济体制改革三论：产权论、均衡论、市场论［M］．北京：北京大学出版社.1990，序言.

［186］刘秀丽，张勃，郑庆荣，等．黄土高原土石山区退耕还林对农户福祉的影响研究——以宁武县为例［J］．资源科学，2014，36（2）：397－405.

［187］刘雪林，甄霖．社区对生态系统服务的消费和受偿意愿研究——以泾河流域为例［J］．资源科学，2007，29（4）：103－108.

［188］刘亚萍，李罡，陈训等．运用WTP值与WTA值对游憩资源非使用价值的货币估价-以黄果树风景区为例进行实证分析［J］．资源科学，2008，30（3）：433－438.

［189］刘艳芳，明冬萍，杨建宇．基于生态绿当量的土地利用结构优化［J］．武汉大学学报（信息科学版），2002，27（5）：493－515.

［190］刘燕，周庆行．退耕还林政策的激励约束机制缺陷［J］．中国人口·资源与环境，2005，15（5）：104－107.

［191］刘友芝．论负的外部性内在化的一般途径［J］．经济评论，2001（3）：7－10.

［192］刘玉龙，马俊杰，金学林等．生态系统服务功能价值评估方法综述［J］．中国人口·资源与环境，2005，15（1）：88－92.

［193］刘政磐．论我国生态功能区转移支付制度［J］．环境保护，2014（12）：40－41.

［194］刘治国，李国平．陕北地区非再生能源资源开发的环境破坏损失价值评估［J］．统计研究，2006，（3）：63－66

［195］龙开胜，王雨蓉，赵亚莉，陈利根．长三角地区生态补偿利益相关者及其行为响应［J］．中国人口·资源与环境，2015，25（8）：43－49．

［196］卢洪友，杜亦譞，祁毓．生态补偿的财政政策研究［J］．环境保护，2014（5）：23－26．

［197］卢洪友，祁毓．生态功能区转移支付制度与激励约束机制重构［J］．环境保护，2014（12）：34－36．

［198］鲁鹏飞．退耕还林生态补偿机制激励程度研究［J］．湖北农业科学，2012，51（7）：1484－1487．

［199］陆文聪，余安．浙江省农户采用节水灌溉技术意愿及其影响因素［J］．中国科技论坛，2011（11）：136－142．

［200］陆文聪，余安．浙江省农户采用节水灌溉技术意愿及其影响因素［J］．中国科技论坛，2011（11）：136－142．

［201］陆旸．中国的绿色政策与就业：存在双重红利吗？［J］．经济研究，2011（7）：42－54．

［202］吕忠梅．超越与保守——可持续发展视野下的环境法创新［M］．北京：法律出版社，2003．

［203］罗小芳，卢现祥．环境治理中的三大制度经济学学派：理论与实践［J］．国外社会科学，2011（6）：56－66．

［204］罗志军，张军．生态绿当量及其在土地利用结构优化中的应用——以江西省新建县为例［J］．江西农业大学学报，2007，29（5）：853－856．

［205］马爱慧，张安录．选择实验法视角的耕地生态补偿意愿实证研究——基于湖北武汉市问卷调查［J］．资源科学，2013，35（10）：2063－2066．

［206］马丁·威茨曼，道格拉斯·克鲁斯．利润分享和劳动生产率［A］．载路易斯·普特曼、兰德尔·克罗茨纳编：企业的经济性质（中译本，第一版）［C］．上海：上海财经大学出版社，2000．

［207］马尔萨斯．政治经济学原理［M］．厦门大学经济系翻译组译．北京：商务印书馆，1962．

［208］马国军，林栋．石羊河流域生态系统服务功能经济价值评估［J］．中国沙漠，2009，29（6）：1173－1177．

［209］马国勇，陈红．基于利益相关者理论的生态补偿机制研究［J］．生态经济，2014，30（4）：33－36．

［210］马俊．中央向地方的财政转移支付——一个均等化公式和模拟结果［J］．经济研究，1997（3）：13－20．

［211］马歇尔．经济学原理［M］．北京：商务印书馆，1981．

［212］马莹．基于利益相关者视角的政府主导型流域生态补偿制度研究［J］．经济体制改革，2010（5）：52－56．

［213］马中．环境与资源经济学概论［M］．北京：高等教育出版社，1999．

［214］马中，蓝虹．环境资源产权明晰是实行绿色 GDP 的关键［J］．生态经济，2004（4）：50－52．

［215］毛锋，曾香．生态补偿的机理与准则［J］．生态学报，2006，26（11）：3843-3846．

［216］毛显强，钟瑜．生态补偿的理论探讨［J］．中国人口资源与环境，2002，12（4）：38-41．

［217］倪红日，张亮．基本公共服务均等化与财政管理体制改革研究［J］．管理世界，2012，（9）：7-17．

［218］聂华．试论森林生态功能的价值决定［J］．林业经济，1994（4）：48-52．

［219］聂辉华，李金波．政企合谋与经济发展［J］．经济学季刊，2006，6（1）：75-90．

［220］聂辉华．契约不完全一定会导致投资无效率吗？［J］．经济研究，2008（2）：132-143．

［221］聂倩，区小平．公共财政中的生态补偿模式对比研究［J］．财经理论与实践，2014（3）：103-108．

［222］牛晓叶．企业低碳决策是利益驱使亦或制度使然？［J］．中国科技论坛，2013（7）：105-111．

［223］诺斯．经济史中的结构与变迁［M］．厉以平译．上海：三联书店，1991．

［224］欧阳志云，王如松，赵景柱．生态系统服务功能及其生态经济价值评价［J］．应用生态学报，1999，10（5）：635-640．

［225］欧阳志云，王效科，苗鸿，等．中国陆地生态系统服务功能及其生态经济价值的初步研究［J］．生态学报，1999，19（5）：607-613．

［226］欧阳志云，郑华，岳平．建立我国生态补偿机制的思路与措施［J］．生态学报，2013，33（3）：686-692．

［227］庞淼．后退耕还林时期生态补偿模式的实证研究［J］．农村经济，2011（5）：50-53．

［228］彭春凝．论生态补偿机制的财政转移支付［J］．江汉论坛，2009（3）：32-35．

［229］彭科峰．矿区生态修复路在何方［N/OL］．中国科学报，2012-12-11［2012-12-15］．http：//news. sciencenet. cn/sbhtmlnews/2012/12/266942. shtm．

［230］彭文英，张科利，陈瑶，等．黄土坡耕地退耕还林后土壤性质变化研究［J］．自然资源学报，2005，20（2）：272-278．

［231］皮建才．中国式分权下的地方官员治理研究［J］．经济研究，2012（10）：14-26．

［232］皮天雷．国外声誉理论：文献综述、研究展望及对中国的启示［J］．首都经济贸易大学学报，2009（3）：95-101．

［233］平狄克，鲁宾费尔德．微观经济学（第四版）［M］．北京：中国人民大学出版社，2000：580．

［234］普书贞，吴文良，陈淑峰，等．中国流域水资源生态补偿的法律问题与对策［J］．中国人口资源与环境，2011（2）：67-72．

［235］秦艳红，康慕谊．国内外生态补偿现状及其完善措施［J］．自然资源学报，2007（7）：557-567．

［236］冉涛，黄浩波，丁佳佳．环境效益转移法的发展及应用［J］．三峡环境与生态，2013，35（1）：42-45．

［237］任勇，冯东方，俞海，等．中国生态补偿理论与政策框架设计［J］．中国环境科学出版社，2008年．

［238］萨伊．政治经济学概论［M］．陈福生，陈振骅译．北京：商务印书馆，2010

[239] 尚海洋，刘正汉，毛必文．流域生态补偿标准的受偿意愿分析——以石羊河流域为例 [J]．资源开发与市场，2015，31 (7)：783 – 786.

[240] 尚海洋，苏芳，徐中民，刘建国．生态补偿的研究进展与启示 [J]．冰川冻土，2011 (12)：1435 – 1443.

[241] 沈满红．在千岛湖引水工程中试行生态补偿机制的建议 [J]．杭州科技，2004 (2)：12 – 15.

[242] 沈满洪．论环境问题的制度根源 [J]．浙江大学学报（人文社会科学版），2000 (3)：57 – 65.

[243] 沈满洪．生态经济学 [M]．北京：中国环境科学出版社，2008 年.

[244] 沈满洪，谢慧明．公共物品问题及其解决思路——公共物品理论文献综述 [J]．浙江大学学报（人文社会科学版），2009，39 (6)：133 – 144.

[245] 沈满洪，杨天．生态补偿机制的三大理论基石 [N]．中国环境报，2004 – 03 – 02.

[246] 盛洪．现代制度经济学 [M]．北京：北京大学出版社，2003.

[247] 史恒通，赵敏娟．基于选择试验模型的生态系统服务支付意愿差异及全价值评估 [J]．资源科学，2015，37 (2)：353 – 359.

[248] 史恒通，赵敏娟．生态系统服务支付意愿及其影响因素分析——以陕西省渭河流域为例 [J]．软科学，2015，(6)：115 – 119.

[249] 史晓燕，胡小华，邹新，等．基于生态服务价值的东江源区生态补偿标准研究 [J]．水利经济，2011，29 (3)：46 – 48.

[250] 史玉成．生态补偿制度建设与立法供给 [J]．法学评论，2013 (4)：115 – 123.

[251] 思德纳．环境与自然资源管理的政策工具 [M]．张蔚文，黄祖辉译．上海：上海三联书店，上海人民出版社，2005.

[252] 思拉恩·埃格特森．新制度经济学 [M]．吴经邦等译，北京：商务印书馆，1996：35 – 36.

[253] 宋乃平，王磊，刘艳华，等．退耕还林草对黄土丘陵区土地利用的影响 [J]．资源科学，2006，28 (4)：52 – 57.

[254] 宋小宁．我国生态补偿性财政转移支付研究——基于巴西的国际经验借鉴 [J]．价格理论与实践，2012，(7)：47 – 49.

[255] 苏芳，尚海洋，聂华林．农户参与生态补偿行为意愿影响因素分析 [J]．中国人口·资源与环境，2011，21 (4)：119 – 125.

[256] 粟晓玲，康绍忠，佟玲．内陆河流域生态系统服务价值的动态估算方法与应用——以甘肃河西走廊石羊河流域为例 [J]．生态学报，2006，26 (6)：2013 – 2019.

[257] 粟晏，赖庆奎．国外社区参与生态补偿的实践及经验 [J]．林业与社会，2005，13 (4)：40 – 44.

[258] 孙开，孙琳．流域生态补偿机制的标准设计与转移支付安排 [J]．财贸经济，2015 (12)：118 – 128.

[259] 孙庆刚，郭菊娥，安尼瓦尔·阿木提．生态产品供求机理一般性分析——兼论生态涵养区"富绿"同步的路径 [J]．中国人口·资源与环境，2015，25 (3)：19 – 25.

[260] 孙世强，关立新．环境产权与经济增长 [J]．哈尔滨工业大学学报（社会科学版），2004，6 (3)：78 – 82.

[261] 孙晓青，陈国辅，刘立金．唐山市矿产资源开发的生态环境损失分析 [J]．环境

保护，1997（1）：32－34.

　　［262］孙新章，谢高地，张其仔，周海林，郭朝先，王晓春，刘荣霞. 中国生态补偿的实践及其政策取向［J］. 资源科学，2006，28（4）：25－30.

　　［263］孙新章，周海林. 我国生态补偿制度建设的突出问题和重大战略决策［J］. 中国人口资源与环境，2008（5）：139－143.

　　［264］孙元欣，于茂荐. 关系契约理论研究述评［J］. 学术交流，2010（8）：117－123.

　　［265］谭秋成. 关于生态补偿标准和机制［J］. 中国人口·资源与环境，2009，19（6）：3－6.

　　［266］汤姆·帝坦伯格. 环境与自然资源经济学（第8版）［M］. 王晓霞等译，北京：中国人民大学出版社，2011：32－58.

　　［267］陶恒，宋小宁. 生态补偿与横向财政转移支付的理论与对策研究［J］. 四川兵工学报，2010（2）：82－85.

　　［268］陶建格. 生态补偿理论研究现状与进展［J］. 生态环境学报，2012，21（4）：786－792.

　　［269］陶文娣，张世秋等. 退耕还林工程费用有效性的影响因素分析［J］. 中国人口资源与环境，2007，17（4）：66－70.

　　［270］田发，周琛影. 城市财力均等化水平测算与缺口度量：以上海为例［J］. 财贸研究，2013（1）：70－77.

　　［271］田贵贤. 生态补偿类横向转移支付研究［J］. 河北大学学报（哲学社会科学版），2013（2）：45－48.

　　［272］水土保持背景下黄土丘陵区农业产业—资源系统耦合关系研究——基于农户行为的视角［J］. 中国生态农业学报，2012，20（3）：369－377.

　　［273］托马斯·思德纳. 环境与自然资源管理的政策工具［M］. 张蔚文，黄祖辉译. 上海：三联书店，2005.

　　［274］万本太，邹首民. 走向实践的生态补偿——案例分析与探索［M］. 北京：中国环境科学出版社，2008.

　　［275］万海远，李超. 农户退耕还林政策的参与决策研究［J］. 统计研究，2013（10）：83－91.

　　［276］万军，张惠远，王金南等. 中国生态补偿政策评估与框架初探［J］. 环境科学研究，2005（2）：3－8.

　　［277］汪劲. 论生态补偿的概念——以《生态补偿条例》草案的立法解释为背景［J］. 中国地质大学学报（社会科学版），2014（1）：3－8.

　　［278］王冰，杨虎涛. 论正外部性内在化的途径和绩效［J］. 东南学术，2002（3）：158－165.

　　［279］王兵，颜鹏飞. 中国的生产率与效率：1952－2000［J］. 数量经济技术经济研究，2006（8）：22－30.

　　［280］王昌海. 农户生态保护态度：新发现与政策启示［J］. 管理世界，2014（11）：70－79.

　　［281］王尔大，韦健华，周英. 基于CEM的国家森林公园游憩环境属性价值评价研究［J］. 中国人口·资源与环境，2013，23（11）：83－87.

　　［282］王尔德. 生态补偿缺少法律硬约束和国家强力部署［EB/OL］.（2014－03－03）.

21 世纪网. http://biz. 21cbh. com/2014/3 - 3/zMMDA0MTdfMTA4MzIzMA. html.

[283] 王国栋，王焰新，涂建峰. 南水北调中线工程水源区生态补偿机制研究 ［J］. 人民长江，2010，41 (24)：103 - 104.

[284] 王金南. 论环境成本内部化及政策选择 ［J］. 中国人口·资源与环境，1997，7 (1)：63 - 68.

[285] 王金南，万军，张惠远等. 中国生态补偿政策评估与框架初探 ［A］. 王金南，庄国泰. 生态补偿机制与政策设计国际研讨会论文集 ［C］. 北京：中国环境科学出版社，2006.

[286] 王金南. 中国环境经济核算研究报告 2010 （公众版）［R］. 北京：中国环境规划院，2013.

[287] 王金南，庄国泰. 生态补偿机制与政策设计 ［M］. 北京：中国环境科学出版社，2006.

[288] 王军锋，侯超波，闫勇. 政府主导型流域生态补偿机制研究——对子牙河流域生态补偿机制的思考 ［J］. 中国人口·资源与环境，2011，21 (7)：103 - 106.

[289] 王蕾，苏杨，崔国发. 自然保护区生态补偿定量方案研究 ［J］. 自然资源学报，2011 (1)：34 - 44.

[290] 王立安，刘升，钟方雷. 生态补偿对贫困农户生计能力影响的定量分析 ［J］. 农村经济，2012 (11)：99 - 103.

[291] 王瑞梅，张旭吟，张希玲，等. 农户固体废弃物排放行为影响因素研究——基于山东省农户调查的实证 ［J］. 中国农业大学学报 （社会科学版），2015，32 (1)：90 - 98.

[292] 王喜亮，陈亚军. 煤炭开采的环境影响及模型探讨——以榆林为例 ［J］. 能源技术与管理，2007 (5)：94 - 96.

[293] 王小龙. 退耕还林：私人承包与政府规制 ［J］. 经济研究，2004 (4)：107 - 116.

[294] 王璇. 生态转移支付研究综述及对我国的启示 ［J］. 经济研究导刊，2015 (5)：172 - 173.

[295] 王雪梅，曾蕾. 对伊春林区"天保"工程运行状况的分析及建议 ［J］. 北京林业大学学报 （社会科学版），2003，2 (2)：49 - 52.

[296] 王一平. 南水北调中线工程水源地生态补偿问题的研究——基于生态系统服务价值的视角 ［J］. 南阳理工学院学报，2011，3 (6)：67 - 71.

[297] 王勇. 完全契约与不完全契约——两种分析方法的一个比较 ［J］. 经济学动态，2002 (7)：22 - 26.

[298] 王玉庆. 环境经济学 ［M］. 北京：中国环境科学出版社，2002.

[299] 王昱，丁四宝，王荣成. 主体功能区划及其生态补偿机制的地理学依据 ［J］. 地域研究与开发，2009，28 (1)：17 - 21.

[300] 王昱，丁四保，王荣成. 区域生态补偿的理论与实践需求及其制度障碍 ［J］. 中国人口·资源与环境，2010，20 (7)：74 - 80.

[301] 王振波，于杰，刘晓雯. 生态系统服务功能与生态补偿关系的研究 ［J］. 中国人口资源与环境，2009，19 (6)：17 - 22.

[302] 王宗军，田原，赵欣欣. 管理层激励对公司经营困境影响研究综述 ［J］. 技术经济，2011 (6)：92 - 99.

[303] 危丽，杨先斌，刘燕. 退耕还林中的中央政府与地方政府最优激励合约 ［J］. 财

经研究，2006（11）：47 – 55.

　　[304] 威廉·配第. 配第经济著作选集 [M]. 陈冬野，马清槐，周锦如译. 北京：商务印书馆，2011.

　　[305] 魏楚，沈满洪. 基于污染权角度的流域生态补偿模型及应用 [J]. 中国人口资源与环境，2011（6）：134 – 140.

　　[306] 魏凤，于丽卫. 农户宅基地换房意愿影响因素分析——基于天津市宝坻区8个乡镇24个自然村的调查 [J]. 农业技术经济，2011（12）：79 – 86.

　　[307] 魏光兴，蒲勇健. 公平偏好与锦标激励 [J]. 管理科学，2006（2）：42 – 47.

　　[308] 魏同洋，靳乐山. 城市水源地保护支付意愿及影响因素研究——以北京水源地延庆为例 [J]. 统计与信息论坛，2014，（6）：107 – 112.

　　[309] 魏同洋，靳乐山. 城市水源地保护支付意愿及影响因素研究——以北京水源地延庆为例 [J]. 统计与信息论坛，2014，（6）：107 – 112.

　　[310] 魏同洋. 生态系统服务价值评估技术比较研究 [D]. 中国农业大学，2015.

　　[311] 温作民. 略论森林生态效益补偿资金的有效使用 [J]. 林业经济，2001（11）：16 – 18.

　　[312] 吴汉洪，徐国兴. 不完全契约成因研究综述 [J]. 经济学动态，2005（11）：98 – 101.

　　[313] 吴明隆. 结构方程模型——AMOS 的操作与应用 [M]. 重庆：重庆大学出版社，2009

　　[314] 吴佩瑛，郑琬方，苏明达. 复槛式决策过程模型之建构：条件评估法中抗议性答复之处理 [J]. 农业与经济（中国台湾地区），2004（32）：29 – 69.

　　[315] 吴水荣，马天乐，赵伟. 森林生态效益补偿政策进展与经济分析 [J]. 林业经济，2001（4）：20 – 24.

　　[316] 吴晓青，洪尚群，段昌群等. 区际生态补偿机制是区域间协调发展的关键 [J]. 长江流域资源与环境，2003，12（1）：13 – 16.

　　[317] 吴学灿，洪尚群，吴晓青. 生态补偿与生态购买 [J]. 环境科学与技术，2006（1）：113 – 116.

　　[318] 吴越. 国外生态补偿的理论与实践——发达国家实施重点生态功能区生态补偿的经验与启示 [J]. 环境保护，2014（12）：23 – 24.

　　[319] 夏自兰，王继军，姚文秀，等. 水土保持背景下黄土丘陵区农业产业资源系统耦合关系研究——基于农户行为的视角 [J]. 中国生态农业学报，2012，20（3）：369 – 377.

　　[320] 萧代基，洪鸿智，黄德秀. 土地使用制度之补偿与报偿制度的理论与实务 [J]. 财税研究，2005，37（3）：22 – 33.

　　[321] 萧代基. 环境保护之成本效益分析：理论、方法与应用 [M]. 台湾：三民书局，2002：119 – 226.

　　[322] 萧代基，郑蕙燕，吴珮瑛，等. 环境保护之成本效益分析 [M]. 台北：后杰书局股份有限公司，2002

　　[323] 肖庆业，陈建成，张贞. 退耕还林工程综合效益评价——以我国10个典型县为例 [J]. 江西社会科学，2014（2）：220 – 224.

　　[324] 谢高地，张彩霞，张雷明，等. 基于单位面积价值当量因子的生态系统服务价值化方法改进 [J]. 自然资源学报，2015，30（8）：1243 – 1254

［325］谢高地，张镱锂，鲁春霞，等．中国自然草地生态系统服务价值［J］．自然资源学报，2001，16（1）：47-53.

［326］谢高地，甄霖，鲁春霞，等．一个基于专家知识的生态系统服务价值化方法［J］．自然资源学报，2008，23（5）：913-918.

［327］谢慧明．生态经济化制度研究［D］．杭州：浙江大学，2012.

［328］谢利玉．浅论公益林生态效益补偿问题［J］．世界林业研究，2000（3）：70-76.

［329］邢丽．关于建立中国生态补偿机制的财政对策研究［J］．财政研究，2005（1）：20-22.

［330］熊凯，孔凡斌．农户生态补偿支付意愿与水平及其影响因素研究——基于鄱阳湖湿地202户农户调查数据［J］．江西社会科学，2014，（6）：85-90.

［331］熊鹰，王克林，蓝万炼，等．洞庭湖区湿地恢复的生态补偿效应评估［J］．地理学报，2004，59（5）：772-780.

［332］胥卫华，赵晓华．环境污染损失的经济评估方法研究［J］．环境保护，2007（4）：44-47.

［333］徐大伟，常亮，侯铁珊等．基于WTP和WTA的流域生态补偿标准测算［J］．资源科学，2012（7）：1354-1361.

［334］徐大伟，刘春燕，常亮．流域生态补偿意愿的WTP与WTA差异性研究——基于辽河中游地区居民的CVM调查［J］．自然资源学报，2013（3）：402-408.

［335］徐大伟，刘民权，李亚伟．黄河流域生态系统服务的条件价值评估研究——基于下游地区郑州段的WTP测算［J］．经济科学，2007，（6）：77-89.

［336］徐大伟，荣金芳，李斌．生态补偿的逐级协商机制分析［J］．经济学家，2013（9）：52-59.

［337］徐大伟，荣金芳，李亚伟，李斌．生态补偿标准测算与居民偿付意愿差异性分析——以怒江流域上游地区为例［J］．系统工程，2015，33（5）：83-88.

［338］徐大伟，郑海霞，刘民权．基于跨区域水质水量指标的流域生态补偿量测算方法研究［J］．中国人口、资源与环境，2008，18（4）：189-194.

［339］徐鸿翔，张文彬．国家重点生态功能区转移支付的生态保护效应研究——基于陕西省数据的实证研究［J］．中国人口·资源与环境，2017（11）：144-151.

［340］徐劲草，许新宜，王红瑞，等．晋江流域上下游生态补偿机制［J］．南水北调与水利科技，2012，10（2）：57-62.

［341］徐晋涛，陶然，危结根．信息不对称、分成契约与超限额采伐——中国国有森林资源变化的理论分析和实证考察［J］．经济研究，2004（3）：37-46.

［342］徐梦月，陈江龙，高金龙，叶欠．主体功能区生态补偿模型初探［J］．中国生态农业学报，2012，20（10）：1404-1408.

［343］徐中民，任福康，马松尧，郭庭天．估计环境价值的陈述偏好技术比较分析［J］．冰山冻土，2003，25（6）：703-707.

［344］许尔琪，张红旗．中国核心生态空间的现状、变化及其保护研究［J］．资源科学，2015，37（7）：1322-1331.

［345］许丽忠，钟满秀，韩智霞，等．环境与资源价值CV评估预测有效性研究进展［J］．自然资源学报，2012，27（8）：1423-1430.

［346］许罗丹，黄安平．水环境改善的非市场价值评估：基于西江流域居民条件价值调

查的实证分析 [J]. 中国农村经济, 2014 (2): 69 - 81.

[347] 许妍, 高俊峰, 黄佳聪. 太湖湿地生态系统服务功能价值评估 [J]. 长江流域资源与环境, 2010, 19 (6): 646 - 652.

[348] 闫文娟, 郭树龙, 史亚东. 环境规制、产业结构升级与就业效应: 线性还是非线性? [J]. 经济科学, 2012, (6): 23 - 32.

[349] 严耕. 生态文明法制建设需突破四个瓶颈 [N]. 光明日报, 2012 - 12 - 11.

[350] 燕守广, 沈渭寿, 邹长新, 张慧. 重要生态功能区生态补偿研究 [J]. 中国人口·资源与环境, 2010, 20 (3): 3 - 4.

[351] 阳文华, 钟全林, 程栋梁. 重要生态功能区生态补偿研究综述 [J]. 华东森林管理, 2010, 24 (1): 3 - 6.

[352] 杨光梅, 李文华, 闵庆文. 基于 ES 价值评估进行生态补偿研究的探讨 [J]. 生态经济学报, 2006, 4 (1): 20 - 24.

[353] 杨光梅, 闵庆文, 李文华等. 基于 CVM 方法分析牧民对禁牧政策的受偿意愿——以锡林郭勒草原为例 [J]. 生态环境, 2006, 15 (4): 747 - 751.

[354] 杨光梅, 闵庆文, 李文华等. 中国生态补偿研究中的科学问题 [J]. 生态学报, 2007 (10): 4289 - 4300.

[355] 杨卉, 阿斯哈尔·吐尔逊. 新疆生态补偿的财政转移支付的现状、问题与政策建议 [J]. 时代经贸, 2011 (8): 95 - 95.

[356] 杨丽韫, 甄霖, 吴松涛. 我国生态补偿主客体界定与标准核算方法分析 [J]. 生态经济, 2010 (1): 52 - 59.

[357] 杨瑞龙, 聂辉华. 不完全契约理论: 一个综述 [J]. 经济研究, 2006 (2): 104 - 114.

[358] 杨卫兵, 丰景春, 张可. 农村居民水环境治理支付意愿及影响因素研究——基于江苏省的问卷调查 [J]. 中南财经政法大学学报, 2015 (4): 58 - 65.

[359] 杨晓萌. 中国生态补偿与横向转移支付制度的建立 [J]. 财政研究, 2013 (2): 19 - 23.

[360] 杨云彦, 石智雷. 南水北调与区域利益分配: 基于水资源社会经济协调度的分析 [J]. 中国地质大学学报 (社会科学版), 2009 (2): 13 - 18.

[361] 杨中文, 刘虹利, 许新宜, 等. 水生态补偿财政转移支付制度设计 [J]. 北京师范大学学报 (自然科学版), 2013 (2/3): 326 - 332.

[362] 姚从容. 产权、环境权与环境产权 [J]. 经济师, 2004 (2): 20 - 21.

[363] 姚盼盼, 温亚利. 河北省承德市退耕还林工程综合效益评价研究 [J]. 干旱区资源与环境, 2013, 27 (4): 47 - 53.

[364] 姚增福, 郑少锋. 种植大户生产行为意愿影响因素分析——基于 TPB 理论和黑龙江省 378 户微观调查数据 [J]. 农业技术经济, 2010 (8): 27 - 33.

[365] 尹恒, 朱虹. 中国县级地区财力缺口与转移支付的均等性 [J]. 管理世界, 2009 (4): 37 - 46.

[366] 尤金·法马. 代理问题和企业理论 [J]. 载路易斯·普特曼、兰德尔·克罗茨纳编: 企业的经济性质 (中译本). 第一版. 上海: 上海财经大学出版社, 2000.

[367] 于航, 詹水芬, 董德明, 彭士涛. 基于补偿价值理论的松山自然保护区森林资源价值评估研究 [J]. 中国人口资源与环境, 2010 (S1): 139 - 141.

[368] 余光辉，耿军军，周佩纯，朱佳文，李振国．基于碳平衡的区域生态补偿量化研究——以长株潭绿心昭山示范区为例［J］．长江流域资源与环境，2012，21（4）：454－458．

[369] 余敏江．生态治理中的中央与地方府际间协调：一个分析框架［J］．经济社会体制比较，2011（2）：148－156．

[370] 孟浩，白杨，黄宇驰，等．水源地生态补偿机制研究进展［J］．中国人口·资源与环境，2012，22（10）：86－93．

[371] 俞海，任勇．生态补偿的理论基础：一个分析性框架［J］．城市环境与城市生态，2007（2）：28－31．

[372] 俞海，任勇．中国生态补偿：概念、问题类型与政策路径选择［J］．中国软科学，2008（6）：7－15．

[373] 禹雪中，冯时．中国流域生态补偿标准核算方法分析［J］．中国人口·资源与环境，2011，21（9）：14－19．

[374] 喻永红．基于CVM法的农户保持退耕还林的接受意愿研究——以重庆万州为例［J］．干旱区资源与环境，2015，29（4）：65－70．

[375] 袁飞，陶然，徐志刚，等．财政集权过程中的转移支付和财政供养人口规模膨胀［J］．经济研究，2008（5）：70－80．

[376] 袁伟彦，周小柯．生态补偿问题国外研究进展综述［J］．中国人口资源与环境，2014（11）：76－82．

[377] 岳耀杰，闫维娜等．区域生态退耕对ES价值的影响［J］．干旱区资源与环境，2014，28（2）：60－67．

[378] 曾康华，刘翔．经济增长与政府财力的动态关系研究［J］．经济与管理研究，2009（12）：47－51．

[379] 曾先峰，李国平．中、美两国煤炭资源的税费水平及其负担率研究［J］．中国人．资源与环境，2013（3）：25－32．

[380] 曾贤刚．环境影响经济评价的必要性、原则及其具体方法［J］．中国人口·资源与环境，2004，14（2）：34－38．

[381] 翟国梁，张世秋．选择实验的理论和应用——以中国退耕还林为例［J］．北京大学学报，2006，1（3）：3－5．

[382] 张彪，李文华，谢高地，等．森林生态系统的水源涵养功能及其计量方法［J］．生态学杂志，2009，28（3）：529－534．

[383] 张成，陆旸，郭路，于同申．环境规制强度和生产技术进步［J］．经济研究，2011，（2）：32－42．

[384] 张程程，何多兴，杨庆媛．基于生态绿当量的三峡库区土地利用结构优化研究—以重庆市云阳县为例［J］．西南农业大学学报（社会科学版），2012，10（8）：5－9．

[385] 张冬梅．财政转移支付民族地区生态补偿的福利经济学诠释［J］．社会科学战线，2013（2）：69－72．

[386] 张冬梅．财政转移支付民族地区生态补偿的问题与对策［J］．云南民族大学学报：哲学社会科学版，2012，29（5）：106－111．

[387] 张浩．环境价值评估方法简介［J］．甘肃科技纵横，2006（1）：66－67．

[388] 张惠远，刘桂环．我国流域生态补偿机制设计［J］．环境保护，2006（10A）：49－54．

［389］张建国. 森林生态经济问题研究［M］. 北京：中国林业出版社, 1986.

［390］张金泉. 生态补偿机制与区域协调发展［J］. 兰州大学学报（社会科学版）, 2007（3）：63 - 66.

［391］张金屯, 梁嘉骅. 山西生态环境损失分析及对策［J］. 中国软科学, 2001（5）：89 - 94.

［392］张军. 流域水环境生态补偿实践与进展［J］. 中国环境监测, 2014, 30（01）：193 - 195.

［393］张俊飚, 李海鹏. "一退两还"中的博弈分析与制度创新［J］. 中国人口·资源与环境, 2003, 13（6）：55 - 58.

［394］张蕾. 中国退耕还林政策成本效益分析［M］. 北京：经济科学出版社, 2008：130 - 132.

［395］张秋根, 晏雨鸿, 万承永. 浅析公益林生态效益补偿理论［J］. 中南林业调查规划, 2001（2）：46 - 49.

［396］张术环, 杨舒涵. 生态补偿的制度安排体系研究［J］. 前沿, 2010（19）：159 - 162.

［397］张维迎. 博弈论与信息经济学［M］. 上海三联书店, 上海人民出版社, 2004 年.

［398］张文彬, 华崇言, 张跃胜. 生态补偿、居民心理与生态保护——基于秦巴生态功能区调研数据研究［J］. 管理学刊, 2018, V. 31；No. 107（02）：28 - 39.

［399］张文彬, 李国平. 生态保护能力异质性、信号发送与生态补偿激励——以国家重点生态功能区转移支付为例［J］. 中国地质大学学报（社会科学版）, 2015, 15（3）：19 - 28.

［400］张文彬, 李国平. 生态补偿、心理因素与居民生态保护意愿和行为研究——以秦巴生态功能区为例［J］. 资源科学, 2017（5）.

［401］张询书. 流域生态补偿应由政府主导［J］. 环境经济, 2008（5）：48 - 52.

［402］张毅祥, 王兆华. 基于计划行为理论的节能意愿影响因素——以知识型员工为例［J］. 北京理工大学学报（社会科学版）, 2012, 14（6）：7 - 13.

［403］张翼飞, 陈红敏, 李瑾. 应用意愿价值评估法, 科学制订生态补偿标准［J］. 生态经济, 2009（9）：28 - 31.

［404］张翼飞. 居民对生态环境改善的支付意愿与受偿意愿差异分析［J］. 西北人口, 2008（4）：63 - 68.

［405］张翼飞, 赵敏. 意愿价值法评估生态服务价值的有效性与可靠性及实例设计研究［J］. 地球科学进展, 2007, 22（11）：1143 - 1149.

［406］张志强, 徐中民, 程国栋. 条件价值评估法的发展与应用［J］. 地理科学进展, 2003, 18（3）：454 - 463.

［407］张志强, 徐中民. 黑河流域张掖地区生态系统服务恢复的条件价值评估［J］. 生态学报, 2002, 22（6）：885 - 892.

［408］张自英, 胡安焱, 向丽. 陕南汉江流域生态补偿的定量标准化初探［J］. 水利水电科技进展, 2011, 31（1）：25 - 28.

［409］章锦河, 张捷, 梁玥琳等. 九寨沟旅游生态足迹与生态补偿分析［J］. 自然资源学报, 2005, 20（5）：735 - 744.

［410］章铮. 生态环境补偿费的若干基本问题［A］. 国家环境保护局自然保护司编, 中国生态环境补偿费的理论与实践［C］. 北京：中国环境科学出版社, 1995.

［411］赵翠薇, 王世杰. 生态补偿效益、标准——国际经验及对我国的启示［J］. 地理

研究, 2010 (4): 597 - 606.

[412] 赵丹, 李锋, 王如松. 基于生态绿当量的城市土地利用结构优化——以宁国市为例 [J]. 生态学报, 2011, 31 (20): 6242 - 6250

[413] 赵建欣, 张忠根. 基于计划行为理论的农户安全农产品供给机理探析 [J]. 财贸研究, 2007, 18 (6): 40 - 45.

[414] 赵军, 韦莉, 陈姗. 石羊河流域上游生态系统服务价值的变化研究 [J]. 干旱区资源与环境, 2010 (1): 36 - 40.

[415] 赵军, 杨凯. 上海城市内河生态系统服务的条件价值评估 [J]. 环境科学研究, 2004, 17 (2): 49 - 52.

[416] 赵岭, 王尔大. 基于 Meta 分析的自然资源效益转移方法的实证研究 [J]. 资源科学, 2011, 33 (1): 33 - 40.

[417] 赵玲. 基于价值转移法的自然资源游憩价值评价研究 [D]. 大连理工大学, 2013.

[418] 赵敏娟, 姚顺波. 基于农户生产技术效率的退耕还林政策评价——黄土高原区 3 县的实证研究 [J]. 中国人口·资源与环境, 2012, 22 (9): 135 - 141.

[419] 赵士洞, 张永民. 生态系统与人类福祉——千年生态系统评估的成就, 贡献和展望 [J]. 地球科学进展, 2006, 21 (9): 895 - 902.

[420] 赵世瑜. 分水之争: 公共资源与乡土社会的权力和象征——以明清山西汾水流域的若干案例为中心 [J]. 中国社会科学, 2005 (2): 189 - 203.

[421] 赵同谦, 欧阳志云, 郑华, 王效科, 苗鸿. 中国森林生态系统服务功能及其价值评价 [J]. 自然资源学报, 2004 (4).

[422] 赵雪雁, 李巍, 王学良. 生态补偿的几个关键问题 [J]. 中国人口资源与环境, 2012 (2): 3 - 7.

[423] 赵雪雁. 生态补偿效率研究综述 [J]. 生态学报, 2012, 32 (6): 1960 - 1968.

[424] 赵雪雁, 张丽, 江进德, 侯成成. 生态补偿对农户生计的影响 [J]. 地理研究, 2013 (3): 533 - 542.

[425] 赵娅奇, 杨庆媛, 严琳等. 生态绿当量在土地利用结构优化中的运用研究——以重庆市江北区为例 [J]. 西南师范大学学报 (自然科学版), 2006, 31 (1): 170 - 174.

[426] 赵跃龙. 中国脆弱生态环境类型分布及其综合整治 [M]. 北京: 中国环境科学出版社. 1999.

[427] 甄霖, 刘雪林, 魏云洁. 生态系统服务消费模式, 计量及其管理框架构建 [J]. 资源科学, 2008, 30 (1): 100 - 106.

[428] 郑德凤, 臧正, 孙才志. 改进的生态系统服务价值模型及其在生态经济评价中的应用 [J]. 资源科学, 2014, 36 (3): 584 - 592.

[429] 郑海霞, 张陆彪, 张耀军. 金华江流域生态服务补偿的利益相关者分析 [J]. 安徽农业科学, 2009, 37 (25): 12113 - 12115.

[430] 郑海霞. 中国流域生态服务补偿机制与政策研究 [M]. 北京: 中国经济出版社, 2010.

[431] 郑思齐, 万广华, 孙伟增, 等. 公众诉求与城市环境治理 [J]. 管理世界, 2013, (6): 72 - 84.

[432] 郑雪梅. 生态转移支付——基于生态补偿的横向转移支付制度 [J]. 环境经济,

2006（7）：13 - 15.

［433］中国工程院，环境保护部．中国环境宏观战略研究［M］．北京：中国环境科学出版社，2011.

［434］中国生态补偿机制与政策研究课题组．中国生态补偿机制与政策研究［M］．北京：科学出版社．2007.

［435］中华人民共和国环境保护部．2014 年中国环境状况公报［EB/OL］．［2015 - 06 - 04］．http：//www. zhb. gov. cn/gkml/hbb/qt/201506/t20150604_ 302942. htm.

［436］钟大能．推进国家重点生态功能区建设的财政转移支付制度困境研究［J］．西南民族大学学报（人文社会科学版），2014（4）：122 - 126.

［437］周阿蓉，黎元生．基于 CVM 的闽江流域生态服务补偿标准探析［J］．云南农业大学学报（社会科学），2015，9（3）：28 - 33.

［438］周晨，丁晓辉，李国平，等．流域生态补偿中的农户受偿意愿研究——以南水北调中线工程陕南水源区为例［J］．中国土地科学，2015，29（8）：67 - 76.

［439］周晨，丁晓辉，李国平，等．南水北调中线工程水源区生态补偿标准研究——以生态系统服务价值为视角［J］．资源科学，2015，37（4）：792 - 804.

［440］周晨，李国平．流域生态补偿的支付意愿及影响因素——以南水北调中线工程受水区郑州市为例［J］．经济地理，2015，35（6）：236 - 242.

［441］周翀．环境资源价值评估方法［J］．中华建设，2008（11）：39 - 40.

［442］周德成，赵淑清，朱超．退耕还林工程对黄土高原土地利用/覆被变化的影响——以陕西省安塞县为例［J］．自然资源学报，2011，26（11）：1866 - 1878.

［443］周黎安．晋升博弈中政府官员的激励与合作——兼论我国地方保护主义和重复建设问题长期存在的原因［J］．经济研究，2004（6）：33 - 40.

［444］周玲强，李秋成，朱琳．行为效能、人地情感与旅游者环境负责行为意愿：一个基于计划行为理论的改进模型［J］．浙江大学学报（人文社会科学版），2014（2）：88 - 98.

［445］周映华．流域生态补偿及其模式初探［J］．四川行政学院学报，2007（6）：82 - 85

［446］周泽炯，胡建辉．基于 Super - SBM 模型的低碳经济发展绩效评价研究［J］．资源科，2013，（12）：45 - 53.

［447］朱长宁，王树进．西部退耕还林地区农户生态农业认知——基于陕南的实证［J］．农村经济，2014（9）：53 - 57.

［448］庄国泰，高鹏，王学军．中国生态环境补偿费的理论与实践［J］．中国环境科学，1995，15（6）：413 - 418.